Soil · Mechanics

수정판

강의식으로 풀어쓴

토질역학

백 영 식 저

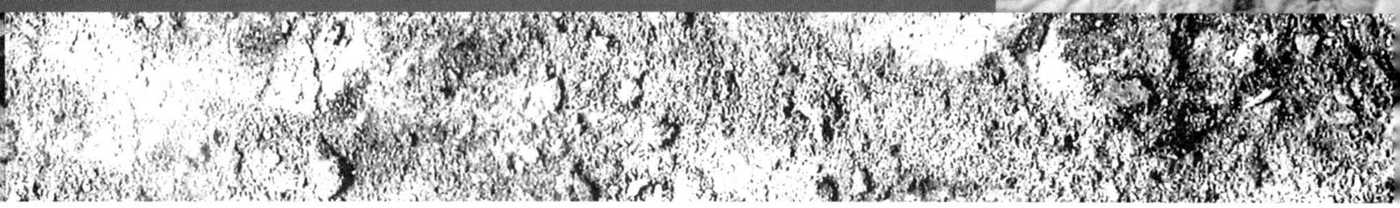

도서출판
구미서관

머 리 말

토질역학 관련서적은 각 전문분야별로 이미 다수 출간되어 있고 그 중에는 해당분야의 필독서로 평가 받고 있는 것도 있습니다. 비록 이러한 명저 가운데 우리말로 번역된 것은 많지 않으나 그 원본을 이제는 비교적 손쉽게 입수할 수 있게 되었습니다.

사정이 이러함에도 불구하고 구태여 이 책을 출간하게 된 것은 고전의 반열에 오른 저서들이 학문적 소양이 탁월한 세계적 석학들이 저술한 것임을 생각해 볼 때 평범한 사람에 불과한 저자가 나름의 견지에서 토질역학 원리를 좀 더 쉽고 친근감 있게 기술해 보는 것도 의미가 있다고 생각했기 때문입니다.

따라서 이 책에서는 저자가 토질역학 초심자이었을 때 겪었던 암중모색의 과정을 불필요하게 하고, 저자가 실제 강의를 하면서 파악한 학생들의 고충을 해소할 수 있도록 노력하였습니다.

사실상 이 책은 저자가 경희대학교 학부 3학년 학생을 대상으로 실시해 온 강의내용을 그대로 엮은 것입니다. 비록 문어체를 사용하고 있으나 책의 흐름은 강의원형을 그대로 유지하고 있다고 할 수 있습니다. 따라서 지면의 제약을 의식하거나, 책의 수준유지를 위하여 설명을 생략하는 일이 없도록 하였습니다. 또한 필요하지만 너무 길어지는 설명이나 미묘한 내용을 행간에 묻어두고 나아가고 싶은 유혹에 넘어가지 않도록 마음을 다잡기도 하였습니다. 토질시험법과 기초공학 관련 사항을 예외로 하면 자세한 설명을 다른 서적에 의탁하는 일은 최소로 하였고, 모든 논의를 이 책 안에서 해결하도록 노력하였습니다. 그리고 동일한 문제를 다양한 방법으로 접근할 수 있음을 보여주도록 힘썼습니다. 이러한 범주에 속하는 예제에 대해서는 복수의 방법으로 해답을 구하고 그 결과가 일치함을 보였습니다. 이러한 방법으로 토질역학 이론에 대한 확신을 가질 수 있도록 하였습니다. 전문용어에는 괄호 안에 한자와 영어를 병기해 두었습니다. 이렇게 하는 것이 외국문헌을 접할 때 도움이 될 것으로 생각하였습니다.

이러한 저술방침에 비추어 볼 때 이 책이 상정하고 있는 독자는 토질역학 초심자는 물론, 이미 토질역학을 수강하였으나 토질역학의 원리를 명확하게 이해하기 위하여 암중모색하면서 시행착오를 거듭하고 있는 기술자들입니다. 이 분들이 토질역학 이론을 쉽고 명쾌하게 이해하여 실무에 적용할 수 있는 능력을 함양할 수 있게 하는 것이 이 책의 목적입니다.

이 책에는 다음과 같은 항목이 수록되어 있습니다. 이러한 항목은 예외는 있지만 각각 다음과 같은 내용을 기술하고 있습니다.

- X Note : 특히 중요한 내용이라는 의미는 아니고 한 번 주의를 기울여 볼 필요가 있는 사항이라는 뜻입니다.
- X 독자들에게 드리는 질문 : 그 단계까지 내용의 이해여부를 점검해 보기 위한 간단한 문제입니다.
- X 독자들에게 드리는 제언 : 그 단계에서 이해의 정도를 더 깊고 넓게 하기 위한 문제입니다. 완전하게 풀어보면 가장 좋지만 그렇지 못할 때에는 풀이과정의 흐름을 머리 속에 그려보기를 바랍니다.
- X 참고사항 : 이 책이 의도한 수준과 범위를 약간 넘는 내용이지만 대단히 중요한 사항입니다. 이 부분은 점선상자 안에 더 작은 글자로 기술되어 있으며 읽지 않아도 이 책의 앞 부분을 이해하는 데는 아무런 지장이 없습니다. 그러나 재독할 때에는 반드시 읽어 보시기 바랍니다. 참고사항은 논의의 줄기를 명료하게 하기 위해서도 사용하였습니다. 예를 들어, 제시된 방정식의 번거로운 유도과정은 점선상자 안에 가두어 두고 논의의 줄기를 따라 설명을 계속하였습니다. 유도과정이 불필요하거나 이미 이해하고 있는 독자들은 점선상자 부분을 읽지 말고 계속 읽어 가시면 되겠습니다. 때로는 독자들의 편의를 위하여 수학공식을 참고사항에 기술해 두기도 하였습니다.

이 책에는 지금은 썰렁할 수도 있는 농담이 그대로 남아있는 경우도 있습니다. 이것은 저자가 강의시간 중에 강의내용과 관련하여 학생들에게 던진 농담으로 학생들의 이해를 돕기 위한 것이었습니다. 저자에게는 추억이 되는 것입니다만 혹시 못마땅하게 여기는 독자가 계신다면 양해해 주시기 바랍니다.

지금까지 말씀 드린 집필방침 때문에 책의 두께가 좀 두꺼워진 감이 있습니다만 저자는 이 책을 교과서로 하여 1년에 강의를 마칠 수 있었습니다. 단 참고사항은 강의에서 제외하였고 독자들에게 드리는 제언은 선택적으로 강의하였지만 예제는 빠짐없이 다룰 수 있었습니다.

이 책은 저자가 실명한 상태에서 집필한 것입니다. 저자가 종이를 접어가면서 원고를 작성하면 제자들이 이를 타자하여 교재를 만들어 강의에 사용하고, 이 교재를 녹음하여 들으면서 수정 · 보완을 거듭하여 책으로 성장시켰습니다. 출판을 앞둔 교정작업에는 더 많은 졸업생들이 헌신적으로 참여하였습니다. 젊은 제자들 중에는 저자가 그 모습을 볼 수 없었던 학생도 있었지만 함께 일하면서 그들의 모습이 마음속에 차츰차츰 구체적으로 형상화되어 갔습니다. 언젠가 그들의 참모습과 이미지에서 형성된 형상을 비교해 볼 수 있다면 토질역학 만큼이나 흥미 있는 일이 될 것이라고 생각합니다. 저자가 어려운 여건에서도 강의를 진행하고, 이 책을 출간할 수 있게 된 것은 이들의 헌신과 노력이 있었기 때문에 가능하였습니다. 제자들이 저자에게 안겨 준 교수로서의 보람을 마음 속 깊이 느끼면서 거듭 고맙다는 뜻을 전하고자 합니다. 이러한 여러 사람의 노력에도 불구하고 이 책에는 아직도 오류와 실수가 남아있을 것입니다. 그 책임은 오로지 저자에게 있음은 두말할 필요가 없습니다. 독자 여러분의 질책과 가르침 있기를 바랍니다.

평생을 저자를 위해 희생하신 부모님 영전에 이 책을 바칩니다. 저자의 건강과 학문에 항상 관심을 기울여 주신 Atlata의 누님 내외분께 이 책의 출간을 알리고 싶습니다. 화목한 집안 분위기를 유지하여 저자를 응원해준 딸과 사위, 그리고 아들과 며느리에게도 사랑과 신뢰를 보냅니다. 마지막으로 저자에게 닥쳐 온 고난을 의연하게 수용하면서 외국문헌을 녹음해 준 아내를 향한 믿음과 고마움을 여기에 적어 놓습니다.

출판을 맡아주신 구미서관 여러분께 사의를 표합니다.

2007년 8월

저자 백영식

차 례

제 1 장

흙의 기본적 성질

1.1 흙의 각 성분 사이의 관계

1.1.1 흙의 주상도와 상태정수

흙의 3가지 성분 :

자연 상태에 있는 흙은 그 골격(骨格, skeleton)을 이루고 있는 토립자(土粒子, solid, soil particle)와 토립자 사이의 간극(間隙, void)으로 이루어져 있으며, 간극은 다시 물과 공기로 채워져 있다. 즉 흙은 토립자, 물, 공기의 3가지 성분으로 이루어져 있는데 이들은 각각 고체, 액체, 기체상태이므로 이 세가지 성분을 흙의 3상(3 phases of soil)이라 한다. 즉 흙은 다음과 같은 성분으로 구성되어 있다.

- 흙(soil)
  - 토립자(solid, skeleton) ··········· 고체(固體)
  - 간극(void)
    - 물(water) ··········· 액체(液體)
    - 공기(gas) ··········· 기체(氣體)

NOTE : 간극(間隙)이라는 단어 대신 공극(空隙)이라는 술어도 같은 의미로 많이 사용되고 있음.

흙의 주상도(柱相圖, phase diagram) :

자연상태에 있는 흙은 그림 1.1(a)에 보인 것처럼 토립자, 물, 공기 등 3가지 성분이 불규칙하게 섞여 있다. 이 흙을 각 성분별로 분리하여 모은 다음 그림 1.1(b)와 같이 흙의 성분을 기둥모양으로 나타내고 각 성분의 부피와 무게를 기호로 나타낸 그림을 주상도라 한다. 물론 토립자, 물 그리고 공기를 따로따로 모으는 것은 현실적으로 불가능하지만 이렇게 생각하는 것이 편리하므로 이러한 주상도를 토질역학에서 많이 이용하고 있다.

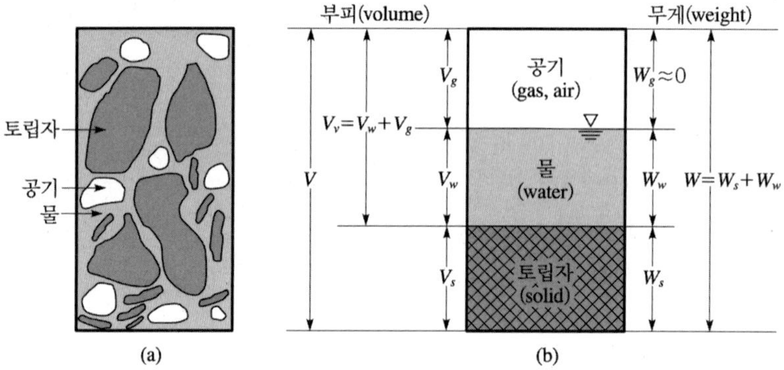

그림 1.1 흙의 주상도

주상도에 나타낸 각 성분에 대한 기호와 의미는 다음과 같다.

- 각 성분의 부피에 관한 기호
  - V_s : 토립자의 부피(volume of solid)
  - V_w : 물의 부피(volume of water)
  - V_g : 공기의 부피(volume of gas)
  - V_v : 간극의 부피(volume of void)
  - V : 흙 전체의 부피(total volume of soil)
- 각 성분의 무게에 관한 기호
  - W_s : 토립자의 무게(weight of solid)
  - W_w : 물의 무게(weight of water)
  - W_g : 공기의 무게(weight of gas) ≈ 0
  - W : 흙 전체의 무게(total weight of soil)

이상의 기호에서 큰 문자와 하첨자의 의미를 정리해 보면

- 큰 문자의 의미
  V : 부피(volume)
  W : 무게(weight)
- 하첨자(subscript)의 의미
  s : 토립자(skeleton, solid)
  w : 물(water)
  g : 공기(gas)
  v : 간극(void)
- 무하첨자(간혹 t) : 흙 전체(total)

주상도를 보면, 각 성분의 부피와 무게 사이의 관계를 일목요연하게 이해할 수 있다.

- 부피에 대하여
  $$V = V_s + V_v = V_s + V_w + V_g$$
- 무게에 대하여
  $$W = W_s + W_w + \underbrace{W_g}_{\approx 0} \approx W_s + W_w$$

공기의 무게 W_g 는 보통 0으로 간주한다.

모든 흙이 3가지 성분을 모두 가지고 있는 것은 아니다. 건조한 흙은 물이 없으므로 토립자와 공기만으로 이루어져 있으며, 수면 아래에 있는 흙과 같이 간극이 물로 차 있으면 공기가 없으므로 흙은 토립자와 물로 구성되어 있다. 반면 유기질토(有機質土, organic soil)의 경우에는 위의 3가지 성분 외에 유기질이 함유되어 있으며, 동토(凍土)에서는 얼음이 주요 구성성분이 된다. 그러나 동토에 대한 토질역학은 이 책의 범위를 넘는다.

흙에서는 각 성분의 상대적 대, 소(大, 小)가 공학적 특성에 큰 영향을 미친다. 예를 들어 토립자 부피가 간극의 부피에 비해 상대적으로 크면 이 흙은 조밀한(dense)상태에 있고, 조밀한 흙은 강도는 크고 침하량은 작다. 반대로 느슨한(loose) 흙은 상대적으로 강도는 적고 침하량이 크다고 할 수 있다.

흙의 상태 정수 :

흙의 각 성분의 상대적 대소를 나타내기 위하여 상태정수를 다음과 같이 정의하여 사용하고 있다.

1. 부피에 대한 상태정수

(1) 간극비(間隙比, void ratio) e

토립자의 부피에 대한 간극 부피의 비(比, ratio)를 간극비라 하고 기호 e로 표시한다.

$$e = \frac{V_v}{V_s} \tag{1.1}$$

e는 실수(實數, real number)로 표시한다(예 : $e = 0.50$).

$$0 < e \ll \infty$$

e 의 대표치(typical value)

자연상태의 모래 : $e = 0.5 \sim 0.8$

점성토 : $e = 0.7 \sim 1.1$

물론 이 범위 밖의 간극비를 가지고 있는 흙도 있다.

(2) 간극률(間隙率, porosity) n

흙 전체 부피에 대한 간극 부피의 비를 백분율(百分率, percentage)로 나타낸 것을 간극률이라 하고 기호 n으로 표시한다.

$$n = \frac{V_v}{V} \times 100(\%) \tag{1.2}$$

n은 백분율(%)로 표시한다(예 : $n = 70\%$).

$$0 < n \ll 100\%$$

e와 n은 모두 간극 부피의 대소를 나타내는 술어이다. n이 e보다 일상생활에서는 더 익숙한 개념임에도 불구하고 토질역학에서는 e를 더 많이 사용하는데 그 이유는 다음과 같다.

지반의 침하(변형)가 발생할 때 흙의 체적 변화는 결국 물과 공기의 배출에 의한 간극 부피의 변화에 따라 일어나게 된다. 이 때 토립자의 부피는 변하지 않는다.

침하 전후의 간극비와 간극률은 각각 다음과 같다.

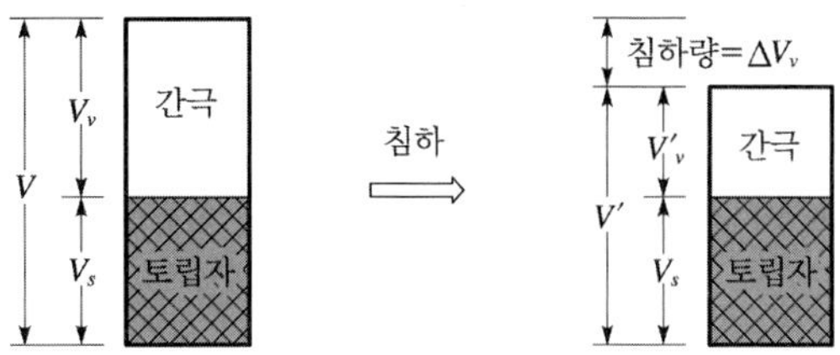

$$e = \frac{V_v}{V_s} \xrightarrow{\text{침하}} e' = \frac{V'_v}{V_s} \text{: 분모 불변, 분자 변화}$$

$$n = \frac{V_v}{V} \xrightarrow{\text{침하}} n' = \frac{V'_v}{V'} = \frac{V'_v}{V_s + V'_v} \text{: 분모 변화, 분자 변화}$$

침하가 일어나면 e의 경우 분모 V_s 는 불변이고 분자 V_v 만 V_v' 으로 변화하는데 비해 n은 V_v 와 V 가 각각 V_v' 과 V' 으로 변하여 분자와 분모 모두가 변하게 된다. 따라서 수학적 표현에는 e가 n보다 더 편리하다. 그러나 e를 알면 n을 구할 수 있고, n이 주어지면 e를 계산해 낼 수 있다. 즉

$$n = \frac{V_v}{V} = \frac{V_v}{V_s + V_v} = \frac{V_v/V_s}{V_s/V_s + V_v/V_s} = \frac{e}{1+e} \tag{1.3}$$

$$e = \frac{V_v}{V_s} = \frac{V_v}{V - V_v} = \frac{V_v/V}{V/V - V_v/V} = \frac{n}{1-n} \tag{1.4}$$

위의 관계식은 상태정수 사이의 상관관계에서 보다 간편하게 유도하고 있다.

(3) 포화도(飽和度, degree of saturation) S

간극 부피 중에서 물이 차지하는 부피의 크기를 백분율로 나타낸 것이 포화도이며, 기호 S로 표시한다.

$$S = \frac{V_w}{V_v} \times 100(\%) \tag{1.5}$$

S 는 백분율(%)로 표시한다.

$$0 \le S \le 100\%$$

포화도에 따른 흙의 상태와 이에 따른 흙의 성분구성은 다음과 같다.

$S = 0\%$ ⇌ 건조토(dry soil) : $V = V_s + V_g$ (토립자 + 공기)

$0 < S < 100\%$ ⇌ 습윤토(wet soil) : $V = V_s + V_w + V_g$ (토립자 + 물 + 공기)

$S = 100\%$ ⇌ 포화토(saturated soil) : $V = V_s + V_w$ (토립자 + 물)

NOTE : 지하수면(ground water table ; GWT) 아래에 있는 흙은 일반적으로 포화상태($S = 100$)라고 가정함.

2. 무게에 대한 상태정수

(1) 함수비(含水比, water content, moisture content) w

함수비는 흙 속에 포함된 물의 함량을 나타내기 위한 상태정수로서 토립자의 무게에 대한 물의 무게의 비를 백분율로 나타낸 것이다. 즉

$$w = \frac{W_w}{W_s} \times 100(\%) \tag{1.6}$$

함수비는 백분율(%)로 표시한다.

$$0 \le w \ll \infty$$

함수비의 대표치(typical value)

일반적으로 $w < 60\%$ 이다. 그러나 해성점토나 유기질 점토의 경우 $w = 300\text{~}400\%$ 도 가능하다.

특히 $w = 0\ \%$ ⇌ 건조토(dry soil) : 토립자 + 공기 $\therefore W = W_s$

건조된 흙의 무게는 토립자만의 무게와 같다.

NOTE : 함수비를 나타내는 기호는 필기체 소문자 w 임. 그리스 문자 ω (omega)나 인쇄체 소문자 w가 아님을 유의할 것.

함수비 측정방법 : KS F 2306

함수비 측정은 가장 기본적이고도 중요한 토질시험이다. 원지반의 함수비가 변하지 않도록 밀봉하여 시료를 시험실로 운반한다. 시험 순서와 방법은 다음과 같다 :

① 함수비 측정용 용기의 무게 *TW*를 측정한다. 용기들의 무게는 평소에 모두 측정하여 그 결과를 정리, 비치하고 있는 것이 보통이다.

② 시료를 용기에 담아서 그 무게 *WW*를 측정한다.

③ 용기에 넣은 시료를 항온건조로(恒溫乾燥爐)에 넣고 24시간 105℃~110℃로 가열하여 흙을 건조시킨 후 그 무게 DW를 측정한다.

④ 함수비는 다음과 같이 계산할 수 있다.

WW : (습윤토 + 용기)무게

DW : (건조토 + 용기)무게

TW : 용기만의 무게

그런데

$W_s = DW - TW$: 건조토만의 무게

$W_w = WW - DW$: 증발된 물의 무게

따라서

$$w = \frac{W_w}{W_s} \times 100(\%) = \frac{WW - DW}{DW - TW} \times 100(\%) \tag{1.7}$$

NOTE : 함수비 측정시험에서 흙을 건조시키는 온도는 항온건조로(恒溫乾燥爐)에서 105℃~110℃를 유지하면서 24시간 건조시킴. 더 높은 온도로 가열하면 더욱 빨리 건조될 것임에도 불구하고 105℃~110℃를 유지하는 것은 흡착수(吸着水, absorded water)는 보존하고 자유수만 증발시키기 위한 것임. 흡착수는 흙, 특히 점토의 표면에 전기 화학적으로 결합된 물로서 물이 아니라 토립자의 일부로 생각하여야 함. 흡착수는 0℃에서 얼지 않으며 비등점도 100℃보다 높음. 따라서 105℃~110℃를 유지하면 흡착수는 남고 자유수만 신속하게 증발하게 됨.

(2) 함수율(含水率) w'

흙 전체의 무게에 대한 물 무게의 비를 백분율로 표시한 것이다. 즉

$$w' = \frac{W_w}{W} \times 100(\%) \tag{1.8}$$

NOTE : 일상생활에서 "수박은 95%가 물이다."라고 할 때 95%는 함수율이며, 함수비가 아님. 이 말은 수박의 함수비가 1900%라는 의미인데, 이렇게 표현하는 일은 드묾.

즉 물의 무게가 얼마나 되는가를 표현하기 위한 상태 정수로 함수비 w와 함수율 w'이 사용되고 있다(간극 부피에 대하여 e와 n이 사용되는 것처럼). 앞에서 설명한 예처럼 함수율이 함수비보다 일상에서는 더 익숙한 개념이지만 토질역학에서는 함수비를 사용하고, 함수율은 거의 사용하지

않는다. 그 이유는 간극비와 간극률에서와 같이 물의 무게가 변화하면 함수비는 분자만 변하는 대신 함수율은 분모, 분자 모두가 변하기 때문에 함수비가 수학적 표현에 더 편리하다. 그러나 간극비와 간극률처럼 w를 알면 w'을 쉽게 구할 수 있고 w'이 주어지면 w를 쉽게 알 수 있다.

$$w' = \frac{W_w}{W} = \frac{W_w}{W_s + W_w} = \frac{W_w/W_s}{W_s/W_s + W_w/W_s} = \frac{w}{1+w} \tag{1.9}$$

$$w = \frac{W_w}{W_s} = \frac{W_w}{W - W_w} = \frac{W_w/W}{W/W - W_w/W} = \frac{w'}{1-w'} \tag{1.10}$$

위의 관계도 상태정수 사이의 상관관계에서 다시 논의하고 있다.

3. 단위중량(單位重量, unit weight) γ

어떤 물체의 단위중량은 부피 1에 해당하는 그 물체의 무게를 말한다. 즉 단위 부피당(체적당) 중량을 의미하며 단위중량의 기호는 γ로 표기한다.

$$\gamma = \frac{W}{V} \quad \left[g/cm^3,\ t/m^3,\ lb/ft^3 = pcf,\ kN/m^3\right] \tag{1.11}$$

NOTE : 단위중량을 나타내는 기호는 그리스 문자 γ (gamma)이며 절대 필기체 소문자 r이 아님. 이 점 착오 없기를 바람.

흙의 각 성분 및 상태에 따라 다음과 같은 여러 가지 단위중량을 사용하고 있다.

• 흙 전체 단위중량(全體單位重量, total unit weight)

$$\gamma = \gamma_t = \frac{\text{흙 전체의 무게}}{\text{흙 전체의 부피}} = \frac{W}{V} \tag{1.12}$$

• 토립자의 단위중량(unit weight of solid)

$$\gamma_s = \frac{W_s}{V_s} \tag{1.13}$$

• 4℃ 증류수의 단위중량

$$\gamma_0 = \frac{4^\circ\text{C 증류수의 무게}}{4^\circ\text{C 증류수의 부피}} = \frac{W_{w0}}{V_{w0}} \approx 1\ g/cm^3 = 1\ t/m^3 = 62.4\ lb/ft^3 = 9.81\ kN/m^3$$

• 물의 단위중량(unit weight of water)

$$\gamma_w = \frac{W_w}{V_w} \approx 1\ g/cm^3 = 1\ t/m^3$$

NOTE : $\gamma_w \approx \gamma_0$, 물의 단위중량은 수온에 따라 달라지지만 보통은 $1\ g/cm^3 = 1\ t/m^3 = 62.4\ pcf = 9.81\ kN/m^3$ 으로 함.

• 건조토의 단위중량(dry unit weight) : 건조된 흙의 단위중량

$$\gamma_d = \frac{\text{건조된 흙의 무게}}{\text{흙 전체의 부피}} = \frac{W_s}{V} \tag{1.14}$$

4. 비중(比重, specific gravity) G

어떤 물체의 비중은 그 물체의 무게를 그 물체의 부피와 같은 4℃ 증류수의 무게로 나눈 값을 말한다.

$$G = \frac{\text{물체의 무게}}{\text{물체와 부피가 같은 } 4^\circ\text{C 증류수의 무게}} = \frac{W}{W_0} \quad [\text{ 무차원 }] \tag{1.15}$$

만약 물체의 부피를 V 라 하고 분모, 분자를 V 로 나누어 주면

$$G = \frac{W/V}{W_0/V} = \frac{\gamma}{\gamma_0} \quad [\text{ 무차원 }] \tag{1.16}$$

즉 비중은 4℃ 증류수의 단위중량에 대한 물체의 단위중량의 비이다.

$$\therefore\ G \equiv \frac{\gamma}{\gamma_0} \approx \frac{\gamma}{\gamma_w} \quad [\text{ 무차원 }] \text{ 또는 } \gamma = G\,\gamma_0 \approx G\,\gamma_w$$

• 토립자의 비중 : $G_s = \dfrac{\gamma_s}{\gamma_0} \approx \dfrac{\gamma_s}{\gamma_w}$ $\quad \therefore\ \gamma_s = G_s\,\gamma_0 \approx G_s\,\gamma_w$

• 물의 비중 : $G_w = \dfrac{\gamma_w}{\gamma_0} \approx 1$

• 흙 전체 비중 : $G_m = G_t = \dfrac{\gamma}{\gamma_0}$: 사용하지 않음

NOTE : 토질역학에서 흙의 비중이라 함은 토립자 비중을 의미함. 즉 $G = G_s$. 흙 전체(토립자 + 물 + 공기)의 비중은 사용되지 않는 개념임.

독자들에게 드리는 질문 : 4℃ 증류수의 비중 G_{w0} 는 얼마인가?

흙의 비중의 대표치(typical value) : $G_s = 2.65 \sim 2.72$

모래의 경우 $G_s \approx 2.65$

점토의 경우는 구성 점토광물의 종류에 따라 광범위하게 변한다.

NOTE : 흙의 각 성분을 계산함에 있어서 무게를 알고 부피를 구하거나 부피를 알고 무게를 계산할 때에는 단위중량 또는 비중을 이용하는 것이 보통임. 예를 들어, x라는 성분에 대해서는

$$\gamma_x = \frac{W_x}{V_x} \text{ 이고 } \gamma_x = G_x \gamma_w \text{ 이므로 } V_x = \frac{W_x}{\gamma_x} = \frac{W_x}{G_x \gamma_w}$$

$$W_x = V_x \gamma_x = V_x G_x \gamma_w$$

성분 y에 대해서도 위의 관계식을 써 볼 것. 이 관계식은 예제 1.2, 1.3 등에서 사용되고 있음.

독자들에게 드리는 제언 : 지금까지 배운 상태정수들의 정의와 의미를 숙지하고 이들을 일상의 어휘(vocabulary)에 편입시켜 자유롭게 활용해 볼 것. 예를 들면

- 밥이 진 경우 : 이 밥은 함수비가 너무 크다. 함수율이 80% 이상일 것 같다.
- 신도림역에서 Pushman에게 밀려 차 안으로 들어온 후 : 이 차는 간극비가 대단히 적다. 차 안은 사람으로 거의 포화상태이다.

대표치(typical value)에 관하여 :

앞으로도 흙의 각종 특성에 관한 대표치, 즉 전형적인 값의 범위를 제시하게 될 것이다. 물론 이 범위를 벗어나는 경우도 있으나 대부분의 흙은 그 값이 주어진 범위 안에 있다(예를 들어 모래의 $G_s = 2.65 \sim 2.72$). 독자들은 이 값을 기억하기 바란다. 대표치를 기억하고 있으면 중요사항을 약산할 수 있고 시험의 결과를 상세하게 검토해 볼 필요가 있을지의 여부, 대상지반이 특수한(드문) 성질을 가진 흙인지의 검토 필요성, 수집된 자료가 적절한 것인지 등을 판단하는데 도움이 된다.

비유하자면 어떤 사람이 자기의 연령은 255세이고 신장은 $2\mu m$ 이라 하면 귀하의 입장은 어떠한가? 만약 신장 220cm, 연령 109세이면 어떤가?

1.1.2 상태정수 사이의 관계

몇 개의 상태정수를 알고 있으면 나머지 상태정수를 계산으로 구할 수 있다. 이러한 상태정수 사이의 관계식을 구하기 위해서는 주상도를 보정(modify)해 두는 것이 편리하다.

(1) 보정주상도 : $V_s = 1$로 둔 주상도

상태정수는 그림 1.2(a)에 제시되어 있는 각 성분의 부피와 무게 사이의 비로 정의된다(예를 들면 $e = \frac{V_v}{V_s}$, $w = \frac{W_w}{W_s}$, $\gamma = \frac{W}{V}$ 등). 따라서 각 성분의 크기를 같은 값으로 나누어도(또는 곱하여도) 상태정수의 값은 변하지 않는다. 즉 각 성분의 부피와 무게는 같은 배수(倍數)로 감소(또는 증가)하겠지만 상태정수 계산시 배수는 약분되어 본래의 값과 같은 값을 얻게 된다.

주상도의 모든 성분을 특히 토립자의 부피 V_s로 나누어주면 토립자의 부피가 1이 되는($\frac{V_s}{V_s} = 1$) 보정주상도를 얻게 된다. 보정주상도에서는 $V_s = 1$이 되므로 이것을 $V_s = 1$로 둔 주상도라 할 수 있다. $V_s = 1$로 둔 주상도는 그림 1.2(b)에 제시되어 있고 이 그림을 이용하여 상태정수 사이의 관계식을 쉽게 유도할 수 있다.

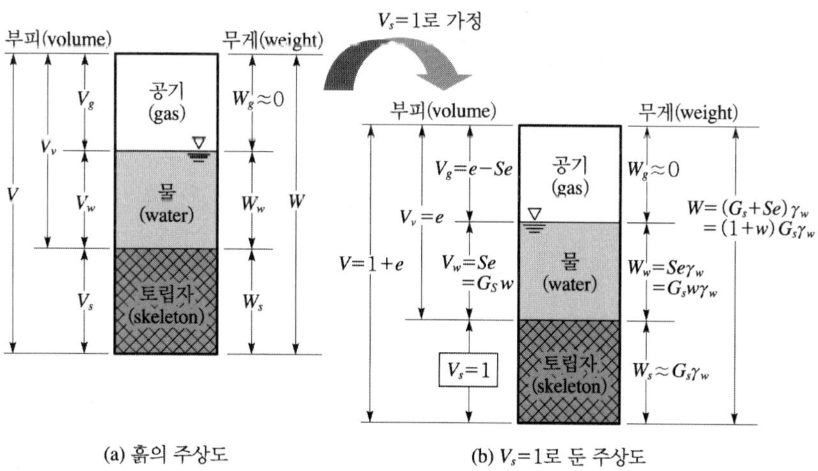

그림 1.2 주상도와 $V_s = 1$로 둔 보정 주상도

$$e = \frac{V_v}{V_s} \qquad \therefore V_v = e\cancelto{1}{V_s} = e$$

$$V = V_s + V_v = 1 + e$$

NOTE : 앞으로 $1 + e$ 라는 항은 흙 전체의 부피(또는 두께)를 의미하는 경우가 대부분임. 이때 흙의 상태는 e 에 부여하는 하첨자에 의하여 나타내게 됨(예 ; $1 + e_0$: 초기의 부피, $1 + e_f$: 최종 부피 등).

예를 들어 $\dfrac{1}{1+e} = \dfrac{V_s}{V}$ 임을 확인할 것.

$$S = \frac{V_w}{V_v} \qquad \therefore\ V_w = S\cancelto{e}{V_v} = S\,e$$

$$W_s = \gamma_s \cancelto{1}{V_s} = \gamma_s = G_s\,\gamma_0 \approx \ G_s\,\gamma_w$$

$$W_w = \gamma_w V_w = \gamma_w S e$$

또는 $$w = \frac{W_w}{W_s} \qquad \therefore W_w = \ w\,W_s = G_s\ w\gamma_w$$

$$W = W_s + W_w + \cancelto{0}{W_g} = G_s\ \gamma_w + S\ e\,\gamma_w = \left(G_s + S\ e\right)\gamma_w$$

또는 $$W = W_s + W_w = G_s\,\gamma_w + G_s\ w\gamma_w = (1+w)\ G_s\,\gamma_w$$

이제 물의 부피 V_w 를 다르게 표현하면

$$V_w = \frac{W_w}{\gamma_w} = \frac{G_s\,w\gamma_w}{\gamma_w} = G_s\ w$$

$$\therefore V_w = S\ e = G_s\ w$$

이제 $V_s = 1$ 로 둔 주상도의 모든 성분이 결정되었고 그 결과는 그림 1.2(b)에 제시되어 있다.

(2) 상태정수 사이의 관계식

$V_s = 1$ 로 둔 보정주상도에 대하여 상태정수의 정의를 적용하면 상태정수 사이의 관계식을 쉽게 얻을 수 있다.

① 간극비와 간극률 사이의 관계

$$n = \frac{V_v}{V} \times 100(\%) \tag{1.17}$$

$$\therefore n = \frac{e}{1+e} \times 100(\%)$$

또는

$$e = \frac{n}{100-n} \tag{1.18}$$

NOTE: 보통 계산에서는 %를 붙이지 않고 실수로 표시하는 것이 더 일반적이며 편리함.

$$e = \frac{n}{1-n} \text{(단, } n \text{ 은 실수)}$$

② 무게와 부피 사이의 환산식

$$w = \frac{W_w}{W_s} = \frac{Se\,\gamma_w}{G_s\,\gamma_w}$$

$$\therefore G_s\,w = Se \tag{1.19}$$

또는 $V_w = Se = G_s\,w$ $\therefore G_s\,w = Se$

NOTE : 식 (1.19)는 부피를 무게로, 또는 무게를 부피로 환산해 주는 대단히 중요한 식임. 이 중요성 때문에 이 식을 George Washington = Soils engineer라고 기억하는 사람도 있음. 독자들은 각자 우리말 version을 만들어 볼 것.

③ 함수비와 함수율 사이의 관계

$$w' = \frac{W_w}{W} = \frac{G_s w \gamma_w}{(1+w)G_s\,\gamma_w} = \frac{w}{1+w} \tag{1.20}$$

또는 위 식을 ***w***에 대하여 정리하면

$$w = \frac{w'}{1-w'} \tag{1.21}$$

④ 건조단위중량 γ_d

$$\gamma_d = \frac{W_s}{V} \qquad \therefore \gamma_d = \frac{G_s \gamma_w}{1+e} \tag{1.22}$$

⑤ 흙 전체단위중량 또는 습윤단위중량 $\gamma = \gamma_t = \frac{W}{V}$

$$\therefore \gamma = \frac{G_s + Se}{1+e} \gamma_w = \frac{1+w}{1+e} G_s \gamma_w \tag{1.23}$$

γ 와 γ_d 사이의 관계

$$\gamma_d = \frac{G_s \gamma_w}{1+e} \text{ 이므로 } \gamma = (1+w)\gamma_d$$

$$\therefore \gamma_d = \frac{\gamma}{1+w} \tag{1.24}$$

⑥ 포화단위중량(飽和單位重量, saturated unit weight) γ_{sat}

흙이 포화상태에 있을 때, 즉 $S = 100\%$ 때의 전체단위중량

$$\gamma_{sat} = [\gamma]_{S=100\%} = \frac{G_s + \overset{1}{\cancel{S}}e}{1+e} \gamma_w$$

$$\therefore \gamma_{sat} = \frac{G_s + e}{1+e} \gamma_w \tag{1.25}$$

⑦ 수중단위중량(水中單位重量, submerged unit weight, buoyant unit weight) $\gamma' = \gamma_b = \gamma_{sub}$

수중단위중량은 흙이 물 속에서 부력을 받아 가벼워진 상태의 단위중량이다. 부력에 관한 Archimedes 원리는 다음과 같다.

Archimedes의 원리 : 액체 속에 잠겨있는 물체는 액체에 잠긴 물체의 부피에 해당하는 액체의 무게만큼 가벼워진다. 이 때 가벼워지는 양을 부력이라 한다.

만약 액체가 물이고 물속에 잠긴 흙의 부피가 V이면 부력 B는

- 크기 : $B = \gamma_w \cdot$(물속에 잠긴 흙의 부피)$= \gamma_w V$
- 작용방향 : 연직상향

물속에 있는 흙은 포화상태에 있다고 가정하면 Archimedes 원리는 다음과 같이 쓸 수 있다.

$$W' = W_{sat} - B$$

여기서 W' : 흙의 수중중량

W_{sat} : 흙의 포화중량

$B = \gamma_w V$: 부력

만약 흙의 부피 $V = 1$ 이면(또는 양변을 V로 나누면) 위 식은

$$\gamma' = \gamma_{sat} - \gamma_w$$

여기서 γ' : 수중단위중량

γ_{sat} : 포화단위중량

γ_w : 물의 단위중량
(흙 부피 1에 대한 부력)

즉 수중단위중량은 포화단위중량에서 물의 단위중량을 뺀 값과 같다.

수중단위중량을 상태정수로 표현하면

$$\gamma' = \gamma_{sat} - \gamma_w = \frac{G_s + Se}{1+e}\gamma_w - \gamma_w$$

$$\therefore \gamma' = \gamma_{sat} - \gamma_w = \frac{G_s - 1}{1+e}\gamma_w \tag{1.26}$$

NOTE : 만약 흙이 물 속에서도 완전포화상태에 있지 않으면($S < 100\%$) 이 때의 수중단위중량은 습윤단위중량에서 물의 단위중량을 뺀 값이 됨($\gamma' = \gamma - \gamma_w$).

수중단위중량과 부력에 관한 내용이 그림 1.3에 제시되어 있다.

그림 1.3(a)는 한 변의 길이가 1인 정육면체의 흙이 물 속에 잠겨있을 때 흙의 자중(부피가 1이므로 결국 포화단위중량 γ_{sat})과 상하면에 작용하는 수압을 나타낸 것이나(좌우 연직면에 작용하는 수압은 크기가 같고

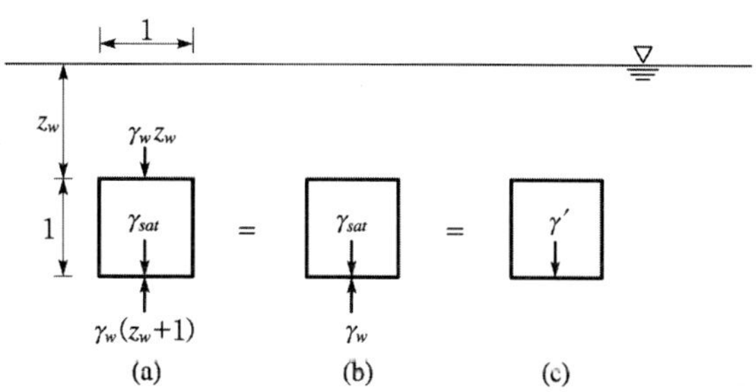

그림 1.3 부력과 수중단위중량

방향이 반대이므로 서로 상쇄되어 나타내지 않았음.).

그림 1.3(b)는 흙의 전체단위중량과 상 · 하면에 작용하는 수압의 차이를 나타낸 것이다. 수압의 차이는 연직 상향의 γ_w 와 같은데 이 값은 결국 부피 1인 흙에 작용하는 부력과 같다.

그림 1.3(c)는 흙 전체단위중량에서 부력을 뺀 값, 즉 수중단위중량 γ' 을 나타내고 있다.

$$\gamma' = \gamma_{sat} - \gamma_w$$

그림 1.3은 Archimedes의 원리와 부력에 관하여 설명하고 있는 셈이다.

그림 1.4는 포화단위중량과 수중단위중량의 차이를 설명하고 있다.

즉 부피가 1인 포화상태의 흙이 공기 중에 있을 때에는 부력의 작용이 없으므로 그 무게는 포화단위중량 γ_{sat} 이 된다. 반면 이 흙이 물 속에 있으면 부력의 작용으로 그 무게는 수중단위중량 γ' 이 된다.

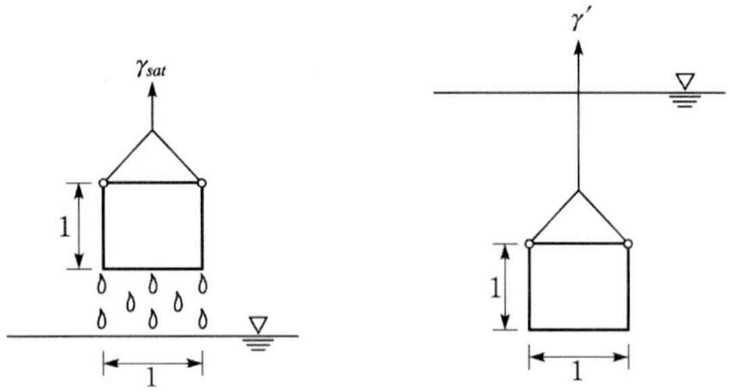

그림 1.4 포화단위중량과 수중단위중량의 비교

독자들에게 드리는 질문 : 만약 흙이 민물 대신 단위중량이 1.17 t/m^3 인 사해(死海, dead sea)의 물 속에 잠겨 있으면 수중단위중량은 어떻게 될까?(Hint : 포화단위중량을 먼저 구하고 Archimedes 원리를 사용하여 수중단위중량을 구할 것.) 왜 사해에서는 익사하기가 상대적으로 어려운가?(수심이 워낙 얕아서는 정답이 아님) 이를 부력과 연결시켜 설명해 보라. 사람 몸의 단위중량은 어느 정도 범위에 있는가?

독자들에게 드리는 제언 : 가로, 세로가 각각 a, b이고 높이가 c인 직육면체 흙에 대하여 Archimedes 원리를 증명하여 볼 것.

▶ **예제 1.1** 흙이 물이 아닌 기름(oil) 속에 잠겨 있어서 간극은 기름으로 포화되어 있다. 기름의 단위중량은 γ_{oil} 이라 할 때

(1) $V_s = 1$ 로 둔 주상도를 그려라.

(2) 포화단위중량 γ_{sat} 를 구하라.

(3) 유중(油中)단위중량 γ' 을 구하라.

풀이 : $S = 100\ \%$ 이므로 $V_v = V_{oil}$, W_w 는 W_{oil} 로 표기할 수 있다.

(1) $V_s = 1$ 로 둔 주상도

$$e = \frac{V_v}{V_s} \qquad \therefore V_v = V_{oil} = e,\ \ V = 1 + e$$

$$W_s = \gamma_s V_s = G_s \gamma_w (1) = G_s \gamma_w,\ W_{oil} = V_{oil} \gamma_{oil} = e \gamma_{oil}$$

$$\therefore W = G_s \gamma_w + e \gamma_{oil} = \gamma_s + e\gamma_{oil}$$

$V_s = 1$로 둔 주상도는 그림 예제 1.1 해답도에 제시되어 있다.
만약 $V_s \neq 1$이면 각 성분을 V_s배 해주면 된다.

(2) 포화단위중량

$$\gamma_{sat} = \frac{W}{V} = \frac{(G_s \gamma_w + e \gamma_{oil})}{1+e}$$

$$\therefore \gamma_{sat} = \frac{\gamma_s + e \gamma_{oil}}{1+e}$$

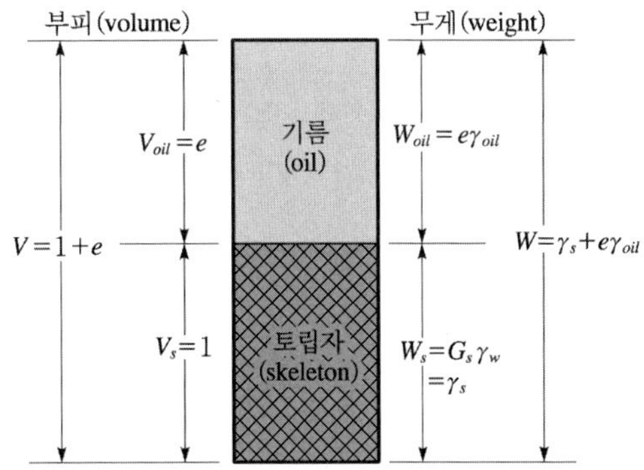

그림 예제 1.1 해답도

(3) 유중(油中) 단위중량 γ'

기름에 의한 전체 부력

$$B = V \gamma_{oil} = (1+e) \gamma_{oil}$$

흙 단위부피당 부력$= \dfrac{B}{V} = \gamma_{oil}$

따라서 유중(油中) 단위중량 γ'은

$$\gamma' = \gamma_{sat} - \gamma_{oil} = \frac{\gamma_s + e \gamma_{oil}}{1+e} - \gamma_{oil}$$

$$\therefore \gamma' = \gamma_{sat} - \gamma_{oil} = \frac{\gamma_s - \gamma_{oil}}{1+e}$$ ◀

NOTE : 수중단위중량, 건조단위중량, 습윤단위중량, 포화단위중량의 크기 비교 :

$$\gamma' = \frac{G_s\text{-}1}{1+e}\gamma_w,\ \ \gamma_d = \frac{G_s}{1+e}\gamma_w,\ \ \gamma = \frac{G_s + Se}{1+e}\gamma_w,\ \ \gamma_{sat} = \frac{G_s + e}{1+e}\gamma_w$$

$\dfrac{\gamma_w}{1+e}$는 공통이므로 $(G_s - 1), G_s, G_s + Se, G_s + e$의 대소 비교. 따라서, $\gamma' < \gamma_d < \gamma < \gamma_{sat}$

NOTE : 흙의 비중, 토립자의 단위중량 γ_s, 흙의 건조단위중량 γ_d의 비교 :

흙의 비중은 토립자의 비중 G_s를 의미하며 비중의 단위는 무차원. 한편 단위중량의 단위는 $[FL^{-3}]$임. 먼저

흙의 비중 G_s 와 토립자의 단위중량 γ_s 를 비교해 보면

$$G_s = \frac{\gamma_s}{\gamma_w} \qquad \therefore \gamma_s = G_s \gamma_w$$

비중 $G_s = 2.65$ 인 흙의 경우 토립자의 단위중량 γ_s 는

metric system의 경우 ; $\gamma_s = (2.65)(1.0) = 2.65\ g/cm^3$

대륙단위계 ; $\gamma_s = (2.65)(62.4) = 165.36\ lb/ft^3$

SI 단위계 ; $\gamma_s = (2.65)(9.81) = 26\ kN/m^3$

현재 우리나라에서 사용되고 있는 metric 단위계에서는 G_s 와 γ_s 의 값의 크기는 같음($\because \gamma_w = 1g/cm^3$). 그러나 대륙단위계($ft-lb$)와 SI 단위계에서는 G_s 와 γ_s 의 값은 서로 다름.

다음은 토립자의 단위중량 γ_s 와 흙의 건조단위 중량 γ_d 의 크기를 비교해 보자.
주상도에서

$$\gamma_s = \frac{W_s}{V_s} \qquad \gamma_d = \frac{W_s}{V} = \frac{W_s}{V_s + V_v}$$

또는 상태정수 사이의 관계식에서

$$\gamma_d = \frac{G_s \gamma_w}{1+e} = \frac{\gamma_s}{1+e}$$

위의 두 식을 살펴보면 $\gamma_d < \gamma_s$ 임을 알 수 있다. γ_s 와 γ_d 가 같은 값이 되려면 간극이 존재하지 않아야 함 ($V_v = 0$ 또는 $e = 0$). 치밀한 암석의 경우에는 간극이 거의 존재하지 않으므로 $\gamma_s \approx \gamma_d$ 일 수 있음.

▶ **예제 1.2** 부피 $600cm^3$, 무게 $1000g$ 인 흙을 완전 건조시킨 결과 무게가 $800g$ 이 되었다. 이 흙의 비중은 2.67이다. 전체(습윤)단위중량, 건조단위중량, 함수비, 간극비 및 포화도를 구하라.

풀이 : 문제의 내용을 기호로 표현하면

주어진 값 ; $V = 600\,cm^3$, $W = 1000\,g$, $W_s = 800\,g$, $G_s = 2.67$
구하는 값 ; γ, γ_d, w, e, S

주어진 값을 이용하여 주상도를 완성한 다음 상태정수를 정의에 따라 결정하기로 한다. 주상도상에서 주어진 값은 (　) 안에 표시하기로 한다.

물의 무게 ;

$$W_w = W - W_s = 1000 - 800 = 200\,g$$

토립자의 부피 ;

$$V_s = \frac{W_s}{\gamma_s} = \frac{W_s}{G_s\gamma_w} = \frac{800}{(2.67)(1)} = 300\,cm^3$$

물의 부피 ;

$$V_w = \frac{W_w}{\gamma_w} = \frac{200}{1.0} = 200\,cm^3$$

간극의 부피 ;

$$V_v = V - V_s = 600 - 300 = 300\,cm^3$$

공기의 부피 ;

$$V_g = V_v - V_w = 300 - 200 = 100\,cm^3$$

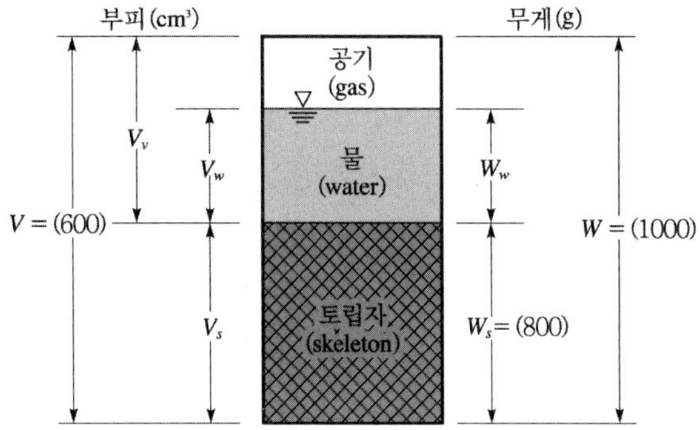

그림 예제 1.2 해답도

이제 주상도가 완성되었으므로 정의에 따라 상태정수를 구하기로 한다.

전체(습윤)단위중량 ; $\gamma = \gamma_t = \dfrac{W}{V} = \dfrac{1000}{600} = 1.67\,g/cm^3$

건조단위중량 , $\gamma_d = \dfrac{W_s}{V} = \dfrac{800}{600} = 1.33\,g/cm^3$

함수비 ; $w = \dfrac{W_w}{W_s} \times 100 = \dfrac{200}{800} \times 100 = 25\%$

간극비 ; $e = \dfrac{V_v}{V_s} = \dfrac{300}{300} = 1.0$

포화도 ; $S = \dfrac{V_w}{V_v} \times 100 = \dfrac{200}{300} \times 100 = 66.7\%$

[Check] 예를 들어 $G_s \cdot w = S \cdot e$가 만족되는가 검토해 본다.

$$(2.67)(0.25) = (0.667)(1) \qquad \therefore OK.$$

◀

▶ **예제 1.3** 어떤 흙의 전체 단위중량이 2.0 t/m^3, 함수비 18%, 비중 2.65이다. 이 흙의 건조단위중량, 간극비, 포화도는 얼마인가?

풀이 : 문제의 내용을 기호로 표현하면

주어진 값 : $\gamma_t = 2.0t/m^3$, $w = 18\%$, $G_s = 2.65$

구하는 값 : γ_d, e, S

상태정수 사이의 상관관계식을 이용하는 방법

$$\gamma_d = \frac{\gamma_t}{1+w} = \frac{2.0}{1+0.18} = 1.70\,t/m^3$$

$$\gamma_d = \frac{G_s}{1+e}\gamma_w \text{ 에서 } \quad e = \frac{G_s}{\gamma_d}\gamma_w - 1$$

$$e = \left(\frac{2.65}{1.7}\right)(1) - 1 = 0.56$$

$$G_s\,w = S\,e \text{ 에서, } \; S = \frac{G_s\,w}{e} = \frac{2.65 \times 0.18}{0.56} = 0.852 = 85.2\%$$

별해(別解, alternative solution)

이 문제와 같이 몇 개의(보통 3개) 상태정수를 주고 나머지 상태정수를 구할 때 가장 보편적인 방법은 주상도의 여러 성분 중 한 개의 성분(예 ; V_s, W_s, V, W 등) 값을 1로 가정한 다음 주어진 상태정수의 정의에 따라 주상도의 모든 성분을 계산하여 주상도를 완성시키는 것이다. 일단 주상도가 완성되면 구하려는 상태정수는 정의에 따라 쉽게 결정할 수 있다. 상태정수는 특정 성분 사이의 비이므로 주상도의 특정 성분의 크기를 대신 얼마로 가정하든 얻어지는 상태정수 값은 같게 된다.

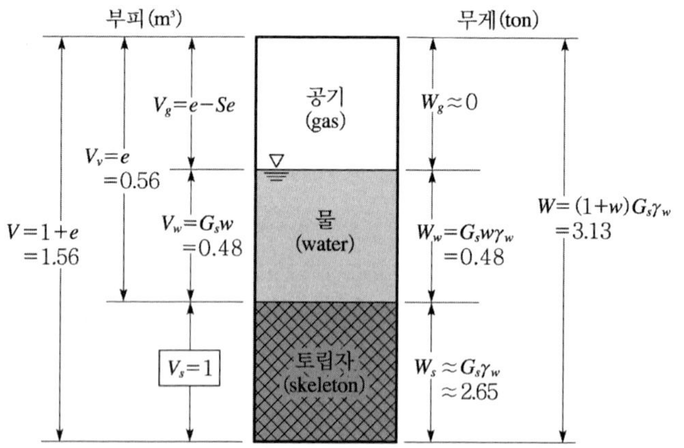

그림 예제 1.3 해답도 1

별해 1 : $V_s = 1m^3$ 로 가정하는 경우

$V_s = 1$ 로 가정한 주상도는 그림 1.2(b)에 제시되어 있으므로 이 그림을 기억하고 있으면 각 성분의 값을 쉽게 결정하여 주상도를 완성할 수 있다(그림 예제 1.3 해답도 1 참조).

$V_s = 1m^3$ 로 가정하고 $V_s = 1$ 로 둔 주상도를 참고하면

$$W_s = G_s\gamma_w = (2.65)(1.0) = 2.65t$$

$$W_w = G_s\, w\, \gamma_w = (2.65)(0.18)(1) = 0.48t$$

또는 $$w = \frac{W_w}{W_s} \quad \therefore W_w = wW_s = (0.18)(2.65) = 0.48t$$

$$W = W_s + W_w = 2.65 + 0.48 = 3.13t$$

(또는 $V_s = 1$ 로 둔 주상도에서 $W = (1+w)\, G_s\gamma_w = (1+0.18)(2.65)(1.0) = 3.13t$)

$$V_w = G_s\, w = (2.65)(0.18) = 0.48m^3$$

$$V = \frac{W}{\gamma} = \frac{3.13}{2.0} = 1.56m^3$$

$$V_v = V - V_s = 1.56 - 1 = 0.56m^3$$

이제 $V_s = 1m^3$ 로 가정한 주상도가 완성되었으므로(그림 예제 1.3 해답도 1) 상태정수는 정의에 따라 구할 수 있다.

$$\gamma_d = \frac{W_s}{V} = \frac{2.65}{1.56} = 1.70t/m^3$$

$$e = \frac{V_v}{V_s} = \frac{0.56}{1} = 0.56$$

$$S = \frac{V_w}{V_v} = \frac{0.48}{0.56} = 0.857 = 85.7\%$$

별해 2 : $W_s = 1t$ 으로 가정하는 방법

$W_s = 1t$ 으로 가정하고 주상도의 모든 성분을 구하여 정의에 따라 상태정수를 계산하는 보편적인 방법

$$w = \frac{W_w}{W_s}$$

$$\therefore W_w = w\, W_s = (0.18)(1) = 0.18t$$

$$W = W_s + W_w = 1 + 0.18 = 1.18\ t$$

$$V = \frac{W}{\gamma} = \frac{1.18}{2.0} = 0.59\, m^3$$

$$V_s = \frac{W_s}{\gamma_s} = \frac{W_s}{G_s \gamma_w} = \frac{1}{(2.65)(1)} = 0.377\, m^3$$

$$V_w = \frac{W_w}{\gamma_w} = \frac{0.18}{1} = 0.18 m^3$$

$$V_v = V - V_s = 0.590 - 0.377 = 0.213\ m^3$$

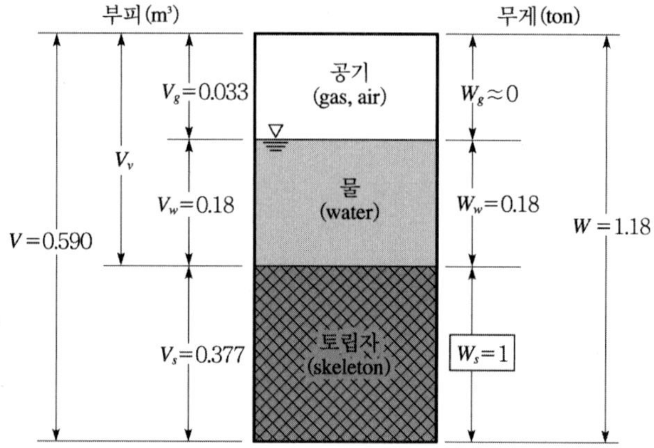

그림 예제 1.3 해답도 2

이제 $W_s = 1\text{t}$ 으로 가정했을 때의 주상도가 완성되었으므로(그림 예제 1.3 해답도 2) 구하려는 상태정수는 다음과 같이 결정할 수 있다.

$$\gamma_d = \frac{W_s}{V} = \frac{1}{0.59} = 1.70 t/m^3$$

$$e = \frac{V_v}{V_s} = \frac{0.213}{0.377} = 0.56$$

$$S = \frac{V_w}{V_v} \times 100 = \frac{0.180}{0.213} \times 100 = 84.5\%$$

◀

NOTE : 흙의 각 성분의 값 또는 상태정수의 값을 소수점 이하 너무 여러 자리로 표시하는 것은 적절하지 않음. 비유하자면 다음과 같은 진술이 정확하고 합당한가?

- 우리학과 남학생의 평균체중은 60.12345kg이다.
- 이 과자의 트랜스지방 함유율은 2.345678%이다.

독자들에게 드리는 제언 : $V = 1\,m^3$ 또는, $W = 1t$ 으로 가정하고도 이 문제를 풀 수 있음을 확인할 것. $W_s = 1t$ (또는 $V_s = 1m^3$) 대신 복잡한 값, 예를 들어 $W_s = 23.86\exp(\sin h^{-1} \ln 32)t$ 으로 가정하면 그 결과는 어떻게 되는가? (흙의 각 성분이 이 복잡한 숫자의 배수가 될 것이므로 복잡한 숫자를 이끌고 계산 과정을 거치면서 쓸데 없는 고생을 하다가 상태정수를 계산하는 마지막 단계에서 이 골치거리가 약분되어버리는 통쾌감을 맛볼 수는 있으나 권장할 일은 못됨.) 상태정수는 비(ratio)이므로 복잡한 숫자를 가정할 필요 없음. $V_s = 1$ 또는 $V_s = 10$ 등으로 하면 된다.

▶ **예제 1.4** 부피가 1.0 m^3 이고, 간극률이 60%인 건조 모래(dry sand)가 있다. 이 모래를 단위중량 0.80 g/cm^3 인 기름(oil)속에 넣었을 때 가라앉지 않게 하려면 몇 ton의 연직 상향력이 필요한가?
단, 모래의 비중은 2.65이고, 기름 속에서도 모래에는 0.1 m^3 의 공기가 갇혀(entrapped) 있게 된다.

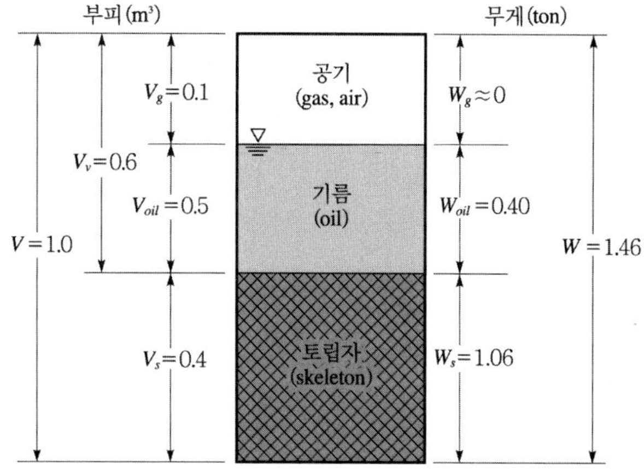

그림 예제 1.4 해답도

풀이 : 소요되는 연직 상향 힘의 크기는 0.1 m^3 의 모래가 기름 속에 있을 때의 무게와 같다. 즉 모래 전체의 무게에서 부력을 뺀 값과 같다. 이 문제는 흙의 상태정수의 정의를 바르게 이해하면서 주상도를 그려가면 쉽게 해결할 수 있다.

먼저 흙의 3가지 성분의 부피를 구해보면

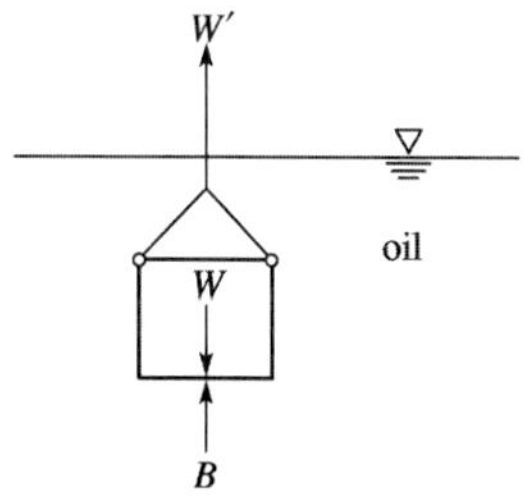

$n = \dfrac{V_v}{V}$ 에서 $V_v = nV = (0.6)(1.0) = 0.6\ m^3$

$V_s = V - V_v = 1.0 - 0.6 = 0.4\ m^3$

$V_g = 0.1\ m^3$ (문제에 주어져 있음)이므로 V_{oil} 는

$V_{oil} = V_v - V_g = 0.6 - 0.1 = 0.5\ m^3$

다음 각 성분의 무게를 구해 보면

$$W_s = V_s\ \gamma_s = V_s\ G_s\ \gamma_w$$
$$= (0.4)(2.65)(1.0) = 1.06\ t$$

$$W_{oil} = V_{oil}\ \gamma_{oil} = (0.5)(0.8) = 0.4\ ton\ ,\ W_g = 0$$

따라서 모래 전체 무게 W 는

$$W = W_s + W_{oil} = 1.06 + 0.4 = 1.46\ t$$

부피 $V = 1.0\ m^3$ 인 모래가 단위중량 $\gamma_{oil} = 0.8\ g/cm^3 = 0.8\ t/m^3$ 인 기름 속에 잠겨 있을 때, 모래에 작용하는 부력(浮力, buoyancy) B는

$$B = V\ \gamma_{oil} = (1.0)(0.8) = 0.8\ t \quad \text{(연직상향)}$$

따라서 이 모래가 기름 속에 잠겨 있을 때의 무게 W' 은

$$W' = W - B = 1.46 - 0.8 = 0.66\ t$$

이 값이 모래가 가라앉지 않게 하는데 필요한 연직 상향력의 크기이다. ◀

독자들에게 드리는 질문 : 모래가 만약 기름 대신 물 속에 잠겨 있으면 W' 은 얼마로 될까? 기름일 때보다 증가한다? 감소한다?

참고사항 : $V = 1$ 일 때의 주상도와 이에 따른 상태정수 사이의 관계

$V_s = 1$ 로 둔 주상도에서는 흙의 각 성분의 부피가 간극비 e의 항으로 표현되었다. 흙의 전체부피 $V = 1$로 두면 주상도의 각 성분의 부피는 간극률 n으로 표현된다. 토질역학에서는 e가 주로 사용되고 n은 드물게 사용되므로 $V = 1$ 로 둔 주상도를 활용하는 경우는 상대적으로 드물다. 따라서, 이 주상도는 상태정수에 대한 이해를 깊게 하기 위하여 제시하는 것이다.

$V = 1$로 둔 주상도

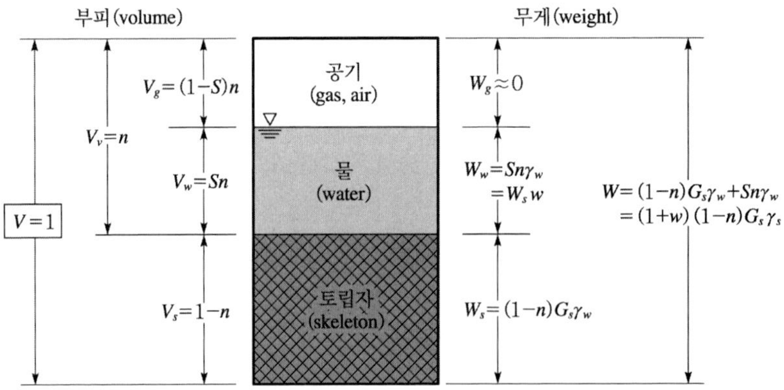

그림 1.5 $V = 1$로 둔 주상도

그림 1.5에 제시된 주상도의 각 성분은 다음과 같이 결정할 수 있다.

$$n = \frac{V_v}{V} \qquad \therefore V_v = n\cancelto{1}{V} = n \qquad V_s = V - V_v = 1 - n$$

$$S = \frac{V_w}{V_v} \qquad \therefore V_w = S\cancelto{n}{V_v} = S\,n$$

$$W_s = V_s\,\gamma_s = (1-n)\,\gamma_s = (1-n)\,G_s\,\gamma_w$$

$$W_w = V_w\,\gamma_w = S\,n\,\gamma_w$$

또는 $w = \dfrac{W_w}{W_s} \qquad \therefore W_w = wW_s = w(1-n)G_s\,\gamma_w$

$$W = W_s + W_w = \left(1-n\right)G_s\,\gamma_w + S\,n\,\gamma_w$$

또는 $W = W_s + W_w = W_s + wW_s = (1+w)W_s$

$$= (1+w)\;(1-n)G_s\gamma_w$$

이제 주상도의 모든 성분이 결정되었으며 이들은 그림 1.5에 제시되어 있다. 이를 이용하면 다음과 같은 상태정수 사이의 관계식을 얻을 수 있다.

(1) 간극비와 간극률 사이의 관계

$$e = \frac{V_v}{V_s} = \frac{n}{1-n} \tag{1.27}$$

(2) 함수율과 함수비 사이의 관계

$$w' = \frac{W_w}{W} = \frac{wW_s}{W} = \frac{w\,(1-n)\,G_s\,\gamma_w}{(1+w)(1-n)\,G_s\,\gamma_w} = \frac{w}{1+w}$$

$$\therefore\; w' = \frac{w}{1+w} \tag{1.28}$$

(3) 부피에 대한 상태정수와 무게에 대한 상태정수 사이의 환산관계식

$$w = \frac{W_w}{W_s} = \frac{S\,n\,\gamma_w}{(1-n)\,G_s\,\gamma_w}$$

$$\therefore (1-n)\,G_s w = Sn \tag{1.29}$$

위 식이 즉시 $G_s w = Se$ 가 됨은 쉽게 밝힐 수 있다(Hint : $\dfrac{n}{1-n} = e$).

(4) 건조단위중량 ; γ_d

$$\gamma_d = \frac{W_s}{V} = (1-n)\,G_s\,\gamma_w \tag{1.30}$$

(5) 습윤(전체)단위중량 ; $\gamma = \gamma_t$

$$\gamma = \frac{W}{V} = (1-n)G_s\,\gamma_w + S\,n\,\gamma_w = (1+w)\ (1-n)G_s\gamma_w \tag{1.31}$$

식 (1.30)과 (1.31)에서 γ_d와 γ 사이의 관계는

$$\gamma = (1+w)\gamma_d \tag{1.32a}$$

$$\therefore \gamma_d = \frac{\gamma}{1+w} \tag{1.32b}$$

(6) 포화단위중량 ; γ_{sat}

$$\begin{aligned}\gamma_{sat} &= [\gamma]_{S=100\%} = (1-n)G_s\,\gamma_w + n\,\gamma_w \\ &= G_s\gamma_w - (G_s-1)n\gamma_w\end{aligned} \tag{1.33}$$

(7) 수중단위중량 ; γ'

$$\begin{aligned}\gamma' &= \gamma_{sat} - \gamma_w = (1-n)G_s\gamma_w + n\gamma_w - \gamma_w \\ &= (1-n)(G_s-1)\gamma_w\end{aligned} \tag{1.34}$$

이 식이 $\gamma' = \dfrac{G_s-1}{1+e}\gamma_w$와 같음은 쉽게 밝힐 수 있다.

(hint : $1-n = \dfrac{1}{1+e}$ 이 됨)

$V \neq 1$ 이면 모든 성분을 V 배 해주면 됨.

1.1.3 상대밀도

입경이 큰 흙에 속하는 모래와 자갈 (이 두 가지 흙을 합하여 조립토 또는 입상토라 함)의 공학적 특성을 지배하는 가장 중요한 요소는 그 흙이 조밀한(dense) 상태에 있는가 느슨한 (loose) 상태에 있는가이다.

조밀한 조립토는 일반적으로 강도는 크고 침하는 적게 발생하여 토목공사 지반으로서 우수한 특성을 가지고 있고, 느슨한 흙은 그 반대이다. 따라서 조립토(모래, 자갈)가 느슨한 상태에 있는지 조밀한 상태에 있는지를 파악하고, 조밀의(또는 느슨한) 정도를 수치적으로 표현하는 것은 대단히 중요하다.

모래나 자갈, 즉 조립토에 대하여 조밀한(또는 느슨한) 정도를 수치적으로 표현하는 척도로서 상대밀도(相對密度, relative density) D_r 이라는 지수를 사용한다. 상대밀도는 다음과 같이 정의한다.

$$D_r = \frac{e_{max} - e}{e_{max} - e_{min}} \times 100(\%) \tag{1.35}$$

여기서, e_{max} : 그 흙이 가장 느슨한 상태일 때의 간극비

e_{min} : 그 흙이 가장 조밀한 상태일 때의 간극비

e : 이 흙의 현재 간극비(자연상태의 간극비)

위 식을 보면 현재의 간극비 e가 적을수록, 즉 흙이 조밀할수록 상대밀도 D_r은 커지고 반대로 e가 클수록 다시 말해 흙이 느슨할수록 상대밀도는 적게 됨을 알 수 있다.

- D_r은 백분율로 표시한다.
- $0 \le D_r \le 100$ %

  $D_r = 0 \rightleftharpoons e = e_{max}$ ∴ 가장 느슨한 상태

  $D_r = 100\% \rightleftharpoons e = e_{min}$ ∴ 가장 조밀한 상태
- D_r이 클수록 흙은 조밀한 상태에 있음을 알 수 있고 그 흙의 밀도(density) 또는 건조단위중량은 커진다. 이러한 의미에서 상대밀도를 밀도지수(密度指數, density index) DI 또는 I_D 라고도 한다.

흙의 조밀한 정도는 간극 부피의 상대적 크기에 달려있다. 그리고 간극 부피의 상대적 크기를 표현하기 위하여 이미 간극비와 간극률이라는 상태정수를 정의하였다. 그런데 여기서 확실하게 이해하여야 할 사항은 현재의 간극비 e만으로는 흙이 느슨한 상태에 있는지 조밀한 상태에 있는지 알 수 없다는 사실이다. 물론 어떤 모래가 느슨한 상태에 있으면 간극비가 크고 조밀한 상태에 있으면 간극비는 상대적으로 더 적을 것이 분명하다.

그러나 조밀한 정도에 대한 판단은 이 흙이 가장 느슨한 상태에 있을 때의 간극비 e_{max} 와 가장 조밀한 상태에서의 간극비 e_{min} 과 현재의 간극비 e를 비교해 보아야만 가능하다. e가 e_{max} 에 가까우면 느슨하고 e_{min} 에 접근해 있으면 조밀하다. 즉 흙이 조밀한가 느슨한가를 판별하는 것은 상대밀도에 의해서만 가능하다.

예를 들어 어떤 모래가 $e_1 = 0.5$, $e_2 = 0.7$ 인 상태에 있다고 하면 e_1 상태가 e_2 상태에 비해 더 조밀한 상태임은 분명하다. 그러나 e_1, e_2 상태가 조밀한 상태인지 느슨한 상태인지 판단할 수는 없다. e_{max} 과 e_{min} 의 크기에 따라 e_1은 조밀, e_2는 느슨 또는 e_1, e_2 모두 조밀, 또는 e_1, e_2 모두 느슨 등 여러 가지 경우의 수가 존재할 수 있다. 결국 흙의 조밀 또는 느슨한 정도에 대한 평가는

상대밀도를 구해보아야 비로소 가능하다.

독자들에게 드리는 질문 : 귀하의 신장은 175cm이다. 오늘의 모임에서 귀하는 키가 큰 편인가? 작은 편에 속하는가? 신장이 175cm라는 사실만으로 대답이 가능한가? 오늘 모임이 프로농구 선수단과 인터뷰를 위한 것일 때, 오늘 모임이 유치원 원아들을 위한 일일교사 봉사활동일 때를 구분하여 답하라.

결론적으로 모래와 자갈의 조밀한 정도는 상대밀도에 의해서만 판별이 가능하다. 그리고 조립토의 강도와 침하는 일차적으로 상대밀도 D_r 에 지배된다.

표 1.1에는 상대밀도에 따른 흙의 조밀의 정도를 판별하는 기준이 제시되어 있다(Lambe & Whitman, 1969). 이 표에서 ( ) 안에 제시된 값을 기준으로 하는 연구결과도 있다.

표 1.1 상대밀도에 따른 조밀의 정도

D_r (%)	조밀의 정도
<15	대단히 느슨(very loose)
15~35(50)	느슨(loose)
35(50)~65(70)	보통(medium)
65(70)~85	조밀(dense)
>85	대단히 조밀(very dense)

상대밀도의 개념은 식 (1.35)에 보인 것처럼 그 흙이 가질 수 있는 최대 및 최소 간극비와 현재의 간극비를 비교하여 정의하고 있다. 그런데 시험실에서 상대밀도를 측정할 때에는 이 정의대로 간극비를 실측하여 상대밀도를 산정하는 것은 간단하지 않다. 따라서 시험실에서는 간극비 대신 건조단위중량을 측정하여 상대밀도를 결정하고 있다. 건조단위중량의 측정은 간극비의 측정에 비하여 용이한데 부피를 알고 있는 용기에 흙이 가득 차게 한 후 건조시켜 흙의 건조중량을 측정하면 간단히 건조단위중량을 얻을 수 있다. 물론 가장 느슨한 상태($e_{\max}$)에서는 최소건조단위중량 ($\gamma_{d\min}$), 가장 조밀한 상태($e_{\min}$)에서는 최대건조단위중량($\gamma_{d\max}$)이 얻어진다.

건조단위중량과 간극비 사이의 관계는

$$\gamma_d = \frac{G_s\,\gamma_w}{1+e} \qquad \therefore\; e = \frac{G_s\,\gamma_w}{\gamma_d} - 1$$

$$\gamma_{d\min} = \frac{G_s\,\gamma_w}{1+e_{\max}} \qquad \therefore\; e_{\max} = \frac{G_s\,\gamma_w}{\gamma_{d\min}} - 1$$

$$\gamma_{d\max} = \frac{G_s \gamma_w}{1+e_{\min}} \qquad \therefore \; e_{\min} = \frac{G_s \gamma_w}{\gamma_{d\max}} - 1$$

이 식들을 식 (1.35)에 대입하고 정리하면

$$D_r = \frac{\gamma_{d\max}}{\gamma_d} \frac{\gamma_d - \gamma_{d\min}}{\gamma_{d\max} - \gamma_{d\min}} \times 100(\%) \tag{1.36}$$

여기서 $\gamma_{d\max}$: 흙이 가장 조밀한 상태에 있을 때의 건조단위중량

$\gamma_{d\min}$: 흙이 가장 느슨한 상태에 있을 때의 건조단위중량

γ_d : 현재의 건조단위중량

흙을 가장 느슨한 상태(즉 $e_{\max}$ 또는 $\gamma_{d\min}$ 상태)와 가장 조밀한 상태(즉 $e_{\min}$ 또는 $\gamma_{d\max}$ 상태)가 되게 하는 표준화된 방법은 국내에서는 아직 제정되어 있지 않다. 따라서 $\gamma_{d\min}$과 $\gamma_{d\max}$을 결정하는 방법에 따라 상대밀도의 값은 달라질 수 있다.

흙을 $\gamma_{d\min}$ (즉 $e_{\max}$)상태로 용기에 담는 일반적 방법은 낮은 높이에서 흙을 살며시 사르르 자유 낙하시키는 것이다. ASTM D-2049에는 낙하고를 1 inch(2.54cm)를 유지하고 몰드(mold)는 부피 0.1 ft^3 (2830 cm^3) 를 사용하도록 규정하고 있다. 그러나 흙(특히 실트의 경우)을 물 속에서 침강시켜 $\gamma_{d\min}$ (또는 $e_{\max}$)상태를 얻기도 한다.

$\gamma_{d\max}$ 또는 $e_{\min}$ 상태를 만드는 일반적 방법은 흙을 몰드에 담은 후 흙 위에 하중을 가한 상태에서 진동을 주어 얻는 방법이다. 여기에 관한 ASTM 규정은 ASTM D – 2049 (1991)에 제시되어 있다. $\gamma_{d\max}$ (또는 $e_{\min}$) 상태는 흙 입자가 파쇄되지는 않지만 입자에 충격을 줄 수 있을 만큼 충분한 높이에서 흙을 낙하시켜 얻기도 한다.

즉 상대밀도의 개념은 식 (1.35)에서 이해하는 것이 편리한 반면 실제 측정은 식 (1.36)에 의하여 실시하는 것이 용이하다.

지금까지는 실험실에서 상대밀도를 측정하는 방법에 관하여 설명하였다. 현장에서는 원지반의 상대밀도를 표준관입시험(standard penetration test ; SPT)에 의하여 추정하기도 한다. 표준관입시험의 N 값과 상대밀도 사이의 관계는 7장 전단강도에서 논의하기로 한다.

1.2 Atterberg 한계

1.2.1 Atterberg 한계의 정의

모래는 간극비(결국은 상대밀도)에 따라 느슨한 상태 또는 조밀한 상태로 구분되며 조밀의 정도는 모래의 역학적 특성에 가장 중요한 영향을 미치는 요소이다. 반면 점토의 경우는 자연함수비에 따라 흙의 상태가 액체, 소성체, 반고체, 또는 고체상태로 변하면서 함수비가 흙의 특성을 결정짓는 중요한 요소가 된다.

점토는 함수비가 대단히 커지면 그 부피도 함께 대단히 커지고 액체상태가 된다. 액체상태에 있는 점토의 함수비를 점차 감소시켜가면 점토의 굳기(또는 강도)가 점차 증가하여 소성체(plastic) 상태가 되고, 계속 함수비를 감소시키면 반고체(semi-solid) 상태를 거쳐 최종적으로 고체(solid) 상태에 이르게 된다. 이 과정에서 함수비의 감소에 따라 점토의 부피는 직선적으로 감소하지만 고체상태에 이르면 함수비의 감소에도 불구하고 점토의 부피는 일정해진다. 이 과정이 그림 1.6에 제시되어 있다.

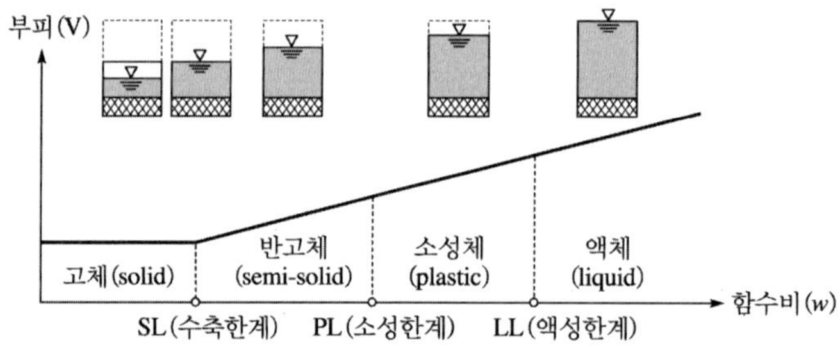

그림 1.6 함수비의 변화에 따른 점토의 부피와 상태의 변화

점토가 액체, 소성체, 반고체 또는 고체 중 어떠한 상태에 있는냐 하는 것은 그 흙의 현재의 함수비에 따라 결정된다.

Atterberg는 액체 상태와 소성체 상태의 경계가 되는 함수비를 액성한계(liquid limit; *LL*, w_l), 소성체 상태와 반고체 상태의 경계가 되는 함수비를 소성한계(plastic limit; PL, w_p) , 그리고 반고체 상태와 고체 상태의 경계가 되는 함수비를 수축한계(shrinkage limit; SL, w_s)라 정의하였다.

그리고 이 3개의 한계 함수비, 즉 액성한계, 소성한계 그리고 수축한계를 Atterberg 한계(Atterberg limits)라 한다.

Atterberg 한계는 결국 점토가 다른 상태로 넘어가는 순간의 함수비를 의미한다. 즉

- 액성한계 *LL* : 액체상태와 소성체상태의 경계함수비. 따라서 점토가 액체상태가 되는 함수비의 하한계(下限界, lower limit), (점토가 소성체 상태가 되는 함수비의 상한계(上限界, upper limit))
- 소성한계 PL : 소성체 상태와 반고체 상태의 경계 함수비. 따라서 점토가 소성체 상태에 있게 되는 함수비의 하한계,(점토가 반고체 상태가 되는 함수비의 상한계)
- 수축한계 SL : 반고체 상태와 고체 상태의 경계 함수비. 점토의 체적수축이 일어나는 함수비의 하한계 (또는 점토의 체적이 일정하게 유지되는 함수비의 상한계)

즉 Atterberg 한계의 한계란 점토의 특성을 나타내는 함수비의 하한계를 의미함을 알 수 있다.

함수비의 크기에 따라 달라지는 점성토의 강도 또는 굳음의 정도를 연경도(軟硬度) 또는 컨시스텐시(consistency)라 한다. 컨시스텐시는 연약한(soft), 보통(medium), 굳은 (stiff), 견고한(hard) 등으로 구분하여 표현하고 있다. 점토의 컨시스텐시를 흙의 일축압축강도에 따라 구분하는 기준은 7장 흙의 전단강도에 논의되어 있다.

그림 1.6에서 알 수 있는 것처럼 액체상태에 있는 점토의 함수비를 점차 감소시켜 가면 수축한계에 도달할 때까지는 부피가 감소한다. 그러나 수축한계 이하로 함수비가 적어지면 부피는 감소하지 않고 일정하게 된다. 이것은 수축한계 이상의 큰 함수비에서 점토는 포화상태에 있게 되므로 물이 증발하여 함수비가 감소하면 증발된 물의 부피만큼 흙의 부피는 감소하지만 흙은 포화상태를 유지한다. 한편 함수비가 수축한계보다 적어지면 증발된 물이 차지하고 있던 간극을 공기가 채우게 되어 더 이상의 부피감소는 일어나지 않으나 점토는 불포화 상태에 있게 되는 것을 말해주고 있다.

이 사실은 그림 1.6에서 작게 그린 주상도를 통해 설명하고 있다.

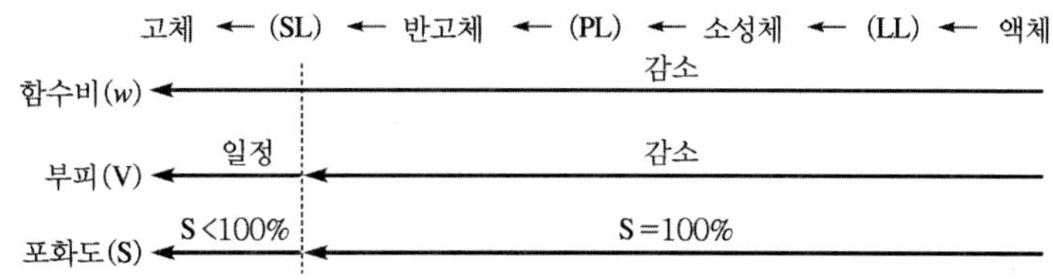

앞에서 논의한 것처럼 점토는 함수비의 변화에 따라 그 상태가 액체, 소성체, 반고체, 고체 순서대로 일관성 있게 변화한다(비소성(nonplastic ; NP)인 세립토는 제외). 각 상태가 개략적으로 어떠한 특성을 가지는지 설명해 보면

- 액체(液體, liquid) : 자체 강도가 없으므로 외력을 가하지 않아도 담는 용기의 형상과 같이 그 형태가 자유롭게 변하지만 인장균열은 물론 생기지 않음. 점토의 경우는 현탁액(slurry)상태. 모식적으로는 수프(soup)상태.
- 소성체(塑性體, plastic) : 외력을 가하면 인장균열 발생없이 형상이 변함. 점토의 경우 만들기 시간에 사용하는 찰흙 정도의 컨시스텐시. 모식적으로는 빵에 바르기 적당한 컨시스텐시의 버터(butter)상태.
- 반고체(半固體, semi-solid) : 외력을 가하면 형상은 변하지만 인장균열이 발생. 모식적으로는 치즈(cheese)상태.
- 고체(固體, solid) : 외력을 가하면 큰 형상변화를 일으키기 전에 파괴. 모식적으로는 비스켓(biscuit)상태.

1.2.2 Atterberg 한계 측정시험과 시험결과에서 얻어지는 여러지수

Atterberg 한계 측정시험은 한국공업규격(KS)과 미국재료시험학회(American Society for Testing Materials ; ASTM)에 규정된 방법에 따라 실시한다.

주의할 점은 토질시험에서 정의한 Atterberg 한계는 Casagrande가 규정한 편의적인 것으로 개념상의 정의와는 일치한다고 볼 수 없다는 점이다.

(1) 액성한계 측정시험 (KS F 2303)

액성한계는 그림 1.7에 보인 표준액성한계 측정기구로 측정한다. 시료는 입경 0.42mm미만(40번체 통과분)인 흙을 사용한다.

액성한계 측정시험에서 정의하는 액성한계는 다음과 같다.

- 시료를 잘 반죽하여 표준액성한계 측정기구의 놋쇠 접

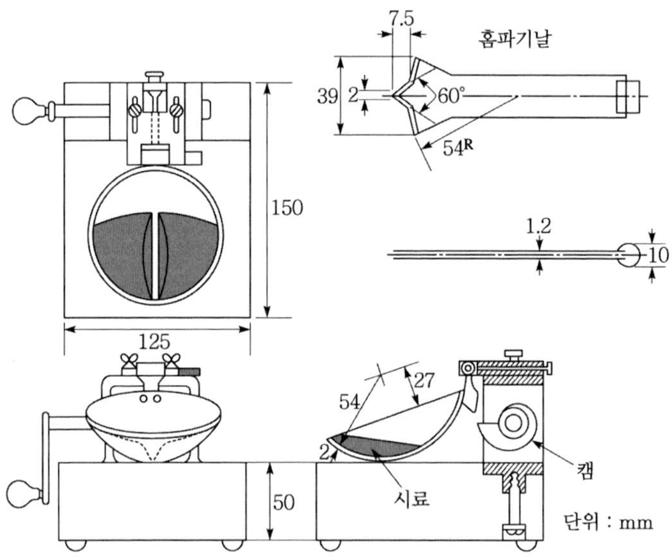

그림 1.7 표준 액성한계 측정기구

시에 담고 홈파기 날(grooving tool)로 홈을 판 후 1cm 높이에서 접시를 고무블럭에 25회 낙하시켰을 때 홈이 13mm(0.5in) 접합하면 그 때의 함수비를 액성한계 *LL*로 한다.

- 실제 시험에서는 다음과 같이 액성한계를 결정한다.

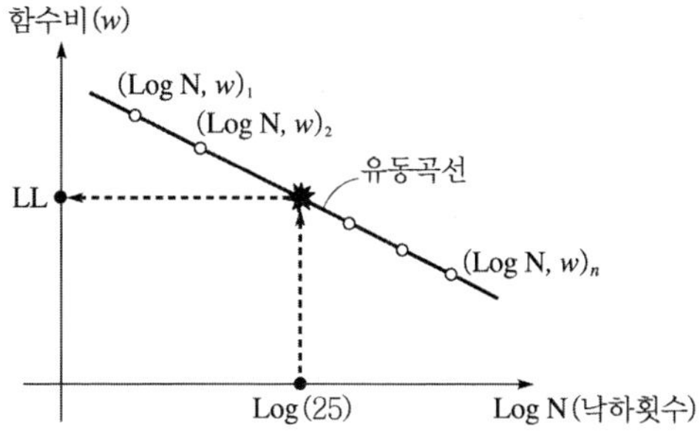

그림 1.8 유동곡선과 액성한계의 결정

① 공기건조(air dried) 시료에 물을 약간 가하여 잘 반죽하고 접시에 담은 후 홈파기 날로 홈을 판다.

② 표준액성한계 측정기구의 핸들(handle)을 돌려 접시를 1cm 높이에서 고무 블럭에 낙하시켜 홈의 중앙부가 13mm 접합 시키는데 소요되는 낙하횟수 N_1 을 기록하고, 접합부 흙의 함수비 w_1 을 측정한다.

③ 흙에 물을 조금 더 가하고(함수비를 증가시켜) 위의 작업을 반복하여 N_2 와 w_2 을 얻는다.

④ 함수비를 증가시켜 가면서 위의 과정을 되풀이 하여 그 때마다 N 와 w 를 측정한다.

⑤ 반대수(semi-logarithm) 방안지에 $w - \log N$ 을 나타내면 직선이 얻어지는데 이 직선을 유동곡선(流動曲線, flow curve)이라 한다(그림 1.8). 유동곡선 상의 모든 점은 접합길이가 13mm되게 하는 함수비와 낙하횟수의 조합이다.

⑥ 액성한계의 정의에 따라 낙하횟수 25회에 대응하는 유동곡선의 함수비가 액성한계 *LL*이 된다(그림 1.8).

NOTE : 영국(British Standards ; BS)에서는 한국공업규격의 표준액성한계 측정기구 대신 fall cone test로 액성한계를 측정함.

액성한계를 유동곡선을 그리지 않고 단 1회의 시험만으로 결정하는 근사적 시험방법으로 일점법(一點法, one point method)이 있다. 이 방법에서 액성한계는 다음과 같이 결정한다.

$$LL = w_N \left(\frac{N}{25}\right)^{\tan\beta} \tag{1.37}$$

보통 $\tan\beta = 0.121$

여기서 N : 접합길이 13mm가 될 때까지 소요된 접시의 낙하횟수

w_N : 이 때의 함수비

액성한계는 다음에 논의하는 소성지수와 함께 세립토(점토, 실트)의 공학적 분류에 사용되는 가장 중요한 요소이다. 액성한계가 큰 흙은 많은 물을 흡수할 수 있으므로 압축성이 크다.

(2) 소성한계 측정시험 (KS F 2304)

소성한계 측정장치는 유리판을 이용하며 시료는 액성한계 측정 때와 같이 입경 0.42mm 미만(40번체 통과분)인 흙으로 한다.

소성한계 측정시험에서 정의하는 소성한계는 다음과 같다.

시료를 잘 반죽하여 유리판 위에 놓고 손바닥으로 밀어 흙 가래(thread)를 만들 때 직경 3mm (1/8inch)에서 흙 가래가 4~5개로 부스러지면 이 때의 함수비를 소성한계 PL로 한다.

실제 시험에서는 함수비를 감소시켜가면서 흙 가래(thread)을 만들되 직경 3mm에서 흙 가래가 4~5개로 부스러지면 이 때의 함수비를 측정하여 소성한계 PL로 한다(그림 1.9).

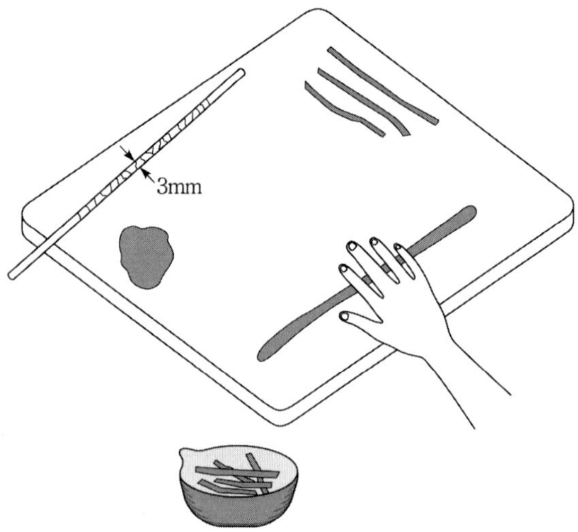

그림 1.9 소성한계 측정시험

(3) 수축한계 측정시험 (KS F 2305)

함수비가 대단히 큰 점토를 건조시키면 함수비가 감소함에 따라 흙의 부피도 함께 감소함을 이미 설명하였다. 그러나 함수비가 수축한계 SL에 도달하면 더 이상 함수비를 감소시켜도 흙의 부피는 감소하지 않고 완전 건조시까지 같은 부피를 유지하게 된다. 이것은 수축한계 보다 함수비가 적어지면 증발한 물이 차지하고 있던 간극을 공기가 채워서 흙의 부피를 일정하게 유지한다는 의미이다. 즉 흙은 수축한계 이상의 함수비에서는 포화상태에 있지만 수축한계 보다 적은 함수비에서는 불포화 상태가 된다. 요약하면 수축한계에서는 흙은 포화상태에 있고 부피는 건조시의 부피와 같다. 이 사실을 이용하여 수축한계를 측정할 수 있다.

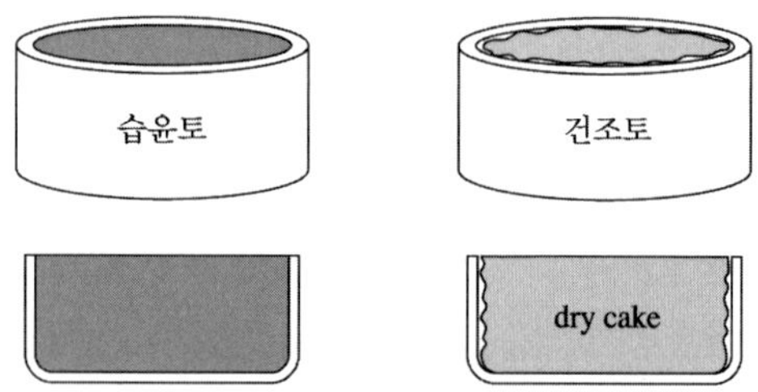

(a) 초기상태 (b) 건조상태

그림 1.10 수축한계 측정시험

수축한계는 그림 1.10(a)에 보인 것처럼 용량 V_i 와 무게를 알고 있는 용기(접시)에 함수비가 대단히 큰 점토를 가득 채워 그 무게를 측정한 다음 이 흙을 완전 건조시켰을 때 흙의 부피 V_f 와 건조 중량을 측정하여 구할 수 있다. 건조시의 흙의 부피 V_f 는 수은(水銀, mercury)을 이용하여 측정한다. 건조시 흙의 무게는 물론 토립자의 무게와 같다.

◦ 초기상태

흙의 부피 V_i, 토립자의 무게 W_s, 물의 무게 W_{Wi}, 흙 전체무게 $W_i = W_s + W_{Wi}$

◦ 건조상태

흙의 부피 V_f, 토립자의 무게 W_s, 흙 전체무게 $W_f = W_s$

◦ 수축한계 상태

흙 전체의 부피 V_f, 토립자의 무게 W_s, 물의 무게 $(W_w)_{SL} = W_{wi} - (V_i - V_f)\gamma_w$

초기상태, 수축한계 상태 및 건조상태의 주상도는 그림 1.11과 같다.

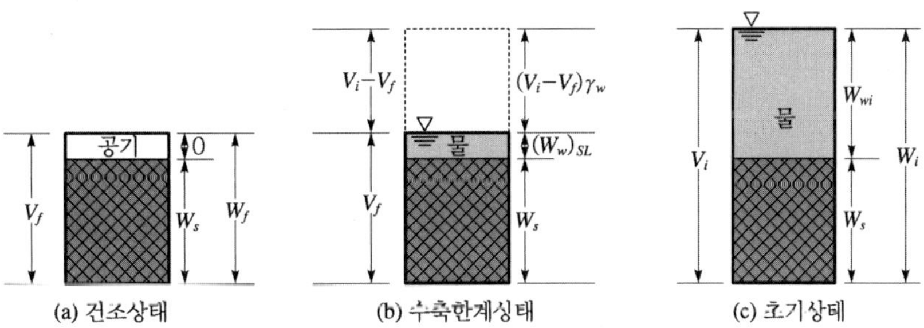

그림 1.11 함수비의 변화에 따른 주상도

수축한계상태에서 흙의 부피는 건조시의 부피 V_f 와 같고 $S = 100\%$ 임을 다시 한번 유의하면 수축한계 SL은

$$SL = \frac{(W_w)_{SL}}{W_s} = \frac{W_{wi} - (V_i - V_f)\gamma_w}{W_s} = \frac{(W_i - W_s) - (V_i - V_f)\gamma_w}{W_s}$$

$$\therefore SL = \frac{(W_i - W_f) - (V_i - V_f)\gamma_w}{W_f} \tag{1.38a}$$

식 (1.38a)는 다음과 같이 2항으로 나누어 쓸 수도 있다.

$$SL = w_i - \Delta w \tag{1.38b}$$

여기서 $w_i = \dfrac{W_{wi}}{W_s} = \dfrac{W_i - W_f}{W_f}$: 초기함수비

$$\Delta w = \frac{\Delta V \gamma_w}{W_s} = \frac{(V_i - V_f)\gamma_w}{W_f}$$

: 초기함수비에서 수축한계에 이르기까지의 함수비의 감소량

Atterberg 한계에 관한 몇 가지 comment :

Atterberg 한계는 세립토의 특성을 이해하는데 있어서 대단히 중요한 요소임이 분명하다. 그러나 다음과 같은 문제점이 있음에도 유의하여야 한다.

먼저 흙의 특성은 흙이 교란되면 크게 달라지는데 Atterberg 한계는 심하게 교란된 시료에서 측정하므로 점토구조의 변화와 결합조직의 파괴 등으로 인하여 원 지반의 특성을 그대로 나타낸다고 볼 수 없다. 또한 Atterberg 시험에서 정의하는 Atterberg 한계가 개념상의 정의와 일치하지 않는다는 점이다. 그럼에도 불구하고 Atterberg 한계는 현재의 방법대로 측정되어 왔으며 시험결과를 이용하여 장기간에 걸쳐 축적된 경험을 실무에서 유용하게 활용하고 있다. 따라서, 설령 보다 정확한 시험방법을 새로 고안하여도 이것을 이용한 시험성과를 바로 실무에 사용할 수는 없다. 그리고 액성한계 또는 소성한계의 약간의 차이가 의미하는 바를 깊이 생각해 보는 것은 노력에 비해 소득은 별로 크지 않다.

Atterberg 한계에서 얻어지는 지수들(indices) :

Atterberg 시험 성과를 이용하여 여러가지 지수(index)를 정의하고 있는데 이들은 점토의 특성을 이해하거나 흙을 분류하는 중요한 요소가 된다. 여러 지수 중 가장 중요한 것은 소성지수와 액성지수이다.

(1) 소성지수(塑性指數, plasticity index) PI 또는 I_P

소성지수는 액성한계에서 소성한계를 뺀 값과 같다. 즉

$$PI = LL - PL\ (\%) \tag{1.39}$$

따라서 소성지수는 흙이 소성체상태에 있는 함수비의 범위(폭)이다. 그러므로 소성지수가 큰 점

토는 소성체상태에 있게 되는 함수비의 범위가 커서 웬만하면 소성체상태에 있게 된다. 반면에 소성지수가 적은 흙은 소성을 발휘하는 함수비의 범위가 좁다.

소성지수가 0이거나 측정이 불가능한 경우 이 흙은 비소성(非塑性, nonplastic)이라 하고, NP로 표시한다. 엄밀한 의미에서 비소성 흙은 어떠한 함수비에서도 소성을 나타내지 않는 흙이므로 직경 3mm의 흙 가래가 만들어지지 않는 흙이다.

소성지수가 큰 흙은 압축성(壓縮性, compressibility)이 크다. 즉 같은 크기의 하중을 받을 때 소성지수가 더 큰 흙이 더 많이 압축된다. 점토는 탄성체가 아니지만 비유하자면 소성지수가 큰 흙은 탄성계수가 적은 재료와 같은 거동을 한다(토질역학에서는 탄성계수 대신 변형계수라는 용어가 사용되고 있음). 이 사실은 다음 참고사항과 같이 추론해 볼 수 있다.

참고사항 : 소성지수와 점토의 압축성

액성한계에 있는 점토는 그 강도가 약 $0.2\ g/cm^2$ 이고 소성한계에서는 점토는 약 $20\ g/cm^2$ 의 강도를 가지는 것으로 알려져 있다. 따라서 함수비가 액성한계에서 소성한계로 변하면 그 강도는 100배 또는 $19.8 g/cm^2$ 만큼 증가한다($0.2\ g/cm^2$ 에서 $20\ g/cm^2$ 로). 그런데 액성한계에서 소성한계로 변하는 동안 발생한 함수비 변화량 Δw 는 소성지수와 같다. 즉

$$\Delta w = LL - PL = PI \tag{1.40}$$

점투가 소성체상태에 있을 때에는 포화상대이므로 함수비의 번화량은 흙 무피의 변화량 ΔV 에 비례한다. 따라서

$$PI = \Delta w \propto \Delta V \tag{1.41}$$

체적변형계수(근사적으로 체저탄성게수)는

$$M_v = \frac{\Delta\sigma}{\varepsilon_{vol}} = \frac{\Delta\sigma}{\Delta V/V_0} \tag{1.42}$$

여기서 $\varepsilon_{vol} = \dfrac{\Delta V}{V_0}$ 는 체적변화율

그런데 LL에서 PL로 변하는 동안 $\Delta\sigma = 19.8 g/cm^2 = const.$ 이고 $PI \propto \Delta V$ 이므로

$$M_v \propto \frac{1}{PI} \tag{1.43}$$

즉 소성지수는 변형계수에 반비례한다. 따라서 PI가 큰 흙은 압축성이 크다.

소성지수는 액성한계와 함께 세립토를 공학적 목적을 위해 분류하는데 사용되는 가장 중요한 요소가 된다(제2장 흙의 분류 참조).

(2) 액성지수(液性指數, liquidity index) LI 또는 I_l

액성지수 LI는 다음과 같이 정의한다 ;

$$LI = \frac{w - PL}{LL - PL} = \frac{w - PL}{PI} \tag{1.44}$$

여기서, w : 자연함수비(현재의 함수비)

- 만약 $LI > 1$ 이면 $w > LL$, 따라서 흙은 액체상태에 있고 강도는 없다.
  $0 < LI < 1$ 이면 $PL < w < LL$ 이어서 흙은 소성체상태에 있다.
- $LI < 0$ 이면 $w < PL$ 이 되고 흙은 반고체 또는 고체상태에 있다.

액성지수의 물리적 의미는 다음과 같이 설명해 볼 수 있다.

지하에 있는 점토는 대부분 소성체상태에 있다. 즉 함수비가 소성한계와 액성한계 사이에 있다. 그리고 소성지수는 흙이 소성체상태에 있게 되는 함수비의 범위를 나타낸다($PI = LL - PL$). LI를 정의하는 식의 분모가 곧 이 값으로 되어 있다. 분자는 현재의 함수비가 소성한계를 기준으로 하여 액성한계 쪽으로 얼마나 접근해 있는가를 나타내고 있다. 따라서 액성지수는 흙이 소성체상태에 있는 함수비의 범위에 대한 소성한계를 기준으로 현재 함수비가 액성한계 쪽으로 접근해간 정도를 비로 나타낸 것이다. 따라서 흙이 소성체상태에 있을 때에는 LI 가 클수록 현재의 함수비는 액성한계에 가까운 값이고 LI 가 적을수록 현재의 함수비는 소성한계에 가까운 값이 된다. 그림 1.12는 액성한계와 상대밀도의 의미를 비교하여 보여주고 있다(상대밀도의 개념과 비교하여 생각해 볼 것).

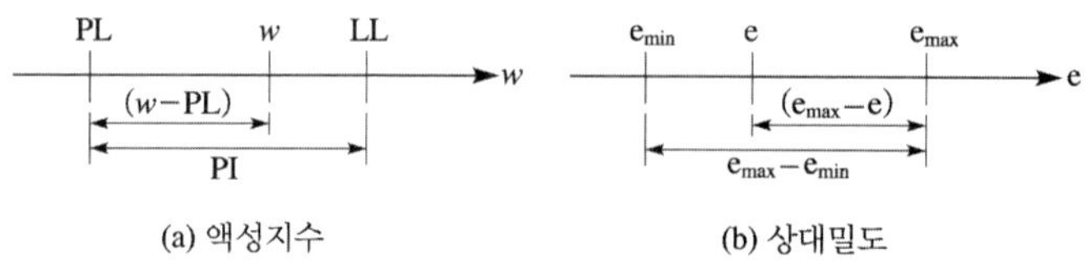

그림 1.12 액성지수와 상대밀도 개념의 비교

- LI 는 PL 기준 w 가 LL 에 접근한 정도를 표시
- D_r 는 $e_{\max}$ 기준 e가 $e_{\min}$ 에 접근한 정도를 표시함.

액성지수는 예민비와 함께 quick clay 판별의 기준이 된다. 점토의 예민비와 quick clay에 대해서는 뒤의 흙의 전단강도에서 논의하게 되지만 여기서는 간략하게 설명하기로 한다.

예민비(銳敏比, sensitivity ratio) S_t : 점토는 교란(disturbed)되면 불교란 상태(undisturbed)에서의 강도 중 일부를 잃어 버리게 된다. 예민비는 교란시료의 강도에 대한 불교란된 시료의 강도의 비를 의미한다.

즉

$$\text{예민비}(S_t) = \frac{\text{교란되지 않은 흙의 일축 압축 강도}}{\text{교란된 흙의 일축 압축 강도}} = \frac{q_u}{q_{ur}} \tag{1.45}$$

따라서 예민비가 큰 흙은 교란되면 강도는 크게 감소하게 된다.

quick clay : 토립자 사이에 작용하던 전기 화학적 결합력(electro-chemical bond)이 소실된 상태에 있으면서 함수비가 대단히 크고($LL > 1$), 예민비도 매우 큰 점토가 지진이나 발파 등에 의하여 교란되면 강도를 모두 잃어버리고 액체상태가 되어 흘러내리게 된다. 이러한 점토를 quick clay라 한다(해성점토(海城粘土, marine clay)가 융기하여 quick clay가 되는 기구한 운명의 과정은 흙의 전단강도 중 일축압축시험 절에 논의하고 있음).

quick clay가 발생하기 위해서는 예민비가 큰 점토가 존재하고 이 점토의 액성지수가 1보다 크며 이 점토를 충분히 교란시킬 만한 동적하중이 작용하여야 한다(지진, 발파 등). 따라서 LI 와 S_t 는 quick clay 발생 가능성 판단의 기준이 된다.

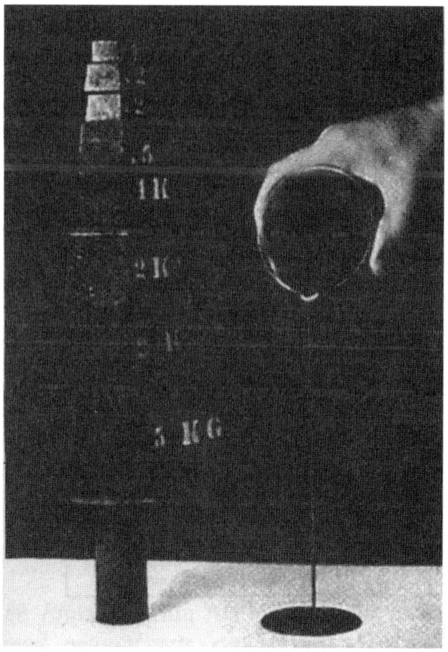

그림 1.13 예민한 점토의 교란 전후의 강도비교

quick clay의 quick은 강도를 완전히 잃어버린 상태, 즉 흙의 강도가 0(zero)인 상태를 의미한다(점토의 움직임이 신속함을 찬양하는 의미가 절대 아님!).

그림 1.13은 불교란 상태에서는 비교적 큰 강도를 가지고 있던 점토가 교란에 의하여 강도를 완전히 잃어버리고 현탁액이 되는 사실을 보여주고 있다.

참고사항

소성지수 PI 와 액성지수 LI 외에 수축지수(shrinkage index ; SI), 유동지수(flow index ; FI), 터프니스 지수(toughness index ; TI), 컨시스텐시 지수(consistency index ; CI) 등이 정의되어 있으나, 이들 지수는 사용되는 경우가 흔하지 않다.

- 수축지수 : $SI = I_s = PL - SL$ (1.46)
- 유동지수 : 유동곡선의 기울기 $FI = I_f = \dfrac{w_1 - w_2}{\log N_2 - \log N_1} = \dfrac{w_1 - w_2}{\log \dfrac{N_2}{N_1}}$ (1.47)

  여기서 (w_1, N_1) , (w_2, N_2) 는 유동곡선상의 2점의 함수비와 낙하횟수
- 터프니스 지수 : $TI = I_t = \dfrac{PI}{FI}$ (1.48)
- 컨시스텐시 지수 : $CI = I_c = \dfrac{LL - w}{LL - PL} = \dfrac{LL - w}{PI}$ (1.49)

***NOTE** : LI+CI=1*

1.3 활성도

점토(粘土, clay)의 정의 : 점토는 다음 두 가지 의미로 사용되고 있다.

① 입경에 따른 정의 : 입경 0.002mm(2 μm)이하인 흙. 이 때에는 점토크기(clay – size)의 흙이라는 의미이다.

② 광물학적 정의 : 적당한 함수비에서 소성을 발휘하는 흙. 이 경우에는 점토광물(clay mineral)로 이루어진 흙으로 적절한 함수비에서 소성체 거동을 하는 흙이라는 의미이다.

점토라는 어휘는 별다른 구별 없이 위의 2가지 개념으로 함께 사용되고 있다. 점토가 소성을 발휘하는 것은 점토입자 표면에 결합된 흡착수 때문이다. 그러므로 소성지수는 점토의 함유율과 구

성점토광물의 종류에 따라 달라진다.

그림 1.14는 소성지수와 점토함유율 사이에는 직선적 비례관계가 있음을 보여주고 있다. 이 직선의 기울기를 활성도라 하며 문자 A_c 로 표기한다. 직선의 방정식은

$$PI = A_c \cdot [\text{점토(입경} < 0.002mm\text{)함유율}] \tag{1.50a}$$

또는

$$A_c = \frac{PI}{[\text{점토(입경} < 0.002\text{mm)함유율}]} \tag{1.50b}$$

여기서 A_c 를 활성도(活性度, activity)라 한다.

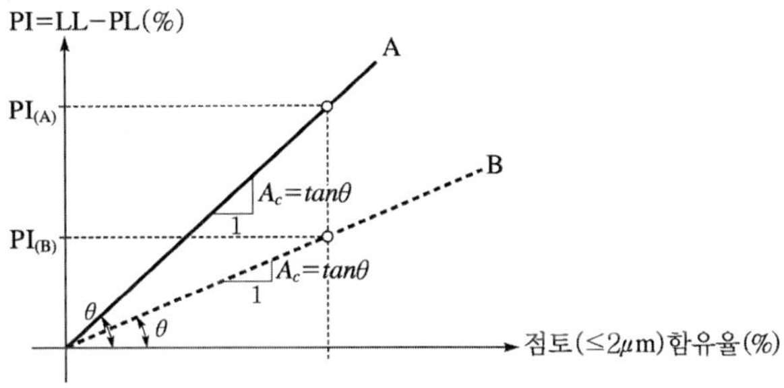

그림 1.14 점토의 활성도

그림 1.14에서 다음과 같은 사실을 알 수 있다 :

① 구싱 점토광물이 같을 때에는 점토(입경 0.002mm 이하)의 함유율이 많을수록 소성지수는 더 커진다.

② 동일한 점토 함유율에서 점토에 따라 소성지수가 다른 것은 구성점토 광물이 다르기 때문이다. 즉 점토광물에 따라 활성도(즉 직선의 기울기 A_c)는 다른 값이 된다.

점토광물에는 여러가지가 있으나 3가지 주요 점토광물은 kaolinite, illite, montmorillonite 이다. 이들을 포함한 점토광물의 활성도는 표 1.2에 수록되어 있다.

활성도가 큰 흙은 팽창잠재력(swelling potential)이 큰 것으로 알려져 있다. 또한 활성도를 알면 잘 알려진 점토광물의 활성도와 비교해 봄으로써 구성점토광물의 종류를 추정할 수 있다.

표 1.2 점토광물의 활성도(Skempton, 1953 및 Mitchell, 1976)

점토광물	활성도	점토광물	활성도
Na-montmorillonite	4 ~ 7	Attapulgite	0.5 ~ 1.2
Ca-montmorillonite	1.5	Allophane	0.5 ~ 1.2
Illite	0.5 ~ 1.3	Mica(muscovite)	0.2
Kaolinite	0.3 ~ 0.5	Calcite	0.2
Halloysite(dehydrated)	0.5	Quartz	0
Halloysite(hydrated)	0.1		

NOTE : 활성도가 큰 점토는 흡착수를 많이 결합할 수 있도록 비표면적(比表面積, specific surface area)이 큼. 비표면적은 $\frac{표면적}{부피}$ 임. montmorillonite는 대단히 얇은 판(板, plate) 형상이어서 10g의 표면적이 국제 규격 축구장 면적보다 큼(비표면적 $1000 m^2/g$). 국제 규격 축구장의 크기는 가로 100 ~ 110m , 세로 64 ~ 75m 정도임.

NOTE : 비표면적은 $\frac{표면적}{부피}$ 으로 정의하기도 함.

연습문제

1.1 초기 간극률 $n_0 = 37\%$ 인 모래가 등방압축되어 간극비 $e_f = 0.29$, 부피 $V_f = 73.0\ cm^3$ 가 되었다. 이 모래의 초기부피 V_0 는 얼마였을까? (Hint : V_s 는 변하지 않음)

1.2 비중 2.67인 실트의 건조단위중량이 118.0pcf이다. 만약 포화도가 78.0%이면 함수비는 얼마인가?

1.3 사해(死海, dead sea)에서는 물의 단위중량 $\gamma_w = 11.47\ kN/m^3$ 이다. 비중 2.65, 간극비 0.60인 모래가 사해의 바닥면에 있다면 이 흙의 수중단위중량 γ' 은 얼마나 될까?

1.4 비중 2.70인 모래 시료의 부피는 80 cm^3 , 전체 무게는 160g, 함수비 20%이다. 이 시료의 무게를 변화시키지 않고 포화상태($S = 100\%$)로 만들려면 흙의 부피를 얼마나 감소시켜야 하는가?

1.5 모래의 건조단위중량이 135pcf, 상대밀도 83%, 비중은 2.73이다. 만약 이 흙이 가장 느슨한 상태에 있을 때의 건조단위중량 $\gamma_{d\min} = 100\text{pcf}$ 이면 이 흙이 가장 느슨한 상태에 있을 때와 가장 조밀한 상태에 있을 때의 간극비는 각각 얼마인가?

1.6 점토는 흔히 판(plate) 형상으로 되어 있다. 어떤 점토의 형상이 누께 50Å , 가로와 세로가 모두 1000Å 인 판형상으로 이루고 있고 비중은 2.80이다. 만약 점토 입자가 완전히 평행하게(face to face) 배열되어 있고, 입자 사이의 간격이 150Å 이면 간극비는 얼마인가? 또 포화상태에서 함수비는 얼마인가? 그리고 1면이 1cm인 정육면체 속에는 몇 개의 입자가 들어 있는가?(입자 단부(edge) 사이의 간격을 어떻게 가정하였는지 기술할 것)

1.7 부피 $1m^3$, 무게 $1.8ton$ 인 흙의 함수비가 20%이고 비중은 2.65이다. 이 흙의 (a) 건조단위중량, (b) 간극비, (c) 포화도를 구하되 다음 2가지 방법을 이용하여라.

(1) 주상도를 완성하고 정의에 따라 상태정수를 구하는 방법

(2) 상태정수 사이의 관계식을 이용하는 방법

1.8 포화점토의 액성지수 LI가 1.50이고 점토(입경 $0.002mm = 2\mu m$ 미만)함유율 40%, 활성도 0.75이다. 이 흙의 액성한계 LL과 소성지수 PI를 소성도에 나타내면 A-line 자체에 놓이게 된다. 이 흙의 비중이 2.70이면 포화단위중량은 얼마인가?

1.9 포화($S = 100\%$) 점토의 점토함유율이 40%, 활성도는 0.75이다. 이 흙의 액성지수는 1.50이고 액성한계는 60%이다. 이 흙의 비중이 2.80이면 흙의 단위중량은 얼마인가?

(Hint : $\gamma_{sat} = \dfrac{G_s + e}{1 + e}\gamma_w$ 로 구하되 e를 구하는 방법을 생각해 볼 것)

1.10 그림과 같이 평행사변형인 흙 요소가 수면 아래 잠겨 있을 때 Archimedes의 원리가 성립됨을 보이고, 이 때에도 수중단위중량은 포화단위중량에서 물의 단위중량을 뺀 값($\gamma' = \gamma_{sat} - \gamma_w$) 과 같음을 밝혀보라.

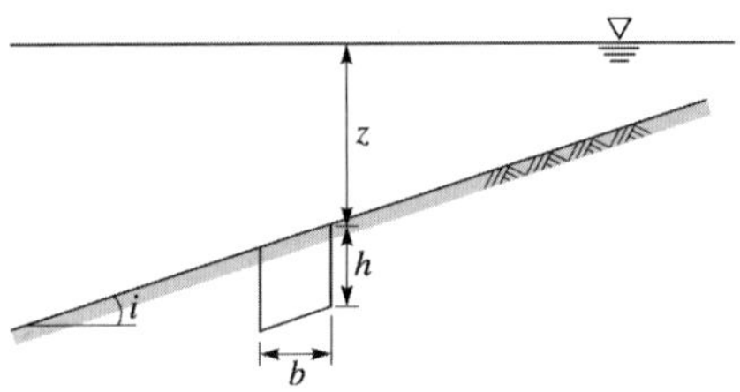

1.11 기본상태정수 6개 중 임의로 3개를 선택하여 1개의 조(set)를 만들고 상태정수의 값을 가정한 다음 나머지 3개의 상태정수를 구하라. 3개 이상의 조에 대하여 계산을 실시하라. 가정한 값과 계산해낸 값이 합당한 범위의 값인지 검토하고 그렇지 못하면 수정할 것.

제 2 장

흙의 분류

2.1 흙을 분류하는 목적

일상생활에서는 흙을 자갈, 모래, 점토, 황토, 갯벌 등으로 분류하여 표현하고 있다. 이러한 분류명은 사람들 사이의 의사전달(communication)을 위한 어휘(vocabulary)로서 사용되고 있으나, 개별적 흙에 대한 정의는 명확하지 않고 그 구분은 대단히 주관적이다. 예를 들어 어떤 사람이 자갈이라고 주장하는 흙을 다른 사람은 굵은(왕) 모래라고 반박하여도 어느 말이 정확한지 판정하기 어렵고 흙도 스스로의 정체에 관하여 밝히는 일이 없다(심지어 통 큰 사람은 가는 모래라고 우길 수도 있음). 그럼에도 불구하고 일상생활에서는 흙의 분류 때문에 커다란 혼란이 생기는 일은 드물다.

그러나 전문적 학술 분야에서는 이러한 불명확성은 용인될 수 없으므로 각 분야에서는 고유의 목적에 적합하도록 흙을 엄격하게 분류하고 있다. 즉 토목공학은 물론 광산학, 지질학, 농학, 해양학, 요업 등에서도 해당 학분과 기술분야 별로 흙의 분류방법을 확립하고 이를 실용하고 있다.

이 장(章, chapter)에서는 흙을 (토목)공학적 입장에서 분류하는 방법과 그렇게 분류된 각종 흙의 개략적 특성이 어떠한가를 논의해 보기로 한다. 흙을 공학적으로 분류하는 목적은 다음과 같다.

첫째, 기술자들 사이의 기술적 정보 전달을 위한 전문용어(professional terminology)로서의 기능이다. 공학적으로 분류된 흙(예를 들어 모래, 실트 등)은 그 정의가 명확하므로 개념의 혼란이나 오해의 우려 없이 의사소통을 위한 어휘로서의 기능을 하고 있다. 또한 해당 흙의 공학적 특성이 상당히 구체적으로 알려져 있고 이러한 인식이 기술자들 사이에 공유되고 있다.

둘째, 소수의 간단한 시험성과로 흙을 분류하면 고가의 기술정보 획득이 가능하다. 이러한 기술적 정보는 장기간에 걸쳐 축적된 경험의 소산이다. 따라서 흙의 분류는 가장 경제적인 기술 획득의 방법이 될 수 있다(예를 들어 통일 분류법의 표 2.4를 참조할 것).

2.2 입경에 따른 흙의 분류

흙의 입경(粒徑, grain size) 크기에 따라 흙을 분류하는 방법이다. 입경은 입자의 직경이란 의미이므로 묵시적으로 입자의 형상이 구라고 가정하고 있다. 그런데 실제 흙의 입자는 구형이 아니므로 입경은 결국 일종의 등치입경(等値粒徑, equivalent diameter)임을 알 수 있다.

흙의 등치입경은 여러 가지 방법으로 정의하고 있다. 그 가운데 중요한 것을 예시하면

- 체 눈금(sieve opening) : 체분석 시험에서 사용하는 입경
  입경은 흙이 잔류하고 있는 체 눈금보다는 크고 바로 위의 체 눈금보다는 작다.
- 흙 입자와 부피가 같은 구(球, sphere)의 직경
- 액체 속에서 흙입자와 동일한 침강속도를 가지는 구의 직경
  : 비중계 분석(hydrometer analysis)에서 사용한다. 구의 침강속도는 Stokes의 법칙에서 설명하기로 한다.

흙은 그 입경의 크기에 따라 조립토(粗粒土, coarse soil)와 세립토(細粒土, fine soil)로 대별한다. 조립토는 입경이 큰 흙으로 자갈(礫, gravel)과 모래(砂, sand)가 포함되어 있으며 입상토(粒狀土, granular soil)라고도 한다. 세립토는 입경이 가는 흙이며 실트(silt)와 점토(clay)가 여기에 속한다. 세립토는 점착력이 있으면 점성토(粘性土, cohesive soil)라 한다. 자갈보다 입경이 더 크면 율석(栗石, cobble), 옥석(玉石, boulder) 또는 호박돌이라 하지만 이들은 이 책에서는 논의의 대상이 거의 되지 않는다.

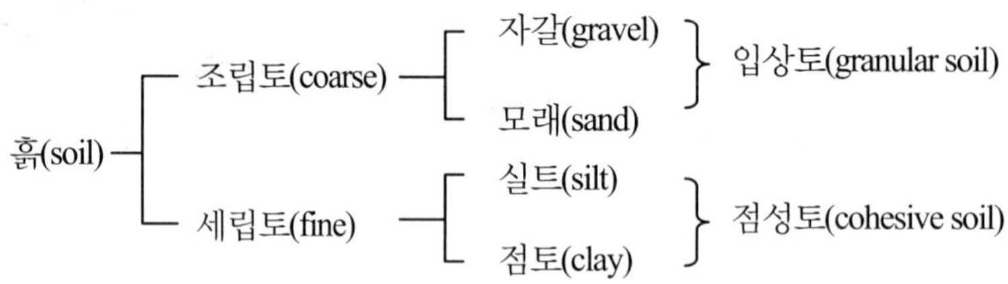

입경에 따른 흙의 분류방법은 국가별 또는 각 연구기관 별로 목적에 따라 다양한 기준을 제시하고 있다. 예를 들어 다음에 제시하는 것은 MIT분류법인데 이 분류법은 역사가 가장 깊어 다른 학문에까지 영향을 미치고 있는 기본적 분류법이다.

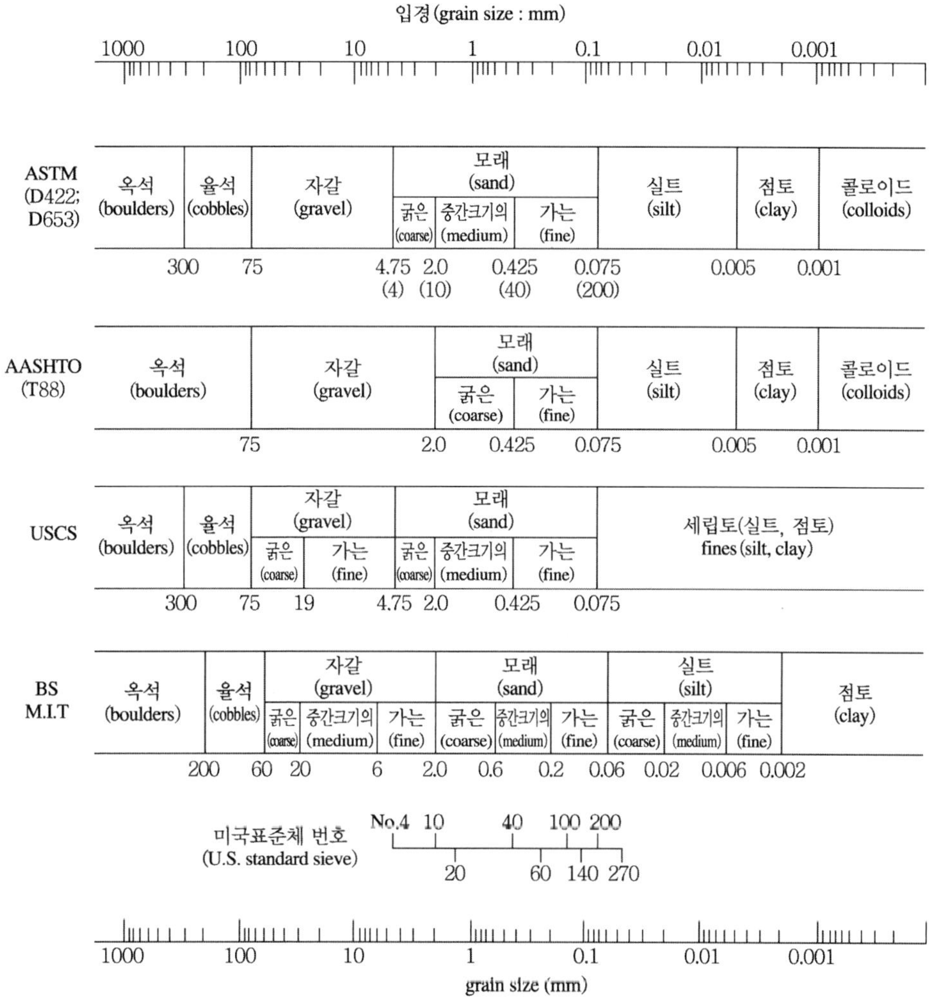

ASTM = American Society for Testing and Materials (1980)

AASHTO = American Association for State Highway and Transportation Officials (1978) (미국 공로 및 교통협회)

USCS = Unified Soil Classification System (미국 개척국 ; 미국 공병단) (U.S. Bureau of Reclamation, 1974 ; U.S. Army Engineer WES. 1960)

BS = British Standard (영국 표준규격)

M. I. T. = Massachusetts Institute of Technology (Taylor, 1948)

그림 2.1 입경에 의한 흙의 분류방법

MIT 분류법

자갈(gravel) : 2 mm ~ 60 mm

모래(sand) : 0.06 mm ~ 2 mm

실트(silt) : 0.002 mm ~ 0.06 mm

점토(clay) : < 0.002 mm (2 μm)

중요한 흙의 분류방법은 그림 2.1에 제시되어 있다.

실트(silt)는 우리말 사전에는 등재되어 있지 않은 흙의 명칭이다. 입경은 모래와 점토의 중간이며 암석이 물리적 풍화작용에 의하여 생성될 수 있는 가장 가는 흙이다. 먼지 같은 크기이므로 육안으로는 입자를 볼 수 없다. 본질적으로 돌가루(石粉, rock flour)이며 순수한 실트는 점성(cohesion)이 없으나 자연상태에서는 점토와 혼합되어 점성을 나타내는 수가 많다. 점토와 구별하는 한가지 방법으로 건조강도시험(dry strength test)이 있다.

적당한 함수비에서 공을 만들어 건조시킨 후 손가락으로 비비면 실트는 쉽게 파괴 되는데 반해 점토는 잘 파괴되지 않는다. 이것은 점착력 차이에 기인한다. 즉 촉촉한 실트가 공으로 만들어지는 것은 겉보기 점착력 때문인데 건조하면 겉보기 점착력은 소실된다(겉보기 점착력은 추후논의). 반면 점토는 건조되면 그 강도는 더 커진다.

자연상태에 있는 흙은 한가지 흙(예 : 모래)에만 해당하는 입경만으로 이루어진 경우는 드물고 입경의 분포는 보다 광범위하다. 개략적인 입경의 구성을 표현하기 위하여서는 2가지(때로는 그 이상)명칭을 함께 사용한다. 예를 들면 점토질 실트(clayey silt) 또는 실트질 점토(silty clay) 등이다. 점토질 실트는 실트 크기의 입경이 주성분이지만 점토 입경도 다소 함유하고 있는 흙을 말한다. 반면 실트질 점토는 점토가 주성분이지만 실트도 약간 함유하고 있는 흙이다.

2.3 흙의 입도 분포 해석

흙의 입도를 분석하는 시험은 조립토(입경 ≥ 0.075*mm* : 자갈, 모래)에 대해서는 체분석을 실시하고 세립토(입경 < 0.075*mm* : 실트, 점토)의 경우에는 비중계분석(hydrometer analysis)을 실시한다. 조립토와 세립토에 대한 체분석과 비중계분석 결과를 결합하여 입도분석(grain size analysis)을 완성하고 그 결과는 입도분포곡선(粒度分布曲線, grain size distribution curve) 또는 입경가적곡선(粒徑加積曲線, grain size accumulation curve)으로 나타낸다.

입경가적곡선은 어떤 입경보다 가는 입자의 흙이 전체 흙의 몇 %가 되는가를 나타내는 그림이다. 이 곡선을 얻는 방법과 활용방법, 그리고 이 곡선의 본질적 의미에 관해서는 곧이어 논의 하기로 한다.

먼저 비중계분석에 관하여 논의해 보기로 한다. 진공 속을 낙하하는 물체는 중력의 작용으로 시간이 경과함에 따라 그 속도는 커지고($v = v_0 + gt$), 속도는 물체의 무게나 부피에 무관하게 동일하다(갈릴레오와 피사의 사탑). 그러나 액체 속을 침강하는 구(球, sphere)는 시간이 약간 경과하면 동일한 침강속도를 유지하며, 이 속도는 구의 비중이 클수록 빠르고 구의 직경의 제곱에 비례한다. 이 사실을 Stokes의 법칙이라 한다. Stokes의 법칙은 다음과 같다.

$$v = \frac{\gamma_s - \gamma_w}{18\eta} d^2 \tag{2.1}$$

여기서, η : 액체의 점성계수　　γ_s : 구의 단위중량
γ_w : 액체의 단위중량　　d : 구의 직경
v : 구의 최종 침강속도

따라서 흙 입자의 침강속도를 측정하여 등치입경을 구할 수 있다. 여기에 관하여서는 토질시험에 관한 서적을 참고하기 바란다.

체분석은 표준체(standard sieve)를 사용하여 실시한다. 표준체에는 표 2.1에 제시한 것처럼 체 번호(sieve number)와 체 눈금(sieve opening)이 규정되어 있다.

표 2.1 표준체의 체 번호와 눈금

체 번 호	No.4	No.10	No.16	No.40	No.60	No.100	No.200	No.400
눈금(mm)	4.75	2.00	1.19	0.425	0.250	0.150	0.075	0.0038

NOTE : 체 번호가 커질수록 눈금은 작아짐. 토질역학에서는 No.200체까지만 의미가 있음(실용되고 있음).

체분석시험을 실시할 때에는 먼저 필요한 눈금의 체들로 한 조(組)를 만들되 위쪽에 제일 큰 눈금의 체(즉 체번호 가장 작은 체)를 놓고 아래에는 순차적으로 가는 체를 배치하되 마지막에는 놋쇠접시(pan)를 배치한다. 이 한 조의 체를 체 흔들이(sieve shaker)로 흔든 다음 각 체에 잔류한 흙의 무게, 즉 잔류량을 측정한다. 체분석시험결과를 정리하는 방법은 다음의 수치 예를 이용하여 설명하기로 한다.

체분석시험결과 계산 예 :

표 2.2에는 시료 200g을 체분석하여 얻은 각 체에 잔류한 흙의 무게(잔류량)가 제시되어 있다. 잔류율, 가적 잔류율, (가적)통과율을 계산하여 표를 완성하고 이들의 의미를 숙지하기 바란다.

- 잔류량 : 해당 체에 잔류한 시료의 무게(g)
  해당 체의 눈금보다는 굵고 바로 위에 있는 체의 눈금보다는 가는 시료의 무게(g)
- 잔류율 : 해당 체의 눈금보다는 굵고 바로 위 체의 눈금보다는 가는 시료의 무게를 전체 시료에 대한 백분율로 표시한 것.

$$\text{잔류율} = \frac{\text{그 체의 잔류량}}{\text{전체 시료의 무게}} \times 100(\%)$$

- 가적잔류율 $= \sum$ 잔류율 : 그 체까지의 잔류율의 누계
  그 체의 눈금보다 굵은 흙의 전체 시료에 대한 무게 백분율
  (% coarser)
- (가적)통과율(%) = 100 – 가적잔류율(%)
  그 체의 눈금보다 가는 시료의 전체시료에 대한 무게 백분율(% finer)

표 2.2 체분석시험결과의 한 예

체눈금=입경(mm)	잔류량(g)	잔류율(%)	가적잔류율(%)	(가적)통과율(%)
4.75	10	5	5	95
2.00	20	10	15	85
0.42	40*1	20*2	35*3	65*4
0.25	80	40	75	25
0.075	30	15	90	10
pan	20	10	100	0
Total	200	100		

*1 : 전체시료 중 2.00mm보다는 가늘고 0.425mm보다 굵은 것이 40g이라는 뜻임.

*2 : 전체시료 중 2.00mm보다는 가늘고 0.425mm보다 굵은 것이 20%이라는 뜻임.

*3 : 전체시료 중 0.425mm보다 굵은 것이 35%라는 뜻임.

*4 : 전체시료 중 0.425mm보다 가는 것이 65%라는 뜻임.

독자들에게 드리는 질문 : 체분석 시험결과를 계산하여 접시(pan)의 (가적)통과율이 5%로 계산되었다. 이 결과에 대한 귀하의 comment는? 전체 시료 중 5%가 놋쇠접시를 뚫고 지나갔으므로 무서운 흙의 출현이다(?). 측정 또는 계산상의 잘못이다(?).

체분석시험결과와 비중계시험결과를 합하여 입도분포곡선 또는 입경가적곡선을 완성하게 된다. 두 시험결과를 결합시키는 방법은 토질시험에 관한 서적을 참고하기 바란다.

입도분포곡선은 반대수 방안지에 가로축은 log입경(mm), 세로축은 통과율(%)로 잡고 시험결과에서 얻어진 입경–통과율 관계를 그려서 얻을 수 있다. 그러므로 입도분포곡선은 어떤 입경보다 가는 입자의 함유율을 %로 나타낸 것이다.

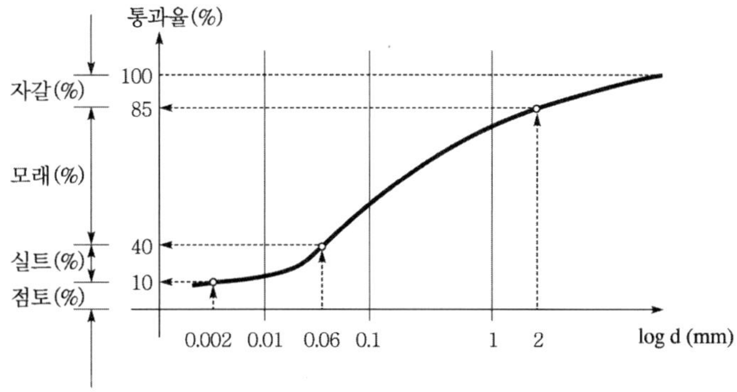

그림 2.2 입도분포곡선의 한 예

그림 2.2는 체분석결과와 비중계분석결과를 합하여 얻어진 입도분포곡선이다. 이 그림에서 알 수 있는 것은 입경 0.06mm보다 가는 흙이 40%이고, 입경 0.002mm보다 가는 흙이 10%라는 뜻이다. 따라서, 입경이 0.06mm보다 가늘고 0.002mm보다 굵은 흙은 40 − 10 = 30%가 된다.

입도분포곡선에서 다음과 같은 몇 가지의 사실을 알 수 있다.

① 자갈, 모래, 실트, 점토의 함유율을 알 수 있다.

예 : MIT 분류를 사용하는 경우 그림 2.2에서

자갈 (2mm ~ 60mm)	: 100 − 85 = 15%
모래 (0.06mm ~ 2mm)	: 85 − 40 = 45%
실트 (0.002mm ~ 0.06mm)	: 40 − 10 = 30%
점토 (< 0.002mm)	: 10 0 = 10%

② 입자의 크기를 대체적으로 파악할 수 있다.

입도분포곡선이 굵은 입경부분(이 책의 경우 오른쪽)에 국한되어 있으면 굵은 입자로 구성된 흙임을 알 수 있다. 입도분포곡선이 입경이 가는 부분(왼쪽)에 국한되어 있으면 가는 입자로 구성된 흙이다.

③ 입도분포의 좋고 나쁨을 알 수 있다.

- 입도분포곡선이 넓은 입경구간에 걸쳐 있으면 굵고 가는 입자가 골고루 섞여 있음.
  : 입도분포 좋음(well-graded) = 양입도
- 입도분포곡선이 좁은 입경구간에 국한되어 있으면 입경의 크기가 거의 같음.
  : 입도분포 나쁨(poorly graded) = 빈입도
- 입도분포곡선이 넓은 입경구간에 걸쳐 있지만 그 형상이 구불구불하거나 거의 수평에 가까운 부분이 있으면 입도분포가 나쁜 것이 되며 결손분포(缺損分布, gap distribution)라 한다.
- 양입도 = 입도분포가 좋음.
  = 굵고 가는 입자가 골고루 섞여 있음.
- 빈입도 = 입도분포가 나쁨.
  = 입경이 거의 같음(uniform, 균등).
- 결손분포 : 특정구간의 입경이 결손된 상태, 일종의 빈입도
  결손분포의 한 예로 그림 2.3과 같은 입도분포곡선에서
  입경 0.2mm보다 가는 입자 함유율 = 40%
  입경 10mm보다 가는 입자 함유율 = 40%
  따라서 입경 0.2mm ~ 10mm의 입자는 포함되어 있지 않다는 뜻임(결손상태).

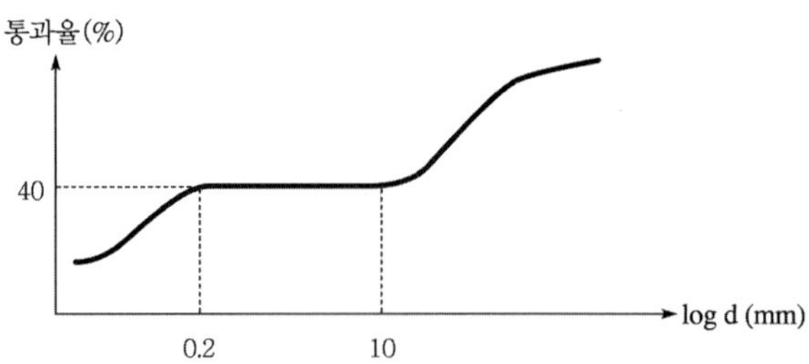

그림 2.3 결손분포의 한 예

입도분포곡선의 특성을 나타내는 지수(指數, indices)에는 다음과 같은 것이 있다(그림 2.4 참조).

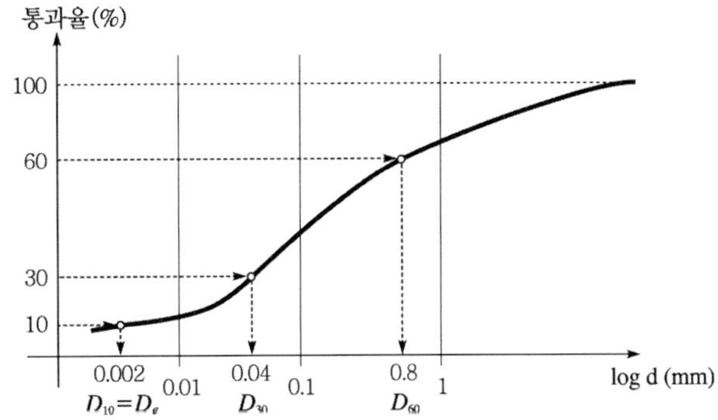

그림 2.4 입도분포의 특성을 나타내는 몇 가지 입경

① 유효경(有效經, effective diameter) D_e

유효경은 통과율 10%에 대응하는 입경이다. 즉

$$D_e = D_{10} \tag{2.2}$$

여기서 D_{10} : 통과율 10%에 대응하는 입경

이 그림의 경우 $D_e = D_{10} = 0.002mm$

D_e는 흙의 투수성(배수성)을 지배하는 입경이라고 알려져 있다. 즉

$$\text{투수계수 } k = CD_e^2 \ [cm/\text{sec}] \tag{2.3}$$

여기서 C=100~150(둥근 모래의 경우)이고, D_e의 단위는 cm로 할 것.

NOTE: 투수계수는 가는 입자(D_{10})에 지배됨. 평균입경 D_{50} 보다 훨씬 작은 입경인 D_{10}^2 에 비례함.

② 균등계수(均等係數, coefficient of uniformity) C_u

$$C_u = \frac{D_{60}}{D_{10}} \tag{2.4}$$

여기서 D_{60}: 통과율 60%에 대응하는 입경

균등계수가 크면 입도분포가 좋다 : 양입도(well-graded)

균등계수가 적으면 입도분포가 나쁘다 : 빈입도(poorly graded)

그림 2.4의 경우

$$C_u = \frac{D_{60}}{D_{10}} = \frac{0.8}{0.002} = 400$$

독자들에게 드리는 질문 : $C_u = 1$ 이면 어떤 흙인가?

③ **곡률계수(曲率係數,** coefficient of curvature, gradation) C_g

$$C_g = \frac{(D_{30})^2}{(D_{10})(D_{60})} \tag{2.5}$$

여기서, D_{30} : 통과율 30%에 대응하는 입경

그림 2.4의 경우

$$C_g = \frac{(D_{30})^2}{(D_{10})(D_{60})} = \frac{(0.04)^2}{(0.002)(0.8)} = 1$$

곡률계수는 흙의 공학적 분류방법의 하나인 통일분류법에서 결손분포 판정의 기준이 되고 있다.

C_g = 1~3 이면 결손분포는 아니다.

통일분류법에서는

- 자갈의 경우 $C_u \geq 4$, 동시에 C_g = 1~3 이면 양입도
  위 조건을 하나라도 만족시키지 못하면 빈입도
- 모래의 경우 $C_u \geq 6$, 동시에 C_g = 1~3 이면 양입도
  위 조건을 하나라도 만족시키지 못하면 빈입도로 판정하고 있다.

NOTE : 입도분포곡선(grain size distribution curve)의 가로축 log d(mm)를 잡는 방법에 따라 형상이 다른 2종류의 입도분포곡선이 사용됨. 가로축의 왼쪽을 가는 입경으로 하여 오른쪽으로 갈수록 큰 입경을 취하는 경우(그림 2.5(a))와 왼쪽을 굵은 입경으로 하고 오른쪽으로 갈수록 가는 입경으로 하는 경우(그림 2.5(b))가 있음. 두 곡선의 의미는 같고 선택은 개인적 취향의 문제로 볼 수 있음.

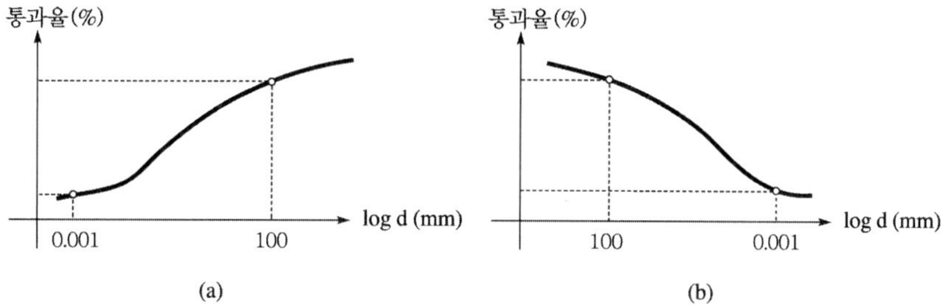

그림 2.5 입경축을 잡는 방법에 따른 입도분포곡선의 형상

2.4 흙의 공학적 분류

(토목)공학적 입장에서 도로, 활주로, 옹벽 뒷채움 등의 설계에 활용할 수 있도록 흙을 분류하는 방법이다. 흙의 공학적 분류에 의하여 다음과 같은 목적을 달성할 수 있다.

첫째, 기술자들 사이의 의사 전달과 표현을 위한 전문 용어(professional terminology)를 확보할 수 있다. 즉 공학적 분류 결과로 얻은 분류명(예를 들어 GW, A-3) 등은 기술자에게는 친숙한 분류명이며, 이러한 분류명을 가지는 흙의 공학적 특성을 기술자들은 거의 동일하게 파악하고 있다. 따라서 이러한 분류명을 사용하면 기술자들 사이에 의사전달 상의 오해나 혼란은 대부분 제거할 수 있게 된다. 즉 이러한 분류명은 의사전달을 위한 어휘의 기능을 하게 된다.

둘째, 소수의 간단한 시험결과로 흙을 분류하여 고가의 전문적 기술정보를 획득할 수 있다. 이때 얻을 수 있는 기술정보는 도로, 비행장 활주로, 또는 옹벽의 뒷채움으로서의 가치를 판단할 수 있는 흙의 특성, 예를 들어 강도, 투수성, 압축 · 팽창성 등이다(표 2.4는 한 보기이다). 이것이 가능한 것은 공학적 특성이 비슷한 흙을 group화 하고 각 토군에 대하여 장기간에 걸쳐 축적된 경험을 정리, 제시하고 있기 때문이다. 따라서 흙의 공학적 특성을 파악하는 가장 경제적인 방법이 된다.

흙의 공학적 분류에 사용되는 시험은 입도분석과 Atterberg한계 측정 등 간단한 시험이다. 만일 고난도의 고가 시험결과를 이용하는 흙의 분류법을 개발하여도 실용성은 거의 없다. 흙의 개략적인 특성을 파악하기 위하여 과도한 경비와 시간을 사용할 수 없기 때문이다. 비유하자면 최첨단 고가장비를 이용하여 수 개월이 걸리고 억대의 검사비가 소요되는 건강진단법을 개발하여도 널리 사용되지는 못하게 된다(정확한 건강진단을 받고 난 뒤 그 경비 때문에 바로 파산절차를 밟는 사람은 없다).

중요한 공학적 분류법에는 통일분류법, AASHTO 분류법, 삼각좌표 분류법, CAA 분류법, FAA 분류법, 영국식 분류법(BS) 등이 있으나 여기에서는 제일 앞의 2가지 분류법에 대해서만 논의하기로 한다.

2.4.1 통일분류법

통일분류법(統一分類法, unified soil classification system ; USCS)은 A. Casagrande가 2차 세계대전 중 비행장 활주로 설계용으로 고안하였으나 개정을 거쳐 현재에는 범용적 흙 분류 방법으로 확립되었다. 통일분류법은 가장 과학적이고 포괄적인 흙 분류 방법으로 평가되고 있다.

통일 분류법으로 흙을 분류할 때 사용하는 요소(시험결과)는

- 입도분포 : 조립토 또는 조립분(粗粒分, coarse fraction) 분류에 관여
- 액성한계 *LL*와 소성지수 *PI* : 세립토 또는 세립분(細粒分, fine fraction) 분류에 사용
- 지각(知覺) : 유기질토 분류에 사용 (시각, 촉각, 후각 등)

이와 같은 간단한 시험성과만으로 값 비싼 기술정보 획득이 가능하다. 예를 들어 도로, 비행장 활주로, 옹벽의 뒷채움 및 흙 댐(earth dam)의 자료로서의 가치 등을 판단할 수 있는 잘 정리된 정보 획득이 가능하다.

통일분류법에서 규정하는 입경에 따른 흙의 분류는 다음과 같다. 이 분류법에서는 세립토를 입경에 따라 세 분류 하지 않고 액성한계와 소성지수에 따라 실트와 점토를 구분하게 된다.

옥석(玉石, boulder)	> 300mm
율석(栗石, cobble)	300mm ~ 75mm
자갈(gravel)	75mm ~ 4.75mm (No.4체)
모래(sand)	4.75mm (No.4체) ~ 0.075mm (No.200체)
세립분(fines)	< 0.075mm (No.200체)

NOTE : 입경 75mm이상의 흙(즉 율석과 옥석)은 제외하고 나머지 흙으로 흙을 분류하되, 그 함유율(%)만을 별도로 기록해 둠. 분류명(分類名, group name)에 이들의 존재를 표현. (예: 율석을 함유한… (…with cobble) 등)

통일 분류법에서는 원칙적으로 대문자 2개로 흙을 분류하고 있다. 2개의 문자는 흙의 특성을 서술적으로 표현하고 있다. 예를 들어 GW는 양입도의 자갈(well-graded gravel)을 의미한다.

2개의 문자는 각각 다음과 같은 의미를 가진다.

- 제 1문자 : 주분류(主分類, main descriptor), 입경의 크기에 따른 흙의 종류를 나타내는 명사(名詞, noun)
- 제 2문자 : 부수적 분류(附隨的 分類, subsidiary descriptor), 흙의 특성을 표현하는 형용사(形容詞, adjective)

표 2.3에는 조립토와 세립토 별로 제 1문자와 제 2문자를 제시하고 그들의 조합에 따른 가능한 분류기호(group symbol)도 함께 나타내고 있다.

표 2.3 통일분류법의 분류기호

제 1 문자(주 분류)		제 2 문자(부수적 분류)	분류가능기호
조립토	G (gravel) : 자갈 S (sand) : 모래	W (well-graded) : 양입도 P (poorly graded) : 빈입도 M (silty ⇒ mo) : 실트질의 C (clayey) : 점토질의	GW, GP GM, GC SW, SP SM, SC (이 밖에도 다수의 2중 기호 분류가 있음)
세립토	M (mo) : 실트 C (clay) : 점토 O (organic clay or silt) : 유기질 점토 혹은 유기질 실트	H (highly compressible) : 압축성 또는 소성이 큰 L (low compressible) : 압축성 또는 소성이 작은	MH, ML CH, CL OH, OL (2중기호 CL-ML도 있음)

NOTE : 실트(silt)를 S대신 M으로 표기한 것은 S는 이미 모래(sand)가 차지하였으므로 실트를 의미하는 스웨덴 말 mo에서 M을 취하였음.

통일분류법에서 제1문자와 제2문자의 의미를 명확하게 이해하는 것이 중요하다. 분류기호 GC이면 점토질 자갈(clayey gravel)이다. 이 흙은 자갈이 주성분이고 부수적으로 점토를 함유하고 있다. 즉 점토(점토특성)를 함유한 자갈이다.

독자들에게 드리는 질문 : 만약 사람을 H(homo sapience), 원숭이를 M(monkey)이라 하면 HM과 MH는 어떻게 다른가?(원숭이 특성을 가진 사람과 사람의 특성을 가진 원숭이의 차이. HM은 코메디언으로, MH는 동물원으로….)

통일분류법에서는 흙을 우선 피트(peat), 조립토(자갈, 모래), 그리고 세립토(실트, 점토, 유기질토)로 대별하고 있다. 피트는 표 2.3에는 제시되어 있지 않은 흙인데 유기질이 지배적 성분인 이탄토로 더 이상의 세분류가 불필요한, 토목공사에는 부적합한 흙이다. 다음에는 대분류에서 세분류에 이르기까지 분류기호(group symbol)를 부여하는 방법과 세분류된 흙의 특성을 서술적으로 기술하는 분류명(group name)을 정하는 방법을 차례대로 설명하기로 한다.

분류순서

1. 피트(peat)의 분류

피트(peat)는 대단히 유기질이 많은(highly organic) 흙으로 지각을 이용하여 색깔, 냄새, 조직 등으로 판별한다.

피트는 이탄토(泥炭土), 소택토(沼澤土) 또는 muskeg 등으로 불리우며 지반공학적 입장에서는 가치가 거의 없는 흙이다. 따라서 분류는 분류기호 P_t를 부여함으로서 끝나고 더 이상 세분류하지 않는다. 즉

피트(peat) : P_t (분류 끝!)

독자들에게 드리는 질문 : peat가 있는 지역을 관통하여 도로공사를 계획하고 있다. 귀하가 책임기술자라면 어떻게 대처하겠는가? 내 사전에는 불가능이란 없다. 따라서 피트구역을 직선적으로 지나는 노선을 선택한다. (찬성, 반대)

2. 조립토와 세립토의 구분

기호 F에 관한 약속 :

F = No.200체(0.075mm) 통과율 = 세립분 함유율

$100 - F$ = 조립분 함유율

조립토와 세립토를 분류하는 방법은 다음과 같다.

- (조립분 함유율 > 세립분 함유율)이면 조립토(G 또는 S)

  또는

  $100 - F > F$ 이면 조립토(G 또는 S)

  $\therefore F < 50\%$ 이면 조립토(G 또는 S) (2.6)

• (세립분 함유율 ≥ 조립분 함유율)이면 세립토(M, C, O)

또는

$F \geq 100 - F$ 이면 세립토(M, C, O)

$\therefore\ F \geq 50\%$ 이면 세립토(M, C, O) (2.7)

3. 세립토의 분류($F \geq 50\%$)

세립토의 분류기호는 그림 2.6에 제시되어 있는 소성도(塑性圖, plasticity chart)에서 구한다. 즉 액성한계 LL와 소성지수 PI가 주어지면 소성도에서 분류기호를 바로 얻을 수 있다.

소성도는 Casagrande가 세립토를 분류하기 위하여 작성한 도표이다. 또한 이 도표는 조립토에서 세립분(細粒分, fine fraction) 함유율이 비교적 클 때($F \geq 5\%$) 분류기호의 제 2문자를 구하기 위해서도 사용된다.

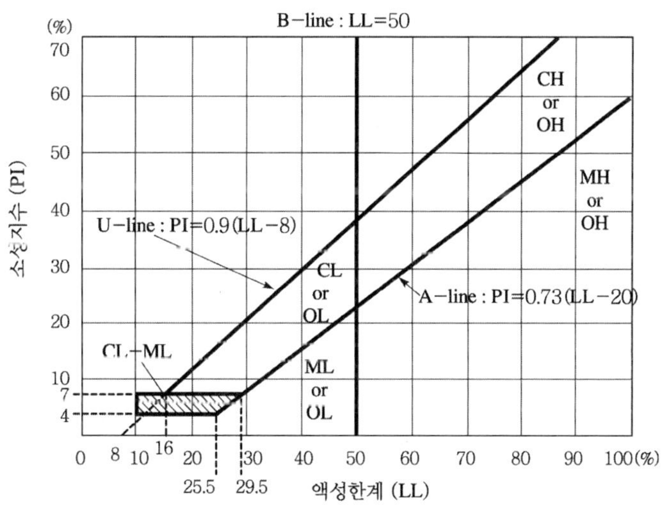

그림 2.6 소성도

소성도에는 다음과 같은 3개의 선(line)이 있다.

① A − line : 점토(유기질 점토)와 실트(유기질 실트)를 구분하는 선.

A − line의 방정식은

$LL \leq 25.5\%$ 에서는 $PI = 4\%$ 인 수평선 (2.8a)

$LL \geq 25.5\%$ 에서는 $PI = 0.73(LL - 20)$ (2.8b)

A – line 및 그 위쪽 : 점토(C), 또는 유기질 점토(O)

특히 $4 \le PI \le 7$이면(빗금부분)

실트질 점토(CL-ML) 또는 유기질점토(O)

A – line 아래쪽 : 실트(M), 또는 유기질 실트(O)

② B – line : 압축성 또는 소성이 크고 작음을 구분하는 선

B – line의 방정식은

$$LL = 50\% \tag{2.9}$$

$LL \ge 50\%$: 압축성 또는 소성이 큰(H)

$LL < 50\%$: 압축성 또는 소성이 낮은(L)

③ U – line : (LL, PI)의 상한계(upper limit)를 나타내는 선

U – line의 방정식은

$$PI = 0.9(LL - 8) \tag{2.10}$$

(LL, PI) 값이 U – line보다 위쪽에 있는 흙은 없다. 만약 이러한 경우에는 시험결과를 재검토해보는 것이 좋다.

액성한계 LL와 소성지수 PI를 알면 소성도에서 분류기호(group symbol)을 알 수 있다. 다음에는 이 흙의 특성을 서술적으로 표현하는 기본분류명(basic group name)을 부여한다. 여기서는 기본 분류명만 제시하며 세분된 분류명에 대해서는 이 절 마지막 부분에 기술되어 있다.

LL, PI → 소성도 → 분류기호 및 분류명

- CL : lean clay (압축성이 낮은 점토)
- CH : fat clay (압축성이 큰 점토)
- ML : silt (소성이 작은 실트)
- MH : elastic silt (소성이 큰 실트)
- CL – ML : silty clay (실트질 점토)

OL과 OH(유기질토)에 관하여서는 곧 이어서 논의하고 있다.

독자들에게 드리는 질문 : CL–ML은 silty clay이다. 실트에 더 가까운가? 점토에 더 가까운가? 아니면 완전 중립인가? GM–DAEWOO의 최대 주주는 누구인가? 유한킴벌리의 경우는 어떠한가? 빗금부분(CL–ML)은 A–선보다 위쪽임을 유의할 것.

유기질토(O)의 판별은 지각을 이용하지만 애매한 경우에는 노건조시료의 액성한계를 측정하여 판별한다. 즉 유기질토는 노건조시키면 LL 이 감소한다.

$$\frac{LL\ oven\ dried}{LL\ not\ dried} \leq 0.75 \text{이면 유기질토(O)} \tag{2.11}$$

- (LL, PI)가 A–선 및 A–선보다 위쪽(빗금부분포함)이면 OL, OH : organic clay(유기질 점토)
  즉 $LL \leq 25.5\%$ 이면 $PI \geq 4$, $LL > 25.5\%$ 이면 $PI \geq 0.73(LL-20)$ 이면 OL, OH : organic clay (유기질 점토)
- (LL, PI)가 A–선보다 아래쪽이면 OL, OH : organic silt(유기질 실트)
  즉 $LL \leq 25.5\%$ 이면 $PI < 4$, $LL > 25.5\%$ 이면 $PI < 0.73(LL-20)$ 이면 OL, OH : organic silt (유기질 실트)

독자들에게 드리는 질문 : 유기질토로서 LL과 PI가 소성도의 빗금부분에 해당하면 유기질 실트인가 유기질 점토인가? CL–ML의 뜻을 재음미해 볼 것

기본 분류명과 분류명

각 분류기호(group symbol)에는 그 흙의 특성을 서술적으로 표현하는 기본 분류명(basic group name)을 함께 제시하였다. 그런데 기본 분류명의 "기본"이라는 단어가 필요한 근거는 다음과 같다. 즉 같은 분류기호(예를 들어 CH)에 대해서도 조립분 전체의 함유율, 자갈의 함유율, 모래의 함유율에 따라 분류명은 기본 분류명 그대로일 수도 있고 기본 분류명에 수식어가 부가되어 분류명이 되기도 한다. 즉 하나의 분류기호에 대해서도 분류명은 기본 분류명을 포함하여 복수의 분류명이 존재하게 된다. 이러한 사실은 자갈과 모래에 대해서도 마찬가지이며 여기에 대해서는 이 절의 마지막 부분에서 논의하고 있다.

독자들에게 드리는 질문 : 세립토의 $LL = 50\%$, $PI = 21.9\%$ 로 측정되었다. 이 흙은 소성도에서 A–line과 B–line의 교차점에 해당된다. 귀하는 이 흙을 어떻게 분류하겠는가? 필요한 독자는 이 절 마지막에 있는 (참고사항 : 경계선 분류기호) 참조

4. 조립토의 분류($F < 50\%$)

4.1 자갈과 모래의 구분

조립토의 제 1 문자(G 또는 S)의 결정방법은 다음과 같다.

- (자갈의 함유율 > 모래의 함유율)이면 자갈, 따라서 제 1문자 G

  또는

  (100 – No.4체 통과율) > (No.4체 통과율 – F)이면 자갈 (2.12)

  ∴ 제 1 문자 G

- (모래의 함유율 ≥ 자갈의 함유율)이면 모래, 따라서 제 1문자 S

  또는

  (No.4체 통과율 – F) ≥ (100 – No.4체 통과율)이면 모래 (2.13)

  ∴ 제 1 문자 S

독자들에게 드리는 질문 : 위의 100은 75mm체 통과율임. 그 이유는?

독자들에게 드리는 제언 : 자갈과 모래는 다음과 같이 구분할 수도 있음. 사실상 대부분의 분류표에서는 이 방법을 제시하고 있다. 독자들은 두 방법이 본질적으로 동일함을 숙지하기 바란다.

- 모래의 함유율 ≥ 조립분의 반 : 모래, 따라서 제 1 문자 S

  (No.4체 통과율 – F) ≥ $\dfrac{100-F}{2}$ 이면 모래 (2.14)

  ∴ 제 1 문자 S

- 모래의 함유율 < 조립분의 반 : 자갈, 따라서 제 1 문자 G

  (No.4체 통과율 – F) < $\dfrac{100-F}{2}$ 이면 자갈 (2.15)

  ∴ 제 1 문자 G

4.2 자갈의 분류

자갈에 대한 분류기호(group symbol)와 기본 분류명(basic group name)은 다음과 같이 결정한다.

자갈(G)의 제 2 문자 결정방법

F의 크기에 따라($F < 5\%$, $F > 12\%$, $5\% \le F \le 12\%$) 다음과 같이 분류한다.

(1) $F〈 5\%$인 경우

세립분의 함유율이 극히 적으므로 흙의 분류는 세립토의 영향을 받지 않는다. 따라서 소성도를 사용할 필요가 없다.

∴ 입도분포만에 의하여 제 2 문자 결정

$$\left.\begin{array}{l} \text{균등계수 : } C_u = \dfrac{D_{60}}{D_{10}} \geq 4 \\ \qquad \text{동시에(and)} \\ \text{곡률계수 : } C_g = \dfrac{(D_{30})^2}{(D_{10})(D_{60})} = 1 \sim 3 \end{array}\right\} \text{이면}$$

양입도(well-graded), 따라서 제 2 문자 W

그러므로 분류기호 GW : well-graded gravel (양입도의 자갈)

위 조건이 만족되지 않으면 빈입도(poorly graded), 따라서 제 2 문자 P.

그러므로 분류기호 GP : poorly graded gravel(빈입도의 자갈)

(2) F 〉 12%인 경우

세립분이 많으므로 그 영향이 크다. 그러므로 제 2 문자는 소성도에서 결정한다. 입도분포 고려하지 않는다.

LL, PI ― 소성도

A - 신과 빗금부분보다 위쪽 : 제 2 문자 C

분류기호 GC : clayey gravel(점토질 자갈)

A - 선 아래쪽 : 제 2 문자 M

분류기호 GM : silty gravel(실트질 자갈)

빗금부분 : 제 2 문자, 이중기호

분류기호 GC – GM : silty clayey gravel(실트질 점토질 자갈)

(3) 5% ≤ F ≤ 12%인 경우

조립분, 세립분이 모두 중요하다.

∴ 제 2 문자는 입도분포와 소성도를 함께 고려하여 결정.

입도분포, 소성도 ― 2중 기호 사용

가능한 분류 기호

입도분포 분석결과 C_u와 C_g에서 GW로 판정된 경우 :

A – 선과 빗금부분보다 위쪽 : 분류기호 GW – GC

: well – graded gravel with clay(점토를 함유한 양입도의 자갈)

A – 선 아래쪽 : 분류기호 GW – GM

: well – graded gravel with silt(실트를 함유한 양입도의 자갈)

빗금부분 : 분류기호 GW – GC – GM ⇒ GW – GC

: well-graded gravel with silty clay(실트질 점토를 함유한 양입도의 자갈)

NOTE : 빗금부분은 C로 간주. GW–GC는 위에서 알 수 있는 것처럼 GW–GC(well-graded gravel with clay)와 GW–GC–GM(well-graded gravel with silty clay)의 두 경우가 포함되어 있음.

입도분포 분석결과 C_u와 C_g에서 GP로 판정된 경우 :

A – 선과 빗금부분보다 위쪽 : 분류기호 GP–GC

: poorly graded gravel with clay(점토를 함유한 빈입도의 자갈)

A – 선 아래쪽 : 분류기호 GP–GM

: poorly graded gravel with silt(실트를 함유한 빈입도의 자갈)

빗금부분 : 분류기호 GP–GC–GM ⇒ GP–GC

: poorly graded gravel with silty clay(실트질 점토를 함유한 빈입도의 자갈)

NOTE : 빗금부분은 C로 간주. GP–GC는 위에서 알 수 있는 것처럼 GP–GC(poorly graded gravel with clay)와 GP–GC–GM(poorly graded gravel with silty clay)의 두 경우가 포함되어 있음.

4.3 모래(S)의 분류

모래의 분류방법은 자갈의 분류방법과 사실상 동일하다. 단 한가지 다른 점은 양입도의 조건 중 C_u가 6이상이어야 한다는 점이다. 자갈의 경우 이 조건은 $C_u \geq 4$ 이었다. 즉 모래의 경우 양입도와 빈입도의 구분은 $C_u \geq 6$ 인 동시에(and) $C_g = 1 \sim 3$ 이면 양입도(W), 위 조건을 만족시키지 못하면 빈입도(P), 그 외의 분류내용은 자갈의 분류와 동일하므로 문자 G를 S로 대치하면 된다.

그림 2.7에는 지금까지 논의해 온 통일분류법의 분류체계가 제시되어 있다.

흙을 공학적으로 분류하면 소수의 간단한 시험결과로부터 고가의 기술정보를 획득할 수 있다고 여러 번 언급하였다. 표 2.4에는 통일분류법의 분류기호에 해당하는 흙의 공학적 특성을 보여주고 있다.

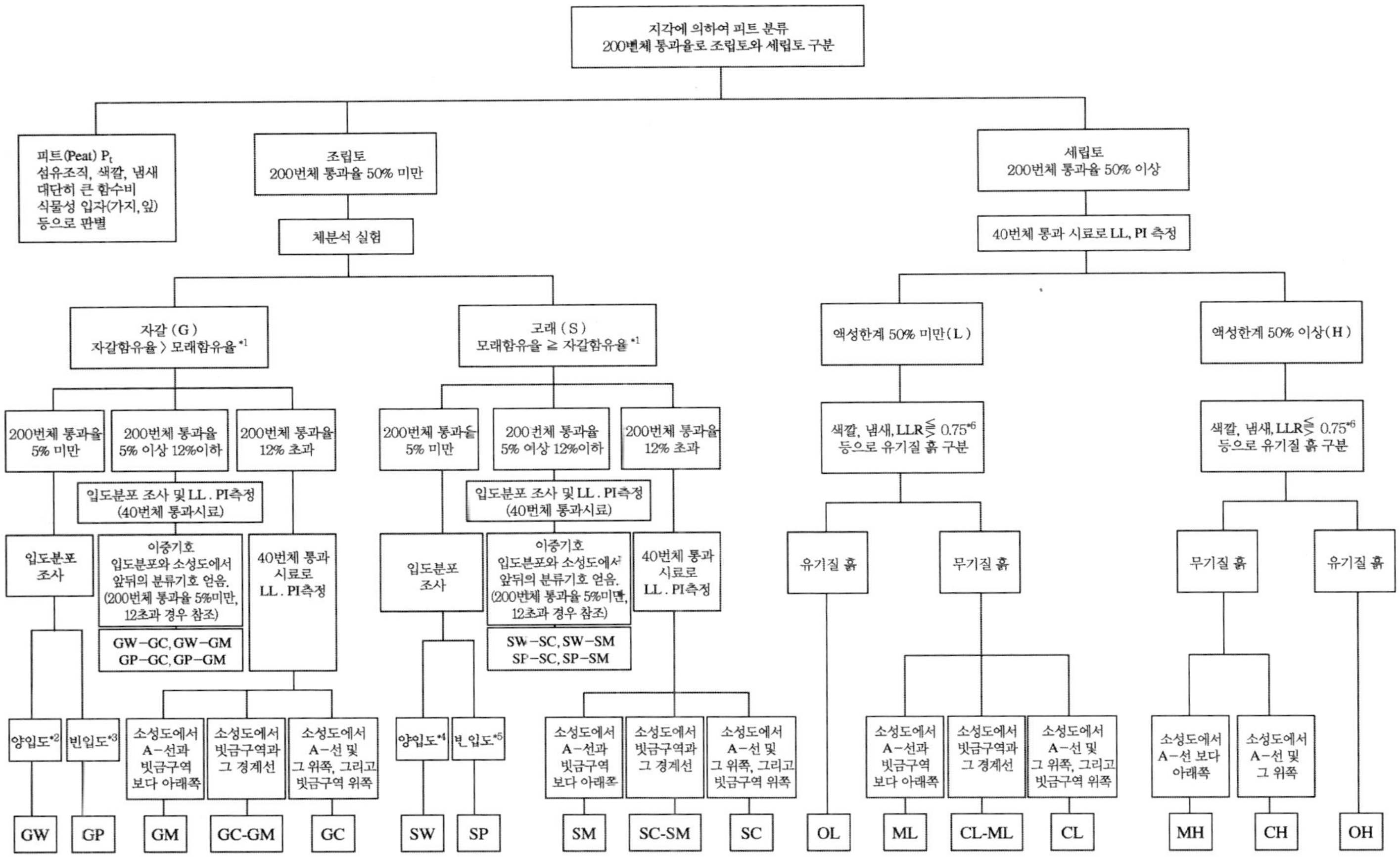

Note :

*1 자갈 함유율 = 75mm통과율 − 4번체 통과율
모래 함유율 = 4번체 통과율 − 200번체 통과율

*2 자갈의 양입도 기준
균등계수 4이상, 동시에
곡률계수 1이상 3이하

*3 자갈의 빈입도 기준
자갈의 양입도 기준을
만족시키지 못함

*4 모래의 양입도 기준
균등계수 6이상, 동시에
곡률계수 1이상 3이하

*5 모래의 빈입도 기준
모래의 양입도 기준을
만족시키지 못함

*6 LLR (Liquid Limit Ratio) = $\frac{(LL)\ oven\text{-}dried}{(LL)\ not\ dried}$

LLR ≦ 0.75이면 유기질 흙

그림 2.7 통일분류법에 의한 흙의 분류 체계도

표 2.4 통일분류법으로 분류한 각 분류기호에 해당하는 흙의 공학적 특성(日本土質工學會, 1965)

주요구분		문자	색	명 칭	동결작용을 받지 않는 경우의 포장 기초로서의 가치	역청포장 바로 아래의 반으로서의 가치	동결작용의 가능성	수축과 팽창성	배 수 성	다 짐 기 계	건조단위중량 (t/m^3)	현장 CBR	지반계수K (kg/cm^3)
(1)	(2)	(3)	(4)	(5)	(6)	(7)	(8)	(9)	(10)	(11)	(12)	(13)	(14)
조립토	자갈 및 자갈질흙	GW	적	입도분포가 좋은 자갈 또는 자갈 모래 혼합토, 세립분은 약간 또는 결여	우	양	없거나 극히 적음	거의없음	우	크로라형트랙터, 고무타이어롤러 강륜롤러	2.00~2.24	60~80	8.3 이상
		GP	적	입도분포가 나쁜 자갈 또는 자갈 모래 혼합토, 세립분이 약간 또는 결여	양 또는 우	불가 또는 가	없거나 극히 적음	거의없음	우	크로라형트랙터, 고무타이어롤러 강륜롤러	1.76~2.08	25~60	8.3 이상
		GM d	황	실트질 자갈, 자갈 모래 실트 혼합토	양 또는 우	가 또는 양	약간 내지 보통	약간	가 내지 불가	고무타이어롤러, 양족롤러, 엄밀한 함수비 관리	2.08~2.32	40~80	8.3이상
		GM u	황	실트질 자갈, 자갈 모래 실트 혼합토	양	불가	약간 내지 보통	약간	불가 내지 실제 불투수	고무타이어롤러, 양족롤러	1.92~2.24	20~40	5.5~8.3
		GC	황	점토질 자갈, 자갈 모래 점토 혼합토	양	불가	약간 내지 보통	약간	불가 내지 실제 불투수	고무타이어롤러, 양족롤러	1.92~2.24	20~40	5.5~8.3
	모래 및 모래질흙	SW	적	입도분포가 좋은 모래 또는 자갈질 모래, 세립분은 약간 또는 결여	양	불가	없거나 극히 적음	거의 없음	우	크로라형트랙터, 고무타이어롤러	1.76~2.08	20~40	5.5~8.3
		SP	적	입도분포가 나쁜 모래 또는 자갈질 모래, 세립분은 약간 또는 결여	가 또는 양	불가 또는 부적	없거나 극히 적음	거의 없음	우	크로라형트랙터, 고무타이어롤러	1.60~1.92	10~25	5.5~8.3
		SM d	황	실트질 모래, 모래 실트 혼합토	양	불가	약간 내지 큼	극히 약간	가 내지 불가	고무타이어롤러, 양족롤러 엄밀한 함수비관리	1.92~2.16	20~40	5.5~8.3
		SM u	황	실트질 모래, 모래 실트 혼합토	가 또는 양	부적	약간 내지 큼	약간 내지 보통	불가 내지 실제 불투수	고무타이어롤러, 양족롤러	1.68~2.08	10~20	5.5~8.3
		SC	황	점토질 모래, 모래 점토 혼합토	가 또는 양	부적	약간 내지 큼	약간 내지 보통	불가 내지 실제 불투수	고무타이어롤러, 양족롤러	1.63~2.03	10~20	5.5~8.3
세립토	실트 및 점토 w_ℓ < 50	ML	녹	무기질 실트 및 매우 가는 모래, 석분, 소성이 작은 실트질 또는 점토질 가는 모래 또는 점토질 실트	가 또는 불가	부적	보통 내지 극히 큼	약간 내지 보통	가 내지 불가	고무타이어롤러, 양족롤러 엄밀한 함수비관리	1.60~2.00	5~15	2.8~5.5
		CL	녹	소성이 보통이하인 무기질 점토, 자갈질 점토, 모래질 점토, 실트질 점토, 소성이 낮은 점토	부 또는 불가	부적	보통 내지 큼	보통	실제불투수성	고무타이어롤러, 양족롤러	1.69~2.00	5~15	2.8~5.5
		OL	녹	소성이 낮은 유기질 실트 및 실트질 점토	불가	부적	보통 내지 큼	보통 내지 큼	불가	고무타이어롤러	1.44~1.68	4~8	2.8~5.5
	실트 및 점토 w_ℓ > 50	MH	청	무기질 실트, 운모질 또는 규조질 세사질 또는 실트질 점토, 탄성이 큰 실트	불가	부적	보통 내지 매우 큼	큼	가 내지 불가	양족롤러	1.28~1.60	4~8	2.8~5.5
		CH	청	소성이 큰 무기질 점토, 소성이 큰 점토	불가 또는 극불가	부적	보통	큼	실제불투수성	양족롤러	1.44~1.68	3~5	1.4~2.3
		OH	청	소성이 보통 이상인 유기질 점토 및 유기질 실트	불가 또는 극불가	부적	보통	큼	실제불투수성	양족롤러	1.28~1.68	3~5	1.4~2.3
		Pt		이탄 및 그 외의 유기질이 극히 많은 흙	부적	부적	약간	극히 큼	가 내지 불가	다지기는 실용적이 되지 못함	1.28~1.68	3~5	1.4~2.3

주 : 1. (3)란에 GM과 SM을 d와 u로 세분류하는 것은 도로와 비행장의 경우뿐임. 세분류는 아터버그 한계에 의함. d (예로 GMd)는 $w_L \leq 28$ 및 $PI \leq 6$ 인 경우에 쓰여지고 u는 $w_L > 28$ 인 경우에 쓰여짐.

2. (6)란의 값은 노상 및 역청포장 바로 아래의 노반을 뺀 노반에 대한 것임.

3. (8)란에서는 이들 흙이 동결작용을 받기 쉬운 조건 아래에서는 동결작용을 받음.

4. (11)란에서는 함수조건과 포설 두께(lift)를 적절히 선정하면 표에 적은 기계를 적당횟수 통과시킴으로써 소요밀도를 얻을 수 있음. 어떤 경우에 여러 종류의 기계를 적은 것은 그 토군에 속하는 각종의 흙의 성질에 따라 서로 다른 기계를 요구하기 때문임. 어떤 경우에는 2종류의 기계를 조합할 필요가 생김.

a. 선택된 노반재료 및 그 외 모난 재료 : 세립분 또는 screening이 한정되어 있는 단단하고 모가 난 재료에 대해서는 강륜롤러가 적절함. 깨지기 쉬운 연약한 재료에 대해서는 고무타이어 롤러가 적절함.

b. 마감 일(finishing) : 대부분의 흙과 선택된 재료에 대해 최후의 성형작업을 할 때에는 고무타이어 롤러가 적절함.

c. 기계의 크기 : 비행장 건설시 요구되는 높은 밀도를 얻기 위해서는 아래와 같은 큰 기계가 필요함.

크로라 형 트랙터 : 15t 이상의 전중량

고무타이어 롤러 : 윤하중 7.5t 이상, 어떤 재료에 대해서는 20t이나 되는 큰 윤하중이 요구되는 경우도 있음(접지압, 약 4.5~10.5 kg/cm²).

양족롤러 : 보통 단위 압력이 17.5 kg/cm² (40~80cm²의 양족에 대해) 정도이지만 어떤 재료에 대해서는 소요단위중량을 얻기 위해 45 kg/cm² 나 되는 단위압력이 소요되는 경우가 있음. 양족의 면적은 드럼의 둘레 면적(양족 바닥까지 생각한)의 5% 이상이어야 함.

5. (12)란의 건조단위중량은 최적함수비일 때 개정 AASHTO 다짐 에너지로 다진 때의 값임.

이제 각 분류기호에 대한 분류명(group name)을 부여하는 방법을 알아보자.

각 분류기호에 대한 분류명은 표 2.5~2.10에 제시된 방법에 따라 다음과 같이 결정한다.

1. 조립토의 경우

(1) 자갈의 경우

모래 함유율 < 15%이면 기본분류명 = 분류명

모래 함유율 ≥ 15%이면 기본분류명 + with sand = 분류명

(2) 모래의 경우

자갈 함유율 < 15%이면 기본분류명 = 분류명

자갈 함유율 ≥ 15%이면 기본분류명 + with gravel = 분류명

예 1. GW의 경우, 기본 분류명 well − graded gravel

모래 함유율 < 15%인 경우 GW : well − graded gravel(양입도의 자갈)

모래 함유율 ≥ 15%인 경우 GW : well − graded gravel with sand

(모래를 함유한 양입도의자갈)

예 2. SC–SM의 경우, 기본 분류명 silty clayey sand

자갈함유율 < 15%인 경우 SC–SM : silty clayey sand(실트질 점토질 모래)

자갈함유율 ≥ 15%인 경우 SC–SM : silty clayey sand with gravel

(자갈을 함유한 실트질 점토질 모래)

2. 세립토의 경우

조립분(자갈 + 모래)함유율 = 100 − F = 200번체 가적잔류율 = % plus No. 200

(1) (100 − F) < 15%이면 기본분류명 = 분류명

(2) 15% ≤ (100 − F) < 30%인 경우

모래함유율 ≥ 자갈함유율이면 기본분류명 + with sand = 분류명

자갈함유율 > 모래함유율이면 기본분류명 + with gravel = 분류명

(3) $(100 - F) \geq 30\%$인 경우

① 모래함유율 ≥ 자갈함유율이면 sandy + 기본분류명

자갈함유율 < 15%이면 sandy + 기본분류명 = 분류명

자갈함유율 ≥ 15%이면 sandy + 기본분류명 + with gravel = 분류명

② 모래함유율 < 자갈함유율이면 gravelly + 기본분류명

모래함유율 < 15%이면 gravelly + 기본분류명 = 분류명

모래함유율 ≥ 15%이면 gravelly + 기본분류명 + with sand = 분류명

예 3. 통일분류법을 적용하기 위하여 토질시험을 한 결과 다음과 같다. 분류기호와 분류명을 결정하여라.

75mm체 통과율 100%, 4.75mm체 통과율 80%, 0.074mm체 통과율 55%

$LL = 70\%$, $PI = 40\%$

풀이 :

① $F = 55\% > 50\%$ ∴ 세립토

② $LL = 70\%$, $PI = 40\%$: A–line보다 위쪽이고 B–line보다 오른쪽

∴ CH : fat clay

③ 조립분 함유율 $= 100 - F = 100 - 55 = 45\% > 30\%$

자갈함유율 $= 100 - 80 = 20\%$

모래함유율 $= 80 - 55 = 25\%$

④ 모래함유율 > 자갈함유율 ∴ sandy fat clay

⑤ 자갈함유율 $= 20\% > 15\%$ ∴ sandy fat clay with gravel

CH : sandy fat clay with gravel(자갈을 함유한 모래질 고압축성 점토)

참고사항 : 분류명(group name) 부여방법

표 2.5 자갈(G)의 경우

분류기호	기본 분류명	분류방법	분류명
GW	양입도의 자갈 (well-graded gravel)	모래함유율 < 15%	양입도의 자갈(well-graded gravel)
		모래함유율 ≥ 15%	모래를 함유한 양입도 자갈 (well-graded gravel with sand)
GP	빈입도의 자갈 (poorly graded gravel)	모래함유율 < 15%	빈입도의 자갈(poorly graded gravel)
		모래함유율 ≥ 15%	모래를 함유한 빈입도 자갈 (poorly graded gravel with sand)
GW–GM	실트를 함유한 양입도 자갈 (well-graded gravel with silt)	모래함유율 < 15%	실트를 함유한 양입도 자갈(well-graded gravel with silt)
		모래함유율 ≥ 15%	실트와 모래를 함유한 양입도 자갈 (well-graded gravel with silt and sand)
GW–GC	점토를 함유한 양입도 자갈 (well-graded gravel with clay)	모래함유율 < 15%	점토(또는 실트질 점토*)를 함유한 양입도 자갈 (well-graded gravel with clay(or silty clay*))
		모래함유율 ≥ 15%	점토와 모래(또는 실트질 점토*와 모래)를 함유한 양입도 자갈(well-graded gravel with clay and sand (or silty clay* and sand))
GP–GM	실트를 함유한 빈입도 자갈 (poorly graded gravel with silt)	모래함유율 < 15%	실트를 함유한 빈입도 자갈 (poorly graded gravel with silt)
		모래함유율 ≥ 15%	실트와 모래를 함유한 빈입도 자갈 (poorly graded gravel with silt and sand)
GP–GC	점토를 함유한 빈입도 자갈 (poorly graded gravel with clay)	모래함유율 < 15%	점토(또는 실트질 점토*)를 함유한 빈입도 자갈 (poorly graded gravel with clay(or silty clay*))
		모래함유율 ≥ 15%	점토와 모래(또는 실트질 점토*와 모래)를 함유한 빈입도 자갈(poorly graded gravel with clay and sand (or silty clay* and sand))
GM	실트질 자갈(silty gravel)	모래함유율 < 15%	실트질 자갈 (silty gravel)
		모래함유율 ≥ 15%	모래를 함유한 실트질 자갈 (silty gravel with sand)
GC	점토질 자갈(clayey gravel)	모래함유율 < 15%	점토질 자갈(clayey gravel)
		모래함유율 ≥ 15%	모래를 함유한 점토질 자갈 (clayey gravel with sand)
GC–GM	실트질 점토질 자갈 (silty clayey gravel)	모래함유율 < 15%	실트질 점토질 자갈 (silty clayey gravel)
		모래함유율 ≥ 15%	모래를 함유한 실트질 점토질 자갈 (silty clayey gravel with sand)

*빗금 부분(CL-ML)의 경우임.

표 2.6 모래(S)의 경우

분류기호	기본 분류명	분류방법	분류명
SW	양입도의 모래 (well-graded sand)	자갈함유율 <15%	양입도의 모래(well-graded sand)
		자갈함유율 ≥15%	자갈을 함유한 양입도 모래(well-graded sand with gravel)
SP	빈입도의 모래 (poorly graded sand)	자갈함유율 <15%	빈입도의 모래(poorly graded sand)
		자갈함유율 ≥15%	자갈을 함유한 빈입도 모래 (poorly graded sand with gravel)
SW–SM	실트를 함유한 양입도 모래 (well-graded sand with silt)	자갈함유율 <15%	실트를 함유한 양입도 모래(well-graded sand with silt)
		자갈함유율 ≥15%	실트와 자갈을 함유한 양입도 모래 (well-graded sand with silt and gravel)
SW–SC	점토를 함유한 양입도 모래 (well-graded sand with clay)	자갈함유율 <15%	점토(또는 실트질 점토*)를 함유한 양입도 모래 (well-graded sand with clay(or silty clay*))
		자갈함유율 ≥15%	점토와 자갈(또는 실트질 점토*와 자갈)을 함유한 양입도 모래(well-graded sand with clay and gravel (or silty clay* and gravel))
SP–SM	실트를 함유한 빈입도 모래 (poorly graded sand with silt)	자갈함유율 <15%	실트를 함유한 빈입도 모래(poorly graded sand with silt)
		자갈함유율 ≥15%	실트와 자갈을 함유한 빈입도 모래 (poorly graded sand with silt and gravel)
SP–SC	점토를 함유한 빈입도 모래 (poorly graded sand with clay)	자갈함유율 <15%	점토(또는 실트질 점토*)를 함유한 빈입도 모래 (poorly graded sand with clay(or silty clay*))
		자갈함유율 ≥15%	점토와 자갈(또는 실트질 점토*와 자갈)을 함유한 빈입도 모래(poorly graded sand with clay and gravel (or silty clay* and gravel))
SM	실트질 모래 (silty sand)	자갈함유율 <15%	실트질 모래(silty sand)
		자갈함유율 ≥15%	자갈을 함유한 실트질 모래(silty sand with gravel)
SC	점토질 모래 (clayey sand)	자갈함유율 <15%	점토질 모래(clayey sand)
		자갈함유율 ≥15%	자갈을 함유한 점토질 모래(clayey sand with gravel)
SC–SM	실트질 점토질 모래 (silty clayey sand)	자갈함유율 <15%	실트질 점토질 모래(silty clayey sand)
		자갈함유율 ≥15%	자갈을 함유한 실트질 점토질 모래 (silty clayey sand with gravel)

*빗금 부분(CL–ML)의 경우임.

표 2.7 점토(C)의 경우

<table>
<tr><th>분류기호</th><th>기본 분류명</th><th colspan="3">분류방법</th><th>분류명</th></tr>
<tr><td rowspan="7">CL</td><td rowspan="7">압축성이 낮은 점토
(lean clay)</td><td colspan="3">$100-F<15\%$</td><td>압축성이 낮은 점토
(lean clay)</td></tr>
<tr><td colspan="2" rowspan="2">$15\%\leq 100-F<30\%$</td><td>모래%≥ 자갈%</td><td>모래를 함유한 압축성이 낮은 점토
(lean clay with sand)</td></tr>
<tr><td>모래%< 자갈%</td><td>자갈을 함유한 압축성이 낮은 점토
(lean clay with gravel)</td></tr>
<tr><td rowspan="4">$100-F$
$\geq 30\%$</td><td rowspan="2">모래%≥ 자갈%
모래질
압축성이
낮은 점토</td><td>자갈%<15%</td><td>모래질 압축성이 낮은 점토
(sandy lean clay)</td></tr>
<tr><td>자갈%≥15%</td><td>자갈을 함유한 모래질 압축성이 낮은 점토
(sandy lean clay with gravel)</td></tr>
<tr><td rowspan="2">모래%< 자갈%
자갈질
압축성이 낮은
점토</td><td>모래%<15%</td><td>자갈질 압축성이 낮은 점토
(gravelly lean clay)</td></tr>
<tr><td>모래%≥15%</td><td>모래를 함유한 자갈질 압축성이 낮은 점토
(gravelly lean clay with sand)</td></tr>
<tr><td rowspan="7">CH</td><td rowspan="7">압축성이
큰 점토
(fat clay)</td><td colspan="3">$100-F<15\%$</td><td>압축성이 큰 점토
(fat clay)</td></tr>
<tr><td colspan="2" rowspan="2">$15\%\leq 100-F<30\%$</td><td>모래%≥ 자갈%</td><td>모래를 함유한 압축성이 큰 점토
(fat clay with sand)</td></tr>
<tr><td>모래%< 자갈%</td><td>자갈을 함유한 압축성이 큰 점토
(fat clay with gravel)</td></tr>
<tr><td rowspan="4">$100-F$
$\geq 30\%$</td><td rowspan="2">모래%≥ 자갈%
모래질
압축성이
큰 점토</td><td>자갈%<15%</td><td>모래질 압축성이 큰 점토
(sandy fat clay)</td></tr>
<tr><td>자갈%≥15%</td><td>자갈을 함유한 모래질 압축성이 큰 점토
(sandy fat clay with gravel)</td></tr>
<tr><td rowspan="2">모래%< 자갈%
자갈질
압축성이
큰 점토</td><td>모래%<15%</td><td>자갈질 압축성이 큰 점토
(gravelly fat clay)</td></tr>
<tr><td>모래%≥15%</td><td>모래를 함유한 자갈질 압축성이 큰 점토
(gravelly fat clay with sand)</td></tr>
</table>

표 2.8 실트(M)의 경우

<table>
<tr><th>분류기호</th><th>기본 분류명</th><th colspan="3">분류방법</th><th>분류명</th></tr>
<tr><td rowspan="7">ML</td><td rowspan="7">소성이 낮은 실트 (silt)</td><td colspan="3">100 − F < 15%</td><td>소성이 낮은 실트(silt)</td></tr>
<tr><td colspan="2" rowspan="2">15% ≤ 100 − F < 30%</td><td>모래% ≥ 자갈%</td><td>모래를 함유한 소성이 낮은 실트 (silt with sand)</td></tr>
<tr><td>모래% < 자갈%</td><td>자갈을 함유한 소성이 낮은 실트 (silt with gravel)</td></tr>
<tr><td rowspan="4">100 − F ≥ 30%</td><td rowspan="2">모래% ≥ 자갈%
자갈질 소성이 낮은 실트</td><td>자갈% < 15%</td><td>모래질 소성이 낮은 실트(sandy silt)</td></tr>
<tr><td>자갈% ≥ 15%</td><td>자갈을 함유한 모래질 소성이 낮은 실트 (sandy silt with gravel)</td></tr>
<tr><td rowspan="2">모래% < 자갈%
자갈질 소성이 낮은 실트</td><td>모래% < 15%</td><td>자갈질 소성이 낮은 실트(gravelly silt)</td></tr>
<tr><td>모래% ≥ 15%</td><td>모래를 함유한 자갈질 소성이 낮은 실트 (gravelly silt with sand)</td></tr>
<tr><td rowspan="7">MH</td><td rowspan="7">소성이 큰 실트 (elastic silt)</td><td colspan="3">100 − F < 15%</td><td>소성이 큰 실트(elastic silt)</td></tr>
<tr><td colspan="2" rowspan="2">15% ≤ 100 − F < 30%</td><td>모래% ≥ 자갈%</td><td>모래를 함유한 소성이 큰 실트 (elastic silt with sand)</td></tr>
<tr><td>모래% < 자갈%</td><td>자갈을 함유한 소성이 큰 실트 (elastic silt with gravel)</td></tr>
<tr><td rowspan="4">100 − F ≥ 30%</td><td rowspan="2">모래% ≥ 자갈%
모래질 소성이 큰 실트</td><td>자갈% < 15%</td><td>모래질 소성이 큰 실트(sandy elastic silt)</td></tr>
<tr><td>자갈% ≥ 15%</td><td>자갈을 함유한 모래질 소성이 큰 실트 (sandy elastic silt with gravel)</td></tr>
<tr><td rowspan="2">모래% < 자갈%
자갈질 소성이 큰 실트</td><td>모래% < 15%</td><td>자갈질 소성이 큰 실트(gravelly elastic silt)</td></tr>
<tr><td>모래% ≥ 15%</td><td>모래를 함유한 자갈질 소성이 큰 실트 (gravelly elastic silt with sand)</td></tr>
</table>

표 2.9 실트질 점토(CL–ML)의 경우

<table>
<tr><th>분류기호</th><th>기본 분류명</th><th colspan="3">분류방법</th><th>분류명</th></tr>
<tr><td rowspan="7">CL–ML</td><td rowspan="7">실트질 점토 (silty clay)</td><td colspan="3">100 − F < 15%</td><td>실트질 점토(silty clay)</td></tr>
<tr><td colspan="2" rowspan="2">15% ≤ 100 − F < 30%</td><td>모래% ≥ 자갈%</td><td>모래를 함유한 실트질 점토 (silty clay with sand)</td></tr>
<tr><td>모래% < 자갈%</td><td>자갈을 함유한 실트질 점토 (silty clay with gravel)</td></tr>
<tr><td rowspan="4">100 − F ≥ 30%</td><td rowspan="2">모래% ≥ 자갈%
모래질 실트질 점토</td><td>자갈% < 15%</td><td>모래질 실트질 점토(sandy silty clay)</td></tr>
<tr><td>자갈% ≥ 15%</td><td>자갈을 함유한 모래질 실트질 점토 (sandy silty clay with gravel)</td></tr>
<tr><td rowspan="2">모래% < 자갈%
자갈질 실트질 점토</td><td>모래% < 15%</td><td>자갈질 실트질 점토(gravelly silty clay)</td></tr>
<tr><td>모래% ≥ 15%</td><td>모래를 함유한 자갈질 실트질 점토 (gravelly silty clay with sand)</td></tr>
</table>

표 2.10 유기질토(O)의 경우

분류기호	기본 분류명	분류방법			분류명
OL	PI≥4이고 A선 및 그 위쪽 (빗금부분 포함) 유기질 점토 (organic clay)	100−F<15%			유기질 점토(organic clay)
		15%≤100−F<30%		모래%≥ 자갈%	모래를 함유한 유기질 점토(organic clay with sand)
				모래%< 자갈%	자갈을 함유한 유기질 점토(organic clay with gravel)
		100−F≥ 30%	모래%≥ 자갈% 모래질 유기질 점토	자갈%<15%	모래질 유기질 점토(sandy organic clay)
				자갈%≥15%	자갈을 함유한 모래질 유기질 점토 (sandy organic clay with gravel)
			모래%< 자갈% 자갈질 유기질 점토	모래%<15%	자갈질 유기질 점토(gravelly organic clay)
				모래%≥15%	모래를 함유한 자갈질 유기질 점토 (gravelly organic clay with sand)
	PI<4이고 A선 아래쪽 유기질 실트 (organic silt)	100−F<15%			유기질 실트(organic silt)
		15%≤100−F<30%		모래%≥ 자갈%	모래를 함유한 유기질 실트 (organic silt with sand)
				모래%< 자갈%	자갈을 함유한 유기질 실트 (organic silt with gravel)
		100−F≥ 30%	모래%≥ 자갈% 모래질 유기질 실트	자갈%<15%	모래질 유기질 실트(sandy organic silt)
				자갈%≥15%	자갈을 함유한 모래질 유기질 실트 (sandy organic silt with gravel)
			모래%< 자갈% 자갈질 유기질 실트	모래%<15%	자갈질 유기질 실트(gravelly organic silt)
				모래%≥15%	모래를 함유한 자갈질 유기질 실트 (gravelly organic silt with sand)
OH	A선 및 그 위쪽 (빗금부분 포함) 유기질 점토 (organic clay)	100−F<15%			유기질 점토(organic clay)
		15%≤100−F<30%		모래%≥ 자갈%	모래를 함유한 유기질 점토 (organic clay with sand)
				모래%< 자갈%	자갈을 함유한 유기질 점토(organic clay with gravel)
		100−F≥ 30%	모래%≥ 자갈% 모래질 유기질 점토	자갈%<15%	모래질 유기질 점토(sandy organic clay)
				자갈%≥15%	자갈을 함유한 모래질 유기질 점토 (sandy organic clay with gravel)
			모래%< 자갈% 자갈질 유기질 점토	모래%<15%	자갈질 유기질 점토(gravelly organic clay)
				모래%≥15%	모래를 함유한 자갈질 유기질 점토 (gravelly organic clay with sand)
	A선 아래쪽 유기질 실트 (organic silt)	100−F<15%			유기질 실트(organic silt)
		15%≤100−F<30%		모래%≥ 자갈%	모래를 함유한 유기질 실트 (organic silt with sand)
				모래%< 자갈%	자갈을 함유한 유기질 실트 (organic silt with gravel)
		100−F≥ 30%	모래%≥ 자갈% 모래질 유기질 실트	자갈%<15%	모래질 유기질 실트(sandy organic silt)
				자갈%≥15%	자갈을 함유한 모래질 유기질 실트 (sandy organic silt with gravel)
			모래%< 자갈% 자갈질 유기질 실트	모래%<15%	자갈질 유기질 실트(gravelly organic silt)
				모래%≥15%	모래를 함유한 자갈질 유기질 실트 (gravelly organic silt with sand)

참고사항 : 경계선 분류기호

경계선 분류기호(Borderline Symbol)는 분류된 흙의 특성이 다른 분류의 흙의 특성에 접근해 있을 때 사용할 수 있다. 경계선 분류기호는 2개의 분류기호 사이를 / 로 구분하여 표시한다. 예를 들어 GP / SP , GM / SM , GC / CH , SC / CL , CH / CL , CL / ML 등 앞의 분류기호는 통일분류법의 규칙에 따라 얻어진 기호이어야 함. 뒤의 분류 기호는 앞의 분류기호의 흙이 다른 분류의 흙과 그 특성이 접근해 있다는 것을 표시하거나, 흙의 공학적 이용에 영향을 미치는 흙의 특성을 제시하기 위하여 사용할 수 있다.

예를 들면 LL=49%, PI=27%인 세립토는 CL로 분류된다. 그러나 이 경우 소성도에서 이 흙이 CH에 대단히 접근해 있음을 알 수 있다. 그런데 CH로 분류되는 흙은 팽창특성을 가지고 있다. 따라서 이 흙에 CL / CH이라는 경계선 분류기호를 부여함으로써 팽창성에 관한 잠재적 문제점에 주의를 환기시킬 수 있다.

동일 지역에 속하는 몇 개의 흙을 분류함에 있어서, 경계선 분류기호는 흙의 유사성을 강조하기 위하여 사용할 수 있다. 예를 들어 동일 시추공에서 얻은 점토시료 A는 LL=52%, B는 LL=49%이고 PI는 모두 30%이면 A는 CH / CL, B는 CL / CH라는 경계선 분류기호를 줌으로써 두 흙이 거의 같은 흙임을 알 수 있다. 만약 경계선 분류 기호를 쓰지 않고 A는 CH, B는 CL로 표시하면 실제보다 토층의 변화가 심한 것으로 잘못 이해할 수 있다.

경계선 분류기호를 부여하는데 엄격한 규칙이 제정되어있는 것은 아니고 일반적 가이드 라인 정도가 제시되어 있다. 몇 가지 주요한 예를 제시해보면 다음과 같다.

경계선 분류기호와 분류명에 관한 예

예 1 세립토에서 자갈 또는 모래의 함유율이 50%에 가까운 경우
자갈 0%, 모래 49%, 세립분 51%, LL = 40% , PI = 20%

분류기호의 결정

- F = 51% > 50% ∴ 세립토
- LL = 40% , PI = 20% ∴ 소성도에서 CL
- 그런데 모래함유율 = 49% ∴ SC가 이 흙의 특성에 대단히 접근해 있음.

따라서 분류기호 CL / SC

분류명의 결정

- 조립분(%) = 100 − 51 = 49% > 30%
- 모래함유율 > 자갈함유율 ∴ sandy

자갈함유율 < 15% ∴ sandy

분류기호 및 분류명

CL / SC : sandy lean clay

예 2 조립토에서 자갈과 모래의 함유율이 거의 같은 경우
자갈 40%, 모래 40%, 비소성 세립분 20%

분류기호의 결정

- $F = 20\% < 50\%$ ∴ 조립토
- 자갈(%) = 모래(%) ∴ 모래(S)
- $F = 20\% > 12\%$ ∴ 제 2 문자는 소성도에서 결정

비소성(NP) ∴ M

분류기호 SM

- 그런데 자갈(%) = 모래(%) 이므로 경계선 분류기호 사용

분류기호 : SM / GM

분류명의 결정

- 자갈(%) = 40% > 15% ∴ with gravel

분류기호 및 분류명

SM / GM : silty sand with gravel

예 3 세립토에서 *LL*이 B-Line에 대단히 접근한 경우(LL ≈ 50%)
(보통 $45\% \le LL \le 55\%$인 경우)
모래 10%, 자갈 10%, 세립분 80%, $LL = 50\%$, $PI = 30\%$

분류기호의 결정

- $F = 80\% > 50\%$ ∴ 세립토
- $LL = 50\%$, $PI = 30\%$ ∴ 소성노에서 CH
- 그런데 $LL = 50\%$ 이므로 경계선 분류기호 사용. 뒤의 분류기호는 CL

따라서 분류기호 CH / CL

분류명의 결정

- 조립분(%) $= 100 - F = 100 - 80 = 20\%$

$15\% \le 100 - F < 30\%$ 인 경우이므로

모래(%) = 자갈(%) ∴ with sand

분류기호 및 분류명

CH / CL : lean to fat clay with sand

예 4 세립토에서 *LL*과 *PI*가 A-line에 대단히 접근해 있을 때
자갈 0%, 모래 35%, 세립분 65%, $LL = 40\%$, $PI = 15\%$

분류기호의 결정

- $F = 65\% > 50\%$ ∴ 세립토

- $LL=40\%$, $PI=15\%$ ∴ 소성도에서 CL
- 그런데 LL=40%, PI=15%는 A–line에 대단히 접근해 있으므로 경계선 분류기호 다음의 분류기호는 ML사용.
  따라서 분류기호 CL / ML

분류명의 결정

- 조립분(%) $= 100 - F = 100 - 65 = 35\% > 30\%$
  모래(%) > 자갈(%) ∴ sandy
  자갈(%) < 15% ∴ sandy

분류기호 및 분류명

CL / ML : sandy silty lean clay

현재의 통일분류법에서도 위에서 열거한 필요성을 반영시키기 위해 "–"을 이용한 이중기호를 사용하고 있다. 또한 흙의 특성을 보다 서술적으로 표현하기 위하여 분류명을 사용하고 있다. 그러나 이 방법만으로는 경계선 분류기호의 기능을 대신 할 수 없으며(예 : CH/CL, CH/MH 등) 경계선 기호는 흙의 특성이 두 분류기호에 속하는 흙의 특성에 "대단히" 접근해 있음을 나타낸다. 즉, 경계선 분류기호는 이 흙이 분류기호로 표시된 두 흙의 특성의 경계선에 대단히 가까워져 있음을 나타내고 있다.

독자들에게 드리는 질문 : 세립토의 액성한계와 소성지수를 소성도에 plot해보니 A–선$\left[PI=0.73(LL-20)\right]$과 B–선$(LL=50\%)$의 교차점과 일치하였다. 귀하는 이 흙의 분류기호와 분류명을 어떻게 할 것인가?(이미 앞에서 나온 질문임)

참고사항 : 율석과 옥석을 함유한 흙에 대한 통일분류법

통일분류법은 입경 75mm 미만의 흙, 즉 자갈, 모래 및 세립토(실트, 점토)에 대하여 적용하고 있다. 만약 현장 원시료(original field sample)에 75mm 이상인 입경의 흙이 존재하면 그 함유율이 50% 이하인가 50% 초과인가에 따라 다음과 같이 분류한다.

통일분류법에서는 75mm~300mm는 율석(栗石, cobble), 입경 300mm 이상은 옥석(玉石, boulder)로 분류하고 있다.

(1) 옥석과 율석 함유율 50% 이하인 경우

입경 75mm 이상인 입자를 제거하고, 나머지 흙, 즉 입경 75mm 미만인 흙에 대하여 자갈, 모래, 세립분의 함유율을 결정하여 흙을 분류하게 된다. 율석과 옥석의 함유율은 별도로 표시하고 그 존재는 분류명에서 언급한다.

예　자갈 70%, 모래 20%, 비소성 세립분 10%, $C_u = 30$, $C_g = 0.5$

현장 원시료는 율석 10%, 옥석 5% 함유, 분류기호 및 분류명을 구함.

분류기호의 결정

$F = 10\% < 50\%$　∴ 조립토

자갈(%) = 70% > 모래(%) = 20%　∴ 자갈(G)

- $F = 10\%$, $5\% \le F \le 12\%$ 인 경우이므로　∴ 이중기호 사용
- 입도분포에 대하여 : $C_u = 30$, $C_g = 0.5$　∴ 빈입도(P)　∴GP
- 세립분의 특성 : 비소성(NP)　∴ M　∴GM

그러므로 분류기호 : GP–GM

분류명의 결정

모래(%) = 20% > 15%　∴ 모래를 함유한(with sand)

율석과 옥석 함유　∴ 율석과 옥석을 함유한(with cobble and boulder)

분류기호 및 분류명

GP–GM : 실트, 모래, 율석 및 옥석(모두)를 함유한 빈입도의 자갈

(poorly graded gravel with silt, sand, cobble and boulder)

율석과 옥석의 함유율 10%, 5%는 별도로 표기해 둠.

시료에 율석이 소량 함유된 경우에는 전체시료로 입도 시험을 실시하는 경우도 있다. 그러나 이 때에는 흙을 분류하기 전에 입경 75mm 미만의 흙을 전체시료로 보았을 때의 자갈, 모래, 세립분의 함유율로 입도 분석 결과를 보정해 두어야 한다.

예　율석을 포함한 전체 시료에 대한 입도분석 결과

율석 10%, 자갈 45%, 모래 27%, 세립분 18%, $LL = 60\%$, $PI = 38\%$

통일 분류 기호 및 분류명을 구함.

입경 75mm미만의 흙(율석을 제거했을 때)에 대한 자갈, 모래, 세립분 함유율 산정

$$\text{자갈}(\%) = \frac{45}{90} \times 100 = 50\%$$

$$\text{모래}(\%) = \frac{27}{90} \times 100 = 30\%$$

$$\text{세립분}(\%) = \frac{18}{90} \times 100 = 20\%$$

분류기호 결정

- $F = 20\% < 50\%$　∴ 조립토
- 자갈(%) = 50% > 모래(%) =30%　∴ 자갈(G)

- F = 20% > 12% ∴ 세립분의 특성만으로 제 2 문자 결정
  LL = 60% , PI = 38% ∴ 소성도에서 A–line보다 위 ∴ C
- 분류기호 GC

분류명의 결정

- 모래(%) = 30% > 15% ∴ 모래를 함유한(with sand)
- 율석(%) = 10% ∴ 율석을 함유한(with cobble)

분류기호 및 분류명

GC : 모래와 율석을 함유한 점토질 자갈
(clayey gravel with sand and cobble)

(2) 입경 75mm 이상의 입자 함유율이 50%를 초과하는 경우

전체 시료에 대하여 흙 분류를 하지 말고 율석과 옥석으로 표기한다. 그러나 입경 75mm 미만의 부분에 대하여 흙 분류를 실시하고 이에 대하여 언급할 수 있다.

2.4.2 AASHTO분류법

AASHTO(American Association of State Highway and Transportation Officials) : 미국 공로 및 교통협회(美國 公路 및 交通 協會)의 도로 설계용 흙 분류방법이다.

Hogentögler 가 본래부터 도로 설계용으로 고안한 이래 PR(Public Road) 분류법, BPR(Bureau of Public Road) 분류법, PRA(Public Road Administration) 분류법, AASHO(American Association of State Highway Officials) 분류법 등으로 개정을 거쳐 현재에 이르렀다

AASHTO 분류법의 입경에 따른 흙의 분류는 다음과 같다.

옥석(玉石, boulder)	> 75mm
자갈(gravel)	75mm ~ 2mm (No.10체)
모래(sand)	2mm (No.10체) ~ 0.075mm (No.200체)
세립분(fines)	< 0.075mm (No.200체)

분류는 자갈 이하에 대해서만 실시하고 75mm 이상의 입자에 대해서는 그 존재와 함유율을 별도로 표기해 둔다.

AASHTO 분류법에서 입상토(粒狀土, granular soil)와 실트 · 점토를 구분하는 기준은 No.200체 통과율 35%이다. 즉

- $F \leq 35\%$ 이면 입상토 (자갈, 모래)
- $F > 35\%$ 이면 실트 · 점토

입상토는 조립토, 실트 · 점토는 세립토와 의미가 같다고 볼 수 있다.

AASHTO 분류법에서는 입도분포와 Atterberg 한계(LL, PI)에 따라 흙을 A–1 ~ A–7까지 7개로 분류한 후 다시 세분류하여 다음과 같이 흙을 12 분류기호로 분류한다.

- 흙
  - 입상토(모래, 자갈)
    - A–1
      - A–1–a, A–1–b : 양입도의 자갈, 모래
    - A–3 : 빈 입도(poorly graded)의 깨끗한 가는 모래
    - A–2 : 세립토 함유(A–2–4, A–2–5, A–2–6, A–2–7) (성분 특성이 복잡한 흙)
  - 실트 · 점토(세립토)
    - A–4, A–5 : 실트(silt)
    - A–6 : 점토(clay)
    - A–7
      - A–7–5, A–7–6 : 점토(clay)

▪ 총 12분류(total 12 soil classification)

AASHTO 분류법에서의 유기질토 분류방법

현재의 분류표에서는 유기질토 분류방법이 제시되어 있지 않다. 전에는 A–8으로 유기질토를 구분하였다.

NOTE : AASHTO 분류기호의 A는 의미가 없음. 처음에는 흙을 A군과 B군으로 대별하고 다시 세 분류하였으나 그 후 B군이 폐지되고 A군만 남았음. 절대 AASHTO의 두문자(頭文字) A를 의미하는 것이 아님.

AASHTO 분류법에 의한 흙의 분류방법

표 2. 11을 이용하여 소거법으로 흙을 분류한다. 소거법(消去法)이란 해당되지 않는 것들을 차례로 지워나가면 마지막까지 남아있는 것을 분류기호로 하는 방법이다.

표 2.11 AASHTO 분류법

일반적 분류	입상토(No.200체 통과율 35% 이하)							실트·점토 (No.200체 통과율 36% 이상)			
분류기호	A–1		A–3	A–2				A–4	A–5	A–6	A–7
	A–1–a	A–1–b		A–2–4	A–2–5	A–2–6	A–2–7				A–7–5[*1] A–7–6[*2]
체분석 통과량의 %											
No.10체	50이하										
No.40체	30이하	50이하	51이상								
No.200체	15이하	25이하	10이하	35이하	35이하	35이하	35이하	36이상	36이상	36이상	36이상
No.40체 통과분의 성질											
액성한계				40이하	41이상	40이하	41이상	40이하	41이상	40이하	41이상
소성지수	6이하		NP[*3]	10이하	10이하	11이상	11이상	10이하	10이하	11이상	11이상
주요구성재료	석편, 자갈, 모래		세사	실트질 또는 점토질 자갈 모래				실트질 흙		점토질 흙	
노상토로서의 일반적 등급	우 또는 양							가 또는 불가			

주 : A–7–5*[1]의 소성지수는 $PI \le LL - 30$ 이어야 한다.

A–7–6*[2]의 소성지수는 $PI > LL - 30$ 이어야 한다.

NP[*3]는 비소성(非塑性, nonplastic)을 의미한다. 비소성인 흙은 어떠한 함수비에서도 소성체가 되지 않는 흙이며 다음과 같은 경우가 여기에 속한다.

① *LL*와 *PL* 중 하나 또는 모두가 측정 불가능한 경우

② $LL \le PL$로 측정된 경우

체분석 통과량의 % 및 액성한계, 소성지수는 소수점 아래 첫째 자리에서 반올림한 값이다.

1. 입상토와 실트 · 점토의 구분

No.200 체(0.075mm) 통과율 (즉 F)가 35% 이하이면 입상토, 35%초과이면 실트 · 점토로 판정한다. 단 F는 소수점 아래 첫째 자리에서 반올림(四捨五入)한다.

$F \leq 35\%$ 이면 입상토 (자갈, 모래)

$F > 35\%$ 이면 실트 · 점토

2. 입상토의 분류

A–1–(a)에서 시작하여 A–2–7까지 오른쪽으로 진행해 가면서 해당되지 않는 분류 기호를 제거(소거)한다. 즉

① No.10체(2.0mm) 통과율이 표에 주어진 조건을 만족시키지 않는 것은 제거한다.
한번 제거된 분류 기호는 다시 검토할 필요가 없다.
표에 공란으로 되어 있는 것은 해당 분류요소와 무관하다는 뜻이므로 합격인 셈이다. 즉 제거시키면 안 된다.

② 다음에는 No.40체(0.425mm), No.200체(0.075mm) 통과율을 순차적으로 적용하여 위의 과정을 반복한다.

③ 이러한 소거 작업을 액성한계 *LL*, 소성지수 *PI*까지 수행하고 나면 마지막까지 소거되지 않고 남아있는 것이 그 흙의 AASHTO 분류기호이다.

④ 입상토의 경우 마지막까지 남아있는 분류기호가 2개 이상일 수도 있는데 이 때에는 가장 왼쪽에 있는 것을 분류기호로 한다.

표 2. 11에서 A–3이 A–2보다 왼쪽에 배치되어 있는 것은 이 때문이다. 즉 마지막까지 남은 것이 A–1–a, A–1–b, A–2–4이면 A–1–a를 그 흙의 분류기호로 해야 한다.

3. 실트 · 점토의 분류

A–4에서 시작하여 A–7까지 오른쪽으로 진행하면서 소거법으로 분류를 실시한다

① 먼저 액성한계 *LL*에 대하여 해당되지 않는 분류기호를 제거한다.

② 소성지수 *PI*로 소거법을 실시한다.

③ 마지막까지 남은 것이 AASHTO 분류기호이다. 단 A–7이 남은 경우에는 표 2.11 하단의 주(註)에 의해서 A–7–5와 A–7–6를 분류한다.

실트 · 점토의 경우에는 복수의 분류기호가 남는 일은 없다.

4. 분류기호 다음에 군지수(群指數, group index) *GI*값을 ( ) 안에 기입한다.
(군지수에 대하여서는 바로 뒤에 설명)
이렇게 하여 AASHTO 분류법에 의한 흙의 분류는 완결된다.

AASHTO 소성도(塑性圖, plasticity chart)

그림 2.8이 AASHTO 소성도이다. AASHTO 소성도는 입상토 중 세립분을 비교적 많이 함유한 흙, 즉 A–2 분류(A–2–4, A–2–5, A–2–6, A–2–7) 과 실트 · 점토(A–4, A–5, A–6, A–7–5, A–7–6) 분류에 편리하다.

① $F \leq 35\%$인 경우

LL, *PI* —(AASHTO 소성도)→ A–2–4, A–2–5, A–2–6, A–2–7 분류

② $F > 35\%$인 경우

LL, *PI* —(AASHTO 소성도)→ A–4, A–5, A–6, A–7–5, A–7–6 분류

여기서 *F*와 *LL*, *PI*값은 소수점 아래 첫째 자리에서 반올림한 값이다.

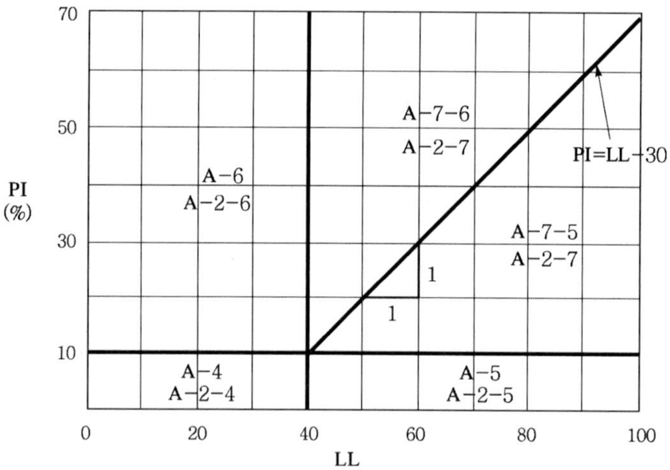

그림 2.8 AASHTO분류법의 소성도

AASHTO 소성도에 관한 음미

- $PI = 10\%$ 인 선은 실트와 점토를 구분하는 선임.
  $PI \leq 10\%$ 이면 실트 (A–4, A–5)
  $PI > 10\%$ 이면 점토 (A–6, A–7)
  $PI = 10\%$ 선은 통일분류법의 A–선($PI = 0.73(LL - 20)$)과 유사한 의미를 가지고 있음.
  그러나 $PI = 10\%$ 선으로 실트와 점토를 구분하는 것은 그 근거가 불명확함.
- $LL = 40\%$ 인 선은 통일분류법의 B–선($LL = 50\%$)과 유사한 의미를 가진다고 생각해 볼 수 있다.

• A–7–5와 A–7–6를 구분하는 사선(斜線)의 방정식 : $PI = LL - 30$
이것은 표 2.11 아래의 주(註)에서 두 흙의 분류 기준과 같다.

군지수(群指數, group index) GI

AASHTO 분류법에서는 흙을 분류한 다음 다시 한 분류 내에서의 노상으로서의 가치 등급을 표시하기 위하여 군지수 GI를 분류기호 다음에 ( ) 안에 제시한다. GI는 다음과 같이 구한다.

$$GI = 0.2\,a + 0.005\,ac + 0.01\,bd \tag{2.16a}$$

여기서, $a = F - 35$ $\quad c = LL - 40$

$b = F - 15$ $\quad d = PI - 10$

$$\text{즉 } GI = (F - 35)[\,0.2 + 0.005(LL - 40)\,] + 0.01\,(F - 15)(PI - 10) \tag{2.16b}$$

$$= [\,PGI\,]_{LL} + [\,PGI\,]_{PI} \tag{2.16c}$$

여기서, $[PGI]_{LL} = (F - 35)[\,0.2 + 0.005(LL - 40)\,]$

: LL에 의한 부분 군지수 (partial group index)

$[PGI]_{PI} = 0.01\,(F - 15)(PI - 10)$

: PI에 의한 부분 군지수(partial group index)

부분 군지수(PGI)는 음수(–)가 될 수 있으나 부분 군지수를 합하여 얻는 군지수가 음(–)이 되면 0(零, zero)으로 보고 한다.

A–2–6, A–2–7에 속하는 흙의 군지수는 PI만에 의하여 결정된다. 즉

A–2–6, A–2–7의 경우 :

$$GI = [PGI]_{PI} = 0.01\,(F - 15)(PI - 10)$$

군지수는 그림 2.9에 제시된 monograph에서도 구할 수 있다. 이 그림을 이용하여 GI를 구할 때에도

$$GI = [PGI]_{LL} + [PGI]_{PI}$$

여기서 $[PGI]_{LL}$과 $[PGI]_{PI}$는 앞에서 정의한 것과 같다. GI를 구하는 한 예가 그림 2.9에 제시되어 있다.

단, A–2–6, A–2–7의 경우에는 $GI = [\,PGI\,]_{PI}$

[*PGI*] 값을 서로 더하여 얻은 *GI* 값이 음(–)이면 *GI* = 0 으로 보고하는 것은 앞에서 설명한 대로이다.

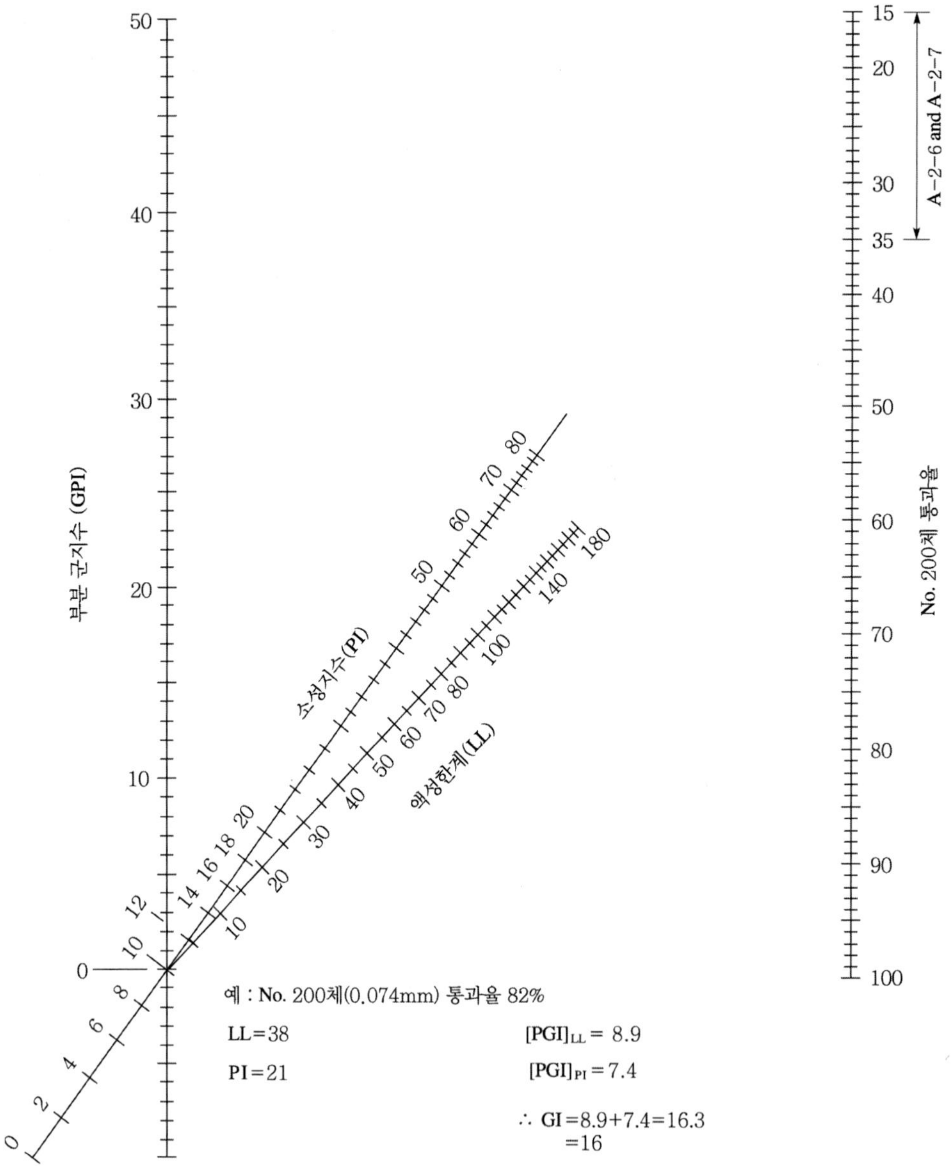

그림 2.9 군지수를 구하는 monograph(AASHTO, 1978)

군지수에 관한 몇 가지 comment :

① *GI*가 클수록 노상(路床)으로서의 가치는 나쁨(*GI*가 크려면 *F*, *LL*, *PI*가 커야 하므로).

② *GI*의 상한치(上限値, upper limit)는 없음. 개정되기 전에는 $GI \leq 20$이었음.

③ A–2–6, A–2–7의 경우 *GI*는 *PI*만에 의하여 결정됨. 즉

$GI = 0.01\,(F-15)(PI-10)$

④ 계산된 *GI* 값이 음(–)이면($GI<0$) $GI=0$으로 보고한다.

그리고 계산된 GI값은 소수점 아래 첫째 자리에서 반올림하여 정수(整數, integer)로 표현한다. 이것은 계산 과정에서 부분 군지수 $[PGI]_{LL}$ 과 $[PGI]_{PI}$ 는 음(–)의 값이 될 수도 있고 소수도 될 수 있으나 그들의 합인 군지수 *GI*는 양의 정수 (0포함)로 나타내어야 한다는 뜻이다.

예를 들어 계산된 *GI* 값이 $GI=-2.0$이면 $GI=0$

$GI=4.6$이면 $GI=5$, $GI=4.3$이면 $GI=4$

로 보고한다.

또한 $[PGI]_{LL}=5.4$, $[PGI]_{PI}=-2.1$ 이 가능하며 이때의 $GI=5.4-2.1=3.3$

그러므로 GI = 3

⑤ A–1–(a), A–1–(b), A–3, A–2–4, A–2–5 (가장 왼쪽 5개 분류) 이면 *GI*는 언제나 0이다. 그 이유를 밝혀 볼 것.

⑥ *GI*는 분류기호 다음에 ( ) 안에 표시

예 : A–7–5(10)

2.4.3 통일분류법과 AASHTO 분류법의 비교

통일 분류법과 AASHTO 분류법은 우리나라와 미국을 비롯한 세계 가국에서 널리 사용되고 있는 흙의 분류법이다. 그 내용을 비교하여 보면 표 2.12와 같다.

음미(comment) :

① 조립토(입상토)와 세립토(실트 · 점토)의 구분

세립분(실트 · 점토)의 함유율이 50%에 가까우면 조립토의 조립분 입자들은 세립분으로 완전히 둘러싸여 고립상태가 되고 입자끼리 접촉할 수도 없는 상태에 있게 된다. 이러한 흙은 전체적으로 보아 세립분의 특성이 지배하게 된다. 따라서 조립토와 세립토의 구분은 AASHTO 분류 방법이 타당하다.

② 자갈 모래의 경계 입경 : 이 입경을 2.0mm(No.10 체)로 한 것이 역사가 깊어 토질역학 외의 다른 학문에서도 이 기준을 다수 채택하고 있다. 그리고 굵은 모래와 가는 자갈의 공학적 특성은 중요한 차이는 없다. 따라서 AASHTO 분류법이 타당하다.

③ 실트와 점토의 구분 : 통일분류법의 A–선은 시험결과에서 얻어진 것인데 반해 AASHTO 분류법의 PI = 10%선은 그 근거가 명확하지 않다. 따라서 통일 분류법이 타당하다.

④ 유기질토의 분류 : 통일분류법에서는 분류방법이 있으나 AASHTO 분류법에는 분류 기호 자체가 없다(A–8으로 표시한 적은 있었음).

⑤ 조립토(입상토)의 분류 : 통일분류법에는 본격적인 상세한 분류가 가능하지만 AASHTO 분류법은 간단하며 특히 A–2 군(群, group)은 그 특성이 명백하지 못하다. 통일분류법이 합당하다.

⑥ 기호의 의미 : 통일분류법은 문자 2개로 흙의 특성을 서술적으로 표현하고 있다. 또한 이중기호를 사용하여 표현방법을 더 구체화하기도 한다. 이에 반해 AASHTO 분류법의 분류기호는 도로분야의 전문기술자 외에는 그 개념 파악이 어렵다. 통일분류법이 합당하다.

⑦ 채택기관 : 업무에 따라 AASHTO는 도로 전문기관에서 사용하고 있는데 반해 (경험과 연구실적이 많이 축적되어 있음), 관공서와 용역회사는 보다 범용적인 통일분류법을 채택하고 있다.

표 2.12 통일 분류법과 AASHTO 분류법의 비교

분 류 항 목	USCS	AASHTO	합당한 분류법
조립토 · 세립토의 구분	F = 50%	F = 35%	AASHTO
자갈 · 모래의 경계 입경	4.75mm	2mm	AASHTO
실트 · 점토의 구분	A– Line PI = 0.73(LL–20)	PI = 10	USCS
유기질토의 분류	Pt, OH, OL	없음(A–8)	USCS
조립토의 분류	자세한 분류(GW, GC..)	A–1, A–2, A–3	USCS
기호의 의미	서술적 의미 있는 기호	익숙하지 않는 경우 의미 파악 곤란	USCS
채택기관 (미국의 경우)	관공서 용역회사	도로전문기관	

▶ **예제 2.1** 체분석 및 아터버그한계 측정시험을 하여 다음과 같은 결과를 얻었다. 각 시료를 통일분류법과 AASHTO 분류법으로 분류하라.

흙 시료	No.1 시료	No.2 시료	No.3 시료
No.4 체(4.75mm) 통과율(%)	90	80	90
No.10 체(2.0mm) 통과율(%)	60	70	82
No.40 체(0.425mm) 통과율(%)	30	65	70
No.200 체(0.075mm) 통과율(%)	10	55	65
액성한계(%)	20	60	25(15*)
소성지수(%)	5	20	6

* 노건조 시료의 $LL = 15\%$

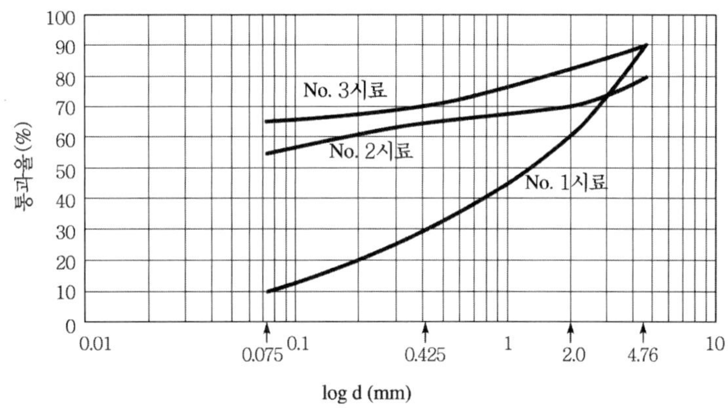

그림 예제 2.1 문제도

풀이 :

(1) No. 1시료

① 통일분류법(USCS)

가. 분류기호(group symbol)와 기본분류명(basic group name)의 결정

- 조립토와 세립토의 구분 : $F = 10\% < 50\%$ ∴ 조립토
- 자갈과 모래의 분류

  자갈(%) = 100 − $No.4$ 번체 통과율 = 100 − 90 = 10%

  모래(%) = $No.4$ 번체 통과율 − F = 90 − 10 = 80%

  모래(%) > 자갈(%) ∴ 모래(S)

- 모래의 분류 : $5\% \leq F \leq 12\%$ 에 해당되므로

입도분포와 소성도에서 제 2 문자를 구하여 2중기호 사용.

입도분포 $C_u = \dfrac{D_{60}}{D_{10}} = \dfrac{2.0}{0.074} = 27$ $\quad C_g = \dfrac{(D_{30})^2}{D_{10}D_{60}} = \dfrac{(0.42)^2}{(0.074)(2.0)} = 1.2$

양입도에 해당되므로 제 2 문자 W ∴ SW

- 소성도에서 $LL = 20\%$, $PI = 5\%$ 는 빗금부분 ∴ SC - SM
- 분류기호와 기본분류명
- 분류기호 : SW - SC - SM ∴ SW - SC
- 기본분류명 : 실트질 점토를 함유한 양입도의 모래(well graded sand with silty clay)

나. 분류명의 결정

자갈(%) = 10% < 15% ∴ 기본분류명 = 분류명

다. 분류기호 및 분류명

SW - SC 실트질 점토를 함유한 양입도의 모래(well graded sand with silty clay)

② AASHTO 분류법

가. 입상토와 실트 · 점토의 구분 : $F = 10\% < 35\%$ ∴ 입상토

- No. 10체 통과율 =60% : A–1-a 소거 (남는 것 A–1–b, A–3, A–2 전부)
- No. 40체 통과율 =30% : A–3 소거 (남는 것 A–1–b, A–2 전부)
- No. 200체 통과율 =10% : 소거되는 것 없음 (남는 것 A–1–b, A–2 전부)
- $LL = 20\%$: A–2–5, A–2–7 소거 (남는 것 A–1–b, A–2–4, A–2–6)
- $PI = 5\%$: A–2–6 소거 (남는 것 A–1–b, A–2–4)
- A–1–b와 A–2-4 중 더 앞에(왼쪽)에 있는 것이 A–1–b이므로
  분류기호 A–1–b

나. 군지수(GI)의 결정

A–1–b이면 $GI = 0$ 이다.

다. 분류기호 : A–1–b (0)

(2) No. 2시료

① 통일분류법(USCS)

가. 분류기호와 기본분류명의 결정

- 조립토와 세립토의 구분 : $F = 55\% > 50\%$ ∴ 세립토

- $LL = 60\%$, $PI = 20\%$ 이므로 소성도에서 MH

  MH 소성이 큰 실트(elastic silt)

나. 분류명(group name)의 결정

- $100 - F = 100 - 55 = 45 > 30\%$
- 자갈(%) = 100 − 80 = 20%　　모래(%) = 80 − 55 = 25%

  모래(%) > 자갈(%)　　∴ 모래질의 소성이 큰 실트(sandy elastic silt)
- 자갈(%) = 20% > 15%　　∴ 자갈을 함유한(with gravel)

다. 분류기호와 분류명

MH 자갈을 함유한 모래질의 소성이 큰 실트(sandy elastic silt with gravel)

② AASHTO 분류법

가. 분류기호의 결정

- 입상토와 실트 · 점토의 분류 : $F = 55\% > 35\%$　　∴ 실트 · 점토
- $LL = 60\%$: A–4, A–6 소거 (남는 것 A–5, A–7–5, A–7–6)
- $PI = 20\%$: A–5 소거 (남는 것 A–7–5, A–7–6)
- $PI = 20\% < LL - 30 = 30\%$　　∴ A–7–5

  또는 AASHTO 소성도에서 $LL = 60\%$, $PI = 20\%$ 이면 A–7–5

나. 군지수(GI)의 결정

$a = F - 35 = 55 - 35 = 20$

$b = F - 15 = 55 - 15 = 40$

$c = LL - 40 = 60 - 40 = 20$

$d = PI - 10 = 20 - 10 = 10$

$GI = a[0.2 + 0.005c] + 0.01bd = 20[0.2 + 0.005(20)] + 0.01(40)(10) = 10$

다. 분류명 : A–7–5(10)

(3) No. 3시료

① 통일분류법(USCS)

가. 분류기호와 기본분류명의 결정

- 조립토와 세립토의 구분 : $F = 65\% > 50\%$　　∴ 세립토
- 유기질토 여부의 판정 : $\dfrac{(LL)_{oven-dried}}{(LL)_{not\ dried}} = \dfrac{15}{25} = 0.6 < 0.75$　　∴ 유기질토 (O)

- $LL = 25\%$, $PI = 6\%$ 이므로 소성도의 빗금부분 ∴ A–선보다 위쪽
  OL 유기질 점토(organic clay)

나. 분류명(group name)의 결정

- 조립분 함유율 $= 100 - F = 100 - 65 = 35 > 30\%$
  자갈(%) $= 100 - 90 = 10\%$ 모래(%) $= 90 - 65 = 25\%$
  자갈(%) < 모래(%) ∴ 모래질(sandy)
- 자갈(%) $= 10\% < 15\%$ ∴ 자갈에 대한 분류명 없음.

다. 분류기호와 분류명

OL 모래질 유기질 점토(sandy organic clay)

② AASHTO 분류법

가. 분류기호의 결정

- 입상토와 실트 · 점토의 분류 : $F = 65\% > 35\%$ ∴ 실트 · 점토
- $LL = 25\%$: A–5, A–7 소거 (남는 것 A–4, A–6)
- $PI = 6\% < 10\%$: A–6 소거 (남는 것 A–4)
- 동일한 결과는 AASHTO 소성도에서도 얻을 수 있다.
  즉 $LL = 25\%$, $PI = 6\%$ 이면 소성도에서 A–4

나. 군지수(GI)의 결정

$a = F - 35 = 65 - 35 = 30$

$b = F - 15 = 65 - 15 = 50$

$c = LL - 40 = 25 - 40 = -15$

$d = PI - 10 = 6 - 10 = -4$

$GI = a[0.2 + 0.005c] + 0.01bd$

$\quad = 30[0.2 + 0.005(-15)] + 0.01(50)(-4) = 1.75$

$\therefore GI = 2$

다. 분류명 : A–4(2) ◀

연습문제

2.1 체분석 시험결과 각 체의 잔류량이 다음 표와 같이 측정되었다. 세립분으로 Atterberg 한계측정시험을 한 결과 $LL = 25\%$, $PI = 5\%$ 이었다.

체눈금(mm)	잔류량(g)	잔류율(%)	가적잔류율(%)	통과율(%)
4.75	32.2			
2.00	31.0			
0.425	82.0			
0.250	20.2			
0.075	22.0			
pan	12.6			
total	200			

(1) 표를 완성하고 입도분포곡선을 그려라.

(2) 통일분류법으로 흙의 분류기호와 분류명을 결정하라.

(3) AASHTO 분류법으로 흙을 분류하라.

2.2 다음 표는 입도분석 결과로 얻은 각 입경에 대한 통과율이다.

- 세립분에 대한 Atterberg 한계 측정결과도 함께 제시되어 있다.

입경(mm)	No.1	No.2	No.3	No.4
4.75	95	95	97	43
2.00	90	88	94	38
0.425	85	39	86	29
0.250	80	9	76	25
0.075	60	6	68	24
0.002	10.5	4	12	3
LL	22	–	45	12
PI	17	NP	17	5

(1) 각 시료별로 자갈, 모래, 실트 및 점토의 함유율을 구하되

(a) No.1, No.2 시료는 MIT 분류법

(b) No.3, No.4 시료는 ASTM 분류법으로 분류하라.

(2) 각 시료의 유효경, 균등계수 및 곡률계수를 구하라.

(3) 각 시료를 통일분류법으로 분류하여 분류기호와 분류명을 결정하라.

(4) AASHTO 분류법으로 흙을 분류하라.

2.3 자갈 8%, 모래 17%, 세립분 75%, LL=60%, PI=20%인 흙이 있다(단, 유기질은 함유하고 있지 않음). 다음 물음에 답하라.

(1) 통일분류법에 의한 분류기호 및 자갈, 모래, 실트, 점토 중 어디에 속하는지 밝혀라.

(2) 통일분류법에 의한 분류명(group name)은 무엇인가?

(3) AASHTO 분류법에 의한 분류기호(군지수를 분류기호 뒤에 표기할 것) 및 자갈, 모래, 실트, 점토 중 어디에 속하는지 밝혀라.

2.4 통일분류법에서 SW–SC는 다음 2가지 분류명을 가진다. 두 분류명에 대해서 소성도를 사용하여 설명하라.

SW–SC : well–graded sand with clay(점토를 함유한 양입도의 모래)

SW–SC : well–graded sand with silty clay(실트질 점토를 함유한 양입도의 모래)

2.5 흙을 통일분류법과 AASHTO 분류법으로 분류하기 위하여 실시한 시험결과를 조립토(입상토)와 세립토(실트, 점토)별로 각각 2조(set)씩 만들고 분류하라. 필요한 자료는 빠짐없이 가정하여야 한다. 단, 피트(peat) P_t는 제외.

제 3 장

지반내의 응력 분포

3.1 개설

지반내의 한 요소(要素, element)에 작용하는 응력은 다음 2가지로 나누어 생각할 수 있다. 그 중 하나는 흙 자중에 의하여 생기는 응력이고 나머지 하나는 지반에 작용하는 하중에 의하여 생기는 응력이다. 흙 자중에 의한 응력은 생각하는 요소보다 위 쪽에 있는 흙 무게로 인하여 생기는 응력이므로 토피하중(土被荷重, overburden pressure 또는 geostatic stress)이라 한다. 지반(이 장에서는 주로 지표면)에 작용하는 하중에 의한 응력은 예를 들어 건축물, 제방, 또는 물탱크 등의 건설에 의하여 생기는 응력이다. 이 응력은 탄성이론으로 구한다. 지반은 입상체(粒狀體, particulate media)이다. 그리고 입상체 지반을 대상으로 하는 지반응력 분포이론이 발표되었으나(Harr, 1966 등) 아직 실용화되지는 못하고 있다. 현재 토질역학에서는 지반을 탄성체로 가정하고, 탄성이론으로 구한 응력을 사용하고 있다.

이 장에서 다루는 가장 중요한 개념은 유효응력(有效應力, effective stress)이다. 여기에서는 유효응력을 거시적(巨視的, macroscopic) 입장

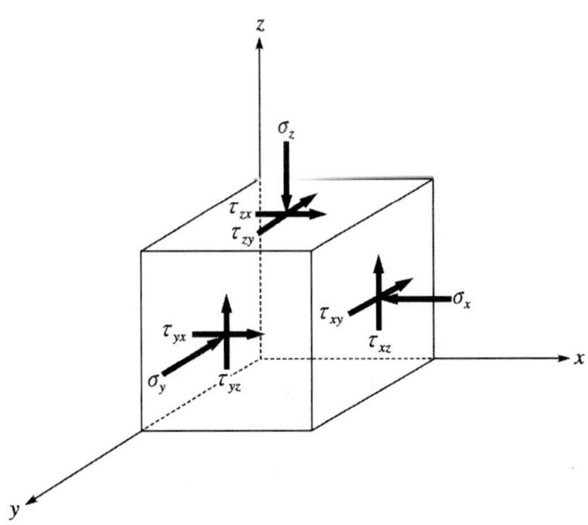

그림 3.1 응력의 성분

에서 고찰하고 다음 장에서는 미시적(微視的, microscopic)으로 고찰하여 두 결과가 일치함을 밝히게 된다. 유효응력의 원리는 Terzaghi가 이를 발표함으로써 토질역학의 탄생을 알렸고 그는 토질역학의 아버지(father of soil mechanics)로 추앙받고 있다. 역사적 중요성은 물론 토질역학의 근간이 되는 이 이론을 깊이 이해하기를 바란다.

탄성이론으로 얻어지는 응력에 관하여 논의하기 전에 한 요소에 작용하는 응력의 성분과 부호 및 기호에 관한 약속을 살펴보기로 하자. 그림 3.1과 같이 직각 좌표계(cartesian coordinate) 즉, (x, y, z) 좌표계를 채택한 경우 미소요소에 작용하는 응력 성분을 열거해 보기로 한다. 1개의 평면(plane)에는 1개의 수직응력(normal stress) σ 와 서로 직교하는 2개의 전단응력 (shearing stress) τ 를 합하여 3개의 응력이 작용한다. 그리고 이들 응력에는 작용평면과 작용방향에 따라 적절한 하첨자(下添字, subscripts)를 부여하고 있다. 예를 들어,

평면(x-plane) : x 축에 수직한 평면인 경우

σ_x : (x 평면에 작용하는) x 방향의 수직응력

τ_{xy} : x 평면에서 y 방향으로 작용하는 전단응력

τ_{xz} : x 평면에서 z 방향으로 작용하는 전단응력

일반적으로

σ_i : (i 평면에서) i 방향으로 작용하는 수직응력(∴ 정확하게는 σ_{ii})

τ_{ij} : i 평면에서 j 방향으로 작용하는 전단 응력

첫번째 하첨자 i는 작용평면을 나타내고 두번째 하첨자 j는 작용방향을 나타낸다.

x 평면에서 보인 것처럼 1개 평면에는 1개의 수직응력과 2개의 전단응력이 작용한다. y 평면과 z 평면에 대해서도 같은 방법으로 응력 성분을 정의하면 응력 matrix는

[S] =	작용방향 →	x방향	y방향	z방향
	x평면	σ_x	τ_{xy}	τ_{xz}
	y평면	τ_{yx}	σ_y	τ_{yz}
	z평면	τ_{zx}	τ_{zy}	σ_z

9개의 응력성분이 존재한다.

응력에 부여하는 하첨자에 관한 규약은 원통좌표(圓筒座標, cylindrical coordinate)를 선택해도 그대로 적용된다.

부호(+, –)에 관한 약속 :

토질역학에서 응력에 부여하는 부호는 다음 표 3.1의 규준에 따른다. 이 부호 규약은 다른 분야, 예를 들어 응용역학에서 설정한 규약과 다를 수 있다.

표 3.1 부호규약

구 분	양(+)	음(–)
수직응력(σ)	압축(compression) 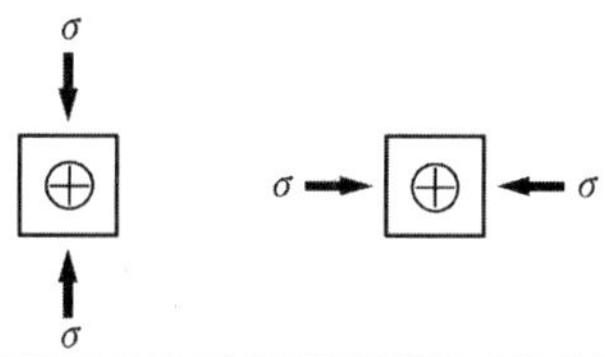	인장(tension) 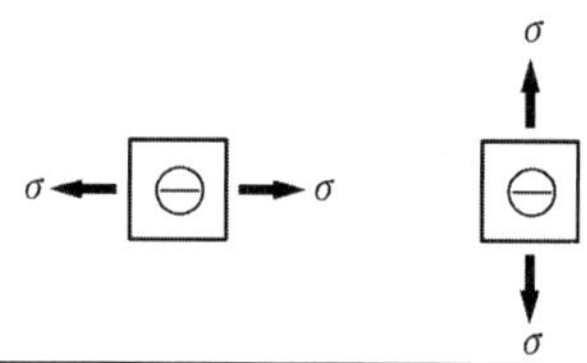
전단응력(τ)	반시계 방향(counter clockwise) 	시계 방향(clockwise) 

한 요소에 작용하는 응력상태는 9개의 응력성분으로 정의할 수 있음을 앞에서 밝혔지만 공액전단응력(conjugate shearing stress)의 개념을 알면 6개의 응력성분만으로 한 요소의 응력상태가 결정됨을 알 수 있다.

공액(共軛, conjugate) 전단응력은 직교하는 두 평면에 작용하는 한 쌍의 전단응력이다. 공액전단응력은 크기는 같고 부호는 반대이다.

$$\tau_{ij} = -\tau_{ji}$$

이 사실을 그림 3.2의 응력상태에 대하여 $\tau_{xy} = -\tau_{yx}$임을 밝혀 증명해 보자.

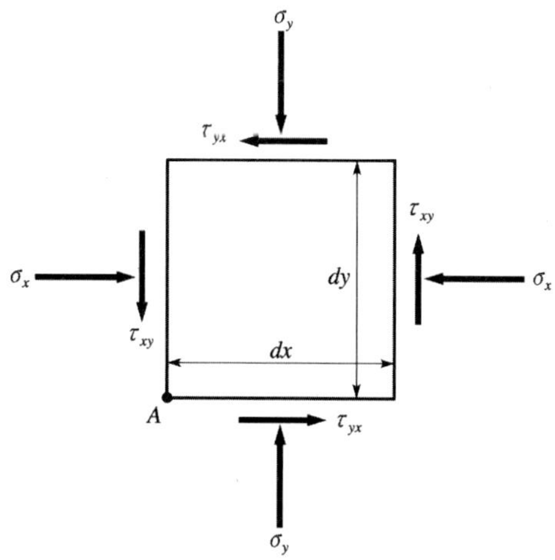

그림 3.2 공액진단응력의 특성 증명

[증명] 그림 3.2와 같은 미소요소에 수직응력과 전단응력이 작용하고 있다. 주의할 것은 모든 응력이 양(+)의 방향으로 작용하고 있다는 사실이다.

A점에 대한 모멘트 평형을 고려하여 $\tau_{xy} = -\tau_{yx}$ 임을 밝히고자 한다. A점에 대한 모멘트 평형해석에는 응력요소 중 좌우 x 평면의 σ_x 와 상하 y 평면의 σ_y 는 각각 크기는 같고 방향이 반대이므로 서로 비기고 있고 A점 위쪽 x 평면의 τ_{xy} 와 오른쪽 y 평면의 τ_{yx} 는 A점에 대한 팔길이(arm length)가 0이므로 모멘트 계산에 제외해도 좋다. 따라서 실제 모멘트 평형에 관여하는 응력은 오른쪽 x 평면의 τ_{xy}, 위쪽 y 평면의 τ_{yx} 뿐이다.

$$\sum M_A = 0 \quad \curvearrowleft +$$

$$\tau_{yx} dx\, dy + \tau_{xy} dy\, dx = 0$$

$$\therefore \quad \tau_{xy} = -\tau_{yx} \qquad \text{q. e. d}$$

따라서

$$[S] = \begin{bmatrix} \sigma_x & \tau_{xy} & \tau_{xz} \\ & \sigma_y & \tau_{yz} \\ -sym & & \sigma_z \end{bmatrix}$$

따라서 6개의 응력성분만 알면 한 요소에 작용하는 모든 응력성분을 알고 있는 셈이 된다.

그림 3.2에서는 τ 를 모두 + 방향(반시계방향)으로 그렸으나, 공액전단응력의 개념을 적용하면 실제 전단응력은 그림 3.3 (a), (b) 중 하나와 같아야 한다(모서리에서 머리는 머리, 꼬리는 꼬리끼리 모이게 되도록 전단응력을 그려야 함).

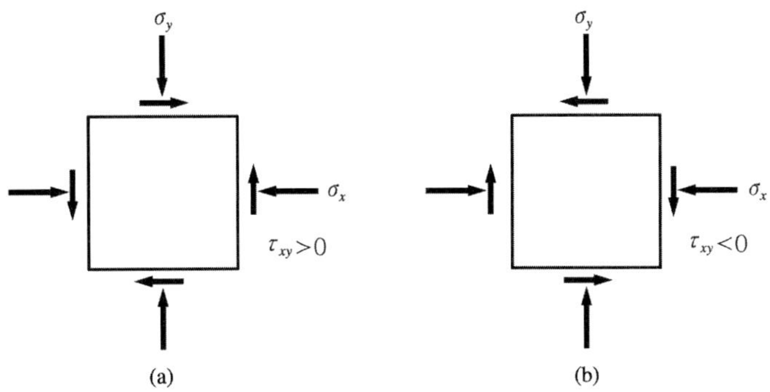

그림 3.3 공액전단응력의 작용방향

한 평면에는 하나의 수직응력과 2개의 전단응력이 작용하는데, 특정한 평면에는 수직응력만 작용하고 전단응력은 0(zero)이 된다. 이러한 특정 평면을 주응력면(主應力面, principal plane)이라 하고 주응력면에 작용하는 수직응력을 주응력(主應力, principal stress)이라 한다.

중첩(겹침)의 원리 :

지반이 탄성영역 내의 거동을 한다고 가정하여 지반내에 작용하는 응력 산정에도 중첩의 원리(principle of superposition)가 적용 된다고 생각한다. 즉 여러 원인들에 의하여 생긴 전체 응력은 개별 요인에 의하여 생긴 응력들을 합하여 얻을 수 있다.

예를 들어 그림 3.4과 같이 흙 자중과 하중 모두에 의하여 요소 A에 발생하는 응력 σ_z 은 흙 자중만에 의한 응력 σ_v 와 하중 만에 의한 응력 $\Delta\sigma_v$ 의 합과 같다. 이 원리는 작용하는 하중의 수가 복수일 때에도 성립된다.

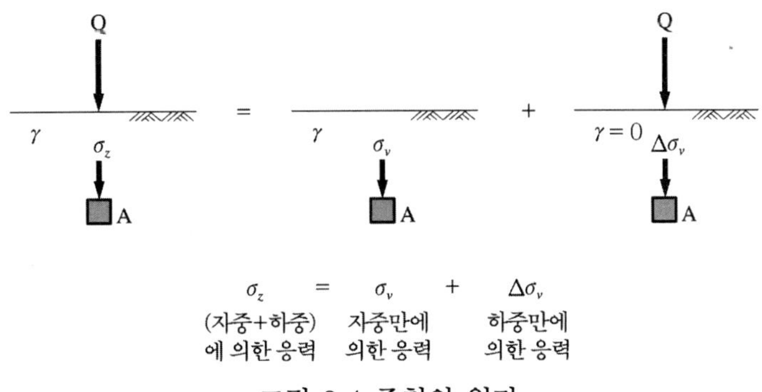

그림 3.4 중첩의 원리

이 장에서는 먼저 흙 자중에 의하여 발생하게 되는 연직응력 σ_v 와 수평응력 σ_h 를 구하는 방법을 논의하고 전응력, 간극수압 및 유효응력 산정방법에 관하여 상세하게 언급하기로 한다. 또한 지표면에 작용하는 각종 연직하중에 의한 지반내의 응력증가량을 구하는 탄성해법에 대한 논의를 순차적으로 전개하기로 한다.

3.2 흙 자중에 의한 응력

그림 3.5에 보인 것처럼 지표면이 수평이고 균질한 지반내에 한 미소요소를 생각해 보자. 이 요소는 수평면과 연직면으로 이루어져 있으며 책의 지면(紙面)에 수직한 방향의 길이는 1이다. 이 요소에 작용하는 흙 자중에 의한 연직응력 σ_v 와 수평응력 σ_h 에 대하여 생각해 보자.

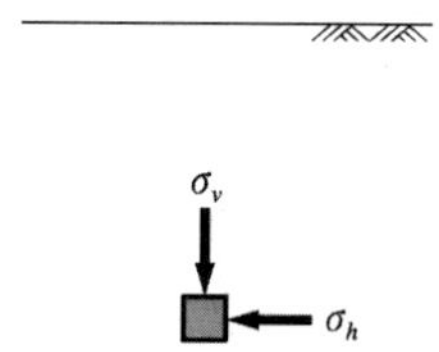

그림 3.5 한 요소에 작용하는 연직응력과 수평응력

이 요소의 연직면과 수평면에는 전단응력이 작용하지 않으므로 연직응력 σ_v 와 수평응력 σ_h 는 주응력이다. 만약 지반내에 지하수면(地下水面, ground water table ; GWT)이 형성되어 있으면 흙 전체단위중량(포화단위중량)에 의한 응력과 수압(간극수압이라 함.) 및 흙의 수중단위중량에 의한 응력 사이의 관계는 유효응력 방정식으로 표현된다. 이 장에서는 지하수는 흐르지 않는다고 가정하므로 수압은 정수압(hydrostatic)으로 가정하고 있다.

흙 자중에 의한 토압을 결정함에 있어서 설정하게 되는 기본적 가정은 다음과 같다.

첫째, 지반은 연속체이다. 지반은 실제로는 입상체이어서 하중(응력)은 흙 입자를 통하여 전달되고 공기 간극에서는 응력은 없다. 그러나 문제를 단순화하여 흙은 연속체이며 토립자와 간극의 구분은 없는 것으로 가정한다.

둘째, 간극은 입체적으로 보아 서로 연결되어 있다. 이 가정은 수압 산정시 대단히 중요한데 고립상태에 있는 물은 없으므로 간극수압은 정수압과 같게 된다. 즉 수면아래 깊이 z되는 곳의 간극수압은 $\gamma_w z$ 과 같은데 이 값은 흙은 없고 물만 있을 때의 정수압과 같다. 그리고 이 가정은 실제와도 잘 맞는 것으로 밝혀져 있다.

3.2.1 흙 자중에 의한 연직응력

먼저 이 책에서 정의하고 있는 연직과 수직을 비교하여 설명해 보면

- 연직(鉛直, vertical) : 중력 작용방향을 의미하며 절대적 개념이다. 연직의 연(鉛)은 납이지만 추(錐)를 의미한다. 연직이란 추를 내렸을 때의 방향 즉, 지구 중심을 향하는 방향이다. 연직 응력은 σ_v 로 표기한다.
- 수직(垂直, normal) : 어떤 평면(平面, plane)이나 선(線, line)에 대하여 직각인 방향을 의미하며 상대적 개념이다. 수직 응력(normal stress)은 σ 로 표기하며 수면에 대한 수직방향은 연직방향과 일치한다.

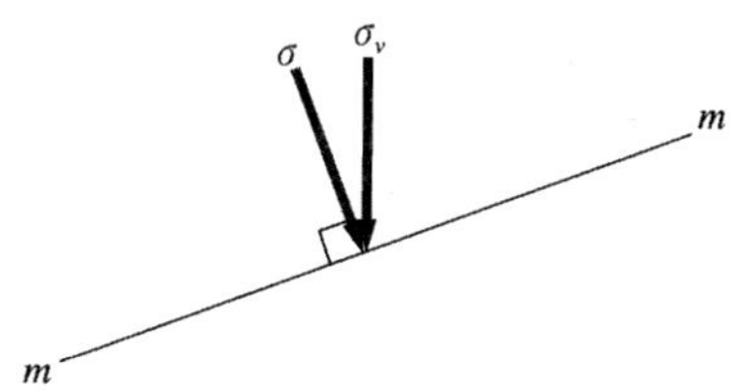

그림 3.6 연직응력과 수직응력의 작용방향

그림 3.6과 같이 평면 m-m에 작용하는 연직응력 σ_v 와 수직 응력 σ 의 작용 방향은 서로 다르다. 그림 3.5에 보인 미소요소의 상하수평면에 대한 수직응력은 연직응력 σ_v 이고, 좌우연직면에 대한 수직응력은 수평응력 σ_h 이다.

(1) 지반이 균질한 경우

이제 균질과 불(비)균질을 비교하여 설명하면

- 균질(均質, homogeneous) : 공간적으로 모든 위치에서 특성이 같음(the same everywhere). 어느 위치에서나 특성이 같음(the same from point to point).
- 불(비)균질(不(非)均質, nonhomogeneous, heterogeneous) : 균질하지 아니함.

따라서 균질한 지반에서는 흙의 단위중량 γ 은 지반 어디에서나 같은 값이다. 즉 $\gamma = const.$

독자들에게 드리는 질문 : 균질한 재료와 불균질 재료의 예를 들어보라.

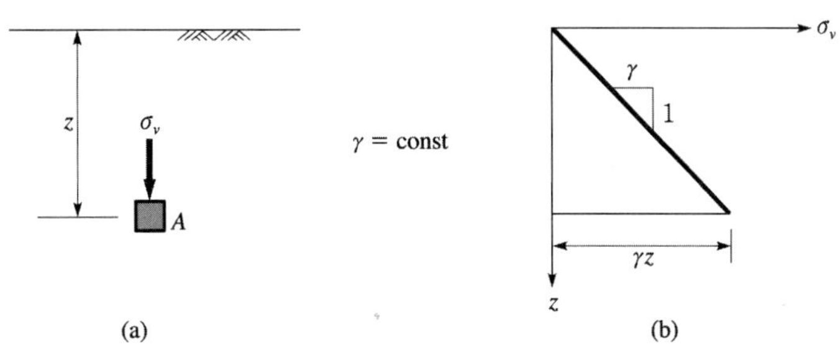

그림 3.7 흙 자중에 의한 연직응력의 분포

그림 3.7과 같이 지표면이 수평이고 균질한 지반에서 지표면 아래 깊이 z되는 곳(요소 A)의 연직응력 σ_v는

$$\sigma_v = \gamma z \tag{3.1}$$

연직응력 σ_v는 깊이 z에 따라 직선적으로 증가하며, 이 관계는 그림 3.7(b)에 제시되어 있다. 깊이에 따른 연직응력의 증가율 $d\sigma_v/dz$은 단위중량 γ 와 같다. 즉

$$\frac{d\sigma_v}{dz} = \gamma = const. \tag{3.2}$$

(2) 지반이 여러 개의 토층으로 이루어진 경우

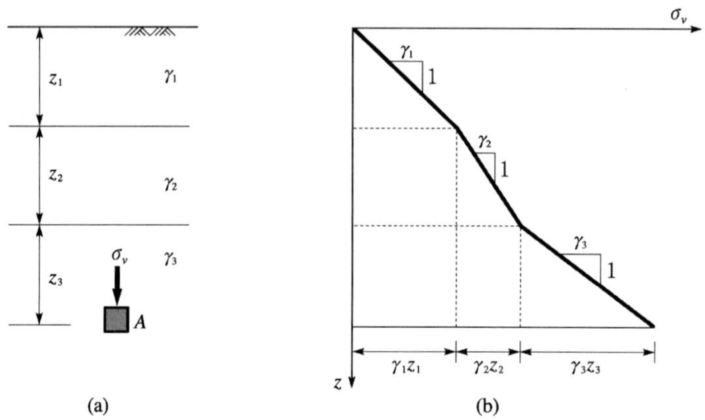

그림 3.8 성층토 지반의 연직응력과 그 분포도

그림 3.8과 같이 지반이 여러 개의 토층으로 구성되어 있는(성층토 지반) 경우에는

- 각 토층은 균질(γ_1= const., γ_2=const., γ_3=const.)
  그러나
- 전체 토층(지반)은 불균질 ($\gamma_1 \neq \gamma_2 \neq \gamma_3$)

깊이에 따른 연직응력 σ_v는 중첩의 원리에 의하여 생각하는 깊이보다 위 쪽에 있는 토층의 σ_v를 더해주면 된다. 따라서

$z = z_1$ 에서는 $\sigma_v = \gamma_1 z_1$

$z = z_1 + z_2$ 에서는 $\sigma_v = \gamma_1 z_1 + \gamma_2 z_2$

마찬가지로 미소요소 A에 작용하는 연직응력 σ_v 는

$$\sigma_v = \gamma_1 z_1 + \gamma_2 z_2 + \gamma_3 z_3 = \sum \gamma z \tag{3.3}$$

깊이에 따른 연직응력의 분포가 그림 3.8(b)에 제시되어 있다. 각 토층에서는 $z - \sigma_v$ 관계가 직선이지만 토층 경계면에는 그 기울기가 달라지며 토압분포는 절곡된다. 흙 자중에 의한 연직응력 σ_v 를 토피하중(土被荷重, overburden pressure)이라 한다.

일반적으로 흙의 단위중량은 균질하지 않고 깊이와 함께 증가한다. 이것은 깊은 곳에 있는 흙은 큰 토피하중에 의하여 압축되어 조밀한 상태가 되기 때문이다. 이러한 경우 흙 자중에 의한 연직응력을 산정하기 위해서는 토층을 몇 개의 층으로 나누고 각 층의 평균 γ 를 택하여 성층토의 경우와 같이 연직응력을 구하면 된다.

참고사항

만약 토피하중 σ_v 의 변화에 따른 γ 의 변화를 알고 있으면 $\sigma_v = \int_0^z \gamma(\sigma_v)dz$

여기에 관한 수치적 예제는 Lambe & Whitman(1969)을 참조하기 바란다.

3.2.2 지반이 물 속에 있을 때의 연식응력과 유효응력방정식

수면아래에 있는 지반의 응력을 결정하려면 이른바 유효응력 방정식(有效應力 方程式, effective stress equation)을 논의하게 된다. 이 방정식은 대단히 중요하므로 개념의 이해와 유도과정 제시에 앞서 그 결과를 먼저 제시하여 친숙해 지도록 한다.

유효응력방정식(有效應力方程式, effective stress equation)

$$\sigma' = \sigma - u \tag{3.4}$$

여기서, σ' : 유효응력(有效應力, effective stress)

σ : 전응력(全應力, total stress)

u : 간극수압(間隙水壓, pore water pressure)

이 방정식은 연직방향과 수평방향 모두에 적용된다.

(1) 물 속에 있는 지반의 간극수압

그림 3.9는 곧은 형상의 용기와 구불구불하고 불규칙한 형상의 용기를 나타내고 있다. 수리학 또는 유체역학에서 용기의 형상에 관계없이 수면아래 연직으로 깊이 z_w 되는 곳의 수압(정수압) u는 다음과 같음을 밝혔다.

$$u = \gamma_w \ z_w \tag{3.5}$$

여기서, u : 정수압(hydrostatic pressure), 수리학에서는 p로 표시
γ_w : 물의 단위중량, 수리학에서는 γ로 표시
z_w : 수면에서 잰 깊이

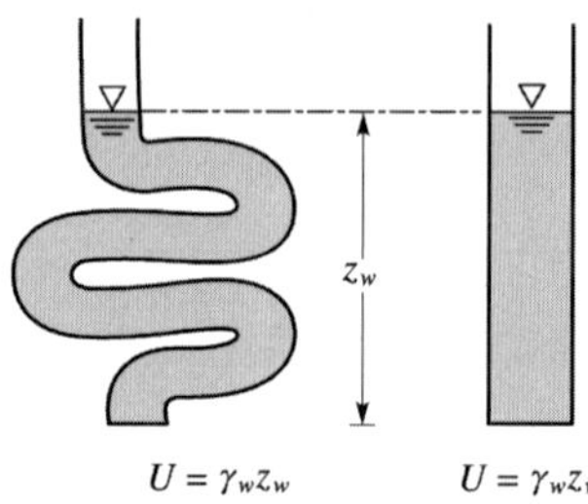

그림 3.9 정수압은 수심에만 관계

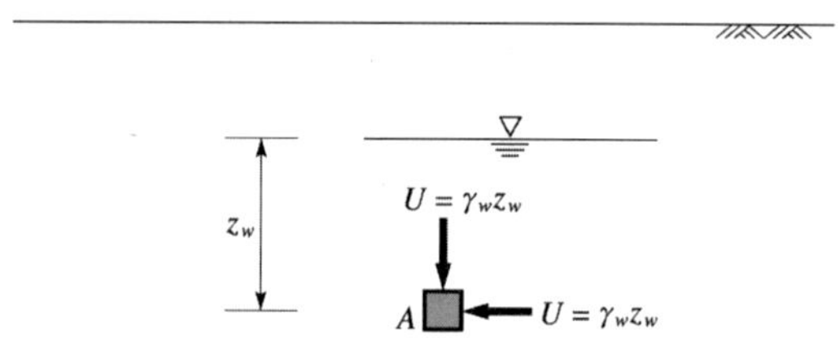

그림 3.10 물 속에 있는 지반의 간극수압

그림 3.10과 같은 정수압 상태에 있는 지반조건에서 요소 A에 작용하는 수압은 다음과 같이 결정할 수 있다. 지하수면 아래에 있는 흙의 간극은 물로 포화(saturated)되어 있다고 가정할 수 있고 간극은 서로 연결되어 있으므로 간극에 차있는 물(間隙水, 간극수)도 고립된(isolated) 부분 없이 연결되어 있다고 생각할 수 있다. 간극수의 형태는 대단히 복잡하고 불규칙적이지만 그림 3.9의 용기에서와 같이 수면아래 깊이 z_w 되는 곳의 간극수압(間隙水壓, pore water pressure) u는

$$u = \gamma_w \ z_w \tag{3.6}$$

즉 간극수압은 토립자는 없고 물만 있는 경우와 완전히 동일하게 계산할 수 있다. 따라서 토립자의 존재는 간극수압의 크기에 영향을 미치지 못한다.

간극수압의 크기는 식 (3.6)으로 구해짐을 알았지만 그 작용방향은 언제나 작용면에 수직한 방향임은 이미 알고 있는 사실이다.

다음은 수압의 등방성과 토압의 이방성에 대하여 고찰해 보기로 한다.

Pascal의 원리에 의하면 한 점에 작용하는 수압의 크기는 모든 방향으로 같다. 여기에 반해 토압은 방향에 따라 그 크기가 다르다. 즉 수압은 등방성인데 반해 토압은 이방성이다. 다시 등방과 이방을 비교해 보면

- 등방(等方, isotropic) : 방향에 무관하게 같음. 모든 방향의 특성이 같음(the same in each direction).
- 이방(異方, anisotropic) : 방향에 따라 특성이 다름.

독자들에게 드리는 질문 : 알기 쉬운 이방성 재료의 예를 들어 볼 것.
(답) 다이아몬드, 대나무, … 역시 오징어(가로방향으로는 잘 찢어지지만 세로 방향으로는 잘 찢어지지 않음.)

응력의 작용방향을 하첨자 v(vertical), h(horizontal)로 표기하고 있다. 예를 들어 σ_v, σ_h 는 각각 연직 및 수평방향 응력을 의미한다. 그런데 수압은 등방, 토압은 이방이므로

- 토압의 경우(이방) : $\sigma_v \neq \sigma_h$ (방향을 나타내는 하첨자 필요)
- 간극수압(등방) : $u_v = u_h = u$ (방향을 나타내는 하첨자 불필요)

NOTE : 간극수압 u에는 방향을 나타내는 하첨자를 쓰지 않음!
NOTE : 균질(homogeneous)은 위치에 따른 (공간적) 균일성을 의미하는데 반해 등방(isotropic)은 방향에 따른 (방향성) 균일성을 의미함.

(2) 지반이 물 속에 있을 때의 연직응력과 유효응력방정식

가. 수면이 지표면보다 위에 있을 때의 연직응력

그림 3.11과 같이 지표면 위 h_w 되는 곳에 수면이 있을 때 지표면 아래 깊이 z 되는 a–a면의 연직응력을 살펴보기로 한다

그림 3.11과 같이 단면적이 1이고 길이가 $(h_w + z)$ 인 얇은 막이 흙과 물을 둘러 싸고 있다고 생각할 때 저면 a–a 면에 작용하는 연직방향 응력들은(작용면적이 1이므로 무게와 응력은 같음)

σ_v : 전응력 = 막으로 둘러 싸인 흙과 물이 a-a면에 작용하는 응력

$$\sigma_v = \gamma_w h_w + \gamma_{sat} z$$

u : 간극수압 = 막의 밖에서 a–a면에 작용하는 수압(상향)

$$u = \gamma_w (h_w + z)$$

u는 하중 σ_v에 대한 물의 반작용력(즉 물이 분담하는 응력)

σ'_v : 연직 유효응력 = a-a면에 작용하는 순(net) 반력(순연직응력)

작용력 σ_v에 대한 흙의 반작용력(흙이 분담하는 응력)

σ_v, u 및 σ'_v이 평형을 이루고 있으므로

$$\sigma'_v = \sigma_v - u \tag{3.7}$$

여기서, σ'_v: 연직 유효응력(鉛直有效應力, vertical effective stress)

σ_v: 연직 전응력(鉛直全應力, vertical total stress)

u : 간극수압(pore water pressure) 또는 중립응력(中立應力, neutral stress)

식 (3.7)을 유효응력방정식이라 한다. 전응력 σ_v 중 흙이 분담하는 부분이 유효응력 σ'_v이고 물이 분담하는 부분이 간극수압 u이다.

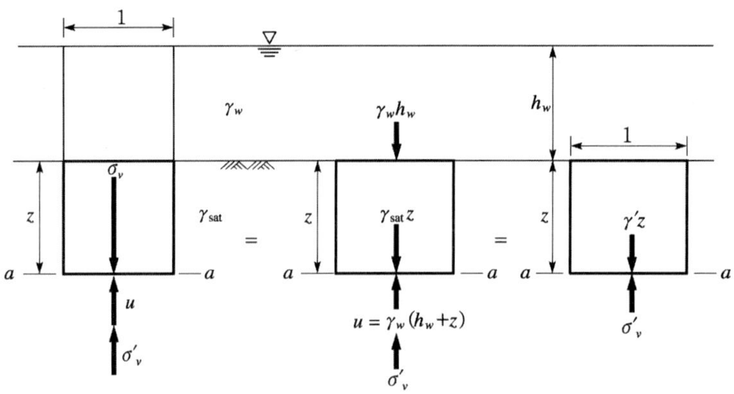

그림 3.11 지표면 위에 수면이 있을 때의 연직응력

NOTE : a–a면이 체(sieve)와 같은 가는 망(網, net)으로 되어 있으면 망이 받는 힘(하중)이 유효응력 σ'_v이다. 즉 a–a면 아래에는 물만 있다고 생각하면 망이 받는 하중은 부력을 고려한 흙의 수중중량이고 이것이 곧 유효응력 σ'_v 임.

그림 3.11(b)는 그림 3.11(a)의 내용을 나타내고 있다. 즉 a–a면의 전응력 σ_v는 지표면의 간극수압 $\gamma_w h_w$와 포화 단위중량 γ_{sat}에 의한 연직 응력 $\gamma_{sat} z$의 합과 같다.

$$\sigma_v = \gamma_w h_w + \gamma_{sat} z$$

a–a면의 간극수압 u는 수심이 $h_w + z$ 이므로

$$u = \gamma_w (h_w + z)$$

σ_v, u 그리고 σ'_v이 평형을 이루고 있으므로

$$\sigma'_v = \sigma_v - u \tag{3.8}$$

위에서 구한 σ_v와 u를 식 (3.8)에 대입하여 σ'_v을 계산해 보면

$$\sigma'_v = (\gamma_w h_w + \gamma_{sat} z) - \gamma_w (h_w + z)$$
$$= (\gamma_{sat} - \gamma_w) z$$

즉, $\sigma'_v = \gamma' z$ (3.9)

그림 3.11(c)는 $\sigma'_v = \gamma' z$ 임을 나타내고 있다. 이 그림은 앞의 식에서 계산한 결과를 나타내고 있다고 보아도 좋지만, 본질적으로는 지반이 물 속에 있을 때에는 흙의 단위중량을 수중단위 중량 γ' 으로 하는 대신 수압은 무시하고 연직유효응력 σ'_v을 구할 수 있다는 것을 의미한다. 즉 포화단위중량과 간극수압의 효과를 합하면 유효수중단위중량이 되는데 이것은 결국 부력을 고려한 Archimedes의 원리이다. 따라서 유효응력 σ'_v은 부력을 고려한 흙 자중에 의한 연직응력이다.

정리하면 지반이 물 속에 있을 때 연직유효응력은 다음 두 가지 방법으로 계산할 수 있다 :

방법 1 : 유효응력방정식에서 구하는 방법

$$\sigma'_v = \sigma_v - u$$

σ_v와 u를 각각 구한 다음 그 차이로 σ'_v를 구하는 방법

방법 2 : 유효 수중단위중량 γ' 을 사용하는 방법

$$\sigma'_v = \gamma' z$$

여기서, z : 물 속에 있는 흙의 두께

NOTE : 두 방법으로 구한 결과는 같게 됨. 방법 1이 이해하기 쉬운 반면 방법 2는 간편하지만 주의를 요할 때가 있음.

NOTE : σ'_v은 지표면 위의 수위 h_w와 무관함을 주의할 것.

나. 지반 내에 지하수면이 있는 경우의 연직응력

그림 3.12와 같이 지표면 아래 깊이 z_1 되는 곳에 지하수면이 있고 지하수면 아래 z_2 되는 깊이에 a–a면이 존재한다. 지하수면보다 위에 있는 흙의 단위중량은 γ_1 이고 지하수면 아래에서는 $\gamma_2 = \gamma_{sat}$ 일 때 a–a면에 작용하는 연직응력을 구해 보기로 한다.

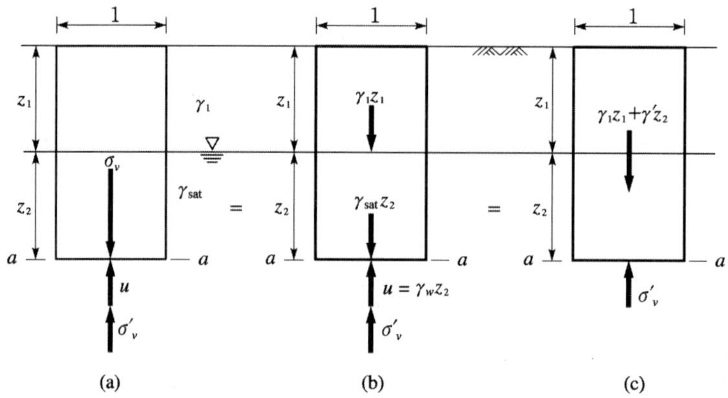

그림 3.12 지표면 아래에 수면이 있을 때의 연직응력

그림 3.12와 같이 단면적이 1이고 깊이가 $z_1 + z_2$ 인 막이 흙과 물을 함께 둘러싸고 있다고 생각한다.

그림 3.12(a)에서 a–a면에 작용하는 응력들은

σ_v : 연직방향 전응력 = 막으로 둘러싸인 습윤토와 포화토에 의한 응력

u : 간극수압 = 막의 밖에서 a–a면에 작용하는 정수압(상향)
하중 σ_v 에 대한 물의 반작용력 즉, σ_v 중 물이 분담하는 응력.

σ'_v : 연직 유효응력 = a–a면에 작용하는 연직 순(net)응력
하중 σ_v 에 대한 흙의 반작용력 즉, σ_v 중 흙이 분담하는 응력.

σ_v, u 그리고 σ'_v 의 3 힘이 평형을 이루고 있으므로

$$\sigma'_v = \sigma_v - u \tag{3.10}$$

앞에서 이미 언급한 것처럼 전응력 σ_v 중 흙이 분담하는 부분이 유효응력 σ'_v 이고, 물이 분담하는 부분이 간극수압 u 이다.

NOTE : 이 경우에도 a–a면을 가는 망으로 대치하면 망이 받는 하중, 즉 흙의 수중중량이 곧 유효응력 σ_v' 임.

그림 3.12(b)는 첫째 그림 (a)와 같은 내용인데 두 그림을 비교하여 보면 연직 전응력 σ_v 는 습윤토에 의한 응력 $\gamma_1 z_1$ 과 포화토에 의한 응력 $\gamma_{sat} z_2$ 의 합과 같다.

즉, $\sigma_v = \gamma_1 z_1 + \gamma_{sat} z_2$

간극수압 u는 수심이 z_2 이므로

$$u = \gamma_w z_2$$

σ_v, u 그리고 σ_v' 이 평형을 이루고 있으므로

$$\sigma_v' = \sigma_v - u = (\gamma_1 z_1 + \gamma_{sat} z_2) - \gamma_w z_2 = \gamma_1 z_1 + (\gamma_{sat} - \gamma_w) z_2$$

즉, $\sigma_v' = \gamma_1 z_1 + \gamma' z_2$

로 됨을 알 수 있다.

그림 3.12(c)는 $\sigma_v' = \gamma_1 z_1 + \gamma' z_2$ 라는 앞의 계산 결과를 도시한 것이지만 본질적으로는 포화단위중량과 간극수압의 영향을 합하면 부력을 감안한 수중단위중량이 된다는 Archimedes 원리를 나타낸 것이다. 즉 유효응력 σ_v' 은 부력을 고려한 흙 자중에 의한 연직응력이다.

$$\sigma_v' = \gamma_1 z_1 + \gamma' z_2$$

연직 유효응력 σ_v' 을 계산하는 2가지 방법(앞에서도 설명하였음)

방법 1 : 유효응력방정식을 사용하는 방법

$$\sigma_v' = \sigma_v - u \tag{3.11}$$

σ_v 와 u를 각각 계산한 후 그 차이를 σ_v' 으로 한다.

방법 2 : 물 속에 있는 흙의 단위중량을 유효 수중단위중량 γ' 으로 하는 대신 물의 영향(수압)은 고려하지 않는 방법

$$\sigma_v' = \gamma_1 z_1 + \gamma' z_2$$

두 방법으로 구한 결과는 물론 같다.

▶ **예제 3.1** 그림과 같이 지하수면이 지표면과 일치하는 지반이 있다. 지표면 아래 깊이 10m되는 곳에 요소가 있다. 이 요소에 작용하는 연직방향의 전응력, 간극수압, 유효응력을 구하라. 단 이 흙의 포화단위중량은 $1.80\,t/m^3$ 이다.

풀이 :

연직 전응력 σ_v 는

$$\sigma_v = \gamma_{sat}\, z = (1.8)(10) = 18\ t/m^2$$

간극수압 u는

$$u = \gamma_w z = (1)(10) = 10\ t/m^2$$

연직유효응력 σ_v' 은 다음 2가지 방법으로 구할 수 있다.

- 방법 1 : 유효응력방정식 사용

$$\sigma_v' = \sigma_v - u = 18 - 10 = 8\ t/m^2$$

- 방법 2 : 유효 수중단위중량 γ' 사용

$$\sigma_v' = \gamma' z = (\gamma_{sat} - \gamma_w)z = (1.8 - 1)(10) = 8\ t/m^2$$ ◀

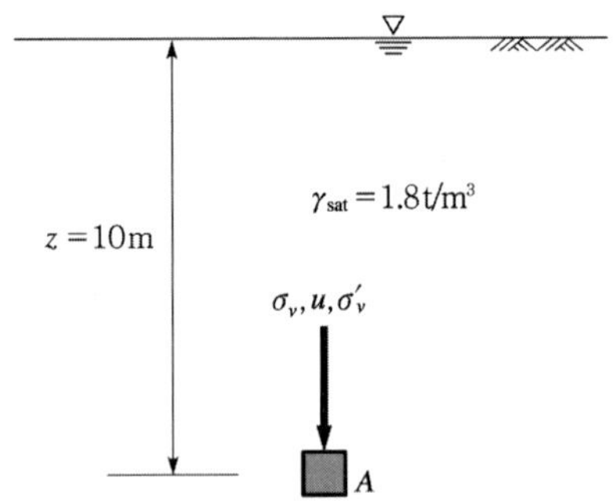

그림 예제 3.1 문제도

3.2.3 흙 자중에 의한 수평 응력

이미 논의한 것처럼 수압은 등방성(isotropic)인데 반하여 토압은 이방성(anisotropic)이다. 따라서 한 점에 있어서 연직토압(응력)은 수평토압(응력)과 같지 않다. 즉, 토압의 경우 일반적으로

$$\sigma_v \neq \sigma_h,\quad \sigma_v' \neq \sigma_h'$$

여기서, σ_h : 수평 전응력(토압)

σ_h' : 수평 유효응력(토압)

유효응력방정식은 수평방향 응력에도 적용된다. 즉

$$\sigma_h' = \sigma_h - u \tag{3.12}$$

연직토압을 알 때 수평토압을 결정할 수 있도록 횡토압계수 또는 토압계수라는 개념을 이용한다. 토압계수는 다음과 같이 정의한다.

$$K = \frac{\sigma'_h}{\sigma'_v} \tag{3.13a}$$

또는

$$\sigma'_h = \sigma'_v K \tag{3.13b}$$

여기서, K: 토압계수(土壓係數, coefficient of earth pressure) 또는
가로(횡)방향 토압계수(橫土壓係數, coefficient of lateral earth pressure)
σ'_v : 연직 유효응력
σ'_h : 수평 유효응력

만약 $u = 0$ 이면 전응력과 유효응력은 서로 같으므로

$$K = \frac{\sigma'_h}{\sigma'_v} = \frac{\sigma_h}{\sigma_v} \tag{3.13c}$$

토압계수는 흙의 수평방향 변형률 ε_h 에 따라 다음과 같이 분류된다.

- 수평변형이 전혀 일어나지 않은 경우($\varepsilon_h = 0$) 즉, 정지상태이면 정지토압계수 K_0
- 수평방향 인장변형($\varepsilon_h < 0$)으로 파괴상태 즉, 주동상태이면 주동토압계수 K_A
- 수평방향 압축변형($\varepsilon_h > 0$)으로 파괴상태 즉, 수동상태이면 수동토압계수 K_P
- 정지, 주동, 수동상태와 K_0, K_A, K_P 에 관하여서는 토압론에서 상세히 논의하게 된다.

자연상태의 지반은 보통 정지토압상태에 있으므로 이제 정지토압계수 K_0 을 활용하여 정지상태와 정지토압에 관하여 논의해 보기로 한다.

- 정지(at rest) 상태: 수평변형이 일어난 적이 없는 상태. 수평변형률 ε_h 가 0인 상태로 현재에 이름($\varepsilon_h = 0$).
- 정지토압(lateral earth pressure at rest) : 정지상태에서의 수평응력
- 정지토압계수 K_0 :

$$K_0 = \frac{\sigma'_h}{\sigma'_v} \tag{3.14a}$$

또는

$$\sigma'_h = K_0 \sigma'_v \tag{3.14b}$$

여기서, σ'_h : 유효 정지토압 = 정지상태의 수평 유효응력

보통 흙에서는 $K_0 < 1$ 이지만 큰 하중을 받은 적이 있는 지반에서는(심하게 과압밀된 흙이라 함) $K_0 > 1$이 될 수 있다. 지반의 경우 K_0은 최대 3까지 될 수 있으나 암석의 경우에는 이 보다 훨씬 큰 값이 될 수도 있다.

유효응력 방정식에서

$$\sigma_h = \sigma'_h + u$$

여기서, σ_h : 전체 정지토압 = 정지상태의 수평 전응력

유효응력 방정식을 다시 정리하고 모든 응력성분을 산정하는 순서를 결정해 보기로 한다.

- 유효응력 방정식과 정지토압계수
- 일반식 : $\sigma' = \sigma - u$
  - · 연직방향 : $\sigma'_v = \sigma_v - u$
  - · 수평방향 : $\sigma'_h = \sigma_h - u$
  - · 정지토압계수 : $K_0 = \dfrac{\sigma'_h}{\sigma'_v}$ 또는 $\sigma'_h = K_0 \sigma'_v$

유효응력 방정식과 정지토압계수를 응용하면 다음 예제 3.2와 같이 한 미소요소에 작용하는 모든 응력성분을 결정할 수 있다. σ'_v을 구한 다음 σ'_h을 결정하기 위해서는 K_0을 이용하게 됨을 주의하여야 한다. 따라서 계산순서가 중요하므로 각 계산단계의 뜻을 이해하여야 한다.

▶ **예제 3.2** 그림과 같은 지층 조건에서 요소 A에 작용하는 전체 정지토압(수평 전응력) σ_h를 구하여라.

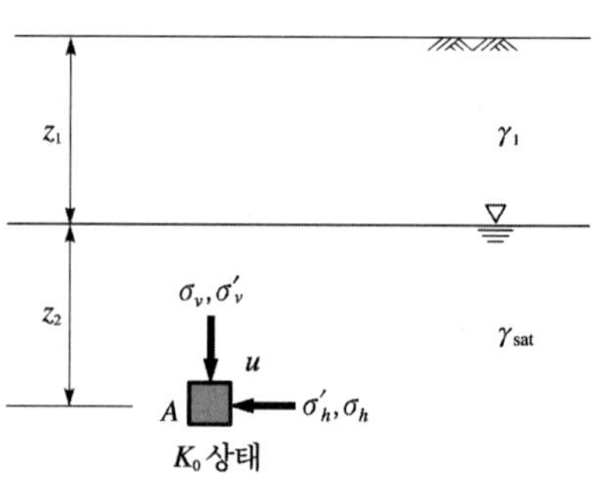

그림 예제 3.2 문제도

풀이 :

① $\sigma_v = \gamma_1 z_1 + \gamma_{sat} z_2$

② $u = \gamma_w z_2$

③ $\sigma'_v = \sigma_v - u$: 방법 1 (1)

$= \gamma_1 z_1 + \gamma_{sat} z_2 - \gamma_w z_2$

③′ $\sigma_v' = \gamma_1 z_1 + \gamma' z_2$: 방법 2 (2)

④ $\sigma_h' = \sigma_v' K_0 \;\; (K_0 = \dfrac{\sigma_h'}{\sigma_v'})$

⑤ $\sigma_h = \sigma_h' + u$ ◀

NOTE : σ_h 를 ①~⑤의 과정을 거치지 않고 바로 $\sigma_h = K_0\sigma_v$ 로 하면 틀림. 이것은 정지토압계수 K_0 은 전응력의 비가 아니기 때문($K_0 \neq \dfrac{\sigma_h}{\sigma_v}$).

NOTE : 토압계수(정지토압계수 포함)는 연직 유효응력에 대한 수평 유효응력의 비 $\left(K = \dfrac{\sigma_h'}{\sigma_v'}\right)$ 임. 전응력의 비가 아님.

NOTE : 수평 전응력과 연직 전응력 사이의 관계를 설정하는 토압비라는 개념도 있으나 토압비는 사용되는 일이 대단히 드묾.

$$\text{토압비} = \frac{\text{수평 전응력}}{\text{연직 전응력}} = \frac{\sigma_h}{\sigma_v}$$

▶ **예제 3.3** 그림과 같은 지층조건의 지반이 있다. 표고(EL.) -5m, -7m, -12m에서 연직방향의 전응력과 유효응력, 수평유효응력과 전응력 및 간극수압을 구하라. 단 흙의 단위중량과 정지토압계수는 그림 예제 3.3 문제도에 제시되어 있다.

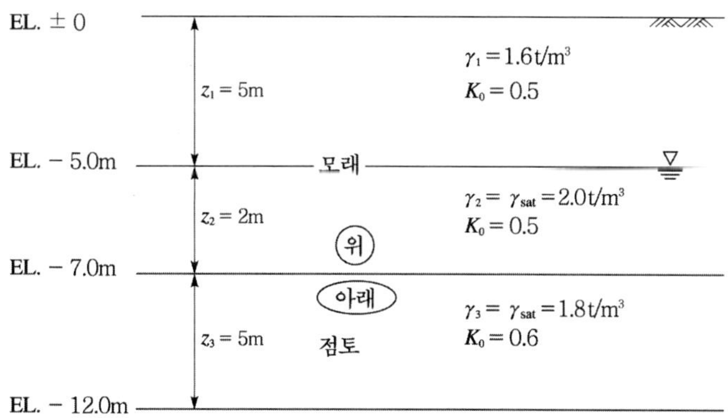

그림 예제 3.3 문제도

풀이 :

- $EL. \pm 0m$

$\sigma_v = 0$, $u = 0$, $\sigma'_v = 0$, $\sigma'_h = 0$, $\sigma_h = 0$

- $EL. -5.0m$

$\sigma_v = \gamma_1 z_1 = (1.6)(5.0) = 8.0\ t/m^2$

$u = \gamma_w z_w = (1.0)(0) = 0$

$\sigma'_v = \sigma_v - u = 8.0 - 0 = 8.0 t/m^2$ (u=0이면 $\sigma' = \sigma$)

$\sigma'_h = \sigma'_v K_0 = (8.0)(0.5) = 4.0 t/m^2$

$\sigma_h = \sigma'_h + u = 4.0 + 0 = 4.0 t/m^2$

- $EL. -7.0m$

$\sigma_v = \gamma_1 z_1 + \gamma_2 z_2 = 8.0 + (2.0)(2.0) = 12.0\ t/m^2$

$u = \gamma_w z_2 = (1.0)(2.0) = 2.0\ t/m^2$

$\sigma'_v = \sigma_v - u = 12.0 - 2.0 = 10.0\ t/m^2$: 방법 1

또는

$\sigma'_v = \gamma_1 z_1 + \gamma'_2 z_2 = 8.0 + (2.0 - 1.0)(2.0) = 10.0\ t/m^2$: 방법 2

$\sigma'_h = \sigma'_v K_0$
- (위) (모래층) $= (10.0)(0.5) = 5.0 t/m^2$
- (아래) (점토층) $= (10.0)(0.6) = 6.0 t/m^2$

따라서

$\sigma_h = \sigma'_h + u$
- (위) (모래층) $= (5.0) + (2.0) = 7.0 t/m^2$
- (아래) (점토층) $= (6.0) + (2.0) = 8.0 t/m^2$

NOTE : 토층 경계면에서는 K_0 아래 위층의 K_0가 다르므로 σ'_h과 σ_h 값은 급변하여 톱니처럼 불연속이 된다.

- $EL. -12.0m$

$\sigma_v = 12.0 + (1.8)(5.0) = 21.0 t/m^2$

$u = (1)(2 + 5) = 7.0 t/m^2$

$\sigma'_v = \sigma_v - u = 21.0 - 7.0 = 14.0 t/m^2$: 방법 1

또는 $\sigma_v' = 10.0 + (0.8)(5.0) = 14.0\,t/m^2$: 방법 2

$$\sigma_h' = \sigma_v' K_0 = (14.0)(0.6) = 8.4\,t/m^2$$

$$\sigma_h = \sigma_h' + u = 8.4 + 7.0 = 15.4\,t/m^2$$

◀

3.3 지표면에 작용하는 하중에 의한 지반내의 응력

지금까지는 흙 자중에 의하여 지반에 생기는 응력에 대하여 논의하였다. 이제부터는 외부 하중에 의하여 지반내 발생하게 되는 응력을 구하는 방법에 대하여 생각해 보기로 한다. 지반에 건축물이나 물탱크같은 구조물을 축조하면 이 하중에 의하여 지반내에는 응력이 작용하게 된다. 구조물의 침하나 지지력 파괴 등은 이 응력에 의하여 발생하게 된다. 하중에 의한 지반내 응력분포는 탄성이론으로 구한다. 탄성이론에서는 보통 지반은 균질하고 등방성이며 탄성거동을 한다고 가정한다. 이 가정은 실제와는 잘 부합하지 않음에도 불구하고 탄성론으로 구한 응력은 실제와 큰 차이를 나타내지는 않는 것으로 알려져 있다. 지반내 응력분포해석에는 다음 4가지 기본문제가 있다.

- 지표면에 작용하는 연직집중하중 : Boussinesq 문제
- 지표면에 작용하는 수평집중하중 : Cerrutti 문제
- 지중에 작용하는 연직집중하중 : Mindlin의 제 1 문제
- 지중에 작용하는 수평집중하중 : Mindlin의 제 2 문제

이 장에서는 지표면에 작용하는 연직하중(집중, 원형등분포, 선하중 등)에 의한 응력만 논의하기로 한다. Cerrutti와 Mindlin의 문제는 이 분야의 전문서적(예를 들이 Poulos & Davis, 1974 등)을 참고하기 바란다.

지표면에 작용하는 하중에 의한 지반내 응력에 관한 탄성론의 해를 구함에 있어서 기본이 되는 2가지 하중은 다음과 같다.

하나는 연직 집중하중에 대한 응력분포 해이며 나머지 하나는 선하중(線荷重, line load)에 대한 해이다. 원형 등분포하중, 직사각형 등분포하중에 대한 해는 집중하중에 대한 해를 적분하여 얻을 수 있고, 띠하중(帶狀荷重, strip load)은 선하중에 대한 해를 적분하여 그 해를 얻을 수 있다.

3.3.1 반무한 등분포하중에 의한 지반내의 응력

지표면에 등분포하중 q가 반무한(半無限, semi-infinite) 하중면에 작용할 때(그림 3.13) 이 하중에

의하여 지반내에 일어나는 연직응력 $\Delta\sigma_v$ 는 깊이에 무관하게

$$\Delta\sigma_v = q \tag{3.15}$$

즉 하중 작용면적이 대단히 크므로 등분포하중 q는 그대로 지반 속으로 모두 전달된다. 이 때 하중 작용면이 반무한이므로 지반내에서 수평변형은 일어나지 않기 때문에 ($\varepsilon_h = 0$) 정지토압상태가 되고, 따라서 하중에 의한 수평응력 $\Delta\sigma_h$ 는

$$\Delta\sigma_h = K_0\,\Delta\sigma_v = K_0\,q \tag{3.16}$$

만약 하중면의 크기가 반무한이 아니고 제한되어 있으면 연직응력 $\Delta\sigma_v$ 는 위치 즉, 깊이와 수평거리에 따라 달라진다. 또한 이 경우에는 수평변형이 일어나므로($\varepsilon_h \neq 0$), 수평응력 $\Delta\sigma_h$ 는 정지토압과 같지 않게 된다($\Delta\sigma_h \neq K_0\,\Delta\sigma_v$).

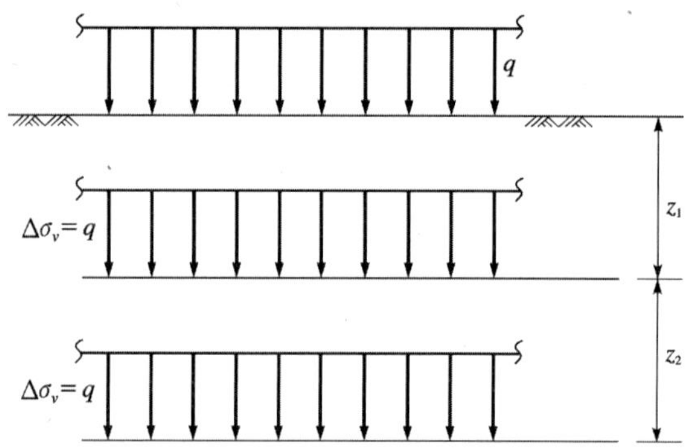

그림 3.13 지표면에 작용하는 반무한 등분포하중에 의한 응력

▶ **예제 3.4** 그림과 같이 가로, 세로 길이가 모두 대단히 긴 하중면에 등분포하중 q가 작용한다. 하중면의 도심 A, 변의 중점 B, 모서리 점 C 아래 깊이 z되는 곳의 $\Delta\sigma_v$ 는 얼마인가?

풀이 :

하중면의 가로와 세로 길이가 대단히 길므로 반무한 등분포하중으로 볼 수 있다. 중첩의 원리를 응용하면 B, C점 아래의 $\Delta\sigma_v$ 를 구할 수 있다.

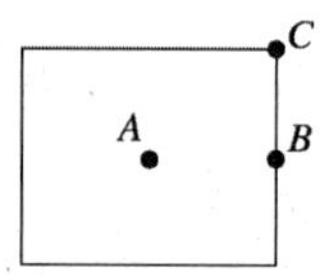

그림 예제 3.4 문제도

(1) A 점 아래 깊이 z 되는 곳의 $\Delta\sigma_v$

$$\Delta\sigma_v = q$$

(2) B 점 아래 깊이 z 되는 곳의 $\Delta\sigma_v$

그림 예제 3.4 해답도 1에 보인 것처럼 B점 오른쪽에 점선으로 표시된 것과 같은 크기의 하중면을 더해주면 B점은 반무한 하중면의 도심이 된다. 실제로는 하중은 왼쪽 하중면에만 작용하므로

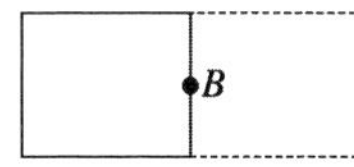

그림 예제 3.4 해답도 1

$$\Delta\sigma_v = \frac{1}{2}q$$

NOTE : $\Delta\sigma_v$ 의 크기는 B에서는 깊이에 관계없이 $\frac{q}{2}$ 이지만 B보다 약간 왼쪽에서는 $\frac{q}{2}$ 보다 조금 더 크고 B보다 조금 오른쪽에서는 $\frac{q}{2}$ 보다 약간 적어질 것임. 이러한 변화는 얕은 깊이에서는 짧은 거리에서 급속히 일어나는 반면 깊은 곳에서는 장거리에 걸쳐 완만하게 발생하게 됨. 그림 예제 3.4 해답도 2에는 이 사실이 제시되어 있음.

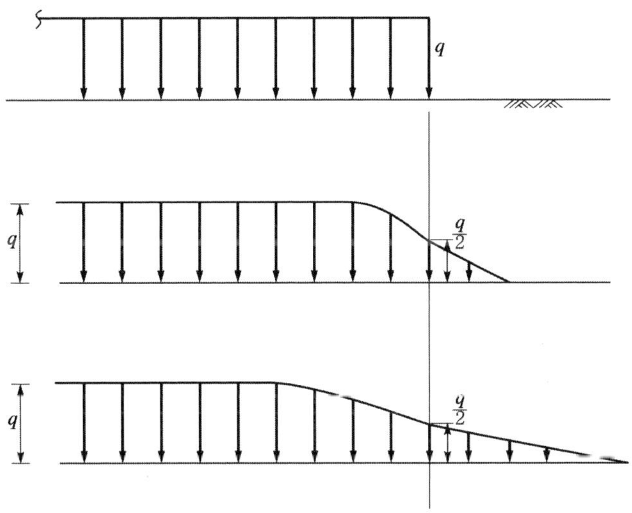

그림 예제 3.4 해답도 2 깊이에 따른 $\Delta\sigma_v$의 변화 속도

(3) C 점 아래 깊이 z 되는 곳의 $\Delta\sigma_v$

그림 예제 3.4 해답도 3에 보인 것처럼 C가 도심이 되도록 본래 하중면과 같은 크기의 3개의 하중면을 더해주면

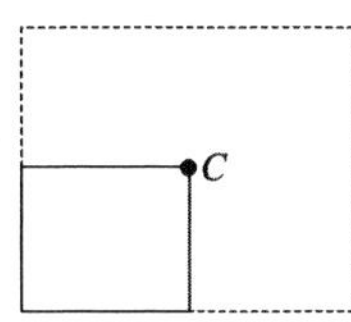

그림 예제 3.4 해답도 3

$$\Delta\sigma_v = \frac{1}{4}q$$

◀

3.3.2 지표면에 작용하는 연직 집중하중에 의한 지반내의 응력

지표면에 작용하는 연직방향 집중하중(集中荷重, point load)에 의하여 지반내의 임의의 점에 생기는 응력을 구하는 것을 Boussinesq 문제라 한다.

Boussinesq 문제는 지반내 응력 분포해의 기본이 되며, 원형 등분포하중, 직사각형 등분포하중 등에 의한 응력은 이론상 Boussinesq 해를 전체 하중면에 걸쳐 적분함으로써 각각의 해(解, solution)를 구할 수 있다. Boussinesq 문제를 풀어서 그 해를 구하는 과정을 밝히는 것은 이 책의 범위를 넘으므로 그 결과만 제시하기로 한다.

그림 3.14와 같이 집중하중 Q가 지표면에 작용하는 점 O를 원점으로 하고 원통 좌표계(圓筒 座標系, cylindrical coordinate)를 잡았을 때 미소요소 A(r, z)에 작용하는 응력성분의 증가량은 다음과 같다.

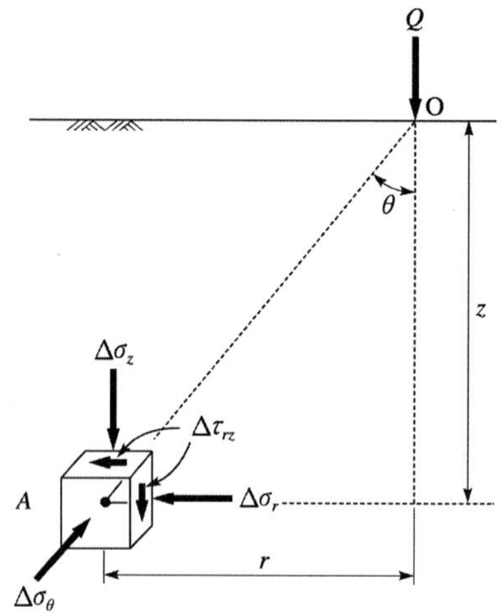

그림 3.14 집중하중에 의한 응력의 증가량

$$\Delta\sigma_v = \Delta\sigma_z = \frac{Q}{2\pi}\frac{3z^3}{(r^2+z^2)^{5/2}} = \frac{Q}{2\pi z^2}(3\cos^5\theta) \tag{3.17}$$

$$\Delta\sigma_{h1} = \Delta\sigma_r = \frac{Q}{2\pi}\left(\frac{3r^2 z}{(r^2+z^2)^{5/2}} - \frac{1-2\mu}{r^2+z^2+z\sqrt{r^2+z^2}}\right) \tag{3.18a}$$

$$= \frac{Q}{2\pi z^2}\left(3\sin^2\theta\cos^3\theta - \frac{(1-2\mu)\cos^2\theta}{1+\cos\theta}\right) \tag{3.18b}$$

$$\Delta\sigma_{h2} = \Delta\sigma_\theta = -\frac{Q}{2\pi}(1-2\mu)\left(\frac{z}{(r^2+z^2)^{3/2}} - \frac{1}{r^2+z^2+z\sqrt{r^2+z^2}}\right) \tag{3.19a}$$

$$= -\frac{Q}{2\pi z^2}(1-2\mu)\left(\cos^3\theta - \frac{\cos^2\theta}{1+\cos\theta}\right) \tag{3.19b}$$

$$\Delta\tau_{hv} = \Delta\tau_{rz} = \frac{Q}{2\pi}\frac{3rz^2}{(r^2+z^2)^{5/2}} = \frac{Q}{2\pi z^2}(3\sin\theta\cos^4\theta) \tag{3.20}$$

여기서 μ : 포와송 비(Poissons's ratio)

NOTE: $\Delta\sigma_\theta$ 가 주응력이므로 $\Delta\tau_{r\theta} = 0, \Delta\tau_{z\theta} = 0$

위의 응력 중 실용상 가장 중요한 것은 연직응력 $\Delta\sigma_v$ 이므로 여기에 대하여 좀 더 상세하게 논의하기로 한다. $\Delta\sigma_v$ 는 다음과 같이 됨을 쉽게 알 수 있다.

$$\Delta\sigma_v = \frac{3}{2\pi}\frac{Q}{z^2}\left[\frac{1}{1+\left(\frac{r}{z}\right)^2}\right]^{\frac{5}{2}} \tag{3.21a}$$

또는

$$\Delta\sigma_v = \frac{Q}{z^2} I_\sigma \tag{3.21b}$$

여기서, $$I_\sigma = \frac{3}{2\pi}\left[\frac{1}{1+\left(\frac{r}{z}\right)^2}\right]^{\frac{5}{2}} \tag{3.22}$$

I_σ 는 $\frac{r}{z}$ 만의 함수이며 응력의 영향치(stress influence value)라 한다.

$\Delta\sigma_v$ 는 식 (3.17) 또는 식 (3.21)에서 직접 구할 수 있으나 그림 3.15에서 응력의 영향치 I_σ 의 값을 찾아서 쉽게 계산할 수 있다. 즉 $\frac{r}{z}$ 을 알면 그림 3.15에서 I_σ 을 구하고 $\Delta\sigma_v$ 는 식 (3.21b)에 의하여 간편하게 구할 수 있다.

NOTE : 그림 3.15는 I_σ 의 우반부 분포만 그린 것임. 전체를 입체적으로 보면 종모양(鐘形, bell-shape)이 됨. $\Delta\sigma_v = \frac{Q}{z^2} I_\sigma$ 의 값도 주어진 깊이(z)에서는 종모양의 분포를 하게 되고 종(鐘)의 부피는 Q와 같음.

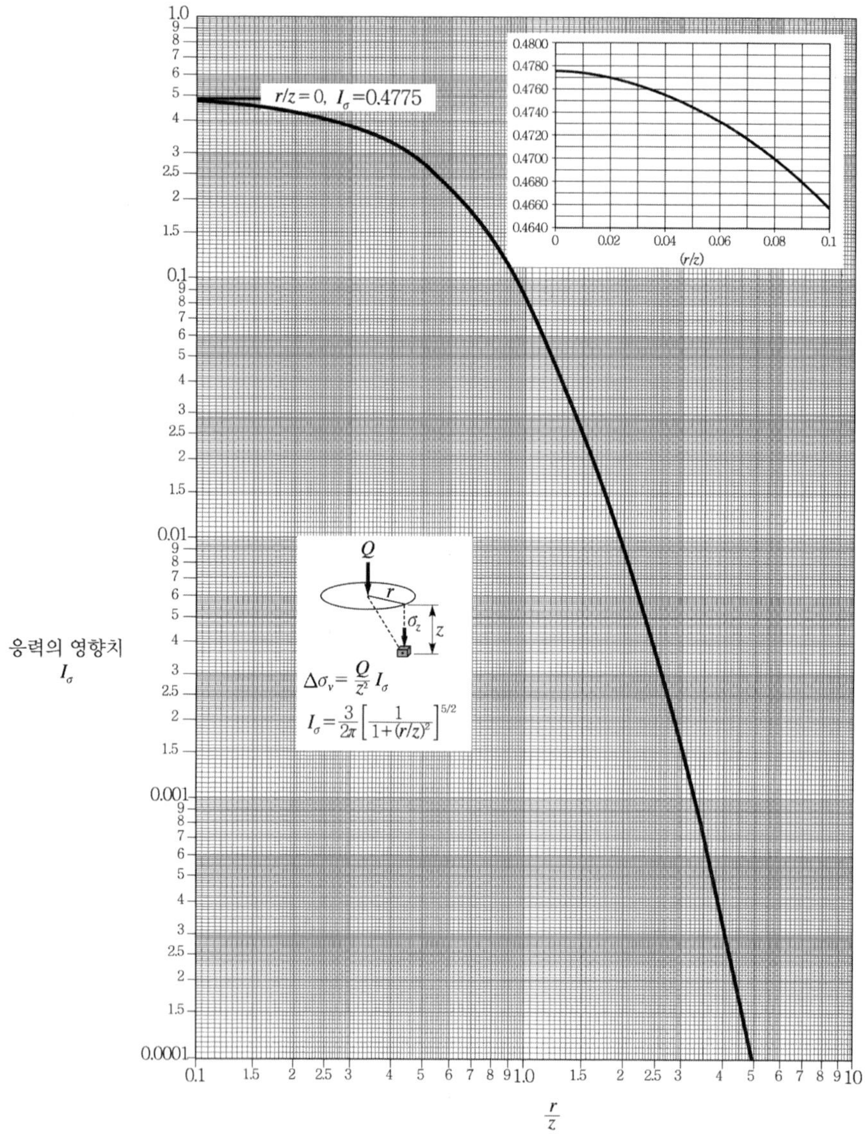

그림 3.15 지표면에 집중하중이 작용할 때 생기는 연직응력 영향치

$\Delta\sigma_v$ 에 관한 몇 가지 comment :

① 주어진 깊이(z = const)에서의 $\Delta\sigma_v$ 의 분포는 하중 작용선($r = 0$)에서 최대값이 되고 작용선에서 멀어질수록 $\Delta\sigma_v$ 는 감소한다.

$$r = 0 \text{ 이면 } I_\sigma = \frac{3}{2\pi} = 0.4775$$

$$\therefore \Delta\sigma_v = (\Delta\sigma_v)_{\max} = \frac{3}{2\pi}\frac{Q}{z^2} = 0.4775\frac{Q}{z^2}$$

② 깊이에 따른 $\Delta\sigma_v$ 의 분포형태

특정깊이에서의 $\Delta\sigma_v$ 의 분포는 하중의 작용선에서 최대가 되는 종모양의 분포를 하게 된다. 그런데 그림 3.16에서 알 수 있는 것처럼 얕은 깊이 ($z = z_1$)에서는 작용선 아래의 응력집중이 심한 반면 깊은 곳($z = z_2$)에서는 그 분포가 완만해진다. $\Delta\sigma_v$ 의 분포는 입체적으로 보아 종모양이며 어느 깊이에서든지 종의 부피는 하중 Q와 같다 (응력의 합력 = 하중의 합력).

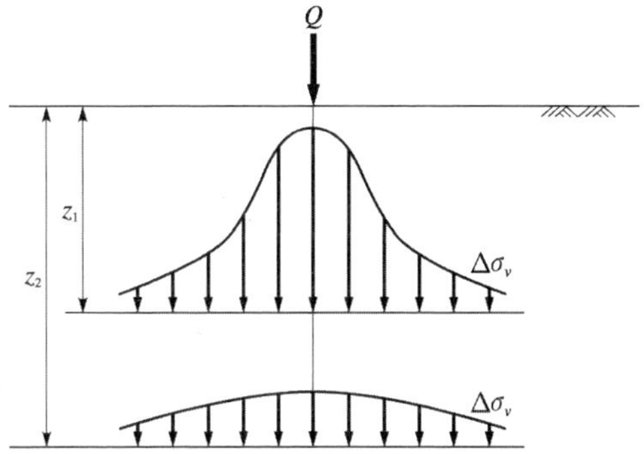

그림 3.16 깊이에 따른 $\Delta\sigma_v$ 의 분포

③ 주어진 수평거리(r = const)에서 깊이에 따른 $\Delta\sigma_v$ 의 분포

r 의 크기에 무관하게 지표면($z=0$)의 $\Delta\sigma_v$ 는 산정이 불가능하다($z=0$ 이면 $\Delta\sigma_v$ 산정 불가능). 하중 작용선($r = 0$)을 따라서는 $\Delta\sigma_v \propto \frac{1}{z^2}$ 이므로 $\Delta\sigma_v$ 는 깊이의 증가에 따라 급격히 감소한다. 그림 3.17에는 $r = 0$, $r = r_1$, $r = r_2$ 일 때 깊이에 따른 $\Delta\sigma_v$ 의 분포가 그려져 있다. r 이 클수록 $(\Delta\sigma_v)_{\max}$ 값은 적어지며, $(\Delta\sigma_v)_{\max}$ 이 일어나는 깊이는 더 깊어진다.

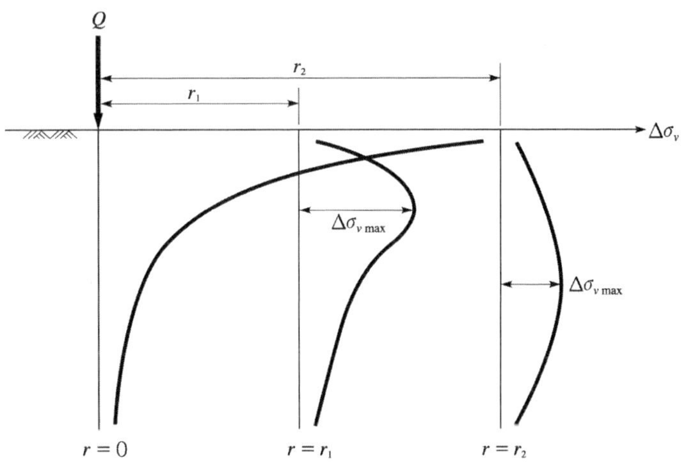

그림 3.17 수평거리에 따른 $\Delta\sigma_v$ 의 분포

④ 기하학적 위치(즉 r, z)만 같으면 흙의 특성(즉 종류, 상태)에 무관하게 $\Delta\sigma_v$ 는 같은 값이 된다. 즉 $\Delta\sigma_v$ 를 구하는 식 (3.17) 또는 식 (3.21)에는 흙의 특성치(E, G, μ 등)가 전혀 포함되어 있지 않다. 따라서 위치(r, z)만 같으면 모래, 점토, 암반 등 지반의 종류에 무관하게 동일한 $\Delta\sigma_v$ 가 생기게 된다. 이것은 직관적으로 합리적이지 못함을 알 수 있다. $\Delta\sigma_v$ 의 분포에 흙의 특성을 고려하는 연구결과로는 Frőhlich의 응력집중계수 ν (Jumikis, 1969)와 Harr(1977)의 확률론적 응력분포 이론이 발표되었으나 실용되지 못하고 있다. Westergard(1938)는 포와송비 μ 를 포함하는 $\Delta\sigma_v$ 산정식(다른 응력성분도 포함)을 발표하였고 이는 퇴적토에 대하여 사용되고 있다.

⑤ 지반내 응력분포 이론의 정확도 :

지반은 탄성체가 아님에도 불구하고 응력분포는 탄성이론으로 구하고 있다. 이 때문에 생기는 문제점도 있지만 응력분포 해석결과는 실용상 비교적 정확한 것으로 평가되고 있으며 특히 $\Delta\sigma_v$ 의 경우가 그러하다. $\Delta\sigma_v$ 의 경우 실측치에 비해 이론치는 대략 ±25% 정도 또는 그 이상의 오차를 나타낸다.(Lambe & Whitman, 1969)

NOTE : 지표면에 작용하는 연직집중하중에 의하여 발생한 연직응력 $\Delta\sigma_v$ 를 알더라도 수평응력 $\Delta\sigma_h$ (원통좌표에서는 $\Delta\sigma_r, \Delta\sigma_\theta$)는 $\Delta\sigma_v$ 에 정지토압계수 K_0 을 곱하여 얻을 수 없음을 주의할 것. 즉 $\Delta\sigma_h \neq K_0\Delta\sigma_v$. 이 사실은 식 (3.17), (3.18), (3.19)를 비교해 보면 명백히 알 수 있음. $\Delta\sigma_h \neq K_0\Delta\sigma_v$ 인 이유는 어떻게 설명할 수 있는가? 사실상 $\Delta\sigma_h$ ($\Delta\sigma_r, \Delta\sigma_\theta$)는 $\Delta\sigma_v$ 와는 달리 포와송비 μ 의 함수임을 주의할 것.

▶ **예제 3.5** 그림과 같이 지표면에 집중하중 $Q = 9.4t$ 이 작용할 때 이 하중에 의하여 점 A와 B에 생기는 연직응력 $\Delta\sigma_v$ 를 구하라.

풀이 :

(a) A점($r = 0$, $z = 3m$)

$r = 0$ 이므로 식 (3.21)에서

$$\Delta\sigma_v = \frac{3}{2\pi}\frac{Q}{z^2} = \frac{3}{2\pi}\frac{9.4}{3^2} = 0.5t/m^2$$

또는 그림 3. 15에서 $\frac{r}{z} = 0$ 이면

$I_\sigma = 0.4775$

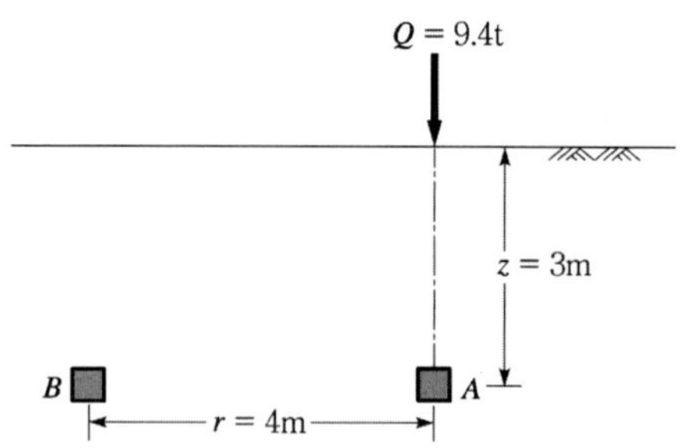

그림 예제 3.5 문제도

$$\therefore \Delta\sigma_v = \frac{Q}{z^2} I_\sigma = 0.4775 \frac{9.4}{3^2} = 0.5 t/m^2$$

(b) B점($r = 4m$, $z = 3m$)

$$\Delta\sigma_v = \frac{3}{2\pi}\frac{Q}{z^2}\left[\frac{1}{1+\left(\frac{r}{z}\right)^2}\right]^{\frac{5}{2}} = (0.5)\left[\frac{1}{1+\left(\frac{4}{3}\right)^2}\right]^{\frac{5}{2}} = 0.039 t/m^2$$

($\frac{3}{2\pi}\frac{Q}{z^2} = 0.5$ 는 (a)의 풀이에서 가져온 것임)

또는 그림 3.15에서 $\frac{r}{z} = \frac{4}{3} = 1.33$ 일 때 $I_\sigma = 0.0371$ 이므로

$$\therefore \Delta\sigma_v = \frac{Q}{z^2} I_\sigma = 0.0371 \frac{9.4}{3^2} = 0.039 t/m^2$$ ◀

독자들에게 드리는 질문 : 모래로 된 지층의 표면에 연직집중하중이 작용한다. 하중 작용선을 따라 깊이 z 되는 곳에 생긴 응력을 $\Delta\sigma_v$ 라 할 때 Boussinesq의 탄성해를 이용하여 다음 물음에 답하라.

(1) 작용선을 따라 깊이 $2z$, $10z$ 되는 곳에 생기는 응력은 각각 얼마인가?

(2) 만약 점토층이면 $\Delta\sigma_v$ 는 어떻게 되는가? 그 이유는?

또한 $\Delta\sigma_h$ 는 모래지반인 경우에 비하여 어떻게 되는가?

3.3.3 원형 등분포하중에 의한 지반내 응력

그림 3.18에 보인 것처럼 반경이 r이고 강도가 q인 원형 등분포하중에 의하여 지반내의 한 점 A(x, z)에 작용하는 응력은 Boussinesq해를 전 하중면에 걸쳐 적분하여 얻을 수 있다. 이 사실을 확인하고 싶은 독자는 이 소절(小節)의 마지막에 수록된 참고사항을 읽어보기 바란다.

원형 하중면의 중심 O를 원점으로 하여 원통좌표를 설정하였을 때 지반내의 임의의 요소 A(x, z)에 생기는 연직응력 $\Delta\sigma_v$ 는 그림 3.19에 제시된 응력의 영향치 I_σ 를 이용하여 구할 수 있게 된다.

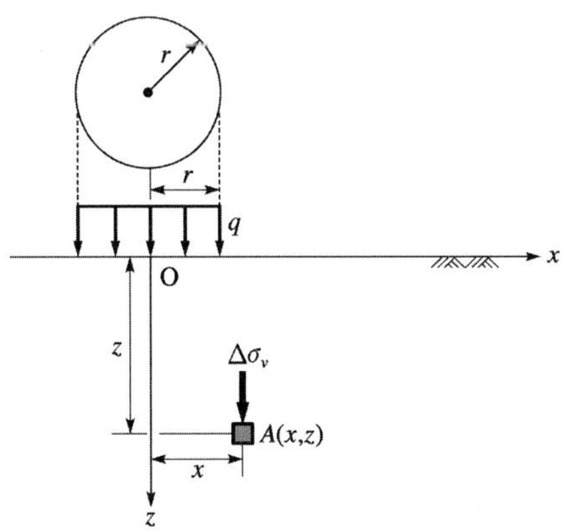

그림 3.18 원형 등분포하중에 의한 응력

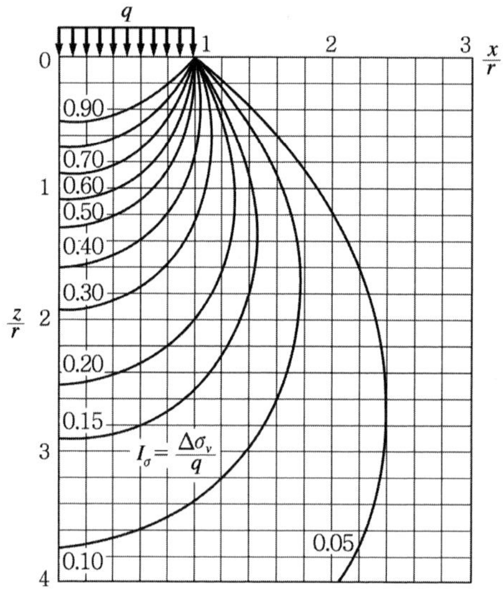

그림 3.19 원형 등분포하중에 대한 응력의 영향치(등압선)(Lambe & Whitman, 1969)

$$\Delta\sigma_v = q\ I_\sigma \tag{3.23}$$

여기서 I_σ 는 응력의 영향치(influence value)이고 $\dfrac{x}{r}$ 와 $\dfrac{z}{r}$ 이 주어지면 그림 3.19에서 구할 수 있다. 그림 3.19의 I_σ 는 원형 등분포하중의 우반부만 제시된 것이고 좌반부에도 대칭으로 I_σ 곡선이 있는 셈이다.

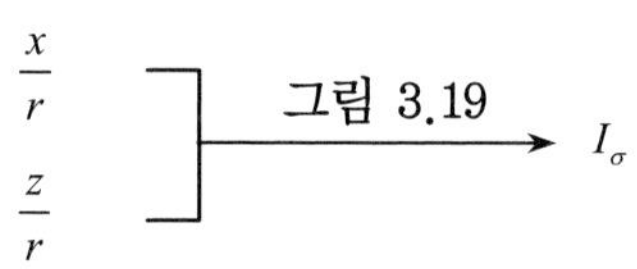

NOTE: $\Delta\sigma_v = qI_\sigma$ 이므로 그림 3.19에서 I_σ 값이 같은 곡선에서는 $\Delta\sigma_v$ 값이 같음.

- 등압선(等壓線, isobar) : $\Delta\sigma_v$ 값이 같은 점들을 연결한 선(즉 그림 3.19에서 I_σ 가 같은 점들을 연결한 선). 그림 3.19에서 $I_\sigma = 0.1$, 0.2, …, 0.9 인 곡선은 각각 $\Delta\sigma_v = 0.1q$, $0.2q$, …, $0.9q$ 인 등압선이다.
- 압력구근(壓力球根, pressure bulb) : 특정 등압선으로 형성된 구근(tulip 또는 양파)형태의 영역. 압력구근 내에 있는 점에서는 $\Delta\sigma_v$ 가 등압선의 값보다 크고 압력구근 밖의 점에서는 등압선의 $\Delta\sigma_v$ 보다 적은 응력만 작용한다.

• 실용상 중요한 등압선 또는 압력구근

점성토의 경우 : $\Delta\sigma_v = 0.1q$ 의 등압선(압력구근)이 중요하다. 이 등압선이 도달하는 최대깊이는 $z \approx 4r = 2D$ (그림 3.19에서 $I_\sigma = 0.1$ 인 등압선이 도달하는 깊이는 $\frac{z}{r} \approx 4$). 점토층이 $4r$ 보다 얕은 곳($z < 4r$)에 존재하면 $\Delta\sigma_v > 0.1q$ 가 되어 점토로서는 큰 응력이 작용하게 되는 셈이므로 위험하다. 반대로 점토층이 깊이 $4r$ 보다 깊은 곳($z > 4r$)에 있으면 점토층이지만 $\Delta\sigma_v < 0.1q$ 이어서 대체로 안전한 것으로 볼 수 있다.

느슨한 사질토의 경우 : 모래는 점토보다 강도가 크므로 $\Delta\sigma_v = 0.2q$ 를 기준으로 한다. $\Delta\sigma_v = 0.2q$ 인 등압선의 최대 도달깊이는 약 2.5r이다. 즉 느슨한 모래층이 2.5r보다 깊은 곳에 있으면 대체로 안전하다고 볼 수 있다.

원형 등분포하중에 의한 응력은 양함수(陽函數, explicit function)의 해를 제시할 수 없으므로 그림 3.19와 같은 등압선으로 그 해를 나타내고 있다. 그러나 특히 원형 재하면의 중심 O 아래 깊이 z 되는 곳의 응력은 다음과 같이 양함수의 해를 얻을 수 있다(참고사항 참조).

$$\Delta\sigma_v = q\left\{1-\left[\frac{1}{1+\left(\frac{r}{z}\right)^2}\right]^{\frac{3}{2}}\right\} \tag{3.24}$$

이 되고 이 경우 $\Delta\sigma_v$ 는 최대주응력 $\Delta\sigma_1$ 이 된다.

▶ **예제 3.6** 그림에서 보인 것같이 직경 6m인 원형기초의 도심에 집중하중 283ton이 작용한다. 이 하중에 의하여 A, B점에 생기는 연직응력 $\Delta\sigma_v$ 를 구하여라.

(a) 등분포하중으로 볼 때

(b) 집중하중으로 볼 때

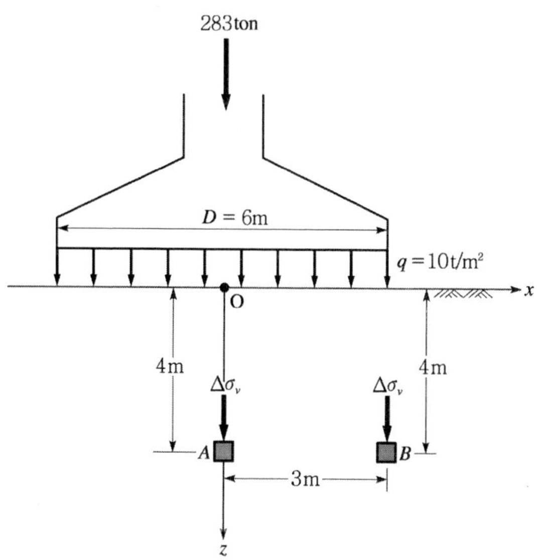

그림 예제 3.6 문제도

풀이 :

(a) 등분포하중으로 보는 경우

등분포하중강도

$$q = \frac{Q}{A} = \frac{Q}{\pi r^2} = \frac{283}{(3.14)(3)^2} = 10t/m^2$$

A점 (x = 0, z = 4m)

$$\left.\begin{array}{l}\dfrac{x}{r} = \dfrac{0}{3} = 0 \\[2ex] \dfrac{z}{r} = \dfrac{4}{3} = 1.33\end{array}\right] \xrightarrow{\text{그림 3.19}} I_\sigma = 0.51$$

$$\therefore \Delta\sigma_v = q\,I_\sigma = (10)(0.51) = 5.1t/m^2$$

또는 식 (3.24)을 이용하면 $\Delta\sigma_v$ 를 구할 수 있다.

$$\therefore \Delta\sigma_v = q\left\{1 - \left[\frac{1}{1+\left(\frac{r}{z}\right)^2}\right]^{\frac{3}{2}}\right\} = 10\left\{1 - \left[\frac{1}{1+\left(\frac{3}{4}\right)^2}\right]^{\frac{3}{2}}\right\} = 5.12t/m^2$$

B점(x = 3m, z = 4m)

$$\left.\begin{array}{l}\dfrac{x}{r} = \dfrac{3}{3} = 1.00 \\[2ex] \dfrac{z}{r} = \dfrac{4}{3} = 1.33\end{array}\right] \xrightarrow{\text{그림 3.19}} I_\sigma = 0.28$$

$$\therefore \Delta\sigma_v = q\,I_\sigma = (10)(0.28) = 2.8t/m^2$$

B점에 대해서는 양함수(explicit function)로 제시된 해는 없다.

(b) 집중하중으로 보는 경우

A점

$$\Delta\sigma_v = 0.4775\,\frac{Q}{z^2} = (0.4775)\,\frac{283}{4^2} = 8.5t/m^2$$

B점

$$\Delta\sigma_v = \frac{3}{2\pi}\frac{Q}{z^2}\left[\frac{1}{1+\left(\frac{r}{z}\right)^2}\right]^{\frac{5}{2}} = \frac{3}{2\pi}\frac{283}{4^2}\left[\frac{1}{1+\left(\frac{3}{4}\right)^2}\right]^{\frac{5}{2}} = 2.8t/m^2$$ ◀

참고사항 : 원형 등분포하중에 의한 지반내 응력 결정방법

원형 등분포하중에 의하여 지반내의 임의의 점에 생기는 응력은 그림 3.20에 보인 미소요소에 작용하는 하중 dQ를 집중하중으로 보고 이 집중하중에 의한 응력($d\Delta\sigma$ 또는 $d\Delta\tau$)을 원형 하중면 전체에 걸쳐 적분함으로써 구할 수 있다.

반경 r인 원형 하중면의 중심 O에서 방사선(수평)방향으로 거리 x, 깊이 z인 점 A(x, z)의 응력을 구해 보기로 한다.

모든 응력성분은 같은 방법으로 구할 수 있으나 연직응력 $\Delta\sigma_v$ 를 예로 하여 논의해 보기로 한다. 그림 3.20에서

- 미소요소의 면적 ; $dA = \rho d\theta d\rho$
- 미소요소에 작용하는 하중 ;
  $dQ = qdA = q \cdot \rho d\theta d\rho$

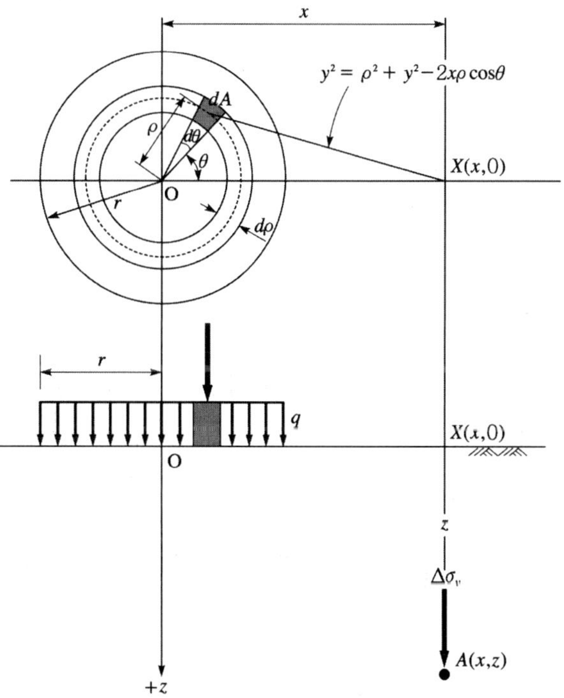

그림 3.20 원형 등분포하중에 의한 응력산정

응력을 구하려는 점 A(x, z)는 그림 3.20에서 X점 직하 깊이 z되는 곳에 위치한다. Boussinesq해는 집중하중 작용점이 좌표의 원점이 되므로 식 (3.21)의 r은 그림 3.20에서는 y가 된다. dQ 에 의한 A(x, z)점의 연직응력 $d\Delta\sigma_v$ 는

$$d\Delta\sigma_v = \frac{3}{2\pi}\frac{dQ}{z^2}\left[\frac{1}{1+\left(\frac{y}{z}\right)^2}\right]^{\frac{5}{2}} \tag{3.25}$$

그런데 cosine 정리에서

$$y^2 = x^2 + \rho^2 - 2x\rho\cos\theta \tag{b}$$

식 (a)와 (b)를 식 (3.25)에 대입하고 정리하면

$$d\Delta\sigma_v = \frac{3}{2\pi}\cdot\frac{q\cdot\rho d\theta d\rho}{z^2}\left[\frac{1}{1+\dfrac{x^2+\rho^2-2x\rho\cos\theta}{z^2}}\right]^{\frac{5}{2}} \tag{3.26}$$

$\Delta\sigma_v$ 는 $d\Delta\sigma_v$ 를 원형 하중면 전체에 대하여 적분하여 얻을 수 있다.

$$\Delta\sigma_v = \frac{3q}{2\pi z^2}\int_0^{2\pi}\int_0^r \rho\cdot\left[\frac{1}{1+\dfrac{x^2+\rho^2-2x\rho\cos\theta}{z^2}}\right]^{\frac{5}{2}} d\rho d\theta \tag{3.27}$$

이 적분은 타원적분이 되어 양함수(陽函數, explicit function)의 해(解, solution)는 제시하지 못하고 그림 3.19와 같은 등압선 형태로 그 해를 제시하고 있다. 다만 원형 하중면 중심 O점 직하 깊이 z되는 점 B($x=0$, z)의 $\Delta\sigma_v$ 는 양함수의 해가 비교적 간단하게 얻어진다. 즉 O점 직하에서는 $x=0$ 이므로 $r=\rho$ 이다. 따라서

$$\Delta\sigma_v = \frac{3q}{2\pi z^2}\int_0^{2\pi}\int_0^r \rho\cdot\left[\frac{1}{1+\left(\dfrac{\rho}{z}\right)^2}\right]^{\frac{5}{2}} d\rho d\theta \tag{3.28}$$

$$\therefore \Delta\sigma_v = q\left\{1-\left[\frac{1}{1+\left(\dfrac{r}{z}\right)^2}\right]^{\frac{3}{2}}\right\} \tag{3.29}$$

이 식은 앞에서 이미 소개한 식 (3.24)이다.

3.3.4 직사각형 등분포하중에 의한 연직응력

직사각형 등분포하중에 의하여 지반내의 임의의 점에 생기는 응력성분들도 이론상으로는 앞 절의 원형 등분포하중의 경우와 같은 방법으로 구할 수 있다. 그런데 직사각형 등분포하중의 경우

모서리 점(corner) 직하 깊이 z되는 곳의 응력을 구한다. 그 이유는 응력 유도 과정이 상대적으로 훨씬 간편할 뿐만 아니라, 모서리 점 아래 깊이 z되는 곳의 응력을 알면 곧이어 논의하는 직사각형 분할법으로 임의의 점 아래 깊이 z되는 곳의 응력을 쉽게 결정할 수 있기 때문이다. 모서리 점 아래 깊이 z되는 곳의 $\Delta\sigma_v$ 를 결정하는 방법은 이 소절(小節) 마지막에 참고사항으로 수록되어 있다.

그림 3.21에 보인 것과 같이 두 변이 각각 B와 L인 직사각형 하중면에 등분포하중 q가 작용할 때 모서리 점 직하 깊이 z되는 곳의 $\Delta\sigma_v$ 는 다음과 같다.

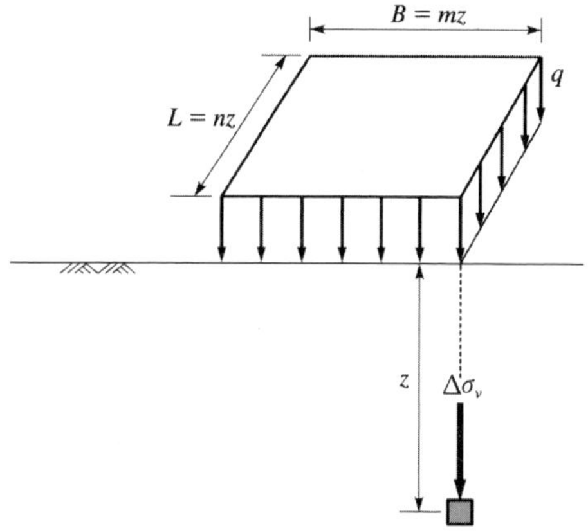

그림 3.21 직사각형 등분포하중에 의한 모서리 점 아래의 $\Delta\sigma_v$ 결정

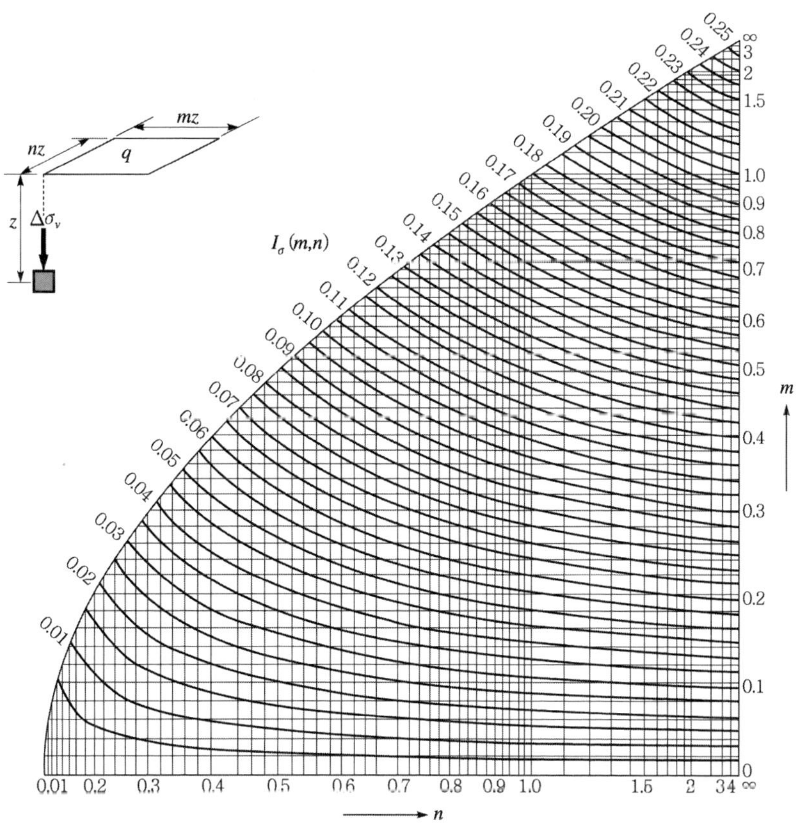

그림 3.22 직사각형 등분포하중의 응력 영향치 I_σ

$$\Delta\sigma_v = q\,I_\sigma \tag{3.30}$$

여기서, I_σ 는 응력의 영향치(influence value)로서 다음과 같다.

$$I_\sigma = \frac{1}{4\pi}\left(\frac{2mn\sqrt{m^2+n^2+1}}{m^2+n^2+m^2n^2+1} \times \frac{m^2+n^2+2}{m^2+n^2+1} + \tan^{-1}\frac{2mn\sqrt{m^2+n^2+1}}{m^2+n^2-m^2n^2+1}\right) \tag{3.31}$$

단, $m = \dfrac{B}{z}$ $n = \dfrac{L}{z}$

응력의 영향치 I_σ 는 그림 3.22에서 보다 편리하게 구할 수 있다. 즉

$$\left.\begin{aligned} m &= \frac{B}{z} \\ n &= \frac{L}{z} \end{aligned}\right] \xrightarrow{\text{그림 3.22}} I_\sigma$$

NOTE : 식 (3.31)에서 알 수 있는 것처럼 I_σ 를 계산할 때 m과 n은 서로 대칭. 따라서 m과 n은 교환 가능하다(interchangeable). 즉 $m = \frac{B}{z}$ $n = \frac{L}{z}$ 으로 하거나 $m = \frac{L}{z}$ $n = \frac{B}{z}$ 으로 하거나 동일한 I_σ 를 얻게 됨. 즉 $\Delta\sigma_v$ 가 같아짐.

이 사실은 그림 3.22를 사용해서 I_σ 를 구할 때에도 물론 적용된다.

NOTE : $m = \infty$, $n = \infty$ 이면 $I_\sigma = 0.25 = \frac{1}{4}$ 임을 확인할 것. 이 사실은 무한 등분포하중의 예제 3.4에서 모서리 점 직하에서의 응력 I_σ 가 $\frac{1}{4}q$ 이었음을 생각하면 당연한 결과임.

모서리 점 외에 임의의 점 아래 깊이 z되는 곳의 $\Delta\sigma_v$ 를 구하기 위하여서는 직사각형 분할법 또는 구형(矩形) 분할법을 사용한다. 직사각형 분할법의 줄거리는 다음과 같다.

- 목적 : 모서리 이외의 임의의 점 아래 깊이 z되는 곳의 응력($\Delta\sigma_v$)결정
- 요령 : 응력을 구하려는 점이 직사각형의 모서리가 되도록 직사각형으로 분할(또는 합성)
- 원리 : 중첩의 원리

다음에는 직사각형 분할법을 적용하는 예를 제시하고 있다.

• 예 1 : 도심점 O 아래의 $\Delta\sigma_v$

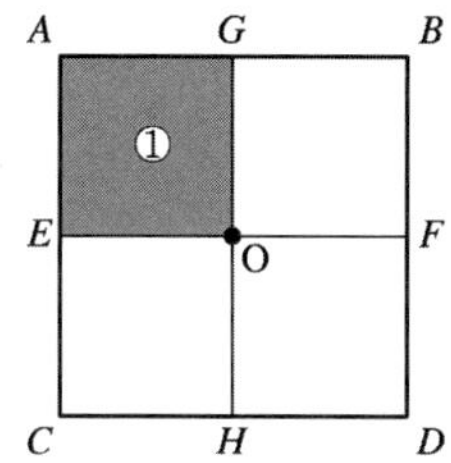

그림과 같이 직사각형을 분할하면 모서리를 O로 하는 크기가 같은 4개의 직사각형 하중면이 얻어진다. □ABCD에 작용하는 등분포하중 q에 의하여 O점 아래에 생기는 응력은 □AGOE 하중면의 O점 아래 응력의 4배가 된다. 즉

$$\Delta\sigma_v = 4q\, I_{\sigma_{AGOE}}$$
$$= 4q\, I_{\sigma①}$$

여기서 $I_{\sigma①}$은 $m = AG/z$, $n = AE/z$일 때의 응력 영향치이다.

• 예 2 : 하중면 안의 1점 O

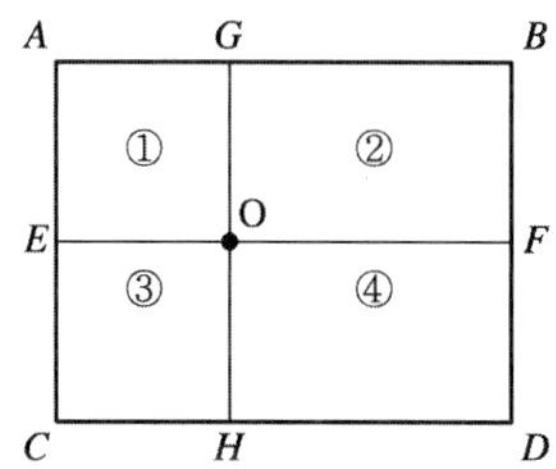

$$\Delta\sigma_v = q(I_{\sigma AGOE} + I_{\sigma GBFO} + I_{\sigma EOHC} + I_{\sigma OFDH})$$
$$= q(I_{\sigma①} + I_{\sigma②} + I_{\sigma③} + I_{\sigma④})$$

• 예 3 : 하중면 밖의 점 O

아래 그림과 같이 O점을 모서리로 하는 직사각형을 합성하고 다시 분할.

$$\Delta\sigma_v = q(I_{\upsilon_{AEOG}} - I_{\bar{\sigma}_{BEOH}} - I_{\sigma_{CFOG}} + I_{\sigma_{DFOH}})$$
$$= q(I_{\sigma①} - I_{\sigma②} - I_{\sigma③} + I_{\sigma④})$$

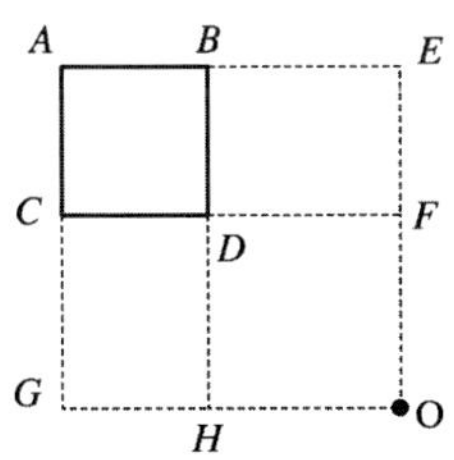

$$\Delta\sigma_v = q(I_{\sigma\mathrm{AEOG}} - I_{\sigma\mathrm{BEOH}} - I_{\sigma\mathrm{CFOG}} + I_{\sigma\mathrm{DFOH}})$$
$$= q(I_{\sigma①} - I_{\sigma②} - I_{\sigma③} + I_{\sigma④})$$

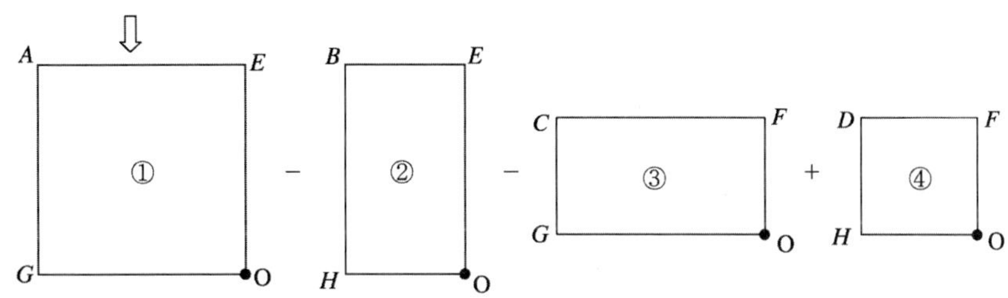

• 예 4: 불규칙 형상

$$\Delta\sigma_v = q\,(I_{\sigma_{AFOC}} - I_{\sigma_{BFOG}} + I_{\sigma_{DEOG}}) \;= q\,(I_{\sigma①} - I_{\sigma②} + I_{\sigma③})$$

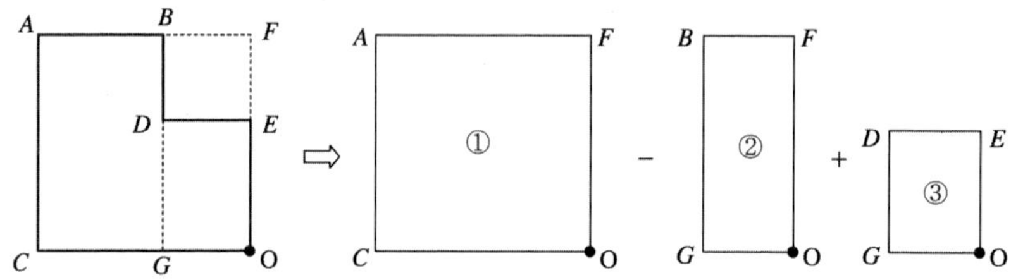

• 예 5: 하중강도가 다른 경우

$$\Delta\sigma_v = q_1 I_{\sigma_{ABOC}} - q_1 I_{\sigma_{EBOF}} + q_2 I_{\sigma_{EBOF}} = q_1 I_{\sigma①} - q_1 I_{\sigma②} + q_2 I_{\sigma②}$$

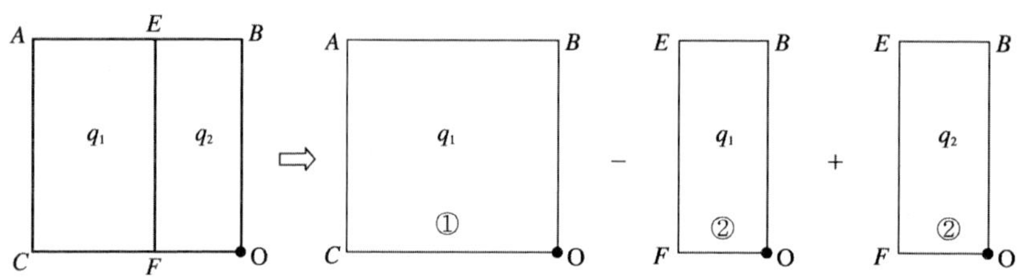

• 예 6: 하중강도도 다르고 불규칙 형상일 때

$$\Delta\sigma_v = q_1 I_{\sigma_{ABFO}} + q_2 I_{\sigma_{GDEO}} - q_2 I_{\sigma_{GCFO}}$$
$$= q_1 I_{\sigma①} + q_2 I_{\sigma②} - q_2 I_{\sigma③}$$

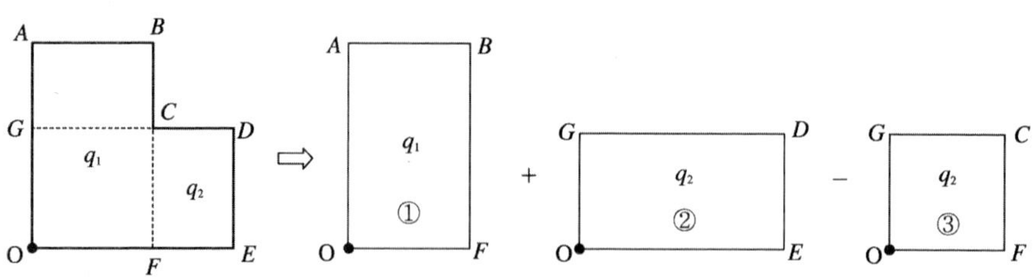

▶ **예제 3.7** 그림과 같이 두 변이 각각 1.0m, 1.5m인 기초의 도심에 집중하중 $Q = 37.5t$ 이 작용한다. 이 하중에 의하여 다음 2점에 생기는 $\Delta\sigma_v$ 를 구하라. 단 등분포하중으로 보는 경우와 집중하중으로 보는 경우 모두에 대하여 답을 구하고 결과를 비교해 볼 것.

(1) 하중면의 도심 O점 직하 깊이 2m 되는 곳(즉 O')

(2) X점 직하 깊이 2m 되는 곳(즉 X')

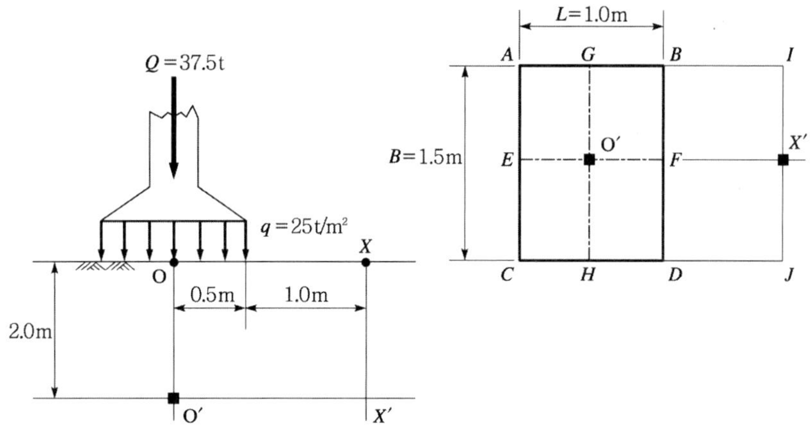

그림 예제 3.7 문제도

풀이 :

하중면에 작용하는 등분포하중 q 는

$$q = \frac{Q}{BL} = \frac{37.5\,t}{1.0m \times 1.5m} = 25\,t/m^2$$

(1) O점 아래 깊이 z=2m 되는 O' 점

$$\Delta\sigma_v = 4qI_{\sigma_{AGOE}} = 4(25)(0.038) = 3.8t/m^2$$

□AGOE에서

$$m = \frac{B/2}{z} = 0.75/2 = 0.375$$

$$n = \frac{L/2}{z} = 0.5/2 = 0.250$$

그림 3.22 → $I_{\sigma_{AGOE}} = 0.038$

만일 도심에 작용하는 집중하중으로 보면

$$\Delta\sigma_v = 0.4775\frac{Q}{z^2} = 0.4775\frac{37.5}{2^2} = 4.48t/m^2$$

(2) X 점 아래 깊이 2m 되는 X' 점

$$\Delta\sigma_v = 2q\left[I_{\sigma_{AGOE}} - I_{\sigma_{BIXF}}\right]$$
$$= 2(25)[0.098 - 0.068]$$
$$= 1.5t/m^2$$

□AIXE에서

$m = 2/2 = 1.0$, $n = 0.75/2 = 0.375$ → 그림 3.22 → $I_{\sigma_{AGOE}} = 0.098$

□BIXF에서

$m = 1/2 = 0.5$, $n = 0.75/2 = 0.375$ → 그림 3.22 → $I_{\sigma_{AGOE}} = 0.068$

만일 도심에 작용하는 집중하중으로 보면

$$\Delta\sigma_v = \frac{3}{2\pi}\frac{Q}{z^2}\left[\frac{1}{1+\left(\frac{r}{z}\right)^2}\right]^{\frac{5}{2}}$$

여기서, $r = 1.5$m, $z = 2$m이므로

$$\Delta\sigma_v = \frac{3}{2\pi}\frac{37.5}{2^2}\left[\frac{1}{1+\left(\frac{1.5}{2}\right)^2}\right]^{\frac{5}{2}} = 4.48\left[\frac{1}{1+(0.75)^2}\right]^{\frac{5}{2}} = 1.47\text{t/m}^2$$

또는 그림 3.15에서 $\frac{r}{z} = 1.5/2 = 0.75$일 때 $I_\sigma = 0.157$이므로

$$\Delta\sigma_v = \frac{Q}{z^2}I_\sigma = \frac{37.5}{2^2}(0.157) = 1.47t/m^2$$ ◀

▶ **예제 3.8** 그림과 같이 두 변의 길이가 각각 10m인 직각 이등변 삼각형 ΔABC 하중면에 등분포하중 $q = 10t/m^2$ 이 작용하고 있다. 점 A, D(빗변의 중점), C아래 깊이 5m되는 곳에 생기는 연직응력 $\Delta\sigma_v$ 를 구하라.

풀이 :

삼각형 등분포하중에 대한 응력 분포 결정 방법은 논의하지 않았다. 예외로 직각 이등변 삼각형의 경우, 각 꼭지점과 빗변의 중점 아래 응력은 중첩의 원리를 이용하여 구할 수 있다.

직각 이등변 삼각형을 더하여 정사각형 하중면을 만들고 필요시 직사각형 분할법 또는 중첩의 원리를 응용한다.

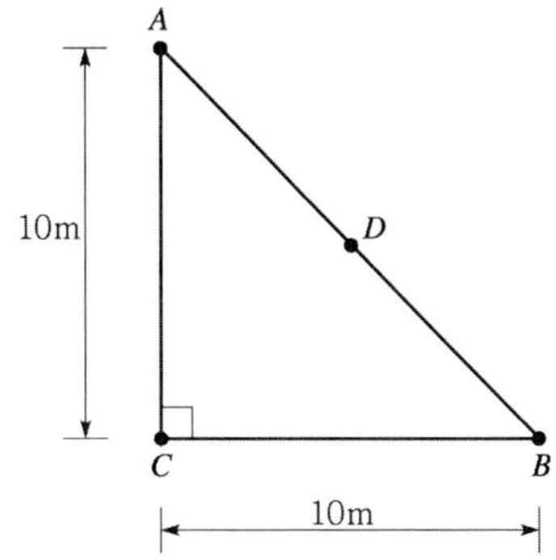

그림 예제 3.8 문제도

(a) A점 아래 깊이 5m되는 곳의 $\Delta\sigma_v$

그림 예제 3.8 해답도 1과 같이 직각 이등변 삼각형 ◸$AC'B$를 더하면 A점은 1변이 10m인 정사각형 □$AC'BC$의 모서리가 된다. 이 때 $\Delta\sigma_v$는 정사각형 하중면에 의한 값의 반이 되므로

$$\Delta\sigma_v = \frac{1}{2} q I_\sigma (AC'BC) = \frac{1}{2} q\, I_\sigma (m = 2, n = 2)$$

$$= \frac{1}{2}(10)(0.232) = 1.16 t/m^2$$

여기서, $m = \dfrac{AC'}{z} = \dfrac{10}{5} = 2$, $n = \dfrac{AC}{z} = \dfrac{10}{5} = 2$

$m = n = 2$일 때 그림 3.22에서 $I_\sigma = 0.232$

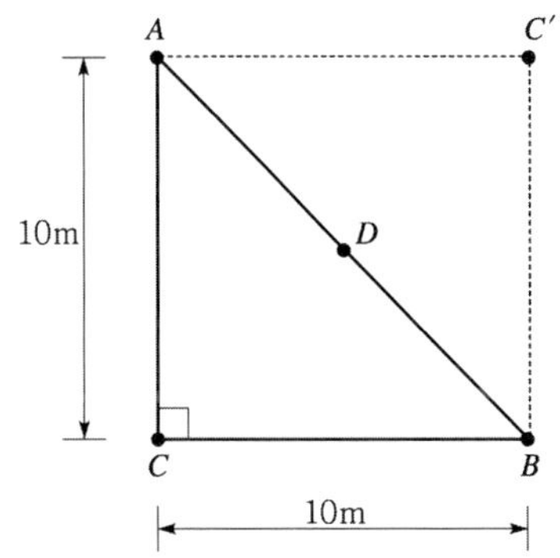

그림 예제 3.8 해답도 1

(b) D점 아래 깊이 5m되는 곳의 $\Delta\sigma_v$

그림 예제 3.8 해답도 1에서 D는 □$AC'BC$의 도심이고 응력은 정사각형 하중면 전체에 하중이 작용할 때의 반이 된다. 따라서 정사각형을 그림 예제 3.8 해답도 2와 같이 분할하면

$$\Delta\sigma_v = \frac{1}{2}\left[4qI_\sigma (m = 1, n = 1)\right] = \frac{1}{2}\left[(4)(10)(0.175)\right] = 3.5 t/m^2$$

여기서, $m = n = \dfrac{5}{5} = 1$,

$m = n = 1$일 때 $I_\sigma = 0.175$

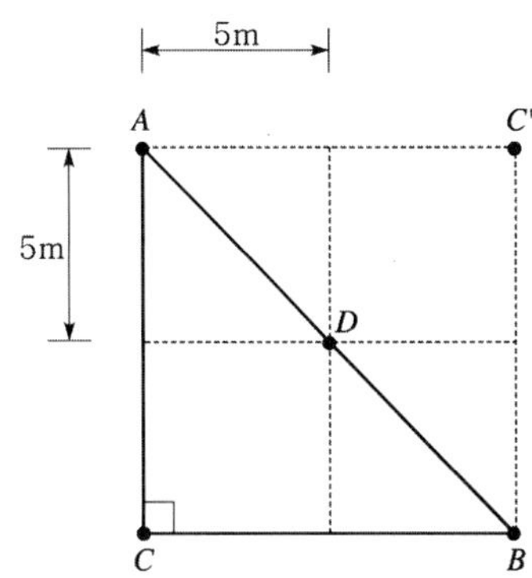

그림 예제 3.8 해답도 2

또는 그림 예제 3.8 해답도 3과 같이 ◺DBE를 옮겨 배치하면 B점은 □AFDG와 □GDEC의 모서리가 된다.

$$\Delta\sigma_v = 2qI_\sigma(\square\ AFDG) = 2qI_\sigma(m=1,\ n=1) = 2(10)(0.175) = 3.5t/m^2$$

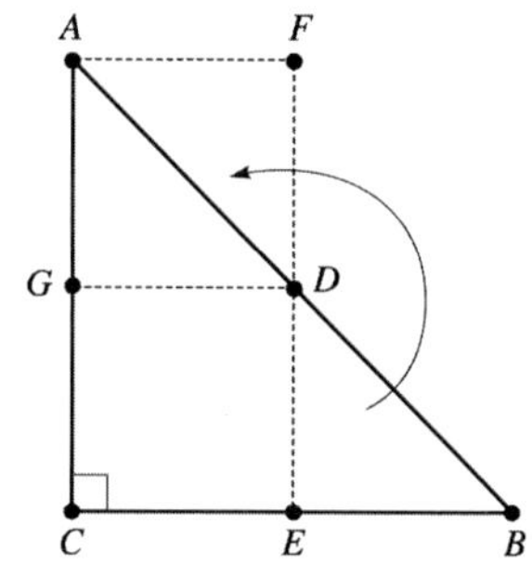

그림 예제 3.8 해답도 3

(c) C점 아래 깊이 5m되는 곳의 $\Delta\sigma_v$

그림 예제 3.8 해답도 4와 같이 ◺ ABC 3개를 더하면 C는 1변이 $10\sqrt{2}m$ 인 정사각형의 도심이 된다. 응력은 전체 하중면에 대한 값의 $\frac{1}{4}$ 이 된다.

$$\Delta\sigma_v = \frac{1}{4}\cdot 4qI_\sigma(m=\sqrt{2},\ n=\sqrt{2}) = \frac{1}{4}(4)(10)(0.21) = 2.1t/m^2$$

여기서, $m = n = \frac{5\sqrt{2}}{5} = \sqrt{2}$,

$m = n = \sqrt{2}$ 일 때 $I_\sigma = 0.21$

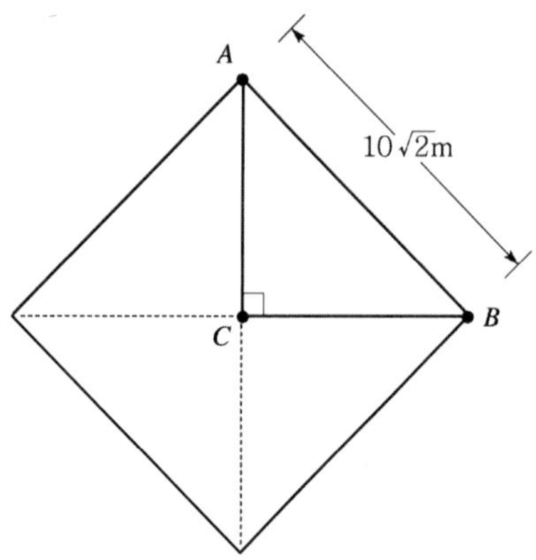

그림 예제 3.8 해답도 4

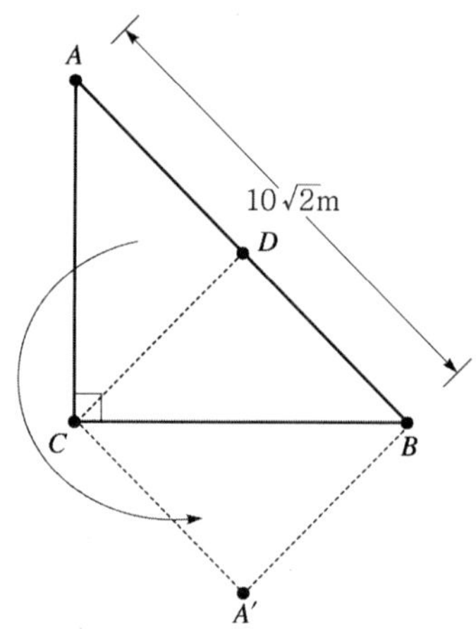

그림 예제 3.8 해답도 5 ◀

또는 그림 예제 3.8 해답도 5와 같이 ▷ADC를 옮겨 배치하면 C는 1변이 $5\sqrt{2}m$ 인 정사각형 □ *CDBA′* 의 모서리가 된다.

$$\Delta\sigma_v = qI_\sigma(m=\sqrt{2},\ n=\sqrt{2}) = (10)(0.21) = 2.1t/m^2$$

▶ **예제 3.9** 그림과 같은 하중면에 등분포하중 $q = 10t/m^2$ 가 작용한다. X점 직하 깊이 10m되는 곳에 생기는 $\Delta\sigma_v$ 를 구하라.

풀이 :

XY선을 그리면 X점은 직각 2등변 삼각형 ABX의 직각점(예제 3.8의 C점 참조), 사분원 BCX의 중심점, 정사각형 □XCDY와 정사각형 □XYEA의 모서리 점이 된다. X점 아래 10m 되는 곳의 응력은 위의 4개 응력면에 작용하는 하중에 의한 응력을 합하여 얻을 수 있다.

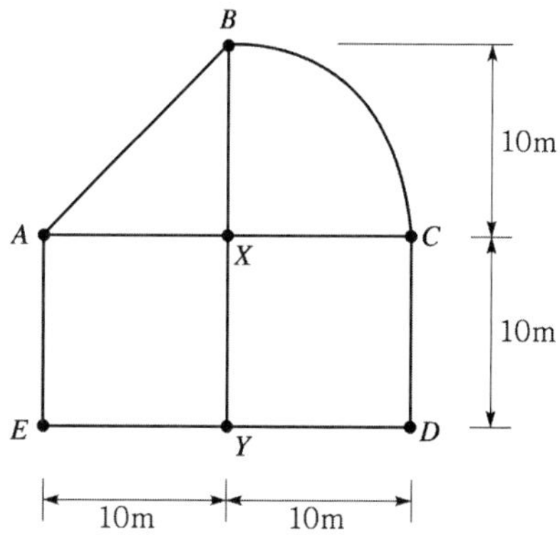

그림 예제 3.9 문제도

- ⊿ABX에 대하여(예제 3.8 해답도 5 참조)

  한 변이 $5\sqrt{2}$ m인 정사각형 하중면의 모서리 점이 X가 되는 셈이다.

$$m = n = \frac{B}{z} = \frac{5\sqrt{2}}{10} = 0.707$$

그림 3.22에서 $I_{\sigma 1} = 0.13$

- 사분원 BCX의 중심점이 X이다.

  ($r = 10m$, $x = 0$, $z = 10m$)

$$\frac{x}{r} = 0,\ \frac{z}{r} = \frac{10}{10} = 1 \quad \therefore \text{그림 3.19에서 } I_{\sigma 2} = 0.65$$

- □XCDY와 □XYEA는 모두 X가 모서리이고 변의 길이도 같다.

$$m = n = \frac{10}{10} = 1 \qquad \therefore \text{그림 3.22에서 } I_{\sigma 3} = I_{\sigma 4} = 0.175$$

따라서 $\Delta\sigma_v$ 는

$$\Delta\sigma_v = q(I_{\sigma 1} + \frac{1}{4}I_{\sigma 2} + I_{\sigma 3} + I_{\sigma 4})$$

$$= 10(0.13 + \frac{1}{4}(0.65) + 0.175 + 0.175)$$

$$= 6.425t/m^2$$

◀

참고사항 : 직사각형 등분포하중에 의한 모서리 점 아래의 응력결정

그림 3.23에 보인 것처럼 두 변의 길이가 각각 B, L인 직사각형 하중면에 등분포하중 q가 작용할 때 이 하중에 의하여 모서리 점 직하(책 지면에 수직한 방향) 깊이 z 되는 곳에 생기는 모든 응력 성분을 구하는 방법을 논의해 보기로 한다.

이 응력은 그림에 보인 미소요소 $dx \cdot dy$ 에 작용하는 하중에 의한 응력을 Boussinesq해로 표현한 다음 하중면 전체에 걸쳐 적분하여 얻을 수 있다.

편의상 연직응력 $\Delta\sigma_v$ 를 예로 하여 기술하기로 하지만 다른 응력도 같은 방법으로 결정할 수 있다.

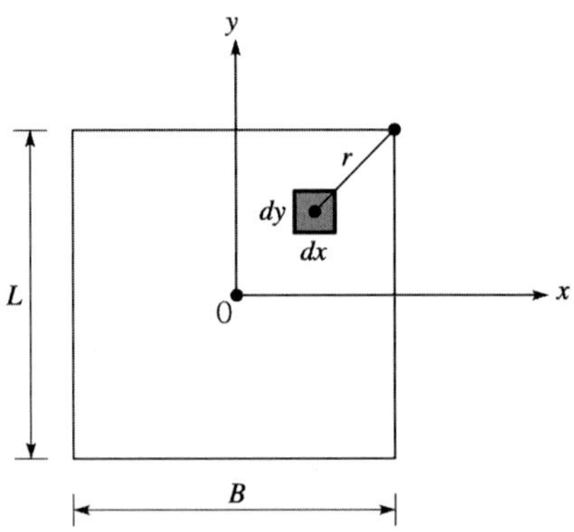

그림 3.23 직사각형 등분포하중에 의한 응력결정

- 미소요소에 작용하는 하중 : $dQ = q\,dx\,dy$
- 미소요소에서 모서리까지의 거리 r:

$$r^2 = \left(\frac{B}{2} - x\right)^2 + \left(\frac{L}{2} - y\right)^2$$

Boussinesq해의 원점은 집중하중 작용점이므로 이 r은 식 (3.21)의 r과 같다. 따라서 집중하중 dQ에 의한 모서리 점 직하 깊이 z되는 곳의 연직응력 $d\Delta\sigma_v$ 는

$$d\Delta\sigma_v = \frac{3}{2\pi}\frac{dQ}{z^2}\left[\frac{1}{1+\left(\frac{r}{z}\right)^2}\right]^{\frac{5}{2}} = \frac{3}{2\pi}\frac{q\,dx\,dy}{z^2}\left[\frac{1}{1+\frac{\left(\frac{B}{2}-x\right)^2+\left(\frac{L}{2}-y\right)^2}{z^2}}\right]^{\frac{5}{2}}$$

$$\Delta\sigma_v = \int_{\frac{B}{2}}^{\frac{B}{2}}\int_{\frac{L}{2}}^{\frac{L}{2}}\frac{3q}{2\pi z^2}\left[\frac{1}{1+\frac{\left(\frac{B}{2}-x\right)^2+\left(\frac{L}{2}-y\right)^2}{z^2}}\right]^{\frac{5}{2}}dx\,dy = qI_\sigma$$

여기서, I_σ 는 식 (3.22)와 같다.

3.3.5 선하중에 의한 지반내의 응력

선하중(線荷重, line load)은 재하면의 폭이 대단히 작아서 영(zero)으로 볼 수 있는($B \approx 0$) 반면 그 길이는 대단히 길어서 반무한($L \approx \infty$)이라고 생각할 수 있는 하중이다. 궤도(rail)하중은 한 예가 될

수 있다.

선하중의 크기(또는 강도)는 단위길이당 하중으로 표현되며, 그 단위는 t/m, 또는 kN/m, lb/ft로 나타낼 수 있다.

그림 3.24와 같이 지표면에 선하중 p가 작용할 때 선하중 진행방향을 y축, 지표면상에서 y축과 직교하는 방향을 x축 그리고 연직방향을 z축으로 잡으면 임의의 점 A(x, z)에 작용하는 응력의 크기는 각각

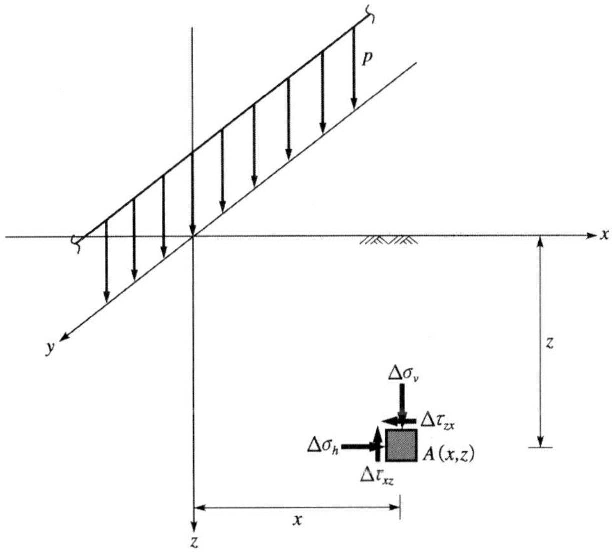

그림 3.24 선하중에 의한 지반내의 응력

$$\Delta\sigma_v = \Delta\sigma_z = \frac{2pz^3}{\pi(x^2+z^2)^2} \tag{3.32}$$

$$\Delta\sigma_h = \Delta\sigma_x = \frac{2px^2z}{\pi(x^2+z^2)^2} \tag{3.33}$$

$$\Delta\sigma_y = \mu(\Delta\sigma_x + \Delta\sigma_z) = \frac{2p\mu z(x^2+z^2)}{\pi(x^2+z^2)} \tag{3.34}$$

$$\Lambda\tau_{hv} = \Delta\tau_{xz} = \frac{2pxz^2}{\pi(x^2+z^2)^2} \tag{3.35}$$

여기서 μ : 포아송 비(Poison's ratio)

NOTE : 식 (3.34)에서 $\Delta\sigma_y = \mu(\Delta\sigma_x + \Delta\sigma_z)$ 이 되는 것은 이 경우가 평면변형(平面變形, plane strain)의 문제이기 때문임. 평면변형상태라 하는 것은 댐이나 옹벽처럼 구조물이 한 축 방향으로 대단히 길어서 그 축 방향으로는 변위가 전혀 일어나지 않는 상태임(지금은 y방향). 선하중의 경우에도 하중의 길이가 대단히 길기 때문에 y방향의 변형은 일어나지 않으며($\varepsilon_y = 0$) 하중에 의한 변형은 y축에 수직한 평면(즉 책의 지면)에만 일어나게 됨(변형상태를 책의 지면에 그릴 수 있음). 토질역학에서는 평면변형 문제를 많이 취급하게 되는데, 옹벽, 사면, 댐 등이 그 예임.

평면변형 상태에서는 $\varepsilon_y = 0$ 이므로 등방성 지반에서는 Hook의 법칙에 따라

$$\varepsilon_y = 0 = \frac{1}{E}\left[\Delta\sigma_y - \mu(\Delta\sigma_x + \Delta\sigma_z)\right]$$

$$\Delta\sigma_y = \mu\left(\Delta\sigma_x + \Delta\sigma_z\right)$$

이 사실은 9장 토압이론 중 정지토압계수에서 자세히 논의하고 있다.

3.3.6 등분포 띠하중에 의한 지반내의 응력

재하면의 폭이 B이고 길이가 반무한인 등분포하중을 띠하중 또는 대상하중(帶狀荷重)이라 한다. 길이가 긴 연속기초(連續基礎, continous footing)가 한 예이다.

띠하중에 의한 응력은 선하중의 결과를 기초 폭 B에 걸쳐 적분함으로써 얻을 수 있다. 이 방법을 이 소절(小節) 마지막에 있는 참고사항에 수록하였다. 그림 3.25과 같이 띠하중의 폭 B의 중점 O를 원점으로 하고 띠하중의 진행방향(즉 책의 지면에 수직한 방향)을 y, 이와 직교한 방향을 x, 그리고 연직방향을 z축으로 설정하였을 때 임의의 점 A(x, z)에 생기는 응력의 성분들을 각각

$$\Delta\sigma_h = \Delta\sigma_x = \frac{q}{\pi}\left[\tan^{-1}\frac{x-b}{z} - \tan^{-1}\frac{x+b}{z} + \frac{z(x+b)}{(x+b)^2+z^2} - \frac{z(x-b)}{(x+b)^2+z^2}\right] \tag{3.36}$$

$$\Delta\sigma_v = \Delta\sigma_z = \frac{q}{\pi}\left[\tan^{-1}\frac{x-b}{z} - \tan^{-1}\frac{x+b}{z} - \frac{z(x+b)}{(x+b)^2+z^2} + \frac{z(x-b)}{(x-b)^2+z^2}\right] \tag{3.37}$$

$$\Delta\sigma_y = \mu\left(\Delta\sigma_x + \Delta\sigma_z\right) \tag{3.38}$$

$$\Delta\tau_{hv} = \Delta\tau_{xz} = \frac{q}{\pi}\left[\frac{z^2}{(x+b)^2+z^2} - \frac{z^2}{(x-b)^2+z^2}\right] \tag{3.39}$$

여기서, $b = \dfrac{B}{2}$

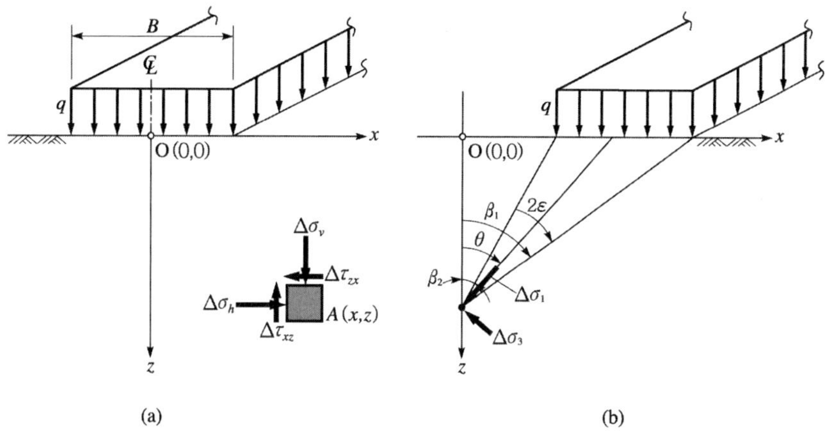

그림 3.25 띠하중에 의한 지반내의 응력분포

NOTE : $\Delta\sigma_y = \mu(\Delta\sigma_x + \Delta\sigma_z)$ 이 되는 것은 띠하중이 평면변형 문제이기 때문임. 여기에 관하여서는 앞 소절의 선하중에 의한 응력 참조.

또는 그림 3.25(b)를 채택할 경우

$$\Delta\sigma_x = \frac{q}{\pi}\left[2\varepsilon - (\sin 2\varepsilon)(\cos(\beta_1 + \beta_2))\right] \tag{3.40}$$

$$\Delta\sigma_z = \frac{q}{\pi}\left[2\varepsilon + (\sin 2\varepsilon)(\cos(\beta_1 + \beta_2))\right] \tag{3.41}$$

$$\Delta\tau_{xz} = \frac{q}{\pi}\left[\sin^2\beta_1 - \sin^2\beta_2\right] = \frac{q}{\pi}(\sin 2\varepsilon)(\sin(\beta_1 + \beta_2)) \tag{3.42}$$

주응력(principal stress)

$$\Delta\sigma_{\substack{1\\3}} = \frac{\Delta\sigma_z + \Delta\sigma_x}{2} \pm \sqrt{\left(\frac{\Delta\sigma_z - \Delta\sigma_x}{2}\right)^2 + \Delta\tau_{xz}^{\ 2}} \tag{3.43}$$

$$\Delta\sigma_1 = \frac{q}{\pi}(2\varepsilon + \sin 2\varepsilon) \tag{3.44}$$

$$\Delta\sigma_3 = \frac{q}{\pi}(2\varepsilon - \sin 2\varepsilon) \tag{3.45}$$

$$\tau_{\max} = \frac{q}{\pi} \tag{3.46}$$

σ_1 의 방향 : θ

$$\theta = \frac{\beta_1 - \beta_2}{2} \tag{3.47}$$

그림 3.26은 등분포 띠하중에 대한 응력의 영향치 또는 등압선(等壓線, isobar)이다. 앞에서 이미 논의한 원형 등분포하중의 경우처럼 요소 A(x, z)에 작용하는 연직응력 $\Delta\sigma_v$ 는 다음과 같이 구할 수 있다.

$$\Delta\sigma_v = q\,\mathrm{I}_\sigma \tag{3.48}$$

여기서, I_σ 는 응력의 영향치이며 $\frac{x}{b}$ 와 $\frac{z}{b}$ 를 알면 그림 3.26에서 구할 수 있다.

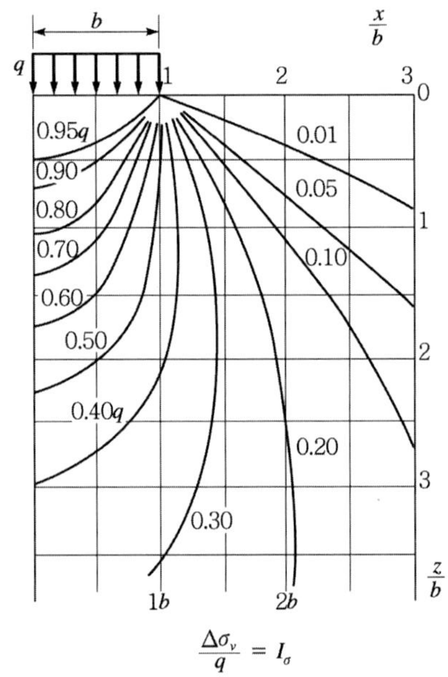

그림 3.26 띠하중에 대한 응력의 영향치(등압선)

독자들에게 드리는 제언 : 폭 4m($B = 4m$), 강도 $q = 10t/m^2$ 인 등분포 띠하중이 지표면에 작용한다. 식 (3.37)과 그림 3.26을 이용하여 다음 평면에 작용하는 $\Delta\sigma_v$ 의 분포를 그려볼 것.

(a) $z = 2m$, $z = 4m$, $z = 10m$ (각 깊이에서 몇 개의 x값에 대한 $\Delta\sigma_v$ 를 계산할 것.)

(b) $x = 0$, $x = 2m$, $x = 4m$ (각 연직면을 따라 몇 개의 z값에 대한 $\Delta\sigma_v$ 를 계산할 것.)

참고사항 : 등분포 띠하중에 의한 지반내 응력 결정방법

그림 3.27에 보인 것같이 폭이 B이고 하중강도 q인 띠하중에 의하여 지반내의 한 점 A(x, z)에 작용하게 되는 응력은 선하중에 의한 해를 폭 B에 걸쳐 적분함으로써 구할 수 있다. 편의상 연직응력 $\Delta\sigma_v$ 를 예로 하여 설명하지만 다른 응력도 같은 방법으로 구할 수 있다.

그림 3.27과 같이 띠하중 폭의 중점 O를 좌표의 원점으로 하였을 때

- O에서 거리 r 되는 곳의 미소 폭 dr에 작용하는 선하중 $dp = qdr$
- 선하중 dp의 $A(x,z)$ 사이의 수평거리 $\ell = x - r$

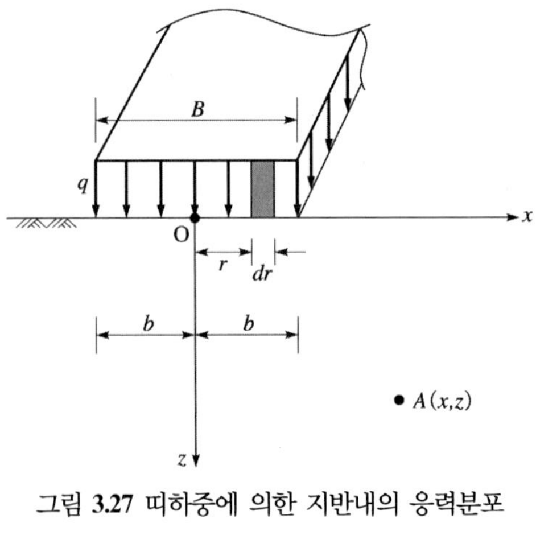

그림 3.27 띠하중에 의한 지반내의 응력분포

선하중 dp에 의하여 A점에 생기는 연직응력 $d\Delta\sigma_v$ 는 식 (3.32)에서

$$d\Delta\sigma_v = d\Delta\sigma_z = \frac{2dp\,z^3}{\pi(\ell^2 + z^2)^2} = \frac{2qz^3\,dr}{\pi\left[\,(x-r)^2 + z^2\,\right]^2}$$

연직응력 $\Delta\sigma_v$ 는 $d\Delta\sigma_v$ 를 $-b \le r \le b$ 에 걸쳐 적분하여 얻을 수 있다.

$$\Delta\sigma_v = \Delta\sigma_z = \int_{-b}^{b} \frac{2qz^3}{\pi\left[\,(x-r)^2 + z^2\,\right]^2}\,dr$$

이 적분에서 얻어지는 $\Delta\sigma_v = \Delta\sigma_z$ 는 식 (3.37)가 된다.
나머지 응력 성분에 대해서도 같은 방법을 이용하여 식 (3.36)과 식 (3.39)를 구할 수 있다.

3.3.7 제방하중에 의한 지반내의 응력

제방하중(堤防荷重, embankment load)은 하중 분포 형상이 도로 제방과 같이 사다리꼴 분포를 하며 그 길이가 대단히 긴 일종의 띠하중이다. 즉 제방하중은 삼각형 분포 띠하중, 등분포 띠하중, 다시 삼각형 분포 띠하중이 결합된 띠하중이다(그림 3.28 참조).

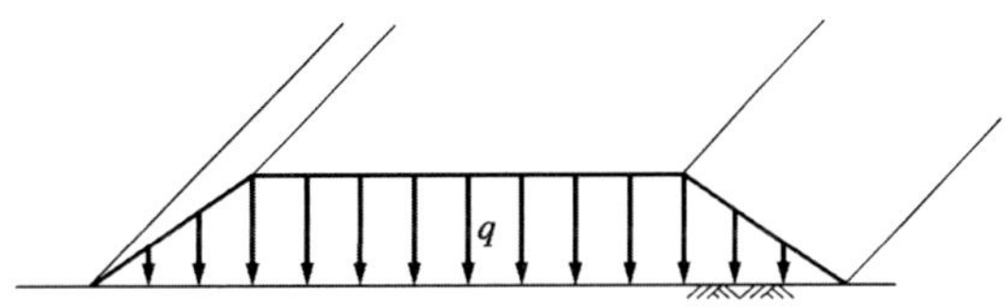

그림 3.28 제방하중

그림 3.29는 그림 안에 제시한 것처럼 삼각형 분포와 등분포 띠하중으로 이루어진 하중에 의하여 등분포하중의 끝 점 아래 깊이 z되는 곳의 $\Delta\sigma_v$ 에 대한 영향치 I_σ 를 제시하고 있다. 즉 삼각형 분포하중의 폭 a와 등분포하중의 폭 b를 알면 깊이 z되는 곳의 I_σ 를 찾을 수 있다.

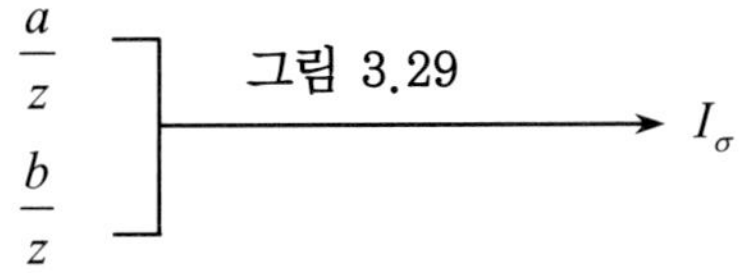

$$\Delta\sigma_v = q\,I_\sigma \tag{3.49}$$

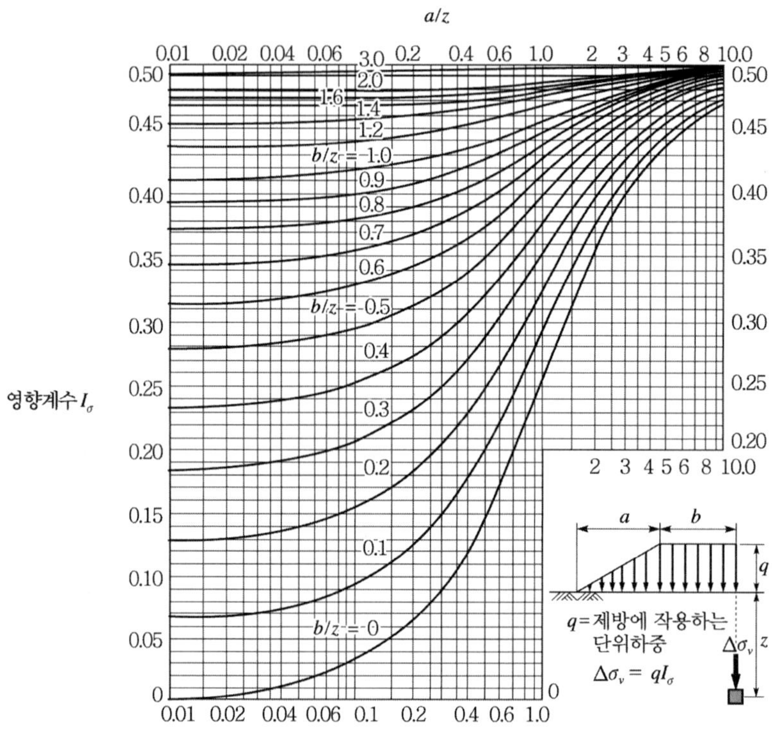

그림 3.29 제방하중에 의한 응력의 영향치(Osterberg, 1957)

등분포하중의 끝 점 아래 깊이 z되는 곳의 $\Delta\sigma_v$ 를 알면 임의의 점 아래 깊이 z되는 곳의 $\Delta\sigma_v$ 를 중첩의 원리를 이용하여 구할 수 있다. 또한 여러 종류의 띠하중에 대해서도 하중을 분할 또는 합성하여 임의의 점에 생기는 $\Delta\sigma_v$ 를 구할 수 있다. 이러한 예가 다음에 차례대로 제시되어 있다.

임의의 점의 응력 $\Delta\sigma_v$ 를 구하는 방법(중첩의 원리)

(1) 등분포하중 : $a = 0$

$\frac{a}{z} = 0$, $\frac{b}{z}$ → 그림 3.29 → I_σ

$\Delta\sigma_v = q\,I_\sigma$

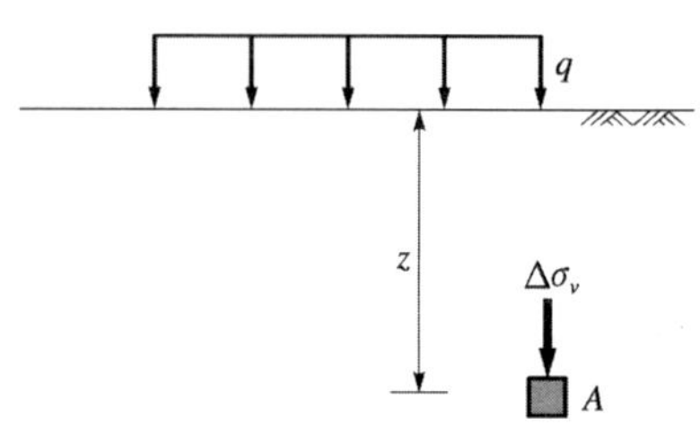

(2) 삼각형 분포하중 : $b = 0$

$\left.\begin{array}{l}\dfrac{a}{z}\\[2ex]\dfrac{b}{z}=0\end{array}\right]$ 그림 3.29 $\longrightarrow I_\sigma$

$\Delta\sigma_v = q\ I_\sigma$

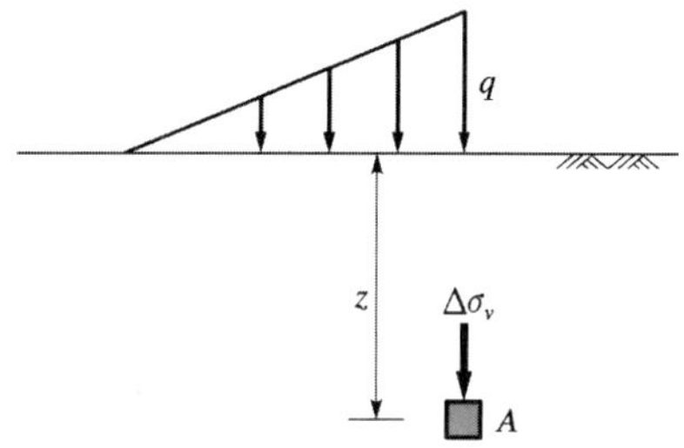

(3) 제방 안의 1점

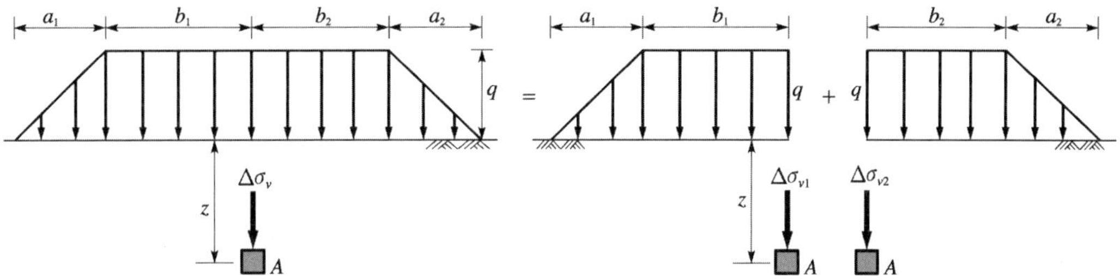

$\left.\begin{array}{l}\dfrac{a}{z}=\dfrac{a_1}{z}\\[2ex]\dfrac{b}{z}=\dfrac{b_1}{z}\end{array}\right]$ 그림 3.29 $\longrightarrow I_{\sigma 1}$

$\left.\begin{array}{l}\dfrac{a}{z}=\dfrac{a_2}{z}\\[2ex]\dfrac{b}{z}=\dfrac{b_2}{z}\end{array}\right]$ 그림 3.29 $\longrightarrow I_{\sigma 2}$

$\Delta\sigma_{v1} = q\ I_{\sigma 1}$

$\Delta\sigma_{v2} = q\ I_{\sigma 2}$

$\therefore \Delta\sigma_v = \Delta\sigma_{v1} + \Delta\sigma_{v2} = q\left[\ I_{\sigma 1} + I_{\sigma 2}\right]$

(4) 하중 밖의 1점

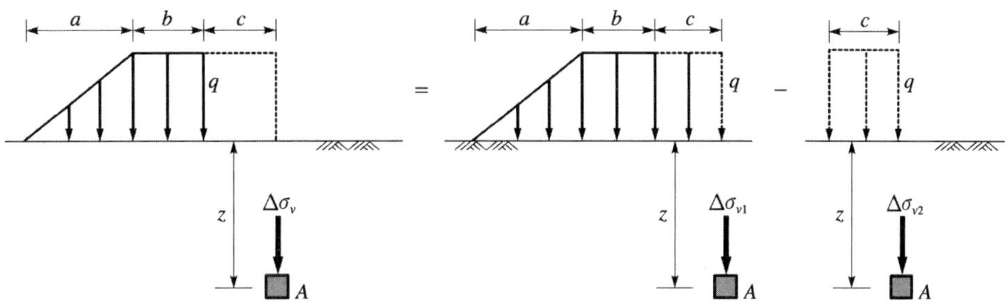

$\Delta\sigma_v = \Delta\sigma_{v1} - \Delta\sigma_{v2}$

$$\left.\begin{array}{l}\dfrac{a}{z}\\[2mm] \dfrac{b}{z}=\dfrac{(b+c)}{z}\end{array}\right]\xrightarrow{\text{그림 3.29}} I_{\sigma 1} \qquad \left.\begin{array}{l}\dfrac{a}{z}=0\\[2mm] \dfrac{b}{z}=\dfrac{c}{z}\end{array}\right]\xrightarrow{\text{그림 3.29}} I_{\sigma 2}$$

$$\Delta\sigma_{v1}=q\,I_{\sigma 1} \qquad \Delta\sigma_{v2}=q\,I_{\sigma 2}$$

$$\therefore\ \Delta\sigma_v = q\left[I_{\sigma 1}-I_{\sigma 2}\right]$$

(5) 제방 경사부내의 임의의 점

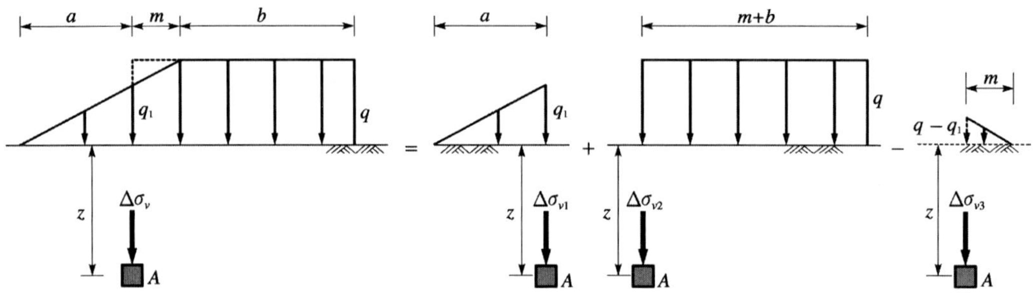

$$\Delta\sigma_{v1}=q_1\,I_{\sigma 1} \qquad \Delta\sigma_{v2}=q\,I_{\sigma 2} \qquad \Delta\sigma_{v3}=(q-q_1)I_{\sigma 3}$$

$$\left.\begin{array}{l}\dfrac{a}{z}\\[2mm] \dfrac{b}{z}=0\end{array}\right]\xrightarrow{\text{그림 3.29}} I_{\sigma 1} \qquad \left.\begin{array}{l}\dfrac{a}{z}=0\\[2mm] \dfrac{b}{z}=\dfrac{(m+b)}{z}\end{array}\right]\xrightarrow{\text{그림 3.29}} I_{\sigma 2} \qquad \left.\begin{array}{l}\dfrac{a}{z}=\dfrac{m}{z}\\[2mm] \dfrac{b}{z}=0\end{array}\right]\xrightarrow{\text{그림 3.29}} I_{\sigma 3}$$

$$\therefore\ \Delta\sigma_v=\Delta\sigma_{v1}+\Delta\sigma_{v2}-\Delta\sigma_{v3}$$

▶ **예제 3.10** 그림과 같은 제방이 있다. 흙의 단위중량은 $\gamma=1.67\ t/m^3$ 이다. 제방하중에 의하여 A, B, C, D점에 생기는 연직응력의 증가량 $\Delta\sigma_v$ 를 구하라.

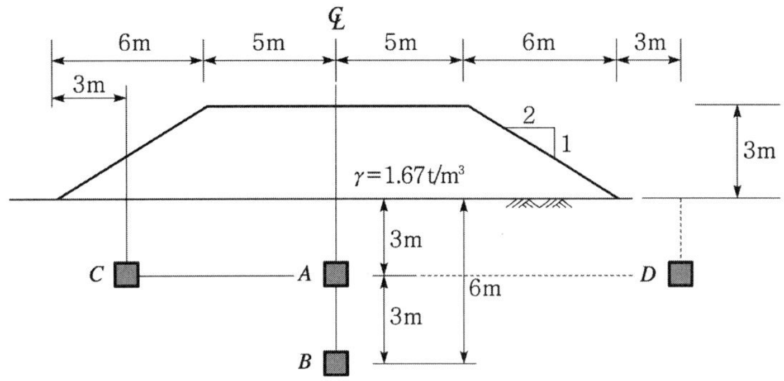

그림 예제 3.10 문제도

풀이 :

$$q = \gamma z = (1.67)(3) = 5 t/m^2$$

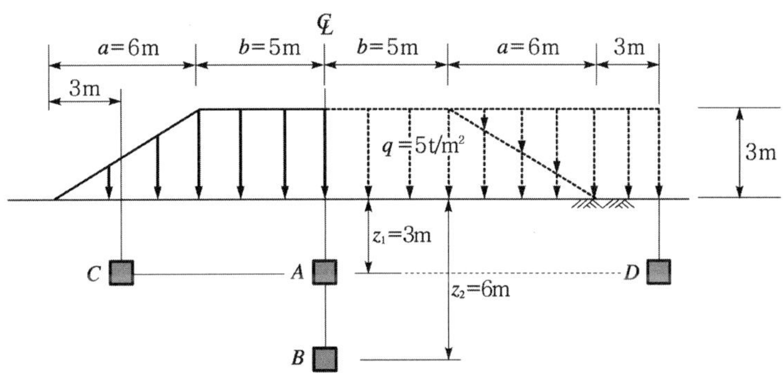

그림 예제 3.10 해답도

(1) A점의 $\Delta\sigma_v$ 산정

$$\Delta\sigma_v = 2qI_\sigma = 2(5)(0.49) = 4.90\ t/m^2$$

$a/z = 6/3 = 2$, $b/z = 5/3 = 1.667$ → 그림 3.29 → $I_\sigma = 0.49$

(2) B점의 $\Delta\sigma_v$ 산정

$$\Delta\sigma_v = 2q\,I_\sigma = 2(5)(0.44) = 4.40\ t/m^2$$

$a/z = 6/6 = 1$, $b/z = 5/6 = 0.83$ → 그림 3.29 → $I_\sigma = 0.44$

(3) C점의 $\Delta\sigma_v$ 산정

$$\Delta\sigma_v = q_1 I_{\sigma_1} + q I_{\sigma_2} - (q - q_1) I_{\sigma_3} = (2.5)(0.25) + (5)(0.5) - (5 - 2.5)(0.25) = 2.5\ t/m^2$$

- I_{σ_1} 의 결정

$a/z = 3/3 = 1$, $b/z = 0$ → 그림 3.29 → $I_{\sigma 1} = 0.25$

- I_{σ_2} 의 결정

$a/z = 6/3 = 2$, $b/z = 13/3 = 4.33$ → 그림 3.29 → $I_{\sigma 2} = 0.5$

- I_{σ_3} 의 결정

$a/z = 3/3 = 1$, $b/z = 0$ → 그림 3.29 → $I_{\sigma 3} = 0.25$

(4) D점의 $\Delta\sigma_v$ 산정

해답도와 같이 하중을 D점 위까지 점선으로 연장하면

$$\Delta\sigma_v = q I_{\sigma_1} - q I_{\sigma_2} = q(I_{\sigma_1} - I_{\sigma_2}) = (5)(0.5 - 0.47) = 0.15\ t/m^2$$

- I_{σ_1} 의 결정

$a/z = 6/3 = 2$, $b/z = \dfrac{10+6+3}{3} = \dfrac{19}{3} = 6.33$ → 그림 3.29 → $I_{\sigma 1} = 0.5$

- I_{σ_2} 의 결정

$a/z = 6/3 = 2$, $b/z = 3/3 = 1$ → 그림 3.29 → $I_{\sigma 2} = 0.47$

◀

독자들에게 드리는 질문 : 그림과 같은 삼각형 분포하중에 의하여 깊이 2m 되는 점 A, B, C에 작용하는 $\Delta\sigma_v$ 를 구하라.

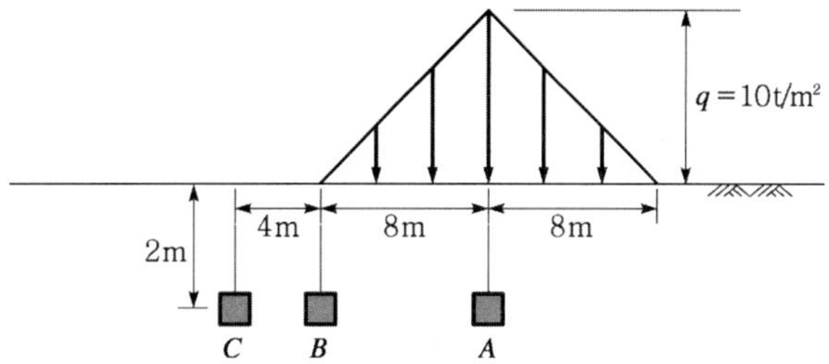

3.3.8 영향원법에 의한 연직응력 $\Delta\sigma_v$ 의 결정

영향원(influence chart)법은 지표면에 작용하는 임의의 형상의 등분포하중에 의해서 임의의 점에 생기는 응력을 구할 수 있는 도해법(graphical procedure)이다. 이 방법의 기본이 되는 영향원을 그리는 방법은 다음과 같다.

지표면에 작용하는 반경 *r*인 원형 등분포하중에 의하여 중심점 아래 깊이 z되는 곳에 일어나는 연직응력 $\Delta\sigma_v$ 은

$$\Delta\sigma_v = q\left\{1-\left[\frac{1}{1+\left(\frac{r}{z}\right)^2}\right]^{\frac{3}{2}}\right\} \tag{3.50}$$

이 식은 식 (3.24)와 같다. 이 식을 $\frac{r}{z}$ 에 대하여 정리하면

$$\frac{r}{z} = \sqrt{\left(1-\frac{\Delta\sigma_v}{q}\right)^{-\frac{2}{3}}-1} \tag{3.51}$$

이 식에서 $\Delta\sigma_v$ 가 특정한 값이 되기 위하여 소요되는 원형 등분포하중의 반경 r이 결정된다. 예를 들어 $\Delta\sigma_v = 0.1q$ 가 되기 위해서는 $\frac{\Delta\sigma_v}{q} = 0.1$ 을 위 식에 대입하면 $\frac{r}{z} = 0.270$, 따라서 소요되는 원형 등분포하중의 반경 $r = 0.270\,z$ 이 얻어진다. 마찬가지로 $\Delta\sigma_v = 0.2q$ 가 되기 위해서는

$r = 0.400\,z$ 이 필요하다. 따라서 $\frac{r}{z}$ 은 $\frac{\Delta\sigma_v}{q}$ 가 특정한 값이 되기 위한 원형 등분포하중의 상대적 반경인 것이다.

$\frac{\Delta\sigma_v}{q} = 0.1, 0.2, \cdots, 0.9$ 에 대응하는 $\frac{r}{z}$ 값이 표 3.2에 제시되어 있다. $z = 1$로 두고 $\frac{r}{z}$ 값을 각각 반경으로 하는 동심원을 그리면, 가장 안쪽의 원판 또는 그 밖에 있는 각각의 반지(ring)에 등분포하중 q가 작용하면 중심점 아래 z(단위길이)되는 곳에서는 $\Delta\sigma_v = 0.1q$ 가 작용하게 된다.

가장 안에 있는 원판과 그 밖에 있는 동심의 반지들을 균등한 중심각을 이루는 방사선으로 다시 나누면 영향원이 만들어진다. 그림 3.30은 영향원의 한 예이다.

이 그림에서 응력을 구하려는 점의 깊이를 $\overline{AB}$ 로 하였으며, 동심원의 반경은 $\overline{AB} = 1$로 한 상대적인 값이다. 표 3.2 및 그림 3.30의 경우는 방사선 간격이 18° 로 되어 있어서 각각의 반지는 20등분되어 망을 형성하고 있다. 따라서 망 1개에 등분포하중이 작용하면 중심점 아래 z되는 곳의 $\Delta\sigma_v = 0.1q\ /\ 20 = 0.005q$ 가 된다. 이 경우 0.005를 영향치(影響値, influence value ; IV)라 한다. 일반적으로 동심원의 수(최외측의 반경 ∞ 인 원 포함)를 C, 방사선의 수를 S가 되게 영향원을 그렸으면 영향치 $IV = \frac{1}{CS}$ 가 된다(그림 3.30의 경우 $C=10$, $S=20$ 이므로 $IV = \frac{1}{(10)(20)} = 0.005$).

표 3.2 영향원의 반경

동심원 번호	상대적 응력($\Delta\sigma_v/q$)	상대적 반경(r/z)	각 동심원이 형성한 반지 당 망의 수(S)
1	0.1	0.270	20
2	0.2	0.400	20
3	0.3	0.518	20
4	0.4	0.637	20
5	0.5	0.766	20
6	0.6	0.918	20
7	0.7	1.110	20
8	0.8	1.387	20
9	0.9	1.908	20
	1.0	∞	

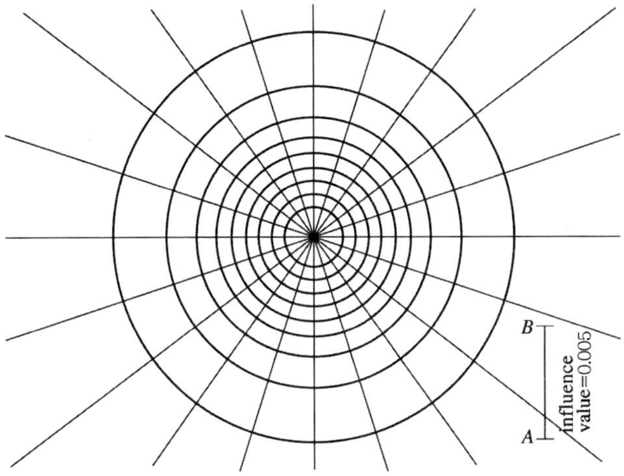

그림 3.30 연직응력에 대한 영향원

원형 하중면에 등분포하중이 작용하고 중심점 아래의 응력을 구하므로 원의 중심에 대한 대칭성을 생각하면 위의 사실은 명백하다.

영향원법으로 $\Delta\sigma_v$ 를 구하는 과정은 다음과 같다.

① 영향원을 그리기 위하여 응력을 구하려는 점의 깊이를 평면도에서 얼마의 길이로 할지 축척(scale)을 결정한다. 이 길이를 그림 3.30에 보인 것처럼 $\overline{AB}$ 로 나타낸다. 예를 들어 깊이 10m를 5cm로 나타내기로 하면 $\overline{AB}$ 의 길이는 5cm로 그린다.

② 표 3.2에 제시된 상대적 반경 r/z 값에서 동심원의 반경을 결정한다.

예를 들어

제 1 동심원의 반경 : $r_1 = (0.270)(5) = 1.35cm$

제 2 동심원의 반경 : $r_2 = (0.400)(5) = 2.00cm$

…

제 9 동심원의 반경 : $r_9 = (1.908)(5) = 9.54cm$

동심원을 모두 그림 다음 방사선 사이의 각도가 18° 가 되도록 방사선을 그리면 영향원이 완성된다.

③ 응력을 구하려는 점의 평면위치를 영향원의 중심에 일치시키고 ①에서 결정한 축척대로 하중변을 그린다. 예를 들어 길이 20m인 변의 길이는 10cm, 5m의 길이는 2.5cm로 그린다.

④ 하중면이 차지한 망의 수 N을 헤아린다.

⑤ $\Delta\sigma_v$ 은 다음과 같이 계산된다.

$\Delta\sigma_v$ = (영향치) · Nq

이 경우에는 영향치 $IV = 0.005$ 이므로

$$\Delta\sigma_v = 0.005\,N\,q \tag{3.52}$$

$\Delta\sigma_v$ 와 다른 응력에 대해서도 영향원을 그릴 수 있다(Wu, 1976 참조).

▶ **예제 3.11** 반경이 각각 $r_1 = 2m$, $r_2 = 4m$ 인 동심원으로 형성된 반지(ring) 모양의 하중면이 있다. 이 하중면의 $\frac{1}{4}$ 면적에 등분포 하중 $q = 10t/m^2$ 가 작용한다. 이 하중에 의하여 동심원의 중심 아래 깊이 4m되는 곳에 생기는 $\Delta\sigma_v$ 를 구하여라.

풀이 :

식 (3.24) 또는 식 (3.50)을 이용하면

- $r_2 = 4m$ 인 원형 하중면 전체에 q가 작용하면 중심 직하 $z = 4m$ 에서의 $\Delta\sigma_{v2}$ 는

$$\Delta\sigma_{v2} = 10\left\{1 - \left[\frac{1}{1+\left(\frac{4}{4}\right)^2}\right]^{\frac{3}{2}}\right\} = 6.46t/m^2$$

- $r_1 = 2m$ 인 원형 등분포 하중 q에 의한 중심 직하 $z = 4m$ 에서의 $\Delta\sigma_{v1}$ 은

$$\Delta\sigma_{v1} = 10\left\{1 - \left[\frac{1}{1+\left(\frac{2}{4}\right)^2}\right]^{\frac{3}{2}}\right\} = 2.85t/m^2$$

따라서 반지형 하중면에 $q = 10t/m^2$ 가 작용하면 중심 아래 $z = 2m$ 되는 곳의 $\Delta\sigma_v$ 는

$$\Delta\sigma_v = \Delta\sigma_{v2} - \Delta\sigma_{v1} = 6.46 - 2.85 = 3.61t/m^2$$

하중은 반지형 하중면의 $\frac{1}{4}$ 면적에만 작용하므로

$$\Delta\sigma_v = \frac{1}{4}(3.61) = 0.903t/m^2$$

◀

3.3.9 응력분포의 근사해법

지금까지는 탄성론에 의한 지반내의 응력분포에 관하여 논의하였다. 논의의 대상을 연직응력 $\Delta\sigma_v$ 에 한정하더라도 결과는 비교적 복잡한 방정식이나 도표의 형태가 되어 약산 등에 의하여 근사치를 쉽게 추정하기 어려운 실정이다.

Kögler는 응력은 하중의 양 단에서 지반 속으로 직선적으로 분포하여 분포 폭 내에서는 균등한 응력이 발생하고 분포 폭 밖에서는 응력이 생기지 않는다는 개념으로 근사해를 발표하였다. 이렇게 하면 분포 폭 중앙부의 응력은 탄성해보다 적은 값이 되고 분포 폭 양단부에서는 탄성이론보다 큰 $\Delta\sigma_v$ 를 얻게 된다. 이 방법으로 응력을 결정하는 기본원리는 하중에 의하여 유발된 응력의 합력은 하중의 합력과 같다는 사실이다. 즉 하중은 모두 균일한 응력으로 전달된다고 생각한다. 이 방법은 응력분포를 지나치게 단순화하고 있으므로 예비설계단계나 연직응력의 개략치를 약산할 때 사용되고 있다.

다음에는 각종 하중별로 연직응력 $\Delta\sigma_v$ 를 구하는 근사식을 제시하고 있다.

(1) 띠하중(strip load) 또는 대상하중(帶狀荷重)

그림 3.31에 보인 것처럼 폭 B인 띠하중 양단에서 하중이 분포각 α 로 지반속으로 분포하면 깊이 z 되는 곳의 분포폭 B' 은

$$B' = B + 2z\tan\alpha$$

띠하중 진행방향의 길이는 무한대이므로 분포폭도 무한대로 불변이다. 따라서 응력은 띠하중 진행방향 단위길이에 대하여 계산하면 된다.

깊이 z 되는 곳의 $\Delta\sigma_v$ 를 구하는 근사해법은 다음과 같다.

원리 : 하중의 합력 = 응력의 합력

$$q(B\times 1) = \Delta\sigma_v(B'\times 1)$$

$$\Delta\sigma_v = q\frac{B}{B'}$$

$$\therefore \Delta\sigma_v = \frac{q\ B}{B + 2z\tan\alpha} \tag{3.53}$$

2 : 1 분포법 : $\tan\alpha = \frac{1}{2}$로 두면($\alpha = 26.565^\circ$)

$$\Delta\sigma_v = \frac{q\ B}{B + z} \tag{3.54}$$

Boston Building Code ($\alpha = 30°$)

$$\Delta\sigma_v = \frac{q\ B}{B + 2z\tan 30^\circ} = \frac{q\ B}{B + \frac{2}{\sqrt{3}}z} \tag{3.55}$$

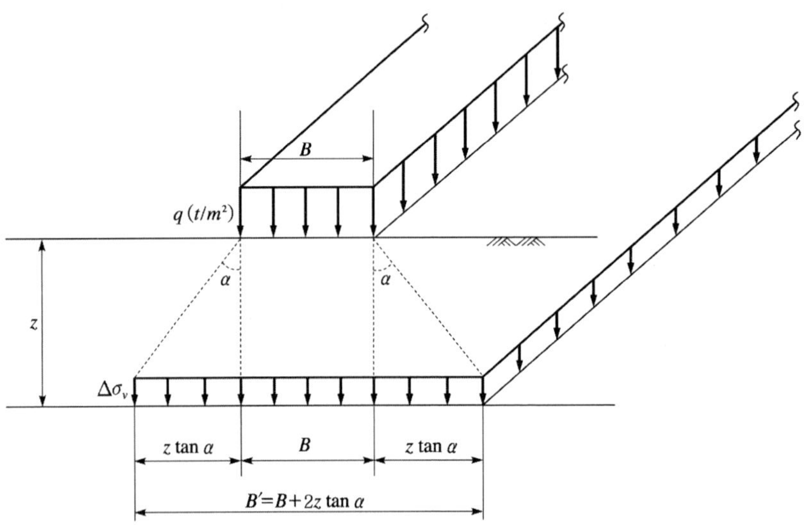

그림 3.31 띠하중에 의한 연직응력의 근사해법

(2) 직사각형 등분포하중(rectangular Load)

$$B' = B + 2\ z\ \tan\alpha$$

$$L' = L + 2\ z\ \tan\alpha$$

$$q\ B\ L = \Delta\sigma_v\ B'\ L'$$

$$\Delta\sigma_v = q\frac{B\ L}{B'\,L'}$$

$$\therefore \Delta\sigma_v = \frac{q\ B\ L}{(B+2z\ \tan\alpha)(L+2z\ \tan\alpha)} \tag{3.56}$$

2:1 분포법

$$\Delta\sigma_v = \frac{q\ B\ L}{(B+z)(L+z)} \tag{3.57}$$

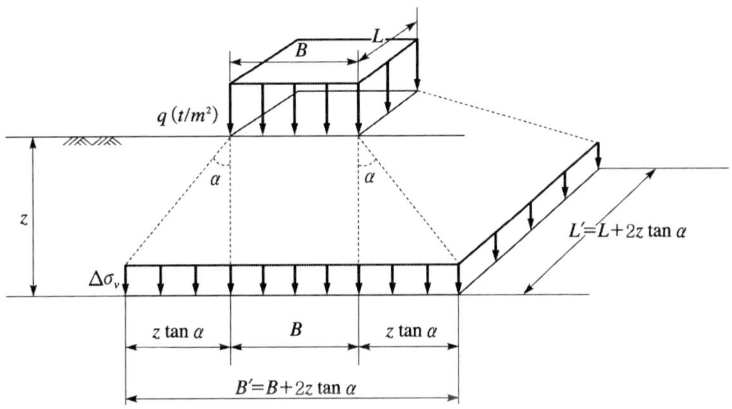

그림 3.32 직사각형 등분포하중에 대한 연직응력 근사해법

(3) 원형 등분포하중(circular load)

$$q\,(\frac{\pi}{4}D^2) - \Delta\sigma_v\,(\frac{\pi}{4}D'^2)$$

$$\Delta\sigma_v = \frac{q\ D^2}{(D+2z\tan\alpha)^2} \tag{3.58}$$

2:1 분포법

$$\Delta\sigma_v = \frac{q\ D^2}{(D+z)^2} \tag{3.59}$$

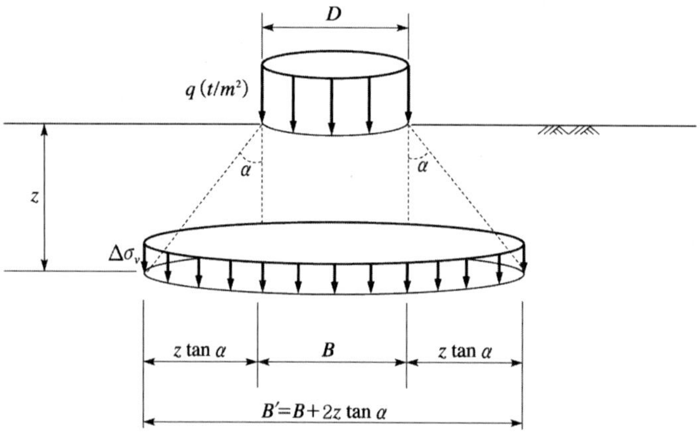

그림 3.33 원형 등분포하중에 대한 연직응력 근사해법

(4) 집중하중(point load)

$$\Delta\sigma_v = \frac{4Q}{\pi(2z\tan\alpha)^2} = \frac{Q}{\pi z^2 \tan^2\alpha} \tag{3.60}$$

2:1 분포법

$$\Delta\sigma_v = \frac{4Q}{\pi z^2} \tag{3.61}$$

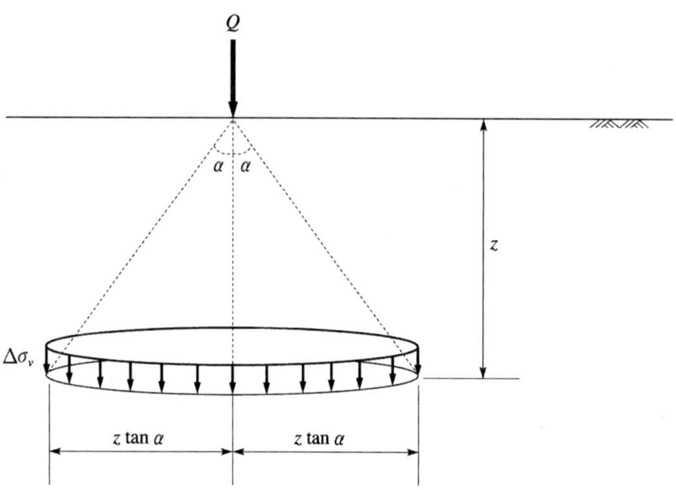

그림 3.34 집중하중에 대한 연직응력 근사해법

독자들에게 드리는 제언 : 지표면에 작용하는 하중, 예를 들어 띠하중에 의하여 지반내에 생기는 연직응력 $\Delta\sigma_v$ 는 종모양(bell-shape)의 분포를 하게 된다. 즉 띠하중 중심선에서는 연직응력이 집중하여 큰 응력이 생기고 중심선에서 수평방향으로 멀리 갈수록 응력은 더 적어진다. 그런데 Kögler의 근사법은 응력분포 폭 안에서는 응력이 등분포하고 그 밖에서는 응력이 작용하지 않게 되는 지나치게 단순화된 결과를 제시하게 된다. 이러한 문제점을 일부 개선하기 위하여 실용성은 없지만 다음과 같은 방법을 실시하여 응력분포가 근사해법으로도 종모양에 접근하는 응력분포를 얻을 수 있음을 확인해 보기 바란다.

즉 띠하중의 폭을 n구간으로 등분한 다음 각 구간마다 근사법을 적용한다. 그러면 중심부에는 n층의 응력이 겹쳐지고 분포 폭 끝 부분에는 1층의 응력만 작용하는 종모양에 가까운 응력분포를 얻을 수 있다. 물론 n을 크게 하면 더욱 더 탄성해에 가까운 응력분포가 얻어진다.

응력분포에 관한 St. Vernant 원리

그림 3.35에 보인 것처럼 지표면에 합력은 같으나 분포가 상이한 즉 등가의 하중이 작용할 때 합력의 작용선 아래에 생기는 연직응력 $\Delta\sigma_v$ 는 얕은 깊이에서는 그 크기가 대단히 다르지만($z = z_1$ 인 경우) 깊은 곳에서는 크기가 거의 같아진다. 이 사실을 St. Vernant 원리라 한다. 응력의 크기뿐만 아니라 응력의 분포도 같은 현상을 나타낸다.

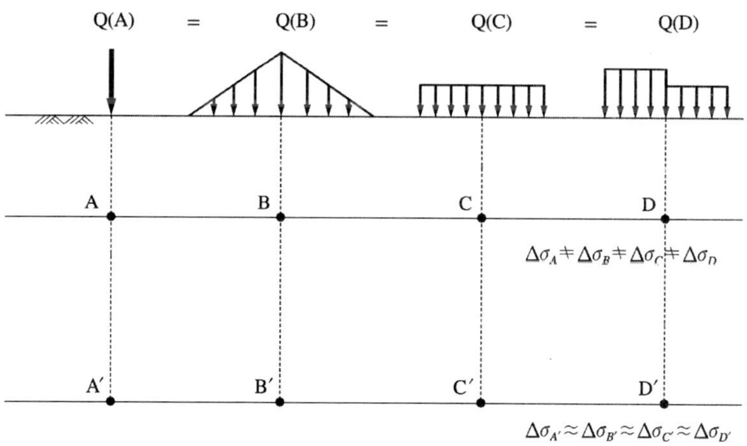

그림 3.35 St. Vernant의 원리

St. Vernant의 원리를 설명하는 일례로 지표면에 설치된 한 변이 B인 정사각형 기초에 집중하중 Q가 작용하는 경우를 생각해 보자. 이 하중은 하중강도가 $q = \dfrac{Q}{B^2}$ 인 등분포하중으로도 볼 수 있다. 하중면의 도심 아래 깊이 z되는 곳의 $\Delta\sigma_v$ 는 이 하중을 집중하중 Q로 보는 경우와 등분포하중

$q = \dfrac{Q}{B^2}$ 으로 보는 경우에 따라 다른 값이 된다. 그러나 깊이가 기초 폭의 3배 이상이 되면($z \geq 3B$) 두 방법으로 구한 $\Delta\sigma_v$ 는 그 차이가 5% 이하가 되어 실용상 거의 같은 값이 된다고 볼 수 있다.

아래에 이 사실을 확인해 보기로 한다. 등분포하중의 경우 직사각형 분할법을 사용하고 집중하중의 경우 $r = 0$ 이므로 $\mathrm{I}_\sigma = \dfrac{3}{2\pi} = 0.4775$ 이다.

- $z = B$ 인 경우

  등분포하중으로 볼 때 : $m = n = \dfrac{B/2}{z} = \dfrac{1}{2} = 0.5 \quad \therefore \mathrm{I}_\sigma = 0.0840$

  $\therefore \Delta\sigma_v = 4q\mathrm{I}_\sigma = 4q \cdot 0.084 = 0.3360q$

  집중하중으로 볼 때 : $\Delta\sigma_v = 0.4775\dfrac{B^2 q}{B^2} = 0.4775q$

  등분포하중을 기준으로 할 때 약 30% 차이가 난다.

다른 깊이에 대한 계산결과는 아래 표에 정리되어 있다.

z	등분포하중으로 볼 때	집중하중으로 볼 때	차이
B	$0.3360q$	$0.4775q$	약 30%
2B	$0.1080q$	$0.1194q$	약 9.2%
3B	$0.0508q$	$0.0531q$	약 4.1%
4B	$0.0292q$	$0.0298q$	약 2.0%
5B	$0.0188q$	$0.0191q$	약 1.6%

위의 계산에서 $z = 3B$ 이면 두 방법으로 구한 응력의 차이는 약 4.1%가 된다.

연습문제

3.1 지표면 아래 2m 되는 곳에 지하수면이 있고 지표면 아래 6m 되는 곳에 미소요소가 있다. 이 흙의 단위중량은 지하수면 위에서는 $1.75t/m^3$, 지하수면 아래에서는 $1.90t/m^3$ 이다.

정지토압계수는 지하수면 아래 위에서 모두 $K_0 = 0.5$ 이다. 다음 각 경우에 대하여 A점의 연직유효응력 σ_v'과 수평전응력 σ_h 를 구하여라.

(1) 현재의 상태

(2) 지하수면이 지표면까지 상승한 상태

(3) 지하수면이 지표면 위 2m까지 상승한 상태

(4) 지하수면이 지표면 아래 5m까지 강하한 상태

3.2 책의 지면에 수직한 방향으로 길이가 대단히 긴 분포하중이 그림과 같이 작용하고 있다. A와 B점 아래 깊이 4m되는 곳의 $\Delta\sigma_v$ 를 구하라.

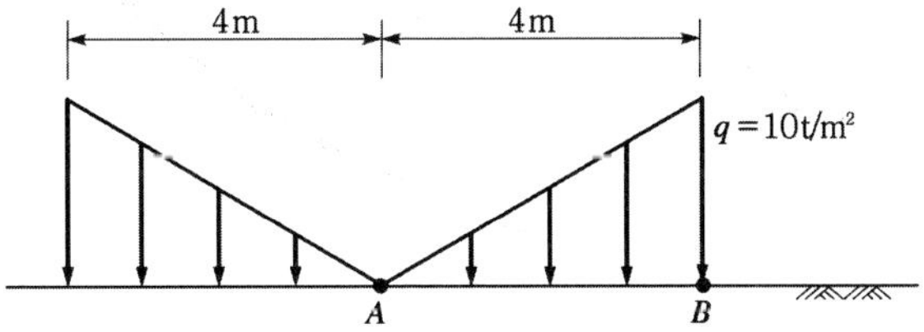

3.3 응력을 구하려는 깊이(AB)를 3cm로 하고 방사선 사이의 각도를 18° 로 하여 $\Delta\sigma_v$ 를 구하는 영향원을 그려라.

3.4 배면이 연직이고 높이가 6m인 옹벽이 있다. 옹벽 배면에서 $x = 2m$ 되는 지표면에 옹벽길이 방향으로 $P = 20t/m$ 의 선하중이 작용한다.

옹벽 배면을 따라 깊이 1m, 2m, ⋯, 6m 되는 곳의 $\Delta\sigma_h$ 를 구하고 그 분포를 그림으로 그려라.

3.5 한 변이 4m인 정사각형 하중면의 도심에 160t의 집중하중이 작용한다. 도심 직하 4m되는 곳의 $\Delta\sigma_v$ 를 구하라.

(1) 집중하중으로 볼 때
(2) 등분포하중으로 볼 때
(3) 하중면을 4개로 등분하였을 때
각 사각형의 도심에 작용하는 4개의 집중하중 40t으로 볼 때
(4) 등분포하중으로 보되 2:1 분포법을 사용하는 경우
(5) 깊이 약 몇 m 이상이 되면 (1)과 (2)에서 구한 $\Delta\sigma_v$ 의 차이가 5% 미만이 되는가?

3.6 지표면에 100t의 연직 집중하중이 작용한다. 이 하중의 작용선을 따라 깊이 z되는 곳에서 하중에 의한 연직응력 $\Delta\sigma_v$ 와 흙 자중에 의한 연직응력 σ_v 가 같아지는 깊이는 몇 m인가? 단, 흙의 단위중량 $\gamma = 2.0t/m^3$ 이다.

3.7 그림과 같은 하중면에 대하여 점 X와 Y 아래 깊이 2m되는 곳의 $\Delta\sigma_v$ 를 구하라.

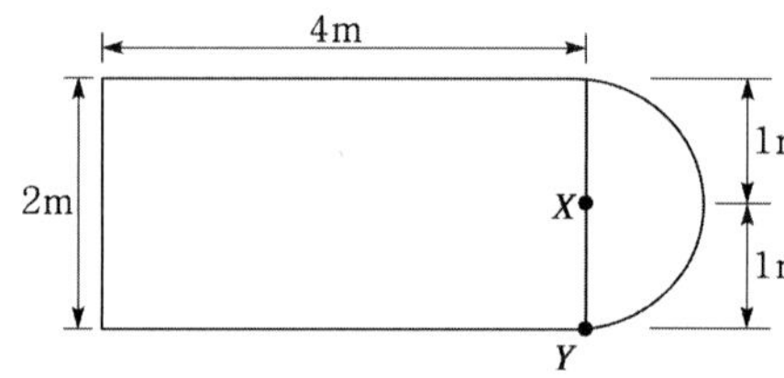

3.8 다음 그림과 같은 하중면에서 X점과 Y점 아래 깊이 4m 되는 곳의 $\Delta\sigma_v$ 를 구하라.

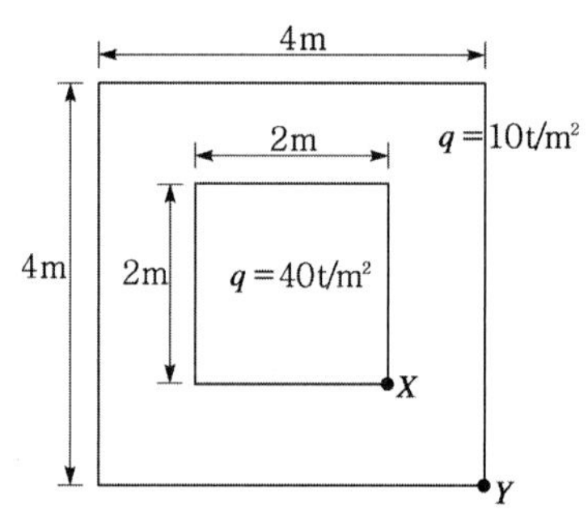

제 4 장

유효응력의 개념 및 흙의 동해

4.1 개설

3장에서는 유효응력 개념과 유효응력 방정식을 거시적(macroscopic)입장에서 설명하였는데 여기서는 미시적(microscopic)입장에서 유효응력의 물리적, 역학적 의미를 파악하고 유효응력 방정식을 확인해 보기로 한다. 그리고 그 결과를 유효응력의 원리로 정리하기로 한다. 앞장에서는 포화토에 한정하여 논의하였으나 여기서는 불포화토에 대하여서도 간략하게 언급하기로 한다.

또한 지금까지는 물이 흐르지 않는 즉 정수압 상태에서의 유효응력만을 논의하였으나 이 장에서는 물이 흐를 때(연직방향 일차원 정상흐름)의 유효응력에 대하여 서술하려 한다. 토질역학에서는 물의 흐름은 다음 3종류로 대별하고 있다.

- 정수압 상태(靜水壓, hydrostatic) : 3장
- 정상흐름(steady flow) 또는 정상류(定常流) : 4장(일차원 흐름), 5장(2차원 흐름)
- 전이흐름(轉移流, transient flow) : 6장(압밀현상)

정수압 상태는 물이 흐르지 않는 상태이며 정상흐름의 상태는 흐름의 특성(유량, 유속, 수압, 수두 등)이 시간과 무관하게 일정한 흐름이다. 따라서 정수압 상태는 정상흐름의 특수한 경우로 볼 수 있다. 반면 전이흐름은 흐름의 특성이 시간에 따라 달라지는 흐름이다. 여기에서는 연직 침투수류가 발생할 때의 물의 침투에 의한 침투수압과 유효응력 결정방법을 기술하기로 한다.

또한 유효응력과 간극수압을 결정하는 특수한 대상으로 모관현상에 대하여 논의하고 끝으로 흙의 동해(凍害)에 관하여 언급하기로 한다.

4.2 유효응력과 유효응력의 원리

4.2.1 포화토의 유효응력과 유효응력 방정식

그림 4.1에 제시한 지반은 단위중량이 0(무게가 없는)인 입상체로 이루어져 있다고 가정하고 지표면에 작용하는 하중 σ가 어떻게 지반에 전달되는가를 생각해 보기로 한다.

지층을 대략 수평면으로 절단하되 토립자는 절단하지 않고 입자간의 접촉면을 지나도록 파형(wavy)단면으로 만든다고 생각하면 절단된 전체 수평단면적은 물의 단면적과 입자간 접촉면의 면적으로 이루어지게 된다. 이때 다음 기호를 사용하고 연직방향 힘의 평형조건에서 유효응력과 유효응력 방정식을 구하게 된다.

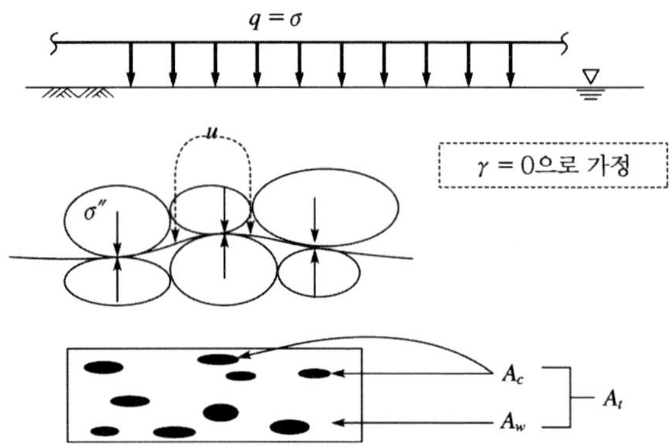

그림 4.1 유효응력의 개념도

- σ'' : 입자 접촉면 사이의 연직응력
- u : 간극수압
- A_c : 입자간 접촉면의 수평투사면적
- A_w : 물의 수평투사면적
- $A_t = A_c + A_w$: 전체 수평투사면적
- σ : 전응력(전체하중)

연직방향 힘의 평형조건에서 :

$$\sum V = 0 \ : \ \sigma A_t = \sigma'' A_c + u A_w$$

$$\sigma = \frac{\sigma'' A_c}{A_t} + u \frac{A_w}{A_t}$$

그런데 입자간 접촉면적 A_c 는 대단히 작아서 $\frac{A_c}{A_t} < 0.03$ 이고 물의 면적 A_w 는 전체 면적 A_t 와 거의 같다. 즉 $\frac{A_w}{A_t} \approx 1$. A_c 는 대단히 작으나 σ'' 은 매우 큰 값이므로 $A_c \sigma''$ 은 0이 아니다. 따라서 위 식은

$$\sigma = \frac{\sigma'' A_c}{A_t} + u$$

그리고

$$\sigma' = \sigma'' \frac{A_c}{A_t} \tag{4.1}$$

로 두면 유효응력 방정식이 얻어진다. 이 방정식은 앞 장에서 얻은 결과와 일치한다. 즉

유효응력 방정식 :

$$\sigma = \sigma' + u \tag{4.2a}$$

또는

$$\sigma' = \sigma - u \tag{4.2b}$$

여기서, σ : 전응력

u : 간극수압

σ' : 유효응력 또는 입자간 응력

$\sigma' = \frac{\sigma'' A_c}{A_t}$: 입자의 접촉면을 통하여 전달되는 응력의 합력을 전체 면적으로 나눈 값. 즉 전체 면적에 대한 입자간 응력의 평균치, 따라서 실제 존재하는 응력이 아니라 개념상으로만 존재하는 일종의 평균응력이다(평균치는 실제에는 존재하지 않는다. 예를 들어, 어떤 학교 학생들의 평균연령이 22.6세라 할 때 실제 연령이 평균치와 같은 학생은 없다). 그러나 σ' 은 입자간에 전달되는 응력과 관계가 깊으므로 유효응력을 입자간 응력(intergranular stress)이라고도 한다.

상부에서 전달되는 하중(전응력)은 흙과 물이 나누어서 담당하는데 흙이 분담하는 부분을 유효응력 σ' 이라 하고 물이 분담하는 부분은 간극수압 u가 된다. 이것은 상재하중 대신 흙 자중에 의

한 응력인 경우에도 마찬가지로 성립됨은 앞 장에서 논의하였다.

4.2.2 유효응력의 원리

지금까지의 논의에서 흙의 거동을 지배하는 것은 전응력이나 간극수압이 아니라 유효응력일 것임을 직관적으로 알 수 있다. 유효응력이 증가하면 흙 입자는 이동하여 흙은 더 조밀한 상태로 된다. 따라서 흙의 부피는 압축되고 강도는 증가한다. 한편 전응력과 간극수압이 서로 같은 양만큼 증가하면 유효응력의 변화는 일어나지 않으므로 흙은 같은 상태를 유지하게 되고 따라서 압축이나 강도의 변화는 일어나지 않는다. 즉 유효응력이 변하지 않으면 흙은 본래 상태대로 있게 된다. 이러한 사실은 많은 시험결과로 확증되었다.

그림 4.1은 수평 투사면에 대한 연직응력의 평형을 고려하였지만 임의의 방향의 평면에 대해서도 수직응력의 평형조건은 만족된다. 이것은 유효응력 방정식이 모든 방향(연직, 수평)에 대하여 성립된다는 것을 의미한다.

유효응력의 정의와 유효응력이 흙의 거동을 지배한다는 사실을 결합시키면 유효응력의 원리가 된다. 즉 유효응력의 원리(effective stress principles) :

① 유효응력 방정식 : 유효응력은 전응력에서 간극수압을 뺀 것과 같다.

$$\sigma' = \sigma - u \tag{4.3}$$

유효응력 방정식은 모든 방향에 대하여 성립되므로

연직방향 : $\sigma'_v = \sigma_v - u$ (4.3a)

수평방향 : $\sigma'_h = \sigma_h - u$ (4.3b)

또한 토압계수 K (K_0 포함)는 연직 유효응력에 대한 수평 유효응력의 비이다(전응력의 비 아님!).

$$K = \frac{\sigma'_h}{\sigma'_v} \tag{4.4a}$$

또는

$$\sigma'_h = \sigma'_v \cdot K \tag{4.4b}$$

② 유효응력이 흙의 거동, 특히 압축(침하)과 강도를 지배한다. 유효응력이 증가하면 지반은 압

축(침하)되고 강도는 증가한다(지반이 더 조밀한 상태가 되므로 강도는 증가한다). 유효응력이 변하지 않으면 흙은 본래의 상태대로 있게 된다.

유효응력 방정식에 관해서는 앞 장과 본 장에서 상세하게 논의하고 있고 흙의 거동과 유효응력 사이의 관계는 이 책의 나머지 부분에서 설명하고 있다.

유효응력 원리의 타당성을 인정하고 다음 예를 고찰해 보자.

▶ **예 1** 그림 4.2(a)는 홍수 전, 즉 초기의 한강수위(h_w)를 보여주고 있다. 만약 수위가 Δh_w 만큼 상승하면 상승한 수위에 해당하는 물의 무게로 인하여 하상(河床, river bed)은 침하하게 되는지 판별하라. 또한 흙의 강도는 어떠한가?

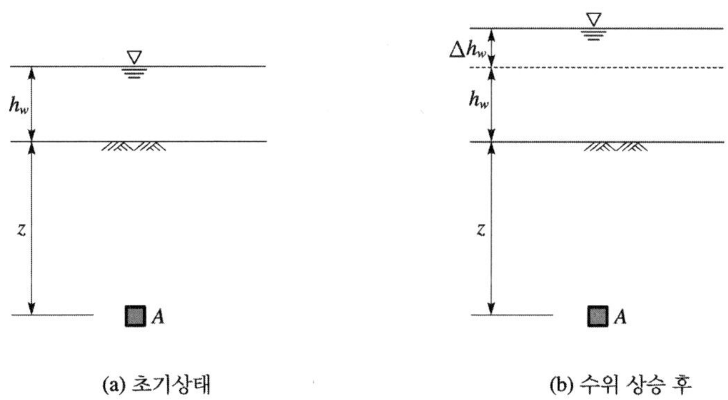

그림 4.2 수위 상승에 의한 하상 유효응력 변화

풀이 : 수위 상승에 따른 요소 A의 유효응력 변화를 검토해 본다.

(a) 초기상태(수위 상승 전)

$$\sigma_v = \gamma_w h_w + \gamma_{sat} z \qquad u = \gamma_w (h_w + z)$$

$$\sigma_v' = \sigma_v - u = (\gamma_w h_w + \gamma_{sat} z) - \gamma_w (h_w + z) = \gamma' z \tag{a}$$

(b) 수위 상승 후

$$\sigma_v = \gamma_w (h_w + \Delta h_w) + \gamma_{sat} z \qquad u = \gamma_w (h_w + \Delta h_w + z)$$

$$\sigma_v' = \sigma_v - u = \left[\gamma_w \left(h_w + \Delta h_w\right) + \gamma_{sat} z\right] - \gamma_w (h_w + \Delta h_w + z) = \gamma' z \tag{b}$$

수위 상승으로 인하여 σ_v와 u는 모두 증가하였으나 두 증가량이 서로 같으므로 결국 유효응력은 변하지 않았다. 따라서 유효응력의 원리에 따라 하상의 침하는 일어나지 않고 강도도 불변이다. 예를 들어 홍수시 한강수위가 상승하여도 하상은 침하하지 않는다. ◀

NOTE: 연직유효응력 σ'_v을 γ'을 이용하여 구하면 (a), (b) 모두 $\sigma'_v = \gamma' z$ 이 바로 얻어짐.

독자들에게 드리는 질문 : 수위 차 Δh_w 만큼 강하하여도 지반의 팽창과 강도의 변화가 일어나지 않음을 확인할 것.

결론적으로 지표면보다 위에 있는 물은 수위가 상승 또는 강하하여도 지반의 유효응력을 변화시키지 못하므로 결과적으로 지반의 침하 또는 팽창 그리고 강도의 변화를 일으키지 못한다.

▶ **예 2** 그림 4.3(a)에 보인 지하수면이 강하하여 (b)상태로 된다면 지하수위의 강하에 의한 지반의 침하와 강도변화 가능성을 검토해 보라.

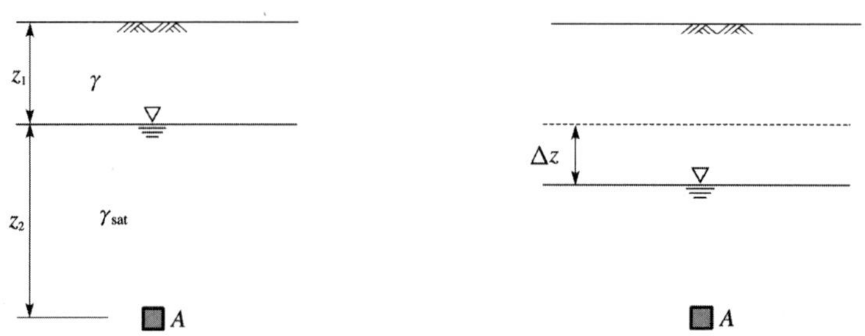

(a) 초기상태 (b) 지하수위 강하상태

그림 4.3 지하수위 강하에 따른 유효응력의 변화

풀이 : 지하수위 강하 전후에 요소 A에 작용하는 σ'_v을 비교해 본다.

(a) 초기상태 (지하수위 강하 전)

$$\sigma_v = \gamma z_1 + \gamma_{sat} z_2 \qquad u = \gamma_w z_2$$

$$\sigma'_v = \sigma_v - u = (\gamma z_1 + \gamma_{sat} z_2) - \gamma_w z_2 = \gamma z_1 + \gamma' z_2$$

NOTE: σ'_v은 γ'을 사용하여 $\sigma'_v = \gamma z_1 + \gamma' z_2$로 바로 구할 수도 있음.

(b) 지하수위 강하 후

$$\sigma_v = \gamma(z_1 + \Delta z) + \gamma_{sat}(z_2 - \Delta z) \qquad u = \gamma_w(z_2 - \Delta z)$$

$$\sigma_v' = \sigma_v - u = \left[\gamma\left(z_1 + \Delta z\right) + \gamma_{sat}\left(z_2 - \Delta z\right)\right] - \gamma_w(z_2 - \Delta z)$$
$$= \gamma(z_1 + \Delta z) + \gamma'(z_2 - \Delta z)$$

NOTE: σ_v' 은 γ' 을 사용하여 $\sigma_v' = \gamma(z_1 + \Delta z) + \gamma'(z_2 - \Delta z)$ 으로 바로 구할 수도 있음.

(a)와 (b)를 비교해 보면 유효응력 증가량 $\Delta\sigma_v'$ 는

$$\Delta\sigma_v' = \gamma\Delta z - \gamma'\Delta z = (\gamma - \gamma')\Delta z$$

σ_v 와 u가 모두 감소하였으나 두 감소량이 서로 달라 결과적으로 연직유효응력 σ_v' 은 증가하였다. 따라서 유효응력 원리에 따라 지하수위 강하에 의하여 지반은 침하하고 강도는 증가하게 된다.

◀

독자들에게 드리는 질문 : 지하수위가 상승하면 요소 A에 작용하는 σ_v' 은 감소하게 됨을 밝힐 것.

지하수위의 강하는 지반의 침하와 강도의 증가를 초래한다. 이것은 지표면 위에 있는 수위가 변동해도 침하와 강도변화가 일어나지 않는 것과 대조된다.

역사적으로 볼 때 산업혁명 후 도시의 지반이 침하하였는데 이러한 현상은 산업화에 따른 막대한 공업용수 및 인구의 도시집중에 의한 생활용수 공급을 위한 대규모의 지하수의 양수에 따른 지하수위의 강하에 기인한 것이었다.

4.2.3 불포화토의 유효응력과 유효응력 방정식

불포화토의 간극은 물과 공기로 채워져 있다. 따라서 전응력(하중)은 흙과 물 그리고 공기가 추가되어 분담하게 된다. 즉 전응력은 유효응력, 간극수압 그리고 간극공기압이 나누어 부담하세 된다. 간극수압을 u_w, 간극공기압을 u_a로 표기한다. 또한 전체단면적은 토립자 사이의 접촉면적, 물의 면적, 그리고 공기간극의 면적으로 이루어진다.

$$A_t = A_c + A_w + A_a$$

여기서, A_a 는 공기간극면적이다. 불포화토의 경우 그림 4.1에 공기간극단면적 A_a 와 간극공기압 u_a 를 추가하고 연직방향 힘의 평형을 고려하면

$$\sum V = 0 \ : \ \sigma A_t = \sigma'' A_c + u_w A_w + u_a A_a$$
$$\sigma - \sigma'' \frac{A_c}{A_t} + u_w \frac{A_w}{A_t} + u_a \frac{A_a}{A_t}$$

불포화토의 경우 공기가 포함되어 있으므로 $A_w \neq A_t$ 이고 A_c 는 대단히 적으므로 $A_a = A_t - A_w$ 로 볼 수 있다. 그러면 위 식은

$$\sigma = \sigma' + \chi u_w + (1-\chi)u_a \tag{4.5a}$$

또는

$$\sigma' = \sigma - \chi u_w - (1-\chi)u_a \tag{4.5b}$$

여기서, $\chi = \dfrac{A_w}{A_t}$: 전체 면적에 대한 물의 면적의 비

만약 u_a 가 대기압과 같다면 대기압은 0이므로

$$\sigma' = \sigma - \chi u_w \tag{4.6}$$

χ 는 포화도 S와 흙의 구조 등에 따라 달라지는데 그 측정은 간단하지 않다.

특수한 경우로

건조토($S = 0$)의 경우 물이 없으므로 $A_w = 0$ $\quad \therefore \chi = \dfrac{A_w}{A_t} = 0$

따라서 $\sigma' = \sigma$

포화토($S = 100\%$)인 경우 $A_w = A_t$ 이므로 $\quad \therefore \chi = \dfrac{A_w}{A_t} = 1$

따라서 $\sigma' = \sigma - u_w = \sigma - u$

가 되어 포화토에 대한 유효응력 방정식이 된다.

그림 4.4는 Bishop 등(1960)이 발표한 포화도 S와 χ 사이의 관계를 나타내는 그림이다.

불포화토에 관한 토질역학(unsaturated soil mechanics)은 현재 연구가 활발히 진행되고 있는 새로운 분야이지만 이 시점에서 이에 관한 세부적인 논의는 본서의 범위를 넘는다. 관심 있는 독자들은 Fredlund와 Rahardjo(1993)의 저서를 참고하기 바란다.

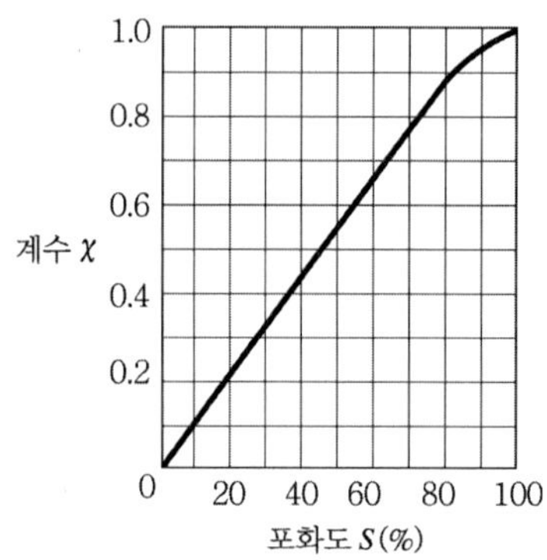

그림 4.4 포화도와 계수 χ 사이의 관계(Bishop 등, 1960)

4.3 연직방향 일차원침투 발생 시의 유효응력

4.3.1 수두

이 책의 독자들은 이미 수두(水頭, head)에 관한 일정 수준의 지식을 가지고 있을 것이지만 여기에서는 앞으로 진행될 논의에 필요한 사항을 정리하여 기술하고자 한다.

수두의 종류에는 다음과 같은 것이 있다.

h_e : 위치수두(位置水頭, elevation head)

h_p : 압력수두(壓力水頭, pressure head)

h_v : 속도수두(速度水頭, velocity head)

$h = h_t$: 전수두(全水頭, total head)

Δh : 수두차(水頭差) 또는 손실수두(損失水頭, head loss)

각 수두의 특성에 관한 개요는 다음과 같다.

◦ 위치수두 : h_e

- 기준면(datum)에서 잰 연직 높이 $h_e = z$ (그림 4.5 참조)
- 기준면의 위치에 따라 h_e 값은 변함.
- $h_e \leq 0$ 일 수 있음.

(기준면을 A와 같은 높이에 잡으면 $h_e = 0$, A보다 위쪽에 잡으면 $h_e < 0$)

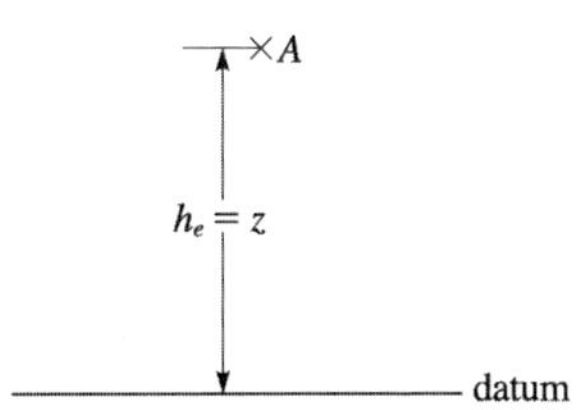

그림 4.5 위치수두

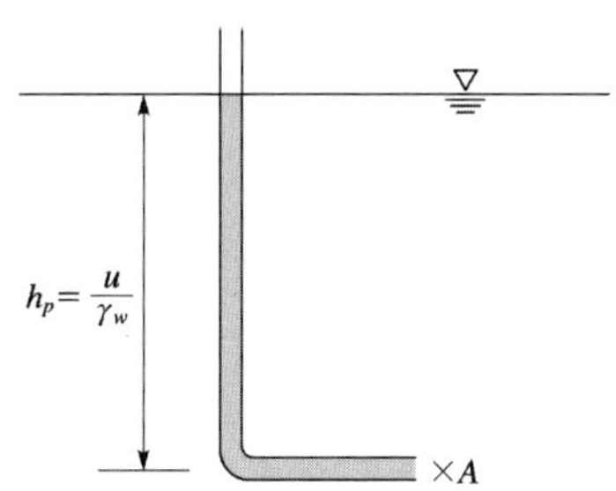

그림 4.6 압력수두

◦ 압력수두 : h_p

- 물기둥을 세운 점에서 물기둥 끝까지의 연직높이 = 물기둥의 상승높이

$$h_p = \frac{u}{\gamma_w} \text{ (그림 4.6참조)}$$

- h_p 는 기준면에 따라 달라지지 아니함.
- $h_p \le 0$ 일 수 있음(부압이 걸리는 경우, 예 pump).

◦ 속도수두 : h_v

$$h_v = \frac{v^2}{2g} \approx 0$$

여기서, v : 유속, g : 중력가속도$(980 cm/\sec^2)$

토질역학에서는 $h_v = 0$ 으로 간주한다. 왜냐하면 흙 속을 침투하는 지하수의 유속은 대단히 느려서 h_v 는 거의 0과 같다. 예를들어 지하수의 유속 $v = 1cm/\sec$ 는 대단히 큰 값이지만, 이 때의 속도수두 h_v 는

$$h_v = \frac{1^2}{(2)(980)} \approx 0.0006 cm = 0.000006 m$$

이것은 위치수두나 압력수두에 비해서는 측정이 불가능할 정도의 작은 값이다.

◦ 전수두 $h \approx$ 기준면에서 잰 물기둥 끝까지의 높이 = 위치수두 + 압력수두

- $h \approx h_e + h_p \quad (h_v \approx 0)$

$$= z + \frac{u}{\gamma_w}$$

- 전수두는 기준면 선정에 따라 달라진다(위치에너지가 달라지므로).
- $h < 0$ 일 수 있다(기준면을 물기둥 끝보다 높게 선정한 경우).

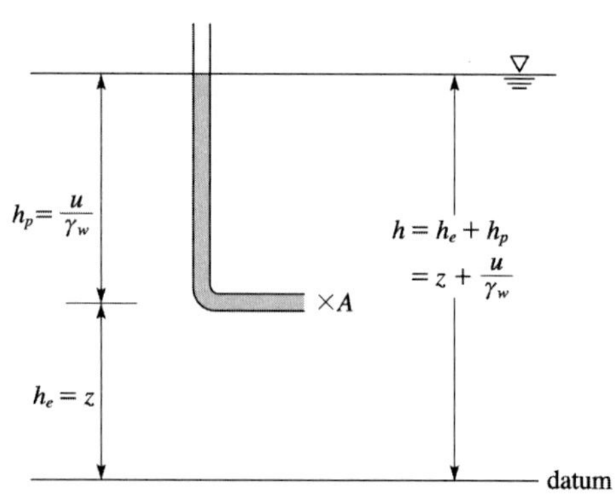

그림 4.7 전수두

◦ Bernoulli 정리(에너지 보존의 법칙)

그림 4.8과 같이 두 점 A, B에 stand pipe를 세워 수압을 측정하고 그림과 같이 기준면(datum, reference plane)을 잡으면 Bernoulli 정리는 다음과 같다.

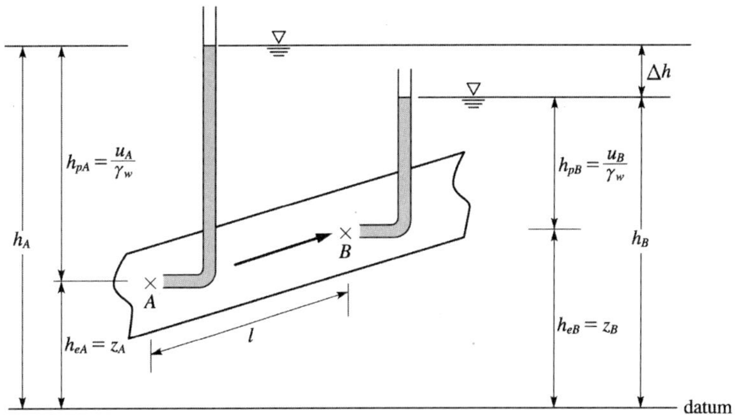

그림 4.8 Bernoulli 정리

$$z_A + \frac{u_A}{\gamma_w} = z_B + \frac{u_B}{\gamma_w} + \Delta h$$

여기서, $\Delta h = h_A - h_B$: 손실수두, 전수두 차(물의 흐름을 지배)

A점의 전수두가 B점의 전수두보다 크므로 물은 A점에서 B점으로 흐르게 된다.

◦ Δh 에 관한 몇 가지 사항

- 전수두의 차(물기둥 끝점의 표고차)

  $$\Delta h = h_A - h_B$$

- 기준면의 위치와 무관함(보통 하류측 수면을 기준면으로 택하면 편리하다. 이렇게 하면 $h_B = 0$ 이 되어 $\Delta h = h_A$ 가 된다).

기준면을 변화시키면 전수두 h_A 와 h_B 는 달라지지만 그 차이 $\Delta h = h_A - h_B$ 는 변하지 않는다.

◦ 동수경사(hydraulic gradient) i 는 다음과 같이 정의된다.

$$i = \frac{\Delta h}{\ell} \tag{4.7}$$

여기서, ℓ : 두 점 사이의 거리(그림 4.8에서 보인 것처럼 수평거리가 아님. 유선의 길이임)

NOTE : 이 장에서는 일차원 흐름(1-D flow)을 가정하고 있음. 물은 간극을 통하여 흐르므로 그 흐름의 경로(유선)는 복잡하겠지만 거시적으로 보아 직선인 것으로 봄. 또한 유속이 대단히 느려서 층류라고 가정하므로 유선은 교차하지 않음. 2차원 흐름에 대해서는 다음 장에서 논의하게 됨.

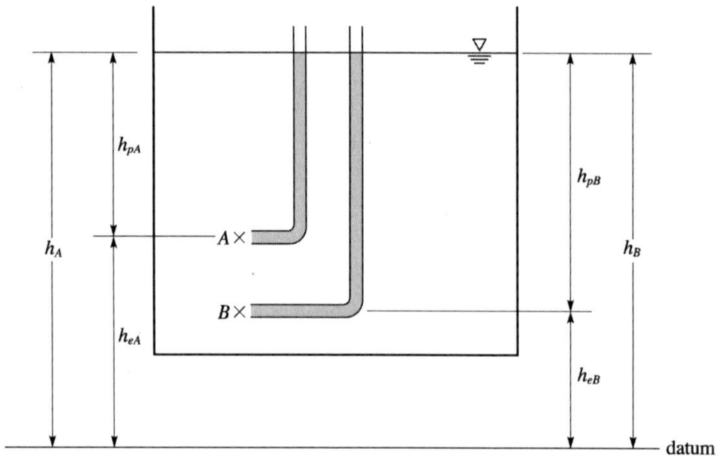

그림 4.9 전수두와 물의 흐름

- 물의 흐름을 지배하는 것은 전수두이다.
  즉 물은 전수두가 높은 곳에서 낮은 곳으로 흐른다. 만약 두 점에서의 전수두가 같으면 물은 흐르지 않는다(에너지의 대소는 전체 에너지를 비교해 보아야 판별할 수 있다).
- 다음은 물의 흐름이 위치수두나 압력수두만에 의해 단독으로 정해지지 않고 전수두에 의하여 결정됨을 보여주는 한 가지 예이다. 버킷(bucket)에 물이 담겨 있을 때 A, B 두 점 사이에는 물의 흐름은 물론 없다. 이 사실은 다음과 같이 설명할 수 있다.

  $h_{eA} > h_{eB}$: 그러나 물은 A에서 B로 흐르지 않는다.

  ∴ 물의 흐름은 h_e 만에는 지배되지 않는다(물은 항상 높은 곳에서 낮은 곳으로 흐른다고 굳게 믿어온 사람은 당혹감을 느끼게 됨).

  $h_{pB} > h_{pA}$: 그러나 물은 B에서 A로 흐르지 않는다.

  ∴ 물의 흐름은 h_p 만에는 지배되지 않는다(물은 항상 수압이 높은 곳에서 낮은 곳으로 흐른다고 생각해 온 사람들은 여기서 당혹감을 느끼게 됨).

  그러면 물은 어디에서 어디로 흐르는가?

  $h_A = h_B$: 전수두가 같으므로 물은 흐르지 않는다.

즉 물의 흐름을 지배하는 것은 전수두이다.

결론 : 물은 '전수두'가 높은 곳에서 낮은 곳으로 흐른다. 전수두가 같으면 물은 흐르지 않는다(정수압 상태).

▶ **예제 4.1** 수두를 결정하는 연습

아래 그림 중 왼쪽 그림 (a)에 보인 것처럼 일부를 흙으로 채운 관을 그림과 같이 배치하였을 때 표고(elevation)에 따른 위치수두, 전수두, 압력수두의 분포를 그림으로 나타내어라. 단 기준면(datum)은 하류측 자유수면(free water level)으로 한다.

풀이 : 기준면과 주요 경계지점 표고에 대한 수두 계산결과를 아래의 표에 정리하였다. 또한 이 결과를 그림으로 나타낸 것이 그림 예제 4.1(b)이다.

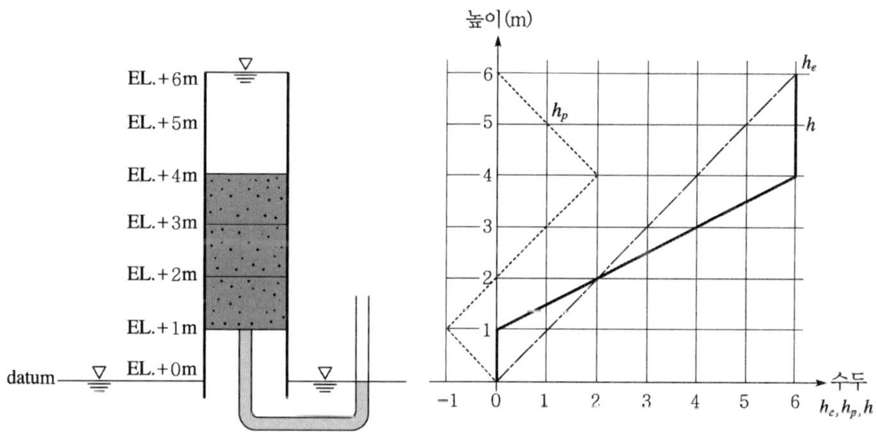

(a) 문제도 (b) 해답도

그림 예제 4.1

위치	위치수두 h_e	전수두 h	압력수두 h_p
EL. ±0m	0	0	0
EL. +1m	1	0	–1
EL. +4m	4	6	2
EL. +6m	6	6	0

EL. ± 0m에서는 $h_p = 0$, $h = 0$ 임을 주의하여야 한다(h_p 가 1m 아님!). ◀

NOTE : ① 물로만 채워져 있는 구간에는 수두손실이 일어나지 않음. 즉 $\Delta h = 0$. 모든 수두손실은 흙을 채운 구간에서 일어나고 있음(마찰 등으로 인하여).

② $\Delta h = 6 - 0 = 6m$

③ 동수경사 : i

$$i = \frac{\Delta h}{\ell} = \frac{6-0}{4-1} = \frac{6}{3} = 2$$

④ $h_p < 0$, 즉 $u < 0$ 인 구간(EL. +0m ~ EL. +2m)이 존재(pump 없이!).

⑤ 흙 속을 물이 침투하여 흐를 때 하류측 수면을 기준면으로 잡으면

하류측의 전수두 =0, 상류면의 전수두 = 상류측 수위

흙 속에서 발생한 수두손실 Δh = 상하면의 수위차

독자들에게 드리는 제언 : EL. + 1m에서 $h_p = -1m$, $h = 0m$ 임을 정확히 이해할 것. 토층 윗면과 토층 아래면 사이의 수두차 Δh 는 상하류 수위차가 6m임을 한눈에 알 수 있도록 수두관계를 숙지할 것. 이 수두차는 기준면의 위치와는 관계가 없다. 기준면을 EL. +1m로 잡고 각종 수두를 구하여 볼 것. 이 때 수두차 $\Delta h = 6m$ 는 변하지 않음을 확인할 것.

◦ 수두를 결정하는 순서

위의 예제처럼 간단한 문제인 경우에는 어떤 수두를 먼저 결정해도 문제 없다. 즉 수두결정 순서는 사실상 중요하지 않다. 그러나

- 보통은 위치수두와 전수두를 결정한 다음 압력수두는 계산으로 구한다. 즉

$$h_p = h - h_e$$

뒤에 논의할 유선망 등 침투해석에서는 전수두가 먼저 구해진다.

- 만약 현장에서 수압, 즉 압력수두를 실측하면 전수두를 계산으로 구할 수 있다.

$$h = h_e + h_p$$

4.3.2 연직방향 침투가 일어날 때의 침투수압과 유효응력

지금까지는 물이 흐르지 않는 상태, 즉 정수압(hydrostatic) 상태에서의 유효응력 산정 방법에 관하여 논의 하였다. 그런데 물이 흐르게 되면 즉 침투수류(seepage flow)가 발생하면 간극수압은 정수압과는 달라지고, 따라서 유효응력도 정수압 시의 유효응력과는 달라진다. 흙은 본래 포화상태에 있고 물의 흐름에 의하여 포화도와 간극비(즉 부피)는 변하지 않으므로 흙의 무게(즉 포화단위중량)는 침투수류의 발생여부와 무관하게 동일하므로 전응력 σ_v 는 정수압 상태 일때와 같다. 따

라서 간극수압의 변화는 유효응력의 변화를 초래하게 된다($\sigma_v' = \sigma_v - u$ 에서 σ_v = const., u: 변화 $\therefore \sigma_v'$ 변화).

물의 흐름은 침투수압 또는 침투압(seepage force)을 유발하고 간극수압과 연직유효응력은 연직방향 침투압만큼 변하게 됨을 알 수 있게 된다. 여기에서는 연직방향 침투시의 간극수압(또는 침투수압)과 연직유효응력을 산정하는 방법을 논의하기로 한다.

정수압 상태를 기준으로 하여 연직방향, 즉 연직상향 · 연직하향 침투가 일어날 때 간극수압과 유효응력이 어떻게 달라지는지를 밝히고 연직방향 침투시의 연직유효응력 산정법을 정리하여 제시하기로 한다.

우선 정수압 상태에서부터 논의를 시작해 보기로 한다.

(1) 정수압(물이 흐르지 않을 때)상태의 간극수압, 유효응력

그림 4.10은 정수압 상태의 지반상태를 나타내고 있다. 지표면 위에 수위 h_w 되는 곳에 수면이 존재한다. 지표면($t-t$ 면) 아래 깊이 L 되는 $b-b$ 면에 간극수압을 측정하기 위하여 piezometer를 설치하였다. piezometer의 수위는 지표면 위의 수위와 일치한다. $t-t$ 면과 $b-b$ 면 사이의 수두차가 없으므로($\Delta h = 0$) 물은 흐르지 않고 정수압상태에 있다. 이 그림의 $t-t$ 면, $x-x$ 면 및 $b-b$ 면의 σ_v, u, σ_v'을 구하고 이들의 분포도를 그려보기로 한다.

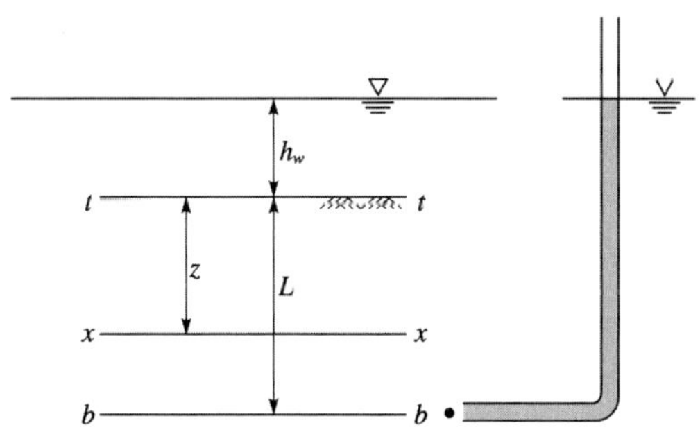

그림 4.10 정수압 상태

그림 4.11(a)는 그림 4.10의 지층상태를 모식적으로 나타낸 것이다. 그림 4.11(b), (c), (d)에는 σ_v, u, σ_v'의 분포가 제시되어 있다. 이 때 그림에 제시한 각 깊이에서의 유효응력은 앞에서 논의한 것처럼 방법 1. 유효응력 방정식 또는 방법 2 유효 수중단위중량의 개념을 이용하여 쉽게 구할 수 있다.

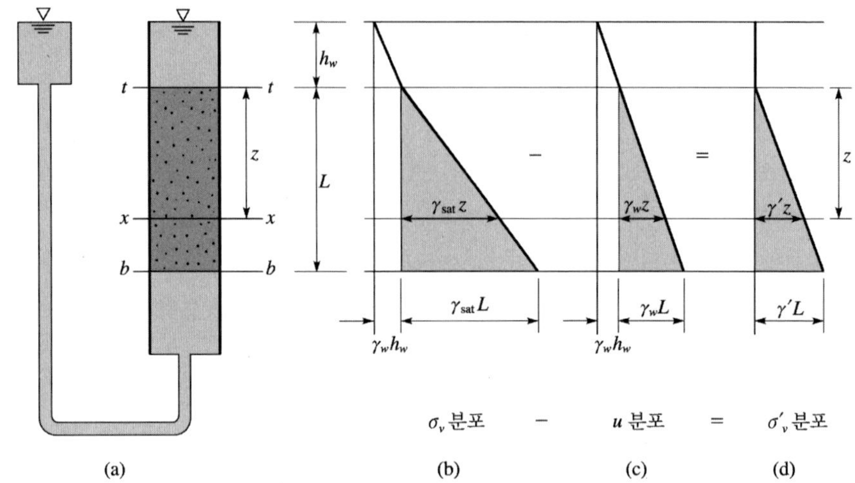

그림 4.11 정수압상태의 σ_v, u, σ'_v 분포

① σ_v의 분포

- $t-t$ 면 : $\sigma_v = \gamma_w h_w$
- $b-b$ 면 : $\sigma_v = \gamma_w h_w + \gamma_{sat} L$
- $x-x$ 면 : $\sigma_v = \gamma_w h_w + \gamma_{sat} z$

σ_v의 분포는 그림 4.11(b)에 나타나 있다.

② u의 분포

- $t-t$ 면 : $u = \gamma_w h_w$
- $b-b$ 면 : $u = \gamma_w h_w + \gamma_w L$
- $x-x$ 면 : $u = \gamma_w h_w + \gamma_w z$

u의 분포는 그림 4.11(c)에 나타나 있다. u는 정수압이므로 수면에서 $b-b$ 면까지 동일한 직선(깊이 : 수평거리 $= 1 : \gamma_w$)분포를 한다.

③ σ'_v의 분포

방법 1: 유효응력 방정식 사용 $\sigma'_v = \sigma_v - u$

- $t-t$ 면 : $\sigma'_v = \sigma_v - u = \gamma_w h_w - \gamma_w h_w = 0$
- $b-b$ 면 : $\sigma'_v = \gamma_w h_w + \gamma_{sat} L - (\gamma_w h_w + \gamma_w L) = \gamma' L$
- $x-x$ 면 : $\sigma'_v = \gamma_w h_w + \gamma_{sat} z - (\gamma_w h_w + \gamma_w z) = \gamma' z$

방법 2 : 유효 수중단위중량 $\gamma_e = \gamma'$ 을 사용하는 방법

- $t-t$ 면 : $\sigma'_v = 0$
- $b-b$ 면 : $\sigma'_v = \gamma' L$
- $x-x$ 면 : $\sigma'_v = \gamma' z$

σ'_v 의 분포는 그림 4.11(d)에 나타나 있다.

(2) 연직상향 침투시의 간극수압과 유효응력 및 침투수압

지금까지는 정수압 상태에서의 전응력, 간극수압, 유효응력에 관하여 논의하였다. 이제는 물이 연직상향으로 침투해 흐를 때 전응력, 간극수압, 유효응력이 정수압 상태일 때와 비교하여 어떻게 되는가를 살펴보기로 한다.

그림 4.12는 연직상향 침투상태의 지반조건을 나타내고 있다. 지층조건은 정수압 상태일 때와 같으나 $b-b$ 면의 수두는 $t-t$ 면의 수두보다 Δh 만큼 크다. 따라서 물은 연직상향으로 흐르게 된다.

정수압 상태를 나타내는 그림 4.10과 비교하여 보면 전응력은 변함이 없으나 간극수압은 서로 다름을 알 수 있다. 침투시의 간극수압과 정수압 상태의 간극수압 차이를 침투수압(seepage pressure)이라 한다. 즉 침투시의 간극수압은 정수압에 비해 침투수압 만큼 차이가 난다(지금은 침투수압만큼 큼).

유효응력 방정식 $(\sigma'_v = \sigma_v - u)$ 은 항상 성립하므로 σ_v 는 불변이지만 u가 변하므로 유효응력은 정수압 상태의 값과는 다른 값이 된다(이 경우에는 침투수압 만큼 적어진다). 이 사실을 그림 4.13에서 확인해 보기로 한다.

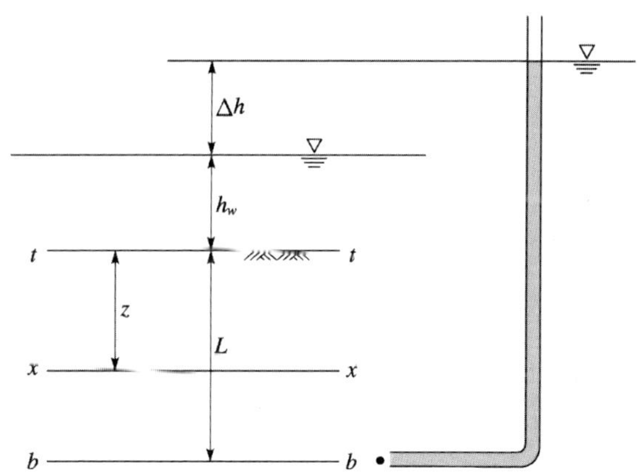

그림 4.12 연직상향 침투상태

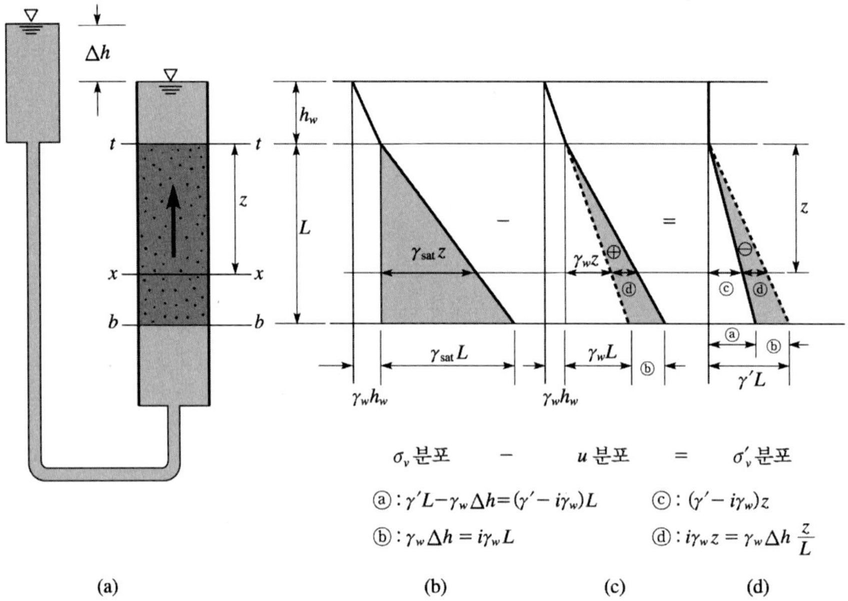

그림 4.13 연직상향 침투상태의 σ_v, u, σ'_v 분포

이제 각 단면의 전응력, 간극수압, 유효응력을 산정해 보자. 그림 4.13(a)는 그림 4.12의 지반상태를 모식적으로 나타낸 것이다. 그림 4.13 (b), (c), (d)에는 각각 σ_v, u, σ'_v의 분포가 제시되어 있다.

① σ_v 의 분포(정수압 상태와 같음)

정수압 상태(그림 4.11)와 비교해 보면 σ_v는 같은 값이 됨을 알 수 있다. 물이 침투하여 흘러도 흙의 단위중량은 정수압 상태의 단위중량과 같기 때문이다.

- $t-t$ 면 : $\sigma_v = \gamma_w h_w$
- $b-b$ 면 : $\sigma_v = \gamma_w h_w + \gamma_{sat} L$
- $x-x$ 면 : $\sigma_v = \gamma_w h_w + \gamma_{sat} z$

NOTE : σ_v 는 정수압 상태의 σ_v 와 동일함을 확인하였음. σ_v 의 분포는 그림 4.13(b)에 나타나 있음.

② u 의 분포

우선 그림 4.13(a)를 살펴보면 지표면($t-t$ 면)의 간극수압은 정수압과 같으나 $b-b$ 면의 간극수압은 정수압보다 $\gamma_w \Delta h$ 만큼 더 큼을 알 수 있다. 이 사실은 흙 속에서의 간극수압이 정수압보다 더 크다는 것을 의미한다. 침투시 간극수압과 정수압 사이의 차를 침투수압(浸透水壓, seepage pressure) 또는 침투압이라 하는데 이는 물이 토립자에 가하는 유체저항(drag force)이다. 우선 알 수 있는 침투수압은 $t-t$ 면에서는 0, $b-b$ 면에서는 $\gamma_w \Delta h$ 이다.

이 사실은 다음과 같이 표현할 수도 있다

$$\text{연직상향 침투시의 간극수압} = \text{정수압} + \text{침투수압} \tag{4.8}$$

이제 각 단면에서의 간극수압과 침투수압을 결정해 보기로 한다.

- $t-t$ 면 : $u=\gamma_w h_w$

  이 값은 정수압과 같으므로 침투수압 $=0$

- $b-b$ 면 : $u=\gamma_w h_w+\gamma_w L+\gamma_w \Delta h=\gamma_w(h_w+L)+\gamma_w \Delta h=\gamma_w(h_w+L)+i\gamma_w L$

  그림 4.13(c)에서는 $\gamma_w \Delta h=i\gamma_w L$ 를 ⓑ로 표시하고 있다.

  이 값은 정수압보다 $\gamma_w \Delta h$ 만큼 크므로 침투수압 $=\gamma_w \Delta h$

  간극수압 u의 분포는 그림 4.13(c)에 제시되어 있으며 침투수압의 분포는 이 그림에서 음영처리 된 삼각형 분포이다. 따라서 $x-x$ 면의 침투수압은 비례관계에서 구할 수 있다.

- $x-x$ 면 : $u=\gamma_w h_w+\gamma_w z+\gamma_w \Delta h_x$

  여기서, Δh_x : $x-x$ 면과 지표면 사이의 수두차

  $\gamma_w \Delta h_x$: $x-x$ 면의 침투수압

그림 4.13(c)의 음영부분이나, 그림 4.14에서 비례관계에 의하여

$$\gamma_w \Delta h_x=\gamma_w \Delta h \frac{z}{L}=i\gamma_w z$$

따라서 $x-x$ 면의 간극수압 u는

$$x-x \text{ 면 : } u=\gamma_w h_w+\gamma_w z+\gamma_w \Delta h_x=\gamma_w h_w+\gamma_w z+\gamma_w \Delta h \frac{z}{L}$$
$$=\gamma_w h_w+\gamma_w z+i\gamma_w z$$

그림 4.13(c)에서는 $i\gamma_w z=\gamma_w \Delta h \dfrac{z}{L}$ 를 ⓓ로 표시하고 있다.

이 값은 정수압보다 $\gamma_w \Delta h_x=i\gamma_w z$ 만큼 크므로 침투수압 $=\gamma_w \Delta h_x=i\gamma_w z$

침투수압의 분포를 별도로 그려보면 그림 4.14와 같은 삼각형이 된다. 그림에서 L은 지표면과 $b-b$ 면 사이의 두께이고, Δh 는 $b-b$ 면과 지표면 사이의 수두차(측정치 또는 알고 있는 값)이다.

지표면에서 깊이 z되는 $x-x$ 면과 지표면 사이의 수두차를 Δh_x 라 하면

$$x-x \text{ 면의 침투압} = \gamma_w \Delta h_x = i\gamma_w z$$

이 됨은 이미 논의하였다.

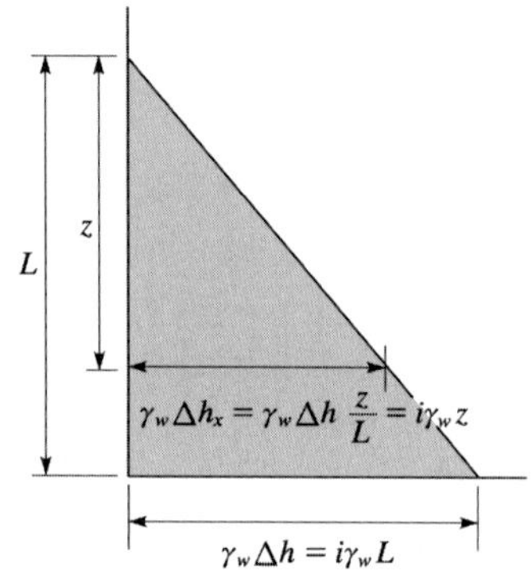

그림 4.14 침투수압의 분포

NOTE: $b-b$ 면에서는 $z=L$ 이고 $\Delta h_x = \Delta h$ 이므로

$$b-b \text{ 면의 침투수압} = \gamma_w \Delta h_x = \gamma_w \Delta h = i\gamma_w z = i\gamma_w L$$

참고사항 : 연직상향 침투시의 물의 등치단위중량 $\gamma_{we} = \gamma_w + i\gamma_w$

연직상향 침투시 $x-x$ 면의 간극수압 u는

$$u = \gamma_w h_w + \gamma_w z + i\gamma_w z = \gamma_w h_w + (\gamma_w + i\gamma_w)z$$

즉 흙 속에서는 물의 단위중량을

$$\gamma_{we} = (\gamma_w + i\gamma_w)$$

로 보고 정수압처럼 계산하면 된다. 즉

- $t-t$ 면 : $u = \gamma_w h_w$ (정수압)
- $b-b$ 면 : $u = \gamma_w h_w + (\gamma_w + i\gamma_w)L$
- $x-x$ 면 : $u = \gamma_w h_w + (\gamma_w + i\gamma_w)z$

참고로 연직하향 침투시는 $\gamma_w = (\gamma_w - i\gamma_w)$ 가 된다.

$b-b$ 면에서 크기 $\gamma_w \Delta h$ 이던 침투수압은 물이 흙 속을 침투하여 흐르는 동안 흙 속에서 완전히 소산되어 $t-t$ 면에서는 0이 된다. 이 사실을 다르게 표현하면 침투수압은 흙 속에서 균등하게 소산(분포)된다.

이제 흙 단위 부피당 소산되는(분포하는) 침투수압 j에 관하여 생각해 보자. 흙의 단면적을 A라 하면 흙의 부피 $V = AL$ 이다.

- $b-b$ 면의 침투수압의 합력 : $J = \gamma_w \Delta h A$
- 흙 단위 부피당 소산(분포)하는 침투수압 : $j = \dfrac{J}{V}$

$$j = \frac{J}{V} = \frac{\gamma_w \Delta h \cdot A}{A \cdot L} = i\gamma_w \tag{4.9}$$

- 따라서 지표면에서 깊이 z 되는 $x-x$ 면의 침투압$= jz = i\gamma_w z$

③ σ_v'의 분포

상향 침투상태와 정수압 상태를 비교할 때 전응력σ_v는 불변인데 반해 u는 침투수압만큼 증가하였다. 유효응력의 방정식을 생각해보면 σ_v'은 정수압상태에 비해 침투수압 만큼 감소하게 됨을 알 수 있다. 간극수압 u의 증가량과 유효응력 σ_v'의 감소량은 서로 같으며 그 크기는 침투수압과 같다. 따라서

$$[\text{연직상향 침투시 } \sigma_v'] = [\text{정수압 상태의 } \sigma_v'] - [\text{침투수압}(= i\gamma_w z)] \tag{4.10}$$

이제 σ_v'의 분포를 계산해 보자.

방법 1 : 유효응력 방정식 사용 $\sigma_v' = \sigma_v - u$

- $t-t$ 면 : $\sigma_v' = \sigma_v - u = \gamma_w h_w - \gamma_w h_w = 0$ (정수압 시와 동일)

NOTE: 지표면에서는 침투압 0. 침투압은 흙 속에서 완전히 소산.

- $b \quad b$ 면 : $\sigma_v' = \sigma_v - u = (\gamma_w h_w + \gamma_{sat} L) - \gamma_w (h_w + L + \Delta h)$

$$= \gamma' L - \gamma_w \Delta h = \gamma' L - i\gamma_w L$$
$$= (\gamma' - i\gamma_w)L$$

이 값은 그림 4.13(d)에서 ⓐ로 표시되어 있고 $\gamma_w \Delta h = i\gamma_w L$는 ⓑ로 표시하고 있다.

NOTE: σ_v'은 정수압 시에 비해 침투압 $\gamma_w \Delta h$ 만큼 감소.

σ_v'의 분포는 그림 4.13(d)에 제시되어 있고 침투압의 분포는 음영 처리된 삼각형 분포임. σ_v'의 분포는 정수압 상태의 σ_v'에 침투수압을 뺀 것과 같음을 거듭 유의할 것.

- $x-x$ 면 : 그림 4.13 (d)의 음영처리 삼각형에서 비례관계로 침투수압을 구함.

$$\sigma_v' = \sigma_v - u = (\gamma_w h_w + \gamma_{sat} z) - \gamma_w (h_w + z + \Delta h_x)$$
$$\therefore \sigma_v' = \gamma' z - \gamma_w \Delta h_x = \gamma' z - i\gamma_w z$$

또는

$$\therefore \sigma_v' = (\gamma' - i\gamma_w)z$$

NOTE: 위 식에서 $(\gamma' - i\gamma_w)$를 유효 수중단위중량 γ_e라 하면 $\gamma_e = \gamma' - i\gamma_w$

지표면($t-t$ 면) 아래 깊이 z되는 $x-x$ 면의 σ_v'은

$$\sigma_v' = \gamma_e z = (\gamma' - i\gamma_w)z$$

이것이 곧 σ_v'을 구하는 방법 2가 된다.

이 값은 그림 4.13 (d)에서 ⓒ로 표시되어 있고 $i\gamma_w z = \gamma_w \Delta h \frac{z}{L}$는 ⓓ로 표시하고 있다.

방법 2: 유효 수중단위중량 $\gamma_e = \gamma' - i\gamma_w$ 사용

침투압은 흙 단위부피당 $j = i\gamma_w$로 등분포하므로 이것을 일종의 흙의 단위중량으로 취급하여 물 속에 있는 흙의 단위중량을 $\gamma_e = \gamma' - i\gamma_w$로 계산하는 방법이다. γ_e를 유효 수중단위중량이라고 부르기로 하자. 그러면

$$\sigma_v' = \gamma_e z = (\gamma' - i\gamma_w)z$$

NOTE: 연직하향 침투시에는 $\gamma_e = \gamma' + i\gamma_w$가 됨.

- $t-t$ 면 : $\sigma_v' = 0$
- $b-b$ 면 : $\sigma_v' = (\gamma' - i\gamma_w)L$
- $x-x$ 면 : $\sigma_v' = (\gamma' - i\gamma_w)z$

방법 1과 방법 2로 산정한 σ_v'의 값은 물론 같다.

NOTE : 연직상향 침투가 일어나면 연직 유효응력 σ_v'은 정수압 상태와 비교하여 침투압만큼 감소. 이러한 상태에서는 지반의 강도가 감소하므로 주의하여야 함(다음에 논의하는 분사현상 또는 히빙현상 참조).

(3) 연직하향 침투상태의 간극수압과 유효응력

그림 4.15는 연직하향 침투상태의 지반조건을 나타낸 것이다. 지반 조건은 정수압 상태일 때와 같다. 다만 $b-b$ 면에 설치한 piezometer의 수두가 지표면($t-t$ 면)의 수두에 비해 Δh 만큼 낮다. 따라서 물은 아래쪽으로 흐르게 된다.

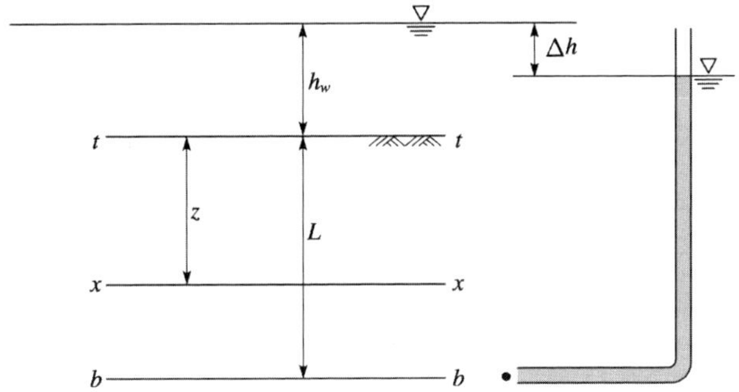

그림 4.15 연직하향 침투상태

그림 4.16(a)는 그림 4.15의 지반상태를 모식적으로 나타낸 것이다. 그림에 제시한 평면들에 작용하는 전응력은 정수압 상태의 값과 같고 간극수압은 침투수압만큼 감소한다. 따라서 유효응력은 침투압만큼 증가할 것임은 쉽게 알 수 있다.

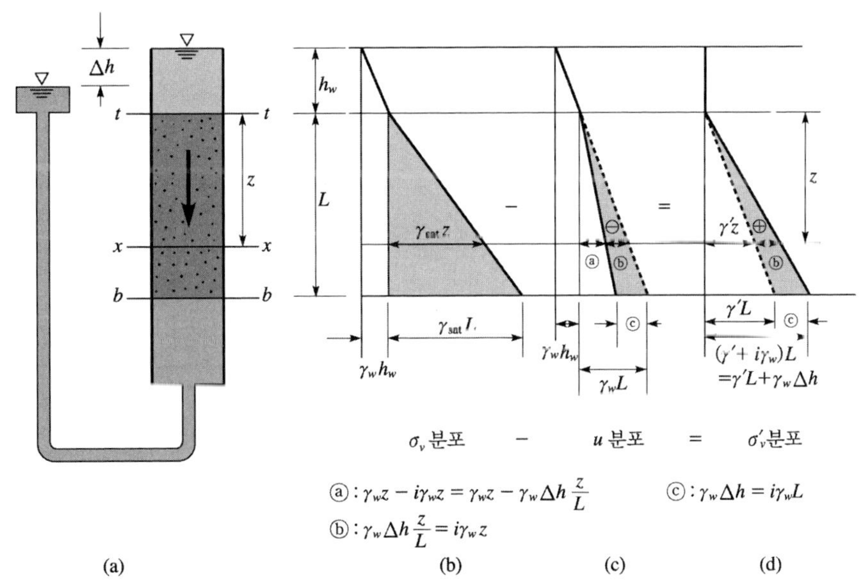

그림 4.16 연직하향 침투상태의 σ_v, u, σ_v' 분포

연직유효응력은 상향 침투시와 같이 방법 1(유효응력 방정식) 또는 방법 2(유효 수중단위중량 $\gamma_e = \gamma' + i\gamma_w$ 의 개념)를 이용하여 구할 수 있다(상향침투시에는 $\gamma_e = \gamma' - i\gamma_w$ 이었음을 주의할 것).

연직하향 침투시의 침투수압과 상향 침투시의 침투수압의 부호(+, −)가 반대이므로 다음과 같은 결과를 얻게 된다.

① 연직하향 침투시의 간극수압은 정수압시의 값보다 침투수압만큼 적다. 즉

$$u = \gamma_w h_w + \gamma_w z - i\gamma_w z$$

반면 상향 침투시에는 침투수압만큼 커졌다.

$$u = \gamma_w h_w + \gamma_w z + i\gamma_w z$$

② 연직하향 침투시의 유효응력은 정수압 상태의 값보다 침투수압만큼 커진다. 즉

$$\sigma_v' = \gamma' z + i\gamma_w z$$

반면 상향 침투시에는 침투수압만큼 적어졌다.

$$\sigma_v' = \gamma' z - i\gamma_w z$$

결과가 위와 같으므로 연직상향 침투시의 σ_v, u, σ_v'을 숙지한 독자는 다음 논의는 읽지 않아도 된다(단 본인이 알고 있다는 사실을 정확히 알아야 함).

① σ_v의 분포(정수압 상태와 동일)

- $t-t$ 면 : $\sigma_v = \gamma_w h_w$
- $b-b$ 면 : $\sigma_v = \gamma_w h_w + \gamma_{sat} L$
- $x-x$ 면 : $\sigma_v = \gamma_w h_w + \gamma_{sat} z$

NOTE : σ_v는 정수압시의 σ_v와 동일(연직하향 침투시나 정수압 상태에서나 흙의 단위중량 γ_{sat}은 같으므로). σ_v의 분포는 그림 4.16(b)에 나타나 있음.

② u의 분포(정수압시와 비교하여 침투수압 $i\gamma_w z$만큼 감소)

- $t-t$ 면 : $u = \gamma_w h_w$ (정수압일 때와 동일, 침투수압 0)
- $b-b$ 면 : $u = \gamma_w h_w + \gamma_w L - \gamma_w \Delta h = \gamma_w h_w + \gamma_w L - i\gamma_w L$

그림 4.16(c)에서는 $\gamma_w \Delta h = i\gamma_w L$을 ⓒ로 표시하고 있다.

NOTE: u는 정수압시와 비교할 때 $\gamma_w \Delta h = i\gamma_w L$ 만큼 감소(침투수압만큼).

침투수압은 그림 4.16(c)에서 음영처리된 삼각형으로 나타낸 것처럼 $b-b$ 면에서는 $\gamma_w \Delta h = i\,\gamma_w L$, $t-t$ 면에서는 0이 되는 삼각형 분포를 한다. 따라서 $x-x$ 면의 u 는

- $x-x$ 면 : $u = \gamma_w h_w + \gamma_w z - \gamma_w \Delta h_x = \gamma_w h_w + \gamma_w z - i\,\gamma_w z$

그림 4.16(c)에서는 $\gamma_w z - i\gamma_w z = \gamma_w z - \gamma_w \Delta h \dfrac{z}{L}$ 를 ⓐ로 표시하고 $\gamma_w \Delta h \dfrac{z}{L} = i\gamma_w z$ 을 ⓑ로 나타내고 있다.

NOTE : u 는 정수압시와 비교하여 $\gamma_w \Delta h_x = i\,\gamma_w z$ 만큼 감소(침투수압 만큼). 여기서, Δh_x 는 지표면과 x-x 면 사이의 수두차 $\Delta h_x = \Delta h \dfrac{z}{L} = iz$

u 의 분포는 그림 4.16(c)에 제시되어 있는데 u 는 정수압에서 침투수압을 뺀 것과 같다. 위의 논의에서 연직하향 침투시 간극수압은 다음과 같이 구할 수 있음을 알 수 있다.

$$[\text{연직하향 침투시의 } u] = [\text{정수압}] - [\text{침투수압} = i\gamma_w z] \tag{4.11}$$

참고사항 : 물의 등치단위중량 γ_{we}

연직하향 침투가 발생하고 있는 토층에서는 물의 단위중량을 등치유효단위중량 $\gamma_{we} = (\gamma_w - i\gamma_w)$ 로 보고 정수압처럼 계산해도 좋다. 이 방법을 사용하면

- $t-t$ 면 : $u = \gamma_w h_w$
- $b-b$ 면 : $u = \gamma_w h_w + \gamma_{we} L = \gamma_w h_w + (\gamma_w - i\gamma_w) L$
- $x-x$ 면 : $u = \gamma_w h_w + \gamma_{we} z = \gamma_w h_w + (\gamma_w - i\gamma_w) z$

이 결과는 앞에서 구한 것과 일치한다.

③ σ'_v 의 분포(정수압시와 비교하여 침투압 $i\gamma_w z$ 만큼 증가)

방법 1 : 유효응력 방정식 사용 $\sigma'_v = \sigma_v - u$

- $t-t$ 면 : $\sigma'_v = \sigma_v - u = 0$

NOTE : 지표면에서는 침투압 0 (침투수압 작용이 시작되려 함.)

- $b-b$ 면 : $\sigma_v' = \sigma_v - u = \gamma_w h_w + \gamma_{sat} L - (\gamma_w h_w + \gamma_w L - \gamma_w \Delta h)$

$$= \gamma' L + \gamma_w \Delta h = (\gamma' + i\,\gamma_w) L$$

그림 4.16(d)에서는 $\gamma_w \Delta h = i\gamma_w L$ 를 ⓒ로 표시하고 있다.

NOTE: σ_v' 는 정수압시와 비교하여 $\gamma_w \Delta h = i\gamma_w L$ 만큼 증가(침투압만큼).

침투압은 그림 4.16(d)에서 음영처리된 부분으로 나타낸 것처럼 $b-b$ 면에서는 $\gamma_w \Delta h = i\gamma_w L$, $t-t$ 면에서는 0이 되는 삼각형 분포를 한다(그림 4.16(c)의 침투수압분포와 같다).

침투압의 분포도에서 알 수 있는 것처럼 침투압은 $t-t$ 면에서 0으로 시작하여 물이 하향 침투함에 따라 흙 속에서 균등하게 분포되어 $b-b$ 면에서는 $\gamma_w \Delta h$ 만큼 축적된다. 그러므로 흙의 단위부피당 침투압 j는 연직상향 침투시와 같이

$$j = \frac{J}{V} = \frac{\gamma_w \Delta h \cdot A}{A \cdot L} = i\,\gamma_w \tag{4.12}$$

따라서 깊이 z되는 곳의 침투압 $= j\,z = i\,\gamma_w z$

침투압의 분포에서 비례관계를 이용하여 $x-x$ 면의 σ_v' 는

- $x-x$ 면 : $\sigma_v' = \sigma_v - u = \gamma_w h_w + \gamma_{sat} z - \gamma_w (h_w + z - \Delta h_x)$

$$= \gamma' z + i\,\gamma_w z = (\gamma' + i\,\gamma_w) z$$

그림 4.16(d)에서는 $\gamma_w \Delta h \dfrac{z}{L} = i\gamma_w z$ 을 ⓑ로 표시하고 있다.

NOTE : 하향 침투시의 σ_v' 는 정수압시와 비교하여 $\gamma_w \Delta h_x = \gamma_w \Delta h \dfrac{z}{L} = i\,\gamma_w z$ 만큼 증가(침투수압만큼).

NOTE: 상향 침투시에는 σ_v' 은 정수압시의 σ_v' 보다 $\gamma_w \Delta h_x = i\,\gamma_w z$ 만큼 감소(침투수압만큼).

방법 2: 유효 수중단위중량 $\gamma_e = \gamma' + i\gamma_w$ 사용

침투압은 흙 단위부피당 $j = i\gamma_w$ 씩 균등하게 분포되므로 흙의 단위중량처럼 취급하여 수중유효단위중량 $\gamma_e = \gamma' + i\gamma_w$ 를 흙의 단위중량으로 보고 유효응력을 계산하면 된다.

- $t-t$ 면 : $\sigma_v' = 0$
- $b-b$ 면 : $\sigma_v' = \gamma_e L = (\gamma' + i\,\gamma_w)\,L$
- $x-x$ 면 : $\sigma_v' = \gamma_e z = (\gamma' + i\,\gamma_w)\,z$

σ_v' 의 분포는 그림 4.16(d)에 제시되어 있다. σ_v' 은 정수압시의 σ_v' 에 침투압을 더한 것과 같고 침투압은 음영처리된 삼각형 분포를 하고 있다. 즉
연직하향 침투시의 σ_v' = 정수압 상태의 σ_v' + 침투압 $= \gamma' z + i\gamma_w z$

NOTE: 연직상향 침투시에는 $\sigma_v' = \gamma' z - i\gamma_w z$ 이었음.

연직하향 침투가 일어나면 연직유효응력은 정수압시보다 증가하여 흙의 강도는 증가하고 지반은 조밀한 상태가 된다(비 온 뒤의 땅이 더 굳어진다).

▶ **예제 4.2** 그림과 같이 흙과 물이 배치되어 있을 때 다음 물음에 답하라. 단 흙의 $\gamma_{sat} = 2.0t/m^3$ 이다.

(a) $t-t$ 면과 $b-b$ 면 사이의 수두차 Δh
(b) $b-b$ 면의 침투압
(c) $t-t$ 면과 $b-b$ 면의 연직유효응력
(d) $x-x$ 면의 연직유효응력
(e) 침두수류에 의한 $b-b$ 면의 유효응력의 변화량

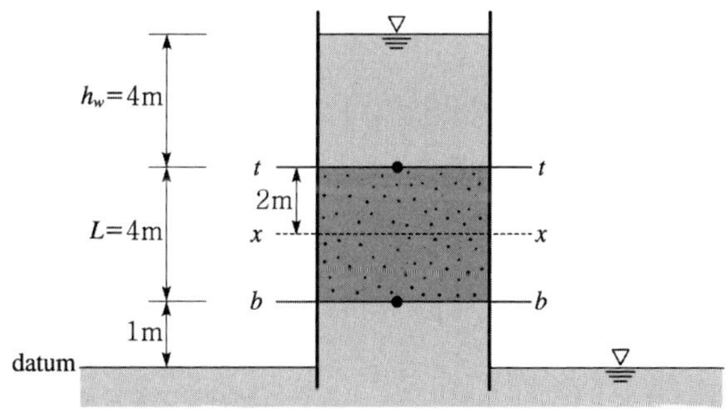

그림 예제 4.2 문제도

풀이 :

(a) $t-t$ 면과 $b-b$ 면 사이의 수두차 Δh

수두차는 물기둥 끝의 표고차(지금은 상하 수위차)임을 생각하면 그림에서 $\Delta h = 9m$ 임을 단번에 알 수 있다(지금 얼굴 표정은 태연함을 가장하지만 가슴 속이 섬뜩한 사람은 수두 구하는 연습을 복습할 것).

기준면을 하류측 수면으로 잡으면 $h_t = 9m, h_b = 0m$ 따라서 $\Delta h = 9 - 0 = 9m$, 참고로 $t-t$ 면과 $b-b$ 면에 대하여 위치수두, 압력수두, 전수두를 각각 구하여 보면

- $t-t$ 면 : $h_e = 5m$ $\quad h_p = 4m$ $\quad \therefore h_t = 9m$
- $b-b$ 면 : $h_e = 1m$ $\quad h_p = -1m$ $\quad \therefore h_b = 0m$

$$\therefore \Delta h = h_t - h_b = 9 - 0 = 9m$$

기준면을 $b-b$ 면으로 잡으면

- $t-t$ 면 : $h_e = 4m$ $h_p = 4m$ $\therefore h_t = 8m$
- $b-b$ 면 : $h_e = 0m$ $h_p = -1m$ $\therefore h_b = -1m$

$$\therefore \Delta h = h_t - h_b = 8 - (-1) = 9m$$

NOTE : 기준면을 잡는 위치에 따라 전수두는 달라지지만 수두차는 달라지지 않음. 물의 흐름은 Δh 에 의해 발생하므로 기준면은 임의로 선정해도 좋음.

(b) $b-b$ 면의 침투압

P_b : $b-b$ 면에서 침투압

$$P_b = i\,\gamma_w\, z = i\,\gamma_w\, L = \frac{\Delta h}{L}\,\gamma_w\, L = \left(\frac{9}{4}\right)(1)\,(4) = 9\,t/m^2$$

또는 $P_b = \gamma_w\,\Delta h = 9\,t/m^2$

(c) $t-t$ 면과 $b-b$ 면의 연직 유효응력

방법 1 : 유효응력방정식 $\sigma_v' = \sigma_v - u$ 사용

- $t-t$ 면

$\sigma_v = \gamma_w\, h_w = (1)(4) = 4\,t/m^2$

$u = (1)(4) = 4\,t/m^2$

$\sigma_v' = \sigma_v - u = 0$

- $b-b$ 면

$\sigma_v = \gamma_w\, h_w + \gamma_{sat}\, L = (1)(4) + (2)(4) = 12\,t/m^2$

$u = \gamma_w\, h_p = (1)(-1) = -1\,t/m^2$

$\sigma_v' = \sigma_v - u = 12 - (-1) = 13\,t/m^2$

방법 2 : 유효 수중단위중량 $\gamma_e = \gamma' + i\,\gamma_w$ 사용

- $t-t$ 면 : $\sigma_v' = 0$
- $b-b$ 면 : $\sigma_v' = (\gamma' + i\,\gamma_w)\,L = \left\{1.0 + \left(\frac{9}{4}\right)(1)\right\}(4) = 13\,t/m^2$

이 방법을 풀어서 쓰면

$$[\sigma_v']_{침투시} = [\sigma_v']_{정수압시} + [침투수압]$$

$$\therefore \sigma_v' = \gamma' L + \gamma_w \Delta h = (1.0)(4) + (1 \times 9) = 13t/m^2$$

NOTE : 하향 침투상태이므로 침투압에 의하여 유효응력은 상당히 큰 값으로 되었음.

(d) $x-x$ 면의 σ_v' 산정

방법 1 : 유효응력 방정식 $\sigma_v' = \sigma_v - u$

$$\sigma_v = \gamma_w h_w + \gamma_{sat} z = (1)(4) + (2)(2) = 8.0t/m^2$$

$$u = \gamma_w (h_w + z) - i\gamma_w z = (1)(4+2) - (\frac{9}{4})(1)(2) = 1.5t/m^2$$

$$\therefore \sigma_v' = \sigma_v - u = 8.0 - 1.5 = 6.5t/m^2$$

방법 2 : 유효 수중단위중량 $\gamma_e = \gamma' + i\,\gamma_w$ 사용

$$\sigma_v' = \gamma_e z = (\gamma' + i\gamma_w)z = \left[1 + \left(\frac{9}{4}\right)(1)\right](2) = 6.5t/m^2$$

이 방법을 풀어서 쓰면

$$[\sigma_v']_{침투시} = [\sigma_v']_{정수압시} + [침투수압]$$

$$\therefore \sigma_v' = \gamma' z + i\gamma_w z - (1)(2) + \left(\frac{9}{4}\right)(1)(2) = 6.5t/m^2$$

(e) 침투수류에 의한 $b-b$ 면의 유효응력의 변화량

일반적으로

$$[\sigma_v']_{침투시} = [\sigma_v']_{정수압시} + [침투수압]$$

$$[\sigma_v']_{침투시} - [\sigma_v']_{정수압시} = [침투수압]$$

$b-b$ 면에 대한 침투압은

$$13 - 4 = 9t/m^2$$

이 값은 (b)에서 계산한 값과 동일하다. ◀

4.3.3 분사현상

그림 4.17과 같이 지표면에 추가 놓여 있는 모래지반에 상향침투가 발생하는 경우 $b-b$ 면의 연직

유효응력 σ_v'은

$$\sigma_v' = \gamma' L - \gamma_w \Delta h$$

수두차 Δh가 충분히 커지면 σ_v'은 영(zero)이 될 수 있다.

σ_v'가 0이 되는 Δh를 특히 Δh_{cr}이라 표시하면

$$\gamma' L - \gamma_w \Delta h_{cr} = 0$$

또는 $$\Delta h_{cr} = \frac{\gamma'}{\gamma_w} L \quad (4.13)$$

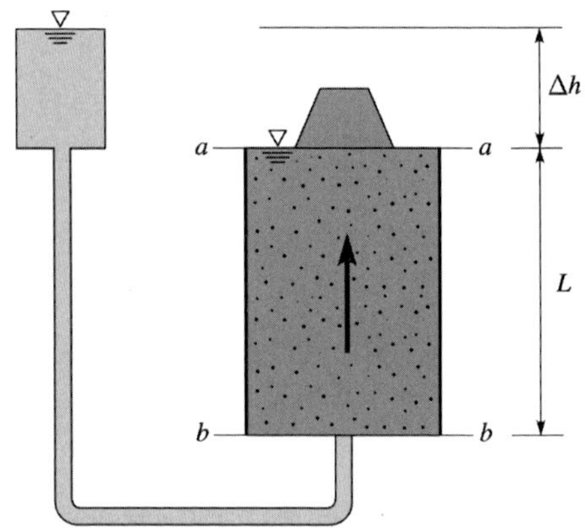

그림 4.17 분사현상

현장의 Δh가 Δh_{cr}보다 커지면 유효응력 σ_v'이 0이 되어 결과적으로 모래는 강도가 없어지는 상태가 된다. 이러한 현상을 분사현상 또는 quick sand라 한다.

$\Delta h \geq \Delta h_{cr} \rightleftarrows$ 분사현상 발생

NOTE: 식 (4.13)에서 $\gamma' \approx \gamma_w$ 이므로 $\Delta h_{cr} \approx L$ 임.

유효응력 $\sigma_v' = 0$이 되면 전응력(하중) 중 흙이 분담할 수 있는 부분은 없고 모든 하중은 '물'이 전담하게 된다. 여기서 '물'이라 함은 본래의 물과 액체처럼 거동하게 된 모래를 합한 것이다. 물은 강도가 없으므로 그림 4.17의 추는 가라앉게 된다. 이와 같이 상향의 침투수압 $\gamma_w \Delta h$에 의하여 유효응력 $\sigma_v' = 0$이 되고 결과적으로 모래의 강도가 영(zero)이 되는 현상을 분사현상(噴砂現象, quick sand)이라 한다.

모래가 quick sand 상태로 되면 $\sigma_v' = 0$이 되어 토립자의 접촉면에서 전달되는 응력(힘)이 없어져 버린다. 이러한 모래는 상향의 침투수류에 의하여 알알이 분리되어 외견상 끓고 있는 것처럼 보이므로 이를 보일링(boiling)현상 또는 분사현상(噴砂現象)이라 한다. 즉 quick sand, boiling현상 및 분사현상은 같은 현상이다.

$\Delta h \geq \Delta h_{cr}$이 되면 $b-b$면 뿐만 아니라 흙의 모든 깊이(임의의 z)에서도 $\sigma_v' = 0$이 된다. 즉 흙 전체의 강도가 0이 된다(이 사실을 확인할 것).

독자들에게 드리는 질문 : ① quick clay와 quick sand를 함께 생각하면서 토질역학에서 'quick'의 의미가 무엇인지 생각해 볼 것.

② 그림에서 추 대신 사람이 있었으면 결과는 어떻게 될까? 모래 속으로 빨려 들어간다(그렇다, 그렇지 않

다). 개미귀신 같은 물귀신의 존재여부? hint : 바닷물의 비중은 대략 1.025, 사해물의 비중 1.17

③ 유효응력이 0이 되면 강도가 없어지는 이유는? (7장 흙의 전단강도 참조)

분사현상이 일어나는 조건을 더 편리하게 나타내기 위해 식 (4.13)에서

$$\frac{\Delta h_{cr}}{L} = \frac{\gamma'}{\gamma_w}$$

$\frac{\Delta h_{cr}}{L}$ 은 분사현상이 일어나는 동수경사이므로 이를 임계동수경사(critical hydraulic gradient)라 하고 i_{cr} 로 표시한다. 따라서

$$i_{cr} = \frac{\gamma'}{\gamma_w} = \frac{G_s - 1}{1 + e} \tag{4.14}$$

현장의 동수경사 i 가 임계동수경사 i_{cr} 이상이 되면 분사현상이 발생한다.

즉, $i \geq i_{cr}$ ⇄ 분사현상 발생

모래의 임계동수경사는 대략 1 정도이다($i_{cr} \approx 1$). 이것은 모래의 경우 $e \approx 0.65$, $G_s \approx 2.65$ 이므로

$$i_{cr} = \frac{G_s - 1}{1 + e} = \frac{2.65 - 1}{1 + 0.65} = 1$$

$i_{cr} = \frac{\Delta h_{cr}}{L}$ 이므로 $i_{cr} = 1$ 이면 $\Delta h_{cr} = L$, 즉 현장의 $\Delta h \geq L$ 이면 분사현상이 일어날 우려가 있다.

점토의 경우에는 $i > i_{cr}$ 이 되어도 점착력이 있기 때문에 분사현상은 발생하지 않으나 지표면이 부풀어 오르므로(heaving 현상) 이 또한 대단히 위험하다. 모래지반에서 분사현상이 일어나면 흙 속으로 물의 통로가 생겨 pipe 같은 물길이 형성되는데 이를 파이핑(piping)이라 한다. 콘크리트 댐의 기초 지반, 제방의 제체 및 기초지반, 흙 댐의 제체에 파이핑이 생기면 대단히 위험하게 된다.

분사현상에 대한 안전성 검토는 안전율(安全率, factor of safety) F_s 으로 검토한다. $b-b$ 면에서

$$\sigma_v' = \gamma' L - \gamma_w \Delta h$$

σ_v' 이 0이 되면 분사현상이 발생한다. 이것은 $\gamma_w \Delta h$ 는 분사현상을 일으키려는 힘이고 $\gamma' L$ 은 이에 대한 저항력임을 의미한다. 따라서 안전율 F_s 는

$$F_s = \frac{\text{분사 현상에 대한 저항력}}{\text{분사 현상을 일으키려는 힘}}$$

$$\therefore F_s = \frac{\gamma' L}{\gamma_w \Delta h} = \frac{i_{cr}}{i} \tag{4.15}$$

이론상으로는 $F_s > 1$ 이면 안전한 셈이지만 분사 현상은 대단히 위험하므로 안전도에 충분한 여유를 주기 위하여 실제로는 계산된 F_s 가 1보다 큰 이른바 허용 안전율 (allowable factor of safety) F_{sa} 보다 커야 안전한 것으로 판정한다. 허용 안전율은 경험에 의하여 이미 결정되어 있으며 물론 1보다 크다. 따라서 안전에 대한 판단은

$F_s \geq F_{sa} > 1$ 이면 OK (안전)

$F_s < F_{sa} > 1$ 이면 NG (분사현상 발생)

허용 안전율은 옹벽, 사면, 말뚝 등 구조물에 따라 다르고 같은 구조물에 대해서도 채택하는 설계 이론에 따라 다른 값을 사용하고 있다(토압, 사면 안정에 관한 장 참조).

▶ **예제 4.3** 그림과 같이 흙과 물이 배치되어 있을 때

(a) 분사현상이 발생하게 되는 수두차 Δh_{cr} 은 얼마인가?

(b) 분사현상에 대한 안전율을 1.50으로 하면 Δh 는 최대 얼마까지 허용할 수 있을까?

단 이 모래의 $G_s = 2.65$, $e = 0.60$ 이다.

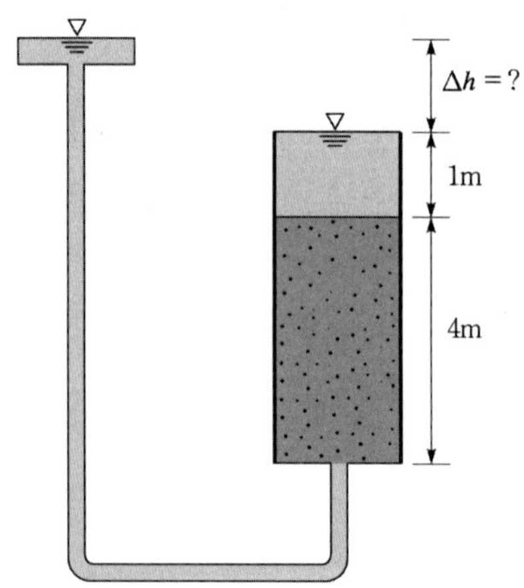

그림 예제 4.3 문제도

풀이 :

(a) Δh_{cr} 의 결정

$$i_{cr} = \frac{G_s - 1}{1 + e} = \frac{2.65 - 1}{1 + 0.60} = 1.03$$

$$i_{cr} = \frac{\Delta h_{cr}}{L} = \frac{\Delta h_{cr}}{4.0} = 1.03$$

$$\Delta h_{cr} = (1.03)(4) = 4.12m$$

$\therefore \Delta h \geq 4.12m$ 이면 분사현상 발생

(b) $F_s = 1.50$ 이 되는 Δh

• $F_s = \dfrac{i_{cr}}{i} = \dfrac{\Delta h_{cr}}{\Delta h}$

$F_s = 1.50$ 이므로 $\Delta h = \dfrac{\Delta h_{cr}}{F_s} = \dfrac{4.12}{1.5} = 2.75m$

또는

$$F_s = \frac{i_{cr}}{i} \ ; \ 1.50 = \frac{1.03}{i}$$

$$\therefore i = \frac{1.03}{1.50} = 0.69$$

$$\Delta h = iL = (0.69)(4.0) = 2.76m$$

◀

4.4 토체의 평형해석을 위하여 선택하는 역계

그림 4.18(a)와 같이 흙과 물을 배치하였다. $b-b$ 면에는 흙을 지지하기 위하여 체(sieve) 같은 스크린을 설치하였고 $t-t$ 면에도 흙 표면 보호를 위하여 스크린을 설치하였다.

스크린이 받게 되는 순하중이 곧 연직유효응력 σ_v' 이다. $t-t$ 면의 스크린은 순하중이 0이므로 $\sigma_v' = 0$ 이다. 반면 $b-b$ 면의 스크린은 순하중 σ_v' 를 받게 된다. $t-t$ 면과 $b-b$ 면에 작용하는 응력과 그 합력은 다음과 같다.

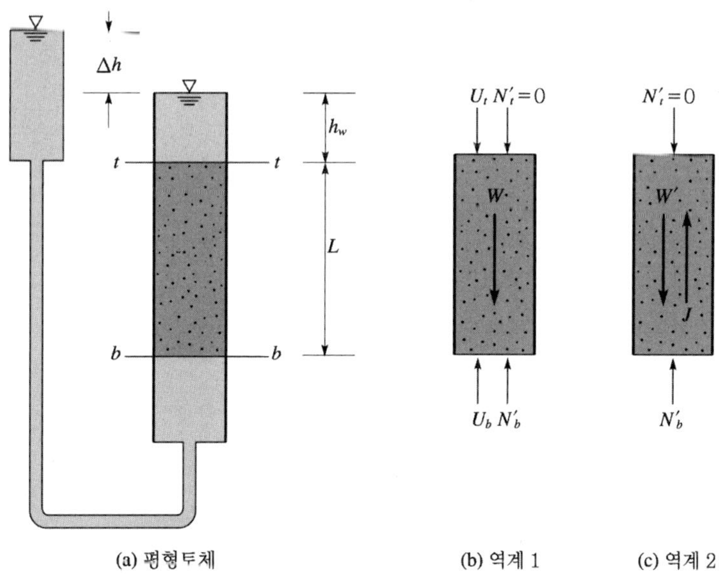

그림 4.18 토체에 작용하는 힘의 평형

◦ $t-t$ 면에 작용하는 응력과 합력

- 간극수압 : $u = u_t = \gamma_w h_w$ 합력 : $U_t = u_t A$
- 연직유효응력 : $\sigma'_v = 0$ 합력 : $N'_t = \sigma'_v A = 0$

◦ $b-b$ 면에 작용하는 응력과 합력

- 간극수압 : $u = u_b = \gamma_w (h_w + L + \Delta h)$ 합력 : $U_b = u_b A$
- 연직유효응력 : σ'_v 합력 ; $N'_b = \sigma'_v A$

여기서, A는 관의 단면적이다.

어떤 평면에 대한 수직방향 힘의 평형조건이 유효응력 방정식이다. $b-b$ 면에 작용하는 σ'_v 은 2가지 방법으로 결정할 수 있다.

방법 1 ; 유효응력 방정식 $\sigma'_v = \sigma_v - u$ 사용

$$\sigma'_v = (u_t + \gamma_{sat} L) - u_b$$

단면적 A를 곱하여 합력으로 나타내면

$$\sigma'_v A = \gamma_{sat} LA + (u_t - u_b) A$$

$$\therefore N'_b = W + (U_t - U_b)$$

즉 전체중량(W), 경계면 간극수압의 합력(U_t, U_b) 그리고 경계면 유효응력의 합력($N'_t = 0$, N'_b)이 평형을 이루고 있다. 따라서 토체의 평형해석을 위하여 선택할 수 있는 첫 번째 역계(force system)는

역계 1(force system 1) :

- 전체중량(total weight)
- 경계면 간극수압(boundary water pressure)의 합력
- 경계면 유효응력(boundary effective stress)의 합력

역계 1은 그림 4.18(b)에 제시되어 있다.

σ'_v 을 구하는 두 번째 방법은 유효 수중단위중량 γ_e 를 사용하는 것이다.

방법 2 ; $\gamma_e = \gamma' - i\gamma_w$ 사용하는 방법

$$\sigma_v' = \gamma_e L = (\gamma' - i\gamma_w)L = \gamma' L - i\gamma_w L$$

단면적 A를 곱하여 합력으로 표현하면

$$\sigma_v' A = \gamma' L A - i\gamma_w L A$$

$$\therefore N_b' = W' - J$$

$$\gamma' L A = \gamma' V = W' \quad : \text{수중(submerged)중량}$$

$$i\gamma_w L A = i\gamma_w V = jV = J \quad : \text{침투수압의 합력}$$

즉 수중중량(W'), 침투수압의 합력(J), 그리고 경계면 유효응력의 합력($N_t' = 0$, N_b')이 평형을 이루고 있다. 따라서 평형해석에 의하여 선택할 수 있는 두 번째 역계는

역계 2(force system 2) :

- 수중중량(submerged weight)
- 침투수압(seepage pressure)의 합력
- 경계면 유효응력(boundary effective stress)의 합력

역계 2은 그림 4.18(c)에 제시되어 있다.

두 역계 가운데 어느 것을 선택하든 결과는 동일하다. 선택의 기준은 편리성이다. 일반적으로는 역계 1이 편리하다. 역계 2는 침투수압 J의 결정이 쉽지 않는 경우가 많다(2차원 투수의 경우). 그러나 정수압 상태에서는 $J = 0$ 이므로 역계 2가 편리한 경우가 많다.

역계 1과 역계 2를 비교해 보면 토체의 전체중량과 토체의 경계면에 작용하는 간극수압을 고려하는 대신 토체의 수중중량과 침투수압을 고려하면 그 결과는 서로 같음을 알 수 있다. 특히 정수압 상태에서는 침투수압이 없으므로 전체중량과 간극수압을 고려하는 대신 수중중량을 고려해도 같은 결과가 얻어지는데 이것이 곧 부력의 원리이다.

평형해석을 위한 역계의 종류는 일차원 흐름에 대하여 유도하였으나 2차원 침투문제에도 그대로 적용된다. 앞으로 토압론, 사면안정론 등에서 이들 역계를 선택하고 선택된 역계를 이용하여 평형해석을 하게 된다.

4.5 모관현상과 모관상승구간의 유효응력

그림 4.19와 같이 수면에 가는 유리관을 세우면 유리관 속으로 물이 상승한다. 이러한 현상을 모관현상(毛管現象, capillarity) 또는 모세관(毛細管)현상이라 한다. 모관현상은 물과 유리관 사이의 부착력과 물의 표면장력 때문에 일어난다고 하지만 그 본질은 아직 밝혀져 있지 않다(molecular free energy 개념 등). 그러나 모관현상은 에너지를 가하지 않고(무료로) 물을 끌어 올린다는 의미에서 놀랄만한 현상이다. 흙에서도 간극은 서로 연결되어 있으므로 대단히 복잡한 형상의 모관이 형성되어 지하수면에서부터 모관상승이 일어나게 된다.

모관현상으로 물이 상승하는 높이는 흙에 따라 다르다. 여기에서는 모관상승 높이와 모관상승 구간에서의 간극수압과 유효응력에 관하여 논의하기로 한다.

4.5.1 모관상승 높이와 모관상승 구간의 간극수압과 유효응력

모관현상에 의하여 물이 상승하는 높이를 모관상승높이 또는 모관상승고(毛管上昇高, capillary height)라 하고 h_c로 표기한다(그림 4.19). 모관상승고에서는 물의 표면은 수평면을 이루지 않고 그림 4.19에 보인 것처럼 아래로 오목하게 파진다. 이러한 현상을 Meniscus가 처음으로 발견하였으므로 메니스커스(meniscus) 현상이라 한다.

메니스커스는 물과 같이 응집력이 유리관과의 부착력보다 작으면 아래로 오목하게 되고 수은같이 응집력이 부착력보다 더 크면 위로 볼록하게 된다.

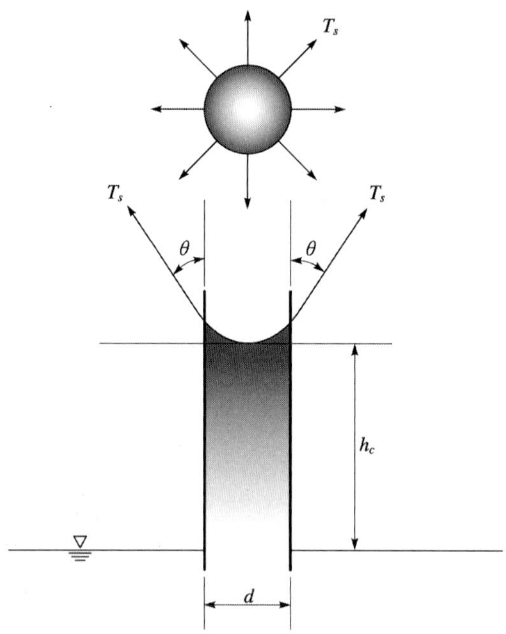

그림 4.19 모관현상과 모관상승고

(1) 모관상승고 h_c

모관상승고는 자유수면에서 잰 메니스커스 하단까지의 높이이다. 모관상승고는 모관상승에 의해상승한 물의 무게가 유리관의 둘레에 작용하는 표면장력의 연직성분과 평형을 이루고 있다는 사실에서 결정할 수 있다(그림 4.19). 즉

$$\frac{\pi}{4} d^2 h_c \gamma_w = \pi d T_s \cos\theta$$

$$h_c = \frac{4T_s \cos\theta}{\gamma_w d} \tag{4.16}$$

여기서, h_c : 모관상승고

T_s : 표면장력(表面張力, surface tension)

d : 유리관의 직경(내경)

θ : 유리관과 메니스커스 사이의 접촉각(contact angle)

20°C 물의 경우 $T_s = 73 dyne/cm$, 깨끗한 유리관과 증류수이면 $\theta = 0$ (이 경우 메니스커스는 반구(半球, semisphere)가 됨)이므로

$$\therefore\ h_c \approx \frac{0.3}{d}[\,cm\,] \tag{4.17}$$

여기서, 직경 d의 단위는 cm임을 주의할 것.

식 (4.16) 또는 (4.17)에서 알 수 있는 것처럼 모관상승고는 관의 직경에 반비례 한다. 즉

$$h_c \propto \frac{1}{d} \tag{4.18}$$

$d = 1mm = 0.1\,cm$ 이면 $h_c = 3cm$

$d = 0.1mm = 0.01cm$ 이면 $h_c = 30cm$

흙의 경우 입경이 큰 흙에는 큰 간극이 생기고 가는 입경에서는 작은 간극이 형성된다. 따라서 조립토에는 직경이 큰 모관이 생기고 세립토에는 작은 직경의 모관이 형성된다. 모관상승고의 크기 순서는 입경의 크기와는 역순이 된다. 모관상승고는 자갈 < 모래 < 실트 < 점토의 순서가 된다.

독자들에게 드리는 질문 : 만약 유리관의 길이가 모관상승고 h_c 보다 짧으면 물은 이 조건에 어떻게 적응할까? 유리관 끝에서 모관상승고까지 분출하는 분수를 무료로 구경할 수 있다(그렇다, 그렇지 않다). 힌트 : $h_c = \frac{4T_s \cos\theta}{\gamma_w d}$ 에서 h_c 가 유리관의 길이 h보다 크면 물이 조절할 수 있는 것은 무엇인가? 열(熱) 받아서 수온을 상승시켜 T_s 와 γ_w 를 조절한다(아니다!). 그러면 남은 것은 무엇인가?

(2) 모관상승구간의 간극수압

모관상승구간(그림 4.20의 A, B점)의 간극수압은 음(–)의 값이 된다($u < 0$). 이 사실은 다음과 같이 밝힐 수 있다.

그림 4.20에서 기준면은 자유수면으로 한다. 자유수면 아래는 정수압 상태이므로 물의 흐름은 없다. 자유수면(기준면)상에 한 점 X를 잡으면

- X점과 Y점의 전수두는 0으로 서로 같다($h_X = h_Y = 0$) $\because$ 정수압상태
- X점과 O점은 수평면 상에 있으므로 전수두는 같다. 즉 $h_X = h_O = 0$

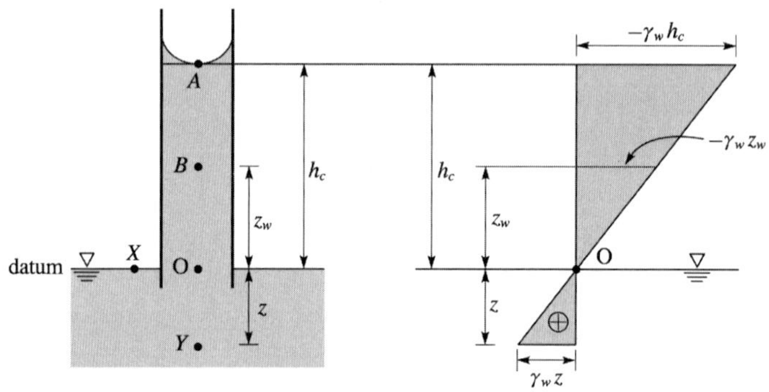

그림 4.20 모관상승구간의 간극수압 분포

만약 $h_X \neq h_O$ 이면 $h_O \neq h_Y$ 이므로 O와 Y 사이에 물의 흐름이 일어나야 하는데 실제로 물은 흐르지 않으므로 $h_O = h_Y = h_X = 0$

- 모관 내에서는 물의 흐름이 없으므로 $h_A = h_B = h_O$. 그런데 $h_O = 0$ 이므로 A, B점에서는

  $h = h_e + h_p = 0$

  $\therefore h_p = -h_e$ 가 되어 음의 간극수압이 작용하게 된다. 즉

- A점 : $h_{PA} = -h_{eA} \qquad \therefore \dfrac{u_A}{\gamma_w} = -h_c \qquad \therefore u_A = -\gamma_w h_c$

- B점 : $h_{PB} = -h_{eB} \qquad \therefore \dfrac{u_B}{\gamma_w} = -z_w \qquad \therefore u_B = -\gamma_w z_w$

이 사실을 Bernoulli 정리를 이용하여 설명하면 물의 흐름이 없으므로 $\Delta h = 0$

$$h_A = h_B = h_O = h_Y$$

$$h_c + \frac{u_A}{\gamma_w} = z_w + \frac{u_B}{\gamma_w} = 0 + \frac{u_O}{\gamma_w} = -z + \frac{u_Y}{\gamma_w} = 0$$

$$h_c + \frac{u_A}{\gamma_w} = 0 \quad \therefore u_A = -\gamma_w h_c$$

$$z_w + \frac{u_B}{\gamma_w} = 0 \quad \therefore u_B = -\gamma_w z_w$$

$$0 + \frac{u_O}{\gamma_w} = 0 \quad \therefore u_O = 0$$

$$-z + \frac{u_Y}{\gamma_w} = 0 \quad \therefore u_Y = \gamma_w z$$

간극수압 u의 분포는 그림 4.20에 제시되어 있다. 모관상승 구간에는 음(-)의 간극수압이 작용하며 그 분포는

$$u = -\gamma_w z_w \tag{4.19}$$

여기서, z_w : 지하수면에서 잰 높이

NOTE : 사실(fact) : 모관상승구간에서는 물이 흐르지 않음. A, B, O, Y점의 위치수두, 압력수두는 각각 다르지만 4점의 전수두는 동일. 이것은 물의 흐름을 지배하는 것은 위치수두나 압력수두 중 한 개의 수두가 아니라, 두 수두의 합인 전수두라는 것을 보여주는 또 하나의 예임(한 예는 버킷에 담긴 물이었음). 모관상승의 경우 전수두가 서로 같으므로 물은 흐르지 않음.

이제 모관상승 구간의 유효응력에 관하여 생각해 보기로 한다. 모관상승 구간에서는 간극수압이 음의 값이므로($u < 0$) 유효응력 방성식에 의하여 연직유효응력은 연직전응력보다 크게 된다 ($\sigma'_v > \sigma_v$). 만약 간극수압이 $-u^*$라 하면

$$\sigma'_v = \sigma_v - u = \sigma_v - (-u^*) = \sigma_v + u^* \tag{4.20}$$

▶ **예제 4.4** 그림과 같은 지층이 모관현상으로 지표면까지 포화되었다. $EL.\pm 0m$, $EL.-2m$, $EL.-5m$, $EL.-7m$ 되는 곳의 연직 유효응력을 구하라.

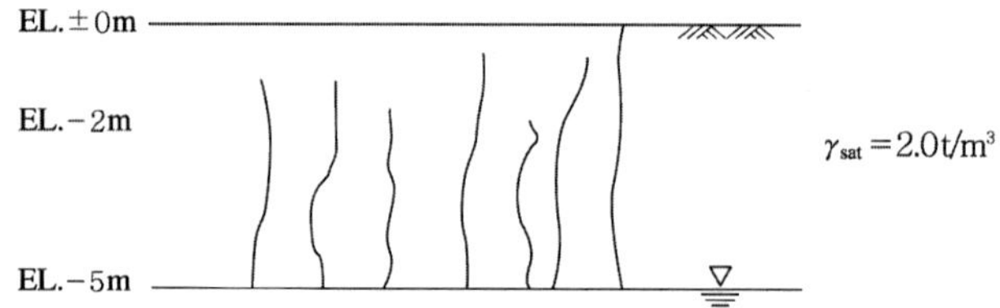

그림 예제 4.4 문제도

풀이 :

- $EL.\pm 0m$:

$\sigma_v = 0$

$u = -\gamma_w z_w = -(1.0)(5) = -5t/m^2$

$\sigma_v' = \sigma_v - u = 0 - (-5) = 5t/m^2$

NOTE : 모관상승만에 의하여 유효응력이 생기게 되고 따라서 지표면의 강도는 증가하게 됨.

- $EL. - 2m$:

$\sigma_v = \gamma_{sat}\, z = (2.0)(2) = 4t/m^2$

$u = -\gamma_w z_w = -(1.0)(3) = -3t/m^2$

$\sigma_v' = \sigma_v - u = 4 - (-3) = 7t/m^2$

- $EL. - 5m$:

$\sigma_v = \gamma_{sat}\, z = (2.0)(5) = 10t/m^2$

$u = 0$

$\sigma_v' = \sigma_v - u = 10t/m^2$

- $EL. - 7m$:

$\sigma_v = 10 + \gamma_{sat}\, z = 10 + (2.0)(2) = 14t/m^2$

$u = \gamma_w z = (1.0)(2) = 2t/m^2$

$\sigma_v' = \sigma_v - u = 14 - 2 = 12t/m^2$ ◀

4.5.2 지반에서 일어나는 모관현상과 그 영향

지금까지는 내경이 일정한 곧은 유리관에서 일어나는 모관현상에 대하여 논의하였다. 지반에서도 지하수면에서 공급되는 물이 간극으로 형성된 모관을 따라 상승하면서 모관현상이 일어난다.

또는 장마시 포화되었던 지반이 장마 후 물이 강하하다가 지하수면 보다 위에서 멈추게 되면 모관현상이 발생한 것과 같은 결과가 된다. 지반에서 형성되는 모관은 유리관과는 대단히 다르지만 모관현상 발생원리는 같다.

흙 속의 간극은 서로 연결되어 있으며 대단히 복잡한 관을 형성한다. 모관의 형상도 복잡하고, 직경도 일정하지 않고 굵고 가는 모관이 연속되어 있게 된다. 그런데 모관상승 높이는 메니스커스가 형성되는 부분의 관의 직경에만 지배되므로 지하수면에서 모관상승이 일어나는 경우와 수침(水沈) 또는 장마가 끝난 후 모관 강하에 의하여 형성되는 포화대의 표고는 서로 달라지는 등, 자연지반의 모관현상은 대단히 복잡하다. 이 사실을 모식적으로 설명하면 다음과 같다.

그림 4.21과 같이 직경 0.1mm, 0.2mm이고 길이가 각각 8cm씩인 모관이 연속되어 있는 경우에 대한 포화대의 높이를 비교해 보기로 한다.

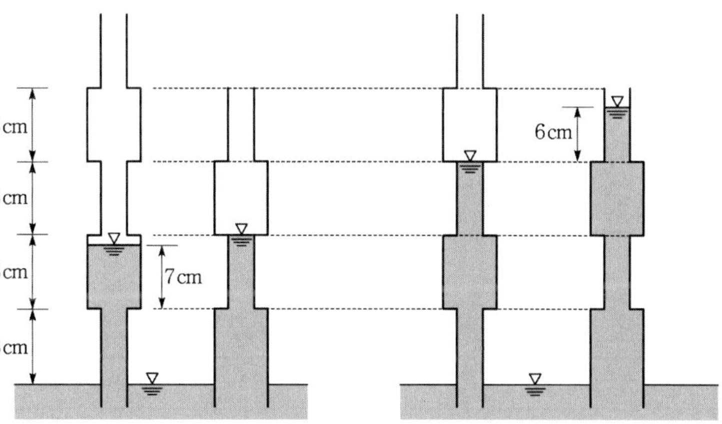

(a) 모관 상승시　　(b) 모관 강하시

그림 4.21 모관 직경의 구성과 모관 상승 및 강하에 따른 포화대의 높이

모관상승고 높이 h_c 는

$$h_c \approx \frac{0.3}{d}\,[cm]$$

따라서 $d = 0.1mm$ 이면 $h_c = 30cm$, $d = 0.2mm$ 이면 $h_c = 15cm$

그림 4.21(a)는 모관상승시의 모관상승고가 모관의 배열에 따라 어떻게 달라지는가를 보여주고 있다. 첫째 그림에서는 $h_c = 15cm$ 인 반면 두 번째 그림에서는 $h_c = 16cm$ 가 된다. 그림 4.21(b)는 모관강하시의 모관높이가 관의 구성에 따라 달라지는 것을 보여주고 있다. 관을 물 속에 담그어

완전포화 시킨 다음 그림과 같이 세워두면 물이 강하하다가 멈추는 높이는 모관상승시의 상승높이 (그림 4.21(a))와 다름을 보여 주고 있다. 첫 번째 경우에는 물은 $h_c = 24cm$ 에서 멈추고 두 번째 그림에서는 $h_c = 30cm$ 에서 멈추게 된다. 즉 흙의 모관현상은 대단히 복잡하여 포화대의 높이는 가뭄 때와 장마가 끝났을 때에 따라 달라지고 엄격히 말하면 위치마다 다르게 된다.

위의 논의에서 지하수면에서 가까운 높이까지는 모관작용에 의하여 간극이 물로 포화되지만 그 위쪽은 불포화상태가 됨을 알 수 있다. 모관작용으로 포화상태가 된 구역을 모관포화대(capillary fringe)라 한다. 모관포화대가 모관상승시와 강하시에 따라 다름은 그림 4.21을 보면 알 수 있다.

흙의 모관은 대단히 복잡하지만 유효경의 $\frac{1}{5}$ 을 모관의 직경으로 보고 개략적인 모관상승고를 계산하고 있다. 즉

$$d = \frac{D_e}{5} = \frac{D_{10}}{5} \tag{4.21}$$

그러나 입도분석은 완전히 교란된 시료에 대하여 실시하는 반면 간극의 크기(pore size)는 불교란 상태의 특성이므로 위의 근사식은 이러한 사실을 감안하여 사용하여야 한다. 따라서, 유효경이 같더라도 흙의 구조와 상대밀도에 따라 간극의 크기, 즉 모관의 직경은 크게 다를 수 있다.

표 4.1에는 대표적인 흙의 모관 상승고가 제시되어 있다.

표 4.1 대표적인 흙에 대한 개략적인 모관상승고(McCarthy, 1988)

흙의 종류	모관상승고(cm)
가는 자갈(small gravel)	2 ~ 10
굵은 모래(coarse gravel)	15
가는 모래(fine sand)	30 ~ 100
실 트(silt)	100 ~ 1000
점 토(clay)	1000 ~ 3000

모관상승구간의 간극수압(부압)의 산정방법은 이미 유리관에 대하여 논의하였다. 즉

$$u = -\gamma_w z_w \tag{4.22}$$

여기서, z_w 는 지하수면에서 잰 높이이다.

모관상승 구간에는 음(-)의 간극수압이 작용하므로 유효응력은 증가하고 따라서 흙의 강도는 증

가한다. 점토가 물에 의하여 퇴적된 다음(沖積粘土, 충적점토) 지하수위가 강하하면 표층은 수분의 증발과 모관작용 등에 의한 강도증가로 인하여 강도가 큰 토층이 된다. 이러한 점토를 건조점토(desiccated clay)라 한다. 이 표층(crust) 아래에는 아직 강도가 약한 점토가 존재한다.

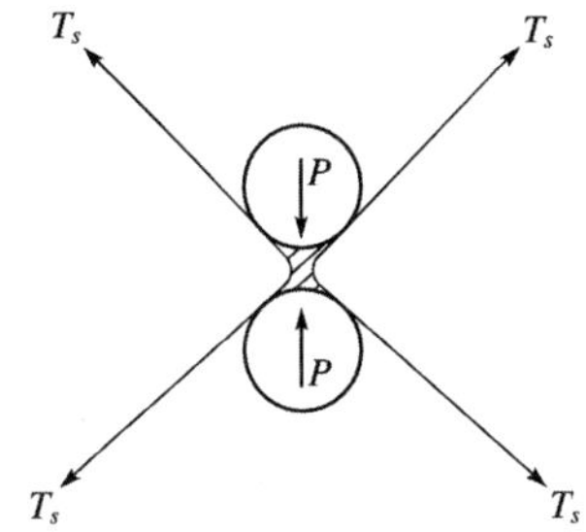

그림 4.22 표면장력과 겉보기 점착력

모래의 경우에는 표면장력에 의하여 이른바 겉보기 점착력(apparent cohesion)이 생기게 된다. 그림 4.22에 보인 것처럼 두 개의 모래입자의 접촉면 부근에 작용하는 표면장력 T_s 에 대한 반력 P에 의하여 토입자는 더욱 밀착되어 흡사 점착력이 있는 것 같은 상태가 된다.

이와 같이 모래가 약간의 물을 함유하고 있을 때 표면장력에 의하여 생기는 의사(pseudo) 점착력을 겉보기 점착력이라 한다. 겉보기 점착력은 표면장력이 없어지면 함께 사라져 버린다. 즉 모래가 건조되거나 물 속에 잠기면 소멸된다.

해변에서 젖은 모래로 공을 만들 수 있는 것도 겉보기 점착력 때문이다. 모래공이 건조되거나 물 속에 들어가면 공은 즉시 깨져 버린다. 또한 건조한 모래는 흙막이 없이 연직굴착이 불가능한 반면 젖은 모래는 이것이 가능한 것도 겉보기 점착력 때문이다. 그림 4.23에는 해변에서 모관상승구간은 겉보기 점착력에 의하여 지지력이 좋아서 경주용 트랙으로 사용되는 반면 그 위쪽의 건조한 모래와 물 속은 지지력(강도)이 나쁜 상태가 되어 있음을 보여주고 있다. 백령도 해안의 비행장도 같은 이치이다.

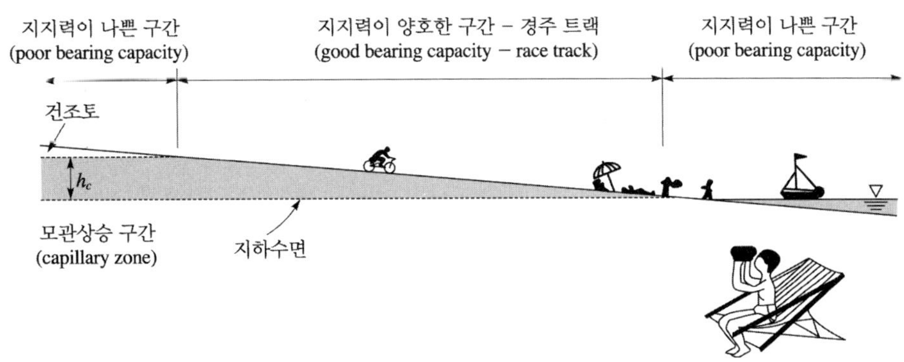

그림 4.23 모관 상승과 겉보기 점착력(Holtz & Kovacs, 1981)

▶ **예제 4.5** 유효경이 0.01mm 인 지반의 모관상승고는 대략 얼마나 되는가? 또한 모관상승고에서의 간극수압은 얼마인가?

풀이 :

$$d = \frac{D_e}{5} = \frac{0.001}{5} = 0.0002\,cm$$

$$h_c = \frac{0.3}{d} = \frac{0.3}{0.0002} = 1500\,cm = 15\,m$$

$$u = -\gamma_w h_c = -(1)(15) = -15\,t/m^2$$

4.6 흙의 동해

지반이 동결되면 그 위에 설치되어 있는 구조물에는 피해가 일어날 수 있는데 이러한 피해를 동해(凍害)라 한다. 동해는 동상과 연화 또는 융해의 두 가지 현상으로 나타나는데 그 생성과정은 다음과 같다.

영하의 기온이 장기간 계속되면 지표면 아래의 지반에서 온도가 빙점이 되는 면이 형성되는데 이 면을 동결선(凍結線, frost line)이라 한다.

결빙은 동결선 부근에서 일어나게 된다. 큰 간극에 차 있는 물이 먼저 얼음결정이 된 다음 인접한 작은 간극의 물을 흡착하여 얼음결정은 성장해 가면서 아이스렌즈(ice lense)를 형성한다. 이제는 비어 있는 인접 작은 간극으로 모관현상에 의하여 지하수가 공급되면 얼음결정은 계속 성장한다. 주의할 것은 모관상승에 의한 물의 공급으로 아이스렌즈를 형성한 물의 양은 결빙전 흙이 함유하고 있었던 물의 양보다 훨씬 크다는 것이다. 추운 날씨가 장기간 계속되면 결빙선은 강하하고 모관상승하던 물은 중도에서 얼어버리게 되므로 좀 더 깊은 곳에서 새로운 아이스렌즈가 만들어 지게 된다.

물이 얼게 되면 대략 9%의 체적팽창이 일어난다고 알려져 있다. 아이스렌즈 형성도 체적팽창을 수반하며 이 체적팽창 때문에 지표면은 부풀어 오르게 되는데 이 현상을 동상(凍上, frost heave)이라 한다. 주의할 점은 아이스렌즈는 본래 흙 속에 있던 물 뿐만 아니라 모관상승으로 공급된 다량의 물이 합쳐져서 결빙된 것이므로 팽창량도 크다는 점이다. 겨울철에 도로포장이 부풀어 오른 것을 간혹 볼 수 있는데 이것은 동상이 일어난 경우가 대부분이다.

NOTE : 흙의 동해 중 동상(凍上)은 문자 그대로 흙이 얼어서 부풀어 오른다는 뜻이지 흙이 얼어서 상처를 입는다는 뜻은 아님을 주의할 것. 즉 동상(凍傷)이 아님.

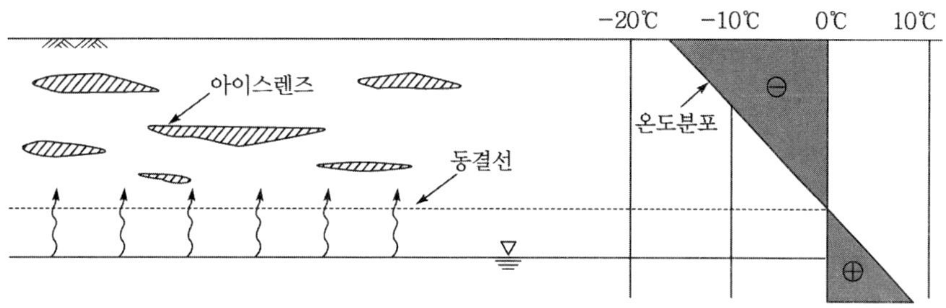

그림 4.24 흙의 동해 (김상규, 2004)

봄이 되어 기온이 영상으로 되면 지표면 가까운 깊이에 있는 아이스렌즈로부터 녹기 시작한다. 깊은 곳에는 아직 동결되어 있는 상태이므로 하향배수는 불가능하다. 아이스 렌즈의 해빙으로 인한 흙의 함수비는 지난 겨울 이 흙이 얼기 전의 함수비보다 훨씬 크다. 이것은 아이스렌즈 성장과정에서 모관상승에 의한 추가적인 지하수 공급이 있었기 때문이다. 해빙으로 인하여 지반이 큰 함수비를 가지게 되면 지반의 강도는 감소하게 된다. 이러한 현상을 연화(軟化, softening) 또는 융해(融解, thawing)라 한다.

해빙기에 차량운행시 동상이 일어난 포장의 균열 사이로 연약한 흙이 솟아나오는 것을 볼 수 있는데 이것이 곧 연화현상의 결과이다.

동상의 발생원인은 아이스렌즈의 형성이므로 동상이 크게 일어나려면 아이스렌즈의 형성과 성장을 용이하게 하는 기상조건과 지반조건을 모두 갖추어야 한다. 즉 동상이 크게 발생하기 위해서는 다음 세가지 요건을 동시에 만족시켜야 한다.

① 지반이 동싱이 잘 일어나는 흙으로 이루어져 있을 것.
② 아이스렌즈의 성장을 위한 충분한 물의 공급이 이루어질 것.
③ 혹한이 장기간 계속될 것.

통일분류법(USCS)의 분류기호별 동해발생 가능성은 표 2.4에 제시되어 있다. 자갈과 모래는 동해를 받을 우려가 적다. 조립토의 경우 모관상승고가 대단히 낮으므로 간극수가 결빙된 다음 모관상승에 의한 물의 공급은 일어나지 않는다. 점토는 모관상승고가 대단히 커서 동해를 받게 되지만 투수성이 극히 낮아서 지하수면으로부터 상승하는 물의 유속이 너무 느려 충분한 물의 공급이 불가능하다. 실트는 모관상승고와 상승속도가 아이스렌즈 성장에 적절한 수준이므로 동해가 가장 심하게 일어나는 흙이다. 그러나 모관현상외에 상하수도 관로의 파괴 등으로 인하여 물이 공급될 때에는 모든 흙에서 동해가 발생할 수 있다. 아이스렌즈 성장을 위한 물의 공급이 원활하기 위해서는 지하수면이 동결선 가까이 있어야 한다. 동해가 심하게 발생하기 위해서는 흙은 포화상태에 있고 지표면 가까운 깊이에 지하수면이 있어야 한다.

기온이 낮을수록 동결선은 빠르게 강하하고 혹한이 장기간 지속되면 아이스렌즈 형성에 필요한 시간이 충분하므로 동결깊이는 깊어지고 동상에 의한 지반의 팽창도 커진다. 기온이 영상이면 동해의 우려는 없으나 냉동창고가 설치된 지반 등에서는 동해의 가능성을 검토하여야 한다. 동해를 방지하려면 동상이 일어나게 되는 조건을 제거하면 된다. 동해방지대책에는 다음과 같은 것이 있다.

① 구조물의 기초를 동결깊이보다 더 깊은 곳에 설치
② 동해의 우려가 있는 흙을 동해가 일어나지 않는 흙으로 치환하는 방법
③ 도로의 경우 보조기층 아래에 자갈층을 설치하여 모관상승을 방지하는 선택층을 설치하는 방법
④ 배수구를 설치하여 지하수위를 강하시키는 방법
⑤ 약액처리공법을 실시
⑥ 단열제를 사용하는 방법

지반의 동결깊이는 기상조건, 흙의 종류, 흙의 함수비, 양지 또는 음지, 적설여부 등 여러가지 요인에 따라 달라진다. 동결깊이를 결정하는 다양한 관계식이 제안되어 있으나(예를 들면 Stefan, Neumann 등) 실제로는 동결지수와 실측결과를 이용하는 방법이 널리 사용되고 있다.

동결 지수(freezing index : FI)는 일평균기온 누적치의 최대점과 최소점 사이의 거리(차이)이며, FI가 크면 혹한이 장기간 계속된 것이므로 동결깊이도 커진다. 그림 4.25는 동결지수를 결정하는 방법을 스케치한 것이다.

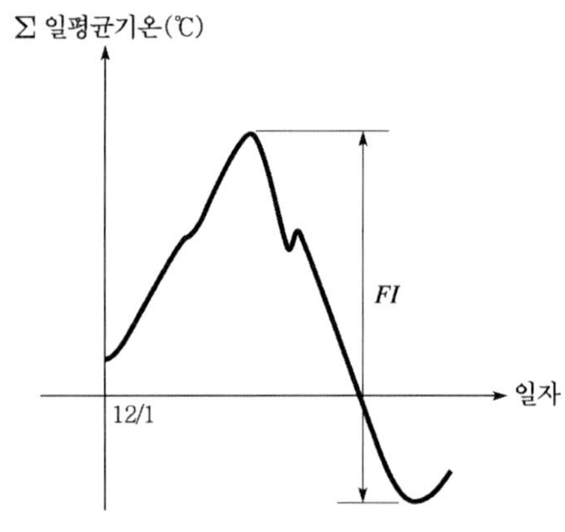

그림 4.25 동결지수

한국도로공사(2003)에서는 과거 30년간의 기상기록을 이용하여 그림 4.26과 같은 우리나라 동결지수선을 발표하였다.

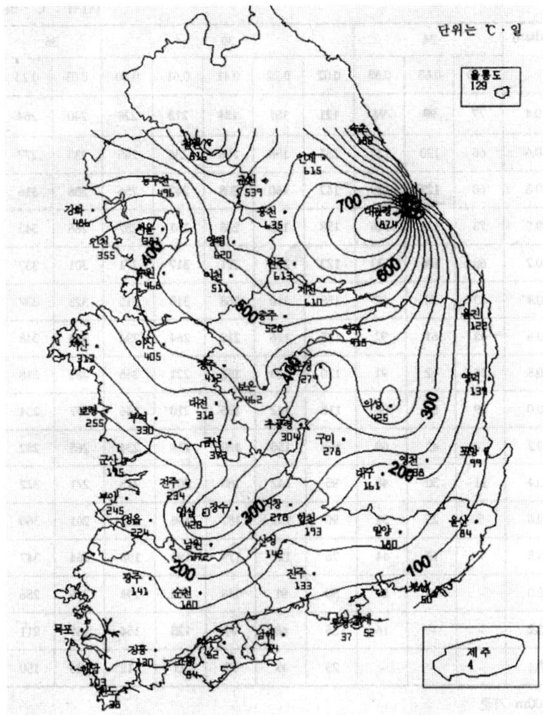

그림 4.26 우리나라의 동결지수선(한국도로공사, 2003)

또한 한국도로공사에서는 동결기간과 표고치를 감안하여 수정동결지수를 식 (4.23)과 같이 제안하였다.

$$\text{수정동결지수}(^\circ\text{C}\cdot\text{일}) = \text{동결지수} + 0.5 \times \text{동결기간} \times \left(\frac{\text{표고차}(m)}{100} \right) \tag{4.23}$$

여기서, 표고차 = 설계노선 최고표고(m) – 측후소 지반고(m)

동결깊이 z는 식 (4.24)와 같이 결정하고 있다(한국도로공사, 2003).

$$z[cm] = 14FI^{0.33} \tag{4.24}$$

그림 4.26과 식 (4.23), (4.24)를 이용하여 우리나라 각 지역의 동결깊이를 개략적으로 결정할 수 있다.

연습문제

4.1 유리관 속에 흙과 물이 그림과 같이 배치되어 있다. 기준면을 하류측 수면으로 잡고 각 표고에 따른 수두변화를 그림으로 그려라. 가로축을 위치수두 h_e, 압력수두 h_p, 전수두 h로 잡고 세로축을 표고로 잡을 것.

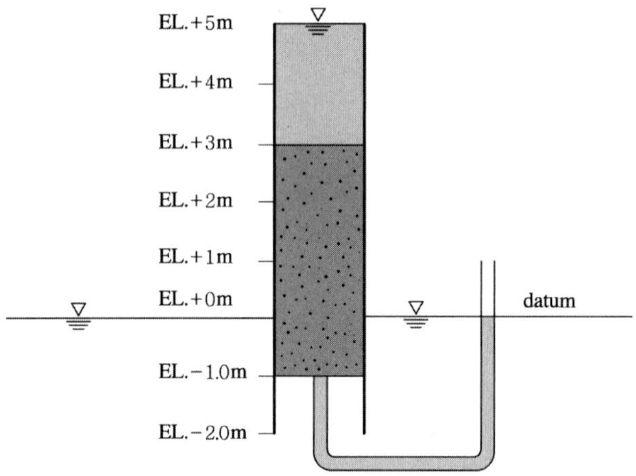

4.2 그림과 같은 조건에서 다음 물음에 답하라. 단 모래의 포화단위중량 $\gamma_{sat} = 1.90 t/m^3$ 이다.

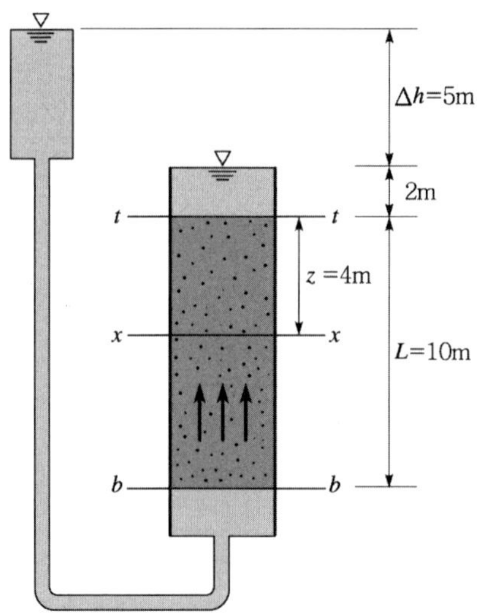

(1) t–t 면을 기준면으로 잡았을 때 b–b 면의 위치수두, 압력수두, 및 전수두를 구하라.

(2) b–b 면의 침투수압과 연직유효응력

(3) x–x 면의 침투수압과 연직유효응력

(4) 분사현상에 대한 안전율

4.3 그림과 같은 조건에서 다음 물음에 답하라. 단 모래의 포화단위중량 $\gamma_{sat} = 1.90\,t/m^3$ 이다.

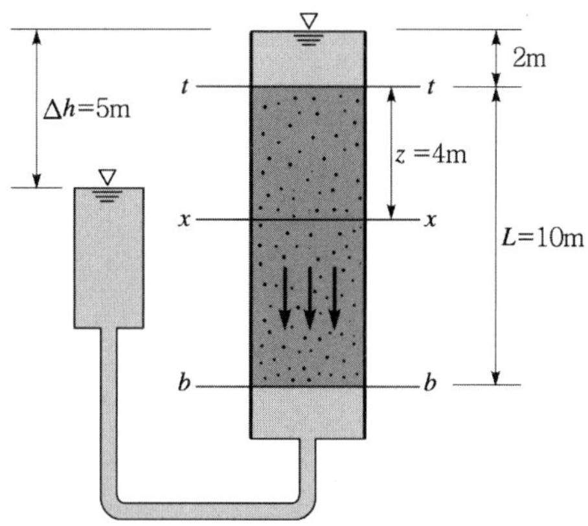

(1) t–t면을 기준면으로 잡았을 때 b–b면의 위치수두, 압력수두, 및 전수두를 구하라.

(2) b–b면의 침투수압과 연직유효응력

(3) x–x면의 침투수압과 연직유효응력

(4) b–b면을 기준면으로 하였을 때 t–t면과 b–b면 사이의 수두차

(5) t–t면과 b–b면의 전수두

4.4 지표면(EL.±0) 위 2m 되는 곳(EL.+2.0m)에 수면이 있고, 지표면 아래 5m(EL.–5m)까지는 모래층, 그 아래는 점토층으로 되어 있다. 모래층의 포화단위중량 $\gamma_{sat} = 1.80\,t/m^3$, 정지토압계수 $K_0 = 0.5$, 점토층의 포화단위중량 $\gamma_{sat} = 1.75\,t/m^3$, 정지토압계수 $K_0 = 0.4$ 일 때 EL–5m(모래층과 점토층 경계면)에서 다음을 구하라.

(1) 연직전응력 σ_v 와 간극수압 u

(2) 연직유효응력 σ'_v

(3) 수평유효응력 σ'_h

(4) 수평전응력 σ_h

제 5 장

흙 속에서의 물의 흐름

5.1 개설

이 장에서는 지하수(ground water)에 관한 기본적인 이론을 논의하게 된다. 논의의 근간을 이루는 것은 유량을 결정하는 Darcy의 법칙과 질량(유량)보존의 법칙을 의미하는 연속(continuity)방정식이다. 이 장에서 논의하게 되는 지하수에 관한 중요한 내용은 다음 3가지이다.

첫째, 지하수 유량(流量, discharge)의 산정
둘째, 지하수가 구조물의 안정성(安定性, stability)에 미치는 영향
셋째, 필터(filter)에 관한 사항

예를 들어 흙 댐에서 제체와 기초지반을 통하여 침투하는 물의 양을 산정하는 것이 유량에 관한 사항이고, 침투수에 의한 흙 댐 하류측 사면의 붕괴여부를 검토하는 것은 흙 댐의 안정성에 관한 사항이다. 마지막으로 침투수의 흐름에 의한 흙 댐 하류측 사면의 토사유실 방지를 위하여 설치하는 보호층에 관한 내용이 필터에 관한 사항이 된다.

컴퓨터의 발달로 인하여 지하수 해석을 위한 수치해석법(numerical analysis)이 널리 실용되고 있으나 이들 방법에 관한 본격적인 논의는 이 책의 범위를 벗어난다. 이 장에서는 Darcy의 법칙과 유선망(flow net)을 이용하여 지하수 문제를 해석하기로 한다.

지하수는 간극을 통하여 흐르므로 미시적으로 보면 유선은 대단히 복잡하고 구불구불한 형태를

하게 된다. 그러나 앞 장에서 이미 묵시적으로 인정한 것처럼 유선은 거시적 입장에서, 직선 또는 원활(smooth)한 곡선으로 간주하고 있다.

수리학이나 유체역학에서는 물의 흐름을 정상흐름(steady flow) 또는 정상류(定常流)와 비정상흐름(unsteady flow) 또는 부정류(不定流)로 구분한다. 흐름의 모든 성분(유량, 유속, 수위, 수압 등)이 시간과 무관하게 일정하면 정상흐름이고 그렇지 못하면 비정상흐름(非定常流)이다. 또한 흐름은 층류(層流, laminar flow)와 난류(亂流, turbulent flow)로 구분한다. 층류는 유선이 평행하여 서로 교차하지 않는 흐름이고 유선이 서로 교차하면 난류라고 한다. 층류는 유속이 느리고 따라서 Reynolds 수(數, number)가 적은 흐름이고 그렇지 못하면 난류가 된다.

지하수의 흐름에서도 위의 구분은 그대로 적용된다. 굵은 모래보다 가는 흙에서는 지하수의 흐름은 층류가 된다고 알려져 있다. 이 장에서는 물의 흐름은 층류이며 정상흐름의 상태에 있는 것으로 가정하고 있다.

지하수는 중요한 자원인 것은 분명하지만 토목공사에서는 대부분의 경우 유해한 영향을 미치게 되므로 지하수는 보통 건설공사의 공적 제1호(公敵 第1號, public enemy No.1)라 부른다. 지하수의 부정적 특성을 합리적으로 처리하여 안전한 공사를 수행할 수 있게 하기 위해서는 지하수의 공학적 특성을 충분히 이해하는 것이 필요하다.

5.2 Darcy의 법칙

Darcy의 법칙(Darcy's law)은 지하수의 유량을 산정하는 기본 이론이다.

Darcy는 상수도(上水道, water supply system) 설계에 있어서 소요 유량을 생산하기 위한 여과지의 규모를 결정하기 위하여 그림 5.1과 같은 시험을 실시하였다.

단면적 A인 관(管, pipe)의 일부분에 두께가 L인 흙 시료를 넣고 그 위 부분에는 물을 채운 다음, 이 관을 그림 5.1과 같이 수조안에 세워 놓았다. 다시 A, $L, \Delta h$ 중 하나를 순차적으로 선택하여 그 값을 변화시켜 가면서 유량을 측정하였다. 즉 흙 시료 상하면 사이의 수두차 Δh 를 일정하게 유

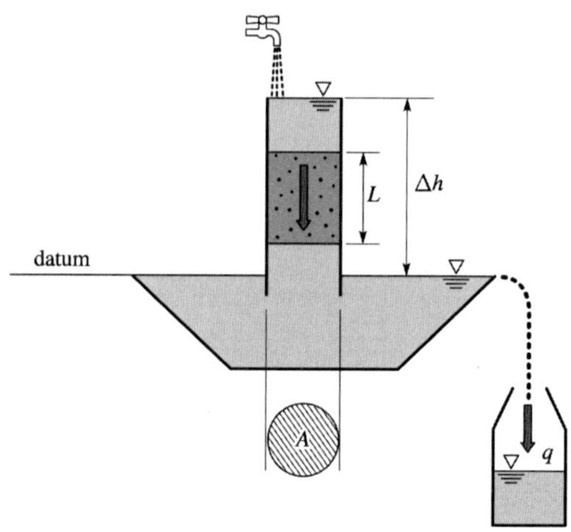

그림 5.1 Darcy의 법칙

지하고 유량을 측정하였다.

그 결과 단위 시간당(시간=1) 유량 q는 시료의 단면적 A와 수두차 Δh 에는 비례하고 흙의 두께 L에 반비례함을 알 수 있었다. 즉

$$q \propto \frac{\Delta h}{L} A$$

비례식을 등식화하기 위하여 흙의 투수특성에 관계되는 비례상수 k를 도입하면

$$q = k \frac{\Delta h}{L} A = k\,i\,A \tag{5.1}$$

여기서 q : 단위시간당 유량 [cm^3/sec, ft^3/day = cfd 등]

$i = \frac{\Delta h}{L}$: 동수경사(動水傾斜, hydraulic gradient)

Δh : 흙 시료 상하면의 수두차 또는 흙 시료 속을 흐르는 동안 생긴 수두손실

A : 흙 전체 (토립자+간극)의 단면적
(간극만의 단면적이 아님을 유의할 것)

L : 흙의 두께

k : 투수계수(透水係數, coefficient of permeability) [cm/sec, ft/day 등]

식 (5.1)을 Darcy의 법칙(Darcy's law)이라 한다.

투수계수는 흙의 투수성(permeability) 또는 배수성(drainage)의 정도를 나타내는 특성치이며 속도와 같은 단위(차원)를 가진다. 투수계수가 크면 물이 잘 침투해서 흐르며, 배수도 잘 되는 흙이다.

흙 입경이 클수록 간극의 크기도 커지므로 투수계수도 커진다. 따라서 투수계수가 큰 순서로 흙을 배열하면

점토 < 실트 < 모래 < 자갈

투수계수는 흙의 종류에 따라 그 차이가 가장 크게 나는 토성치이다($10^{-9}\,cm/\mathrm{sec}$ 에서 $10^{1}\,cm/\mathrm{sec}$ 까지도 가능).

$k \le 10^{-7}\,cm/\mathrm{sec}$ 이면 실용상 불투수성(impermeable)이라 하고 $k \ge 10^{-4}\,cm/\mathrm{sec}$ 이면 자유배수(free draining)상태라 한다.

표 5.1에는 흙의 종류에 따른 투수계수의 개략치가 제시되어 있다.

표 5.1 대표적 흙의 투수계수 개략치(Das, 1994)

흙 종류	$k\left[cm/\sec\right]$
깨끗한 자갈	$1.0 \sim 100$
굵은 모래	$1.0 \sim 1\times10^{-2}$
가는 모래	$1\times10^{-2} \sim 1\times10^{-3}$
실트질 점토	$1\times10^{-3} \sim 1\times10^{-5}$
점토	$< 1\times10^{-6}$

투수계수의 대표치(typical value)는 점토의 경우 $k < 1\times10^{-6}\ cm/\sec$, 모래의 경우 $k = 1\times10^{-3} \sim 1.0\ cm/\sec$ 정도이다.

시간 t 동안의 유량 Q는

$$Q = q\,t = k\,i\,A\,t \tag{5.2}$$

이제 Darcy의 법칙을 수리학의 관수로 이론과 비교하면서 Darcy 법칙의 개념을 좀더 논의해 보기로 하자.

관수로에서 단위시간당 유량 q는

$$q = Av \tag{a}$$

여기서 A: 관의 단면적(관의 단면적 전체가 통수단면적임)

v: 물의 평균유속 = 실제 유속의 평균치(그림 5.2 참조)

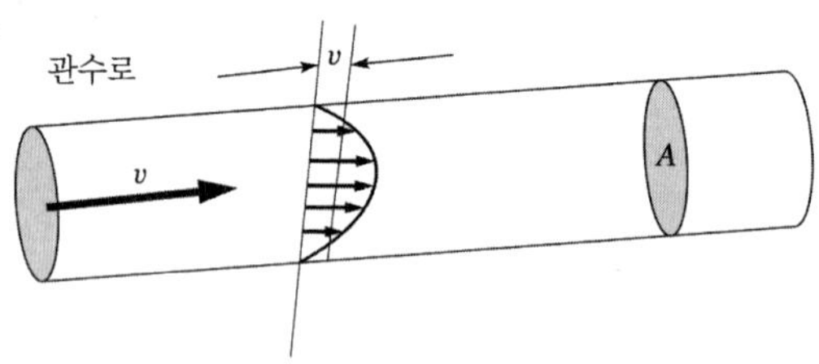

그림 5.2 관수로의 유속과 유량

Darcy의 법칙도 유량을 이러한 형태로 표현하면

$$q = kiA = Av \tag{5.3}$$

여기서 $v = k\,i$ (5.4)

위의 $v(= k\,i)$ 를 Darcy의 평균유속 또는 Darcy 유속이라 한다.

$q = kiA = Av$ 에서 A(흙 전체의 단면적) = 토립자의 단면적 + 간극의 단면적

그런데 흙 속의 실제 통수단면적 = 간극의 단면적 A_v

따라서 $A > A_v$ (A는 실제 통수단면적보다 큼)

q 가 실제 유량임에도 불구하고 A가 실제 통수단면적이 아니므로 Darcy의 유속 $v = ki$ 는 흙 속의 실제 침투유속이 아니다(Darcy의 유속 v 는 실제 침투유속 v_s 보다 작다. 왜 그럴까?).

Darcy의 유속 v 는 물이 흙 전체 단면적 A를 통수단면적으로 하여 흐른다고 가정하였을 때의 침투유속인 셈이다. 즉, Darcy의 유속은 흙 속에서는 실제 존재하는 유속이 아니며 일종의 가상적 유속이다. 그럼에도 불구하고 Darcy 유속이 대단히 편리한 개념인 것은 이 유속에 흙의 단면적을 곱하면 유량을 얻을 수 있기 때문이다($q = Av$). 이러한 의미에서 Darcy의 유속을 유량유속(discharge velocity) 또는 유출유속이라고도 한다.

Darcy의 유속 v 와 흙 속의 실제 침투유속 v_s 사이의 관계를 알아보기 위하여 그림 5.3(a)와 같이 관 속 중간 부분에 흙을 배치하고 물을 침투시키는 경우를 생각해보자.

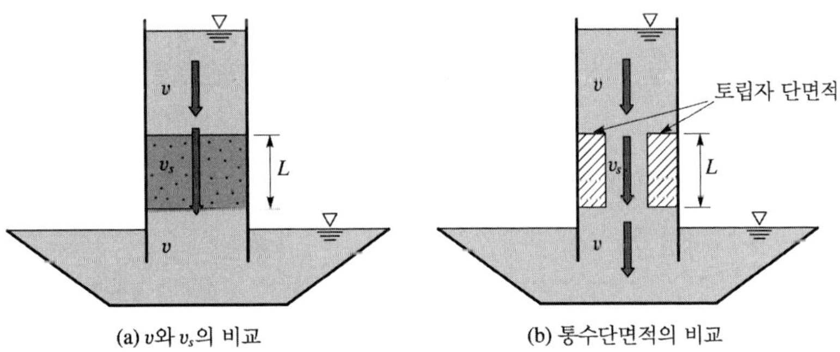

그림 5.3 Darcy 유속과 실제 침투유속의 비교

물만 있는 부분(관수로)의 유속 v 와 흙 속의 실제 침투유속 v_s 는 같지 않다. 흙이 없는 구간(관수로)에는 통수단면적이 관의 단면적 A와 같으나 흙이 채워진 구간에서는 통수단면적이 관의 단면적에서 토립자의 단면적을 뺀 값이 된다. 그림 5.3(b)에는 각 구간의 통수단면적을 모식적으로 나타내고 있다. 즉 흙 구간에서는 전체 단면적에서 빗금 처리된 토립자 단면적을 뺀 협소한 면적이 통수단면적 A_v 가 된다.

흙이 없는 구간(관수로)의 유량과 흙으로 채워진 구간의 유량이 서로 같으므로

$$q = Av = A_v\, v_s \tag{5.5}$$

따라서 흙 속의 침투유속 v_s 는

$$v_s = v\frac{A}{A_v} = v\frac{A\,L}{A_v\,L} = v\frac{V}{V_v}$$

$$\therefore\ v_s = \frac{v}{n} \tag{5.6}$$

여기서 L : 흙 구간의 두께

$n = \dfrac{V_v}{V}$: 간극률(porosity)

V 와 V_v 는 각각 흙 전체 및 간극의 부피

(간극이 곧은 관 형상인 것으로 가정)

간극률은 1보다 적으므로 침투유속은 Darcy 유속보다 크다.

$$v_s > v \tag{5.7}$$

동일한 유량을 흐르게 하기 위해서는 통수단면적이 더 작아진 흙 구간의 유속이 더 커져야 함은 명백하다. 그림 5.3(a)에 보인 것처럼 Darcy의 유속 v 는 관수로 부분에서 물이 흙으로 다가오는 접근유속(approaching velocity) 또는 흙에서 유출된 물이 아래부분 관수로를 흐르는 이탈유속(departing velocity)과 같다. Darcy의 유속에 흙 전체 단면적 A를 곱하면 유량이 됨을 거듭 확인하기 바란다.

Darcy 법칙에 관한 몇 가지 사항 :

Darcy의 법칙은 $q = kiA$ 라고 보통 말하고 있지만 더 정확한 정의는 다음과 같다.

Darcy의 법칙 : 유속은 동수경사에 일차적으로 비례한다.

$$v \propto i \tag{5.8}$$

비례식을 비례상수(투수계수) k를 써서 등식화 하면

$$v = k\,i$$

Darcy의 법칙은 층류(層流, laminar flow)에서만 성립한다. 굵은 모래 이상의 흙에서는 흐름이 난류(亂流, turbulent flow)가 될 수 있고 Darcy의 법칙은 성립되지 않을 수 있다.

이 때에는 유속은 동수경사의 n승에 비례하며 유량과 동수경사 사이에 관계식은 실측에 의하여 정한다.

$$v \propto i^{n} \tag{5.9}$$

▶ **예제 5.1** 가로 2m, 세로 1m인 직사각형 단면의 유리관 속에 두께 3m인 흙이 그림과 같이 배치되어 있다. 흙의 간극비는 0.5, 투수계수는 0.01cm/sec라 할 때

(a) 유량을 구하라.

(b) 표고(elevation)에 따른 실제 침투유속 v_s 의 분포를 그림으로 그려라.

풀이 :

이 문제에 대한 수두분포는 이미 앞 장에서 논의하였다.

흙의 상 · 하면 사이의 수두차 $\Delta h = 6m$, 동수경사 $i = \dfrac{6}{3} = 2$

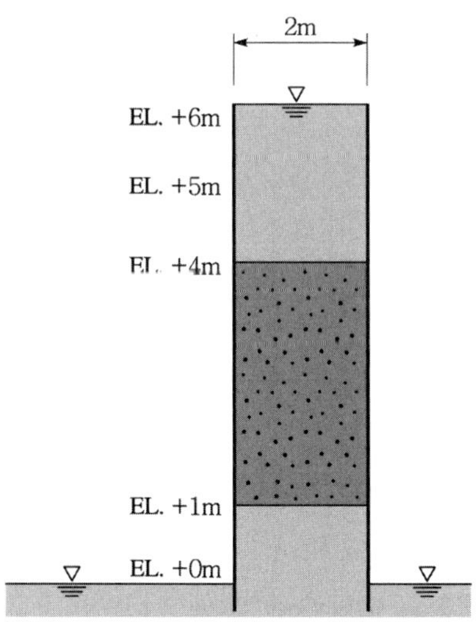

그림 예제 5.1 문제도

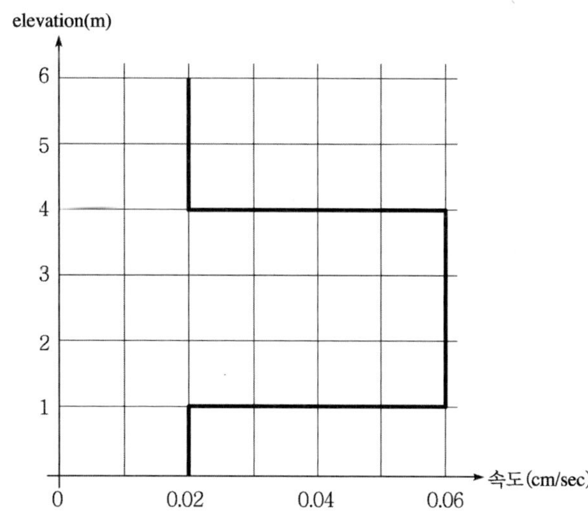

그림 예제 5.1 해답도

(a) 유량 q를 m^3/sec 단위로 계산하면

$$q = k\,i\,A = (0.01 \times 10^{-2})\ (2)\ (2 \times 1) = 0.0004\ m^3/\text{sec}$$

(b) Darcy의 평균유속 $\upsilon = k\,i = (0.01)\ (2) = 0.02\ cm/\text{sec}$

이 유속은 EL.+6m~EL.+4m까지 및 EL.+1m에서 EL.+0m까지의 유속이다.

흙 속의 침투유속 $\upsilon_s = \dfrac{\upsilon}{n}$, 그런데 $n = \dfrac{e}{1+e} = \dfrac{0.5}{1+0.5} = \dfrac{1}{3}$

$\therefore\ \upsilon_s = 3\ \upsilon = 0.06\ cm/\text{sec}$

유속의 분포는 그림 예제 5.1 해답도에 제시되어 있다. ◀

5.3 투수계수의 측정

흙의 제반 특성을 나타내는 물성치 가운데 그 분포 폭이 가장 넓은 것이 투수계수임은 이미 언급하였다. 이러한 사실은 투수계수의 정확한 측정이 어렵다는 것을 시사하고 있다.

투수계수를 결정하는 방법은 경험식, 실내 투수시험 및 현장 투수시험 등으로 대별할 수 있고 이를 세분하면 다음과 같다.

- 투수시험
  - 경험식 – Hazen식(5장에서 논의)
  - 실내시험
    - 정수위투수시험(5장에서 논의)
    - 변수위투수시험(5장에서 논의)
    - 압밀시험(6장에서 논의)
    - 모관시험(논의하지 않음)
  - 현장시험
    - 양수시험(pumping test)(5장에서 논의)
    - 주수시험(논의하지 않음)
    - 색소법, 동위원소법, 전해질법(5장에서 논의)
    - Packer법 (논의하지 않음)

5.3.1 경험공식에 의한 투수계수의 결정

간단한 토질시험 성과를 이용하여 투수계수를 추정하는 방법으로 여러가지 경험식이 제안되었으나 가장 잘 알려진 것은(또는 가장 간단한 것은) Hazen의 경험 공식이다.

Hazen은 입도 분포에서 투수계수를 추정하는 다음과 같은 경험 공식을 제안하였다.

$$\text{Hazen의 경험공식}: k = CD_e^2 \ [\text{cm/sec}] \tag{5.10}$$

여기서 $D_e = D_{10}$: 유효경(有效徑, effective diameter)

= 통과율 10%에 대응하는 입경 [cm 단위, mm 아님!]

C: 상수, 둥글고 깨끗한 모래의 경우 100~150

Hazen의 경험 공식은 그 자체의 실용성(정확성)보다는 흙의 투수계수가 그 흙을 구성하고 있는 다양한 크기의 입자 중 상당히 가는 입자의 입경(D_{10})에 지배된다는 사실을 밝힌 것이 큰 의미가 있다. 즉,

$$k \propto D_e^2 = D_{10}^2$$

따라서, 투수계수는 유효경의 제곱에 비례한다. 이것은 맹암거(french drain), 필터(filter) 등에서 세립분이 조금 함유되어도 그 투수성(배수성)은 급격히 낮아지게 된다는 것을 의미한다. 필터의 투수성을 적정수준으로 유지하기 위하여 200번체 통과율을 5%이하($F \le 5\%$)로 제한하고 있는 규정도 있다.

5.3.2 실내투수시험

(1) 정수위 투수시험

정수위 투수시험(定水位 透水試驗, constant head permeability test)은 본질적으로 Darcy의 법칙을 확립하기 위하여 실시하였던 시험과 그 원리가 동일하다. 그림 5.4에 보인 것처럼 관 속에 단면적 A, 두께 L인 흙 시료와 물을 채운 관을 수조 안에 배치하였다. 물이 흙 속을 침투해서 수조로 내려오더라도 수위를 일정하게 유지하기 위하여 관의

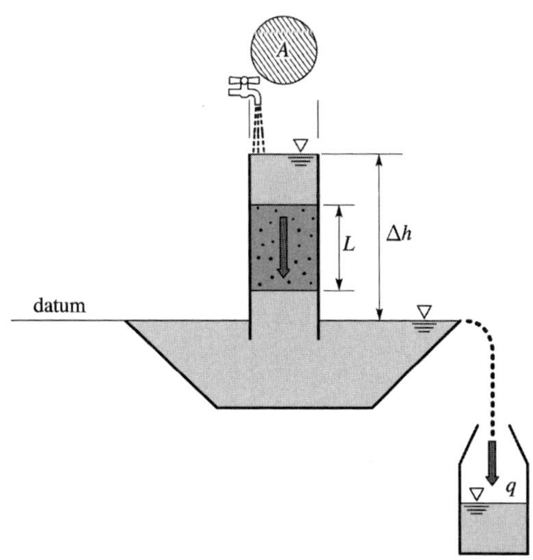

그림 5.4 정수위 투수시험

상부에는 계속 물을 공급하고 수조에는 유입하는 유량만큼 즉시 배출되도록 장치를 설치하여 유량을 측정한다. 이렇게 함으로써 시험 전 과정을 통하여 수위는 일정하게 유지되므로 시험의 명칭도 정수위(constant head) 투수시험이라 한다. 흙 시료 상하면에서의 수위(또는 수두)가 일정하므로 수두차 Δh 도 일정하게 유지된다(정수두 투수시험이라해도 좋음).

정수위 투수시험의 원리는 Darcy의 법칙이다. 시간 t 동안의 유량 Q를 측정하면 Darcy의 법칙에서

$$Q = k\frac{\Delta h}{L}At$$

$$\therefore k = \frac{QL}{At\Delta h} \tag{5.11}$$

여기서 A : 시료의 단면적

L : 시료의 두께

Δh : 시료 상하면 사이의 수두차

t : 시험에 소요된 시간

Q : 시간 t 동안의 유량

시험실시 전에 측정하는 값 : A, L, Δh

시험에서 측정하는 값 : Q, t

이 시험은 투수계수가 비교적 큰 흙에 대해서 적용한다. 투수계수가 대단히 작은 흙의 경우 유량 Q 측정에 장시간이 소요되므로 이 시험 사용은 부적당하다.

(2) 변수위 투수시험

변수위 투수시험(變水位 透水試驗, falling head permeability test) 장치는 다음 그림 5.5에 모식적으로 그려져 있다.

단면적 A, 두께 L 인 흙 시료를 관 속에 넣고 물을 채운 다음 그 위에 단면적 a인 가는 유리관(stand pipe)을 삽입하고 흙을 채운 관을 수조 안에 설치하였다.

물이 흙 속을 침투하여 흐르면 stand pipe의 수위는 강하(falling)하고 수조의 수위는 그대로 유지된다고 생각한다(수조는 대단히 넓고 유량은 극히 적으므로). 이와 같이 시험 과정에서 수위가 변하므로 변수위(falling head, variable head) 투수시험이라 한다.

기준면(datum)을 수조의 수면으로 잡으면 임의의 시각 t 에서

흙 시료 윗면의 수두 = stand pipe의 수위 $= h$

흙 시료 아랫면의 수두 = 수조의 수위 $= 0$

따라서

흙 시료 상하면 사이의 수두차 : $\Delta h = h - 0 = h$

흙 시료 상하면 사이의 동수경사 : $i = \dfrac{\Delta h}{L} = \dfrac{h}{L}$

흙 시료를 침투한 유량 = stand pipe의 유량이므로 시간 dt 동안 stand pipe의 수위가 dh 만큼 강하하였다고 하면

$$- a\,dh = k\frac{h}{L}A dt$$

독자들에게 드리는 질문: 좌변에 웬 – 기호?

$$-\frac{dh}{h} = \frac{k}{aL}A\,dt$$

$t = t_1$ 때의 $h = h_1$, $t = t_2$ 때 $h = h_2$ 라 하면

$$-\int_{h_1}^{h_2}\frac{dh}{h} = \frac{kA}{aL}\int_{t_1}^{t_2}dt$$

$$-\ln\frac{h_2}{h_1} = \frac{kA}{aL}(t_2 - t_1)$$

$$\therefore k = \frac{aL}{A(t_2 - t_1)}\ln\frac{h_1}{h_2} \qquad (5.12a)$$

또는

$$k = \frac{2.3\,aL}{A(t_2 - t_1)}\log\frac{h_1}{h_2} \qquad (5.12b)$$

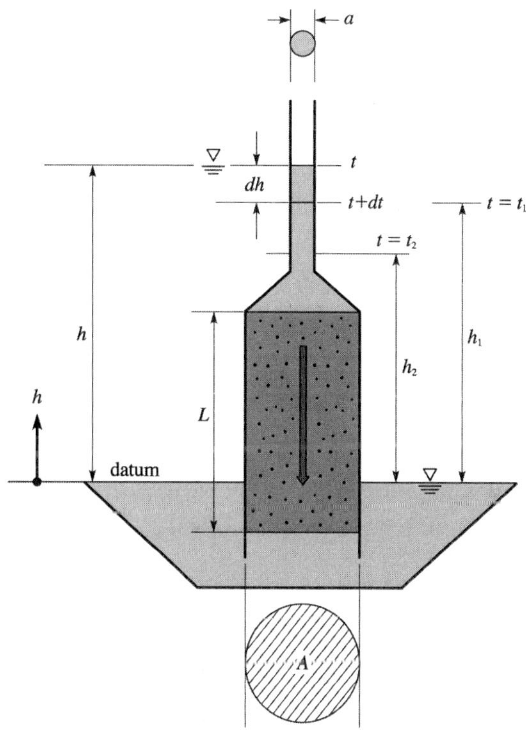

그림 5.5 변수위 투수시험

여기서, a : stand pipe의 단면적

A : 시료의 전체 단면적

t_1 : 시험시작시각

t_2 : 시험종료시각

$t_2 - t_1 =$ 시험에 소요된 시간

h_1 : $t = t_1$ 때의 stand pipe의 수위

h_2 : $t = t_2$ 때의 stand pipe의 수위

ln : 자연대수

log : 상용대수

시험 실시 전에 알고 있는 값 : a, A, L
시험에서 측정하는 값 : t_1, t_2, h_1, h_2

변수위 투수시험은 유량을 측정하지 않고 그 대신 stand pipe의 수위 강하량을 측정하여 투수계수를 결정하는 방법이다. 그러므로 투수계수가 대단히 작은 흙에서도 stand pipe의 내경이 대단히 작은 것을 사용하면 미소한 유량에 대해서도 stand pipe의 수위는 민감하게 반응하므로 투수계수의 결정이 가능해진다.

5.3.3 현장투수시험

실내에서 실시하는 토질시험 중 투수시험이 그 결과에 대한 신뢰도가 가장 낮은 것으로 평가되고 있다. 이러한 현상은 시료의 대표성이 대단히 낮기 때문이다. 사실상 실내투수시험은 투수계수를 과소평가(underestimate)하는 것으로 알려져 있다. 현장투수시험은 이러한 결점을 보완하기 위하여 실시하는데 경비와 시간이 많이 소요되는 것이 문제점이다.

투수계수를 측정하려는 부지에 양수정(揚水井, pumping well)과 관측정(觀測井, observation well)을 설치하고 양수정에서 양수를 하면 관측정의 수위는 강하하게 된다. 양수량을 일정하게 유지하면서 양수를 계속하면 더 이상 수위강하가 일어나지 않고, 수위는 시간이 경과해도 일정하게 되는 상태에 이르게 된다. 이 상태를 정상흐름(定常流, steady flow) 또는 정상침투(定常浸透, steady seepage)상태라 한다. 정상흐름의 상태에서는 양수량과 양수정으로 유입하는 유량이 서로 균형(balance)을 이루고 있다.

정상침투 상태에서의 유량과 관측정에서의 수위를 측정하여 투수계수를 구하는 방법을 양수시험(pumping test)이라 한다.

NOTE : 정상침투 상태에서는 흐름의 모든 성분(유량, 유속, 수위 등)이 시간에 관계없이 일정함. 즉 흐름의 각 성분의 시간에 대한 일차도함수가 모두 0(zero)이 됨.

독자들에게 드리는 질문 : ① 정상침투 상태를 동영상으로 찍으면 어떻게 될까?
② 소개팅으로 만난 두 사람이 데이트를 거듭하다가 이윽고 steady state가 되었다. 이 때 steady는 무엇이 시

간에 무관하게 일정(불변)하다는 뜻인가?
(부분적 해답 ; 데이트 파트너. 그보다는 두 사람의 마음....)

NOTE : 양수대신 물을 주입하면서 주수량(注水量)과 수위변화를 측정하여 투수계수를 결정하는 방법을 주수시험(注水試驗)이라 함.

(1) 자유수 또는 중력우물에 대한 양수시험

자유수(自由水)란 구속되지 않는 대수층(unconfined aquifer)에 존재하여 중력의 작용만을 받는 지하수로써 다음에 논의하는 피압지하수와 비교된다. 자유수가 있는 지층에 우물을 파면 물은 중력의 작용만 받으므로 이를 중력우물(重力井, gravity well)이라 한다.

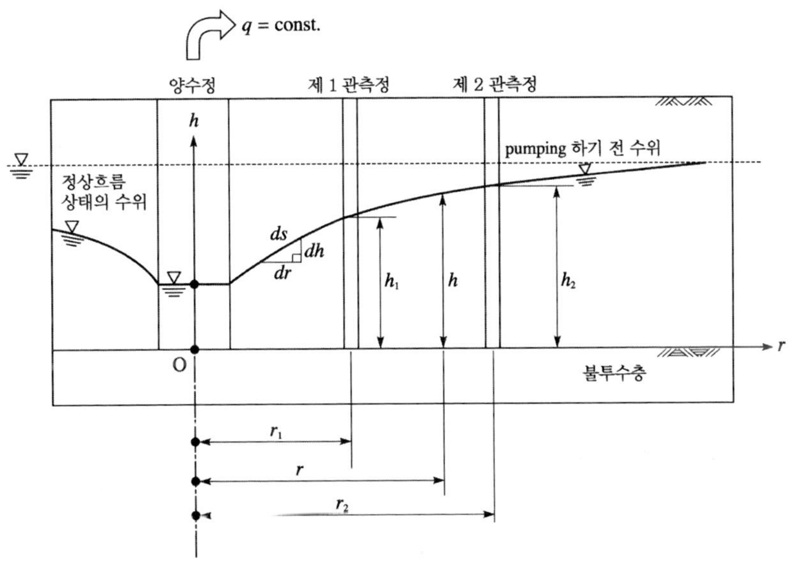

그림 5.6 자유수(중력우물)에 대한 양수시험

그림 5.6에는 양수정과 제 1, 제 2 관측정을 설치한 지층 단면을 보여주고 있다. 우물을 굴착한 후 우물 내의 수위는 초기 지하수위와 같고 그림에는 점선으로 표시되어 있다. 양수정에서 물을 퍼 올리면 지하수위는 강하한다. 양수량을 일정하게 유지하면서 양수를 계속하면 더 이상 지하수위의 강하가 일어나지 않는 정상침투 상태에 도달하게 된다. 이 때의 수위가 실선으로 나타나 있다. 정상침투상태에서는 양수량과 양수정으로 유입하는 수량(水量)이 균형상태에 있다.

양수정의 중심 O를 원점으로 하여 r 축과 h 축을 설정한다. 원점에서 제 1, 제 2 관측정까지의 거리 r_1, r_2와 각각의 수위 h_1, h_2가 그림 5.6에 제시되어 있다.

정상침투 상태의 양수량 q는 양수정에 유입하는 유량과 같고 양수정 유입 유량은 반경r, 높이 h인 원통의 주면(柱面)을 통하여 흐르는 유량과 같다. 즉

$$q = Av$$

여기서 q: 양수량

$A = 2\pi r h$: 원통주면의 면적

v : 원통주면으로 유입하는 물의 유속

Darcy의 평균유속 v는 Dupit–Forcheimer의 가정에 의하여

$$v = ki = k\frac{dh}{dr}$$

Darcy의 유속은 모든 깊이에서 동일하고 속도의 방향은 수평방향(r 의 방향)이다. 왜냐하면 $i = \frac{dh}{dr}$, 즉 수평방향 흐름에 대한 동수경사이기 때문이다(아래점선 box 참조).

Dupit – Forcheimer의 가정 :

그림 5.6의 수면에서는 간극수압이 0이므로 압력수두가 0이다. 따라서, 전수두는 위치 수두와 같다. 수면상의 2점 사이의 거리 ds, 높이의 차는 위치수두차이고 이는 곧 전수두차이므로

$$\Delta h = dh$$

따라서 동수경사 i는

$$i = \frac{dh}{ds}$$

정상침투상태에서 수면의 경사는 대단히 완만하므로 $ds \simeq dr$, 따라서

$$i = \frac{dh}{ds} \approx \frac{dh}{dr}$$

수면 아래에서는 압력수두가 0이 아니므로 동수경사는 위의 값과 다르겠지만 i는 깊이에 무관하게 동일하다고 가정한다. 즉 모든 깊이에서

$$i = \frac{dh}{dr}$$

원통주면으로 유입되는 유량은 주면면적과 여기에 수직방향인 유속을 곱한 것과 같다.

$$q = Av = k\,i\,A = k\left(\frac{dh}{dr}\right)(2\pi r h)$$

$$q\frac{dr}{r} = 2\pi k\,h\,dh$$

제 1 관측정과 제 2 관측정에 대하여 이 미분방정식을 풀면

$$q\int_{r_1}^{r_2}\frac{dr}{r} = 2\pi k\int_{h_1}^{h_2} h\,dh$$

$$q\ln\frac{r_2}{r_1} = 2\pi k\left(\frac{h_2^2 - h_1^2}{2}\right)$$

$$\therefore\ k = \frac{q}{\pi}\frac{\ln\frac{r_2}{r_1}}{h_2^2 - h_1^2} \tag{5.13}$$

또는

$$k = \frac{2.3q}{\pi}\frac{\log\frac{r_2}{r_1}}{h_2^2 - h_1^2} \tag{5.14}$$

여기서 r_1 : 제 1 관측정까지의 거리

r_2 : 제 2 관측정까지의 거리

h_1 : 제 1 관측정의 수위

h_2 : 제 2 관측정의 수위

- 알고 있는 값 : r_1, r_2
- 측정하는 값 : q, h_1, h_2

참고사항

양수시험에서 정상침투상태에 도달하지 않을 때의 투수계수 결정방법으로는 Theis의 방법, Jacob의 방법 등이 있으나 이 방법들은 본 강의의 범위를 벗어난다.

참고문헌 : Fletcher G. Driscoll ; Ground Water and Wells 2/e ; Johnson Division, st. Paul, Minnesota, USA, 1986

(a) 관측정이 1개인 경우

이 때에는 양수정을 제 1 관측정, 관측정을 제 2 관측정으로 한다.

$$k = \frac{q}{\pi} \frac{\ln \frac{r_1}{r_o}}{h_1^2 - h_o^2} \tag{5.15}$$

여기서 r_o = 양수정의 반경

h_o = 양수정의 수위

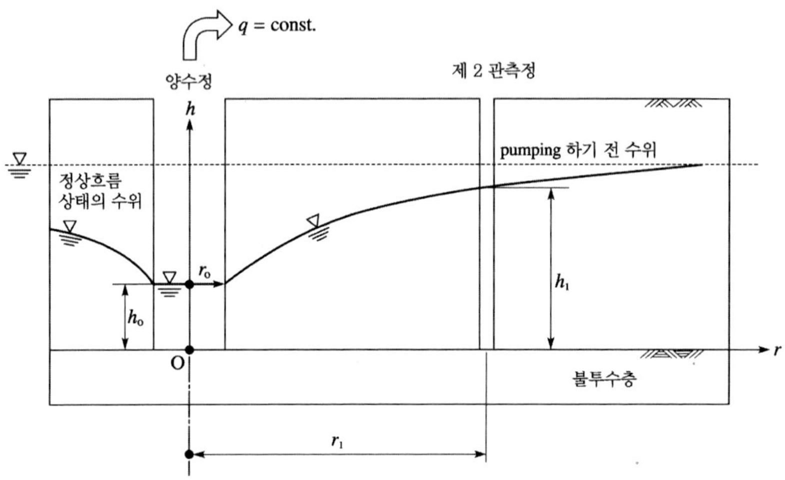

그림 5.7 관측정이 1개인 경우의 양수시험

(b) 관측정이 없는 경우

양수정과 영향권 반경(R)을 각각 제 1, 제 2 관측정으로 사용한다.

영향권 반경은 양수에 의하여 수위의 강하가 일어나지 않는 최소반경을 뜻한다.

$$k = \frac{q}{\pi} \frac{\ln \frac{R}{r_o}}{H_o^2 - h_o^2} \tag{5.16}$$

여기서 R: 영향권 반경

H_o: 양수하기 전의 수위(=영향권 반경에서의 수위)

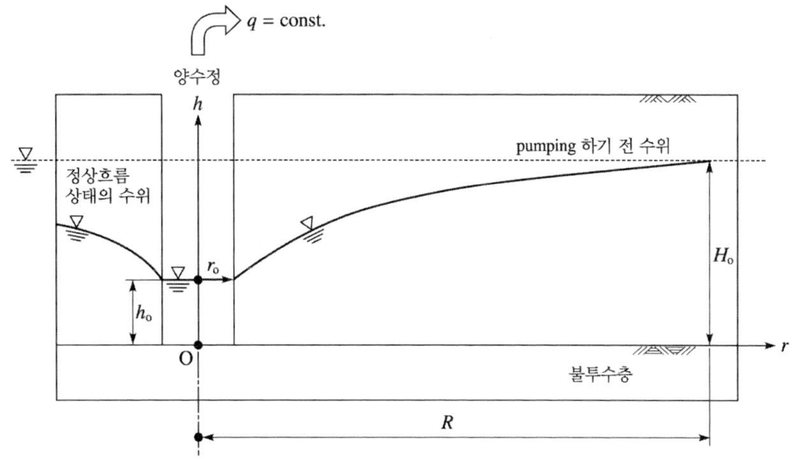

그림 5.8 관측정이 없는 경우의 양수시험

R값은 handbook 등을 참고하여 찾을 수 있으며 보통 자갈층은 R이 크고 점토층은 R이 작다.

NOTE: 우물에서 얻을 수 있는 수량을 알아보기 위해서는 식 (5.16)을 유량 q에 대하여 정리하면

$$q = \pi k (H_0^2 - h_0^2) \ln \frac{r_o}{R} \tag{5.17}$$

$q \propto \ln \frac{r_o}{R}$ 이므로 우물의 반경 r_o 을 크게 하여도 얻어지는 q의 크기는 별로 변하지 않음.

(2) 피압지하수 또는 피압우물에 대한 양수시험

피압지하수(被壓地下水)는 상수도 관 속의 물처럼 압력을 받고 있는 지하수이며 불투수층 사이에 구속되어 있는 대수층(confined aquifer)에 차있는 지하수이다. 피압상태이므로 수압은 정수압과 다르다. 불투수층을 뚫고 우물을 파면 수위는 압력수두만큼 상승한다(그림 5.9). 이러한 우물을 피압우물(被壓井, artesian well)이라 한다.

그림 5.9는 자유(중력)지하수와 피압(被壓)지하수를 비교하여 보여주고 있다. 먼저 불투수층 위에 있는 투수성 지층에 지하수면이 존재한다. 여기에 있는 지하수는 중력의 작용만 받으므로 중력 지하수라 한다. A점에 우물을 파면 우물 내의 수위는 지하수면과 일치하게 된다. 이러한 우물을 중력우물이라 한다.

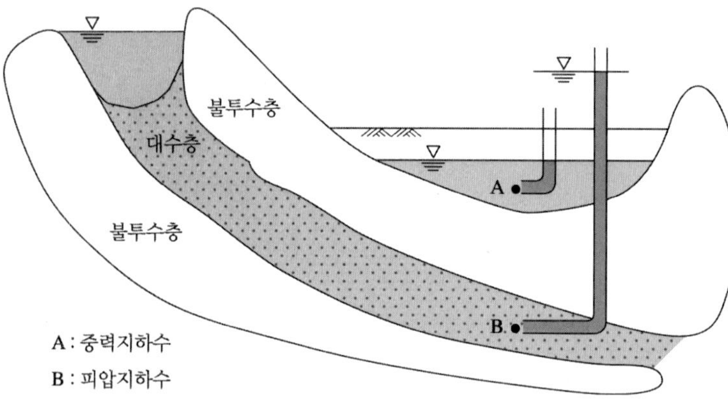

그림 5.9 피압지하수(피압우물)와 자유지하수(중력우물)

한편 산정에는 호수가 있고 호수 바닥과 연결된 대수층(帶水層, aquifer)은 불투수층 사이에 협재되어 있다. 이 대수층에 있는 지하수는 대단히 큰 압력을 받고 있으므로 피압 지하수(被壓地下水)라 한다. 만약 대수층에 있는 점 B에 우물을 파면, 우물 내 수위는 대수층 표면보다 훨씬 높은 곳까지 상승하게 된다(저항이 전혀 없는 이상유체의 경우 산정호수 수면까지 상승). 이러한 우물을 피압 우물(被壓井, artesian well)이라 한다(이곳의 지하수는 여과되고 광물질도 함유하여 좋은 음용수가 될 가능성 큼).

독자들에게 드리는 질문 : 백두산 천지(天地)의 물은 어떻게 생긴 것일까? 지하수인가, 강수에 의한 물인가, 또는 천지괴물의 신통력 때문에 생긴 물인가? (아무래도 마지막 의견은 허황한 듯)

그림 5.10에는 피압 지하수를 함유한 대수층과 대수층에 설치한 양수정 그리고 제 1, 제 2 관측정을 나타내는 지층 단면도가 제시되어 있다. 양수정과 관측정을 굴착하면 피압 지하수는 상승하여 모든 우물은 같은 수위를 유지하게 된다(점선 수평선). 양수정에서 물을 퍼내면 수위는 강하한다. 양수량을 일정하게 유지하면서 양수를 계속하면 더 이상의 수위강하가 일어나지 않는 정상 침투(定常浸透, steady seepage) 상태에 이르게 된다. 정상침투 상태에서 우물의 수위가 나타나 있고, 불투수층에는 실제 수위 형성이 불가능하므로 가상수면을 점선으로 나타내고 있다.

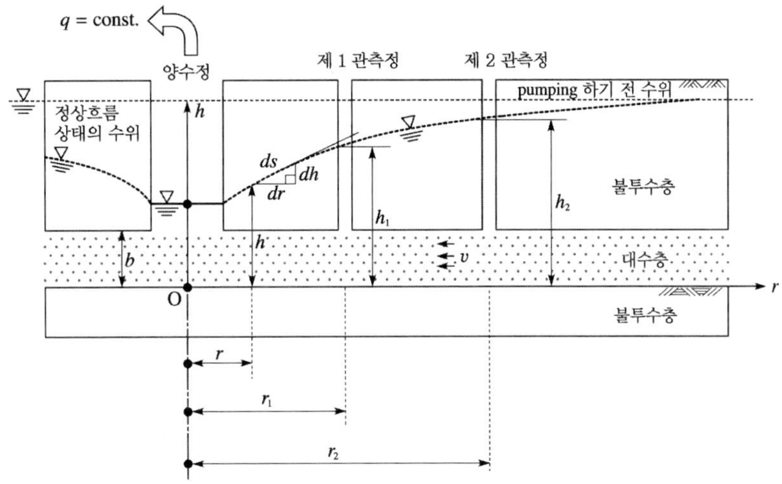

그림 5.10 피압지하수에 대한 양수시험

양수정의 중심 O를 원점으로 하여 r축과 h축을 설정하였다. 그림에는 제 1, 제 2 관측정의 위치와 정상침투 상태에서의 수위가 나타나 있다.

정상침투 상태에서는 양수량과 양수정으로 유입하는 수량이 균형(balance) 상태에 있고, 양수정에 유입하는 유량은 반경 r, 높이 b인 원통의 주면(柱面)을 흐르는 유량과 같다(연속의 법칙).

양수량 q = 반경 r, 높이 b 인 원통 주면을 침투하는 유량.

따라서

$$q = k\,i\,A \tag{a}$$

그런데

$$i = \frac{dh}{dr} \quad \text{(Dupit – Forcheimer 가정에 의함)}$$

$$A = 2\pi r b$$

따라서

$$q = k\frac{dh}{dr}(2\pi r b)$$

제 1, 제 2 관측정에 대하여 풀면

$$q\int_{r_1}^{r_2}\frac{dr}{r}=2\pi bk\int_{h_1}^{h_2}dh$$

$$q\ln\frac{r_2}{r_1}=2\pi bk(h_2-h_1)$$

$$\therefore k=\frac{q\ln\frac{r_2}{r_1}}{2\pi b(h_2-h_1)} \tag{5.18}$$

여기서, b : 대수층(aquifer)두께

알고 있는 값 : b, r_1, r_2

측정하는 값 : q, h_1, h_2

(3) 색소법, 전해질법, 방사선 동위원소법

우물 2개를 굴착하여 수위가 더 높은 우물에 색소 등을 투입한 후 수위가 더 낮은 우물에 이들 물질이 도달하는 시간을 측정하여 물의 실제 침투유속 v_s 를 산정하는 관계식에서 지반의 투수계수를 결정하는 현장시험이다.

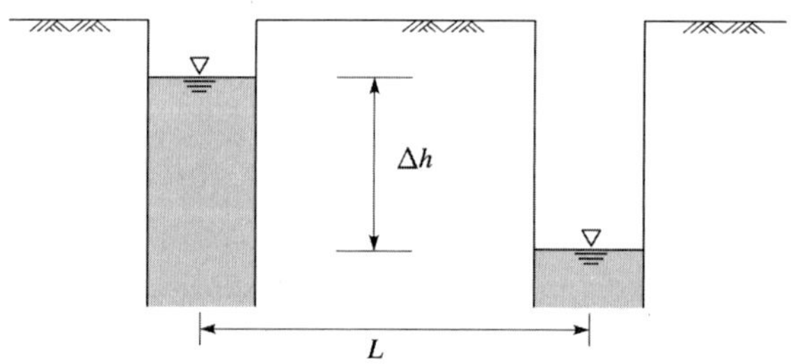

그림 5.11 색소법, 전해질법, 방사선 동위원소법

두 우물 사이의 거리를 L, 색소 등 물질이 최초로 하류측 우물에 도달하는 데 소요되는 시간을 t 라 하면 실제 침투유속 v_s 는

$$v_s=\frac{L}{t} \tag{a}$$

그런데 지반의 실제 침투유속 v_s 는

$$\upsilon_s = \frac{k\,i}{n} = \frac{k}{n}\frac{\Delta h}{L} \tag{b}$$

여기서 Δh 는 두 우물의 수두차이고 n 은 지반의 간극률

식(a)와 식(b)에서

$$\frac{L}{t} = \frac{k}{n}\frac{\Delta h}{L}$$

$$\therefore\ k = \frac{n\,L^2}{\Delta h\,t} \tag{5.19}$$

- 알고 있는 값 : L, Δh, n
- 측정하는 값 : t

5.4 투수계수에 영향을 미치는 요소

흙 속으로 물이 침투해서 흐를 때 투수계수에 영향을 미치는 요인은 흙의 특성과 물의 성질 등 2가지로 대별할 수 있다. 즉

흙의 투수계수는 ─┬─ 흙의 특성(입경, 형상, 구조 등) ─┬─ 에 따라 달라진다.
　　　　　　　　　└─ 액체의 성질(점성, 단위중량 등) ─┘

Taylor(1948)는 Poiseuille의 법칙을 이용하여 투수계수에 영향을 미치는 요인들이 투수계수와 다음과 같은 관계가 있음을 밝혔다.

$$k = CD_s^{\,2}\frac{\gamma_w}{\eta}\frac{e^3}{1+e} \tag{5.20}$$

여기서 C : 형상계수(실용상 결정 불가능)
D_s : 등치입경(실용상 결정 불가능)
γ_w : 액체의 단위중량
η : 액체점성계수(온도에 따라 달라짐)
e : 간극비

Taylor의 이론식은 투수계수를 정량적으로 결정하는 데는 사용하기 어렵고 투수계수에 영향을 미치는 요인들을 정성적으로 표현한 것이라 할 수 있다.

물을 포함하여 일반적으로 액체가 흙 속을 침투해 흐른다면

$k = f$ (액체 : 단위중량, 점성계수 | 흙 : 형상계수, 입경, 간극비)

흙 속을 침투하는 액체의 특성과는 상관없이 흙의 특성만에 의하여 결정되는 투수계수를 절대 투수계수라 하며 다음과 같이 나타낼 수 있다.

$$K = k\frac{\eta}{\gamma_w} \tag{5.21}$$

여기서 K : 절대 투수계수

K 는 흙 자체의 특성만을 대상으로 하였을 때 투수성이 어떠한가를 나타내는 토성치이다. 즉 같은 흙에서는 액체의 종류(벤젠, 아세톤, 석유 등)에 무관하게 K 값은 같게 된다.

다음 투수계수에 영향을 미치는 요인을 개별적으로 고찰해 보도록 한다.

가. 투수계수와 입경 사이의 관계

Taylor의 이론식에 의하면 투수계수는 (등치)입경의 제곱에 비례한다.

$$k \propto D_s^2 \tag{5.22}$$

이러한 형태의 관계식으로 Hazen의 경험공식이 있다. 즉

$$k = C\,D_{10}^2 \tag{5.23}$$

여기서 C : 상수(둥글고 깨끗한 모래의 경우 C=100~150)

나. 투수계수와 온도 사이의 관계

Taylor의 이론식에 의하면

$$k \propto \frac{\gamma_w}{\eta}$$

그런데 γ_w 는 수온에 관계없이 거의 일정한 반면 η 는 그 변화량이 크므로

$$k \propto \frac{1}{\eta}$$

온도 T_1 °C 일 때 $\eta = \eta_1$, $k = k_1$

온도 T_2 °C 일 때 $\eta = \eta_2$, $k = k_2$ 라 하면

$$k_1 : k_2 = \frac{1}{\eta_1} : \frac{1}{\eta_2}$$

또는

$$k_2 = k_1 \frac{\eta_1}{\eta_2} \tag{5.24}$$

표준온도를 20°C 로 하면 표준온도에서의 투수계수는

$$k_{20} = k_T \frac{\eta_T}{\eta_{20}} \tag{5.25}$$

여기서 k_{20} : 수온 20°C 때의 투수계수 = 표준 투수계수

k_T : 수온 T °C 에서 측정한 투수계수

η_{20} : 수온 20°C 때의 물의 점성계수

η_T : 수온 T °C 때의 물의 점성계수

시험실에서 측정한 투수계수는 k_{20} 로 환산하여 보고한다.

다. 투수계수와 간극비 사이의 관계

Taylor의 이론식에 의하면

$$k \propto \frac{e^3}{1+e}$$

$e = e_1$ 때의 $k = k_1$, $e = e_2$ 때의 $k = k_2$ 라 하면

$$k_1 : k_2 = \frac{e_1^{\ 3}}{1+e_1} : \frac{e_2^{\ 3}}{1+e_2}$$

이 관계는 모래에서만 성립되고 점토의 경우에는 성립되지 않는다.

또는 $k \propto e^2$ 이라는 시험결과도 있다. 따라서

$$k_1 : k_2 = e_1^2 : e_2^2$$

또는 $\ln k \propto e$ 라는 측정결과도 있다. 따라서

$$\ln k_1 : \ln k_2 = e_1 : e_2$$

이 식은 유체의 종류에 관계없이 가장 잘 맞는 식으로 평가되고 있다(Lambe & Whitman, 1969)

5.5 2차원 흐름

5.5.1 2차원 흐름에 관한 일반적 사항

지금까지의 논의에서 지하수의 흐름은 1차원(一次元, one dimensional ; 1–D) 흐름에 한정하였다. 즉 물은 오로지 한 방향으로 직진하여 흐른다고 생각하였다. 예를 들어, 관 속에 배치한 흙에는 관의 축(軸, axis) 즉 길이방향의 침투만 발생한다고 생각하였다. 이와 같은 1차원 흐름의 경우 물이 흐르는 방향을 x–방향이라 하고 이 방향의 유속을 v_x 라 하면 이와 직교하는 다른 2개의 축 방향의 유속성분 $v_y = 0$, $v_z = 0$ 이 된다. 즉

1차원 흐름 : v_x, $v_y = 0$, $v_z = 0$

토목공학에서는 지하수의 2차원(二次元, two dimensional ; 2–D) 흐름을 다루는 경우가 대단히 많다. 예를 들면 흙 댐을 침투하는 물의 흐름 또는 널말뚝이 설치된 지반을 침투하는 물의 흐름 등이 여기에 속한다. 2차원 흐름에서는 흐름의 성분, 예를 들어 흐름의 방향 또는 유속의 방향은 각 위치마다 다르게 되며 나머지 한 축 방향의 유속은 0이다. 여기서 2차원 흐름의 유선은 지면(紙面) 또는 흑판 등의 평면에 그릴 수 있으며 그 형태는 곡선이 된다. 책의 지면에 수직한 방향으로는 유속이 0이다. 즉

2차원 흐름 : v_x, v_y, $v_z = 0$

2차원 흐름의 한 예로 콘크리트 댐이 설치되어 있는 지층을 침투하여 흐르는 지하수의 흐름을 들 수 있다. 물이 흐르는 경로를 지층 단면도에 그릴 수 있고(그림 5.16 참조), 댐의 좌안에서 우안으로 흐르는 물은 없으므로 이 축 방향(책의 지면에 수직한 방향)의 유속은 0이다.

지하수의 2차원 흐름에 관한 이론을 전개하기 위해서는 지반 특성의 균질성과 비균질성 및 등방성과 이방성에 대한 가정을 설정하여야 한다. 균질성과 등방성에 대해서는 3장에서 이미 논의

하였으나 본 장에서는 투수계수의 균질성과 등방성 여부에 관한 논의가 자주 나타나므로 여기서는 다시 간략하게 정리하기로 한다.

균질(homogeneous)과 비균질(nonhomogeneous) : 공간적 균일성과 불균일성

- 균질(均質) : (흙의 특성이) 모든 곳에서 같음(the same everywhere)

  (흙의 특성이) 위치를 옮겨도 같음(the same from point to point)

  흙의 특성으로 투수계수를 택하면 $\dfrac{\partial k}{\partial x} = 0\,,\ \dfrac{\partial k}{\partial y} = 0$

- 비균질(非均質)이면 $\dfrac{\partial k}{\partial x} \neq 0\,,\ \dfrac{\partial k}{\partial y} \neq 0$

등방(isotropic)과 이방(anisotropic) : 방향에 따른 균일성과 비균일성

- 등방(等方) : (흙의 특성이) 모든 방향으로 같음(the same in each direction)

  x방향 투수계수 $= y$ 방향 투수계수, $k_x = k_y$

- 이방(異方)이면 x방향 투수계수 $\neq y$ 방향 투수계수, $k_x \neq k_y$

균질(H) 비균질(N)과 등방(I) 이방(A)을 조합하면 아래 그림에 제시한 것 같은 4가지 경우가 가능하다.

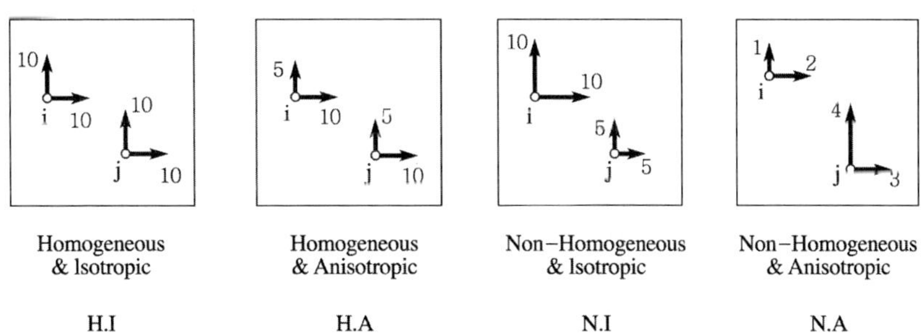

그림 5.12 균질성과 등방성에 따른 가능한 조합

5.5.2 2차원 흐름의 기본방정식

2차원 흐름의 기본 방정식을 유도하기 위하여 다음과 같은 가정을 설정한다.

① 지층은 완전포화상태이다.

② 지층은 균질하다(나중에 등방성을 추가로 가정함).

③ 물의 흐름은 Darcy 법칙을 따른다(흐름은 층류이다).

④ 물과 흙의 부피는 물의 흐름에 의하여 변하지 않는다(물과 흙은 비압축성).

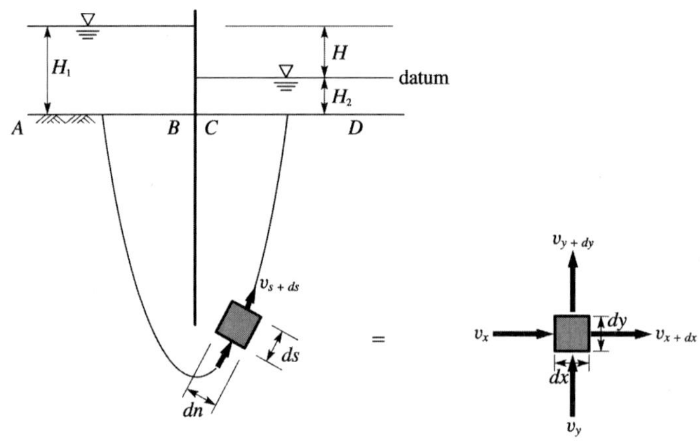

그림 5.13 2차원 흐름의 한 예

그림 5.13은 널말뚝(sheet pile)이 타입된 지층에서 좌측 상류측 지표면에서 침투해 들어간 물이 우측 하류측 지표면으로 침투해 나오는 2차원 흐름의 한 예를 그린 것이다.

기준면을 하류측 수면으로 잡으면 상류측 지표면(AB면)의 전수두는 $H = H_1 - H_2$ 이고 하류측 지표면(CD면)의 전수두는 0이다. 물은 AB면에서 유입하여 CD면으로 유출하는 데 이 과정의 흐름은 책의 지면에 그릴 수 있는 2차원 흐름이다. 즉 책의 지면에 수직한 방향의 흐름은 일어나지 않는다.

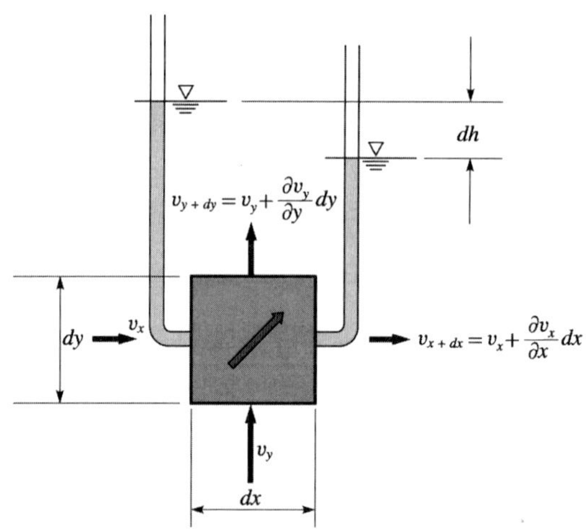

그림 5.14 미소요소에 대한 유 · 출입 유속

이 그림에 보인 미소요소에서 유속 v_s 로 유입한 물이 v_{s+ds} 의 유속으로 유출하고 있다. 유출입면의 면적은 $(dn \times 1)$ 이며 이 면이 연직면과 이루는 각도는 θ 이다. 이 요소 $(ds \times dn)$에 대한 물의 유 · 출입은 같은 그림에 제시된 $(dx \times dy)$ 요소에 대해서는 v_x 와 v_y 의 유속으로 유입되고 v_{x+dx}, v_{y+dy} 의 유속으로 유출하는 것으로 대치할 수 있음은 분명하다. 구태여 이 사실을 확인하려면 참고사항 ①을 참조하기 바란다.

즉 수평방향을 *x*축, 연직방향을 *y*축으로 잡았을 때 2차원 흐름에서 한 미소요소에 유입 유출하는 유속은 그림 5.14와 같다.

참고사항 ① : 그림 5.13에 관한 설명

그림 5.13에 보인 것처럼 미소요소($dn \times ds$)의 dn면에 유속 υ_s 로 유입하는 유량은 미소요소 ($dx \times dy$)의 dy면에 υ_x 로 유입하는 유량과 dx면에 υ_y 유속으로 유입하는 유량의 합과 같다. 마찬가지로 ($dn \times ds$)요소에서 υ_{s+ds} 의 유속으로 dn면에서 유출하는 유량은 미소요소($dx \times dy$)의 dy면을 υ_{x+dx} 의 유속으로 유출하는 유량과 dx면에서 υ_{y+dy} 의 유속으로 유출하는 유량의 합과 같다. 이 사실은 다음과 같이 밝힐 수 있다. 유입유량에 대하여 아래 그림을 참조하면

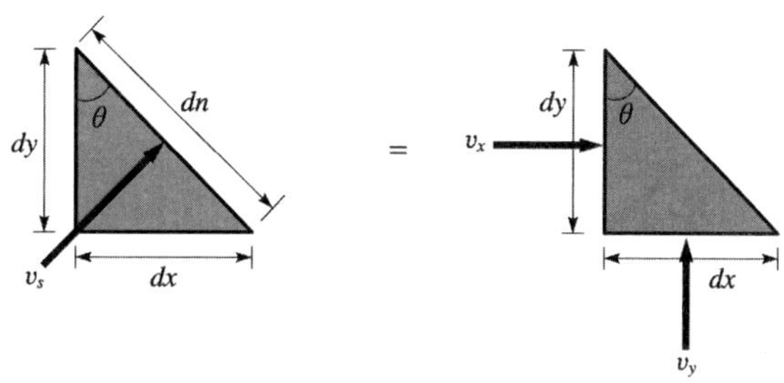

$q_{enter} = dn \cdot \upsilon_s = \upsilon_x \cdot dy + \upsilon_y \cdot dx$ 가 됨을 밝히면 된다.

$dx = dn \cdot \sin\theta \qquad dy = dn \cdot \cos\theta$

$\upsilon_x = \upsilon_s \cdot \cos\theta \qquad \upsilon_y = \upsilon_s \cdot \sin\theta$

$$\therefore \upsilon_x dy + \upsilon_y dx = (\upsilon_s \cdot \cos\theta)(dn \cdot \cos\theta) + (\upsilon_s \cdot \sin\theta)(dn \cdot \sin\theta)$$

$$= \upsilon_s dn$$

유출유량에 대해서도 같은 방법으로 밝힐 수 있다.

그림 5.14와 같이 흙 속에 있는 한 미소 요소에 x 방향과 y 방향으로 각각 물이 유입한 후 유출한다고 생각하면

- x 방향의 유속과 유입, 유출 면적

  들어오는 유속 = 좌표 x에서의 유속 = υ_x

  유입 면적 = $dy \times 1 = dy$

  나가는 유속 = 좌표 x + dx에서의 유속 = $\upsilon_{x+dx} = \upsilon_x + \dfrac{\partial \upsilon_x}{\partial x} dx$

유출 면적 $= dy \times 1 = dy$

x 방향 동수경사 $i_x = -\dfrac{dh}{dx}$

- y 방향의 유속과 유입, 유출 면적

들어오는 유속 = 좌표 y에서의 유속 $= \upsilon_y$

유입 면적 $= dx \times 1 = dx$

나가는 유속 = 좌표 y + dy에서의 유속 $= \upsilon_{y+dy} = \upsilon_y + \dfrac{\partial \upsilon_y}{\partial y} dy$

유출 면적 $= dx \times 1 = dx$

y 방향 동수경사 $i_y = -\dfrac{dh}{dy}$

NOTE : x방향 유입속도가 υ_x 일 때 유출속도 $\upsilon_{x+dx} = \upsilon_x + \dfrac{\partial \upsilon_x}{\partial x} dx$ 로 한 것은 Taylor 전개의 1차 도함수항까지만 취한 것. y방향도 마찬가지임. 자세한 내용이 필요한 독자는 참고사항 ②을 읽어보기 바람.

참고사항 ② : 유출유속 υ_{x+dx} 와 υ_{y+dy} 의 결정

미소요소에 대한 유출속도는 유입속도에 물이 미소요소를 흐르는 동안 생긴 속도의 변화량을 더한 것과 같다. 즉

먼저 수평방향 유속에 대하여 생각해 보면

- 좌표 x에서의 유속이 유입속도 υ_x 이고
- 좌표 $x + dx$ 에서의 유속이 유출속도 υ_{x+dx} 이다.

좌표 x에서의 유속 υ_x 와 도함수 $\dfrac{\partial \upsilon_x}{\partial x}$, $\dfrac{\partial^2 \upsilon_x}{\partial x^2}$, $\dfrac{\partial^3 \upsilon_x}{\partial x^3}$,… 을 알고 있을 때 좌표 $x + dx$ 의 유속 υ_{x+dx} 는 Taylor 급수전개식으로 추정할 수 있다. 즉

$$\upsilon_{x+dx} = \upsilon_x + \frac{\partial \upsilon_x}{\partial x} dx + \frac{1}{2!}\frac{\partial^2 \upsilon_x}{\partial x^2} dx^2 + \frac{1}{3!}\frac{\partial^3 \upsilon_x}{\partial x^3} dx^3 + \cdots$$

일차도함수 항까지만 취하면

$$\upsilon_{x+dx} = \upsilon_x + \frac{\partial \upsilon_x}{\partial x} dx$$

마찬가지로 연직방향에 대해서도

$$\upsilon_{y+dy} = \upsilon_y + \frac{\partial \upsilon_y}{\partial y} dy$$

υ_{x+dx} 와 υ_{y+dy} 는 유출속도이다.

그림 5.13에서 상하류측 수위 H_1 과 H_2 가 불변이므로 정상흐름(steady flow)이고 이 미소요소에 대한 유입유량과 유출유량은 같다.

$$q_{enter} = q_{exit} \tag{a}$$

그런데

$$\left.\begin{aligned} q_{enter} &= \upsilon_x\, dy + \upsilon_y\, dx \\ q_{exit} &= \left(\upsilon_x + \frac{\partial \upsilon_x}{\partial x} dx\right) dy + \left(\upsilon_y + \frac{\partial \upsilon_y}{\partial y} dy\right) dx \end{aligned}\right] \tag{b}$$

식(b)를 식(a)에 대입하면

$$\upsilon_x dy + \upsilon_y dx = \left(\upsilon_x + \frac{\partial \upsilon_x}{\partial x} dx\right) dy + \left(\upsilon_y + \frac{\partial \upsilon_y}{\partial y} dy\right) dx$$

$$\therefore \ \frac{\partial \upsilon_x}{\partial x} + \frac{\partial \upsilon_y}{\partial y} = 0 \tag{5.26}$$

식 (5.26)를 연속방정식(equation of continuity)이라 한다. 이 식은 $q_{enter} = q_{exit}$, 즉 흐름에 의한 유량의 변화는 없다(질량보존의 법칙)는 것을 의미한다. 그런데

$$\left.\begin{aligned} \upsilon_x &= k_x i_x = k_x\left(-\frac{dh}{dx}\right) = -k_x \frac{dh}{dx} \\ \upsilon_y &= k_y i_y = k_y\left(-\frac{dh}{dy}\right) = -k_y \frac{dh}{dy} \end{aligned}\right] \tag{5.27}$$

여기서 i_x 와 i_y 는 각각 x방향과 y방향의 동수경사이다.

$i_x = -\dfrac{dh}{dx}$, $i_y = -\dfrac{dh}{dy}$ 의 음(-)의 기호는 x와 y가 증가함에 따라 h는 감소하며 기울기가 음(-)이

기 때문이다.

식 (5.27)를 식 (5.26)에 대입하여

$$\frac{\partial}{\partial x}\left(-k_x \frac{dh}{dx}\right)+\frac{\partial}{\partial y}\left(-k_y \frac{dh}{dy}\right)=0$$

$$k_x \frac{\partial^2 h}{\partial x^2}+k_y \frac{\partial^2 h}{\partial y^2}=0 \tag{5.28}$$

균질하지만 이방성인 토층의 물의 흐름은 식 (5.28)로 표현된다.

다시 지층의 등방성을 가정하면 $k_x = k_y$

$$\frac{\partial^2 h}{\partial x^2}+\frac{\partial^2 h}{\partial y^2}=0 \tag{5.29a}$$

또는

$$\nabla^2 h = 0 \tag{5.29b}$$

식 (5.29)는 Laplace방정식이다. 여기서 h는 전수두, x, y는 좌표이다. 결국 균질하고 등방성인 지층에서의 2차원 물의 흐름은 Laplace방정식으로 나타낼 수 있다.

그리고 Laplace 방정식의 해(solution)는 여러 개의 유선(流線, flow line, stream line)과 등수두선(等水頭線, equipotential line)으로 이루어지며 유선과 등수두선은 직교(直交, orthogonal)한다. 이러한 사실은 5장 끝에 있는 부록 A.5.1에서 상세하게 논의하고 있다. Laplace방정식의 해를 다시 정리하면 다음과 같다.

Laplace 방정식의 해(解)
- 유선(流線, flow line, stream line) : 물이 흐르는 경로 ①
- 등수두선(等水頭線, equipotential line) : 전수두가 같은 점을 연결한 선 ②

유선과 등수두선은 다음과 같은 특성을 가지고 있다.

① 유선과 등수두선은 서로 직교한다.

② 유선은 서로 교차하지 않는다(Laplace 방정식은 Darcy의 법칙의 타당성을 가정하고 있으므로

물의 흐름을 층류라고 가정한 것임).

③ 등수두선도 서로 교차할 수 없다. 만일 교차하면 교점에서는 2개의 전수두값을 가지게 되어 불합리하다.

참고사항

전통적인 지하수 이론에서는 Laplace 방정식의 해는 한 쌍의 포텐샬 함수(potential function) ϕ (x, y)와 ψ (x, y)로 이루어진다.

$\phi = -kh + c$: 속도포텐샬(velocity potential) 함수

ψ : 흐름함수(stream function)

ϕ 와 ψ 사이에는 Cauchy-Riemann의 방정식 성립.

- ϕ 와 ψ 는 서로 직교한다.
- $\psi = const.$ 인 곡선의 기울기는 유속벡타의 방향과 같다. 즉 $\psi = const$ 는 $\psi = \psi_1$, $\psi = \psi_2$, … 등은 유선이 된다$\left[\left(\frac{dy}{dx}\right)_\psi = \frac{\upsilon_y}{\upsilon_x}\right]$.
- $\phi = const$ 는 등수두선이다. $\phi = \phi_1$, $\phi = \phi_2$, … 즉 $h = h_1$, $h = h_2$ 등은 전수두 h가 같은 선이므로 등수두선이다.
- $\phi = \phi_1$ 과 $\psi = \psi_1$ 의 교점에서 $\left(\frac{dy}{dx}\right)_\psi \cdot \left(\frac{dy}{dx}\right)_\phi = -1 \qquad \phi \perp \psi$

좀 더 자세한 내용은 5장 끝에 있는 부록 A.5.1에 수록되어 있다. 본격적인 공부를 하고 싶은 독자는 Harr(1962)의 저서를 읽어보기 바란다.

참고사항 : 비정상 침투에 대한 일반적 투수방정식

지금까지는 포화지반에서 일어나는 정상침투에 관한 방정식을 유도하였다. 즉 유입수량과 유출수량이 같아서 흙의 부피는 일정하게 유지되었다.

지반에서 물의 흐름에 따라 흙의 부피가 변하는 일반적인 경우의 투수방정식은 다음과 같이 된다.

단위시간당 들어오는 유량과 나가는 유량의 차이 Δq 는

$$\Delta q = q_{enter} - q_{exit} = \left(k_x \frac{\partial^2 h}{\partial x^2} + k_y \frac{\partial^2 h}{\partial y^2}\right) dx\,dy \qquad \text{(a)}$$

Δq 는 시간에 대한 물 부피의 변화율 $\frac{\partial V_w}{\partial t}$ 와 같다. 즉

$$\Delta q = \frac{\partial V_w}{\partial t} \tag{b}$$

$\frac{\partial V_w}{\partial t}$ 는 그림 5.15에서 다음과 같이 됨을 알 수 있다.

$$\frac{\partial V_w}{\partial t} = \frac{dx\,dy}{1+e_0} \cdot \frac{\partial (Se)}{\partial t} = \frac{dx\,dy}{1+e_0}\left(e \cdot \frac{\partial S}{\partial t} + S \cdot \frac{\partial e}{\partial t} \right) \tag{c}$$

식 (a)와 (c)를 식 (b)에 대입하고 정리하면

$$k_x \frac{\partial^2 h}{\partial x^2} + k_y \frac{\partial^2 h}{\partial y^2} = \frac{1}{1+e_0}\left(e \cdot \frac{\partial S}{\partial t} + S \cdot \frac{\partial e}{\partial t} \right) \tag{d}$$

식 (d)가 일반 투수방정식이다. 이 방정식에서 e와 S에 따라 여러가지 현상의 상태를 나타내는 기본 방정식이 얻어진다.

① $S = 100\% = const$, $e = const$ 인 경우 : $\frac{\partial S}{\partial t} = 0$, $\frac{\partial e}{\partial t} = 0$

$$k_x \frac{\partial^2 h}{\partial x^2} + k_y \frac{\partial^2 h}{\partial y^2} = 0 \tag{e}$$

식 (e)는 정상침투 방정식이다. 지반은 포화상태를 유지하고 물의 흐름에 의한 흙 부피의 변화는 없다.

② $S = 100\% = const$, $e =$ 변화인 경우 : $\frac{\partial S}{\partial t} = 0$

$$k_x \frac{\partial^2 h}{\partial x^2} + k_y \frac{\partial^2 h}{\partial y^2} = \frac{1}{1+e_0} \cdot \frac{\partial e}{\partial t} \tag{f}$$

$\frac{\partial e}{\partial t} < 0$ 인 경우 : 압밀(consolidation), 지반은 포화상태를 유지하고 흙의 부피는 감소한다.

즉 유입수량보다 유출수량이 더 큰 경우이다(다음 6장 압밀론에서는 일차원 흐름을 가정하여 압밀 방정식 $k\frac{\partial^2 h}{\partial x^2} = \frac{1}{1+e_0} \cdot \frac{\partial e}{\partial t}$ 로 된다).

$\frac{\partial e}{\partial t} > 0$ 인 경우 : 팽창(swelling), 포화상태를 유지하면서 부피가 팽창하는 경우이다. 유입량이 유출량보다 큰 경우이다.

③ $e = const$, $S =$ 변화인 경우 : $\frac{\partial e}{\partial t} = 0$

$$k_x \frac{\partial^2 h}{\partial x^2} + k_y \frac{\partial^2 h}{\partial y^2} = \frac{1}{1+e_0} \cdot e \cdot \frac{\partial S}{\partial t} \qquad \text{(g)}$$

$\frac{\partial S}{\partial t} < 0$ 인 경우 : 탈수(dewatering), 부피는 변하지 않는데 포화도(물의 부피)감소. 즉 유출량이 유입량보다 큰 경우.

$\frac{\partial S}{\partial t} > 0$ 인 경우 : 흡수(imbibition), 흙 부피는 일정한데 포화도가 증가하는 경우, 모관상승 등.

④ e와 S 모두 변하는 경우 : 불포화토에서 물의 흐름에 따라 흙의 부피가 변하는 대단히 복잡한 흐름.

NOTE : $\frac{\partial V_w}{\partial t} = \frac{dxdy}{1+e_0} \frac{\partial}{\partial t}(Se)$ 가 됨은 다음과 같이 밝힐 수 있음. 그림 5.15에는 (a) 초기상태, 즉 침투발생 전과 (b) 침투발생중인 상태에 대한 $V_s = 1$ 로 둔 주상도가 제시되어 있음. 초기상태의 값들은 상수임.

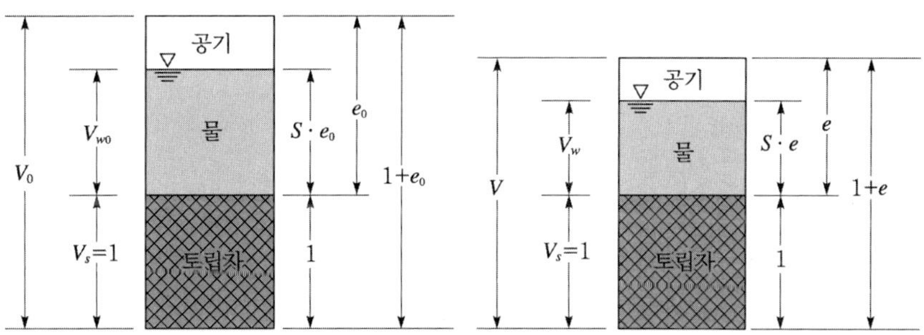

(a) 초기상태 (b) 침투발생중인 상태

그림 5.15 초기 및 침투시에 대한 주상도($V_s = 1$)

그림 (a)에서 ; $\frac{V_s}{V_0} = \frac{1}{1+e_0} \qquad \therefore V_s = \frac{V_0}{1+e_0}$ (a)

그림 (b)에서 ; $\frac{V_s}{V} = \frac{1}{1+e} \qquad \therefore V_s = \frac{V}{1+e}$ (b)

식 (a)와 (b)에서

$$\frac{V_0}{1+e_0} = \frac{V}{1+e} = V_s \qquad \text{(c)}$$

그림 (b)에서 ; $\frac{V_w}{V} = \frac{S \cdot e}{1+e} \qquad \therefore \frac{V}{1+e} = \frac{V_w}{S \cdot e}$ (d)

식 (c)와 (d)에서 ; $\frac{V_0}{1+e_0} = \frac{V_w}{S \cdot e} \qquad \therefore V_w = \frac{V_0}{1+e_0} S \cdot e$

그런데 초기의 흙 부피 $V_0 = dx\,dy$ 이므로

$$V_w = \frac{dx\,dy}{1+e_0} S \cdot e \tag{e}$$

$$\therefore \frac{\partial V_w}{\partial t} = \frac{\partial}{\partial t}\left(\frac{dxdy}{1+e_0} S \cdot e\right) = \frac{dxdy}{1+e_0}\frac{\partial}{\partial t}(S \cdot e) \tag{f}$$

e_0 는 초기 간극비이므로 상수이고 e는 변수이다.

5.5.3 Laplace 방정식의 해

균질하고 등방성인 지반에서 발생하는 2차원 흐름은 Laplace 방정식으로 나타낼 수 있으며 이 방정식의 해는 유선과 등수두선으로 이루어진다. 특정한 문제에 대한 Laplace 방정식의 해, 즉 유선과 등수두선을 구하기 위해서는 경계조건(境界條件, boundary condition)을 먼저 파악하여야 한다. 예를 들어 그림 5.16과 같이 콘크리트 댐이 설치된 지층에서의 지하수 흐름을 나타내는 Laplace 방정식을 풀기 위한 경계조건은 다음과 같다.

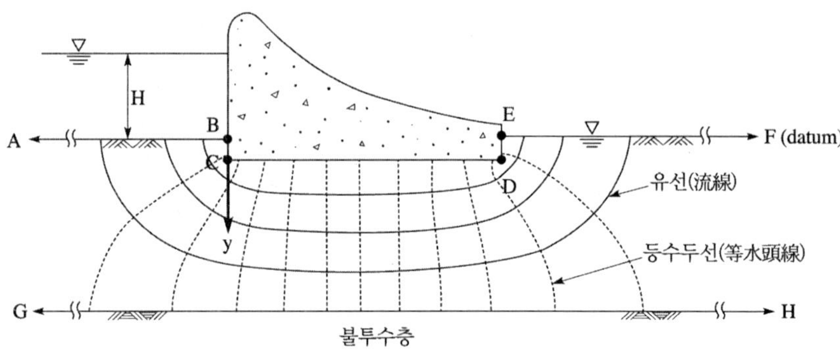

그림 5.16 Laplace 방정식의 경계조건과 해

① $\overline{BCDE}$ 는 유선임(가장 위쪽에 있는 유선 ; creep 선)

② $\overline{GH}$ 는 유선임(가장 아래쪽의 유선임)

③ $\overline{AB}$ 는 등수두선(h=H인 등수두선)

④ $\overline{EF}$ 는 등수두선(h=0인 등수두선)

이 경우 물의 흐름은 윗면 ABCDEF와 아래면 GH사이의 제한된 영역에서 일어나게 되는데 이

러한 흐름을 구속흐름(confined flow)이라 한다.

경계조건을 만족시키도록 Laplace 방정식을 푸는 것은 간단하지 않다(복소수 함수론 등 수학 필요). 비교적 간단한 문제에 대한 해는 이미 발표되어 있으나(예, Harr(1962)) 경계조건이 달라지면 일반적으로는 해를 얻을 수 없다. 따라서 이론해를 구하는 대신 실제로는 다음에 논의하는 도해법으로 해를 구하고 있다.

Laplace 방정식의 해로 얻어진 몇 개의 유선과 등수두선이 그림 5.16에 제시되어 있다. 그림에서 유선들은 실선, 등수두선들은 점선으로 그려져 있다. 이러한 그림을 유선망(流線網, flow net)이라 한다.

Laplace 방정식의 해법이 대단히 난해하므로 도해법(圖解法, graphical solution)이 널리 사용되고 있다. 가장 널리 사용되고 있는 도해법은 Forcheimer가 고안한 유선망이다. 유선망은 맨손(free hand)으로 유선과 등수두선을 그려 그림 5.16에 보인 것 같은 망을 그리는 방법이다. 즉 이 그림은 유선망의 한 예이다. 유선(실선)과 등수두선(점선)은 직교하도록 그리고 각 망은 정사각형이 되도록 유념하면서 유선망을 그린다. 유선망에 대해서는 곧이어 논의하기로 한다.

5.5.4 유선망의 작도

유선망은 Laplace 방정식의 도해법으로 유선과 등수두선으로 이루어지는 망(網, net)을 맨손(free hand)으로 그려 얻는다. 유선과 등수두선을 직교하도록 그려야 하며 각 망의 형상은 정사각형이 되도록 한다. 일차원 흐름의 경우에는 정사각형망이 쉽게 그려지지만 2차원 흐름의 경우에는 사실상 곡선 정사각형(curvilinear square)을 그리게 된다. 이때에는 모든 망이 처음부터 일시에 정사각형이 되지 않으므로 정사각형이 아닌 망부터 수정을 시작하여 모든 망이 정사각형이 될 때까지 수정을 계속한다.

유선망을 정사각형이 되도록 그리는 것은 그 편리성(便利性, convinence) 때문이다. 즉 정사각형 유선망은 그 정확성을 검토하는데 편리하고, 유선망의 활용방법도 간편해진다.

NOTE : 위의 설명을 뒤집어보면 유선망은 직사각형(直四角形 ; rectangle)으로 그릴수도 있으나 이 방법은 대단히 불편하여 사용되는 일이 거의 없다는 뜻임. 그러나 나중에 논의하게 되는 것처럼 불균질 토층에서는 직사각형 유선망이 불가피하게 그려질 수도 있음. 그렇지만 유선망은 정사각형으로 그린다는 것이 가장 기본이 되는 사실임.

유선망을 그릴 때 한 곳이 정사각형이 되지 않아 수정하면 그 영향이 인접망에 미치고 연쇄적으로 파급되지만 인내심을 가지고 시행착오를 거듭하면서 유선망을 작도해 나간다(만약 정말 인내의 한계에 도달했다고 생각되면 그래도 $\nabla^2 h = 0$ 을 푸는 것보다는 더 간단하다고 자신을 위로할 것).

시행착오(지우고 고쳐 그리고)를 거듭하면서 유선망을 작도하여야 하며 숙련이 필요하다. 인내심도 요구되며(고혈압 아니됨!) 잘 그려진 유선망을 많이 보아 견문을 넓히는 것이 중요하다(추천도서 Cedergren(1977)). 구조물(댐, 널말뚝)과 지층조건은 tracing paper의 뒷면에 그려두고 앞면에서 유선망을 그리면 지울 때 뒷면의 것은 지워지지 않으므로 약간 도움이 된다.

▶ **예 1** 1차원 흐름의 경우

① 이 때는 유선과 등수두선이 모두 직선이므로 유선망 작도는 대단히 용이하다.

경계조건

- $t-b$ 면은 가장 왼쪽에 있는 유선
  $t'-b'$ 면은 가장 오른쪽에 있는 유선
- $t-t'$ 면은 가장 위쪽의 등수두선 $h=6m$
  $b-b'$ 면은 가장 아래쪽의 등수두선 $h=0m$

② 폭이 1m 되게 유선 1개를 그려 넣었음.

망이 정사각형이 되도록 등수두선 2개를 수평방향으로 점선으로 그린다(등수두선 간격 1m). 유선망은 정사각형으로 이루어 졌음이 확실하다.

유선망에서 인접유선 사이의 간격(공간)을 유로(流路, flow channel)라 한다. 유로는 물이 흐르는 통로이다(고속도로에서 인접차선 사이를 차로라 하고 차로는 차가 달리는 통로임과 같은 의미임). 유로의 수(number of flow channel)를 N_f 로 표기한다. 한편 등수두선 사이의 간격수(number of potential drop)은 N_d 라 나타낸다. $\frac{N_f}{N_d}$ 를 유선망의 형상계수(形狀係數, shape factor)라 하며 뒤에 논의하게 되는 것처럼 유량은 형상계수에 비례한다. 이 문제의 경우 $N_f=2$, $N_d=3$ 따라서 형상계수 $\frac{N_f}{N_d}=\frac{2}{3}$ 이다.

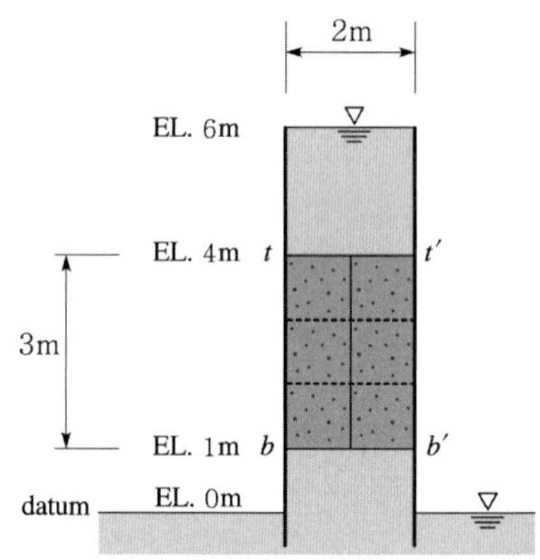

그림 5.17 1차원흐름에 대한 유선망의 한 예

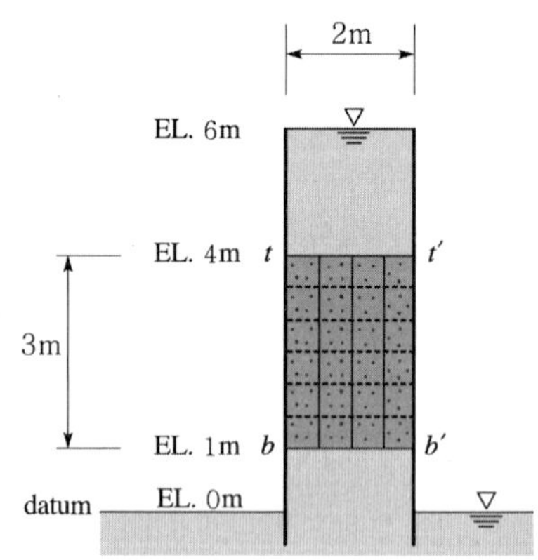

그림 5.18 유선과 등수두선을 더 많이 그린 유선망

NOTE : 만약 유선 사이의 간격(수평간격)이 0.5m가 되도록 유선 2개를 추가하면 등수두선도 간격 0.5m가 되도록 3개를 추가하여 정사각형 유선망이 얻어지도록 함. 사실상 이들 두 유선망은 동일한 유선망인 셈임. 이 유선망의 경우 $N_f = 4$, $N_d = 6$ 따라서 형상계수 $\frac{N_f}{N_d} = \frac{4}{6} = \frac{2}{3}$. 앞의 유선망과 형상계수가 같으므로 유량도 같게 산정된다. 따라서 너무 많은 유선과 등수두선을 그리면 복잡해질 뿐 정확성은 재고되지도 않음. ◀

▶ **예 2** 2차원 흐름의 경우

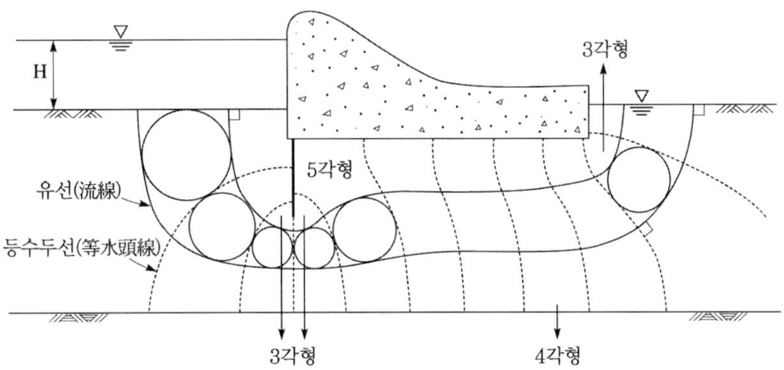

그림 5.19 이차원 흐름에 대한 유선망의 한 예

그림 5.19와 같이 널말뚝 차수벽이 설치된 큰크리트 댐 아래의 유선망의 작도

- 널말뚝 표면과 댐 저면은 유선임.
- 불투수층 표면은 유선임.
  따라서 등수두선은 이 두 유선과 직교하고 있음.
  상류측 지표면은 등수두선임(전수두 H).
- 하류측 지표면은 등수두선임(전수두 0).
  따라서 유선은 이들 지표면과 직교하고 있음.
  유선과 등수두선은 직교하며 모든 망은 정사각형이 되도록 그려져 있다.
  망이 정사각형, 삼각형, 오각형인 곳이 있음을 유의할 것(그 의미는 곧이어 설명).
- 각 망이 정사각형 판별조건에 부합되는지 검토해 볼 것(검토 방법 곧이어 제시).
  이 유선망의 경우 $N_f = 3$, $N_d = 10$ 따라서 형상계수는 $\frac{N_f}{N_d} = \frac{3}{10}$. ◀

◦ 각 망이 정사각형이 되었는가를 판별하는 방법

- 각 망에 내접원이 그려지는가? 그려지면 정사각형
- 대각선이 직교(⊥)하며 길이가 같은가? 같으면 정사각형
- 망이 대단히 크거나 사각형이 아닌 경우에는 망을 세분하여 갈수록 정사각형 형상이 되면 OK! (이 때 세분하는 등수두선과 유선의 수는 같아야 함.)

◦ 망의 형상에 따른 흐름의 특성

□ 망 : 물이 흐르는 부분

▽ 망 : 물이 회절하는 부분

⌂ 망 : 물이 고이는 부분

유선망을 그릴 때 초심자들은 그림 5.20에 보인 것 같은 실수를 흔히 범하기 쉽다.

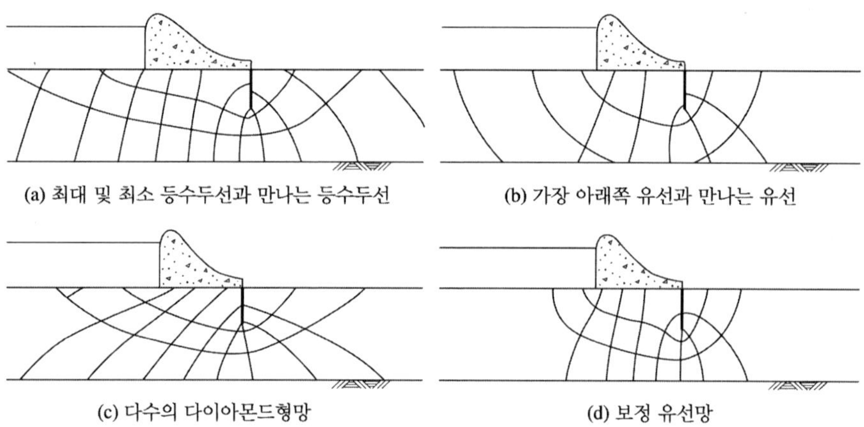

그림 5.20 유선망 작도에 범하기 쉬운 실수

그림 (a)는 최대 등수두선(상류측 지표면)과 다른 등수두선이 만나고 있으며, 또한 최소 등수두선(하류측 지표면)과도 다른 등수두선이 만나는 것으로 그려져 있다. 등수두선은 수두가 같은 점을 연결한 선이므로 2개의 등수두선이 만나게 되면 그 교점은 서로 다른 2개의 수두를 가지게 되어 이는 있을 수 없다. 그림 (b)는 가장 아래 쪽의 유선인 불투수층 표면과 다른 유선이 만나게 그려져 있다. 층류를 가정하고 있으므로 이것은 불가능하다. 또한 이 그림의 경우 불투수층 표면에서 유선이 사라져 버리게 된다. 그림 (c)는 유선과 등수두선이 직교하지 않게 그려서 망이 다이아몬드형이 되어 정사각형이 아니다. 그림 (d)는 위의 오류를 보정한 합당한 유선망을 제시하고 있다.

5.5.5 유선망의 특성

유선망의 가장 중요한 특성은 다음 2가지이다.

① 인접한 두 유선 사이, 즉 각 유로를 흐르는 유량은 같다.
② 인접한 등수두선 사이에 일어나는 수두손실은 같다.

위의 특성은 1 차원 및 2 차원 흐름에 모두 해당되며, 수학적 증명은 부록 A.5.1에 수록되어 있다. 그러나 여기서는 수학적 해법은 추구하지 않고 편의상 1차원 흐름에 대하여 위의 특성을 확인해 보기로 한다.

▶ **예 1** 1차원 흐름의 경우
그림 5.21에는 일차원 흐름에 대한 유선망이 제시되어 있다.

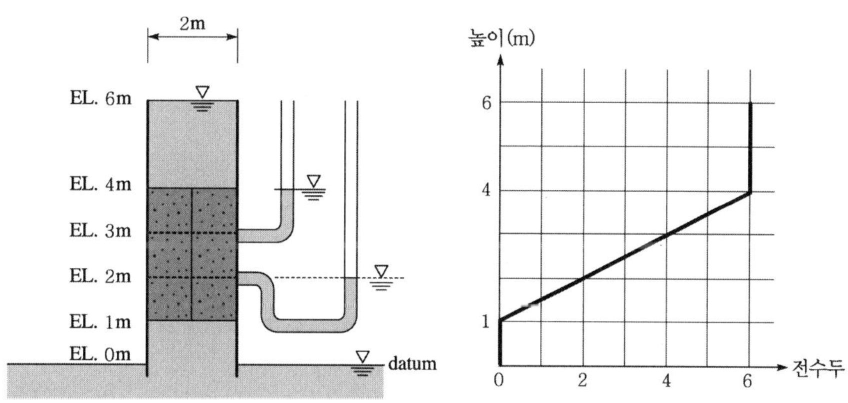

(a) 유선망 (b) 표고에 따른 진수두의 분포

그림 5.21 유신망의 특싱

그림 5.21에 대한 유선망의 작도는 5.5.4의 예1에서 논의하였고, 표고에 따른 전수두의 분포는 예제 4.1에서 이미 논의하였다.

유선망은 1변이 1m인 정사각형 망으로 이루어져 있으며 $N_f = 2$, $N_d = 3$ 이고 흙의 상하면 사이의 수두차 $H = 6m$ 이다. 동수경사 $i = \frac{6}{3} = 2$ 로서 일정하다.

① 각 유로의 유량이 동일함은 유선망에서 명백하다.
두 유로의 동수경사는 같다($i_1 = i_2 = 2$).

첫째 유로의 유량 : $\Delta q_1 = k i_1 A_1 = k(2)(1 \times 1) = 2k$

둘째 유로의 유량 : $\Delta q_2 = k i_2 A_2 = k(2)(1 \times 1) = 2k$

즉 각 유로의 유량은 같다.

전체유량 : $q = \Delta q_1 + \Delta q_2 = 4k$

한 유로의 유량이 Δq 이고 유로의 수가 N_f 이면 전체유량 q는

$$q = N_f \Delta q \tag{5.30}$$

② 인접 등수두선 사이에 일어나는 수두손실이 동일함은 그림 5.21의 (a)와 (b)를 비교해 보면 쉽게 알 수 있다. 그림 (b)에 보인 것처럼 전수두 h의 분포는 EL. 4m에서 $h = 6m$, EL. 1m에서 $h = 0$이고 두 표고사이에서 직선적으로 균등하게 감소하고 있다. EL. 6m와 EL. 1m 사이에는 1변이 1m인 망 3개가 있으므로 등수두선 간격 한 개를 지나는 동안 일어나는 수두손실 Δh 는

$$\Delta h = \frac{6}{3} = 2m$$

즉 등수두선 사이에서 일어나는 수두손실은 서로 같다. 따라서 각 표고의 전수두는

EL. 3m : $h = 6 - (2)(1) = 4m$

EL. 2m : $h = 6 - (2)(2) = 2m$

전수두의 값은 그림에 물기둥 높이로 나타내고 있다.

일반적으로 전수두차가 H이고 등수두선 간격수가 N_d 이면 1개의 등수두선 간격에서 일어나는 수두손실 Δh 는

$$\Delta h = \frac{H}{N_d} \tag{5.31}$$

◀

▶ **예 2** 2차원 흐름의 경우

2차원 흐름에 대한 유선망도 1차원 흐름의 유선망과 같은 특성을 가지고 있다.

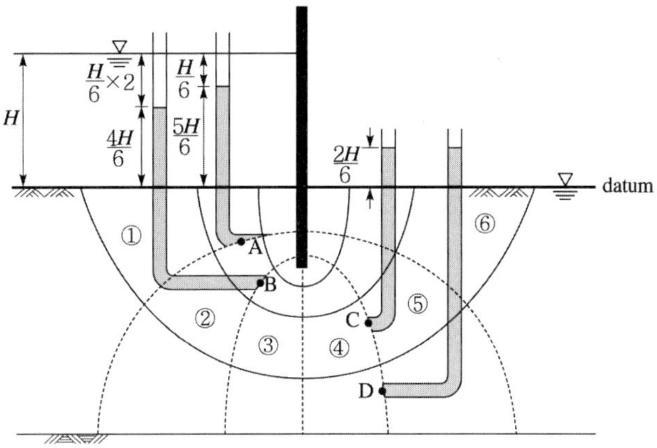

그림 5.22 2차원 흐름에 대한 유선망과 그 특성

그림 5.22에는 널말뚝(矢板, sheet pile)이 타입된 지반에 대한 유선망이 제시되어 있다. 기준면은 하류측 수면(지표면과 일치)으로 하고 있다.

흙 속에 있는 널말뚝의 표면은 유선이다.

- 불투수층의 표면은 유선이다.
- 그림에서 이들 2개의 유선 외에 3개의 유선이 더 그려져 있다.
  (전체유선 2+3=5개) 따라서 유로의 수는 4개이다($N_f = 4$).

상류측 지표면은 등수두선이다(전수두 H).

- 하류측 지표면은 등수두선이다(전수두 0).
- 위의 2개의 등수두선 외에 5개의 등수두선이 더 그려져 있다.
  (전체 등수두선 2+5=7개)
- 등수두선 사이의 간격 수는 6개이다($N_d = 6$).

그림 5.22와 같이 널말뚝의 좌측 지표면에서 침투한 물이 우측 지표면에 도달하는 동안 발생한 수두손실은 $H-0=H$ 와 같다. 인접 등수두선 사이의 수두손실은 동일하므로 이 경우 $\frac{H}{N_d}=\frac{H}{6}$ 와 같다. 일반적으로 등수두선 사이의 간격수가 N_d (이 그림의 경우 $N_d=6$)이면 한 개의 인접 등수두선 사이의 수두손실은 $\frac{H}{N_d}$ 와 같다.

- A점의 전수두 $h_A = H - \dfrac{H}{6} = \dfrac{5}{6}H$
- B점의 전수두 $h_B = H - \dfrac{H}{6} \times 2 = \dfrac{4}{6}H$
- C점과 D점의 전수두는 같은 등수두선 상의 점이므로 동일하고 그 값은

  $h_C = h_D = H - \dfrac{H}{6} \times 4 = \dfrac{2}{6}H$

NOTE: 등수두선상의 모든 점에서는 전수두가 같으므로

- A점이 있는 등수두선상의 모든 점의 전수두는 $\dfrac{5}{6}H$ 이고 이 등수두선상에 세운 물기둥 끝의 표고는 $\dfrac{5}{6}H$ 로 동일함.
- B점이 있는 등수두선상의 모든 점들은 전수두가 $\dfrac{4}{6}H$ 로 같음. 물기둥 끝의 표고도 $\dfrac{4}{6}H$ 로 같게 됨.
- 이 사실은 C, D점에서 확인할 수 있음.

인접한 등수두선 사이에 일어나는 수두손실은 같으므로 유선망의 크기가 큰 곳에는 동수경사가 적어서 결과적으로 유속은 느리다. 반대로 망의 크기가 작은 곳에는 유속이 빠르다. 유속 v는 망의 크기 ℓ에 반비례하는데 이 사실은 다음과 같이 밝힐 수 있다. 1개의 등수두선 간격에서 일어나는 수두손실은 H/N_d 이므로

$$v = ki = k(H/N_d)/\ell$$

$$\therefore\ v \propto \frac{1}{\ell}$$ ◀

5.5.6 유선망의 이용

유선망을 그리고 나면 지하수 흐름에 관한 여러가지 특성을 파악할 수 있게 된다. 중요한 것으로는 유량, 간극수압, 동수경사 및 침투수압 등이며 이들은 지하수 연구의 목적(즉 유량의 산정, 구조물 안정성의 검토, 필터의 설계 등)을 달성하는데 중요한 자료가 된다. 수학적 해는 대단히 난해하고 번거로운데 반해 유선망은 간편하고 초심자(初心者, beginner)도 다른 방법에 비해서는 적은 오차로 해답을 얻을 수 있는 장점이 있다.

(1) 유량의 산정

각 유로의 유량은 같다. 따라서 전체 유량은 각 유로의 유량을 결정한 다음 유로의 수를 곱하여 구할 수 있다.

그림 5.23은 유선망 중의 1개의 망을 제시하고 있다. 유로의 폭은 a이고 등수두선 사이의 간격도 a인 정사각형 망이다. 또한 인접한 등수두선 사이에서 생기는 수두손실은 같으므로 그림에 보인 한 개의 망을 지나는 동안 생기는 수두손실 Δh 는 전체 수두손실 H을 등수두선 사이의 간격 수 N_d 로 나누어준 것과 같다($\Delta h = \dfrac{H}{N_d}$).

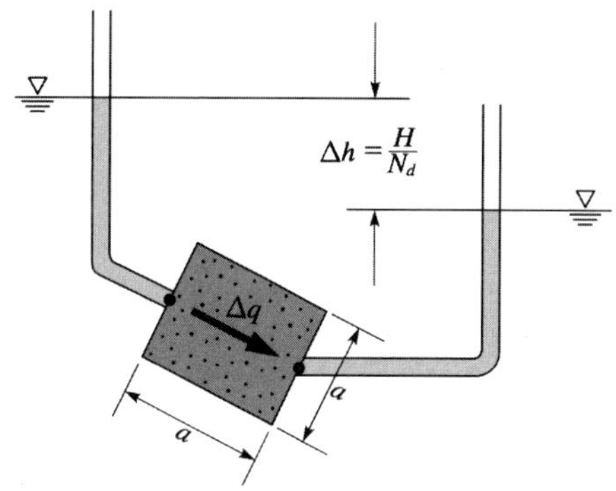

그림 5.23 유선망을 이용한 유량의 산정

유선망 전체가 제시되지 않았지만 지금까지 사용해온 기호를 그대로 사용하여

H : 전체 수두차(수두손실)

N_f : 유로의 수(number of flow channel)

N_d : 등수두선 사이의 간격 수(number of potential drop)

그림 5.23에 보인 한개의 망에 대한 유량은 한 유로당 유량 Δq 와 같으므로

$$\Delta q = k\, i\, A = k\, \frac{\Delta h}{\ell}\, A \tag{a}$$

그런데 $A = a \times 1$, $\ell = a$, $\Delta h = \dfrac{H}{N_d}$

따라서

$$\Delta q = k\, \frac{(H/N_d)}{a}\, (a \times 1) = k\, H\, \frac{1}{N_d} \tag{b}$$

전체유량 q 는

$$q = \Delta q\, N_f = k\, H\, \frac{N_f}{N_d} \tag{5.32}$$

NOTE : 유량을 구하는 식에서 $\dfrac{N_f}{N_d}$ 는 유선망의 형상에서만 결정되므로 이를 유선망의 형상계수(shape factor)

라 함. 그런데 $\frac{N_f}{N_d}$ 는 비(比)이므로 이 값은 기술자의 유선망 작도에 대한 숙련도에 둔감(insensitive)함. 다시 말하면 같은 문제에 대한 유선망을 초심자와 전문 기술자가 그려서 비교해 보면 형상계수의 차이는 별로 크지 않음. 즉 유량 q 는 기술자의 숙련도에 큰 영향을 받지 않고 비슷한 값으로 산정됨. 또한 앞에서 일차원 흐름에 대한 예에서 유선망을 $N_f = 2$, $N_d = 3$ 으로 그린 것과 망을 더 세분하여 $N_f = 4$, $N_d = 6$ 으로 그린 것은 유선망의 형상계수 $\frac{N_f}{N_d} = \frac{2}{3}$ 가 되어 결국 같은 유량을 산정하게 됨을 알 수 있음. 즉, 유선망은 너무 작게(유선과 등수두선을 너무 많이) 그리는 것은 복잡하고 정확성도 그다지 재고되지도 않으므로 별 이득이 없음.

참고사항

앞에서 논의한 것처럼 유선망은 직사각형이 될 수도 있다(불균질 지층등). 직사각형 유선망에 대한 유량은 다음과 같이 결정할 수 있다.

그림과 같이 유로의 폭이 b, 등수두선 간격 ℓ 인 직사각형망에서 유량을 구해보면

한 개 유로당 유량 :

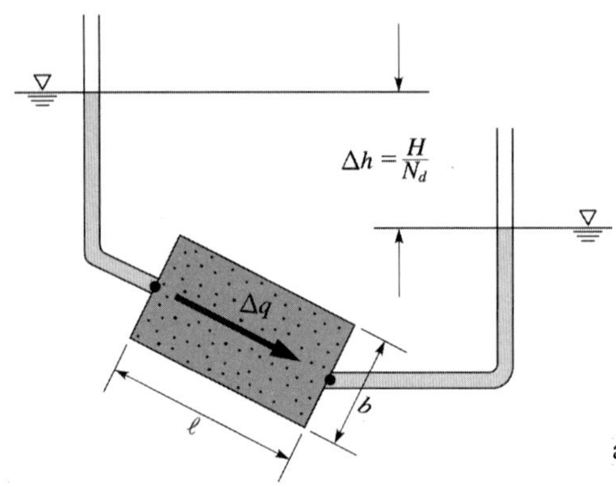

a)

$$\Delta q = k\,i\,A = k\frac{\Delta h}{\ell}A = k\frac{H/N_d}{\ell}(b\times 1)$$

$$\therefore \Delta q = kH\frac{1}{N_d}\left(\frac{b}{\ell}\right)$$

전체 유량 q 는 유로의 수를 N_f 라 하면

$$q = kH\frac{N_f}{N_d}\left(\frac{b}{\ell}\right) \tag{5.33}$$

식 (5.33)는 유선망에서 유량을 계산하는 일반식이다.

정사각형망인 경우에는 $\frac{b}{\ell} = 1$ 이 되어 본문의 식 (5.32)와 같아진다. 즉 직사각형 유선망에서는 형상계수$= \frac{N_f}{N_d}\left(\frac{b}{\ell}\right)$가 되는 셈이다.

(2) 간극수압의 결정

그림 5.24에는 널말뚝(矢板, sheet pile)이 타설된 지반에 대한 유선망이 제시되어 있다. 기준면(datum)을 하류측(오른쪽)수면으로 하고(지금은 지표면과 일치) A점의 간극 수압 u_A 를 구하는 방

법을 알아보기로 한다.

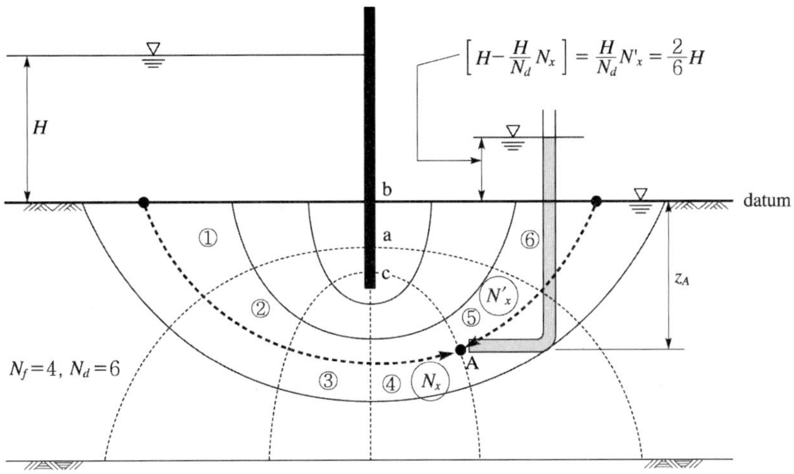

그림 5.24 널말뚝이 설치된 지반의 간극수압의 결정

A점의 간극수압 u_A는 결국 A점의 압력수두 h_{pA}를 구하면 알 수 있게 된다 ($u_A=\gamma_w h_{pA}$). 먼저 등수두선은 전수두가 같은 점을 연결한 선이고 인접한 등수두선 사이에서 일어나는 수두 손실은 같다는 사실에서 A점의 전수두 h_A를 구할 수 있다. 다음 A점의 위치수두 $h_{eA}=-z_A$임은 한눈에 알 수 있다. 이제 A점의 압력수두는 전수두에서 위치수두를 감하여 얻을 수 있다. 앞 장에서 언급한 것처럼 수두를 결정하는 순서는 보통 전수두와 위치수두를 구한 다음 압력수두는 계산으로 구한다는 사실을 유념하기 바란다($h_p=h-h_e$).

상류측 지표면에서 침투해 들어간 물이 하류측 지표면으로 나올 때까지 생긴 수누손실은 $H-0=H$ 이다. 한 개의 등수두선 간격마다 생기는 수두손실은 H/N_d 이다. 만약 A점이 상류측 지표면에서부터 세어서 등수두선 간격수 N_x 번째 되는 곳에 있다면 이 점까지 침투하면서 생긴 수두손실은 $\frac{H}{N_d}N_x$ 이다. 따라서 A 점의 전수두 h_A는

$$h_A=H-\frac{H}{N_d}N_x \tag{a}$$

(이 문제의 경우 $N_d=6$, $N_x=4$ 이므로 $h_A=H-\frac{H}{6}(4)=\frac{2}{6}H$)

반대로 하류측 지표면에서 시작하여 점 A쪽으로 향하여 세어가면 등수두선간격 1개마다 수두는

H/N_d 씩 증가하게 된다. 만약 A점이 하류측 지표면에서 세어 N'_x 번째 등수두선 간격이 있으면 A점의 전수두 h_A 는

$$h_A = \frac{H}{N_d} N'_x \tag{b}$$

(이 문제의 경우 $N_d=6$, $N'_x=2$ 이므로 $h_A=\frac{H}{6}(2)=\frac{2}{6}H$, 이 값은 앞의 결과와 같다.)

정리하면

$$h_A = H - \frac{H}{N_d} N_x \tag{5.34a}$$

$$h_A = \frac{H}{N_d} N'_x \tag{5.34b}$$

여기서 $H = H - 0$: 상류측 지표면과 하류측 지표면 사이의 수두차

N_x : 상류측 지표면으로부터 센 등수두선 사이 간격 수

N'_x : 하류측 지표면으로부터 센 등수두선 사이 간격 수

N_d : 등수두선 사이 간격의 총 수

NOTE: $N_x + N'_x = N_d$

A점의 위치수두 $h_{eA} = -z_A$

따라서 A점의 압력수두 h_{pA} 는

$$h_{pA} = h_A - h_{eA} = (H - \frac{H}{N_d} N_x) - (-z_A)$$

$$h_{pA} = H - \frac{H}{N_d} N_x + z_A \tag{5.35a}$$

$$h_{pA} = \frac{H}{N_d} N'_x + z_A \tag{5.35b}$$

따라서 A점의 간극수압 $u_A = \gamma_w h_{pA}$ 는

$$u_A = (H - \frac{H}{N_d} N_x + z_A)\gamma_w \tag{5.36a}$$

$$u_A = (\frac{H}{N_d} N'_x + z_A)\gamma_w \tag{5.36b}$$

독자들에게 드리는 제언 : 만약 상류측 수위가 H_1, 하류측 수위가 H_2 이어서 전체 수두차 $H = H_1 - H_2$ 인 경우에 대하여 생각해 보자(그림 5.25).

① 기준면을 하류측 수면으로 잡으면 h_A 는 위에서 논의한 것과 같은 식으로 나타나게 됨을 확인할 것. 단 이 때 $H = H_1 - H_2$: 전수두차

$$h_A = H - \frac{H}{N_d} N_x = \frac{H}{N_d} N'_x$$

② 기준면을 하류측 지표면으로 잡으면 h_A 는

$$h_A = H_1 - \frac{H}{N_d} N_x = H_2 + \frac{H}{N_d} N'_x$$

이 됨을 확인할 것. 기준면을 하류측 수면으로 잡는 것이 편리함을 재확인 할 수 있다.

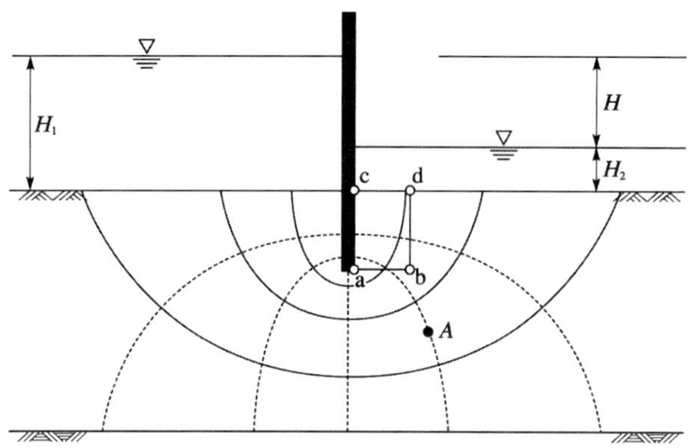

그림 5.25 유선망에서 전수두를 구하는 방법

(3) 동수경사의 결정

그림 5.24의 널말뚝이 설치된 시반의 유선망에서 널말뚝의 하류측 표면을 따라 물이 유출하게 되는데 이때의 동수경사 결정방법을 고찰하여 보기로 한다.

- $\overline{ab}$ 구간의 동수경사 : $i = \dfrac{\Delta h}{\ell} = \dfrac{h_a - h_b}{\overline{ab}}$

그런데

$$h_b = 0,\ h_a = \frac{H}{N_d} N'_x = \frac{H}{6}(1) = \frac{H}{6}$$

$$\therefore\ i - \frac{\frac{H}{6} - 0}{\overline{ab}} = \frac{H}{6\overline{ab}}$$

- $\overline{cb}$ 구간의 동수경사 : $i = \dfrac{\Delta h}{\ell} = \dfrac{h_c - h_b}{\overline{cb}}$

  그런데

$$h_b = 0\,,\ h_c = \frac{H}{N_d} N'_x = \frac{H}{6}(2) = \frac{H}{3}$$

$$\therefore\ i = \frac{\dfrac{H}{3} - 0}{\overline{cb}} = \frac{H}{3\overline{cb}}$$

(4) 침투수압의 결정

그림 5.26에서 a–b구간에 작용하는 침투수압의 합력 J를 구해보자. 침투수압은 유선망을 이용하여 결정하지만 복잡하지 않도록 이 그림에서는 유선망을 제시하지 않고 있다(유선망은 그림 5.24 또는 그림 5.25 참조). $\overline{ab}$ 구간에서는 침투류의 방향은 연직 상향으로 근사화한다(a–c, b–d는 유선으로 가정).

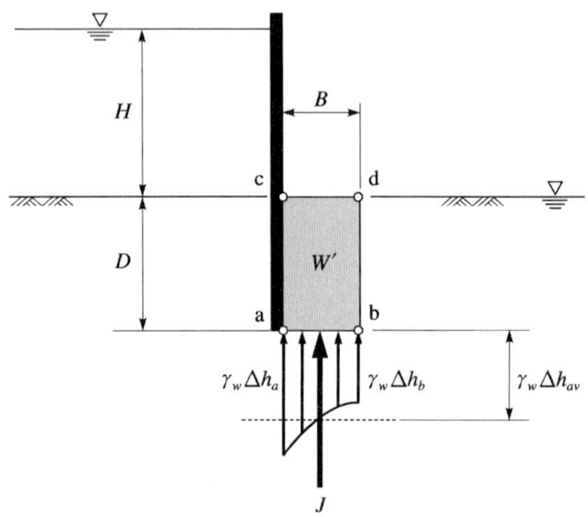

그림 5.26 침투수압의 결정

유선망은 2차원 흐름으로 그려지지만 $\overline{ab}$ 구간의 흐름은 연직상향 일차원 흐름으로 근사화한다. 연직상향 침투시의 침투수압에 관하여서는 앞 장에서 상세하게 논의하였다. 널말뚝의 타입깊이는 $\overline{ac} = \overline{bd} = D$, 침투수압 결정구간 $\overline{ab} = \overline{cd} = B$로 표기한다. 기준면은 하류측 수면으로 설정한다(그림 5.26에서는 지표면과 일치).

$$a\text{–}b\text{면의 침투압} = \gamma_w\,\Delta h \tag{5.37a}$$

$$= i\,\gamma_w\,\overline{ac} = i\,\gamma_w\,D \tag{5.37b}$$

여기서 Δh : $\overline{ab}$ 면과 $\overline{cd}$ 면 사이의 수두차

i : $\overline{ab}$ 면과 $\overline{cd}$ 면 사이의 동수경사

식 (5.37a)와 식 (5.37b)가 같음은 앞에서 여러번 설명하였다($i = \Delta h/D$ 이므로 $i\gamma_w D = (\Delta h/D)\gamma_w D = \gamma_w \Delta h$ 임). 그런데 $\overline{ab}$ 구간의 Δh와 i는 동일한 값이 아니고 위치마다 다르다. 그림에는 이

구간의 침투압의 분포가 곡선으로 그려져 있다. 동수경사의 분포도 같은 형태가 될 것이다. 이러한 곡선분포 대신 그림에 함께 보인 것처럼 $\overline{ab}$ 구간에 등분포하는 $\gamma_w \Delta h_{av}$ 와 i_{av} 로 등분포한다고 가정하여 침투압의 합력 J를 구하는 것이 보통이다. 여기서 $\gamma_w \Delta h_{av}$ 는 $\overline{ab}$ 구간의 평균침투수압이고 i_{av} 는 $\overline{ab}$ 면과 $\overline{cd}$ 면 사이의 평균동수경사이다. 동수경사의 평균의 i_{av} 도 등분포한다고 생각한다. $\overline{ab}$ 구간에 작용하는 침투압의 합력 J를 구해보자.

$\overline{ab}$ 면의 평균침투압 $= \gamma_w \Delta h_{av} = i_{av} \gamma_w \overline{ac} = i_{av} \gamma_w D$ 이므로

$$J = \gamma_w \Delta h_{av} \overline{ab} = \gamma_w \Delta h_{av} B \tag{5.38a}$$

$$= i_{av} \gamma_w \overline{ac}\ \overline{ab} = i_{av} \gamma_w D B = i_{av} \gamma_w \square abcd \tag{5.38b}$$

여기서 □abcd는 □abcd의 면적이다.

NOTE : 사실상 $\square$abcd $= BD = B \times D \times 1$ 이므로 토체의 부피 V임. 식 (5.38b)는 $J = i_{av}\gamma_w BD = j_{av}V$ 임. 여기서 $j_{av} = i_{av}\gamma_w$ 는 흙 단위부피당 평균침투수압.

보통 Δh_{av} 는 a점과 c점 사이의 수두차 Δh_a 와 b점과 d점 사이의 수두차 Δh_b 의 평균으로 한다. 마찬가지로 i_{av} 는 $\overline{ac}$ 간의 동수경사 i_{a-c} 와 $\overline{bd}$ 간의 동수경사 i_{b-d} 의 평균을 취한다. 즉

$$\Delta h_{av} = \frac{1}{2}(\Delta h_a + \Delta h_b) \tag{5.39a}$$

$$i_{av} = \frac{1}{2}(i_{a-c} + i_{b-d}) \tag{5.39b}$$

그런데

$$\Delta h_a = h_a - \overset{0}{\cancel{h_c}} = h_a, \ \ \Delta h_b = h_b - \overset{0}{\cancel{h_d}} = h_b$$

또한

$$i_{a-c} = \frac{1}{\overline{ac}}(h_a - \overset{0}{\cancel{h_c}}) = \frac{1}{\overline{ac}} h_a = \frac{h_a}{D}, \ \ i_{b-d} = \frac{1}{\overline{bd}}(h_b - \overset{0}{\cancel{h_d}}) = \frac{1}{\overline{bd}} h_b = \frac{h_b}{D}$$

(기준면을 하류측 수면으로 잡았으므로 $h_c = 0,\ h_d = 0$)

따라서

$$\Delta h_{av} = \frac{1}{2}\left(h_a + h_b\right) \tag{5.40a}$$

$$i_{av} = \frac{1}{2D}\left(h_a + h_b\right) \tag{5.40a}$$

그러므로

$$J = \gamma_w \, \Delta h_{av} \, \overline{ab} = \gamma_w \, \Delta h_{av} \, B$$

$$= \frac{1}{2}(h_a + h_b)\gamma_w B \tag{5.41a}$$

$$J = i_{av}\,\gamma_w \,\square\, abcd = \frac{1}{2D}(h_a + h_b)\,\gamma_w\, BD = \frac{1}{2}(h_a + h_b)\,\gamma_w\, B \tag{5.41b}$$

요약하여 정리하면 $\overline{ab}$ 면에 작용하는 침투압의 합력 J 는

$$J = \gamma_w \Delta h_{av} B = \frac{1}{2}\left(h_a + h_b\right)\gamma_w B \tag{5.42a}$$

$$J = i_{av}\gamma_w BD = i_{av}\gamma_w \,\square\, abcd = \frac{1}{2}(h_a + h_b)\gamma_w B \tag{5.42b}$$

여기서 h_a 와 h_b 는 유선망에서 구할 수 있다. 즉

$$h_a = \frac{H}{N_d} N'_{xa}\ , \ h_b = \frac{H}{N_d} N'_{xb}$$

개념 이해는 식 (5.42)의 우변의 첫째 항이 편리하나 실제 계산에는 마지막 항이 편리하다.

참고로 널말뚝의 안정해석은 널말뚝의 단부를 지나 폭이 B인 $\overline{ab}$ 면에 대하여 실시하며 $\overline{ab} = B = \frac{D}{2}$ 로 하는 것이 보통이다. 즉 안정해석에 사용되는 폭 B는 널말뚝 근입깊이 D의 반으로 한다(5.7 파이핑 현상 참조).

NOTE : 침투압의 합력 J가 □$abcd$의 수중중량 W' 보다 더 커지면 지표면에 분사현상 또는 히빙현상이 발생하게 됨. 이것은 대단히 위험한 상태이며 분사현상에 대해서는 앞장에서 이미 논의하였고 히빙에 대해서는 5.7 파이핑 현상에서 구체적으로 논의하게 됨.

▶ **예제 5.2** 그림과 같은 일차원 흐름에 대한 유선망이 있다. 흙의 투수계수 $k = 0.01\ cm/\text{sec}$ 이다. 기준면(datum)을 하류측 자유수면($EL. \pm 0\,m$)으로 하였을 때 다음을 구하라.

(a) 책의 지면에 수직한 방향으로 길이 1m당 유량$\left(m^3/\text{sec}\right)$

(b) $EL.\,2m$ 인 수평면의 간극수압 u

(c) $EL.2m$ 에서 $EL.1m$ 사이의 동수경사
(d) $EL.2m$ 인 수평면의 침투수압의 합력

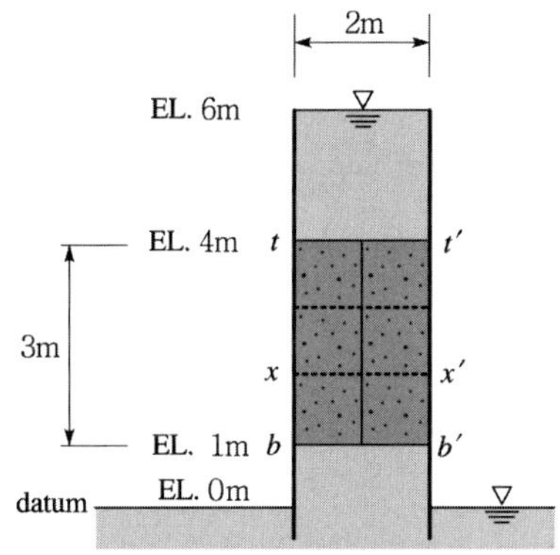

그림 예제 5.2 문제도

풀이 :

일차원 흐름에 대해서는 유선망을 그리지 않고 Darcy의 법칙만으로도 문제를 해결할 수 있다. 이 문제는 유선망의 이용방법을 연습하기 위한 문제이다.

(a) 유량 q

$$q = kH\frac{N_f}{N_d} = \left(0.01\times10^{-2}\right)(6)\left(\frac{2}{3}\right) = 0.0004\ m^3/\text{sec}$$

$$(N_f = 2,\ N_d = 3,\ H = \Delta h = 6m)$$

유량은 Darcy 법칙으로 구한 값과 같음을 확인해 보면

$$q = kiA = (0.01\times10^{-2})(2)(2\times1) = 0.0004\,m^3/\text{sec}$$

즉 두 가지 방법으로 산정한 유량은 같다.

(b) $EL.0m$ 를 기준면으로 잡으면 $EL.+2m$ 에서는 $h_e = 2m$

$$h = \frac{H}{N_d}\ N'_X = \frac{6}{3}(1) = 2m$$

따라서 $h_p = h - h_e = 2 - 2 = 0$

$$\therefore u = \gamma_w h_p = 0$$

간극수압은 예제 4.1에서 얻은 결과와 일치함을 확인할 것.

(c) 동수경사 i

$$i = \frac{\Delta h}{\ell} = \frac{2-0}{1} = 2$$

($EL.+2m$ 에서의 $h = 2m$ 이고 $EL.1m$ 에서는 $h = 0$ 임)

또는 등수두선 간격 1개 사이의 수두차 Δh 는

$$\Delta h = \frac{H}{N_d} = \frac{6}{3} = 2m$$

(d) $EL.+2m$ 되는 평면에 작용하는 침투압의 합력 J

편의상 $EL.+2m$ 되는 평면을 $x-x'$ 면이라 하고 그 폭을 B, $t-t'$ 면과 $x-x'$ 면 사이의 두께를 D 라 하면 $B = 2m$, $D = 2m$

$x-x'$ 면의 침투압의 합력 J는

$$J = \gamma_w \Delta h_{av} B = i_{av} \gamma_w (\square tt'xx') = i_{av} \gamma_w B D$$

그런데 $x-x'$ 면의 Δh 와 i 값은 모든 점에서 균일하므로 Δh_{av}, i_{av} 대신 Δh, i 로 써도 좋다. 즉,

$$J = \gamma_w \Delta h_x B = i \gamma_w B D$$

여기서, $\Delta h_x = (t-t'$면의 전수두$) - (x-x'$면의 전수두$) = h_t - h_x$

$$\Delta h_x = h_t - h_x = 6 - 2 = 4m$$

i 는 $x-x'$ 면과 $t-t'$ 면 사이의 동수경사

$$i = \frac{1}{D}(h_t - h_x) = \frac{1}{2}(6-2) = 2$$

$$\therefore J = \gamma_w \Delta h_x B = (1)(4)(2) = 8t$$

또는 $J = i \gamma_w B D = (2)(1)(2)(2) = 8t$

이 문제에 대한 그림이 그림 4.16 연직하향 침투시의 그림과 같음을 이해하고 침투압 계산결과도 서로 같음을 확인해 볼 것. ◀

▶ **예제 5.3** 그림 예제 5.3 문제도에는 널말뚝(sheet pile)이 타입된 지층에 그려진 유선망이 제시되어 있다. 지반의 $\gamma_{sat} = 1.70 t/m^3$, $k = 0.01 cm/\sec$ 이다. 다음 물음에 답하라.

(1) 1일간 침투유량 Q($m^3/day/m$)

(2) X점의 간극수압

(3) X점의 연직유효응력 σ_v'

(4) $\overline{ac}$ 구간 및 $\overline{bd}$ 구간의 동수경사

(5) $\overline{ab}$ 면에 작용하는 침투수압의 합력 J

(6) 만약 상하류측 수위가 각각 Δz 만큼 상승하면 위의 (1)~(5)의 결과는 어떻게 될까?

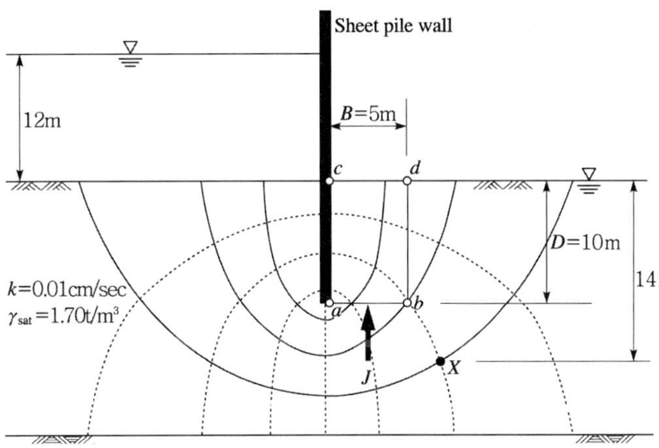

그림 예제 5.3 문제도

풀이 :

하류측 수면(지금은 지표면과 일치)을 기준면으로 한다.

유선망에서 $N_f = 4,\ N_d = 8$

(1) 유량의 산정

$$Q = kH\frac{N_f}{N_d} = (0.01 \times 10^{-2} \times 60^2 \times 24)(12)(\frac{4}{8}) = 51.84 m^3/day/m$$

(2) X점의 간극수압 u

X점의 전수두 $h = \dfrac{H}{N_d}N_x' = \dfrac{12}{8}(2) = 3m$

X점의 위치수두 $h_e = -z = -14m$

따라서 X점의 압력수두 $h_p = h - h_e = 3 - (-14) = 17m$

간극수압 $u = \gamma_w h_p = (1)(17) = 17.0t/m^2$

(3) X점의 연직유효응력 σ_v'

$\sigma_v' = \sigma_v - u = (1.70)(14) - 17.0 = 6.8t/m^2$

(4) $\overline{ac}$ 구간과 $\overline{bd}$ 구간의 동수경사 i

- $\overline{ac}$ 구간의 동수경사 i_{a-c}

$$i_{a-c} = \frac{h_a - h_c}{\overline{ac}} = \frac{1}{D}\left(\frac{H}{N_d}N'_{xa} - 0\right) = \frac{1}{10}\left[\frac{12}{8}(4)\right] = 0.6$$

- $\overline{bd}$ 구간에는 1차원 연직상향침투를 가정한다.

$$i_{b-d} = \frac{h_b - h_d}{\overline{bd}} = \frac{h_b - h_d}{D} = \frac{1}{D}\left(\frac{H}{N_d}N'_{xb} - 0\right) = \frac{1}{10}\left[\frac{12}{8}(2)\right] = 0.3$$

(5) $\overline{ab}$ 구간의 침투수압의 합력 J

$$J = \gamma_w \Delta h_{av} B$$

$$\overline{ab} = B = \frac{D}{2} = 5m$$

$$\Delta h_{av} = \frac{1}{2}(\Delta h_a + \Delta h_b) = \frac{1}{2}\left[(h_a - h_c) + (h_b - h_d)\right]$$

$$= \frac{1}{2}(h_a + h_b) = \frac{1}{2}\frac{H}{N_d}(N'_{xa} + N'_{xb}) = \frac{1}{2}(\frac{12}{8})(4 + 2) = 4.5m$$

$$\therefore J = (1)(4.5)(5) = 22.5t/m$$

또는

$$J = i_{av}\gamma_w \square abcd = i_{av}\gamma_w BD$$

$$i_{av} = \frac{1}{2}(i_{a-c} + i_{b-d}) = \frac{1}{2}(0.6 + 0.3) = 0.45$$

$$\therefore J = (0.45)(1)(5)(10) = 22.5t/m$$

(6) 상하류측 수면이 같은 양(Δz)만큼 상승하였을 때

① 수두차는 $(H + \Delta z) - (0 + \Delta z) = H$ 불변이므로 유량 Q도 변하지 않음.

② 기준면을 하류측 수면으로 잡으면 X점에 대하여

- 전수두 h는 불변
- 위치수두 $h_e = -(z + \Delta z)$ 이 되어 Δz 만큼 감소
- 따라서 압력수두 $h_p = h - h_e$ 는 Δz 만큼 증가
- 그러므로 간극수압 $u = \gamma_w h_p$ 는 $\gamma_w \Delta z$ 만큼 증가

③ X점의 유효응력 $\sigma_v' = \sigma_v - u$

- $\sigma_v = \gamma_w \Delta z + \gamma_{sat} z$ 이 되어 $\gamma_w \Delta z$ 만큼 증가
- u는 $\gamma_w \Delta z$ 만큼 증가
- 따라서 $\sigma_v' = \sigma_v - u$ 는 불변

④ 동수경사

기준면을 하류측 수면으로 잡으면 $h_a, h_b, h_c = 0,\ h_d = 0$ 불변이므로 동수경사가 i_{a-c} 와 i_{b-d} 는 모두 변하지 않는다.

⑤ 침투수압의 합력 J

기준면을 하류측 수면으로 잡으면 $h_a, h_b, h_c = 0,\ h_d = 0$ 불변이므로 Δh_{av} 도 변하지 않고 따라서 J도 불변

또는 동수경사 i_{a-c}, i_{b-d} 가 불변이므로 i_{av} 도 같은 값으로 유지되고 따라서 J도 불변 ◀

▶ **예제 5.4** 그림에는 콘크리트 댐이 축조된 지반에 대한 유선망이 제시되어 있다. 지층의 투수계수 $k = 5.6 \times 10^{-3}\ cm/\sec$ 이다.

(a) 유량을 구함

(b) A, B, C 점에서의 간극수압을 구함.

(c) CD 구간의 동수경사를 구함.

단, 기준면(datum)은 하류측 지표면으로 함.

(d) X 점의 연직유효응력 σ_v'을 구함. 단 $\gamma_{sat} = 2.0 t/m^3$

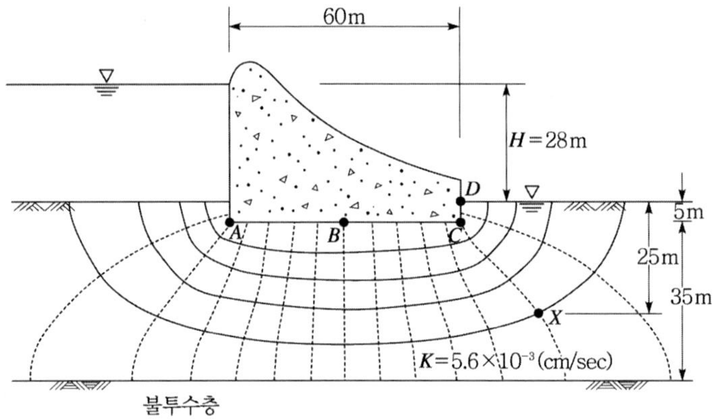

그림 예제 5.4 문제도

풀이 : 유선망은 댐의 중심선에 대해서 상하류측이 대칭이다.

(a) $q = kH\dfrac{N_f}{N_d}$

$= (5.6\times10^{-3}\times10^{-2})(28)\dfrac{5}{14}$

$= 0.00056\ m^3/\sec/m$

($q = 0.00056 m^3/\sec/m$ 는 책의 지면에 수직한 방향으로 댐 길이 1m당 초당 0.00056 m^3 의 물이 흐른다는 뜻임.)

(b) 간극수압의 결정

- A 점에 대하여

$h_e = -5m$

$h = H - \dfrac{H}{N_d}N_x = 28 - \dfrac{28}{14}\times 2 = 24\,m$

또는

$h = \dfrac{H}{N_d}N_x' = \dfrac{28}{14}\times 12 = 24\,m$

$\therefore h_p = h - h_e = 24 - (-5) = 29\,m$

$u_A = \gamma_w h_p = (1)(29) = 29\,t/m^2$

• B점에 대하여

$$h_e = -5m \qquad h = \frac{H}{N_d} N_x' = \frac{28}{14}(7) = 14\,m$$

$$\therefore h_p = h - h_e = 14 - (-5) = 19\,m$$

$$u_B = \gamma_w h_p = (1)(19) = 19\,t/m^2$$

• C점에 대하여

$$h_e = -5m \qquad h = \frac{H}{N_d} N_x' = \frac{28}{14}(2) = 4\,m$$

$$\therefore h_p = 4 - (-5) = 9m$$

$$u_C = \gamma_w h_p = (1)(9) = 9\,t/m^2$$

댐의 저면을 따라 같은 방법으로 여러 곳의 간극수압을 구하여 그 분포도를 그리면 간극수압의 합력 U가 양압력(揚壓力, uplift)이 된다. 양압력이 너무 크면 댐은 위험해 진다.

(c) $i_{C-D} = \dfrac{h_C - h_D}{\overline{CD}} = \dfrac{4-0}{5} = 0.8$

$$h_C = \frac{H}{N_d} N_x' = \frac{28}{14}(2) = 4\,m$$

$$h_D = 0$$

(d) X점의 연직유효응력 σ_v'

$$\sigma_v' = \sigma_v - u \tag{a}$$

그런데 $\sigma_v = \gamma_{sat} \cdot z = (2.0)(25) = 50\,t/m^2$ (b)

X점의 전수두 $h = \dfrac{H}{N_d} \cdot N_x' = \dfrac{28}{14} \cdot 2 = 4\,m$, $h_e = z = -25\,m$

$$\therefore h_p = h - h_e = 4 - (-25) = 29\,m$$

$$u = \gamma_w h_p = (1)(29) = 29\,t/m^2 \tag{c}$$

(b), (c)를 (a)에 대입하면

$$\sigma'_v = \sigma_v - u = 50 - 29 = 21t/m^2$$ ◀

5.5.7 물이 흙 댐을 침투할 때의 유선망

지금까지는 콘크리트댐 또는 널말뚝이 설치된 지층의 유선망에 대하여 논의하였다. 이들 경우에는 물이 침투해서 흐르는 영역이 정해져 있다. 즉 지표면과 흙과 접하는 구조물의 표면(creep 유선)이 상한(上限)이 되고 불투수층 표면이 하한(下限)이 된다. 이와 같이 흐름의 영역이 한정되어 있는 흐름을 갇힌 흐름 또는 구속 흐름(confined flow)이라 한다(그림 5.16 참조).

한편 그림 5.27에 보인 것처럼 흙 댐(earth dam)을 물이 침투해서 흐르는 경우에는 가장 위쪽에 있는 유선(침윤선이라 함)의 위치가 결정되어 있지 않다.

이와 같이 흐름의 영역이 완전히 정해져 있지 않은 상태의 흐름을 자유흐름(unconfined flow)이라 한다. 이때에는 침윤선을 결정하는 것이 해(solution)의 중요한 부분이 된다.

침윤선은 흙 댐에서 대단히 중요한 의미를 가지므로 침윤선을 다시 한번 정의하고 그 결정방법을 논의해 보기로 한다.

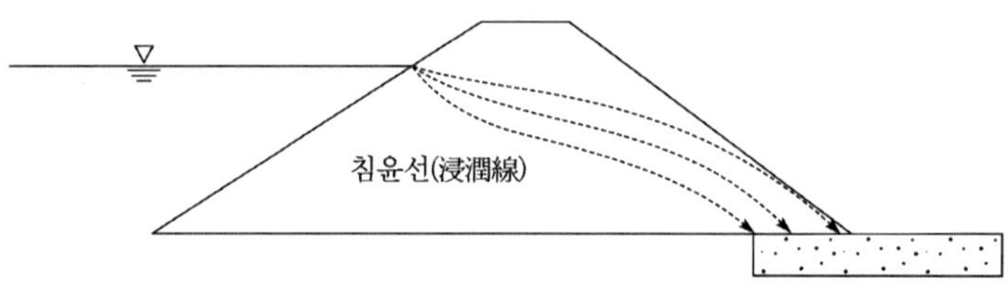

그림 5.27 자유흐름(unconfined flow)의 한 예

침윤선(浸潤線, seepage line, top flow line, phreatic line) :

가장 위쪽에 있는 유선으로 모관현상을 무시하면 침윤선보다 아래쪽은 포화상태이고 침윤선에서는 간극수압이 0(zero)이다. 침윤선의 결정은 해(solution)의 일부분이며 침윤선이 결정된 후에야 비로소 유선망 작도가 가능해진다.

Casagrande 등의 연구에 의하면 침윤선은 그 형상이 포물선에 가깝다. 포물선은 다음과 같이 정의된다.

포물선(parabola) : 한 점(點)과 한 직선에 이르는 거리가 같은 점의 궤적(軌迹, locus), 이때 한 점을 초점(焦點, focus), 한 직선을 준선(準線, directrix)이라 한다.

포물선의 방정식 : 그림 5.28과 같이 초점 F를 원점으로 하고 (x, z)좌표축을 설정한다. 초점과 준선 사이의 거리를 준선거리라 하고 S로 표시하였다.

점 $P(x, z)$가 포물선상의 한 점이면 P에서 초점에 이르는 거리는 준선까지의 거리와 같아야 한다($\overline{PF} = x + S$).

$$x + S = \sqrt{x^2 + z^2}$$

따라서 포물선의 방정식은

$$x = \frac{z^2 - S^2}{2S} \tag{5.43}$$

여기서 S: 준선거리

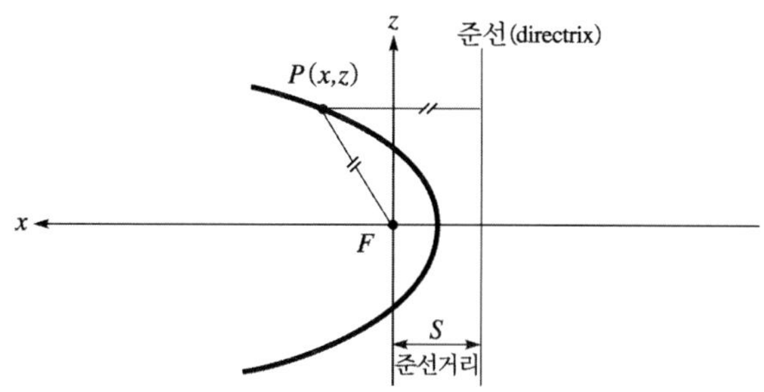

그림 5.28 포물선의 방정식

참고사항

포물선의 방정식을 $4Px = z^2$, 단 $P = \dfrac{S}{2}$로 기억하는 독자들은 이 경우 좌표의 원점이 초점과 준선의 중간점이었음을 상기할 것. 이 좌표를 쓰면 포물선의 꼭지점이 좌표의 원점(0, 0)이 됨. 이 좌표는 본 서에서는 채택하지 않음.

침윤선의 형상이 포물선과 비슷하다는 사실을 유념하면서 흙 댐의 유선망에 대하여 논의해 보기로 한다.

1. 배수설비가 설치된 흙 댐의 유선망의 작도와 응용

흙 댐의 하류측 사면의 안정성을 재고하기 위하여 그림 5.29와 같이 배수설비(drainage)를 설치하고 침투수를 배수 설비쪽으로 유도한다. 먼저 기본 포물선(basic parabola)을 그리고 이를 보정하여 침윤선을 결정한다. 일단 침윤선이 얻어지면 유선망을 그릴 수 있고 유선망의 이용방법은 앞에서 논의한 것과 같다.

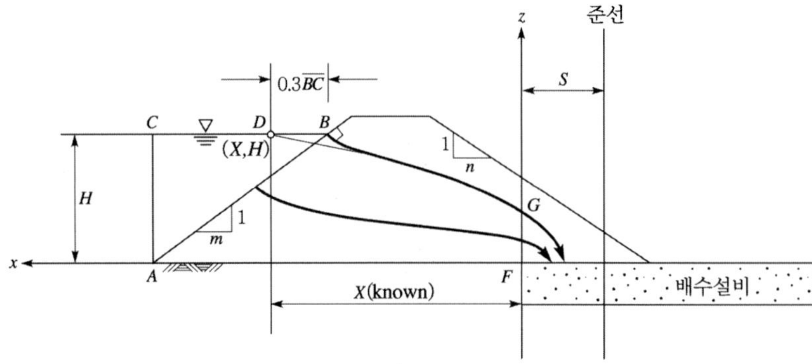

그림 5.29 배수설비가 설치된 흙 댐의 침윤선

(1) 침윤선의 결정

가. 기본 포물선의 결정

- 초점 : drainage 선단 F

  따라서 F를 원점으로하여 좌표축(x, z)을 설정한다.

- 포물선의 시발점 : $D\,(X, H)$, 단 D점은 $\overline{BD} = 0.3\overline{BC}$ 되는 점
- 준선거리 :

$$S = \sqrt{X^2 + H^2} - X \tag{5.44}$$

이 식은 점 $D(X, H)$가 포물선 상의 한 점이라는 조건에서 구하였다. 즉 $S + X = \sqrt{X^2 + H^2}$ 에서 식 (5.44)를 얻을 수 있다. 이제 초점에서 오른쪽으로 S되는 곳에 연직선을 그려 준선을 그릴 수 있다.

- 기본 포물선의 방정식 :

$$x = \frac{z^2 - S^2}{2S} \tag{5.45}$$

식 (5.44)을 식 (5.45)에 대입하면 $x-z$ 사이의 관계를 얻을 수 있다.

x	. .	. .	. .	. .	. .	. .
z	. .	. .	. .	. .	. .	. .

이 결과를 $x-z$ 평면에 plot하면 기본 포물선이 그려진다.

기본 포물선은 다음 참고사항에 제시된 도해법으로도 그릴 수 있다.

참고사항 : 기본 포물선의 도해법

① 준선의 결정

a. D점에서 수평방향으로 $\overline{DD'}$ 선을 그림.

b. D점을 중심으로 $\overline{DF}$ 를 반경으로 하는 원호를 그려 $\overline{DD'}$ 선과의 교점을 s라 함.

c. s점을 지나는 연직선이 준선이 됨.

(∵ D점은 초점과 준선에 이르는 거리가 같은 점이 됨: $\overline{Ds} = \overline{DF}$)

② 포물선의 결정

a. $\overline{Ds}$ 선상의 한 점 m_1을 지나는 연직선 $m_1 - m_1$을 그림.

b. F점을 중심으로 하고 $\overline{m_1 s}$ 를 반경으로 하는 원호를 그려 $m_1 - m_1$과의 교점을 n_1이라 하면 n_1은 포물선 상의 한 점임.

(∵ n_1에서는 준선에 이르는 거리와 초점에 이르는 거리가 같음.)

c. 다시 $\overline{Ds}$ 선상에 임의의 점 m_2를 잡고 연직선 $m_2 - m_2$를 그림.

d. F점을 중심으로 하고 $\overline{m_2 s}$ 를 반경으로 하는 원호를 그려 $m_2 - m_2$와의 교점을 n_2라 하면 n_2도 포물선상의 한 점이 됨.

e. 이러한 과정을 반복하여 얻은 n점들을 연결하면 기본 포물선이 얻어짐.

③ 특수한 점

a. F점위 z축상의 $\overline{FG} = S$ 인 점 G는 포물선상의 한 점임.

b. F점과 준선 사이의 중점 I는 포물선의 종점임.

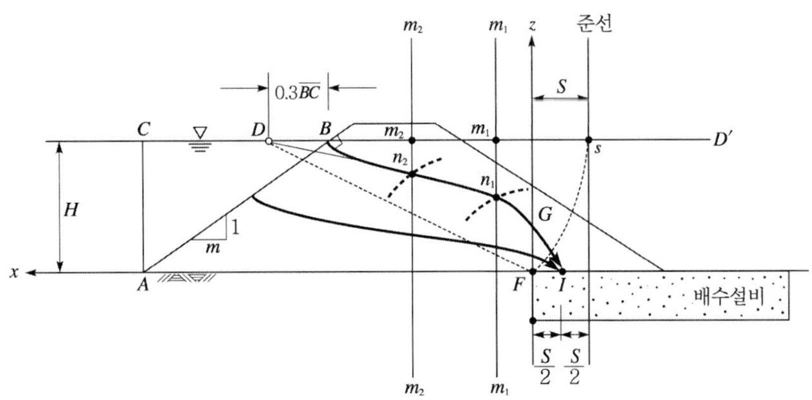

그림 5.30 기본 포물선의 도해법

나. 침윤선의 결정

기본 포물선을 보정하여 침윤선을 완성한다.

상류측 보정 : 침윤선은 가장 위쪽의 유선이므로 B점에서 시작하는 것이 타당하다. $\overline{AB}$ 면은 등수두선이므로 유선인 침윤선은 B점에서 댐의 상류측 사면 $\overline{AB}$ 에 수직하게 침투하여야 한다. 이렇게 시작한 침윤선을 기본 포물선과 잘 접합하도록 그리면 침윤선이 얻어진다.

(2) 유선망의 작도

유선은 F 를 공통초점(confocal)으로 하는 포물선 형태가 되며 그림 5.29에 제시된 것과 같은 형상이 된다. 등수두선은 유선과 직교하며 망이 정사각형이 되도록 그리면 된다.

NOTE : 침윤선 상에서는 간극수압이 0이므로 압력수두가 0, 따라서 전수두와 위치수두가 같음($h = h_e$). 인접등수두선 사이의 수두 손실은 같으므로 침윤선상에서는 인접 등수두선 사이의 위치수두차(연직높이차)는 서로 같아야 함. 즉 침윤선상에서는 등수두선 시발점 사이의 연직거리가 등간격이 되어야 함. 이 사실은 유선망 작도에 편리하게 응용할 수 있음(그림 5.31 참조).

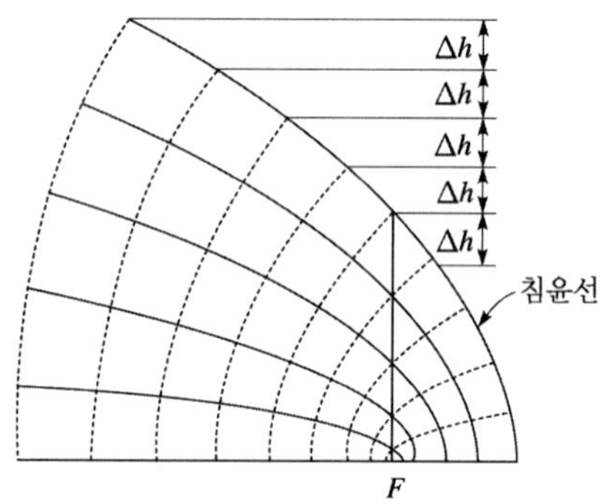

그림 5.31 침윤선의 특성을 이용한 등수두선의 작도

(3) 유선망의 이용

유선망이 완성되면 유량, 간극수압, 동수경사 등을 지금까지 논의해온 방법으로 산정할 수 있다.

① 유량의 결정

$$q = kH\frac{N_f}{N_d}$$

NOTE : N_f 와 N_d 중 어느 하나는 정수(整數)가 아니라도 좋음(예를 들어 $N_f = 3.7$). 그러나 2개가 동시에 실수(real number)가 되면 좋지 않음.

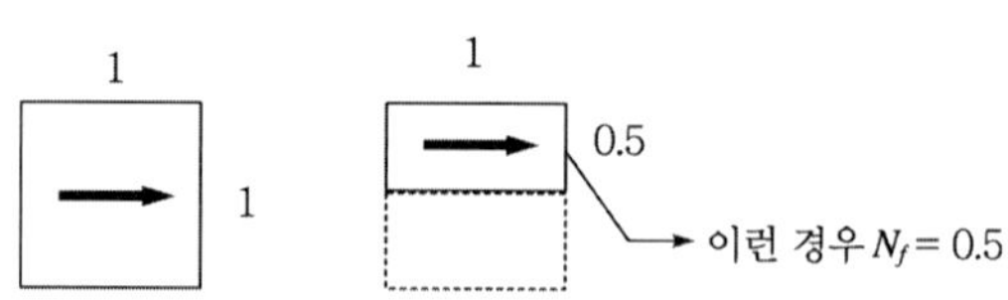

가. N_d 가 정수가 아닌 경우

그림 5.32와 같이 콘크리트 댐이 축조되어 있는 지층에 대한 유선망은 댐의 중심선(℄)에 대하여 좌우대칭이 된다. 이 때에는 좌반부에 대한 유선망을 그리고 오른쪽은 이것을 대칭으로 옮기면 된

다. 이 때 대칭축을 포함하는 망은 흔히 정사각형이 못되고 등수두선 간격이 유로의 폭보다 짧아 질수도 있고 길어 질 수도 있다($0 < N_d < 2$).

즉 이곳에서는 N_d 의 크기가 $0 < N_d < 2$ 범위에 있는 실수이다. 따라서 유선망 전체로 보았을 때 N_d 는 정수(integer)가 아니게 된다. 이 그림의 경우 $N_f = 4$, $N_d \approx 12.6$ 이다.

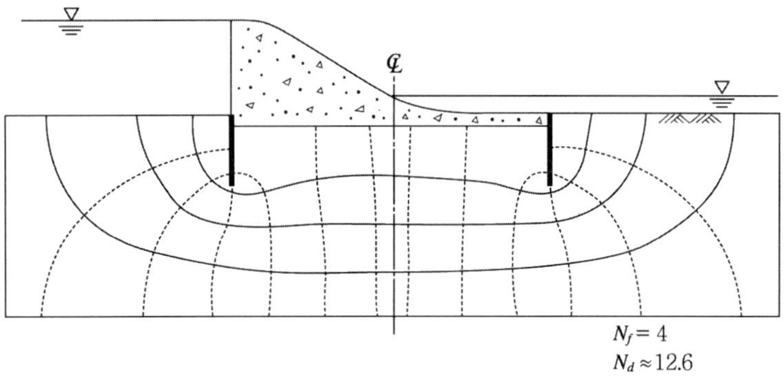

그림 5.32 N_d 가 정수가 아닌 유선망의 한 예

나. N_f 가 정수가 아닌 경우

그림 5.33과 같은 흙 댐의 유선망을 그려보면 흔히 가장 아래쪽의 유로가 완전한 1개의 유로가 못되고 납작한 형태가 된다. 이러한 경우 유로의 수는 정수가 아니고 실수가 된다. 이 그림의 경우 $N_f \approx 2.65$, $N_d = 9$ 가 된다.

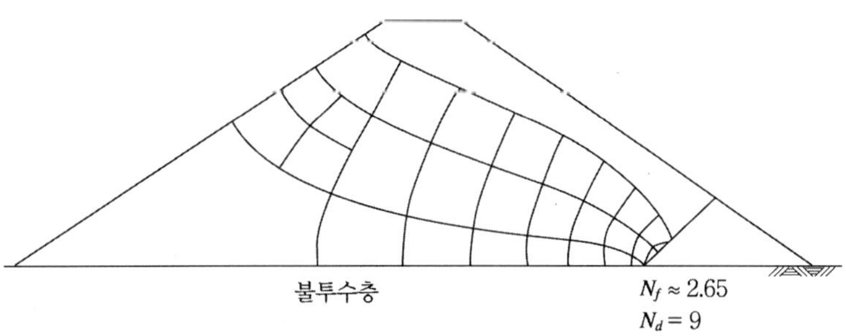

그림 5.33 N_f 가 정수가 아닌 유선망의 한 예

N_f 와 N_d 중 하나는 정수가 아니어도 실용상 문제가 없으며 이 사실은 유선망 작도에 큰 도움이 된다.

유선망을 그리지 않고 유량을 산정하는 근사식을 Darcy의 법칙과 Dupit–Forcheimer의 가정을 이용하여 유도할 수 있다. 유량은 그림 5.34의 침윤선 상 임의의 점들에서 내린 연직면에 대하여 구할 수 있다. 모든 연직면을 흐르는 유량은 같은데(연속의 법칙) 여기에서는 $\overline{GF}$ 면을 지나는 유량을 구하기로 한다. 그림 5.34에서 G는 포물선상의 한 점이므로 $\overline{GF} = S$ (준선거리)이다.

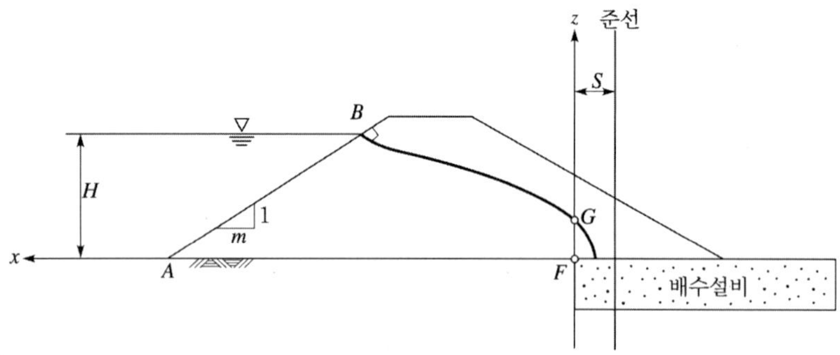

그림 5.34 유량을 산정하는 근사해법

G점의 좌표는(0, S) 즉, $\overline{GF} = S$

$$q = k\,i\,A \tag{a}$$

그런데, $$A = \overline{GF} = S \tag{b}$$

Dupit–Forcheimer의 가정에 의하여 i 는 G점에서의 $\dfrac{dz}{dx}$

$$x = \frac{z^2 - S^2}{2S}$$

$$dx = \frac{2z}{2S}dz$$

따라서 $$\frac{dz}{dx} = \frac{S}{z}$$

$$i = \frac{dz}{dx} = \frac{S}{z}\bigg]_{z=S} = \frac{S}{S} = 1 \tag{c}$$

i 는 $\overline{GF}$ 면의 모든 깊이에서 동일하고($i = 1$) 유속 $v = k\,i$ 는 수평방향이다.

따라서 $$q = k\,i\,A = k(1)S = k\,S \tag{5.46}$$

② 간극수압의 결정

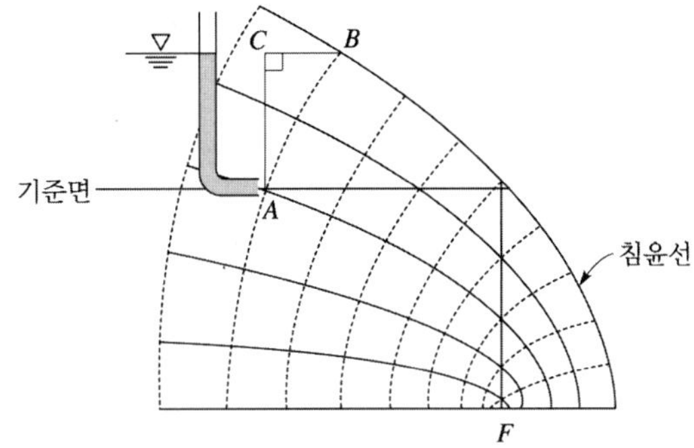

그림 5.35 유선망에서 간극수압을 구하는 방법

그림 5.35에서 *A*점의 간극수압 u_A 를 결정하는 방법은 다음과 같다.
*A*점을 지나는 등수두선을 그려 침윤선과의 교점을 B라 한다.

◦ *A*점에 물기둥을 세우면 물의 상승높이는 *A*점에서 *B*점까지의 연직높이, 즉 그림의 $\overline{AC}$ 와 같다. 이것은 *AB*가 등수두선이기 때문이다. 따라서 *A*점의 압력수두 h_{pA} 는

$$h_{pA} = \overline{AC} \tag{5.47}$$

*A*점의 간극수압 u_A 는

$$u_A = \gamma_w \overline{AC} \tag{5.48}$$

◦ 위의 사실을 Bernoulli 정리로 설명하면 *AB*가 등수두선이므로 *A*와 *B*의 전수두는 같다. 즉

$$h_A = h_B \ : \ h_{eA} + h_{pA} = h_{eB} + h_{pB}$$

*B*는 침윤선 상의 점이므로 $h_{pB} = 0$. 또한 기준면을 *A*를 지나는 수평면으로 잡으면 $h_{eA} = 0$ 이므로

$$h_A = h_B \ : \ 0 + h_{pA} = h_{eB} + 0$$

$$\therefore h_{pA} = \overline{AC}$$

$$u_A = \gamma_w \overline{AC}$$

NOTE : *A*점의 압력수두는 *AB*간의 연직높이임.

2. 배수설비가 없는 흙 댐의 유선망의 작도와 응용

배수설비가 설치되어 있지 않은 경우에도 배수설비가 있을 때처럼 기본 포물선을 그리고 이를 보정하여 침윤선을 결정한다. 일단 침윤선이 얻어지면 유선망을 그릴 수 있고 유선망의 이용방법은 앞에서 논의한 것과 같다.

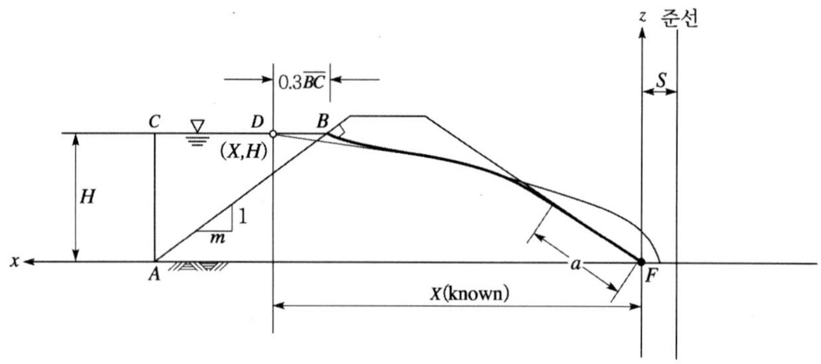

그림 5.36 배수설비가 없는 흙 댐의 침윤선

(1) 침윤선의 결정

가. 기본 포물선의 결정

기본 포물선의 초점은 댐 하류측 사면의 지단(趾端, toe) F로 한다. 따라서 F를 원점으로하여 좌표축(x, z)을 설정한다.

포물선의 시발점 D(X, H), 단 D점은 $\overline{BD} = 0.3\overline{BC}$ 되는 점이다.

준선거리는

$$S = \sqrt{X^2 + H^2} - X \tag{5.49}$$

이것은 점 D(X, H)가 포물선 상의 한 점이라는 조건에서 구하였다.

이제 초점에서 오른쪽으로 S되는 곳에 준선을 그릴 수 있다.

기본 포물선의 방정식 :

$$x = \frac{z^2 - S^2}{2S} \tag{5.50}$$

식 (5.49)를 식 (5.50)에 대입하면 $x-z$ 사이의 관계를 얻을 수 있다.

x	· ·	· ·	· ·	· ·	· ·	· ·
z	· ·	· ·	· ·	· ·	· ·	· ·

이 결과를 $x-z$ 평면에 plot하면 기본 포물선이 그려진다.

NOTE: 기본 포물선은 앞에서 논의한 도해법으로도 그릴 수 있음.

나. 침윤선의 결정

기본 포물선을 보정하여 침윤선을 완성하게 된다.

① 상류측 보정 : 배수설비가 설치된 경우와 같이 보정을 실시한다. 침윤선은 가장 위쪽의 유선이므로 B점에서 시작하는 것이 타당하다. $\overline{AB}$ 면은 등수두선이므로 유선인 침윤선은 B점에서 댐의 상류측 사면 $\overline{AB}$ 에 수직하게 침투하여야 한다. 이렇게 시작한 침윤선을 기본 포물선과 잘 접합시키면 상류측 보정이 완성된다.

② 하류측 보정 : 기본 포물선은 댐 하류측 사면에서 물이 분출하는 것처럼 되어 있어 불합리하다. 하류면에는 물이 스며 나오는면, 즉 침윤면 (浸潤面, seepage face)이 생기는데 침윤면의 길이 a는 그림 5.37에 제시된 Gilboy도표(Gilboy chart)를 이용하여 구할 수 있다. 침윤면의 길이가 결정되면 기본 포물선을 침윤면에 자연스럽게 접합시킴으로써 하류측 보정도 완료된다. Gilboy의 도표를 이용하여 침윤면의 길이 a를 구하는 방법은 다음과 같다.

$$\left.\begin{matrix}\dfrac{X}{H}\\ \beta\end{matrix}\right] \xrightarrow{\text{그림 5.37}} m$$

$$\frac{mH}{a} = \sin\beta$$

$$\therefore\ a = m\,H\,\text{cosec}\,\beta \tag{5.51}$$

또는 댐하류측 경사가 $\beta < 30°$ 인 경우에는 침윤면의 길이를 다음 식으로 구할 수 있다(Mc Carthy, 1988).

$$a = \frac{X}{\cos\beta} - \sqrt{\frac{X^2}{\cos^2\beta} - \frac{H^2}{\sin^2\beta}} \tag{5.52}$$

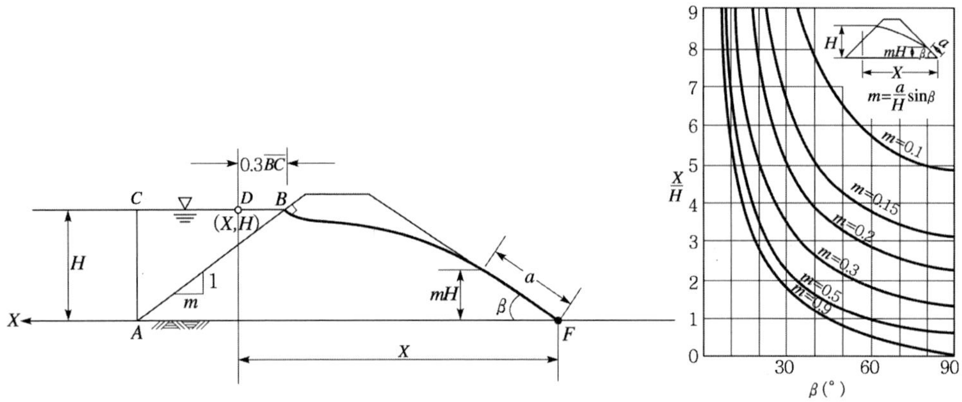

그림 5.37 침윤면의 길이 a를 결정하는 Gilboy의 도표

(2) 유선망의 작도

침윤선이 결정되면 유선망을 그릴 수 있다(그림 5.38). 단 침윤면에서는 여러 개의 유선이 포개어져 있다.

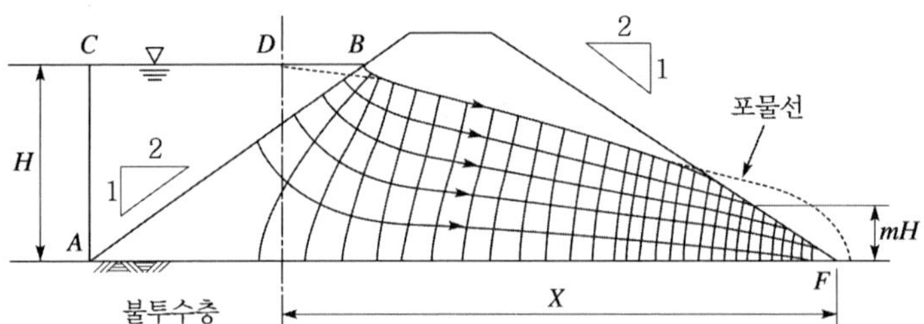

그림 5.38 배수설비가 없는 흙 댐의 유선망

(3) 유선망의 이용

유선망이 완성되면 유량, 간극수압, 동수경사 등을 지금까지 논의해온 방법으로 산정할 수 있다.

참고사항 : 침윤선을 결정하는 수치해법

지금까지 침윤선의 형상은 Casagrande의 시험결과에 따라 포물선으로 가정하고 이를 보정하여 침윤선으로 하였다. 침윤선을 복소수함수(complex variables)로 결정하는 방법도 발표되었다(Harr, 1962). 수치해석법(numerical analysis)의 발달에 따라 최근에는 침윤선을 그릴 수 있는 컴퓨터 code도 개발되어 있다(moving boundry problem). 그러나 이들에 관한 논의는 본 서의 범위를 넘는다.

▶ **예제 5.5** 다음 그림과 같이 배수설비가 설치되어 있는 흙 댐이 있다. 이 흙 댐의 제체를 침투해 흐르는 유량과 P점의 간극수압을 구하라. 단, 제체의 투수계수는 $k = 0.05\,cm/\sec$ 이고 유선망은 작도할 것.

(a) 흙 댐 연장 폭 1m당 1일 유량을 구함.

(b) 흙 댐 폭 100m당 1일 유량을 구함.

(c) 유선망을 이용하지 않고 근사식으로 유량을 구함.

(d) P점의 간극수압 u_P 를 구함.

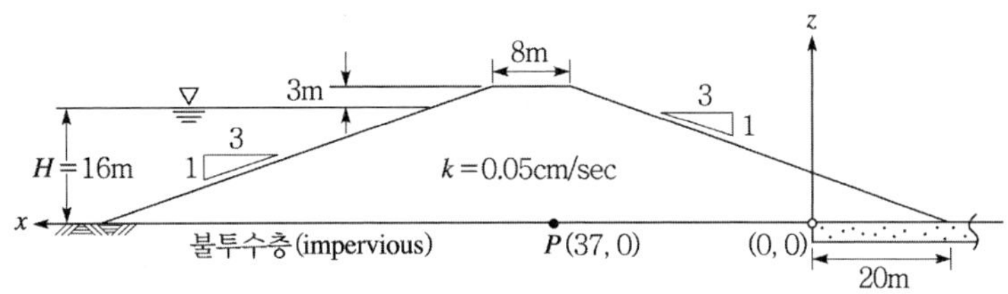

그림 예제 5.5 문제도

풀이 :

(1) 침윤선의 결정

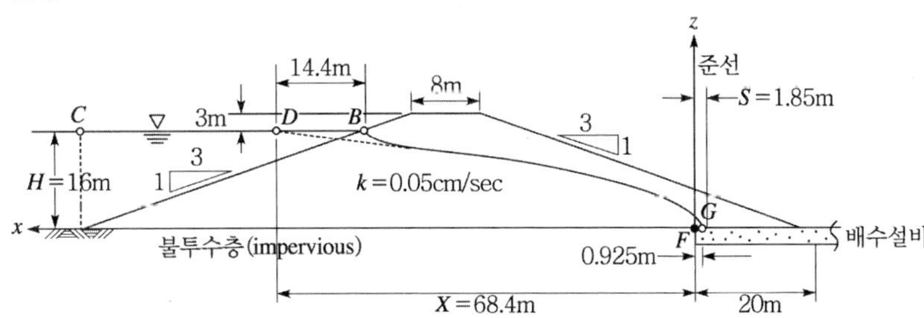

그림 예제 5.5 해답도 1

• 포물선의 시발점 $D(X, H)$

$\overline{BC} = 3(16) = 48.0m$

$\overline{BD} = 0.3\overline{BC} = (0.3)(48) = 14.4m$

$X = 14.4 + (3 \times 3) + 8 + (3 \times 19) - 20 = 68.4m$

따라서 $D(X,\ H) = D(68.4,\ 16)$

• 준선거리 S의 결정

$$S = \sqrt{X^2 + H^2} - X = \sqrt{68.4^2 + 16^2} - 68.4 = 1.85m$$

• 기본포물선의 작도

$$x = \frac{z^2 - S^2}{2S} = \frac{z^2 - 1.85^2}{(2)(1.85)}$$

x	–0.925	0.0	10.0	20.0	30.0	…	60.0	68.4
z	0.0	1.85	6.36	8.80	10.70	…	15.014	16.0

위의 (x, z)값을 연결하는 선을 그려 기본포물선을 얻는다.

NOTE: 기본 포물선은 도해법으로도 구할 수 있음.

• 상류측 보정

기본 포물선을 그리고 상류측 침윤선 보정 실시.

침윤선은 B점에서 시작하되 제체의 상류면에 대해 수직으로 침투하고 기본 포물선에 대해 부드럽게(smooth) 접합시켜 침윤선을 얻는다.

침윤선은 그림 예제 5.5 해답도 1에 제시되어 있다.

(2) 유선망 작도

유선망은 그림 예제 5.5 해답도 2에 제시되어 있다.

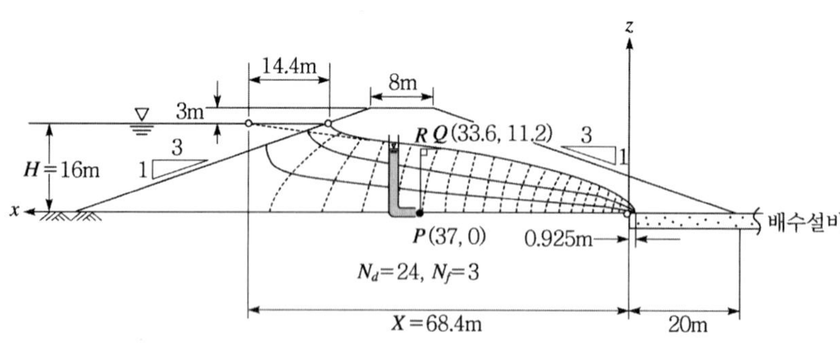

그림 예제 5.5 해답도 2

(3) 유량 및 간극수압 산정

유선망이 완성되었으므로 주어진 질문에 대한 해답을 구할 수 있다.

(a) 흙 댐 연장 폭 1m당 유량

$$q = kH\frac{N_f}{N_d} = (0.05\times10^{-2}\times60^2\times24)(16)\left(\frac{3}{24}\right) = 86.4\,m^3/day/m$$

(b) 흙 댐 폭 100m당 유량

$$q_T = q\times100 = 8640\,m^3/day$$

(c) 유선망을 이용하지 않고 근사식으로 유량을 구함.

$$q = kS = (0.05\times10^{-2}\times60^2\times24)(1.85) = 80\,m^3/day$$

(d) P점의 간극수압 u_P

$$u_P = \overline{PR}\,\gamma_w = (11.2-0.0)(1.0) = 11.2\,t/m^2$$

◀

5.6 불균질 또는 이방성 흙 속에서의 물의 흐름

지금까지는 균질하고 등방성인 흙 속에서 일어나는 흐름에 대하여 논의하였다. 그러나 현장의 지반은 불균질하고 이방성인 것이 보통이다. 특히 퇴적토의 경우에는 수평방향 투수계수가 연직방향 투수계수보다 훨씬 더 크다. 즉 투수계수는 이방성이다. 또한 퇴적과정에서 환경조건이 변하게 되면 퇴적층에 따라 투수계수의 값이 달라지게 된다. 즉 투수계수는 불균질하게 된다. 따라서 불균질하고 이방성인 지층이 형성된다.

이 절에서는 지금까지 논의해 온 물의 흐름에 관한 이론을 불균질 또는 이방성 지반에 적용하는 방법에 관하여 고찰해 보기로 한다.

5.6.1 다층지반의 등가투수계수

퇴적토층의 경우 각 층의 투수계수는 균질하다고 볼 수 있으나 전체 토층의 투수계수는 불균질하다. 이와 같이 두께와 투수계수가 각각 다른 여러 토층으로 구성된 지반을 두께가 전체토층두께와 같은 균질한 단일층 지반으로 보면 그 등가(equivalent)투수계수가 어떻게 되는가를 고찰해 보기로 한다. 즉 불균질 지반을 균질지반으로 치환, 등치시키려면 등가투수계수를 어떻게 결정할 수 있는지 살펴보기로 한다.

(1) 층면의 방향과 흐름의 방향이 평행한 경우

그림 5.39(a)에는 두께와 투수계수가 각각 h_1 k_1, h_2 k_2, … , h_n k_n 인 토층으로 이루어진 다층지반이 제시되어 있다. 토층 전체의 두께는 $H = \sum h_i$ 이고 길이는 모두 L 이다.

물이 각 토층을 침투해서 흐르는 동안 생긴 수두손실은 모든 토층에서 공히 Δh 이며 따라서 동수경사($i = \Delta h / L$)도 토층에 구별없이 같은 값이다.

그림 5.39(b)는 다층지반을 균질지반으로 나타낸 것이다. 토층의 두께는 H, 길이는 L 이고 투수계수는 등가(평균) 투수계수 k_H 이며, 침투에 의한 수두손실 Δh, 동수경사($i = \Delta h/L$)는 변함이 없다. 두 그림에서 유량은 서로 같다는 조건으로 등가 투수계수 k_H 를 결정할 수 있다.

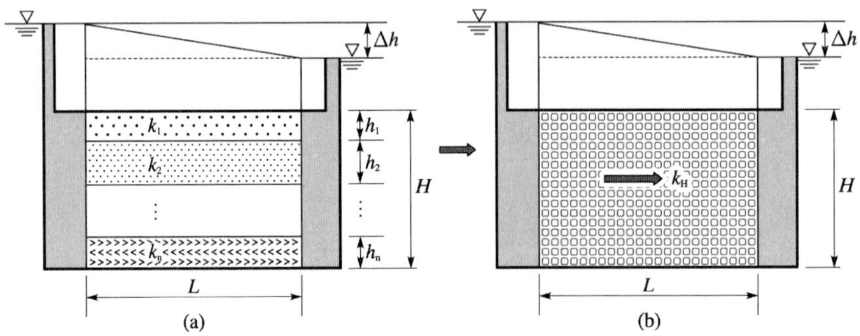

그림 5.39 다층지반의 등가투수계수 k_H

등가(평균)투수계수 k_H 의 결정

◦ 원리

a. 전체유량 = 각 층 유량의 합

b. 각 층의 동수경사 i는 동일

◦ k_H 의 결정

$$q = q_1 + q_2 + \cdots\cdots + q_n$$

그림 5.39(a) : $q = k_1 \dfrac{\Delta h}{L}(h_1 \times 1) + k_2 \dfrac{\Delta h}{L}(h_2 \times 1) + \cdots\cdots + k_n \dfrac{\Delta h}{L}(h_n \times 1)$

그림 5.39(b) : $q = k_H \dfrac{\Delta h}{L}(H \times 1)$

그림 5.39(b)의 q = 그림 5.39(a)의 q :

$$k_H \frac{\Delta h}{L}(H \times 1) = k_1 \frac{\Delta h}{L}(h_1 \times 1) + k_2 \frac{\Delta h}{L}(h_2 \times 1) + \cdots\cdots + k_n \frac{\Delta h}{L}(h_n \times 1)$$

$$\therefore\ k_H = \frac{1}{H}(k_1 h_1 + k_2 h_2 + \cdots + k_n h_n) \tag{5.53a}$$

$$\text{또는}\ k_H = \frac{\sum k_i h_i}{\sum h_i} \tag{5.53b}$$

k_H 는 토층 두께를 가중치로 한 투수계수의 가중평균(加重平均, weighted average)이다.

특수한 경우로 특정한 한 개 토층의 투수계수가 다른 층의 투수계수에 비해 비교할 수 없을 정도로 월등히 큰 경우(투수계수는 이것이 가능)에는 등가투수계수 k_H 는 최대투수계수에 지배된다. 즉,

$$k_H = \frac{1}{H}(k_1 h_1 + \cdots + k_{\max} h' + \cdots + k_n h_n) \approx \frac{k_{\max} h'}{H} \tag{5.54}$$

여기서, $k_{\max}$: 최대투수계수

h' : $k_{\max}$ 토층의 두께

독자들에게 드리는 질문 : ① 3차로 도로에서 한 차로는 고장차, 또 한 차로는 저속자동차가 대단히 느리게 운행하고 한 차로에서만 정상속도를 유지하고 있다면 이 도로의 통행속도는 대략 어디에 지배되는가?
(k_H 를 구하는 지층에는 다층, 즉 다유로의 흐름이 일어나고 있다.)
② 구조역학, 수리학, 철근콘크리트, … 등은 3학점인데 반해 토질역학은 3000학점인 '바람직한(?)' 교과편성에서 학점 평점은 어느 과목 성적에 지배되는가?

그림 5.39(a)는 퇴적 다층토 지반에 물이 수평으로 침투해 흐르는 상태를 모식적으로 표현한 것이다. k_H 의 하첨자 H(horizontal)는 그러한 의미에서 채택된 것이다.

(2) 층면의 방향과 흐름의 방향이 수직한 경우

그림 5.40(a)에는 두께와 투수계수가 각각 h_1 k_1, h_2 k_2, …, h_n k_n인 다층 지반이 제시되어 있다. 토층 전체의 두께는 $H = \sum h_i$ 이고 높이는 모두 B로 서로 같다. 그런데 이 경우에는 물이 흐르는 방향과 토층면이 수직이다. 물이 전체 토층을 침투해서 흐르는 동안 생긴 수두손실은 Δh 이고 따라서 전체 토층에 대한 동수경사는 $i = \Delta h / H$ 이다. 그런데 각 토층마다 투수계수가 다르므로 각 토층에서 일어나는 수두손실은 다르고 ($\Delta h_1 \neq \Delta h_2 \neq \cdots \neq \Delta h_n$) 따라서 각 토층에서의 동수경사도 상이하다.(그림 5.40(a))

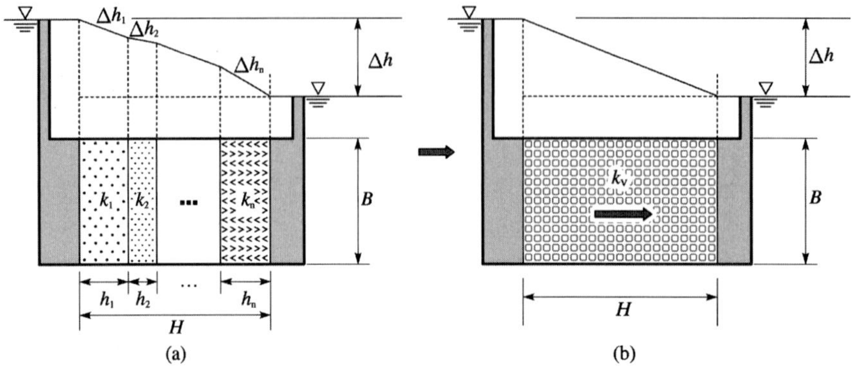

그림 5.40 다층지반의 등가투수계수 k_V

그림 5.40(b)에는 이 다층토 지반을 균질한 단일 토층으로 표현하고 있다. 흙의 두께는 H, 높이는 B, 투수계수는 등가투수계수 k_V 이고 수두 차는 Δh, 따라서 동수경사는 $i = \Delta h / H$ 이다.

두 그림에서의 유량(단면적이 같으므로 유속)이 같다는 조건과 각 토층에서 생긴 수두손실의 합이 전체 수두손실이 된다는 사실에서 등가투수계수 k_V 를 결정할 수 있다.

등가(평균)투수계수 k_V 의 결정

◦ 원리

a. 각 토층의 유량은 동일(각 토층유속은 동일)

b. 전체 수두손실은 각 토층 수두손실의 합 : $\Delta h = \Delta h_1 + \Delta h_2 + \cdots + \Delta h_n$

c. 그림 5.40(b)의 유량 = 그림 5.40(a)의 유량 : $q = q_1 = q_2 = \cdots\cdots = q_n$

◦ k_V 의 결정

그림 5.40(b)의 유량 : $q = k_V \dfrac{\Delta h}{H}(B \times 1)$

그림 5.40(a)의 유량 : $q = k_1 \dfrac{\Delta h_1}{h_1}(B \times 1) = k_2 \dfrac{\Delta h_2}{h_2}(B \times 1) = \cdots\cdots = k_n \dfrac{\Delta h_n}{h_n}(B \times 1)$

그림 5.40(b)의 q = 그림 5.40(a)의 q : $k_V \dfrac{\Delta h}{H} = k_1 \dfrac{\Delta h_1}{h_1} = k_2 \dfrac{\Delta h_2}{h_2} = \cdots\cdots = k_n \dfrac{\Delta h_n}{h_n}$

$$k_V \frac{\Delta h}{H} = k_1 \frac{\Delta h_1}{h_1} \quad : \quad \Delta h_1 = k_V \frac{\Delta h}{H} \frac{h_1}{k_1}$$

$$k_V \frac{\Delta h}{H} = k_2 \frac{\Delta h_2}{h_2} \quad : \quad \Delta h_2 = k_V \frac{\Delta h}{H} \frac{h_2}{k_2}$$

$$\vdots$$

$$k_V \frac{\Delta h}{H} = k_n \frac{\Delta h_n}{h_n} \quad : \quad \Delta h_n = k_V \frac{\Delta h}{H} \frac{h_n}{k_n}$$

$$+\big)\overline{\qquad\qquad\qquad\qquad\qquad}$$

$$\Delta h = k_V \frac{\Delta h}{H}\left(\frac{h_1}{k_1} + \frac{h_2}{k_2} + \cdots + \frac{h_n}{k_n}\right)$$

$$\therefore \ k_V = \frac{H}{\frac{h_1}{k_1} + \frac{h_2}{k_2} + \cdots + \frac{h_n}{k_n}} \tag{5.55a}$$

$$\text{또는} \ k_V = \frac{\sum h_i}{\sum \frac{h_i}{k_i}} \tag{5.55b}$$

특정한 1개 토층의 투수계수가 다른 층에 비해 비교할 수 없을 정도로 월등히 작은 경우에는 등가투수계수 k_V 는 최소투수계수에 지배된다. 즉,

$$k_V \approx k_{\min} \frac{H}{h''}$$

여기서 $k_{\min}$: 최소투수계수

h'' : $k_{\min}$ 토층의 두께

독자들에게 드리는 질문 : 1차로 도로를 경주용 자동차, 최고급 승용차 그리고 경운기가 섞여서 통행하고 있다. 도로의 통행속도는 어떤 차의 속도에 지배되는가? (그림 5.40(a)는 유로가 1개인 물의 흐름이다.)

NOTE : 그림 5.40(a)는 퇴적토층을 90° 회전시켜 모식적으로 표현한 것임. 그림에서는 물이 수평방향으로 흐르지만 본래 위치대로 다시 회전시키면 물은 연직방향으로 흐르는 것임. k_V 의 하첨자 v(vertical)는 이러한 의미에서 채택한 기호. 퇴적토층과 같은 다층지반에서는 수평방향 투수계수가 연직방향 투수계수보다 훨씬 큼 ($k_H > k_V$). 이 사실은 예제 5.6에서 밝히고 있음.

▶ **예제 5.6** 아래 그림과 같이 두께가 각각 h_1, $h_2 = m h_1$ 이고 투수계수가 k_1, k_2 인 2층 지반에 대하여 $k_H \geq k_V$ 임을 증명하여라. 단 각층의 투수계수는 등방이다.

풀이 :

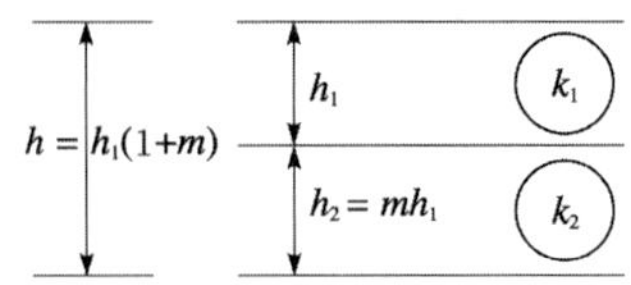

그림 예제 5.6 문제도

• $k_H = \dfrac{1}{H}\left(k_1 h_1 + k_2 h_2\right) = \dfrac{1}{h_1(1+m)}\left(k_1 h_1 + k_2 m h_1\right)$

$$\therefore k_H = \frac{k_1 + m k_2}{1+m} \tag{a}$$

• $k_V = \dfrac{H}{\dfrac{h_1}{k_1}+\dfrac{h_2}{k_2}} = \dfrac{h_1(1+m)}{\dfrac{h_1}{k_1}+\dfrac{m h_1}{k_2}} = \dfrac{h_1(1+m)}{\dfrac{h_1 k_2 + m h_1 k_1}{k_1 k_2}}$

$$\therefore k_V = \frac{k_1 k_2 (1+m)}{m k_1 + k_2} \tag{b}$$

• k_H 와 k_V 의 대소를 비교하려면

$k_H - k_V > 0$ 이면 $k_H > k_V$

$k_H - k_V < 0$ 이면 $k_H < k_V$

$$k_H - k_V = \frac{k_1 + m k_2}{1+m} - \frac{(1+m)\, k_1 k_2}{m k_1 + k_2}$$

약간의 덧셈, 뺄셈 및 인수분해 과정을 거쳐

$$k_H - k_V = \frac{m\left(k_1 - k_2\right)^2}{(1+m)(m k_1 + k_2)} \ge 0$$

$\therefore\ k_H \ge k_V$ ($k_1 = k_2$ 이면 $k_H = k_V$). ◀

5.6.2 이방성 토층의 유선망

(1) 이방성 토층에 대한 유선망의 작도

균질하지만 이방성인 토층에서의 흐름의 기본방정식은

$$k_x \frac{\partial^2 h}{\partial x^2} + k_y \frac{\partial^2 h}{\partial y^2} = 0 \tag{5.56a}$$

과 같이 되는 것은 앞에서 이미 밝혔다.

양변을 k_y 로 나누어

$$\frac{k_x}{k_y}\frac{\partial^2 h}{\partial x^2}+\frac{\partial^2 h}{\partial y^2}=0 \tag{5.56b}$$

또는

$$\frac{\partial^2 h}{\frac{k_y}{k_x}\partial x^2}+\frac{\partial^2 h}{\partial y^2}=0 \tag{5.56c}$$

이 식은 Laplace 방정식이 아니므로 그 해는 유선망으로 구할 수 없다. 이 식을 Laplace 방정식으로 변환시키기 위해 변환(transformed)좌표 x_T 를 다음과 같이 도입한다.

$$x_T=\sqrt{\frac{k_y}{k_x}}\ x \tag{5.57}$$

그런데 식 (5.57)에서

$$\partial x_T=\sqrt{\frac{k_y}{k_x}}\ \partial x$$

$$\partial x_T^{\ 2}=\frac{k_y}{k_x}\partial x^2 \tag{a}$$

식 (a)를 식 (5.56c)에 대입하면

$$\frac{\partial^2 h}{\partial x_T^{\ 2}}+\frac{\partial^2 h}{\partial y^2}=0 \tag{5.58}$$

이 식은 x_T, y에 대하여 Laplace 방정식이다.

참고사항 : Chain Rule

식 (5.58)을 유도하는 정통적인 방법은 Chain Rule이다.

$$\frac{\partial y}{\partial x}=\frac{\partial y}{\partial z}\frac{\partial z}{\partial x}$$

그런데

$$x_T=\sqrt{\frac{k_y}{k_x}}\ x \tag{5.59}$$

$$\partial x_T = \sqrt{\frac{k_y}{k_x}}\partial x$$

$\dfrac{\partial x_T}{\partial x} = \sqrt{\dfrac{k_y}{k_x}}$ 임을 생각하면

$$\frac{\partial h}{\partial x} = \frac{\partial h}{\partial x_T}\frac{\partial x_T}{\partial x} = \sqrt{\frac{k_y}{k_x}}\frac{\partial h}{\partial x_T}$$

$$\frac{\partial^2 h}{\partial x^2} = \frac{\partial}{\partial x}\left(\frac{\partial h}{\partial x}\right) = \frac{\partial}{\partial x}\left(\sqrt{\frac{k_y}{k_x}}\frac{\partial h}{\partial x_T}\right) = \sqrt{\frac{k_y}{k_x}}\frac{\partial^2 h}{\partial {x_T}^2}\frac{\partial x_T}{\partial x} = \frac{k_y}{k_x}\frac{\partial^2 h}{\partial {x_T}^2}$$

$$\therefore\ \frac{k_x}{k_y}\frac{\partial^2 h}{\partial x^2} = \frac{\partial^2 h}{\partial {x_T}^2} \qquad \text{(b)}$$

식(b)를 식(5.56b)에 대입하면

$$\frac{\partial^2 h}{\partial {x_T}^2} + \frac{\partial^2 h}{\partial y^2} = 0 \qquad (5.60)$$

따라서, 그 해는 $x_T - y$ 의 변환단면에서 정사각형 유선망을 그려서 구할 수 있다. 즉 변환단면은 구조물과 토층 등의 세로길이(y 방향)는 불변이지만 가로길이는 변화된다. 대부분의 경우 $k_x > k_y$ 이므로 가로방향길이는 축소된다($x_T < x$). 이렇게 변환된 단면에 대하여 유선과 등수두선이 정사각형을 구성하도록 유선망을 작성하면 된다. 본래단면($x - y$ 평면)에서의 유선망은 변환단면($x_T - y$ 평면)에 그려진 유선망을 본래단면으로 환원시켜 얻을 수 있다.

▶ **예** : $k_x = 9\,k_y$ 이면

$$x_T = \sqrt{\frac{1}{9}}x \qquad x_T = \frac{1}{3}x$$

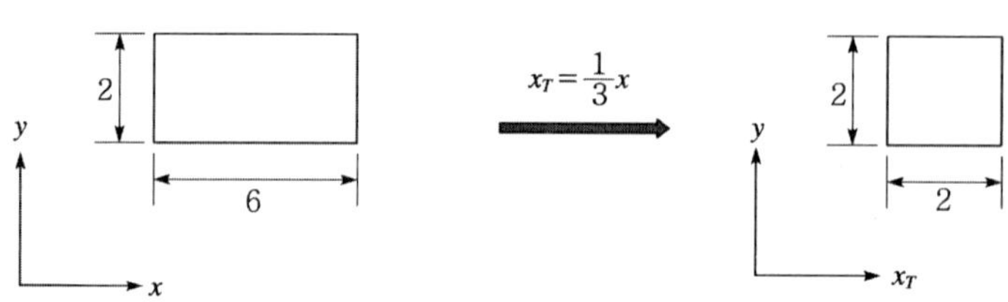

(a) 본래의 단면 (b) 변환단면

그림 5.41 본래단면과 변환단면 ◀

이방성 토층에 대해서는 유선망을 직접 그리는 것이 불가능하여 우선 변환 단면에 유선망을 그리고 이것을 다시 본래의 단면으로 환원시키는 과정을 거쳐 유선망을 얻게 된다. 그 과정은 그림 5.42에 보인 것과 같다.

그림 5.42(a): 본래 단면($x-y$ 평면)

이 단면에 대한 유선망을 구함. 그러나 직접 유선망을 작도할 수 없다.

그림 5.42(b): 변환 단면(x_T-y 평면)

세로(y 방향)길이는 본래 평면과 같으나 가로길이는 변환되어 있다.

즉, 댐의 높이, 널말뚝 길이, 토층두께, 수심(H) 등은 불변이지만 댐의 길이는 변환되었다.($k_x>k_y$ 를 가정하여 축소되었다.)

그림 5.42(c): 변환 단면의 유선망(x_T-y 평면)

유선망은 정사각형으로 이루어져있고 물론 유선과 등수두선은 직교하고 있다.

그림 5.42(d): 본래 단면의 유선망($x-y$ 평면)

변환 단면에서 그려진 유선망을 본래 단면으로 환원시킨 결과 유선망은 정사각형이 아니고 유선과 등수두선은 직교하지 않는다.

이러한 유선망을 직접($x-y$ 평면) 작도하는 것이 불가능하며 변환과 환원을 거쳐야 작도 가능하다.

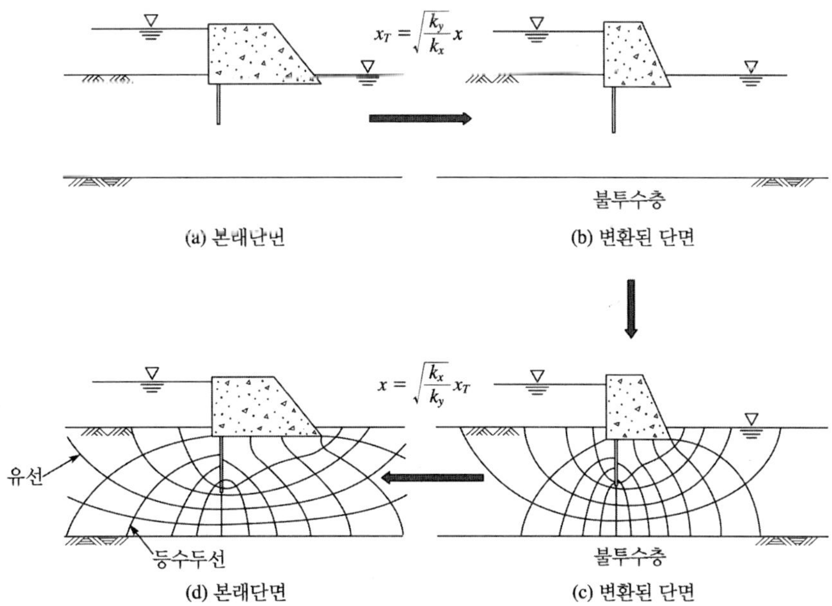

그림 5.42 이방성 지층에 대한 유선망 작도 순서

환원과정은 다음과 같다.

◦ 변환단면에 그려진 유선망을 실제 단면으로 환원시키는 방법
- 기준이 되는 임의의 연직선(예를 들어 댐의 앞굽을 지나는 연직선)을 설정하고
- 기준선에서 유선과 등수두선의 교점까지의 수평거리를 $\sqrt{\dfrac{k_x}{k_y}}$ 배만큼 수평으로 이동시킴.
- 유선과 등수두선의 교점을 모두 이동시켰으면 이 점들을 연결하는 곡선을 그리면 본래 단면의 유선망이 얻어짐.

참고사항 : 변환 단면에 그려진 정사각형 유선망을 본래 단면으로 환원하는 방법

$x_T - y$ 변환 단면에서 $x - y$ 본래단면으로 환원시키면 세로(y 방향)길이는 불변이지만 가로(x 방향)길이는 $\sqrt{\dfrac{k_x}{k_y}}$ 배만큼 늘어남. 예를 들어 $k_x = 4k_y$ 인 경우에는 $x = 2\,x_T$ 이므로 다음과 같이 변환 시킬 수 있다.

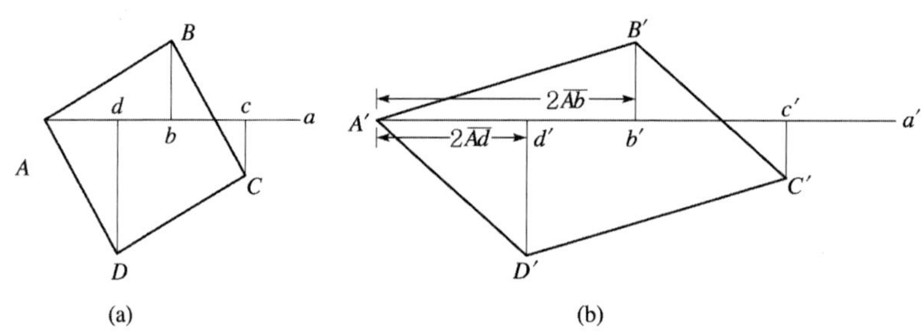

그림 5.43 변환단면에서 본래단면으로 환원시키는 방법

그림 5.43(a)는 변환단면에 그려진 정사각형망 *ABCD*가 제시되어 있다. 그림 5.43(b)는 본래의 단면으로 환원시키는 과정을 도시하고 있다.

① A를 지나는 수평선 $\overline{Aa}$ 그림

A' 을 지나는 수평선 $\overline{A'a'}$ 을 그림

② B에서 $\overline{Aa}$ 에 내린 수선의 발 b

$\overline{A'a'}$ 선상에 $\overline{A'b'} = 2\,\overline{Ab}$ 되는 b'

b' 을 지나는 연직선상에 $\overline{b'B'} = \overline{bB}$ 되는 B' 결정

③ C에서 $\overline{Aa}$ 선상에 내린 수선의 발 c

$\overline{A'a'}$ 선상에 $\overline{A'c'} = 2\overline{Ac}$ 되는 c'

c' 을 지나는 연직선 상에 $\overline{c'C'} = \overline{cC}$ 되는 C' 결정

④ D점에서 $\overline{Aa}$ 선상에 내린 수선의 발 d

$\overline{A'a'}$ 선상에 $\overline{A'd'} = 2\overline{Ad}$ 되는 d'

d' 을 지나는 연직선 상에 $\overline{d'D'} = \overline{dD}$ 되는 점 D' 결정

⑤ 사각형 $A'B'C'D'$ 은 본래의 단면에 그려진 망이 된다.

여기서는 망은 정사각형이 아니고 유선과 등수두선은 직교하지 않음.

(2) 이방성 토층에 그려진 유선망의 이용

① 유량을 산정하는 방법

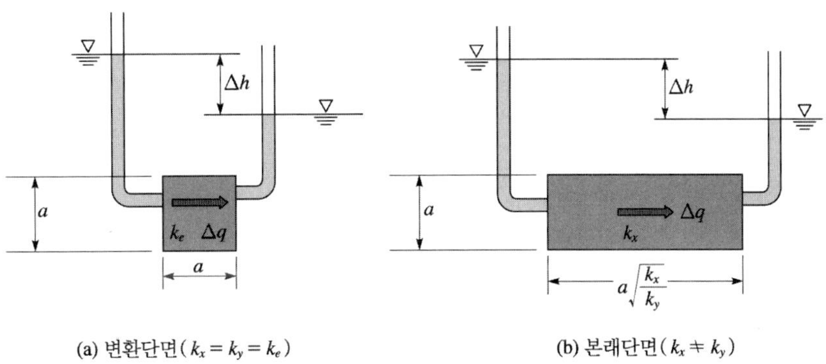

그림 5.44 변환단면의 등가투수계수

그림 5.44(a)에는 변환단면 유선망에서 택한 1개의 망이 제시되어 있고 (b)에는 이 망을 본래 단면으로 환원시킨 망이 그려져 있다. 편의상 물의 흐름은 수평으로 일어난다고 가정한다. 두 망에서 인접등수두선 사이의 수두손실 Δh 는 서로 같아야 한다. 변환단면의 망이 정사각형이므로 투수계수는 등방이라는 뜻이다. 이 등방투수계수를 이방성 토층의 등가투수계수라 하고 k_e 로 표기한다. 그림 5.44(a)와 (b)의 두 망(즉 1개의 유로)에 흐르는 유량 Δq 는 같다. 즉

$$\text{변환단면 : } \Delta q = k_e \frac{\Delta h}{a}(a \times 1) = k_e \Delta h \qquad \text{(a)}$$

$$\text{본래단면 : } \Delta q = k_x \frac{\Delta h}{a\sqrt{\frac{k_x}{k_y}}}(a \times 1) = \sqrt{k_x k_y}\,\Delta h \qquad \text{(b)}$$

변환단면과 본래단면에서의 유량은 같아야 하므로 식 (a)=(b)

$$k_e = \sqrt{k_x\ k_y} \tag{5.61}$$

즉 이방성 토층의 등가투수계수 k_e 는 수평투수계수 k_x 와 연직투수계수 k_y 의 기하평균과 같다. 따라서, 한 유로당 유량 Δq 는

$$\Delta q = k_e \Delta h = k_e \frac{H}{N_d}$$

전체유량 q는 유로의 수를 N_f 라 하면

$$q = N_f \Delta q = k_e H \frac{N_f}{N_d} \tag{5.62}$$

여기서, N_f 와 N_d 는 각각 유로의 수와 등수두선 간격수이다.

독자들에게 드리는 제언 : 물이 연직으로 흐를 때도 $k_e = \sqrt{k_x\ k_y}$ 로 됨을 확인할 것.

② 동수경사의 결정

동수경사는 실제단면에서 구하는 것이 좋다. 즉 $i = \dfrac{\Delta h}{\ell}$ 에서 ℓ 은 두 점 사이의 실제 유선의 길이인데 변환단면에서는 바로 알 수는 없다.

③ 간극수압의 결정

간극수압 u 는 변환단면에서 구할 수 있다. 변환단면에서 연직거리는 변하지 않으므로 위치수두와 전수두를 구하여 압력수두를 계산하는 것은 등방성 토층에서와 같다

독자들에게 드리는 제언 : 변환좌표 $y_T = \sqrt{\dfrac{k_x}{k_y}}\, y$ 를 도입하여도 되지만, 이 경우 세로길이 (연직거리)가 변화되므로 불편한 경우가 있다. 쉬운 예로 위치수두, 전수두 값이 $x-y_T$ 평면에서는 바로 구해지지 않는다. 물론 $x-y_T$ 변환단면은 가로길이는 불변이지만 $k_x > k_y$ 인 경우 세로길이는 늘어나게 된다. 이 사실은 한번 확인해 볼 것.

5.6.3 비균질 토층으로 물이 침투할 때의 유선망

투수계수가 다른 토층으로 물이 침투해 들어가면 두 토층 경계면에서 유선의 진행 방향이 굴절

하게 된다. 여기에서도 빛의 굴절과 같이 입사각과 굴절각 사이의 관계를 규정하는 Snell의 법칙이 성립되고 굴절은 유로의 폭을 변화시키게 된다. 등수두선 사이의 간격도 변하게 되어 침투해 들어간 곳의 유선망은 결과적으로 정사각형이 되지 않는다. 유선망의 형상변화는 각 유로의 유량이 두 토층에서 같게 되도록 유로의 폭과 등수두선 사이의 간격을 조정하는 것이다. 즉 유선망의 형상이 달라지는 물리적 의미는 투수계수가 서로 다른 두 토층에서 같은 유량이 흐르려면 단면적(유로의 폭)과 동수경사(등수두선 사이의 간격), 즉 유속이 적절하게 조정되어야 한다는 사실이다.

(1) 층경계면과 흐름의 방향이 수직인 경우

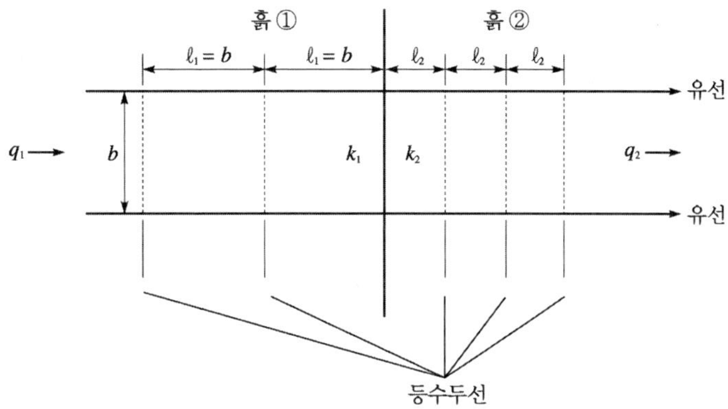

그림 5.45 층 경계면과 흐름의 방향이 수직한 경우의 유선망($k_1 > k_2$)

그림 5.45와 같이 두 흙의 경계면에 수직한 방향으로 유입한 유선은 경계면에서 굴절하지 않고 그대로 직진하여 침투한다. 따라서 유로의 폭, 즉 면적(b)은 두 흙에서 동일하다. 그러나 두 토층에서 등수두선 사이의 간격 ℓ은 서로 달라진다. 그 이유는 두 흙의 투수계수가 상이하므로 물의 흐름에 대한 저항도 달라지게 되어 동일한 수두손실 Δh가 발생하는데 소요되는 유선의 길이 ℓ은 달라지기 때문이다. 결과적으로 투수계수가 큰 흙에서는 ℓ이 크고 투수계수가 적은 흙에서는 ℓ이 적어지게 된다. 흙 ②에서의 등수두선 간의 간격(ℓ_2)을 구해보자. 흙 ①을 기준으로 유선망을 그리면 $\ell_1 = b$

$$q_1 = q_2 \ : \ k_1 \frac{\Delta h}{\ell_1} b = k_2 \frac{\Delta h}{\ell_2} b$$

$$\frac{\ell_2}{\ell_1} = \frac{k_2}{k_1} \tag{5.63a}$$

또는 $\ell_2 = \frac{k_2}{k_1}\ell_1 = \frac{k_2}{k_1}b$ (5.63b)

위 식에서 알 수 있는 것처럼 등수두선 사이의 간격은 투수계수의 크기에 비례한다. 즉 투수계수가 큰 흙에서는 등수두선 사이의 간격이 커지고, 투수계수가 적은 흙에서는 그 간격이 좁아진다.

식 (5.63)는 투수성이 다른 흙 속으로 물이 침투해 들어갈 때 등수두선 사이의 간격이 어떻게 조정되어야 하는가를 보여주고 있다. 예를 들어 투수계수가 큰 흙에서 적은 흙으로 침투가 발생하는 경우, 즉 $\left(\frac{k_2}{k_1}<1\right)$인 경우 $\ell_2 < \ell_1$이 된다. 즉 단면적이 같을 때 (b는 같음) 동일한 유량을 흐르게 하기 위해서는 투수계수가 적은 흙에서의 동수경사$\left(\frac{\Delta h}{\ell}\right)$가 더 커야 하므로 등수두선 사이의 간격 ℓ은 더 좁아져야 한다.

그림 5.45에서는 왼쪽 흙(흙 ①)을 기준으로 유선망을 작성하였으므로 왼쪽 흙에서는 망이 정사각형이 되지만, 오른쪽 흙에서는 망이 직사각형이 된다. 만약 오른쪽 흙(흙 ②)을 기준으로 유선망을 그리면 오른쪽 흙은 망이 정사각형이 되는 반면, 왼쪽 흙은 망이 직사각형이 된다. 직사각형의 형태는 두 흙의 투수계수에 따라 달라진다. 그러나 어느 흙을 기준으로 하여 유선망을 작성하든 그 효과는 동일하다. 예제 5.7은 이러한 사실을 보여주고 있다.

▶ **예제 5.7** 그림 예제 5.7은 층 경계면이 흐름의 방향과 수직한 경우이다. 흙 ①의 투수계수가 흙 ②의 투수계수의 4배($k_1 = 4k_2$)라 하고

(1) 흙 ①을 기준으로 유선망을 그리고 유량을 산정하라.

(2) 흙 ②를 기준으로 유선망을 그리고 유량을 산정하라.

(3) 결과적으로 (1)과 (2)에서 구한 유량이 서로 같음을 확인하라.

풀이 :

(1) 흙 ①을 기준으로 유선망을 그리면 흙 ①에서는 망이 정사각형이 되도록 그린다 ($\ell_1 = b$).

흙 ②에서는 b는 불변이지만 $\ell_2 = \ell_1 \cdot \frac{k_2}{k_1} = \frac{1}{4}\ell_1$, 유선망은 그림 예제 5.7(a)에 그려져 있다. 유선망에서 $N_f = 1$, $N_d = 4 + (4\times4) = 20$이므로

$$q = k_1 H \frac{N_f}{N_d} = \frac{k_1 H}{20} \tag{a}$$

(2) 흙 ②를 기준으로 유선망을 그리면 흙 ②에서는 망이 정사각형이 되도록 그린다 ($\ell_2 = b$).

흙 ①에서는 $\ell_1 = \ell_2 \cdot \dfrac{k_1}{k_2} = 4\ell_2$. 유선망은 그림 예제 5.7(b)에 그려져 있다.

유선망에서 $N_f = 1$, $N_d = 4+1 = 5$ 이므로

$$q = k_2 H \frac{N_f}{N_d} = \frac{k_2 H}{5} \tag{b}$$

(3) 위에서 구한 두 유량은 서로 같다. 즉

$$q = \frac{k_2 H}{5} = \frac{(k_1/4)H}{5} = \frac{k_1 H}{20}$$

따라서 어떤 흙을 기준으로 하여 유선망을 그려도 그 효과는 같다. 다만 k 값은 망이 정사각형인 곳의 값을 써야 한다.

(a) 흙 ① 기준

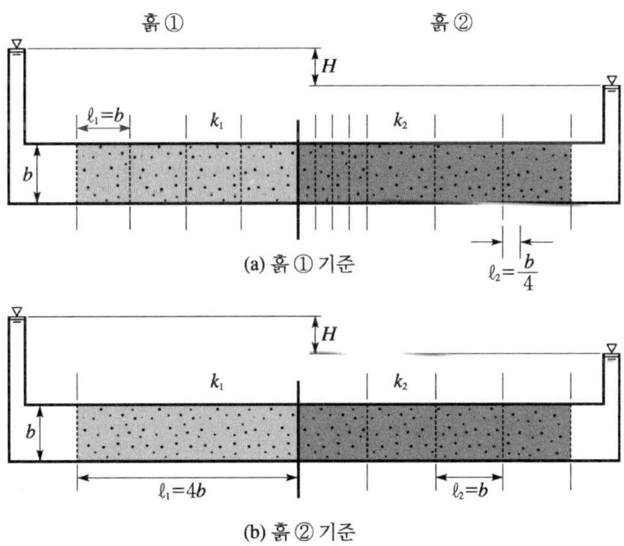

그림 예제 5.7 비균질 토층의 유선망 작도 예

참고사항 : 유선망이 정사각형이 아닌 경우 유량 산정 방법

한 유로당 유량 $\Delta q = k\dfrac{\Delta h}{\ell}(b \times 1) = k\dfrac{H}{N_d}\dfrac{b}{\ell}$

따라서 전체유량 $q = kH\dfrac{N_f}{N_d}\dfrac{b}{\ell}$ 임.

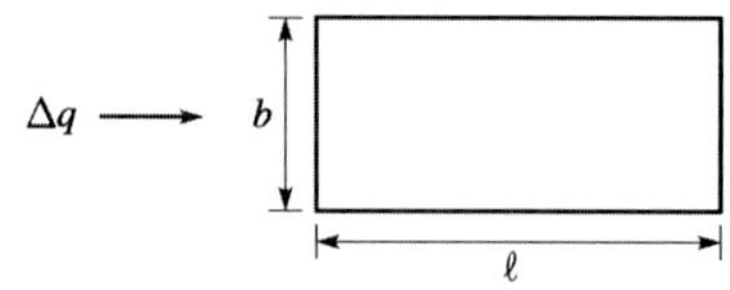

그림 5.46 직사각형 유선망의 유량산정

이 결과를 그림 예제 5.7에 적용해 보면

그림 예제 5.7(a)에서 $N_f = 1,\ \ N_d = 20$

흙 ①에 대하여 위 식을 적용해 보면 $\dfrac{b}{\ell} = \dfrac{1}{1} = 1$ 이므로

$$q = k_1 H \frac{1}{20}\frac{1}{1} = \frac{1}{20}k_1 H$$

만약 흙 ② 에 대하여 위 식을 적용해보면 $\dfrac{b}{\ell} = \dfrac{1}{1/4} = 4$ 이므로

$$q = k_2 H \frac{1}{20}4 = \frac{1}{5}k_2 H = \frac{1}{5}\frac{1}{4}k_1 H = \frac{1}{20}k_1 H$$

로 되어 동일한 유량이 됨을 알 수 있다.

독자들은 그림 예제 5.7(b)에 대해서도 이 관계를 확인하여 볼 것.

유선망을 처음부터 직사각형으로 그리는 것은 정확도 판정이 어렵고 이 예제에서 알 수 있는 바와 같이 그 결과를 활용하는 방법도 번잡하므로 유선망은 정사각형으로 그리는 것이 편리(便利, convenient)하다. 이때에는

$$q = kH\frac{N_f}{N_d}$$

이 식으로 유량을 계산할 때 만약 유선망이 정사각형인 부분과 직사각형인 부분으로 구성되어 있으면(그림 예제 5.7처럼) k값은 정사각형인 흙의 값을 택하면 된다.

NOTE : 유선망에서 유량을 $q = kH\dfrac{N_f}{N_d}$ 로 계산할 때 k 값은 망이 정사각형이 되는 곳의 값을 사용하여야 함(이 식은 본래 정사각형 유선망에서 유도된 것임).

(2) 층 경계면과 흐름의 방향이 수직이 아닌 경우

그림 5.47에 보인 것처럼 침투유선이 토층 경계면에 유입하면 Snell의 법칙에 따라 굴절하게 된다(빛의 입사와 굴절처럼).

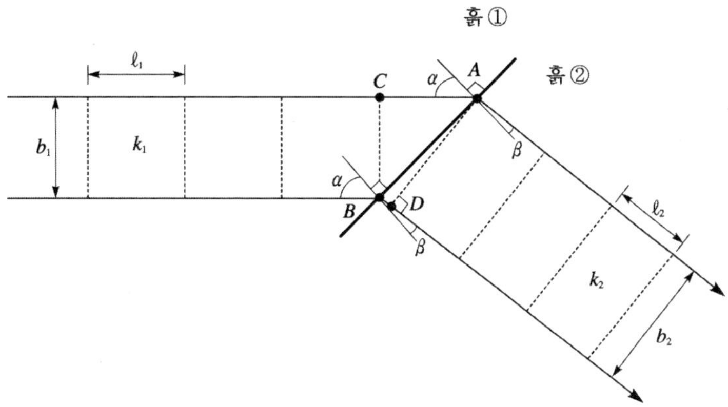

그림 5.47 투수계수가 다른 토층으로 침투가 일어날 때의 유선망

입사각 : 토층 경계면에 대한 수직선과 입사유선이 이루는 각도 α

굴절각 : 토층 경계면에 대한 수직선과 굴절유선이 이루는 각도 β

왼쪽 흙(흙 ①) 기준으로 유선망을 그리기로 한다. 그러면 $b_1 = \ell_1$

① 입사각과 굴절각 사이의 관계(Snell의 법칙)

망 CADB는 정확한 한 개의 망은 아니지만(한 개의 망보다 더 클 수도 있고 더 작을 수도 있음), 입사각 α와 굴절각 β 사이의 관계를 밝히기 위해서 잠정적으로 한 개의 망처럼 취급하기로 한다.

$$k_1 \frac{\Delta h}{\overline{CA}} \overline{CB} = k_2 \frac{\Delta h}{\overline{BD}} \overline{AD}$$

그런데 $\tan\alpha = \dfrac{\overline{CA}}{\overline{CB}}$, $\tan\beta = \dfrac{\overline{BD}}{\overline{AD}}$ 이므로

$$\frac{k_1}{\tan\alpha} = \frac{k_2}{\tan\beta} \tag{5.64a}$$

또는 $$\tan\beta = \frac{k_2}{k_1}\tan\alpha \tag{5.64b}$$

이 식을 Snell의 법칙이라 한다. 이 식에 의하여 β가 결정되면 자동적으로 b_2가 결정되는 셈이다. 참고로 b_1과 b_2 사이의 관계를 알아보면

$$b_1 = \overline{AB}\cos\alpha, \ b_2 = \overline{AB}\cos\beta$$

$$\therefore \frac{b_1}{b_2} = \frac{\overline{AB}\cos\alpha}{\overline{AB}\cos\beta} = \frac{\cos\alpha}{\cos\beta} \tag{5.65a}$$

또는 $$b_2 = b_1 \frac{\cos\beta}{\cos\alpha} \tag{5.65b}$$

식 (5.64b)와 식 (5.65b)는 투수성이 다른 흙 속으로 물이 침투하는 경우 유로의 폭 즉, 유로의 면적(b)이 어떻게 조정되어야 하는가를 설명하고 있다. 예를 들어 투수계수가 큰 흙에서 적은 흙으로 물이 흐르는 경우$\left(\frac{k_2}{k_1} < 1\right)$에는 $\beta < \alpha$ 가 되어 결과적으로 $b_2 > b_1$ 이 된다. 즉, 동일한 유량을 소화하기 위해서 투수계수가 적은 곳에서는 유로의 면적이 더 커져야 함을 의미한다.

② b_2와 ℓ_2 사이의 관계, ℓ_2와 ℓ_1 사이의 관계

$q_1 = q_2$ 이므로

$$k_1 \frac{\Delta h}{\ell_1} b_1 = k_2 \frac{\Delta h}{\ell_2} b_2$$

$b_1 = \ell_1$ 이므로

$$\frac{b_2}{\ell_2} = \frac{k_1}{k_2} \tag{5.66a}$$

또는 $$\ell_2 = b_2 \frac{k_2}{k_1} \tag{5.66b}$$

그런데 식 (5.64b), (5.65b)을 식(5.66b)에 대입하면

$$\ell_2 = b_1 \frac{\cos\beta}{\cos\alpha}\,\frac{\tan\beta}{\tan\alpha} = b_1\,\frac{\sin\beta}{\sin\alpha}$$

그런데 $b_1 = \ell_1$ 이므로

$$\ell_2 = \ell_1 \frac{\sin\beta}{\sin\alpha} \tag{5.67}$$

식 (5.64a), (5.65b), (5.67)은 투수성이 다른 흙으로 물이 흘러 들어갈 때 유선망의 형상이 어떻게 달라지는가를 보여주고 있다.

예를 들어 투수계수가 큰 흙에서 적은 흙으로 물이 침투하는 경우$\left(\frac{k_2}{k_1} < 1\right)$, 굴절각은 입사각보다 적어지고($\beta < \alpha$), 따라서 유로의 폭은 더 커지게 되고 ($b_2 > b_1$) 등수두선 사이의 간격은 더

좁아지게 된다($\ell_2 < \ell_1$). 이것은 동일한 유량을 흐르게 하기 위해서 투수계수가 작은 곳에서는 면적과 동수경사가 함께 더 커져야 함을 의미한다.

$$\left(q = k_1 \frac{\Delta h}{\ell_1} b_1 = k_2 \frac{\Delta h}{\ell_2} b_2 \right)$$

정리하면 물이 흙 ①에서 흙 ②로 침투해 들어갈 때

(1) $\tan\beta = \dfrac{k_2}{k_1}\tan\alpha$ 에서 굴절각 β가 결정된다.

따라서 $b_2 = b_1 \dfrac{\cos\beta}{\cos\alpha}$

(2) $\ell_2 = b_2 \dfrac{k_2}{k_1}$

또는 $\ell_2 = \ell_1 \dfrac{\sin\beta}{\sin\alpha}$ 로 되어 유선망이 결정된다.

- 알고 있는 값 : α (입사각 ; 유입각)
  - k_1, k_2 : 각각 흙 ①과 흙 ②의 투수계수
  - b_1, ℓ_1 : 각각 흙 ①에 그린 유선망의 폭과 길이
- 결정하는 값 : β (굴절각 ; 유출각)
  - b_2, ℓ_2 : 각각 흙 ②에 그려진 유선망의 폭과 길이

참고사항 : 불균질 시반에 그려진 유선망의 한 예

불균질 지반에 그린 유선망의 한 예가 그림 5.48에 제시되어 있다(Cedergren, 1977). 지반은 2개의 토층으로 이루어져 있으며 위층(흙 ①)의 투수계수 k_1 은 아래층(흙 ②) 투수계수 k_2 의 5배이다. 즉 $k_1 = 5k_2$.

투수계수 k_1 인 흙에서 투수계수 k_2 인 흙으로 물이 침투해 들어갈 때 두 흙의 경계면에 대한 입사각 a 와 굴절각 β 사이에는

$$\tan\beta = \frac{k_2}{k_1}\tan\alpha \qquad \left(\frac{k_1}{k_2} = \frac{\tan\alpha}{\tan\beta} \right)$$

만약 투수계수가 k_2 인 아래층 흙에 정사각형 유선망을 그리면 투수계수가 k_1 인 위층 흙에서는 유

선망의 형상이 $\ell_1 = b_1 \dfrac{k_1}{k_2} = 5b_1$. 즉 등수두선 간격이 유로폭의 5배가 되는 길죽한 직사각형 형상이 된다. 위의 2가지 사실은 그림 5.48(a)의 경계면 2곳에서 나타나 있다. 위 층에서 완전한 등수두선(full equipotential line)은 실선으로 그려져 있다. $\ell_1 = 5b_1$ 관계를 확인하기 위하여 점선으로 그려진 부분등수두선(fractional equipotential line)으로 망을 5개의 정사각형으로 나누고 있다. 부분등수두선으로 이루어진 망 하나사이에 일어나는 수두손실은 완전한 등수두선 사이에 생기는 수두손실의 $\dfrac{1}{5}$이 된다.

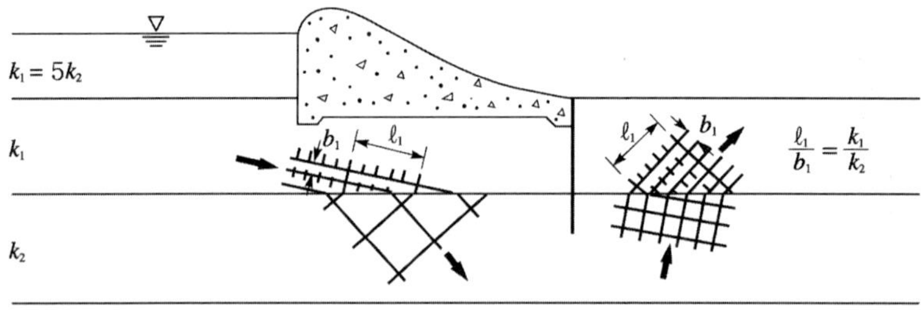

(a) 토층경계면에서의 유선의 입사와 굴절관계와 유선망의 형상

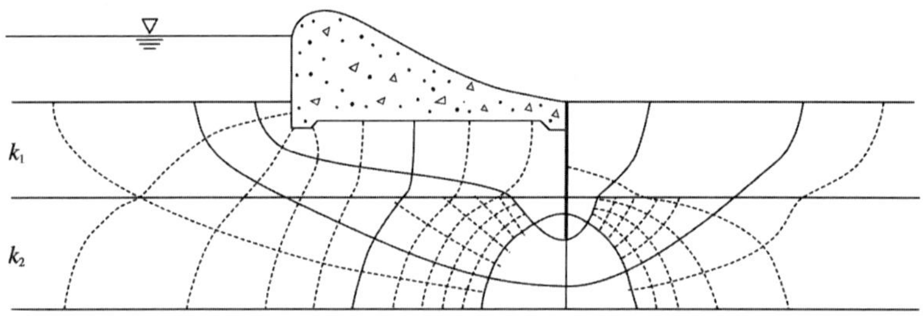

(b) 수정을 거쳐 완성된 유선망

그림 5.48 불균질 지반에 대한 유선망(Cedergren, 1977)

그림 5.48(a)의 조건을 고려하면서 수정을 거쳐 얻어진 유선망이 그림 5.48(b)에 제시되어 있다. 아래층에는 정사각형 망, 위층에는 직사각형망이 그려져 있다. 그림 5.48(b)의 널말뚝 차수벽 왼쪽에는 아래층에 그려진 유선망을 각 방향으로 $\dfrac{k_1}{k_2} = 5$ 등분하여 얻어지는 작은 망이 정사각형이 되는가를 검토하고 있다. 작은 망이 정사각형이 되지 않으면 유선망을 수정하여야 한다.

두 토층의 투수계수가 대단히 큰 차이가 있을 때에는 부분등수두선을 그려 유선망을 검토하는 것은 비현실적이므로 이 때에는 폭과 길이를 자로 재어서 $\ell_1 = b_1 \dfrac{k_1}{k_2}$ 관계를 검토한다.

▶ **예제 5.8** 투수계수가 $3.0\times10^{-3}cm/\sec$ 인 흙 ①로부터 투수계수가 $1.0\times10^{-3}cm/\sec$ 인 흙 ②로 물이 침투해 간다. 이때 입사각 $\alpha=60°$ 이면 굴절각 β 는 얼마인가?
흙 ①에서 유선망을 $b_1=\ell_1=10cm$ 되게 그리면 흙 ②에서의 b_2, ℓ_2 는 얼마가 되는가?

풀이 :

$$\tan\beta=\frac{k_2}{k_1}\tan\alpha=\frac{1.0\times10^{-3}}{3.0\times10^{-3}}\tan60°=\frac{1}{\sqrt{3}}$$

$$\therefore\ \beta=30°$$

$$b_2=b_1\frac{\cos\beta}{\cos\alpha}=(10)\frac{\cos30°}{\cos60°}=10\sqrt{3}=17.32\,cm$$

$$\ell_2=\ell_1\frac{\sin\beta}{\sin\alpha}=(10)\frac{\sin30°}{\sin60°}=\frac{10}{\sqrt{3}}=5.77\,cm$$ ◀

▶ **예제 5.9** 그림 예제 5.9 문제도와 같은 지층조건에서 EL.–15.0m에서 측정한 수압은 모래층 깊은 곳에서 실시하고 있는 펌프에 의한 양수 때문에 정수압보다 $2t/m^2$ 가 더 작다(그림 예제 5.9 문제도).

(1) 유량은 $1m^2$ 당 몇 m^3/day 인가?

(2) EL.–9.0m와 EL.–15.0m에서 연직 유효응력을 구하라.

단, 두 문제 모두 다음 3가지 방법으로 풀어라.

(a) 등가투수계수 k_V 를 이용하는 방법

(b) 두 토층의 유량이 같다는 조건을 이용하는 방법

(c) 유선망을 이용하는 방법

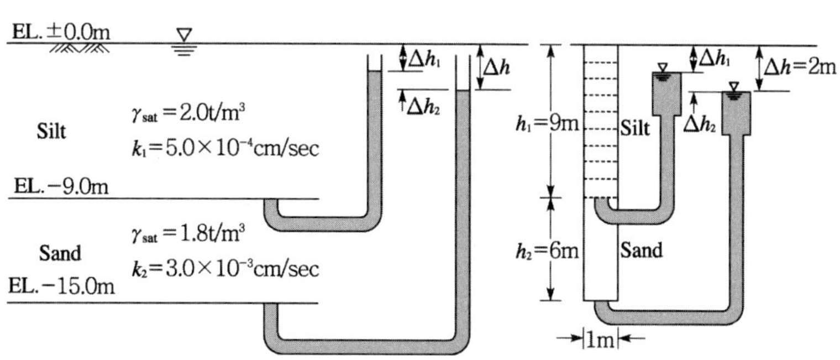

그림 예제 5.9 문제도

풀이 :

지층의 상태를 지금까지 사용해 온 방법과 같이 모식도로 나타내면 그림 예제 5.9 문제도의 오른쪽 그림과 같다. 물은 연직하향으로 침투해 흐른다. EL. –15m에 세운 물기둥의 상승높이는 13m, 즉 $\Delta h = 15 - 13 = 2\,m$ 이고 실트층을 흐르는 동안 생긴 수두손실은 Δh_1, 모래층에서 생긴 수두손실은 $\Delta h_2 = \Delta h - \Delta h_1$ 이다. 이 사실은 그림에 제시되어 있다.

(a) 등가투수계수 k_V 를 이용하는 방법

(1) 유량의 산정

$$k_V = \frac{H}{\dfrac{h_1}{k_1} + \dfrac{h_2}{k_2}} = \frac{(9+6)}{\dfrac{9}{5\times10^{-4}} + \dfrac{6}{3\times10^{-3}}} = \frac{15}{1.8\times10^{4} + 2.0\times10^{3}} = 7.5\times10^{-4}\,cm/\sec$$

수평면적 $1m^2$ 에 1일간의 유량은

$$q = k_V \frac{\Delta h}{L} 1 = (7.5\times10^{-4}\times10^{-2}\times60^2\times24)\left(\frac{2}{15}\right)(1) = 0.0864\,m^3/day/m^2$$

(2) 연직유효응력 σ'_v 의 산정

$$q_1 = k_1 \frac{\Delta h_1}{L_1} 1 \;:\; 0.0864 = (5\times10^{-4}\times10^{-2}\times60^2\times24)\left(\frac{\Delta h_1}{9}\right)(1)$$

$$\therefore \Delta h_1 = 1.8\,m$$

$$q_2 = k_2 \frac{\Delta h_2}{L_2} 1 \;:\; 0.0864 = (3\times10^{-3}\times10^{-2}\times60^2\times24)\left(\frac{\Delta h_2}{6}\right)(1)$$

$$\therefore \Delta h_2 = 0.2\,m$$

따라서

EL.–9.0m에서의 $h_p = 9.0 - 1.8 = 7.2\,m$ $\quad \therefore u = 7.2\,t/m^2$

EL.–15.0m에서의 $h_p = 15.0 - 2.0 = 13.0\,m$ $\quad \therefore u = 13\,t/m^2$

유효응력의 산정

EL.–9.0m: $\sigma'_v = \sigma_v - u = (2.0)(9) - 7.2 = 10.8\,t/m^2$

EL.–15.0m: $\sigma'_v = \sigma_v - u = \{(2.0)(9) + (1.8)(6)\} - 13 = 15.8\,t/m^2$

또는 유효 수중단위중량 $\gamma_e = \gamma' + i\gamma_w$ 를 쓰면

$$\text{EL.-9.0m}: \ \sigma_v' = (\gamma' + i\gamma_w)z = \left(1.0 + \frac{1.8}{9} \times 1\right)(9) = 10.8\, t/m^2$$

$$\text{EL.-15.0m}: \ \sigma_v' = 10.8 + \left(0.8 + \frac{0.2}{6} \times 1\right)(6) = 15.8\, t/m^2$$

(b) 두 토층의 유량이 같다는 조건을 이용하는 방법

(1) 유량의 산정

등가투수계수 k_V 를 구하지 않고 실트층과 모래층의 유량이 동일하다는 조건에서 Δh_1 과 Δh_2 를 구하는 방법

$$q_1 = q_2 \ : \ k_1 \frac{\Delta h_1}{L_1} 1 = k_2 \frac{\Delta h_2}{L_2} 1$$

그런데 $\Delta h_2 = \Delta h - \Delta h_1 = 2 - \Delta h_1$ 이므로

$$(5 \times 10^{-4})\left(\frac{\Delta h_1}{9}\right) = (3 \times 10^{-3})\left(\frac{2 - \Delta h_1}{6}\right)$$

$$\therefore \Delta h_1 = 1.8\, m\,, \ \Delta h_2 = 0.2\, m$$

유량산정 :

$$q_1 = k_1 \frac{\Delta h_1}{L_1} 1 = (5 \times 10^{-4} \times 10^{-2} \times 60^2 \times 24)\left(\frac{1.8}{9}\right)(1) = 0.0864\, m^3/day/m^2$$

또는

$$q_2 = k_2 \frac{\Delta h_2}{L_2} 1 = (3 \times 10^{-3} \times 10^{-2} \times 60^2 \times 24)\left(\frac{0.2}{6}\right)(1) = 0.0864\, m^3/day/m^2$$

즉, $q = q_1 = q_2$

(2) 유효응력의 산정은 앞의 계산과 같음.

(c) 유선망을 이용하는 방법

(1) 유량의 산정

유로의 폭 1m 대하여 유선망을 작도한다.

- 실트층을 기준으로 하면

$b_1 = \ell_1 = 1m\,, \ b_2 = b_1 = 1m$ (∵ 흐름⊥층면)

$$\ell_2 = b_2 \cdot \frac{k_2}{k_1} = (1)\frac{3\times10^{-3}}{5\times10^{-4}} = 6\,m$$

따라서 $N_f = 1$, $N_d = 9+1 = 10$

$$\therefore\ q = k_1 H \frac{N_f}{N_d} = k_1 \Delta h \frac{N_f}{N_d} = \left(5\times10^{-4}\times10^{-2}\times60^2\times24\right)(2)\frac{1}{10} = 0.0864\,m^3/day/m^2$$

유선망은 그림에 제시되어 있다.

- 모래층을 기준으로 유선망을 그리면

$$\ell_1 = b_1 \frac{k_1}{k_2} = (1)\frac{5\times10^{-4}}{3\times10^{-3}} = \frac{1}{6}m$$

따라서 $N_f = 1$, $N_d = 6+(9)(6) = 60$

$$\therefore\ q = k_2 \Delta h \frac{N_f}{N_d} = \left(3\times10^{-3}\times10^{-2}\times60^2\times24\right)(2)\frac{1}{60} = 0.0864\,m^3/day/m^2$$

(2) 유효응력의 산정은 앞의 계산과 같음. ◀

▶ **예제 5.10** 흙 A, B, C가 그림과 같이 배치되어 있다.

흙의 두께 b : $b_A = 20\ cm$, $b_B = 10\ cm$, $b_C = 10\ cm$

흙의 길이 ℓ : $\ell_A = 40\ cm$, $\ell_B = 40\ cm$, $\ell_C = 40\ cm$

투수계수 k : $k_A = 0.01\ cm/\sec$, $k_B = 0.02\ cm/\sec$, $k_C = 0.04\ cm/\sec$

간극률 n : $n_A = 1/5$, $n_B = 1/4$, $n_C = 1/3$.

좌측 유입부와 우측 유출부 사이의 수두차 $\Delta h = 30cm$ 이다.

(1) 폭(책의 지면(紙面)에 수직한 방향) 1 cm 당 1초간 유량 $q(cm^3/\sec/cm)$

(2) 각 흙 속의 침투유속 $\upsilon_S(cm/\sec)$ 를 구하되,

(a) 흙 A의 유량과 흙 B, C의 유량의 합이 같다는 조건을 이용하는 방법

(b) 등가투수계수를 이용하는 방법

(c) 유선망을 이용하는 방법으로 구하여라

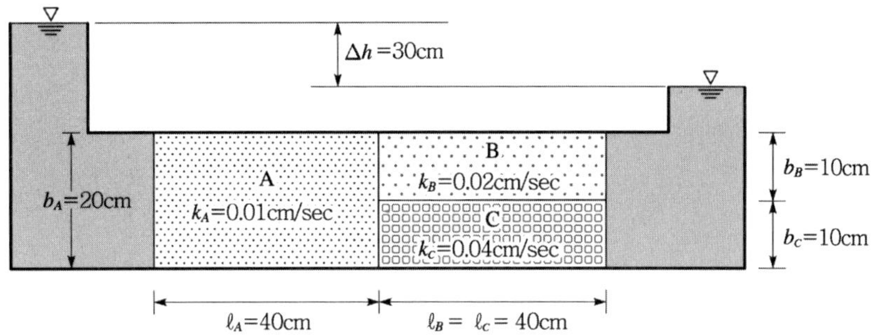

그림 예제 5.10 문제도

풀이 :

층류를 가정하고 있으므로 물의 흐름은 수평방향이다. 따라서 흙 A를 상하로 2등분하여 2층으로 된 토층으로 보고 문제를 해결하기로 한다.

(a) 흙 A의 유량과 흙 B, C의 유량의 합이 같다는 조건을 이용하는 방법

흙 A에서 일어나는 수두손실을 Δh_A 라 할 때 위층의 Δh_{A1} 과 아래층의 Δh_{A2} 는 서로 다르다. 이 사실은 $k_B \neq k_C$ 이므로 명백하다. 즉 $k_B < k_C$ 이므로 흙 B에서 생기는 수두손실 Δh_B 는 흙 C의 수두손실 Δh_C 보다 크다($\Delta h_B > \Delta h_C$).

$$\Delta h_B = \Delta h - \Delta h_{A1}$$
$$\Delta h_C = \Delta h - \Delta h_{A2}$$

이므로 $\Delta h_{A1} < \Delta h_{A2}$ 임을 예상할 수 있다.

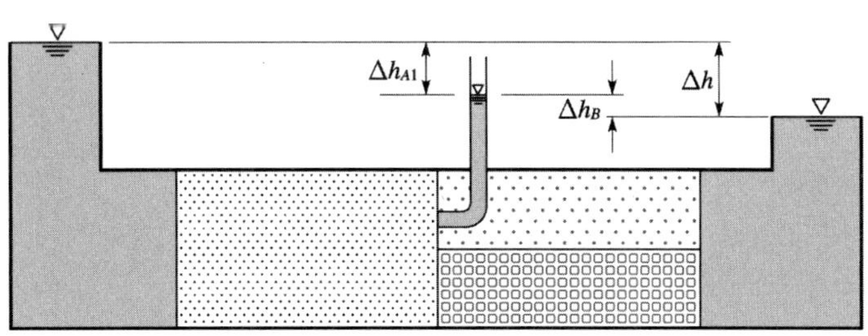

그림 예제 5.10 해답도 1

위 층에서

$$q_{A1} = q_B \ : \ k_A \frac{\Delta h_{A1}}{\ell_A}\left(\frac{b_A}{2}\right) = k_B \frac{\Delta h_B}{\ell_B}(b_B)$$

$$(0.01)\left(\frac{\Delta h_{A1}}{40}\right)(10) = (0.02)\left(\frac{30 - \Delta h_{A1}}{40}\right)(10)$$

$$\therefore \Delta h_{A1} = 20\,cm, \qquad \Delta h_B = 30 - 20 = 10\,cm$$

아래 층에서도

$$q_{A2} = q_C \ : \ \Delta h_{A2} = 24cm, \qquad \Delta h_C = 6cm$$

(1) 유량 산정

전체 유량 q는 위 층의 유량 q_1과 아래 층 유량 q_2의 합이다. 즉

$$q = q_1 + q_2$$

위층 유량 $q_1 = q_{A1} = q_B$

$$q_1 = q_{A1} = k_A \frac{\Delta h_{A1}}{\ell_A}\left(\frac{b_A}{2}\right) = (0.01)\left(\frac{20}{40}\right)(10) = 0.05\,cm^3/\sec/cm$$

또는 $q_1 = q_B = k_B \frac{\Delta h_B}{\ell_B}(b_B) = (0.02)\left(\frac{10}{40}\right)(10) = 0.05\,cm^3/\sec/cm$

아래층의 유량 $q_2 = q_{A2} = q_C \ : \ q_2 = 0.06\,cm/\sec/cm$

따라서 전체 유량 q는

$$q = q_1 + q_2 = 0.05 + 0.06 = 0.11\,cm^3/\sec/cm$$

(2) 침투 유속 υ_S의 분포

위 층에서 Darcy의 유속 $\upsilon_1 = \upsilon_{A1} = \upsilon_B$

$$\upsilon_1 = \upsilon_{A1} = k_A \frac{\Delta h_{A1}}{\ell_A} = (0.01)\left(\frac{20}{40}\right) = 0.005\,cm/\sec$$

또는 $\upsilon_1 = \upsilon_B = k_B \frac{\Delta h_B}{\ell_B} = (0.02)\left(\frac{10}{40}\right) = 0.005\,cm/\sec$

위층의 침투유속의 분포는

흙이 없는 부분 : $v = v_1 = 0.005\,cm/\sec$

흙 A : $v_{SA1} = v_{A1}/n_A = 5v_{A1} = 5(0.005) = 0.025\,cm/\sec$

흙 B : $v_{SB} = v_B/n_B = 4v_B = 4(0.005) = 0.02\,cm/\sec$

아래층에서도 같은 방법으로

$v_2 = v_{A2} = v_C = 0.006\ cm/\sec$

$v_{SA2} = 0.03\ cm/\sec \qquad v_{SC} = 0.018\ cm/\sec$

(b) 등가 투수계수를 이용하는 방법

위층의 등가 투수계수 k_{V1} :

$$k_{V1} = \frac{\ell_A + \ell_B}{\dfrac{\ell_A}{k_A} + \dfrac{\ell_B}{k_B}} = \frac{40 + 40}{\dfrac{40}{0.01} + \dfrac{40}{0.02}} = \frac{80}{\dfrac{80+40}{0.02}}$$

$$\therefore\ k_{V1} = 0.02\left(\frac{2}{3}\right) = \frac{0.04}{3} = 0.013\,cm/\sec$$

아래층의 등가 투수계수도 같은 방법으로 $k_{V2} = 0.016\,cm/\sec$

(1) 유량 산성

위층 유량 q_1 :

$$q_1 = k_{V1}\frac{\Delta h}{\ell_A + \ell_B}\left(\frac{b_A}{2}\right) = (0.013)\left(\frac{30}{40+40}\right)(10) = 0.05\,cm^3/\sec/cm$$

아래층의 유량도 같은 방법으로

$$q_2 = 0.06\,cm^3/\sec/cm$$

따라서 전체 유량 $q = q_1 + q_2$

$$q = q_1 + q_2 = 0.05 + 0.06 = 0.11\,cm^3/\sec/cm$$

또는 위층, 아래층 전체의 등가투수계수 k_H

$$k_H = \frac{1}{b_A}\left(k_{V1}\frac{b_A}{2} + k_{V2}\frac{b_A}{2}\right) = \frac{1}{20}\left[(0.013)(10) + (0.016)(10)\right]$$

$= 0.0145\,cm/\sec$

전체 유량 $q = k_H \dfrac{\Delta h}{\ell_A + \ell_B}(b_A) = (0.0145)\left(\dfrac{30}{40+40}\right)(20)$

$= 0.11\,cm^3/\sec/cm$

(2) 침투 유속 υ_S 의 분포

위층 : $q_1 = k_A \dfrac{\Delta h_{A1}}{\ell_A}\left(\dfrac{b_A}{2}\right)$

$0.05 = (0.01)\left(\dfrac{\Delta h_{A1}}{40}\right)(10)$

$\therefore \Delta h_{A1} = 20\,cm, \quad \Delta h_B = 10\,cm$

아래층에서도 같은 방법으로

$\Delta h_{A2} = 24\,cm$, $\Delta h_C = 6\,cm$

일단 Δh_{A1}, Δh_{A2} (또는 Δh_B, Δh_C)가 구해지면 Darcy의 유속과 침투 유속은 (a)에서 구한 것과 같은 방법으로 얻을 수 있다.

(c) 유선망을 이용하는 방법

위 층의 유선망 : A 흙을 기준으로 유선망을 그리면

A 흙 : $b_A = \ell_A = 10\,cm$, 흙 A에는 4개의 정사각형 망이 형성됨

B 흙 : $\ell_B = \ell_A \dfrac{k_B}{k_A} = (10)\left(\dfrac{0.02}{0.01}\right) = 20\,cm$

B 흙에는 $b_B = 10\,cm$, $\ell_B = 20\,cm$로 2개의 직사각형 망이 형성됨

아래 층의 유선망 : A 흙을 기준으로 유선망을 작성하면

A 흙 : $b_A = \ell_A = 10\,cm$, 정사각형 망이 4개가 형성됨

C 흙 : $\ell_C = \ell_A \dfrac{k_C}{k_A} = (10)\left(\dfrac{0.04}{0.01}\right) = 40\,cm$

C 흙에는 직사각형 망이 1개가 형성됨

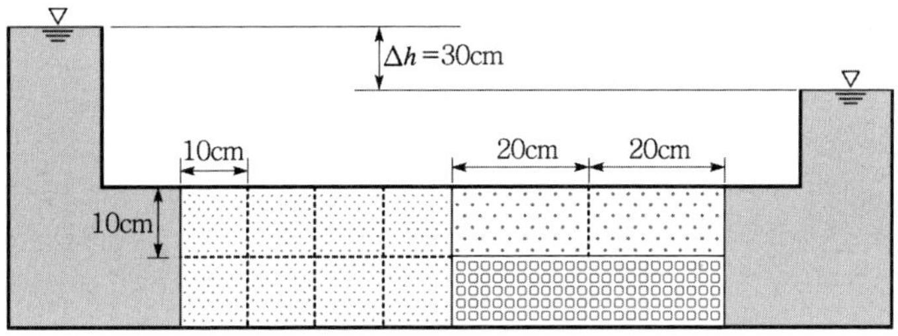

그림 예제 5.10 해답도 2

(1) 유량의 산정

전체수두손실 $H = \Delta h = 30\,cm$

위층 유량 $q_1 = k_A\,H\,\dfrac{N_f}{N_d} = (0.01)(30)\left(\dfrac{1}{4+2}\right) = 0.05\,cm^3/\sec/cm$

아래층 유량 $q_2 = k_A\,H\,\dfrac{N_f}{N_d} = (0.01)(30)\left(\dfrac{1}{4+1}\right) = 0.06\,cm^3/\sec/cm$

전체 유량 $q = q_1 + q_2 = 0.05 + 0.06$

$\therefore q = 0.11\,cm^3/\sec/cm$

(2) 침투 유속 υ_S 의 분포

유량 q가 먼저 구해졌으므로 유속은 (b)와 같은 방법으로 구할 수 있다. 그러나 여기에서는 유선망 1개에서 일어나는 수두손실은 H/N_d 임을 이용하여 각 망에서 Darcy의 유속을 결정하기로 한다.

위층 Darcy 평균 유속 $\upsilon_1 = \upsilon_{A1} = \upsilon_B$

A 흙 : $\upsilon_{A1} = k_A\dfrac{H/N_d}{\ell_A} = (0.01)\left(\dfrac{30/6}{10}\right) = 0.005\,cm/\sec$

침투유속 $\upsilon_{SA1} = \upsilon_{A1}/n_A = 5(0.005) = 0.025\,cm/\sec$

B 흙 : $\upsilon_B = k_B\dfrac{H/N_d}{\ell_B} = (0.02)\left(\dfrac{30/6}{20}\right) = 0.005\,cm/\sec$

침투유속 $\upsilon_{SB} = \upsilon_B/n_B = 4(0.005) = 0.02\,cm/\sec$

아래층에서도 같은 방법으로($N_d = 5$)

$$v_2 = v_{A2} = v_C = 0.006\ cm/\sec$$
$$v_{SA2} = 0.03\ cm/\sec, \quad v_{SC} = 0.024\ cm/\sec$$ ◀

5.7 파이핑 현상

모래층에서 상향 침투수류가 일어날 때 동수경사가 임계동수경사보다 커지면 분사현상(quick sand)이 일어나고 모래는 끓는 상태(boiling)처럼 되어 쉽게 세굴된다는 것은 앞 장에서 이미 논의하였다. 그림 5.49와 같은 콘크리트 댐 하류단 인접부에서도 물이 침투해 올라갈 때 유출부 동수경사(exit gradient ; i_E)가 너무 크면 이 곳에서부터 세굴이 시작되고, 세굴은 상류측을 향하여 후진하면서 이른바 후진세굴(後進洗掘, backward erosion)이 일어나게 된다. 그 결과 댐 아래 지반에는 파이프(pipe)와 같은 공동이 형성된다. 이와 같이 파이프 같은 물의 통로가 형성되는 것을 파이핑(piping)현상이라 하고 후진세굴은 그 한 보기가 된다.

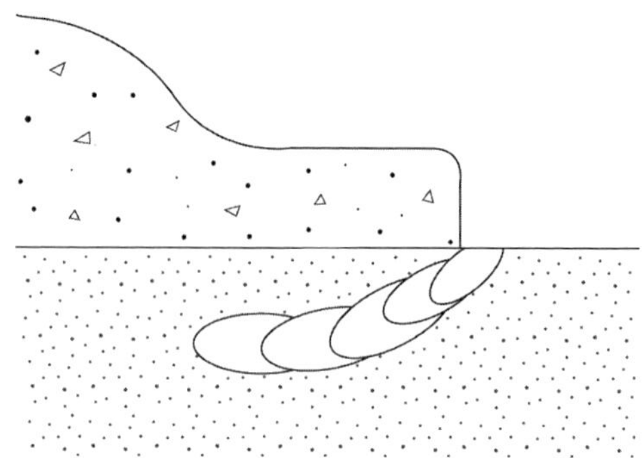

그림 5.49 후진 세굴에 의한 파이핑

흙 댐에서도 제체의 다짐 관리가 충분하지 못하여 제체에 물의 통로가 생기거나, 하류측 침윤면에 설치한 필터가 기능을 발휘하지 못하여 제체의 토사가 지속적으로 유실되면 파이핑 현상이 발생하게 된다.

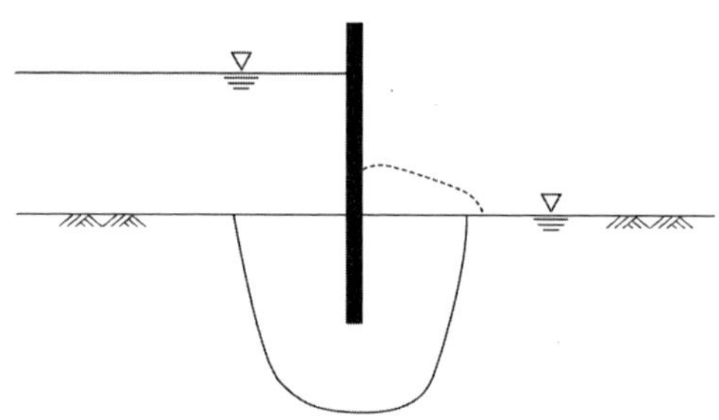

그림 5.50 히빙현상

제방에서도 홍수 시 제방 아래 토층에 제내지와 제외지를 연결하는 파이핑이 일어나기도 한다.

파이핑의 다른 형태로 히빙(heaving)현상이 있다. 그림 5.50과 같이 널말뚝이 타입된 지층에서 하류측(널말뚝보다 오른쪽)에서의 상향 침투수압(또는 동수경사)이 너무 크면 점착력 있는 지층의 경우에는 지표면이 부풀어 오르게 되는데 이것을 히빙현상이라 한다(모래이면 분사현상 발생).

히빙과 후진 세굴에 관해 다음에 개별적으로 논의하기로 한다.

(1) 후진 세굴에 의한 파이핑 현상

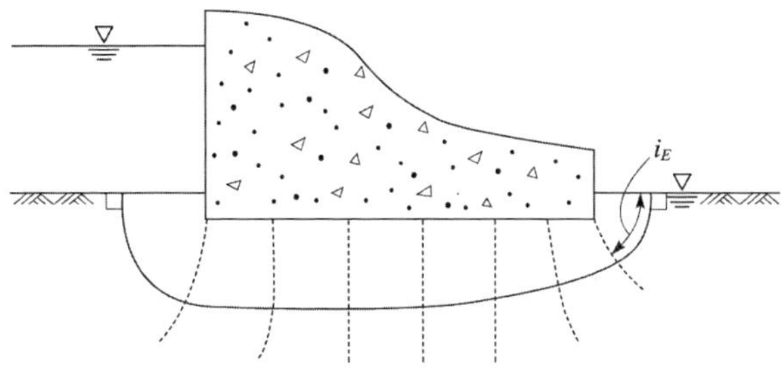

그림 5.51 유출동수경사 i_E

콘크리트 댐 하류단 부근에서 물은 회절하여 위쪽으로 흐르고 이 곳의 유선망은 망의 크기가 상대적으로 작아서 유출동수경사(exit gradient ; i_E)가 커지게 됨은 앞에서 이미 언급하였다. 유출부 동수경사가 임계동수경사보다 커지면($i_E \geq i_{cr}$) 모래의 경우 분사현상이 발생하고 세굴이 시작된다. 세굴은 상류 측을 향하여(가재처럼) 후진 세굴의 형태로 진행된다. 세굴이 진행됨에 따라 유선의 길이는 그 만큼 짧아지고 동수경사는 증가하여 세굴의 진행은 가속된다. 그 결과 지반에는 파이핑 현상이 발생하게 된다.

댐 아래 지반에 큰 공동이 형성되는 것은 대단히 위험하므로 파이핑 방지대책을 철저히 수립하여 실시하여야 한다.

파이핑 방지대책은 유출부 동수경사 i_E를 감소시키는 방법과 흙의 유실을 방지하는 방법이며 다음과 같은 방안을 고려해 볼 수 있다.

가. 댐 하류면(down stream face)에 널말뚝 차수벽(sheet pile cut–off)을 설치하는 방법

이 방법은 침투유량을 감소시키고 특히 유출부 동수경사 i_F를 크게 감소시키는 긍정적 효과가 있는 반면 댐 저면에 작용하는 양압력(楊壓力, uplift), 즉 간극수압을 증대시키는 부정적 결과도 나타낸다(그림 5.52(a) 참조).

나. 하류단 부근에 배수설비를 설치하는 방법

이 방법은 파이핑 방지 효과가 있으나, 침투유량과 양압력을 개선하는 효과는 없음(그림 5.52(b) 참조).

다. 댐의 상류측면(upstream face)에는 널말뚝 차수벽을 설치하고 하류단 부근에는 배수설비를 설치하는 방법

이 방법은 파이핑을 방지하고 침투유량을 감소시키며 제체 저면의 양압력도 상당히 감소시키는 효과가 있다(그림 5.52(c) 참조).

라. 댐 상류측 하상(河床)에 점토 등으로 불투수 blanket을 설치하는 방법

이 방법은 유선의 길이를 길게 하여 유출부 동수경사 i_E를 감소시킨다(그림 5.52(d) 참조).

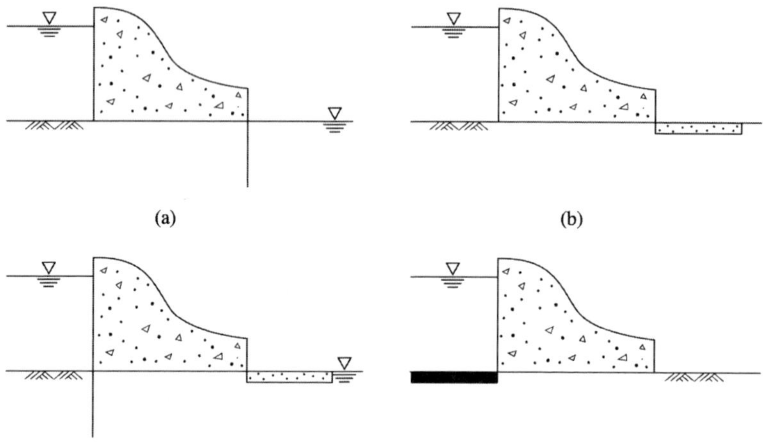

그림 5.52 콘크리트 댐의 파이핑 방지 방안

Lane(1935)은 콘크리트 댐의 파이핑 발생여부를 개략적으로 판정하기 위하여 가중 크리프 비(weighted creep ratio ; CR)라는 개념을 발표하였다.

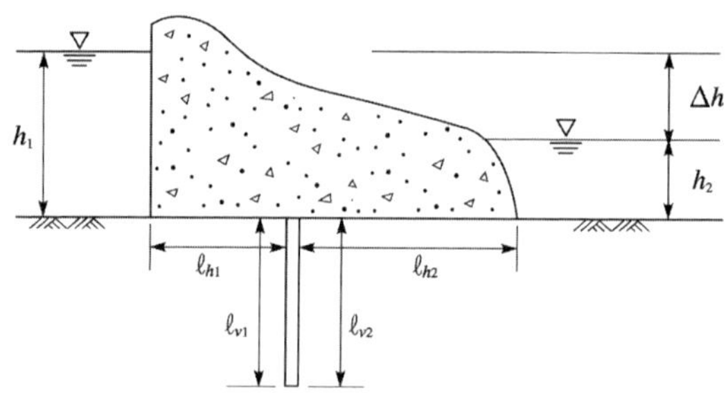

그림 5.53 크리프 길이

그림 5.53에 보인 콘크리트 댐에서

- 크리프(creep) 유선의 길이가 길수록 파이핑 가능성은 적어진다. 크리프 유선의 길이란 흙과 댐의 접촉면 및 흙과 널말뚝의 접촉면을 따라 흐르는 유선, 즉 가장 위쪽에 있는 유선의 길이이다.

그런데 크리프 길이 중 수평방향길이는 연직방향 길이에 비해 파이핑 방지효과가 1/3이라고 생각하여 가중치 1을 연직길이에, 가중치 1/3을 수평 거리에 반영하여 가중 크리프 길이 ℓ_w를 정의하면 ℓ_w가 클수록 파이핑 발생 가능성은 적어진다.

이러한 가정 아래 Lane은 가중 크리프 비 CR을 다음과 같이 정의하였다.

$$CR = \frac{\ell_w}{h_1 - h_2} \tag{5.68}$$

여기서, ℓ_w : 가중 크리프 길이(weighted creep length)

$$\ell_w = \sum \ell_v + \frac{\sum \ell_h}{3}$$

$$\sum \ell_v = \ell_{v1} + \ell_{v2}$$

$$\sum \ell_h = \ell_{h1} + \ell_{h2}$$

$$h_1 - h_2 = \Delta h$$

크리프 유선의 방향이 45°보다 가파르면 연직 크리프길이(ℓ_v), 45°보다 완만하면 수평 크리프길이(ℓ_h)로 본다.

NOTE : CR은 널말뚝의 설치 위치에 따라 파이핑 억제 효과가 크게 달라지는 사실을 반영하지 못하고 있음. 이것은 널말뚝 차수벽을 댐하류면에 설치하는 것이 piping 방지에 가장 효과적이라는 사실을 반영하지 못하고 있음.

위의 설명에서 CR이 클수록 파이핑에 대하여 안전하게 됨을 알 수 있다. CR의 값이 흙의 종류에 따라 표 5.2에 제시한 값보다 크면 piping에 대하여 안전한 것으로 판정한다.

표 5.2 흙의 종류에 따른 크리프 비의 안전치(Lane, 1935)

흙의 종류	크리프 비의 안전치
아주 가는 모래 또는 실트	8.5
가는 모래	7.0
중간 모래	6.0
굵은 모래	5.0
잔 자갈	4.0
굵은 자갈	3.0
연약 또는 중간 점토	2.0~3.0
굳은 점토	1.8
견고한 지반	1.6

파이핑 방지방법은 앞에서 열거하였다. 그런데 댐은 파이핑 외에도 양압력에 대해서도 안전하여야 하고 침투유량도 적게 해야 한다. 여기에 관하여 좀 더 구체적으로 논의해 보기로 하자.

Cedegren(1977)에 의하면 유출부 동수경사는 0.3~0.4 이하가 적당하다고 한다.

$$\text{파이핑 안전 유출동수경사}: i_E \le 0.3 \sim 0.4 \tag{5.69}$$

이제 월류 weir(overflow weir) 또는 소규모 콘크리트 댐을 예로 하여 설명해 보기로 한다. 이 구조물은 파이핑에 대하여 안전하여야 함은 물론 양압력(揚壓力, uplift)과 침투유량이 모두 작아야 한다. 양압력은 weir 또는 댐의 저면에 작용하는 상향의 간극수압이다.

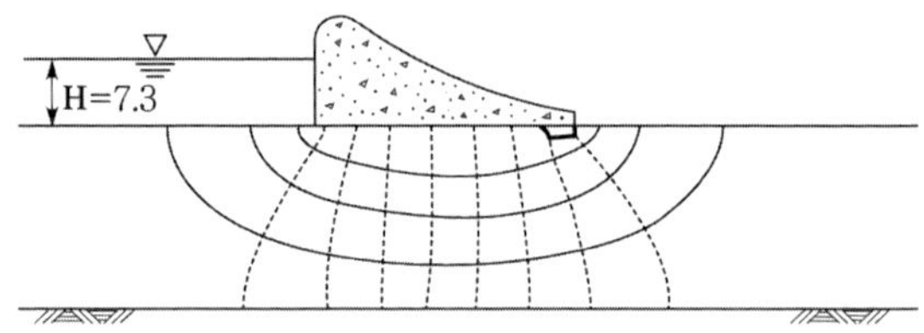

그림 5.54 침투수류에 대한 대비책 없이 축조한 weir(Cedergren, 1977)

그림 5.54는 침투 수류의 영향(유량, 파이핑, 양압력 등)에 대한 특별한 대비책 없이 단지 지표면보다 약간 아래 위치(d)에 weir를 축조한 경우이다.

weir를 지표면에 설치하지 않고 단지 얕은 깊이(d)에 설치한 것만으로도 파이핑에 대한 안전성은 상당히 증가한다. 만약 지표면에 축조하였으면 $i_E \approx \infty$가 되어 파이핑 발생은 필연적이었을 것이다.

그림 5.54의 경우 유출부 유선망 $\ell = 0.76m$, $\Delta h = \frac{H}{N_d} = \frac{7.3}{9} = 0.81m$ 따라서

$$i_E = \frac{\Delta h}{\ell} = \frac{0.81}{0.76} \approx 1.06$$

$i_E = 1.06 > (0.3 \sim 0.4)$이므로 파이핑에 대해 안전하지 못하다. 즉 weir를 지표면보다 약간 아래에 축조하는 설계만으로는 파이핑에 대한 안전성을 보장하지 못한다.

유출부 동수경사 i_E를 감소시키는 방법으로 널말뚝 차수벽(sheet pile cut–off)을 설치하는데 파이핑 방지 효과는 그 설치 위치에 따라 크게 달라진다.

그림 5.55는 파이핑 방지대책의 효과를 비교하기 위한 것이다. (a)와 같이 널말뚝 차수벽을 상류단에 설치한 경우와 (b)처럼 하류단에 설치한 경우 유선망은 좌우(상하류)가 바뀌었을(reverse)뿐 N_f와 N_d는 동일하다. 유선망의 형상계수 $\frac{N_f}{N_d} = 0.38$로 같으므로 침투유량은 동일하다. 그러나 (a)에서는 d가 0에 가까워지면 $i_E \approx \infty$가 되어 파이핑에 대한 안전율은 0이 된다.

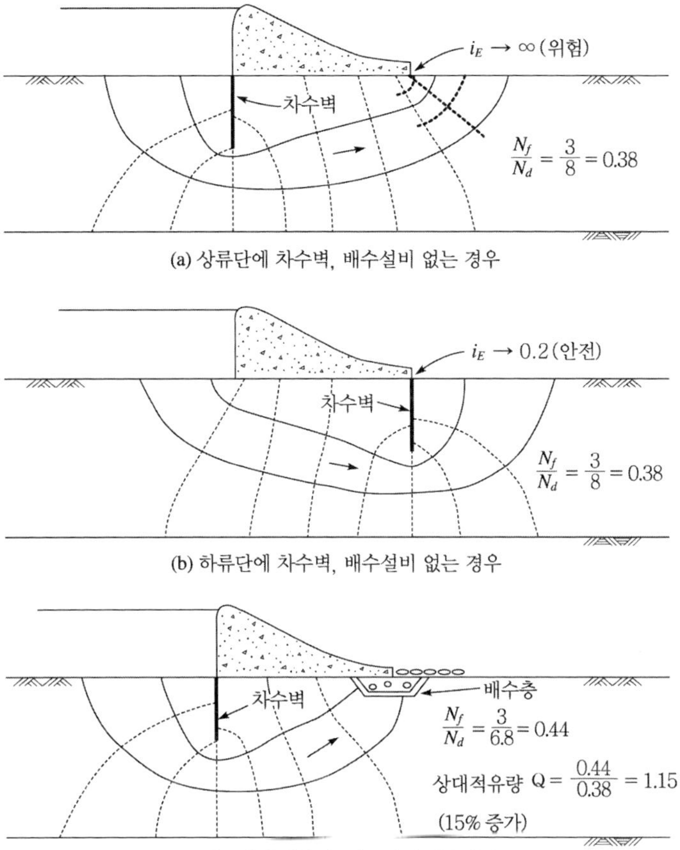

(a) 상류단에 차수벽, 배수설비 없는 경우

(b) 하류단에 차수벽, 배수설비 없는 경우

(c) 상류단에 차수벽, 하류단에 배수설비

그림 5.55 파이핑 방지대책별 유선망과 파이핑에 대한 안정성(Cedergren, 1977)

한편 (b)의 경우에는 $i_E = 0.2$가 되어 파이핑에 대하여 안전하다고 판정할 수 있다.

그러나 이 경우에는 weir의 저면에 큰 양압력이 작용하게 되어 apron부분이 위험할 수 있다. 그러므로 파이핑과 함께 침투 유량, 양압력을 모두 고려하면 가장 안전한 설계는 (c)와 같이 상류단에는 널말뚝 차수벽을 설치하고 하류단에는 배수설비를 설치하는 것이다. 이렇게 함으로써 차수벽을 설치하지 않을 때에 비하여 침투유량과 양압력을 모두 감소시키면서 필터에 의하여 파이핑을 방지할 수 있게 된다. 하류단에 설치한 차수벽이 i_E를 감소시키는 효과가 우수함에 집착하여 상류단에는 긴 차수벽, 하류단에는 짧은 차수벽을 설치하여도 양압력 증가는 효과적으로 제어되지 않는다. 이러한 제반사정을 고려하여 (c)가 가장 안전한 설계가 된다(Cedergren, 1977). 즉 상류단에는 짧은 널말뚝 차수벽, 하류단에는 배수설비를 설치하는 방법이 파이핑과 양압력에 대한 안전율을 최대로 하면서 침투유량도 감소시키는 좋은 설계가 된다.

(2) 히빙에 대한 안정

모래 지반에 연직 상향의 일차원 침투가 일어날 때 상향의 침투수압이 충분히 커지면, 유효응력이 0이 되고 결과적으로 모래의 강도도 영이 되는 이른바 분사현상(quick sand)이 일어나게 됨을 이미 설명하였다.

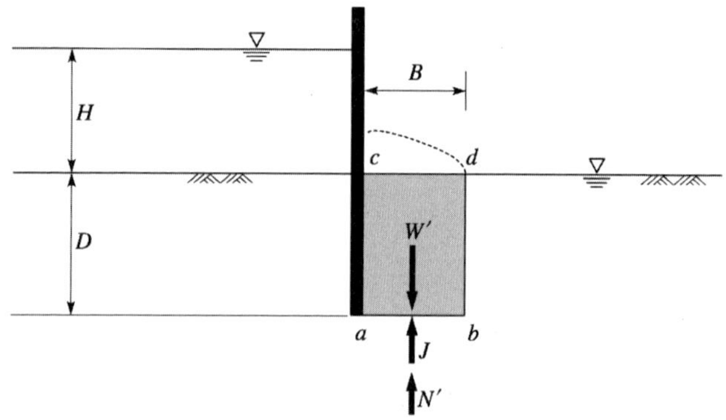

그림 5.56 히빙에 대한 안정검토(역계 2)

점착력이 있는 흙에서는 유효응력, 즉 흙 입자간에 작용하는 응력이 영이 되어도 보일링 현상까지는 생기지 않고 대신 지표면이 부풀어 오르게 되는데 이러한 현상을 히빙(heaving)이라 한다.

그림 5.56와 같이 널말뚝이 타입된 지층에서 하류측에서 침투압의 연직성분이 너무 커서 연직유효응력이 영이 되면 히빙이 발생한다.

Terzaghi는 널말뚝의 경우 히빙에 대한 안전검토는 널말뚝의 끝점 a를 지나 폭이 B인 구간 $\overline{ab}$에 대하여 실시하되 B는 널말뚝 타입깊이 D의 반으로 할 것을 제안하였다. 즉

$$B = \frac{D}{2} \tag{5.70}$$

앞 장에서 토체에 작용하는 힘의 평형을 해석함에 있어서 2가지 역계(force system) 중 하나를 선택할 수 있음을 밝혔다. 2가지 역계는

- 역계1 : 전체중량, 경계면 간극수압 합력, 경계면 유효응력 합력
- 역계2 : 수중중량, 침투수압 합력, 경계면 유효응력 합력

히빙에 대한 안정검토는 관용적으로 역계 2를 선택하여 실시하고 있다. 역계 1을 선택한 히빙 안정검토는 참고사항에서 논의하기로 한다.

그림 5.56에는 역계 2를 선택한 경우에 평형해석에 고려하는 힘이 제시되어 있다.

- 수중중량 : W'
- 침투수압의 합력 : J
- 경계면 유효응력의 합력 : N' (윗면에는 유효응력이 없음)

그림 5.56에서 $\overline{ab}$ 구간에서는 물은 연직 상향으로 침투한다고 근사화한다. 즉 a 에서는 c 로, b 에서는 d 로 침투하여 $\overline{ac}$, $\overline{bd}$ 는 유선이 된다. 따라서 $\overline{ab}$ 구간에 작용하는 침투압의 작용방향은 연직상향이다(침투압의 작용방향은 물이 흐르는 방향과 일치함). 널말뚝이 타입된 지반의 침투압에 대해서는 5.5.6에서 상세히 언급하였다.

히빙에 대한 안정검토는 $\overline{ab}$ 면에 작용하는 상향의 침투압의 합력 J 와 □$abcd$ 로 표시된 흙의 수중 중량 W' 을 비교하여 수행할 수 있다. 즉 $\overline{ab}$ 면에 작용하는 힘의 평형조건에서

$$N' = W' - J \tag{5.71}$$

N' 이 영이 되면 히빙이 발생하게 되므로 J 는 히빙을 일으키려는 힘이고 W' 은 히빙에 대한 저항력이다. 그러므로 히빙에 대한 안전율(安全率, factor of safety) F_s 는

$$F_s = \frac{W'}{J} \tag{5.72}$$

여기서 J : $\overline{ab}$ 면에 작용하는 침투압의 합력
W' : □$abcd$의 수중 무게

J 를 결정하는 방법은 앞서 5.5.6에서 상세히 실명하였다. 즉

$$J = \gamma_w \Delta h_{av} B = \frac{1}{2}(h_a + h_b)\gamma_w B \tag{5.73}$$

또는 $J = i_{av}\gamma_w \square\, abcd = i_{av}\gamma_w BD$ (5.74)

여기서 Δh_{av} , i_{av} : 각각 $\overline{ab}$ 면과 $\overline{cd}$ 면 사이의 평균 수두차 및 평균동수경사
h_a , h_b : 각각 a와 b점의 전수두
(유선망에서 구함 ; $h_a = \frac{H}{N_d} N'_{xa}$, $h_b = \frac{H}{N_d} N'_{xb}$).

$$W' = \gamma' \square\, abcd = \gamma' BD \tag{5.75}$$

안전율 F_s 는 식 (5.73)과 식 (5.75)를 식 (5.72)에 대입하여

$$F_s = \frac{W'}{\gamma_w \Delta h_{av} B} = \frac{W'}{\frac{1}{2}(h_a + h_b)\gamma_w B} \tag{5.76}$$

또는 식 (5.74)와 식 (5.75)를 식 (5.72)에 대입하여

$$F_s = \frac{\gamma'}{i_{av}\,\gamma_w} \tag{5.77}$$

그런데 임계동수경사 i_{cr} 은

$$i_{cr} = \frac{\gamma'}{\gamma_w} \tag{5.78a}$$

$$\gamma' = i_{cr}\gamma_w \tag{5.78b}$$

식 (5.78b)를 식 (5.77)에 대입하면

$$F_s = \frac{\gamma'}{i_{av}\gamma_w} = \frac{i_{cr}}{i_{av}} \tag{5.79}$$

참고사항 : 역계 1을 선택한 경우의 히빙 안정해석

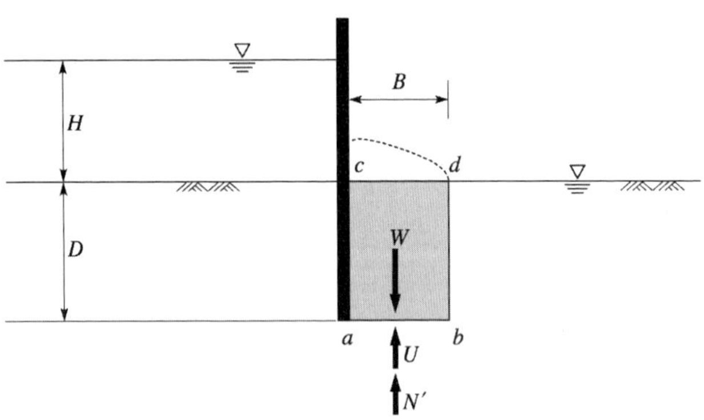

그림 5.57 히빙에 대한 안정검토(역계1)

그림 5.57에는 역계 1을 선택하는 경우 고려해야 하는 힘이 제시되어 있다.

- 전체중량 : W
- 경계면 간극수압 합력 : U(윗면에는 간극수압 없음)
- 경계면 유효응력 합력 : N' (윗면에는 유효응력 없음)

연직방향 힘의 평형조건에서

$$N' = W - U \tag{5.80}$$

N' 이 0이 되면 히빙이 일어나므로 U는 히빙을 일으키려는 힘이고 W는 저항력이다. 따라서 히빙에 대한 안전율 F_s 는

$$F_s = \frac{W}{U} \tag{5.81}$$

여기서 특히 주의할 점은 역계 2에서 얻어지는 안전율 식 (5.72)와 역계 1에서 구한 안전율 식 (5.81)이 같지 않다는 사실이다. 이 사실을 구태여 더 밝혀보면

$$W = \gamma_{sat} BD = (\gamma' + \gamma_w) BD = W' + W_w \tag{5.82}$$

$$U = \gamma_w \Delta h_{av} B + \gamma_w BD = J + W_w \tag{5.83}$$

따라서 식 (5.82), (5.83)을 식 (5.81)에 대입하면

$$F_s = \frac{W' + W_w}{J + W_w} \tag{5.84}$$

식 (5.84)와 식 (5.72)에서 구한 F_s 는 서로 다르다. 이들 2개의 안전율 가운데 어느 것이 정해인지는 밝히지 않고 관용적으로 히빙에 대한 안전율은 역계 2를 선택하여 식 (5.72)로 구하는 경우가 많다. 그러나 Cedergren(1973)과 일본 하천제방설계지침(2000)에서는 역계 1을 이용하여 히빙에 대한 안정 검토를 하고 있다.

정리하면

- 역계 2 : $N' = W' - J \quad \therefore F_s = \dfrac{W'}{J}$ (5.72)
- 역계 1 : $N' = W - U \quad \therefore F_s = \dfrac{W}{U} = \dfrac{W' + W_w}{J + W_w}$ (5.84)

NOTE : 역계 1과 역계 2의 N' 은 사실상 같음.

역계 1 : $N' = W - U = (W' + W_w) - (J + W_w) = W' - J$

역계 2 : $N' = W' - J$

역계 1과 역계 2의 N' 이 서로 같음에도 불구하고 역계 1과 역계 2에서 얻어지는 F_s 가 서로 다른 것은 F_s 가 분수로 정의되어 있기 때문이다. 안전율 개념의 이러한 문제점에 대해서는 9.8 옹벽의 안정에서 약간 언급하고 있으나 상세한 논의는 이 책의 범위를 넘는다. 관심 있는 독자는 신뢰성 해석(reliability analysis)에 관한 서적을 참고하기 바란다.

구조물의 안정성을 판단하는 다른 하나의 개념이 다음 참고사항에 수록되어 있다. 관심 있는 독자만 읽어보기 바란다.

참고사항 : 안전율과 파괴확률

구조물의 안정성을 판단하는 다른 방법으로 신뢰도 해석이 있다. 이 방법에서는 안전율 대신 안전여유(safety margin) SM이라는 개념을 쓴다.

$$SM = R - D \tag{1}$$

여기서 R은 파괴(예 : 히빙)에 저항하는 힘이고 D는 파괴(예 : 히빙)를 일으키려는 힘이다. 그리고 식 (1)을 거동함수(performance function)이라 한다.

이 방법에서는 R과 D에 관여하는 모든 요소를 측정한 확률분포를 하는 확률변수로 보고 해석결과는 신뢰도 지수(reliability index) β 또는 파괴확률(probability of failure) P_f 로 제시된다. 파괴는 $SM < 0$ 인 상태이므로 파괴확률 P_f 는 $SM < 0$ 이 되는 확률이다. 즉

$$P_f = prob(SM < 0) \tag{2}$$

예를 들어 히빙의 경우 거동함수는

역계 1 : $SM = W - U = (W' + W_w) - (J + W_w) = W' - J$

역계 2 : $SM = W' - J$

거동함수가 같으면 얻어지는 파괴확률도 같아진다. 따라서 안전율과는 달리 역계 1과 역계 2에서 얻어지는 파괴확률은 같게 된다. 이것은 거동함수가 분수가 아니라 $R - D$ 로 정의하였기 때문이다.

신뢰도 해석결과는 히빙이 일어날 확률 0.1%($D_f = 0.1\%$) 등으로 제시된다.

관심있는 독자는 Ang–Tang(1975) 또는 Baecher–Christian(2003)을 참고하기 바란다.

독자들에게 드리는 제언 : 만약 하류측 지표면($\overline{cd}$ 면) 위에 수심 H_2 인 수면이 존재하는 경우 히빙 대한 안정검토는 어떻게 되는가? 단 상류측 수위는 H_1 이고 상하류면 사이의 수두차는 H 이다. 기준면을 하류측 수면으로 잡으면 지금까지의 논의결과가 그대로 정리됨을 확인해 볼 것.

히빙 방지대책은 히빙에 대한 억제력을 증가시키는 방법을 채택한다. 일차적으로는 널말뚝을 깊게 타입하는 방법을 고려하겠지만 경제성, 시공성이 문제가 될 수 있다. 히빙발생이 우려되면 그림 5.57에 보인 것같은 재하필터(weighted filter, loaded filter)를 설치한다. 재하필터는 물을 신속히 배출시키되 흙의 유실을 방지해주는 보호층이며 동시에 자체의 무게로 히빙을 억제하는 기능을 가진다. 침출유량이 대단히 많으면 여러 층으로 구성된 복층필터(multiple filter, graded filter)를 사용한다. 복층필터는 아래쪽에는 가는 입경, 위 쪽으로 갈수록 큰 입경으로 된 다층의 필터이다. 침투압이 대단히 크면 필터 위에 berm을 설치하여 상향침투압을 억제한다. 이러한 필터도 재하필터라 한다.

재하필터를 설치하였을 때의 히빙에 대한 안전율은

$$F_s = \frac{W' + W'_f}{J} = \frac{\gamma' BD + \gamma'_f BT}{\gamma_w \Delta h_{av} B} \tag{5.85}$$

여기서 W'_f : 필터의 수중중량

γ'_f : 필터의 수중단위중량

T : 필터의 두께

히빙에 대한 안전성 판단 : 계산으로 구한 안전율이 1보다 크면 ($F_s \geq 1$ 이면) 이론상으로는 안전한 셈이지만, 안전율 결정에는 많은 불확실성이 포함되므로 실제로는 계산된 안전율이 1보다 큰 허용 안전율(allowable factor of safety ; F_{sa}) 이상이 되어야 안전한 것으로 판단한다. 즉

$F_s \geq F_{sa} > 1.0$ 이면 O.K.

$F_s < F_{sa}$ 이면 N.G.

허용 안전율은 경험에 의하여 결정되어 있는 값이며, 구조물의 종류와 설계 방법에 따라 다른 값이 정해져 있다.(예를 들어 옹벽의 안정과 사면 안정 참조)

NAVFAC(1982)에서는 히빙에 대한 허용안전율을 1.50으로 하고 있다.

(c) 콘크리트 댐 하류측에 설치한 널말뚝 차수벽에 대한 히빙 검토

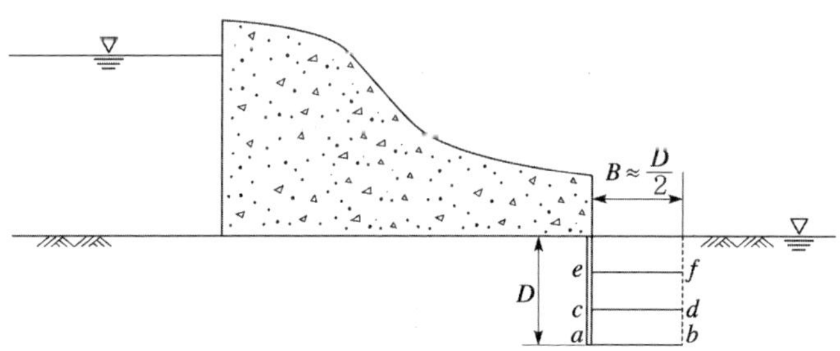

그림 5.58 콘크리트 댐 차수벽에 대한 히빙검토

앞에서 논의한 것처럼 콘크리트 댐을 지층 얕은 곳에 축조하면 댐 하류의 유출부 동수경사 i_E 가 커서 파이핑 현상(backward erosion)이 일어나기 쉽다. i_E 를 적게하는 방법 중 하나로 그림 5.58과 같이 댐 하류에 널말뚝 차수벽을 설치한 경우 히빙에 대한 안전을 검토하여야 한다. 널말뚝의 경우에는 끝 점 a를 지나 폭 B인 구간 $\overline{ab}$ 에 대해서만 안전검토를 하면 되지만 콘크리트 댐의 경

우에는 그림 5.58에 보인 것 같은 $\overline{ab}$ 면, $\overline{cd}$ 면, $\overline{ef}$ 면 등 여러 면에서 구간 안전율의 최소치가 허용 안전율 보다 커야 안전한 것으로 판정한다. 이 때에도 $B = \frac{D}{2}$ 로 한다.

▶ **예제 5.11** 그림과 같이 널말뚝이 타설된 지반이 있다. 널말뚝 타입 깊이는 10m, 상류측 수위 12m, 하류측 수위는 1m이다. 지반의 포화단위중량이 $1.78t/m^3$ 일 때 히빙에 대한 안전율을 구하라. 단 유선망은 문제도에 제시된 것을 사용한다.

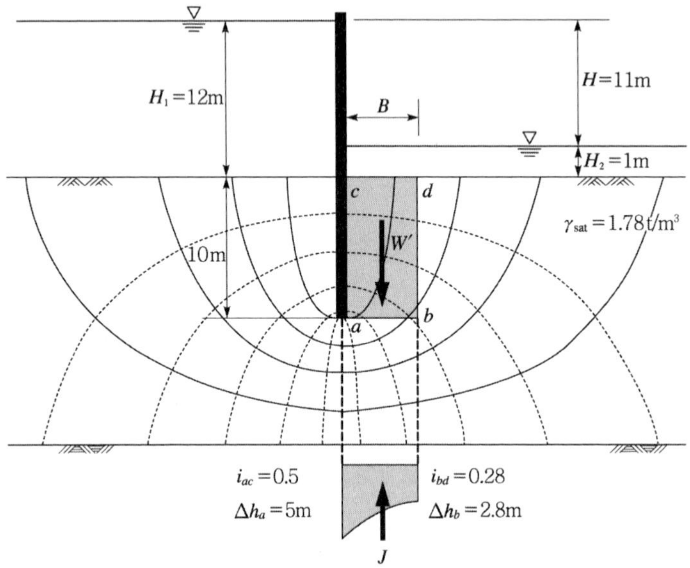

그림 예제 5.11 문제도

풀이 :

상하류면 사이의 수두차 $H = H_1 - H_2 = 12 - 1 = 11m$ 이다.

히빙에 대한 안전 검토를 다음 2가지 방법으로 실시해 보자. 기준면은 하류측 수면으로 한다.

• 첫번째 방법으로 안전율을 다음과 같이 나타내면

$$F_s = \frac{W'}{J} \tag{1}$$

$$W' = \gamma' BD = (1.78-1)(10)(5) = 39t/m \tag{a}$$

$$J = \gamma_w \Delta h_{av} B$$

그런데 $$\Delta h_{av} = \frac{1}{2}(\Delta h_a + \Delta h_b) = \frac{1}{2}[(h_a - h_c) + (h_b - h_d)]$$

$$h_a = \frac{H}{N_d} N'_{xa} = \frac{11}{11}(5) = 5m, \ h_b = \frac{H}{N_d} N'_{xb} = \frac{11}{11}(2.8) = 2.8m$$

$$h_c = 0, \ h_d = 0$$

$\Delta h_a = h_a - h_c = 5m$, $\Delta h_b = h_b - h_d = 2.8m$ 는 Δh 의 분포도와 함께 문제도에 제시하였다.

$$\therefore \Delta h_{av} = \frac{1}{2}(5 + 2.8) = 3.9m$$

$$J = \gamma_w \Delta h_{av} B = (1)(3.9)(5) = 19.5t/m \qquad \text{(b)}$$

(a)와 (b)를 (1)에 대입하면

$$F_s = \frac{W'}{J} = \frac{39}{19.5} = 2.0$$

- 안전율을 표현하는 두번째 방법으로

$$F_s = \frac{i_{cr}}{i_{av}} \qquad (2)$$

$$i_{cr} = \frac{\gamma'}{\gamma_w} = \frac{0.78}{1} = 0.78 \qquad \text{(c)}$$

$$i_{av} = \frac{1}{2}(i_{a-c} + i_{b-d})$$

그런데 $$i_{a-c} = \frac{h_a - h_c}{D} = \frac{5}{10} = 0.5$$

$$i_{b-d} = \frac{h_b - h_d}{D} = \frac{2.8}{10} = 0.28$$

$$\therefore i_{av} = \frac{1}{2}(0.5 + 0.28) = 0.39 \qquad \text{(d)}$$

i_{a-c} 와 i_{b-d} 는 i 의 분포와 함께 문제도에 제시되어 있다.

(c)와 (d)를 (2)에 대입하면

$$F_s = \frac{i_{cr}}{i_{av}} = \frac{0.78}{0.39} = 2$$

F_s 를 표현하는 다른 식을 써도 같은 결과를 얻을 수 있다. ◀

독자들에게 드리는 제언 : ① 기준면을 하류측 수면대신 지표면으로 잡으면 $h_a = 6.0m$, $h_b = 3.8m$ 가 되지만 히빙에 대한 안전율은 2.0이 됨을 확인할 것.

② 하류측 수면이 지표면과 일치($H_2 = 0$)하고 상류측 수위 $H_1 = 11m$ 이어도 히빙에 대한 안전율은 앞의 예제와 같아짐을 확인할 것.

기준면을 하류측 수면(지표면과 일치)으로 잡으면 계산 과정과 결과가 앞의 풀이와 완전히 같아짐을 확인할 것.

③ 널말뚝을 축척대로 그리고 독자적으로 유선망을 새로 그려서 히빙에 대한 안전율을 계산해 볼 것. 안전율이 유선망을 그리는 개인적 차이에 따라 예민한지 둔감한지 다른 사람들의 결과와 비교해서 판단해 볼 것.

④ 역계 1을 이용하여 안전율을 구해볼 것(앞의 참고사항 참조)

안전율을 정의하는 방법에 따라 $F_s = 1.26$ 또는 1.28이 됨($\overline{cd}$ 면의 간극수압합력 U_t 를 히빙에 대한 저항력으로 보느냐 히빙을 일으키려는 음(−)의 힘으로보느냐에 따라 안전율의 정의가 달라짐.

5.8 필터

흙이나 암석으로부터 용출수나 지하수를 자연적으로 또는 인공적 방법에 의하여 배출시키는 과정을 배수라 한다.

배수 설비는 물을 자유롭게 배출시켜 과도한 수압의 발생을 방지함과 동시에 설비 자체에 막힘 현상(clogging) 또는 파이핑이 일어나지 않도록 설계하는 것이 가장 중요하다. 흙이나 연약한 풍화암층의 표면에서 직접 배수가 일어나면 표면이 세굴되기 쉽다. 따라서 토층표면에 보호층을 설치하는 것이 필요하다. 이 보호층은 세굴을 방지함과 동시에 물은 자유롭게 배출시키는 기능을 가져야 하는데 이러한 역할을 하는 보호층을 필터(filter)라 한다. 이러한 목적을 달성하기 위해서는 필터 간극크기(pore size)는 보호받는 흙이 간극을 통해 유실되거나 흙이 간극을 막아버리는 일이 일어나지 않을 만큼 충분히 작아야 한다. 동시에 간극의 크기는 간극을 통하여 물이 자유롭게 배출될 만큼 충분히 커야 한다. 간극의 크기는 흙의 입경의 크기와 관계되므로, 간극의 크기에 관한 위의 상반되는 2 조건을 동시에 만족시키기 위해서는 필터는 적절한 입도 분포를 가져야 한다.

필터는 위에서 설명한 대로 그 본질상 다음과 같은 2가지 상반되는 요구 조건을 동시에 만족시켜야 한다.

① 파이핑 방지 조건(piping requirement) : 흙 또는 연약 풍화암과 접하고 있는 필터의 입경(사실은 간극의 크기)은 충분히 작아서 흙이 간극을 통해 유실되거나 간극을 메우는 일이 일어 나지 않아서 결과적으로 파이핑이 발생하지 않을 것.

② 배수 조건(permeability requirement) : 필터는 그 입경(사실은 간극의 크기)이 충분히 커서 간극을 통하여 물은 자유롭게 배출되고, 침투수압과 정수압을 통제할 수 있을 만큼 큰 투수성을 확보하고 있을 것.

침투유량이 적을 때에는 양입도이고 투수성이 보통인 단층필터(單層필터, single layer filter)를 설치한다. 대량의 물을 배출시킬 때에는 파이핑을 방지하는 필터층과 배수를 위한 큰 입경의 필터층으로 구성된 다층필터(多層필터, multiple–layer filter, graded filter)를 사용한다. 다층필터는 층의 수가 2개보다 많을 수 있다. 상향의 침투압에 의한 히빙을 방지하기 위하여 필터 위에 상재하중(surcharge)으로 덮은 것을 재하필터(載荷필터, loaded filter, weighted filter)라 한다(파이핑 현상 참조).

필터의 설계 규준(design criteria) 제정을 위한 연구는 Bertram(1940)이 시작한 이후 여러 기관에 의해 수행되었다. 필터는 본질적으로 파이핑 방지조건과 배수 조건을 동시에 만족시키도록 설계하여야 한다. NAVFAC의 필터 설계 규준은 다음과 같다.

$$\frac{(D_{15})_{filter}}{(D_{85})_{soil}} < 5 \tag{5.86}$$

$$4 < \frac{(D_{15})_{filter}}{(D_{15})_{soil}} < 20 \tag{5.87}$$

$$\frac{(D_{50})_{filter}}{(D_{50})_{soil}} < 25 \tag{5.88}$$

- 규준 1(criterion 1) : 필터의 통과율 15%에 대응하는 입경 $(D_{15})_{filter}$ 는 흙의 통과율 85%에 대응하는 입경$(D_{85})_{soil}$ 의 5배 보다 작아야 한다. 이 규준은 파이핑 방지 조건이며 이 규준이 만족되면 흙은 필터 간극을 통해 유실되거나 필터 간극을 메우는 일이 일어나지 않는다. $(D_{15})_{filter}/(D_{85})_{soil}$ 을 파이핑 비(piping ratio)라 한다.
- 규준 2(criterion 2) : 필터의 통과율 15%에 대응하는 입경$(D_{15})_{filter}$ 은 보호되는 흙의 통과율 15%에 대응하는 입경$(D_{15})_{soil}$ 의 4배 보다 커야 한다. 이 규준을 만족시키면 배수조건을 만족시킨다. 이때에는 필터의 투수계수가 흙의 투수계수 보다 16~25배가 되어 물은 자유롭게 배출되고 침투수압과 정수압은 발생하지 않는다고 한다.
- 마지막에 있는 D_{50} 에 관한 규준은 필터와 보호받는 흙의 입도 분포 곡선이 대체로 서로 평행

하여야 좋다는 사실을 반영하기 위한 것이다. 이 밖에도 필터는 시공시 재료분리(segregation)가 일어나지 않도록 자갈보다 큰 입자(>75mm)를 포함하지 않아야 하며 동시에 세립분(<0.075mm) 함유율이 5% 미만이어야 한다.

위의 필터조건을 만족시키는 입도분포는 입경의 범위로 표시된다. 필터는 유공(有孔) 배수관의 보호를 위해서도 설치한다. 한편 유공 배수관에 설치하는 필터는 그 입경이 충분히 커서 배수공 안으로 들어가는 일이 없어야 한다. 미국 육군 공병단(US Army Corps of Engineers)에서는 배수공의 형상별로 다음과 같은 설계 규준을 제시하고 있다.

배수공이 Slot인 경우 : $\dfrac{(D_{85})_{filter}}{Slot\text{의 폭}} > 1.2 \sim 1.4$

원형 배수공인 경우 : $\dfrac{(D_{85})_{filter}}{\text{배수공의 직경}} > 1.0 \sim 1.2$

미국 개척국(US Bureau of Reclamation)의 규준은

$$\frac{(D_{85})_{filter}}{\text{배수공의 최대 크기}} \geq 2$$

위의 규준들에서 $(D_{85})_{filter}$ 는 관(管)과 접하고 있는 필터의 85% 입경이다.

근래에는 합성 필터 섬유제품(synthetic filter fabrics)이 필터로 많이 사용되고 있다. 합성섬유 또는 토목섬유(geotextile)는 입경의 차이가 큰 두 흙이 혼합되는 것을 방지하기 위한 분리(separation)기능, 필터기능, 보강(reinforcement)기능 등 3가지의 중요한 기능을 가지고 있다. 합성섬유 제품 필터는 가는 입경의 필터를 대치하게 되는데, 필터재료가 구하기 어렵거나 비쌀 때, 또는 현장 사정이 토목 섬유 제품 시공이 훨씬 간편할 때 채택한다.

합성필터 섬유제품은 두께가 1mm 정도이므로 구멍이나 찢어진 곳이 없어야 한다. 또한 실(filament) 사이의 공간이 너무 커서 상당량의 흙 유실이 일어나는 일이 없어야 한다. 만약 $(D_{85})_{soil} > P_{85}$ 이면 흙이 필터섬유 틈 사이로 빠져 나가는 일이 일어나지 않는다. 여기서 P_{85} 는 섬유제품 틈새의 85% size로서 빈틈의 최대치에 가까운 값이다.

독자들에게 드리는 질문 : 담배필터에 요구되는 조건을 서술적으로 설명해 볼 것.

부록 A.5.1

참고사항 : 이차원 침투를 나타내는 Laplace 방정식의 해

균질하고 등방성인 지반에서 일어나는 지하수의 2차원 흐름은 다음과 같이 Laplace 방정식으로 나타낼 수 있다.

$$\frac{\partial^2 h}{\partial x^2}+\frac{\partial^2 h}{\partial y^2}=0 \tag{1}$$

여기서 h는 전수두이다.

전통적인 지하수 이론에서는 2차원 지하수 흐름을 속도포텐샬(velocity potential) $\phi(x,\ y)$ 와 흐름함수(stream function) $\psi(x,\ y)$ 를 도입하여 복소포텐샬(complex potential)로 나타내고 있다. $\phi(x,\ y)$ 와 $\psi(x,\ y)$ 는 Laplace 방정식의 해이며 공액조화함수(conjugate harmonic function)로서 다음의 Cauchy－Riemann의 방정식을 만족시킨다.

$$\frac{\partial\psi}{\partial y}=\frac{\partial\phi}{\partial x},\quad -\frac{\partial\psi}{\partial x}=\frac{\partial\phi}{\partial y} \tag{2}$$

식 (2)가 성립되므로 $\phi(x,\ y)$ 와 $\psi(x,\ y)$ 는 서로 직교하게 된다.

(1) 속도포텐샬 $\phi(x,\ y)$ 와 등수두선 $\phi(x,\ y)=const.$

속도포텐샬 $\phi(x,\ y)$ 는 다음과 같다.

$$\phi(x,\ y)=-k\,h(x,\ y)+c \tag{3}$$

$\phi(x,\ y)$ 를 속도포텐샬이라 하는 것은 $\phi(x,\ y)$ 의 일차도함수가 유속이 되기 때문이다. 즉

$$\frac{\partial\phi}{\partial x}=-k\frac{\partial h}{\partial x}=k\left(-\frac{\partial h}{\partial x}\right)=ki_x=\upsilon_x \tag{4.a}$$

$$\frac{\partial\phi}{\partial y}=-k\frac{\partial h}{\partial y}=k\left(-\frac{\partial h}{\partial y}\right)=ki_y=\upsilon_y \tag{4.b}$$

이제 $\phi(x,\ y)$ 가 Laplace 방정식의 해 임을 밝혀보자. 식 (3)에서

$$\frac{\partial^2\phi}{\partial x^2}=-k\frac{\partial^2 h}{\partial x^2},\quad \frac{\partial^2\phi}{\partial y^2}=-k\frac{\partial^2 h}{\partial y^2}$$

$$\therefore \frac{\partial^2\phi}{\partial x^2}+\frac{\partial^2\phi}{\partial y^2}=-k\left(\frac{\partial^2 h}{\partial x^2}+\frac{\partial^2 h}{\partial y^2}\right)=0 \tag{5}$$

따라서 $\phi(x, y)$ 는 Laplace 방정식의 해 임을 알 수 있다. $\phi(x, y)$ 값이 동일한($\phi(x, y) = const.$) 점에서는 전수두 $h(x, y)$ 값이 같게 된다. 따라서 $\phi(x, y)$ 값이 같은 점들을 연결한 선을 등수두선(equipotential line)이라 한다. 즉

$\phi(x, y) = \phi_1$ 이면 $h(x, y) = h_1 = -\dfrac{1}{k}(\phi_1 - c)$

$\therefore \phi(x, y) = \phi_1$ 인 곡선은 $h(x, y) = h_1$ 인 등수두선

마찬가지로 $\phi(x, y) = \phi_2$ 인 선은 $h(x, y) = h_2 = -\dfrac{1}{k}(\phi_2 - c)$ 인 등수두선이 된다.

한 개의 등수두선 상에 있는 모든 점에서는 전수두가 같다. 등수두선은 서로 교차할 수 없다. 만약 2개의 등수두선이 한 점에서 교차하면 교점에서는 전수두가 상이한 2개의 값을 가지게 되는 셈인데 이는 있을 수 없는 일이다.

(2) 흐름함수 $\psi(x, y)$ 와 유선 $\psi(x, y) = const.$

흐름함수 $\psi(x, y)$ 와 속도포텐샬 $\phi(x, y)$ 는 Cauchy−Riemann의 방정식을 만족시킨다.

식 (2)와 식 (4)에서

$$\frac{\partial \psi}{\partial y} = \frac{\partial \phi}{\partial x} = \upsilon_x, \quad -\frac{\partial \psi}{\partial x} = \frac{\partial \phi}{\partial y} = \upsilon_y \tag{6}$$

먼저 $\psi(x, y)$ 가 Laplace 방정식의 해 임을 밝혀보자.

$$\frac{\partial^2 \psi}{\partial y^2} = \frac{\partial}{\partial y}\left(\frac{\partial \psi}{\partial y}\right) = \frac{\partial}{\partial y}\left(\frac{\partial \phi}{\partial x}\right) = \frac{\partial^2 \phi}{\partial x \partial y}$$

$$\frac{\partial^2 \psi}{\partial x^2} = \frac{\partial}{\partial x}\left(\frac{\partial \psi}{\partial x}\right) = \frac{\partial}{\partial x}\left(-\frac{\partial \phi}{\partial y}\right) = -\frac{\partial^2 \phi}{\partial x \partial y}$$

$$\therefore \frac{\partial^2 \psi}{\partial x^2} + \frac{\partial^2 \psi}{\partial y^2} = -\frac{\partial^2 \phi}{\partial x \partial y} + \frac{\partial^2 \phi}{\partial x \partial y} = 0 \tag{7}$$

따라서 $\psi(x, y)$ 는 Laplace 방정식의 해 임을 알 수 있다. 다음은 $\psi(x, y)$ 값이 동일한 점들을 연결한 곡선이 물이 흐르는 경로, 즉 유선(flow line)이 됨을 밝혀보기로 한다. $\psi(x, y)$ 의 전미분 $d\psi$ 는

$$d\psi = \frac{\partial \psi}{\partial x}dx + \frac{\partial \psi}{\partial y}dy = -\frac{\partial \phi}{\partial y}dx + \frac{\partial \phi}{\partial x}dy$$

$$\therefore d\psi = -\upsilon_y\ dx + \upsilon_x\ dy \tag{8}$$

$\psi(x,\ y)=\psi_1=const.$ 이면 $d\psi=0$ 이므로

$$-\upsilon_y dx+\upsilon_x dy=0$$

$$\therefore \left(\frac{dy}{dx}\right)_\psi=\frac{\upsilon_y}{\upsilon_x} \tag{9}$$

식 (9)는 $\psi(x,\ y)=\psi_1=const.$ 를 나타내는 곡선상의 한 점에서 그린 접선의 기울기 $\left(\frac{dy}{dx}\right)_\psi$ 가 그 점에서의 유속의 기울기와 같음을 의미하고 있다. 이것은 접선의 방향이 유속의 방향과 같고 이것은 곧 흐름의 방향과 동일하다. 결과적으로 $\psi(x,\ y)=\psi_1$ 을 나타내는 곡선은 하나의 유선이 된다. 마찬가지로 $\psi(x,\ y)=\psi_2$ 인 곡선도 또 하나의 유선이 된다. 이 사실이 그림 1에 제시되어 있다.

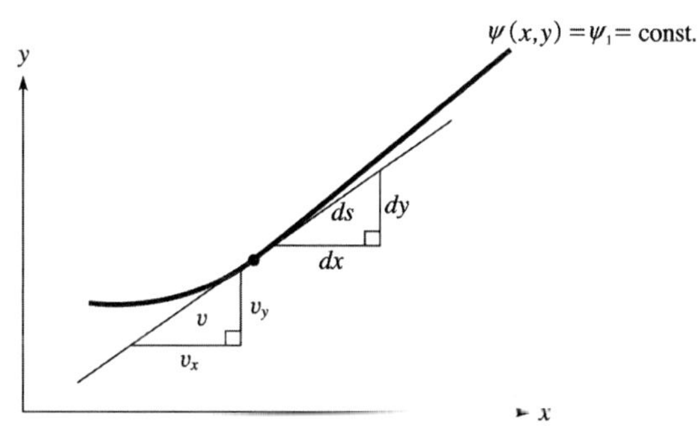

그림 1 $\psi(x,\ y)=\psi_1$ **인 유선**

이 그림에서 접선의 방향 ds와 유속의 방향 υ 가 일치함을 알 수 있다. 이 사실은 곡선 상의 모든 점에서 성립되므로 $\psi(x,\ y)=\psi_1$ 은 유선이 된다. Laplace 방정식은 층류를 가정하고 있으므로 유선끼리 교차하는 일은 있을 수 없다.

(3) 유선과 등수두선의 직교성

유선과 등수두선이 직교한다는 사실은 $\psi(x,\ y)=\psi_1$ 인 유선과 $\phi(x,\ y)=\phi_1$ 인 등수두선이 직교함을 증명하여 밝힐 수 있다. 속도포텐샬 $\phi(x,\ y)$ 의 전미분 $d\phi$ 는

$$d\phi=\frac{\partial\phi}{\partial x}dx+\frac{\partial\phi}{\partial y}dy$$

$$\therefore d\phi=\upsilon_x\ dx+\upsilon_y\ dy \tag{10}$$

$\phi(x,\ y)=\phi_1=const.$ 이면 전미분 $d\phi=0$ 이므로

$$\upsilon_x dx + \upsilon_y dy = 0$$

$$\therefore \left(\frac{dy}{dx}\right)_\phi = -\frac{\upsilon_x}{\upsilon_y} \tag{11}$$

식 (9)와 식 (11)에서

$$\left(\frac{dy}{dx}\right)_\psi \left(\frac{dy}{dx}\right)_\phi = \left(\frac{\upsilon_y}{\upsilon_x}\right)\left(-\frac{\upsilon_x}{\upsilon_y}\right) = -1 \tag{12}$$

식 (11)에 의하면 유선의 기울기와 등수두선의 기울기를 곱하면 −1이 되므로 유선과 등수두선은 직교함을 알 수 있다($\phi(x,\ y) \perp \psi(x,\ y)$). 이 사실은 그림 2에 제시되어 있다.

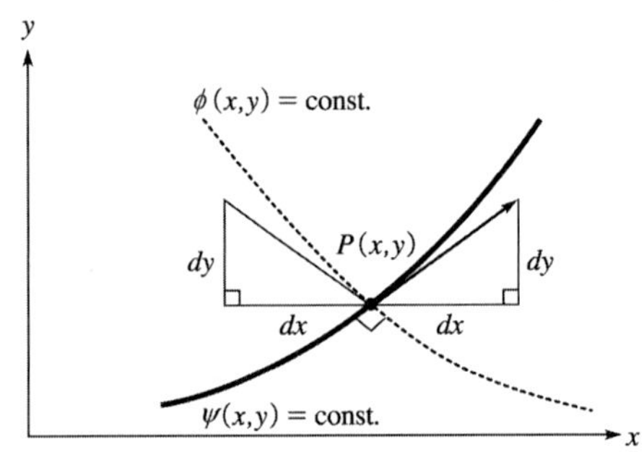

그림 2 유선과 등수두선의 직교성

이 그림은 교점 P에서 그린 두 접선이 서로 직교함을 보여주고 있다.

(4) 유선망의 특성

Laplace 방정식의 해는 실용상 유선망(flow net)으로 나타내게 됨은 본문에서 이미 언급하였다. 유선망의 특성을 설명하기 위하여 먼저 1개의 유로를 침투하는 유량 Δq 를 결정해 보기로 한다.

그림 3에 보인 2개의 유선 ψ_1 과 $\psi_2 = \psi_1 + \Delta\psi$ 사이의 유량 Δq 는 연직면 $\overline{ab}$ 면을 흐르는 유량으로 볼 수 있다. 그러면

- 물이 흐르는 면적 $= \overline{ab} = dy$
- 물이 흐르는 면적에 수직한 방향의 유속 : υ_x

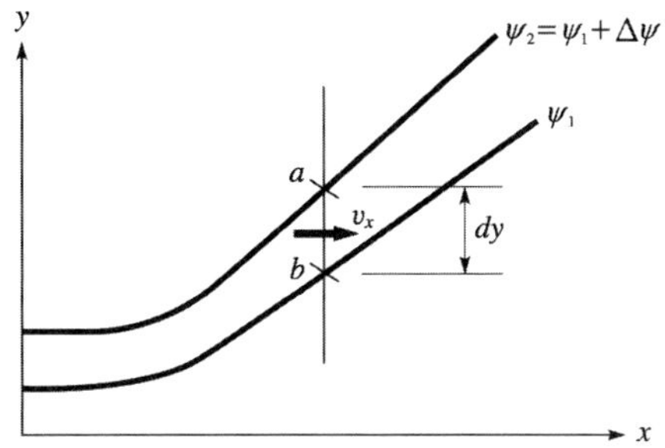

그림 3. 유량의 결정

$$\Delta q = \int_{\psi_1}^{\psi_2} dy = \int_{\psi_1}^{\psi_2} \frac{\partial \phi}{\partial x} dy = \int_{\psi_1}^{\psi_2} \frac{\partial \psi}{\partial y} dy = \int_{\psi_1}^{\psi_2} d\psi$$

$$= \left[\psi\right]_{\psi_1}^{\psi_2} = \psi_2 - \psi_1$$

$$\therefore \ \Delta q = \psi_2 - \psi_1 = \Delta\psi \tag{13}$$

다음은 그림 4에 보인 1개의 망에 대하여 A 점의 유속을 생각해 보자. 물이 흐르는 방향, 즉 유선의 방향을 s, 여기에 직교하는 등수두선의 방향을 n이라 하면 Cauchy-Riemann의 방정식에서

$$v = \frac{\partial \phi}{\partial s} = \frac{\partial \psi}{\partial n}$$

$$\frac{\Delta \phi}{\Delta s} = \frac{\Delta \psi}{\Delta n}$$

또는

$$\frac{\Delta \psi}{\Delta \phi} = \frac{\Delta n}{\Delta s} \tag{14.a}$$

본문에서 Δs 는 ℓ, Δn 은 b로 표기하였으므로 이 기호를 쓰면

$$\frac{\Delta \psi}{\Delta \phi} = \frac{b}{\ell} \tag{14.b}$$

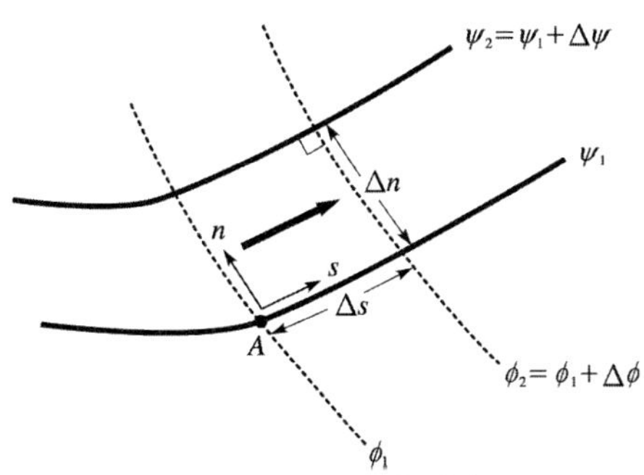

그림 4. 유속에 관한 사항

균질하고 등방성인 지반에 대한 유선망은 이론상으로는 모든 망의 형상이 닮은 꼴인 직사각형이 되도록 그리면 된다. 즉 모든 망에서 $\frac{b}{\ell}$ 값이 같도록($\frac{b}{\ell} = const.$) 하면 된다. 그러나 실제에 있어서는 각 망의 $\frac{b}{\ell}$ 값이 같은지 다른지 판별하는 것이 번거롭고 이렇게 그려진 유선망의 활용도 상대적으로 복잡하므로 유선망은 각 망의 형상이 정사각형이 되도록 그리고 있다. 즉 $\frac{b}{\ell} = 1$ 이 되도록 한다. 이렇게 하면 그려진 유선망의 적합성 판정과 활용방법이 상대적으로 간명하게 된다.

본문에서는 유선망의 특성을 증명없이 제시하고 활용하였다. 다음에는 이들 유선망의 특성을 증명하고 있다.

① 인접 등수두선 사이의 수두손실은 같다.

그림 5에 보인 2개의 망에서 유량 Δq 는 같다. 그리고 식 (13)에서 $\Delta q = \Delta\psi$ 이므로 2망에서 $\Delta\psi$ 는 같다.

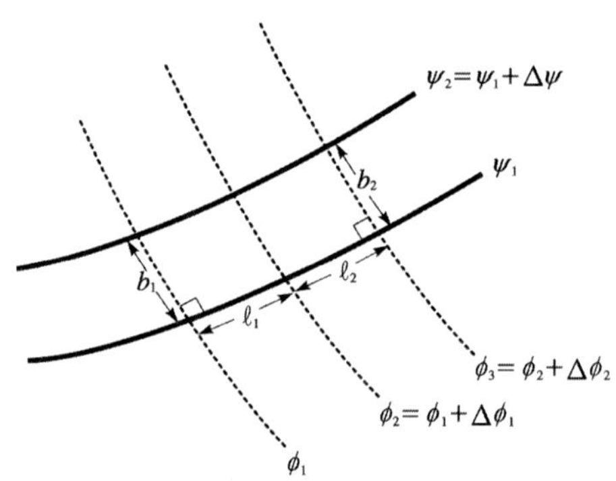

그림 5. $\Delta\phi_1 = \Delta\phi_2$, $\Delta h_1 = \Delta h_2$

식 (14)로부터

- 왼쪽 망에서 $\frac{\Delta\psi}{\Delta\phi_1} = \frac{b_1}{\ell_1}$ $\quad\therefore\ \Delta\psi = \Delta\phi_1 \frac{b_1}{\ell_1}$ (a)
- 오른쪽 망에서 $\frac{\Delta\psi}{\Delta\phi_2} = \frac{b_2}{\ell_2}$ $\quad\therefore\ \Delta\psi = \Delta\phi_2 \frac{b_2}{\ell_2}$ (b)

망을 정사각형으로 그리면

$$\frac{b_1}{\ell_1} = \frac{b_2}{\ell_2} = 1$$

이므로 식 (a)와 (b)에서

$$\Delta\phi_1 = \Delta\phi_2 \tag{15}$$

식 (3)에서 $\Delta\phi = k\Delta h$ 이므로 식 (15)는

$$\Delta h_1 = \Delta h_2 \tag{16}$$

즉 인접 등수두선 사이에 생기는 수두손실은 같다.

② 각 유로의 유량은 같다.
그림 6에 보인 상하 2개의 망에서 $\Delta\phi$ 는 같다.

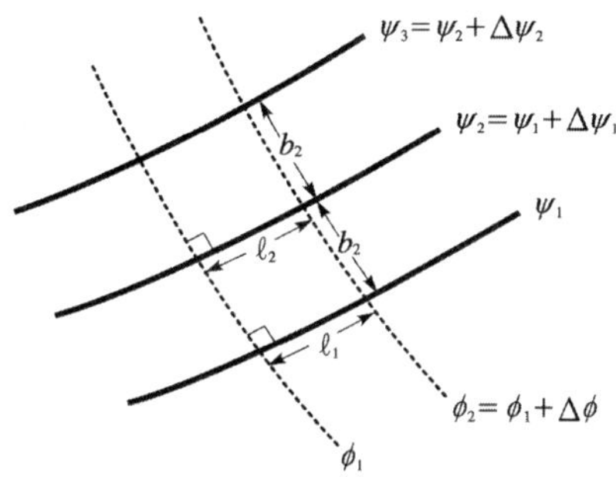

그림 6. $\Delta\psi_1 = \Delta\psi_2$, $\Delta q_1 = \Delta q_2$

식 (14.b)로부터

- 아래층 망에서 $\dfrac{\Delta\psi_1}{\Delta\phi} = \dfrac{b_1}{\ell_1}$ $\quad\therefore\ \Delta\psi_1 = \Delta\phi\dfrac{b_1}{\ell_1}$ (a)
- 윗 층 망에서 $\dfrac{\Delta\psi_2}{\Delta\phi} = \dfrac{b_2}{\ell_2}$ $\quad\therefore\ \Delta\psi_2 = \Delta\phi\dfrac{b_2}{\ell_2}$ (b)

정사각형 망에서는 $\dfrac{b_1}{\ell_1} = \dfrac{b_2}{\ell_2} = 1$ 이므로 식 (a)와 (b)에서

$$\Delta\psi_1 = \Delta\psi_2 \tag{17}$$

식 (13)에서 $\Delta q = \Delta\psi$ 이므로 식 (17)은

$$\Delta q_1 = \Delta q_2 \tag{18}$$

즉 각 유로의 유량은 같다.

독자들에게 드리는 제언 : $\frac{b}{\ell} = const.$ 인 직사각형 유선망에서도 유선망의 특성 ①②, 즉 식 (16)과 (18)이 모두 성립됨을 확인할 것.

③ 유선망을 이용한 유량의 산정

(14.b)에서

$$\Delta\psi = \Delta\phi\frac{b}{\ell} \tag{19}$$

그런데 식 (3)에서 $\Delta\phi = k\Delta h$ 이고, 식 (13)에서 $\Delta\psi = \Delta q$ 이므로 식 (19)는

$$\Delta q = k\Delta h\frac{b}{\ell} \tag{20}$$

등수두선 사이의 간격수를 N_d, 전체 수두차를 H라 하면 1개의 망에서 생기는 수두손실 Dh 는

$$\Delta h = \frac{H}{N_d}$$

따라서

$$\Delta q = k\frac{H}{N_d}\frac{b}{\ell} \tag{21}$$

유로의 수를 N_f 라 하면 전체 유량 q는

$$q = N_f\Delta q = kH\frac{N_f}{N_d}\frac{b}{\ell} \tag{22}$$

정사각형 유선망이면 $\frac{b}{\ell} = 1$ 이므로

$$\Delta q = k\frac{H}{N_d} \tag{23}$$

$$q = kH\frac{N_f}{N_d} \tag{24}$$

▶ **예제 A.5.1** 그림과 같이 상하 불투수층 사이에 협재되어 있는 모래층에 일차원 침투가 발생하고 있다.

(1) 속도 포텐샬을 구하고 몇 개의 등수두선을 결정하라.

(2) 흐름함수를 구하고 몇 개의 유선을 결정하라.

(3) 모래층의 유량을 산정하라.
단 기준면은 하류측(왼쪽 저수지) 수면으로 한다.

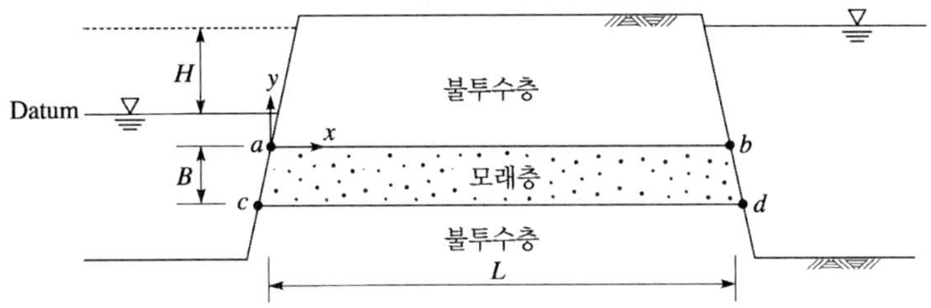

그림 예제 A.5.1 문제도

풀이 :

(1) 등수두선과 속도 포텐샬

일차원 흐름이므로 흐름의 기본 방정식은 다음과 같이 된다.

$$\frac{\partial^2 h}{\partial x^2} = 0 \tag{A.1}$$

전수두 h는 x만의 함수이므로 $h(x)$ 로 표기할 수 있다.

그림과 같이 좌표축을 잡으면 경계조건은

- $\overline{ac}$ 는 등수두선이다 : $x = 0$ 이면 $h(x) = 0$ (a)
- $\overline{bd}$ 는 등수두선이다 : $x = L$ 이면 $h(x) = H$ (b)
- $\overline{ab}$ 는 유선이다 : $y = 0$ 이면 $\psi = \psi_t = 0$ (c)
- $\overline{cd}$ 는 유선이다 : $y = -B$ 이면 $\psi = \psi_b$ (d)

식 (A.1)의 해는

$$h(x) = C_1 x + C_2 \tag{A.2}$$

위 식은 경계조건 (a)를 만족시켜야 하므로

$$0 = C_1(0) + C_2$$

$$\therefore C_2 = 0 \tag{e}$$

경계조건 (b)와 식 (e)에서

$$H = C_1 L$$

$$\therefore C_1 = \frac{H}{L} \qquad \text{(f)}$$

식 (e)와 (f)를 식 (A.2)에 대입하면

$$h(x) = \frac{H}{L}x \qquad \text{(A.3)}$$

몇 개의 등수두선을 예시하면 :

$h(x) = 0.1H$ 이면 $x = 0.1L$, $h(x) = 0.2H$ 이면 $x = 0.2L$

$h(x) = 0.9H$ 이면 $x = 0.9L$, $h(x) = H$ 이면 $x = L$

속도 포텐샬 $\phi(x)$ 는

$$\phi(x) = -kh(x) + c = -k\frac{H}{L}x + c \qquad \text{(A.4)}$$

(2) 흐름함수와 유선

Cauchy－Riemann의 방정식에서

$$\frac{\partial \psi}{\partial y} = \frac{\partial \phi}{\partial x} = -k\frac{H}{L}$$

$$\therefore \psi(y) = -k\frac{H}{L}y + C_3 \qquad \text{(A.5)}$$

위의 식은 경계조건 (c)를 만족시켜야 하므로

$$\psi_t = 0 = -k\frac{H}{L}(0) + C_3$$

$$\therefore C_3 = 0 \qquad \text{(g)}$$

식 (g)를 식 (A.5)에 대입하면

$$\psi(y) = -k\frac{H}{L}y \qquad \text{(A.6)}$$

위의 식은 경계조건 (d)를 만족시켜야 하므로

$$\psi_b = -k\frac{H}{L}(-B) = k\frac{H}{L}B$$

몇 개의 유선을 예시하면

$y = -0.1B$ 이면 $\psi_1 = 0.1k\dfrac{H}{L}B$

$y = -0.5B$ 이면 $\psi_5 = 0.5k\dfrac{H}{L}B$

$y = -B$ 이면 $\psi_b = k\dfrac{H}{L}B$

(3) 유량의 산정

$$q = \Delta\psi = \psi_b - \psi_t = k\frac{H}{L}B \tag{A.7}$$

Note : q는 Darcy의 법칙에서 구한 값 $q = kiA = k\dfrac{H}{L}B$ 와 일치함. ◀

연습문제

5.1 다음 그림과 같이 흙 기둥이 비스듬히 경사져 놓여있다. 물이 B점에서 A점으로 흐를 때 유량은 $Q = 0.05\,m^3/\text{sec}$ 이다. 이 흙 기둥의 단면적과 투수계수는 각각 $A = 100m^2$, $k = 0.1cm/\text{sec}$ 이다. 다음 물음에 답하라.

(1) 동수경사 i 를 구하라.

(2) B점의 물기둥의 높이를 결정하라.

(3) A점의 물기둥 끝을 기준면으로 할 때, A점의 위치수두(h_{eA}), 압력수두(h_{pA}), 전수두(h_A)를 구하라.

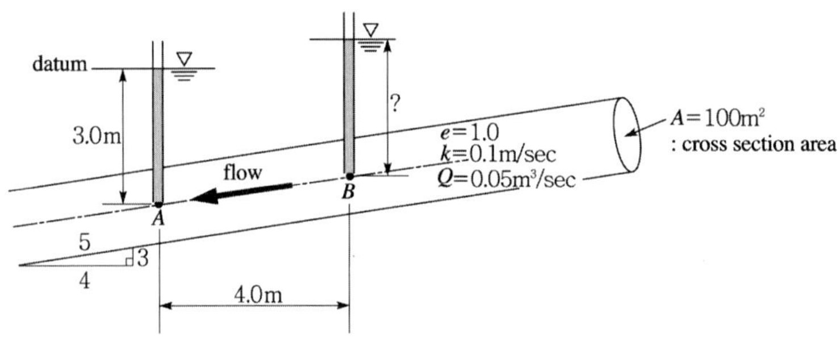

5.2 흙이 다음 그림과 같이 배치되어 있다.

투수계수 $k(cm/\text{sec})$: $k_1 = 8\times10^{-4}$, $k_2 = 4\times10^{-3}$, $k_3 = 2\times10^{-3}$

간극률 n: $n_1 = \frac{1}{2}(50\%)$, $n_2 = \frac{1}{3}(33.3\%)$, $n_3 = \frac{1}{4}(25\%)$

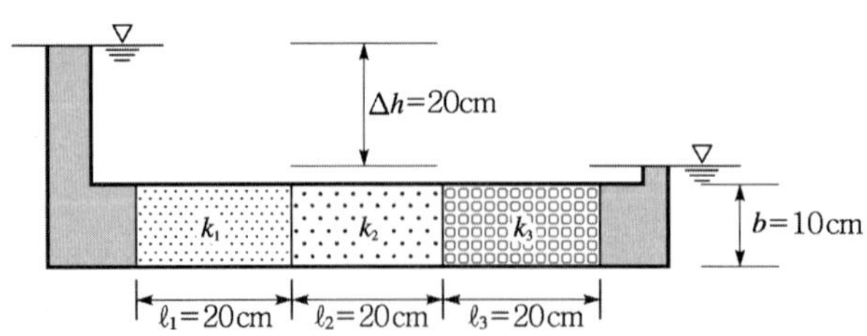

(1) 유량, (2) 각 흙 속의 실제 침투유속을 구하되

(a) Darcy의 법칙(각 흙 속이 유량 또는 Darcy 유속은 같다.)

(b) 등가투수계수

(c) 유선망

을 이용하여 구하라.

5.3 아래 그림은 널말뚝 차수벽이 설치된 콘크리트 댐이 축조된 지반에 대한 유선망이다.

(1) 유량을 구하라. 단 $k = 4\times10^{-4}\ cm/\mathrm{sec}$

(2) 댐 저면에 작용하는 양압력(간극수압)의 분포도를 그려라.

(3) 파이핑(후진세굴)의 가능성을 검토하라.

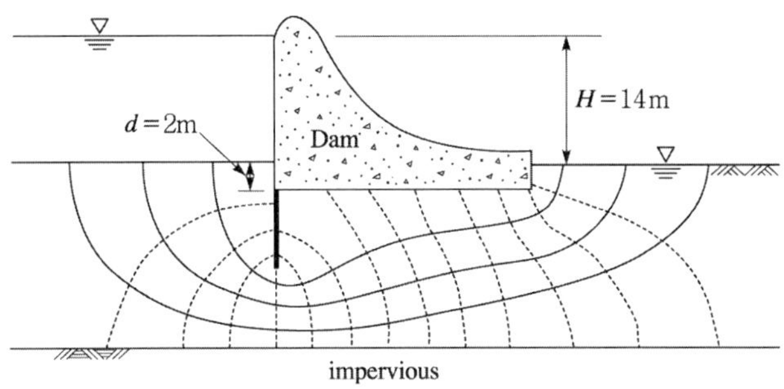

5.4 다음 그림은 2줄로 타입한 널말뚝을 보여주고 있다. 유선망은 좌반부에 대해서만 그려져 있다.

(1) 우반부의 유선망을 그려서 전체 유선망을 완성하라(유선망은 좌우 대칭임).

(2) 유량을 구함. 단, $k = 4\times10^{-4}\ cm/\mathrm{sec}$

(3) 히빙(heaving)에 대한 안전율

단, $\gamma_{sat} = 1.8t/m^3$

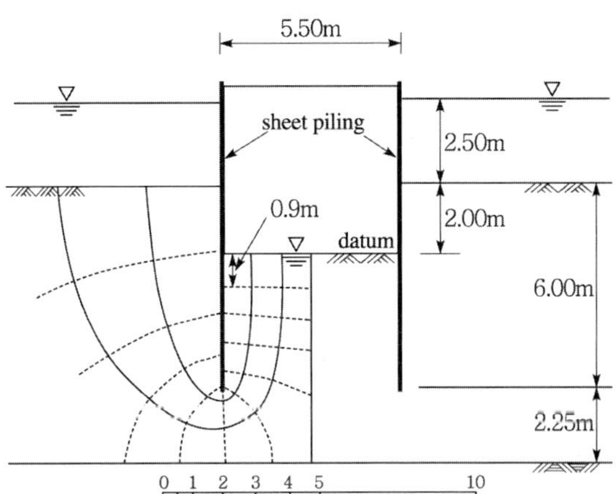

5.5 그림과 같이 널말뚝이 타입된 지반에 대한 유선망에서

(1) 유량을 구함. 단, $k = 4\times10^{-3}\ cm/\sec$

(2) 히빙(heaving)에 대한 안전율을 구함.

단, $\gamma_{sat} = 1.8\,t/m^3$

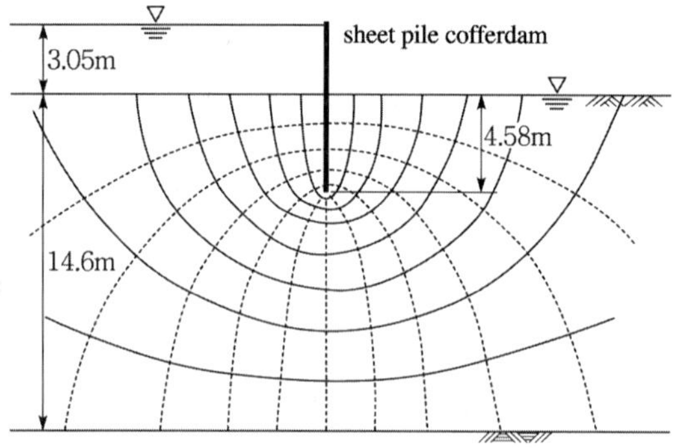

5.6 앞 문제의 유선망이 $k_x = 4k_y$ 인 이방성 지층을 변환하여 $x_T = \sqrt{\dfrac{k_y}{k_x}}x = \dfrac{1}{2}x$ 에 그려진 것이라 할 때 본래 단면의 유선망으로 변환시켜라(가로가 긴 종이에 널말뚝과 지층을 그리고 $x = \sqrt{\dfrac{k_x}{k_y}}x_T = 2x_T$, $y =$ 불변이 되게 변환시킬 것).

5.7 그림과 같은 콘크리트 댐이 설치된 지반이 있다. 댐과 지층상태를 축척대로 그리고 유선망을 작도하라. 단, 유선망은 상하류측이 대칭임을 주의할 것.

유선망을 이용하여 투수계수 $k = 4\times10^{-3}\ cm/\sec$ 라 가정하고 유량 $q(m^3/\sec/m)$ 를 구하라. 계산된 유량을 다른 사람의 결과와 비교하여 유선망이 개인차나 숙련도에 둔감함을 확인할 것.

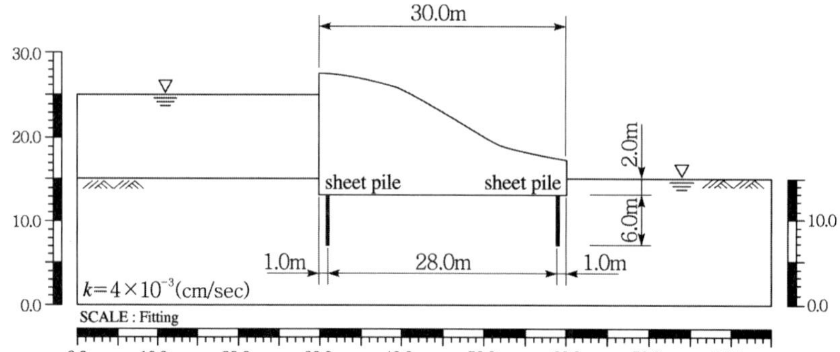

5.8 다음 그림과 같이 널말뚝이 타입된 지층은 $k_x = 0.04cm/\sec$, $k_y = 0.01cm/\sec$ 인 이방성이다.

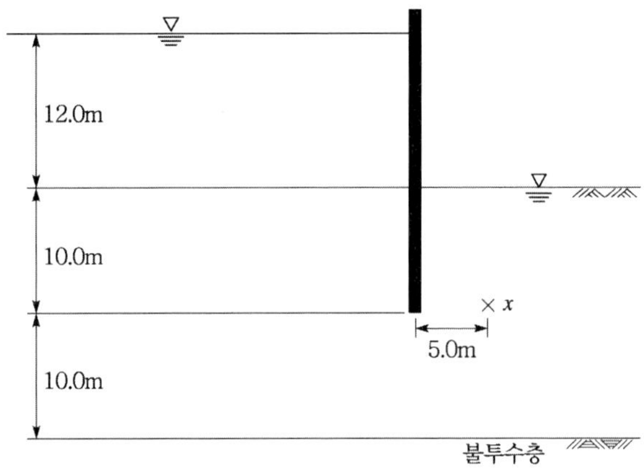

(1) 변환단면에 유선망을 그려라.

(2) 침투유량을 구하라.

(3) 본래의 이방성 단면에 유선망을 그려라.

(4) 본래 단면의 널말뚝 끝점에서 오른쪽으로 5m되는 x지점의 연직유효응력 σ_v' 을 구하라. 단 $\gamma_{sat} = 1.90t/m^3$ 이다.

5.9 투수계수 $k_1 = 0.01cm/\sec$ 인 흙 ①에서 투수계수 $k_2 = 0.03cm/\sec$ 인 흙 ②로 물이 침투해 흐른다. 두 흙의 경계면에서 입사각 $\alpha = 30°$ 이다. 1개의 유로에 대한 유선망을 흙 ①을 기준으로 그려 $b_1 = \ell_1 - 10cm$, $N_d = 8$, $H = 16cm$ 가 되었다.

(1) 굴절각 β 는 얼마인가?

(2) 흙 ②에서의 유로의 폭 b_2 와 등수두선 간격 ℓ_2 는 얼마인가?

(3) 유량 q 를 k_1 과 k_2 를 써서 결정하고 그 결과가 같음을 밝혀라.

(4) 흙 ①과 ②에서의 Darcy 유속 v_1 과 v_2 를 유선망의 한 개 망에서 구하라. 단 유선은 모두 직선이고 따라서 등수두선도 모두 직선임.

제6장

압밀이론

6.1 개설

흙의 강도와 변형은 토질역학의 중심연구과제이다. 이 사실은 흙 구조물(earth structures)의 안정성(stability)과 가용성(serviceability)은 결국 흙의 강도와 변형에 의하여 결정되기 때문이다. 이 장에서는 지반의 변형 특히 침하에 관한 현상을 논의하고 흙의 강도에 대해서는 다음 장에서 다루기로 한다.

흙은 압축성 물질이다. 즉 하중이 가해지면 흙의 부피는 감소한다. 그런데 흙의 구성 성분 중 토립자와 물은 비압축성이고 공기는 압축성이다. 그러나 흙의 압축성은 대부분 물과 공기의 배출에 기인한 것이다. 즉 흙의 압축성은 간극부피의 감소에 의한 것이다.

하중의 작용에 의한 지반의 최종 침하량은 배출된 물과 공기의 부피 즉 간극부피의 감소량과 같다. 따라서, 하중 작용 전 초기 간극비가 크면 최종 침하량은 크게 된다. 한편 침하속도는 물과 공기가 배출되는 속도에 지배된다. 공기는 하중작용 즉시 배출되지만 물의 배출속도는 투수계수에 지배된다. 모래의 경우 투수계수가 대단히 크므로 물도 재하 즉시 배출되어 침하는 즉시 끝나지만 포화점토는 투수성이 대단히 낮으므로 침하속도는 대단히 느리다.

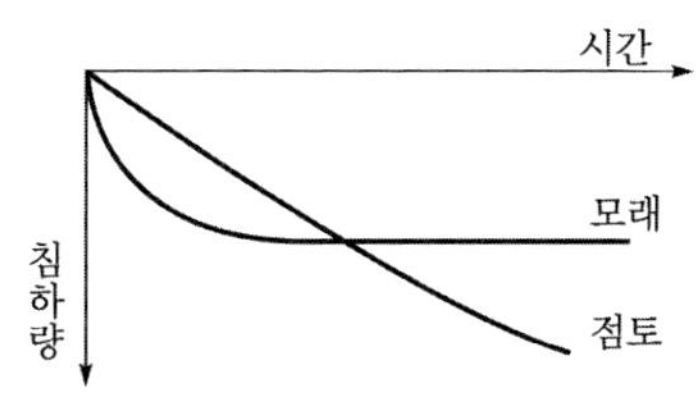

그림 6.1 포화상태에 있는 모래와 점토지반의 침하 특성 비교

이와 같이 모래와 점토는 침하특성이 서로 다르다. 이것은 물론 간극비와 투수계수의 차이에 기인한다. 모래의 경우 간

극비가 적으므로 최종 침하량은 적다. 반면 투수계수가 대단히 크므로 재하 후 단기간 내에 침하는 끝이 난다. 모래지반에서 일어나는 침하와 같이 하중작용 즉시 일어나는 침하를 즉시침하(immediate settlement) 또는 순간침하(instantaneous settlement)라 하고 그 크기는 탄성이론을 응용하여 계산한다. 이러한 의미에서 순간침하를 탄성침하(elastic settlement)라고도 한다. 모래지반의 경우 전체 침하량과 순간 침하량은 사실상 서로 같다. 따라서, 모래지반에서는 침하속도는 심각한 연구과제가 아니다. 반면 점토의 경우 간극비가 크므로 최종 침하량은 크다. 그런데 침하특성은 지반이 포화상태인가 불포화 상태인가에 따라 다르다. 지하수가 없는 경우 점토의 경우에도 공기는 신속히 배출되므로 즉시 침하가 발생하게 되며 침하속도는 대단히 빠르다. 반면 포화점토의 경우 침하특성은 복잡하다.

정수압 상태에서 포화된 지반이 하중을 받으면 하중은 간극수압을 유발하여 수압은 정수압보다 커지므로 물은 흐르기 시작한다. 하중에 의하여 생긴 간극수압을 과잉간극수압이라 한다. 물의 흐름은 과잉간극수압이 완전히 소산되어 정수압 상태로 돌아올 때까지 계속되며 이 때까지 배출된 물의 부피만큼 지반은 침하한다. 이러한 침하를 압밀침하라 한다. 포화점토 지반에서는 압밀침하가 가장 중요한 침하가 된다. 점토는 투수성이 대단히 낮으므로 압밀은 천천히 진행되고 따라서, 압밀침하는 속도가 대단히 느린 시간의존성 침하(time–dependent settlement)이다. 지반 침하 현상에서 가장 중요한 사항은 다음 2가지이다.

① 최종 침하량(How much?)
② 침하속도(How fast?)

그림 6.1은 포화점토와 모래지반의 침하특성을 비교하여 제시하고 있다. 그림 6.1에서 다시 확인할 수 있는 사실은 다음과 같다

모래지반은 간극비가 적어서 최종 침하량은 작은 반면, 투수계수가 커서 침하속도는 대단히 빠르다. 즉 재하 후 단시간 후에 침하는 종료된다(즉시침하).

반면 포화점토지반은 간극비가 크므로 최종침하량은 큰 반면 극히 적은 투수계수로 인하여 침하속도는 대단히 느리다. 즉 침하는 장기간에 걸쳐 서서히 진행된다(압밀침하).

이 장에서는 논의의 대상을 압밀에 한정하고 있다. 먼저 침하속도(How fast?)에 관하여 기술하고 다음에 최종 압밀침하량(How much?)에 대하여 고찰해 볼 것이다. 순간침하에 관하여서는 기초공학의 얕은 기초를 참조하기 바란다.

이 단계에서 압밀현상을 정의해 보고 앞으로 이 정의를 확인해 보기로 한다.

압밀(壓密, consolidation) : 연속적으로 작용하는 정하중(static loading) 등에 의하여 생성된 과잉간극수압이 서서히 소산되면서 물이 배출되고 결과적으로 배출된 물의 부피만큼 지반이 침하(압축)되는 현상.

압밀이 진행되면 물의 배출에 따라 흙의 밀도는 증가하여 더 단단한 상태가 되고 흙의 강도는 증가한다. 압밀과정은 과잉간극수압이 소산되는 과정이며, 이것은 유효응력 방정식에 따라 유효응력이 증가하는 과정이다.

NOTE : 흙을 압축시켜 결과적으로 건조단위중량(밀도)을 증대시키는 방법으로는 압밀 외에 다짐(compaction)이 있음. 다짐은 진동을 포함하는 동적 에너지를 가하여 공기를 배출시켜 흙을 더 조밀한 상태로 만드는 작업이며 제 8장 흙의 다짐에서 논의하고 있음.

6.2 압밀이론

6.2.1 과잉간극수압

지금까지 지하수에 관한 논의는 정수압(hydrostatic)상태와 정상흐름(steady flow)의 상태를 대상으로 하였다. 이들 상태에서는 흐름의 모든 성분이 시간의 변화와는 무관하게 일정하다. 이러한 의미에서 정수압상태는 정상흐름 상태의 특수한 경우라고 생각할 수 있다.

정상침투상태에 있는 지반에 하중이 작용하면 이 하중에 의하여 추가의 간극수압이 발생하게 되어 전체 간극수압은 정상침투상태의 간극수압보다 커진다. 마찬가지로 정수압상태의 지반에 하중이 작용하여도 하중에 의한 간극수압이 발생하고 전체 간극수압은 정수압보다 커지게 된다.

이 때 전체 간극수압 중 정상침투상태의 간극수압 또는 정수압을 초과하는 부분(즉, 하중에 의하여 발생한 간극수압)을 과잉간극수압(hydro excess pore water pressure)이라 하고 보통 u_e 로 표시한다. 만약 정수압상태를 정상침투상태에 포함시키면 과잉간극수압은 전체 간극수압 중 정상침투상태의 수압을 초과하는 부분이라고 명확하게 정의할 수 있다.

그러나 이 책의 수준에서는 정상침투상태에 하중을 가하는 일은 대단히 드물게 일어나므로 편의상 하중이 정수압상태에서 작용하는 것으로 국한시키고 과잉간극수압을 다음과 같이 정의한다.

과잉간극수압 : 전체 간극수압 중 정수압(더 정확하게는 정상침투상태의 수압)을 초과하는 부분. 단, 과잉간극수압은 음(−)의 값이 될 수도 있다(예를 들어 지반을 굴착하는 경우).

하중 등에 의하여 과잉간극수압이 발생하면 수압이 정수압보다 커지므로 압력수두가 커지고, 따라서, 전수두가 증가하여 물은 전수두가 낮은 곳으로 흐르기 시작한다. 물이 배출됨에 따라 과잉간극수압은 소산되어 결국에는 다시 정수압상태로 된다. 이와 같이 과잉간극수압의 소산과정에서 일어나는 물의 흐름을 전이흐름(轉移流, transient flow)이라 하며 정상흐름(steady flow)과 비교된다. 정상흐름은 흐름의 특성이 시간에 무관하게 일정하여 영원히 계속되는 흐름임에 반하여 전이흐름은 흐름의 특성이 시간의 경과에 따라 변하며 궁극적으로는 정상흐름 또는 정수압 상태로 전이하게 되는 흐름이다. 전이흐름에 의한 과잉간극수압 소산 과정이 압밀 과정이며, 전이흐름이 끝나면 과잉간극 수압은 영이 되고 압밀도 완료된다. 이때 수압은 다시 정상침투상태의 수압 또는 정수압 상태가 된다.

과잉간극수압이 발생 · 소산되는 과정이 그림 6.2에 제시되어 있다.

상재하중이 작용하기 전 A점의 간극수압은 정수압이고 따라서, 물기둥 상승 높이는 $\frac{u_{ss}}{\gamma_w}$ 이며 지하수면과 일치한다. 여기서 u_{ss} 는 정수압이다. 지표면에 대단히 넓은 등분포 하중 q가 급속히 작용하면 이 하중은 처음에는 물이 모두 부담하여(다음 소절의 Terzaghi 압밀모델 참조) 물기둥은 $\frac{q}{\gamma_w}$ 만큼 상승하게 된다.

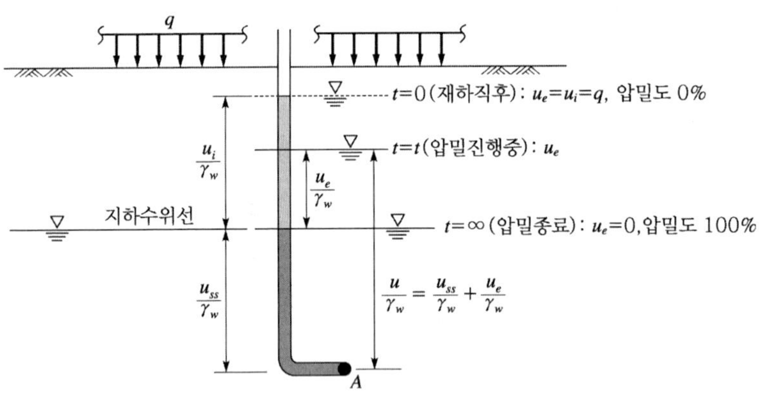

그림 6.2 과잉간극수압과 압밀도

이 값은 초기 과잉간극수압 $u_i = q$ 에 의한 물기둥 상승 높이이다. 즉 과잉간극수압에 의한 압력수두는 수면 위쪽에 있는 물기둥 상승높이이다(수면과 물기둥 끝의 표고차이다). 이 때 전체 간극수압 $u = u_{ss} + u_i$ 이다.

시간이 경과함에 따라 물이 배출되면서 물기둥 높이는 강하하게 되고 과잉간극수압은 감소하게 된다. 과잉간극수압의 감소는 압밀의 진행을 의미한다. 즉 과잉간극수압 때문에 압밀이 진행된다. 다시 말하면, 압밀을 일으키는 것은 과잉간극수압의 소산이고 정수압은 압밀과는 무관하다. 현재의 과잉간극수압이 u_e 라 하면 전체 간극수압 $u = u_{ss} + u_e$ 가 된다.

장시간 경과 후에는 과잉간극수압이 완전히 소실되어($u_e = 0$) 간극수압은 정수압만 남게 된다. 이 때 압밀이 완료된다.

압밀은 과잉간극수압 u_e 가 소산되는 과정이지만, 유효응력의 증가과정이라고도 할 수 있다. 상재하중 q 는 일정하므로 u_e 가 감소하는 양만큼 유효응력은 증가한다. 즉 유효응력 방정식 $\sigma' = \sigma - u = \sigma - u_{ss} - u_e$ 에서 응력의 변화량은

$$\Delta\sigma' = \Delta\sigma - \Delta u_{ss} - \Delta u_e$$

그런데 상재하중 $q = \sigma$ 와 정수압 u_{ss} 는 일정하므로 $\Delta\sigma = \Delta u_{ss} = 0$. 따라서,

$$\Delta\sigma' = -\Delta u_e$$

즉 과잉간극수압의 감소량 만큼 유효응력은 증가한다. 즉 압밀은 u_e 의 감소과정이며 동시에 σ' 의 증가과정이다.

한 점 *A*에서의 압밀의 진행정도를 압밀도(degree of consolidation)라 하고 기호 U_z 로 표기한다. 압밀진행정도는 과잉간극수압 소산정도이다. 압밀완료시까지 소산되어야 할 과잉간극수압은 초기과잉간극수압 u_i 이고 어떤 시점까지 소산된 과잉간극수압은 $u_i - u_e$ 이므로 압밀도 U_z 는

$$\text{압밀도} = \frac{\text{소산된 과잉간극수압}}{\text{소산되어야 할 전체 과잉간극수압}} \times 100(\%) = \frac{\text{소산된 과잉간극수압}}{\text{초기 과잉간극수압}} \times 100(\%)$$

또는

$$U_z = \frac{u_i - u_e}{u_i} \times 100(\%) \tag{6.1}$$

따라서, $t = 0$ 이면 $u_e = u_i$ $\quad \therefore U_z = \dfrac{u_i - u_i}{u_i} \times 100 = 0\ \%$ $\quad u = u_{ss} + u_i$

$t = t$ 이면 $u_e = u_e$ $\quad \therefore U_z = \dfrac{u_i - u_e}{u_i} \times 100(\%)$ $\quad u = u_{ss} + u_e$

$t = \infty$ 이면 $u_e = 0$ $\quad \therefore U_z = \dfrac{u_i - 0}{u_i} \times 100 = 100\ \%$ $\quad u = u_{ss}$

▶ **예제 6.1** 지표면 아래 1m 되는 깊이에 지하수면이 있고 지하수면 아래 2m 되는 곳에 점 A가 있다. 간극수압을 측정하기 위하여 A점에 물기둥이 세워져 있다. 지표면에 대단히 넓은 면적에 $q = 10t/m^2$ 의 등분포하중이 작용한다.

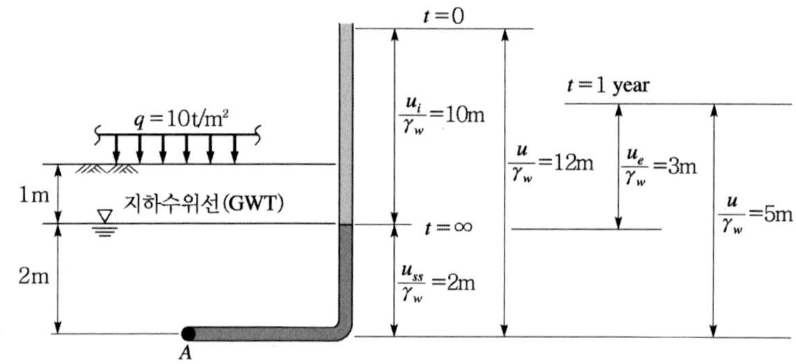

그림 예제 6.1 문제도

(1) 하중 작용 직후(t = 0) 물기둥의 끝은 A점에서 몇 m 높이까지 상승하는가? 이 때의 정수압, 과잉간극수압, 전체 간극수압을 구하여 설명하라.

(2) 하중작용 1년 후 물기둥은 지하수면 위 3m 높이에 있다. 이 때의 정수압, 과잉간극수압, 전체 간극수압은 얼마인가? 이 때 압밀도는 얼마인가?

(3) 압밀도 40%일 때의 간극수압 u?

(4) 충분히 긴 시간이 경과한 후 A점의 간극수압과 압밀도는 얼마인가?

풀이 :

(1) 재하 직후($t = 0$) 상태

정수압 $u_{ss} = 2t/m^2$

과잉간극수압 $u_e = u_i = q = 10t/m^2$

$\therefore$ 전체간극수압 $u = u_{ss} + u_e = 2 + 10 = 12t/m^2$

물기둥 상승 높이 $h_p = \dfrac{u}{\gamma_w} = \dfrac{12}{1} = 12m$

(2) $t = 1\text{year}$

$u_{ss} = 2t/m^2$, $u_e = 3t/m^2$, $u = 2 + 3 = 5\ t/m^2$

$$U_z = \frac{u_i - u_e}{u_i} \times 100 = \frac{10 - 3}{10} \times 100 = 70\%$$

(3) $U_z = 40\%$ 이므로 $U_z = \dfrac{u_i - u_e}{u_i} \times 100(\%)$ 에서

$$40(\%) = \frac{10 - u_e}{10} \times 100$$

$$u_e = 6.0t/m^2$$

$$\therefore\ u = u_{ss} + u_e = 2 + 6 = 8t/m^2$$

(4) $t = \infty$ 인 경우

$$u = u_{ss} + u_e(\to 0) = 2 + 0 = 2t/m^2$$

$$U_z = \frac{u_i - u_e}{u_i} \times 100 = \frac{10 - 0}{10} \times 100 = 100\%$$

◀

6.2.2 Terzaghi 압밀 모델

Terzaghi는 그림 6.3과 같은 압밀 모델(model)을 이용하여 압밀현상을 명쾌하게 설명하였다. 이 모델에 관한 논의에서 유효 응력 방정식을 확인하고, 압밀도와 배수 및 비배수 상태의 개념을 이해하는 것이 중요하다.

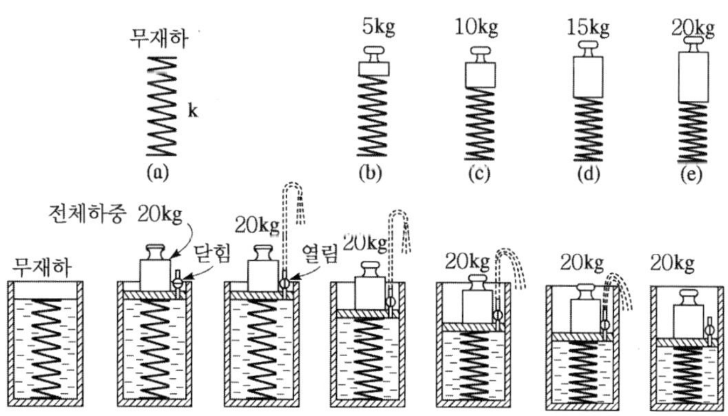

물이 받는 힘(kg) ⇒과잉간극수압 u_e	0	20	20	15	10	5	0
스프링이 받는 힘(kg) ⇒유효응력 σ'	0	0	0	5	10	15	20
압밀도 U_z(%)		0	0	25	50	75	100

그림 6.3 Terzaghi의 압밀 모델

Terzaghi의 압밀 모델은 그림 6.3에 보인 것 같은 스프링(spring)이 달린 피스톤(piston)이다. 이 피스톤에는 물이 가득 차 있고 밸브(valve)가 있어서 이 밸브의 열고 닫음에 따라 물의 분출이 가능 또는 불가능해진다.

그림 위쪽에는 스프링에 하중 0, 5, 10, 15, 20kg이 작용할 때 스프링의 압축량이 제시되어 있다. 이 관계를 이용하여 스프링의 압축량을 측정하면 스프링에 작용하는 힘을 알아낼 수 있다. 이 스프링이 피스톤에 장착되어 있다.

피스톤에 작용하는 하중 20kg은 스프링과 물이 분담하게 된다. 스프링은 압축성이므로 하중을 받으면 바로 압축되고 피스톤의 침하량은 스프링의 압축량과 같다. 따라서, 피스톤의 침하량을 측정하면 스프링에 작용하는 하중을 알 수 있다.

물은 비압축성이므로 힘을 분담하여도 체적의 감소는 일어나지 않는다. 물이 받는 힘은 과잉간극수압이 되고, 밸브를 열면 이 과잉간극수압에 해당하는 물기둥의 상승고만큼 물은 분출한다. 만약 물의 분출 높이를 측정하거나 밸브에 관을 세워 물기둥 상승고를 측정하면 과잉간극수압을 알 수 있다. 스프링에서처럼 각 하중별 분출고를 측정하여 분출고-과잉간극수압 관계를 파악해 두면 물의 분출고를 측정하여 그 때의 과잉간극수압을 알아낼 수 있다.

물론 스프링이 받는 힘과 물이 받는 힘(과잉간극수압)을 합하면 전체 하중이 된다. 그러나 여기에서는 분출고 – 과잉간극수압 관계를 측정하지 않았으므로 과잉간극수압은 하중에서 스프링이 받는 힘을 감하여 얻을 수 있다.

피스톤과 흙의 압밀에 관한 물성치 사이에는 다음과 같은 대응관계가 있음을 알 수 있다.

- 스프링 ↔ 토립자의 구조(뼈대)
- 밸브의 크기 ↔ 투수계수 k(더 정확하게는 압밀계수)
- 스프링이 받는 힘 ↔ 유효응력 σ' (흙이 분담하는 응력)
- 물 ↔ 간극수
- 물이 받는 힘 ↔ 과잉간극수압
- 스프링 계수 ↔ 흙의 압축성
- 피스톤이 가라앉는 량 ↔ 압밀침하량

(a) 밸브가 닫혀 있는 경우 : 비배수 또는 비압밀상태

이 때에는 피스톤은 침하하지 않으므로 스프링이 받는 힘은 0임을 알 수 있다. 따라서 하중 20kg은 물이 모두 받게 되어 과잉간극수압 20kg이 생긴다. 그리고 이 때의 과잉간극수압을 특히 초기과잉 간극수압 u_i 라 한다. 그러므로 이 때에는 전체하중 20kg, 스프링이 받는 힘 $\sigma' = 0$, 물

이 받는 힘 $u_e = u_i = 20\,kg$

과잉간극수압 20kg이 작용하고 있음에도 불구하고 밸브가 잠겨 있으므로 물의 배출은 불가능하다. 즉 피스톤 전체의 부피변화는 없고 밸브가 닫혀 있으므로 '배출되어야 할' 물이 전혀 배출되지 못한 상태이며 '일어나야 할 압밀'은 전혀 일어나지 못하였다. 이러한 상태를 비배수상태(undrained) 또는 비압밀상태(unconsolidated)라 한다. 이 때의 압밀도는 0%임이 명백하다.

포화된 점토지반 위에 성토를 급속히 한 경우 완공직후의 상태는 비배수상태이다. 즉 점토는 투수계수가 대단히 적으므로 짧은 공사 기간 중에는 물의 배출은 거의 일어나지 않으며(밸브가 잠겨져 있는 것처럼), 따라서 흙의 부피 변화도 없고 성토하중은 모두 물이 받게 되어 과잉간극수압만 생성된다. 이것이 현장에서 발생하는 비배수상태의 전형적인 보기이다.

(b) 압밀진행과정

밸브를 열면 그 순간은 σ, σ', u_e값은 밸브가 닫힌 경우와 같지만 이 때에는 물이 가장 높게 분출하면서 시간의 경과에 따라 피스톤은 침하하기 시작하고, 따라서 스프링의 압축이 진행된다. 스프링이 받는 힘은 피스톤 침하량에서 알 수 있고 과잉간극수압은 20kg에서 스프링이 받는 힘을 감하여 얻을 수 있다.

시간이 경과함에 따라 피스톤은 점진적으로 침하하여 스프링이 받는 힘이 점차 증가해 감을 알 수 있고 반면에 물이 받는 힘은 점차 감소하게 된다. 이것은 물의 분출 높이가 시간이 지남에 따라 감소함을 보면 명백해진다.

예를 들어 스프링이 받는 힘이 5kg, 10kg, 15kg이 됨에 따라 물이 받는 힘은 각각 15kg, 10kg, 5kg으로 변하게 된다. 이 사실은 그림 6.2에 제시되어 있다.

유효응력방정식은 $\sigma' = \sigma - u$ 인데, 이 모델은 $u_{ss} = 0$ 을 가정하고 있으므로

$$\sigma' = \sigma - u - \upsilon - (u_{SS} + u_e) = \sigma - u_e$$

따라서, 각 응력의 변화량 사이에는

$$\Delta\sigma' = \Delta\sigma - \Delta u_e$$

여기서 Δ는 변화량을 의미한다.

그런데 하중 20kg은 전 과정에서 불변이므로 $\Delta\sigma = 0$ 이다. 따라서

$$\Delta\sigma' = -\Delta u_e$$

즉 유효응력의 증가량만큼 과잉간극수압은 감소한다.

예를 들어 σ' 이 5kg에서 10kg으로 증가하면($\Delta\sigma' = 10 - 5 = 5\text{kg}$), u_e 는 15kg에서 10kg으로 감소한다($\Delta u_e = 10 - 15 = -5\text{kg}$). 이러한 사실은 위의 그림을 살펴보면 쉽게 알 수 있다. 되풀이하면, 압밀은 과잉간극수압이 소산되어가는 과정이다. 또는 유효응력이 증가해가는 과정이다. 앞에서 논의한 것처럼 압밀도는 과잉간극수압의 소산 정도를 백분율로 표시한 것이다. 이 경우 평균압밀도 U 는

$$U = \frac{u_i - u_e}{u_i} \times 100\%$$

시간의 경과에 따른 각 단계에서의 압밀도가 그림 6.3에 제시되어 있다. 여기서는 $u_i = 20\text{kg}$. 예를 들어 스프링이 받는 힘이 15kg인 경우 물이 받는 힘은 5kg($\sigma' = 15\text{kg}$, $u_e = 5\text{kg}$)

$$U = \frac{20 - 5}{20} \times 100 = 75\ \%$$

가 된다. 이러한 사실도 그림 6.3에 제시되어 있다.

압밀도는 유효응력이 증가한 정도를 백분율로 표시한 것이라고도 할 수 있다. 이 모델에서는 유효응력의 최종 증가량이 20kg이므로 스프링이 받는 힘이 15kg인 경우 압밀도는

$$U = \frac{15}{20} \times 100 = 75\ \%$$

스프링의 압축량이 스프링이 받는 힘에 비례한다고 가정하면 압밀도는 스프링의 최종 압축량에 대한 어떤 시간까지 일어난 압축량의 비를 백분율로 표시한 것이다. 즉 지반의 압밀도는 최종압밀 침하량에 대한 어떤 시점에서의 침하량의 비이다.

NOTE: 압밀도 U_z 와 평균압밀도 U

실제 점토층에서는 과잉간극수압 소산의 정도가 깊이에 따라 다르므로 특정 깊이에서의 과잉간극수압 소산 정도를 압밀도 U_z 이라 하는 반면, 점토층 전체의 과잉간극수압 소산 정도는 평균압밀도 U 라 함. 지금 이 모델의 경우 과잉간극수압 소산 정도가 전 깊이에 따라 일정하므로 $U_z = U$ 가 됨. 물론 일반적으로 $U_z \neq U$ 경우가 됨. 곧이어 설명하는 다층압밀모델은 U_z 가 깊이에 따라 다름을 잘 보여주고 있음.

(c) 피스톤 침하가 완료된 상태 : 배수 또는 압밀상태

밸브를 연후 충분한 시간이 경과하면 피스톤의 침하가 끝나고 스프링의 압축도 완료되는 상태

에 이른다. 이 때에는 물의 분출도 끝나게 된다. 이 상태에서는 물이 받는 힘이 0이고 하중 20kg은 모두 스프링이 받고 있음이 명백하다. 즉

$$\sigma = 20\,\mathrm{kg},\ \sigma' = 20\,\mathrm{kg},\ u_e = 0$$

20kg의 하중에 의하여 피스톤 전체의 부피는 감소하였고 '배출되어야 할 부피의 물'은 완전히 배출 되었으며 '일어나야 할 압밀침하'도 완전히 끝났다. 따라서 과잉간극수압은 0인 상태가 되었다. 이러한 의미에서 이 상태를 배수상태(drained) 또는 압밀상태(consolidated)라 한다. 이 때 압밀도는 100%임이 분명하다.

포화점토 지반에 성토를 한 후 장시간이 경과하면 침하는 끝나고 배수도 끝나 과잉간극수압이 0인 상태가 된다. 이러한 상태가 현장에서 일어나는 압밀 또는 배수 상태의 한가지 예이다. 모래나 자갈은 투수계수가 커서 재하 즉시 압밀이 완료되므로 대부분의 경우 배수 또는 압밀 상태에 있다.

지반의 강도는 배수조건, 즉 배수상태 또는 비배수상태냐에 따라 본질적인 차이가 있다. 이와 같이 중요한 사실에 관하여서는 7.7장 흙의 전단강도에서 상세히 논의하게 된다.

Terzaghi의 압밀 모델에서 밸브의 구멍이 클수록 물은 빨리 배출되고 피스톤의 침하 속도는 빨라진다. 이것은 흙의 투수계수가 클수록 압밀 속도가 크다는 것을 의미한다. 또한 스프링계수가 크면 결과적으로 피스톤의 침하량은 적다. 이 사실은 흙의 압축성이 작으면 압밀 침하량은 작다는 것을 의미한다.

6.2.3 다층 압밀 모델

Terzaghi의 압밀모델은 압밀의 각종 특성을 피스톤의 특성에 일대일로 대비시켜 압밀현상을 이해하는데 크게 도움이 된다. 이 모델에서는 하중 작용 후 시간의 경과에 따른 과잉간극수압과 유효응력의 변화를 설명하면서 압밀도를 이해할 수 있게 하고 있다. 그런데 이 모델에서는 과잉간극수압이 피스톤의 깊이에 무관하게 같은 값인 것으로 가정하고 있다. 실제 점토층에서는 점토표면에는 과잉간극수압이 먼저 소산되고 점토층 중앙부에는 과잉간극수압의 소산이 늦어서 주어진 시간에서 과잉간극수압은 깊이에 따라 다르게 분포한다. 즉 과잉간극수압은 시간과 함께 위치에 따라서도 달라진다. 즉

$$u_e = u_e(z, t)$$

그림 6.4는 이러한 사실을 설명하기 위하여 고안된 다층압밀모델이다. 이 그림에서는 피스톤은

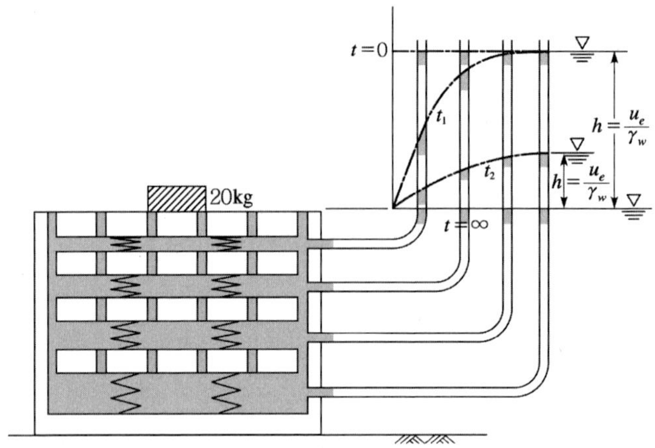

그림 6.4 Terzaghi의 다층 압밀 모델

작은 구멍이 뚫린 판에 의하여 4개의 층으로 구분되어 있고 판은 서로 스프링으로 연결되어 있다. 간극수압을 측정하기 위하여 각 층마다 마노미터를 설치하고 있다.

제일 위층 표면에는 물을 배출시키기 위한 배수구가 있다. 기준면(datum)을 제일 위층수면으로 잡으면 기준면과 물기둥 끝까지의 높이는 전수두 h이자 과잉간극수압에 의한 압력수두 $\frac{u_e}{\gamma_w}$가 된다. 이 사실은 다음과 같이 밝힐 수 있다. 기준면과 물기둥 세운 점 사이의 거리를 z_w라 하면 물기둥을 세운 점의 전수두 h는

$$h = h_e + h_p = -z_w + \frac{1}{\gamma_w}(u_{ss} + u_e) = -z_w + \frac{1}{\gamma_w}(\gamma_w z_w + u_e)$$

$$\therefore h = \frac{u_e}{\gamma_w}$$

과잉간극수압은 간극수압 중 정수압을 초과하는 부분이므로 기준면보다 위쪽에 있는 물기둥의 높이는 과잉간극수압에 의한 압력수두이면서 동시에 전수두임이 밝혀졌다. 이제 하중작용 후 시간의 경과에 따라 각 층의 과잉간극수압이 어떻게 분포되는지 생각해 보자.

- 배수구를 닫은 채 하중을 작용시킨 상태(또는 배수구를 여는 순간): $t = 0$
  각 층 물기둥 끝의 표고는 같다. 즉 과잉간극수압은 작용하중과 같으며 스프링이 받는 힘(즉 유효응력)은 영이다. 이 때 스프링은 전혀 압축되지 않는 상태이다(압밀도 0%).
- 배수구를 열고 시간 t_1이 경과한 상태 : $t = t_1$
  제일 위층 물기둥이 가장 많이 강하하여 과잉간극수압 소산이 가장 큼을 보여주고 있다. 이 층의 스프링이 받는 힘은 가장 크므로 스프링 압축량도 가장 크다. 배수구에서 가까운 위치에 있으므로 단시간에 물이 배출될 수 있기 때문이다.
  위에서 2번째 층의 경우 과잉간극수압은 약간 소산되었고 스프링도 약간 압축되었다. 위에서

3번째 4번째 층의 경우 과잉간극수압은 소산되지 않았으며 따라서 스프링도 전혀 압축되지 않는다. 이것은 배수구가 멀어서 물이 배출되는 데 시간이 소요되기 때문이다.

- 배수구를 열고 시간 t_2 가 경과한 상태 : $t = t_2$

  모든 층에서 과잉간극수압의 소산이 일어났다. 과잉간극수압 소산량은 제일 위층에서 가장 크고 제일 아래층에서 가장 적다. 따라서 잔류과잉간극수압은 제일 아래층에서 가장 크고 제일 위층에서 가장 적다. 스프링의 압축량은 과잉간극수압 소산량의 순서대로 그 크기가 결정될 것이다.

- 배수구를 연 후 장시간이 경과한 상태 : $t = \infty$

  모든 층에서 과잉간극수압은 완전히 소산되어 정수압만 남은 상태가 되었다. 물기둥 끝의 표고도 모두 같으며 스프링의 압축량도 같다. 주어진 하중에 의한 압밀이 완료된 상태(압밀도 100%)이다.

  시간 $t = 0$, $t = t_1$, $t = t_2$, $t = \infty$ 때의 물기둥 끝 점을 연결하는 선이 그림 6.4에 제시되어 있다. 이 곡선은 주어진 시간(예 ; $t = t_2$)에서 깊이에 따른 과잉간극수압의 분포를 나타내는 곡선이며 등시선(等時線, isochrone)이라 한다. 등시선은 동일한 시간에서 깊이에 따른 u_e 의 분포를 나타내는 곡선이다.

이상의 논의에서 과잉간극수압은 시간과 위치(깊이)에 따라 다르게 분포함을 알 수 있었다. 주어진 시간에서는 과잉간극수압은 배수층(배수구) 가까운 곳에서는 적고 배수층에서 먼 곳에서는 큰 과잉간극수압이 남아있게 된다. 이러한 특성을 다음 몇 소절(小節)에 걸쳐 논의해 보기로 한다.

6.3 Terzaghi 1차원 압밀 이론

6.3.1 압밀방정식

그림 6.5는 모래층 사이에 끼어있는 두께 H_0 인 점토층을 보여주고 있다. 지표면에 대단히 넓은 등분포 하중 q 가 순간적으로 작용한 직후의 과잉간극수압분포에 대하여 생각해 보자. 무한등분포 하중이므로 하중은 그대로 지반에 전달되고 하중작용 직후에는 모든 하중은 물이 담당하게 되므로(Terzaghi 압밀모델 참조) 깊이에 관계없이 $u_e = u_i = q$ 가 작용하게 된다. 그런데 모래층은 투수계수가 대단히 크므로 u_i 는 즉시 소산되는 반면 점토층은 투수성이 대단히 낮으므로 초기 과잉간극수압 u_i 가 점토층이 전체 두께에 걸쳐 $u_i = q$ 로 일정하게 분포하게 된다. 이 사실이 그림 6.5(a)

에 제시되어 있다. 즉 모래층에는 u_i 가 즉시 소산되므로 점선으로 나타나 있고 점토층에는 실선으로 나타나 있다. 이러한 u_i 의 분포가 초기과잉간극수압이 깊이에 무관하게 일정하게 분포하는 경우이다.

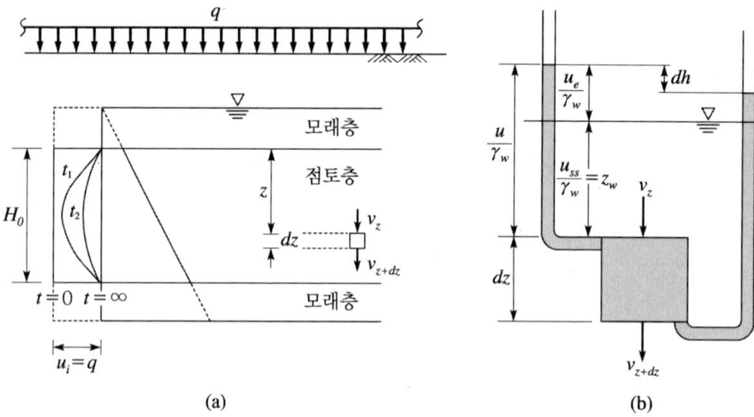

그림 6.5 일차원 압밀

이제 간극수압의 분포는 음영처리된 정수압과 점토층에 작용하는 과잉간극수압만 남게 된다. 이때 모래와 점토의 접촉면(상하 두 곳)에는 전수두가 u_i 만큼 차이나므로 물은 점토층에서 모래층을 향해 연직방향으로 흐르게 된다. 즉 점토층 표면부터 과잉간극 수압은 소산되기 시작하여 점차 점토층 중앙면 쪽으로 과잉간극수압 감소현상이 진행된다. 따라서 시간 t 때 과잉간극수압의 분포는 깊이에 따라 sine곡선 같은 형상을 하게 된다. 그림 6.5(a)에는 시간과 깊이에 따른 과잉간극수압의 분포가 등시선 형태로 제시되어 있다(등시선은 다층 압밀모델 참조). 점토층 중앙면의 과잉간극수압은 최대이고 상하표면에서는 $u_e=0$ 이 된다. 이것은 점토층 중앙면은 모래층(배수 설비)까지 거리가 최대이고 점토층 표면은 모래층과 접하고 있기 때문이다. 따라서 과잉간극수압은 시간과 깊이에 따라 다른 값을 가지게 되므로 $u_e=u_e(z,\ t)$로 쓸 수 있다.

지표면에 무한히 넓은 등분포 하중이 작용하므로 점토층에는 횡방향 변위는 일어나지 않는다($\varepsilon_h=0$; K_0 상태). 따라서 침하는 연직방향으로만 일어나게 되므로 일차원 압밀 침하가 일어나게 된다. 또한 점토층에서 물의 흐름은 하중이 작용하는 방향, 즉 연직방향으로 일어난다고 가정한다. 즉 일차원 흐름을 가정한다. 점토층 중앙면의 과잉간극수압이 가장 크므로 이곳의 전수두도 최대가 된다. 그러므로 물은 점토층 중앙면을 기준으로 하여 상반 부에서는 연직상향, 하반부에서는 연직하향 침투가 발생한다. 물은 절대 점토층 중앙면을 관통할 수 없다. 그림 6.5(a)와 같이 점토층 윗면을 좌표의 원점으로 잡고 연직하향으로 z 축을 잡는다. 점토층 하반부에 그림과 같이 $(dx \times dz \times 1)$인 미소요소를 생각하되 이 요소의 윗변 좌표가 z, 아래변은 $z + dz$ 로 한다. 물은 유속 v_z 로 요소의 윗면에서 이 미소요소에 유입하고 v_{z+dz} 의 유속으로 유출한다.

그림 6.5(b)에는 미소요소에 대한 유입 및 유출속도가 그려져 있다. 또한 유입부와 유출부에 세운 물기둥의 높이도 제시되어 있다. 지하수면에서 잰 물기둥 끝까지의 높이가 과잉간극수압 u_e 에 대응하는 압력수두 $\frac{u_e}{\gamma_w}$ 이다. 유입부와 유출부의 전수두차는 dh 이다.

압밀이란 과잉간극수압이 소산되는 과정이라 정의하였다. 그리고 과잉간극수압은 시간과 위치에 따라 다르게 분포하게 된다. 압밀방정식은 하중 작용 후 시간 t 경과시 좌표 z 되는 곳의 과잉간극수압 $u_e(z,t)$가 시간 t 와 좌표 z 에 따라 어떻게 분포되는가를 나타내는 방정식이다.

이제 Terzaghi의 일차원 압밀방정식을 유도해 보기로 한다. Terzaghi 일차원 압밀방정식을 유도하기 위하여 다음과 같은 가정을 설정한다.

① 점토층은 균질하다.

② 점토는 포화상태이다. $(S = 100\%)$

③ 흙 입자와 물은 비압축성이다.

가정 ②와 ③을 함께 고려하면 흙의 부피 감소량은 물의 순(net)배출량과 같다.

④ 물의 흐름은 Darcy의 법칙을 따른다.

⑤ 일차원 흐름, 일차원 압축 ; 물은 연직방향으로만 흐르고 흙의 압축은 연직방향으로만 일어난다. 수평방향 인장없다(K_0 상태).

⑥ 투수계수 k는 압밀 전과정에 걸쳐 일정하다($\partial k/\partial t = 0$, $k = const.$).

⑦ 유효응력 σ'과 간극비 e 사이에는 직선적 반비례 관계가 성립된다. 즉

$$a_v = -\frac{\Delta e}{\Delta \sigma'} = -\frac{de}{d\sigma'} = const. \qquad a_v \text{ : 압축계수}$$

a_v 는 실제로는 일정한 값이 아니므로 가장 타당하지 못한 가정이다.

그림 6.5(b)와 같은 연직방향 흐름(1차원 흐름)을 생각해 보자. 크기가 $(dx \cdot dz)$인 미소요소에 들어오는 유속과 나가는 유속 및 동수경사는 다음과 같다.

요소로 들어오는 유속 : v_z

이 요소에서 나가는 유속 : $v_{z+dz} = v_z + \frac{\partial v_z}{\partial z} dz$

동수경사 : $i_z = -\frac{dh}{dz}$

NOTE : 나가는 유속(유출속도) $v_{z+dz} = v_z + \frac{\partial v_z}{\partial z} dz$ 이 되는 것은 Taylor전개식에서 일차도함수항까지만 취한 결과임은 앞에서(흙 속에서의 물의 흐름) 이미 언급하였음.

포화 상태이므로 흙 전체 부피의 변화량은 물 부피의 변화량과 같다.
단위 시간당 요소로 들어오는 유량과 나가는 유량의 차 Δq 는

$$\Delta q = q_{enter} - q_{exit}$$

Δq 는 단위시간당 물 부피의 변화량이며 흙 전체부피의 변화량이기도 하다.
초기의 흙 전체의 부피를 V_0 이라 하면 시간 t 후의 흙 전체의 부피 V 는

$$V = V_0 + \Delta q\, t$$

단 $V_0 = dx \cdot dz \cdot 1$ (책 지면 수직 방향길이 1)

따라서, 시간에 대한 흙 부피의 변화율 $\frac{\partial V}{\partial t}$ 는

$$\frac{\partial V}{\partial t} = \Delta q \qquad \text{(a)}$$

그런데 요소에 들어오는 유량 q_{enter} 와 나가는 유량 q_{exit} 는 각각

$$q_{enter} = v_z (dx \times 1) = v_z\, dx$$

$$q_{exit} = v_{z+dz} (dx \times 1) = \left(v_z + \frac{\partial v_z}{\partial z} dz \right) dx$$

$$\therefore \Delta q = q_{enter} - q_{exit}$$

$$= (v_z\, dx) - (v_z + \frac{\partial v_z}{\partial z} dz)\, dx$$

$$\therefore \Delta q = -\frac{\partial v_z}{\partial z} dz\, dx \qquad \text{(b)}$$

아래 점선 box 안에 있는 그림 6.6 주상도에서

$$\frac{\partial V}{\partial t} = \frac{dx\,dz}{1+e_0}\frac{\partial e}{\partial t} \tag{c}$$

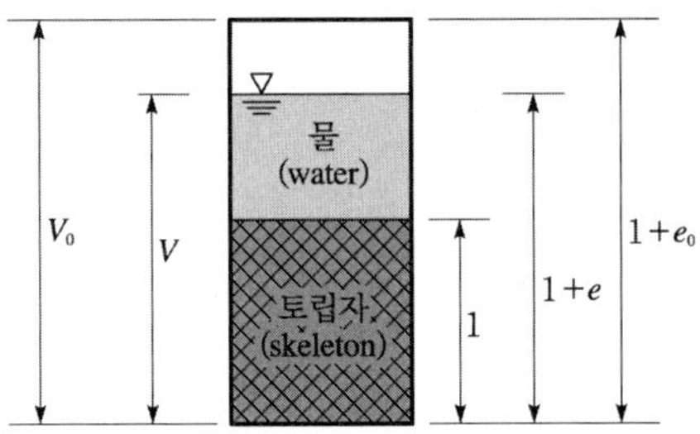

그림 6.6 압밀 전후의 주상도

$V_0 = dx \cdot dz$: 초기의 흙 부피(상수)

e_0 : 초기의 간극비(상수)

V : 시간 t 후의 흙의 부피

e : 시간 t 후의 흙의 간극비

$$\frac{V}{V_0} = \frac{1+e}{1+e_0}$$

$$V = \frac{V_0}{1+e_0}(1+e)$$

$$\therefore\ \frac{\partial V}{\partial t} = \frac{dx\,dz}{1+e_0}\frac{\partial e}{\partial t} \tag{c}$$

식 (b), (c)를 식 (a)에 대입하고 양변을 $dx\,dz$ 으로 나누면

$$-\frac{\partial v_z}{\partial z} = \frac{1}{1+e_0}\frac{\partial e}{\partial t} \tag{d}$$

그런데

$$v_z = k\,i_z = k\left(-\frac{dh}{dz}\right) = -k\frac{dh}{dz}$$

여기서, (-)기호는 z가 증가함에 따라 h는 감소한다는 뜻이다(h는 전수두).

$$\frac{\partial v_z}{\partial z} = \frac{\partial}{\partial z}\left(-k\frac{dh}{dz}\right) = -k\frac{\partial^2 h}{\partial z^2} \tag{e}$$

식 (e)를 식 (d)에 대입하면

$$k\frac{\partial^2 h}{\partial z^2} - \frac{1}{1+e_0}\frac{\partial e}{\partial t} \tag{f}$$

전수두 h 는 위치수두와 압력수두의 합이고 간극수압은 정수압과 과잉간극수압의 합이므로 기준면을 지하수면으로 잡으면

$$h = h_e + h_p = -z_w + \frac{u}{\gamma_w} = -z_w + \frac{u_{ss}}{\gamma_w} + \frac{u_e}{\gamma_w} = -z_w + \frac{\gamma_w z_w}{\gamma_w} + \frac{u_e}{\gamma_w}$$

$$\therefore\ h = \frac{u_e}{\gamma_w}$$

기준면을 지하수면으로 잡으면 기준면과 물기둥 끝까지의 표고차는 전수두임과 동시에 과잉간극수압에 의한 압력수두이다.

위의 식에서

$$\frac{\partial^2 h}{\partial z^2} = \frac{1}{\gamma_w}\frac{\partial^2 u_e}{\partial z^2} \tag{g}$$

식 (g)를 식 (f)에 대입하면

$$\frac{k}{\gamma_w}\frac{\partial^2 u_e}{\partial z^2} = \frac{1}{1+e_0}\frac{\partial e}{\partial t} \tag{h}$$

• 정의 : 압축계수(coefficient of compressibility) a_v

$$a_v \equiv -\frac{de}{d\sigma'} = -\frac{\Delta e}{\Delta\sigma'} = \frac{e_1 - e_2}{\sigma_2' - \sigma_1'}\left[\ cm^2/kg\ \right] \tag{6.2}$$

$$de = -a_v\, d\sigma' \tag{i}$$

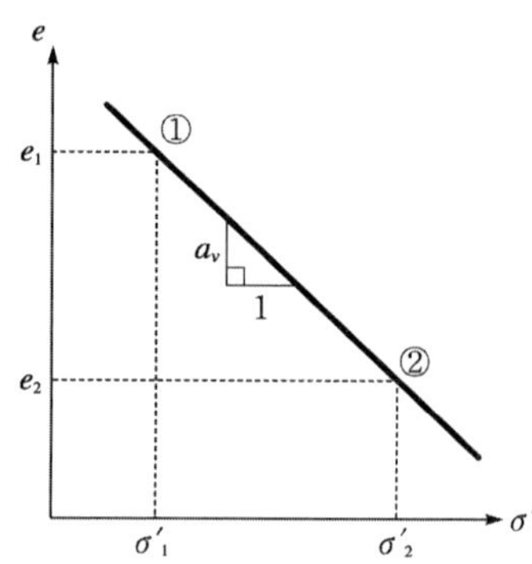

그림 6.7 압축계수

NOTE : σ' 과 e 사이에는 위의 그림과는 달리 직선적 반비례 관계가 성립되지 않음. a_v 값은 σ' 에 따라, 즉 압밀 진행과정에서 변하게 됨. $a_v = const.$ 로 보는 것이 일차원 압밀방정식 이론의 가장 부적절한 가정임. 압축계수 a_v 는 침하량(How much?)에 관계됨.

식 (i)를 식 (h)에 대입하면

$$\frac{k}{\gamma_w}\frac{\partial^2 u_e}{\partial z^2} = -\frac{a_v}{1+e_0}\frac{\partial\sigma'}{\partial t} \tag{j}$$

• 정의 : 체적 변화계수(coefficient of volume change) m_v

$$m_v \equiv \frac{a_v}{1+e_0}\left[\ cm^2/kg\ \right] \tag{6.3}$$

a_v 와 m_v 가 크면 동일 하중증가에 대해서 큰 침하가 발생하게 된다(How much?에 관계됨). 그러나 m_v 도 a_v 처럼 상수가 아니다.

식 (6.3)을 식 (j)에 대입하면

$$\frac{k}{\gamma_w}\frac{\partial^2 u_e}{\partial z^2} = -m_v \frac{\partial \sigma'}{\partial t} \tag{k}$$

$$\frac{k}{m_v \gamma_w}\frac{\partial^2 u_e}{\partial z^2} = -\frac{\partial \sigma'}{\partial t} \tag{ℓ}$$

• 정의 : 압밀계수(coefficient of consolidation) c_v

$$c_v \equiv \frac{k}{\gamma_w m_v}\left[\, cm^2/\sec \,\right] \tag{6.4}$$

c_v 는 압밀속도를 지배하는 흙의 특성치이다. c_v 가 크면 압밀속도는 빠르고, c_v 가 작으면 압밀속도는 느리다(How fast?에 관계).

NOTE: c_v 의 c 와 $_v$ 는 모두 필기체 소문자임. c 는 절대 대문자가 아님.

식 (6.4)을 식 (ℓ)에 대입하면

$$c_v \frac{\partial^2 u_e}{\partial z^2} = -\frac{\partial \sigma'}{\partial t} \tag{m}$$

그런데

$$\sigma' = \sigma - u = \sigma - (u_{ss} + u_e)$$

$$\frac{\partial \sigma'}{\partial t} = \frac{\partial \sigma}{\partial t} - \frac{\partial u_{ss}}{\partial t} - \frac{\partial u_e}{\partial t} = \frac{\partial \sigma}{\partial t} - \frac{\partial u_e}{\partial t} \tag{n}$$

(정수압은 시간에 따라 변하지 아니하므로 $\frac{\partial u_{ss}}{\partial t} = 0$ 임.)

식 (n)을 식 (m)에 대입하면

$$c_v \frac{\partial^2 u_e}{\partial z^2} = \frac{\partial u_e}{\partial t} - \frac{\partial \sigma}{\partial t} \tag{6.5}$$

순간재하(instantaneous loading)를 가정하면 $\frac{\partial \sigma}{\partial t} = 0$, 즉 순간재하는 하중이 순간적으로 작용한 후 압밀 전과정에 걸쳐 일정한 값을 유지하므로(그림 6.8(a) 참조) 시간에 대한 하중의 변화율 $\frac{\partial \sigma}{\partial t} = 0$ 이다(Terzaghi 압밀모형에서 하중 20kg은 순간적으로 재하된 후 끝까지 그 크기가 변하지 않았다). 그러나 실제 현장에서는 순간재하는 거의 일어나지 않고 그림 6.8(b)와 같이 점증하중 형태로 작용하게 된다. 이 때에는 $\frac{\partial \sigma}{\partial t} \neq 0$ 이다.

따라서,

$$c_v \frac{\partial^2 u_e}{\partial z^2} = \frac{\partial u_e}{\partial t} \tag{6.6}$$

식 (6.6)을 압밀방정식(consolidation equation)이라 하고 다른 전공분야에서는 diffusion equation이라 한다.

압밀방정식을 풀면 압밀계수가 c_v 인 점토층에 하중이 작용하였을 때 시간 t 가 지난 뒤 위치 z 되는 곳의 과잉간극수압의 분포 u_e (z, t)를 알 수 있게 된다.

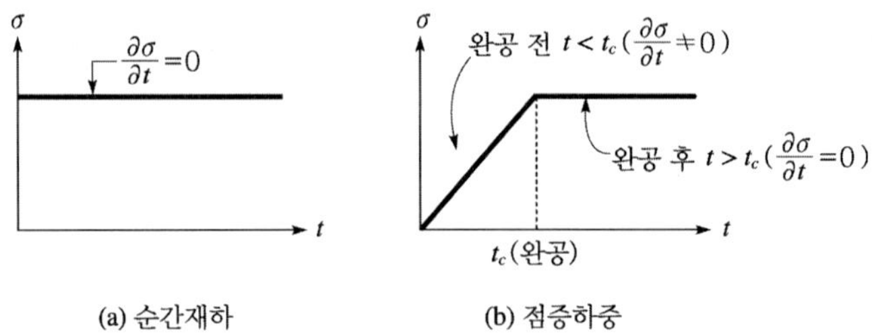

그림 6.8 순간재하와 점증하중

참고사항 : 체적변화계수 m_v 와 변형계수 D

$$m_v = \frac{a_v}{1+e_0} = \frac{\Delta e}{1+e_0} \cdot \frac{1}{\Delta \sigma'} \tag{a}$$

그런데 일차원 압밀에서는 횡변위가 억제되어 있으므로 부피의 변화율은 두께의 변화율과 같다. 즉

$$\frac{\Delta V}{V_0} = \frac{\Delta H}{H_0} = \varepsilon \tag{b}$$

$$\frac{\Delta e}{1+e_0} = \frac{\Delta V}{V_0} = \frac{\Delta H}{H_0} = \varepsilon \tag{c}$$

$$\therefore m_v = \frac{a_v}{1+e_0} = \frac{\Delta V}{V_0}\frac{1}{\Delta \sigma} = \frac{\varepsilon}{\Delta \sigma'} \tag{d}$$

m_v 의 역수를 횡방향 구속상태에서의 변형계수(constrained modulus)라 하고 D로 표기한다. 즉

$$D = \frac{1}{m_v} = \frac{\Delta\sigma'}{\varepsilon} \tag{e}$$

D는 탄성계수와 유사한 의미를 가진다. 따라서 D가 크면 압밀침하량은 적게 일어난다. 또는 m_v 가 크면(D가 적으면) 압밀침하량은 커진다.

6.3.2 초기 과잉간극수압 분포가 깊이에 무관하게 일정할 경우에 대한 압밀방정식의 해

(1) 초기 과잉간극수압이 깊이에 무관하게 일정한 경우의 예

초기의 과잉간극수압 u_i 가 압밀층의 모든 깊이에서 동일한 값이 되는 2가지 예를 다음에 제시하였다.

① 지표면에 무한 등분포 하중이 작용한 직후

(a) 하중 작용 전 : 정수압만 작용

(b) 하중 작용 직후 : 정수압은 그대로 작용하고 있지만 추가로 하중에 의한 초기과잉간극수압 $u_i = q$ 작용

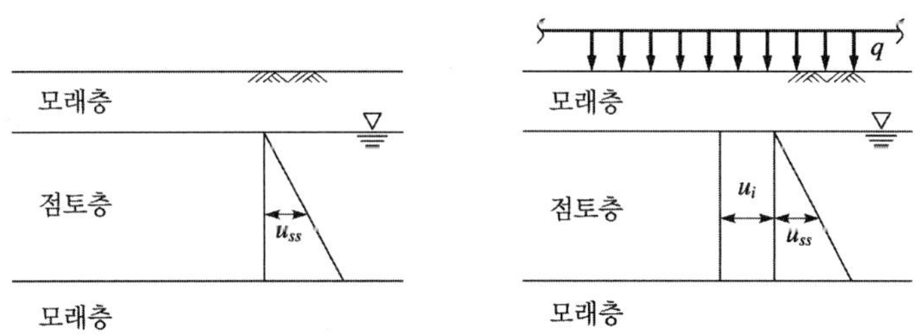

(a) 등분포 하중 작용 전 (b) 등분포 하중 작용 직후

그림 6.9 무한 등분포 하중 작용 전후의 간극수압 분포

하중작용 직후에는 하중은 모두 물이 부담하므로 초기과잉간극수압 u_i 는 하중과 같고 그 값은 깊이에 관계없이 일정하다($u_i = q = const.$). 따라서 전체간극수압은 (정수압+초기 과잉간극수압)이고 간극수압 분포는 사다리꼴(정수압 삼각형+초기과잉간극수압 사각형)이 된다. 시간이 많이 흘러 압밀이 완료되면 수압은 다시 정수압만 남는 상태 (그림 (a))로 될 것이다.

② 지하수위 급강하 직후

지표면과 일치하던 지하수위가 점토층 표면까지 급강하하는 경우(그림 6.10) 점토층에 생기는 간극수압의 분포는 다음과 같다.

(a) 지하수위 급강하 전 : 정수압 작용. 점토층의 간극수압 분포는 사다리꼴.

(b) 지하수위가 점토층 표면까지 급강하 한 직후 :

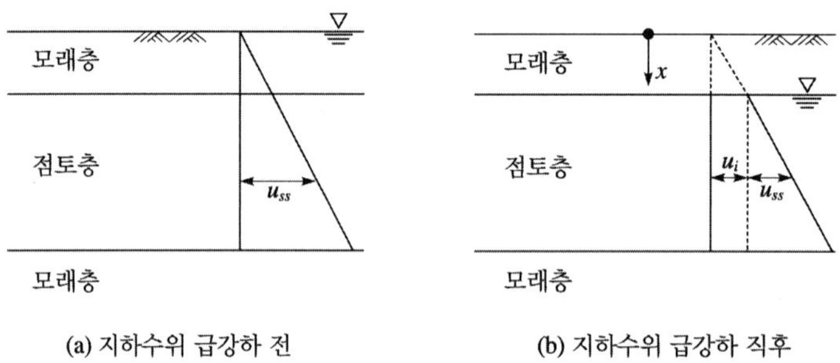

그림 6.10 지하수위 급강하 전후의 간극수압 분포

점토층은 투수계수가 대단히 적으므로 물의 배출은 일어나지 않는다. 따라서 간극수압 분포는 수위 급강하 전과 동일한 사다리꼴 형태이다. 시간이 많이 경과한 후 점토층의 간극수압은 정수압만 남게 될 것이므로 삼각형 형태가 될 것이다. 사다리꼴 중 사각형부분은 소산될 것이다. 이것은 사각형 부분은 초기 과잉간극수압 u_i 임을 의미하고 그 크기는 깊이에 따라 무관하게 일정하다(만약 지하수위가 x 만큼 급강하 하였다면 $u_i = \gamma_w x$ 임을 이해할 것). 초기과잉 간극수압이 깊이에 무관하게 일정한 하나의 예이다.

(2) 양면배수조건과 편면배수조건에서의 최대배수거리

모래층은 점토층에 비하여 투수계수가 대단히 크므로 완전한 배수층이라고 간주할 수 있다. 배수층에서는 과잉간극수압은 항상 0이다. 반면 신선한 암반 등은 불투수층이라 생각한다.

압밀층이 배수층(모래) 사이에 끼워져 있으면 압밀층의 상하 양면에서 배수가 일어날 것이므로 양면배수(兩面排水, double drainage)라 한다. 반면 압밀층의 한 면은 배수층과 접하고 있으나 나머지 한 면은 불투수층과 접하고 있으면 배수는 한 면에서만 일어나게 되므로 이를 편면배수(片面排水, single drainage)상태라 한다.

그림 6.11에는 양면배수와 편면배수 상태가 제시되어 있다. 이 그림에는 압밀층의 두께 H_0 과 최대 배수거리 H 가 제시되어 있다. 최대 배수거리는 압밀층 내에 있는 물이 배수층에 도달할 때

까지 흘러야 하는 거리 중 최대치를 말한다.

양면배수의 경우 최대 배수거리는 압밀층 중앙면에 있는 물이 배수층에 도달하는 거리이다. 즉 압밀층 두께의 반이 최대 배수거리 H 가 된다($H = H_0 / 2$). 이것은 양면배수 상태에서는 압밀층 중앙면을 경계로 하여 위쪽에 있는 물은 연직상향으로 침투하고 아래쪽에서는 연직하향침투가 발생한다는 의미이다. 압밀층 중앙면을 관통하여 흐르는 물은 없다. 이 사실은 앞에서 이미 언급하였으나 뒤에서 상세하게 논의하기로 한다.

한편 편면배수의 경우 최대 배수거리는 불투수층 표면에 있는 물이 연직상향으로 침투하여 배수층에 도달하는 거리이다. 따라서 최대 배수거리는 압밀층의 두께와 같다($H = H_0$).

정리하면

양면배수의 경우 : $H = \dfrac{H_0}{2}$ (최대 배수거리 = 압밀층 두께의 반)

편면배수의 경우 : $H = H_0$ (최대 배수거리 = 압밀층 두께)

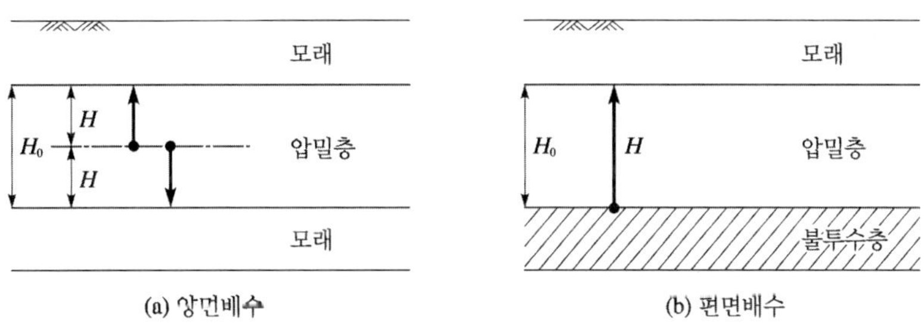

그림 6.11 양면배수와 편면배수 상태의 최대 배수거리

(3) 압밀방정식의 해

압밀방정식은 초기 조건과 경계 조건을 만족시키도록 풀어서 그 해를 얻게 된다. 그림 6.11 (a)는 점토층이 모래층 사이에 끼어 있는(sandwiched) 양면배수상태를 보여주고 있다. 압밀층(점토층) 두께는 H_0 이고 최대배수거리 $H = H_0 / 2$ 이다. 압밀 방정식을 유도할 때와 같이 압밀층 윗면을 좌표의 원점으로 잡고 압밀층 아래쪽으로 깊이를 나타내는 z축을 설정하였다. 지표면에 등분포 하중 q를 작용시킨 직후, 즉 초기($t = 0$)에는 압밀층 모든 깊이에서 균일하게 작용하는 초기 과잉간극수압이 하중을 지지하고 있다. 따라서 초기조건(initial condition)은

$$t = 0 \text{ 에서 } u_e = u_i = q = const$$

압밀층 상하면에는 완전한 배수층이 존재하므로 과잉간극수압은 항상 소산된 상태이다. 따라서, 경계

조건(boundary condition)은

$z=0$ (점토층 윗면)에서 $u_e = 0$

$z=2H$ (점토층 아래면)에서 $u_e = 0$

NOTE : 편면 배수의 경우 두번째 경계 조건은 물론 타당하지 않음. 그러나 압밀방정식의 해는 양면배수상태의 것과 결과적으로 같아지는데 여기에 관해서는 뒤에서 언급하고 있음. 양면배수상태의 과잉간극수압 분포는 중앙면을 기준으로 상하 2개의 편면배수상태가 거울에 비친 상처럼 대칭을 이루게 됨을 밝힐 것임.

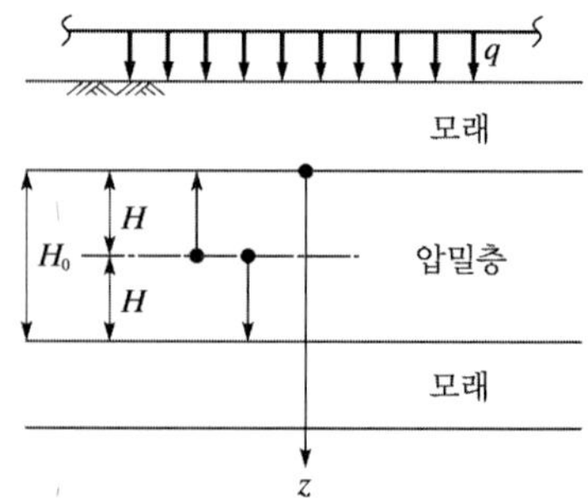

그림 6.12 양면배수 상태에서의 경계조건과 초기조건

압밀방정식의 해를 구하는 과정은 6장 마지막에 있는 부록 A.6.1에 수록되어 있다. 그 결과만 제시하면

$$u_e = \sum_{m=0}^{\infty} \frac{2\,u_i}{M}\left(\sin\frac{M\,z}{H}\right)e^{-M^2 T_V} \tag{6.7a}$$

여기서 $M = \dfrac{\pi}{2}(2m+1)$

m : 정수(Integer). 0, 1, 2, 3, ⋯

u_i : 초기과잉간극수압

H : 최대 배수거리

$T_v = \dfrac{c_v t}{H^2}$: 시간계수(Time Factor)(무차원)

NOTE : c_v 와 T_v 의 하첨자(subscript) v 는 연직(vertical)방향 흐름에 대한 것임을 의미함. 여기서는 논의하지 않지만 샌드드레인(sand drain)등 수평(horizontal)방향 흐름에 대하여서는 c_h , T_h 등 하첨자 h (horizontal)가 사용됨.

NOTE : 압밀방정식의 해는 T_v 를 풀어서 표기하면

$$u_e = \sum_{m=0}^{\infty} \frac{2u_i}{M}\left(\sin\frac{M\,z}{H}\right)e^{-M^2 c_v t / H^2} \tag{6.7b}$$

이 식은 최대배수거리 H , 압밀계수 c_v 인 점토층에 초기 과잉간극수압 u_i 가 작용할 때(이상은 조건) 시간 t 후 표면에서 깊이 z 되는 곳의 과잉간극수압 u_e 를 계산하는 식임. 즉, 주어진 조건아래에서 과잉간극수압 u_e 는 시간 t 와 깊이(위치) z 에 따라 달라짐.

u_i 는 일정하므로 위의 식은 다음과 같이 쓸 수 있다.

$$\frac{u_e}{u_i}=\sum_{m=0}^{\infty}\frac{2}{M}\left(\sin\frac{Mz}{H}\right)e^{-M^2T_v} \tag{6.8}$$

여기에서 3개의 무차원 계수를 다음과 같이 정의한다.

① 깊이 계수 (depth factor) : Z

$$Z=\frac{z}{H}\quad\begin{cases}0\le Z\le 2 & \text{양면배수}\\ 0\le Z\le 1 & \text{편면배수}\end{cases}$$

② 시간 계수(time factor) : T_v

$$T_v=\frac{c_v t}{H^2}$$

③ 정규화된 과잉간극수압(normalized u_e) : $\bar{u}_e$

$$\bar{u}_e=\frac{u_e}{u_i}$$

NOTE: 깊이계수Z 는 깊이z , 시간계수 T_v 는 시간 t , $\bar{u}_e$ 는 과잉간극수압 u_e 와 같은 의미로 사용할 수 있음.

$Z=\dfrac{z}{H}$: H 는 주어진 값이므로 Z 를 알면 $z=HZ$ 으로 z 을 아는 것과 같음.

$T_v=\dfrac{c_v t}{H^2}$: H , c_v 는 주어진 값이므로 T_v 를 알면 $t=\dfrac{T_v H^2}{c_v}$ 로 t 를 아는 것과 마찬가지임.

$\bar{u}_e=\dfrac{u_e}{u_i}$: u_i 는 주어진 값이므로 $\bar{u}_e$ 를 알면 $u_e=\bar{u}_e u_i$ 에서 u_e 를 아는 것과 같음.

이렇게 두면 압밀방정식의 해는

$$\bar{u}_e=\frac{u_e}{u_i}=\sum_{m=0}^{\infty}\frac{2}{M}(\sin MZ)\,e^{-M^2T_v} \tag{6.9}$$

이 해가 그림 6.13에 제시되어 있다. 즉 압밀방정식의 해는 식 (6.7a), 식 (6.7b) 또는 식 (6.9)로 구하는 것이 번잡하므로 그 대신 그림 6.13에서 구하는 것이 보통이다.

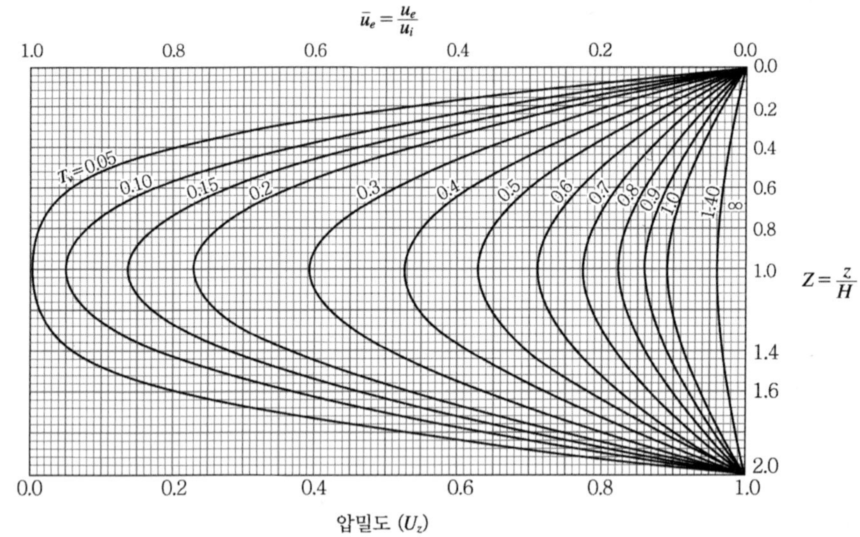

그림 6.13 압밀방정식의 해(양면배수의 경우)

그림 6.13에는 $Z - T_v - \bar{u}_e$ 사이의 관계가 제시되어 있다. 예를 들어 깊이 z되는 곳에 시간 T_v 때의 과잉간극수압을 구하는 방법은 다음과 같다.

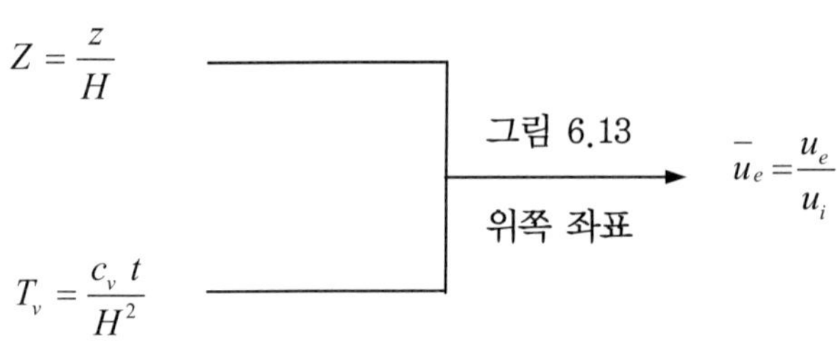

$$\therefore \ u_e = u_i \bar{u}_e$$

$\bar{u}_e$ 구하는 과정이 그림 6.14에 스케치되어 있다.

그림 6.13에서 T_v가 같은 점을 연결한 선(예 : $T_v = 0.3$, 0.4 등)은 시간 t가 같은 점들을 연결한 선과 같은 의미이므로 등시선(等時線, isochrone)이라 한다.

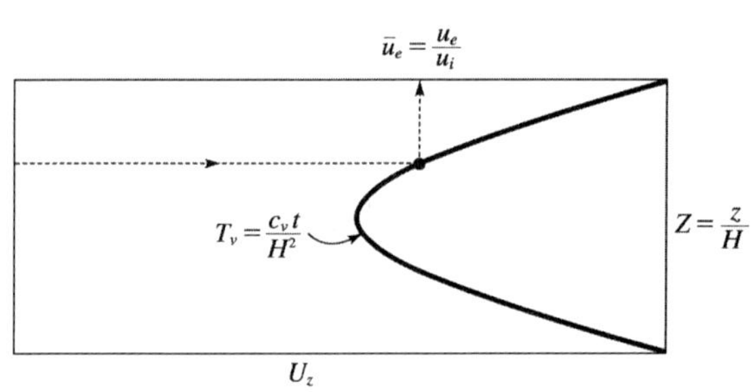

그림 6.14 $\bar{u}_e$ 구하는 방법 sketch

등시선은 주어진 시간(t 또는 T_v)에서 깊이(Z 또는 z)에 따른 과잉간극수압($\bar{u}_e$ 또는 u_e)의 분포를 나타내고 있다. 등시선은 sine 형상이므로 과잉간극수압은 점토층 중앙면 (Z=1 또는 z=H)에서 최대, 상 · 하면에서는 최소($u_e = 0$)이고, 압밀층 중앙면을 기준으로 상하대칭이다(이것은 양면배수의 경우이고 편면배수의 경우에 대해서는 다음에 논의한다).

참고사항 : 양면배수상태 $\bar{u}_e$ (또는 u_e)의 분포에 관한 사항

$$\bar{u}_e = \sum_{m=0}^{\infty} \frac{2}{M} (\sin MZ) e^{-M^2 T_v} \tag{6.9}$$

① $\bar{u}_e$ 는 압밀층 중앙면($Z = 1$)에 대하여 상하대칭이다. 이 사실은 깊이계수가 각각 Z과 $(2 - Z)$ 되는 곳의 $\bar{u}_e$ 가 같음을 증명하여 밝힐 수 있다.

그리고 이것은 $\sin MZ = \sin M(2-Z)$ 임을 밝히면 증명된다(위의 식 (6.9) 참조).

$$\sin M(2 - Z) = \sin 2M \cos MZ - \cos 2M \sin MZ$$

그런데 $\sin 2M = \sin[\pi(2m+1)] = 0$, $\cos 2M = \cos[\pi(2m+1)] = -1$ 이므로

$$\sin M(2 - Z) = \sin MZ \qquad \text{q.e.d}$$

$\bar{u}_e$ 가 대칭이므로 u_e 도 중앙면에 대해 상하대칭으로 분포한다.

② 압밀층 중앙면($Z = 1$)에서 $\bar{u}_e$ 는 최대가 된다. 이 사실은 $\dfrac{\partial \bar{u}_e}{\partial Z} = 0$ 인 조건에서 $\bar{u}_e$ 가 최대인 것을 구할 수 있다. 식 (6.9)에서 $\dfrac{\partial}{\partial z}(\sin MZ) - 0$ 되는 Z가 구하는 값이 된다.

$$\frac{\partial}{\partial z}(\sin MZ) = \frac{1}{M}\cos MZ = 0 \qquad MZ = M \qquad \therefore Z = 1$$

즉 $Z = 1$ 에서 $\bar{u}_e$ 는 최대가 된다. 최대치 $\left(\bar{u}_e\right)_{\max}$ 은

$$\left(\bar{u}_e\right)_{\max} = \sum_{m=0}^{\infty} \frac{2}{M} e^{-M^2 T_v}$$

$Z = 1$ 에서 $\bar{u}_e$ 가 최대이므로 이 때 u_e 는 최대가 된다.

$$\cos M = \cos\left[\frac{\pi}{2}(2m+1)\right] = 0, \quad \sin M = \sin\left[\frac{\pi}{2}(2m+1)\right] = 1$$

등시선의 변화과정을 살펴보면 시간의 경과에 따른 과잉간극수압의 감소과정을 눈으로 볼 수 있다. 즉 하중작용 직후($t = 0$)에서는 초기 과잉간극수압 u_i 가 압밀층 전체 깊이에 걸쳐 균일하게 분포($T_v = 0$, $\bar{u}_e = 1$)하고 있다. 시간이 경과함에 따라, 즉 T_v 가 커지면서 과잉간극수압은 감소하되 sine 형상을 그리며, 압밀층 중앙면을 기준으로 상하대칭(거울의 상처럼)이 된다. 이것은 중앙면의 과잉간극수압이 항상 최대이고 압밀층 양 표면은 $u_e = 0$ (완전배수층 존재)임을 의미한다. 시간이 충분히 경과하면($T_v = \infty$) 과잉간극수압은 압밀층 전체 두께에 걸쳐 소산되고($\bar{u}_e = 0$) 이 때 압밀은 완료된다.

t(또는 T_v)와 u_e(또는 $\bar{u}_e$)가 주어졌을 때 z(또는 Z)을 구하거나 z(또는 Z)과 $\bar{u}_e$(또는 u_e)가 주어졌을 때 t(또는 T_v)도 그림 6.13에서 결정할 수 있다.

6.3.3 압밀도

하중 작용 후 주어진 시간까지 압밀층내 깊이 z 되는 곳의 압밀 진행 정도를 압밀도(壓密度, degree of consolidation)라 한다. 압밀의 진행 정도는 과잉간극수압의 소산정도로 나타낸다. 그리고 과잉간극수압 소산 정도란 압밀 완료시까지 소산되어야 할 과잉간극수압에 대한 주어진 시간까지 소산된 과잉간극수압의 비이다.

압밀 완료시까지 소산되어야 할 과잉간극수압의 크기는 초기 과잉간극수압과 같고 주어진 시간까지 소산된 과잉간극수압은 결국 초기 과잉간극수압에서 그때의 과잉간극수압을 뺀 값과 같다. 따라서 압밀도는 다음과 같이 정의할 수 있다.

$$\text{압밀도} = \frac{\text{(주어진 시간까지) 소산된 과잉간극수압}}{\text{(압밀 완료시까지) 소산되어야 할 과잉간극수압}} = \frac{\text{소산된 과잉간극수압}}{\text{초기 과잉간극수압}}$$

$$U_z = \frac{u_i - u_e}{u_i} = 1 - \frac{u_e}{u_i} = 1 - \bar{u}_e \tag{6.10}$$

여기서 U_z : 압밀도

NOTE : 하첨자 z 은 '깊이 z '되는 곳이라는 뜻임. 주어진 시간 t (또는 T_v)에서의 압밀도는 깊이 z 에 따라 다름(그림 6.13 등시선 참조). 점토층 전체의 압밀도는 평균압밀도라 하고 U 또는 $\bar{U}$ 로 표기하며 여기에 관하여서는 다음 소절(小節)에서 논의하고 있음.

$\bar{u}_e$ 를 구하는 식(6.9)을 식(6.10)에 대입하면

$$U_z = 1 - \bar{u}_e = 1 - \sum_{m=0}^{\infty} \frac{2}{M} (\sin MZ)\, e^{-M^2 T_V} \tag{6.11}$$

U_z 을 식 (6.11)에서 직접 계산하는 것은 대단히 번거로우므로 실용상으로는 그림 6.13에서 U_z 을 구한다. 즉 그림 6.13에는 $Z - T_v - U_z$ 의 관계가 제시되어 있다. 예를 들어 주어진 깊이 z(또는 Z)에서 시간 t(또는 T_v) 때의 압밀도 U_z 은 다음과 같이 구할 수 있다.

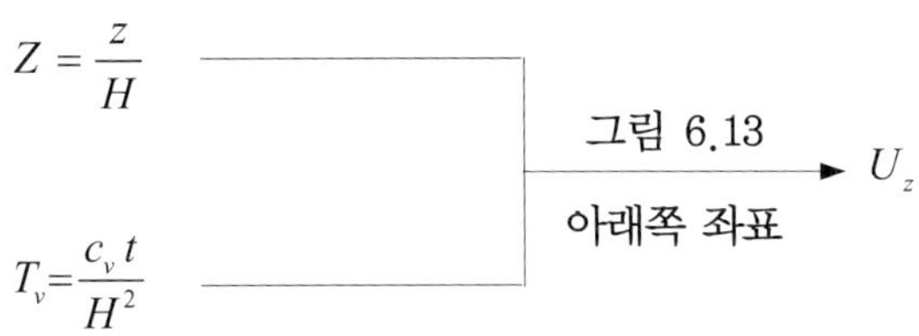

Z과 T_v 가 주어졌을 때 U_z 구하는 방법이 그림 6.15에 스케치 되어 있다.

Z, T_v, U_z 중 2개가 주어지면 나머지 하나는 위와 같은 방법으로 결정할 수 있다.

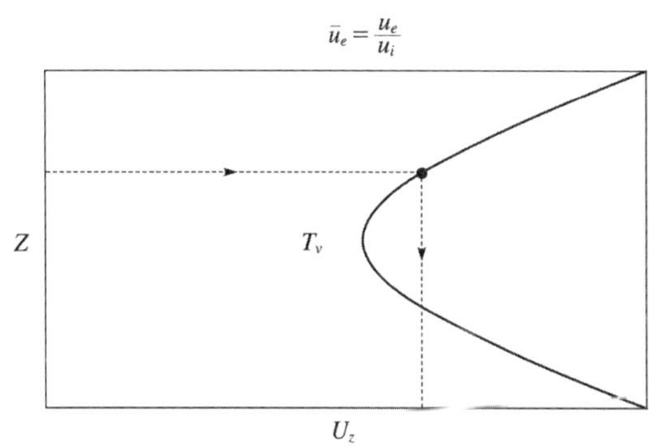

그림 6.15 압밀도 구하는 방법

NOTE: $U_z + \bar{u}_e = 1$ 또는 $\bar{u}_e = 1 - U_z$

NOTE : 특정한 시간(T_v 또는 t)에 있어서의 압밀도 U_Z 은 깊이(Z 또는 z)에 따라 달라짐. 그림 6.13의 등시선에서 압밀도의 분포는 형상이 되어 점토층 중앙면에서 최소, 상 · 하면에서 최대($U_z = 100\%$)가 됨. 시간에 따른 압밀도의 변화는 $T_v = 0$ 일 때 압밀층 모든 깊이에서 $U_z = 0$ 이지만 T_v 가 증가함에 따라 U_Z 은 증가하고 드디어 $T_v = \infty$ 에서 모든 깊이의 $U_z = 100\%$ 가 됨. 이 변화과정은 $\bar{u}_e$ 의 변화와는 반대임. 이것도 양면배수에 대한 사항이고 편면배수에 대해서는 바로 이어서 논의함.

6.3.4 편면배수 상태에 대한 압밀방정식의 해

편면배수 상태에 대한 압밀방정식의 해는 양면배수상태에 대한 해, 즉 그림 6.13의 상반부와 같다. 따라서 편면배수의 경우 깊이계수(Z)–시간계수(T_v)–압밀도(U_Z) 또는 정규화된 과잉간극수압 ($\bar{u}_e$) 사이의 관계는 그림 6.13에 제시된 양면배수에 대한 압밀방정식 해의 상반부만 사용하여 구할 수 있다. 그 이유는 다음 설명으로 밝힐 수 있다.

양면배수의 경우 점토층 중앙면($Z=1$ 또는 $z=H$)은 불투수막(비유하자면 얇은 비닐막)과 같다. 즉 물은 중앙면을 관통하여 흐를 수 없다. 물은 중앙면을 기준으로 하여 위쪽에서는 상향침투, 아래쪽 부분에서는 하향침투가 일어나게 되고 물은 절대로 중앙면을 관통하여 흐를 수 없다. 이 사실은 그림 6.16에서 알 수 있다. 이 그림에는 점토층 내의 깊이에 따른 정수압과 과잉간극수압의 분포가 그려져 있다. 이미 알고 있는 것처럼 중앙면의 과잉간극수압이 최대가 된다(그림 6.13 등시선 참조).

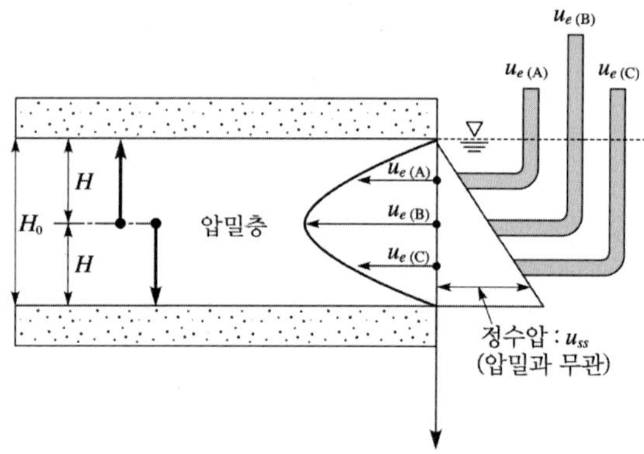

그림 6.16 점토층 내의 깊이에 따른 수두 변화

그림과 같이 점 A, B, C에 세운 물기둥 끝의 표고는 중앙면의 것이 제일 높다. 이것은 정수압에 의한 물기둥 끝의 표고는 3점 모두 지하수면과 일치하지만 과잉간극수압에 의한 상승고는 중앙면이 최대이므로 전체 물기둥 높이는 중앙면에서 가장 높다. 이미 여러 번 언급한 것처럼 지하수면을 기준면으로 잡은면 물기둥 끝의 표고는 과잉간극수압에 의한 압력수두이며 동시에 전수두이다. 즉 이 경우에는 중앙면의 전수두가 최대이다.

물은 전수두가 높은 곳에서 낮은 곳으로 흐르므로 중앙면을 기준으로 상향침투와 하향침투가 발생할 뿐 중앙면을 관통하여 흐를 수 없다. 즉 중앙면은 일종의 불투수막이 된다. 따라서, 상반부는 편면배수상태로 볼 수 있다.

그러므로 편면배수의 경우 그림 6.13의 상반부만 사용하면 압밀도와 과잉간극수압을 구할 수 있다.

시간 t 때 깊이 z 되는 곳의 압밀도와 과잉간극수압 구하려면 그림 6.13을 이용하면 좋다(양면, 편면배수 모두). 특히 편면배수의 경우 그림 6.17을 사용하면 편리하다.

그림 6.17 또는 그림 6.13의 상반부에서 알 수 있는 것처럼 편면배수의 경우 주어진 등시선 (주어진 시간 t)에서 $\bar{u}_e$ (즉, u_e) 는 불투수면에서 최대이고 점토층 표면($Z=0$)에서 최소로 0이다. 한편 압밀도는 불투수층 경계면($Z=1$)에서 최소이고 점토층 윗면($Z=0$)에서 최대 ($U_z=100\%$) 이다.

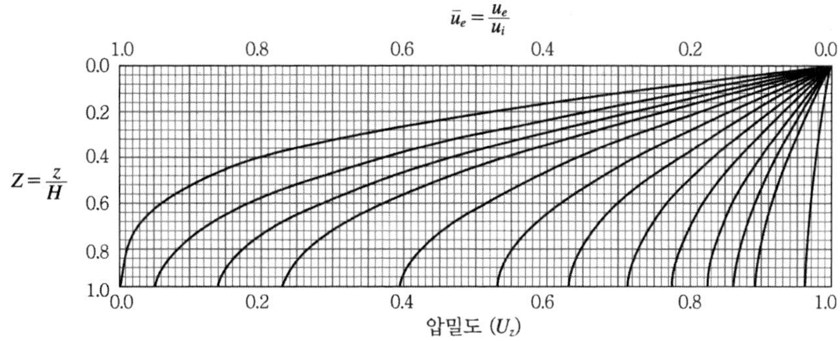

그림 6.17 압밀방정식의 해(편면배수 상태)

압밀도-과잉간극수압-유효응력 사이의 관계

양면배수, 편면배수에 무관하게 $\bar{u}_e$ 나 U_z 를 구하고 나면 소산된 과잉간극수압 Δu_e 및 유효응력의 증가량 $\Delta\sigma'$ 은 다음과 같이 결정할 수 있다.

◦ $\bar{u}_e$ 를 알고 있을 때 :
  - 간극수압 $u_e = u_i \bar{u}_e$
  - 압밀도 $U_z = 1 - \bar{u}_e$

◦ 소산된 과잉간극수압 $\Delta u_e = u_i - u_e = (1 - \bar{u}_e)u_i$

◦ 유효응력의 증가량 $\Delta\sigma' = u_i - u_e = (1 - \bar{u}_e)u_i$

◦ U_z 를 알고 있는 경우 :
  - 과잉간극수압 $u_e = u_i(1 - U_z)$
  - 소산된 과잉간극수압 $u_i - u_e = u_i U_z$
  - 유효응력의 증가량 $\Delta\sigma' = u_i - u_e = u_i U_z$

6.3.5 평균압밀도

압밀도 U_z 은 압밀층 표면에서 '깊이 z'되는 곳에서의 과잉간극수압 소산정도를 의미 한다. 그런데 압밀도와 과잉간극수압은 압밀층 깊이에 따라 다르게 분포함은 앞에서 이미 논의하였다. 그림 6.13에서 등시선은 특정 시간에 있어서 깊이에 따른 과잉간극수압과 압밀도의 뷰포를 보여 주고 있다.

그런데 기술자들에게는 특정한 깊이에서의 압밀진행정도 U_z 보다는 압밀층 두께 전체에 걸쳐 진행된 압밀의 정도가 보다 더 현실적인 관심사이다. 즉 압밀층 전체에 대한 평균 압밀 진행 정도가 관심사이며 이를 평균압밀도(average degree of consolidation ; U 또는 $\overline{U}$)이라 한다. 평균 압밀도는 결국 '압밀층 전체에 걸쳐' 압밀 완료시까지 소산되어야 할 과잉간극수압에 대한 특정시간까지 소산된 과잉간극수압의 비이다.

압밀 완료시까지의 소산되어야 할 과잉간극수압 $= \int u_i \, dz$

시간 t 까지 소산된 과잉간극수압 $= \int (u_i - u_e)\, dz$

따라서, 평균압밀도는

$$U = \frac{\int (u_i - u_e)\, dz}{\int u_i \, dz} \times 100\ (\%) \tag{6.12}$$

그런데 현장 기술자들의 압밀에 관한 직접적 관심사는 과잉간극수압 소산의 정도가 아니라 압밀 침하의 진행정도이다. 이러한 입장에서 평균압밀도는 다음과 같이 정의한다.

$$U = \frac{S_c(t)}{S_c} \times 100\ (\%) \tag{6.13}$$

여기서 S_c : 최종 압밀침하량

$S_c(t)$: 시간 t 까지의 침하량

최종 압밀침하량 S_c(How much?) 산정법에 관해서는 뒤에서 논의하게 된다. S_c를 알고 있을 때 U를 구하면 시간 t 때의 압밀침하량은

$$S_c(t) = U \cdot S_c \tag{6.14}$$

따라서, 평균압밀도는 침하 속도(How fast?)에 관한 대답을 제시하고 있다.

위에서 평균압밀도를 두 가지 방법으로 정의하였다. 그러나 압밀침하량이 과잉간극수압 소산량, 즉 유효응력 증가량에 비례한다고 가정하면 두 정의는 같게 된다. 이 사실은 Terzaghi의 압밀 모델에서 과잉간극수압 소산량만큼 스프링이 받는 힘, 즉 유효응력은 증가하고 스프링의 압축량, 즉 피스톤의 침하량이 스프링이 받는 힘에 비례하게 됨을 생각하면 명확하게 이해할 수 있다(탄성 영역내이고 스프링상수 일정). 구태여 이 사실을 확인하려면 다음의 참고사항을 읽어보기 바란다.

참고사항 : 압밀침하 진행정도 = 과잉간극수압 소산정도임을 밝혀 보자

$$U=\frac{S_c(t)}{S_c}=\frac{\int(u_i-u_e)dz}{\int u_i\,dz}$$ 임을 밝히면 된다.

일차원 압밀은 횡방향 변형은 구속되어 있으므로 부피는 높이에 비례한다. 따라서, V 대신 토층두께 H로 주상도를 그릴 수 있다.

하첨자의 의미 :

$_0$: 압밀 진행전

$_f$: 압밀 완료시

무하첨자 : 시간 t 경과 후

H : 압밀층의 두께

e : 간극비

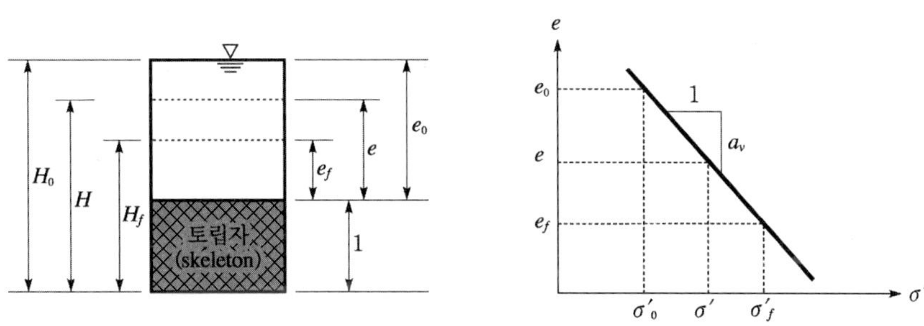

(a) 주상도 (b) 압축계수 a_v

그림 6.18 압밀 전 · 후 및 압밀 진행 중의 주상도와 압축계수

$$U=\frac{S_c(t)}{S_c}=\frac{H_0-H}{H_0-H_f}=\frac{(1+e_0)-(1+e)}{(1+e_0)-(1+e_f)}=\frac{e_0-e}{e_0-e_f}$$

압축계수 a_v가 일정하다고 가정하면

$$a_v=-\frac{\Delta e}{\Delta\sigma'}=\frac{e_0-e}{\sigma'-\sigma'_0}=\frac{e_0-e_f}{\sigma'_f-\sigma'_0}$$

$$\therefore e_0-e_f=a_v(\sigma'_f-\sigma'_0),\ e_0-e=a_v(\sigma'-\sigma'_0)$$

$$U=\frac{e_0-e}{e_0-e_f}=\frac{\sigma'-\sigma'_0}{\sigma'_f-\sigma'_0}$$

그런데 σ', σ'_0, σ'_f 은 깊이에 따라 다르므로 각각의 평균치 $(\sigma')_{av}$, $(\sigma'_0)_{av}$, $(\sigma'_f)_{av}$ 를 사용하면

$$U = \frac{(\sigma')_{av} - (\sigma'_0)_{av}}{(\sigma'_f)_{av} - (\sigma'_0)_{av}}$$

그런데 유효응력방정식은

$$\sigma' = \sigma - u = \sigma - u_{ss} - u_e$$

전응력 σ 는 압밀 전과정에 걸쳐 일정하므로

$$\sigma = \sigma_0 = \sigma_f = const.$$

정수압 u_{ss} 도 압밀 전과정에 걸쳐 변하지 않으므로

$$u_{ss} = u_{ss0} = u_{ssf}$$

따라서,

$$(\sigma')_{av} = (\sigma)_{av} - (u_{ss})_{av} - (u_e)_{av}$$
$$(\sigma'_0)_{av} = (\sigma)_{av} - (u_{ss})_{av} - (u_{e_0})_{av}$$
$$(\sigma'_f)_{av} = (\sigma)_{av} - (u_{ss})_{av} - (u_{e_f})_{av}$$

따라서,

$$(\sigma'_f)_{av} - (\sigma'_0)_{av} = (u_{e_0})_{av} - (u_{e_f})_{av}$$
$$(\sigma')_{av} - (\sigma'_0)_{av} = (u_{e_0})_{av} - (u_e)_{av}$$

따라서,

$$U = \frac{(u_{e0})_{av} - (u_e)_{av}}{(u_{e0})_{av} - (u_{ef})_{av}}$$

압밀 완료시의 과잉간극수압 $u_{ef} = 0$, 초기과잉간극수압 $u_{e0} = u_i$ 이므로

$$U = \frac{(u_i)_{av} - (u_e)_{av}}{(u_i)_{av}}$$

또한 $(u_i)_{av} = \dfrac{1}{H_0}\int u_i\,dz$ 이고

$$(u_e)_{av} = \frac{1}{H_0}\int u_e dz$$

$$U = \frac{\frac{1}{H_0}\int (u_i - u_e)dz}{\frac{1}{H_0}\int u_i dz} = \frac{\int (u_i - u_e)dz}{\int u_i dz}$$

드디어 $U = \frac{S_c(t)}{S_c} = \frac{\int (u_i - u_e)dz}{\int u_i dz}$ 임이 밝혀졌다.

즉 평균압밀도 U는 최종압밀 침하량에 대한 시간 t 까지 진행된 침하량의 비이며 동시에 압밀층 전체에 걸친 과잉간극수압의 소산정도이기도 하다.

평균 압밀도 U 는 식 (6.13)의 우변의 적분을 실시하여 쉽게 얻을 수 있다. 그러나 여기에서는 그림 6.19를 이용하여 시각적 이해를 통한 결과를 구해보기로 한다.

그림 6.19는 그림 6.13을 sketch한 것이다. 3개의 무차원 계수 Z, T_v, $\bar{u}_e$ 는 각각 z, t, u_e 에 대응하는 것이므로 이 그림은 z, t, u_e 로 그린 것과 같다. 깊이 Z 되는 곳에 두께 dZ 되는 미소요소를 취하고 그림과 같은 기호 $a\ b\ c$ 를 부여하면 시간 T_v 때의

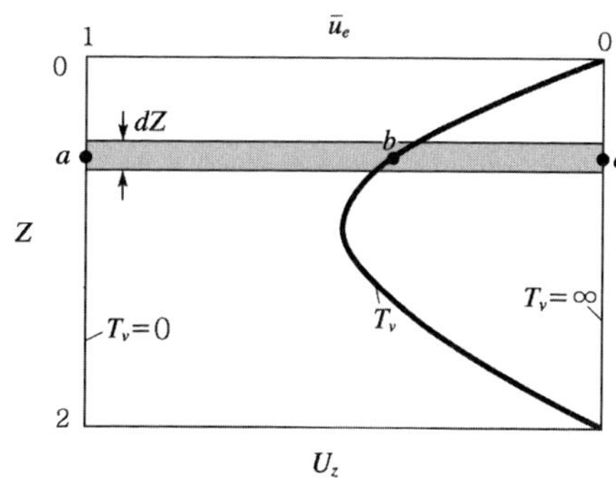

그림 6.19 평균 압밀도

깊이 Z 되는 곳의 압밀도 : $U_z = \frac{\overline{ac} - \overline{bc}}{\overline{ac}} = \frac{u_i - u_e}{u_i} = 1 - \bar{u}_e$

미소누께의 평균압밀도 : $dU = \frac{(\overline{ac} - \overline{bc})dZ}{\overline{ac}\ dZ} = \frac{(1 - \bar{u}_e)dZ}{1 \cdot dZ}$

압밀층 전체의 평균압밀도 : $U = \int_0^2 dU$

평균압밀도를 도형으로 나타내면

$$U = \frac{\int_0^2 \left(\overline{ac} - \overline{bc} \right) dZ}{\int_0^2 \overline{ac}\, dZ} =$$

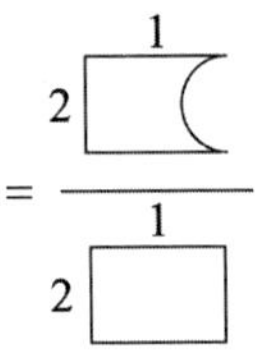

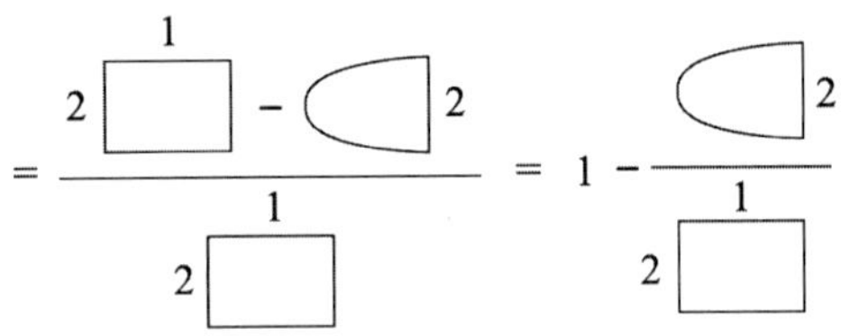

평균압밀도를 방정식으로 표현하면

$$U = \frac{\int_0^2 1\, dZ - \int_0^2 \bar{u}_e\, dZ}{\int_0^2 1\, dZ} = \frac{2 - \int_0^2 \bar{u}_e\, dZ}{2} = 1 - \frac{1}{2}\int_0^2 \sum_{m=0}^{\infty} \frac{2}{M}(\sin M\, Z)\, dZ\; e^{-M^2 T_v}$$

따라서,

$$U = 1 - \sum_{m=0}^{\infty} \frac{2}{M^2} e^{-M^2 T_v} \tag{6.15}$$

위 식에서 알 수 있는 것처럼 평균 압밀도는 시간계수만의 함수이다. 식 (6.15) 즉 압밀도와 시간계수 사이의 관계는 그림 6.20에 제시되어 있다. 평균 압밀도 U 는 식 (6.15)에서 직접 구하는 것이 번거로우므로 그림 6.20에서 구한다.

그림 6.20

$$T_v \rightleftharpoons U$$

시간계수(시간)를 알면 평균압밀도를 알 수 있고 평균압밀도를 알면 시간계수(시간)를 알 수 있다.

꼭 기억해야 될 시간계수의 값 : U=50% 일 때 $T_v = 0.197 \approx 0.2$

U=90% 일 때 $T_v = 0.848 \approx 0.85$

T_v 와 U 사이에는 다음과 같은 근사식이 성립된다.

$$U \le 50\%(\text{또는 } T_v \le 0.197)\ :\ T_v = \frac{\pi}{4}\left[\frac{U(\%)}{100}\right]^2 \ (U = 60\% \text{ 까지도 성립됨}) \tag{6.16}$$

$U > 50\%$(또는 $T_v > 0.197$) : $T_v = 1.781 - 0.933[\log(100 - U(\%))]$ (6.17)

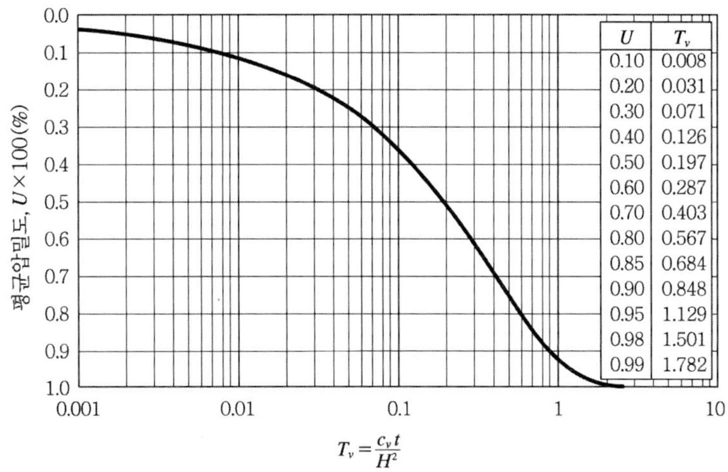

그림 6.20 평균 압밀도–시간계수 곡선

NOTE: 식 (6.16)은 사실상 $U \le 60\%$ 까지도 성립됨.

NOTE: $U \le 60\%$ 이면 $T_v \propto U^2$

따라서, $T_v \propto \dfrac{(S_c(t))^2}{(S_c)^2}$

$$\frac{c_v\, t}{H^2} \propto \frac{(S_c(t))^2}{(S_c)^2}$$

그런데 H, c_v, S_c 는 상수이므로 $t \propto (S_c(t))^2$

또는 $U \le 60\%$인 경우 $S_c(t) \propto \sqrt{t}$

참고사항 : 시간계수 – 평균 압밀도 사이의 관계

그림 6.20은 양면배수상태이고 초기 과잉간극수압이 깊이에 무관하게 일정한 경우에 대한 것이다. 배수조건과 초기 과잉간극수압의 분포가 위의 조건과 다른 경우에 대한 해는 Das(1997)를 참고하기 바란다.

▶ **예제 6.2** 재하 1개월 후의 침하량이 2cm 이면 1년 후의 침하량은 몇 cm인가?
또 침하량이 6cm 일어나는데 소요되는 시간은 몇 개월인가?
단, 압밀 초기부분으로 가정한다.($U < 50\%$)

풀이 :

$$S_c(t) \propto \sqrt{t} \ : \ \frac{S_c(t_2)}{S_c(t_1)} = \frac{\sqrt{t_2}}{\sqrt{t_1}} \text{ 이므로 } \frac{S_c(t_2)}{2} = \frac{\sqrt{12}}{\sqrt{1}} \quad \therefore S_c(t_2) = 2\sqrt{12} = 6.93cm$$

$$\left(S_c(t)\right)^2 \propto t \ : \ \frac{(S_c(t_2))^2}{(S_c(t_1))^2} = \frac{t_2}{t_1} \text{ 이므로 } \frac{6^2}{2^2} = \frac{t_2}{1} \quad \therefore t_2 = (\frac{6}{2})^2 = 9\ mos$$ ◀

6.3.6 편면배수 상태인 경우

(1) 편면배수 상태에 대한 시간계수 – 평균 압밀도 사이의 관계

편면배수 상태에 대한 시간계수 – 평균압밀도 관계는 양면배수 상태 때와 같다. 즉, 그림 6.13은 편면배수 상태에도 그대로 적용된다.

이 사실은 양면배수 상태에 있는 압밀층의 중앙면이 일종의 불투수막이 되어 특정 등시선(T_v)에 대한 압밀도(또는 $\bar{u}_e$)는 중앙면을 기준으로 상하 대칭이 된다는 사실에서 자명하다. 이 때 양면배수의 경우 압밀층 상반부(또는 하반부)는 편면배수 상태가 된다.

특정한 등시선(T_v)에 대하여 평균압밀도 = (소산된 $\bar{u}_e$ 면적) / (초기 $\bar{u}_i$ 면적)인데 압밀층 전체에 대한 값과 상반부만에 대한 값이 서로 같음이 명백하다. 즉,

양면배수의 경우 : U= 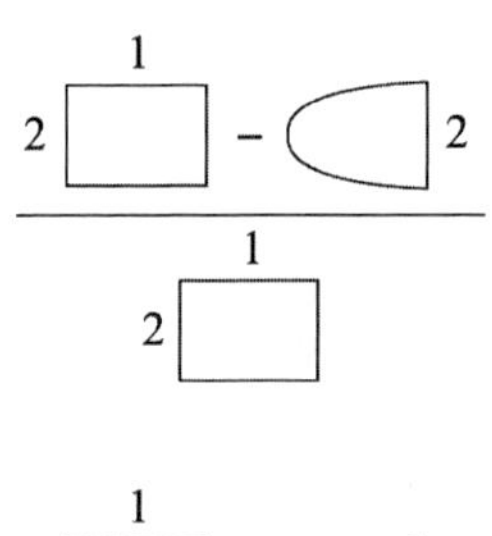 ×100(%)

편면배수의 경우 : U= 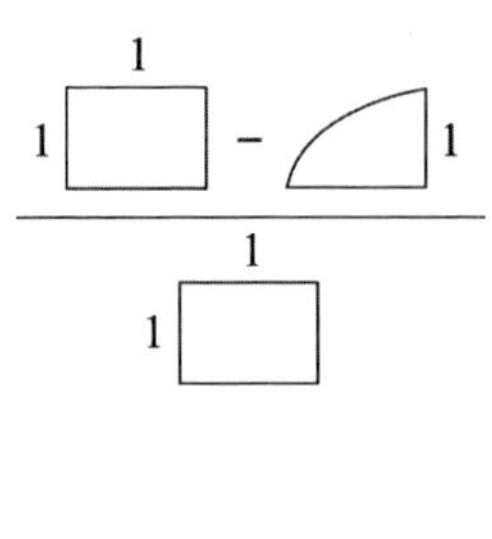 ×100(%)

편면배수의 경우 모든 면적이 양면배수의 반이 되어 결국 U는 같은 값이 된다.

즉, 편면배수의 경우에도 그림 6.13의 $T_v - U$ 의 관계를 그대로 사용할 수 있다.

주의할 것은 편면배수의 경우 양면배수 상태에 비해 압밀층의 두께는 반이어야 최대배수거리가 같아진다는 사실이다.

독자들에게 드리는 제언 : 편면배수(상반부) 상태에 대해서도

$U = 1 - \sum_{m=0}^{\infty} \frac{2}{M^2} e^{-M^2 T_v}$ 가 됨을 유도해 볼 것.

단, 이 때 적분구간은 $0 \le Z \le 1$ 임을 유의할 것.

(2) 동일한 두께의 압밀층이 편면 및 양면배수 상태에 있을 때의 압밀침하의 특성 비교

압밀은 과잉간극수압의 소산에 따른 배출된 물의 부피만큼 지반이 침하하는 현상이다. 따라서, 직관적으로 다음 사실을 알 수 있다.

① 최종 압밀침하량은 배수조건에 무관하게 같아진다(S_c 동일).

: How much ? 같음

② 특정한 시간 t 까지의 압밀침하량은 양면배수의 경우가 더 커진다($S_c(t)$ 상이).

: How fast ? 상이

두께가 같고 배수조건이 다른 압밀층의 시간 - 침하량$(t - S_c(t))$ 관계를 생각해보면 동일한 침하량 $S_c(t)$ 가 발생하는 데 소요되는 시간은 배수조건에 따라 다음과 같이 달라진다.

$U = \frac{S_c(t)}{S_c}$ 이므로 $S_c(t) = U \cdot S_c$. 즉 U 가 같으면 $S_c(t)$ 가 같게 된다. 그런데 U 는 T_v 만에 의해 결정되므로 T_v 가 같으면 $S_c(t)$ 가 같아진다.

동일한 T_v 즉, $S_c(t)$ 가 되는 시간 t 를 편면배수의 경우 t_1, 양면배수의 경우 t_2 라 하면

편면배수 : $T_v = \frac{c_v t_1}{H_0^2}$

양면배수 : $T_v = \frac{c_v t_2}{\left(\frac{H_0}{2}\right)^2} = \frac{4c_v t_2}{H_0^2}$

따라서, $\dfrac{c_v t_1}{H_0^2} = \dfrac{4c_v t_2}{H_0^2}$

$$t_1 = 4t_2$$

즉, 동일한 압밀침하가 일어나는데 소요되는 시간은 편면배수의 경우가 양면배수의 경우에 비해 4배가 된다. 이 사실은 압밀층에 존재할 수 있는 얇은 모래층(Sand Seam)의 존재가 중요함을 의미한다. 이 얇은 모래층이 배수층 역할을 하게 되면 압밀속도는 크게 빨라진다.

▶ **예제 6.3** 그림과 같이 지하수면이 지표면과 일치하는 지층이 있다. 각 토층의 물성치는 그림에 제시되어 있다. 지표면에 무한등분포 하중 $q = 10t/m^2$ 가 작용한지 8개월 후의 상태에 대하여 다음 물음에 답하라.

(1) 다음 각 표고(elevation)에서의 압밀도와 과잉간극수압을 구함.

(a) $EL.-3.0m$ (b) $EL.-4.0m$ (c) $EL.-5.0m$

(2) $EL.-3.0m$ 에서의 연직유효응력 σ_v'

(3) 점토층의 평균압밀도

(4) 점토층의 압밀침하량, 단 최종 압밀침하량은 20cm라 가정한다.

$EL.-6m$ 아래 부분이 실트 대신 불투수층이라 가정하고 다음 물음에 답하라.

(5) $EL.-4m$ 에서의 압밀도와 과잉간극수압

(6) 점토층의 평균압밀도와 압밀침하량, 단 (4)와 같은 조건

(7) 압밀침하량이 (4)에서 구한 값과 같을 때 소요시간

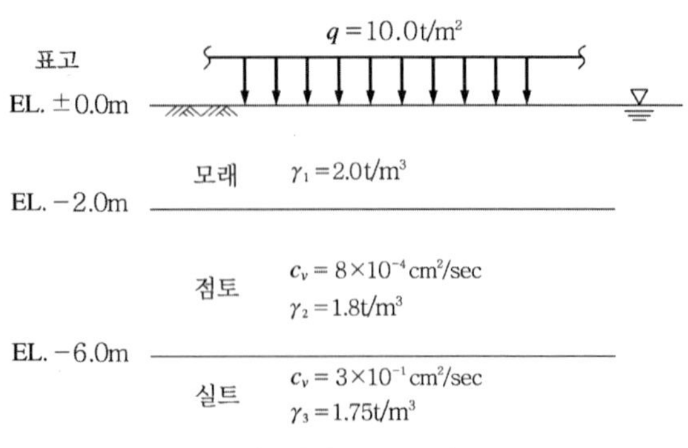

그림 예제 6.3 문제도

풀이 :

실트는 점토에 비해 압밀계수가 대단히 크므로 양면배수 상태이다.

$$\therefore \text{ 최대배수거리 } H = \frac{H_0}{2} = \frac{4}{2} = 2m = 200cm$$

재하 8개월 후의 시간계수 T_v :

$$T_v = \frac{c_v t}{H^2} = \frac{(8 \times 10^{-4})(8 \times 30 \times 24 \times 60^2)}{200^2} = 0.41$$

(1) 8개월 후의 압밀도와 과잉간극수압

깊이계수 Z와 시간계수 T_v를 알면 그림 6.13에서 압밀도 U_z와 정규화된 과잉간극수압 $\bar{u}_e$를 구할 수 있다.

(a) $EL. -3.0m$

$Z = \frac{z}{H} = \frac{1}{2} = 0.5$, $T_v = 0.41$ → 그림 6.13 → $\bar{u}_e = 0.32$, $U_z = 0.68$

압밀도 $U_z = 0.68 = 68\%$

$\bar{u}_e = 0.32 \qquad \therefore u_e = \bar{u}_e \cdot u_i = (0.32)(10) = 3.2\ t/m^2$

또는

$u_e = u_i(1 - U_z) = (10)(1 - 0.68) = 3.2t/m^2$

(b) $EL. -4.0m$

$Z = \frac{2}{2} = 1$, $T_v = 0.41$ 이므로 그림 6.13에서 $\bar{u}_e = 0.46$, $U_z = 0.54$

압밀도 $U_z = 0.54 = 54\%$

$\bar{u}_e = 0.46$ 이므로 $u_e = \bar{u}_e \cdot u_i = (0.46)(10) = 4.6t/m^2$

또는

$u_e = u_i(1 - U_z) = (10)(1 - 0.54) = 4.6t/m^2$

(c) $EL. -5.0m$

$Z = \frac{z}{H} = \frac{3}{2} = 1.5$, $T_v = 0.41$ 이므로 그림 6.13에서 $\bar{u}_e = 0.32$, $U_z = 0.68$

압밀도 $U_z = 0.68 = 68\%$

$\bar{u}_e = 0.32$ 이므로 $u_e = \bar{u}_e \cdot u_i = (0.32)(10) = 3.2t/m^2$

또는

$$u_e = u_i(1 - U_z) = (10)(1 - 0.68) = 3.2t/m^2$$

NOTE : ① $EL.-3.0m$ 와 $EL.-5.0m$ 에서의 U_z 와 u_e(또는 $\bar{u}_e$)가 같음을 확인할 것. 등시선은 양면배수의 경우 점토층 중앙면($EL.-4.0m$)을 기준으로 상하대칭임.

② 그림 6.13 등시선에서 점토층 중앙면($EL.-4.0m$)의 압밀도는 최소이고 과잉간극수압은 최대가 됨을 확인할 것.

(2) 재하 8개월 후 $EL.-3.0m$ 에서의 연직유효응력 σ_v'

유효응력 방정식 : $\sigma_v' = \sigma_v - u = \sigma_v - (u_{ss} + u_e)$

그런데

$$\sigma_v = q + \gamma_1 z_1 + \gamma_2 z_2 = 10 + (2.0)(2) + (1.8)(1.0) = 15.8t/m^2$$

$$u_{ss} = (1.0)(3.0) = 3t/m^2,\ u_e = 3.2t/m^2$$

$$\therefore \sigma_v' = 15.8 - (3 + 3.2) = 9.6t/m^2$$

또는 이 시점에서는 상재하중 $q = 10t/m^2$ 중 68%($U_z = 68\%$)는 유효응력으로 되었고, 나머지 32%($\frac{u_e}{u_i} = \bar{u}_e = 0.32$)는 아직도 과잉간극수압으로 남아있음을 유의하면

$$\sigma_v' = \gamma_1' z_1 + \gamma_2' z_2 + qU_z = (2.0 - 1)(2) + (1.8 - 1)(1.0) + (10)(0.68) = 9.6t/m^2$$

(3) 재하 8개월 후의 평균압밀도

$T_v = 0.41$ 이므로 그림 6.20에서 $U = 70.5\%$

또는 T_v 와 U 사이의 근사식을 이용하면 $T_v = 0.41 > 0.197$ 이므로 $U > 50\%$ 임을 알 수 있다 ($U = 50\%$ 이면 $T_v = 0.197$).

$$\therefore T_v = 0.41 = 1.781 - 0.933\left[\log\left(100 - U(\%)\right)\right]$$

$$\therefore U = 70.5\%$$

(4) 재하 8개월 후의 침하량 $S_c(t)$

$$U = \frac{S_c(t)}{S_c} \qquad \therefore S_c(t) = U \cdot S_c = (0.705)(20) = 14.1cm$$

참고사항

이 문제에서 물의 흐름은 정상침투상태는 아니지만 연직침투수류가 일어날 때의 유효응력 산정방법도 그대로 적용할 수 있다. 즉 점토층의 유효수중단위중량 $\gamma_e = (\gamma' \pm i\gamma_w)$ 를 사용해서도 σ_v' 를 구할 수 있다.

즉, EL.–4.0m와 EL.–2.0m 사이의 전수두차 $\Delta h = \frac{u_e}{\gamma_w} = 3.2m$ 이고 동수경사 $i = \frac{3.2}{1} = 3.2$ 임을 알고 있으므로 EL.-3.0m에서의

$$\begin{aligned}\sigma_v' &= q + \gamma_1' z_1 + \gamma_2' z_2 - \gamma_w \Delta h \\ &= q + \gamma_1' z_1 + (\gamma_2' - i\gamma_w) z_2 \\ &= 10 + (1)(2) + (0.8 - (0.32)(1))(1) = 12.48 t/m^2\end{aligned}$$

에 의해서도 동일한 σ_v' 이 얻어진다.

$EL. - 6.0m$ 아래가 불투수층이면 편면배수상태이다.

$$T_v = \frac{c_v t}{H^2} = \frac{c_v t}{H_0^2} = \frac{(8 \times 10^{-4})(8 \times 30 \times 24 \times 60^2)}{(400)^2} = 0.1$$

(5) $EL. - 4.0m$ 에서의 U_z 와 u_e

$Z = \frac{z}{H} = \frac{2}{4} = 0.5$, $T_v = 0.1$ 이므로 그림 6.13에서

$U_z = 0.265 \quad \bar{u}_e = 0.735$

$\therefore u_e = u_i \bar{u}_e = (10)(0.735) = 7.35 t/m^2$

(6) 평균압밀도 U와 침하량 $S_c(t)$

$T_v = 0.1$ 이므로 그림 6.20에서 U = 0.357

$\therefore S_c(t) = US_c = (0.357)(20) = 7.14cm$

(7) $S_c(t) = 14.1cm$ 일어나는데 소요되는 시간

편면배수 상태에서도 최종침하량은 $S_c = 20cm$ 가 된다. 그러나 동일한 침하량이 일어나는데 소요되는 시간은 4배이므로 $S_c(t) = 14.1cm$ 가 일어나는데 소요되는 시간은 (4)(8) = 32 개월이 된다.

• 구태여 이 사실을 밝혀보면 $U = \dfrac{14.1}{20} = 0.705$

$U = 0.705$ 이면 그림 6.20에서 $T_v = 0.41$

$$T_v = \frac{c_v t}{H^2} : 0.41 = \frac{(8 \times 10^{-4})t}{(400)^2}$$

$t = 32mos$ ◀

▶ **예제 6.4** 두께 3.0m인 점토층이 모래층 사이에 협재되어 있다. 이 점토층의 $c_v = 4 \times 10^{-4}\ cm^2/\sec$ 이다. 지표면에 작용하는 무한 등분포 하중에 의하여 점토층은 최종침하량 $S_c = 20cm$ 가 일어나게 된다. 다음 물음에 답하라.

(1) 침하량 2cm, 6cm, 10cm, 14cm, 18cm가 일어나는데 소요되는 시간을 구함.

(2) 평균압밀도 20%, 40%, 60%, 80%에 도달하는데 걸리는 시간

(3) t = 2개월, 5개월, 10개월, 18개월 후의 침하량

(4) 위의 결과를 이용하여 시간 – 침하량 관계를 그려라.

(5) 만약 편면배수상태이면 시간 – 침하량 관계는 어떻게 될까?

풀이 :

양면배수상태이므로 최대 배수거리 $H = \dfrac{H_0}{2} = \dfrac{3}{2} = 1.5m = 150cm$

(1) 주어진 침하량 $S_c(t)$ 가 일어나는데 걸리는 시간 t를 구함

• 표본계산(sample calculation) :

$S_c(t) = 10cm$ 가 일어나는데 소요되는 시간

$$U = \frac{S_c(t)}{S_c} = \frac{10}{20} = 0.5 = 50\%$$

그림 6.20에서 $T_v = 0.197$

$$T_v = \frac{c_v t}{H^2} \qquad \therefore t = \frac{T_v H^2}{c_v}$$

$$t = \frac{(0.197)(150)^2}{(4\times10^{-4})(30)(24)(60)^2} = 4.275mos$$

표본계산결과를 포함한 각 침하량에 대한 계산과정과 결과는 다음 표에 정리되어 있다.

$S_c(t)$ (cm)	2	6	10	14	18
U(%)	10	30	50	70	90
T_v	0.008	0.071	0.197	0.403	0.848
t(mos)	0.17	1.54	4.28	8.75	18.40

(2) 주어진 평균압밀도에 도달하는 데 걸리는 시간 t

- 표본계산(sample calculation) :

  $U = 20\%$ 일 때 그림 6.20에서 $T_v = 0.031$

  또는 $U < 50\%$ 이므로 $T_v = \frac{\pi}{4}\left(\frac{U(\%)}{100}\right)^2$ 에서

$$T_v = \frac{\pi}{4}\left[\frac{20}{100}\right]^2 = 0.031$$

$$T_v = \frac{c_v t}{H^2}, \quad 0.031 = \frac{(4\times10^{-4})t_{20}}{(150)^2}$$

$$t_{20} = \frac{(0.031)(150)^2}{(4\times10^{-4})(30)(24)(60)^2} = 0.67mos$$

$$S_c(t) = US_c = (0.2)(20) = 4cm$$

표본계산을 포함한 각 평균압밀도에 대한 계산이 다음 표에 정리되어 있다.

U(%)	20	40	60	80
T_v	0.031	0.126	0.287	0.567
t(mos)	0.67	2.73	6.23	12.30
$S_c(t)$ (cm)	4	8	12	16

(3) 주어진 시간에서의 침하량 $S_c(t)$

• 표본계산(sample calculation) :

재하 2개월 후($t = 2mos$)에 대하여

$$T_v = \frac{c_v t}{H^2} = \frac{(4\times10^{-4})(2\times30\times24\times60^2)}{(150)^2} = 0.092$$

$T_v = 0.092$ 이므로 그림 6.20에서 $U = 34.3\%$

$$\therefore S_c(t) = US_c = (0.343)(20) = 6.86cm$$

각 시간에 대한 계산결과는 아래 표에 정리되어 있다.

t (mos)	2	5	10	18
T_v	0.092	0.230	0.461	0.829
U(%)	34.3	54.0	74.0	89.5
$S_c(t)$ (cm)	6.86	10.80	14.80	17.90

(4) 시간 - 침하량 관계

앞의 (1), (2), (3) 결과를 종합하여 시간 - 침하량 관계를 그림과 같이 그릴 수 있다.

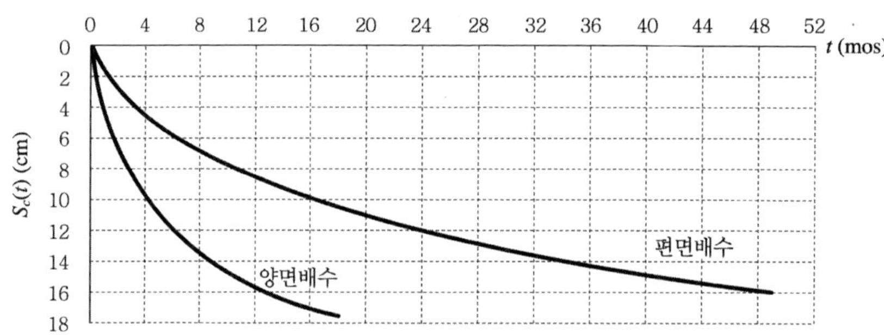

그림 예제 6.4 해답도

(5) 편면배수상태의 시간 - 침하량 관계

동일한 침하량이 발생하는데 걸리는 시간은 편면배수의 경우가 양면배수경우의 4배가 된다. 따라서, 시간 - 침하량 관계는 그림 예제 6.4 해답도에 함께 제시하였다.

• 표본계산(sample calculation) :

침하량 4cm에 대하여

$$U = \frac{4}{20} = 0.2 = 20\%$$

그림 6.20에서 $T_v = 0.031$

$$T_v = \frac{c_v t}{H^2} = \frac{c_v t}{H_0^{\ 2}} \ : \ t = \frac{T_v H_0^{\ 2}}{c_v} = \frac{(0.031)(300)^2}{(4\times10^{-4})} = 6.975\times10^6 \sec = 2.69mos$$

이 값은 (2)에서 구한 t_{20} 의 4배이다.

각 침하량에 대한 계산결과는 다음 표에 정리되어 있다.

$S_c(t)$ (cm)	4	8	12	16
U(%)	20	40	60	80
T_v	0.031	0.126	0.287	0.567
t(mos)	2.69	10.94	24.91	49.22

시간 – 침하량 관계는 그림 예제 6.4 해답도에 제시되어 있다. ◀

일반적으로 최종압밀침하량 S_c 를 알고 있을 때 시간 – 침하량 관계는 다음과 같이 결정할 수 있다. S_c 산정법은 이 장에서 추후 논의한다.

① 시간 $t=t_1$ 을 선택(또는 주어짐)

② t_1 때의 시간계수 $T_{v1} = \frac{c_v t_1}{H^2}$ 을 산정한다.

③ 그림 6.20에서 $T_v = T_{v1}$ 일 때의 평균압밀도 $U = U_1$ 얻는다.

④ t_1 일 때의 압밀침하량 $S_c(t_1) = U_1 S_c$

즉, $(t_1, S_c(t_1))$ 을 얻음.

⑤ $t=t_2$ 로 가정하고 ① ~④ 과정을 반복하여 $(t_2, S_c(t_2))$ 를 얻는다.

⑥ t 를 여러 번 선택하면 여러쌍의 $(t, S_c(t))$를 얻게 된다.

⑦ 가로축: t, 세로축: $S_c(t)$ 로 하고 $(t, S_c(t))$를 plot하여 시간 – 침하량 곡선을 얻는다.

NOTE : 이렇게 하여 그린 t – $S_c(t)$ 곡선을 보면 초기에는 침하속도가 빠른 대신 시간이 경과할수록 그 속도는 느려짐을 알 수 있음. 시간이 많이 경과하면 S_c 에 완만하게 점근함.

NOTE : 물론 t 대신 U (또는 $S_c(t)$)를 선택하여 t 를 결정하는 순서를 채택해도 동일한 결과를 얻을 수 있음. 이 방법은 (1), (2)에서 실시한 방법임.

6.4 압밀시험

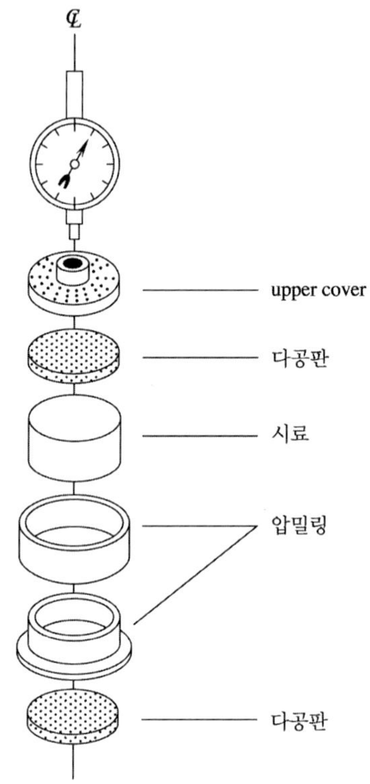

그림 6.21 압밀링 조립도

점토의 압밀특성은 압밀시험기를 사용하여 압밀시험(consoldation test)을 실시함으로써 측정할 수 있다. 압밀시험이기의 주요 부분은 압밀링(ring)이다. 압밀링(또는 oedometer)은 보통 놋쇠로 만들어진 직경 6.0cm, 높이 약 2.0cm인 링이다.

압밀링 속에서 시료는 포화상태에 있으며 공시체 상하면에는 다공질(多孔質, porous)판을 배치한다. 다공질 판은 투수계수가 대단히 크므로 결국 공시체는 양면 배수 상태가 된다. 압밀링 안에 있는 공시체는 가로변위를 일으킬 수 없으므로(ε_h = 0) 정지 토압 상태에 있고 일차원 흐름, 일차원 압축이 일어나게 된다. 압밀 하중은 커버를 통해 가해지고 침하량(압축량)은 다이알 게이지(dial gauge)를 읽어서 측정한다.

표준 압밀시험은 하중을 단계적으로 증가시켜 가면서 일련의 시험을 실시한다. 즉 처음에는 압밀하중 $0.1kg/cm^2$ (또는 $0.05kg/cm^2$)을 가하고 적당한 시간 간격(초기에는 자주, 점차 시간간격을 늘여가며 측정)으로 침하량을 측정하되 약 24시간(1440분) 후에 측정을 마친다. $0.1kg/cm^2$ 의 압밀하중으로 압축이 완료되면 하중을 2배로 증가시켜 즉 $0.2kg/cm^2$ 의 압밀하중으로 시험을 계속하되 $6.4kg/cm^2$ (드물게는 $12.8kg/cm^2$)가 될 때까지 시험을 계속한다. 따라서, 압밀시험에만 최소 7일이 소요된다. 전 단계 압밀 하중에 대한 하중 증가량의 비를 하중 증가비(load increment ratio ; LIR)이라 한다. 즉

$$LIR = \frac{\Delta\sigma}{\sigma_i} \tag{6.18a}$$

여기서 σ_i : 초기의 압밀하중

$\Delta\sigma$: 다음 단계 하중이 되기 위한 하중 증가량

따라서, $\sigma_{i+1} = \sigma_i + \Delta\sigma$ (6.18b)

표준 압밀시험에서는 $LIR = 1$ 로 한다.

따라서, $\Delta\sigma = \sigma_i$ 이므로

$$\sigma_{i+1} = 2\sigma_i \quad (6.18c)$$

즉 압밀하중은 전단계 압밀하중의 2배가 되게 한다. LIR 이 커야 Terzaghi의 압밀이론이 잘 적용된다(Leonald, 1964). 즉 LIR 을 임의로 선택하면(특히 적게 할때) 압밀계수를 정확하게 측정하기 어렵게 된다.

일련의 압밀 하중들에 대한 압밀시험이 끝나면 각 하중별로 시간–침하량(다이얼 읽음)관계를 얻을 수 있게 된다. 이 결과를 이용하여 압밀계수–하중($c_v - \log\sigma'$) 및 간극비–하중($e - \log\sigma'$)관계를 얻을 수 있다. 하중 $6.4\,kg/cm^2$ 으로 압밀 완료시킨 후 하중을 $3.2\,kg/cm^2$, $1.6\,kg/cm^2$, $0.8\,kg/cm^2$, … 등 단계적으로 감소시키면 공시체는 팽창하게 되는데 이 과정을 팽창(swelling, rebound)시험이라 한다. 팽창시험을 각 하중단계마다 4시간에 걸쳐 실시한다. 하중 $0.1\,kg/cm^2$ 까지 팽창이 완료된 후 다시 하중을 $0.2\,kg/cm^2$, $0.4\,kg/cm^2$, … 등 단계별로 다시 증가시키면 공시체는 다시 압축되는데 이 과정을 재압축(recompression)시험이라 한다. 재압축량은 상대적으로 대단히 적으며 팽창시험과 재압축시험의 결과도 간극비–하중곡선에 함께 제시한다.

자세한 사항은 한국공업규격 KS F2316, Lambe(1951), Bowles(1986) 또는 Head(1982) 등의 저서를 참고하기 바란다.

6.4.1 압밀계수의 측정

압밀계수는 압밀속도(How fast?)를 지배하는 흙의 특성치이다. 물론 압밀계수가 크면 압밀속도가 커진다.

압밀계수는 시험실에서 실측한 시간 – 침하량 관계와 이론상의 시간 – 침하량 관계가 동일한 특성을 가진다는 가정 아래 이론상의 시간 – 침하량 관계의 특정한 특성을 실측관계에 적용하여 결정하고 있다.

• 이론상의 시간 – 침하량 관계(T_v와 U 사이의 관계)

시간계수 $T_v = \dfrac{c_v t}{H^2}$는 시간 t대신 사용되는 무차원 계수이다. 즉 T_v를 알면 시간 t를 알 수 있다 ($t = \dfrac{T_v H^2}{c_v}$).

평균압밀도 $U = \dfrac{S_c(t)}{S_c}$는 무차원의 침하량 계수라 할 수 있다. S_c는 상수이므로 U를 알면 즉시 $S_c(t)$를 알 수 있다($S_c(t) = US_c$).

즉 이론상 시간 – 침하량 관계는 $T_v - U$ 관계이다.

$$U = 1 - \sum_{m=0}^{\infty} \frac{2}{M^2} e^{-M^2 T_v} \tag{6.19}$$

또는 $T_v - U$ 관계는 그림 6.20에도 제시되어 있다.

• 시험실 실측시간 – 침하량 관계(t – dialgage 읽음)

각 하중 단계별로 24시간 측정하는 시간 – 침하량 실측관계이다. 시간 – 침하량 관계를 표현하는 방법에 따라 log t법과 $\sqrt{t}$ 법이 있다.

(1) $\log t$ 법(log t fitting method)

Casagrande(1940)가 고안한 방법으로 시간 – 침하량 관계를 시간의 대수 – 침하량으로 선택하였다.

그림 6.22(b)의 이론 곡선은 log $T_v - U$ 의 관계를 제시하고 있다. 이론 곡선의 특성은 중간부의 직선부분의 연장선과 말기의 점근선의 교점이 평균압밀도 100%에 대응한다는 사실이다. 이 특성을 시험실의 실측 곡선에 적용하여 압밀계수를 구한다.

실측 곡선은 그림 6.22(a)와 같이 log t-dial 읽음으로 되어 있다. 실측 곡선의 형상은 대략 다음과 같은 4가지 구간으로 이루어져 있다 ;

초기 부분 포물선 + 급경사의 직선부분 + 곡선부분 + 말기의 직선부분

그림의 d_s, d_f 의 의미는 다음과 같다.

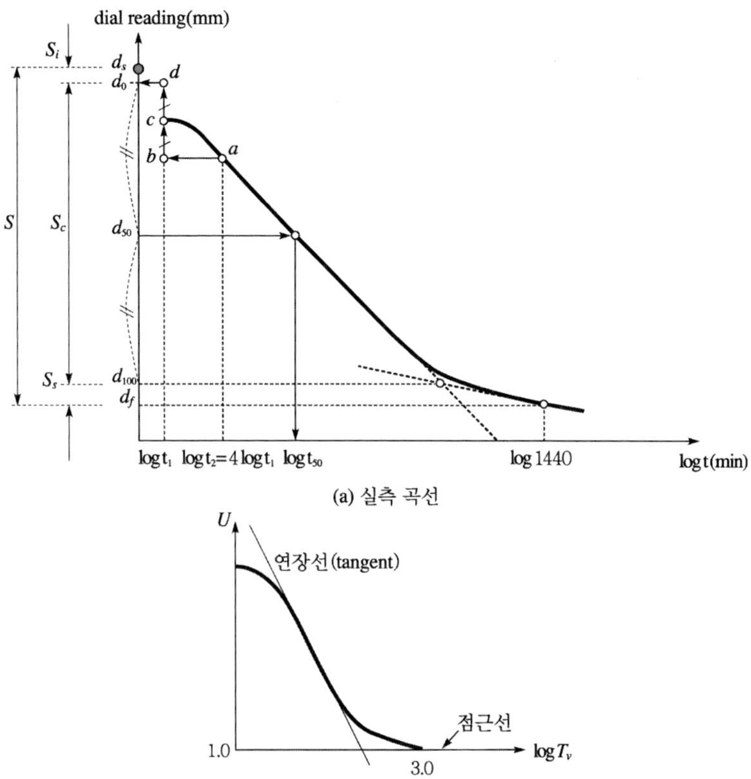

(a) 실측 곡선

(b) 이론 곡선

그림 6.22 $\log t$ 법

d_s : 현단계 하중으로 압밀 하기 전의 다이얼 읽음 = 전단계 하중에 의한 압밀 종료시의 다이얼 읽음.

d_f : 현단계 하중에 의한 압밀 종료시(24시간 후)의 다이얼 읽음 = 이론상 다음 단계 하중에 의한 압밀 시작시의 다이얼 읽음

① 평균 압밀도 0%에 대응하는 다이얼 읽음 d_0 결정

압밀시작시간($t=0$)은 반대수 방안지에 나타낼 수 없고 재하 즉시 일어나는 초기 침하량은 측정이 불가능하다. 따라서, 곡선의 초기부분을 포물선이라 가정하고 다음과 같이 d_0 을 결정한다.

- t_1 과 $t_2 = 4t_1$ 이 되는 t_1, t_2 를 선정

- t_2 에 대응하는 곡선 상의 점 a
- a 에서 그린 수평선과 t_1 선과의 교점 b
- t_1 에 대응하는 곡선상의 점 c
- $bc=cd$ 되는 점 d 결정
- d 에 대응하는 다이얼 읽음 $= d_0$, d_0 은 d_s 보다 아래에 있다.

② 평균 압밀도 100%에 대응하는 다이얼 읽음 d_{100} 결정

- 초기 직선 부분과 말기 직선 부분의 연장선의 교점에 대응하는 다이얼 읽음 $= d_{100}$, 이것은 $\log T_v - U$ 관계 특성을 적용한 것이다.

③ 평균 압밀도 50%에 대응하는 다이얼 읽음 d_{50}, t_{50} 의 결정

- d_0 와 d_{100} 의 이등분점 $= d_{50}$
- d_{50} 에 대응하는 곡선상의 점의 t 좌표 $= \log t_{50}$ 따라서, t_{50} 을 얻음

④ 압밀계수 c_v 산정

$$T_v = \frac{c_v t}{H^2}$$

그런데 $U = 50\%$ 이면 $T_v = 0.197$ 이므로

$$0.197 = \frac{c_v t_{50}}{H^2} \quad \therefore c_v = \frac{0.197 H^2}{t_{50}} \tag{6.20}$$

여기서 H : 최대배수거리

침하의 성분

$d_s \sim d_f$: 전체 침하량(S)

$d_s \sim d_0$: 초기 압축(S_i)

$d_0 \sim d_{100}$: 압밀 침하량(S_c)

$d_{100} \sim d_f$:2차 압밀 침하량(S_s)

$S = S_i + S_c + S_s$

초기압축(initial compression)은 점토시료에 있는 공기간극의 압축에 기인한다(Taylor, 1948). 사실상 현장의 실제 지반에서는 초기압축은 일어나지 않으므로 공학적으로 의미있는 침하는 아니다.

(2) $\sqrt{t}$ 법($\sqrt{t}$ Fitting Method)

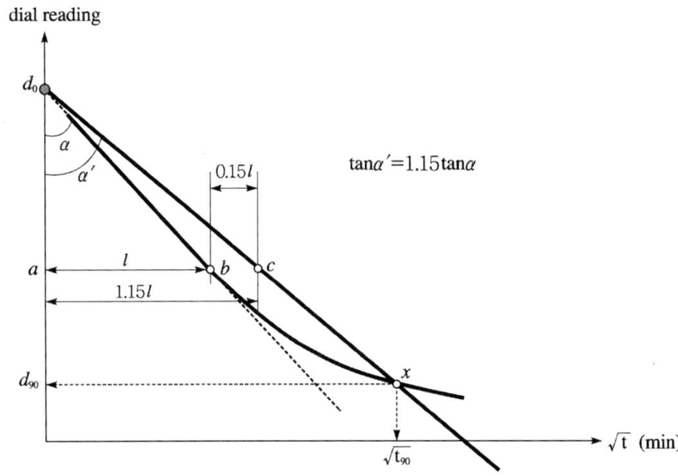

(a) 실측 곡선

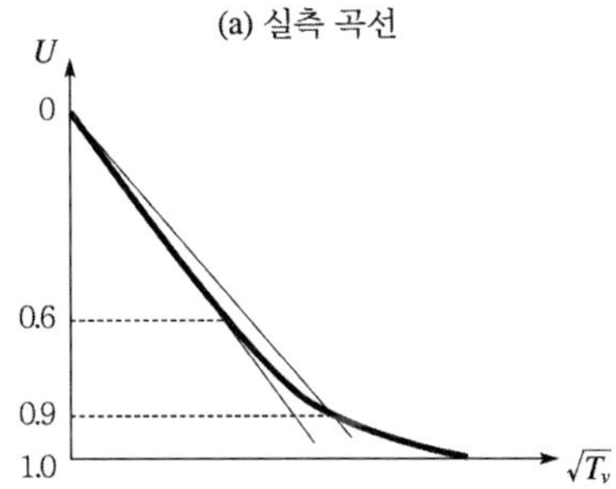

(b) 이론 곡선

그림 6.23 $\sqrt{t}$ 법

Taylor(1942)가 고안한 방법으로 시간-침하량 관계를 시간의 평방근 – 침하량으로 표현하였다.

그림 6.23(b)는 $\sqrt{T_v}-U$ 관계를 그린 이론 곡선이다. 이론 곡선은 압밀도 약 60%까지는 직선이 된다★. 이 직선의 기울기(높이/수평거리)를 1이라 할 때 U 축 절편을 지나 기울기 1/1.15인 직선을 그려 곡선과의 교점을 구하면 이 교점에 대응하는 평균 압밀도가 90%가 된다. 다시 말하면, 이론 곡선의 초기 직선부가 U 축과 이루는 각도를 α 라 하고 기울기 1/1.15 되게 그린 직선과 U 축 사이의 각도를 α' 이라 하면

$$\tan\alpha' = 1.15\tan\alpha$$

기울기 1/1.15 또는 각도 α' 으로 그린 직선이 이론 곡선과 만나는 점의 평균압밀도는 90%가 된다. 이론 곡선에서 얻은 이 특성을 실측곡선에 적용하여 압밀계수를 구할 수 있다. 시험실의 실측

곡선이 그림 6.23(a)에 제시되어 있다. 시간 – 침하량 관계가 $\sqrt{t}$ (min) – 다이얼 읽음의 형태로 되어 있어서 이론 곡선 $\sqrt{T_v} - U$ 와 대응하고 있다. 압밀계수는 다음과 같이 구한다.

① 이론상 평균압밀도 0%에 해당되는 다이얼 읽음 d_0 결정

초기직선 부분을 위쪽으로 연장시켜 다이얼 읽음 축과의 교점을 d_0 로 한다. 이것은 이론곡선 $\sqrt{T_v} - U$ 가 $0 \le U \le 60\%$ 구간에서 직선인 특성을 적용하는 것이다. d_0 는 d_s 보다 아래에 있다.

② 평균압밀도 90%에 해당하는 d_{90}, t_{90} 결정

- 시간 – 침하량 관계가 직선인 구간의 다이얼 읽음 축에 임의점 a 를 잡음.
- 점 a 를 지나는 수평선을 길게 그려 시간 – 침하량 곡선과의 교점 b 를 얻음.
- $\overline{ab}$ 를 ℓ 이라 하고 $\angle a d_o b = \alpha$ 라 하면 $\tan\alpha = \dfrac{\ell}{\overline{\overline{d_0 a}}}$
- 점 a 를 지나는 수평선상에 $1.15\,\ell$ 되는 점 c 를 잡음
- $\overline{d_0 c}$ 를 연결하는 직선을 그려 시간 – 침하량 곡선과의 교점을 x 라 하고 $\angle a d_o c = \alpha'$ 이라 한다.
- $\tan\alpha' = \dfrac{1.15\,\ell}{\overline{\overline{d_0 a}}}$ 이 되어 $\tan\alpha' = 1.15\tan\alpha$
- x 점의 좌표가 $(\sqrt{t_{90}}, d_{90})$ 이 됨.

여기서 d_{90} : 평균압밀도 90%에 대응하는 다이얼 읽음

t_{90} : 평균압밀도 90%에 도달하는데 소요되는 시간(min)

이것은 이론곡선 $\sqrt{T_v} - U$ 의 특성을 그대로 적용한 것이다.

③ 압밀계수 c_v 의 결정

$$T_v = \frac{c_v t}{H^2}$$

그런데 $U = 90\%$ 이면 $T_v = 0.848$ 이므로

$$0.848 = \frac{c_v t_{90}}{H^2} \quad \therefore c_v = \frac{0.848\,H^2}{t_{90}} \tag{6.21}$$

여기서 H : 최대 배수거리

참고사항 : ★에 관한 사항

시간계수 T_v 와 평균압밀도 U 사이의 근사관계식 중

$$U \le 50\% \,(T_v \le 0.197)\text{이면 } T_v = \frac{\pi}{4}\left[\frac{U(\%)}{100}\right]^2 \tag{6.16}$$

이 됨은 이미 언급하였다. 위 식은 $U = \frac{2}{\sqrt{\pi}}\sqrt{T_v}$ 로 쓸 수 있으며 $\sqrt{T_v} \propto U$, 즉 U와 $\sqrt{T_v}$ 사이에는 직선적 비례관계가 있음을 보여주고 있다. 그림 6.22(b)에서 초기 직선부분이 이 관계를 나타내고 있다. 그런데 이 직선부분은 $U \le 50\%$ 가 아니라 $U \le 60\%$ 까지 성립됨을 알 수 있다. 따라서, $\sqrt{T_v} - U$ 사이의 직선적 근사관계, 즉 식 (6.16)은 $U \le 60\%$ ($T_v \le 0.287$)까지 확장하여 적용해도 좋다.

$\log t$ 법으로 결정한 압밀계수는 정규압밀 상태의 응력 범위에서는 $\sqrt{t}$ 법으로 구한 값보다 더 적다. 그리고 $\log t$ 법으로 구한 압밀계수를 이용한 침하속도 산정 결과가 실제와 더 잘 맞는 것으로 평가받고 있다. 그러나 $\sqrt{t}$ 법은 사용이 훨씬 간편하다.

압밀계수는 각 단계의 압밀하중마다 1개씩 측정하게 되는데 그 값들이 압밀하중에 따라 다르다. 일반적으로 과압밀 상태의 응력에서는 압밀계수가 크고 선행압밀하중 부근에서 최소가 되며, 정규압밀의 하중 범위에서는 거의 같다.

이 사실이 그림 6.24(a)에 나타나 있다. 그림 6.24(b)는 압밀하중에 따른 간극비의 변화를 나타내고 있다. 이 두 그림은 압밀시험 결과를 나타내는 가장 중요한 그림이다. 압밀시험 data에서 이들 그림을 그리는 방법은 곧 이어서 논의하고 있다.

실제 설계에서 시간 – 침하량 관계를 결정하기 위하여 압밀계수를 선택할 때에는 선행압밀하중 부근의 최소치를 선택하거나 현장의 응력 상태에 대응하도록 하여 결정하고 있다. 액성한계와 압밀계수 사이에는 그림 6.25와 같은 관계가 있다.

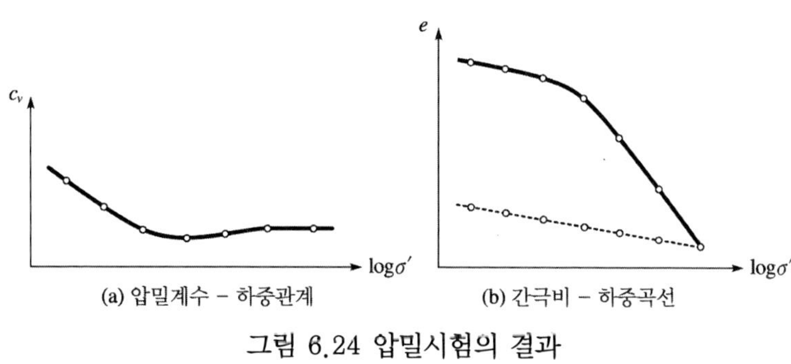

(a) 압밀계수 – 하중관계 (b) 간극비 – 하중곡선

그림 6.24 압밀시험의 결과

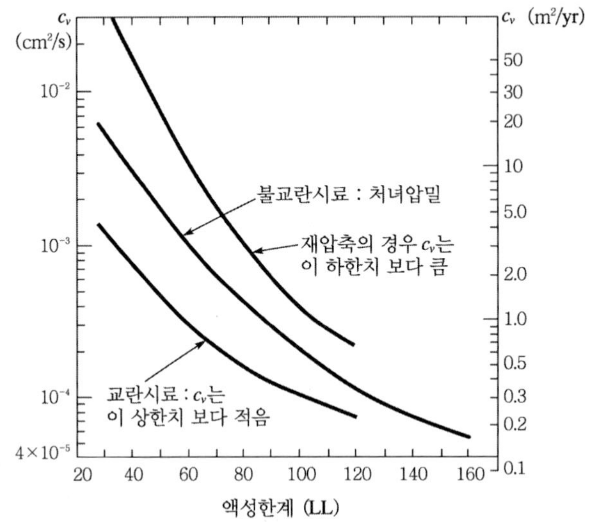

그림 6.25 액성한계와 압밀계수 사이의 관계(U.S.Navy, 1971)

참고사항 : 압밀시험자료에서 흙의 특성치를 결정하는 방법

압밀시험은 1개의 공시체에 대하여 보통 7단계의 하중($0.1kg/cm^2$ 에서 $6.4kg/cm^2$ 까지)을 24시간씩 순차적으로 작용시켜 시간-침하량 관계를 측정한다. 따라서, 각 단계의 압밀 하중마다 1벌의 시간-침하량 측정 자료를 얻게 된다.

공시체(specimen)의 직경과 압밀 전의 두께는 이미 알고 있으므로 각 단계의 하중으로 압밀완료 시켰을 때의 압축량(다이얼 읽음)을 측정하면 그 때의 공시체 두께를 알 수 있다.

일련의 하중에 대한 압밀시험이 모두 끝난 후 흙의 비중과 공시체의 건조중량을 측정하면 각 하중(유효응력)변화에 따른 압밀계수, 간극비의 변화를 알 수 있고, 그 결과는 보통 반대수 방안지를 이용하여 $\log\sigma'$ 에 대한 값으로 나타낸다.

(a) 압밀계수(coefficient of consolidation) : c_v

- $\log t$ 법 : $c_v = \dfrac{0.197H^2}{t_{50}}$
- $\sqrt{t}$ 법 : $c_v = \dfrac{0.848H^2}{t_{90}}$

여기서, H는 최대 배수거리로서 전 단계하중으로 압밀 완료되었을 때의 최대 배수거리와 현재의 하중으로 압밀완료된 상태에서의 최대 배수거리의 평균치로 한다. 즉 전단계 하중으로 압밀완료 되었을 때의 시료두께와 현단계 하중으로 압밀완료 시켰을 때의 시료두께의 평균치의 반으로 한다

(양면배수이므로).

예를 들어 $0.2kg/cm^2$ 로 압밀완료 시켰을 때의 시료두께가 2.0cm이었고 하중 $0.4kg/cm^2$ 로 압밀시켜 침하량 $\Delta H = 0.2cm$ 가 발생하였다면 압밀완료시 시료두께 는 $2.0-0.2=1.8cm$ 이고 평균두께는 $\frac{1}{2}(2.0+1.8)=1.9cm$. 따라서, $0.4kg/cm^2$ 로 압밀하는 과정의 압밀계수를 구하기 위한 최대배수거리는 $\frac{1.90}{2}=0.95cm$.

또는 시료의 평균두께 $= 2.0-\frac{0.2}{2}=1.9cm$. 따라서, 최대 배수거리 $=\frac{1.9}{2}=0.95cm$

이와 같은 방법으로 각 압밀하중에 대한 압밀계수를 구하여 그림 6.24(a)의 관계를 얻을 수 있다.

(b) 간극비(void ratio) : e

공시체의 직경(따라서, 단면적 A), 압밀 전 공시체의 두께 H_0 은 알고 있는 사항이고 마지막 단계의 하중 $6.4kg/cm^2$ 으로 압밀 완료시킨 다음 공시체를 건조시켜 W_s 를 측정하고 비중 G_s 도 측정한다.

- 토립자만의 두께 ; $H_s = \frac{W_s}{G_s \gamma_w A}$
- 압밀 전 간극비 ; $e_0 = \frac{V_v}{V_s} = \frac{V_0 - V_s}{V_s} = \frac{H_0 - H_s}{H_s}$
- 제1단계 하중 $0.1kg/cm^2$ 로 압밀 완료시켜 침하량 ΔH_1 이 일어났다면

  시료의 두께 $= H_1 = H_0 - \Delta H_1$

  압밀완료시의 간극비 ; $e_1 = \frac{H_1 - H_s}{H_s} = \frac{(H_0 - \Delta H_1) - H_s}{H_s}$

  $$= \frac{H_0 - H_s}{H_s} - \frac{\Delta H_1}{H_s} = e_0 - \frac{\Delta H_1}{H_s}$$

제2단계 하중 $0.2kg/cm^2$ 로 압밀 완료시켜 침하량 ΔH_2 가 일어나면

$$H_2 = H_1 - \Delta H_2$$

압밀완료시의 간극비 ; $e_2 = e_1 - \frac{\Delta H_2}{H_s}$

이와 같이 각 단계 하중에 대하여 간극비 e_3 , e_4 , e_5 , e_6 을 구할 수 있다. 제7단계 하중 $6.4kg/cm^2$ 으로 압밀 완료시켜 침하량 ΔH_7 이 일어났다면

$$e_7 = e_6 - \frac{\Delta H_7}{H_s}$$

e_7 은 시험이 끝난 뒤 공시체의 무게를 측정하고 다시 공시체를 건조시켜 W_s 를 측정하면 $G_s \, w = e_7$ ($S = 100\%$)으로 check해 볼 수 있다.

이와 같이 하여 그림 6.24(b)와 같이 $e - \log\sigma'$ 관계를 그릴 수 있고 이 그림을 간극비-하중곡선이라 한다. $e - \log\sigma'$ 은 침하량 산정(How much?)에 사용되며 또한 흙의 응력이력(stress history)판단에도 사용되는 그림이다.

(c) 압축계수(coefficient of compressibility) : a_v

$$a_v = -\frac{\Delta e}{\Delta\sigma'} = \frac{e_0 - e}{\sigma' - \sigma_0'}$$

여기서, σ_0' : 전 단계 압밀하중

σ' : 현 단계 압밀하중

e_0 : 전 단계 하중으로 압밀 완료되었을 때의 간극비

e : 현 단계 하중으로 압밀 완료되었을 때의 간극비

(d) 체적 변화 계수(coefficient of volume change) : m_v

$$m_v = \frac{a_v}{1 + e_0}$$

여기서, e_0 : 전 단계 하중으로 압밀 완료되었을 때의 간극비

(e) 투수계수(coefficient of permeability) : k

$$k = c_v \, m_v \, \gamma_w$$

(f) 일차 압밀비(primary consolidation ratio) : r

일차 압밀비 r은 전체 침하량에 대한 (일차) 압밀침하량의 비이다.

$$r = \frac{S_c}{S}$$

$$\log t \text{ 법 : } r = \frac{d_0 \sim d_{100}}{d_s \sim d_f}$$

$$\sqrt{t} \text{ 법 : } r = \frac{\frac{10}{9}\left(d_0 \sim d_{90}\right)}{d_s \sim d_f}$$

▶ **예제 6.5** 직경 6.0cm, 두께 2.0cm인 공시체로 압밀시험을 실시하였다. 압밀하중 $0.4\,kg/cm^2$ 으로 압밀 완료시킨 후 하중을 $0.8\,kg/cm^2$ 으로 증가시켜 압밀시킬 때 시간-침하량(다이얼게이지 읽

음) 측정결과가 다음 표와 같다. $0.4 kg/cm^2$ 로 압밀 완료시켰을 때까지의 전체 침하량은 2.2mm이고 압밀시험이 끝난 뒤 공시체를 건조시켜 $W_s = 73.27g$ 임을 알았다.

이 점토의 비중이 2.68일 때 다음 물음에 답하라.

압밀하중 $0.8 kg/cm^2$ 으로 압밀이 진행되는 과정에서

시간(min)	침하량(mm)
0	0.000
0.13	0.065
0.25	0.086
0.5	0.114
1	0.154
2	0.213
4	0.287
9	0.409
16	0.517
25	0.604
50	0.688
100	0.731
225	0.768
500	0.800
1440	0.831

(1) 압밀계수 c_v

(a) log t 법, (b) $\sqrt{t}$ 법

(2) 압축계수 a_v

(3) 체적변화계수 m_v

(4) 투수계수 k

풀이 :

압밀시험에 관한 문제이므로 앞의 참고사항 참조

(1) 압밀계수 c_v : $T_v = \dfrac{c_v t}{H^2}$, $c_v = \dfrac{T_v H^2}{t}$

$$\log t \text{ 법} : c_v = \frac{0.197H^2}{t_{50}} \qquad \sqrt{t} \text{ 법} : c_v = \frac{0.848H^2}{t_{90}}$$

최대 배수거리 H는 $0.8 kg/cm^2$ 의 하중으로 압밀 시작 시와 압밀 종료 시 최대 배수거리의 평균치 $H = \dfrac{(H_1 + H_2)}{2}$ 로 한다.

- $0.8 kg/cm^2$ 로 압밀 시작할 때의 공시체 누께

  $2H_1 = 2H_0 - \Delta H_1 = 2.0 - 0.22 = 1.78cm$

- $0.8 kg/cm^2$ 로 압밀 완료시켰을 때의 공시체 두께

  $2H_2 = 2H_1 - 0.0831 = 1.78 - 0.0831 = 1.70cm$

따라서, 공시체의 평균두께 : $2H$

$$2H = \frac{2H_1 + 2H_2}{2} = \frac{1.78 + 1.70}{2} = 1.74cm$$

평균 최대 배수거리 : $H = \dfrac{2H}{2} = \dfrac{1.74}{2} = 0.87cm$

(a) log t 법

시간 – 침하량 관계를 log t 법으로 그린 것이 그림 예제 6.5 해답도 (1)이다.

이 그림에서 $t_{50} = 7.0\,\text{min}$ 을 얻는다.

$$\therefore c_v = \frac{(0.197)(0.87^2)}{(7)(60)} = 3.55 \times 10^{-4}\ cm^2/\text{sec}$$

(b) $\sqrt{t}$ 법

측정한 시간 – 침하량 관계를 $\sqrt{t}$ 법으로 그린 것이 그림 예제 6.5 해답도 (2)이다. 이 그림에서 $t_{90} = 5.4^2 = 29.16\,\text{min}$ 을 얻는다.

$$\therefore c_v = \frac{(0.848)(0.87^2)}{(29.16)(60)} = 3.67 \times 10^{-4}\ cm^2/\text{sec}$$

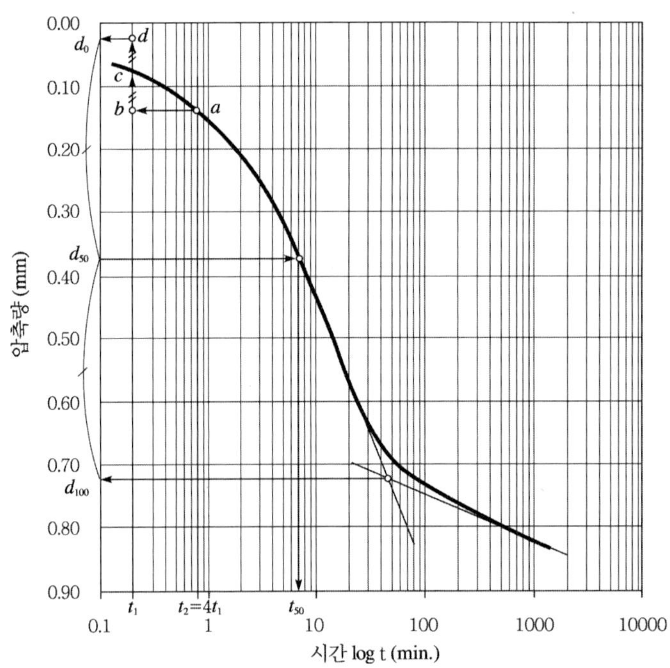

그림 예제 6.5 해답도 (1)

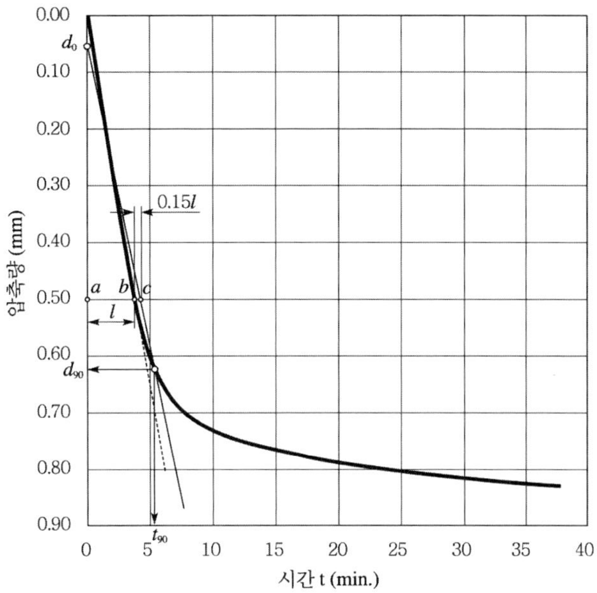

그림 예제 6.5 해답도 (2)

NOTE : $\sqrt{t}$ 법으로 구한 c_v 는 $\log t$ 법으로 구한 c_v 보다 크거나 같은 것이 보통임.

(2) 압축계수 a_v

하중 $0.8kg/cm^2$ 으로 압밀 시작 시와 압밀 종료 시의 간극비 e_1과 e_2를 각각 계산으로 구한다 (앞의 참고사항 참조).

- 공시체의 단면적 : $A = \dfrac{\pi d^2}{4} = \dfrac{\pi (0.6)^2}{4} = 28.27cm^2$

- 토립자만의 두께 : $2H_s = \dfrac{W_s}{G_s \gamma_w A} = \dfrac{73.27}{(2.68)(1)(28.27)} = 0.967cm$

- 압밀 시작 시의 간극비 : $e_1 = \dfrac{V_v}{V_s} = \dfrac{2H_1 - 2H_s}{2H_s} = \dfrac{1.78 - 0.967}{0.967} = 0.84$

- 압밀 종료 시의 간극비 : $e_2 = \dfrac{V_v}{V_s} = \dfrac{2H_2 - 2H_s}{2H_s} = \dfrac{1.70 - 0.967}{0.967} = 0.758$

$$\therefore a_v = \frac{e_1 - e_2}{\sigma_2' - \sigma_1'} = \frac{0.84 - 0.758}{0.8 - 0.4} = 0.205\,cm^2/kg$$

(3) 체적변화계수 m_v

$$m_v = \frac{a_v}{1+e_1} = \frac{0.205}{1+0.84} = 0.11 cm^2/kg$$

(4) 투수계수 k: $c_v = \dfrac{k}{m_v \gamma_w}$, $k = c_v m_v \gamma_w$

$\log t$ 법으로 구한 c_v를 사용하면 $c_v = 3.55\times 10^{-4}\ cm^2/\sec$ 이므로

$$\therefore k = (3.55\times 10^{-4})(0.11)\left(\frac{1}{1000}\right) = 3.91\times 10^{-8}\ cm/\sec$$ ◀

NOTE: ① $\gamma_w = 1g/cm^3 = \dfrac{1}{1000} kg/cm^3$

② 압밀시험에서는 위에 보인 것처럼 작은 투수계수($5.22\times 10^{-8}\ cm/\sec$)도 측정이 가능함.

6.4.2 간극비 – 하중곡선

압밀시험에서 각 단계의 하중으로 압밀이 완료되었을 때의 간극비와 유효응력은 쉽게 알수 있다. 공시체에 작용하는 정수압은 대단히 작아서 무시하므로 압밀완료시에는 압밀 하중이 유효응력과 같게 된다. 이 때 간극비를 구하는 방법은 바로 앞 참고사항에서 이미 설명하였다. 마찬가지로 하중을 감소시키는 제하(除荷, unloading) 또는 팽창(rebound, swelling) 시험과 팽창 후 재압축(再壓縮, recompression) 과정에 대해서도 하중 단계별로 간극비와 유효응력을 구할 수 있다.

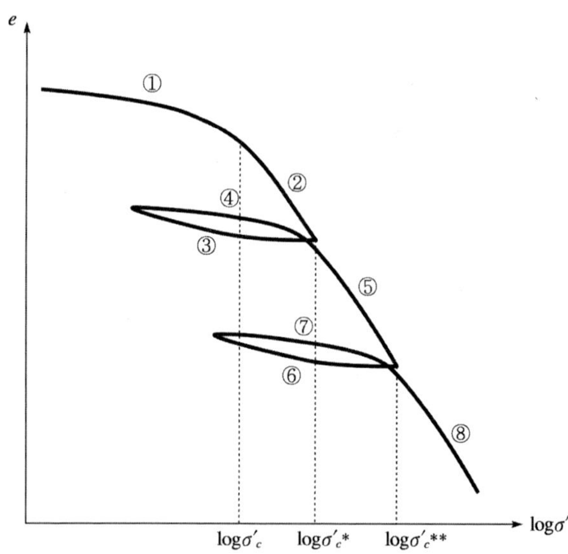

그림 6.26 간극비 – 하중곡선

이렇게 하여 얻은 간극비 – 유효응력 관계를 반대수 방안지에 $e - \log\sigma'$ 으로 그린 곡선을 간극비 – 하중곡선이라 한다.

그림 6.26는 간극비 – 하중곡선을 sketch한 것이다. 이 그림을 보면 응력이 적은 초기 부분 ①에서는 간극비의 감소가 적어서 완만한 경사의 곡선을 이루고 있다. 그러다가 응력이 특정한 값 σ'_c

에 도달하면 간극비가 급격히 감소하면서 급경사인 직선 ②을 그린다. 이때 특정한 응력 σ_c'을 선행압밀하중 또는 선행압밀압력이라하고, 선행압밀하중보다 큰 응력에서 나타나는 직선인 간극비 – 하중곡선을 처녀압밀곡선 또는 처녀압축곡선이라 한다. 선행압밀하중 σ_c'은 이 흙이 땅속에서 지금까지 받아온 최대 연직 유효응력이다. 선행압밀하중과 처녀압밀곡선에 대해서는 곧이어 상세히 논의하게 된다.

응력 $\sigma_c'*$(보통 $6.4kg/cm^2$)에서 하중을 순차적으로 제거해가면 팽창곡선 ③을 얻고 팽창이 끝난 뒤 다시 하중을 단계적으로 증가시키면 재압축곡선 ④가 그려진다. 그런데 곡선 ③과 ④에 대해서는 선행압밀하중은 $\sigma_c'*$이다. 따라서, 이 재압축곡선 ④는 경사가 완만한 곡선이며 곡선 ①과 거의 평행하다. 그런데 재압축곡선 ④가 선행압밀하중 $\sigma_c'*$에 도달하면 간극비 – 하중곡선은 급경사인 처녀압밀곡선 ⑤가 된다. 특히 주의할 점은 직선 ⑤는 직선 ②의 연장선 상에 있다는 점이다. 즉 처녀압밀곡선은 선행압밀하중의 크기에 무관하게 동일한 직선의 연장선상에 있게 된다. 다시 응력 $\sigma_c'**$에서 팽창시험을 실시하여 팽창곡선 ⑥이 그려지고 이어서 재압축곡선 ⑦이 그려진다. 주의할 점은 재압축곡선 ④와 ⑦은 서로 평행하고 이들은 다시 곡선 ①과도 거의 평행하다는 사실이다. 이는 곧 곡선 ①이 일종의 재압축곡선이라는 것을 시사하고 있는데 여기에 대하여서는 뒤에 다시 논의하기로 한다.

재압축곡선 ⑦의 선행압밀하중은 $\sigma_c'**$이므로 응력이 이 값보다 커지면 간극비 – 하중곡선은 직선인 처녀압밀곡선 ⑧이 되고, 처녀압밀곡선 ②, ⑤, ⑧은 같은 직선의 연장선 상에 있게 된다.

이상의 논의에서 알 수 있는 사실은

ⓐ 선행압밀하중을 기준으로하여 이보다 작은 응력 범위(과압밀 상태라 함)에서는 재압축곡선, 더 큰 응력 범위(정규압밀 상태라 함)에서는 처녀압밀곡선이 그려진다.

ⓑ 처녀압밀곡선은 직선이며 기울기(압축지수라 함)는 크다

ⓒ 재압축곡선은 서로 평행하여 그 기울기(재압축지수라 함)는 같고 그 형상은 완만한 경사의 곡선이다.

간극비 – 하중곡선에서 선행압밀하중을 구하면 이 흙의 응력이력(stress history)에 관한 정보를 얻을 수 있고 처녀압밀곡선과 재압축곡선의 기울기인 압축지수와 재압축지수를 결정하여 압밀침하량을 산정할 수 있게 된다.

(1) 선행압밀하중의 결정

압밀시험은 지층 속에서 채취한 불교란시료에 대하여 실시한다. 만약 시층의 구성 상태를 파악

하고 시료채취 깊이를 알면 이 흙이 현재 받고 있는 연직유효응력(σ'_0)은 쉽게 산정할 수 있다. 그런데 지층에 과거 세굴과 퇴적이 거듭 일어났거나 지하수위의 변동이 있었다면 이 흙이 받았던 연직유효응력의 크기는 그때마다 달라졌을 것이다.

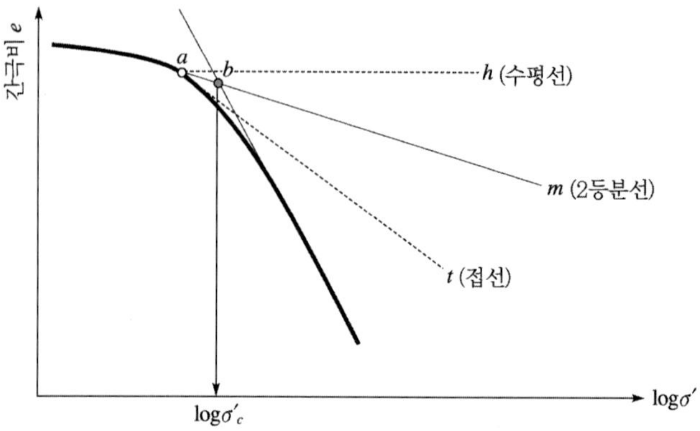

그림 6.27 선행압밀하중의 결정

흙에 작용해 온 응력이력(stress history)을 파악하는 것은 중요하다. 어떤 흙이 지금까지(현재 포함) 받은 적이 있는 최대 연직유효응력을 선행압밀하중(先行壓密荷重) 또는 선행압밀압력(先行壓密壓力, preconsolidation pressure)이라 한다. 모래의 경우에는 선행압밀하중 결정이 극히 어려운 반면 점토의 경우에는 시험실 간극비–하중곡선에서 이 값을 결정하는 경험적 방법이 제안되어 있다. 그림 6.27에는 Casagrande가 고안한 선행압밀하중 결정방법이 제시되어 있다.

선행압밀하중 σ'_c의 결정 순서는 다음과 같다.

① 곡률이 최대(곡률반경 최소)인 점 a 선택(개인차가 불가피함.)

② a 점에서 수평선 $\overline{ah}$

③ a 점에서 접선 $\overline{at}$

④ $\angle hat$ 의 2등분선 $\overline{am}$ 을 그림

⑤ 직선부 연장선과 $\overline{am}$ 의 교점 : b

⑥ b 에 대응하는 $\log\sigma'$ 값이 $\log\sigma'_c$: 따라서, σ'_c 을 얻음.

독자들에게 드리는 질문 : 이렇게 구한 σ'_c 은 가장 확률이 큰(most probable) 선행압밀 하중값으로 평가되고 있다. 처녀압밀 곡선이 직선이라는 사실을 유념하면서 선행압밀하중의 최대치와 최소치의 범위가 어떻게 결정될지 간극비 – 하중곡선에 표시해 볼 것.

일단 선행압밀하중이 결정되면 이 값을 현재의 연직유효응력(σ'_0)과 비교하여 정규압밀, 과압밀, 불완전압밀(또는 압밀 진행중)으로 판정한다. 즉

- $\sigma_o' = \sigma_c'$ ⇌ 정규압밀(normally consolidated : NC)
  (현재의 연직 유효응력이 지금까지 받은 적이 있는 최대 연직 유효응력인 경우)
- $\sigma_o' < \sigma_c'$ ⇌ 과압밀(overconsolidated : OC)
  (현재의 연직 유효응력 보다 더 큰 연직 유효응력을 받은적이 있는 경우)
- $\sigma_o' > \sigma_c'$ ⇌ 압밀 진행중(underconsolidation : UC)
  (현재의 연직 유효응력이 지금까지 받은 적이 있는 최대 연직 유효응력 보다 큰 경우?)

이것은 논리상으로 모순이다. σ_0' 계산이 잘못된 경우가 대부분이다. 즉 $\sigma_0' = \sigma - u$ 에서 u 를 정수압으로 본 경우이다. 만일 상재하중에 의한 압밀이 진행중이면 간극수압은 정수압 외에 과잉 간극수압이 작용하므로($u = u_{ss} + u_e$) 간극수압은 정수압보다 크다. 따라서, 이 때의 유효응력은 정수압만을 고려한 유효응력보다 적어진다. 즉 σ_0' 은 실제로는 정수압으로 계산한 값보다 적어지고 이 값은 선행압밀하중과 같거나 적게 되어 논리상 모순이 해소된다. 실제 "σ_0' 이 σ_c' 보다 크다"는 존재할 수 없다. 이 사실은 다음 예제를 이용하여 설명할 수 있다.

▶ **예제 6.6** 압밀진행중($\sigma_0' > \sigma_c'$)인 경우의 한 예

그림 예제 6.6 문제도(a)에는 지층의 상태가 제시되어 있다. $EL.-6m$ 인 A점에서 시료를 채취하여 압밀시험을 한 결과 선행압밀하중 $\sigma_c' = 4.5t/m^2$ 임을 알았다.

그런데 $EL.\pm 0m \sim EL.-2m$ 사이의 두께 2m인 성토는 비교적 최근에 실시되었다. 간극수압을 측정하기 위하여 A점에 세운 물기둥의 상승높이는 지하수면보다 1.7m 더 높다. A점이 정규압밀, 과입밀, 입밀진행 중 가운데 어디에 속하는지 판별하라. 그리고 실제 응력상태는 어떠한가?

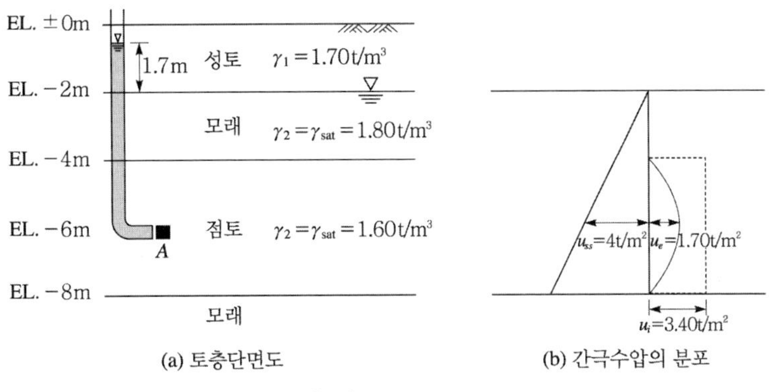

(a) 토층단면도 (b) 간극수압의 분포

그림 예제 6.6 문제도

풀이 :

A점의 현재 연직유효응력 $\sigma_0' = \sigma_v' = \sigma_v - u$

그런데 $\sigma_v = \gamma_1 z_1 + \gamma_2 z_2 + \gamma_3 z_3$

$$= (1.70)(2) + (1.80)(2) + (1.60)(2) = 3.4 + 3.6 + 3.2 = 10.2\,t/m^2$$

(a) 간극수압을 측정하지 않고 정수압으로 보면($u = u_{ss}$)

$$u = u_{ss} = \gamma_w(z_2 + z_3) = (1)(2 + 2) = 4.0\,t/m^2$$

$$\therefore \sigma_0' = \sigma_v' = \sigma_v - u = \sigma_v - u_{ss} = 10.2 - 4 = 6.2\,t/m^2$$

$\sigma_0' > \sigma_c'$가 되어 압밀진행 중임을 알 수 있다. 이것은 최근에 실시한 성토하중에 의한 압밀이 아직 진행중임을 의미한다.

(b) 실측한 간극수압 u를 사용하면

$$u = \gamma_w(z_2 + z_3) + 1.7 = 5.7\,t/m^2$$

$$\therefore \sigma_0' = \sigma_v' = \sigma_v - u = 10.2 - 5.7 = 4.5\,t/m^2$$

$\sigma_0' = \sigma_c'$ 이므로 정규압밀 상태이다. $\sigma_0' > \sigma_c'$의 모순이 해결되었다. 현재 A점에는 과잉간극수압 $u_e = 1.7\,t/m^2$ 이 작용하고 있는데 이것은 성토하중에 의하여 유발된 간극수압 중 남아있는 부분이다. 현재의 A점 압밀도 $U_z = 50\%$ 이다(이 사실을 확인해 볼 것).

현재의 연직유효응력에 대한 선행압밀하중의 비(ratio)를 과압밀비(過壓密比, overconsolidation ratio) OCR이라 하며 이 값은 과압밀의 정도를 나타낸다.

$$OCR = \frac{\sigma_c'}{\sigma_o'} \tag{6.22}$$

여기서 OCR : 과압밀비

$$OCR = 1 \quad \underset{}{\overset{\sigma_c' = \sigma_0'}{\rightleftharpoons}} \quad \text{NC}$$

$$OCR > 1 \quad \underset{}{\overset{\sigma_c' > \sigma_0'}{\rightleftharpoons}} \quad \text{OC}$$

$$OCR < 1 \quad \underset{}{\overset{\sigma_c' < \sigma_0'}{\rightleftharpoons}} \quad \text{UC}$$

과압밀의 상태는 OCR의 크기에 따라 약간 과압밀(slightly overconsolidated), 중간 정도의 과압밀(moderately overconsolidated) 및 심하게 과압밀(heavily overconsolidated)로 구분한다.

지반이 과압밀되는 원인은 여러가지 있으나 중요한 것으로는 자연적인 침식, 세굴, 인공적 굴착공사 등에 의한 전응력의 감소, 지하수위의 상승 또는 피압지하수의 양수 등에 의한 간극수압의 변화 등이 중요하다. ◀

▶ **예 1.** 지반의 소실 또는 세굴

요소 A 위에 H 되는 곳에 지표면이 있었으나 지반의 소실에 의하여 현재에는 높이 h 되는 곳에 지표면이 존재한다. 이 때 선행압밀하중 $\sigma'_c = \gamma H$, 현재의 연직유효응력 $\sigma'_0 = \gamma h$

$\sigma'_c > \sigma'_0$ 이므로 과압밀

$$OCR = \frac{\gamma H}{\gamma h} = \frac{H}{h}$$

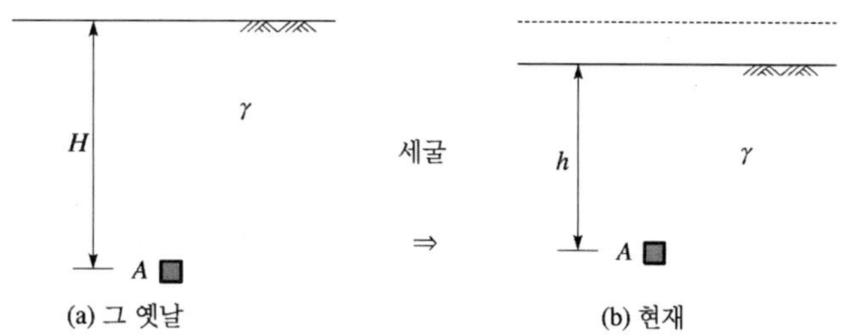

그림 6.28 세굴에 의한 과압밀

◀

▶ **예 2.** 지하수위 상승

그 옛날 지하수위는 요소 A보다 아래 쪽에 있었으나 현재에는 지하수면이 지표면과 일치하고 있다. 이 경우

$$\sigma'_c = \gamma z, \ \sigma'_0 = \gamma' z$$

$$OCR = \frac{\sigma'_c}{\sigma'_0} = \frac{\gamma z}{\gamma' z} = \frac{\gamma}{\gamma'} > 1$$

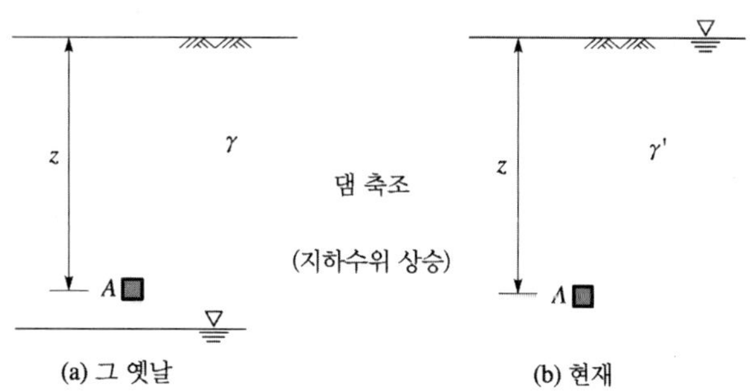

그림 6.29 지하수위 상승에 의한 과압밀

간극비-하중곡선에서 흙의 현재상태(σ'_o, e_o)를 함께 제시하는 것이 대단히 중요하다. ◀

① 현재의 연직 유효응력 σ'_o 결정방법

σ'_o 은 지층 단면도에 대하여 유효응력 방정식을 적용하여 구한다.

$$\sigma'_o = \sigma'_{v0} = \sigma_v - u$$

σ'_0 은 유효토피하중(overburden pressure)이다. 점토층의 간극수압이 정수압뿐인지 과잉간극수압이 있는지 잘 관찰하는 것이 중요하다.

② 현재의 간극비 e_o 결정법

- 시료의 간극비 측정(불교란 시료로 굳게 믿는 경우): 압밀시험 참조
- 상태정수 사이의 관계 이용 $G_s w = Se$

  $\therefore e_0 = G_s w$

  G_s, w 는 교란된 시료로도 측정할 수 있다.

그림 6.30에서 A($\log\sigma'_0$, e_0)는 흙의 현재상태를 나타내는 점이다.

간극비 – 하중곡선에서 σ'_c 을 구하여 σ'_0 과 비교해 보면 정규압밀(NC) 또는 과압밀(OC) 상태를 판정할 수 있다.

NOTE : 흙이 NC인가 OC인가에 따라 압밀침하 및 강도 특성이 크게 달라짐.

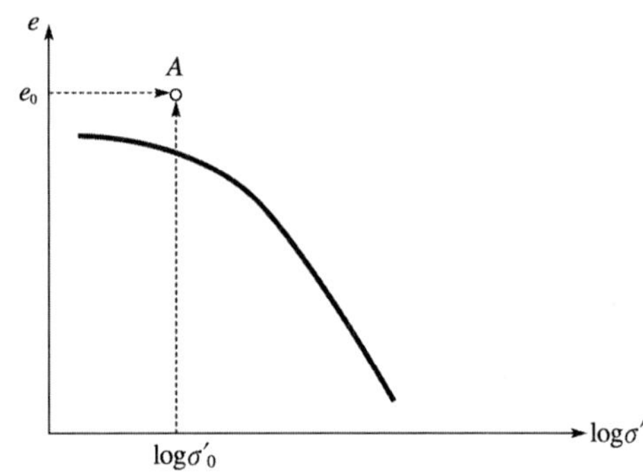

그림 6.30 간극비 – 하중곡선과 흙의 현재 상태

(2) 압축지수

하중이 선행압밀하중보다 커지면 정규압밀상태가 되며 이 때의 간극비–하중곡선은 직선이 된다. 즉 교란되지 않은 점토가 지금까지 받은 최대하중보다 더 큰 하중을 받게 되면 간극비 – 하중곡선은 직선이 되며 이를 처녀압밀곡선 또는 처녀압축곡선(virgin compression curve)라 한다. 그리고 간극비 – 하중곡선의 직선부, 즉 처녀압밀곡선(處女壓密曲線)의 기울기를 압축지수(壓縮指數, compression index)라 하고 기호 C_c 로 나타낸다(그림 6.31 참조).

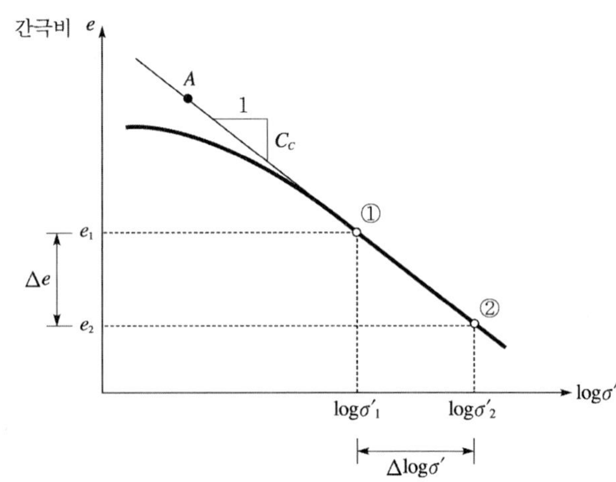

그림 6.31 압축지수

그림 6.31에서 점 ①과 ②에 대하여

$$C_c = -\frac{\Delta e}{\Delta \log \sigma'} = \frac{e_1 - e_2}{\log \sigma_2' - \log \sigma_1'} = \frac{e_1 - e_2}{\log \dfrac{\sigma_2'}{\sigma_1'}} \tag{6.23}$$

C_c는 압밀침하량(How much?) 산정에 사용되는 중요한 지수이다. C_c가 큰 점토는 동일한 응력 변화량에 대하여 큰 간극비 감소를 일으키므로 압밀침하량이 더 커진다.

처녀압밀곡선은 직선이므로 압축지수 값은 일정하다. 간극비 – 하중곡선을 $e - \log\sigma'$으로 그리는 것은 이 특성을 이용하기 위함이다. $e - \log\sigma'$이 직선이 되는 것은 경험을 통하여 인지한 사실일 뿐 이론적 근거는 없다(점토는 log를 이해하지 못함).

C_c 구하는 근사식

압축지수를 구하려면 $e - \log\sigma'$ 곡선을 얻어야 하는데 이를 위한 시험은 장시간이 소요되며 고가인 시험이다. 따라서, 간단한 물리적 시험으로 C_c를 추정할 수 있게 하는 경험식이 제안되어 있는데 적합성은 그다지 높지 않다.

(a) 액성한계와 압축지수 사이의 관계(Terzaghi and Peck, 1966)

◦ 불교란 점토의 경우 :

$$C_c = 0.009(LL - 10) \tag{6.24}$$

- 신뢰도 ± 30%
- 예비 설계단계에서 널리 사용되고 있다.
- 예민비가 4보다 큰 경우($S_t > 4$), $LL > 100\%$ 및 유기질 함유량이 큰 점토에는 적용불가하다.

◦ 교란된 점토의 경우 :

$$C_c = 0.007(LL - 10) \tag{6.25}$$

- 불교란 점토의 압축지수는 교란점토의 압축지수의 1.3배이다.
  즉 교란된 점토는 압축성이 낮아진다.

(b) C_c와 e_0 사이의 관계식(NAVFAC, 1971) : $C_c \cong 1.15(e_0 - 0.35)$

(c) C_c와 w 사이의 관계식 : $C_c \cong 0.01\ w$

압축지수의 값은 흙에 따라 차이가 많으나 대표적인 값(typical values)은 다음과 같다.(Holtz and Kovacs, 1981)

$$C_c \approx 0.2 \sim 0.9$$

- 예민비가 큰 점토와 유기질 점토 ; $C_c >> 1$
- 예를 들어 Peats의 경우 ; $C_c = 10 \sim 15$

(3) 재압축지수

압밀시험에서 하중을 단계별로 증가시켜가면서 시험을 진행하여 마지막 단계의 하중(보통 $6.4\,kg/cm^2$)으로 압밀 완료시킨 다음 하중을 $3.2\,kg/cm^2$, $1.6\,kg/cm^2$ ⋯ 등과 같이 감소시켜가면서 각 하중 단계별 간극비-하중 관계 ($e-\log\sigma'$) 를 구하면 팽창곡선(rebound curve 또는 swelling curve)이 얻어진다. 즉 하중감소에 따라 간극비는 약간씩 증가하여 시료는 다시 부풀어 오른다.

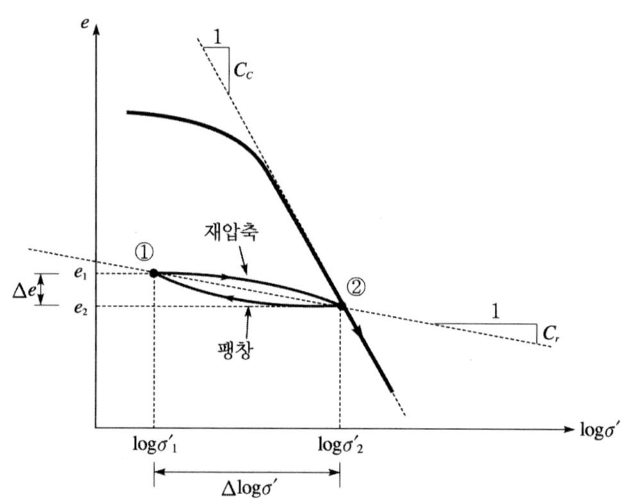

그림 6.32 팽창곡선과 재압축곡선

팽창시험이 끝난 후 하중을 다시 단계별로 증가시켜 가면 시료는 다시 압축되어 간극비는 다시 감소한다. 이 과정의 $e-\log\sigma'$ 관계를 재압축곡선(recompression curve)이라 하고 이들 구간은 직선이 아니라 곡선이 된다. 그림에서 보는 것처럼 팽창 및 재압축곡선은 완만하며 그 기울기는 압축지수에 비해 대단히 작다. 팽창 및 재압축 과정에 있는 흙은 과압밀상태이며 선행압밀하중은 팽창 시작시의 하중이 된다.

선행압밀하중보다 적은 응력 범위 즉 과압밀 상태에서 하중을 증가시켜 선행압밀에 이르는 간극비－하중곡선이 재압축 곡선이며 재압축 곡선의 기울기를 재압축지수(再壓縮指數, recompression index)라 하고 기호 C_r로 표시한다.

그림 6.32에서 점 ①, ②에 대하여

$$C_r = -\frac{\Delta e}{\Delta \log \sigma'} = \frac{e_1 - e_2}{\log \sigma_2' - \log \sigma_1'} = \frac{e_1 - e_2}{\log \dfrac{\sigma_2'}{\sigma_1'}} \tag{6.26}$$

C_r 은 재압축 침하량을 산정하는 중요한 지수이다. C_r 이 크면 물론 재압축 침하량은 크다. 재압축지수는 압축지수보다 대단히 작다(Holtz and Kovacs, 1981). 보통

$$C_r \approx (0.05 \sim 0.10)\, C_c \tag{6.27}$$

재압축지수의 대표적 범위(typical values)는 (Leonalds, 1976)

$$C_r \approx 0.015 \sim 0.035$$

- C_r 은 소성이 적고 과압밀비가 크면 그 값이 적어진다.
- $C_r < 0.005$, $C_r > 0.05$ 인 경우 거의 없다.

그림 6.33을 다시 한번 살펴보면 선행압밀하중의 크기에 무관하게 재압축곡선은 평행하다. 뿐만 아니라 시료 교란의 정도에도 무관하게 C_r 값은 서로 같은 것으로 알려져 있다. 이러한 사실은 재압축지수는 시료교란과 선행압밀하중의 크기와 무관하게 같은 값이 된다는 것을 의미한다. 이것은 재압축 시험은 1번만 실시해도 좋으며, 시험실에서 얻은 재압축지수 값과 현장의 값은 서로 같다는 것을 의미한다. (압축지수 C_c 의 경우에는 곧이어 논의하는 Schmertmann의 방법에 따라 시험실 C_c 를 수정하여 현장 값을 구하는데 반하여 C_r 의 경우 그러한 수정이 불필요하다.)

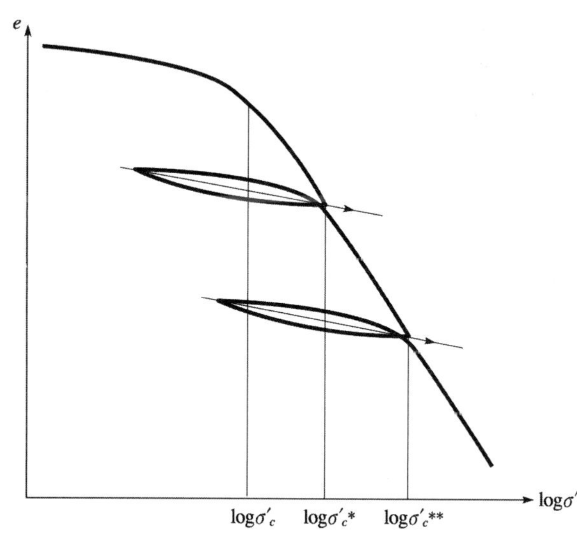

그림 6.33 재압축 곡선의 평행성

참고사항 : 시험실 간극비 – 하중곡선의 초기 부분이 곡선인 이유

이제 간극비–하중곡선의 초기부분이 재압축곡선과 거의 평행한 완만한 곡선이 되는 이유를 생각해 보기로 한다. 그림 6.34에서 점선으로된 직선 ⓐ는 지층의 퇴적과정이다. 이 과정은 처녀압밀곡선이다.

점선으로된 곡선 ⓑ는 시료채취(sampling) 과정이다. 이 과정은 지층속에서 받고 있던 응력이 감소하는 과정이므로 팽창곡선에 해당된다.

다음 실선으로된 곡선 ⓒ는 압밀시험의 간극비-하중곡선의 초기 부분인데 이것은 결국 팽창에 이은 재압축곡선이다. 즉 간극비–하중곡선의 초기부분은 일종의 재압축 곡선이므로 직선이 아니라 완만한 곡선 형태를 하게 된다.

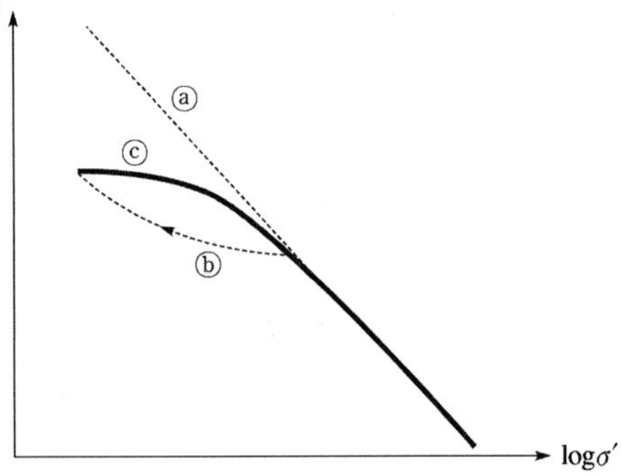

그림 6.34 공시체의 응력 이력

재압축과 그 다음에 오는 처녀압밀과정에 걸친 $e-\log\,\sigma'$ 곡선의 기울기를 비교하여 보면 재압축 과정, 즉 과압밀상태에서는 간극비 – 하중곡선의 경사가 완만한 C_r 이 되지만 일단 선행압밀하중(즉, 팽창시험 시작하중)을 지나 정규압밀상태로 되는 순간 그 경사는 급증하여 팽창시험전의 압축지수 C_c 와 일치하게 된다. 즉 정규압밀상태로 되는 순간 흙은 과압밀상태를 경험하지 않았던 것처럼 처녀압밀곡선을 그리게 된다.

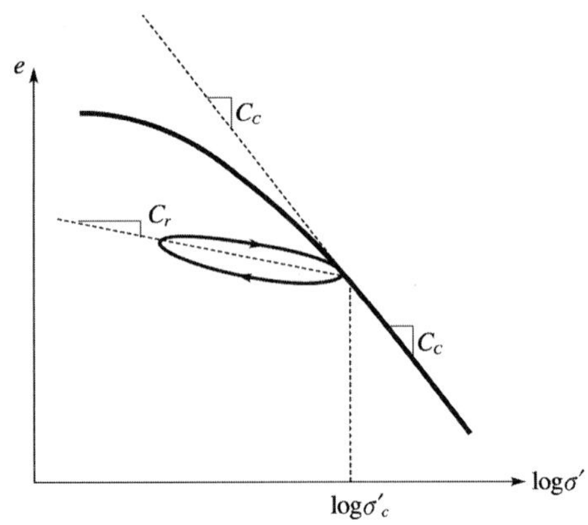

그림 6.35 흙의 기억력

독자들에게 드리는 질문 : 그림 6.35를 참조하여 흙의 기억력에 관하여 생각해 볼 것(흙의 기억력(memory)에 관하여 최초로 언급한 사람은 Casagrande임).

6.4.3 원지반의 간극비 – 하중곡선 결정

압밀시험은 흙의 압밀특성을 파악하기 위하여 실시한다. 그런데 점토는 교란되면 본래의 압밀특성이 달라져 버린다. 압밀시험에 사용하는 공시체는 아무리 세심한 주의를 기울여도 시료채취(sampling) 과정, 시료운반 과정 및 공시체 제작(trimming) 과정에서 불가피하게 생기는 교란을 막을

수 없다. 또한 지반내에 있을 때와 공시체가 되었을 때의 응력차이에 기인하는 태생적(inherent) 교란에 의하여 원지반과 다른 압밀특성을 나타내게 된다.

점토는 교란되면 간극비 – 하중곡선의 기울기가 달라진다. 즉 압축지수가 달라진다.

따라서, 시험실 간극비 – 하중곡선은 원지반의 간극비 – 하중곡선과 다르다. 시험실에서 얻은 압축지수는 실제의 압축지수와 다르다.

Schmertmann(1955)은 시험실 간극비 – 하중곡선에서 원지반의 간극비 – 하중곡선을 추정할 수 있는 방법을 제안하였다. Schmertmann은 원지반 처녀압밀곡선은 시험실 간극비 – 하중곡선과 반드시 교차하며 그 교점은 간극비가 원지반 간극비의 42%되는 곳이라고 주장하였다($e = 0.42\,e_0$). 이것은 정규압밀 점토의 경우 이 교점과 현재의 상태 를 나타내는 점 $A(\log\sigma_0',\ e_0)$를 연결하는 직선이 처녀압밀곡선이 된다는 것을 의미한다.

지금까지 논의해 온 압밀의 특성 중 원지반 간극비 – 하중곡선 작성에 필요한 사항을 요약하면 다음과 같다.

① 처녀압밀곡선은 직선이다. 처녀압밀곡선은 불교란 원지반이 정규압밀상태에서 즉, 지금까지 받아온 최대하중으로 침하하는 과정을 간극비 – 하중곡선으로 나타낸 그림이다. 처녀압밀곡선은 불교란 원지반에 대한 것이므로 시험실 간극비 – 하중곡선과는 달리 초기의 완만한 곡선부가 없다.

② 처녀압밀곡선은 시료의 교란정도에 관계없이 시험실 간극비 – 하중곡선상의 $e = 0.42\,e_0$ 되는 점을 지난다.

③ 시료의 교란정도와 선행압밀하중의 크기에 무관하게 시험실에서 얻는 재압축지수의 값은 일정하다(재압축 시험은 1회만 하면 된다). 이것은 현장의 재압축곡선과 시험실의 재압축곡선이 평행하며, 두 경우의 재압축지수가 서로 같다는 것을 의미한다.

이 3가지 압밀 특성은 그림 6.36에 간단하게 sketch되어 있다.

이 세가지 사실을 이용하여 시험실 간극비 – 하중곡선($e - \log\sigma'$)에서 현장의 실제 간극비 – 하중곡선, 즉 처녀압밀곡선과 재압축곡선을 다음과 같이 추정하는 것이 가능하다. 즉 압밀시험 전 과정에서 발생한 시료교란에 의한 오차를 보정한 간극비 – 하중곡선을 그릴 수 있게 된다.

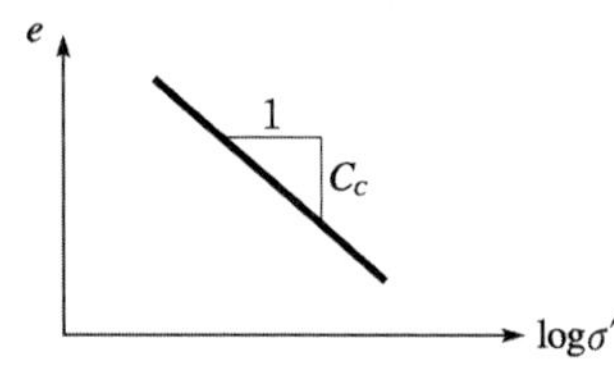

(a) 처녀압밀곡선

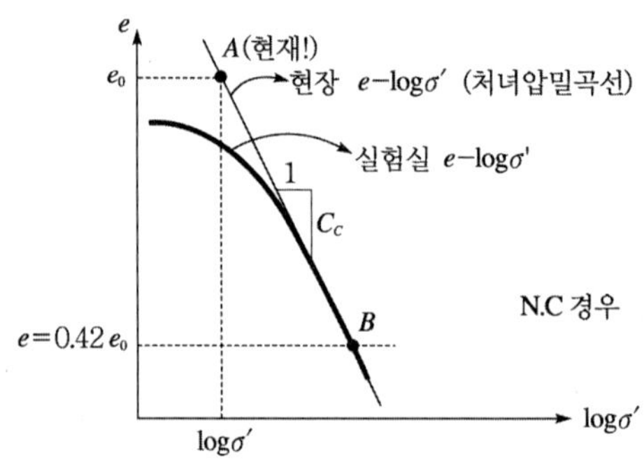

(b) Schmertmann의 방법

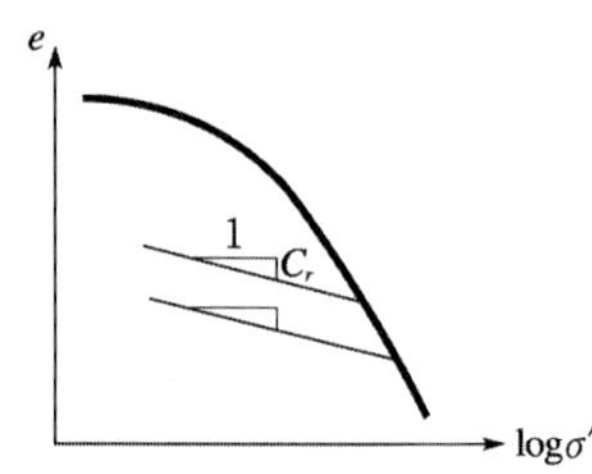

(c) 재압축지수

그림 6.36 원지반 간극비 - 하중곡선 작성에 필요한 압밀특성

(1) 정규압밀의 경우($\sigma'_o = \sigma'_c$)

현재의 연직유효응력과 선행압밀하중이 같은 경우다. 현장의 실제 간극비 - 하중곡선은 처녀압밀곡선이고 이는 직선이다.

실제 간극비 - 하중곡선은 다음 순서대로 그린다. (그림 6.37 참조)

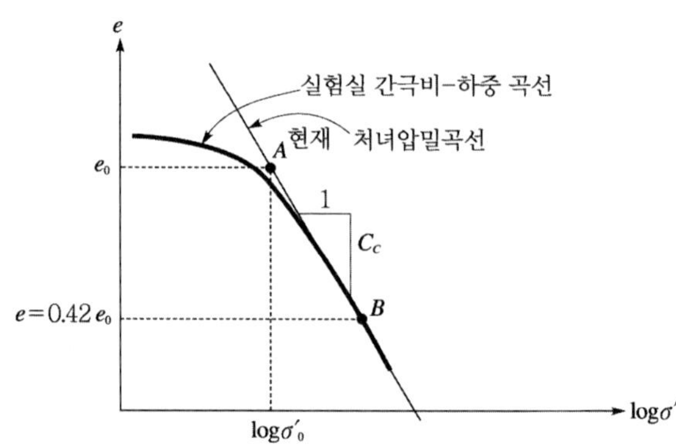

그림 6.37 정규압밀 점토의 현장 처녀압밀 곡선

① 압밀시험 결과로 시험실 간극비 - 하중곡선을 그린다.

② 흙의 현재상태 ($\log\sigma'_0, e_0$)을 나타내는 점 A를 표시한다. 압밀침하는 A에서 시작되어야 한다.

③ 시험실 간극비 - 하중곡선 상의 $e = 0.42e_0$ 되는 점 B를 결정한다. Schmertmann의 연구에 따라 B는 처녀압밀곡선이 지나는 점이 된다.

④ A와 B를 연결하는 직선이 현장의 실제 간극비 – 하중곡선이다. 즉 이 직선이 처녀압밀곡선이고 그 기울기가 실제 압축지수 C_c 이다. 처녀압밀곡선에 따른 압축과정은 다음과 같다.

$$\log\sigma_0' \xrightarrow[\text{처녀압밀}]{C_c} \log(\sigma_0' + \Delta\sigma')$$

(2) 과압밀의 경우($\sigma_o' < \sigma_c'$)

현재의 연직유효응력보다 선행압밀하중이 큰 경우이다. 현재의 응력에서 선행압밀하중까지는 재압축, 선행압밀하중보다 큰 응력에서서는 처녀압밀에 의한 침하가 일어나게 된다.

현장의 실제 간극비 – 하중곡선은 다음과 같이 그릴 수 있다.(그림 6.38 참조)

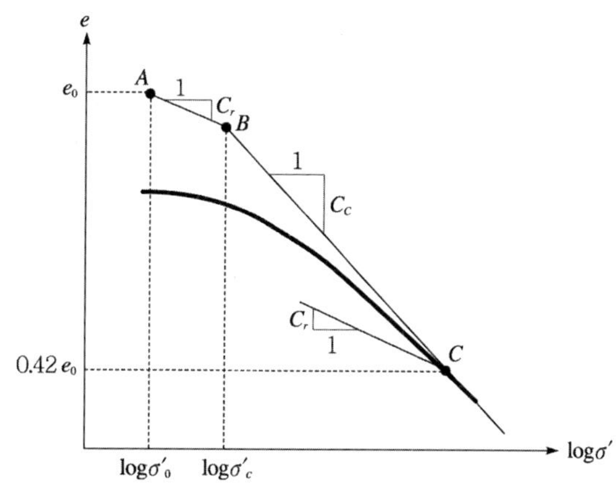

그림 6.38 과압밀 점토의 현장 간극비 – 하중곡선

① 재압축곡선을 포함한 시험실 간극비 – 하중곡선을 그린다.

② 선행압밀하중 σ_c' 을 결정한다(Casagrande 방법 등으로).

③ 지반 내에서의 흙의 현재상태(e_0, $\log\sigma_0'$) 를 나타내는 점 A를 표시한다. A에서 재압축이 시작된다.

④ A에서 시험실 재압축곡선과 평행선을 그려 $\log\sigma_c'$ 선과의 교점 B를 얻는다. 현장의 실제 재압축곡선은 시험실 재압축 곡선과 평행한다.

⑤ A와 B를 연결하는 직선이 현장의 실제 재압축곡선이다(재압축지수 C_r 은 시험실의 C_r 과 같음). 처녀압밀곡선은 B에서 시작되어야 한다.

⑥ 시험실 간극비 – 하중곡선 상의 $e = 0.42e_0$ 되는 점 C를 결정한다. C는 처녀압밀곡선이 반드시 지나는 점이다(Schmertmann 연구).

⑦ B와 C를 연결하는 직선이 처녀압밀곡선이며 그 기울기가 현장의 실제 압축지수이다.

과압밀 점토의 압축과정은 다음과 같다.

$$\log\sigma_0' \xrightarrow[\text{재압축}]{C_r} \log\sigma_c' \xrightarrow[\text{처녀압밀}]{C_c} \log(\sigma_0' + \Delta\sigma')$$

실제 간극비 – 하중곡선은 $A-B-C$로 절곡형이 된다.

6.5 압밀침하량의 산정

6.5.1 압밀침하량 산정에 관한 일반사항

지금까지는 압밀 시작 후(하중 작용후) 시간 t 까지의 침하량은 그 때의 평균압밀도에 최종 압밀침하량을 곱하여 구하였다($S_c(t) = U\ S_c$). 그리고 최종 압밀침하량의 결정방법은 그 논의를 뒤로 미루었는데 이제 최종 압밀침하량(How much?)의 결정방법을 밝혀 보기로 한다.

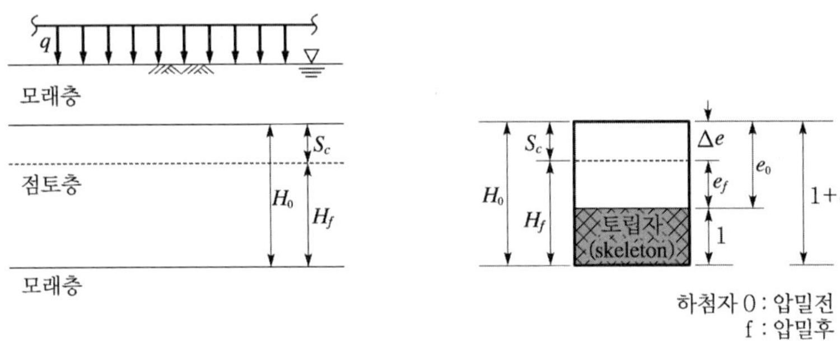

그림 6.39 최종압밀침하량의 결정

그림 6.39와 같이 두께 H_0 인 압밀층이 있다. 압밀층의 평균간극비는 e_0 이다. 지표면에 무한 등분포하중 q가 작용하면 이 하중에 의하여 점토층에는 횡방향 변형은 일어나지 않고 연직방향 일차원 침하만 발생하게 된다(K_0 상태). 재하 직후 하중은 그대로 초기 과잉간극수압이 되며($u_i = q$) 그 값은 깊이에 무관하게 일정하게 분포한다. 과잉간극수압이 소산되면서 물이 배출되고 배출된 물의 부피만큼 지반은 침하하게 된다. 만약 지표면에 작용하는 등분포하중에 의해 압밀이 일어나서 압밀층의 두께는 H_f , 간극비는 e_f 로 변하였다고 하면 압밀침하량 S_c 는

$$S_c = H_0 - H_f$$

압밀에 의한 압밀층의 간극비 변화량 Δe 는

$$\Delta e = e_0 - e_f$$

하첨자 0는 압밀전, f는 압밀완료 후를 나타낸다. 위의 관계는 그림 6.39의 주상도에 명확하게 나타나 있다.

일차원 침하를 가정하고 있으므로 가로방향 변형은 일어나지 않는다. 따라서, 주상도에서는 압밀층의 부피를 두께로 나타내어도 좋다.

주상도에서 $\dfrac{S_C}{H_0} = \dfrac{\Delta e}{1+e_0}$

$$S_c = \frac{H_0}{1+e_0}\Delta e \tag{6.28}$$

Δe 를 구하여 식 (6.26)에 대입하면 압밀침하량을 구할 수 있다.

NOTE : 압밀층이 두꺼우면 여러층으로 나누어 각 층의 S_c 를 구하고, 이들을 합하여 전체 침하량을 구하는 것이 더 정확하다. 즉

$$S_c = S_{c1} + S_{c2} + \ldots + S_{cn} = \sum_{i=1}^{n}(S_c)_i \tag{6.29}$$

지표면에 작용하는 하중이 무한 등분포하중이 아니라 원형 또는 직사각형 등분포하중처럼 제한된 재하면적을 가지는 하중일 때의 압밀침하를 생각해 보자. 무한 등분포하중의 경우 압밀층에는 횡방향 변형이 일어나지 못하므로 연직방향의 일차원 압밀침하가 일어난다. 그리고 압밀층에 작용하는 초기과잉간극수압은 깊이에 무관하게 일정하며 그 크기는 등분포하중과 같다($u_i = q$). 횡방향 변형이 없는 상태에서의 연직침하는 하중에 의하여 유발된 연직응력 $\Delta\sigma_v$ 에 의하여 발생하고 이 응력은 압밀완료시에는 연직유효응력 $\Delta\sigma'_v$ 이 되므로

$$\Delta\sigma_v = u_i = q = \Delta\sigma'_v$$

$$\Delta\sigma'_h = K_0\Delta\sigma'_v = K_0 q$$

그런데 하중면의 크기가 제한되어 있는 원형 또는 직사각형 등분포하중 등의 경우에는 횡방향 변위가 생기게 되므로 일차원 압축상태가 아니다. 이때에는 압밀침하와 함께 즉시침하(탄성침하)가 일어나게 된다. 탄성침하에 대해서는 기초공학의 얕은기초를 참조하기 바란다. 이 경우에는 작용하중에 의하여 압밀층에 생기는 초기 과잉간극수압은 위치마다 다르며 깊이가 깊어질수록 적어진다(다음 장의 Skempton의 간극수압 방정식 참조). 따라서, 일차원 압밀이론이 설정한 가정을 만족시키지 못하고 있다. 그럼에도 불구하고 대부분의 문제에서는 횡방향 변형이 일어나지 않는 것으로 가정하고 일차원 압밀침하가 발생하는 것으로 가정하여 압밀침하량을 계산한다. 이 때 압밀침하는 하중에 의한 지반내의 연직응력 $\Delta\sigma_v$ 에 의하여 발생하는 것으로 하고 $\Delta\sigma_v$ 는 지반 내 응력분포이론으로 구한다.

이와 같은 가정 아래 무한 등분포하중에 의한 압밀침하와 제한된 재하면의 등분포하중에 의한 압밀침하를 함께 논의하기로 한다.

식 (6.26)은 압밀침하량을 구하는 기본식이다. Δe 를 표현하는 방법에 따라 다른 형태의 식이 제시되겠지만 그 근본은 식 (6.26)임을 주의하여야 한다. 다음에는 압축계수 a_v, 체적변화계수 m_v, 압축지수 C_c, 재압축지수 C_r 로 표현되는 압밀침하량 산정방법을 논의하기로 한다.

(1) 압축계수를 이용한 압밀 침하량 산정

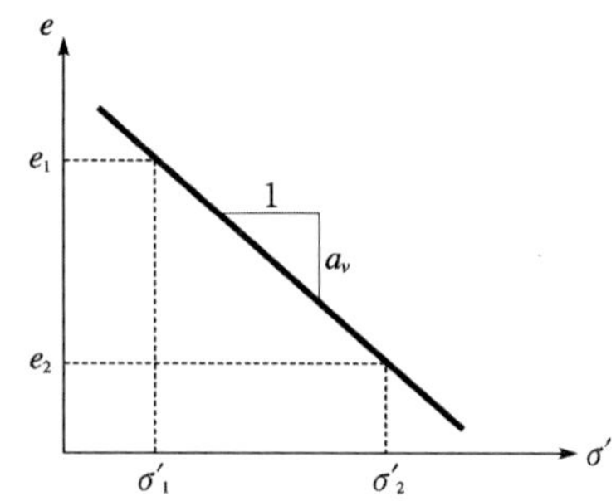

그림 6.40 압축계수

그림 6.40에서 압축계수 a_v 는

$$a_v = \frac{e_1 - e_2}{\sigma'_2 - \sigma'_1} = \left| \frac{\Delta e}{\Delta \sigma'} \right| \qquad \text{(a)}$$

따라서,

$$\Delta e = a_v \, \Delta \sigma' \qquad \text{(b)}$$

식 (b)를 식 (6.26)에 대입하면

$$S_c = \frac{a_v}{1+e_0} \Delta \sigma' H_0 \qquad (6.30)$$

여기서, $\Delta \sigma'$: 하중 등에 의하여 압밀층에 생기는 평균 연직유효응력, 보통 압밀층 중앙면에 생기는 응력으로 생각한다. $\Delta \sigma'$ 에 대해서는 다음의 6.5.2에서 상세하게 논의하고 있다.

NOTE: $a_v \neq const.$ 이므로(즉, e-σ' 은 직선 관계가 아니므로) $\Delta \sigma'$ 이 큰 경우 식 (6.28)은 정확성이 낮음.

(2) 체적변화계수를 이용한 압밀침하량 산정

$m_v = \dfrac{a_v}{1+e_0}$ 이므로 식 (6.28)에서

$$S_c = m_v \, \Delta \sigma' H_0 \qquad (6.31)$$

여기서 $\Delta \sigma'$ 은 바로 위에서 설명한 것 참조.

NOTE: 압밀방정식에서 이미 언급한 것처럼 $m_v \neq const.$

6.5.2 압축지수와 재압축지수를 이용한 압밀침하량 산정

Schmertmann의 방법으로 시료 교란의 효과를 보정한 실제 간극비 – 하중곡선에 대해 압밀침하량 산정방법을 설명하기로 한다.

(1) 정규압밀(NC)인 경우[$\sigma_0' = \sigma_c'$]

그림 6.41에는 정규압밀상태에 대한 실제 간극비-하중곡선, 즉 처녀압밀곡선 ($\overline{AB}$)가 제시되어 있다.

현재의 연직유효응력 σ_0' 에서 하중 등에 의하여 응력이 $\sigma_0' + \Delta\sigma'$ 으로 증가하였다면 이러한 응력변화 상태는 처녀압밀곡선상의 $A \rightarrow X$ 에 대응한다. A와 X 사이의 간극비 감소량 Δe 는

$$\begin{aligned}\Delta e &= C_c[\log(\sigma_0' + \Delta\sigma') - \log\sigma_0'] \\ &= C_c \log\frac{\sigma_0' + \Delta\sigma'}{\sigma_0'}\end{aligned} \tag{a}$$

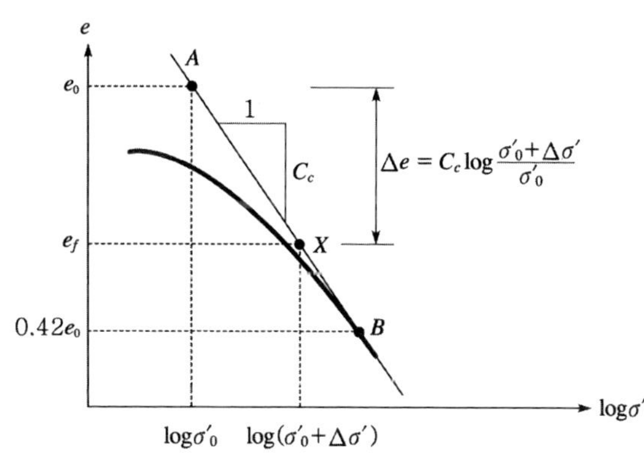

그림 6.41 정규압밀점토의 압밀 침하량

식 (a)를 식(6.26)에 대입하면 압밀침하량 S_c 는

$$S_c = \frac{C_c}{1+e_0} H_0 \cdot \log\frac{\sigma_0' + \Delta\sigma'}{\sigma_0'} \tag{6.32 a}$$

$$S_c = \frac{C_c}{1+e_0} H_0 \cdot \log\frac{\sigma_f'}{\sigma_0'} \tag{6.32 b}$$

여기서 e_0 : 압밀전 압밀층의 평균간극비

σ_0' : 압밀전 압밀층의 평균 유효 토피하중

= 압밀전 압밀층 중앙면의 흙 자중에 의한 연직유효응력

$\Delta\sigma'$: 하중만에 의한 압밀층의 평균 연직유효응력 증가량

≅ 보통은 압밀층 중앙면의 유효응력 증가량

$\sigma_f' = \sigma_0' + \Delta\sigma'$: 압밀완료시 압밀층의 압밀층의 평균 연직유효응력

보다 정확한 $\Delta\sigma'$ 의 결정방법 : $\Delta\sigma'$ 은 지반내 응력분포 이론을 이용하여 하중에 의하여 발생하는 연직응력의 증가량 $\Delta\sigma_v$ 의 분포를 구하여 결정한다.

① 압밀층에서 연직응력 $\Delta\sigma_v = q = u_i$ 가 깊이에 따라 직선적으로 분포하는 경우에는 압밀층 중앙면의 $\Delta\sigma_v$ 를 $\Delta\sigma'$ 으로 한다. 이 때의 $\Delta\sigma'$ 은 정확히 압밀층 평균응력이 된다.
예를 들어 (a) 반무한 등분포하중 작용시 또는 수위 급강하시
(b) 압밀층 아래에 있는 대수층에서의 양수에 의한 정상침투상태(음영처리된 부분)
이들 경우에 대한 $\Delta\sigma'$ 의 분포는 그림 6.42(a)와 (b)에 각각 제시되어 있다.

② 압밀층이 비교적 얇다고 생각되면 압밀층 중앙면의 $\Delta\sigma_v$ 를 $\Delta\sigma'$ 으로 한다. 이 경우 비록 응력분포는 곡선이지만 그 두께가 얇으므로 근사적으로 직선 분포로 보아도 큰 오차는 없다(그림 6.42(c) 참조).

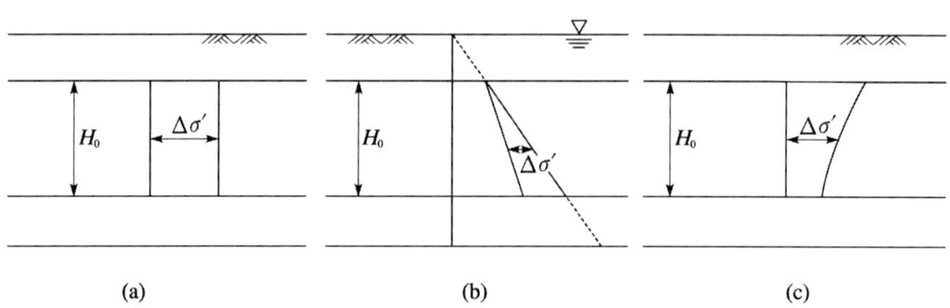

그림 6.42 압밀층의 $\Delta\sigma_v$ 분포와 $\Delta\sigma'$ 결정

③ 압밀층의 두께가 대단히 두껍다고 생각되면 여러층으로 나누어 각 층마다 압밀침하량을 구하고 이들을 합하여 전체 압밀침하량을 산정한다.

$$S_c = \sum \frac{C_c}{1+e_0} H_0 \cdot \log \frac{\sigma_0' + \Delta\sigma'}{\sigma_0'}$$

여기서, σ_0' 과 $\Delta\sigma'$ 은 각 압밀층의 중앙면의 값을 택한다.

④ 압밀층이 두꺼워서 압밀층내의 $\Delta\sigma_v'$ 분포가 뚜렷한 곡선분포를 한다고 생각되는 경우에는 위에서 설명한 방법③ 대신 Simpson의 방법을 사용할 수도 있다(그림 6.43 참조).

$$\Delta\sigma' = \frac{1}{6}[\Delta\sigma_t' + 4\Delta\sigma_m' + \Delta\sigma_b'] \tag{6.33}$$

여기서, $\Delta\sigma_t'$: 압밀층 윗면의 $\Delta\sigma_v$

$\Delta\sigma_m'$: 압밀층 중앙면의 $\Delta\sigma_v$

$\Delta\sigma_b'$: 압밀층 아랫면의 $\Delta\sigma_v$

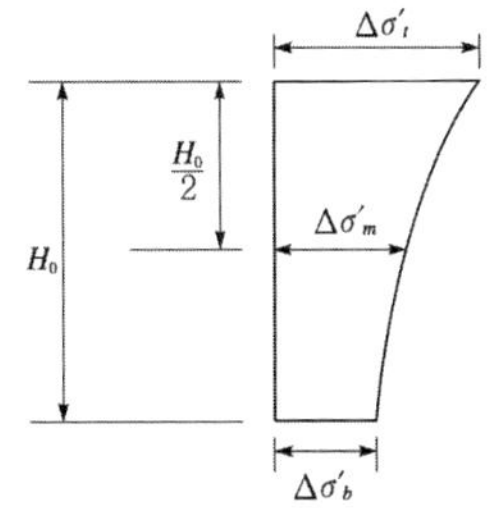

그림 6.43 Simpson의 방법

이 방법을 쓰면 압밀층을 여러층으로 나누는 방법보다 계산이 간편하다

NOTE : 하중 등에 의한 $\Delta\sigma_v$ 는 하중작용 직후에는 초기 과잉간극수압이 되지만 압밀 완료시에는 완전히 유효응력으로 변함.

(2) 과압밀(OC)의 경우[σ_0' 〈 σ_c']

과압밀 상태에 대한 실제 간극비 - 하중곡선은 그림 6.44에 제시한 것과 같다. 압밀침하는 재압축과 처녀압밀루 이루어지며 간극비 - 하중곡선은 절곡되어 있다.

선행압밀하중은 압밀층의 깊이에 따라 다르지만, 압밀층 전체의 평균치 또는 압밀층 중앙면에서의 값으로 가정한다.

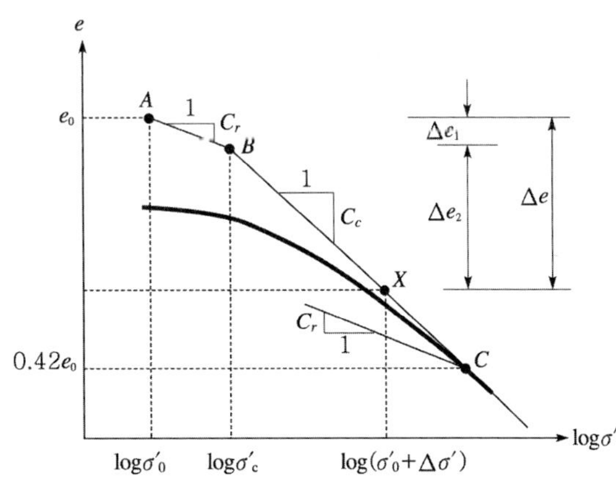

그림 6.44 압밀침하량의 산정
($\sigma_0' + \Delta\sigma' > \sigma_c'$)

① $\sigma_0' + \Delta\sigma' > \sigma_c'$ 인 경우(그림 6.44)

압밀 응력이 선행압밀하중보다 크므로 침하는 재압축과 처녀압밀로 이루어진다.

그림 6.44에서 $A \to B \to X$ 가 침하의 경로이다. A와 X 사이의 간극비 감소량은 재압축에 의한 감소량과 처녀압밀에 의한 감소량의 합과 같다.

$$\begin{aligned}\Delta e &= \Delta e_1 + \Delta e_2 \\ &= C_r \log \frac{\sigma_c'}{\sigma_0'} + C_c \log \frac{\sigma_0' + \Delta\sigma'}{\sigma_c'} \end{aligned} \tag{b}$$

식 (b)를 식 (6.26)에 대입하면 압밀침하량 S_c 는

$$S_c = \frac{C_r}{1+e_0} H_0 \log \frac{\sigma_c'}{\sigma_0'} + \frac{C_c}{1+e_0} H_0 \log \frac{\sigma_0' + \Delta\sigma'}{\sigma_c'} \tag{6.34 a}$$

$$= \frac{C_r}{1+e_0} H_0 \log \frac{\sigma_c'}{\sigma_0'} + \frac{C_c}{1+e_0} H_0 \log \frac{\sigma_f'}{\sigma_c'} \tag{6.34 b}$$

이 식 우변의 첫째항은 재압축침하이고 둘째항은 처녀압밀침하이다.

② $\sigma_0' + \Delta\sigma' < \sigma_c'$ 인 경우(그림 6.45)

압밀응력이 선행압밀하중에 미달하므로 재압축침하만 발생한다. 침하과정은 그림 6.45의 $A \to X$ 가 된다.

A와 X 사이의 간극비 감소량 Δe 는

$$\Delta e = C_r \log \frac{\sigma_0' + \Delta\sigma'}{\sigma_0'} \tag{b}$$

식 (b)를 식 (6.26)에 대입하면 압밀침하량 S_c 는

$$S_c = \frac{C_r}{1+e_0} H_0 \log \frac{\sigma_0' + \Delta\sigma'}{\sigma_0'} \tag{6.33a}$$

$$= \frac{C_r}{1+e_0} H_0 \log \frac{\sigma_f'}{\sigma_0'} \tag{6.33b}$$

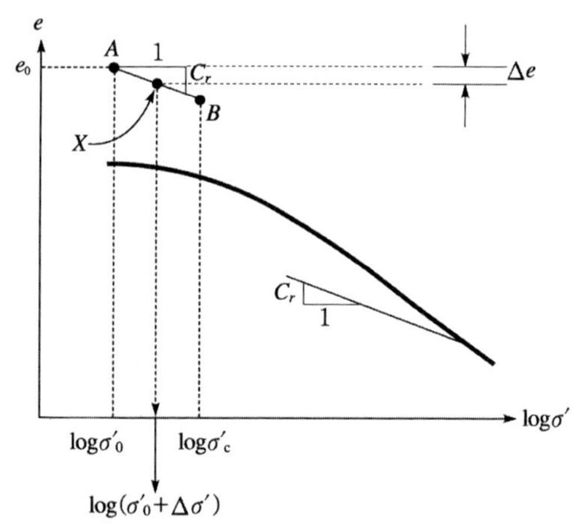

그림 6.45 압밀침하량의 산정

참고사항 : 압축비와 재압축비

압축비 $C_{c\varepsilon}$ 와 재압축비 $C_{r\varepsilon}$ 는 다음과 같이 정의한다.

$$C_{c\varepsilon} = \frac{C_c}{1+e_0} \text{ : 압축비(cf } m_v = \frac{a_v}{1+e_0} \text{ : 체적 변화계수)}$$

$$C_{r\varepsilon} = \frac{C_r}{1+e_0} \text{ : 재압축비}$$

라 한다. 압축비와 재압축비를 사용하여 압밀침하량을 구하는 식은 다음과 같다(압축비를 직접 구하는 방법도 있음. Bowles 저서 참조).

- NC : $S_c = C_{c\varepsilon} H_0 \log \dfrac{\sigma_0' + \Delta\sigma'}{\sigma_0'}$ (6.35)
- OC : $\sigma_0' + \Delta\sigma' > \sigma_c'$ 인 경우 $S_c = C_{r\varepsilon} H_0 \log \dfrac{\sigma_c'}{\sigma_0'} + C_{c\varepsilon} H_0 \log \dfrac{\sigma_0' + \Delta\sigma'}{\sigma_c'}$ (6.36)

  $\sigma_0' + \Delta\sigma' < \sigma_c'$ 인 경우 $S_c = C_{r\varepsilon} H_0 \log \dfrac{\sigma_0' + \Delta\sigma'}{\sigma_0'}$ (6.37)

NOTE : 최종 압밀침하량 S_c 를 구하는 위의 식들은 편면배수의 경우에도 그대로 적용됨. 이 식들이 유도될 때 배수조건은 고려되지 않았음을 유의할 것.

동일한 압밀층이 양면배수와 편면배수 상대에 있을 때 압빌특성을 다시 비교해보면

① 최종 압밀침하량 S_c 는 같음(How much? 같음).

② 침하속도는 양면배수의 경우가 4배 빠름(How fast?는 양면배수 4배 빠름).

즉, 동일한 침하량 $S_c(t)$ 에 도달하는데 걸리는 시간은 양면배수의 경우가 편면배수에 비해 $1/4$ 임.

▶ **예제 6.7** 두께가 4m인 점토층이 그림과 같은 상태에 있다. 지반의 단면도와 물성치는 그림에 제시되어 있다. 지표면에 작용하는 무한등분포 하중 $q = 10t/m^2$ 에 의한 점토층의 압밀침하량을 다음 방법으로 구하라.

(1) 점토층을 단일층으로 볼 때

(2) 점토층을 두께가 각각 2m인 2개의 토층으로 나누어 볼 때

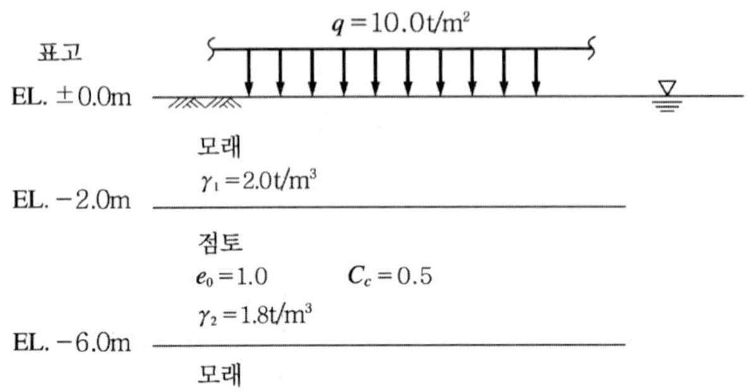

그림 예제 6.7 문제도

풀이 :

압밀침하량 S_c 는

$$S_c = \sum \frac{C_c}{1+e_0} H_0 \log \frac{\sigma_0' + \Delta\sigma'}{\sigma_0'}$$

σ_0' 와 $\Delta\sigma'$ 은 각 층 중앙면의 값을 취한다.

(1) 압밀층을 두께 4m인 단일점토층으로 볼 때

$EL.-4m$ 에서

$$\sigma_0' = \sigma_v' = \gamma_1' z_1 + \gamma_2' z_2 = (2.0-1)(2) + (1.8-1)(2) = 2 + 1.6 = 3.6 t/m^2$$

$$\Delta\sigma' = q = 10 t/m^2$$

$$\therefore S_c = \frac{0.5}{1+1.0}(400)\log\frac{3.6+10}{3.6} = 57.72cm$$

(2) 압밀층의 두께가 각각 2m인 2개의 점토층으로 볼 때

윗층 : $EL.-3m$ 에서 $\sigma_0' = \sigma_v' = (2.0-1)(2) + (1.8-1)(1) = 2.8 t/m^2$

$$\Delta\sigma' = q = 10 t/m^2$$

아래층 : $EL.-5m$ 에서 $\sigma_0' = \sigma_v' = (2.0-1)(2) + (1.8-1)(3) = 4.4 t/m^2$

$$\Delta\sigma' = q = 10 t/m^2$$

$$S_c = \frac{0.5}{1+1.0}(200)\left[\log\frac{2.8+10}{2.8} + \log\frac{4.4+10}{4.4}\right] = 58.75cm$$ ◀

NOTE: $\Delta\sigma' = q$ 는 깊이에 무관하게 일정하지만 (1), (2)에서 구한 압밀침하량은 서로 같지 않음.

▶ **예제 6.8** 그림과 같은 지층 표면에 한변이 4m인 정사각형 가요성(flexible) 기초가 있다. 기초의 도심에 집중하중 200t이 작용한다. 도심점 아래에 생기는 압밀침하량을 다음 방법으로 구하라. 단, 점토는 정규압밀상태에 있다.

(a) 압밀층을 두께 4m인 단일토층으로 볼 때

(b) 압밀층을 두께가 각각 2m인 두 개의 토층으로 볼 때

(c) 압밀층을 단일토층으로 보고 Simpson의 방법으로 $\Delta\sigma'$ 을 구할 때

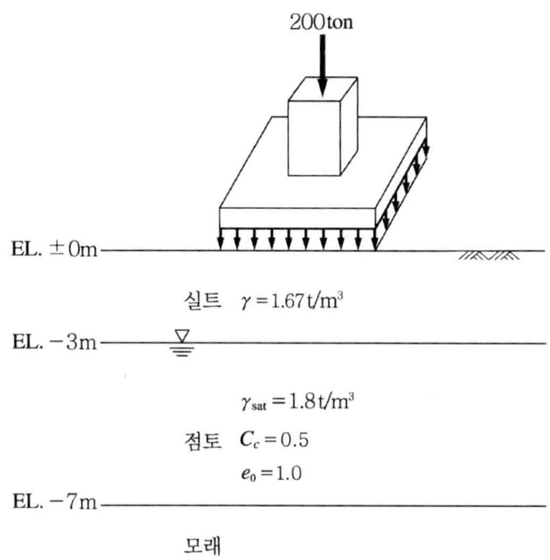

그림 예제 6.8 문제도

풀이 :

등분포하중 $q = \dfrac{200}{4 \times 4} = 12.5\ t/m^2$

압밀침하량 S_c 는

$$S_c = \frac{C_c}{1+e_0} H_0 \log \frac{\sigma_0' + \Delta\sigma'}{\sigma_0'}$$

(a) 압밀층을 두께 4m인 단일 토층으로 볼 때

EL. −5.0m에서

$$\sigma_0' = (1.67)(3) + (0.8)(2) = 5.0 + 1.6 = 6.6t/m^2$$

직사각형 분할법을 사용하면

$$\Delta\sigma' = 4qI_\sigma\,(m = \frac{2}{5},\ n = \frac{2}{5}) = 4\cdot(12.5)\cdot(0.057) = 2.85\ t/m^2$$

$$S_c = \frac{0.5}{1+1.0}(400)\log\frac{6.6+2.85}{6.6} = 15.6\ cm$$

(b) 압밀층을 두께가 각각 2m인 두 개의 토층으로 볼 때

위층 : EL. −4m에서

$$\sigma_0' = (1.67)(3) + (0.8)(1) = 5.8t/m^2$$

직사각형 분할법을 사용하면

$$\Delta\sigma' = 4qI_\sigma(m = \frac{2}{4}, n = \frac{2}{4}) = 4\cdot(12.5)\cdot(0.08) = 4.00\ t/m^2$$

$$S_{c_1} = \frac{0.5}{1+1.0}(200)\log\frac{5.8+4.0}{5.8} = 11.39\ cm$$

아래층 : EL. −6m에서

$$\sigma_0' = (1.67)(3) + (0.8)(3) = 7.4t/m^2$$

직사각형 분할법을 사용하면

$$\Delta\sigma' = 4qI_\sigma(m = \frac{2}{6}, n = \frac{2}{6}) = 4\cdot(12.5)\cdot(0.045) = 2.25\ t/m^2$$

$$S_{c_2} = \frac{0.5}{1+1.0}(200)\log\frac{7.4+2.25}{7.4} = 5.76\ cm$$

따라서,

$$S_c = S_{c_1} + S_{c_2} = 11.39 + 5.76 = 17.2\ cm$$

NOTE : 압밀층을 많은 층 수로 나눌수록 압밀침하량은 더 정확하게 구해지며, 같은 층 수일지라도 위쪽에 있는 층의 두께를 상대적으로 얇게 하면 더 정확한 값이 얻어짐.

(c) 압밀층을 단일토층으로 보고 Simpson 의 방법을 사용할 때

EL. −5에서

$$\sigma_0' = (1.67)(3) + (0.8)(2) = 6.6t/m^2$$

$$\Delta\sigma' = \frac{1}{6}(\Delta\sigma_t' + 4\Delta\sigma_m' + \Delta\sigma_b')$$

$$\Delta\sigma_t' = 4qI_\sigma(m = \frac{2}{3}, n = \frac{2}{3}) = 4\cdot(12.5)\cdot(0.117) = 5.85\ t/m^2$$

$$\Delta\sigma_m' = 4qI_\sigma(m = \frac{2}{5}, n = \frac{2}{5}) = 4\cdot(12.5)\cdot(0.057) = 2.85\ t/m^2$$

$$\Delta\sigma_b' = 4qI_\sigma(m = \frac{2}{7}, n = \frac{2}{7}) = 4\cdot(12.5)\cdot(0.034) = 1.70\ t/m^2$$

$$\Delta\sigma' = \frac{1}{6}(5.85 + 4\cdot(2.85) + 1.70) = 3.16\ t/m^2$$

$$S_c = \frac{0.5}{1+1.0}(400)\log\frac{6.6+3.16}{6.6} = 17\ cm$$ ◀

▶ **예제 6.9** 그림과 같이 두께 3m인 모래층 아래에 두께 5m인 점토층이 있다. 지하수면은 지표면과 일치하고 모래의 단위중량 $2.0t/m^3$, 점토의 단위중량 $1.8t/m^3$, 간극비 $e_o = 1.0$, 압축지수 $C_c = 0.4$ 이다. 어떤 원인에 의하여 지하수면이 3m 강하하면 점토층의 압밀침하량은 얼마인가?(단, 수위강하 전후의 모래의 단위중량은 같다고 가정)

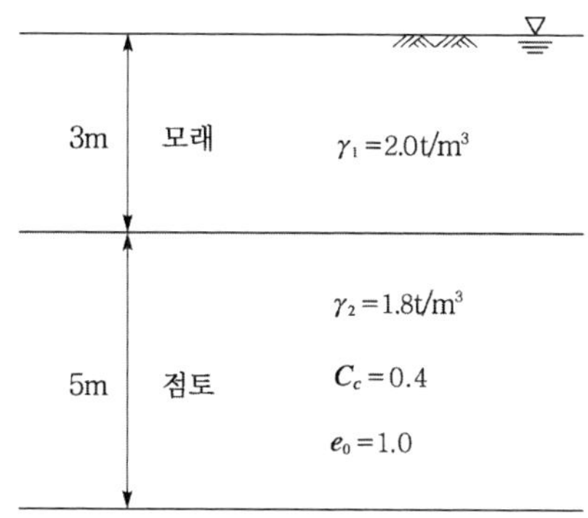

그림 예제 6.9 문제도

풀이 :

• 수위 강하전 점토층 중앙면 (EL. –5.5m)에서의 연직 유효응력 σ'_o

$$\sigma'_o = \gamma'_1 z_1 + \gamma'_2 z_2 = (1.0)(3) + (0.8)(2.5) = 5.0t/m^2$$

• 수위 강하후의 점토층 중앙면 (EL.-5.5m)에서의 연직 유효응력 σ'_f 은

$$\sigma'_f = \sigma'_o + \Delta\sigma' = (2.0)(3) + (0.8)(2.5) = 8t/m^2$$

따라서, 압밀침하량 $S_c = \dfrac{C_c}{1+e_o} H_o \log\dfrac{\sigma'_f}{\sigma'_o} = \dfrac{0.4}{1+1.0}(500)\log\dfrac{8}{5} = 20.41cm$ ◀

NOTE : 지하수위 급상하 직후 상태는 초기과잉간극수압이 점토층 깊이에 관계없이 일정한 경우이고 압밀완료시에는 초기과잉간극수압은 모두 유효응력으로 변함.

지하수위 강하에 따른 모래의 단위중량변화가 없다고 가정하였으므로 유효응력의 증가량 $\Delta\sigma'$ 은

$$\Delta\sigma' = \gamma_w x$$

여기서 x 는 지하수위 강하량

▶ **예제 6.10** 그림과 같은 지층 조건에서 다음 각 경우에 대한 점토층의 압밀침하량을 산정하라. 단 지하수위는 본래 점토층 윗면($EL.-4m$)에 있었으나 오래 전에 지표면까지 상승하였다.

(1) 지하수면이 다시 $EL.-4m$ 까지 강하하는 경우, 단 계산을 간난히 하기 위하여 지하수위 상하

후에도 모래의 단위중량은 $1.75t/m^3$ 로 불변이라 가정

(2) 지하수위는 강하시키지 않고 지표면에 $q=15t/m^2$ 의 넓은 등분포 하중이 작용할 때

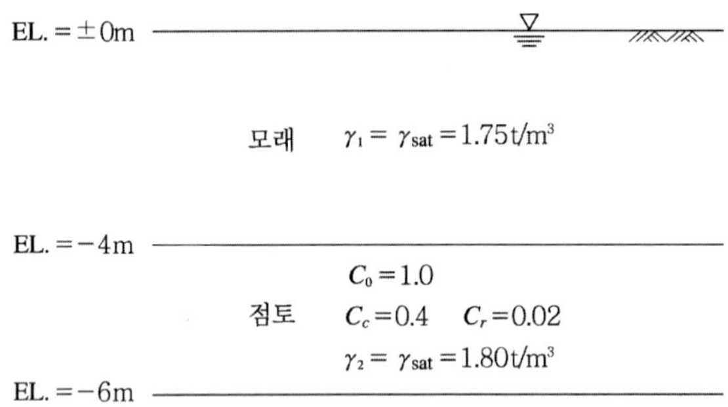

그림 예제 6.10 문제도

풀이 :

점토층 중앙면($EL.-5m$)에 대하여 현재의 연직유효응력 σ_0' 과 선행압밀하중 σ_c' 을 구해보면

$$\sigma_o' = \sigma_v' = \gamma_1' z_1 + \gamma_2' z_2 = (0.75)(4) + (0.8)(1) = 3.0 + 0.8 = 3.8t/m^2$$

σ_c' 은 지하수면이 $EL.-4m$ 에 있었을 때의 연직유효응력이므로

$$\sigma_c' = \gamma_1 z_1 + \gamma_2' z_2 = (1.75)(4) + (0.8)(1) = 7.0 + 0.8 = 7.8t/m^2$$

$\sigma_0' < \sigma_c'$ 이므로 과압밀 상태

(1) 지하수위가 $EL.-4m$ 까지 강하한 경우

이 상태로 압밀완료 되었을 때 점토층 중앙면의 연직유효응력 σ_f' 은

$$\sigma_f' = \sigma_o' = \Delta\sigma' = \gamma_1 z_1 + \gamma_2' z_2 = (1.75)(4) + (0.8)(1) = 7.0 + 0.8 = 7.8t/m^2$$

$$\begin{aligned} S_c &= \frac{C_r}{1+e_0} H_0 \log\frac{\sigma_c'}{\sigma_0'} + \frac{C_c}{1+e_0} H_0 \log\frac{\sigma_f'}{\sigma_c'} \\ &= \frac{0.02}{1+1.0}(200)\log\frac{7.8}{3.8} + \frac{0.4}{1+1.0}(200)\log\frac{7.8}{7.8} \\ &= 0.625 + 0 = 0.625\ cm \end{aligned}$$

NOTE : 선행압밀하중 상태로 되돌아 왔지만 재압축 침하량만큼 침하가 일어남. 그러나 이 경우에는 처녀압밀침하는 일어나지 않음.

(2) 지하수면이 지표면에 있으면서 $q = 15t/m^2$ 이 작용하는 경우

$$S_c = \frac{0.02}{1+1.0}(200)\log\frac{7.8}{3.8} + \frac{0.4}{1+1.0}(200)\log\frac{3.8+15}{7.8}$$
$$= 0.625 + 15.283 = 15.91\ cm$$ ◀

6.6 이차압밀침하

압밀시험 결과를 정리해 보면 일차압밀이 끝난 뒤에도 침하는 시간과 함께 계속 진행됨을 알 수 있다. 압밀시험과정에서 과잉간극수압이 소산되면서 일어나는 침하를 일차압밀침하(primary consolidation)이라 하고 과잉간극수압이 소산된 후(사실상 미소한 과잉간극수압은 존재)에도 계속하여 일어나는 침하를 이차압밀침하(二次壓密, secondary consolidation, secondary compression)이라 한다. 전자에는 Terzaghi 압밀이론이 적용되지만 후자에는 적용되지 않는다. 일차압밀은 이차압밀과 분명하게 구별할 필요가 있을 때를 제외하고는 그냥 압밀이라 한다. 이차 압밀현상을 rheology 등으로 설명하고 있으나 아직 정설은 없는 것 같다.

6.6.1 이차압축지수와 이차압축비

그림 6.46은 압밀시험에서 어떤 하중단계에 대한 시간 – 침하량(다이얼 게이지 읽음) 관계를 반대수 방안지에 정리한 것이다.

이 그림에서 일차압밀이 끝난 뒤 이차압밀침하가 일어나며 이차압밀 침하과정에서 시간 – 침하량 관계는 반대수 좌표에서 직선이 된다고 볼 수 있다. 일차압밀과 이차압밀 직선부의 연장선의 교점($t_p = t_{100}, d_{100}$) 이 이차압밀 시발점이며 동시에 1차압밀 종료를 나타내는 점이다. 그런데 시험실의 시간 – 침하량 측정결과를 현장에 적용하기 위해서는 세로축을 침하량 대신 무차

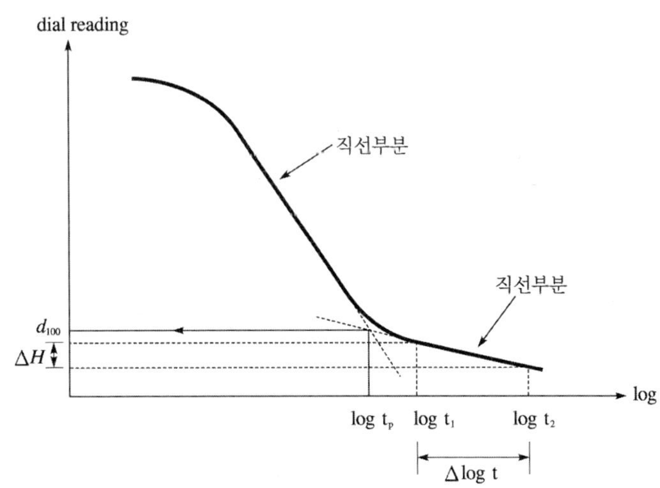

그림 6.46 시간 – 침하량 관계

원수로 나타내는 것이 편리하다. 무차원수로 간극비 e 또는 변형률 $\Delta H / H_p$ 를 선택하면 이차압밀 직선부의 기울기가 각각 이차압축지수 C_α 와 이차압축비 $C_{\alpha\varepsilon}$ 이 된다. 여기서, H_p 는 일차압밀 종료시의 공시체 두께이다.

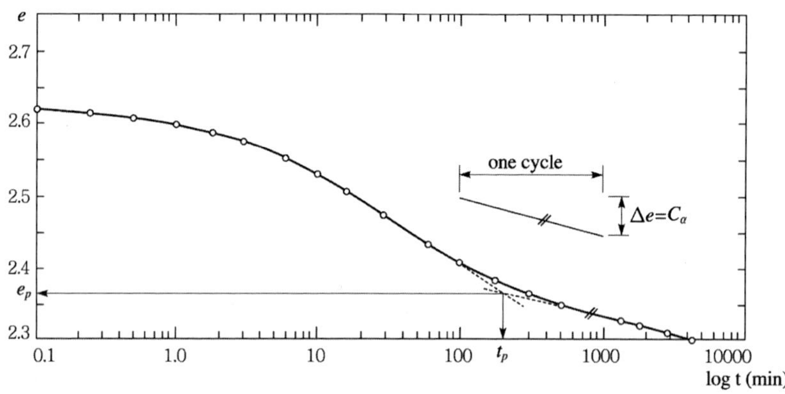

그림 6.47 간극비 – 시간 관계

압밀시험과정에서 침하량(dial 읽음)에 대응하는 간극비를 계산하는 방법에 관하여서는 앞에서 이미 언급하였다. 그림 6.47는 간극비 – 시간관계를 반대수 방안지에 나타낸 한 예이다.

이차압축지수(二次壓縮指數, secondary compression index) C_α 는 이차압밀과정의 $e-\log t$ 의 기울기이다. 즉

$$C_\alpha = -\frac{\Delta e}{\Delta \log t} = \frac{e_1 - e_2}{\log \frac{t_2}{t_1}} \tag{6.38}$$

여기서 Δe : 일차압밀 종료 후에 생기는 직선부 $e-\log t$ 선상의 시간 t_1 과 t_2 사이에 일어난 간극비의 감소량

C_α 는 시간 1cycle에 대응하는 간극비의 변화량 Δe 와 같다. 그림 6.46에서 세로축을 ΔH 대신 $\Delta H / H_p$ 로 잡으면 이차압밀부분의 기울기를 이차압축비(二次壓密比, secondary compression ratio) 또는 보정이차압축지수(modified secondary compression index)라 하고 기호 $C_{\alpha\varepsilon}$ 로 표기한다. 즉

$$C_{\alpha\varepsilon} = \frac{\Delta H / H_P}{\Delta \log t} = \frac{\Delta H / H_P}{\log \frac{t_2}{t_1}} \tag{6.39}$$

여기서 ΔH : 시간 t_1과 t_2 사이에 일어난 침하량

만약 $t_2 = 10t_1$으로 하면 $C_{\alpha\varepsilon} = \dfrac{\Delta H}{H_p}$

C_α와 $C_{\alpha\varepsilon}$는 모두 이차압밀침하량의 크기를 지배하는 특성치이다. $C_{\alpha\varepsilon}$와 C_α 사이에는 다음과 같은 관계가 있음은 곧이어 밝히게 된다.

$$C_{\alpha\varepsilon} = \frac{C_\alpha}{1+e_P} \tag{6.40}$$

여기서 $e_P : e - \log t$ 관계가 직선이 되기 시작하는 점의 간극비

NOTE : • e_P 대신 현재의 지반 간극비(in situ void ratio) e_0를 써도 큰 오차는 없음(Holtz and Kovacs, 1981).

• 이차압축비의 정의는 압축비 $C_{c\varepsilon}$과 재압축비 $C_{r\varepsilon}$의 정의와 유사함.

$$C_{c\varepsilon} = \frac{C_c}{1+e_0},\quad C_{r\varepsilon} = \frac{C_r}{1+e_0}$$

이차압밀침하량 S_s를 결정하기 위해서는 이차압축지수 C_α (또는 이차압축비 $C_{\alpha\varepsilon}$)는 시간, 압밀층 두께 및 하중증가비(LIR)에 무관하게 일정하다고 가정한다. 압축지수에 대한 이차 압축지수의 비, 즉 $\dfrac{C_\alpha}{C_c}$는 정규압밀상태에서는 일정한 값이 된다는 것이 밝혀져 있다(Raymond and Wahls, 1976).

Holtz와 Kovacs(1981)는 $\dfrac{C_\alpha}{C_c}$의 크기에 관하여 다음과 같이 정리하고 있다.

- 무기질 흙의 경우 : $\dfrac{C_\alpha}{C_c} = 0.025 \sim 0.06$
- 유기질 흙 및 피트(peat)의 경우 : 위의 값보다 큼.

$\dfrac{C_\alpha}{C_c}$의 평균치는 0.05이고 0.1을 초과하는 일은 없다.

한편 Terzaghi 등(1996)은 지반공학대상이 되는 모든 물체에 대하여 $\dfrac{C_\alpha}{C_c}$의 범위와 중간값을 다음과 같이 제시하였다.

$$\frac{C_\alpha}{C_c} = 0.01 \sim 0.07, \text{ 중간값 } 0.04$$

$\frac{C_\alpha}{C_c} = 0.04$ 는 무기질 점토와 실트에서 흔히 나타나는 값이다.

이차 압축지수 또는 이차 압축비를 압밀시험에서 구하지 못하면 그림 6.48에서 제시한 함수비 – 이차압축비($C_{\alpha\varepsilon}$ - w) 관계를 이용할 수 있다.

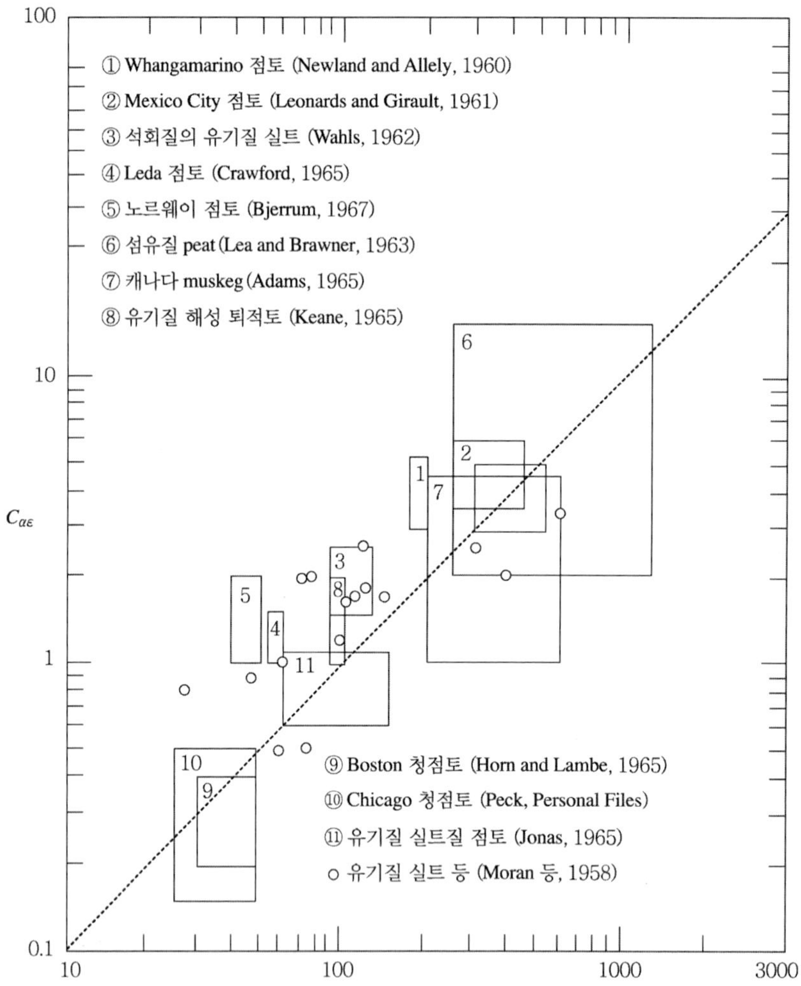

그림 6.48 함수비와 이차 압축비 사이의 관계 (Mesri, 1973)

6.6.2 이차압밀침하량 산정

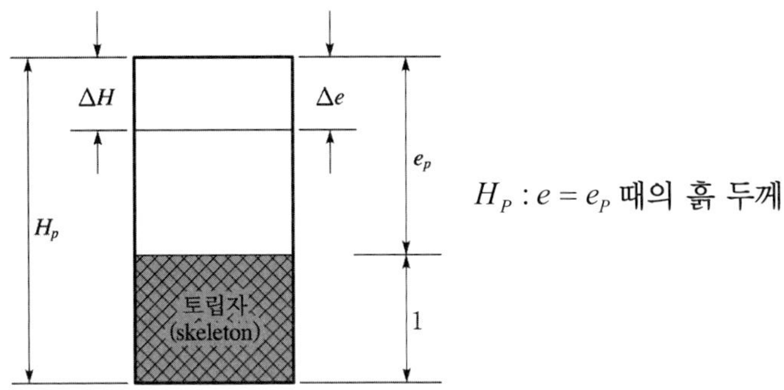

그림 6.49 이차압밀 때의 주상도

그림 6.49의 주상도에서 ΔH 를 이차압밀침하량 S_s 라 표기하면

$$\Delta H = S_s = \frac{\Delta e}{1+e_p} \cdot H_p \tag{6.41}$$

그런데 식 (6.37)에서

$$\Delta e = C_\alpha \cdot \Delta \log t = C_\alpha \cdot \log \frac{t_2}{t_1} \tag{6.42}$$

식 (6.41)을 식 (6.40)에 대입하면 재하 후 시간 t_1 과 t_2 사이에 일어나는 이차압밀침하량 S_s 는

$$S_s = \frac{C_\alpha}{1+e_P} H_P \log \frac{t_2}{t_1} \tag{6.43}$$

또는 식 (6.39)에서

$$S_s = \Delta H = C_{\alpha\varepsilon} H_P \log \frac{t_2}{t_1} \tag{6.44}$$

식 (6.42)와 식 (6.43)을 비교해보면

$$C_{\alpha\varepsilon} = \frac{C_\alpha}{1+e_P}$$

임을 알 수 있다.

NOTE: S_s 를 구하는 위의 두 식은 압밀침하 S_c 를 구하는 다음 두 식과 유사한 형태임.

$$S_c = \frac{C_c}{1+e_0} H_0 \log \frac{\sigma_0' + \Delta\sigma'}{\sigma_0'}$$

$$= C_{c\varepsilon} H_0 \log \frac{\sigma_0' + \Delta\sigma'}{\sigma_0'}$$

$\dfrac{C_\alpha}{C_c}$ 의 개략치는 앞에서 이미 제시하였다. 이 개략치를 사용하면 식 (6.42)는

$$S_s = \frac{(C_\alpha / C_c)\, C_c}{1 + e_P} H_p \log \frac{t_2}{t_1} \tag{6.45}$$

이 식은 이차압밀침하량 S_s 를 압축지수 C_c 를 써서 산정하고 있다(Terzaghi 등, 1996).

그런데 현장에서는 점토층이 두꺼우면 점토층 표면에서는 일차압밀침하가 이미 끝나고 이차압밀이 진행되는데 반해 점토층 중간부에서는 아직도 일차압밀이 진행되고 있는 상태가 된다. 즉 일차압밀과 이차압밀은 구분되지 않으며 동시에 일어난다. 이러한 사실을 감안하여 이차압밀침하량을 구하는 식 (6.42)와 (6.43)에서 H_P 대신 H_0 를 사용하고 있다.(예를 들어 Holtz & Kovacs(1981) 또는 Terzaghi 등(1996)). 마찬가지로 e_P 대신 e_0 을 채택하기도 한다(Terzaghi 등, 1996)). 또한 전체 이차압밀침하는 결국 시간 t_P 와 구조물의 수명 t 사이에 일어나는 값이므로

$$S_s = \frac{C_\alpha}{1 + e_P} H_0 \log \frac{t}{t_P} \tag{6.46}$$

또는

$$S_s = C_{\alpha\varepsilon} H_0 \log \frac{t}{t_P} \tag{6.47}$$

여기서, t_P : 이차압밀 시작시간
(직선부 e – log t 시작시간)
t : 구조물의 수명

Holtz와 Kovacs(1981)도 앞에서 언급한 것처럼 e_P 대신 e_0 를 써도 큰 오차는 없다고 하였다.

참고사항 : 이차압밀침하량에 관한 추가적 사항

이차압밀침하량 S_s 를 계산하는 위의 두 식을 살펴보면 S_s 는 흙의 압축성을 나타내는 특성치 C_α (또는 $C_{\alpha\varepsilon}$)뿐만 아니라 $\frac{t}{t_p}$ 에도 유관함을 알 수 있다. t_p 는 수 개월 내지 여러 해까지 될 수 있으며 실제 문제에 있어서 $\frac{t}{t_p}$ 는 100을 초과하는 일은 드물고 흔히 10미만이 된다. 예외의 경우로는 투수층을 포함하고 있는 점토층, 피트(peat), 일차 압밀촉진을 위한 연직배수설비(vertical drain)를 설치한 토층 등이다. 이들의 경우에는 $\frac{t}{t_p}$ 가 커서 결과적으로 이차압밀침하량이 중요하게 된다.

최종압밀응력 ($\sigma_0' + \Delta\sigma' = \sigma_f'$)이 선행압밀하중 σ_c' 에 비해 어느 정도의 크기인가에 따라 이차 압밀침하량의 크기와 전체침하에 대한 상대적 중요성도 달라진다. 만약 $\sigma_f' < 0.7\sigma_c'$ $(OCR > 1.43)$ 이면 재압축이며 t_p 는 적지만 C_c 는 C_r 이 되므로 식 (6.44)에서 S_s 는 크기가 적고 중요성도 낮다는 것을 알 수 있다. 반면에 $\sigma_f' \approx \sigma_c'$ $(OCR \approx 1)$이 되면 t_p 는 적지만 C_c 는 급격히 증가하게 되어 S_s 가 전체 침하량 중 가장 중요한 침하량 성분이 된다(Mesri, 1994).

마지막으로 $\sigma_f' > \sigma_c'$ 이면 연직배수설비가 있는 경우를 제외하고는 t_p 는 커서 $\frac{t}{t_p}$ 가 적어지므로 S_s 는 중요하지 않게 된다(Terzaghi 등, 1996).

정리하면 이차압밀침하는 압밀하중이 선행압밀하중에 가까운 값일 때 중요하고 그 외의 압밀응력에서는 중요하지 않다.

▶ **예제 6.11** 하중 $0.4 kg/cm^2$ 으로 압밀 완료시킨 후 압밀하중 $0.8 kg/cm^2$ 로 압밀시험을 실시하였다. 시간 – 침하량(dial 읽음)관계를 측정하고 이 자료를 이용하여 시간 – 간극비 관계를 산정하여 그림 예제 6.11 문제도와 같은 결과를 얻었다. 하중은 현장에서 실제 일어나게 될 하중과 같다고 생각할 수 있다.

두께가 10m이고 간극비 $e_0 = 2.86$ 인 점토층이 재하후 10년에 걸쳐 30cm 침하하면서 일차압밀침하가 종료되었다고 생각할 수 있다. 구조물의 수명은 재하 후 100년으로 가정하고 이 압밀층에 생기는 이차압밀침하량을 구하여라.

단, 이 흙의 압축지수 $C_c = 1.4$, 자연함수비 $w = 110\%$이고 정규압밀점토이다.

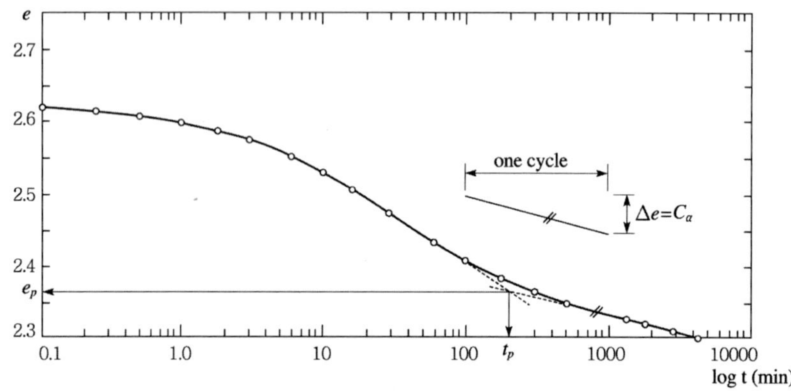

그림 예제 6.11 문제도

풀이 :

그림 예제 6.11 문제도에서 $e_P = 2.37$ 임을 알 수 있다. $C_\alpha = \dfrac{\Delta e}{\Delta \log t} = 0.052$

단, C_α 는 log 한 사이클에 대한 간극비의 변화량으로 측정하였다.

$t_P = 10$년, $t = 100$년이므로

$$S_s = \frac{C_\alpha}{1+e_P} H_0 \log \frac{t}{t_P} = \frac{0.052}{1+2.37} (1000) \log \frac{100}{10}$$
$$= 15.4\ cm$$

e_P 대신 e_0 을 선택하면

$$S_s = \frac{0.052}{1+2.86} (1000) \log \frac{100}{10}$$
$$= 13.5\ cm$$

무기질점토를 가정하면 $\dfrac{C_\alpha}{C_c} \approx 0.04$ 따라서,

$$S_s = \frac{(C_\alpha / C_c) \cdot C_c}{1+e_0} H_0 \log \frac{t}{t_p} = \frac{(0.04)(1.4)}{1+2.86} (1000) \log \frac{100}{10}$$
$$= 14.5\ cm$$

또는 그림 6.48에서 $\boldsymbol{w} = 110\%$일 때 $C_{\alpha\varepsilon} ≒ 0.015$이므로

$$S_s = C_{\alpha\varepsilon} H_0 \log \frac{t}{t_P} = (0.015)(1000)(\log \frac{100}{10})$$
$$= 15.0\ cm$$

◀

6.7 점증하중에 의한 압밀침하

Terzaghi 압밀방정식은 순간재하(instantaneous loading)를 가정하고 있다. 즉 하중은 착공시($t = 0$) 순간적으로 재하되며 그 후로는 같은 하중이 끝까지 유지된다고 가정한다(그림 6.50 (a)). 예를 들어 Terzaghi 압밀모델에서 하중 20kg은 한 순간에 재하되어 끝까지 일정하게 유지되었다. 따라서, 시간에 대한 하중의 변화율은 0(zero)이다.

• 순간 재하의 경우 : $\dfrac{\partial \sigma}{\partial t} = 0$ (그림 6.50 (a))

한편 실제 건설공사에 있어서는 하중은 착공($t = 0$)부터 시간의 경과와 함께 점진적으로 증가하여 완공시($t = t_c$)가 되어야 최대하중(즉 순간재하하중)이 되고 완공 이후는 이 하중이 그대로 유지된다(그림 6.50 (b)).

착공($t = 0$)에서 완공 ($t = t_c$)까지, 즉 공사기간 동안 점진적으로 증가하는 하중을 점증하중이라 한다. 따라서,

• 점증하중의 경우

$t < t_c$ 이면 $\dfrac{\partial \sigma}{\partial t} > 0$

$t > t_c$ 이면 $\dfrac{\partial \sigma}{\partial t} = 0$

위의 하중 – 시간 사이의 관계는 그림 6.50에 제시되어 있다.

이상의 논의에서 공사현장의 재하조건이 Terzaghi 압밀이론이 설정한 가정과는 일치하지 않음을 알 수 있다.

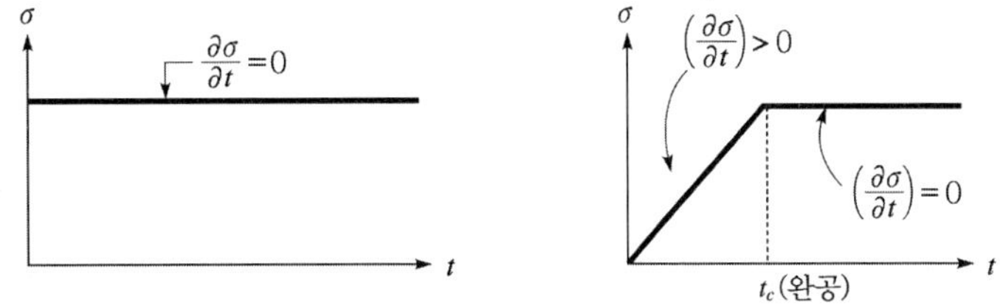

(a) 순간재하 (b) 점증재하

그림 6.50 순간재하와 점증재하

순간재하와 점증하중에 의한 압밀침하특성을 비교해보면 직관적으로 다음 사실을 알 수 있다. 완공시 작용하중이 서로 같다고 하면

① 최종 압밀침하량 S_c는 서로 같다(How much 서로 같음).
② 시간 – 침하량 관계는 서로 다르다(How fast 서로 다름).

물론 점증하중의 경우가 침하속도가 더 느리게 된다. 더 정확하게는 점증하중에 의한 침하는 순간재하에 의한 침하에 비해 시간지체 (time lag)현상이 일어나게 된다.

점증하중에 의한 압밀침하에 관한 이론해는 Olson(1977)이 발표하였다. 이 해법에서는 점증하중을 다단계 순간재하하중(multi – step loading)으로 근사화하고 있다. 이론해는 필요한 독자들이 읽어 보기 바라며 여기에서는 Terzaghi의 근사해법에 관하여 논의하기로 한다.

Terzaghi는 순간재하에 대한 시간 – 침하량 관계를 기준으로 하여 점증하중에 의한 시간 – 침하량 관계를 구하는 근사적 방법을 제안하였다. 그 원리는 다음과 같다 :

- 착공시점($t=0$)부터 하중이 직선적으로 증가하여 시간 t에서 강도 q가 되었다면 이 점증하중에 의한 시간 t에서의 침하량은 착공시점($t=0$)에서 순간재하된 하중 q에 의한 시간 $\frac{t}{2}$에서의 침하량과 같다. 또는
- 시점 $\frac{t}{2}$에서 순간재하된 하중 q에 의한 재하 후 $\frac{t}{2}$ (점증하중 작용 후 t)에서의 침하량과 같다(이 개념이 활용에 더 편리함). 즉 점증하중에 의한

$$S_c(t) = \text{순간재하에 의한 } S_c\left(\frac{t}{2}\right) \tag{6.48}$$

이 가정을 이용하여 완공시, 완공후 및 공사중의 침하량을 다음과 같이 결정할 수 있다.

(1) 완공시($t=t_c$)의 침하량

점증하중에 의한 완공시($t=t_c$)의 침하량은 순간재하에 의한 $t'=\frac{t_c}{2}$ 때의 침하량과 같다 :

$$\underset{\text{점증하중}}{S_c(t=t_c)} = \underset{\text{순간재하}}{S_c(t'=\frac{t_c}{2})} \tag{6.49}$$

위의 사실은 그림 6.51로 설명할 수 있다. 이 그림은 $t=0$ 에서 t_c 에 걸친 점증하중은 $t=\frac{t_c}{2}$ 에 작용하는 순간재하로 대치할 수 있음을 보여주고 있다. 순간재하 작용점$\left(t=\frac{t_c}{2}\right)$를 원점 0으로 하여 새로운 시간축 t' 을 잡으면

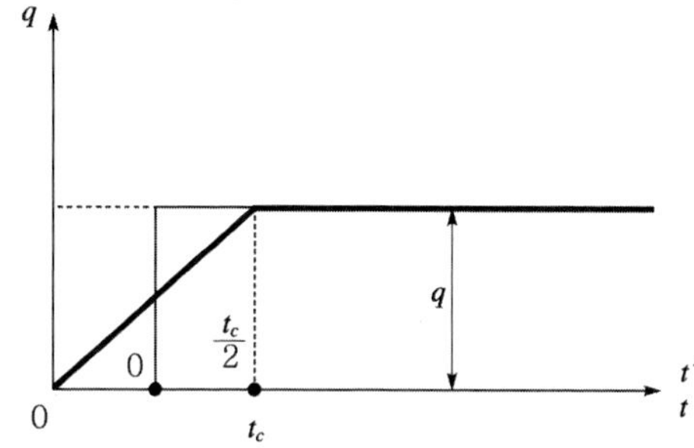

그림 6.51 점증하중에 의한 완공시의 침하량

$$t=t_c \text{ 이면 } t'=t_c-\frac{t_c}{2}=\frac{t_c}{2}$$

$$\text{따라서, } \underset{\text{점증하중}}{S_c(t=t_c)}=\underset{\text{순간재하}}{S_c\left(t'=\frac{t_c}{2}\right)}$$

NOTE: 시간 – 하중관계에서 점증하중 삼각형면적 = 순간재하 사각형면적 $=\frac{1}{2}t_c q$ 로 서로 같음.

(2) 완공 후($t>t_c$)의 침하량

점증하중을 $t=\frac{t_c}{2}$ 에 작용하는 순간재하 하중으로 대치하고 이 때를 원점 0로 하여 새로운 시간축 t' 을 설정하면 $t'=t-\frac{t_c}{2}$ 가 된다.

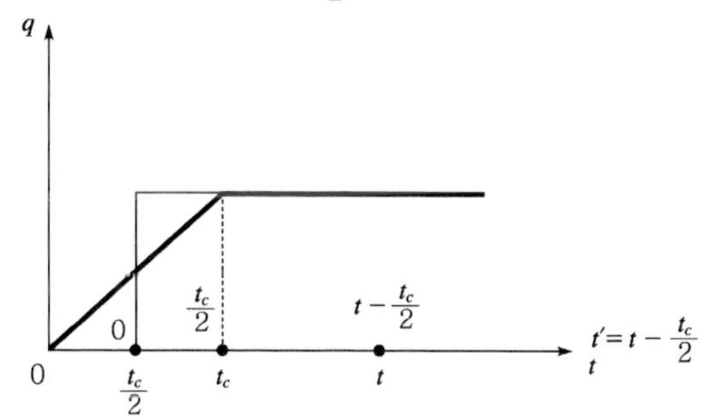

그림 6.52 점증하중에 의한 완공후의 침하량

따라서, $t>t_c$ 인 경우 :

$$\underset{\text{점증하중}}{S_c(t)}=\underset{\text{순간재하}}{S_c(t')}=\underset{\text{순간재하}}{S_c\left(t-\frac{t_c}{2}\right)} \tag{6.50}$$

따라서, 순간재하에 대한 시간–침하량($t-S_c(t)$) 관계 그림에서 시간 $t-\frac{t_c}{2}$ 때의 침하량을 $\frac{t_c}{2}$ 만큼 오른쪽으로 수평이동시키면 점증하중에 의한 시간 t 때의 침하량을 얻을 수 있다.

시간에 대한 좌표 $t'=t-\frac{t_c}{2}$ 는 $t=t'+\frac{t_c}{2}$ 로 쓸 수 있다.

그러므로 순간재하를 기준으로 설명하면 순간재하 후 시간 t 에 일어나는 침하량이 점증하중의

경우는 $t + \frac{t_c}{2}$ 때 일어나게 된다. 즉

$$t > t_c \text{인 경우 : } \underset{\text{순간재하}}{S_c(t)} = \underset{\text{점증하중}}{S_c(t + \frac{t_c}{2})} \tag{6.51}$$

따라서, 순간재하에 의한 시간 – 침하량 곡선에서 특정 시간 t 에서의 침하량을 오른쪽으로 $\frac{t_c}{2}$ 만큼 이동시키면 $t + \frac{t_c}{2}$ 때의 점증하중에 의한 침하량을 얻을 수 있다.

이 사실은 그림에서 점증하중과 근사적 순간재하 사이의 시간관계 (t 와 t')를 살펴보면 쉽게 알 수 있다. 결론적으로 완공 후에는 점증하중은 순간재하에 비해 같은 침하를 일으키는데 $\frac{t_c}{2}$ 만큼의 시간이 더 소요된다. 즉 $\frac{t_c}{2}$ 만큼 시간지체가 일어난다.

(3) 완공전, 즉 공사중 ($t < t_c$)의 침하량

이 경우는 완공시($t = t_c$)의 침하량과 같은 방법으로 생각하면 된다. 다만 완공전에는 하중이 완공시의 하중보다 적다($q' < q$)는 사실만 추가로 생각해 주면 된다. 즉 이때에도 착공후 t 까지의 점증하중을 $\frac{t}{2}$ 에 작용하는 순간재하로 근사화한다. 시간 t 때의 하중강도가 q' 이라 하면 근사화된 순간재하에 의한 침하량은 순간재하 후 $\frac{t}{2}$ 때의 침하량이 된다. 한편 침하량이 하중의 크기에 비례한다고 가정하여

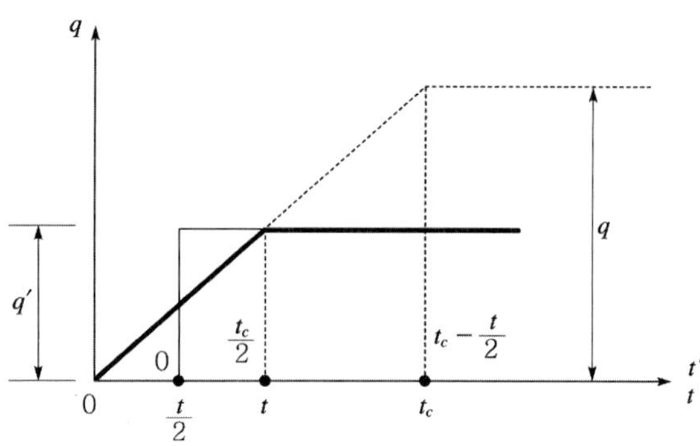

그림 6.53 점증하중에 의한 공사중의 침하량

$$\underset{\text{점증하중}}{S_c(t)} = \underset{\text{순간재하}}{S_c(\frac{t}{2})\frac{q'}{q}} = \underset{\text{순간재하}}{S_c(\frac{t}{2})\frac{t}{t_c}} \tag{6.52}$$

점증하중에 의한 $t-S_c(t)$ (시간 – 침하량 관계)결정 순서

(1) 최종 압밀침하량 S_c 산정(순간 재하와 동일)

$$S_c = \frac{C_c}{1+e_0} H_0 \log \frac{\sigma_0' + \Delta\sigma'}{\sigma_0'} \quad \text{(NC인 경우)}$$

(2) 순간재하시의 $t-S_c(t)$ 관계(시간 – 침하량 관계)결정.

- $t = t_1$ 때

$$T_{v_1} = \frac{c_v t_1}{H^2} \xrightarrow{\text{그림 6.20}} U_1$$

$$S_c(t_1) = U_1 \cdot S_c$$

- $t = t_2$, $t = t_3$ $\cdots$ 때를 반복하여 순간재하시의 $t - S_c(t)$ 관계 얻음(그림 6.54 참조).

(3) 점증재하시 $t-S_c(t)$ 관계

- $t = t_c$: $\underset{\text{점증하중}}{S_c(t_c)} = \underset{\text{순간재하}}{S_c(\frac{t_c}{2})}$

- $t > t_c$: $\underset{\text{점증하중}}{S_c(t)} = \underset{\text{순간재하}}{S_c(t - \frac{t_c}{2})}$

- $t < t_c$: $\underset{\text{점증하중}}{S_c(t)} = \underset{\text{순간재하}}{S_c(\frac{t}{2})\frac{t}{t_c}}$

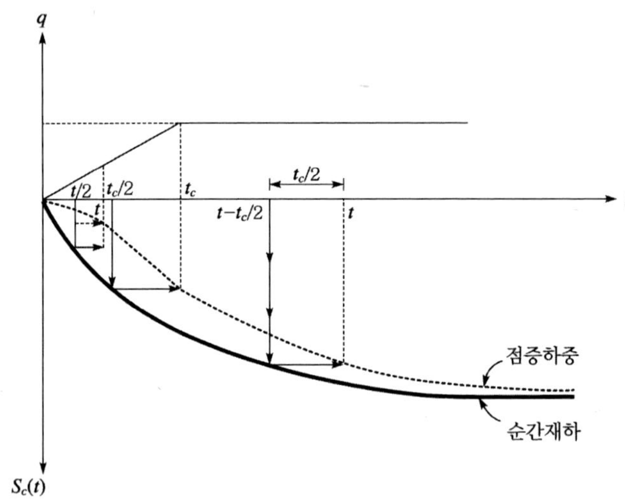

그림 6.54 순간재하를 기준으로 한 점증하중의 시간 – 침하량 관계

▶ **도해 예** : 이 그림을 자습할 것.

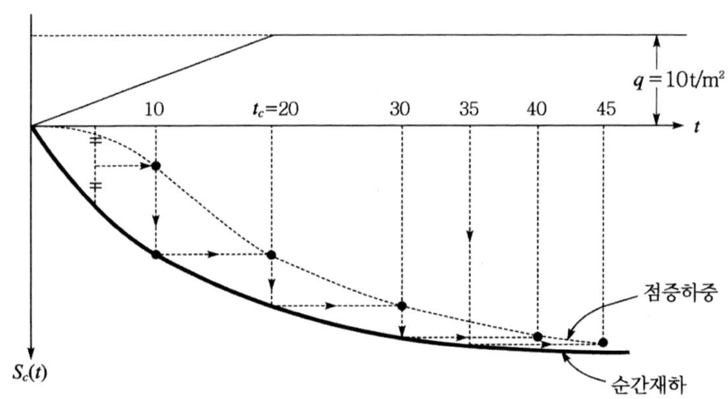

그림 6.55 도해 예

계산 예 :

① $t = t_c$

$$\underset{\text{점증}}{S_c(t_c)} = \underset{\text{순간}}{S_c(\frac{t_c}{2})}$$

$$t = 20 \ : \underset{\text{점증}}{S_c}(t_c = 20) = \underset{\text{순간}}{S_c}(\frac{t_c}{2} = 10)$$

② $t > t_c$

$$\underset{\text{점증}}{S_c}(t) = \underset{\text{순간}}{S_c}(t - \frac{t_c}{2})$$

$$t = 30 \ : \underset{\text{점증}}{S_c}(t = 30) = \underset{\text{순간}}{S_c}(t = 20)$$

$$t = 40 \ : \underset{\text{점증}}{S_c}(t = 40) = \underset{\text{순간}}{S_c}(t = 30)$$

$$t = 45 \ : \underset{\text{점증}}{S_c}(t = 45) = \underset{\text{순간}}{S_c}(t = 35)$$

③ $t < t_c$

$$\underset{\text{점증}}{S_c}(t) = \underset{\text{순간}}{S_c}(\frac{t}{2})\frac{t}{t_c}$$

$$t = 10 \ : \underset{\text{점증}}{S_c}(t = 10) = \underset{\text{순간}}{S_c}(t = 5)\,\frac{10}{20}$$ ◀

부록 A.6.1

참고사항 : 압밀방정식의 해

그림 1에 보인 두께 $H_0 = 2H$ 인 양면배수 상태의 점토층에 대하여 압밀방정식의 해를 구해보기로 한다. 이 그림에서 H는 최대배수거리이고 z은 점토층 윗면을 기준으로 하여 잰 점토층내 임의의 점까지의 깊이이다.

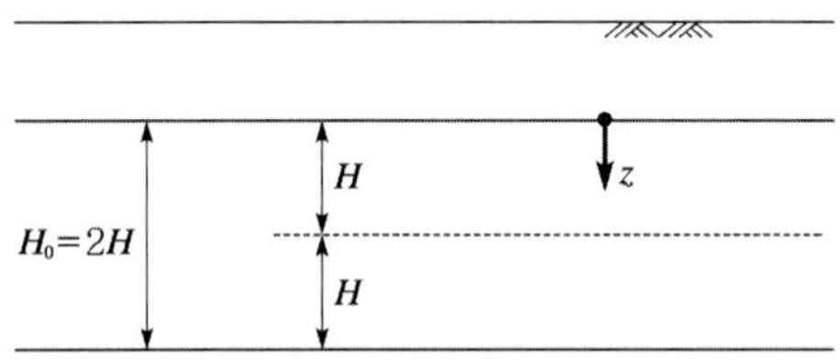

그림 1 압밀방정식의 해석 조건

압밀방정식

$$c_v \frac{\partial^2 u_e}{\partial z^2} = \frac{\partial u_e}{\partial t} \tag{1}$$

를 풀기위한 경계조건과 초기조건은 다음과 같다.

- 경계조건 : 점토층 윗면은 완전한 배수층이다.

$$z = 0 \text{ 에서 } u_e = 0 \tag{2}$$

- 점토층 아래면은 완전한 배수층이다.

$$z = 2H \text{ 이면 } u_e = 0 \tag{3}$$

- 초기조건 : 재하 직후의 과잉간극수압은 초기 과잉간극수압과 같다.

$$t = 0 \text{ 이면 } u_e = u_i \tag{4}$$

NOTE : 6장에서는 초기 과잉간극수압의 분포가 깊이에 무관하게 일정한 경우($u_i = const.$)에만 한정하여 압밀방정식의 해를 논의하였으나 여기에서는 초기 과잉간극수압의 분포에 관하여서는 어떠한 가정도 설정하지 않고 있다. 즉 $u_i \neq const.$ 인 경우에 대해서도 압밀방정식의 해를 구할 수 있다.

압밀방정식(식 (1))의 해는 압밀계수 c_v 를 알고 있는 점토층에 하중이 작용하여 초기 과잉간극수압 u_i 가 발생하였을 때, 재하 후 시간 t 경과시 점토층 내 깊이 z 되는 곳의 과잉간극수압의 분포 $u_e(z, t)$ 가 된다. 압밀방정식의 해 $u_e(z, t)$ 를 변수 z만의 함수인 $F(z)$ 과 변수 t만의 함수인 $G(t)$ 의 곱으로 생각하면

$$u_e(z, t) = u_e = F(z)\,G(t) \tag{5}$$

지금까지 해온 것처럼 앞으로도 $u_e(z, t)$ 를 간단하게 u_e 로 표기하기로 한다.

따라서 압밀방정식의 좌우변에 있는 미분항은 각각 다음과 같이 된다.

$$\frac{\partial u_e}{\partial t} = F(z)\frac{\partial G(t)}{\partial t} = F(z)\,G(t)' \tag{6}$$

$$\frac{\partial^2 u_e}{\partial z^2} = \frac{\partial^2 F(z)}{\partial z^2}G(t) = F(z)''G(t) \tag{7}$$

식 (6)과 식 (7)을 식 (1)에 대입하면

$$c_v F(z)''\,G(t) = F(z)G(t)' \tag{8}$$

식 (8)은 변수분리형 미분방정식이다. 변수분리를 실시하면

$$\frac{F(z)''}{F(z)} = \frac{G(t)'}{c_v G(t)} \tag{a}$$

그런데 식 (a)의 좌변은 변수가 z 인 함수로만 이루어져 있고 우변은 변수가 t 인 함수로만 구성되어 있으므로 이 등식이 성립되기 위해서는 양 변이 상수(값)이 되어야 한다. 이 상수(값)를 $-A^2$ 으로 두면 식 (a)는

$$\frac{F(z)''}{F(z)} = \frac{G(t)'}{c_v G(t)} = -A^2 \tag{10}$$

독자들에게 드리는 제언 : 이 상수(값)을 $-A^2$ 으로 두는 대신 0, 또는 $+A^2$ 으로 하면 의미있는 해를 얻을 수 없다. 이 사실을 다음의 논의를 준용하여 밝혀 볼 것.

식 (10)으로부터

$$F(z)'' - A^2F(z) = 0 \tag{11}$$

$$G(t)' + A^2c_vG(t) = 0 \tag{12}$$

미분방정식 식 (11)과 식 (12)의 해는 각각

$$F(z) = C_1\cos Az + C_2\sin Az \tag{13}$$

$$G(t) = C_3 e^{-A^2 c_v t} \tag{14}$$

식 (13)과 식 (14)를 식 (5)에 대입하면

$$u_e = (C_1 \cos Az + C_2 \sin Az) C_3 e^{-A^2 c_v t}$$

$$\therefore u_e = (C_4 \cos Az + C_5 \sin Az) e^{-A^2 c_v t} \tag{15}$$

여기서 $C_4 = C_1 C_3$, $C_5 = C_2 C_3$

식 (15)는 경계조건 식 (1) 을 만족시켜야 하므로($z = 0$ 에서 $u_e = 0$)

$$u_e = (C_4 \cos 0 + C_5 \sin 0) e^{-A^2 c_v t} = 0$$

$$C_4 e^{-A^2 c_v t} = 0 \tag{16}$$

$$\therefore C_4 = 0 \tag{17}$$

$C_4 = 0$ 을 식 (15)에 대입하면

$$u_e = (C_5 \sin Az) e^{-A^2 c_v t} \tag{18}$$

식 (18)은 경계조건 식 (3)을 만족시켜야 하므로 ($z = 2H$ 에서 $u_e = 0$)

$$u_e = C_5 \sin(2AH) e^{-A^2 c_v t} = 0 \tag{19}$$

$C_5 \neq 0$ 이어야 하므로

$$\sin(2AH) = 0$$

$$\therefore 2AH = n\pi \tag{20}$$

또는

$$A = \frac{n\pi}{2H} \tag{21}$$

여기서 $n = 1, 2, 3, \cdots$

식 (21)을 식 (18)에 대입하면

$$u_e = c_5 \left(\sin \frac{n\pi z}{2H}\right) e^{-A^2 c_v t} \tag{22}$$

식 (22)의 전개를 생각하면 다음과 같은 급수(series)는 하나의 해가 될 수 있다.

$$u_e = B_1 \left(\sin \frac{\pi z}{2H}\right) e^{-A^2 c_v t} + B_2 \left(\sin \frac{2\pi z}{2H}\right) e^{-A^2 c_v t} + \cdots + B_n \left(\sin \frac{n\pi z}{2H}\right) e^{-A^2 c_v t} \tag{23}$$

여기서 B_1, $B_2, \cdots, B_n$ 은 상수

식 (23)을 간단히 쓰면

$$u_e = \sum_{n=1}^{\infty} B_n \left(\sin \frac{n\pi z}{2H}\right) e^{-A^2 c_v t} \tag{24}$$

이제 식 (24)에 초기조건 식 (4)을 적용하면($t = 0$ 이면 $u_e = u_i$)

$$u_i = \sum_{n=1}^{\infty} B_n \left(\sin \frac{n\pi z}{2H}\right) \tag{25}$$

식 (25)는 구간 $0 \le z \le 2H$ 에 대해 Fourier 급수로 전개할 수 있다. sine 반구간 전개(sine half – range expansion)에 의하여(Taylor, 1948)

$$B_n = \frac{2}{2H} \int_0^{2H} u_i \sin\left(\frac{n\pi z}{2H}\right) dz$$

$$B_n = \frac{1}{H} \int_0^{2H} u_i \sin\left(\frac{n\pi z}{2H}\right) dz \tag{26}$$

식 (26)을 식 (24)에 대입하면

$$u_e = \sum_{n=1}^{\infty} \left(\frac{1}{H} \int_0^{2H} u_i \sin \frac{n\pi z}{2H}\, dz\right) \left(\sin \frac{n\pi z}{2H}\right) e^{-A^2 c_v t}$$

식 (21)에서 $A = \dfrac{np}{2H}$ 임을 상기하면

$$u_e - \sum_{n=1}^{\infty} \left(\frac{1}{H} \int_0^{2H} u_i \sin \frac{n\pi z}{2H}\, dz\right) \left(\sin \frac{n\pi z}{2H}\right) e^{-\frac{n^2 p^2}{4H^2} c_v t} \tag{27}$$

시간계수(time factor) T_v 를 다음과 같이 도입하면

$$T_v = \frac{c_v t}{H^2} \tag{28}$$

식 (28)을 식 (27)에 대입하면

$$u_e = \sum_{n=1}^{\infty} \left(\frac{1}{H} \int_0^{2H} u_i \sin \frac{n\pi z}{2H}\, dz\right) \left(\sin \frac{n\pi z}{2H}\right) e^{-\frac{n^2 p^2}{4} T_v} \tag{29}$$

NOTE : 식 (29)는 깊이에 따른 초기 과잉간극수압 u_i 의 분포형상에 관하여서는 어떠한 가정도 설정하지 않고 있다. 따라서 이 식은 u_i 의 분포형상에 무관하게 $u_e = u_e(z, t)$ 를 결정하는 일반적 이론식이다.

초기 과잉간극수압이 깊이에 무관하게 일정하게 분포하는 경우에 대하여 생각해 보자. 이 경우에

속하는 한 예로는 지표면에 무한 등분포하중이 작용하는 경우이다. 이 때에는

$$u_i = const$$

이 때에는 u_e 산정식은 식 (29)와 일치한다. 그런데 이 식에 포함되어 있는

$$\frac{1}{H}\int_0^{2H} u_i \sin\frac{n\pi z}{2H}dz = \frac{2u_i}{n\pi}(1 - \cos n\pi) \tag{30}$$

식 (30)을 식 (29)에 대입하면

$$u_e = \sum_{n=1}^{\infty}\frac{2u_i}{n\pi}(1 - \cos n\pi)\left(\sin\frac{n\pi z}{2H}\right)e^{-\frac{n^2p^2}{4}T_v} \tag{31}$$

식 (31)에 포함되어 있는 $1 - \cos n\pi$ 값은 n이 짝수이면 0, 홀수이면 2가 된다. 따라서 홀수의 n만 취하면 된다. 즉

$$n = 2m + 1 \tag{32}$$

여기서 $m = 0, 1, 2 \cdots$ (정수)

로 두면 된다. 이 때 $\sum$ 의 하한 $n = 1$은 $m = 0$ 으로 대치할 수 있음을 주의한다.

식 (32)를 식 (31)에 대입하면

$$u_e = \sum_{m=0}^{\infty}\frac{2u_i}{(2m+1)\pi}[1 - \cos(2m+1)\pi]\left(\sin\frac{(2m+1)\pi z}{2H}\right)e^{-\frac{(2m+1)^2}{4}p^2T_v} \tag{33}$$

식 (33)에서 $[1 - \cos(2m+1)\pi] = 2$ 임을 상기하고

$$M = \frac{\pi}{2}(2m+1) \quad (34)$$

로 두면 식 (33)은

$$u_e = \sum_{m=0}^{\infty}\frac{2u_i}{M}\left(\sin\frac{Mz}{H}\right)e^{-M^2T_v} \tag{35}$$

식 (35)가 압밀방정식의 해이다.

연습문제

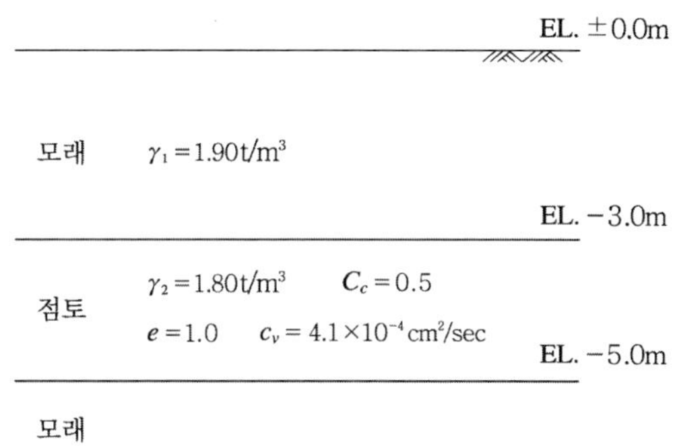

그림 6.1 ~ 6.7 문제도

6.1 문제도와 같은 지층조건에서 지표면에 무한등분포하중 $q = 10t/m^2$ 가 작용하게 된다.

다음 각 경우에서 점토층에 대한 간극수압 u와 연직유효응력 σ_v' 의 분포도를 그려라.

(a) 하중작용 전

(b) 하중작용 순간($t = 0$)

(c) 재하 후 10개월 경과시

(d) 압밀완료 상태

단, 지층의 물성치는 그림에 제시된 값을 사용한다.

6.2 문제도의 지표면에 1변의 길이가 4m인 정사각형 등분포하중이 작용하면 도심점이 침하량은 얼마인가?

단, 하중강도 $q = 10t/m^2$ 이고 하중면은 가요성(flexible) 기초이다.

6.3 문제도에서 지하수면이 점토층 표면까지 강하하면 점토층의 침하량은 얼마인가?

단, 지하수면 위쪽 모래의 단위중량은 $\gamma = 1.67t/m^3$ 이다.

6.4 문제도와 같은 지층상태에서 지표면에 무한등분포하중 $q = 10t/m^2$ 가 순간적으로 작용한다.

(1) 재하 10개월 후 EL.−4.0m 되는 깊이의

(a) 압밀도 U_z 와 과잉간극수압 u_e

(b) 연직유효응력 σ'_v

(2) 점토층의 최종 압밀침하량 S_c

(3) 시간 – 침하량 관계($t - S_c(t)$)

6.5 문제도에서 EL.–5.0m에 불투수층이 있다고 가정하고 문제 6.4를 풀어라.

6.6 문제 6.4에서 지층표면에 작용하는 하중이 착공 후 1년간에 걸쳐 점증하중으로 작용하였다고 가정하고

(1) 최종 압밀침하량 S_c

(2) 시간 – 침하량 관계($t - S_c(t)$) 관계를 그려라.

6.7 문제도 지표면에 직경 8.0m인 물탱크가 설치되어 있다. 이 물탱크는 장기간 수심 5.0m를 유지하고 있다가 물을 완전하게 제거한 후 다시 오랜 시간이 경과하였다. 이제 물탱크에 수심을 10m로 유지하고 장시간 사용하려 한다. 물탱크 바닥이 가요성(flexible)이라 가정하고 중심점의 침하량을 구하라. 단, 점토층의 재압축지수 $C_r = 0.05$ 이다.

6.8 직경 6.0cm, 두께 2.0cm인 공시체로 압밀시험을 실시하였다. 각 하중 단계별 침하량이 아래 표와 같다.

압밀하중(kg/cm^2)	침하량(mm)
0	0.0
0.5	0.5
1.0	0.8
2.0	1.1
4.0	1.52
8.0	2.35
16.0	3.65
32.0	5.0
64.0	6.65
8.0	6.4
0.5	6.0

※지반공학 시험법 및 응용(세진사, 2000) 자료편집

공시체를 만드는데 사용한 시료는 지표면과 지하수면이 일치한 상태에서 깊이 11.0m 되는 곳에서 채취하였다. 이 때 함수비는 **w**=66.5%이었다. 압밀시험이 모두 끝난 뒤 공시체를 건조시킨 결과 그 무게가 $W_s = 55.17g$ 이었다. 비중은 $G_s = 2.78$ 이었다.

(1) 간극비 – 하중곡선($e - \log\sigma'$)을 그려라.

(2) 시험실 압축지수 C_c 를 구하라.

(3) 선행압밀하중 σ_c' 을 결정하라.

(4) 지층 속에서 이 흙의 현재 간극비 e_0 와 연직유효응력 σ_0' 을 결정하여 A($\log\sigma_0', e_0$)을 $e - \log\sigma'$ 그림에 표시하라.

(5) 이 시료의 과압밀비를 구하라.

(6) Schmertmann의 방법으로 현장의 $e - \log\sigma'$ 을 추정하라.

6.9 지표면 아래 5m되는 곳에 점A가 있다. 지하수면은 지표면과 일치하고 포화단윗우량은 $2.0t/m^3$ 이다. 한때 지하수면은 A점보다 훨씬 아래에 있었고, 그 때 지표면은 A점 위 10m 되는 곳에 있었으며, 흙의 단위중량은 $1.80t/m^3$ 이었다. 과압밀비(OCR)은 얼마인가?

6.10 두께가 1m이고 간극비가 1.0인 점토층이 20츠 압밀침하하였다. 이 때 간극비는 얼마인가?

6.11 최종압밀침하량이 100cm로 예상되는 양면배수조건의 점토층이 40cm 침하하는 데 100일이 걸렸다. 만약 이 점토층이 편면배수조건이라면 초기 100일 동안에는 약 몇 cm 침하하겠는가?

6.12 평균압밀도 $U < 50\%$ 인 상태에서 4cm 침하하는 데 16개월이 소요되었다. 2cm 침하하는 데는 몇 개월 걸렸을까?(Hint : $T_v = \frac{\pi}{4}\left[\frac{U(\%)}{100}\right]^2$)

6.13 최종압밀침하량 $S_c = 40$ cm인 점토지반이 20cm 침하하는 데 1년이 걸렸다. 36cm 침하하는 데는 몇 년이 소요될까?(Hint : $U = 50\%$, $U = 90\%$ 일 때 시간계수(T_v)를 이용할 것.)

6.14 두께가 20m, 간극비 $e_o = 2.0$ 인 점토층이 있다. 압밀촉진공법을 사용하여 일차압밀은 재하 후 2년만에 종료된다. 구조물 수명을 100년으로 보고, 이 구조물에 일어나게 될 전체 이차압밀침하량을 구하라. 단, 토질시험결과 $C_\alpha = 0.05$ 이고 시험실 하중은 현장 하중과 일치한다.

6.15 성토가 1년간에 걸쳐 점증하중 형태로 진행되어 완공에 이르렀다. 착공 후 2년만의 침하량은 순간재하 후 몇 개월의 침하량과 대략 같은가?

6.16 공사기간 10개월 동안 하중이 직선적으로 점증하였다. 착공 후 20개월 동안에 일어나는 침하량은 순간재하 후 몇 개월 때의 침하량과 같은가? 또한 순간재하 후 20개월에 일어나는 침하량은 이 점증하중 작용 후 몇 개월에 일어나게 되는가?

제 7 장

흙의 전단강도

7.1 개설

응력과 변형은 토질역학을 포함하는 응용역학 분야의 주된 연구 대상이다. 흙 구조물과 지반에 작용하는 응력이 흙의 강도를 초과하면 파괴가 발생하고, 이에 도달하지 못하면 안정한 상태가 된다. 일반적으로 재료는 인장, 압축 또는 전단의 형태로 파괴될 수 있지만 흙은 압축 하중을 받더라도 파괴가 파괴면 또는 활동면을 따라 발생하면서 전단파괴를 일으키게 된다. 파괴 시 파괴면에 전단응력이 발생하게 되면 파괴면에서는 이 전단응력에 대한 반작용력이 작용하게 되는데 이 반작용력에 의한 흙의 저항 능력을 흙의 전단강도(剪斷强度, shear strength)라 한다. 흙의 파괴는 전단파괴이므로 흙의 전단강도를 흙의 강도라고도 한다.

흙의 강도는 파괴상태에서의 저항력, 즉 작용력에 대한 반작용력인데 흙은 탄성거동을 하지 않으므로 파괴상태를 명확히 정의하기 어렵고, 따라서 흙의 강도도 정확히 정의하기 어렵다. 흙의 파괴상태를 정의하는 여러 방법이 제안되어 있으나 여기서는 Mohr-Coulomb의 파괴규준을 이용하여 흙의 강도를 설명하기로 한다.

흙의 강도를 측정하는 실내시험 및 현장시험이 다양하게 개발되어 사용되고 있다. 자세한 측정 방법은 토질시험 관련 서적이나 한국공업규격을 참고하기로 하고 이 장에서는 여러 가지 배수조건에서 얻어지는 흙의 강도의 의미와 그 적용방법을 중점적으로 논의하기로 한다. 이러한 서술방법은 토압이론과 사면안정 문제에서도 일관성있게 유지될 것이다.

7.2 평면응력 상태의 Mohr 응력원과 극점

7.2.1 평면응력 상태의 개요와 부호

평면변형(平面變形, plane strain) 상태는 앞에서 이미 설명한 것처럼 한 축(軸) 방향의 변형이 일어나지 않는 상태이다. 예를 들어, 책의 지면에 수직한 방향으로 변형이 없는 경우에는 한 요소의 변형을 지면이라는 평면에서 완전하게 나타낼 수 있다. 마찬가지로 평면응력(平面應力, plane stress) 상태는 한 축 방향으로 작용하는 응력을 무시하는 상태이므로 책의 지면에 수직한 방향으로 작용하는 응력을 무시하면 지면에 그려진 요소에 작용하는 응력 성분들을 모두 나타낼 수 있게 된다. 만일 책의 지면에 수직한 방향을 z 축이라 하면 4개의 응력성분 σ_x, τ_{xy}, σ_y, τ_{yx} 을 그림 7.1과 같이 요소의 표면에 나타낼 수 있다.

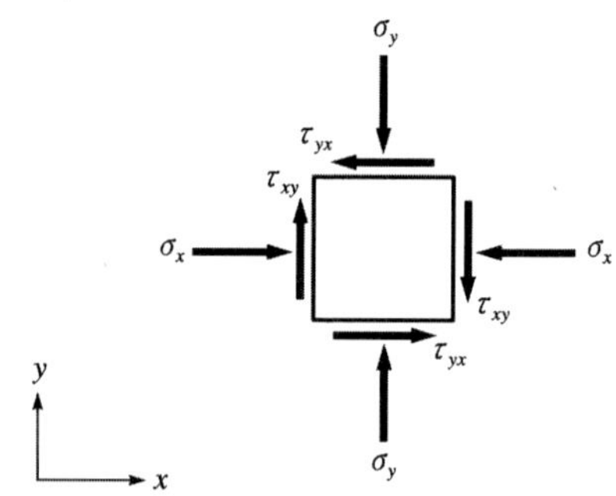

그림 7.1 평면응력 상태의 응력성분

응력에 관한 기호와 부호는 이미 5장에서 언급하였지만 여기서는 평면 응력 상태에 한정하여 다시 논의하기로 한다.

평면응력 상태에서는 한 평면에 작용하는 응력은 1개의 수직응력과 1개의 전단응력으로 구성된다. 즉 x 평면, 다시 말해서 x 축에 수직한 평면에 작용하는 응력은 σ_x, τ_{xy} 으로 구성되고, y 평면에 작용하는 응력은 σ_y, τ_{yx} 으로 구성된다. 이 사실은 그림 7.1에 제시되어 있다. 수직응력, 전단응력 및 각도에 대한 부호 규약(sign convention)은 다음 표 7.1에 정리되어 있다. 이 부호 규약은 다른 분야, 예를 들어 응용역학에서 설정한 규약과 다를 수 있다.

전단응력 τ 에는 2개의 하첨자(subscript)를 부여하는데 앞의 것은 작용평면을 나타내고 뒤의 것은 작용방향을 나타낸다. 예를 들어, τ_{xy} 는 x 평면에서 y 축 방향으로 작용하는 전단응력이다. 수직응력 σ 에는 1개의 하첨자를 부여하는데 이것은 수직응력의 작용평면과 그 작용방향을 나타낸다. 예로 σ_x 는 x 평면에 작용하는 x 축 방향의 수직응력이다. 따라서 전단응력과 같은 방식으로 표현하면 σ_{xx} 가 되는 셈이다.

공액전단응력(conjugate shearing stress)은 직교하는 두 평면에 작용하는 한 쌍의 전단응력인데, 공액 전단응력은 크기는 같고 부호는 반대이다.

두 전단응력의 하첨자 순서가 바뀌어 있으면 이는 공액전단응력이다. 예를 들어 τ_{xy} 와 τ_{yx} 는 공액 전단응력이며 $\tau_{xy} = -\tau_{yx}$ 인 관계가 성립된다. 이 사실에 대한 증명은 3장에 수록되어 있다.

표 7.1 응력과 각도에 대한 부호규약

구 분	양(+)	음(–)
수직응력(σ)	압축(compression) 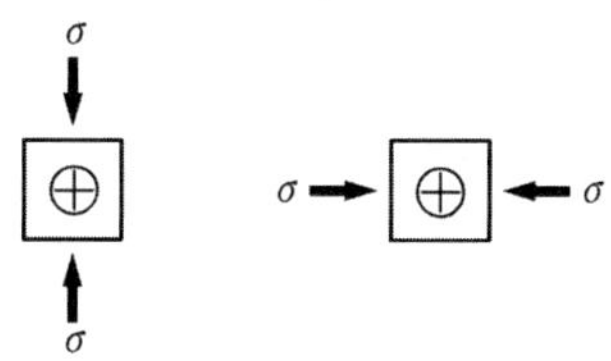	인장(tension) 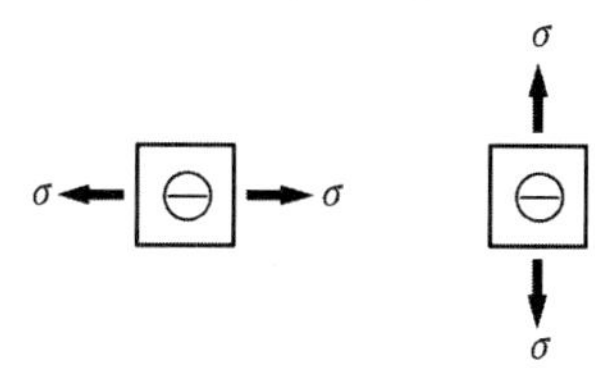
전단응력(τ)	반시계 방향(counter clockwise) 	시계 방향(clockwise) 
각도(θ)	기준면으로부터 반시계 방향 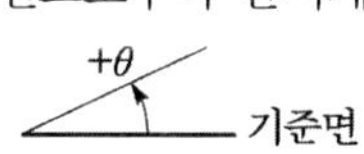	기준면으로부터 시계방향 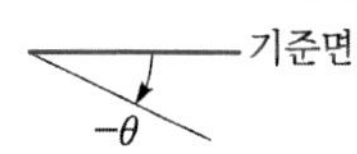

7.2.2 주응력(主應力)과 주응력면(主應力面)

이 장에서는 평면응력에 한정하여 논의하고 있지만 주응력과 주응력면의 일반 개념을 설명하기 위하여 잠시 3차원 요소에 작용하는 응력을 생각해 보기로 한다.

한 평면의 응력성분은 1개의 수직응력과 직교하는 한 쌍의 전단응력으로 나타낼 수 있다. 예를 들어, x 평면의 경우 수직응력 σ_x 와 전단응력 τ_{xy}, τ_{xz} 을 생각할 수 있다. 그런데 이들 응력의 구성은 각 평면마다 다르다. 즉 평면의 방향에 따라 응력성분들은 달라진다. 평면의 방향을 변화시키다 보면 전단응력은 작용하지 않고 수직응력만 작용하는 평면이 존재하게 되는데 이러한 평면을 주응력면(主應力面, principal plane) 또는 주면(主面)이라 하고 주응력면에 작용하는 수직응력을 주응력(主應力, principal stress)이라 한다.

직각 좌표계에서는 1개의 주응력면과 이에 직교하는 2개의 평면도 주응력면이 되고 이들 주응력면에 작용하는 수직응력도 주응력이 된다. 즉 3개의 주응력면은 서로 직교하며 이들 평면에 작용하는 3개의 주응력도 서로 직교한다.

3개의 주응력을 크기 순서대로 각각 최대주응력(major principal stress) σ_1, 중간주응력(intermediate principal stress) σ_2, 최소주응력(minor principal stress) σ_3이라 하고, 이들 각 주응력이 작용하는 평면을 최대주응력면(major principal plane), 중간주응력면(intermediate principal plane) 그리고 최소 주응력면(minor principal plane)이라 한다.

예를 들어 그림 7.2와 같이 좌우 대칭인 제방하중이 지표면에 작용할 때 대칭축을 따라 지표면으로부터 깊이 z 되는 곳에 있는 한 요소에 작용하는 주응력을 생각해 보면 그림 7.2와 같다.

여기서, $\sigma_1 = \sigma_v$: 연직응력

σ_2 : 책의 지면에 수직한 축, 즉 제방 축 방향 수평응력

σ_3 : 제방 중심축에 수직한 방향의 수평응력

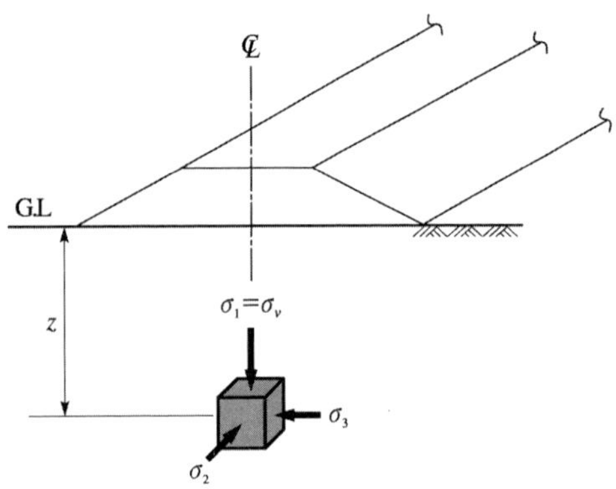

그림 7.2 제방 대칭축 아래 한 요소에 작용하는 주응력

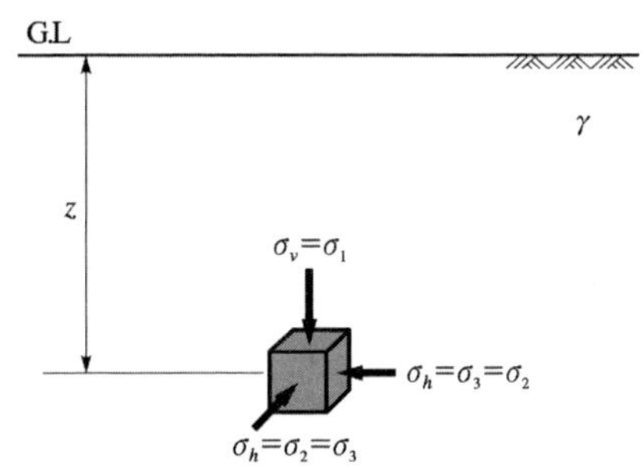

그림 7.3 지표면 아래 한 요소에 작용하는 주응력

다른 예로 지표면이 수평이고 지반이 균질한 경우 깊이 z 되는 곳의 미소 요소에 작용하는 주응력은 정지토압계수(靜止土壓係數, K_0)가 1보다 작다고 가정하면 ($K_0 < 1$), 그림 7.3에 제시한 것과 같다.

$$\sigma_1 = \sigma_v = \gamma z\,,\ \sigma_2 = \sigma_3 = \sigma_h = K_0\sigma_v$$

이 경우 $\sigma_2 = \sigma_3$가 된다. 만약 $K_0 > 1$이면 $\sigma_1 = \sigma_2 = \sigma_h = K_0\sigma_v$, $\sigma_3 = \sigma_v$가 된다.

토질역학에서는 흔히 중간주응력 σ_2 의 영향을 고려하지 않는다. 이렇게 하면 문제가 간단하게 되어 논의는 대단히 간편해지며 보통 안전측의 결과를 얻는 것으로 알려져 있다.

7.2.3 주응력 상태에 대한 Mohr 응력원과 극점

주응력상태와 관련하여 주요 관심이 되는 문제의 유형은 다음 두 가지를 생각할 수 있다.

즉 최대주응력 σ_1 과 최소주응력 σ_3 가 주어졌을 때

문제유형 - Ⅰ : 최대주응력면과 각 θ 을 이루는 임의의 평면에 작용하는 수직응력 σ 와 전단응력 τ 를 구하는 문제.

문제유형 - Ⅱ : 주어진 한 쌍의 응력(σ, τ)가 작용하는 평면 θ 를 구하는 문제.

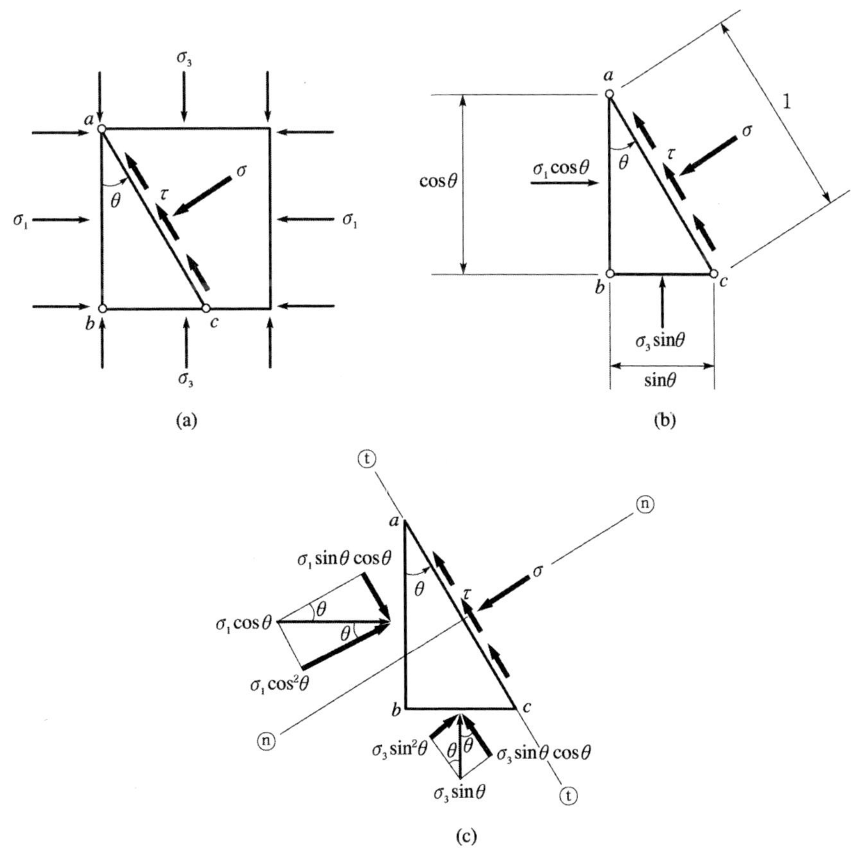

그림 7.4 한 미소요소에 작용하는 응력

이들 두 가지 유형의 문제는 해석적 방법, Mohr 응력원을 이용하는 2θ 법 및 극점을 이용하여 해결할 수 있다. 이들 해법에 관하여 순차적으로 논의하기로 한다.

그림 7.4 (a)에는 한 미소요소에 작용하는 주응력상태가 제시되어 있다. 이 때 최대주응력면 *ab* 와 임의의 각도 θ 를 이루는 평면 *ac* 에 작용하는 수직응력 σ 와 전단응력 τ 를 구하는 것이 문제유형 –Ⅰ이다. 또는 특정한 한 쌍의 응력 (σ, τ)가 작용하는 평면, 즉 θ 를 구하는 것이 문제유형 –Ⅱ가 된다. 주의할 것은 그림 7.4에서 모든 응력과 각도는 모두 양(+)으로 표시되어 있다는 사실이다.

(1) 해석적 방법(analytical method)

그림 7.4(b)에는 자유물체 Δabc 에 작용하는 응력의 합력이 제시되어 있다. 평면 *ac*의 면적을 1이라 하면, 평면 $ab = \cos\theta$, 평면 $bc = \sin\theta$ 가 되므로 합력은 그림 7.4(b)에 나타나 있는 것과 같게 된다.

그림 7.4(c)에는 *ac*면에 수직한 방향을 *n–n*, 평행한 방향을 *t–t*로 하고 모든 힘을 이 두 방향으로 분해하여 제시하고 있다. *n–n* 방향 힘의 평형조건을 취하면 σ 를, *t–t* 방향 힘의 평형조건을 취하면 τ 를 구할 수 있게 된다.

$$\sum F_{n-n} = 0(\swarrow +): \sigma - \sigma_1 \cos^2\theta - \sigma_3 \sin^2\theta = 0$$

$$\sigma = \sigma_1 \cos^2\theta + \sigma_3 \sin^2\theta = \sigma_1 \frac{1+\cos 2\theta}{2} + \sigma_3 \frac{1-\cos 2\theta}{2}$$

$$\therefore \sigma = \frac{\sigma_1 + \sigma_3}{2} + \frac{\sigma_1 - \sigma_3}{2}\cos 2\theta \tag{7.1}$$

추억 더듬기 1 : 반각의 공식

$$\sin\frac{\theta}{2} = \sqrt{\frac{1-\cos\theta}{2}},\ \sin^2\theta = \frac{1-\cos 2\theta}{2}$$

$$\cos\frac{\theta}{2} = \sqrt{\frac{1+\cos\theta}{2}},\ \cos^2\theta = \frac{1+\cos 2\theta}{2}$$

$$\sum F_{t-t} = 0(\nwarrow +): \tau - \sigma_1 \sin\theta\cos\theta + \sigma_3 \sin\theta\cos\theta = 0$$

$$\tau = (\sigma_1 - \sigma_3)\sin\theta\cos\theta$$

$$\therefore \tau = \frac{\sigma_1 - \sigma_3}{2}\sin 2\theta \tag{7.2}$$

추억 더듬기 2 : 배각의 공식

$$\sin 2\theta = 2\sin\theta\cos\theta$$

$$\cos 2\theta = \cos^2\theta - \sin^2\theta = 2\cos^2\theta - 1 = 1 - 2\sin^2\theta$$

식 (7.1)과 식 (7.2)에 의하여 최대주응력면과 임의의 각도 θ를 이루는 평면에 작용하는 수직응력 σ와 전단응력 τ를 구할 수 있다(문제유형 – Ⅰ). 또한 식 (7.1)과 식 (7.2)를 연립하여 풀면 특정한 응력조합 (σ, τ)가 작용하는 평면의 방향, 즉 θ를 알아낼 수 있다(문제유형 – Ⅱ).

(2) Mohr 응력원을 이용하는 방법(2θ 법)

가. Mohr 응력원의 방정식 및 작도법

최대주응력 σ_1과 최소주응력 σ_3이 주어졌을 때 최대주응력면과 각 θ를 이루는 평면에 작용하는 수직응력 σ와 전단응력 τ는 θ에 따라 식 (7.1)과 식 (7.2)에서 구할 수 있다. 그런데 이 요소의 임의의 평면, 즉 임의의 θ에 대하여 구한 응력 (σ, τ)는 $\sigma - \tau$ 평면에서 특정한 1개의 원주상에 놓이게 된다. 이 원을 Mohr 응력원이라 하는데 그 방정식은 다음과 같이 유도할 수 있다.

$$\sigma = \frac{\sigma_1 + \sigma_3}{2} + \frac{\sigma_1 - \sigma_3}{2}\cos 2\theta \tag{7.1}$$

$$\tau = \frac{\sigma_1 - \sigma_3}{2}\sin 2\theta \tag{7.2}$$

식 (7.1)의 우변 첫째항을 좌변으로 이항하고 양변을 제곱한다. 마찬가지로 식 (7.2)의 양변도 제곱하여 함께 쓰면

$$\left(\sigma - \frac{\sigma_1 + \sigma_3}{2}\right)^2 = \left(\frac{\sigma_1 - \sigma_3}{2}\right)^2 \cos^2 2\theta \tag{7.3}$$

$$\tau^2 = \left(\frac{\sigma_1 - \sigma_3}{2}\right)^2 \sin^2 2\theta \tag{7.4}$$

식 (7.3)과 (7.4)를 좌변은 좌변끼리 우변은 우변끼리 더하면 다음 식 (7.5)를 얻을 수 있다.

$$\left(\sigma - \frac{\sigma_1 + \sigma_3}{2}\right)^2 + \tau^2 = \left(\frac{\sigma_1 - \sigma_3}{2}\right)^2 \tag{7.5}$$

식 (7.5)는 $\sigma - \tau$ 평면에서 중심 : $\sigma = \dfrac{\sigma_1 + \sigma_3}{2}$, $\tau = 0$ 이고 반경 : $\dfrac{\sigma_1 - \sigma_3}{2}$ 인 원의 방정식이다. 이 원을 Mohr의 응력원(Mohr's stress circle)이라 한다.

주응력 σ_1 과 σ_3 이 주어졌을 때 Mohr 응력원을 그리는 방법은 다음과 같다.

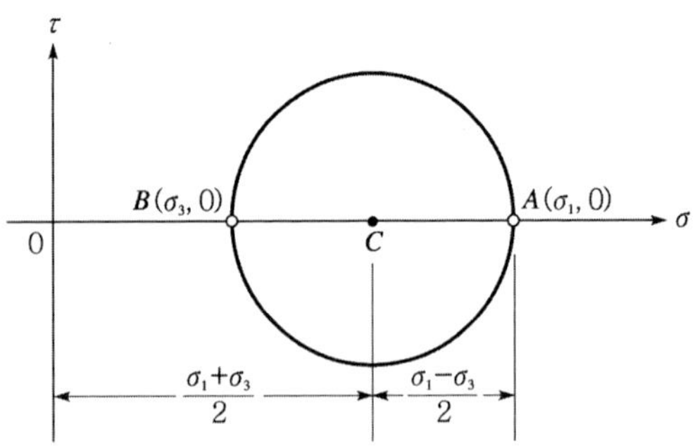

Mohr 응력원 그리는 순서 :

① 그림 7.5와 같이 σ 축과 τ 축을 설정

② A(σ_1, 0), B(σ_3, 0)을 축에 도시

③ A, B를 직경으로 하는 원을 그리면 이 원이 Mohr 응력원이 된다.

그림 7.5 주응력이 주어졌을 때 Mohr 응력원의 작도

이 원은 중심 C의 좌표가 ($\sigma = \dfrac{\sigma_1 + \sigma_3}{2}$, $\tau = 0$)이고 반경은 $\dfrac{\sigma_1 - \sigma_3}{2}$ 가 되어 Mohr의 응력원임이 분명함을 알 수 있다.

한 요소에 작용하는 최대주응력 σ_1 과 최소주응력 σ_3 이 주어지면 이 요소 내의 모든 평면에 작용하는 응력 σ 와 τ 는 Mohr 응력원의 원주 상에만 존재하고 응력원의 안과 밖에는 절대로 존재할 수 없다. 이러한 제약(운명)은 σ_1 과 σ_3 의 크기가 주어지는 순간 결정되어 버린다.

NOTE : 한 요소의 어떤 평면에 작용하는 수직응력 σ 는 최대주응력 이하이고, 최소주응력 이상임. 즉 $\sigma_3 \le \sigma \le \sigma_1$ 인 관계가 성립함. 주응력의 이러한 특성과 주응력면에서는 전단응력 $\tau = 0$ 이라는 사실을 함께 기억하기 바람.

나. 2θ 법(2θ method)

최대주응력면과 $+\theta$ 를 이루는 평면에 작용하는 응력(σ, τ)을 구하려면 그림 7.6에 보인 것과 같이 A(σ_1, 0)에서 중심각이 $+2\theta$ (반시계방향)되는

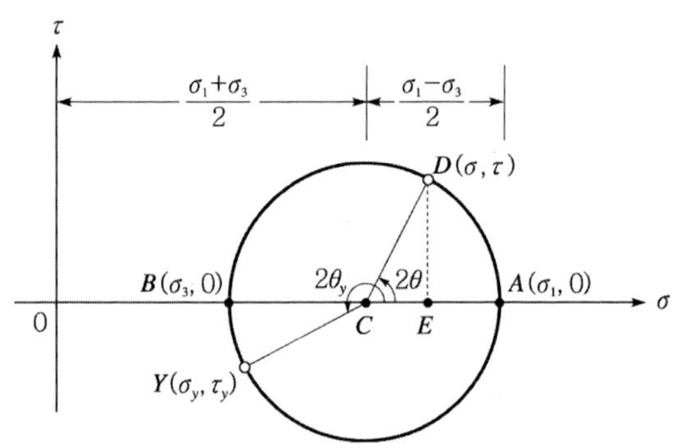

그림 7.6 Mohr 응력원을 이용한 응력의 결정(2θ 법)

D점을 잡으면($\angle ACD = 2\theta$) D점의 좌표가 곧 (σ, τ)가 된다(문제유형 – I).

점 D에서 σ 축에 내린 수선의 발을 E라 하면 $\overline{OE} = \sigma$, $\overline{DE} = \tau$ 가 되는데 이 사실은 다음과 같이 밝힐 수 있다.

$$\overline{OE} = \overline{OC} + \overline{CE} = \overline{OC} + \overline{CD}\cos 2\theta$$
$$= \frac{\sigma_1 + \sigma_3}{2} + \frac{\sigma_1 - \sigma_3}{2}\cos 2\theta, \qquad \therefore \overline{OE} = \sigma$$
$$\overline{DE} = \overline{CD}\sin 2\theta = \frac{\sigma_1 - \sigma_3}{2}\sin 2\theta, \qquad \therefore \overline{DE} = \tau$$

즉 A(σ_1, 0)에서 중심각 2θ(또는 원주각 θ) 되는 Mohr 응력원상의 점 D의 좌표 (σ, τ)가 구하는 수직응력과 전단응력이다(문제유형 – I). 반대로 Mohr 응력원상의 한 점에 해당하는 Y(σ_y, τ_y)의 응력이 작용하는 평면이 최대주응력면과 이루는 각도 θ_y 는 $\angle ACY = 2\theta_y$ 라는 사실에서 쉽게 구할 수 있다(문제유형 – II). 이 때 A(σ_1, 0)에서 잰 $\angle ACY$가 시계방향이라면 최대 주응력면과 그 평면(θ_y)이 이루는 각도도 역시 시계방향이 된다. 또한 이 사실은 반시계방향인 경우도 성립된다.

(3) 극점(pole) 또는 평면기점(origin of plane)을 이용하는 방법

가. 극점의 결정방법

극점(極點, pole) O_p 를 결정하기 위한 최소 필요조건은 다음과 같다.

① 한 평면의 방향과 그 평면에 작용하는 (σ, τ)
② 다른 평면에 작용하는 (σ, τ)(이 평면의 방향은 몰라도 무방)

최소한 위의 두 개 사항이 주어져야 극점을 결정할 수 있다.
극점의 결정 순서는 다음과 같다.

① Mohr 응력원을 그림.(2쌍의 (σ, τ)가 주어지면 Mohr 응력원을 그릴 수 있음(다음의 일반 평면 응력상태 참조))
② Mohr 응력원상의 한 점에서, 다시 말해 그 응력이 작용하는 평면의 방향을 알고 있는 한 점(σ, τ)에서 그 응력이 작용하는 평면과 평행하게 선을 그림.
③ 평행선이 Mohr 응력원과 만나는 점이 극점 O_p 임.

▶ **예제 7.1** 다음 그림과 같은 주응력 상태에 대하여 Mohr 응력원을 그리고 극점을 O_p 로 표시하라.

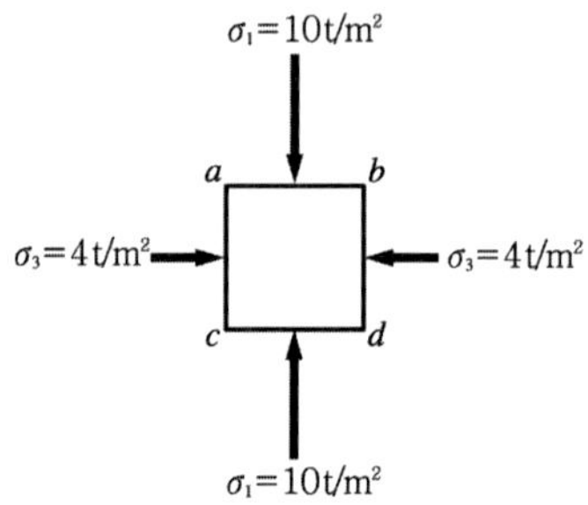

그림 예제 7.1 문제도

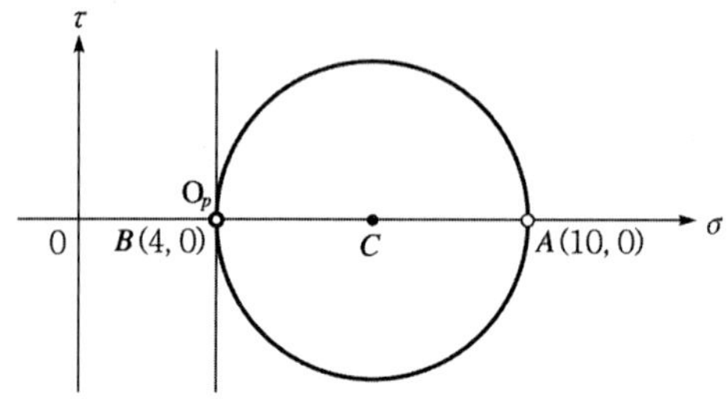

그림 예제 7.1 해답도

풀이 : ① A(10, 0), B(4, 0)를 σ 축에 도시하고 $\overline{AB}$ 를 직경으로 하는 원을 그려 Mohr 응력원을 얻음.

② A(10, 0)에서 이 응력이 작용하는 평면(*ab*면)과 평행한 선을 그어 Mohr 응력원과의 교점 O_p 점을 얻음(B점과 일치). 동일한 극점은 B점에서 *ac*면에 평행한 선을 그려도 얻을 수 있음. ◀

▶ **예제 7.2** 다음 그림과 같은 주응력 상태에 대하여 Mohr 응력원을 그리고 극점을 O_p 로 표시하라.

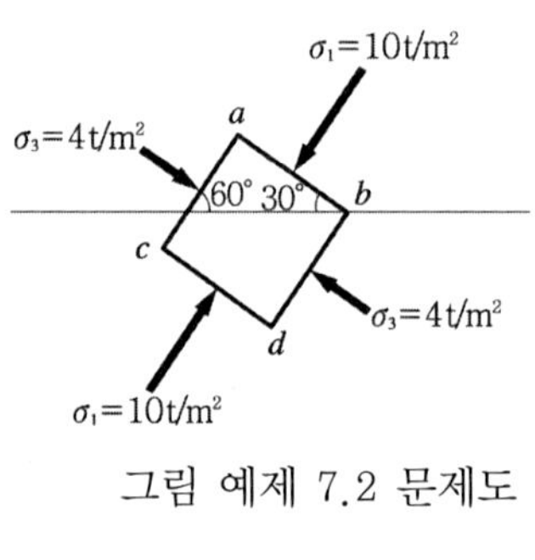

그림 예제 7.2 문제도

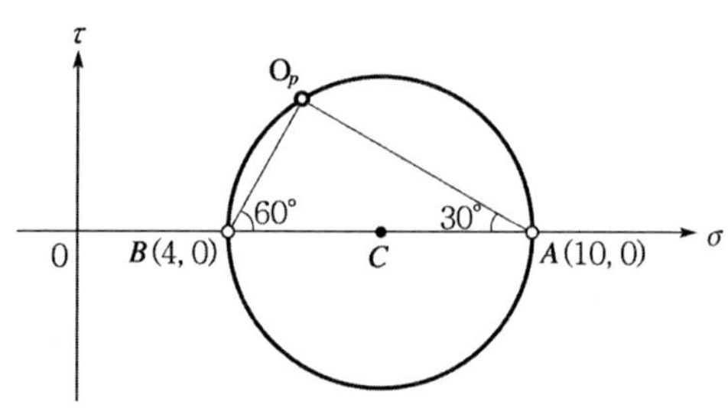

그림 예제 7.2 해답도

풀이 : ① A(10, 0), B(4, 0)를 σ 축에 표시하고 $\overline{AB}$ 를 직경으로 하는 원을 그리면 Mohr 응력원이 얻어짐.

NOTE : 예제 7.1의 Mohr 응력원과 완전히 동일한 응력원임을 주의할 것.

② A(10, 0)에서 이 응력이 작용하는 평면인 *ab*면과 평행한 선을 그어 Mohr 응력원과의 교점 O_p 점을 얻음. 동일한 극점은 B(4, 0)에서 *ac*면(수평면과 60°)과 평행한 선을 그려도 얻을 수 있음. ◀

나. 극점의 특성과 응용

극점은 다음과 같은 특성을 가지고 있으며, 이 특성은 임의의 평면에 작용하는 응력의 결정문제와 임의의 응력이 작용하는 평면을 결정하는데 대단히 편리하게 이용된다(그림 7.7 참조).

① 임의 평면에 작용하는 응력(σ, τ)을 구할 수 있다.
   - 극점(O_p)에서 응력을 구하려는 평면과 평행한 선을 그어 Mohr 응력원 교점을 찾으면 이 점의 좌표가 (σ, τ)임(문제유형 - Ⅰ).

② Mohr 응력원 상의 임의 응력(σ, τ)가 작용하는 평면을 구할 수 있다.
   - 극점과 Mohr 응력원 상의 한 점(σ, τ)을 연결한 방향이 이 응력이 작용하는 평면의 방향임(문제유형 - Ⅱ).

예를 들어 그림 7.7 (a)와 같은 주응력 상태에 대한 Mohr 응력원과 극점은 그림 7.7 (b)와 같다.

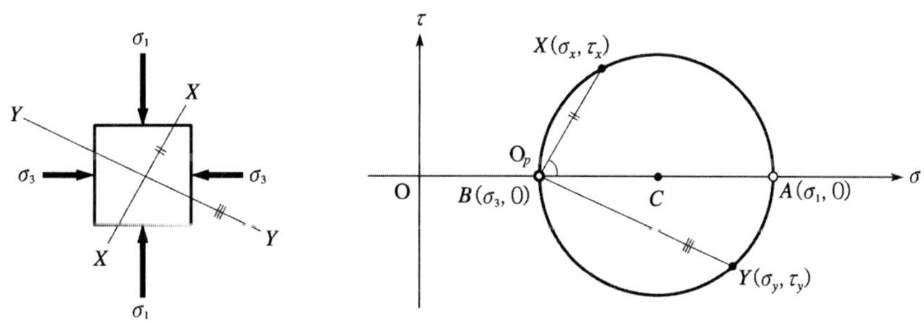

(a) (b)

그림 7.7 극점(O_p)의 특성

X-X 평면에 작용하는 응력은 극점(O_p)에서 이 평면과 평행한 선을 그려 Mohr 응력원의 교점 X를 결정하면 이 점의 좌표가 (σ_x, τ_x)이다(극점의 특성 ①) : 문제유형 Ⅰ. 반대로 Mohr 응력원상의 한 점 Y(σ_y, τ_y)가 작용하는 평면의 방향은 O_p와 Y를 연결하는 직선의 방향이 된다(극점의 특성 ②): 문제유형 Ⅱ.

참고사항 : 극점의 특성 ①의 증명

아래 그림과 같이 σ_1, σ_3 이 주어졌을 때 최대주응력면(ab면)과 각 θ 를 이루는 평면(ac면)에 작용하는 σ 와 τ 를 극점의 특성 ①에 따라 구한다.

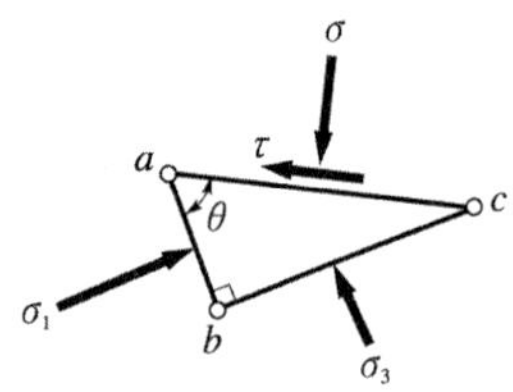

평면의 세계

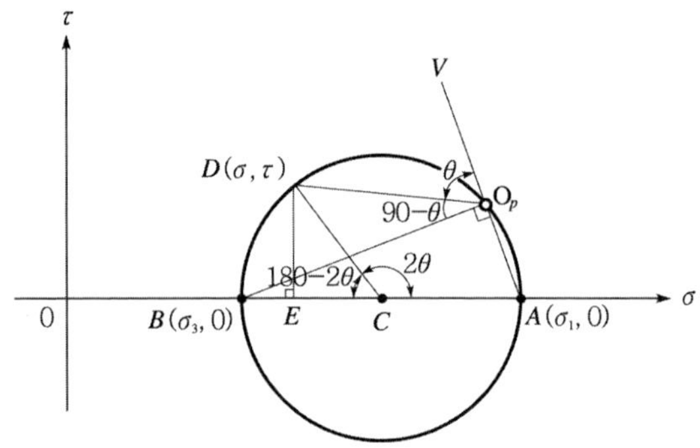

응력의 세계

O_p 에서 ac면과 평행한 선을 그려(점선) Mohr 응력원과의 교점 D(σ, τ)를 얻음.

점 D에서 σ 축에 내린 수선의 발을 E라 하면, $\overline{OE} = \sigma$, $\overline{DE} = \tau$ 임을 증명하면 된다.

□$\angle VO_pD = \theta \quad \therefore \angle DO_pB = 90 - \theta \rightarrow \angle DCB = 180 - 2\theta \quad \therefore \angle DCA = 2\theta$

□$\overline{OE} = \overline{OC} - \overline{CE} = \overline{OC} - \overline{CD}\cos(180 - 2\theta) = \overline{OC} + \overline{CD}\cos 2\theta$

$$= \frac{\sigma_1 + \sigma_3}{2} + \frac{\sigma_1 - \sigma_3}{2}\cos 2\theta, \quad \therefore \overline{OE} = \sigma$$

□$\overline{DE} = \overline{CD}\sin(180 - 2\theta) = \overline{CD}\sin 2\theta$

$$= \frac{\sigma_1 - \sigma_3}{2}\sin 2\theta \qquad \therefore \overline{DE} = \tau$$

Q.E.D.

극점은 산의 정상에 비유할 수 있다. 등산을 할 때 동쪽 기슭에서는 동쪽의 경관은 볼 수 있으나 서쪽의 경치는 볼 수 없다. 서쪽 산기슭에서는 반대가 된다. 그러나 정상에 오르면 동서 양쪽의 경관을 모두 조망할 수 있게 된다.

이와 마찬가지로 응력이 작용하고 있는 요소를 보면 임의의 평면을 결정할 수 있으나 그 평면에 작용하는 응력은 보이지 않는다. 반대로 그 요소에 대한 Mohr 응력원을 보면 요소에 작용가능한 응력의 조합 (σ, τ)는 보이지만 그 응력이 작용하는 평면은 보이지 않는다. 그러나 극점을 알면 임의의 평면에 작용하는 응력과 임의의 응력이 작용하는 평면을 모두 알 수 있게 된다. 즉 극점(O_p)의 유용성은 다음과 같이 설명할 수 있다.

문제도 : 그림과 같이 한 요소에 주응력 σ_1과 σ_3이 작용할 때

① 수평면과 임의의 각도를 이루는 X–X 평면의 응력과

② 이 요소에서 일어날 수 있는 응력 (σ_y, τ_y)가 작용하는 평면 Y–Y를 구하는 것을 생각해 보기로 한다.

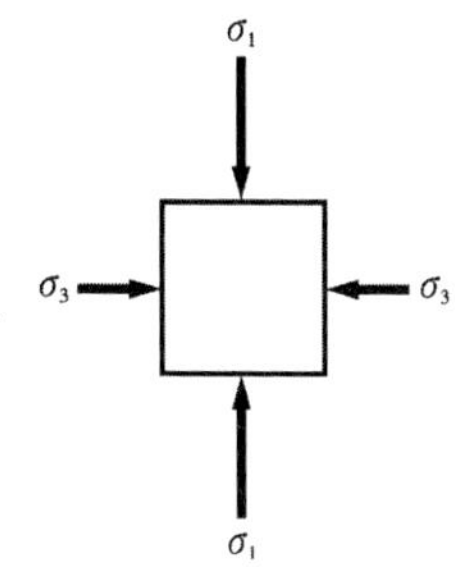

◦ 실제 평면의 세계

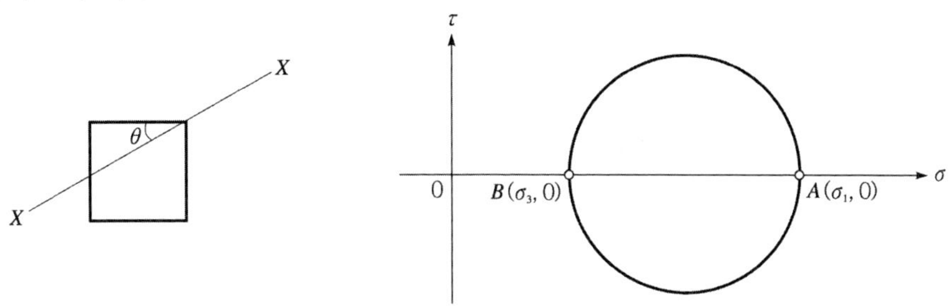

응력을 구하려는 평면 (X–X)는 보이지만 이 평면에 작용하는 응력은 Mohr 응력원을 보아도 보이지 않는다. 응력원에서도 이 값이 얼마인지 알 수 없다.

◦ 응력의 세계

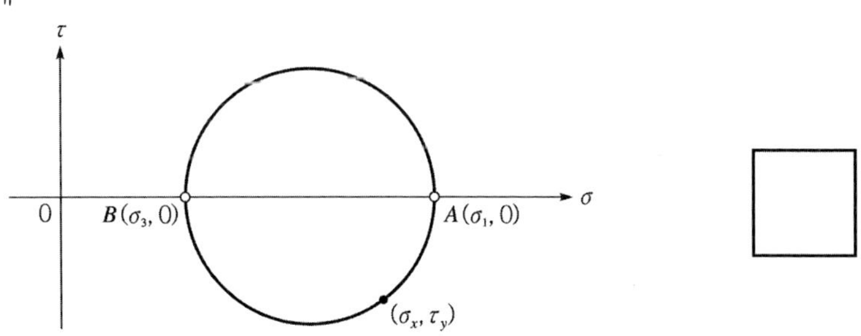

Mohr 응력원에서 응력(σ_y, τ_y)은 보이지만 요소 평면에서 이 응력이 작용하는 평면은 보이지 않는다. 응력원에서도 응력의 작용 평면은 알 수 없다.

◦ 극점(pole, O_p):

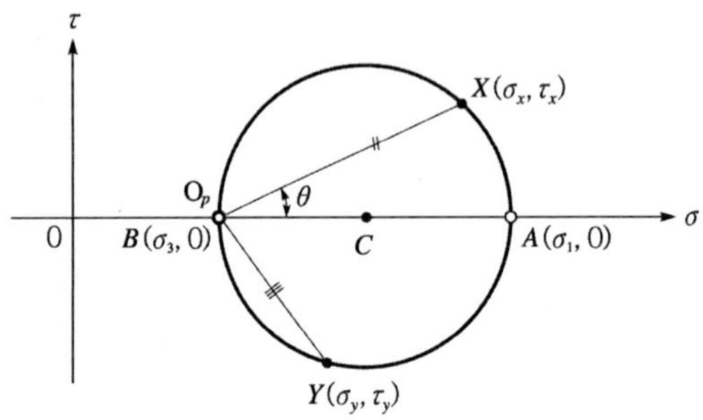

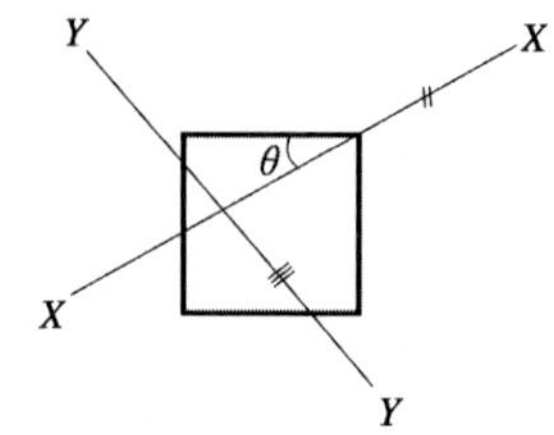

극점에 서면 응력과 평면을 동시에 볼 수 있다.

① 임의의 평면 X–X면에 작용하는 응력(σ_x, τ_x)을 구할 수 있음 : X(σ_x, τ_x)

② 응력원 상의 응력(σ_y, τ_y)가 작용하는 평면을 알 수 있음 : $Y - Y // \overline{O_pY}$

다. 극점을 이용하여 주어진 평면에 작용하는 응력과 주어진 응력이 작용하는 평면을 결정하는 방법

극점을 이용하여 주어진 평면에 작용하는 응력 (σ, τ)를 구하기 위해서는 극점의 특성 ①을 이용한다. 반대로 주어진 한 쌍의 응력 (σ, τ)가 작용하는 평면을 결정하는데는 극점의 특성 ②를 사용한다. 이 때에는 해석적 방법이나 2θ 법과는 달리 θ의 크기와 부호에 신경 쓸 필요가 없는 장점이 있다.

이제 그림 7.8과 같은 응력상태에 대하여 극점을 결정하고 ac면에 작용하는 응력 (σ, τ)를 결정하는 방법과 이 요소에 작용하는 응력 (σ_y, τ_y)가 작용하는 평면을 극점을 이용하여 구하는 방법을 순차적으로 서술해 보기로 한다.

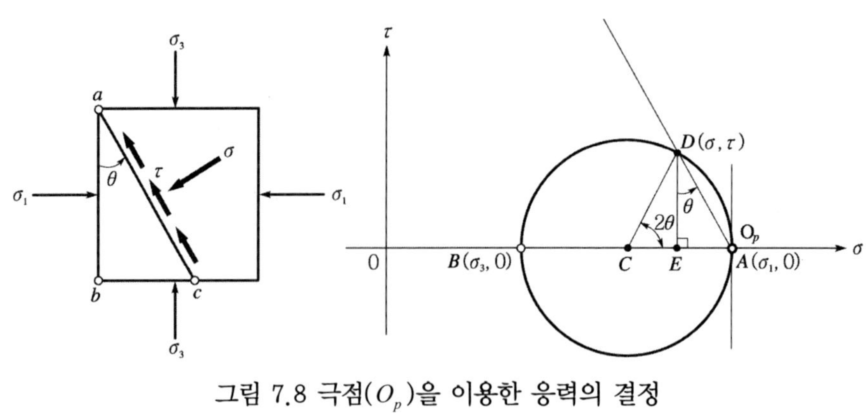

그림 7.8 극점(O_p)을 이용한 응력의 결정

(a) 극점의 결정

① A(σ_1, 0)과 B(σ_3, 0)을 σ 축에 나타내고 $\overline{AB}$ 를 직경으로 하는 원을 그려 Mohr 응력원을 얻는다.

② B(σ_3, 0)에서 최소주응력면(수평면)에 평행선을 그려 Mohr 응력원과의 교점을 구하면 이 점이 극점 O_p 이다. 극점은 A점과 일치한다. 동일한 극점은 A(σ_1, 0)에서 최대주응력면(연직면)과 평행선을 그려서도 얻을 수 있다(이 때에는 교점은 접점이 됨).

(b) ac면에 작용하는 응력(σ, τ)의 결정 : 극점의 특성 ①

③ 극점 O_p 에서 ac면과 평행선을 그려 Mohr 응력원과의 교점 D를 결정한다. D의 좌표가 구하는 응력 (σ, τ)이다(문제유형 Ⅰ).

④ D(σ, τ)에서 σ 축에 내린 수선의 발을 E라 하면

$\sigma = \overline{OE}$, $\tau = \overline{DE}$

$\angle O_p DE = \theta$ 이므로 $\angle O_p CD = 2\theta$

따라서, D는 2θ 법의 D와 일치한다. 그러므로 σ 와 τ 는 2θ 법과 같은 방법으로 결정할 수 있다.

(c) 주어진 한 쌍의 응력 (σ_y, τ_y)가 작용하는 평면의 결정 : 극점의 특성 ②

⑤ Mohr 응력원 상의 응력 Y(σ_y, τ_y)가 작용하는 평면은 O_p 와 Y를 연결하는 방향이다(문제유형 Ⅱ).

독자들에게 드리는 제언 : 최대전단응력(τ_{max}) 및 최소전단응력(τ_{min})이 작용하는 평면은 최대주응력면 기준으로 각각 +45°, −45° 이고 이때 최대, 최소전단응력은

$$\tau_{\left(\substack{max \\ min}\right)} = \pm\frac{\sigma_1 - \sigma_3}{2} \tag{7.6}$$

임을 방법 (1), (2), (3)을 이용하여 밝혀 볼 것.

▶ **예제 7.3** 그림과 같이 최대주응력 $\sigma_1 = 10t/m^2$ 가 수평방향으로 작용하고 최소주응력 $\sigma_3 = 2t/m^2$ 가 연직방향으로 작용한다.

(1) 최대주응력면(ac면)과 $\theta = 30°$ (반시계방향)를 이루는 평면(ac면)에 작용하는 수직응력 σ 와 전단응력 τ 를 구하라.

(2) 한 쌍의 응력 $\sigma = 8.4t/m^2$, $\tau = -3.2t/m^2$ 가 작용하는 평면, 즉 θ 를 구하라.

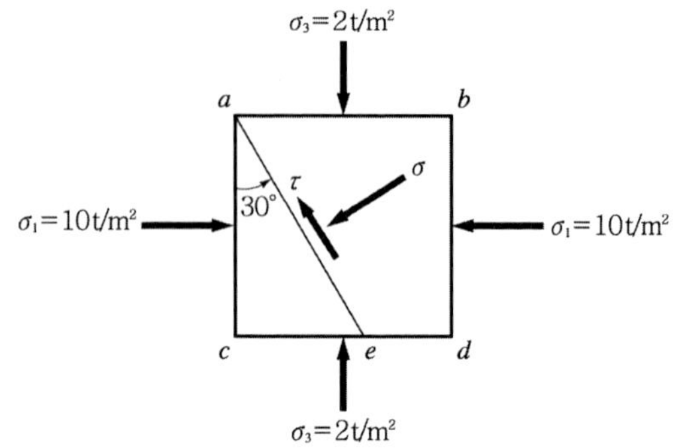

그림 예제 7.3 문제도

풀이 :

(1) ae면($\theta = 30°$)에 작용하는 (σ, τ)의 산정

(a) 해석적 방법 : 이 문제에서는 θ 가 주어졌으나 보통 θ 의 크기와 부호의 결정이 복잡한 경우가 많음.

$$\sigma = \frac{\sigma_1 + \sigma_3}{2} + \frac{\sigma_1 - \sigma_3}{2}\cos 2\theta = \frac{10+2}{2} + \frac{10-2}{2}\cos 60° = 6 + 2 = 8t/m^2$$

$$\tau = \frac{\sigma_1 - \sigma_3}{2}\sin 2\theta = \frac{10-2}{2}\sin 60° = 2\sqrt{3}t/m^2$$

(b) 2θ 법 : 이 문제에서는 θ 가 주어졌으나 보통 2θ 법의 경우에 있어서도 θ 의 크기와 부호의 결정이 복잡한 경우가 많음.

① A(10,0), B(2,0)을 σ 축에 나타냄(그림 예제 7.3 해답도(1))

② $\overline{AB}$ 를 직경으로 하는 원을 그려 Mohr 응력원을 얻음.
이 원은 중심이 C(6,0)이고 반경이 4인 응력원.

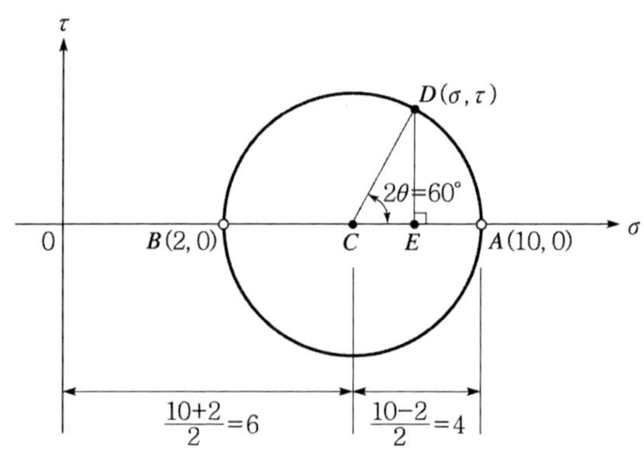

그림 예제 7.3 해답도(1)

③ 최대주응력면(ac면)과 $\theta = +30°$ (반시계방향)를 이루는 평면 ae면에 작용하는 σ 와 τ 는 중심각 $\angle ACD = 2\theta = +60°$ 가 되는 D점을 잡으면 D점의 좌표 값이 (σ, τ)임.

④ D에서 σ 축에 내린 수선의 발을 E라 하면

$$\sigma = \overline{OE} = \overline{OC} + \overline{CE} = \overline{OC} + \overline{CD}\cos 2\theta = 6 + 4\cos 60° = 6 + 2 = 8t/m^2$$

$$\tau = \overline{DE} = \overline{CD}\sin 2\theta = 4\sin 60° = 2\sqrt{3}t/m^2$$

(c) 극점을 이용하는 방법 : θ 의 크기와 부호에 신경을 쓸 필요 없음.

① 위의 2θ 법과 같이 Mohr 응력원을 그림. 점 A, B, C는 동일함.

② A점에서 ac면과 평행한 선을 그려 Mohr 응력원과의 교점 A가 극점 O_p 임. 동일한 극점은 B점에서 ab면과 평행한 선을 그려서도 얻을 수 있음.

③ 극점 O_p 에서 ae면과 평행한 선을 그어 Mohr 응력원과의 교점, D점을 얻으면 D점의 좌표가 (σ, τ)임(연직선과 $\overline{O_p D}$ 사이 각도는 30° 임).

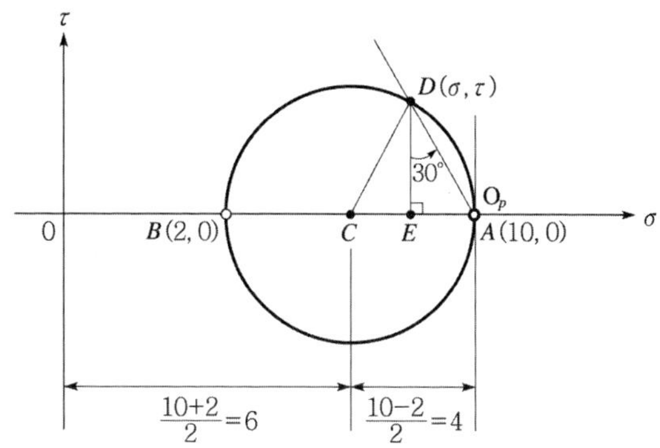

그림 예제 7.3 해답도(2)

④ $\angle ACD = 60°$ 임을 확인하고 D점에서 σ 축에 내린 수선의 발을 E라 하면

$$\sigma = \overline{OE} = \overline{OC} + \overline{CE} = \overline{OC} + \overline{CD}\cos 60° = 6 + 2 = 8t/m^2$$

$$\tau = \overline{DE} = 4\sin 60° = 2\sqrt{3}t/m^2$$

D점은 2θ 법의 D와 일치한다.

(2) $\sigma = 8.4t/m^2$, $\tau = -3.2t/m^2$ 인 평면을 구함.

(a) 해석적 방법

$$\sigma = \frac{\sigma_1 + \sigma_3}{2} + \frac{\sigma_1 - \sigma_3}{2}\cos 2\theta,\ \tau = \frac{\sigma_1 - \sigma_3}{2}\sin 2\theta$$ 를 동시에 만족하는 θ 를 구하면 된다.

$$8.4 = \frac{10+2}{2} + \frac{10-2}{2}\cos 2\theta, \quad \cos 2\theta = 0.6, \ \therefore \theta = \pm 26.6°$$

$$-3.2 = \frac{10-2}{2}\sin 2\theta, \quad \sin 2\theta = -0.8, \quad \theta = -26.6° \text{ 또는 } -206.6°$$

$$\therefore \theta = -26.6°$$

(b) 2θ 법

그림 예제 7.3 해답도(3)에서 응력(8.4, −3.2)를 Mohr 응력원상에 Y(8.4, −3.2)로 표시함.

$$\angle ACY = 2\theta, \quad \tan 2\theta = -3.2/2.4 = -1.33, \quad \therefore \theta = -26.6° \text{ (시계방향)}$$

(c) 극점(O_p)을 이용하는 방법

그림 예제 7.3 해답도(3)에서 극점 O_p 와 Y를 연결하는 방향이 구하는 평면의 방향이다. 연직면(최대주응력면)과 $\overline{O_pY}$ 가 이루는 각도를 θ 라 하면 $\angle\overline{O_pCY} = 2\theta$.

$$\tan 2\theta = -3.2/2.4 = -1.33,$$

$$\therefore \theta = -26.6° \text{ (시계방향)}$$

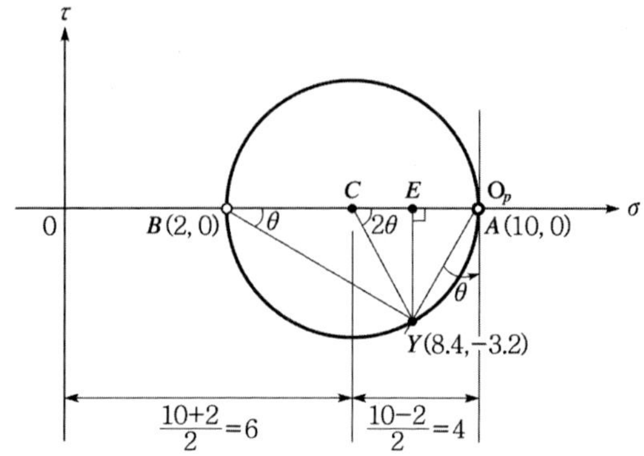

그림 예제 7.3 해답도(3)

◀

▶ **예제 7.4** 최대주응력 $\sigma_1 = 4t/m^2$, 최소주응력 $\sigma_3 = 2t/m^2$ 가 다음 그림과 같이 작용하고 있다. 최소주응력면(ac면)은 수평면과 ±60° 를 이루고 있다. 이때 수평면 D–D면에 작용하는 응력(σ, τ)를 구하여라.

풀이 :

(1) 해석적 방법 : θ 의 크기와 부호 결정이 복잡

$$\sigma = \frac{\sigma_1 + \sigma_3}{2} + \frac{\sigma_1 - \sigma_3}{2}\cos 2\theta$$

$$= \frac{4+2}{2} + \frac{4-2}{2}\cos 60° = 3 + 0.5 = 3.5t/m^2$$

$$\tau = \frac{\sigma_1 - \sigma_3}{2}\sin 2\theta = \frac{4-2}{2}\sin 60° = \frac{\sqrt{3}}{2}t/m^2$$

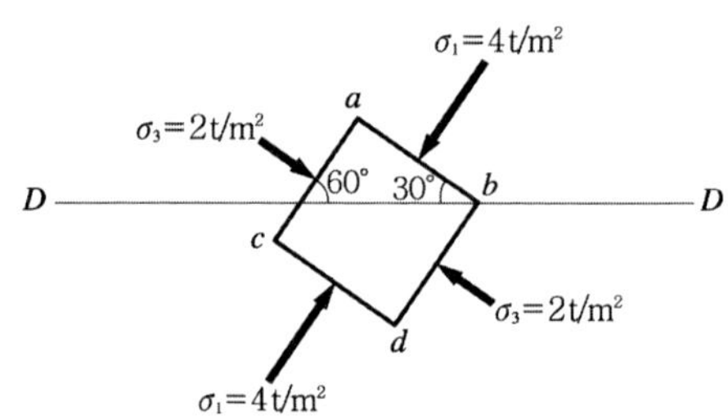

그림 예제 7.4 문제도

(2) Mohr 응력원(2θ 법): θ 의 크기와 부호 결정 복잡

① $\sigma-\tau$ 축을 설정하고 A(4, 0), B(2, 0)을 σ 축에 도시

② $\overline{AB}$ 를 직경으로 하는 원을 그려 Mohr 응력원을 얻음.

이 원의 중심은 C($\frac{4+2}{2} = 3$, 0)이고 반경은 $\frac{4-2}{2} = 1$

③ 최대주응력면 ab와 D-D면 사이 각이 $30°$ 이므로 중심각 $\angle ACD = 60°$ 가 되는 D점을 잡으면 D점의 좌표가 구하고자하는 응력(σ, τ)임

④ D에서 축에 내린 수선의 발을 E라 하면

$$\sigma = \overline{OE} = \overline{OC} + \overline{CE} = \overline{OC} + \overline{CD}\cos 60° = 3 + 1\cos 60° = 3.5t/m^2$$

$$\tau = \overline{DE} = \overline{CD}\sin 60° = 1\sin 60° = \frac{\sqrt{3}}{2} = 0.866t/m^2$$

이 풀이 과정은 그림 예제 7.4 해답도(1)에 제시되어 있다.

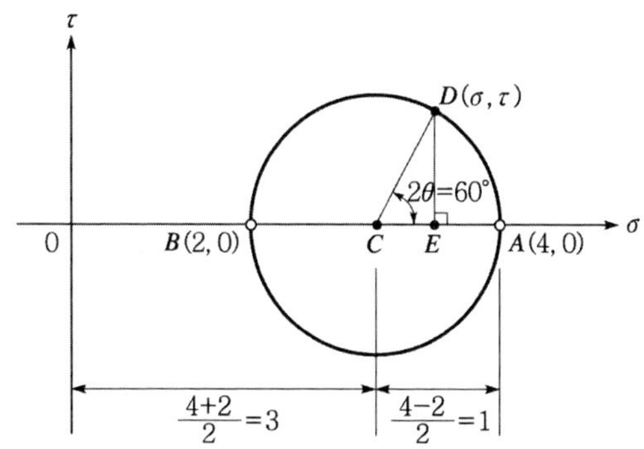

그림 예제 7.4 해답도(1)

독자들에게 드리는 질문 : 이 문제에서 θ를 $30°$ 가 아니라 $\theta = -150°$, $\theta = -330°$, $\theta = 210°$ 라고 한다면 결과는 각각 어떠한가?

(3) 극점 O_p 를 이용하는 방법 : θ 의 크기와 부호 신경 쓸 필요 없음.

① 앞의 2θ 법에서와 같이 Mohr 응력원을 그림(그림 예제 7.4 해답도(2)).

② A(4, 0)에서 ab면(수평면과 $30°$)과 평행한 선을 그어 Mohr 응력원과의 교점 O_p 를 얻음. 동일한 극점은 B(2, 0)에서 ac면(수평면과 $60°$)과 평행한 선을 그려서도 얻을 수 있음.

③ O_p 에서 D-D면에 평행한 선을 그어 Mohr 응력원과의 교점 D점을 얻음.
D점의 좌표가 얻고자하는 응력(σ, τ)임.

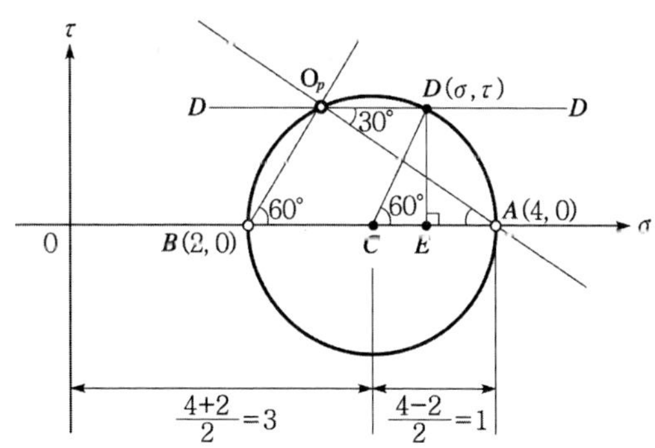

그림 예제 7.4 해답도(2)

④ $\angle DO_pA = 30°$ 이므로 $\angle DCA = 60°$
이때 점 D는 2θ 법의 D와 동일한 점 임을 알 수 있다. D에서 σ 축에 내린 수선의 발을 E라 하면

$$\sigma = \overline{OE} = \overline{OC} + \overline{CE} = 3 + 0.5 = 3.5t/m^2$$

$$\tau = \overline{DE} = 1\sin 60° = \frac{\sqrt{3}}{2} = 0.866t/m^2$$

독자들에게 드리는 제언 : 여유가 있는 독자는 Mohr의 변형률원(變形率圓, strain circle)과 단면 2차 모멘트 원을 복습할 것. 단, 변형률원에서 세로축은 $\frac{1}{2}\gamma_{xy}$, 즉 전단변형각의 반(半)임을 주의할 것.

독자들에게 드리는 제언 : 주응력 σ_1 과 σ_3 이 주어졌을 때 최대전단응력 $\tau_{max} = (\sigma_1 - \sigma_3)/2$ 이고, τ_{max} 가 작용하는 평면은 최대주응력면과 기울기가 45° 됨을 (1), (2), (3) 방법으로 확인해 볼 것.

7.2.4 일반 평면응력 상태의 Mohr 응력원과 극점

그림 7.9(a)에 제시된 일반 평면응력상태에서 수직응력과 전단응력에 관하여 다음과 같은 약속을 설정한다.

2개의 수직응력 σ_x 와 σ_z 중에서 더 큰 것을 σ_x 로 하기로 한다($\sigma_x > \sigma_z$). 이는 작용방향과는 무관하게 연직방향 수직응력이 수평방향 수직응력보다 크다면 연직방향 수직응력을 σ_x 로 하는 것으로 한다. 이 때 σ_x 가 작용하는 평면에서의 전단응력은 당연히 τ_{xz} 이 되고 $\tau_{xz} > 0$ 으로 가정한다. 만약 실제 σ_x 작용평면의 전단응력이 음(–)이면(시계방향) $-\tau_{xz}$ 으로 나타내면 된다.

(σ_z, τ_{zx})는 (σ_x, τ_{xz}) 작용평면과 직교하는 평면의 응력이며 공액전단응력 τ_{zx} 는 $\tau_{zx} = -\tau_{xz}$ 이다.

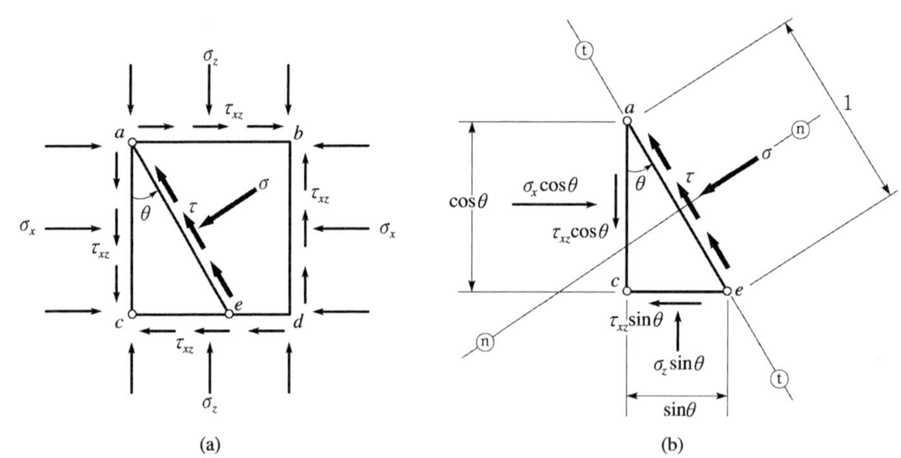

그림 7.9 일반 평면응력 상태에서의 한 요소에 작용하는 응력

일반 평면응력상태에 관하여 논의할 문제는

문제1 : 응력 (σ_x, τ_{xz})가 작용하는 평면(ac면)과 $+\theta$ (반시계방향)를 이루는 평면(ae면)에 작용하는 수직응력(σ)과 전단응력(τ)을 결정하는 방법과 한 쌍의 응력 (σ, τ)가 작용하는

평면, 즉 θ 를 결정하는 방법을 살펴보고
문제2 : 주응력면의 방향과 주응력의 크기 결정 방법을 알아보기로 한다.

이 문제를 (1) 해석적 방법, (2) Mohr 응력원을 이용한 2θ 법, (3) 극점을 이용하는 방법의 세 가지 방법으로 해결해 보기로 한다.

(1) 해석적 방법

가. 임의의 평면에 작용하는 응력의 결정

주응력상태의 경우와 마찬가지로 $\triangle ace$에 작용하는 힘을 $\overline{ae}$ 면에 수직한 방향(n–n)과 접선방향(t–t)으로 분해하고, 힘의 평형조건을 취하면 수직응력 σ 와 전단응력 τ 를 구할 수 있다.

$\overline{ae}$ 면의 면적을 1이라 하면 $\overline{ac} = \cos\theta$, $\overline{ce} = \sin\theta$ 가 된다. 자유물체 $\triangle ace$에 작용하는 응력의 합력은 그림 7.9(b)에 제시되어 있다. 이 힘들을 $\overline{ae}$ 면에 수직한 방향(n–n)과 $\overline{ae}$ 면의 방향(t–t)으로 분해하여 도시한 결과를 아래 참고사항의 그림 7.9(c)에 제시하였다.

$$\sum F_{n-n} = 0 \ : \ \sigma = \frac{\sigma_x + \sigma_z}{2} + \frac{\sigma_x - \sigma_z}{2}\cos 2\theta - \tau_{xz}\sin 2\theta \tag{7.7}$$

$$\sum F_{t-t} = 0 \ : \ \tau = \frac{\sigma_x - \sigma_z}{2}\sin 2\theta + \tau_{xz}\cos 2\theta \tag{7.8}$$

또한 위의 식(7.7), (7.8)이 얻어지는 과정도 참고사항에 기술하였다. 식 (7.7)과 (7.8)을 통해 임의 평면(즉 임의의 θ)에 작용하는 σ 와 τ 를 구할 수 있다. 또한 식 (7.7)과 (7.8)을 연립하여 풀면 특정한 응력 (σ, τ)가 작용하는 평면, 즉 θ 를 구할 수 있다.

참고사항 : σ 와 τ 의 결정

$\sum F_{n-n} = 0$: ↙ (+)

$$\sigma - \sigma_x\cos^2\theta - \sigma_z\sin^2\theta + \tau_{xz}\sin\theta\cos\theta + \tau_{xz}\sin\theta\cos\theta = 0$$

$$\sigma = \sigma_x\cos^2\theta + \sigma_z\sin^2\theta - 2\tau_{xz}\sin\theta\cos\theta$$

$$= \sigma_x\frac{1+\cos 2\theta}{2} + \sigma_z\frac{1-\cos 2\theta}{2} - 2\tau_{xz}\sin\theta\cos\theta$$

$$\therefore \sigma = \frac{\sigma_x + \sigma_z}{2} + \frac{\sigma_x - \sigma_z}{2}\cos 2\theta - \tau_{xz}\sin 2\theta \tag{7.7}$$

$\sum F_{t-t} = 0$: ↖ (+)

$$\tau - \sigma_x \sin\theta\cos\theta + \sigma_z \sin\theta\cos\theta - \tau_{xz}\cos^2\theta + \tau_{xz}\sin^2\theta = 0$$

$$\tau = (\sigma_x - \sigma_z)\sin\theta\cos\theta + \tau_{xz}(\cos^2\theta - \sin^2\theta)$$

$$\therefore \tau = \frac{\sigma_x - \sigma_z}{2}\sin 2\theta + \tau_{xz}\cos 2\theta \tag{7.8}$$

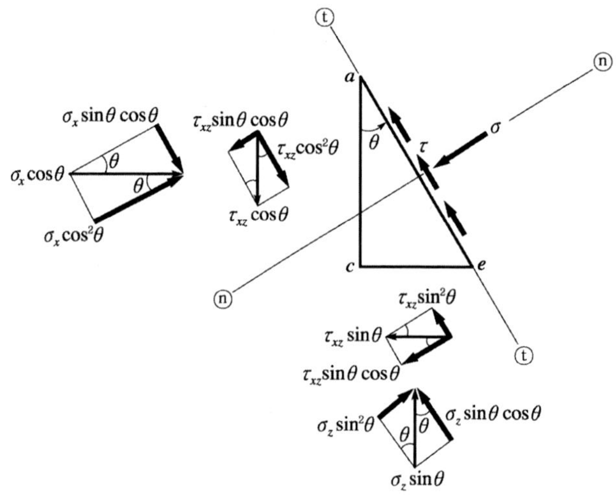

그림 7.9(c)

나. 주응력이 작용하는 평면(주응력면) 및 주응력의 결정

주응력은 한 요소에서 일어날 수 있는 최대 또는 최소 응력이므로 주응력이 작용하는 평면, 즉 주응력면은 $\partial\sigma / \partial\theta = 0$ 인 평면이 된다.

$$\partial\sigma / \partial\theta = 0 \; : \; -(\sigma_x - \sigma_z)\sin 2\theta - 2\tau_{xz}\cos 2\theta = 0$$

$$\therefore \tan 2\theta = -\frac{\tau_{xz}}{\frac{\sigma_x - \sigma_z}{2}} = -\frac{2\tau_{xz}}{\sigma_x - \sigma_z} \tag{7.9a}$$

특히 주응력면을 나타내는 각 θ 를 β 로 나타내면

$$\tan 2\beta = -\frac{\tau_{xz}}{\frac{\sigma_x - \sigma_z}{2}} = -\frac{2\tau_{xz}}{\sigma_x - \sigma_z} \tag{7.9b}$$

위의 조건을 만족시키는 2β 에는 2개의 값 $2\beta_1$ 과 $2\beta_2$ 의 2개가 있으며 하나는 제 4사분면, 나

머지는 제 2사분면에 있게 된다. 따라서, β_1과 β_2의 평면의 방향은 서로 직교하며 $\beta=\beta_1$일 때 $\sigma=\sigma_1$이고 $\beta=\beta_2$일 때 $\sigma=\sigma_3$이 된다.

주응력의 크기는 β(즉 θ)를 식 (7.7)에 대입하여 정리하면

$$\sigma_{\substack{1\\3}}=\frac{\sigma_x+\sigma_z}{2}\pm\sqrt{\left(\frac{\sigma_x-\sigma_z}{2}\right)^2+\tau^2_{xz}} \tag{7.10}$$

위의 식 (7.10)이 얻어지는 과정은 다음 참고사항을 참조하기 바란다.

참고사항 : 일반 평면응력조건에서의 주응력 σ_1, σ_3의 결정.

$$\sigma=\frac{\sigma_x+\sigma_z}{2}+\frac{\sigma_x-\sigma_z}{2}\cos 2\theta-\tau_{xz}\sin 2\theta \tag{7.7}$$

그런데 $\tan 2\theta=\tan 2\beta=-\dfrac{\tau_{xz}}{\dfrac{\sigma_x-\sigma_z}{2}}=-\dfrac{2\tau_{xz}}{\sigma_x-\sigma_z}$ (7.9)

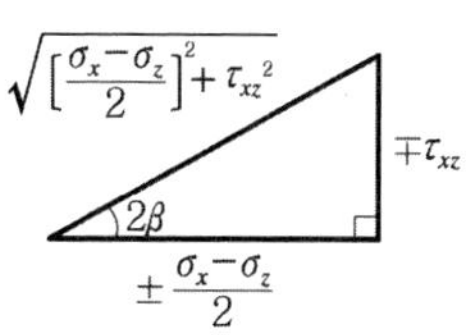

$\tan 2\beta=\dfrac{\sin 2\beta}{\cos 2\beta}$ 이고 식 (7.9)에서 우변이 음(-)이므로 $\cos 2\beta$과 $\sin 2\beta$는 서로 반대의 부호를 가져야 한다. 즉 2β는 제 4사분면의 각도이거나 제 2사분면의 각도이어야 한다. 따라서, 그림을 참조할 때,

$$\cos 2\beta=+\frac{\dfrac{\sigma_x-\sigma_z}{2}}{\sqrt{\left(\dfrac{\sigma_x-\sigma_z}{2}\right)^2+\tau^2_{xz}}} \text{ 이면 } \sin 2\beta=-\frac{\tau_{xz}}{\sqrt{\left(\dfrac{\sigma_x-\sigma_z}{2}\right)^2+\tau^2_{xz}}} \text{ 의 경우가}$$

제 4사분면 σ_1을 얻을 수 있음($2\beta=2\beta_1$).

$$\text{또한 } \cos 2\beta=-\frac{\dfrac{\sigma_x-\sigma_z}{2}}{\sqrt{\left(\dfrac{\sigma_x-\sigma_z}{2}\right)^2+\tau^2_{xz}}} \text{ 이면 } \sin 2\beta=+\frac{\tau_{xz}}{\sqrt{\left(\dfrac{\sigma_x-\sigma_z}{2}\right)^2+\tau^2_{xz}}} \text{ 의 경우가}$$

제 2사분면 σ_3을 얻을 수 있음($2\beta=2\beta_2$).

$$\sigma_1=\frac{\sigma_x+\sigma_z}{2}+\frac{\sigma_x-\sigma_z}{2}\left(+\frac{\dfrac{\sigma_x-\sigma_z}{2}}{\sqrt{\left(\dfrac{\sigma_x-\sigma_z}{2}\right)^2+\tau^2_{xz}}}\right)-\tau_{xz}\left(-\frac{\tau_{xz}}{\sqrt{\left(\dfrac{\sigma_x-\sigma_z}{2}\right)^2+\tau^2_{xz}}}\right)$$

$$= \frac{\sigma_x+\sigma_z}{2} + \frac{\left(\frac{\sigma_x-\sigma_z}{2}\right)^2+\tau_{xz}^2}{\sqrt{\left(\frac{\sigma_x-\sigma_z}{2}\right)^2+\tau_{xz}^2}} \qquad \therefore \sigma_1 = \frac{\sigma_x+\sigma_z}{2}+\sqrt{\left(\frac{\sigma_x-\sigma_z}{2}\right)^2+\tau_{xz}^2}$$

$$\sigma_3 = \frac{\sigma_x+\sigma_z}{2} + \frac{\sigma_x-\sigma_z}{2}\left(-\frac{\frac{\sigma_x-\sigma_z}{2}}{\sqrt{\left(\frac{\sigma_x-\sigma_z}{2}\right)^2+\tau_{xz}^2}}\right) - \tau_{xz}\left(+\frac{\tau_{xz}}{\sqrt{\left(\frac{\sigma_x-\sigma_z}{2}\right)^2+\tau_{xz}^2}}\right)$$

$$= \frac{\sigma_x+\sigma_z}{2} - \frac{\left(\frac{\sigma_x-\sigma_z}{2}\right)^2+\tau_{xz}^2}{\sqrt{\left(\frac{\sigma_x-\sigma_z}{2}\right)^2+\tau_{xz}^2}} \qquad \therefore \sigma_3 = \frac{\sigma_x+\sigma_z}{2}-\sqrt{\left(\frac{\sigma_x-\sigma_z}{2}\right)^2+\tau_{xz}^2}$$

최대 및 최소주응력 $$\sigma_{\substack{1\\3}} = \frac{\sigma_x+\sigma_z}{2} \pm \sqrt{\left(\frac{\sigma_x-\sigma_z}{2}\right)^2+\tau_{xz}^2} \tag{7.10}$$

주응력면과 주응력의 작용방향은 그림 7.10에 제시되어 있다.

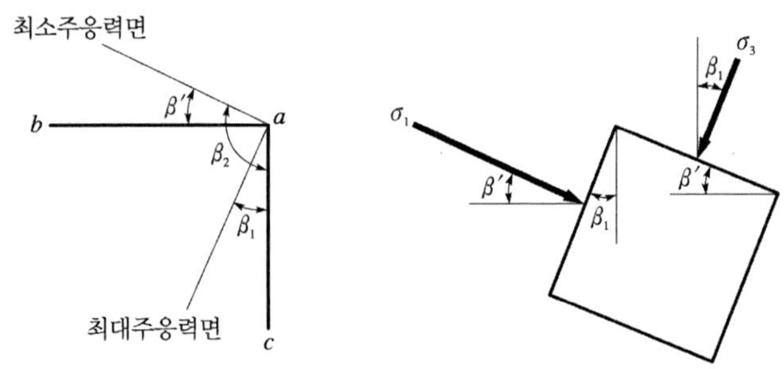

그림 7.10 주응력면과 주응력의 방향

$\angle\beta_1 = ac$면과 최대주응력면 사이의 각도

$= \sigma_x$ 의 작용방향과 σ_1 작용방향 사이의 각도 = 수평면과 σ_1 작용방향 사이의 각도

$\angle\beta_2 = ac$면과 최소주응력면 사이의 각도

$\angle\beta' = ab$면과 최소주응력면 사이의 각도

$= \sigma_z$ 의 작용방향과 σ_3 작용방향 사이의 각도 = 연직면과 σ_3 작용방향 사이의 각도

최대주응력면과 최소주응력면은 직교하므로 $\beta' = \beta_1$ 임을 알 수 있다.

(2) Mohr 응력원을 이용하는 방법 : 2θ 법

가. Mohr 응력원의 방정식과 작도법

(a) Mohr 응력원의 방정식

식 (7.7)의 우변 첫째 항을 이항하여 양변을 제곱하고 식 (7.8)의 양변도 제곱하여 두 식을 더하면 Mohr 응력원의 방정식 식 (7.11)이 얻어진다. 이 식의 유도과정은 아래에 있는 참고사항에 수록되어 있다.

$$\left(\sigma - \frac{\sigma_x + \sigma_z}{2}\right)^2 + \tau^2 = \left(\frac{\sigma_x - \sigma_z}{2}\right)^2 + \tau_{xz}^2 \tag{7.11}$$

식 (7.11)은 Mohr 응력원의 방정식이다. 이 원은

$$\text{중심}\left(\frac{\sigma_x + \sigma_z}{2}, 0\right),\ \text{반경}=\sqrt{\left(\frac{\sigma_x - \sigma_z}{2}\right)^2 + \tau_{xz}^2}$$

참고사항

일반 평면응력 상태에 대한 Mohr 응력원 방정식 식 (7.8)의 우변 첫째항을 좌변으로 이항한 다음 양변을 제곱하고 식 (7.9)로 양변을 제곱하여 함께 쓰면

$$\left(\sigma - \frac{\sigma_x + \sigma_z}{2}\right)^2 = \left(\frac{\sigma_x - \sigma_z}{2}\cos 2\theta - \tau_{xz}\sin 2\theta\right)^2$$

$$\tau^2 = \left(\frac{\sigma_x - \sigma_z}{2}\sin 2\theta + \tau_{xz}\cos 2\theta\right)^2$$

두 식의 우변을 전개하고 더하면 Mohr 응력원의 방정식이 얻어진다.

$$\left(\sigma - \frac{\sigma_x + \sigma_z}{2}\right)^2 = \left(\frac{\sigma_x - \sigma_z}{2}\right)^2 \cos^2 2\theta - 2\left(\frac{\sigma_x - \sigma_z}{2}\right)\cos 2\theta\tau_{xz}\sin 2\theta + \tau_{xz}^2 \sin^2 2\theta$$

$$+\quad \tau^2 = \left(\frac{\sigma_x - \sigma_z}{2}\right)^2 \sin^2 2\theta + 2\left(\frac{\sigma_x - \sigma_z}{2}\right)\sin 2\theta\tau_{xz}\cos 2\theta + \tau_{xz}^2 \cos^2 2\theta$$

$$\left(\sigma - \frac{\sigma_x + \sigma_z}{2}\right)^2 + \tau^2 = \left(\frac{\sigma_x - \sigma_z}{2}\right)^2 + \tau_{xz}^2$$

(b) Mohr 응력원의 작도(그림 7.11)

① A(σ_x , τ_{xz})와 B(σ_z , τ_{zx})를 $\sigma-\tau$ 좌표 상에 나타내고

② $\overline{AB}$ 를 직경으로 하는 원을 그리면 Mohr 응력원이 결정됨.

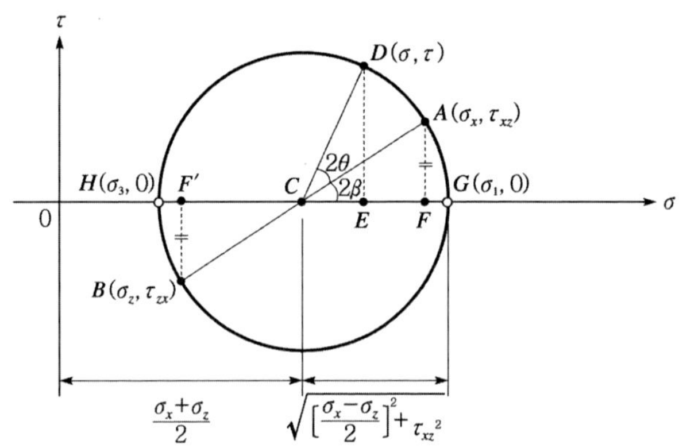

그림 7.11 일반 평면응력 상태에서의 Mohr 응력원의 결정

나. 주응력과 주응력면의 결정

응력(σ_x , τ_{xz})가 작용하는 평면(*ac*면, 그림 7.9)과 최대주응력면이 이루는 각도 β 는

$$\tan 2\beta = -\frac{\overline{AF}}{\overline{CF}} = -\frac{\tau_{xz}}{\frac{(\sigma_x-\sigma_z)}{2}} = -\frac{2\tau_{xz}}{(\sigma_x-\sigma_z)} \quad \text{(시계방향)}$$

$$\sigma_{\substack{1\\3}} = \overline{OC} \pm \overline{CG} = \frac{\sigma_x+\sigma_z}{2} \pm \sqrt{\left(\frac{\sigma_x-\sigma_z}{2}\right)^2 + \tau_{xz}^2}$$

참고로 *ab*면(그림 7.9)과 최소주응력면 사이의 각도 $\theta'=\beta'$ 은

$$\tan 2\theta' = \tan 2\beta' = -\frac{\overline{BF'}}{\overline{CF'}} = \frac{2\tau_{xz}}{(\sigma_x-\sigma_z)} \quad \text{(시계방향)}$$

따라서, $\beta'=\beta$ 임을 알 수 있다. 주응력 및 주응력면의 방향은 앞의 해석적 방법에서 도시한 것과 같다.

다. 임의의 평면에 작용하는 응력의 산정(2θ 법)

응력(σ_x , τ_{xz})가 작용하는 평면(*ac*면)과 $+\theta$ (반시계방향)를 이루는 평면(*ae*면)에 작용하는 σ , τ

의 결정은 중심각 $\angle ACD = +2\theta$ 되는 점 D를 잡으면 D점의 좌표가 (σ, τ)이므로

$$\sigma = \overline{OE} = \overline{OC} + \overline{CE} = \overline{OC} + \overline{CD}\cos(2\beta + 2\theta)$$

$$= \frac{\sigma_x + \sigma_z}{2} + \sqrt{\left(\frac{\sigma_x - \sigma_z}{2}\right)^2 + \tau_{xz}^2}\cos(2\beta + 2\theta) \tag{7.12}$$

$$\tau = \overline{DE} = \overline{CD}\sin(2\beta + 2\theta) = \sqrt{\left(\frac{\sigma_x - \sigma_z}{2}\right)^2 + \tau_{xz}^2}\sin(2\beta + 2\theta) \tag{7.13}$$

여기서, β 는 앞에서 설명한 것처럼 $\tan 2\beta = -\dfrac{2\tau_{xz}}{\sigma_x - \sigma_z}$

위의 식들은 Mohr 응력원과 관련하여 기억하면 편리하다. 참고로 위의 식은 해석적 방법에서 얻은 결과와 일치함을 간단하게 알 수 있는데 그 유도과정은 아래 참고사항 안에 기술되어 있고 그 결과는 다음과 같다.

$$\sigma = \frac{\sigma_x + \sigma_z}{2} + \frac{\sigma_x - \sigma_z}{2}\cos 2\theta - \tau_{xz}\sin 2\theta \tag{7.7}$$

$$\tau = \frac{\sigma_x - \sigma_z}{2}\sin 2\theta + \tau_{xz}\cos 2\theta \tag{7.8}$$

참고사항

$$\sigma = \frac{\sigma_x + \sigma_z}{2} + \sqrt{\left(\frac{\sigma_x - \sigma_z}{2}\right)^2 + \tau_{xz}^2}\cos(2\beta + 2\theta) = \frac{\sigma_x + \sigma_z}{2} + \frac{\sigma_x - \sigma_z}{2}\cos 2\theta - \tau_{xz}\sin 2\theta$$

$$\tau = \sqrt{\left(\frac{\sigma_x - \sigma_z}{2}\right)^2 + \tau_{xz}^2}\sin(2\beta + 2\theta) = \frac{\sigma_x - \sigma_z}{2}\sin 2\theta + \tau_{xz}\cos 2\theta$$

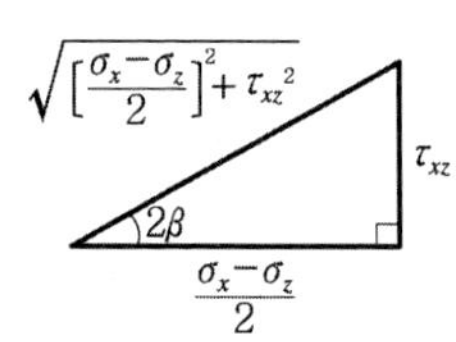

위 식들은 다음과 같이 밝힐 수 있다(옆 그림 참조).

$$\tan 2\beta = -\frac{\tau_{xz}}{\dfrac{\sigma_x - \sigma_z}{2}}$$

그런데 여기서 2β 는 CG (그림 7.11)에서 반시계방향으로 측정하므로

$$\tan 2\beta = \frac{\tau_{xz}}{\dfrac{\sigma_x - \sigma_z}{2}} \quad \text{(반시계방향)}$$

그림으로부터 $\sin 2\beta = \dfrac{\tau_{xz}}{\sqrt{\left(\dfrac{\sigma_x - \sigma_z}{2}\right)^2 + \tau_{xz}^2}}$, $\cos 2\beta = \dfrac{\dfrac{\sigma_x - \sigma_z}{2}}{\sqrt{\left(\dfrac{\sigma_x - \sigma_z}{2}\right)^2 + \tau_{xz}^2}}$ 이므로

$$\sigma = \frac{\sigma_x + \sigma_z}{2} + \sqrt{\left(\frac{\sigma_x - \sigma_z}{2}\right)^2 + \tau_{xz}^2}\cos(2\beta + 2\theta)$$

$$= \frac{\sigma_x + \sigma_z}{2} + \sqrt{\left(\frac{\sigma_x - \sigma_z}{2}\right)^2 + \tau_{xz}^2}(\cos 2\beta \cos 2\theta - \sin 2\beta \sin 2\theta)$$

$$= \frac{\sigma_x + \sigma_z}{2} + \sqrt{\left(\frac{\sigma_x - \sigma_z}{2}\right)^2 + \tau_{xz}^2}\left(\frac{\frac{\sigma_x - \sigma_z}{2}}{\sqrt{\left(\frac{\sigma_x - \sigma_z}{2}\right)^2 + \tau_{xz}^2}}\cos 2\theta - \frac{\tau_{xz}}{\sqrt{\left(\frac{\sigma_x - \sigma_z}{2}\right)^2 + \tau_{xz}^2}}\sin 2\theta\right)$$

$$= \frac{\sigma_x + \sigma_z}{2} + \frac{\sigma_x - \sigma_z}{2}\cos 2\theta - \tau_{xz}\sin 2\theta \tag{7.7}$$

$$\tau = \sqrt{\left(\frac{\sigma_x - \sigma_z}{2}\right)^2 + \tau_{xz}^2}\sin(2\beta + 2\theta)$$

$$= \sqrt{\left(\frac{\sigma_x - \sigma_z}{2}\right)^2 + \tau_{xz}^2}(\cos 2\beta \sin 2\theta + \sin 2\beta \cos 2\theta)$$

$$= \sqrt{\left(\frac{\sigma_x - \sigma_z}{2}\right)^2 + \tau^2_{xz}}\left(\frac{\frac{\sigma_x - \sigma_z}{2}}{\sqrt{\left(\frac{\sigma_x - \sigma_z}{2}\right)^2 + \tau_{xz}^2}}\sin 2\theta + \frac{\tau_{xz}}{\sqrt{\left(\frac{\sigma_x - \sigma_z}{2}\right)^2 + \tau_{xz}^2}}\cos 2\theta\right)$$

$$= \frac{\sigma_x - \sigma_z}{2}\sin 2\theta + \tau_{xz}\cos 2\theta \tag{7.8}$$

(3) 극점을 이용하는 방법

가. 극점(O_p) 및 주응력과 주응력면의 결정

① 2θ 법에서와 같이 Mohr 응력원을 그림(A, B, C, F, F', G, H 는 동일).

② A에서 ac면과(그림 7.9 참조) 평행한 선을 그려 Mohr 응력원과의 교점 O_p 를 얻음. 동일한 극점은 B (σ_z, τ_{zx})에서 ab면(그림 7.9 참조)에 평행한 선을 그려서도 얻을 수 있음.

③ 극점 O_p 와 $G(\sigma_1, 0)$를 연결하는 방향이 최대주응력면이고 O_p 와 $H(\sigma_3, 0)$를 연결하는 방향

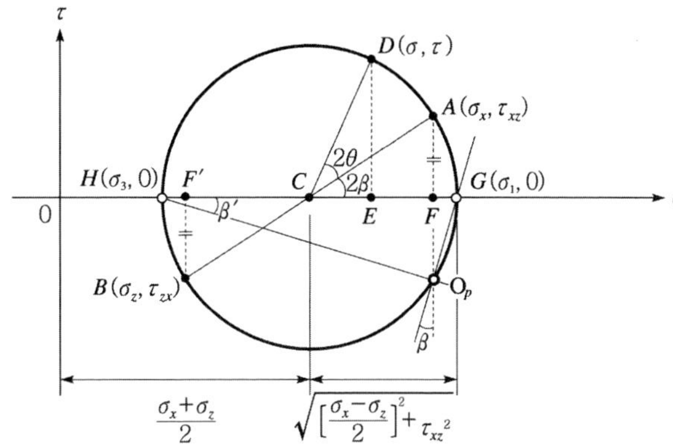

그림 7.12 일반 평면응력 상태에서의 극점과 응력의 결정

이 최소주응력면 방향이다. ac면(연직면)과 최대주응력면(O_pG) 사이의 각도를 β 라 하면 $\angle AO_pG = \beta$ 이므로 $\angle ACG = 2\beta$ 임을 확인하고

$$\tan 2\beta = -\frac{\overline{AF}}{\overline{CF}} = -\frac{2\tau_{xz}}{(\sigma_x - \sigma_z)}$$

(시계방향)

ab면(수평면)과 최소주응력면 사이의 각도를 β' 이라 하면 $\angle BO_pH = \beta'$ 이므로 $\angle BCH = 2\beta'$ 임을 확인하고

$$\tan 2\beta' = -\frac{\overline{BF'}}{\overline{F'C}} = -\frac{2\tau_{zx}}{\sigma_x - \sigma_z} \quad \text{(시계방향)}$$

따라서, $\beta' = \beta$ 임을 알 수 있다. 또한 최대주응력면과 최소주응력면이 직교함을 알 수 있다 ($\angle GO_pH = 90°$).

이때 주응력의 크기는 $\sigma_{\substack{1\\3}} = \overline{OC} \pm \overline{CG} = \frac{\sigma_x + \sigma_z}{2} \pm \sqrt{\left(\frac{\sigma_x - \sigma_z}{2}\right)^2 + \tau_{xz}^{\ 2}}$ 이고 주응력면의 방향은 그림 7.12를 참조할 때 다음 그림 7.13과 같다.

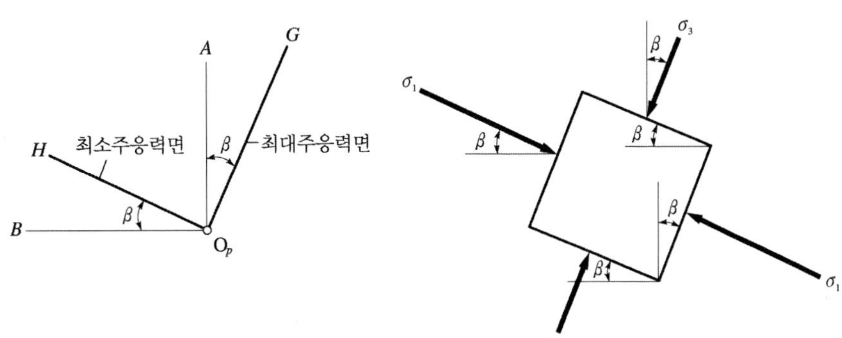

그림 7.13 주응력면의 방향

나. 임의의 평면에 작용하는 응력의 결정

응력 (σ_x, τ_{xz})이 작용하는 평면 ac면과 $+\theta$(반시계방향)를 이루는 평면 ae에 작용하는 σ, τ의 결정.

① O_p에서 ae면에 평행한 선을 그려 Mohr 응력원과의 교점을 D라하면 D점의 좌표가 (σ, τ)이다. 즉 D점에서 σ축에 내린 수선의 발을 E라 하면

$$\sigma = \overline{OE}, \ \tau = \overline{DE}.$$

② 이 사실을 확인해 보면, $\angle AO_pD = \theta$이므로 $\angle ACD = 2\theta$임을 확인하고 (즉 D는 2θ 법의 D와 동일한 점임을 알 수 있다.)

$$\sigma = \overline{OE} = \overline{OC} + \overline{CE} = \overline{OC} + \overline{CD}\cos(2\beta + 2\theta)$$

$$= \frac{\sigma_x + \sigma_z}{2} + \sqrt{\left(\frac{\sigma_x - \sigma_z}{2}\right)^2 + {\tau_{xz}}^2}\cos(2\beta + 2\theta)$$

$$\tau = \overline{DE} = \overline{DC}\sin(2\beta + 2\theta) = \sqrt{\left(\frac{\sigma_x - \sigma_z}{2}\right)^2 + {\tau_{xz}}^2}\sin(2\beta + 2\theta)$$

여기서, β는 앞에서 설명한 것처럼 $\tan 2\beta = -\dfrac{2\tau_{xz}}{\sigma_x - \sigma_z}$

위의 σ, τ를 구하는 식이 결국 (1) 해석적 방법에서 구한 식 (7.6)과 (7.7)과 동일함을 (2) Mohr 응력원(2θ 법)에서 설명하였다.

독자들에게 드리는 제언 :

① 최대 및 최소전단응력($\tau_{\max}$, $\tau_{\min}$)이 작용하는 평면은 ac면 기준, $\theta = \delta$라 하면

$$\tan 2\delta = \frac{\sigma_x - \sigma_z}{2\tau_{xz}} \tag{7.14}$$

이고

$$\tau_{\left(\substack{\max\\ \min}\right)} = \pm\sqrt{\left(\frac{\sigma_x - \sigma_z}{2}\right)^2 + {\tau_{xz}}^2} \tag{7.15}$$

가 됨을 (1), (2), (3) 방법으로 밝혀볼 것(예제 7.5 참조)

② 직교하는 임의의 두 평면에 작용하는 수직응력의 합은 일정하고 두 전단응력의 크기는 서로 같고 부호

는 반대임(공액전단응력).

$$\sigma_x + \sigma_z = \sigma_1 + \sigma_3 = const.$$

$$\tau_{xz} = -\tau_{zx}$$

이 사실을 확인할 것. 또한 최대주응력면과 최소전단응력 작용평면 사이의 각도는 45° 임을 확인해 볼 것(예제 7.5 참조).

▶ **예제 7.5** 그림과 같이 연직선과 30° 를 이루고 있는 ab면에는 수직응력 $4t/m^2$, 전단응력 $-1t/m^2$ 이 작용하고 있고, 수평면과 30° 를 이루는 ac면에는 수직응력 $2t/m^2$, 전단응력 $+1t/m^2$ 이 작용하고 있다.

(a) 주응력면의 방향과 주응력의 크기

(b) 수평면(D–D)에 작용하는 수직응력 σ 와 전단응력 τ

(c) 최대 및 최소전단응력 작용평면과 최대, 최소전단응력의 크기를 (1) 해석적 방법, (2) 2θ 법, (3) 극점을 이용하는 방법으로 구하라.

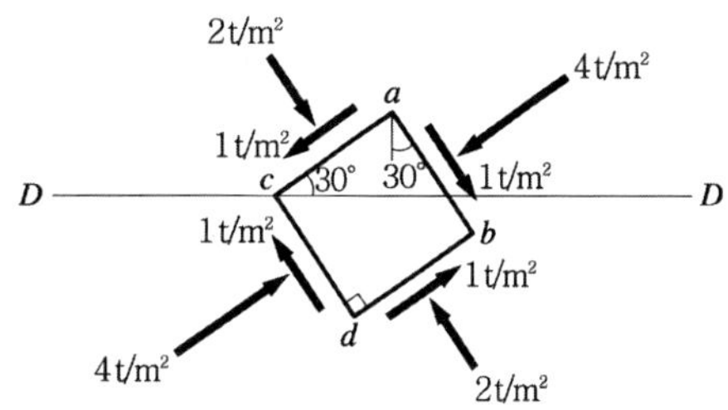

그림 예제 7.5 문제도

풀이 : 수직응력 중에서 큰 것을 σ_x 로 표기하기로 약속하였으므로 $\sigma_x = 4t/m^2$, $\tau_{xz} = -1t/m^2$ (ab면이 x 평면이 됨) 그러므로 $\sigma_z = 2t/m^2$, $\tau_{zx} = +1t/m^2$ (ac면이 z 평면이 됨)

(1) 해석적 방법

(a) 주응력면의 방향과 주응력의 크기

ab면 기준 주응력면의 방향은 $\tan 2\beta = -\dfrac{2\tau_{xz}}{\sigma_x - \sigma_z} = -\dfrac{2(-1)}{4-2} = +1$

최대주응력면과 최소주응력면은 직교하므로 다음과 같은 β_1 과 β_2 의 주응력면을 얻을 수 있다.

$$2\beta_1 = 45°,\ 2\beta_2 = 45° + 180°$$

β_1 과 β_2 가운데 최대 및 최소주응력면을 판정하는 것은 각 평면에 작용하는 응력 σ 를 산정하여 비교해 보면 된다.

$\sigma = \dfrac{\sigma_x + \sigma_z}{2} + \dfrac{\sigma_x - \sigma_z}{2}\cos 2\beta - \tau_{xz}\sin 2\beta$ 으로부터 $2\beta = 2\beta_1 = 45°$ 를 대입하면

$$\sigma = \frac{4+2}{2} + \frac{4-2}{2}\cos 45° - (-1)\sin 45° = 3 + 1/\sqrt{2} + 1/\sqrt{2} = 3 + \sqrt{2}$$

$2\beta = 2\beta_2 = 45° + 180°$ 를 대입하면

$$\sigma = \frac{4+2}{2} + \frac{4-2}{2}\cos(180° + 45°) - (-1)\sin(180° + 45°)$$
$$= 3 - 1/\sqrt{2} - 1/\sqrt{2} = 3 - \sqrt{2}$$

따라서 β_1 이 최대주응력면, β_2 가 최소주응력면이 됨을 알 수 있다. 즉 최대주응력면($\beta_1 = 22.5°$)은 ab면 기준 +22.5° 이므로 연직면 기준 $30° + 22.5° = 52.5°$ (반시계방향) 경사진 평면이다. 최소주응력면은 ab면 기준 $\beta_2 = 90° + 22.5°$ 경사진 평면, 따라서 연직면 기준 $30° + 22.5° + 90°$ 경사진 평면이다. 즉, ac면 기준 +22.5°, 수평면 기준 52.5° (반시계방향) 경사진 평면이다. 최대주응력과 최소주응력의 크기는 $\sigma_{\frac{1}{3}} = 3 \pm \sqrt{2} t/m^2$.

주응력면과 주응력의 작용방향은 그림 예제 7.5 해답도(1)에 제시하였다.

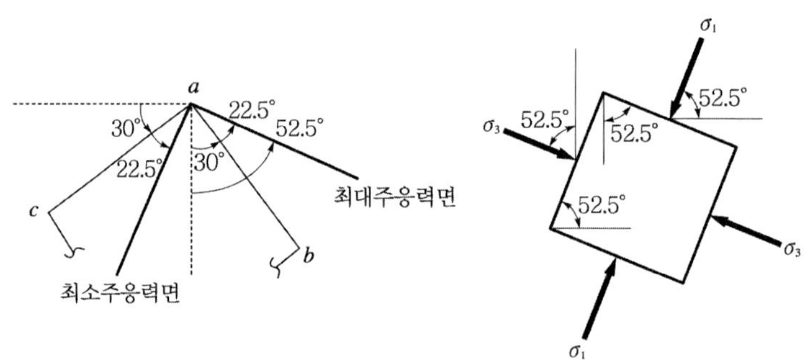

그림 예제 7.5 해답도(1)

(b) 수평면(D–D면)에 작용하는 응력

D–D면은 ab면(x면) 기준 $\theta = +60°$ 되는 평면이므로

$$\sigma = \frac{4+2}{2} + \frac{4-2}{2}\cos 120° - (-1)\sin 120° = 3 - \frac{1}{2} + \frac{\sqrt{3}}{2} = 3.37 t/m^2$$

$$\tau = \frac{4-2}{2}\sin 120° + (-1)\cos 120° = \frac{\sqrt{3}}{2} - (-\frac{1}{2}) = 1.37 t/m^2$$

(c) 최대 및 최소전단응력 작용평면과 최대, 최소전단응력 크기

*ab*면 기준 각 θ 를 이루는 평면에 작용하는 전단응력 τ 는

$$\tau = \frac{\sigma_x - \sigma_z}{2}\sin 2\theta + \tau_{xz}\cos 2\theta$$

최대 및 최소전단응력 작용평면은 $\partial\tau / \partial\theta = 0$ 조건에서 결정된다.

$$\partial\tau / \partial\theta = 0 \ : \ (\sigma_x - \sigma_z)\cos 2\theta - 2\tau_{xz}\sin 2\theta = 0, \quad \tan 2\theta = \frac{\sigma_x - \sigma_z}{2\tau_{xz}}$$

전단응력이 최대 또는 최소가 되는 평면을 특히 δ 로 표기하면

$$\tan 2\delta = \frac{\sigma_x - \sigma_z}{2\tau_{xz}}, \qquad \therefore \tan 2\delta = \frac{4-2}{2(-1)} = -1$$

$\tau_{\max}$ 와 $\tau_{\min}$ 은 공액전단응력($\tau_{\max} = -\tau_{\min}$)이므로 $\tau_{\max}$ 와 $\tau_{\min}$ 이 작용하는 평면은 $2\delta_1 = -45°$, $2\delta_2 = -(45° + 180°)$.

δ_1 과 δ_2 중 어느 평면에서 $\tau_{\max}$ (또는 $\tau_{\min}$)이 작용하는지는 각 평면의 τ 값을 계산하여 비교해 보면 알 수 있다.

$2\delta = 2\delta_1 = -45°$ 인 경우

$$\tau = \frac{4-2}{2}\sin(-45°) + (-1)\cos(-45°) = -\frac{1}{\sqrt{2}} - \frac{1}{\sqrt{2}} = -\sqrt{2}t / m^2$$

$2\delta = 2\delta_2 = -(45° + 180°)$ 인 경우

$$\tau = \frac{4-2}{2}\sin[-(45° + 180°)] + (-1)\cos[-(45° + 180°)] = \sqrt{2}t / m^2$$

따라서 $\tau_{\max} = \sqrt{2}t / m^2$, $\tau_{\min} = -\sqrt{2}t / m^2$ 가 된다.

$\tau_{\max}$ 가 작용하는 평면은 *ab*면 기준 $\delta_2 = -(22.5° + 90°)$, 즉 *ac*면 기준 $-22.5°$ 이므로 수평면과 $30° - 22.5° = +7.5°$ (반시계방향)되는 평면이다.

$\tau_{\min}$ 작용평면은 *ab*면 기준 $\delta_1 = -22.5°$, 즉 연직면 기준 $30° - 22.5° = +7.5°$ (반시계방향)되는 평면이다.

$\tau_{\max}$ 와 $\tau_{\min}$ 의 작용평면과 작용방향은 아래 그림에 제시되어 있다.

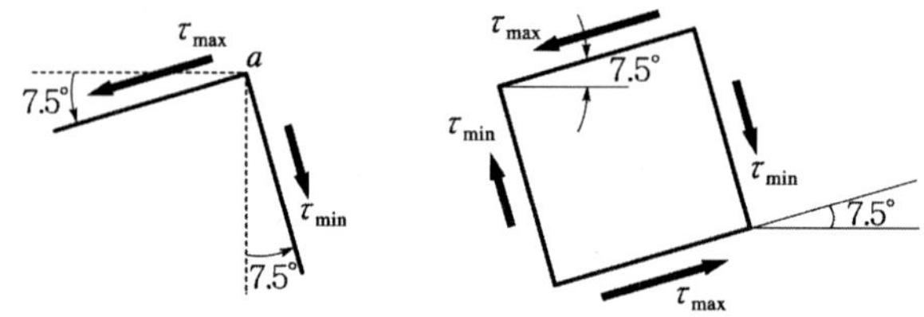

그림 예제 7.5 해답도(2)

주응력면 β와 최대전단응력 작용평면 δ는 45°를 이룬다.

$$(\tan 2\beta)(\tan 2\delta) = \left(-\frac{2\tau_{xz}}{\sigma_x - \sigma_z}\right)\left(\frac{\sigma_x - \sigma_z}{2\tau_{xz}}\right) = -1$$

$2\beta \perp 2\delta$ 이므로 β와 δ는 45°를 이룬다.

(2) 2θ 법

(a) 주응력면의 방향과 주응력의 크기

① $\sigma - \tau$ 축을 설정하고 A(4,−1), B(2, 1)를 $\sigma - \tau$ 평면에 표시함.

② $\overline{AB}$를 직경으로 하는 원을 그려 Mohr 응력원을 얻음. 원의 중심 C.

$$\overline{OC} = \frac{\sigma_x + \sigma_z}{2} = \frac{4+2}{2} = 3t/m^2, \quad \overline{CG} = \sqrt{\left(\frac{4-2}{2}\right)^2 + 1^2} = \sqrt{2}t/m^2$$

③ G(σ_1, 0), H(σ_3, 0)를 표시하면

$$\sigma_1 = \overline{OG} = \overline{OC} + \overline{CG} = 3 + \sqrt{2}t/m^2$$

$$\sigma_3 = \overline{OH} = \overline{OC} - \overline{CG} = 3 - \sqrt{2}t/m^2$$

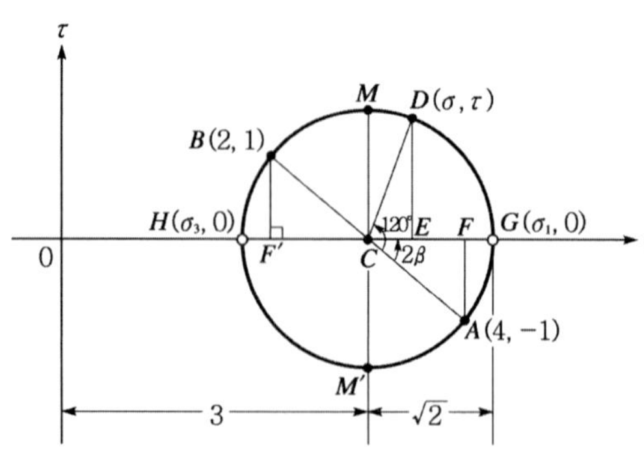

그림 예제 7.5 해답도(3)

응력 (σ_x, τ_{xz})가 작용하는 평면, 즉 ab면과 최대주응력면 사이의 각도 β 는

$$\tan 2\beta = \frac{\overline{AF}}{\overline{CF}} = \frac{1}{1} = 1, \qquad \therefore \beta = 22.5$$

따라서 연직면과 최대주응력면 사이의 각도는

$$30° + 22.5° = 52.5°$$

응력 (σ_z, τ_{zx})가 작용하는 평면, 즉 ca면과 최소주응력면 사이의 각도 β' 는

$$\tan 2\beta' = \frac{\overline{BF'}}{\overline{F'C}} = \frac{2\tau_{zx}}{\sigma_x - \sigma_z} = \frac{1}{1} = 1, \qquad \therefore \beta' = 22.5 \text{ (반시계방향)}$$

따라서 수평면과 최소주응력면 사이의 각도는

$$30° + 22.5° = 52.5°$$

주응력면은 서로 직교하므로 $\beta = \beta'$ 임이 분명하다. 주응력면과 주응력의 작용방향은 (1) 해석적 방법에서 보인 것과 같다.

(b) 수평면(D-D면)에 작용하는 응력

$\theta = +60°$ 이므로 Mohr 응력원의 A점에서 반시계방향으로 중심각이 $2\theta = 120°$ 되는 점 D를 결정한다. 즉 $\angle ACD = 120°$ 되는 D점의 좌표가 (σ, τ)이다. D에서 σ 축에 내린 수선의 발을 E라 하면

$$\sigma = \overline{OE} = \overline{OC} + \overline{CE} = 3 + \sqrt{2}\cos(120° - 45°)$$
$$= 3 + 0.366 = 3.366 t/m^2$$
$$\tau = \overline{CD}\sin 75° = \sqrt{2}\sin 75° = 1.37 t/m^2$$

(c) 최대 및 최소전단응력 작용평면과 최대, 최소전단응력 크기

Mohr 응력원에서 τ_{max} 점을 M, τ_{min} 점을 M'이라 하고 ab면에서 τ_{min} 이 작용하는 평면까지의 각도를 δ_2 라 하면

$$2\delta_2 = \angle ACM = 45° + 90° = 135°, \qquad \therefore \delta_2 = 67.5° \text{ (반시계방향)}$$

연직면을 기준으로 하면

$$30° + 67.5° = 97.5° \text{ (반시계방향)}.$$

이는 수평선 기준 +7.5° (반시계방향) 되는 평면이다. τ_{min} 이 작용하는 평면을 *ab*면 기준 δ_1 이라 하면

$$2\delta_1 = \angle ACM' = -45° \text{ (시계방향)}$$

$\delta_1 = -22.5°$ 이므로 연직선 기준 $30° - 22.5° = 7.5°$ (반시계방향)되는 평면이다.

$$\tau_{max} = \overline{MC} = +\sqrt{2}t/m^2, \ \tau_{min} = \overline{M'C} = -\sqrt{2}t/m^2$$

최대전단응력 및 최소전단응력 작용평면과 응력은 (1) 해석적 방법과 같다. 최대주응력면과 최대전단응력 작용평면 사이의 각도는 $\angle GCM = 90°$ 이므로 이는 곧 45°가 됨을 알 수 있다.

(3) 극점(O_p)을 이용하는 방법

(a) 주응력면의 방향과 주응력의 크기

① 2θ 법에서와 같이 Mohr 응력원을 얻음.

② 점 A에서 연직선과 +30° 되는 선(*ab*면과 평행)을 그려 극점 O_p 를 얻음($\angle A'AO_p = 30°$).

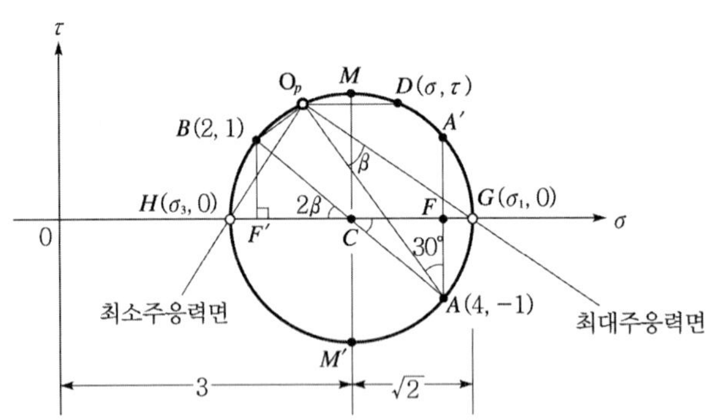

그림 예제 7.5 해답도(4)

문제도의 *ab*면을 기준으로 최대주응력면과 이루는 각도를 β 라 하면

$$\angle AO_pG = \beta \text{ 이므로} \qquad \therefore \angle ACG = 2\beta$$

$$\tan 2\beta = \frac{\overline{AF}}{\overline{CF}} = \frac{1}{1} = 1, \ 2\beta = 45°, \qquad \therefore \beta = +22.5° \text{ (반시계방향)}$$

따라서 연직선과 최대주응력면 사이의 각도는 $30° + 22.5° = 52.5°$ (반시계 방향).

최소주응력면은 최대주응력면과 직교. ab면 기준, 최소주응력면과 이루는 각도를 β' 이라 하면

$$\angle BO_pH = \beta' \text{ 이므로} \qquad \therefore \angle BCH = 2\beta'$$

$$\tan 2\beta' = \frac{\overline{BF'}}{\overline{CF'}} = \frac{1}{1} = 1, \ 2\beta' = 45°, \qquad \therefore \beta' = +22.5° \ \text{(반시계방향)}$$

따라서 수평면과 최소주응력면 사이의 각도는 $30° + 22.5° = 52.5°$ (반시계 방향).

주응력의 크기는 (2) 2θ 법에서와 같이 구할 수 있으므로

$$\sigma_1 = \overline{OE} = 3 + \sqrt{2} t/m^2, \ \sigma_3 = \overline{OB} = 3 - \sqrt{2} t/m^2$$

최대주응력면의 방향은 $\overline{O_pG}$, 최소주응력면의 방향은 $\overline{O_pH}$

주응력면의 방향과 주응력의 작용방향은 (1) 해석적 방법에서 보인 것과 같다.

(b) 수평면(D–D면)에 작용하는 응력

O_p 에서 수평선을 그려 Mohr 응력원과의 교점을 D라 하면 D점의 좌표가 곧 구하고자 하는 (σ, τ)이다.

$\angle AO_pD = 60°$ 임을 확인하면

$$\angle ACD = 120°, \qquad \therefore \angle DCG = 120° - 45° = 75°$$

즉 D점은 (2) 2θ 법의 D점과 일치한다. 그러므로 σ, τ 계산은 동일.

$$\sigma = \overline{OE} = \overline{OC} + \overline{CE} = 3 + \sqrt{2}\cos 75° = 3 + 0.366 = 3.366 t/m^2$$
$$\tau = \overline{DE} = \sqrt{2}\sin 75° = 1.37 t/m^2$$

(c) 최대 및 최소전단응력 작용평면과 최대, 최소전단응력 크기

ab면 기준, $\tau_{\max}$ 이 작용하는 평면과의 각도를 δ_2 라 하면 $\angle AO_pM = \delta_2$ 이므로 $\angle ACM = 2\delta_2$ 가 된다.

$$2\delta_2 = \angle ACM = 45° + 90° = 135° \qquad \therefore \delta_2 = 67.5° \ \text{(반시계방향)}$$

따라서 연직선 기준 $\tau_{\max}$ 작용평면은 $30° + 67.5° = 97.5°$ (반시계방향)

이 각도는 수평선 기준 7.5° (반시계방향) 경사진 평면이다.

ab면 기준, τ_{min} 작용평면과의 각도 δ_1은 $\angle AO_pM' = \delta_1$

$$\angle ACM' = 2\delta_1,\ 2\delta_1 = -45° \qquad \therefore \delta_1 = -22.5° \text{ (시계방향)}$$

그러므로 연직면 기준 τ_{min} 작용평면은 $30° - 22.5° = 7.5°$ (반시계방향)
경사진 평면이다. τ_{max} 의 작용평면은 $\overline{O_pM}$, τ_{min} 의 작용평면은 $\overline{O_pM'}$ 방향이 된다.

최대, 최소전단응력의 크기는 2θ 법에서와 같이

$$\tau_{max} = \overline{MC} = +\sqrt{2}t/m^2,\ \tau_{min} = \overline{M'C} = -\sqrt{2}t/m^2$$

최대 및 최소전단응력 작용평면과 전단응력의 작용방향은 (1) 해석적 방법에서 보인 것과 같고 최대주응력면과 최대전단응력 작용평면 사이의 각도는
$\angle GO_pM$, 중심각 $\angle GCM = 2\angle GO_pM = 90°$ 이므로 45° 임을 알 수 있다. ◀

참고예제

한 요소에서 수평면과 60° (반시계방향)를 이루는 m–m 평면에 작용하는 응력이 $\sigma = 10kg/cm^2$, $\tau = +4kg/cm^2$ 이고 방향을 모르는 n–n 평면에 작용하는 응력은 $\sigma = 3kg/cm^2$, $\tau = +1kg/cm^2$ 이다.

(a) Mohr 응력원을 그려라.
(b) 극점 O_p 를 결정하라.
(c) n–n 평면의 방향을 제시하라.
(d) 수평면에 작용하는 응력(σ, τ)을 구하라.

풀이 : m–m 평면의 응력을 $M(10, 4)$, n–n 평면의 응력을 N(3, 1)이라고 하면 M과 N은 각각 Mohr 응력원 상의 한 점이 된다. 2쌍의 응력(σ, τ), 즉 $M(10, 4)$, $N(3, 1)$을 알고 있으므로 Mohr 응력원 작도를 위한 필요 요건을 만족시키고 또한 응력을 알고 있는 한 평면(m–m)의 방향을 알고 있으므로 극점을 결정할 수 있다.

(a) Mohr 응력원의 작도

① $\sigma - \tau$ 축을 설정하고 M(10, 4), N(3, 1)을 $\sigma - \tau$ 평면에 표시함.

② $\overline{MN}$ 의 수직 이등분선과 σ 축과의 교점을 잡으면 이 점이 중심 C.

③ C를 중심으로 $\overline{CM}$ (또는 $\overline{CN}$)을 반경으로 하는 원을 그리면 Mohr 응력원이 얻어진다.

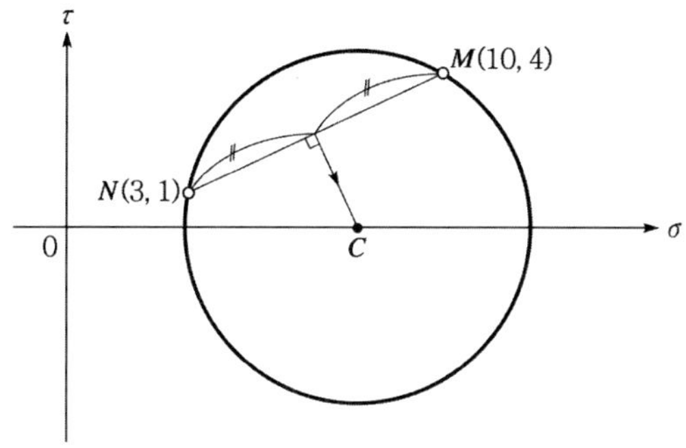

그림 참고예제 해답도(1)

NOTE : Mohr 응력원의 중심은 항상 σ 축 선상에 있음. M과 N이 같은 원주상의 점이므로 $\overline{MN}$ 의 수직 이등분선은 원의 중심을 지남.

(b) 극점(O_p)의 결정

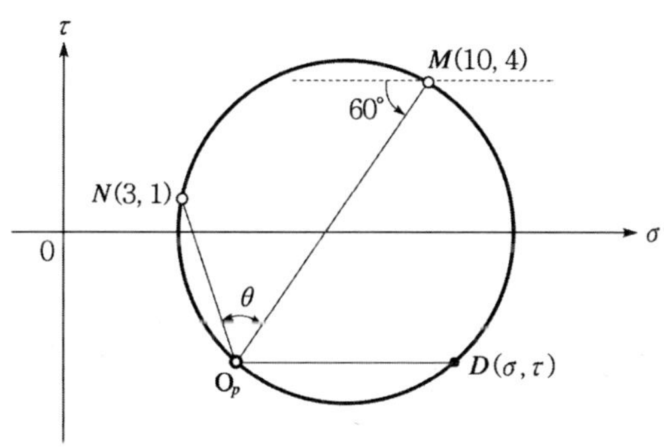

그림 참고예제 해답도(2)

Mohr 응력원 상의 점 $M(10, 4)$에서 수평면과 +60° (즉 m–m 평면방향)를 이루는 선을 그려 Mohr 응력원과의 교점을 얻으면 이 점이 극점(O_p).

(c) n–n 평면의 방향

극점(O_p)에서 Mohr 응력원상의 점 $N(3, 1)$을 연결하는 $\overline{O_pN}$ 의 방향이 n–n 평면의 방향.

m–m 평면과 n–n 평면 사이의 각도 θ 는 $\theta = \angle MO_pN$

(d) 수평면에 작용하는 응력(σ, τ)

극점(O_p)에서 수평선을 그어 Mohr 응력원과의 교점을 D라 하면 D점의 좌표가 구하고자 하는 응력(σ, τ)이다.

7.3 Mohr-Coulomb의 파괴이론

7.3.1 Coulomb의 전단방정식

공시체를 그림과 같이 주응력으로 삼축압축(三軸壓縮, triaxial compression) 시킬 때(σ_1, $\sigma_2 = \sigma_3$) 최대주응력과 최소주응력의 차이 $\sigma_1 - \sigma_3$ (축차응력 $\Delta\sigma_d$ 이라 함) 또는 최대주응력과 최소주응력의 비 σ_1 / σ_3 의 값이 어떤 특정한 크기에 도달하면 공시체는 파괴에 이르게 된다. 만약 이들 값이 파괴를 일으킬 수 있는 특정한 값에 미치지 못한다면 파괴는 발생하지 않는다. 예를 들어 등방압축($\sigma_1 = \sigma_2 = \sigma_3$) 시에는 응력이 아무리 크다고 할지라도 파괴가 발생하지 않는다. 주의할 것은 하중은 비록 압축력이 작용하였지만 파괴는 그림과 같이 어떤 경사면을 따라 전단파괴가 발생하게 된다는 사실이다. 파괴(破壞, failure)상태는 하첨자 f 로 나타내며 이때의 응력을 그림 7.14에 보인 기호로 표시한다.

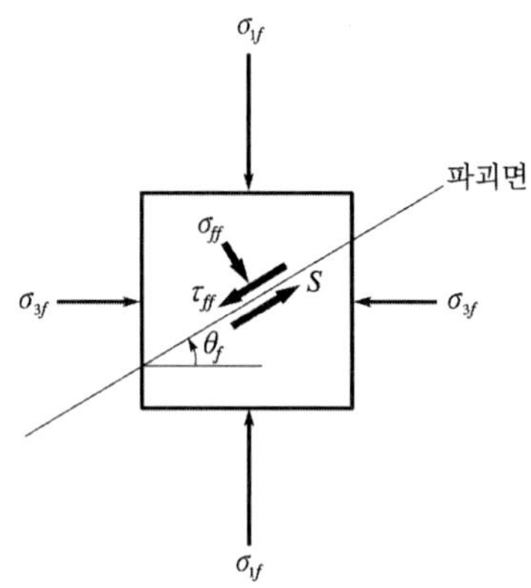

그림 7.14 파괴상태의 응력에 관한 기호

σ_{1f} : 파괴상태의 최대주응력(major principal stress at failure)

σ_{3f} : 파괴상태의 최소주응력(minor principal stress at failure)

σ_{ff} : 파괴상태에서 파괴면의 수직응력(normal stress on the failure plane at failure)

τ_{ff} : 파괴상태에서 파괴면의 전단응력(shearing stress on the failure plane at failure)

s : 전단강도 $s = \tau_{ff}$

θ_f : 파괴면이 최대주응력면(그림의 경우 수평면)과 이루는 각도

NOTE : ① 앞에서 논의한 것처럼 $\sigma_{ff} = \dfrac{\sigma_{1f} + \sigma_{3f}}{2} + \dfrac{\sigma_{1f} - \sigma_{3f}}{2}\cos 2\theta_f$, $\tau_{ff} = \dfrac{\sigma_{1f} - \sigma_{3f}}{2}\sin 2\theta_f$ 인 관계가 있음.

② 공시체가 등방압축 상태에 있으면 $\sigma_1 = \sigma_3$ 이므로 Mohr 응력원은 1개의 점이 됨. 따라서 모든 평면에 작용하는 응력은 $\sigma = \sigma_1 = \sigma_3$, $\tau = 0$ 이 됨. 이 때 전단응력이 0($\tau = 0$)이므로 전단파괴는 일어나지 않는다. 즉, 등방압축(等方壓縮)에 의해서는 흙은 파괴되지 않음.

공시체에 작용할 수 있는 수많은 주응력의 조합가운데 특히 $(\sigma_{1f}, \sigma_{3f}) = (\sigma_1, \sigma_3)_f$ 의 조합이 작

용하게 되면 공시체에서는 파괴면이 형성되고 파괴면에는 전단응력 τ_{ff} 가 작용하게 된다. 파괴면은 일정한 원칙에 따라 시험과정에서 스스로 형성된다.

파괴가 일어나려는 순간 이 그림에서는 공시체 윗부분은 파괴면을 따라 왼쪽 아래로 미끄러져 내려오려 하는데 이는 파괴면에 작용하는 전단력 τ_{ff} 가 작용하기 때문이다. 한편 공시체 아랫부분에서는 파괴면을 따라 저항력이 작용하게 되는데, 이 저항력은 τ_{ff} 에 대한 반작용력이므로 τ_{ff} 와 크기는 같고 작용방향은 반대이다(우상향). 이 저항력을 전단강도(剪斷强度)라 하고 s 로 표기한다.

$$s = \tau_{ff} \tag{7.16}$$

전단응력이 전단강도보다 더 커지면($\tau > s = \tau_{ff}$) 흙은 이 전단응력을 감당할 수 없으므로 파괴가 발생하게 되고, 전단응력이 전단강도보다 작으면($\tau < s = \tau_{ff}$) 흙은 이 전단응력을 능히 감당할 수 있으므로 비파괴 상태가 된다. 즉 전단면에 작용하는 전단응력 τ 의 크기에 따라

$\tau < s = \tau_{ff}$ 이면 안전(비파괴 상태)

$\tau = s = \tau_{ff}$ 이면 소성평형 상태. 파괴되려는 순간

$\tau > s = \tau_{ff}$ 이면 파괴된 상태(실제 이러한 상태는 있을 수 없음)

토질역학에서 흙의 전단강도를 표현하는 가장 기본적인 이론은 Coulomb의 전단방정식이다. 전단강도는 마찰저항(frictional resistance)과 점착력(cohesion) 저항으로 이루어진다.

사실상 점착력(粘着力)은 같은 물체 내에서 일어나는데 반해 다른 물체 간의 결합력은 부착력(附着力)이라 하지만 여기서는 잠정적으로 모두 점착력으로 표현하기로 한다. 전단강도 중 마찰저항은 수직력에 비례하는 부분인데 반해 점착력은 수직력과는 부관한 저항이다.

흙의 종류와 상태에 따라 마찰저항만 존재하는 흙($\phi - soil$), 점착력만 있는 흙($c - soil$)과 마찰저항과 점착력이 모두 존재하는 흙($c - \phi\ soil$)이 있다.

(1) 마찰저항만 있는 경우 ($\phi - soil$ 의 경우)

그림 7.15에 보인 것처럼 평면 *a*–*b* 위에 물체(block)가 놓여 있다. 물체에 의해 평면 *a*–*b*에 작용하는 수직력(자중)은 *N*이다. 그러면 평면에는 반작용력 N이 발생하게 된다. 이 물체에 수평방향으로 전단력 *T*를 작용시켰을 때 *T*의 크기가 물체와 평면사이의 마찰저항 보다 작다면 물체는 활동하지 않고 안성한 상태에 있게 된다(그림 7.15 (a) 참조). 평면 *a*–*b*와 접하고 있는 물체의 저면에 전

단력 T가 작용하면 평면에서는 이에 대한 반작용력, 즉 마찰저항 F_m이 작용하며 F_m은 전단저항 S_m과 같다. 하첨자 m은 현재 발휘되고 있는(mobilized)의 의미이다. F_m은 T와 크기는 같고 방향은 반대이다. 즉

$$T = F_m = S_m \tag{7.17}$$

여기서, F_m : 현재 발휘되고 있는(동원된) 마찰저항(mobilized frictional resistance)

S_m : 현재 발휘되고 있는(동원된) 전단강도(mobilized shear strength)

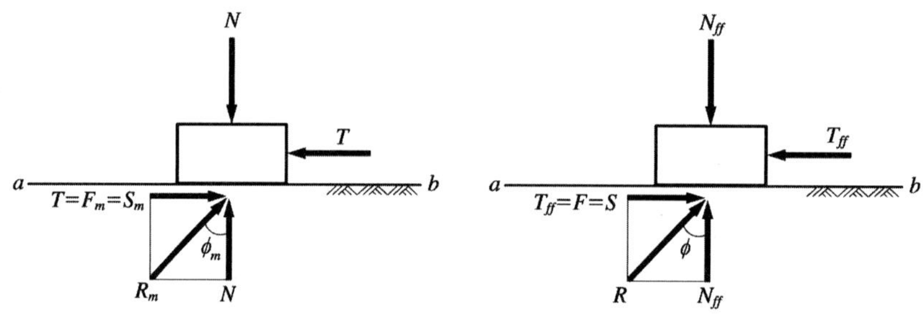

(a) 파괴 전　　(b) 파괴상태

그림 7.15 마찰각과 마찰저항

이때 전단강도는 마찰저항만으로 이루어진다. 반작용력 N과 F_m의 합력을 R_m, R_m과 평면에 대한 수직선(즉 N의 작용방향)이 이루는 각도를 ϕ_m이라 하면,

$$F_m = T = N \tan\phi_m = N\mu_m \tag{7.18}$$

여기서, $F_m = S_m = T$: 현재 발휘되고 있는 마찰저항(전단강도)

ϕ_m : 현재 발휘되고 있는 마찰각

$\mu_m = \tan\phi_m$: 현재 발휘되고 있는 마찰계수

평면에 작용하는 2개의 반작용력 N과 F_m 대신 두 힘의 합력(R_m) 하나로 대치하는 일이 많은데 이 때 R_m의 작용방향은 평면에 대한 수직선과 ϕ_m 만큼 경사져 작용함을 주의하여야 한다.

전단력 T가 증가하여 마침내 물체가 평면을 따라 활동(또는 파괴)되려는 순간을 생각해 보자(그림 7.15 (b) 참조). 파괴면은 물체와 평면의 접촉면이 됨이 명확하다. 따라서 이때의 N과 T는 각각 N_{ff}와 T_{ff}로 표기할 수 있다. 즉 파괴 시 파괴면의 수직력과 전단력이 되므로 하첨자 ff를 부여

하고 있다.

물체에 작용하는 N_{ff} 와 T_{ff} 에 대하여 평면에서 유발되는 반작용력은 N_{ff} 와 $F=S=T_{ff}$ 가 된다. 이때 F는 파괴시의 마찰저항(=마찰저항의 최대치)이고 S는 전단강도(최대전단강도)이다. S보다 더 큰 전단력은 감당할 수 없다. F와 N_{ff} 의 합력 R의 작용방향이 파괴면에 대한 수직선(N_{ff} 의 작용방향)과 이루는 각도를 ϕ 라 하면

$$F=S=T_{ff}=N_{ff}\tan\phi=N_{ff}\mu \tag{7.19}$$

여기서, ϕ : 물체와 평면 사이의 마찰각(friction angle)

$\mu=\tan\phi$: 물체와 평면사이의 마찰계수

마찰각 ϕ 값은 일정하다고 보기 때문에 이 경우 전단강도는 수직력에 비례한다. 앞으로 힘의 평형을 해석함에 있어서 파괴면에 작용하는 2개의 반작용력 N_{ff} 와 F를 흔히 합력 R로 나타내는데 R의 작용방향은 이미 언급한 것처럼 파괴면에 대한 수직선과 각도 ϕ 를 이루게 됨을 주의하기 바란다.

식 (7.19)의 양변을 물체와 파괴면의 접촉면적 A로 나누면

$$\frac{S}{A}=\frac{T_{ff}}{A}=\frac{N_{ff}}{A}\tan\phi,\ s=\tau_{ff}=\sigma_{ff}\tan\phi \tag{7.20}$$

여기서, s : 전단강도(shear strength)

τ_{ff} : 파괴 시 파괴면의 전단응력

σ_{ff} : 파괴 시 파괴면의 수직응력

식 (7.19)와 식 (7.20)은 같은 식이며 이 식을 Coulomb의 전단 방정식이라 한다. Coulomb의 전단 방정식은 그림 7.16과 같다.

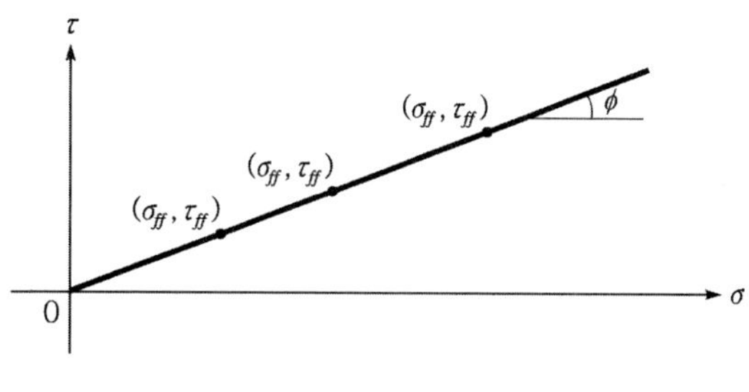

그림 7.16 Coulomb의 전단방정식 ($c=0$ 인 경우)

모래와 같이 점착력이 없는($c=0$) 마찰성 흙($\phi-soil$)에 대한 Coulomb의 전단 방정식을 살펴보면 전단강도는 마찰저항임을 알 수 있다. 마찰저항은 파괴면에 작용하는 수직응력(normal stress)에 비례하므로 흙의 전단강도를 철근처럼 특정한 값으로 제시할 수 없다. 다

시 말하면 철근이나 목재와 같은 재료의 전단강도는 그 값이 숫자로 제시되지만 모래와 같은 흙의 경우 전단강도는 수직응력에 비례하므로 각 경우마다 다른 값이 된다. 일단 수직응력이 주어지면 전단강도는 마찰각 또는 마찰계수에 따라 달라진다. 즉 마찰각 또는 마찰계수가 크면 마찰저항, 즉 전단강도는 커진다. 결국 주어진 파괴면에 대한 전단강도는 자중과 외력에 의하여 결정되는 수직응력과 물질 간의 고유특성인 마찰각 또는 마찰계수에 의하여 결정된다. 마찰각 ϕ는 전단강도를 지배하는 물질의 고유 특성이므로 이를 강도정수(strength parameter)라 한다.

참고사항

Coulomb이 본래 정의한 마찰각은 그림 7.17에 보인 것처럼 비탈면에 놓인 물체가 미끄러져 내려오기 시작하는 경사각 ϕ 이다. 이때에도 $T_{ff} = N_{ff}\tan\phi$ 가 됨을 알 수 있다. Coulomb은 배(ship)를 건조함에 있어서 작업상의 편리성과 완공 후 진수의 용이성을 함께 고려하여 이 각도를 연구하였다고 전해진다. 즉 공사 시에는 경사각이 완만하면 편리하지만 준공 후 배를 쉽게 진수시키려면 경사각이 급할수록 유리하다. 이 사이에서 적당한 경사각을 선정하는 것이 필요하다.

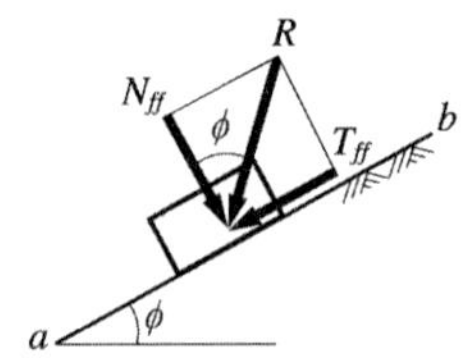

그림 7.17 Coulomb의 전단방정식($c = 0$ 인 경우)

(2) 점착력 저항만 있는 경우($c-soil$ 의 경우)

그림 7.18에 보인 것과 같이 수평면에 놓인 물체가 평면에 작용하는 수직력을 N이라 하면 평면에는 반력 N이 작용하게 된다. 그런데 이 경우에는 물체와 평면사이에 마찰저항은 존재하지 않고 ($\phi = 0$, $\mu = 0$) 점착력(粘着力, cohesion)만 존재하는 것으로 가정한다.

물체에 전단력 T를 작용시키면 마찰저항 $F_m = N\tan\phi_m = 0$ 이므로 T는 점착력 저항 C_m 과 평형을 이루게 된다. 따라서 평면에 작용하는 반작용력은 N과 C_m 이다($F_m = 0$).

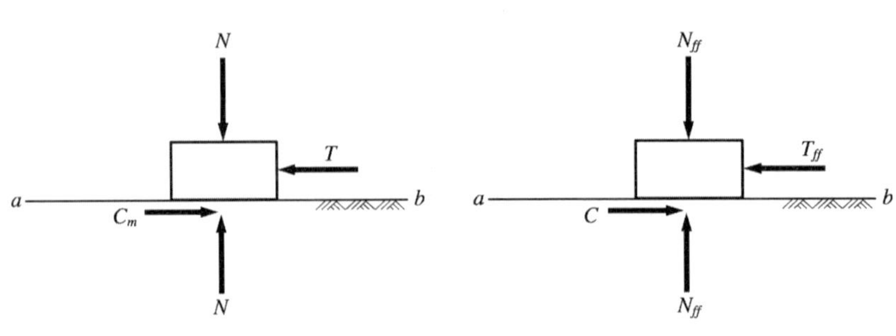

그림 7.18 점착력만 있는 경우의 전단강도

물체가 평면 위를 활동(파괴)하기 시작하는 순간에는 T를 T_{ff} 로 표기할 수 있으므로

$$S = C = T_{ff} \tag{7.22}$$

여기서, S : 전단강도

C : 점착력 저항

S는 물체와 평면사이에서 발휘될 수 있는 저항력의 최대치이므로 C보다 더 큰 T는 감당할 수 없다. 물체와 평면의 접촉면적 A로 양변을 나누면

$$\frac{S}{A} = \frac{T_{ff}}{A} = \frac{C}{A}, \quad s = \tau_{ff} = c \tag{7.23}$$

여기서, s : 단위면적당 전단강도

c : 단위 면적당 점착력

점착력만 있고 마찰저항이 없는 경우($\phi = 0$) 전단강도는 점착력과 같으며, 수직응력에는 무관하다. 이때에는 전단강도, 즉 점착력을 특정한 값으로 제시할 수 있다(예 : $s = c = 2t/m^2$ 등). $\phi = 0$ 인 경우에 대한 Coulomb의 전단방정식은 그림 7.19와 같게 된다.

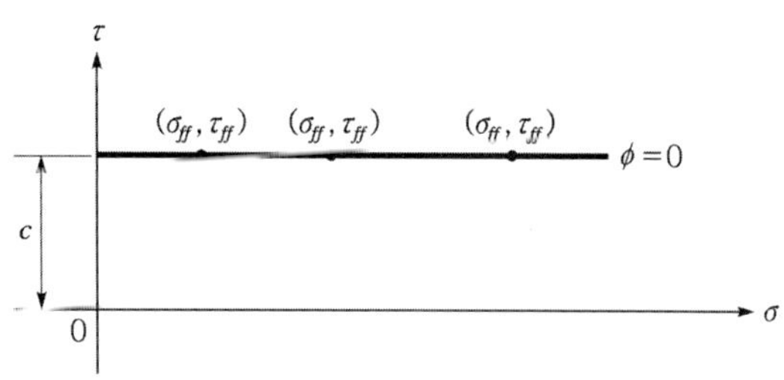

그림 7.19 Coulomb의 전단방정식($\phi = 0$ 인 경우)

(3) 마찰저항과 점착력이 모두 있는 경우($c - \phi$ soil의 경우)

마찰저항과 점착력이 모두 있는 경우의 전단강도는 마찰저항만 있을 때의 전단강도와 점착력 저항만 있을 때의 전단강도를 합하여 얻을 수 있다.

그림 7.20 (a)에 보인 것처럼 파괴상태에 도달하기 전의 파괴면에 작용하는 반작용력은

$$T = F_m + C_m = S_m = N \tan\phi_m + C_m \tag{7.24}$$

여기서 $S_m = F_m + C_m$: 현재 발휘되고(mobilized) 있는 전단강도

$F_m = N \tan\phi_m$: 현재 발휘되고(mobilized) 있는 마찰저항

C_m : 현재 발휘되고(mobilized) 있는 점착력 저항

평면에 작용하는 반작용력은 R_m 과 C_m 이다. R_m 은 N과 $F_m = N\tan\phi_m$ 의 합력이며 평면에 대한 수직선과 ϕ_m 만큼 경사져 작용한다. C_m 의 작용방향은 물체와 평면의 접촉면 방향이다. 반작용력의 작용방향은 힘의 평형해석에 사용되므로 잘 이해하기 바란다.

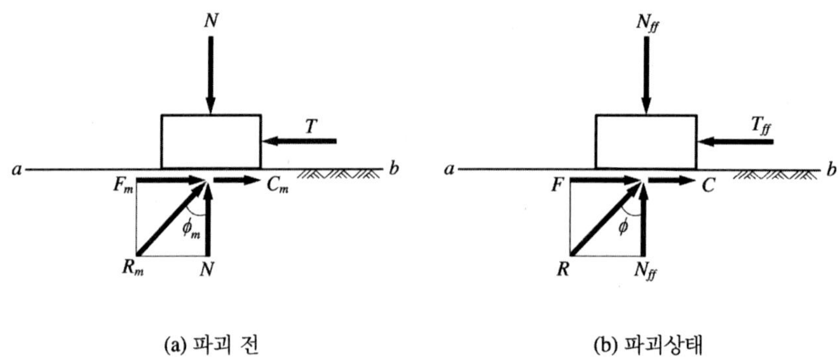

그림 7.20 마찰저항과 점착력이 모두 있을 때의 전단강도

전단력 T가 증가하여 마침내 물체가 평면 위를 활동하기 시작하는 순간, 즉 파괴가 일어나려는 순간에 대하여 생각해 보자. 파괴면은 물체와 평면 a–b의 접촉면임이 명백하다. 따라서 이때의 N은 크기는 불변이지만 수직력은 N_{ff} , 전단력은 T_{ff} 로 표기할 수 있다. a–b평면에는 N_{ff} 와 T_{ff} 에 대한 반작용력이 작용하며 T_{ff} 의 반작용력은 전단강도 S가 된다. S는 마찰저항력 F와 점착력 저항 C로 이루어진다. 따라서

$$S = T_{ff} = F + C = N_{ff}\tan\phi + C \tag{7.25}$$

N_{ff} 와 $F = N_{ff}\tan\phi$ 두 힘 대신 합력 R로 표시하면 R은 파괴면에 대한 수직선과 ϕ 만큼 경사져 작용한다. 그림 7.20(b)에 보인 것처럼 R과 C가 T_{ff} 와 N_{ff} 의 반작용력이며 힘의 평형해석에 이를 사용하게 된다. 식 (7.25)의 양변을 물체와 파괴면의 접촉면적 A로 나누면 Coulomb의 전단방정식 식 (7.26)과 같은 전단방정식을 얻을 수 있고 이는 그림 7.21과 같게 된다.

$$\frac{S}{A} = \frac{T_{ff}}{A} = \frac{N_{ff}}{A}\tan\phi + \frac{C}{A}, \quad s = \tau_{ff} = \sigma_{ff}\tan\phi + c \tag{7.26}$$

Coulomb 전단방정식을 살펴보면 전단강도는 수직응력에 비례하는 마찰저항과 수직응력과는 무관한 점착력저항의 합으로 이루어짐을 알 수 있다. 마찰저항 부분이 수직응력에 비례하므로 전단강도는 파괴면이 결정되어야 알 수 있고 목재나 철근 등의 재료와는 달리 흙의 전단강도를 특정한 값으로 제시할 수는 없다. 파괴면에서 수직응력이 주어지면 전단강도는 물체와 평면사이의 마찰각과 점착력에 의하여 결정된다. 즉 전단강도를 지배하는 흙의 특성치는 ϕ와 c 이므로 이들을 강도정수(强度定數, strength parameter)라 한다. 흙의 경우 강도정수는 흙의 종류와 상태에 따라 달라지는데 이들을 측정하는 시험을 전단시험이라 한다. 전단시험은 다양한 방법이 고안되어 있다.

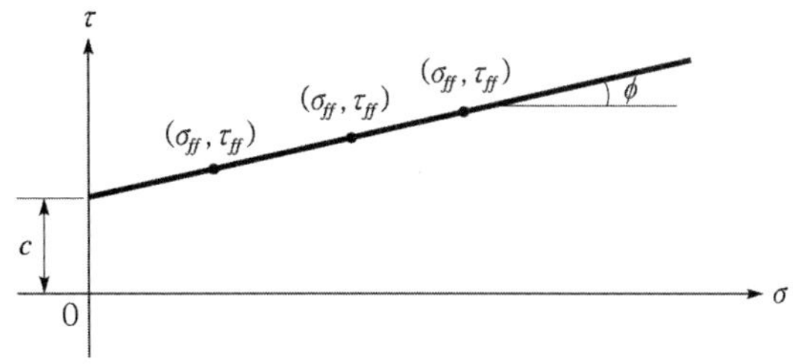

그림 7.21 Coulomb의 전단방정식
($c-\phi$ $soil$ 의 경우)

7.3.2 Mohr-Coulomb의 파괴 이론

Mohr-Coulomb의 파괴규준(破壞規準, failure criteria)은 토질역학에서 가장 널리 사용되는 파괴이론으로 Mohr, 알 수 없는 사람 그리고 Coulomb 세 사람의 연구 결과를 결합시킨 것이다. Mohr-Coulomb의 파괴규준은 다음과 같이 구성되어 있다.

① Mohr : 파괴상태를 나타내는 Mohr 응력원에는 포락선(包絡線, envelope)이 존재한다. Mohr의 포락선 형상은 곡선이며 그 방정식은 $\tau = f(\sigma)$.

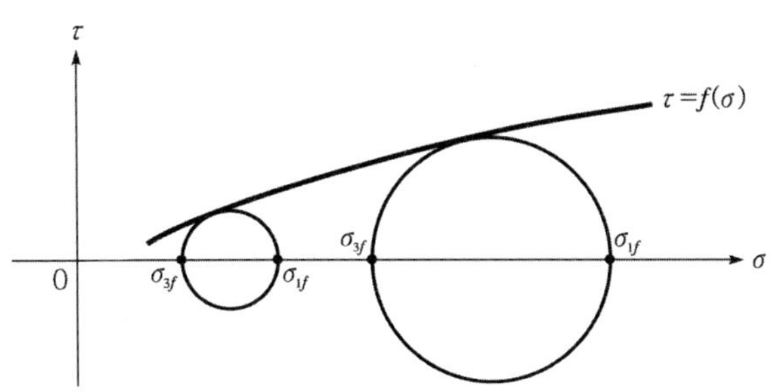

그림 7.22 Mohr 포락선

② Anonymous(작자 미상) : Mohr의 포락선 상의 응력은 파괴 시 파괴면의 응력(σ_{ff}, τ_{ff})이다.

따라서, Mohr의 포락선을 Mohr의 파괴포락선(failure envelope)이라 한다. 이것은 파괴포락선과 Mohr 응력원의 접점의 좌표가 (σ_{ff}, τ_{ff})이며 이 접점이 파괴면에 작용하는 응력이 된다. 파괴 포락선의 형상은 곡선이며, 그 방정식은 $\tau_{ff} = f(\sigma_{ff})$

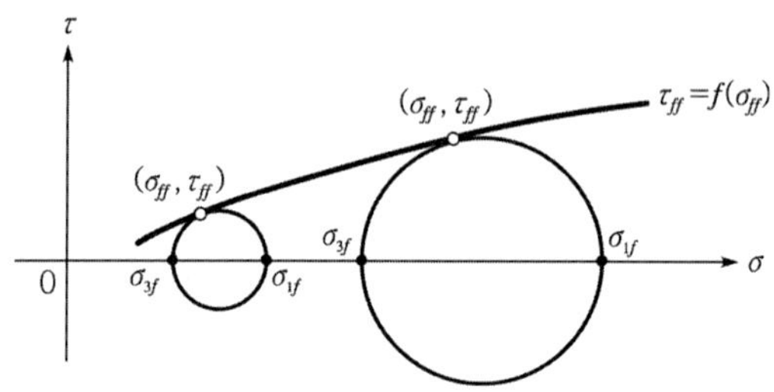

그림 7.23 Mohr의 파괴 포락선

③ Coulomb : 파괴 시 파괴면의 전단응력 τ_{ff}과 수직응력 σ_{ff} 사이에는 직선 관계가 성립된다(Coulomb의 전단방정식). 이것은 Mohr의 파괴포락선이 직선이라는 의미를 갖는다. 즉,

$$\tau_{ff} = \sigma_{ff} \tan\phi + c \tag{7.27}$$

여기서, c : 점착력(粘着力, cohesion) 또는 점착력 절편(cohesion intercept)

ϕ : 내부마찰각(內部摩擦角, internal friction angle) 또는 전단저항각(剪斷抵抗角, angle of shearing resistance)

$\tan\phi = \mu$: 마찰계수(摩擦係數, friction coefficient)

식 (7.27)을 그림으로 나타내면 그림 7.24와 같다.

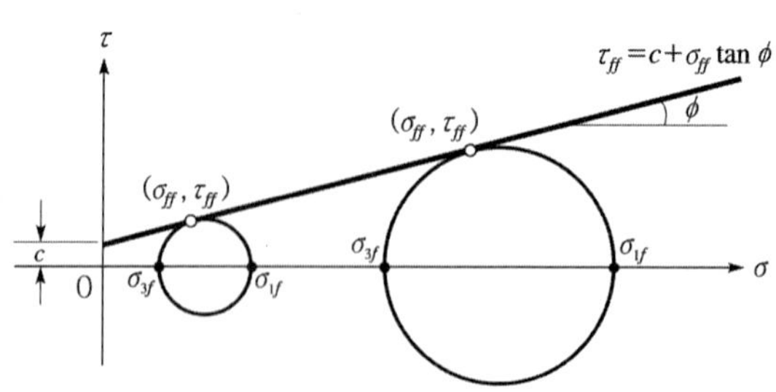

그림 7.24 Coulomb의 파괴 포락선

위의 세 가지 사항을 종합하면 Mohr-Coulomb의 파괴규준을 얻을 수 있게 된다. 즉, 파괴상태를 나타내는 Mohr 응력원에는 직선인 파괴포락선(공통접선)이 존재하고 그 방정식은 $\tau_{ff} = \sigma_{ff} \tan\phi + c$ 와 같이 나타낼 수 있다. 이를 Mohr-Coulomb의 파괴규준이라 한다. Mohr 응력원과 파괴포락선의 접점 F는 파괴 시 파괴면의 응력을 나타낸다(그림 7.25 참조).

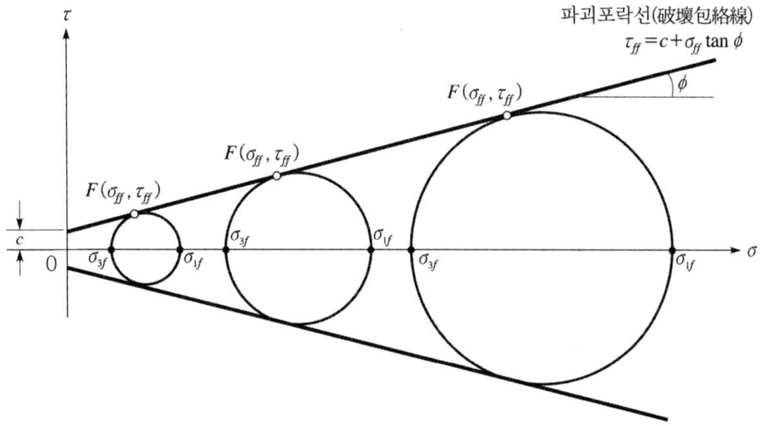

그림 7.25 Mohr-Coulomb의 파괴 포락선

수직응력 σ_{ff} 가 주어졌을 때 흙의 전단강도 s 는 τ_{ff} 와 같은 값이므로 흙의 전단강도를 결정하는 흙의 특성치는 c 와 ϕ 이다. 따라서 c , ϕ 를 흙의 강도정수라 한다.

NOTE : 앞 절에서 평면상에 놓인 물체(block)의 전단에 대하여 논의함. 그런데 흙의 내부에서 전단이 발생하는 경우, 즉 흙과 흙 입자 사이에서 전단이 일어나는 경우, 이때의 마찰각을 내부마찰각(internal friction angle)이라 함. 이에 반해 흙과 콘크리트 벽체와 같은 벽면 사이에서 전단이 발생하면 이때의 마찰각을 벽면마찰각(wall friction angle)이라 하고 점착력에 해당하는 부분을 부착력(adhesion)이라 한다. 따라서 흙의 강도정수 ϕ 는 내부마찰각, c 는 점착력임.

Coulomb의 전단방정식을 살펴보면 흙의 전단강도는 두 가지로 이루어짐을 알 수 있다. 즉 수직응력과 무관한 점착력저항과 수직응력에 비례하는 마찰저항으로 이루어짐을 알 수 있다.

파괴포락선 상의 응력은 파괴상태에서 파괴면에 발생하는 응력을 의미한다. 즉 주어진 σ_{ff} 에 대한 흙의 전단강도를 나타내므로 다음 사실을 알 수 있다.

- Mohr 응력원이 파괴포락선 아래에 존재하면 : 비파괴상태($\tau < \tau_{ff}$)
- Mohr 응력원이 파괴포락선에 접하면 : 파괴($\tau = \tau_{ff}$: 소성평형 상태)

- Mohr 응력원이 파괴포락선 보다 위에 존재하면 : 불가능($\tau > \tau_{ff}$: 이미 파괴된 상태)

흙에 간극수압이 작용하게 되면 전단강도에 관한 논의는 간단하지 않다. 특히 파괴상태에 대한 유효응력원에서 파괴포락선을 그리고 강도정수 c', ϕ' 을 결정하면

$$s = \tau_{ff} = c' + \sigma_{ff}' \tan\phi' \tag{7.28a}$$

또는

$$s = c' + (\sigma_{ff} - u)\tan\phi' \tag{7.28b}$$

c' 과 ϕ' 에 부여한 상첨자(superscript) '은 이 값들이 유효응력에 대한 값이라는 것을 의미한다. 식 (7.28)은 흙의 강도는 유효응력에 관계된다는 유효응력 원리에 충실한 강도 산정방법이다.

강도정수 c, ϕ는 같은 흙에 대해서도 배수조건(간극수압) 등에 따라 다른 값이 되며 그때마다 적절한 상하첨자를 부여하여 다르게 표시한다. 이 사실은 대단히 중요한 의미를 가지며 앞으로 상세히 설명하게 된다.

그림 7.26은 공시체의 파괴상태와 파괴상태에 대한 Mohr 응력원을 나타낸 것이다. 파괴상태를 나타내는 Mohr 응력원과 파괴포락선과의 접점 F의 좌표는 파괴면에서의 응력(σ_{ff}, τ_{ff})임을 이미 설명하였다. 극점 O_p 는 B점과 일치한다. O_p 와 F를 연결한 선의 방향이 파괴면의 방향이므로 이 사실로부터 파괴면을 결정할 수 있다.

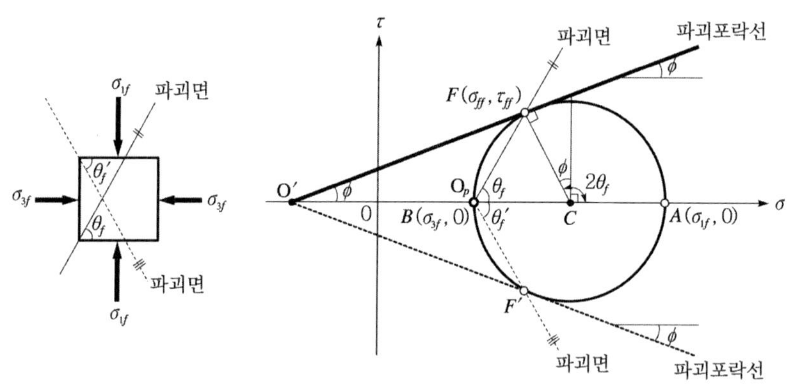

그림 7.26 파괴 시 파괴면의 결정

최대주응력면(수평면)과 파괴면이 이루는 각도를 θ_f 라 하면 그림 7.26으로부터 $\angle FO_pC = \theta_f$ 이고 $\angle FCA = 2\theta_f$ 가 된다.

$$2\theta_f = 90° + \phi \tag{7.29a}$$

($\because \angle FCA$ 는 $\angle FO'C$ 의 외각이고 삼각형의 외각은 다른 두 대내각의 합과 같으므로 $\angle FCA = \angle FO'C + \angle O'FC$)

$$\therefore \theta_f = 45° + \frac{\phi}{2} \text{ (반시계방향)} \tag{7.29b}$$

그림 7.26의 공시체에는 이 파괴면이 실선으로 그려져 있다.

파괴포락선은 Mohr 응력원 하반부에 대해서도 그릴 수 있다. 이때에도 파괴면이 최대주응력면(수평면)과 이루는 각도 θ_f 은 시계방향으로 $45° + \phi/2$ 이고 파괴면은 공시체에 점선으로 표시되어 있다.

$$\theta_f = \angle CO_pF' = -\left(45° + \frac{\phi}{2}\right) \text{ (시계방향)} \tag{7.29c}$$

7.4 시험실에서의 전단강도 측정

시험실에서 흙의 강도정수 c , ϕ 를 구하는 시험을 실내 전단시험이라고 한다. Mohr–Coulomb의 파괴포락선을 그려서 그 경사각을 ϕ, 절편을 c 로 결정하는 것이 이들 시험의 원리이다. 실내 전단시험 중 파괴 시 파괴면의 수직응력과 전단응력, 즉 (σ_{ff} , τ_{ff})를 몇 쌍 직접 측정하여 파괴포락선을 그리는 방법이 직접전단시험(直接剪斷試驗, direct shear test)이고, 이와는 달리 파괴상태의 최대 및 최소주응력, 즉 (σ_{1f} , σ_{3f})를 몇 쌍 측정하여 파괴상태의 Mohr 응력원을 그리고 공통접선을 그려 파괴포락선을 얻는 시험이 삼축압축시험(三軸壓縮試驗, triaxial compression test)이다.

이 밖에도 포화섬토에 대하여 내부마찰각을 0으로 가정하고($\phi = 0$) 점착력을 구하는 일축압축시험(一軸壓縮試驗, unconfined compression test)과 실내 베인시험(vane test)이 있다.

시험은 현장조건 특히 현장 배수조건이 일치하도록 시험방법을 선택하여야 하며 경제성도 고려사항이 된다. 그리고 여러 가지 시험방법으로 측정한 흙의 강도정수는 일반적으로 일치하지 않는다. 이것은 시험실에서 측정한 흙의 강도는 실제 강도와 같지 않는다는 것을 시사하고 있다.

사실상 시험실에서 측정한 강도가 실제의 값과 다르게 되는 원인은 다양하지만 중요한 것으로는 시료의 교란, 전단속도의 차이, 전단방법의 차이 및 중간 주응력의 영향 등이 있다.

이들 중 어떤 것은 강도를 작게 평가(underestimate)하고 다른 요인은 강도를 더 크게 평가(over-estimate)하게 되지만 총체적으로 보아 과소평가와 과대평가의 효과가 상쇄되어 합리적인 강도를 측정할 수 있게 된다고 생각하고 있다. 즉 시료교란은 강도를 과소평가하는 반면, 시험실에서의 전단속도가 현장의 실제 파괴 속도보다 보통은 대단히 빠르기 때문에 강도를 과대평가한다. 또한 현장이 평면변형 상태인 경우라면 보통의 전단시험은 강도를 너무 작게 측정한다. 이와 같은 과소평가와 과대평가가 어느 정도 상쇄되어 결과적으로 합당한 수준의 근사치를 얻을 수 있다는 것이 장기간에 걸친 경험에서 터득한 결과이다. 따라서 현재 관용되고 있는 시험방법으로 측정한 강도정수를 설계에 반영하여도 치명적 잘못을 범하는 일은 없다고 할 수 있을 것이다.

전단시험에 관한 상세한 본격적 논의는 한국공업규격(韓國工業規格 F, Korean Standard F) KSF, ASTM, Lambe(1969), Bowles(1979), Head(1982)의 저서를 참고하기 바란다.

7.4.1 직접전단시험

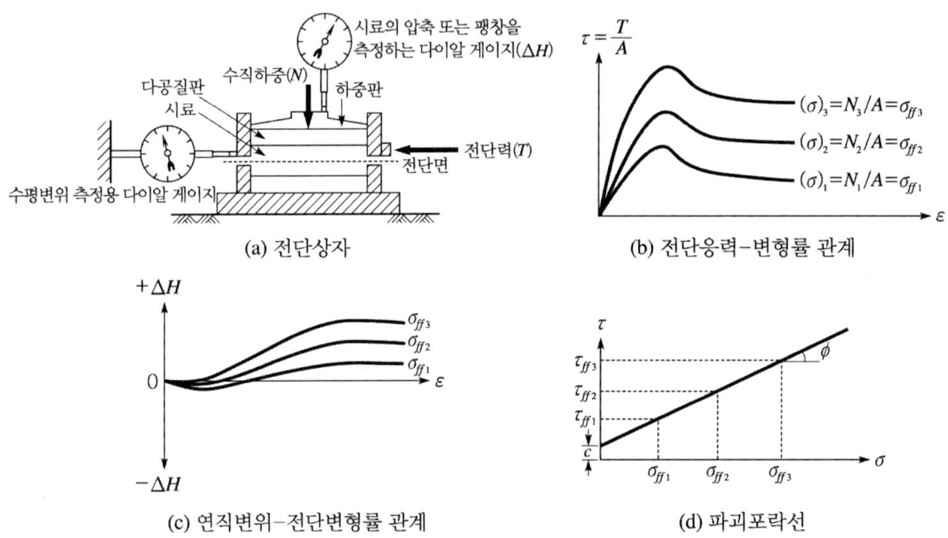

그림 7.27 직접전단시험

직접전단시험 장치의 주요 구성내용은 그림 7.27(a)에 보인 전단상자와 가압장치 및 다이얼 게이지(dial gauge) 등이 있다. 전단상자(剪斷箱子, shear box)는 흙 시료를 담는 용기로서 상하 2개로 나뉘어져 있으며 아래 쪽 상자는 고정되어 있는 반면 위쪽 상자는 전단 시 두 상자의 접촉면을 따라 수평으로 움직일 수 있게 되어있다. 가압장치는 시료에 연직력(수직력)과 수평력(전단력)을 가하는 장치이다. 다이얼 게이지는 전단과정에서 수평 및 연직변위를 측정할 수 있도록 고안, 설치되어 있다. 그림 7.27(a)는 전단상자를 보인 것이다.

수직력 N을 고정시킨 상태에서 수평력, 즉 전단력 T를 점차 증가시켜 가면서 상하 전단상자의 접촉면을 따라 흙을 전단시킨다. 이와 같이 흙을 직접 전단하므로 이 시험을 직접전단시험 (直接剪斷試驗, direct shear test)이라 한다.

흙의 전단 평면, 즉 수평면의 면적을 A라 하면 이 평면에 작용하는 수직응력 σ와 전단응력 τ는 각각

$$\sigma = N/A, \ \tau = T/A \tag{7.30}$$

전단력 T의 크기에 따른 수평변위와 연직변위를 측정하면 변형률(ε)을 알 수 있게 된다. 그림 7.27(b)에는 전단력(T)을 증가시킴에 따라 나타나는 전단응력-수평변위 사이의 관계가 제시되어 있다. 흙의 파괴상태를 전단응력이 최대인 상태로 보면 이 곡선의 정점, 즉 $\tau_{\max}$가 파괴 시의 전단응력이 된다. 그런데 수평면을 파괴면으로 가정하고 있으므로 파괴상태에서는

$$\sigma_{ff} = N/A, \ \tau_{ff} = \tau_{\max} = T_{\max}/A \tag{7.31}$$

즉 파괴 시 파괴면의 수직응력과 전단응력 (σ_{ff}, τ_{ff})가 얻어진다. 수직력 N을 증가시키면 시료를 전단시키는데 필요한 $T_{\max}$도 증가하므로 새로운 (σ_{ff}, τ_{ff})를 얻을 수 있다. 그림 7.27 (b)에는 수직력 N을 3가지로 변화시켰을 때 각 σ 값에 대한 전단응력 – 수평변형률 관계가 나타나 있다. 이 그림에서 3쌍의 (σ_{ff}, τ_{ff})를 얻을 수 있다.

조밀한 모래의 경우에는 $\tau_{\max}$가 뚜렷하게 나타나는 첨두강도(尖頭强度, peak strength)를 보이지만 느슨한 모래에서는 첨두강도가 나타나지 않는데 이때는 τ_{ff}를 특정한 변형률(ε)에 대응하는 값으로 한다. 이렇게 측정한 (σ_{ff}, τ_{ff})값들을 $\sigma-\tau$ 평면에 나타내고 이 점들을 지나는 직선을 그리면 파괴포락선을 얻을 수 있다(그림 7.27 (d) 참조).

강도정수를 결정하기 위한 시험방법을 정리하면,

① 수직력 $N = N_1$으로 고정시키고 $T_{\max}$을 측정하면 $\sigma_{ff} = \dfrac{N_1}{A}$, $\tau_{ff} = \dfrac{T_{\max}}{A}$이므로 $(\sigma_{ff}, \tau_{ff})_1$을 얻는다.

② $N = N_2$, N_3 등으로 변화시켜 각각에 대응하는 $T_{\max}$을 측정하면 $(\sigma_{ff}, \tau_{ff})_2$, $(\sigma_{ff}, \tau_{ff})_3$, ⋯ 등을 얻는다.

③ (σ_{ff}, τ_{ff})값들을 $\sigma-\tau$ 평면에 나타내고 이 점들을 지나는 직선을 그리면 파괴포락선이 얻어진다.

④ 파괴포락선의 경사각이 내부마찰각 ϕ이고 τ축 절편이 점착력 c이다.

그림 7.27(b)를 보면 τ-ε 관계에서 최대전단응력 $\tau_{\max}$ 또는 첨두강도(peak strength)가 나타난 후에도 전단을 계속하면 전단응력은 오히려 감소하는데도 변형률은 계속 증가함을 알 수 있다. 변형이 충분히 진행되면 전단응력이 일정한 값을 유지하는데 이 상태를 극한(極限, ultimate)상태라 한다. 때로는 극한상태의 강도정수 ϕ_{ult}와 c_{ult}를 구하기도 하는데 이것은 파괴상태에서와 같은 방법으로 구하면 된다. 모래의 경우 점착력 절편이 없으므로 $\phi_{ult} < \phi$ 임을 쉽게 알 수 있다.

$$\sigma_{ult} = N / A\,,\ \ \tau_{ult} = T_{ult} / A$$

(σ_{ult}, τ_{ult})를 여러 쌍 측정하여 $\sigma-\tau$ 평면에 나타내고 이 점들을 지나는 직선을 그리면 직선의 경사각이 ϕ_{ult} 이고 τ 축 절편이 c_{ult} 이다.

그림 7.27(c)는 수평변위와 연직변위 사이의 관계를 나타내고 있다. 흙의 연직변위는 공시체의 부피변화 또는 간극비의 변화를 의미한다. 초기의 작은 수평변위, 즉 전단이 시작된 초기에는 연직변위가 잠깐 감소하였다가 증가함을 알 수 있다. 흙의 부피는 약간 감소하였다가 곧 팽창한다. 그러나 전단이 충분히 진행되어 극한상태가 되면 부피는 일정한 값이 된다. 이것은 조밀한 모래(또는 과압밀 점토)의 전단 특성인 반면 느슨한 모래(또는 정규압밀 점토)는 전단 시 흙의 부피가 처음부터 감소하는 특성을 보인다. 모래에 대한 수평변형률－전단응력, 수평변형률－간극비 관계는 뒤에서 보다 상세하게 논의한다.

직접전단시험 장치를 사용하여 배수조건을 고려한 배수시험과 비배수시험을 모두 실시할 수 있다. 배수(排水) 직접전단시험을 실시할 때에는 그림 7.27(a)와 같이 시료의 상하 양면에 다공질판(porous stone)을 설치하여 배수를 허용하는 반면, 비배수(非排水) 직접전단시험에서는 이들 다공질판을 배수가 허용되지 않는 다른 판으로 교체하여 설치해야 한다. 그러나 이러한 방법으로는 다음에 논의하는 삼축압축시험과 같이 철저한 배수조건(排水條件) 조절이 불가능하므로 직접전단시험은 배수조건이 강도에 결정적 영향을 미치는 점토에 대해서는 적절한 강도측정 방법이 되지 못한다. 배수(排水) 및 비배수(非排水) 시험에 관하여서는 삼축압축시험에서 상세히 논의하기로 한다.

직접전단시험에서는 전단 파괴면이 시험 도중 자연적으로 생성되는 것이 아니라 수평면이 파괴면이라고 가정하고 있는데 수평면을 실제 파괴면으로 보는 경우와 이론적 파괴면으로 보는 경우에는 내부마찰각(ϕ)이 약간 차이가(약 1°) 난다고 알려져 있다(Lambe & Whitman, 1969). 파괴면을 인위적으로 전단상자의 수평 접합면이 되게 하는 것은 균질한 흙에서는 큰 문제가 없으나 실눈금 균열(hair crack) 등과 같이 연약한 경계면을 포함하고 있는 경우에는 실제보다 강도를 크게 측정하게 되는 문제점이 있다.

뿐만 아니라 직접전단시험에서는 시험과정을 통하여 주응력의 방향이 일정하게 유지되는 것이 아니라 회전하는 문제점도 있다. 즉 전단 전에는 수평면과 연직면이 주응력면이므로 전단응력이 작용하지 않지만($\tau = 0$) 전단이 진행됨에 따라 전단응력이 발생하게 되어 수평면은 주응력면이 될 수 없고, 전단응력이 점차 증가해 감에 따라 주응력면의 방향도 계속하여 달라짐을 알 수 있다. 또한 응력이 파괴면에 집중되면서 전단 진행에 따라 전단 면적이 감소하므로 진행성 파괴(progressive failure)의 우려도 있다. 이러한 결점에도 불구하고 직접전단시험은 간편할 뿐만 아니라 시험결과를 단시간에 획득할 수 있는 장점이 있으므로 사질토의 강도 측정에 널리 사용되고 있다. 직접전단시험으로 결정한 조밀한 모래의 내부마찰각 ϕ는 삼축압축시험으로 구한 값보다 2° 정도 큰 것으로 평가되고 있다(Taylor, 1939).

직접전단시험 장치는 흙과 다른 물체, 예를 들어 금속면이나 콘크리트면 사이의 마찰각과 부착력을 측정하는데 활용할 수 있다. 즉 한쪽 상자에는 금속면과 같은 물체를 넣고 다른 상자에는 흙을 넣어 직접전단시험을 수행하면 된다. 이 때 얻어지는 ϕ는 특히 ϕ_w로 표기하고 이를 벽면마찰각(wall friction angle)이라 하며 c는 부착력(adhesion)이 되어 c_a로 표기한다. 보통 $\phi_w \le \phi$, $c_a \le c$이다. 이에 대해서는 뒤에서 다시 상세히 설명하기로 한다.

▶ **예제 7.6** 직접전단시험을 실시하여 다음 표와 같은 시험결과를 얻었다. 전단상자의 직경이 $6cm$일 때 이 시료의 강도정수 c, ϕ를 구하라.

전단시험	1	2	3
수지력 $N(kg)$	28.0	56.0	85.0
최대전단력 $T_{\max}(kg)$	18.0	30.1	43.0

풀이 : σ_{ff}와 τ_{ff}를 계산하면 다음 표와 같다.

- 전단상자의 단면적 $A = \pi D^2 / 4 = \pi(6)^2 / 4 = 28.26cm^2$
- 파괴 시 파괴면의 수직응력 $\sigma_{ff} = N / A$
- 파괴 시 파괴면의 전단응력 $\tau_{ff} = T_{\max} / A$

전단시험	1	2	3
수직응력 $\sigma_{ff}(kg/cm^2)$	1.00	2.00	3.00
전단응력 $\tau_{ff}(kg/cm^2)$	0.64	1.07	1.52

(σ_{ff} , τ_{ff})를 $\sigma-\tau$ 평면에 나타내고 이 점들을 지나는 직선을 그리면 그림 예제 7.6 해답도와 같이 파괴포락선을 얻을 수 있다.

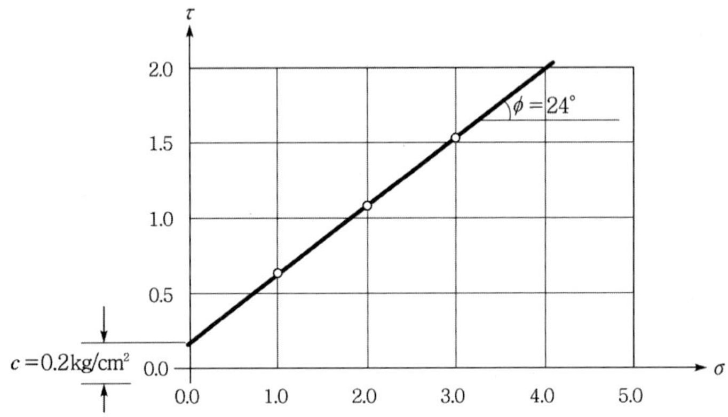

그림 예제 7.6 해답도

파괴포락선의 경사각을 측정하여 $\phi = 24°$, τ 축 절편으로부터 $c = 0.2kg/cm^2$ 을 얻을 수 있다. ◀

▶ **예제 7.7** 모래 시료로 직접전단시험을 실시하였다. 수직응력 $9.0kg/cm^2$ 에서 전단응력 $6.0kg/cm^2$ 에 이르렀을 때 전단파괴가 발생하였다. 점착력을 0으로 가정하고 다음을 구하여라.

(a) 내부마찰각

(b) 주응력의 크기와 그 작용평면

(c) 최대전단응력의 크기와 그 작용평면

풀이 : 파괴면을 전단상자의 접합면이라 가정하면 파괴시의 수직응력 $\sigma_{ff} = 9.0kg/cm^2$, 전단응력 $\tau_{ff} = 6.0kg/cm^2$ 이다. 그러므로 그림 예제 7.7 해답도 (1)에서 $F(\sigma_{ff}$, $\tau_{ff})$는 파괴포락선 상의 한 점이다. $c = 0$ 이므로 파괴포락선은 원점 O와 F를 연결하는 직선이다.

점 F는 파괴상태를 나타내는 Mohr 응력원과 파괴포락선의 접점이 되므로 F에서 $\overline{OF}$ 에 수직인 선을 그려 σ 축과의 교점을 C라 하면 C는 Mohr 응력원의 중심이 된다. 이제 C를 중심으로 하고 $\overline{CF}$ 를 반경으로 원을 그리면 Mohr 응력원이 얻어진다.

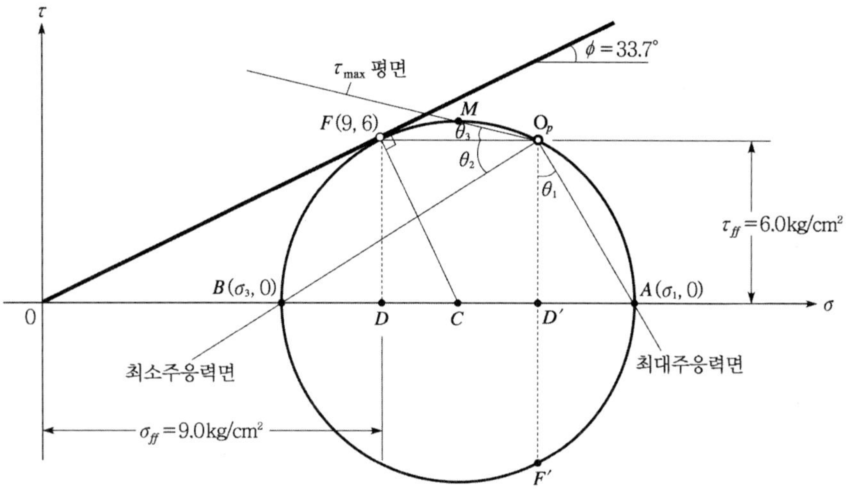

그림 예제 7.7 해답도(1)

최대주응력 및 최소주응력에 대응하는 점을 각각 *A*, *B*라 하고 *F*에서 σ 축에 내린 수선의 발을 *D*라 한다.

(a) 내부마찰각 ϕ의 결정

ϕ는 파괴포락선의 기울기이므로($\tau_{ff} = \sigma_{ff}\tan\phi$) 내부마찰각 ϕ는 $\angle FOD$.

$\tan\phi = \overline{FD}/\overline{OD} = \tau_{ff}/\sigma_{ff} = 6.0/9.0 = 0.667 \quad \therefore \phi = 33.7°$

(b) 주응력의 크기와 주응력면의 결정

- 수응력의 크기 : $\sigma_1 = \overline{OA}$, $\sigma_3 = \overline{OB}$.

  $\angle DFC = \angle FOD = \phi$ 이므로

  $\overline{CD} = \overline{DF}\tan\phi = (6)(6/9) = 4$, $\overline{CF} = \overline{DF}\sec\phi = (6)\sec 33.7° = 7.2$

  따라서 $\sigma_{\substack{1\\3}} = \overline{OC} \pm \overline{CA} = \overline{OC} \pm \overline{CF} = (9+4) \pm 7.2$

  $$\therefore \sigma_1 = 20.2kg/cm^2, \ \sigma_3 = 5.8kg/cm^2$$

NOTE : 파괴상태의 주응력이므로 σ_{1f}, σ_{3f} 로 표기하는 것이 보다 타당함.

- 극점의 결정 : 그림 예제 7.7 해답도(1)에서와 같이 *F*에서 전단상자의 접합면 즉 수평 파괴면과 평행한 선을 그려 응력원과의 교점 O_p 를 얻음.

- O_p 와 A를 연결하는 선 : 최대주응력면

  O_p 에서 연직선을 내려 σ 축과의 교점을 D', 응력원과의 교점을 F'

  연직면과 최대주응력면 사이의 각도를 θ_1 이라 하면

  $$\angle F'O_pA = \theta_1, \qquad \therefore \angle F'CA = 2\theta_1$$

  $$\tan 2\theta_1 = \overline{F'D'} / \overline{D'C} = 6/4 = 1.5,\ 2\theta_1 = 56.3° \therefore \theta_1 = 28.2° \text{ (반시계방향)}$$

- O_p 와 B를 연결하는 선 : 최소주응력면

  수평면과 최소주응력면 사이의 각도를 θ_2 라 하면

  $$\angle FO_pB = \theta_2,\ \therefore \angle FCB = 2\theta_2 \text{ (반시계방향)}$$

  $$\tan 2\theta_2 = \overline{FD} / \overline{DC} = 6/4 = 1.5,\ 2\theta_2 = 56.3° \therefore \theta_2 = 28.2°$$

따라서 결국 $\theta_1 = \theta_2$ 임을 알 수 있음.

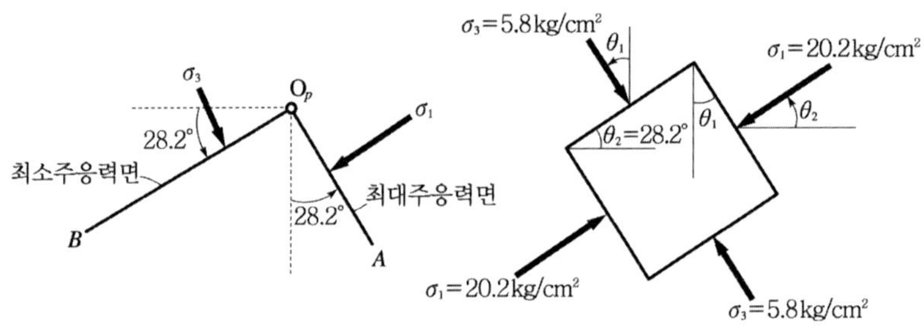

그림 예제 7.7 해답도(2)

연직면과 최대주응력면 사이의 각도 $\theta_1 = 28.2° = \sigma_3$ 의 작용방향

수평면과 최소주응력면 사이의 각도 $\theta_2 = 28.2° = \sigma_1$ 의 작용방향

주응력면과 주응력의 작용방향은 그림 예제 7.7 해답도(2)에 제시하였다.

(c) 최대전단응력의 크기와 작용평면

- Mohr 응력원의 정점을 M이라 하면 $\tau_{\max} = \overline{MC} = 7.2kg/cm^2$
- O_p 와 M을 연결하는 선이 최대전단응력 작용평면의 방향

  최대전단응력 작용면과 수평면이 이루는 각도를 θ_3 라 하면

  $$\angle FO_pM = \theta_3 \quad \therefore \angle MCF = 2\theta_3$$

  그런데 $\angle MCF = \angle CFD = \angle FOD = \phi$ 이므로 $2\theta_3 = \phi$

$\therefore \theta_3 = 33.7° / 2 = 16.8°$

최대주응력면과 최대전단응력면 사이의 각도가 45° 됨을 $\angle ACM = 90°$ 이라는 사실에서 명백히 알 수 있다. 마찬가지로 최소주응력면과 최대전단응력면 사이의 각도도 $\angle BCM = 90°$ 이라는 사실로부터 45° 가 됨이 명백하다. 참고로 이 사실을 극점을 이용하여 밝혀보면 다음과 같다.

연직면과 최대전단응력면 사이의 각도 : $90° - \theta_3 = 90° - 16.8° = 73.2°$

연직면과 최대주응력면 사이의 각도 : $\theta_1 = 28.2°$

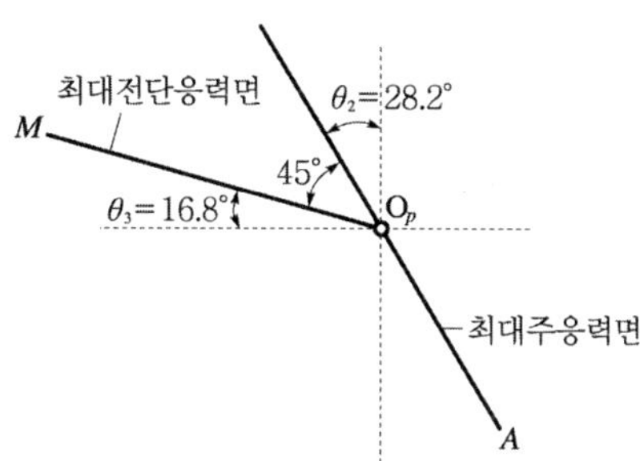

그림 예제 7.7 해답도(3)

최대주응력면과 최대전단응력면 사이의 각도 : $73.2° - 28.2° = 45°$

(그림 예제 7.7 해답도(3) 참조)

NOTE : 직접전단시험에서 파괴면은 상하 전단상자 접합면(수평면)이지만 전단파괴면에서의 전단응력 τ_{ff} 는 최대전단응력 $\tau_{\max}$ 보다 작음. 위의 예제에서도 파괴면의 전단응력은 $\tau_{ff} = 6.0 kg/cm^2$ 이고 최대전단응력은 $\tau_{\max} = 7.2 kg/cm^2$ 임.

독자들에게 드리는 질문 : 파괴면은 어떠한 평면인가? 파괴포락선을 생각하면서 판단해 볼 것(τ / σ 값이 어떤 상태인가 살펴볼 것).

7.4.2 삼축압축시험

삼축압축시험 장치는 압축실, 가압장치, 간극수압 및 체적변화 측정장치 등으로 구성되어 있다. 시료를 다듬어(trimming) 원통 모양의 공시체를 만들고 얇은 고무막(membrane)으로 싸서 압축실에 설치한다. 삼축압축시험은 여러 가지 방법으로 할 수 있지만 여기서는 표준삼축압축시험에 대하여 논의하기로 한다.

가압장치를 이용하여 압축실에 수압을 가하면 공시체는 상하 양면과 주면이 동일한 압력을 받게 된다. 이 과정을 등방압축(等方壓縮, isotropic compression)이라 하며, 이 등방압력을 구속응력(拘束應力, confining stress)이라 하고 σ_c 로 표시한다. 등방압축과정에서서는 $\sigma_3 = \sigma_2 = \sigma_1 = \sigma_c$ 가 된다.

다음 단계에서는 피스톤을 통하여 공시체 축방향, 즉 연직방향으로 축응력(axial stress)을 가하되 공시체가 파괴될 때까지 축응력을 서서히 증가시킨다. 이 과정을 일축압축(一軸壓縮, uniaxial compression)이라 하고 이 축응력을 축차응력(軸差應力, deviator stress) 또는 주응력차(主應力差, principal stress difference)라 하며 $\Delta\sigma_d$ 로 표시한다. 공시체는 등방압축에 의해서는 파괴되지 않으며 일축압축에 의하여 전단파괴에 이르게 되므로 일축압축 과정을 전단(剪斷, shear)이라 한다.

독자들에게 드리는 질문 : 등방압축상태에 있는 공시체는 파괴되지 않는 사실을 설명하라.

Hint : 등방압축상태($\sigma_1 = \sigma_2 = \sigma_3 = \sigma_c$)의 Mohr 응력원은 σ 축 상에 있는 한 점($\sigma_c, 0$)이 되므로 모든 면에서의 전단응력이 $\tau = 0$ 이다. 파괴포락선과 비교하면 어떠한가 생각해 볼 것.

삼축압축시험에서는

$$\sigma_1 = \sigma_c + \Delta\sigma_d\,,\ \ \sigma_3 = \sigma_c \tag{7.32}$$

$$\Delta\sigma_d = \sigma_1 - \sigma_3 \tag{7.33}$$

과 같은 관계가 있다.

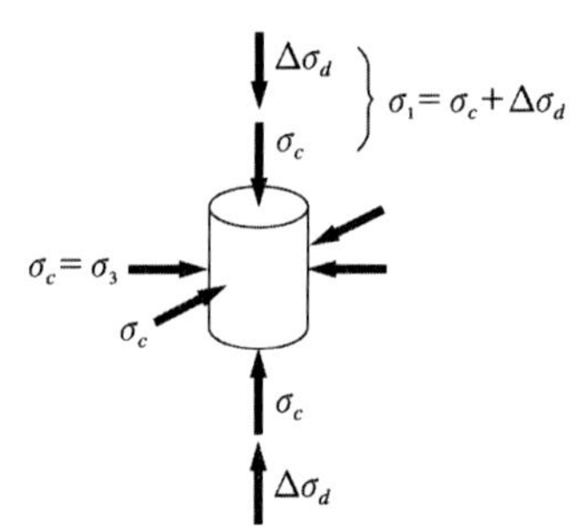

그림 7.28 삼축압축응력

표준삼축압축시험은 등방압축과 일축압축(전단)으로 이루어진다. 일축압축(전단)과정에서 축차응력 $\Delta\sigma_d$ 의 변화에 따른 공시체 길이 변화량 Δl , 체적 변화량 ΔV 및 과잉간극수압 변화량 Δu 를 측정하게 된다. 과잉간극수압은 공시체 상하 양단부 또는 하단부에 다공질판(porous stone)을 설치하고 이것과 가는 튜브(tube)로 연결된 간극수압 측정장치를 이용하여 측정한다. 현장에서 전단파괴가 지하수면 아래에서 발생하는 것을 가정하여 공시체는 완전히 포화된 상태로 압축실(cell)에 설치하지만 정수압은 대단히 작아서 무시할 수 있으므로 과잉간극수압을 그냥 간극수압이라고 하는 것이 보통이다.

공시체의 체적 변화량 ΔV 의 측정은 공시체 체적변화 측정장치를 이용한다. 표준삼축압축시험은 결국 등방압축과 일축압축으로 이루어지는데 이 두 과정의 응력을 함께 보여주는 것이 그림 7.28이다.

공시체의 축방향 길이 변화량 Δl 을 측정하면 축방향 변형률(axial strain) ε_a 는

$$\varepsilon_a = \frac{\Delta l}{l_0} \tag{7.34}$$

여기서, l_0 : 전단전 공시체의 길이

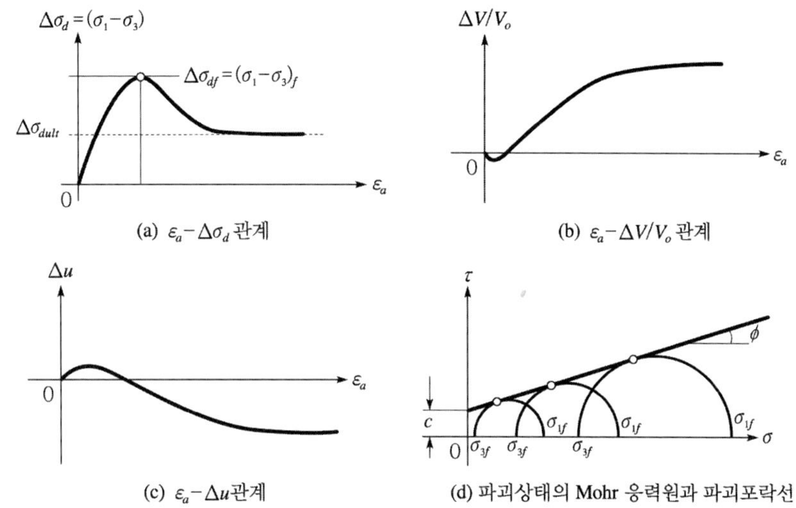

(a) $\varepsilon_a - \Delta\sigma_d$ 관계 (b) $\varepsilon_a - \Delta V/V_o$ 관계

(c) $\varepsilon_a - \Delta u$관계 (d) 파괴상태의 Mohr 응력원과 파괴포락선

그림 7.29 삼축압축 시험결과

그림 7.29 (a)에는 축 방향 변형률 ε_a와 축차응력 $\Delta\sigma_d = \sigma_1 - \sigma_3$ 사이의 관계가 그려져 있다. 이 그림은 $\sigma_3 = \sigma_c$ 로 고정된 상태이며 $\sigma_3 = \sigma_c$ 가 다른 값이 되면 다른 곡선이 얻어진다. 정규압밀점토와 과압밀점토에 있어서 $\Delta\sigma_d - \varepsilon_a$ 관계는 서로 달라지는데 여기에 대해서는 뒤에 상세히 논의하고 있다.

$\Delta\sigma_d$ 가 최대인 상태를 파괴상태로 보고 이때의 축차응력을 $\Delta\sigma_{df}$ 라 하면 파괴 시의 주응력은

$$\sigma_{1f} = \sigma_c + \Delta\sigma_{df}\,,\ \ \sigma_{3f} = \sigma_c \tag{7.35a}$$

파괴 시 축차응력 $\Delta\sigma_{df}$ 는

$$\Delta\sigma_{df} = \sigma_{1f} - \sigma_{3f} = (\sigma_1 - \sigma_3)_f \tag{7.35b}$$

$\Delta\sigma_{df}$ 는 파괴상태 Mohr 응력원의 직경이 되며 이 값을 압축강도(compressive strength)라 한다. 전단 시 체적변화는 배수시험에서만 측정하게 되는데 축방향 변형률 ε_a와 체적변화율 $\Delta V/V_0$ 사이

의 관계가 그림 7.29(b)에 제시되어 있다. 여기서 V_0는 전단전 공시체의 부피이다. 이 관계는 점토가 정규압밀인가 또는 과압밀인가에 따라 다른데 자세한 것은 뒤에서 논의하기로 한다.

전단에 따른 과잉간극수압의 변화 Δu는 비배수시험에서 측정하는데 축방향 변형률 ε_a와 과잉간극수압 변화량 Δu 사이의 관계가 그림 7.29(c)에 나타나 있다. 이 관계도 정규압밀인가 또는 과압밀인가에 따라 달라지는데 상세한 것은 뒤에서 논의하기로 한다.

구속응력 σ_c를 변화시키면서 시험을 실시하면 새로운 파괴 시의 축차응력 $\Delta\sigma_{df}$가 측정되고 그때마다 한 쌍의 (σ_{1f}, σ_{3f})가 얻어진다. σ_c를 3~4회 변화시켜 파괴상태의 Mohr 응력원을 그린 뒤 공통접선을 그려 파괴포락선을 얻을 수 있다. 파괴포락선 역시 정규압밀인가 과압밀상태인가에 따라 다른데 이에 대해서도 뒤에서 다시 상세하게 논의하기로 한다. 이 포락선의 경사각이 내부마찰각 ϕ이고 절편이 점착력 c이다. 이 사실이 그림 7.29(d)에 제시되어 있다. 직접전단시험의 $\tau-\varepsilon$ 관계에서와 같이 그림 7.29(a)에서도 $\Delta\sigma_d-\varepsilon_a$ 관계를 볼 때 $\Delta\sigma_{df}$를 지나면 ε_a의 증가에도 불구하고 $\Delta\sigma_d$는 오히려 감소하여 극한강도 $\Delta\sigma_{dult}$에 이르게 된다. $\Delta\sigma_{dult}$를 파괴상태처럼 생각하여 Mohr 응력원을 그리면 극한상태에서의 강도정수 ϕ_{ult}와 c_{ult}를 구할 수 있다. 이 강도정수를 선택하는 경우에 대해서는 뒤에 다시 다루기로 한다.

NOTE : 직접전단시험은 (σ_{ff}, τ_{ff})를 직접 측정한 후 이 점들을 연결하여 파괴포락선을 구하는데 비해 삼축압축시험은 (σ_{1f}, σ_{3f})를 측정하여 공통접선을 그려 파괴포락선을 얻음.

삼축압축시험에서 강도정수를 결정하는 방법을 다시 정리하면 다음과 같다.

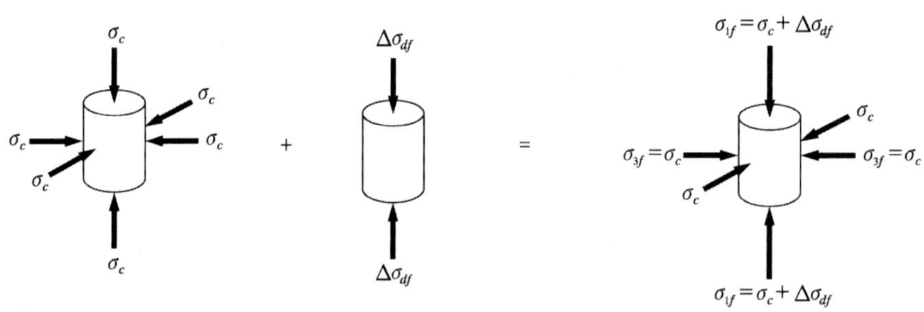

그림 7.30 표준삼축압축시험

① 구속응력 $\sigma_c=\sigma_{c1}$으로 하여 등방압축시킨다.

② 축차응력 $\Delta\sigma_{df}$로 일축압축하여 파괴시의 축차응력 $\Delta\sigma_{df1}$을 측정한다.

$\sigma_{3f}=\sigma_{c1}$, $\sigma_{1f}=\sigma_{c1}+\Delta\sigma_{df1}$. 즉 $(\sigma_{1f},\sigma_{3f})_1$을 얻는다.

③ $\sigma_c = \sigma_{c2}$ 로 하고 등방압축한 후 일축압축 시켜 파괴시킨다.

$\sigma_{3f} = \sigma_{c2}$, $\sigma_{1f} = \sigma_{c2} + \Delta\sigma_{df2}$. 즉 $(\sigma_{1f}, \sigma_{3f})_2$ 을 얻는다.

④ σ_c 를 n번 변화시켜 가면서 시험을 반복하면 n쌍의 $(\sigma_{1f}, \sigma_{3f})$ 를 얻는다.

⑤ Mohr 응력원을 그리고 공통 접선, 즉 파괴포락선을 그려서 c, ϕ를 측정한다(그림 7.31 참조).

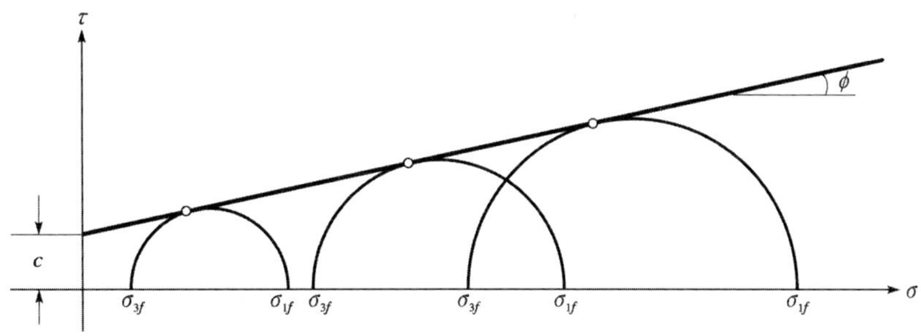

그림 7.31 삼축압축시험 결과에 의한 c, ϕ 결정

축차응력 $\Delta\sigma_d$ 는 피스톤에 의해서 전달되는 축력 N을 공시체의 보정단면적 A_c 로 나누어 구한다. 보정단면적 A_c 는 다음과 같이 결정한다.

그림 7.32에 보인 것처럼 공시체에 축력을 가하면 그 길이는 Δl 만큼 수축되고 단면적은 증가하여 A_c 로 된다.

축력 N이 작용하여 공시체의 길이가 Δl 만큼 감소하고 부피가 ΔV 만큼 변화하였다면 이때의 단면적(즉 보정 단면적) A_c 는

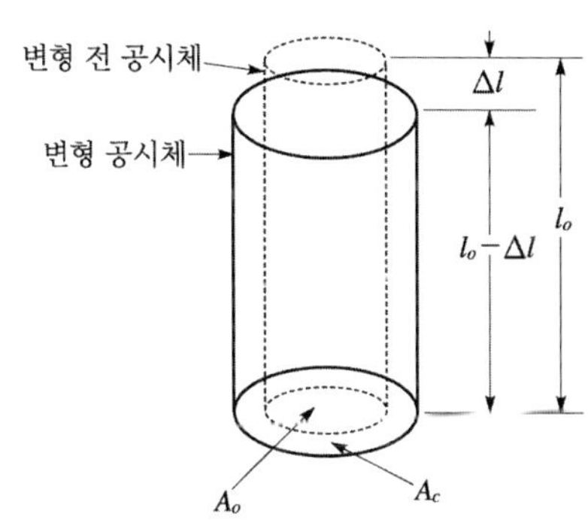

그림 7.32 일축압축에 의한 공시체 단면적 및 길이 변화

$$V_0 - \Delta V = A_c(l_0 - \Delta l), \quad A_c = \frac{V_0 - \Delta V}{l_0 - \Delta l} = \frac{V_0\left(1 - \frac{\Delta V}{V_0}\right)}{l_0\left(1 - \frac{\Delta l}{l_0}\right)}$$

$$\therefore A_c = A_0 \frac{1 - \frac{\Delta V}{V_0}}{1 - \frac{\Delta l}{l_0}} \tag{7.36}$$

여기서, l_0 : 일축압축 전의 공시체 길이(기지량)

A_0 : 일축압축 전의 공시체 단면적(기지량)

V_0 : 일축압축 전의 부피(기지량)

Δl : 일축압축에 의한 공시체의 길이 변화량(측정량)

ΔV : 일축압축에 의한 공시체의 부피 변화량(측정량)

A_c : 공시체의 보정단면적

전단과정의 축차응력 $\Delta\sigma_d$ 는

$$\Delta\sigma_d = N / A_c \tag{7.37}$$

특히 파괴 시의 축차응력 $\Delta\sigma_{df}$ 는 파괴시의 A_c 와 N 을 식 (7.37)에 대입하여 결정할 수 있다.

NOTE : 표준삼축압축시험은 $\sigma_{1f} = \sigma_c + \Delta\sigma_{df}$, $\sigma_{3f} = \sigma_c$ 에 의해 3축 방향으로 압축응력을 가하여 공시체(specimen)를 파괴에 이르게 하는 시험이므로 이를 삼축압축시험(三軸壓縮試驗, triaxial compression test)이라 함. 주의할 것은 하중은 압축력을 가하였지만 공시체는 수평면과 θ_f 를 이루는 파괴면을 따라 전단파괴(shear failure)를 일으키므로 삼축압축시험은 결국 전단시험의 일종이 됨(그림 7.14 참조). 삼축압축시험에서 파괴면은 축차응력($\Delta\sigma_d$)이 가해지면서 자연적으로 형성됨. 이것이 직접전단시험의 파괴면 형성과 다른 점임.

삼축압축시험에서 파괴상태를 정의하는 방법은 다음과 같다. 등방압축에서는 파괴가 일어나지 않으므로 파괴는 축차응력을 가하여 일축압축, 즉 전단시키는 과정에서 발생하게 된다.

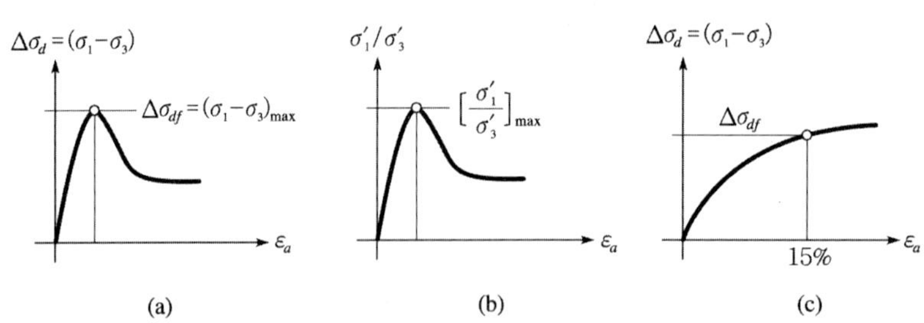

그림 7.33 파괴에 관한 정의

① $(\sigma_1 - \sigma_3) = \Delta\sigma_d$ 가 최대일 때를 파괴상태로 한다(그림 7.33 (a) 참조).

즉 첨두강도 $(\sigma_1 - \sigma_3)_{max}$ 또는 $\Delta\sigma_{d\,max}$ 을 $\Delta\sigma_{df}$ 로 한다.

(조밀한 모래, 과압밀 점토의 경우는 첨두강도가 뚜렷하므로 파괴상태 판정이 용이함.)

② $\dfrac{\sigma_1'}{\sigma_3'}$가 최대, 즉 $\left(\dfrac{\sigma_1'}{\sigma_3'}\right)_{max}$ 일 때를 파괴상태로 정의(그림 7.33(b) 참조).

③ $(\sigma_1 - \sigma_3) = \Delta\sigma_d$ 의 첨두가 명확하게 나타나지 않으면 특정 변형률에 도달하였을 때를 파괴상태로 정의한다(예 : $\varepsilon_a = 15\%$)(느슨한 모래, 정규압밀 점토의 경우는 첨두강도가 나타나지 않음).

NOTE : 직접전단시험에서는 파괴상태를 전단응력－전단변위 관계에서 τ_{max} 일 때로 정의 하였는데 이것은 그림 7.33 (a)에 해당하는 것임.

삼축압축시험에서 압축강도(compressive strength)는 σ_c 로 등방압축한 상태에서 공시체를 파괴시키는 데 소요되는 축 응력, 즉 축차응력 $\Delta\sigma_{df}$ 를 의미한다. 따라서 압축강도 $\Delta\sigma_{df}$ 는 $\Delta\sigma_{df} = (\sigma_1 - \sigma_3)_f$ 이므로 파괴상태의 Mohr 응력원의 직경이다. 한편 콘크리트 공시체의 압축강도는 구속응력을 가하지 않은 상태(σ_c=0)에서 일축압축시험으로 측정한 압축강도로 정의하고 있다.

독자들에게 드리는 질문 : 전단강도와 압축강도는 어떻게 다른가?

표준삼축압축시험은 전단 전(즉 등방압축과정) 및 전단 시(즉 일축압축과정)의 배수조건에 따라 다음과 같은 3가지 시험방법이 있다. 즉 등방압축 시의 압밀, 비압밀 조건과 일축압축(전단) 시의 배수, 비배수조건에 따라 다음과 같은 문자(기호)를 부여한다.

① 제 1문자 : 등방압축(전단 전) 시의 배수조건
C : 압밀(consolidated), U : 비압밀(unconsolidated)

② 제 2문자 : 일축압축(전단) 시의 배수조건
D : 배수(drained), U : 비배수(undrained)

제 1문자와 제 2문자의 조합(combination)에 따라 다음 표와 같은 삼축압축 시험이 실시되고 있다.

표 7.2 배수조건에 따른 삼축압축시험

전단 전(등방압축)	전단 시(일축압축)	기호	시험명칭	별칭
C(consolidated)	D(drained)	CD	압밀배수시험	S－Test
C(consolidated)	U(undrained)	CU	압밀비배수시험	R－Test
U(unconsolidated)	U(undrained)	UU	비압밀비배수시험	Q－Test

표 7.2에 제시된 배수조건(排水條件)에 대하여서는 6장의 Terzaghi 압밀모델에서 이미 언급하였지만 다시 설명하면 다음과 같다.

전단전(preshear), 즉 등방압축 시의 배수조건 :

▪ 압밀조건(consolidated ; C)

고무막에 쌓인 공시체 외부에서 구속응력 σ_c 를 작용시켜 등방압축한 다음, 밸브를 열어 공시체 내에 있는 물의 배출을 허용하여 압밀을(즉 배수를) 완료시킨 상태이다. 구속응력 작용 직후에는 과잉간극수압(過剩間隙水壓)이 발생하지만 시간 경과에 따라 점차 소산되어 압밀 완료 시에는 과잉간극수압은 완전히 소산된다($u_e = 0$). 압밀 완료에 소요되는 시간은 투수계수에 관계되어 점토의 경우에는 하루정도 소요됨에 반해 모래는 극히 짧은 시간 내에 압밀이 완료된다. 압밀에 의해 유효응력은 증가하고 공시체의 부피(또는 간극비)는 감소하며 밀도는 증가하므로 구속응력 작용 전 보다 공시체의 강도는 더 커진 상태가 된다. 압밀완료 상태는 물의 배출이 끝난 상태(배수상태)이며 $u_e = 0$ 인 상태이다.

▪ 비압밀조건(unconsolidated ; U)

구속응력 σ_c 로 등방압축한 다음 물의 배출(배수)을 허용하지 않는 상태이다. 포화토의 경우 구속응력에 의하여 생성된 과잉간극수압이 그대로 유지되고 있는 상태($u_e = \sigma_c$)이다. 물의 배출이 허용되지 않으므로 압밀도 일어나지 못한 상태이다. 포화상태에서는 유효응력의 변화는 없고 공시체의 부피변화(또는 간극비의 변화)가 없으므로 밀도도 구속응력 작용전과 같기 때문에 등방압축에 의한 공시체의 강도증가는 없다. 압밀완료 시까지 기다리지 않으므로 등방압축은 단시간에 완료된다.

전단(일축압축) 시의 배수조건

▪ 배수조건(drained ; D)

축차응력 $\Delta\sigma_d$ 를 서서히 증가시키면서 응력의 증가에 대응하여 발생하는 과잉간극수압이 즉시 소산되도록 배수시키는 상태($u_e = 0$)이다. 즉 하중작용 과정의 모든 순간에서 배수상태를 유지하여 과잉간극수압이 소산된 상태를 유지해야 한다. 점토의 경우 투수성이 낮으므로 파괴에 이르기까지 수일 내지 수 주일이 소요된다. 일축압축과정에서 발생하는 부피의 변화량 ΔV 를 측정할 수 있으나 과잉간극수압의 변화는 없다($\Delta u_e = u_e = 0$).

▪ 비배수조건(undrained ; U)

축차응력 $\Delta\sigma_d$ 로 일축압축(전단)하는 과정에서 물의 배출(배수)을 허용하지 않는 조건이다. 따라서 전단에 따른 공시체의 부피변화는 없으며 $(\Delta V = 0)$, 그 대신 과잉간극수압이 생성된다 $(\Delta u_e = u_e \neq 0)$. 비배수상태로 전단하게 되므로 소요시간은 짧다.

압밀완료 상태와 배수상태는 모두 과잉간극수압이 소산된 상태($u_e = 0$)이므로 같은 의미를 가진다. 그러므로 CD－Test는 D－Test(배수시험)로 표기해도 된다. 마찬가지로 UU－Test는 U－Test(비배수시험)라 할 수 있다.

표준삼축압축시험은 등방압축이 완료된 상태의 공시체 강도와 전단특성을 일축압축(전단)으로 측정하는 시험이다. 삼축압축시험을 실시함에 있어서 배수조건의 선택은 측정된 강도정수의 사용목적에 달려있다. 배수조건의 결정 원칙은 시험실에서의 배수조건을 현장에서의 실제 배수조건과 일치시키는 것이다. 이러한 목표에 더 근접할 수 있도록 표준삼축압축시험 외에 다양한 삼축압축시험방법이 고안되어 있다(예 : CK_0U , CK_0D 등).

배수조건에 따른 3가지 시험(CD, CU, UU)에서 얻어지는 강도정수는 서로 다르다. 이들 강도정수를 적용하는 대상과 적용방법에 대하여서는 이 장에서는 개략적으로 언급하고 본서의 마지막장인 사면안정에서 구체적으로 논의하기로 한다.

모래는 투수성이 대단히 크므로 재하 즉시 압밀(배수)이 완료되어 항상 배수 상태에 있게 된다. 점토는 투수성이 대단히 작아서 재하 직후는 압밀(배수)되지 않으므로 비배수상대가 되고 장기간 경과 후에는 압밀이 완료되어 배수상태가 된다. 따라서 모래의 경우에는 배수상태에서의 강도정수가 중요한데 반해 점토에서는 배수 및 비배수조건의 강도정수가 모두 중요하다.

(1) 압밀배수시험(consolidated drained test ; CD-Test, S－Test)

- 등방압축과정 : 압밀(C)
- 일축압축(전단)과정 : 배수(D) 조건

압밀(C) 및 배수(D) 조건은 바로 앞에서 설명하였다. 이 시험은 장시간이 소요되므로 별칭 S－Test (slow test)라 한다. 구속응력 σ_c 로 등방압축하여 압밀 완료시킨 상태에서($u = 0$), 배수상태로 축차응력을 가하여 전단시키는 시험이다. 전단과정에서 간극수압이 없으므로 전응력과 유효응력은 일치한다($\sigma' = \sigma$).

특히 파괴시의 축차응력을 $\Delta\sigma_{df}$ 라 하면,

$$\sigma'_{3f} = \sigma_{3f} = \sigma_c\,,\ \sigma'_{1f} = \sigma_{1f} = \sigma_c + \Delta\sigma_{df}$$

등방압축시의 구속응력 σ_c가 클수록 공시체의 부피는 많이 감소하고 밀도는 크게 증가하여 전단파괴 시 축차응력 $\Delta\sigma_{df}$는 크게 된다. 따라서 σ_c가 클수록 파괴상태의 Mohr 응력원은 오른쪽에 위치하고($\sigma'_{3f} = \sigma_c$) 그 직경($\Delta\sigma_{df}$)은 커진다.

구속응력 σ_c를 3~4회 변화시켜가며 시험을 실시하면 그 횟수만큼 파괴상태의 Mohr 응력원을 그릴 수 있고 공통접선을 그려 파괴포락선을 얻게 된다(Mohr 응력원 2개로는 충분하지 못한데 그 이유는 무엇인가?). CD시험에서 구한 강도정수에는 하첨자 d(drained)를 부여한다. 즉 내부마찰각: ϕ_d, 점착력: c_d.

파괴포락선은 정규압밀점토이면 원점을 지나고($c_d = 0$) 과압밀점토이면 점착력 절편을 가지게 된다($c_d > 0$). 그림 7.34에는 압밀배수시험에서 얻어진 파괴상태의 Mohr 응력원과 파괴포락선이 제시되어 있다(과압밀 점토의 경우임).

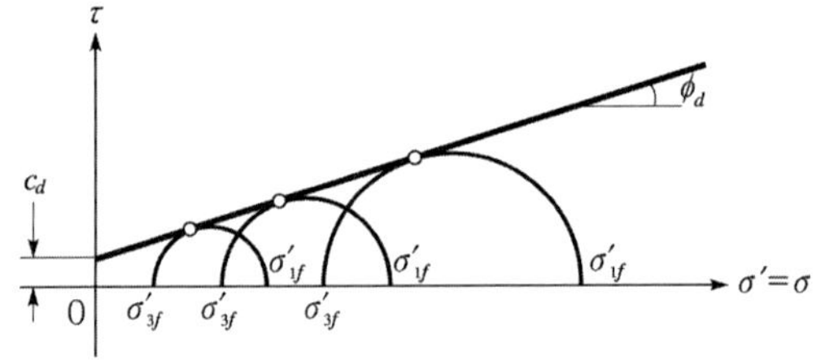

그림 7.34 압밀배수시험(CD)에 의한 강도정수 결정

압밀배수시험에서 구한 강도정수 c_d, ϕ_d는 유효응력원에 대한 파괴포락선에서 얻은 값이므로 유효응력으로 흙의 강도를 결정하는데 사용된다. 즉

$$s = c_d + \sigma_{ff}{}' \tan\phi_d = c_d + (\sigma_{ff} - u)\tan\phi_d \tag{7.38}$$

식 7.38과 같이 흙의 전단강도를 유효응력으로 결정하는 방법을 유효응력해석법(effective stress analysis ; ESA)이라 한다. 유효응력해석법으로 흙의 강도를 결정함에 있어서 봉착하게 되는 최대의 난점은 정확한 간극수압의 결정 또는 추정이다. 이 사실은 유효응력해석법이 편리한 경우와 그렇지 못한 경우가 있다는 것을 의미한다. 간극수압을 실측하는 경우에는 유효응력해석법은 항시 편리하게 사용할 수 있다. 정수압 상태, 정상침투 상태, 압밀완료 상태에서는 간극수압 결정이 상대적으로 용이하므로 유효응력해석법 사용이 편리하다. 그리고 이들은 시점 상으로 구조물 완공 후

장시간 경과된 상태이므로 이때의 안정해석을 장기(長期) 안정해석(long term stability analysis)라 한다. 결국, 유효응력해석법은 이론상으로는 항시 적용이 가능하지만 실제로는 간극수압 결정이 용이한 경우에 사용하는 것이 편리하다. 모래는 투수성이 크므로 압밀완료(배수) 상태에 있고 항상 유효응력해석의 대상이 된다.

압밀배수시험의 전단과정에서는 축차응력이 증가함에 따라 공시체의 축방향 변형률 ε_a 가 생기고 공시체 부피도 변한다. 부피의 변화는 간극비 또는 함수비의 변화로도 표시할 수 있는데 여기에 관하여서는 이미 그림 7.29에서 간단하게 설명하였지만 이에 대해서는 뒤의 7.9절에서 다시 논의하고 있다.

압밀배수시험은 점토의 배수전단특성을 정확하게 나타내는 시험이지만 장시간이 소요되는 까다로운 시험이므로 학술연구 등 특수한 경우를 제외하고는 보통 다음에 논의하는 압밀비배수($\overline{CU}$) 시험으로 대치하고 있다. 두 시험은 이론과 실제에서 모두 잘 일치한다.

(2) 압밀비배수시험(consolidated undrained test ; CU, $\overline{CU}$ – Test, R – Test)

- 등방압축과정 : 압밀(C)
- 일축압축(전단) 과정 : 비배수(U) 조건

압밀(C)과 비배수(U) 조건에 관하여서는 앞서 설명하였다. 시험에 소요되는 시간은 CD – Test보다는 짧고 UU – Test보다는 길어서 별칭 R – Test(rapid(?) test)라 한다.

압밀비배수시험은 구속응력 σ_c 로 등방 압밀시킨 다음 축차응력 $\Delta\sigma_d$ 를 비배수 상태로 가하여 공시체를 일축압축으로 전단시키는 시험이다. 압밀배수시험에서와 같이 구속응력 σ_c 의 크기에 따라 압밀 후 공시체의 밀도는 달라지기 때문에 파괴 시 축차응력 $\Delta\sigma_{df}$ 값도 상이한 값이 된다. σ_c 가 클수록 $\Delta\sigma_{df}$ 값도 커지게 된다. 만약 파괴상태의 전응력원에서 강도정수를 결정하면 CU – Test, 유효응력원으로 강도정수를 결정하면 $\overline{CU}$ – Test라 한다.

CU – Test : $\sigma_{3f} = \sigma_c$, $\sigma_{1f} = \sigma_c + \Delta\sigma_{df}$

$\overline{CU}$ – Test : $\sigma'_{3f} = \sigma_{3f} - u$, $\sigma'_{1f} = \sigma_{1f} - u$

여기서, u : 파괴 시의 과잉간극수압

(u_f 로 표시함이 더 정확하며 u_f 는 측정하는 값)

CU – Test와 $\overline{CU}$ – Test에서 강도정수를 구하는 방법은 그림 7.35에 제시되어 있다. 오른쪽에 위치한 응력원의 직경이 더 커지는 것은 압밀배수시험에서 이미 설명하였다. 파괴포락선이 정규압밀점토에서는 원점을 지나는 반면, 과압밀 점토에서는 점착력 절편을 가진다는 사실은 압밀배수시험과 같다.

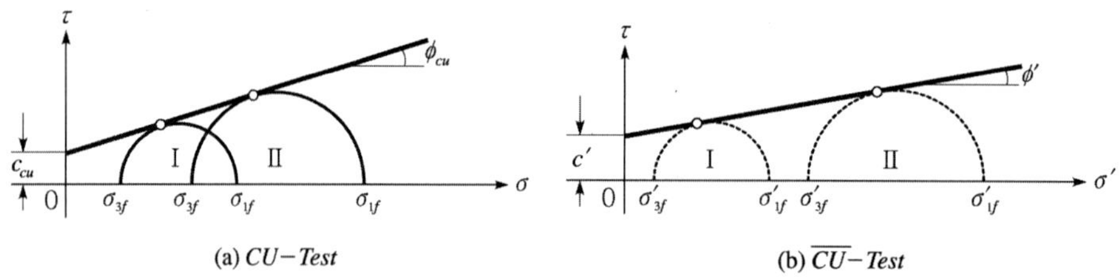

그림 7.35 압밀비배수시험(CU , $\overline{CU}$)에 의한 강도정수 결정

CU – Test에서 얻어지는 강도정수에는 하첨자 cu를 부여하여 c_{cu}, ϕ_{cu} 로 표기하며 $\overline{CU}$ – Test의 강도정수에는 상첨자(')를 사용하여 c', ϕ' 로 표기하는 것이 보통이다.

CU – Test에서 얻어지는 파괴포락선과 강도정수 c_{cu}, ϕ_{cu} 의 의미는 미묘하다. 실용상 CU –Test는 포화점토층이 기존의 하중(예: 제방)에 의하여 압밀이 완료된 상태에서 추가로 하중을 급속히 작용(비배수상태)시키고자 할 때 재하 직후의 점토층의 비배수 강도를 결정하는데 사용한다. 이 때 추가 하중의 작용 속도가 빠르기 때문에 점토층의 압밀은 일어나지 못하고, 따라서 점토의 강도는 재하 전 흙이 가지고 있던 강도를 그대로 유지하게 된다.

만약 추가 하중 작용 전의 점토지반의 유효응력을 구속응력으로 하고 압밀비배수시험을 실시하여 파괴 시 축차응력 $\Delta\sigma_{df}$ 를 측정하면 비배수강도 s_u 는

$$s_u = \frac{\Delta\sigma_{df}}{2} \tag{7.39}$$

압밀비배수(CU)시험에서 얻은 비배수강도를 사용하여 안정해석을 실시하는 것이 편리한 예로는 다단계 재하(多段階 載荷, multi-staged loading)와 흙 댐에서의 수위급강하(水位急降下, sudden draw down) 직후 등이 있다. 이와 같은 방법으로 비배수강도를 결정할 때 가장 어려운 점은 다단계 재하의 경우 전 단계 하중에 의한 압밀도, 즉 구속응력 크기의 결정이며, 수위급강하 직후에서는 제체에 대한 배수정도의 파악이다. 이들을 정확하게 파악하기 위해서는 많은 경험과 종합적 판단력이 소요된다(Terzaghi 등, 1996).

유효응력으로 구한 강도정수 c', ϕ' 는 CD-Test에서 얻은 강도정수와 사실상 같은 값이 된다.

$$c' \simeq c_d , \ \phi' \simeq \phi_d$$

따라서 $\overline{\text{CU}}$-Test는 장시간이 소요되는 CD-Test 대신 배수상태의 강도정수를 결정하는 실용적 방법이 되며 c', ϕ' 은 c_d, ϕ_d 와 같이 간극수압을 알고 있을 때 유효응력해석법(effective stress analysis)에 사용된다. 이 때 전단강도는

$$s = c' + \sigma_{ff}{}' \tan \phi' = c' + (\sigma_{ff} - u) \tan \phi' \tag{7.40}$$

유효응력해석법에 관하여서는 압밀배수시험 CD-Test에서 이미 언급하였다.

압밀비배수시험의 전단과정에서 축차응력 $\Delta\sigma_d$ 의 변화에 따른 공시체의 축방향 변형량 Δl 과 간극수압 Δu 를 측정하면 축방향 변형률 - 축차응력 관계와 축방향 변형률 - 간극수압 변화량 관계를 알 수 있다. 여기에 관하여서는 그림 7.29에서 간략하게 언급하였지만 자세한 내용은 7.7.2절에서 논의하기로 한다.

(3) 비압밀비배수시험(unconsolidated undrained test ; UU-Test, Q-Test)

- 등방압축과정 : 비압밀(U)
- 일축압축(전단)과정 : 비배수(U) 조건

비압밀(U)과 비배수(U) 조건에 대하여서는 앞에서 이미 설명하였다. 비압밀비배수시험은 구속응력 σ_c 로 등방압축하되 압밀시키지 않은 상태에서 비배수조건으로 일축압축(전단)하여 파괴상태에 도달시키는 시험이다. 시험 전 과정이 비배수 상태이므로 시험에 소요되는 시간이 가장 짧아서 별칭 Q-Test(quick test)라 한다. 전단과정이 비배수시험이지만 CU-Test와는 달리 전단과정에서 과잉간극수압은 보통 측정하지 않는다(왜 그럴까?). 간극수압을 모르기 때문에 유효응력도 알 수 없다. 따라서, 흙의 강도정수는 전응력원에 대한 파괴포락선에서만 결정할 수 있다.

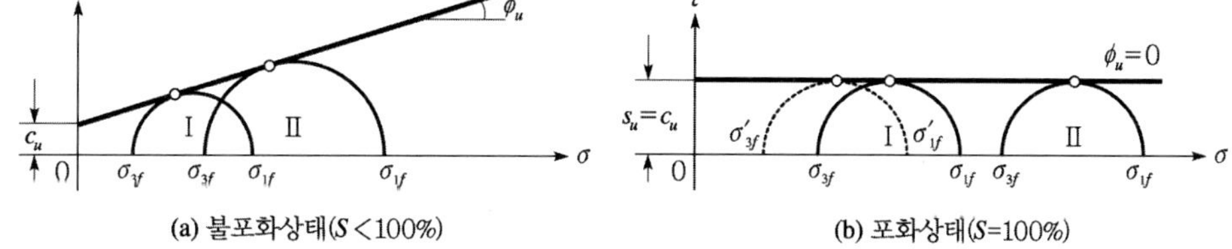

(a) 불포화상태(S<100%) (b) 포화상태(S=100%)

그림 7.36 비압밀비배수(UU)시험에 의한 강도정수 결정

비압밀비배수(UU)시험에서 얻어지는 강도정수에는 하첨자 *u*(undrained)를 부여하여 c_u, ϕ_u로 표기한다. UU－Test에서 강도정수를 결정하는 방법은 그림 7.36에 제시되어 있다.

(a) 불포화 점토($S<100\%$)의 경우

구속응력 σ_c로 등방압축하고 물의 배출(압밀)을 허용하지 않아도 흙의 부피는 감소하고 따라서 밀도는 증가하게 된다. 이것은 구속응력 σ_c에 의하여 간극 내의 공기가 물에 용해되기 때문이다. 즉 등방압축에 의하여 흙의 밀도가 증가하여 전단 파괴시의 축차응력 $\Delta\sigma_{df}$는 커진다. 그리고 σ_c가 클수록 $\Delta\sigma_{df}$ 값도 커지게 된다. 따라서

$$\sigma_{3f}=\sigma_c,\ \sigma_{1f}=\sigma_c+\Delta\sigma_{df}$$

단, $\Delta\sigma_{df}$는 σ_c가 클수록 더 커진다.

σ_c의 크기를 다르게 하면 그때마다 한 개의 응력원을 얻을 수 있는데 $\sigma_{3f}=\sigma_c$이므로 오른쪽에 있을수록 원의 직경은 커진다(CD, CU－Test처럼). 그림 7.36(a)는 불포화 점토에 대한 파괴포락선을 보인 것인데 주의할 점은 파괴포락선이 곡선이라는 점이다. 곡선인 파괴포락선을 Coulomb 전단방정식처럼 직선으로 근사화시키면 전단강도는

$$s=c_u+\sigma_{ff}\tan\phi_u \tag{7.41}$$

위의 식과 같이 흙의 강도를 전응력으로 정리한 강도정수로 결정하는 방법을 전응력해석법(total stress analysis; TSA)이라 한다. 이 방법은 유효응력해석법의 가장 중요한 불확실 요소인 간극수압의 파악이 불필요한 장점이 있는 반면, 흙의 강도는 유효응력에 관계된다는 유효응력 원리에 비춰보면 이론적 근거가 상대적으로 취약한 결점이 있다.

(b) 포화점토($S=100\%$)의 경우

구속응력 σ_c로 등방압축하여도 흙의 부피는 변하지 않는다. 이것은 토입자와 물은 비압축성이기 때문이다. 따라서 흙의 밀도는 불변이다. 또한 σ_c는 그대로 과잉간극수압이 되므로 유효응력의 변화도 일어나지 않는다($\Delta\sigma'=\Delta\sigma-\Delta u=0$). 이것은 σ_c의 크기에 무관하게 전단 파괴시의 축차응력 $\Delta\sigma_{df}$의 값은 동일하다는 것을 의미한다.

$$\sigma_{3f}=\sigma_c,\ \sigma_{1f}=\sigma_c+\Delta\sigma_{df}$$

단, $\Delta\sigma_{df}$ 는 σ_c 의 크기에 무관하게 일정하다.

σ_c 의 크기에 따라 응력원의 위치는 달라지지만($\sigma_{3f}=\sigma_c$), 응력원의 직경 $\Delta\sigma_{df}$ 는 동일하게 된다. 즉 파괴포락선은 그림 7.36(b)에 보인 것처럼 수평선이 된다. 따라서 $\phi_u=0$, $c_u=\frac{\Delta\sigma_{df}}{2}=\frac{(\sigma_1-\sigma_3)_f}{2}$ 가 된다. 이때의 c_u 를 특히 비배수강도(undrained strength)라 하고 s_u 로 표기한다.

$$s=s_u=c_u\,,\ \phi_u=0 \tag{7.42}$$

식 7.42를 이용한 안정해석을 $\phi_u=0$ 해석법($\phi_u=0$ analysis)이라 한다. $\phi_u=0$ 해석법은 물론 전응력해석법에 포함된다($\phi_u=0$ 인 특수한 경우임). $\phi_u=0$ 해석법은 과잉간극수압의 소산속도, 즉 압밀속도보다 재하속도가 훨씬 빠른 경우에 적용하는 것이 편리하다. 이때에는 점토층의 부피변화(즉 밀도의 변화)는 아직 일어나지 않았고 따라서 흙의 강도는 재하 전의 값을 그대로 유지하고 있다고 생각한다. 그리고 이 강도가 비배수 강도 $s_u=c_u$ 라고 생각한다.

포화점토 지반 위에 빠른 속도로 성토를 하여 제방을 축조할 때 공사기간 중 또는 완공 직후(end of construction)의 안정해석이 $\phi_u=0$ 해석법 적용이 편리한 한 예가 된다. 완공 직후는 착공 후 단시간 경과시점이므로 이때에 대한 안정해석을 단기안정해석(short term stability analysis)라 한다.

$\phi_u=0$ 해석법은 계산과정이 간단하고 간극수압의 파악이 불필요하다는 장점이 있는 대신 공시체의 간극비(밀도)가 현장의 간극비와 일치하여야 한다는 난점이 있다. 만약 두 간극비가 같지 않으면 시험실에서 측정한 비배수강도가 현장의 강도와 일치하지 않게 된다. 이때는 간극비의 차이에 따른 비배수강도의 보정을 실시하여야 하는데 이것은 경험과 판단력이 요구되는 문제이다. 결론적으로 $\phi_u=0$ 해석법의 문제점은 정확한 현장의 비배수강도의 결정이다.

독자들에게 드리는 질문 : ① UU－Test는 quick-test 이므로 Q－Test. CD－Test는 slow test이므로 S－Test라고 한다. 그런데 CU－Test는 왜 R－Test인가?(Hint: R은 rapid의 첫문자라는 설도 있었으나 보다 합리적인 설은 알파벳 순서를 생각해보면 알 수 있음. 즉 O P Q ( ) S T U…)

② CD－Test, UU－Test, CU－Test는 있는데 왜 UD－Test는 없는가?

(Hint: UD 배수조건이 현장에서 발생할 가능성을 검토해 볼 것. 또한 UD 조건에서 배수상태로 전단한다면 배수상태를 유지하기 위하여 소산되는 과잉간극수압은 어떠한 것인가 생각해 볼 것.)

▶ **예제 7.8** 압밀배수(CD) 삼축압축시험을 실시하였다. 구속응력 $\sigma_c=10kg/cm^2$ 으로 등방압축한 다음 축차응력 $\Delta\sigma_{df}=20kg/cm^2$ 에서 공시체가 파괴되었다.

(a) 파괴상태의 Mohr 응력원을 그려라.

(b) $c_d = 0$ 으로 가정하고 ϕ_d 를 구하라. 또한 파괴 시 파괴면에 작용하는 수직응력 σ_{ff} 과 전단응력 τ_{ff} 를 구하라. 그리고 파괴면이 최대주응력면(수평면)과 이루는 각도 θ_f 를 구하라.

(c) 최대전단응력 $\tau_{\max}$ 의 크기와 그 작용평면을 구하라.

풀이 : CD – Test이므로 전단과정에서 $u = 0$. 따라서 $\sigma = \sigma'$

(a) 파괴상태에 대한 Mohr 응력원

$$\sigma_{3f} = \sigma'_{3f} = \sigma_c = 10 kg/cm^2$$

$$\sigma_{1f} = \sigma'_{1f} = \sigma_c + \Delta\sigma_{df} = 10 + 20 = 30 kg/cm^2$$

전응력원과 유효응력원은 일치한다.

A(30, 0), B(10, 0)을 $\sigma' - \tau$ 평면에 나타내고 $\overline{AB}$ 를 직경으로 하는 원을 그리면 Mohr 응력원이 얻어짐. 중심 C(20, 0), 반경=10.

Mohr 응력원은 그림 예제 7.8 해답도(1)에 제시되어 있다.

(b) 내부마찰각 ϕ_d, 파괴면의 응력 (σ_{ff}, τ_{ff})와 파괴면의 각도 θ_f 의 결정

$c_d = 0$ 이므로 파괴포락선은 원점 O를 지나며 Mohr의 원에 접하는 직선(접선)이다. 접점 $F(\sigma_{ff}$, $\tau_{ff})$는 파괴면의 응력을 나타내는 점이다.

① 내부마찰각 ϕ_d

$$\phi_d = \angle FOC\ ,\ \sin\phi_d = \frac{\overline{FC}}{\overline{\overline{OC}}} = \frac{10}{20} = 0.5\ , \qquad \therefore \phi_d = 30°$$

NOTE : 일반적으로 $c = 0$ 이면 $\sin\phi = \dfrac{\overline{FC}}{\overline{\overline{OC}}} = \dfrac{1/2(\sigma_1 - \sigma_3)_f}{1/2(\sigma_1 + \sigma_3)_f} = \left(\dfrac{\sigma_1 - \sigma_3}{\sigma_1 + \sigma_3}\right)_f$

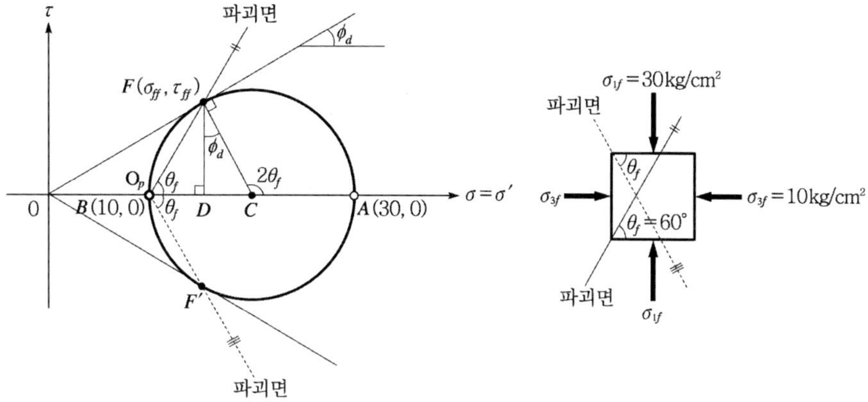

그림 예제 7.8 해답도(1)

② 파괴면의 응력(σ_{ff} , τ_{ff}) : F의 좌표

F에서 σ 축에 내린 수선의 발을 D라 하면, $\angle DFC = \phi_d$ 이므로

$$\tau_{ff} = \overline{FD} = \overline{FC}\cos\phi_d = (10)(\sqrt{3}/2) = 8.66kg/cm^2$$

$$\sigma_{ff} = \overline{OD} = \overline{FD}\cot\phi_d = \tau_{ff}\cot\phi_d = (8.66)\cot 30° = 15kg/cm^2$$

③ 파괴면이 최대주응력면(수평면)과 이루는 각도 θ_f

$$\theta_f = \pm\left(45° + \frac{\phi_d}{2}\right) = \pm\left(45° + \frac{30°}{2}\right) = \pm 60°$$

극점 O_p 는 B와 일치하므로 $\overline{BF}$ 가 파괴면의 방향이고 $\angle FO_pA = +60°$ 가 최대주응력면(수평면)과 파괴면 사이의 각도 θ_f 이다($\theta_f = +60°$).

앞에서 언급한 것처럼 Mohr 응력원 하반부에도 파괴포락선을 그릴 수 있으므로 이에 대한 최대주응력면과 파괴면 사이의 각도 θ_f 는

$$\theta_f = -\left(45° + \frac{\phi_d}{2}\right) = -60° \quad \text{(–기호는 단지 시계방향이라는 의미임.)}$$

그림 예제 7.8 해답도(1) 오른쪽에 있는 공시체에 $\theta_f = 60°$ 인 파괴면이 실선으로, $\theta_f =$ 60° 인 파괴면은 점선으로 그려져 있다.

(이 파괴면의 응력은 $\sigma_{ff} = \sigma'_{ff} = 15kg/cm^2$, $\tau_{ff} = \pm 8.66kg/cm^2$).

(c) $\tau_{\max}$ 의 크기와 작용평면

그림예제 7.8 해답도(2)에서 보는 것처럼 Mohr 응력원의 정점을 M으로 표시하면

$$\tau_{\max} = \overline{MC} = 10kg/cm^2$$

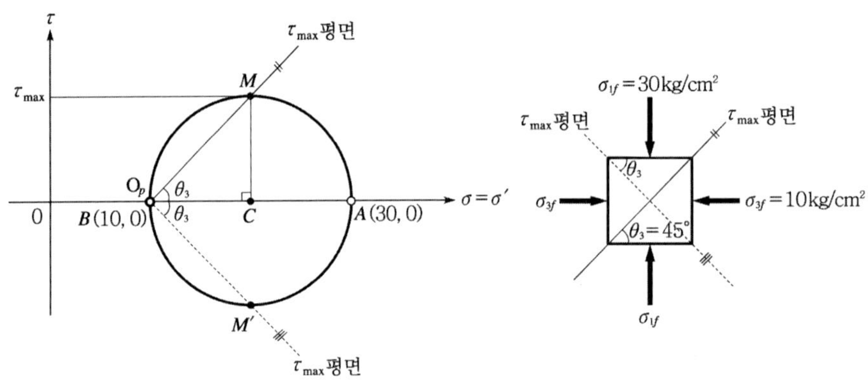

그림 예제 7.8 해답도(2)

$\tau_{\max}$ 가 작용하는 평면은 O_p 와 M을 연결하는 선의 방향이므로 최대주응력면(수평면)과 최대전단 응력이 작용하는 평면 사이의 각도 θ_3 는

$$\tan\theta_3 = \frac{\overline{MC}}{\overline{BC}} = \frac{10}{10} = 1, \qquad \therefore \theta_3 = 45°$$

τ 가 최소값($\tau_{\min}$)이 되는 점은 Mohr 응력원의 하반부 정점 M', 이에 대한 최대주응력면과 최소전단응력 작용평면 사이의 각도 θ_3 은 $\theta_3 = -45°$ (시계방향)

전단력의 +, -는 전단응력의 작용방향을 나타낼 뿐이다. 그림 예제 7.8 해답도(2)의 오른쪽에 있는 공시체에는 최대전단응력이 작용하는 평면 $\theta_3 = 45°$ 가 실선으로, $\theta_3 = -45°$ 가 점선으로 그려져 있다. ◀

독자들에게 드리는 제언 : $\theta_f = 60°$ 임을 알고 있는 조건에서 파괴면의 수직응력과 전단응력(σ_{ff}, τ_{ff})을 해석적 방법과 2θ 법으로 구해 볼 것.

삼축압축시험에 관하여서는 Bishop & Henkel (1962)의 저서가 고전으로 평가되고 있다. 삼축압축시험에 대해 보다 상세한 내용을 원하면 이를 참고하기 바란다.

7.4.3 일축압축시험

일축압축시험은 표준삼축압축시험 중 비압밀비배수(UU)시험에서 등방압축과정이 생략된 시험이다($\sigma_c = 0$). 즉 구속응력을 가하지 않고 불구속상태에서 공시체의 축 방향으로만 압축력을 가하므로 일축압축시험(一軸壓縮試驗, unconfined compression test, uniaxial compression test)이라 한다.

일축압축과정에서 파괴 시의 압축응력, 즉 파괴 시의 축차응력 $\Delta\sigma_{df}$ 를 특히 일축압축강도(unconfined compressive strength)라 하고 기호 q_u 로 표기한다. 구속응력 σ_c 값이 0으로 1개뿐이므로 $\Delta\sigma_{df} = q_u$ 도 1개뿐이고 따라서 파괴 시 Mohr 응력원도 1개만 그릴 수 있다.

$$\sigma_{3f} = \sigma_c = 0\,,\ \ \sigma_{1f} = \sigma_c + \Delta\sigma_{df} = q_u$$

(간극수압을 측정하지 않으므로 유효응력은 알 수 없음)

파괴 시 Mohr 응력원은 그림 7.37와 같이 $A(q_u, 0)$, O(0, 0)를 직경으로 하는 원이 된다. Mohr 응력원이 1개뿐이므로 파괴포락선, 즉 공통접선은 그릴 수 없다. 따라서 강도정수를 결정하기 위해서는 가정을 설정하여야 한다. 현재까지 관용되고 있는 가정은 그림 7.37에 보인 것처럼, 파괴포락선은 수평선이며 따라서 $\phi_u = 0$ 으로 두는 것이다. 이 가정의 근거는 일축압축시험은 포화점토에 대한 비압밀비배수(UU)시험이라는 것이다. 일축압축시험은 공시체가 구속응력 없이도 무너지지 않고 자립할 수 있어야 하므로 점토에 대해서 실시하게 된다. 또한 이 시험에서는 배수조건의 조절이 불가능하여 비배수시험이 된다. 그러므로 일축압축시험은 비압밀비배수 삼축압축시험(UU－Test) 중 구속응력 $\sigma_c = 0$ 인 특수한 경우에 해당된다. 그런데 포화점토에 대해서는 UU－Test에서 구속응력의 크기에 무관하게 파괴 시 축차응력 $\Delta\sigma_{df}$ 값이 동일하여 파괴 시 Mohr 응력원은 크기는 모두 같고 위치만 σ_c 의 크기에 따라 다르므로 파괴포락선은 수평이 된다는 것을 이미 설명하였다. 일축압축시험에서 얻어지는 Mohr 응력원도 이론상 이 포락선에 접하여야 한다. 결국 포화점토의 경우 일축압축시험에서 얻어지는

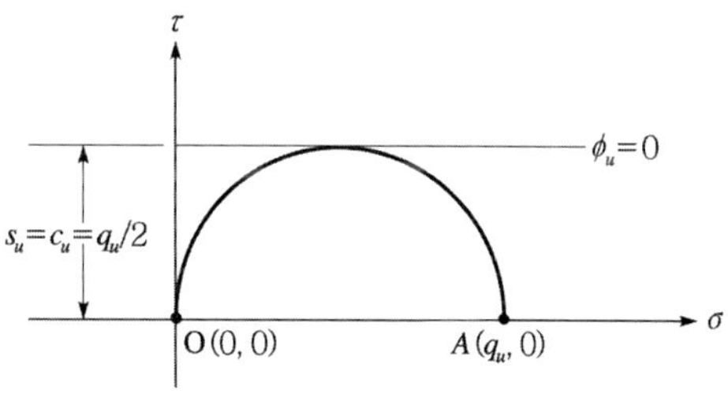

그림 7.37 일축압축시험에 의한 포화점토의 비배수강도 결정

비배수 강도정수는 $\phi_u = 0$, $c_u = q_u/2$ 가 되는데 c_u 를 특히 비배수강도(undrained strength)라 하고 s_u 로 표기한다.

$$s_u = c_u = \frac{q_u}{2}, \ \phi_u = 0 \tag{7.43}$$

비배수강도를 이와 같이 대단히 간편하게 결정할 수 있으므로 일축압축시험은 포화점토의 비배수강도 측정을 위해 가장 널리 사용되고 있는 시험이다.

NOTE : 일축압축시험은 삼축압축시험과 마찬가지로 압축하중을 가하는 시험이지만 공시체의 파괴는 경사진 파괴면을 따라 일어나는 전단파괴임. 즉 일축압축시험도 내용상으로는 전단시험이다. 파괴면이 최대주응력면(수평면)과 이루는 각도는 $\phi_u = 0$ 인 경우 이론상 45° 임. 그러나 실제로 파괴면은 명확하지 않으며 그 경사도 45° 와 같지 않은 것이 보통임.

일축압축시험에서는 Mohr 응력원이 1개만 그려지므로 점착력과 내부마찰각을 모두 가진 흙($c-\phi$ soil)의 경우는 파괴포락선을 그릴 수 없다. 따라서 강도정수 결정이 불가능하다. 그러나 이때 만약 파괴면의 경사각 θ_f 를 측정할 수 있으면 강도정수 결정이 가능하다. 그럼에도 불구하고 앞에서 언급한 것처럼 파괴면은 명확하지도 않고 측정도 어렵다. 따라서 다음의 논의는 이론상으로는 가능하지만 비현실적이며 실용성이 적은 것임을 유의하기 바란다.

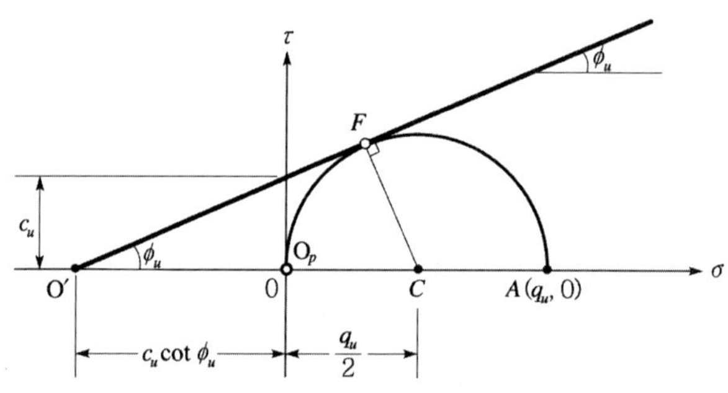

그림 7.38 일축압축시험의 Mohr 응력원과 파괴포락선($c-\phi$ soil의 경우)

그림 7.38에는 일축압축시험에 의한 파괴상태의 Mohr 응력원과 가상 파괴포락선이 그려져 있다. 즉 파괴상태의 Mohr 응력원은 점 A(q_u, 0)와 O(0, 0)를 직경으로 하는 원이다. 이 원의 중심은 C($q_u/2$, 0)이고 반경은 $q_u/2$ 이다. 만약 파괴포락선이 그림과 같다고 가정하면 파괴포락선과 원의 접점을 F, σ 축과의 교점은 O' 이고 이 흙의 강도정수는 그림에 제시되어 있는 것처럼 c_u, ϕ_u 로 표시되지만 이 값들은 아직 미지수이다.

$$\angle O'CF \text{ 에서 } \sin\phi_u = \frac{\overline{CF}}{\overline{O'C}} = \frac{\overline{CF}}{\overline{O'O}+\overline{OC}} = \frac{\dfrac{q_u}{2}}{c_u\cot\phi_u + \dfrac{q_u}{2}}$$

$$q_u = 2c_u\frac{\cos\phi_u}{1-\sin\phi_u} = 2c_u\sqrt{\frac{1+\sin\phi_u}{1-\sin\phi_u}}$$

$$\therefore q_u = 2c_u\tan\left(45° + \frac{\phi_u}{2}\right) \tag{7.44}$$

또는 $$c_u = \frac{q_u}{2}\tan\left(45° - \frac{\phi_u}{2}\right) \tag{7.45}$$

이 관계식은 아래의 참고사항을 이용하여 쉽게 유도할 수 있다.

참고사항

다음 사항을 기억하기 바란다(기억해두지 않으면 번번이 고생함).

$$\frac{1-\sin\phi}{1+\sin\phi} = \tan^2\left(45° - \frac{\phi}{2}\right),\quad \frac{1+\sin\phi}{1-\sin\phi} = \tan^2\left(45° + \frac{\phi}{2}\right)$$

$$\tan^2\left(45° - \frac{\phi}{2}\right) = \frac{1}{\tan^2\left(45° + \dfrac{\phi}{2}\right)}$$

이 관계는 다음과 같이 밝힐 수 있다.

$$\tan^2\left(45° - \frac{\phi}{2}\right) = \frac{\sin^2\left(45° - \dfrac{\phi}{2}\right)}{\cos^2\left(45° - \dfrac{\phi}{2}\right)} = \frac{\left[\sin 45°\cos\dfrac{\phi}{2} - \cos 45°\sin\dfrac{\phi}{2}\right]^2}{\left[\cos 45°\cos\dfrac{\phi}{2} + \sin 45°\sin\dfrac{\phi}{2}\right]^2}$$

$$= \frac{\left[\dfrac{1}{\sqrt{2}}\cos\dfrac{\phi}{2} - \dfrac{1}{\sqrt{2}}\sin\dfrac{\phi}{2}\right]^2}{\left[\dfrac{1}{\sqrt{2}}\cos\dfrac{\phi}{2} + \dfrac{1}{\sqrt{2}}\sin\dfrac{\phi}{2}\right]^2} = \frac{\cos^2\dfrac{\phi}{2} - 2\sin\dfrac{\phi}{2}\cos\dfrac{\phi}{2} + \sin^2\dfrac{\phi}{2}}{\cos^2\dfrac{\phi}{2} + 2\sin\dfrac{\phi}{2}\cos\dfrac{\phi}{2} + \sin^2\dfrac{\phi}{2}} = \frac{1-\sin\phi}{1+\sin\phi}$$

즉, $\dfrac{1-\sin\phi}{1+\sin\phi} = \tan^2\left(45° - \dfrac{\phi}{2}\right)$임을 알 수 있다.

나머지 관계식도 동일한 방법으로 밝힐 수 있으며 부수적으로 다음 사항도 기억해 두면 편리하다.

$$\frac{\cos\phi}{1+\sin\phi} = \tan\left(45° - \frac{\phi}{2}\right), \quad \frac{\cos\phi}{1-\sin\phi} = \tan\left(45° + \frac{\phi}{2}\right)$$

이 사실에 대한 증명은 본문의 내용에 수록되어 있다.

식 (7.44) 또는 식 (7.45)에는 ϕ_u 를 모르기 때문에 c_u 계산이 불가능하다.

만약 파괴면이 최대주응력면(수평면)과 이루는 각도 θ_f 를 측정할 수 있다면 위의 식에서 강도정수를 결정할 수 있다.

$$\theta_f = 45° + \frac{\phi_u}{2} \tag{7.46}$$

식 (7.44)와 식 (7.46)으로부터 $q_u = 2c_u \tan\theta_f$

$$\therefore c_u = \frac{q_u}{2}\cot\theta_f \tag{7.47}$$

식 (7.46)에서

$$\phi_u = 2\theta_f - 90° \tag{7.48}$$

식 (7.47), (7.48)에서 강도정수를 결정할 수 있다.

자연상태에 있는 점토를 교란(攪亂, disturb) 시키면 강도가 감소한다. 강도의 감소는 교란에 의하여 자연적으로 형성된 점토 입자의 구조배열이 바뀌게 되어 입자간의 접촉면에 작용하고 있는 결합력(bond)이 파괴되기 때문에 일어난다.

실험실에서 교란된 점토를 재성형하여 공시체를 제작하고 그 강도를 측정하면 불교란상태에 비해 강도는 감소하는데 이러한 현상을 재성형 효과(remolding effect)라 한다. 교란에 의한 점토의 일축압축강도 감소 정도를 나타내기 위하여 예민비(sensitivity ratio) S_t 라는 개념을 사용한다. 예민비는

$$S_t = \frac{q_u}{q_{ur}} \tag{7.49}$$

여기서, S_t : 예민비

q_u : 불교란 시료의 일축압축강도

q_{ur} : 교란된(remolded) 시료의 일축압축강도

예민비가 큰 흙은 교란되면 흙의 강도가 교란 전의 강도보다 크게 감소한다. 포화점토의 예민비

는 1.5~100 이상에 걸쳐 광범위한 값을 가진다. 표 7.3에는 예민비에 따른 점토의 예민성을 구분하는 기준이 제시되어 있다.

예민비가 대단히 크면서 동시에 함수비도 액성한계보다 큰($w > LL$) 점토는 quick clay가 될 가능성이 높다. 표 7.3의 구분을 따른다면 예민비(S_t)가 16 이상이고 액성지수(LI)가 1보다 큰 점토는 지진이나 발파 등 동적하중을 받으면 강도를 잃어버리고 액체처럼 점성유동을 하게 된다. 이러한 점토를 quick clay라 하며 Scandinavia 반도와 Canada 북부에 분포되어 있다.

표 7.3 예민비에 따른 점토의 예민성 분류

예민비(S_t)	예민성의 정도(description)
< 2	비 예민(insensitive)
$2 \sim 4$	중등의 예민성(medium sensitive)
$4 \sim 8$	예민(sensitive)
$8 \sim 16$	고도의 예민성(very sensitive)
> 16	quick

quick clay가 생성되는 '기구한' 과정을 개념적으로 간단히 기술하면 다음과 같다.

점토는 대부분 그 입자의 형상이 얇은 판(板, plate) 모양을 하고 있으며 단부(端部, edgc)에는 양(+) 전기를 띠는 반면, 면(面, face) 표면에는 음(−) 전기를 띠고 있다. 점토 입자들이 바닷물 속에서 부유(brown 운동)하다가 단부와 면이 만나면(edge to face) 서로 결합하게 되는데 이러한 결합이 계속되면서 해저에 침전하게 되면 해성점토(海成粘土, marine clay)가 된다.

이러한 점토는 면모구조(flocculent structure)를 하고 간극비가 대단히 크므로 함수비가 매우 큰 상태에 있게 된다. 이 점토가 해수면 위로 융기한 다음 빗물에 의해 세척되면 용탈현상(溶脫, leaching)이 생겨 입자간 접촉부의 전기화학적 결합력은 상실되고 함수비는 대단히 큰 상태가 된다. 이러한 점토는 예민비와 함수비가 모두 대단히 크므로 지진, 발파 등 동적에너지가 가해지면 강도를 잃어버리고 액체처럼 흘러내리게 되는데 이것이 곧 Quick Clay이다. 점토는 교란되면 강도가 감소되지만 시간이 경과함에 따라 서서히 강도가 회복된다. 그러나 본래의 강도까지는 회복되지 못한다. 이와 같이 교란되면 강도가 감소하고 그 후 다시 강도가 회복하는 특성을 의액성(疑液性, thixotropy)이라 한다.

7.5 사운딩

사운딩(sounding)은 측정장치를 땅속으로 관입(貫入, penetrate)시키거나, 지반 속에서 회전시키거나, 또는 시추공(試錐孔, bore hole) 내에서 팽창시켜 깊이에 따라 흙의 강도를 비롯한 제반 특성을 직접 또는 간접적으로 측정하는 현장시험이다. 사운딩은 불교란 시료의 채취(sampling) 및 실내 토질시험이 어려운 모래와 연약점토 지반에서 편리하게 사용되고 있으며 깊이에 따른 지반의 특성을 비교적 연속적으로 측정하려고 할 때 이 방법을 선택한다.

사운딩에는 다양한 종류가 있으나 여기에서는 가장 대표적인 표준관입시험, 원추(콘)관입시험, 베인전단시험 및 프레셔미터시험에 한정하여 간단하게 기술하였다. 자세한 사항은 기초공학이나 이 분야 전문서적을 참고하기 바란다.

7.5.1 표준관입시험

표준관입시험(標準貫入試驗, standard penetration test; SPT)은 미국에서 개발되고 우리나라에서는 가장 널리(특히 사질토에 대하여) 사용되어온 현장시험이다. 이 시험은 소정 규격의 샘플러(sampler)를 소정의 에너지로 타입할 때 지반의 관입저항을 측정하여 흙의 강도를 추정하는 시험이다.

이 시험에 사용하는 split spoon이라 불리는 샘플러(sampler)는 두꺼운 철판으로 만들어져 있고 가운데가 갈라져(split) 있다. 샘플러의 하단은 슈(shoe)가 연결되어 있으며 상단은 드릴 로드(drill rod)와 연결되어 있다.(그림 7.39 참조) 샘플러를 시추공(試錐孔, bore hole)에 넣고 교란되지 않은 원 지반에 도달시키기 위하여 샘플러를 타격하여 15cm를 관입시키는데 이것을 예비타라 한다.

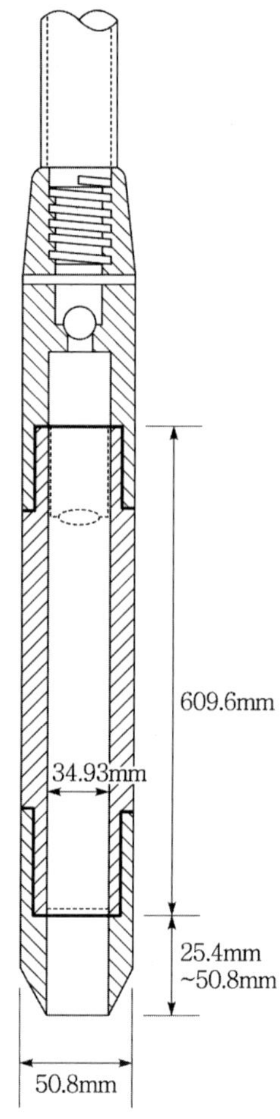

그림 7.39 표준관입시험 샘플러

본 시험에서는 무게 63.5kg의 해머를 76cm의 높이에서 자유낙하 시켜 샘플러를 30cm 관입시키는데 소요되는 타격횟수를 측정하는데 이 타격횟수를 N값(N–value) 또는 표준관입시험치라 한다. 강도가 큰 지반에서는 물론 N값이 크다.

표준관입시험의 N값을 알면 모래지반에 대해서는 상대밀도를 판단할 수 있고 점토지반에 대해서는 컨시스텐시(consistency) 또는 연경도(軟硬度)를 개략적으로 알 수 있다.

표 7.4는 Meyerhof가 제안한 것으로서 모래지반의 N값에 따른 상대밀도, 조밀의 정도, 내부마찰각의 범위를 제시하고 있다.

표 7.4 모래지반의 N값에 따른 상대밀도와 내부마찰각

N	상대밀도 D_r (%)	조밀의 정도 (description)	삼축압축시의 ϕ(°) ϕ_{tx}	평면변형상태 ϕ(°) ϕ_{ps}
<4	0~15	very loose	< 30°	≈ 30°
4~10	15~35	loose	30° ~ 35°	31° ~ 37°
10~30	35~65	medium	35° ~ 40°	37° ~ 44°
30~50	65~85	dense	40° ~ 45°	44° ~ 49°
>50	85~100	very dense	> 45°	> 49°

평면변형 상태의 $\phi(\phi_{p.s})$ 와 삼축압축시험의 $\phi(\phi_{tx})$ 사이에는 다음과 같은 관계를 가진다.

- 모래의 경우(Lee)

$$\phi_{ps} = 1.1\phi_{tx} \quad \text{또는} \quad \phi_{ps} = \phi_{tx}\left(1.1 - 0.1\frac{B}{L}\right) \tag{7.50}$$

여기서, L : 긴 변 길이

B : 짧은 변 길이

- 일반토의 경우(Ladd)

$$\phi_{ps} \simeq 1.5\phi_{tx} - 17° \quad : \phi_{tx} \geq 34° \text{ 일 때} \tag{7.51}$$

$$\phi_{ps} \simeq \phi_{tx} \quad : \phi_{tx} < 34° \text{ 일 때} \tag{7.52}$$

여기서 하첨자 *ps*는 평면변형(plane strain) 상태를 의미하고, *tx*는 삼축압축 (triaxial compression) 상태를 의미한다. 모래지반의 N값과 내부마찰각 사이의 관계를 나타내는 경험적 연구결과가 많이 발표되어 있다.

Peck(1974)은 모래의 경우

$$\phi = 0.3N + 27° \tag{7.53}$$

Dunham(1954)은 모래의 입자형상과 입도분포에 따라 내부마찰각과 N값 사이의 관계를 다음과 같이 정하였다.

- 둥글고(rounded) 빈입도(pooly graded)인 경우

$$\phi = \sqrt{12N} + 15° \tag{7.54a}$$

- 둥글고(rounded) 양입도(well-graded)인 경우 및 모나고(angular) 빈입도(pooly-graded)인 경우

$$\phi = \sqrt{12N} + 20° \tag{7.54b}$$

- 모나고(angular) 양입도(well-graded)인 경우

$$\phi = \sqrt{12N} + 25° \tag{7.54c}$$

한국도로공사에서는

$$\phi = \sqrt{15N} + 15° \tag{7.55}$$

한편 점성토 지반에 대한 N값에 따른 컨시스텐시 및 일축압축강도가 표 7.5에 제시되어 있다. 그러나 이 값들은 신뢰도가 낮은 것으로 알려져 있다.

표 7.5 점성토 지반의 N값과 컨시스텐시 및 일축압축강도

N	연경도 (consistency)	현장 판별법 (field inspection)	일축압축강도 $q_u \simeq N/8\ (kg/cm^2)$
<2	대단히 연약(very soft)	주먹이 쉽게 관입	<0.25
2~4	연약(soft)	엄지손가락이 쉽게 관입	0.25~0.50
4~8	보통(medium)	힘을 가해야 엄지손가락 관입	0.5~1.0
8~15	굳음(stiff)	엄지손가락으로 누르면 우묵하게 들어감(dented)	1.0~2.0
15~30	대단히 굳음(very stiff)	손톱으로 긁을 수 있음	2.0~4.0
>30	견고(hard)	손톱으로 긁을 수 없음	> 4.0

N값은 표준관입시험을 실시하는 깊이에서의 가로방향 구속응력에 따라 다르게 측정된다는 것이 연구결과를 통해 잘 알려져 있다. 즉 동일한 상대밀도를 가지고 있는 모래지반에서도 지표면 부근에서는 구속응력이 작기 때문에 N값이 작게 측정되고, 깊이가 깊어짐에 따라 구속응력도 증가하므로 N 값은 크게 측정된다.

가로방향 구속응력은 연직유효응력, 즉 유효토피하중(effective overburden pressure) σ_v'에 비례한다고 보아 $\sigma_v' = 1t/ft^2(10.76t/m^2)$ 되는 깊이에서 측정한 N값을 표준으로 하여 다른 깊이에서 측정한 N값을 다음과 같이 수정하여 사용하고 있다.

모래지반의 경우

$$N' = C_N N_f \tag{7.56}$$

여기서, N' : 수정된 N값

N_f : 현장에서 측정한 N값

C_N : 수정계수

C_N 중 가장 잘 알려진 것은 Peck 등(1974)이 제시한 결과이다.

$$C_N = 0.77\log\frac{20}{\sigma_v'} \tag{7.57}$$

여기서 σ_v' : 표준관입시험 실시 깊이에서의 연직유효응력(유효토피하중)

단, σ_v'의 단위는 $t/ft^2(\sigma_v' \geq 0.25t/ft^2(2.69t/m^2)$ 인 경우에 대해 적용)

가장 간단한 보정계수 결정식은 Liao와 Whitman(1986)이 제안한

$$C_N = \frac{1}{\sqrt{\sigma_v'}} \tag{7.58}$$

여기서, σ_v'의 단위는 $t/ft^2(1t/ft^2 = 10.76t/m^2)$

두 방법 모두 $\sigma_v' = 1t/ft^2$ 이면 C_N 은 물론 1이 되고 $\sigma_v' > 1t/ft^2$ 이면 $C_N < 1$, $\sigma_v' < 1t/ft^2$ 이면 $C_N > 1$ 이 된다.

NOTE : $1t/ft^2 = 10.76t/m^2$, $1t/m^2 = 0.093t/ft^2$

실트층의 경우 측정한 N값, 즉 N_f 가 15보다 크면 15를 초과하는 부분은 그 값의 반만 취하여 N값을 수정한다.

$$N' = 15 + \frac{1}{2}(N_f - 15) \tag{7.59}$$

표준관입시험에서는 샘플러(split spoon sampler)를 이용하여 시료의 채취가 가능하다. 그런데 샘플러는 벽이 두꺼우므로 불교란 시료(undisturbed sample, UD)는 채취할 수 없다. 따라서, 채취한 시료는 토층의 구성을 확인하는 것과 흙의 물리적 시험, 즉 입도분석, 비중, 함수비, 아터버어그 한계 등의 측정에 사용이 가능하나 역학적 시험, 즉 압밀, 전단 등에는 사용하기 어렵다.

7.5.2 원추관입시험

원추관입시험(圓錐貫入試驗, cone penetration test ; CPT)은 강봉에 연결된 원추체(cone)를 땅 속으로 관입시키면서 지반의 관입저항을 측정하는 시험이다. 이 시험은 콘 관입 시험 또는 콘 시험이라고도 한다. 원추체를 관입시킬 때 정하중을 사용하면 정적 원추관입시험이라 하는 반면, 동적에너지(drop hammer 등)를 가하면 동적 원추관입시험이라 한다. 정적시험은 연약한 지반에 사용되고 동적시험은 단단한 지반에 적용한다.

원추관입시험은 사질토와 점성토에 모두 적용할 수 있으며 지층의 관입저항을 연속적으로 측정할 수 있는 이점이 있다. 표준관입시험(SPT)에서는 연속적 측정이 불가능하다. 반면 원추관입시험은 샘플러(sampler)가 없으므로 시료 채취는 불가능하다. 그러나 표준관입시험에서는 시료 채취가 가능하다는 것을 알 수 있었다.

원추관입시험은 유럽에서 개발된 것으로 네덜란드식 원추관입시험장치(Dutch cone), 스웨덴식 원추관입시험장치(Swedish cone) 등 다양한 시험장치가 개발되어 있으나 가장 널리 알려져 있으면서 실제 많이 사용되고 있는 것은 네덜란드식이다. 여기에서는 네덜란드식 원추관입시험장치, 즉 더치 콘에 대하여 간단히 설명하고자 한다.

더치 콘 시험은 직경 3.6cm, 단면적 $10cm^2$, 꼭지각 $60°$ 인 원추체를 지반 속으로 1~$2\,cm/\sec$ 의 속도로 5cm관입시킬 때의 관입저항을 측정하여 이 값을 원추관입저항 또는 콘관입저항 q_c 라 한다. q_c 를 측정하면 지반의 강성도에 관한 사항을 다음과 같이 추정할 수 있다.

- 표준관입시험의 N값과 $q_c(kg/cm^2)$ 사이의 관계

$$N = \frac{q_c}{2} \quad : \text{연약점토의 경우} \tag{7.60}$$

$$N = \frac{q_c}{4} \ : \text{사질토의 경우} \tag{7.61}$$

- 점토의 일축압축강도 q_u 와 q_c 사이의 관계

$$q_u = \frac{q_c}{5} \ : \text{연약점토의 경우} \tag{7.62}$$

- 점토의 비배수강도 $c_u = s_u$ 와 q_c 사이의 관계($\phi_u = 0$ 인 경우)

$$c_u = \frac{q_c}{2} = \frac{q_c}{10} \ : \text{연약점토의 경우} \tag{7.63}$$

- 탄성계수 E 와 q_c 사이의 관계(모래지반의 경우)

$$E \simeq (2 \sim 8) q_c \tag{7.64}$$

더치 콘은 원추관입저항 뿐만 아니라 마찰저항도 측정할 수 있도록 개량되었다. 원추관입저항을 측정한 다음 슬리브(sleeve)를 관입시켜 마찰저항을 측정할 수 있도록 장치가 개량된 것이다. 최근에는 피조 콘(piezo cone)이 개발되어 원추체를 지반에 관입시켜 간극수압을 동시에 측정할 수 있게 되었다. 피조 콘으로 과잉간극수압이 소산되는 변화를 시간에 따라 측정하면 압밀계수도 산정할 수 있다.

7.5.3 베인 전단시험

베인 전단시험(vane shear test)은 교란을 최소로 하면서 점토의 비배수 강도(점착력)를 측정하는 비배수(undrained) 전단시험이다. 이 시험에는 실내(laboratory) 베인시험과 현장(field) 베인시험이 있으나 그 원리는 동일하다.

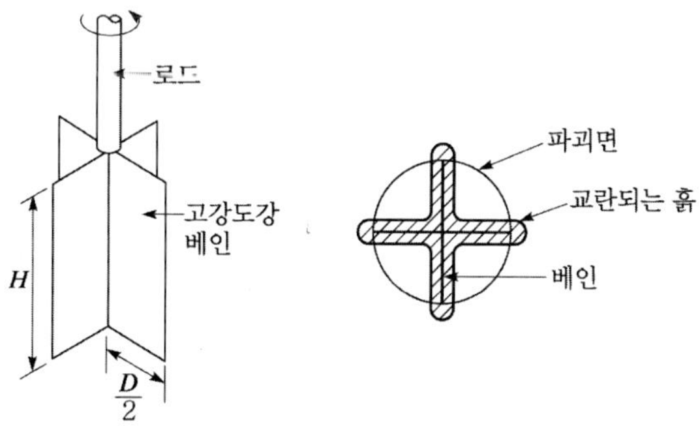

(a) 베인 시험기 (b) 베인 단면

그림 7.40 베인 전단 시험기

베인은 그림 7.40에 보인 것처럼 4장의 판을 십자모양(+)으로 결합시킨 다음 로드(rod)를 달아 우력(torque)을 가할 수 있게 한 시험 장치로서 베인의 폭 D와 높이 H는 다양한 크기가 있으나 보통 $H = 2D$ 이다. 베인

을 시추공 바닥에서 점토층 속으로 압입시킨 다음 우력 모멘트를 가하여 1분당 6° 의 각속도로 회전시키면 전단시킬 때 지반의 비배수 강도 c_u 에 의한 저항 모멘트와 작용시킨 우력 모멘트가 평형을 이룬다는 조건에서 점토의 비배수 강도 c_u 를 결정할 수 있게 된다.

시험 시 베인을 회전시키면 원통형(cylinder) 회전체가 형성되는데 이 회전체의 상하면과 주면(周面)에 균일한 비배수강도가 작용한다고 가정하고 저항모멘트를 계산한다. 원형인 상하면에 작용하는 저항모멘트 M_e 는 그림 7.41에 보인 반지모양의 미소요소에 작용하는 저항 모멘트를 전체면적에 걸쳐 적분하여 구할 수 있고, 주면의 저항모멘트 M_s 는 주면 면적에 균등하게 분포하는 비배수강도의 회전축에 대한 저항모멘트를 계산하여 구할 수 있다. 이 때 회전축에 대한 주면 저항력의 팔 길이는 D/2로 일정하다.

$$T = M_s + M_e \tag{7.65}$$

그림 7.41에서

$$M_s = (\pi DH)c_u\left(\frac{D}{2}\right) = \frac{\pi D^2 H}{2}c_u$$

$$M_e = 2\int_0^{D/2}(2\pi\rho d\rho)c_u(\rho) = 2\int_0^{D/2}2\pi c_u\rho^2 d\rho = \frac{\pi D^3}{6}c_u$$

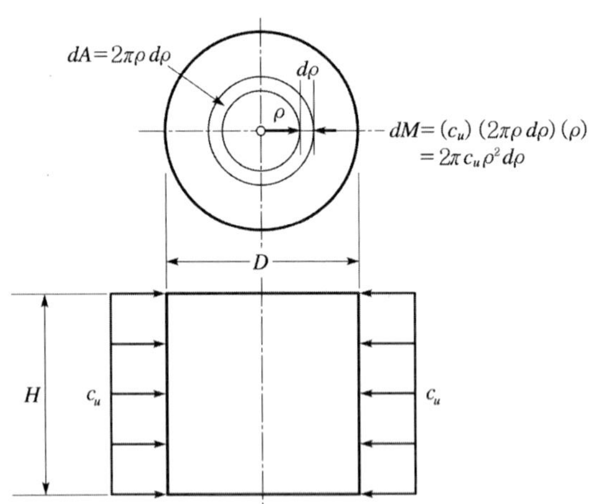

그림 7.41 베인 회전 시의 저항모멘트

위에서 구한 M_s 와 M_e 를 식 (7.65)에 대입하면

$$T = \frac{\pi D^2 H}{2} c_u + \frac{\pi D^3}{6} c_u \tag{7.66}$$

$$\therefore c_u = \frac{T}{\frac{\pi D^2 H}{2} + \frac{\pi D^3}{6}} \tag{7.67}$$

여기서, D : Vane 직경

H : Vane 높이

T : 작용한 우력 모멘트

베인으로 측정한 비배수 강도는 일축압축시험으로 구한 값보다 일반적으로 더 크다고 알려져 있다. 반드시 그런 것은 아니지만 동일한 점토의 비배수강도는 시험 방법에 따라 베인시험, 비배수 삼축압축시험, 일축압축시험이 순서대로 그 값이 큰 경향을 보이고 있다. 베인 전단시험은 특히 소성지수(PI)가 큰 점토에서 비배수강도를 크게 측정하는 점을 고려하여 실측 비배수강도를 다음과 같이 수정하여 설계에 사용하고 있다(Bjerrum, 1972).

$$c_u' = \mu c_u \tag{7.68}$$

여기서, c_u' : 수정 비배수강도

c_u : 베인 전단시험에서 측정한 비배수강도

μ : 수정계수

$\mu = 1.7 - 0.54 \log(PI)$

점토층에 얇은 모래 또는 실트층(seam)이 존재하면 베인 전단시험은 강도를 과대평가 하게 된다. 이와 같이 퇴적물이 균질하지 않을 때에는 비배수 삼축압축시험으로 강도를 결정하는 것이 좋다. 베인시험으로 불교란 지반의 비배수강도 c_u 를 측정한 다음 베인을 몇 번 회전시켜 지반을 교란시킨 상태에서 비배수강도 c_{ur} 을 측정하면 예민비(sensitivity ratio) S_t 는

$$S_t = \frac{c_u}{c_{ur}} \tag{7.69}$$

이렇게 구한 예민비는 일축압축시험에서 구한 것과 반드시 일치하지는 않는다.

참고사항

만약 베인의 상하 회전면에 작용하는 비배수강도의 분포가 $\rho = D/2$ 에서는 c_u 이고, $\rho = 0$ (회전축)에서는 $c_u = 0$ 인 직선분포를 하면 $c_u = \dfrac{T}{\dfrac{\pi D^2 H}{2} + \dfrac{\pi D^3}{8}}$ 이 된다.

이때 회전축에 대한 원형 상하면의 비배수강도에 의한 저항 모멘트 M_e 는

$$M_e = 2\int_0^{D/2} 2\pi\rho d\rho \left(\frac{c_u \rho}{\frac{D}{2}} \right) \rho = 2\int_0^{D/2} \left(4\pi \frac{c_u}{D} \rho^3 \right) d\rho$$

만약, 비배수강도의 분포가 포물선이면 $c_u = \dfrac{T}{\dfrac{\pi D^2 H}{2} + \dfrac{3\pi D^3}{20}}$ 가 된다.

일반적으로 비배수강도의 분포특성에 따라 $c_u = \dfrac{T}{\dfrac{\pi D^2 H}{2} + \beta\left(\dfrac{\pi D^3}{4}\right)}$ 의 값을 갖는다.

여기서, β 는 c_u 의 분포(그림 7.42 참조)에 따라 삼각형 분포인 경우 : $\beta = 1/2$, 포물선 분포인 경우 : $\beta = 3/5$, 등분포인 경우 : $\beta = 2/3$ 인 값을 갖는다.

β 값의 적용에 대해서는 현장 상황을 고려하여 기술자가 적절한 판단을 할 필요가 있다.

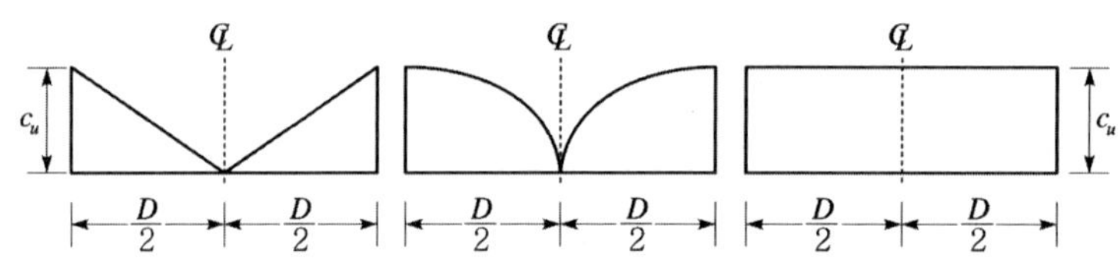

그림 7.42 베인 상하면의 비배수강도 분포

베인에서 파생 개발된 점토의 비배수강도 측정장치로 토 베인(tor vane)이 있다. 토 베인을 흙 속으로 밀어 넣고 손으로 작동시켜 회전시키면 비배수 강도를 측정 할 수 있는데 시험실과 현장에서 함께 사용할 수 있다.

7.5.4 프레셔미터시험

프레셔미터시험(pressuremeter test ; PMT)은 시추공 안에서 시추공의 공벽을 방사방향(放射方向, radial)으로 가압하면서 공벽의 변형량과 가해진 압력 사이의 관계를 측정하여 지반의 특성을 조사

하는 공내 방사형 재하시험이다. 지반의 변형특성과 강도특성을 동시에 측정 할 수 있어서 현장상태의 횡방향 변형계수, 횡방향 지반반력계수, 정지토압계수, 비배수 강도 등을 얻을 수 있다.

프레셔미터는 1965년 Menard가 최초로 개발하였고 현재에는 Menard형, 자체 천공식(self-boring) 프레셔미터 등이 있다. Menard형은 모든 종류의 흙에 대하여 적용 할 수 있는 반면 자체 천공식은 비교적 연약한 지반에서 적용하며 지반의 교란을 최소화 할 수 있다. 장비 설치방법에 따라서는 선 천공식(pre-bored), 자체 천공식(self-boring) 및 압입식(push in)으로 구분할 수 있다.

Menard 형으로 선 천공 프레셔미터 시험을 실시하는 방법은 시추공 내에 고무막(membrane)으로 둘러싸인 프로브(probe)를 설치하고 압력 조절장치를 이용하여 고무막을 팽창시켜 공벽을 방사선 방향으로 팽창시키면서 압력과 공벽 주변 지반의 체적변화 사이의 관계를 측정한다. 프로브는 그림 7.43에서 보는 것처럼 중간에 있는 측정 셀(measuring cell)과 그 양단에 있는 보호 셀(guard cell)로 이루어져 있다.

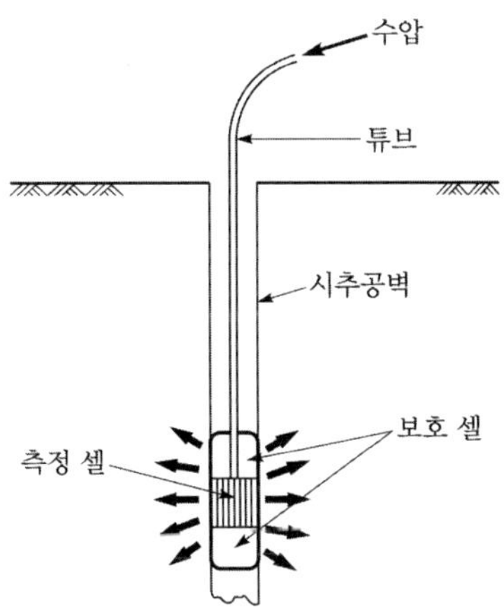

그림 7.43 프레셔미터 측정장치

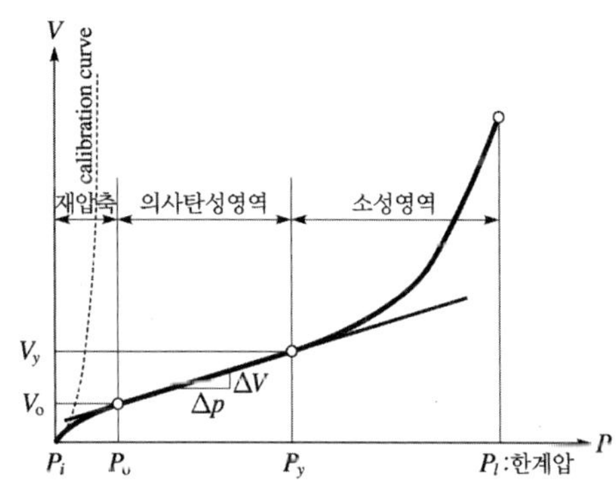

그림 7.44 측정 압력과 부피 관계

보호 셀은 측정 셀 팽창 시 단부(端部)의 영향을 최소화하기 위한 것으로 공기로 채워지는데 반해 측정 셀은 물로 채워진다. 공벽의 팽창량은 체적계를 이용하여 측정한다. 공벽이 파괴될 때까지 압력을 가하면서 압력과 체적 변화량 사이의 관계를 측정하여 그림 7.44와 같은 변형곡선을 얻을 수 있다.

그림 7.44에서 지반의 응력, 변형률, 강도에 대한 지반특성을 결정할 수 있게 된다. 이 그림에서 압력 p_i 에서 p_0 까지 이르는 동안 압력-체적 사이의 변형곡선은 시추공 천공 시 발생한 변형상태를 천공선의 본래 상태로 회복시키는 과정이라고 해석한다. 즉 재압축과정(reloading)이다. 따라서

p_0는 정지토압(lateral earth pressure at rest) 상태가 된다. 압력 p_0에서 p_y까지는 의사탄성(疑似彈性, pseudo-elastic)영역이며 압력과 부피변화가 직선적으로 비례하고 있다. 압력 p_y에서 p_l까지는 소성(plastic)영역이며 한계압력 p_l에서 파괴가 일어난다.

Menard 형 프레셔미터 시험결과는 두께가 반무한인 원통의 방사선 방향 팽창에 관한 탄성론의 해석 결과를 이용하고 있다. 지반의 횡방향 변형계수(탄성론의 탄성계수) E는

$$E = 2(1+\mu)V\frac{\Delta p}{\Delta V} \tag{7.70}$$

여기서, μ : 포와송 비 (Poisson's ratio)

V : 셀 부피($V = V_0 + V_m$)

ΔV : 셀의 체적(부피) 변화량, Δp : 압력 변화량

V_0 : 압력 p_0(또는 정지토압 상태)에서의 셀의 부피

$V_m = 1/2(V_y - V_0)$: 추가로 유입된 부피의 평균치

$\dfrac{\Delta p}{\Delta V} = \dfrac{p_y - p_0}{V_y - V_0}$: 의사탄성 영역 기울기의 역수

p_0 : 의사탄성 영역 시작 시의 압력

p_y : 의사탄성 영역 종료 시의 압력

V_y : 압력 p_y 때의 부피

흙의 포와송 비 측정은 어려우나 Menard는 $\mu = 0.33$을 제안하고 있다. 탄성론에서 전단탄성계수 G는

$$G = \frac{E}{2(1+\mu)} \tag{7.71a}$$

또는

$$E = 2(1+\mu)G \tag{7.71b}$$

식 (7.70)과 식 (7.71b)에서

$$G = V\frac{\Delta p}{\Delta V} \tag{7.72}$$

특기할 것은 프레셔미터시험은 지반의 정지토압계수를 결정할 수 있다는 사실이다. 즉 압력 p_0 가 정지토압에 해당되므로 정지토압계수 K_0 는

$$K_0 = \frac{p_0}{\sigma_v'} \tag{7.73}$$

여기서, σ_v' : p_0 측정위치에서의 연직 유효응력

7.6 도로포장설계를 위한 토질시험

7.6.1 CBR 시험

CBR(california bearing ratio), 즉 캘리포니아 지지력 비는 아스팔트 포장설계를 위하여 창안된 노상토의 지지력 평가 지수이다. CBR은 본래 미국 캘리포니아 주 도로국에서 도로 포장설계를 위하여 고안하였으나 현재에는 도로 및 비행장 활주로 설계에 세계적으로 널리 채택되고 있다. CBR 시험에는 실내시험과 현장시험이 있다. 각각의 시험방법은 KSF 2320과 KSF 2321을 참조하기 바란다.

실내시험에서는 흙을 최적 함수비(optimum moisture content, OMC)에서 다진 다음 흙을 수침(水浸)시켜 최악의 현장조건과 일치시킨다. 흙을 최적 함수비를 유지하고 다지면 이론상 가장 잘 다져지며 수침 시 팽창량도 가장 적은 것으로 알려져 있다(8장 흙의 다짐 참조). 이렇게 만들어진 공시체에 직경 5cm인 피스톤을 관입시키면서 관입량에 대한 작용 하중의 값을 측정한다. CBR은 다음과 같이 결정한다.

$$CBR = \frac{\text{시험 단위하중}}{\text{표준단위하중}} \times 100(\%) \tag{7.74}$$

여기서, 표준단위하중 : 표준 쇄석층에 대한 CBR 시험결과
(이 결과는 이미 확정되어 있으며 표 7.6에 제시되어 있음)
시험 단위하중 : 공시체에 대한 CBR 시험결과. 즉 측정치.

표준단위하중과 시험단위하중은 동일한 관입량에 대응하는 하중을 취하여야 하며 관입량으로는 2.5mm(0.1in) 또는 5.0mm(0.2in)를 택하는 것이 보통이다.

이와 같이 CBR은 표준 쇄석층의 지지력에 대한 노상토 지지력의 비를 백분율로 표시한 것이라 할 수 있다. 따라서 CBR이 크면 노상(路床, subgrade)으로서 가치가 우수하다고 볼 수 있다. 현장 CBR시험은 현장의 흙에 피스톤을 관입시킬 수 있도록 현장 CBR 시험장치를 사용하여 시험실에

서와 같은 원리로 시험을 실시한다. 흙을 통일분류법으로 분류하였을 때 분류 기호별 CBR의 개략치가 표 2.4에 수록되어 있다.

표 7.6 표준단위하중

관입깊이, mm(in)	표준단위하중, kg/cm^2 (psi)
2.5 (0.10)	70 (1000)
5.0 (0.20)	105 (1500)
7.5 (0.30)	134 (1900)
10.0 (0.40)	162 (2300)
12.5 (0.50)	183 (2600)

7.6.2 지반반력계수 측정시험–평판재하시험

콘크리트 포장 설계를 위해서는 노상토의 지반반력계수를 측정하는데 이를 위하여 평판재하시험을 실시한다. 평판재하시험은 보통 한 변이 30cm인 정사각형 강판을 지표면에 놓고 하중을 작용시켜 응력–침하량 관계를 측정하는 시험인데 시험성과를 정리하는 방법은 그림 7.45에 제시되어 있다. 이 그림의 제 2사분면에 보인 것처럼 제 1단계 하중을 가한 다음 침하량을 측정하되 침하속도가 정해진 기준 값보다 느리게 기록되면 다음 단계의 하중을 가한다. 각 하중 단계별 침하기록은 제 3사분면에 그려져 있다. 여러 단계의 하중에 걸쳐 침하량을 측정한 다음 결과를 제 4사분면에 하중(응력)–침하량 관계로 나타낼 수 있게 된다. 하중(응력)–침하량 관계는 초기에는 직선적 비례 관계를 보이다가 큰 하중에서는 급격히 큰 침하가 발생하게 된다. 이때의 응력을 극한지지력이라 한다.

지반반력계수(地盤反力係數, coefficient of subgrade reaction)는 하중(응력)–침하량 관계가 직선인 부분에서 다음과 같이 결정된다.

$$K = \frac{\sigma}{\rho} \tag{7.75}$$

여기서, K : 지반반력계수(kg/cm^3)

σ : 작용 하중강도($\sigma = P/A$ =작용하중/평판면적)(kg/cm^2)

ρ : 침하량(cm)

지반반력계수 K가 큰 흙은 이 값이 적은 흙에 비해 동일한 하중이 작용할 때 상대적으로 더 작은 침하가 발생하므로 노상으로서의 가치가 더 좋다고 할 수 있다. 식 (7.75)로 정의한 K는 연직방향 지반반력계수이며 수평방향 지반반력계수는 프레셔미터시험(PMT)으로 측정할 수 있다. 통일분류법으로 분류한 흙의 분류 기호별 K값의 개략적인 값이 표 2.4의 마지막 란에 제시되어 있다.

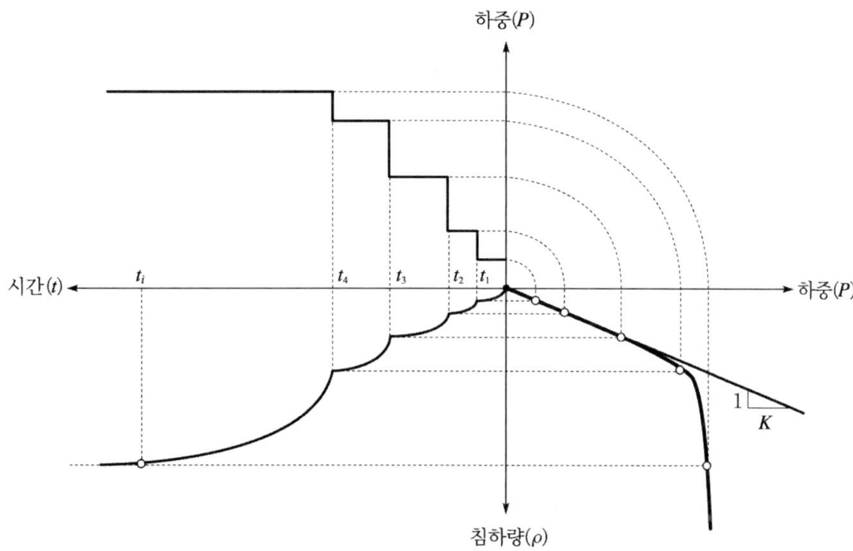

그림 7.45 평판재하시험 결과의 정리

7.7 점성이 없는 흙(모래)의 전단강도

7.7.1 모래의 전단강도 특성

모래의 전단강도는 본질적으로 마찰저항(frictional resistance)과 억물림 효과(interlocking effect)에 의한 구조적 저항의 합으로 이루어진다. 마찰은 다시 활동마찰(sliding friction)과 회전마찰(rolling friction)로 나눌 수 있다.

활동마찰은 평면위에서 물체를 활동시킬 때 생기는 마찰이며 두 물체의 특성에 따라 결정되는 특성치이다. 모래의 경우 모래를 구성하는 광물질 사이(mineral to mineral)의 마찰을 의미하고 ϕ_μ 로 표기한다. ϕ_μ 는 모래의 광물질에 따라 결정되는 특성치이므로 간극비의 크기에 무관하다. 이것은 통상 마찰저항의 크기는 접촉면의 면적과는 관계없다는 사실에서 명백하다.

회전마찰은 모래입자가 다른 입자의 위를 오르내리거나 회전하면서 이동할 때 생기는 마찰이다. 자전거가 움직일 때 바퀴와 지면 사이의 마찰이 한 예이다. 그런데 회전마찰의 크기는 측정이 어려우므로 억물림의 효과에 포함시키는 것이 보통이다. 억물림의 효과는 모래 입자가 억물려 있기 때문에 생기는 구조적 저항이다. 그림 7.46은 억물림의 효과를 모식적으로 나타낸 것이다.

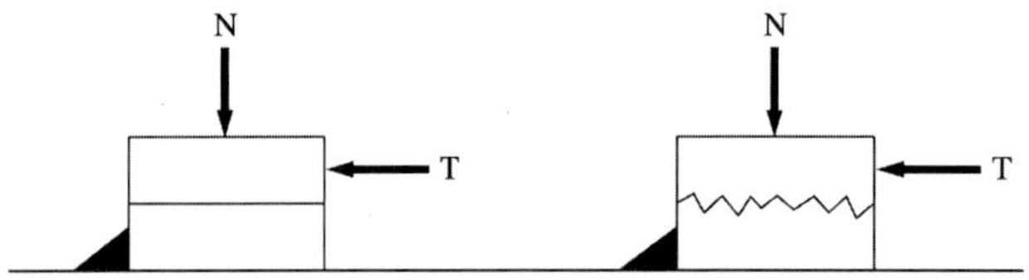

그림 7.46 억물림 효과의 비교

왼쪽 그림은 억물림은 없고 활동에 대한 마찰저항만 있는 경우이다. 한편 오른쪽 그림은 억물림 효과가 있는 경우를 보인 것인데 활동을 일으키려면 오른쪽 그림의 T가 왼쪽 그림의 T보다 훨씬 커야 함이 명백하다. 억물림이 있는 경우 활동을 일으키기 위해서는 마찰뿐만 아니라 연직응력 N을 극복하고 상향 이동을 해야 하므로 큰 전단력이 소요되게 된다.

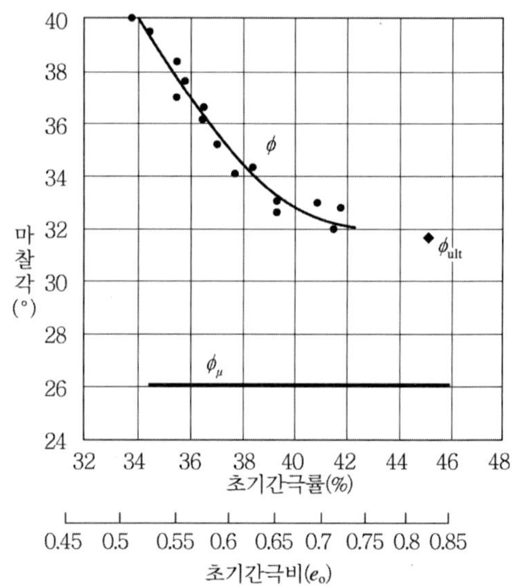

그림 7.47 초기 간극비에 따른 모래의 내부 마찰각 구성 성분의 변화
(Lambe & Whitman, 1969)

느슨한 모래를 전단하면 파괴면은 평면과 비슷하다(왼쪽 그림). 이에 반해 조밀한 모래의 경우는 전단면은 흙 입자의 상하 운동에 의하여 곡면을 그리게 된다. 즉 억물림 효과는 모래의 조밀한 정도, 즉 상대밀도 D_r 또는 초기 간극비 e_0의 크기에 따라 달라진다. 물론 모래가 조밀하면, 다시 말해 초기간극비가 작으면, 억물림에 의한 구조적 저항은 커지고 느슨한 모래에서는 이 저항이 작다.

모래의 내부마찰각은 조밀한 모래에서는 크고, 느슨한 모래의 경우는 작은데 그 차이는 대부분 억물림 효과의 차이에 기인한다. 이것은 모래의 전단강도 또는 내부마찰각의 크기를 결정하는 가장 중요한 요소가 조밀의 정도(즉 상대밀도 또는 초기 간극비)라는 것을 의미한다.

그림 7.47는 전단력을 가하기 전 모래의 간극비, 즉 초기 간극비(e_0)와 마찰각 사이의 관계를 나

타낸 것이다. 간극률과의 관계로도 표시되어 있다.

여기서 ϕ_μ는 모래 입자간의 활동에 의한 마찰각을 의미한다. ϕ_μ는 간극비에 관계없이 일정하다. 그림에서 곡선상의 마찰각 ϕ는 파괴상태를 기준으로 구한 마찰각으로서 삼축압축시험의 경우 $\Delta\sigma_{df} = (\sigma_1 - \sigma_3)_f$, 직접전단시험의 경우 τ_{max}를 기준으로 구한 ϕ값이다.

ϕ와 ϕ_μ의 차이는 억물림(interlocking) 효과에 의한 마찰각이 된다. 즉, 모래의 마찰각 ϕ는 활동 마찰각과 억물림 효과에 의한 마찰각의 합이다.

$$\phi = \phi_\mu + \phi_{interlocking} \tag{7.76}$$

그림 7.47에서 다음과 같은 사실을 알 수 있다.

- 모래 입자 사이의 활동 마찰에 의한 마찰각 ϕ_μ는 초기간극비 e_0, 즉 조밀의 정도와 무관하게 일정하다.
- 내부마찰각 ϕ는 초기간극비가 작을수록, 즉 조밀할수록 커진다.
- 모래의 내부마찰각 ϕ와 ϕ_μ의 차이는 억물림효과(interlocking effect)에 의한 마찰각의 증가량이다. 억물림의 효과는 조밀할수록(e_0이 적을수록) 커진다.

다시 말하지만, 그림 7.47에서 내부마찰각 ϕ는 파괴상태 즉, 삼축압축시험의 경우 $(\sigma_1 - \sigma_3)_{max}$, 직접전단시험의 경우 τ_{max}를 기준으로 정한 값이다. 그림의 ϕ_{ult}는 극한상태를 기준으로 구한 마찰각으로서 삼축압축시험의 경우 $(\sigma_1 - \sigma_3)_{ult}$, 직접전단시험의 경우 τ_{ult}를 기준으로 결정한 ϕ가 된다. ϕ_{ult}는 전단이 충분히 진행된 상태에서의 마찰각을 의미한다.

전단이 충분히 진행된 상태 즉 극한상태에서의 간극비를 임계간극비(e_{cr})라 한다. 임계간극비는 초기간극비의 크기와 무관하게 동일하며 이때의 마찰각 ϕ_{ult}도 조밀의 정도와는 무관하게 1개의 유일한 값이다. 이 사실은 바로 뒤에 다시 논의하기로 한다.

7.7.2 전단 시 모래의 거동

모래는 투수계수가 대단히 크기 때문에 하중이 작용하게 될 때 재하 직후부터 하중에 의하여 유발된 과잉간극수압이 즉시 소산되어($u_e = 0$) 이른바 배수상태(排水狀態)에 있게 된다. 즉 공사 착공부터 완공 후 장기간 시간이 경과될 때까지 모래는 배수상태에 있게 된다. 이러한 사실로부터 모래의 경우 실용상 배수상태에서의 강도 및 변형특성이 중요하다는 것을 알 수 있으며, 비배수 특성이 실용성을 가지는 것은 특수한 경우(예 ; 액화현상)를 제외하고는 드물게 일어난다. 다시 한

번 강조하지만, 모래의 경우 배수상태($u_e = 0$ 인 상태)에서의 강도 및 변형특성이 중요한 반면 비배수상태는 실용적으로 의미가 있는 경우가 드물다.

흙이 배수상태에서 전단되면 체적이 변하고($\Delta V \neq 0$), 과잉간극수압의 발생이 없는 반면($u_e = 0$), 비배수상태에서 전단 시에는 체적이 변하지 않지만($\Delta V = 0$) 과잉간극수압이 발생하게 된다($u_e \neq 0$).

전단 시 모래의 강도특성과 체적변화 또는 과잉간극수압 변화는 모래가 느슨한(loose) 상태에 있는지 조밀한(dense) 상태인지에 따라 판이하게 달라진다. 다음은 배수조건에 따른 모래의 강도 및 체적(또는 과잉간극수압) 변화특성이 모래의 초기간극비에 따라 즉 조밀의 정도에 따라 어떻게 달라지는지를 논의하고 있다.

(1) 배수전단 시의 모래의 거동

그림 7.48은 모래에 대해 직접전단시험을 실시하여 얻은 결과를 정리한 것이다. 여기서 수직응력 σ는 특정한 값을 유지하고 있다고 생각한다. 즉 1개의 수직응력에 대한 직접전단시험 결과이다. 측정 결과는 느슨한 모래(초기간극비 $e_0 = 0.84$)와 조밀한 모래(초기간극비 $e_0 = 0.64$)를 대비시켜 제시하고 있다.

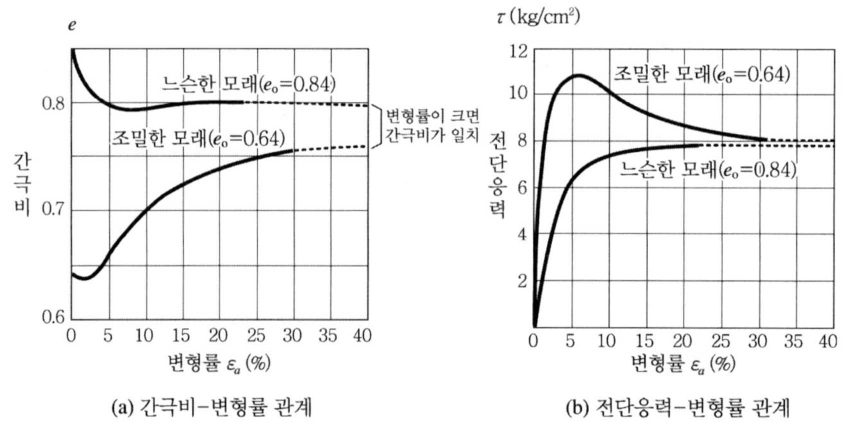

그림 7.48 전단 시 모래의 거동

그림 7.48(a)는 간극비-변형률 관계이다. 즉 이 그림은 부피의 변화량-변형률 ($\Delta V - \varepsilon$) 관계를 나타내고 있다고도 할 수 있다. 이 결과를 요약하면 다음과 같다.

전단 시 체적변화
- 느슨한 모래 (초기 간극비가 큰 모래) —전단→ 체적 감소 (간극비 감소)
- 조밀한 모래 (초기 간극비가 작은 모래) —전단→ 체적 약간 감소 후 증가 (간극비 약간 감소 후 증가)

그러나 변형률이 충분히 커지면 궁극적으로 도달하는 간극비는 초기간극비의 크기에 무관하게 동일한 일정한 값에 수렴해 간다. 이 간극비를 임계간극비 또는 한계간극비(critical void ratio, e_{cr})라 한다. 또한 전단에 의해 간극비가 e_{cr} 에 도달한 상태를 극한(極限, ultimate) 상태라고도 한다.

토질역학 문제에서는 파괴상태 보다 더 큰 변위는 보통 허용되지 않으므로 이 그림에서 흙을 전단하면 조밀한 모래는 부피가 팽창(간극비, e 증가)하고 느슨한 모래는 부피가 수축(간극비, e 감소)함을 알 수 있다. 한계간극비를 고려하는 것은 특수한 경우뿐이다.

NOTE : 흙이 포화상태에 있으면 그림 7.48의 세로축은 간극비 대신 함수비(w), 흙의 부피(V)로 해도 같은 의미의 곡선을 얻을 수 있음.

조밀한 모래를 전단하면 그 부피가 팽창하는데 이러한 현상을 다이레이턴시(dilatancy)라 한다. 그림 7.48(b)는 전단응력－변형률 관계이다. 조밀한 모래는 전단하면 작은 변형률에서 첨두강도를 나타낸 후 그 이후로 강도가 오히려 감소하는 반면 느슨한 모래는 전단 시 뚜렷한 첨두강도를 보이지 않으며 상대적으로 강도가 작다. 그러나 전단에 의해 변형이 충분히 진행되면 흙의 강도는 초기간극비의 크기에 관계없이 궁극적으로 동일한 강도에 수렴하게 되는데 이 강도를 극한강도(ultimate strength)라 한다(그림 7.48 (b) 참조). 극한강도는 잔류강도(residual strength)라고도 한다.

토질역학에 관한 실제적 문제에서는 대단히 큰 변형이 발생하는 것을 허용하지 않으므로 모래의 강도는 첨두강도(peak strength)를 의미하고 극한(잔류)강도를 고려하는 것은 특수한 경우뿐이다. 첨두강도를 파괴상태로 보고 구한 내부마찰각은 ϕ 라 하고 극한강도를 기준으로 얻은 값은 ϕ_{ult} 라 한다. 보통 관용되는 흙의 내부마찰각은 ϕ 이며 $\phi \geq \phi_{ult}$ 인 관계가 성립된다. 그림 7.48에서 알 수 있는 것처럼 조밀한 모래의 전단강도는 느슨한 모래의 강도보다 크다. 이것은 조밀한 모래가 억물림 효과가 더 크기 때문이다. 따라서 조밀한 모래의 ϕ 는 느슨한 모래의 ϕ 보다 크다.

그림 7.47에서 모래의 임계간극비(e_{cr})는 초기간극비의 크기와는 상관없이 1개의 유일한 값이며 ($e_{cr} \simeq 0.83$), 이 상태에서의 내부마찰각 ϕ_{ult} 도 물론 1개뿐이다($\phi_{ult} \simeq 31.7°$). 이 값은 그림 상에서 ◆로 표시되어 있다.

극한상태에서도 억물림의 효과가 존재함을 그림 7.47을 통해서 확인할 수 있다. $\phi \geq \phi_{ult}$ 이므로 그림 7.47에서 $(\phi_{ult} - \phi_{\mu})$는 임계간극비에서의 억물림 효과에 의한 마찰각의 증분이 된다.

조밀한 모래의 경우 첨두강도를 파괴강도로 생각하므로 이때의 마찰각 ϕ_{peak} 를 그냥 모래의 마찰각 ϕ 로 표기한다. 즉 첨두강도 상에서는

- 삼축압축시험의 경우 : $\sin\phi = \left(\dfrac{\sigma_1 - \sigma_3}{\sigma_1 + \sigma_3}\right)_f$
- 직접전단시험의 경우 : $\tan\phi = \dfrac{\tau_{\max}}{\sigma_{ff}}$

극한상태에서는

- 삼축압축시험의 경우 : $\sin\phi_{ult} = \left(\dfrac{\sigma_1 - \sigma_3}{\sigma_1 + \sigma_3}\right)_{ult}$
- 직접전단시험의 경우 : $\tan\phi_{ult} = \dfrac{\tau_{ult}}{\sigma_{ff}}$

$\sin\phi$ 와 $\sin\phi_{ult}$ 를 구하는 위의 식에 대해서는 그림 예제 7.8 해답도(1)를 참조하기 바란다.

독자들에게 드리는 질문 : 모래는 조밀한 정도에 무관하게 충분히 전단되면, 즉 변형률 ε가 충분히 커지면 흙의 강도는 결국 같은 값이 된다. 따라서 모래의 강도는 느슨한 모래나 조밀한 모래나 결국 같다. 이 진술을 비판하라. (힌트 : 비유하자면 사람은 부자이거나 가난하거나 사후에는 동일하다. 따라서 빈부의 정도는 인생에서 별 차이를 만들지 못한다. 이 진술은 적절한가? 독자는 아마 성직자가 아니고 기술자일 것임.)

독자들에게 드리는 질문 :

① 조밀한 모래의 경우 첨두강도에서의 ϕ가 극한상태에서의 ϕ, 즉 ϕ_{ult} 보다 더 큼을 설명하라.

② 조밀한 모래의 ϕ는 느슨한 모래의 ϕ보다 크다. 이를 설명하라.

③ τ 대신 $\Delta\sigma_d = (\sigma_1 - \sigma_3)$ 으로 해도 같은 그림이 얻어진다. 조밀한 모래에서는 첨두강도의 ϕ가 극한강도에서의 ϕ_{ult} 보다 큼을 설명하라.

(힌트 : 첨두강도를 파괴상태로 보면 $\sigma_{3f} = \sigma_c$, $\sigma_{1f} = \sigma_c + \Delta\sigma_{df}$

극한강도를 파괴강도로 보면 $\sigma_{3ult} = \sigma_c$, $\sigma_{1ult} = \sigma_c + \Delta\sigma_{dult}$, $\Delta\sigma_{df} > \Delta\sigma_{ult}$ 임을 유의하고 각각의 Mohr 응력원을 그린 다음 원점을 지나는 접선(파괴포락선)을 그려 ϕ 와 ϕ_{ult} 의 크기를 비교해 볼 것.)

모래의 경우 배수상태에서는 조밀한 모래이거나 느슨한 모래이거나 파괴포락선은 모두 원점을 지난다. 즉 강도정수는 내부마찰각 ϕ' (또는 ϕ_d)만 있고 점착력 절편은 $c' = 0$ 이 된다(또는 $c_d = 0$). 예외로 모래가 젖은 상태로 있을 때에는 파괴포락선이 τ 축의 절편을 가지지만 이것은 표면장력

에 의해 발휘된 겉보기 점착력(apparent cohesion)에 불과하다.

실제 문제에 있어서 ϕ 선택 기준을 정리해 보면 다음과 같다.

- 대부분의 공학적 문제 : ϕ 사용(큰 변형률을 허용하지 않음.)
- 큰 변형이 일어난 경우 : ϕ_{ult} 사용(큰 변형이 이미 발생 하였으므로)
- 매끈한 면과 모래 사이의 마찰각 : ϕ_{μ} 사용
  (예 : 녹슬지 않은 매끈한 금속면과 모래 사이의 마찰)
- 거친 표면과 모래 사이의 마찰각 : ϕ_{ult} 사용
  (예 : 콘크리트 옹벽의 면과 모래 사이의 마찰각)

(2) 비배수상태에서의 모래의 전단거동

모래는 실제 비배수상태가 되는 경우가 거의 없으나 비배수상태 및 배수상태에 대한 이해를 깊게 하기 위하여 이를 비교해보면 다음과 같다.

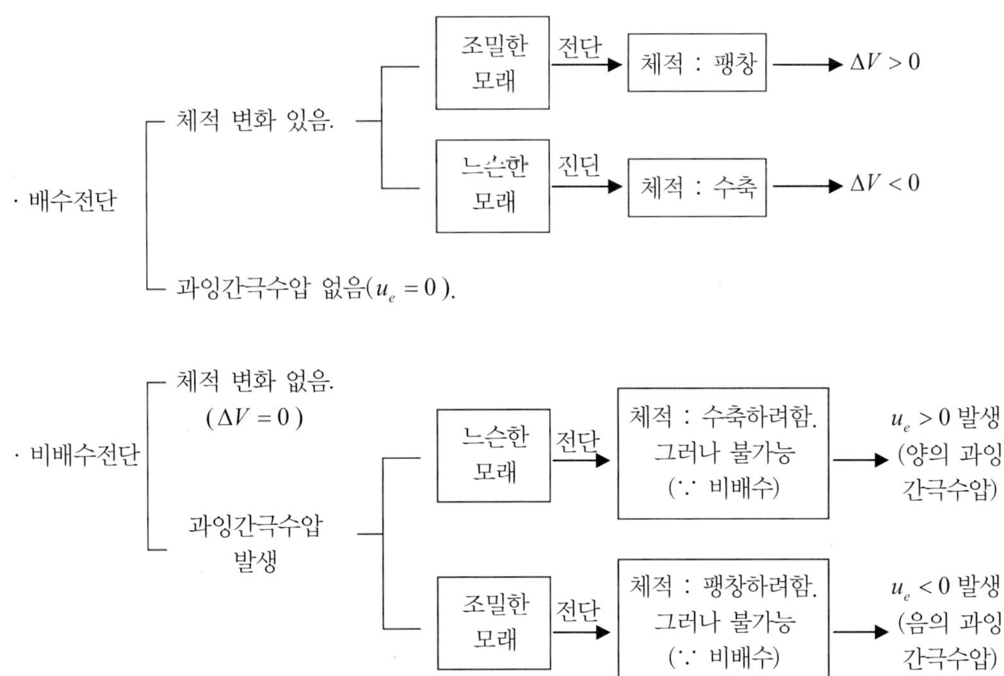

모래의 경우 배수상태에서는 파괴포락선이 원점을 지나게 됨은 앞에서 언급하였다. 그러나 완전

포화상태($S = 100\%$)인 모래에 대하여 비압밀비배수(UU) 삼축압축시험을 하면, 파괴포락선이 응력원의 정점에 접하는 수평선이 되어 포화점토의 경우와 마찬가지로 $\phi_u = 0$ 이고 비배수 강도 $s_u = c_u$ 를 얻을 수 있게 된다. 이것은 UU-Test의 경우, 포화토에서는 구속응력 σ_c 의 크기에 상관없이 파괴 시의 축차응력 $\Delta\sigma_{df}$ 가 모두 같기 때문이다.

다시 말해서 파괴 시의 Mohr 응력원은 σ_c 의 크기에 따라 위치는 다르지만 그 직경은 결과적으로 모두 같아지기 때문이다. 이에 대해서는 앞서 비압밀비배수 삼축압축시험에서 이미 언급하였지만 앞으로 점성토의 강도특성을 다루면서 보다 상세하게 논의하기로 한다. 모래의 경우 UU 조건이 현장에서 나타나는 일은 거의 없으므로 $\phi_u = 0$ 상태 또는 비배수 강도 $s_u = c_u$ 는 특수한 경우를 제외하고는 실용상 가치는 적다.

독자들은 모래의 경우라 할지라도 배수조건에 따라 강도정수가 다르게 나타난다는 것을 이해하여야 한다. 모래의 경우에도 CD-Test의 경우 $\phi_d > 0$, $c_d = 0$ 인 반면, UU-Test의 경우 $\phi_u = 0$, $c_u > 0$ 이 됨을 유의하여야 한다. 즉 흙의 강도정수(strength parameter)는 사실상 정수(定數)가 아니라 배수조건 등에 관계되는 변수(變數)임이 확실하다(parameter는 정수란 뜻은 아님). 그러므로 실내시험을 실시할 때 배수조건을 선정하는 원칙은 배수조건을 현장에서 실제 일어나게 되는 배수조건과 일치시키는 것이다.

7.7.3 모래의 전단강도에 영향을 미치는 요소

모래는 투수성이 커서 항상 배수상태에 있으므로 배수상태의 강도가 중요함을 이미 여러 차례 설명하였다. 모래의 경우 배수시험에서 파괴포락선은 원점을 지나므로 모래는 마찰특성을 가지는 물질(frictional material)로 생각할 수 있다. 즉 모래의 전단강도는 주어진 유효 수직응력에서는 내부마찰각 ϕ' (또는 마찰 계수 $\tan\phi'$)에 지배된다. 따라서 모래의 전단강도에 영향을 미치는 요소에 관한 논의는 모래의 내부마찰각 ϕ' 에 영향을 미치는 요소를 논의하면 된다. 물론 모래의 내부마찰각이 크면 전단강도가 크다.

앞에서 논의한 것처럼 모래의 전단강도를 결정하는 가장 중요한 요소는 조밀의 정도이다. 즉 상대밀도 D_r 또는 초기간극비 e_0 가 일차적 요인이 된다. 상대 밀도(또는 초기 간극비) 외에 모래의 전단강도에 영향을 미치는 요소는 여러 가지가 있는데 이들을 요약하여 설명하면 다음과 같다.

① 상대밀도(relative density) D_r : 상대밀도는 모래의 강도를 지배하는 가장 중요한 요소이다. D_r 이 크면 모래의 내부마찰각 ϕ' 가 커지고 D_r 이 낮으면 모래의 강도도 작다. 상대밀도는 모래의 조밀의 정도를 나타내는데 조밀한 모래는 특히 억물림의 효과가 크다.

② 입자의 형상(shape) : 모가 난 입자(angular particle)로 이루어진 모래는 강도가 크고 둥근 입자(rounded particle)의 모래는 강도가 작다.

③ 입자표면의 거친 정도(roughness) : 거칠면 ϕ가 크고 매끄러우면 ϕ가 작다.

④ 입도분포(gradation) : 모래의 입도분포가 좋은가 나쁜가하는 것은 균등계수(uniformity coefficient, C_u)로 나타낸다. 균등계수가 큰 모래 즉 양입도의 모래는 조밀한 모래가 될 수 있으므로 강도가 큰 반면에 빈입도의 모래는 강도가 작다.

⑤ 초기간극비(initial void ratio, e_0) : 초기간극비가 큰 모래는 강도가 작고 초기간극비가 작은 모래는 강도가 크다.

⑥ 입자의 크기(grain–size) : 모래의 경우 동일한 간극비 조건에서는 강도가 입경의 크기에 무관하다. 즉 간극비가 같으면 가는 모래와 굵은 모래의 내부마찰각은 거의 차이가 없다.

⑦ 물의 영향 : 물이 입자 사이에 있으면 입자간의 마찰계수는 감소하지만 유효응력으로 정리한 내부마찰각 ϕ'은 물의 영향을 거의 받지 않는다. 모래의 간극비를 동일하게 유지하고 포화된 모래와 건조된 모래의 내부마찰각을 배수전단시험으로 측정하면 전자에 대한 내부마찰각이 후자의 것에 비해 $1° \sim 2°$ 밖에 더 작아지지 않는다. 즉 물은 모래의 내부마찰각에는 거의 영향을 미치지 않는다는 것을 의미한다. 보통 같은 모래인 경우 지하수면 위와 아래에서의 내부마찰각은 같다고 본다.

⑧ 중간주응력(intermediate principal stress, σ_2)의 영향 : 표준삼축압축 시험에서는 $\sigma_2 = \sigma_3$인 상태에서 내부마찰각을 측정하고 있다. 중간주응력이 내부마찰각에 미치는 영향을 연구한 결과를 보면 평면변형 전단시험(plane strain shear test)으로 측정한 내부마찰각은 표준삼축압축시험으로 구한 값보다 조밀한 모래의 경우에는 $4° \sim 9°$ 더 크고 느슨한 모래의 경우에는 $2° \sim 3°$ 정도 더 크다. 토질 구조물에는 평면변형의 문제가 많은데(예: 옹벽, 사면 등), 이 경우 현장의 실제 내부마찰각은 삼축압축시험에서 측정한 값보다 더 크다(그러나 실제보다 내부마찰각을 더 크게 측정하는 요소도 있으므로 전체적으로 이를 감안해야 한다. 예를 들면, 전단 시 전단속도는 전단강도에 영향을 미칠 수 있다).

긴 변의 길이를 L, 짧은 변의 길이를 B라 하면 평면변형 상태에서의 내부 마찰각 ϕ_{ps}는 삼축압축시험의 내부마찰각 ϕ_{tx}의 1.1배라고 가정하여 다음과 같은 근사관계식이 제안되어 있다.

$$\phi_{ps} \approx \phi_{tx}\left(1.1 - 0.1\frac{B}{L}\right) \tag{7.76}$$

⑨ 구속응력(confining stress) σ_c의 영향 : 모래에 대한 Mohr의 파괴포락선은 초기(작은 응력구간)

에서는 급경사의 직선이지만 큰 응력 수준이 됨에 따라 경사가 완만해지는 곡선이 된다. 파괴포락선의 기울기가 내부마찰각이므로 구속응력이 크면 ϕ 값은 일정하지 않고 그 크기는 점차 작아진다.

위의 논의를 요약하여 정리하면 다음과 같다. 기호 ↑는 증가, ↓는 감소를 의미한다.

- 상대밀도 D_r ↑ ϕ ↑
- 입자 형상(모난 정도, angularity, A) A ↑ ϕ ↑
- 입자의 거친 정도(roughness, R) R ↑ ϕ ↑
- 입도분포(균등계수) C_u ↑ ϕ ↑
- 초기 간극비 e_0 ↑ ϕ ↓
- 입자의 크기 영향 없음(단, e가 동일한 경우)
- 물(함수비) w ↑ ϕ ↓ (slightly)
- 중간주응력 σ_2 $\phi_{ps} \geq \phi_{tx}$
- 구속응력 σ_c ↑ ϕ ↓

모래의 내부마찰각 대표치는 표 7.7과 같다.

표 7.7 사질토의 대표적인 내부마찰각

사질토(모래)의 종류		ϕ(°)
입자가 둥근 것	느슨	27–30
	중간	30–35
	조밀	35–38
입자가 모난 것	느슨	30–35
	중간	35–40
	조밀	40–45
	자갈 섞인 모래	34–48
	실트	26–35

그림 7.49는 통일분류법에 의하여 사질토로 분류된(자갈 포함) 흙의 내부마찰각을 간편하게 결정할 수 있는 그림이다. 흙의 비중 G_s를 2.68로 가정하고 건조단위중량(또는 간극비, 간극률)을 알면 통일분류법 기호에 해당하는 흙의 내부마찰각을 결정할 수 있다.

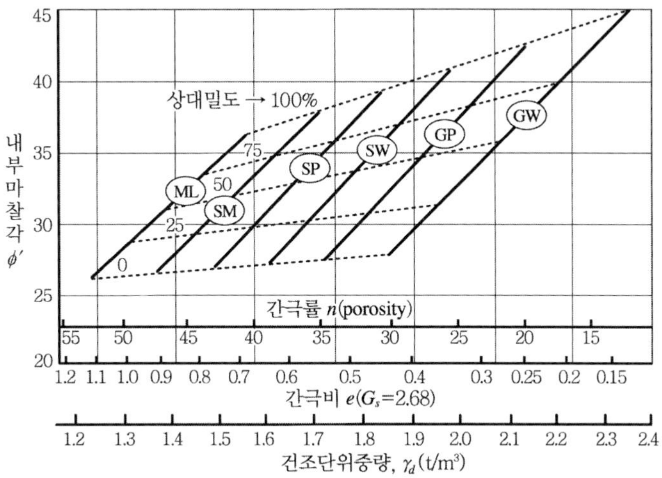

그림 7.49 통일 분류기호에 따른 사질토의 내부마찰각 (NAVFAC, 1971)

7.7.4 액화현상

모래 지반에 연직상향의 침투수류가 발생하고 있을 때 대단히 큰 간극수압, 즉 연직상향 침투압이 작용하게 되어 유효응력이 0이 되고($\sigma_v' = 0$) 결과적으로 모래가 전단강도를 완전히 상실하게 되는 경우로서 분사현상(quick sand)이 있음을 이미 논의하였다. 발생 원인은 다르지만 동일한 결과가 나타나게 되는 다른 경우로는 액화현상(liquefaction)이 있다.

그림 7.50(a)의 탱크(tank)에는 가늘고 느슨한 모래가 채워져 있으며 수면은 모래층 표면과 일치하고 있다. 모래층 표면에는 추(錘)가 놓여 있다. 모래에서의 간극수압을 측정하기 위하여 수위계가 설치되어 있다. 현재의 간극수압은 정수압과 같다.

그림 7.50과 같이 탱크 벽을 날카롭게 가격하여(전성기의 타이슨처럼) 모래에 급격한 충격을 가하면 느슨한 모래는 조밀한 상태로 되고자 간극에 있는 물을 배출시키려 하게 된다. 모래는 투수성이 대단히 크므로 정하중 작용 시에는 작용 하중에 대응하여 물이 즉시 배출되고 과잉간극수압은 즉시 소산되어 배수상태가 된다. 반면 이 시험에서는 하중이 순간적으로 작용하므로 하중 작용에 비해 물이 배출될 수 있는 시간이 부족하므로 비배수상태가 되어 과잉간극수압이 생성된다(CD

– Test에서 전단할 때 과잉간극수압이 발생하지 않게 하기 위하여 대단히 천천히 하중을 작용시켜야 함을 상기할 것, 점토의 경우 이 시험은 수일 내지 수주일이 소요됨을 유의할 것). 충격을 가한 직후의 과잉간극수압 크기는 수위계의 수위를 보면 알 수 있다(그림 7.50(b)).

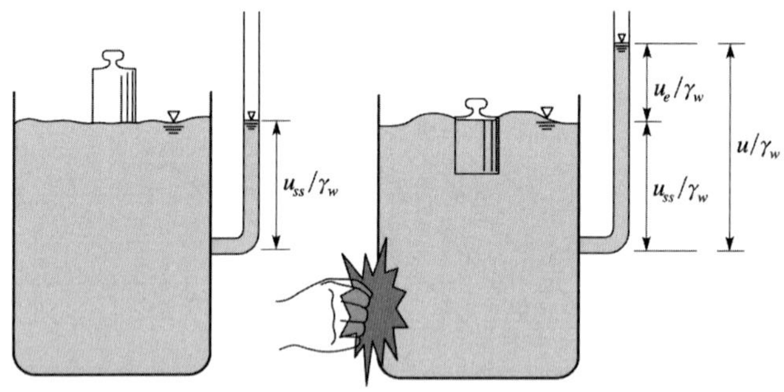

(a) 액화현상 발생 전 (b) 액화현상 발생 시

그림 7.50 액화현상

시험과정에서 전응력의 변화는 없었으므로 과잉간극수압의 생성은 유효응력을 감소시키고, 결국 모래의 전단강도를 감소시키게 된다. 충격으로 가해진 동적에너지가 대단히 크면 유효응력은 0이 되고 따라서 모래의 전단강도도 0이 된다. 이와 같이 가늘고 느슨한 모래가 지극히 짧은 시간에 작용하는 하중에 의하여 과잉간극수압을 생성하게 되어 유효응력이 영이 되고 결과적으로 전단강도가 영이 되는 현상을 액화현상(液化現象, liquefaction)이라 한다.

그림 7.50 (b)에서 보는 것처럼 충격으로 인해 생성된 과잉간극수압이 수위계의 수위로 표시되어 있으며 액화현상 때문에 모래는 강도(이 경우 지지력이라 함)가 감소하여 추가 모래 속으로 가라앉게 된다. 실제로 느슨한 모래층 위에 세운 구조물은 지진(地震, earthquake), 발파(發破, blasting) 또는 항타(杭打, pile driving) 등 동적에너지가 가해지면 액화현상으로 인해 파괴될 수 있다.

토질역학에서 액화현상에 관한 연구는 Casagrande(1936)가 시작한 이래 특히 일본 Nigata 지진과 Alaska 지진(1964) 이후 이에 관한 관심이 고조되어 왔다. 그러나 현재로서는 액화현상 발생기준과 방지대책에 대한 정설은 확립되어 있지 못한 듯하다. 액화현상이 일어나지 않으려면 모래의 자연간극비가 임계간극비보다 더 적어야 한다는 사실이 중요하다.

실험결과에 의하면 액화현상이 일어나는 조건은 모래의 입자가 둥글고, 실트 크기의 입자를 약간 함유하고, 유효경이 0.1mm보다 작고, 균등계수가 5보다 적으며 간극률이 44%(간극비 0.80) 이상이어야 한다는 것이다(김상규, 2004). 그러나 실내 시험결과에 의하면 보통 정도의 조밀한 모래도 반복하중이나 주기적(cyclic) 하중을 받으면 액화현상을 일으킨다. 이것은 지진이 장시간에 걸쳐 일어나면 보통 정도로 조밀한 모래에도 액화현상이 일어날 수 있다는 것을 의미한다. 이는 매우 중요한 사실이지만 여기에 관하여서는 아직도 논란이 계속되고 있다. 참고문헌으로는 Casagrande (1975)와 Seed(1979)의 연구결과가 있다.

7.8 간극수압계수

점토는 투수성이 대단히 작으므로 하중을 받는 초기에는 비배수상태가 된다. 따라서 점토 공시체에 하중을 가하면 과잉간극수압이 발생하게 된다. 하중에 의하여 유발되는 과잉간극수압의 크기는 하중의 크기, 흙의 특성 및 하중의 형태 등에 따라 달라진다. 하중의 변화량, 즉 전응력의 변화량에 대한 과잉간극수압의 변화량 Δu 의 비(比)를 간극수압계수(間隙水壓係數, pore pressure parameter)라 한다. 즉,

$$\text{간극수압계수} = \frac{\text{과잉간극수압의 변화량}}{\text{전응력의 변화량}} = \frac{\Delta u}{\Delta \sigma} \tag{7.77}$$

NOTE : 하중작용으로 인한 과잉간극수압의 변화량 Δu_e 는 전체 간극수압변화량 Δu 와 같음. 이것은 정수압은 하중에 의하여 변화하지 않기 때문임 $(\Delta u_{ss} = 0)$. 즉 $\Delta u = \Delta u_{ss} + \Delta u_e$ 에서 $\Delta u_{ss} = 0$ 이므로 결국 $\Delta u = \Delta u_e$ 가 됨.

간극수압계수는 등방압축(isotropic compression), 일축압축(unconfined compression) 횡방향구속압축(confined compression) 등 하중의 형태에 따라 다른 기호를 사용하고 있다. 즉 등방압축 : B, 횡방향구속압축 : C, 일축압축 : D를 사용한다. 먼저 간극수압계수 B, C, D에 관하여 그 개념을 간략히 논의하고 삼축압축(triaxial compression) 시의 과잉간극수압에 대해서는 별도로 언급하기로 한다.

간극수압계수는 시험을 통해 작용하중과 과잉간극수압을 실측하여 결정한다. 비배수상태에서 흙의 부피변화는 간극 속의 물과 공기의 부피변화에 기인한다고 가정하고, 간극수압계수를 구하는 이론식이 발표되어 있으나(Lambe와 Whitman, 1969; 김상규, 2004 등) 이 방법으로 간극수압계수를 결정하는 일은 없다. 이들 이론식은 간극수압계수의 본질을 이해하는데 도움이 되지만 이것을 탐구하는데 너무 많은 노력을 집중할 필요는 없다.

7.8.1 등방압축, 일축압축 및 횡방향구속압축 시의 간극수압계수

(1) 등방압축 시의 간극수압계수 : B

그림 7.51에 보인 것처럼 점토 요소에 등방압축응력 $\Delta\sigma$ 가 작용하면(UU시험의 등방압축 과정

처럼) 이 요소는 물을 배출하면서 체적이 수축하려 할 것이다. 그러나 점토는 투수성이 극히 낮으므로 물은 배출되지 못하고(비배수상태) 대신 과잉간극수압(Δu)이 발생하게 된다. 이 때 등방압축하중(전응력) $\Delta\sigma$ 에 대한 유발된 과잉간극수압 Δu 의 비를 등방압축 시의 간극수압계수 B (pore pressure parameter B; B–parameter)라 한다. 즉,

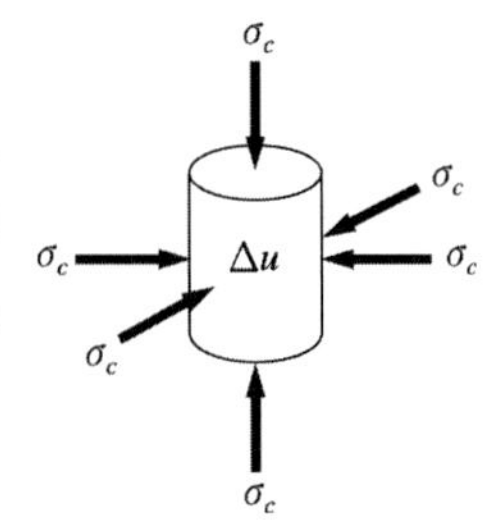

그림 7.51 등방압축 시의 간극수압계수 B

$$B = \frac{\Delta u}{\Delta\sigma} \tag{7.78}$$

또는

$$\Delta u = B\Delta\sigma \tag{7.79}$$

여기서, $\Delta\sigma$: 등방압축하중(전응력)의 변화량

Δu : 등방압축에 의하여 유발된 과잉간극수압 변화량

간극수압계수 B는 포화도에 따라 0~1사이의 값을 가지게 된다($0 \le B \le 1$).

$$S=100\%\text{이면 } B=1 \tag{7.80a}$$

$$\therefore \Delta u = \Delta\sigma \tag{7.80b}$$

즉 완전 포화상태의 점토에 등방압축하중 $\Delta\sigma$ 가 작용하면 물이 하중을 모두 감당하게 되어 작용하중이 그대로 과잉간극수압이 된다.

건조토(S=0%)의 경우 B는 물론 0이다. 물이 없으므로 과잉간극수압은 발생할 수 없다(S=0%이면 B=0, $\therefore \Delta u = 0$). 일반적으로 B는 포화도 S의 함수이며 S가 클수록 B도 커진다.

$$B = f(S) \quad (0 \le B \le 1) \tag{7.81}$$

(2) 횡방향 구속 압축시의 간극수압계수 : C

그림 7.52와 같이 횡방향 변위가 구속된 상태(K_0 상태, 압밀시험 공시체 상태)에서 점토 요소에 축 하중 $\Delta\sigma$ 가 작용하면 이 요소는 물을 배출하면서 일차원 압밀이 일어나려 할 것이지만 점토는 투수계수가 대단히 작아서 물은 배출되지 못하고(비배수상태) 그 대신 과잉간극수압 Δu 가 생성된다.

압축하중 $\Delta\sigma$ 에 대한 유발된 과잉간극수압 Δu 의 비(比)를 횡방향구속압축 시의 간극수압계수 C(pore pressure parameter C; C–parameter)라 한다. 즉,

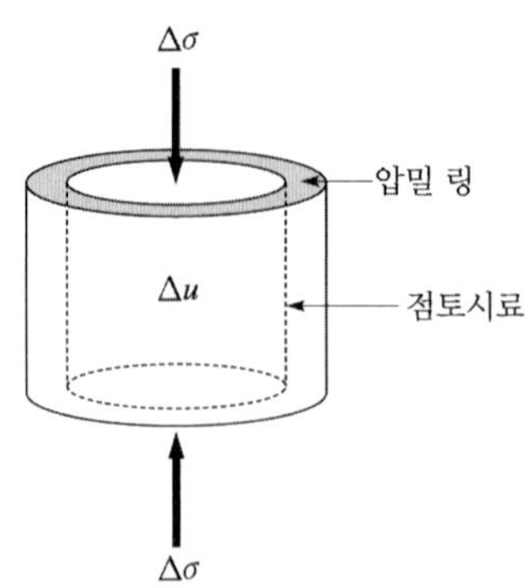

그림 7.52 횡방향 구속 압축 시의 간극수압계수 C

$$C = \frac{\Delta u}{\Delta \sigma} \tag{7.82}$$

또는 $$\Delta u = C\Delta \sigma \tag{7.83}$$

간극수압계수 C는 포화도에 따라 0에서 1사이의 값을 가진다($0 \le \mathrm{C} \le 1$).

$$S=100\%\text{이면 } C=1 \tag{7.84a}$$

$$\therefore \Delta u = \Delta \sigma \tag{7.84b}$$

완전 포화상태(S=100%)의 점토가 횡방향구속상태(압밀 링 속의 상태, 또는 무한 등분포하중 작용상태 ; K_0 – 상태)에서 축 방향 하중을 받으면 초기과잉간극수압은 작용하중과 같음은 압밀론에서 이미 언급하였다. 즉 포화점토의 경우 횡방향구속상태에서 축 하중을 받게 되면 축 하중이 그대로 과잉간극수압이 된다. 건조토(S=0%)의 경우에는 물이 없으므로 C는 물론 0이 된다($\Delta u_e = 0$).

(3) 일축압축 시의 간극수압계수 : D=BA

그림 7.53과 같이 횡 방향 불구속 상태(unconfined)에서 일축압축(uniaxial compression) 하중이 작용하여 과잉간극수압 Δu가 발생하였을 때 $\Delta \sigma$에 대한 Δu의 비(比)를 일축압축 시의 간극수압계수 D(pore pressure parameter D; D – parameter)라 한다. 즉

$$D = \frac{\Delta u}{\Delta \sigma} \tag{7.85a}$$

또는 $$\Delta u = D\Delta \sigma \tag{7.85b}$$

횡방향이 구속되지 않은 상태이므로 일축압축(선단)하면 요소의 체적은 점토의 응력이력에 따라 팽창에서 수축에 이르기까지 다양한 잠재적 경향을 가지게 된다. 즉 심하게 과압밀된 점토는 팽창, 정규압밀점토는 수축되려는 잠재적 특성을 가지고 있다. 일축압축에 의하여 유발되는 Δu는 이러한 체적변화특성과 포화도에 따라 달라지면서 다음과 같이 쓸 수 있다.

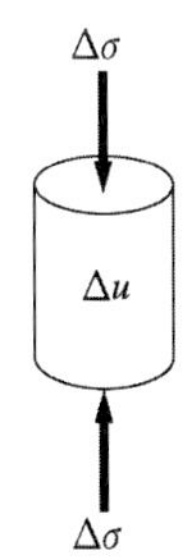

그림 7.53 일축압축 시의 간극수압계수 D

$$\mathrm{D} = \mathrm{BA} \tag{7.86a}$$

또는

$$\Delta u = D\Delta \sigma = \mathrm{BA}\,\Delta \sigma \tag{7.86b}$$

여기서 B는 포화도에 관계되는 간극수압계수이고 간극수압계수 A는 체적변화량에 관한 잠재적

특성을 나타내고 있다. 체적수축의 경우 $A>0$ 이고 체적팽창의 경우에는 $A<0$ 이 된다.

S=100%인 경우에는 B=1이므로 D=A가 된다.

$$S=100\% \text{ 이면 } D=A \tag{7.87}$$

간극수압계수 A에 관하여서는 다음 절(삼축압축 시의 간극수압계수)을 참고하기 바란다.

7.8.2 삼축압축 시의 간극수압

한 요소에 최대주응력 $\Delta\sigma_1$ 과 최소주응력 $\Delta\sigma_3$ 이 작용하여($\Delta\sigma_2=\Delta\sigma_3$ 로 가정) 삼축압축 상태가 되었을 때 이들 주응력에 의하여 유발되는 과잉간극수압 Δu 는 어떻게 나타낼 수 있을까 생각해 보자.

삼축압축상태는 등방압축과 일축압축의 합으로 볼 수 있다. 그림 7.54와 같이 최대주응력 $\Delta\sigma_1$, 최소주응력 $\Delta\sigma_3$ 으로 삼축압축 시킬 때 생성되는 과잉간극수압 Δu 는 $\Delta\sigma_3$ 으로 등방압축했을 때의 Δu_1 과 축차응력 $\Delta\sigma_d=\Delta\sigma_1-\Delta\sigma_3$ 에 의한 일축압축 시의 Δu_2 의 합으로 볼 수 있다.

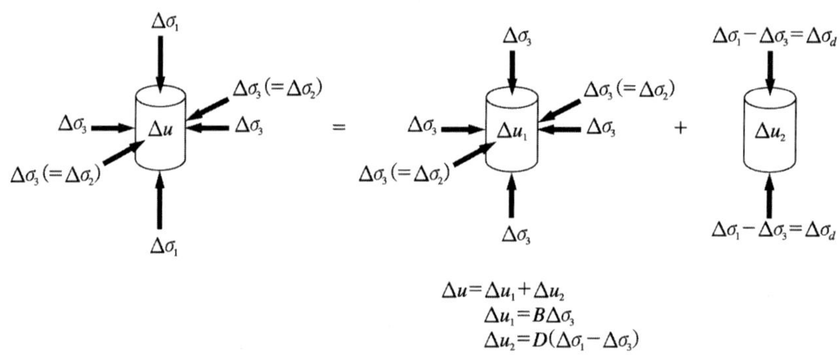

그림 7.54 삼축압축 시의 과잉간극수압

즉, $\Delta u=\Delta u_1+\Delta u_2$.

그런데, $\Delta u_1=B\Delta\sigma_3$, $\Delta u_2=D\Delta\sigma_d=D(\Delta\sigma_1-\Delta\sigma_3)$ 이므로

$$\Delta u=B\Delta\sigma_3+D\Delta\sigma_d=B\Delta\sigma_3+D(\Delta\sigma_1-\Delta\sigma_3) \tag{7.88a}$$

$$=B\Delta\sigma_3+BA(\Delta\sigma_1-\Delta\sigma_3) \tag{7.88b}$$

$$\therefore \Delta u=B[\Delta\sigma_3+A(\Delta\sigma_1-\Delta\sigma_3)] \tag{7.89}$$

이 식을 Skempton의 간극수압방정식이라 한다. 만약 포화상태(S=100%)이면 B=1이므로

$$\Delta u = \Delta\sigma_3 + A(\Delta\sigma_1 - \Delta\sigma_3) \tag{7.90}$$

따라서 간극수압계수 A는

$$A = \frac{\Delta u - \Delta\sigma_3}{\Delta\sigma_1 - \Delta\sigma_3} \tag{7.91}$$

간극수압계수 A는 일축압축(전단) 시 흙의 체적변화 특성에 관계된다는 것을 이미 언급하였다. 표준삼축압축시험 가운데 전단과정에서 간극수압을 측정하는 압밀비배수($\overline{CU}$) 시험결과에서 간극수압계수 A를 구할 수 있다. 이 시험에서는 구속응력을 작용시킨 후 등방압축을 실시하여 압밀을 완료시키므로 등방압축 종료 시에는 과잉간극수압이 완전히 소산된 상태이다. 과잉간극수압은 비배수 조건에서 실시하는 일축압축(전단) 과정에서 발생하게 된다.

축차응력 $\Delta\sigma_d$를 증가시켜 가면서 과잉간극수압 Δu를 측정한다. 이 과정에서 구속응력 $\sigma_c = \sigma_3$의 변화는 없으므로 $\Delta\sigma_3 = 0$이다. 공시체가 포화상태에 있으면 B=1이고 따라서 D=BA=A이므로 간극수압계수 A는 다음과 같이 결정할 수 있다.

$$A = \frac{\Delta u}{\Delta\sigma_d} \tag{7.92}$$

여기서 축차응력 $\Delta\sigma_d$는 피스톤에 의하여 전달되는 축응력이다. A값은 전단과정에서 일정하지 않고 축차응력의 크기에 따라 달라진다.

압밀비배수 시험에서 $\Delta\sigma_d - \varepsilon_a$ 및 $\Delta u - \varepsilon_a$ 관계가 모두 선형이 아님은 앞에서 논의하였다. 이것은 $\Delta u - \Delta\sigma_d$ 관계도 비선형임을 의미한다. 따라서 간극수압계수 $A = \Delta u / \Delta\sigma_d$ 값은 $\Delta\sigma_d$ (또는 ε_a)의 크기에 따라 다른 값이 된다. 파괴상태에서의 A값을 특히 A_f로 표기하는데 이것은 자주 사용되는 특성치이다.

$$A_f = \frac{\Delta u_f}{\Delta\sigma_{df}} \tag{7.93}$$

여기서, $\Delta\sigma_{df}$: 파괴 시의 축차응력

Δu_f : 파괴 시 간극수압

점토의 경우 A값은 응력이력(stress history)에 따라 그 값이 다르다. A값은 예민한 점토에서 가장 크고 정규압밀점토는 과압밀점토보다 큰 값을 나타낸다. 특히 심하게 과압밀된(heavily overconsolidated) 점토의 A_f는 음(−)의 값이 되는데($A_f < 0$) 이것은 전단파괴 시 공시체가 팽창하려고 하기 때문에

(인장) 음의 과잉간극수압이 발생한다는 의미이다. 대단히 느슨한 모래의 경우에 있어서도 A_f 값은 대단히 크다. 표 7.8에는 포화된 흙의 종류와 상태에 따른 파괴 시의 간극수압계수 A_f 의 대표치가 제시되어 있다.

표 7.8 A_f 값의 대표치(S=100%인 경우)

흙의 종류(S = 100%)	A_f 의 대표치(파괴 시)
대단히 느슨한 고운 모래	2 ~ 3
예민한 점토	1.5 ~ 2.5
정규압밀(正規壓密) 점토	0.7 ~ 1.3
약간 과압밀(過壓密)된 점토	0.3 ~ 0.7
심히 과압밀(過壓密)된 점토	–0.5 ~ 0

비압밀비배수(UU) 시험에서는 간극수압을 측정하지 않으므로 A값을 구할 수 없다. 실용성은 없지만 간극수압을 측정하였다면 식 (7.92)에 의하여 A를 산정할 수 있다. 압밀배수(CD) 시험에서는 전단과정이 배수상태이므로 과잉간극수압의 생성은 없고 따라서 A=0이 되는 셈이다.

▶ **예제 7.9** 포화된 점토지반 표면에 원형 등분포하중이 작용한다. 하중면의 중심점 아래에 있는 한 요소에서 하중에 의하여 생긴 응력은 $\Delta\sigma_v = \Delta\sigma_1 = 6t/m^2$, $\Delta\sigma_h = \Delta\sigma_3 = 2t/m^2$ 이다. 하중에 의하여 이 요소에 발생한 과잉간극수압 $\Delta u_e = 3t/m^2$ 이 이면 간극수압계수 A는 얼마인가?

풀이 : S = 100%이므로 B = 1

$$A = \frac{\Delta u - \Delta\sigma_3}{\Delta\sigma_1 - \Delta\sigma_3} = \frac{3-2}{6-2} = \frac{1}{4} = 0.25$$ ◀

▶ **예제 7.10** 포화된 점토시료로 압밀비배수($\overline{CU}$) 표준삼축압축시험을 실시 하였다. 먼저 구속응력 $\sigma_c = 2kg/cm^2$ 으로 등방압축한 후 축차응력 $\Delta\sigma_{df} = 4kg/cm^2$ 을 작용시켜 파괴에 도달하였다. 파괴 시 과잉간극수압을 측정한 결과 $\Delta u_f = 3kg/cm^2$ 이었다. 파괴시의 간극수압계수 A_f 는 얼마인가? 또한 이 흙은 정규압밀점토인가, 과압밀점토인가?

풀이 : 포화상태이므로 $A_f = \dfrac{\Delta u_f}{\Delta \sigma_{df}} = \dfrac{3}{4} = 0.75$

이 점토는 정규압밀점토임을 알 수 있다(표 7.8).

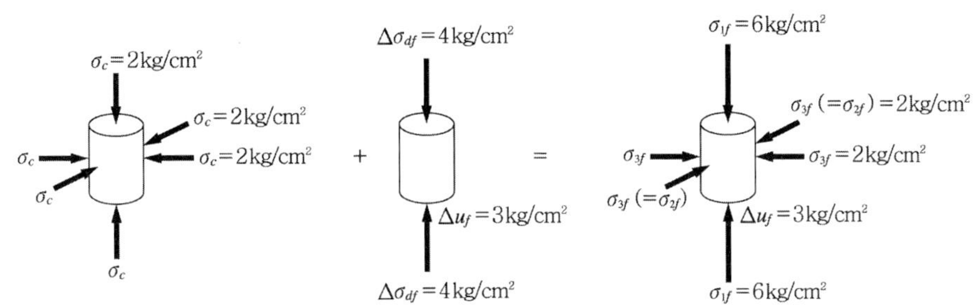

그림 예제 7.10 해답도

◀

▶ **예제 7.11** 물을 뿌려가면서 흙을 다져 제방을 축조한다. 공사 중 간극수압의 소산은 없다고 가정할 수 있다. 제방을 두께 5m만큼 축조하였을 때 바닥면에 생기는 간극수압은 얼마인가? 단 흙의 단위중량은 $1.8t/m^3$, 간극수압계수 A=0.75, B=0.8이고 토압비(연직토압에 대한 수평토압의 비)는 0.5로 한다.

풀이 : Skempton의 간극수압 방정식에서 $\Delta u = u$ 를 산정한다.

$$u = \Delta u = B[\Delta\sigma_3 + A(\Delta\sigma_1 - \Delta\sigma_3)]$$

$$\Delta\sigma_1 = \Delta\sigma_v = \gamma\Delta z = (1.80)(5.0) = 9.0t/m^2$$

$$\Delta\sigma_3 = \Delta\sigma_h = 0.5\Delta\sigma_v = 0.5(9.0) = 4.50t/m^2$$

$$\therefore u = \Delta u = 0.8[4.5 + 0.75(9.0 - 4.5)] = 6.3t/m^2$$

◀

7.9 점성토의 전단강도와 전단특성

점성토는 투수계수가 대단히 작으므로 비배수상태(예: 완공 직후)와 배수상태(예 : 완공 후 장기간 경과 시)의 강도가 모두 중요하다. 따라서 배수조건에 대응하는 강도정수를 사용하여 안정해석이나 설계를 실시하여야 한다. 배수조건을 상대적으로 가장 잘 조절할 수 있는 시험이 삼축압축시험이므로 이 시험 결과를 이용하여 점토의 전단특성을 논의하기로 한다. 이미 논의한 것처럼 표준삼축압축시험은 배수조건에 따라 압밀배수시험(CD – Test), 압밀비배수시험(CU 또는 $\overline{\text{CU}}$ – Test) 및 비압밀비배수시험(UU – Test)이 있으며 각 시험에서 얻어지는 강도정수는 서로 다르다. 각 시험의 수행 방법은 이미 논의하였다.

표준삼축압축시험은 등방압축이 완료된 공시체의 강도와 전단특성을 일축압축(전단)하면서 측정하는 시험이다. 등방압축 결과 압밀이 일어나면 공시체에 작용하는 유효응력과 공시체의 밀도는 등방압축 전에 비해 증가하게 되고 흙은 더 단단한 상태가 된다. 즉 흙의 강도는 등방압축 전에 비해 증가된 상태가 된다. 반면 포화점토에서 등방압축과정이 비압밀이면 공시체에 작용하는 유효응력과 흙의 밀도는 불변하고 흙의 강도는 등방압축 전과 같은 상태가 된다.

이와 같은 흙의 강도변화는 유효응력의 변화와 밀도의 변화로 모두 설명할 수 있다. 유효응력의 변화를 강도의 변화에 관련시키는 것이 토질역학 이론에 더 적합하지만 흙의 밀도에 관련하여 강도의 변화를 설명하는 것이 보다 구체적이므로 이 절에서는 밀도의 변화로 강도의 변화를 설명하는데 사용하기로 한다.

다음에는 각 시험별로 각 하중 단계(시험 단계)에서의 전응력, 간극수압 및 유효응력의 분포를 설명하고, 각 시험결과에서 강도정수를 결정하는 방법과 전단 시 흙의 거동(배수시험에서는 부피의 변화, 비배수시험에서는 과잉간극수압의 변화)에 대하여 논의하기로 한다.

사실상 삼축압축시험의 결과는 배수조건을 구별하지 않고 이미 그림 7.29에 개략적으로 제시하였다. 모래의 경우에는 전단 시 거동은 조밀의 정도, 즉 느슨한 모래인가 조밀한 모래인가에 따라 달라지는데 반해, 점토의 경우에는 응력이력, 즉 정규압밀인가 과압밀인가에 따라 전단 시 흙의 거동이 달라진다.

표준삼축압축은 등방압축과 일축압축(전단)으로 이루어지는데 각 하중 단계에서 유효응력방정식은 항상 성립된다. 전응력은 기계장치를 이용하여 공시체에 직접 작용시키는 하중(응력)이므로 그 크기를 알고 있다. 그런데 표준삼축압축시험은 CD, CU, UU – Test에서 모두 등방압축과정과 일축압축과정으로 이루어지므로 전응력은 결국 3종류의 시험에서 같은 형태이며 모두 기지량이다. 반면 재하(載荷, loading)에 의하여 유발되는 과잉간극수압은 배수조건과 하중의 종류에 따라 달라진다. 즉 배수상태이면 과잉간극수압이 0인 반면 비배수상태에서는 과잉간극수압이 발생하게 된다. 간극수압은 측정하면 알 수 있고 시험에서 측정하지 않으면 알 수 없지만 그 크기는 간극수압계수(B, C, D, A 등)를 이용하여 표현하기로 한다. 간극수압계수에 관하여서는 바로 앞 절에서 논의하였다. 유효응력은 전응력에서 간극수압을 감하여 결정할 수 있다.

7.9.1 압밀배수시험에서 얻어지는 강도정수와 전단특성

압밀배수(CD)시험은 공시체를 구속응력 σ_c 로 등방압축하고 압밀 완료시킨 다음 과잉간극수압이 조금도 발생하지 않도록 축차응력 $\Delta\sigma_d$ 를 천천히 증가시키면서 공시체를 전단하는 시험이다.

그림 7.55에는 이 시험의 등방압축 완료상태, 일축압축과정 및 파괴상태에 대한 전응력, 간극수압, 그리고 유효응력의 분포를 제시하고 있다.

그림 7.55의 각 하중 단계별 응력은 다음과 같이 결정된다.

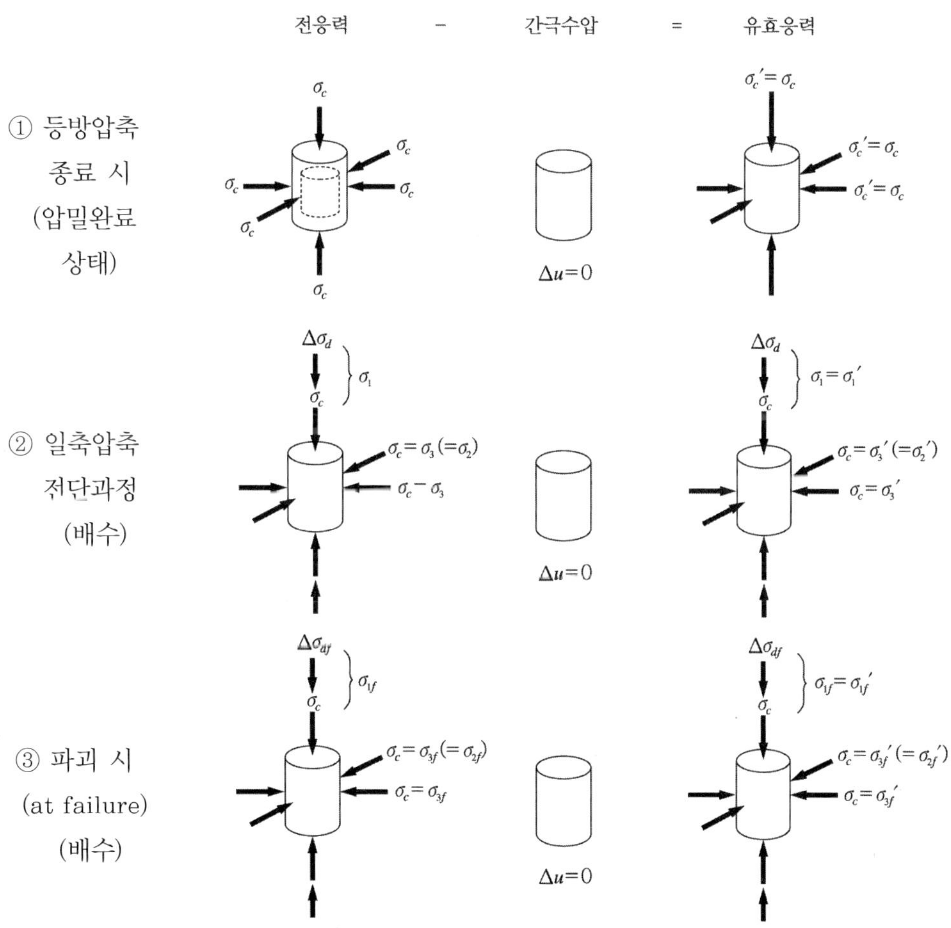

그림 7.55 압밀배수시험(CD-Test)의 각 하중 단계별 응력상태

① 등방압밀 완료상태(압밀완료상태)

전응력　: $\sigma_1 = \sigma_c$, $\sigma_3 = \sigma_c$

간극수압 : $u = 0$ (∵ 배수상태)

(등방압축 전에 공시체에는 잔류간극수압 u_r 이 작용하고 있었고, 구속응력 σ_c 를 가한 직후에는 $u_e = D\sigma_c$ 가 발생하지만 압밀 완료시에는 모두 소산됨. u_r 에 대해서는 7.9.3 참고사항 참조)

유효응력 : $\sigma_1' = \sigma_1 - u = \sigma_c$, $\sigma_3' = \sigma_3 - u = \sigma_c$

② 일축압축(전단) 과정(배수)

전응력　: $\sigma_1 = \sigma_c + \Delta\sigma_d$, $\sigma_3 = \sigma_c$

간극수압 : $u = 0$ (∵ 배수상태)

유효응력 : $\sigma_1' = \sigma_1 - u = \sigma_c + \Delta\sigma_d$, $\sigma_3' = \sigma_3 - u = \sigma_c$

③ 파괴상태(배수)

전응력　: $\sigma_{1f} = \sigma_c + \Delta\sigma_{df}$, $\sigma_{3f} = \sigma_c$

간극수압 : $u = u_f = 0$ (∵ 배수상태)

유효응력 : $\sigma_{1f}' = \sigma_{1f} - u = \sigma_c + \Delta\sigma_{df}$, $\sigma_{3f}' = \sigma_{3f} - u = \sigma_c$

구속응력 σ_c 로 등방압밀 완료시킨 상태에서 축차응력 $\Delta\sigma_d$ 를 가하면서 공시체의 축 방향 변형량 Δl 과 체적변화량 ΔV 를 측정하면 축차응력–변형률 관계와 체적변화율–변형률 사이의 관계를 알 수 있다.

축 방향 변형률은 $\varepsilon_a = \Delta l / l_0$, 체적 변화율은 $\varepsilon_V = \Delta V / V_0$

여기서 l_0 와 V_0 는 각각 전단 전 공시체의 길이와 부피이다. 배수조건에서의 전단(일축압축)이므로 간극수압의 변화는 $u = \Delta u = 0$ 이다. 구속응력 σ_c 를 변화시켜 가면서 일련의 시험을 실시하면 각 σ_c 마다 전단특성 관계($\Delta\sigma_d - \varepsilon_a , \Delta V / V - \varepsilon_a$)를 얻을 수 있게 된다.

(1) 축차응력–변형률 관계

그림 7.56 (a)에는 축차응력–변형률 관계가 정규압밀점토와 과압밀점토를 대비시켜 제시하고 있다. 이 그림은 모래에 대한 직접전단시험의 전단응력–변형률 관계(그림 7.48(b))에 대응한다.

과압밀점토는 정규압밀점토에 비해 상대적으로 큰 강도를 나타내며 첨두강도(peak strength) $\Delta\sigma_{df}$ 가 뚜렷하게 나타나는데 반해 정규압밀점토의 강도는 상대적으로 작고 첨두강도도 나타내지 않는다. 그러나 전단이 충분히 진행되어 ε_a 가 대단히 커지면 두 흙의 강도는 극한강도 $\Delta\sigma_{d\,ult}$ 에 점근(수렴)한다.

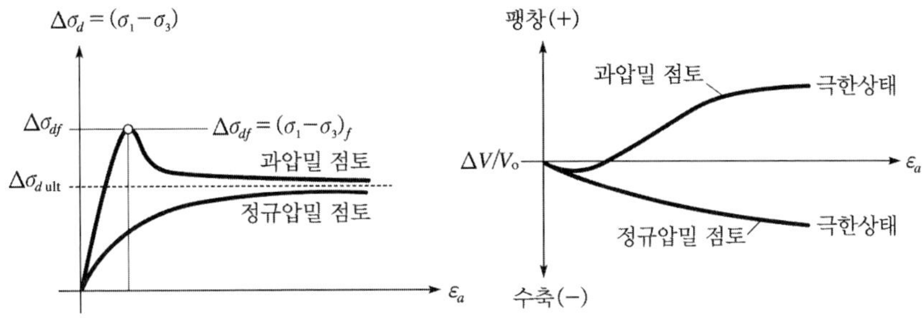

(a) 축차응력–변형률 관계 (b) 체적변화율–변형률 관계

그림 7.56 CD시험에서의 전단 시 흙의 거동

압밀배수시험에서 얻은 축차응력–변형률 관계와 직접전단시험의 전단응력–변형률 관계를 비교해 보면 과압밀점토와 조밀한 모래가 유사한 특성을 가지는 한편, 정규압밀점토와 느슨한 모래의 특성이 비슷함을 알 수 있다.

(2) 체적변화율–변형률 관계

체적변화율–변형률 관계는 그림 7.56(b)에 제시되어 있는데 이것도 정규압밀점토와 과압밀점토를 대비시켜 나타내고 있다. 여기서 V_0 는 전단 전 공시체의 체적이다. 이 그림은 직접전단시험의 간극비–변형률 관계(그림 7.48(a))에 대응한다. 체적의 변화는 곧 간극비의 변화이기 때문이다. 과압밀점토는 전단하면 체적이 잠깐 감소한 다음 증가하는데 비해 정규압밀점토는 처음부터 체적이 감소한다. 그러나 전단이 충분히 진행되면 두 흙은 각각 일정한 체적변화율을 나타내게 될 것이다. 이상의 논의에서 전단에 따른 흙의 체적변화 특성도 과압밀점토와 조밀한 모래가 비슷하고, 정규압밀점토는 느슨한 모래와 유사한 특성을 가지고 있음을 알 수 있다.

(3) 간극수압 변화량–변형률 관계

배수전단이므로 시험과정에서 과잉간극수압은 발생하지 않는다. 간극수압은 전단과정에서 0이다.

(4) 강도정수의 결정

등방압축하여 압밀을 완료시키므로 물이 배출됨에 따라 간극비는 감소하고 밀도는 증가한다(그리고 유효응력도 증가한다). 그러므로 이 과정에서 흙의 강도는 등방압축되기 전에 비해 증가하게 된다. 이 강도를 일축압축(전단)시험으로 측정하여 축차응력 $\Delta\sigma_{df}$ 를 얻는다. 이때 파괴상태에서의 주응력은 $\sigma_{1f}' = \sigma_c + \Delta\sigma_{df}$, $\sigma_{3f}' = \sigma_c$ 이다.

σ_c 가 클수록 밀도는 더 크게 증가하므로 일축압축과정에서 파괴시키는데 소요되는 축차응력 $\Delta\sigma_{df}$ 는 더 커져야 한다. 즉 σ_c 가 클수록 $\Delta\sigma_{df}$ 는 커지게 되고 $\sigma_{df} = (\sigma_1' - \sigma_3')_f$ 이므로 파괴 시 Mohr 응력원의 직경도 커지게 된다. σ_c 를 변화시키면 $\Delta\sigma_{df}$ 가 변하므로, σ_c 를 변화시킨 횟수(보통 3~4회)만큼의 Mohr 응력원을 그릴 수 있고, 이 원들에 대한 공통접선, 즉 파괴포락선을 그려 강도정수를 결정할 수 있다. CD−Test에서 얻어지는 강도정수에는 하첨자 d(drained)를 부여하여 c_d, ϕ_d 로 표기한다.

가. 정규압밀점토의 경우

정규압밀점토의 경우 파괴포락선은 그림 7.57에 보인 것처럼, 원점을 지난다. 따라서, 강도정수는 $c_d = 0$ 이고 ϕ_d 만 존재한다.

정규압밀점토의 경우 파괴 시 Mohr 응력원의 직경은 σ_c 의 크기에 비례한다.

$$\sigma_{1f}' - \sigma_{3f}' = (\sigma_1' - \sigma_3')_f \propto \sigma_c$$

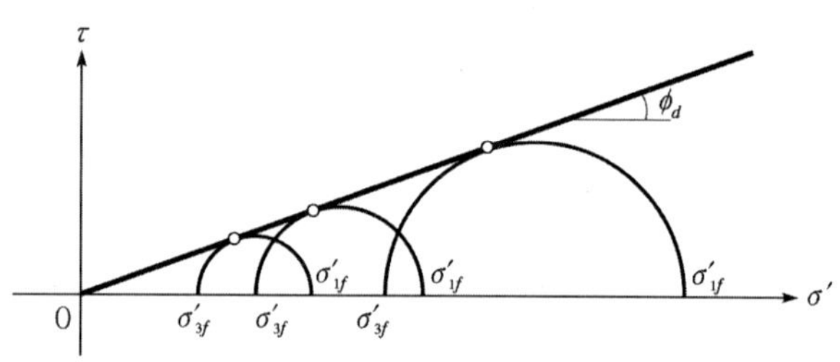

그림 7.57 *CD*-Test에 의한 강도정수 결정 (정규압밀점토의 경우)

이 사실은 다음과 같이 증명할 수 있다.

$$\text{Mohr 응력원의 직경} = (\sigma_1' - \sigma_3')_f = \sigma_{3f}'\left[\frac{\sigma_{1f}'}{\sigma_{3f}'} - 1\right] = \sigma_c\left[\tan^2\left(45° + \frac{\phi_d}{2}\right) - 1\right]$$

$$(\sigma_{1f}' - \sigma_{3f}') = (\sigma_1' - \sigma_3')_f \propto \sigma_c$$

위에서 $\sigma_{3f}' = \sigma_c$ 이고 $\dfrac{\sigma_{1f}'}{\sigma_{3f}'} = \tan^2\left(45° + \dfrac{\phi_d}{2}\right)$ 임은 참고사항에 설명되어 있다.

따라서 구속응력 σ_c 와 파괴 시 Mohr 응력원 사이에는 다음 관계가 있다.

- 파괴 시 Mohr 응력원의 직경은 구속응력의 크기에 비례 : $(\sigma_1' - \sigma_3')_f \propto \sigma_c$
- $\sigma_c = \sigma_{3f}'$ 이므로 Mohr 응력원이 오른쪽에 있을수록 그 직경은 커짐.

참고사항

$\dfrac{\sigma_{1f}'}{\sigma_{3f}'} = \tan^2\left(45° + \dfrac{\phi_d}{2}\right)$ 의 증명

ΔOCF 에서

$$\sin\phi_d = \frac{\overline{FC}}{\overline{OC}} = \frac{\frac{1}{2}(\sigma_{1f}' - \sigma_{3f}')}{\frac{1}{2}(\sigma_{1f}' + \sigma_{3f}')} = \frac{\frac{\sigma_{1f}'}{\sigma_{3f}'} - 1}{\frac{\sigma_{1f}'}{\sigma_{3f}'} + 1}$$

$$\therefore \frac{\sigma_{1f}'}{\sigma_{3f}'} = \frac{1 + \sin\phi_d}{1 - \sin\phi_d} = \tan^2\left(45° + \frac{\phi_d}{2}\right)$$

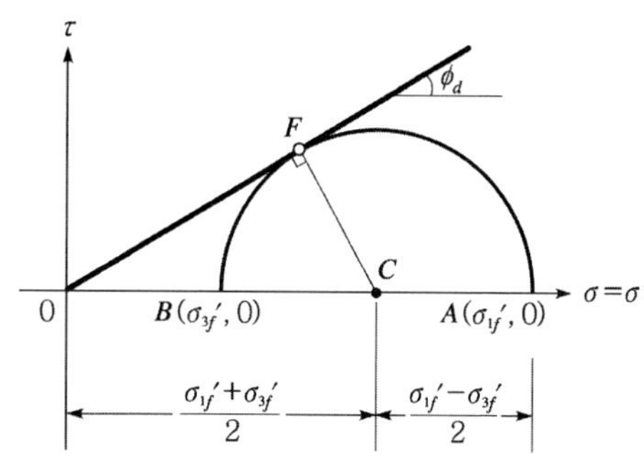

NOTE: 모래나 정규압밀점토와 같이 $c = 0$ 인 경우,

$\sin\phi = \left(\dfrac{\sigma_1 - \sigma_3}{\sigma_1 + \sigma_3}\right)_f$, $\sin\phi_{ult} = \left(\dfrac{\sigma_1 - \sigma_3}{\sigma_1 + \sigma_3}\right)_{ult}$ 됨은 참고사항의 그림에서 명백함.

나. 과압밀점토의 경우

과입밀 점도에 대한 파괴포락선은 그림 7.58에 보인 것처럼 원점을 지나지 않고 점착력 절편을 가지게 된다. 즉 강도정수는 c_d , ϕ_d 가 모두 존재한다.

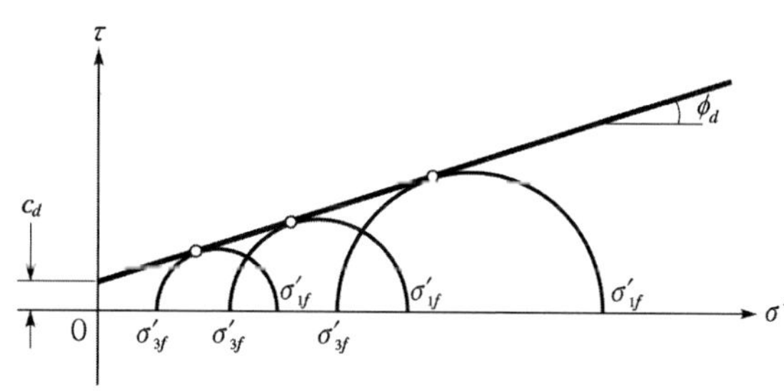

그림 7.58 CD-Test에 의한 강도정수 결정 (과압밀점토의 경우)

선행압밀하중이 σ_c' 인 점토를 σ_c' 보다 더 큰 응력으로 압밀시킨 후 전단을 실시하여 얻은 파괴포락선을 과압밀 부근의 파괴포락선과 함께 나타낸 것이 그림 7.59이다. 두 파괴포락선의 교점에 대응하는 응력은 선행압밀하중 σ_c' 과 같다.

정규압밀상태의 파괴포락선을 뒤쪽으로 연장하면 파괴포락선은 원점을 지난다. 그림 7.59에서는 이를 점선으로 표시하였다.(이것도 σ_c' 을 경계로 하는 재압축곡선과 처녀압밀곡선처럼 흙의 기억력에 관계되는 문제인가?)

이 그림에서 정규압밀점토와 과압밀점토의 강도를 비교해 볼 수 있다.

유효응력이 같을 때에는 과압밀점토의 강도가 정규압밀점토의 강도보다 크다. 물론 이 때 흙의 밀도는 과압밀상태가 더 크다.

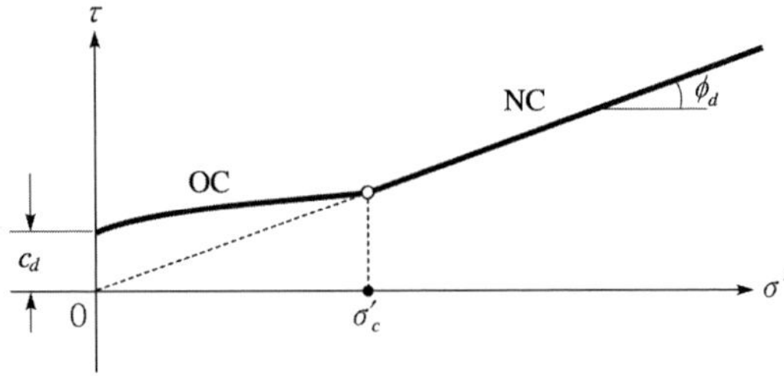

그림 7.59 정규압밀과 과압밀상태에 대한 파괴포락선

압밀배수시험은 과잉간극수압이 전혀 발생하지 않도록 축차응력을 서서히 증가시켜 배수상태에서 공시체를 전단하므로 오랜 시간(수일 내지 수주일)이 소요된다. 이렇게 장시간이 소요되는 시험은 비실용적이고 까다로우므로 보통은 유효응력으로 정리하는 압밀비배수시험($\overline{CU}$ – Test)으로 대치하고 있다.

$$c_d = c', \ \phi_d = \phi' \tag{7.94}$$

즉 점토의 배수강도정수를 결정하는 가장 합당한 시험방법은 압밀배수시험이지만 실용상 $\overline{CU}$ – Test를 사용하고 있으며 이렇게 하여도 이론상으로 또는 실제로 문제점은 없다.

압밀배수시험에서 얻게 되는 강도정수 c_d, ϕ_d를 이용하는 안정해석에 대해서는 7.4 삼축압축시험에서 이미 설명하였다. 독자들은 이 부분을 반드시 다시 읽어보기 바란다. 유효응력 해석법에 관하여서는 10장 사면안정에서 본격적으로 논의하게 된다. $\overline{CU}$ – Test에 대해서는 7.4와 7.9.2를 참고하기 바란다.

압밀배수시험(CD – Test)에서 얻은 점토의 전단특성과 모래의 전단특성을 비교하여 요약해 보면

과압밀점토의 전단특성 ≈ 조밀한 모래의 전단특성
정규압밀점토의 전단특성 ≈ 느슨한 모래의 전단특성

- 응력 – 변형률 관계
  과압밀점토와 조밀한 모래 : 강도가 상대적으로 크고 첨두강도 나타남.
  정규압밀점토와 느슨한 모래 : 강도가 상대적으로 작고 첨두강도 뚜렷하지 않음.
- 체적변화율 – 변형률 관계
  과압밀점토와 조밀한 모래 : 전단하면 체적팽창
  정규압밀점토와 느슨한 모래 : 전단하면 체적수축
- 파괴포락선
  느슨한 모래와 정규압밀점토 : 원점을 지남. 점착력 절편 없음.

조밀한 모래 : 원점을 지남. 점착력 절편 없음.

과압밀점토 : 원점을 지나지 않음. 점착력 절편 있음.

파괴포락선에서만 예외적으로 조밀한 모래와 과압밀점토의 특성이 비슷하지 않음. 단, 촉촉한 모래는 점착력 절편이 있지만 이것은 표면장력에 의한 겉보기 점착력(apparent cohesion)으로서 건조되거나 수침되면 소산(6.4.2 참조).

7.9.2 압밀비배수시험에서 얻어지는 강도정수와 전단특성

공시체를 구속응력 σ_c 로 등방압축하고 압밀 완료 시킨 다음 비배수상태로 일축 압축 시켜 전단 시키는 시험이다. 그림 7.60에서는 이 시험의 각 하중단계에서 공시체에 작용하는 전응력, 간극수압, 유효응력이 제시되어 있다.

축차응력 $\Delta\sigma_d$ 에 의한 일축압축 시의 과잉간극수압 Δu 는 측정하면 알 수 있는 값이지만 간극수압계수 D를 이용하여 이를 나타내고 있다. 즉

$$D = \frac{\Delta u}{\Delta\sigma_d} \tag{7.95}$$

$$\therefore \Delta u = u = D\Delta\sigma_d \tag{7.96}$$

특히 S=100%이면 등방압축시의 간극수압계수 B=1이므로 D(D=BA)는 A가 된다. 이 때에는

$$\Delta u = A\Delta\sigma_d \tag{7.97}$$

그림 7.60 아래에는 이들 응력을 결정하는 방법을 제시하였다.

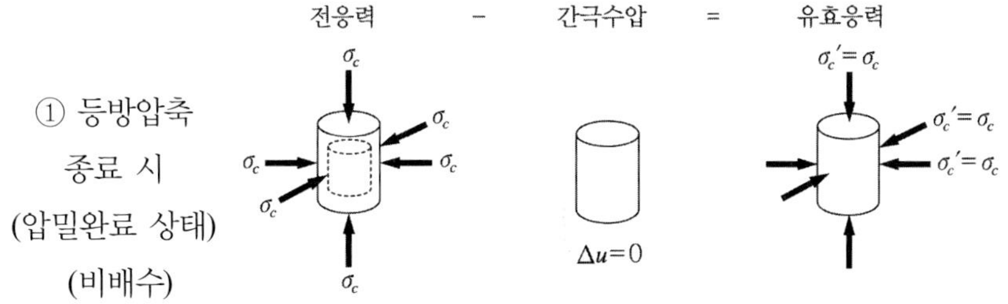

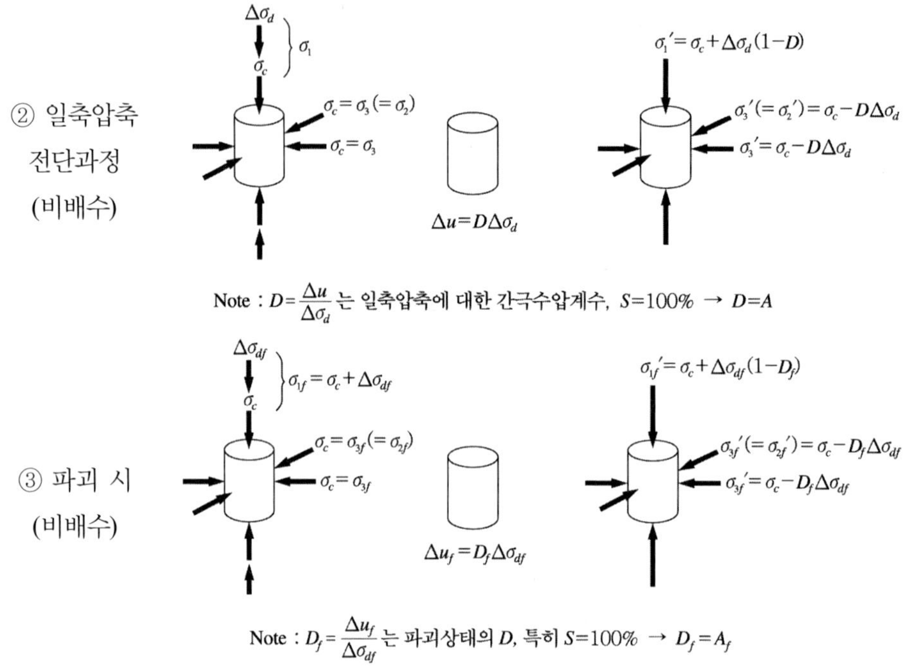

그림 7.60 압밀비배수시험의 하중 단계별 응력분포

① 등방압축한 다음 압밀완료시킨 상태(배수)

전응력 : $\sigma_1 = \sigma_c$, $\sigma_3 = \sigma_c$.

간극수압 : 배수상태이므로 $u = 0$

(시료채취 직후에는 잔류과잉간극수압 u_r 이 작용하고 구속응력 σ_c 작용직후에는 $u_e = B\sigma_c$ 가 발생하지만 이들은 압밀과정에서 모두 소산됨. u_r 에 대해서는 7.9.3 참조)

유효응력 : $\sigma_1' = \sigma_1 - u = \sigma_c$, $\sigma_3' = \sigma_3 - u = \sigma_c$

② 일축압축(전단)시험 과정(비배수)

전응력 : $\sigma_1 = \sigma_c + \Delta\sigma_d$, $\sigma_3 = \sigma_c$

간극수압 : $u = \Delta u = D\Delta\sigma_d$

여기서 $D = \Delta u / \Delta\sigma_d$ 는 일축압축 시의 간극수압계수. 특히 S=100%이면 $D = A$ 로 표기할 수 있음.

유효응력 : $\sigma_1' = \sigma_1 - u = \sigma_c + \Delta\sigma_d (1-D)$, $\sigma_3' = \sigma_3 - u = \sigma_c - D\Delta\sigma_d$

NOTE: σ_3' 은 일축압축에 의하여 압축 전보다 그 값이 감소하였음.

③ 일축압축에 의한 파괴 시(비배수)

전응력 : $\sigma_{1f} = \sigma_c + \Delta\sigma_{df}$, $\sigma_{3f} = \sigma_c$

간극수압 : $u = \Delta u_f = D_f \Delta\sigma_{df}$

NOTE : $D_f = \Delta u_f / \Delta\sigma_{df}$ 는 파괴상태의 D, 특히 S=100%이면 $D_f = A_f$ 가 되어 $A_f = \Delta u_f / \Delta\sigma_{df}$ 로 쓸 수 있음. 일반적으로 $D \neq D_f$, $A \neq A_f$ (파괴 전후의 D, A 값은 같지 않음).

유효응력 : $\sigma_{1f}' = \sigma_{1f} - u = \sigma_c + \Delta\sigma_{df}(1 - D_f)$, $\sigma_{3f}' = \sigma_c - u = \sigma_c - D_f \Delta\sigma_{df}$

구속응력 σ_c 로 등방압밀 완료시킨 상태에서 축차응력 $\Delta\sigma_d$ 를 가하면서 공시체의 축방향 변형량 Δl (축방향 변형률 $\varepsilon_a = \Delta l / l_0$)과 과잉간극수압 Δu 를 측정하면 축차응력－변형률 관계와 간극수압－변형률 사이의 관계를 알 수 있다.

비배수전단(일축압축)이므로 포화점토의 경우 체적변화는 없다($\Delta V = 0$). 구속응력 σ_c 를 변화시켜 등방압밀시킨 후 전단하면 같은 의미를 가지는 유사한 형태의 전단특성관계($\Delta\sigma_d - \varepsilon_a$, $\Delta u - \varepsilon_a$ 관계)를 얻게 된다.

(1) 축차응력－변형률 관계

압밀배수시험에서처럼 축차응력 $\Delta\sigma_d = (\sigma_1 - \sigma_3)$ 의 증가에 따른 변형률의 변화를 그림으로 나타낸 것이 그림 7.61(a)이다. 이 그림도 정규압밀점토와 과압밀점토를 대비하여 나타내고 있다. 이 그림은 또한 직접전단시험의 전단응력－변형률 관계에 대응한다. 과압밀점토는 작은 변형률에서 첨두강도 $\Delta\sigma_{df}$ 가 나타난 후 변형률 증가와 함께 응력은 오히려 감소하여 전단이 충분히 진행되면 극한강도 $\Delta\sigma_{d\,ult}$ 가 되어 일정한 값이 된다.

정규압밀점토에서 강도는 상대적으로 적으며 첨두강도는 나타나지 않는다. 이러한 사실은 압밀배수시험 결과와 같이 정규압밀점토와 느슨한 모래의 특성이 비슷하며 과압밀점토의 특성이 조밀한 모래의 특성과 비슷함을 다시 확인하게 하는 것이다.

(2) 간극수압－변형률 관계

압밀비배수시험에서 전단(일축압축)은 비배수상태에서 일어나므로 축차응력 $\Delta\sigma_d$ 를 가함에 따라 과잉간극수압이 발생한다. 이 과잉간극수압은 정규압밀점토에서는 과압밀점토에 비해 상대적으로 훨씬 큰 값이 된다. 심하게 과압밀 된 점토는 파괴 시 음(-)의 과잉간극수압이 발생한다. 즉 배수상태에서 전단하면 부피가 팽창하게 된다.

그림 7.61(b)에는 전단이 진행됨에 따라 공시체에 발생하는 간극수압-변형률 관계가 나타나 있다. 정수압은 무시할 수 있으므로 과잉간극수압과 간극수압이 같다. 과압밀점토에서는 과잉간극수압은 잠깐 증가하였다가 본래의 값 이하로 되는 반면 정규압밀점토에서는 계속 증가한다.

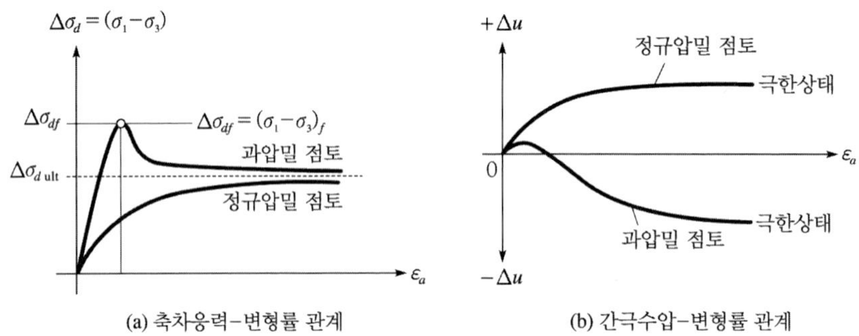

그림 7.61 CU-Test에 의한 점토의 전단특성

(3) 간극수압계수-변형률 관계

구속응력 σ_c 로 등방압축하고 축차응력 $\Delta\sigma_d$ 로 일축압축하면 간극수압 Δu 는

$$\Delta u = B\sigma_c + D\Delta\sigma_d$$

그런데 압밀비배수시험에서는 등방압축한 다음 압밀완료 시키므로 $B\sigma_c = 0$ 이고 완전포화상태 (S=100%)이므로 D=A. 따라서

$$\Delta u = A\Delta\sigma_d \tag{7.98a}$$

또는

$$A = \frac{\Delta u}{\Delta\sigma_d} \tag{7.98b}$$

특히 파괴상태에서는

$$A_f = \frac{\Delta u_f}{\Delta\sigma_{df}} \tag{7.99}$$

A는 정규압밀점토에서는 크고 과압밀점토에서는 작다. 심하게 과압밀된 점토는 $A_f < 0$ 이 된다. A의 크기는 전단진행정도, 즉 ε_a 의 크기에 따라 다르므로 간극수압계수 A-변형률 관계를 그

림으로 나타낼 수 있게 된다(예제 7.12 참조).

(4) 체적변화율 – 축방향 변형률 관계

비배수 전단이므로 체적변화는 일어나지 않는다($\Delta V = 0$).

(5) 강도정수의 결정

파괴상태의 주응력을 전응력으로 하여 전응력원(total stress circle)에서 강도정수를 구하면 CU – Test라 하고 유효응력으로 정리된 유효응력원(effective stress circle)에 대한 파괴포락선에서 강도정수를 결정하면 $\overline{\text{CU}}$ – Test라 한다.

CU – Test에서 얻는 강도정수에는 하첨자 cu를 부여하여 c_{cu} , ϕ_{cu} 로 표기한다. 그리고 $\overline{\text{CU}}$ – Test로 구한 강도정수에는 상첨자(′)를 부여하여 c' , ϕ' 으로 표기 한다. 그런데 CD – Test와 $\overline{\text{CU}}$ – Test에서 얻어지는 강도정수는 서로 같으므로

$$c_d = c' , \ \phi_d = \phi' \tag{7.100}$$

압밀비배수시험은 전단과정이 비배수이므로 압밀배수시험 보다는 시험에 소요되는 시간이 훨씬 짧다. 따라서, 장시간이 소요되어 비실용적인 압밀배수시험 대신 $\overline{\text{CU}}$ – Test 에서 얻은 강도정수를 사용하게 되며 결과도 잘 일치한다.

압밀배수시험에서와 마찬가지로 큰 구속응력으로 등방압축하면 공시체의 부피는 많이 감소하여 밀도가 크게 증가하므로 파괴 시 축차응력 $\Delta\sigma_{df}$ 는 커지고 따라서 Mohr 응력원의 직경도 커진다. 전응력원과 유효응력원을 비교해보면 전응력원과 유효응력원의 크기는 같고 위치는 간극수압 만큼 떨어져 있다. 즉

$$\text{전응력원의 크기(직경)} = \sigma_{1f} - \sigma_{3f} = (\sigma_1 - \sigma_3)_f = \Delta\sigma_{df}$$

$$\text{유효응력원의 직경} = \sigma_{1f}' - \sigma_{3f}' = (\sigma_1' - \sigma_3')_f$$

$$\sigma_{1f}' - \sigma_{3f}' = (\sigma_1 - u)_f - (\sigma_3 - u)_f = \sigma_{1f} - \sigma_{3f} = \Delta\sigma_{df}$$

결국 두 원의 크기(직경)은 같다. 또한 두 원의 위치에 대해서는

$$\sigma_{1f}' = \sigma_{1f} - u , \ \sigma_{3f}' = \sigma_{3f} - u$$

따라서 두 원은 간극수압 u 만큼 떨어져 위치한다. 정규압밀 점토에서는 $u > 0$ 이므로 유효응력

원이 전응력원보다 왼쪽에 있지만 심하게 과압밀된 점토에서는 $u<0$ 이므로 유효응력원이 전응력원의 오른쪽에 위치한다(그림 7.62 참조).

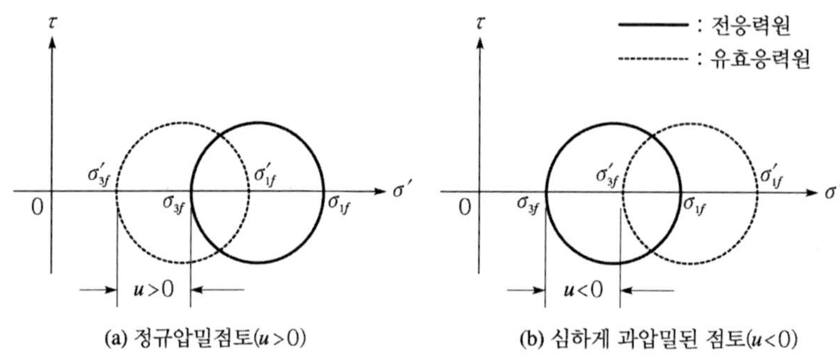

그림 7.62 전응력원과 유효응력원의 비교

가. CU-Test에서 얻어지는 강도정수

σ_c 의 크기를 다르게 할 때마다 $\Delta\sigma_{df}$ 값도 다르게 측정되어

$$\sigma_{3f} = \sigma_c,\ \sigma_{1f} = \sigma_c + \Delta\sigma_{df}$$

파괴상태의 주응력들이 전응력으로 정리되어 있으므로 전응력원에 대하여 파괴포락선을 그려 강도정수를 결정한다.

① 정규압밀점토의 경우

그림 7.63에는 Mohr 응력원과 파괴포락선이 그려져 있다. 파괴포락선은 원점을 지나므로 강도정수 $c_{cu}=0$, ϕ_{cu} 를 얻을 수 있다. 정규압밀점토에 대한 압밀배수시험에서와 같이 파괴상태의 Mohr 응력원은 그 직경이 σ_c 의 크기 비례한다. 즉, $(\sigma_1-\sigma_3)_f \propto \sigma_c$.

이 사실은 압밀배수시험에서 보인 것과 같은 방법으로 증명할 수 있다.

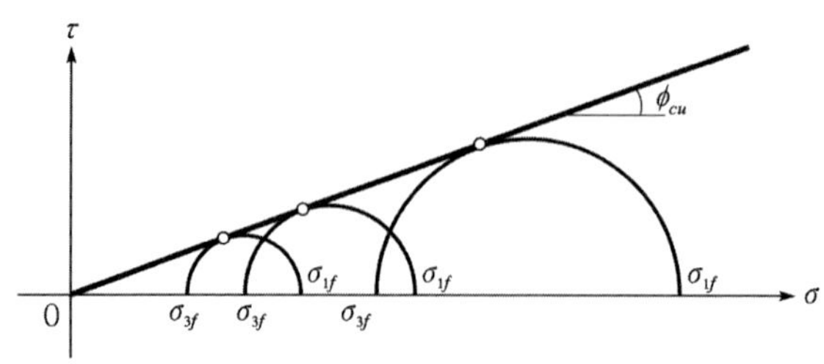

그림 7.63 CU-Test에 의한 강도정수 결정(정규압밀점토)

② **과압밀점토의 경우**

그림 7.64에 보인 것처럼 파괴포락선은 점착력 절편을 가진다. 따라서, 강도정수 c_{cu} , ϕ_{cu} 를 얻을 수 있다.

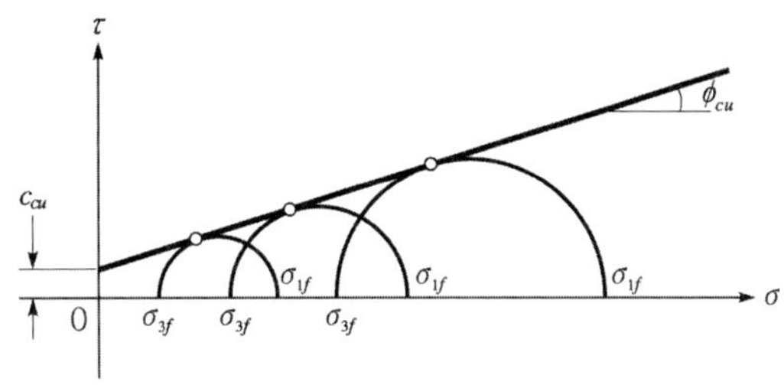

그림 7.64 CU-Test에 의한 강도정수 결정(과압밀점토)

압밀비배수(CU)시험은 포화점토 지반위에 단계별 공사를 하는 경우 전 단계 하중(공사)으로 압밀이 완료된 상태($u_e = 0$)에서 다음 단계 공사를 실시할 때 점토지반의 비배수강도 s_u 를 결정하는데 사용된다. 예를 들어 포화점토층 위에 제방을 축조하고 장시간이 경과한 다음(압밀완료상태, $u_e = 0$), 제방의 높이를 높이기 위하여 추가로 급속하게 성토(비배수상태)를 하게 될 때 점토지반의 비배수강도를 추정 하는데 사용한다. 이 경우 전 단계 성토에 대해서는 압밀(배수) 완료상태이고 추가성토에 대해서는 비배수(비압밀)상태이므로 공사 중 또는 완공 직후까지의 강도는 비배수강도로 볼 수 있다. 즉 추가 성토기간 중 성토의 강도는 기존의 성토에 의하여 압밀 완료된 상태의 강도를 그대로 유지하고 있다고 볼 수 있다. 공사 중 추가성토에 의하여 전단응력은 증가하지만 전단강도의 증가는 일어나지 않는다. 즉 비배수상태이므로 유효응력은 불변이고(밀도가 변하지 않음) 강도는 비배수강도로 일정하다.

이때의 비배수강도는 추가성토를 실시하기 전 지반의 유효응력을 구속 응력의 크기로 하고 압밀비배수시험을 실시하여 얻어지는 축차응력 $\Delta\sigma_{df}$ 의 반으로 한다. 압밀비배수(CU)시험에서 얻어지는 비배수강도는 단계별 공사(staged loading) 외에 수위 급강하(sudden draw-down) 직후의 흙 댐의 안정해석에도 사용된다. 단계별 공사의 경우 기존의 하중에 대한 압밀은 완료되었고 수위급강하 직후에는 흙 댐 내부의 물이 전혀 배출되지 않았다고 단순화하고 있지만 실제 문제에 있어서 압밀진행의 정도와 제체의 배수정도를 정확하게 파악하는 것이 대단히 어렵다. 이를 위해서는 오랜 경험과 판단력이 요구된다. 수위급강하 직후의 흙 댐 안정에 관하여서는 10장 사면안정에서 논의하고 있다.

나. $\overline{\text{CU}}$ – Test에서 얻어지는 강도정수

파괴 시의 간극수압 $u = u_f$ 를 측정하면 파괴상태의 유효 주응력은

$$\sigma_{3f}' = \sigma_{3f} - u = \sigma_c - u\ ,\ \ \sigma_{1f}' = \sigma_{1f} - u = \sigma_c + \Delta\sigma_{df} - u$$

σ_c 를 3~4회 변화시킬 때마다 한 쌍의 $(\sigma_{3f}', \sigma_{1f}')$을 얻는다.

파괴상태의 Mohr 응력원을 그리고 공통접선, 즉 파괴포락선을 그리면 강도 정수 c', ϕ' 을 얻을 수 있다.

① 정규압밀점토의 경우

그림 7.65에는 $\overline{\text{CU}}$ – Test에서 얻은 파괴상태의 Mohr 응력원과 파괴포락선이 나타나있다. 파괴포락선은 원점을 지나므로 강도정수는 $c' = 0$ 이고 ϕ' 만 존재한다.

독자들에게 드리는 질문 : 정규압밀점토에서는 $c' = 0$ 이므로 파괴상태의 Mohr 응력원 직경(즉 $\Delta\sigma_{df}$)의 크기는 σ_c 에 비례한다. 이 진술의 정오를 판정하라.

(Hint : σ_c 에 비례하는가, $\sigma_{3f}' = \sigma_c - u$ 에 비례하는가?)

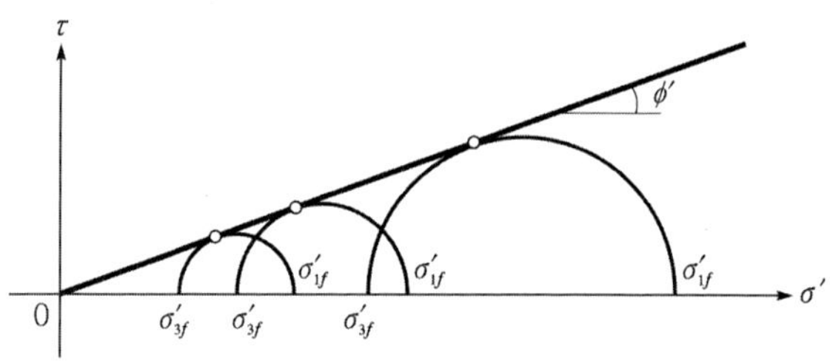

그림 7.65 $\overline{\text{CU}}$ – Test에 의한 강도정수 결정(정규압밀점토)

② 과압밀점토의 경우

그림 7.66에는 과압밀점토에 대한 Mohr 응력원과 파괴포락선이 그려져 있다. 포락선은 점착력 절편을 가지므로 강도정수는 c' 과 ϕ' 이 모두 존재한다.

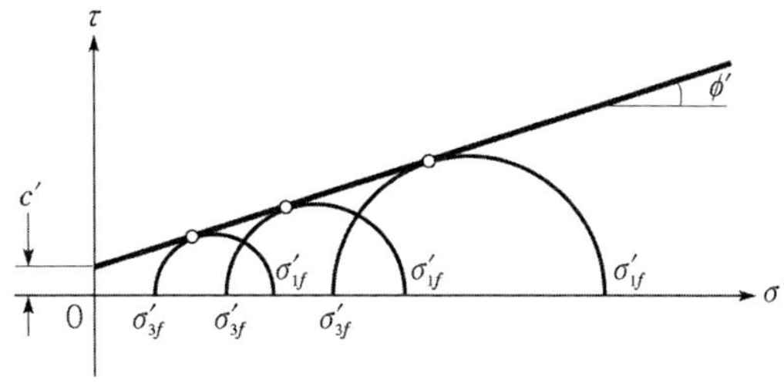

그림 7.66 $\overline{\mathrm{CU}}$ – Test에 의한 강도정수 결정(과압밀점토)

$\overline{\mathrm{CU}}$ – Test에서 얻어지는 강도정수 c', ϕ' 은 유효응력원에서 얻어진 값이므로 흙의 강도는 파괴 포락선의 방정식이 되어

$$s = \tau_{ff} = c' + \sigma_{ff}{}' \tan\phi' = c' + (\sigma_{ff} - u)\tan\phi' \tag{7.101}$$

이와 같이 흙의 강도를 유효응력에서 결정한 강도정수로 표현하는 안정해석법을 유효응력해석법(effective stress analysis, ESA)이라 한다. 유효응력해석법은 흙의 강도는 유효응력에 관계된다는 유효응력 원리에 충실하므로 이론적 근거는 확실하다. 유효응력해석법은 이론상 모든 경우에 적용할 수 있으나 간극수압의 정확한 파악이 문제점이다. 만약 간극수압을 실측한다면 간극수압을 알 수 있으므로 유효응력 해석법은 항시 적용이 가능하다. 간극수압을 실측하지 않는 경우에는 간극수압을 해석적 방법으로 쉽게 결정할 수 있을 때 유효응력해석법을 적용하는 것이 편리하다. 즉 과잉간극수압이 완전히 소산된 상태(배수상태), 또는 정수압 상태 및 정상침투상태가 여기에 속한다. 이 때 간극수압은 침투해석으로 구할 수 있다. 그런데 과잉간극수압이 완전히 소산되는 상태는 완공 후 장시간 경과한 지점이므로 이때의 안정해석은 장기안정해석(long term stability analysis)라 한다. 유효응력해석법에 관하여서는 10장 사면안정에서 본격적으로 논의하고 있다.

▶ **예제 7.12** 압밀비배수 삼축압축시험($\overline{\mathrm{CU}}$ – Test) 결과가 표 예제 7.12와 같다. 구속응력 $\sigma_c = 1.406 kg/cm^2$ $(20psi)$ 이고, 전단 전 공시체의 직경이 $d_0 = 68.71mm$ (2.71in), 길이 $l_0 = 142.3mm$ (5.60in) 이다.

(a) 축차응력($\Delta\sigma_d$)–축 방향 변형률(ε_a) 관계

(b) 파괴 시의 축차응력 $\Delta\sigma_{df}$

(c) 간극수압(u)–축 방향 변형률(ε_a) 관계

(d) 간극수압계수(A)–축 방향 변형률(ε_a) 관계를 구하여라.

표 예제 7.12 압밀비배수 삼축압축시험 결과(Spangler, 1982 자료편집)

측정 값				계산 값					
(1)	(2)	(3)	(4)	(5)	(6)	(7)	(8)	(9)	(10)
Dial Reading	ΔV	N	u	ε_a	$\Delta V / \Delta V_0$	A_c	$\Delta\sigma_d$	σ_1	A
(mm)	(cm^3)	(kg)	(kg/cm^2)			(cm^2)	(kg/cm^2)	(kg/cm^2)	
0.0	–	0.0	0.0	0.0	–	37.08	0.0	1.406	0.0
2.5	–	40.79	0.071	0.018	–	37.76	1.080	2.486	0.066
5.0	–	68.02	0.194	0.035	–	38.43	1.770	3.176	0.110
7.5	–	82.60	0.265	0.053	–	37.16	2.109	3.515	0.126
10.0	–	90.76	0.286	0.070	–	37.87	2.276	3.682	0.126
12.5	–	96.16	0.286	0.088	–	40.66	2.365	3.771	0.121
15.0	–	97.83	0.275	0.105	–	41.43	2.410	3.816	0.114
17.5	–	101.56	0.265	0.123	–	42.28	2.402	3.808	0.110

풀이 : 축 방향 변형률 $\varepsilon_a = \Delta l / l_0 = \Delta l / 142.3$

전단 전 공시체 단면적 $A_0 = \dfrac{\pi}{4} d_0^{\,2} = \dfrac{\pi}{4}(6.871)^2 = 37.08 cm^2$

전단 전 공시체 체적 $V_0 = A_0 l_0 = (37.08)(14.23) = 527.65 cm^3$

따라서 보정 단면적 $A_c = A_0 \dfrac{1 - \dfrac{\Delta V}{V_0}}{1 - \dfrac{\Delta l}{l_0}} = \dfrac{A_0}{1 - \varepsilon_a} = \dfrac{37.08}{1 - \varepsilon_a}$

축차응력 $\Delta\sigma_d = N / A_c$,

최대 주응력 $\sigma_1 = \sigma_c + \Delta\sigma_d = 1.406 + \Delta\sigma_d$

간극수압계수 $A = u / \Delta\sigma_d$

계산결과는 위 표에 수록하였다.

(a) 축차응력($\Delta\sigma_d$)–축 방향 변형률(ε_a) 관계

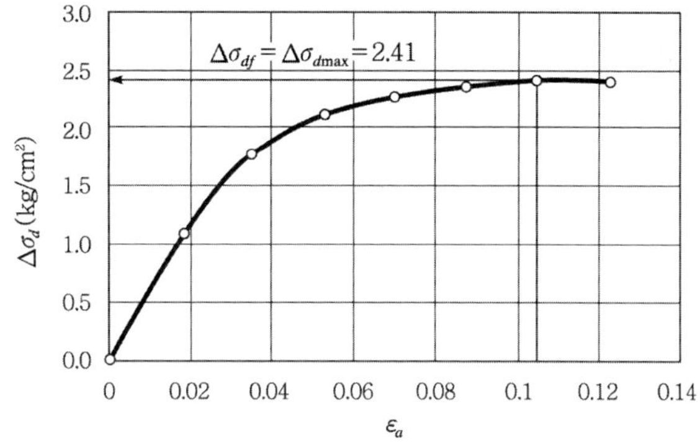

그림 예제 7.12 해답도(1)

(b) 파괴 시의 축차응력 $\Delta\sigma_{df}$

그림 예제 7.12 해답도(1)에서 $\Delta\sigma_{df}=\Delta\sigma_{d\max}=2.41kg/cm^2$

(c) 간극수압(u)–축 방향 변형률(ε_a) 관계

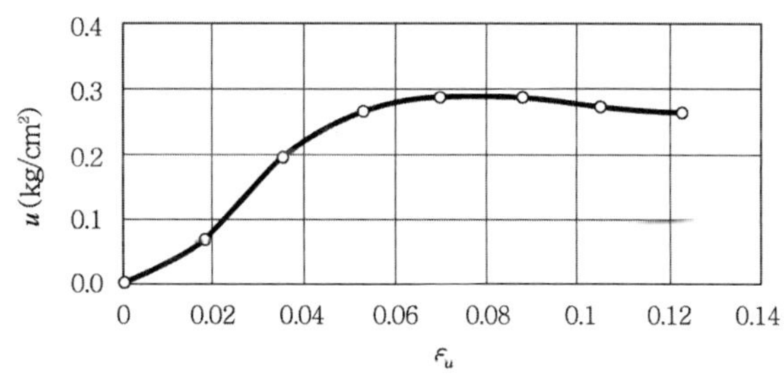

그림 예제 7.12 해답도(2)

(d) 간극수압계수(A)–축 방향 변형률(ε_a) 관계

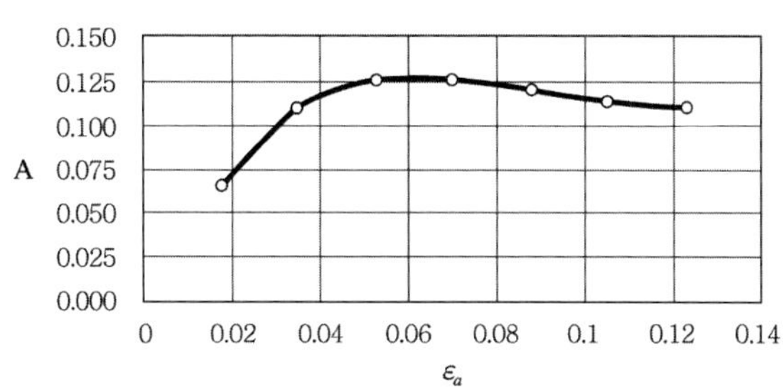

그림 예제 7.12 해답도(3)

◀

참고사항 : 파괴포락선과 강도정수에 대한 실제적 사항

- 실제의 파괴포락선은 Coulomb의 전단방정식과는 달리 뚜렷한 곡선형상이 되는 경우가 있다. 수직응력의 범위가 대단히 큰 경우와 심하게 과압밀된 점토나 불포화점토에 대한 파괴포락선이 여기에 해당할 수 있다.
- 곡선인 파괴포락선을 Coulomb의 전단방정식($\tau_{ff} = \sigma_{ff}' \tan\phi' + c'$) 형태로 직선화하여 근사적으로 표현할 때 직선화시키는 수직응력의 구간을 택하는 방법에 따라 상이한 강도정수 c', ϕ' (또는 c_u, ϕ_u)이 얻어진다.

그림 7.67에서는 풍화되지 않은 London clay에서 얻어진 곡선형 파괴포락선을 직선으로 근사화시키는 2가지 경우가 제시되어 있다.

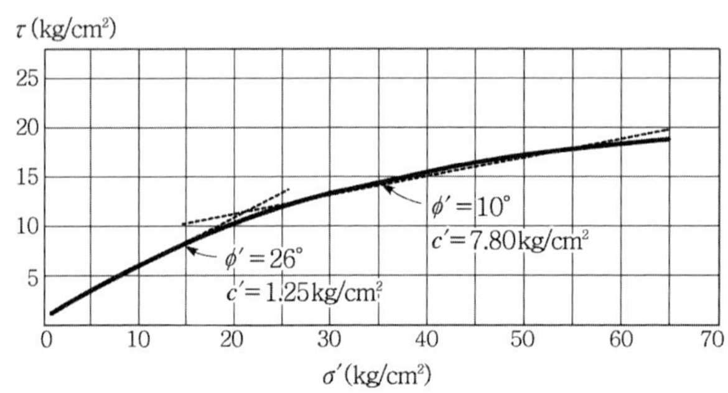

그림 7.67 풍화되지 않은 London clay에 대한 파괴포락선(Lambe & Whitman, 1969))

첫 번째 경우에는 $c' = 1.25kg/cm^2$, $\phi' = 26°$ 이고 두 번째 경우에는 $c' = 7.80kg/cm^2$, $\phi' = 10°$ 가 된다. 즉 곡선인 파괴포락선을 직선으로 근사화하는 방법에 따라 상이한 c', ϕ' 값이 얻어진다.

c' 값의 개략치(typical values)는 $c' \approx (0.5 \sim 2.5)kg/cm^2$. 물론 이 범위를 벗어나는 경우도 있음.

7.9.3 비압밀비배수시험에서 얻어지는 강도정수와 전단특성

비압밀비배수 삼축압축시험(UU – Test)은 공시체를 비배수상태에서 구속응력 σ_c 로 등방압축한 후 비배수상태로 전단(일축압축) 시키는 시험이다. 시험의 전 과정이 비배수시험이므로 시험에 소요되는 시간이 가장 짧다(Quick Test).

그림 7.68에는 비압밀비배수 삼축압축시험의 각 단계에서 공시체에 작용하는 전응력, 간극수압 및 유효응력이 제시되어 있다. 그림 다음에는 이들 응력의 결정방법을 제시하고 있다.

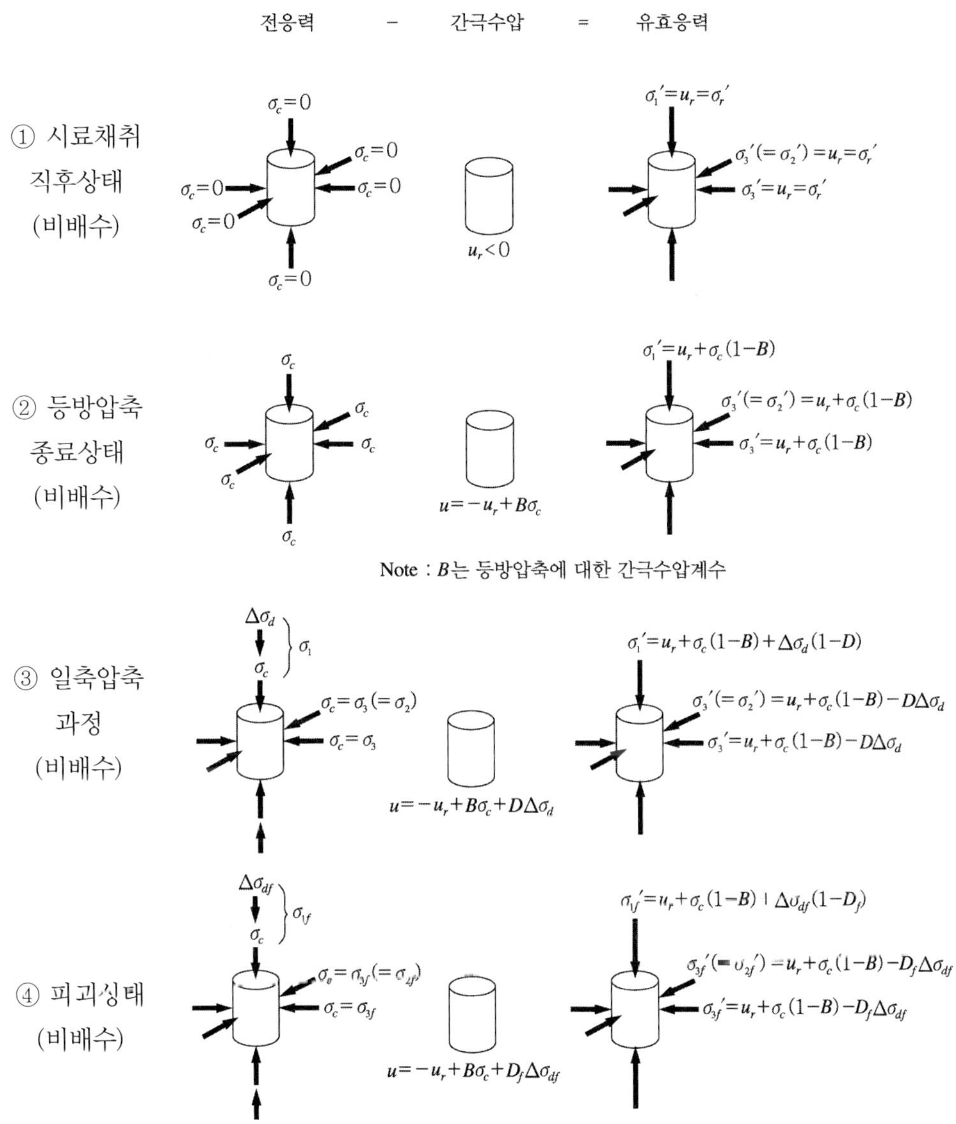

그림 7.68 비압밀비배수시험(UU−Test) 시 각 하중단계별 응력상태

① 시료 채취 직후의 상태(비배수)

전응력 : $\sigma_1 = 0$, $\sigma_3 = 0$ (대기압만 작용하고 있음)

간극수압 : $u = -u_r$ (u_r 을 잔류간극수압이라 함. 이 때문에 공시체의 자립이 가능)

u_r 에 관하여서는 이 소절 마지막에 있는 참고사항 참조.

유효응력 : $\sigma_1' = \sigma_1 - u = u_r = \sigma_r'$, $\sigma_3' = \sigma_3 - u = u_r = \sigma_r'$ ($\sigma_r' = u_r$ 을 잔류유효응력이라 함. 참고사항 참조)

② 등방압축(비배수) 완료상태

전응력 : $\sigma_1 = \sigma_c$, $\sigma_3 = \sigma_c$

간극수압 : $u = -u_r + \Delta u = -u_r + B\sigma_c$

여기서, $B = \dfrac{\Delta u}{\sigma_c}$ $\therefore \Delta u = B\sigma_c$

B는 등방압축 시의 간극수압계수(S=100%이면 B=1)

유효응력 : $\sigma_1' = \sigma_1 - u = u_r + \sigma_c(1-B)$, $\sigma_3' = \sigma_3 - u = u_r + \sigma_c(1-B)$

③ 일축압축(전단)시험 과정(비배수)

전응력 : $\sigma_1 = \sigma_c + \Delta\sigma_d$, $\sigma_3 = \sigma_c$

간극수압 : $u = -u_r + B\sigma_c + D\Delta\sigma_d$ (D는 일축압축 시의 간극수압계수, S=100%이면 $D = A$)

유효응력 : $\sigma_1' = \sigma_1 - u = u_r + \sigma_c(1-B) + \Delta\sigma_d(1-D)$

$\sigma_3' = \sigma_3 - u = u_r + \sigma_c(1-B) - D\Delta\sigma_d$

④ 일축압축에 의한 파괴 시(비배수)

전응력 : $\sigma_{1f} = \sigma_c + \Delta\sigma_{df}$, $\sigma_{3f} = \sigma_c$

간극수압 : $u = u_f = -u_r + B\sigma_c + D_f\Delta\sigma_{df}$ (D_f 는 일축압축 시의 간극수압계수, S=100%이면 $D_f = A_f$)

유효응력 : $\sigma_{1f}' = \sigma_{1f} - u_f = u_r + \sigma_c(1-B) + \Delta\sigma_{df}(1-D_f)$

$\sigma_{3f}' = \sigma_3 - u_f = u_r + \sigma_c(1-B) - D_f\Delta\sigma_{df}$

지반으로부터 불교란 시료를 채취하고 이것으로 공시체를 만들면, 이 공시체에 작용하는 전응력은 대기압뿐이므로 0이다. 즉 $\sigma_1 = \sigma_3 = 0$. 이 때 공시체 내에 작용하는 수압은 잔류간극수압($-u_r$)이며 그 값은 음(–)이다. 즉 $u_r < 0$ 이다.

잔류간극수압은 땅 속으로부터 시료를 채취할 때 지반응력이 제거되기 때문에 생기는 간극수압이다(이 소절 끝에 있는 참고사항 참조). 사실상 압밀배수 및 압밀비배수시험에서도 등방압축 전에 공시체에는 이 잔류간극수압이 작용하고 σ_c 로 등방압축한 직후에는 $B\sigma_c$ 의 과잉간극수압이 발생하지만 압밀완료 상태에서는 모든 과잉간극수압이 소산되므로 그림 7.68의 첫째 단계는 생략하였다. 음(-)의 잔류간극수압 $-u_r$ 에 의하여 공시체에는 양(+)의 유효응력이 작용하게 된다. 즉

$$\sigma_1' = \sigma_1 - u = 0 - (-u_r) = u_r = \sigma_r'$$

$$\sigma_3' = \sigma_3 - u = 0 - (-u_r) = u_r = \sigma_r'$$

$\sigma_r' = u_r$ 을 잔류유효응력이라 한다.

등방압축에 의한 과잉간극수압 Δu 는 측정하지 않으면 알 수 없는 값이지만 간극수압계수 B를 써서 나타내고 있다. 즉

$$B = \frac{\text{생성된 과잉간극수압}}{\text{등방압축응력}} = \frac{\Delta u}{\sigma_c} \quad \therefore \Delta u = u = B\sigma_c$$

포화상태(S=100%)에서는 B=1이다. 따라서 S=100%이면 $u = \sigma_c$ 가 되어 구속 응력이 그대로 과잉간극수압으로 전해지게 된다. 일축압축 시의 간극수압계수 D에 관하여서는 이미 7.9.2 압밀비배수시험에서 얻는 강도정수와 전단특성에서 언급하였다.

비압밀비배수시험(UU-Test)에서는 전단 시의 간극수압은 보통 측정하지 않는다(그 이유는?). 간극수압을 측정하지 않기 때문에 전단과정에서의 유효응력은 알 수 없다. 따라서, 비압밀비배수시험 결과는 전응력으로만 정리할 수 있다.

비압밀비배수시험에서 얻어지는 강도정수에는 하첨자 u를 부여하여 c_u, ϕ_u 로 표기한다. 하첨자 u는 물론 비배수(undrained)의 의미이다.

(1) 포화 점토의 경우(S=100%인 경우)

압밀배수시험 및 압밀비배수시험에서는 등방압축시키는 구속응력 σ_c 의 크기가 클수록 파괴상태의 축차응력 $\Delta\sigma_{df}$, 즉 Mohr 응력원 직경은 더 커진다. 여기에 반해 비압밀비배수시험(UU-Test)에서는 구속응력 σ_c 의 크기에는 무관하게 파괴 상태의 Mohr 응력원 직경, 즉 $\Delta\sigma_{df}$ 는 모두 동일하게 된다. 이것은 등방압축이 압밀상태(배수)인가 비압밀상태(비배수)인가에 따라 물의 출입 허용여부가 다르기 때문이다. 이 사실을 밝히기 위하여 비배수 등방압축에 의하여 공시체의 강도가 변화하는지 변화하지 않는지를 살펴보자. 이것은 등방압축에 의한 유효응력의 변화 또는 밀도

의 변화여부를 검토해 보면 알 수 있다.

그림 7.68에 보인 것처럼,

- 시료채취 직후의 유효응력 : $\sigma_1' = \sigma_3' = \sigma_r' = u_r$
- 등방압축 종료 시의 유효응력 : $\sigma_1' = \sigma_3' = \sigma_c - u = u_r + \sigma_c(1-B)$

그런데 S=100% 이면 B=1이므로 $\sigma_1' = \sigma_3' = u_r$

즉 등방압축에 의한 유효응력의 변화는 없다. 또한 등방압축과정은 비압밀상태이므로 밀도의 변화도 일어나지 않는다. 따라서 일축압축 시의 강도 $\Delta\sigma_{df}$ 의 변화도 없게 된다. $\Delta\sigma_{df}$ 는 σ_c 의 크기에 무관하게 일정하다. 이 사실을 보다 직관적으로 밀도변화의 입장에서 살펴보면 흙은 포화상태이고 비배수 등방압축이므로 물의 배출이 없기 때문에 흙의 부피는 변하지 않는다. 결국 부피의 변화가 없으므로 공시체의 간극비, 다시 말하자면 밀도는 비배수 등방압축에 의하여 변하지 아니한다. 그러므로 밀도의 입장에서도 구속응력 σ_c 의 크기에 무관하게 전단파괴 시의 축차응력 $\Delta\sigma_{df}$, 즉 응력원의 직경은 동일하다.

이제 일축압축(전단)에 의한 파괴상태에서의 Mohr 응력원과 파괴포락선에 대해 생각해 보기로 한다. 일축압축과정은 등방압축의 결과로 얻어진 공시체의 강도를 실제로 측정하여 확인하는 시험이다. 구속응력 σ_c 의 크기에 무관하게 비배수 등방압축은 포화토의 강도를 변화시키지 못하므로 파괴상태의 축차응력 $\Delta\sigma_{df}$, 즉 압축강도는 모든 응력원에서 같은 값이 된다. 그리고 이 값은 σ_c 의 크기에 관계없이 시료 채취 직후 상태의 흙의 압축강도를 그대로 유지하고 있다.

이때 파괴상태의 전응력은 $\sigma_{1f} = \sigma_c + \Delta\sigma_{df}$, $\sigma_{3f} = \sigma_c$ 가 된다. 따라서 파괴상태의 전응력원(total stress circle)은 σ_c 의 크기에 따라 위치는 달라지지만 그 직경은 $\Delta\sigma_{df}$ 로 같게 된다. 즉 파괴상태의 전응력원은 그림 7.69에서 나타낸 것처럼 크기는 같고 위치만 구속응력 σ_c 에 따라 달라지는 것을 알 수 있다. 파괴상태의 전응력원들의 직경이 같으므로 파괴포락선은 그림과 같이 수평선이 되어 $\phi_u = 0$ 이고 절편은 $c_u = \dfrac{\Delta\sigma_{df}}{2} = \dfrac{(\sigma_1 - \sigma_3)_f}{2}$ 가 되는데 이것을 비배수강도(undrained strength) s_u 라 한다.

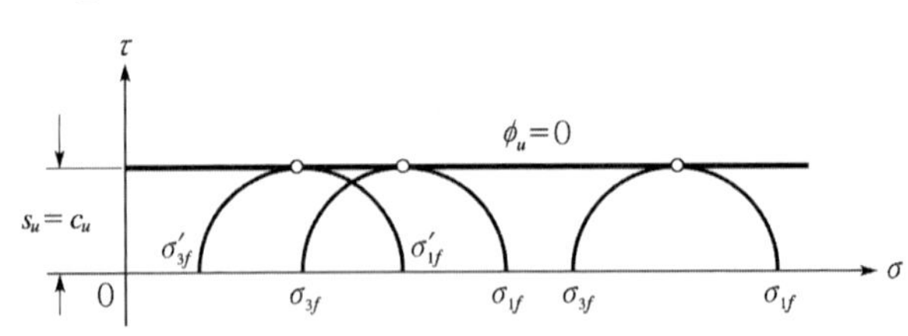

그림 7.69 UU-Test에 의한 강도정수 결정(포화점토의 경우)

$$s_u = c_u = \frac{(\sigma_1 - \sigma_3)_f}{2}, \ \phi_u = 0 \tag{7.102}$$

만약 시료 채취과정과 공시체 성형과정까지 흙이 전혀 교란되지 않고(밀도불변) 흙에 작용하는 유효응력이 변하지 않으며, 포화도도 불변이고 전단과정도 현장의 파괴과정과 일치한다고 가정하면(또는 그렇기를 간절히 소망하면서) 시료 채취 직후의 강도는 이 흙이 현장의 지중에서 본래 가지고 있던 강도와 같을 것이며 일축압축(전단)하여 얻은 강도는 바로 이 강도를 측정한 셈이 된다. 그러나 실제로 시료채취 직후 유효응력은 잔류유효응력 σ_r' 으로 등방인데 반해 지중에서의 유효응력은 $K_0 = 1$ 이 아니면 $\sigma_v' \neq \sigma_h'$ 이고 그 크기도 다르며 시료에 일어나는 교란도 불가피하므로 시험에서 측정한 강도는 지반내에서의 실제 강도가 아니다.

NOTE : 비압밀비배수(*UU*) 삼축압축시험 또는 일축압축시험에서 얻어지는 비배수 강도 $s_u = c_u$ 는 흙이 지중에서 본래 가지고 있는 강도와는 물론 다름. 뒤에 있는 참고사항에서는 삼축압축시험에서 얻는 강도정수의 측정조건을 현장상태와 비교하여 설명하고 있음. 또한 잔류간극수압 u_r 에 대해서도 언급하고 있음.

UU−Test에서 얻어지는 비배수강도 $\phi_u = 0$, $s_u = c_u$ 가 현재 땅속 흙의 강도와 같다고 가정하고 실시하는 안정해석방법을 $\phi_u = 0$ 해석법($\phi_u = 0$ analysis)이라 한다. 포화점토 지반에 성토를 급속히 한 경우 공사 중 또는 완공 직후에서는 점토의 투수성이 대단히 작아 성토하중에 의하여 유발된 과잉간극수압이 (전혀) 소산되지 못한 상태에 있으므로 압밀 또는 배수도 전혀 진행되지 못하여 점토의 간극비 또는 밀도는 성토 전과 같은 상태에 있다고 볼 수 있다. 압밀이 일어나지 않았으므로 성토하중은 그대로 과잉간극수압이 되어 유효응력도 성토 전의 값을 그대로 유지하고 있다고 생각된다. 따라서 이 때 흙의 강도는 성토 전에 이 흙이 본래 가지고 있던 강도 그대로이며, 이 강도는 일축압축(전단)에서 얻어지는 비배수강도 $\phi_u = 0$, $s_u = c_u$ 뿐이다(시간이 경과하여 압밀이 진행되면 유효응력과 간극비(밀도)가 변하므로 이 흙의 강도는 변하게 된다). 그러므로 완공 직후의 안정성을 검토하기 위해서는 흙의 강도는 비배수 강도 $s_u = c_u$ 로 하고 $\phi_u = 0$ 로 가정하는 $\phi_u = 0$ 해석법을 적용하는 것이 대단히 편리하다.

비배수강도는 유효응력해석법의 가장 중요한 불확실 요소인 간극수압 u 의 파악이 필요하지 않으므로 대단히 간편하게 강도를 얻게 된다. 반면 비배수강도 c_u 는 공시체의 간극비(밀도)가 현장의 파괴 시의 간극비와 일치하여야 한다는 단점이 있다. 만약 두 간극비가 다르면 이들 차이에 따른 비배수강도의 보정이 필요한데 이것은 경험과 판단력이 요구되는 일이다. 따라서 $\phi_u = 0$ 해석법의 가장 중요한 난점은 비배수강도의 정확한 파악이다.

완공 직후(end of construction)는 착공 후 단시간 경과시점이므로 이때의 안정해석을 단기안정해석

(short term stability analysis)이라 한다.

다음으로 파괴상태에서의 유효응력원(effective stress circle)과 파괴포락선에 대하여 고찰해 보자. 포화도 S=100%일 때 $B=1$ 이므로, $D_f = A_f B = A_f$ 이다. 파괴상태에서의 유효 주응력은 그림 7.70에서 보는 것처럼

$$\sigma_{1f}' = u_r + \Delta\sigma_{df}(1 - A_f), \quad \sigma_{3f}' = u_r - A_f \Delta\sigma_{df} \tag{7.103}$$

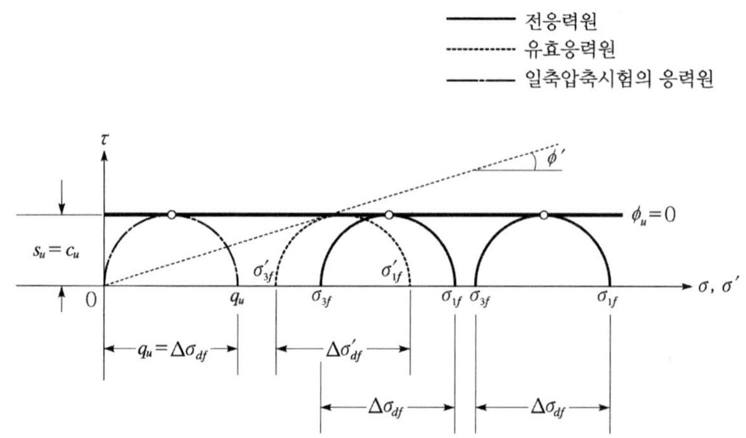

그림 7.70 UU-시험과 일축압축시험의 응력원과 파괴포락선

비압밀비배수시험에서는 전단 시 간극수압을 측정하지 않으므로 A_f 값은 알 수 없다. 그러나 $\Delta\sigma_{df}$ 의 값은 σ_c 값의 크기에 무관하게 일정하므로 A_f 값도 일정 하다. 즉 동일한 $\Delta\sigma_{df}$ 에 의해 생기는 간극수압도 동일하므로 간극수압계수 $A_f = \Delta u / \Delta\sigma_{df}$ 도 한 개의 값이 된다. 식 (7.103)에서 알 수 있는 것처럼 파괴상태의 유효응력원은 σ_c 의 크기에 무관하게 1개뿐이지만 그 위치는 알 수 없다. 유효응력원의 직경은 물론 전응력원의 직경과 같다.

즉 유효응력원의 직경=$\sigma_{1f}' - \sigma_{3f}'$

$$\sigma_{1f}' - \sigma_{3f}' = u_r + \Delta\sigma_{df}(1 - A_f) - (u_r - A_f \Delta\sigma_{df}) = \Delta\sigma_{df}$$

구속응력 σ_c 를 변화시킬 때마다 상이한 위치에 한 개씩 전응력원이 그려지지만 유효응력원은 동일한 위치에 한 개만 그려진다. 그림 7.70에는 간극수압(즉 A_f)을 알고 있다는 가정아래 그린 유효응력원이 점선으로 나타나 있고 파괴포락선도 그려져 있다. 포락선의 경사각은 ϕ' 으로 표기하고 있는데 이것은 유효응력으로 정리하여 얻은 결과라는 의미이다. 유효응력원에 대한 파괴포락

선은 수평선이 아님을 이해하여야 한다.

앞에서 논의한 일축압축시험은 $\sigma_c = 0$ 인 UU－Test의 특수한 경우에 해당된다. 일축압축시험의 경우 파괴 시의 축차응력 $\Delta\sigma_{df}$ 를 일축압축강도 q_u 로 표기한다. UU－시험에서 $\Delta\sigma_{df}$ 는 σ_c 의 크기에 무관하게 동일하므로 $\sigma_c = 0$ 인 일축압축시험의 $\Delta\sigma_{df}$, 즉 q_u 도 이론상 UU 시험에서 얻은 $\Delta\sigma_{df}$ 값과 같아야 한다. 일축압축시험에서 파괴 시 전응력원은 UU－Test의 다른 전응력원과 그 직경이 같고 $\sigma_{1f} = q_u, \sigma_{3f} = 0$ 인 2개의 점을 지나는 원이다. 전응력원에 대한 파괴포락선은 수평이고 $\phi_u = 0$ 이며 $s_u = c_u = q_u / 2$ 이다. 이론상으로는 일축압축시험에서 얻은 강도 q_u 는 삼축압축시험에서 얻은 $\Delta\sigma_{df} = (\sigma_1 - \sigma_3)_f$ 와 같은 값이 된다.

그림 7.70에서 전응력원은 실선, 일축압축시험의 전응력원은 일점쇄선, 유효 응력원은 점선으로 표시되어 있다.

(2) 불포화 점토의 경우(S 〈 100%인 경우)

불포화점토에 대하여 비압밀비배수 삼축압축시험을 실시하면 포화점토와는 달리 파괴포락선은 수평선이 되지 않는다. 이러한 사실은 등방압축에 의한 흙 부피의 감소, 즉 밀도의 증가에 기인한다.

불포화점토의 간극은 물과 공기로 채워져 있는데 구속응력 σ_c 로 공시체를 등방압축하면 공기가 물속에 용해되어 흙의 부피는 감소하고 밀도는 증가하여 결과적으로 흙의 강도는 증가한다. 따라서 선단(일축압축)에 의한 파괴 시의 축차응력 $\Delta\sigma_{df}$ 는 σ_c 가 클수록 더 커진다. 이러한 현상은 압밀배수시험 또는 압밀비배수시험의 경우와 유사하다. 따라서 구속응력이 클수록 파괴 시 Mohr 응력원의 직경은 커지고 파괴포락선은 그림 7.71의 왼쪽 부분(S<100%)과 같이 곡선이 된다. 이 부분에서는 강도정수의 값은 일정하지 않다. 즉 앞에서 논의한 것처럼 곡선을 직선으로 근사화하는 응력의 범위에 따라 c_u 와 ϕ_u 는 상이한 값이 된다. 그런데 구속응력이 충분히 커지면 공기는 완전히 물속에 용해되어 포화 상태가 된다. 따라서 그림 7.71의 오른쪽 부분(S=100%)에서는 파괴포락선은 수평선이 된다.

이와 같이 포화점토와 불포화점토는 비압밀비배수시험(UU－Test)에서 상이한 거동을 한다. 그런데 현장에서 완전 포화상태에 있는 흙을 시료로 채취하여 시험실에서 공시체를 만들었을 때 수분의 증발 등에 의해 불포화상태가 된다면 현장의 실제 거동과 상이한 거동을 하게 될 것이다. 따라서 시험에 앞서 공시체를 완전히 포화상태로 만드는 것이 필요하다.

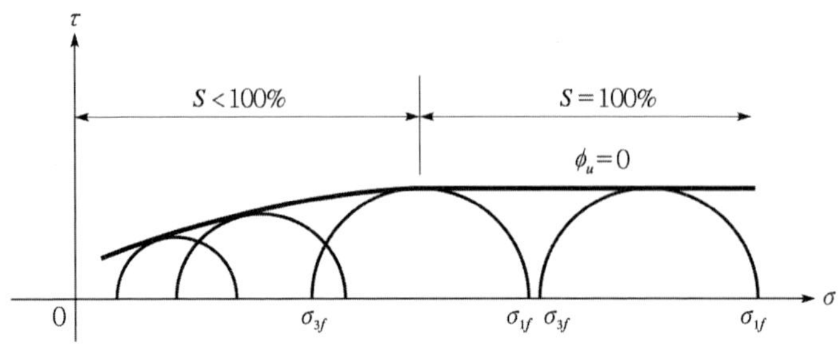

그림 7.71 불포화 점토에 대한 UU-Test의 파괴포락선

공시체를 포화상태로 만들기 위하여 공시체 속으로 수압을 작용시키는데 이 수압을 백 프레셔(back pressure)라 한다. 이 압력은 공시체가 함유하고 있는 공기를 압축, 용해시켜 흙이 완전 포화상태가 되게 한다. 이 압력은 구속응력과 함께 작용시켜야 하며 그 크기가 구속응력보다 더 커지면 공시체에 교란이 발생하게 됨을 주의하여야 한다.

(3) 비압밀비배수시험에서 얻어지는 전단특성

축차응력-변형률 사이의 관계는 압밀비배수시험에서 얻어지는 결과와 유사하다. 비배수상태로 전단하기 때문에 부피변화는 없고 과잉간극수압은 발생하지만 이를 측정하지 않으므로 간극수압-변형률 사이의 관계는 알 수 없다.

(4) 깊이에 따른 점토의 비배수강도 분포

점토의 비배수강도 c_u는 지반 속에서 흙이 본래 가지고 있는 강도라 할 수 있다. 깊은 곳에 있는 흙은 상대적으로 더 큰 압력을 받아 밀도와 유효응력이 더 큰 상태에 있으므로 그 강도도 더 크게 된다. Skempton(1957)은 정규압밀점토의 비배수강도는 연직유효응력에 직선적으로 비례하며 소성지수(PI)에도 관계된다는 것을 다음과 같은 경험식을 통해 발표하였다.

$$c_u / \sigma_v' = 0.11 + 0.0037(PI) \tag{7.104}$$

여기서 σ_v'은 점토가 받고 있는 연직유효응력(토피하중)이다. 균질한 지반에서는 $\sigma_v' = \gamma' z$ 이므로 결국 식 (7.104)는 정규압밀점토의 비배수강도 c_u는 깊이에 따라 직선적으로 증가한다는 것을 의미한다(그림 7.72(a)). 그러나 일반적으로 지표면에서도 비배수강도가 0이 아니므로 비배수강도의 깊이에 따른 분포는

$$c_u = c_0 + kz \tag{7.105}$$

여기서, c_0 는 지표면에서의 비배수강도

위 식에 대한 비배수강도 분포는 그림 7.72(b)에 제시되어 있다.

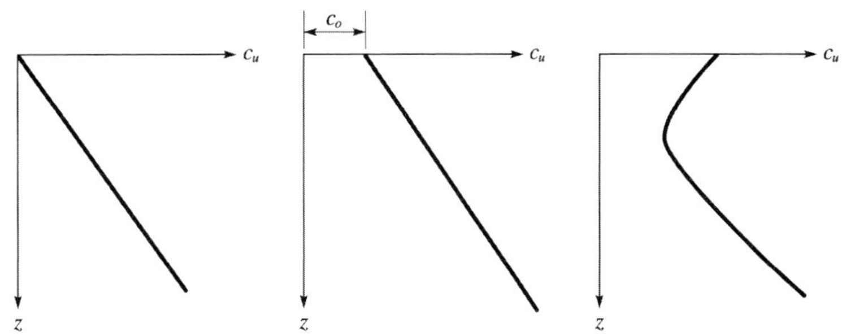

(a) 정규압밀점토 (b) 정규압밀점토 (c) 과압밀점토

그림 7.72 비배수강도의 깊이에 따른 분포

과압밀점토의 경우에는 그림 7.72(c)에서 보는 것과 같이 직선적 분포가 나타나지 않는다. Skempton의 경험식 식(7.104)는 선행하중재하공법(preloading)에서 비배수강도의 증가량을 결정하는데 널리 사용되고 있다. 선행하중재하공법은 연약지반 안정화 공법의 하나로, 연약 점토층 위에 착공에 앞서 성토하중을 사전에 가하고(preloading 이라 함) 연약층의 압밀에 의한 강도증가를 기대하는 공법이다. 넓은 면적에 걸쳐 성토하중 q 가 작용하여 압밀이 완료되었다면 비배수강도 증가량 Δc_u 는 식 (7.106)과 같이

$$\frac{\Delta c_u}{q} = 0.11 + 0.0037(PI) \tag{7.106}$$

만약 점토층의 평균 압밀도가 U(%)이면 우변에 이 값을 곱하여 주면 된다. preloading 공법은 강도 증가에 장시간이 소요되므로 흔히 압밀촉진공법(예를 들어 vertical drain 공법)과 병용하는 경우가 많다.

▶ **예제 7.13** 포화된 정규압밀점토로 압밀비배수시험($\overline{CU}$ –Test)을 하였다. 구속응력 $\sigma_c = 10kg/cm^2$ 로 등방압축을 실시하여 압밀 완료된 상태에서 축차응력 $\Delta\sigma_{df} = 20kg/cm^2$ 을 가하여 파괴에 도달하였다. 파괴상태에서의 간극수압은 $u_f = 5kg/cm^2$ 이었다.

(a) 전응력으로 정리한 내부마찰각, (b) 유효응력으로 정리한 내부마찰각을 구하라.

풀이 : 정규압밀점토이므로 파괴포락선은 원점을 지나는 것으로 가정한다.

(a) 전응력으로 정리한 내부마찰각 ϕ_{cu}

$\sigma_{3f} = \sigma_c = 10kg/cm^2$, $\sigma_{1f} = \sigma_c + \Delta\sigma_{df} = 10 + 20 = 30kg/cm^2$

A(30, 0), B(10, 0)을 $\sigma - \tau$ 좌표계에 나타내고 Mohr 응력원을 그림.

원점 O를 지나 이 원에 접선을 그리고 접점을 F라 하면

$\phi_{cu} = \angle FOC$: 그림에서 각도를 재면 $\phi_{cu} = 30°$

또는 $\sin\phi_{cu} = \dfrac{\overline{FC}}{\overline{OC}} = \dfrac{\frac{30-10}{2}}{\frac{30+10}{2}} = 0.5 \quad \therefore \phi_{cu} = 30°$

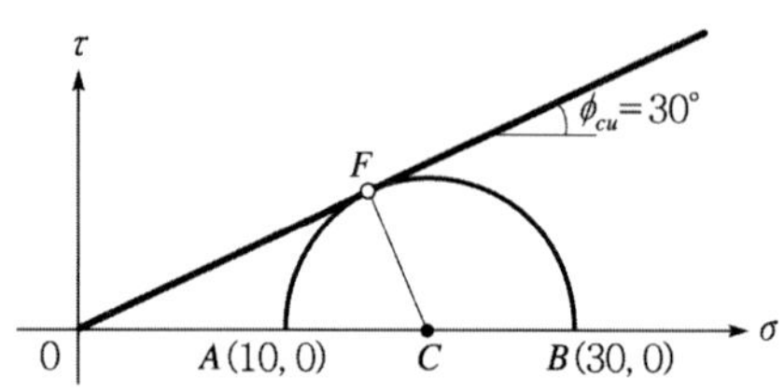

그림 예제 7.13 해답도(1)

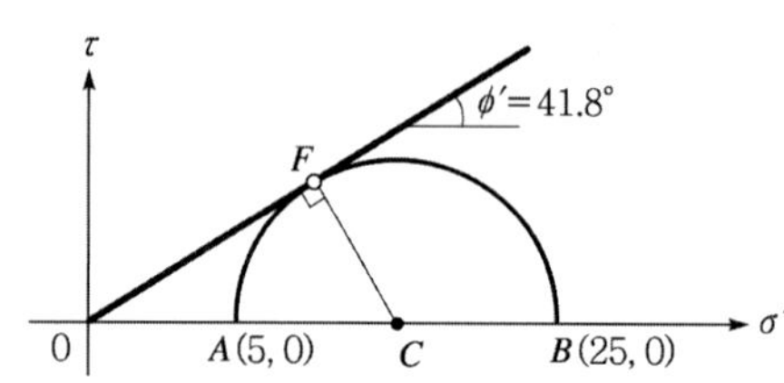

그림 예제 7.13 해답도(2)

(b) 유효응력으로 정리한 내부마찰각 ϕ'

$\sigma_{1f}' = \sigma_{1f} - u_f = 30 - 5 = 25kg/cm^2$, $\sigma_{3f}' = \sigma_{3f} - u_f = 10 - 5 = 5kg/cm^2$

A(25, 0), B(5, 0)을 $\sigma' - \tau$ 좌표계에 나타내고 Mohr 응력원을 그림.

원점 O를 지나 이 원에 접선을 그리고 접점을 F라 하면

$\phi' = \angle FOC$: 그림에서 각도를 재면 $\phi' = 41.8°$

또는 $\sin\phi' = \dfrac{\overline{FC}}{\overline{OC}} = \dfrac{\frac{25-5}{2}}{\frac{25+5}{2}} = \dfrac{10}{15} = 0.667 \quad \therefore \phi' = 41.8°$ ◀

▶ **예제 7.14** 포화된 점토 시료로 비압밀비배수시험을 실시하였다. 구속응력 σ_c를 각각 $1kg/cm^2$, $3kg/cm^2$, $5kg/cm^2$으로 하여 등방압축한 다음 일축압축을 실시 하여 파괴상태에 이르렀을 때 축 하중 N, 축 변형량 Δl, 체적변화량 ΔV가 다음 표와 같이 측정되었다. 강도정수 c_u, ϕ_u를 구하여라. 단 전단(일축압축) 전 공시체의 직경 d_0=5.0cm, 길이 l_0=10.5cm이다.

구속응력 $\sigma_c\,(1kg/cm^2)$	축 하중 $N(kg)$	축 변형량 $\Delta l(mm)$	체적변화량 $\Delta V(cm^3)$
1.0	17.76	8.85	–
3.0	18.00	7.05	–
5.0	18.08	7.25	–

풀이 : 파괴 시의 축차응력은 $\Delta\sigma_{df} = N/A_c$ 로 계산하며

여기서 공시체의 보정단면적 A_c 는 $A_c = A_0 \dfrac{1-\Delta V/V_0}{1-\Delta l/l_0}$ 로 계산된다.

그런데, $A_0 = \pi/4(d_0^{\ 2}) = \pi/4(5.0^2) = 19.63cm^2$

$V_0 = A_0 l_0 = (19.63)(10.5) = 206.12cm^3$ 이므로

$$A_c = (19.63)\frac{1-\Delta V/206.12}{1-\Delta l/10.5}$$

또한 , $\Delta\sigma_{df} = N/A_c$, $\sigma_{3f} = \sigma_c$, $\sigma_{1f} = \sigma_{3f} + \Delta\sigma_{df}$

파괴 시의 최소 및 최대 주응력 σ_{3f}, σ_{1f} 은 다음 표와 같이 계산된다.

$\sigma_{3f} = \sigma_c$ (kg/cm^2)	$\dfrac{\Delta l}{l_0}$	$\dfrac{\Delta V}{V_0}$	A_c (cm^2)	$\Delta\sigma_{df} = \dfrac{N}{A_c}$ (kg/cm^2)	$\sigma_{1f} = \sigma_{3f} + \Delta\sigma_{df}$ (kg/cm^2)
1.0	0.084	–	21.43	0.83	1.83
3.0	0.086		21.48	0.84	3.84
5.0	0.088	–	21.52	0.84	5.84

파괴 시의 주응력 σ_{3f}, σ_{1f} 으로 Mohr 응력원을 그리고 파괴포락선을 그리면 그림 예제 7.14 해답도와 같게 된다. 그림에서 알 수 있는 것처럼 파괴상태 Mohr 응력원의 직경은 구속응력 $\sigma_c = \sigma_{3f}$ 의 크기에 무관하게 $\Delta\sigma_{df}$ 로 모두 같다.

파괴포락선으로부터 $\phi_u = 0$, $c_u = 0.42kg/cm^2$ 임을 알 수 있다.

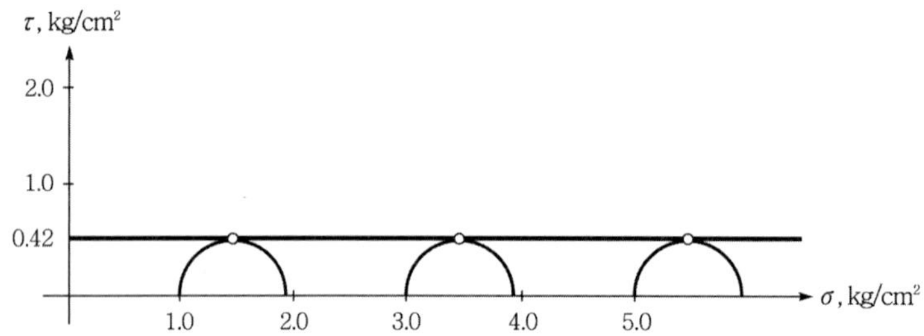

그림 예제 7.14 해답도

◀

▶ **예제 7.15** 포화된 점토시료로 압밀배수시험(CD)을 실시하였다. 구속응력 σ_c 를 각각 $1kg/cm^2$, $3kg/cm^2$, $5kg/cm^2$ 으로 등방압축한 다음 일축압축을 실시하여 파괴상태에 이르렀을 때 축 하중 N, 축 변형량 Δl, 체적변형량 ΔV 가 다음 표와 같이 측정되었다. 강도정수 c_d, ϕ_d 를 구하여라. 단 전단(일축압축) 전 공시체의 직경 d_0=5.0cm, 길이 l_0=10.5cm이다.

구속응력 $\sigma_c\,(kg/cm^2)$	축 하중 $N(kg)$	축 변형량 $\Delta l(mm)$	체적변화량 $\Delta V(cm^3)$
1.0	37.36	7.73	5.94
3.0	67.84	11.03	7.38
5.0	101.2	12.75	8.55

풀이 : 전단 전 공시체의 단면적 A_0 와 부피 V_0 는 각각

$$A_0 = \frac{\pi}{4}d_0^{\,2} = \frac{\pi}{4}(5.0)^2 = 19.63cm^2$$

$$V_0 = A_0 l_0 = (19.63)(10.5) = 206.12cm^3$$

이고

파괴 시 보정단면적 $A_c = A_0\dfrac{1-\Delta V/V_0}{1-\Delta l/l_0} = (19.63)\dfrac{1-\Delta V/206.12}{1-\Delta l/10.5}$

축차응력 $\Delta\sigma_{df} = N/A_c$

$\sigma_{3f}' = \sigma_c$, $\sigma_{1f}' = \sigma_{3f}' + \Delta\sigma_{df}$ 이므로 파괴 시의 최소주응력 σ_{3f}' 및 최대주응력, σ_{1f}' 는 표에 계산되어 있다.

파괴상태의 Mohr 응력원을 그리고 파괴포락선을 그린다(그림 예제 7.15 해답도). 파괴포락선에서 $c_d = 0.41 kg/cm^2$, $\phi_d = 15°$를 얻을 수 있다.

$\sigma_{3f} = \sigma_c$ (kg/cm^2)	$\frac{\Delta l}{l_0}$	$\frac{\Delta V}{V_0}$	A_c (cm^2)	$\Delta\sigma_{df} = \frac{N}{A_c}$ (kg/cm^2)	$\sigma_{1f} = \sigma_{3f} + \Delta\sigma_{df}$ (kg/cm^2)
1.0	0.093	0.029	21.02	1.78	2.78
3.0	0.105	0.036	21.14	3.21	6.21
5.0	0.121	0.041	21.42	4.73	7.73

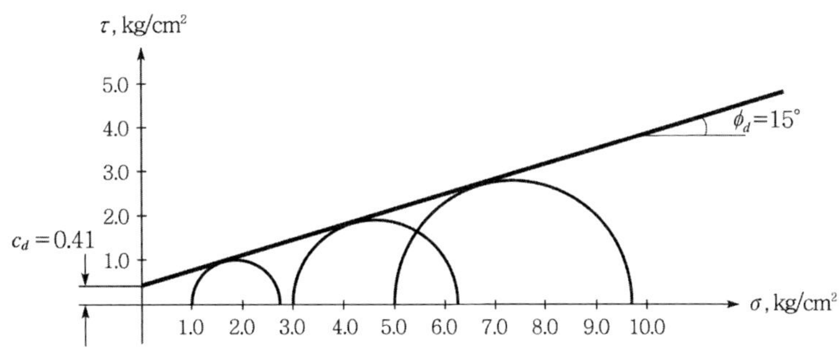

그림 예제 7.15 해답도

◀

▶ **예제 7.16** 압밀비배수시험을 실시하여 다음과 같은 결과를 얻었다.

	전연직응력 $\sigma_1 = \sigma_{1f}$ (kg/cm^2)	간극수압 $u = u_f$ (kg/cm^2)
1.0	3.60	−0.35
4.0	7.15	0.57
6.0	13.2	1.20

(a) 전응력으로 정리한 강도정수를 구하라.

(b) 유효응력으로 정리한 강도정수를 구하라.

풀이 :

(a) 전응력으로 정리한 강도정수(CU – Test)

$\sigma_{3f}\ (kg/cm^2)$	$\sigma_{1f}\ (kg/cm^2)$
1.0	3.60
4.0	7.15
6.0	13.2

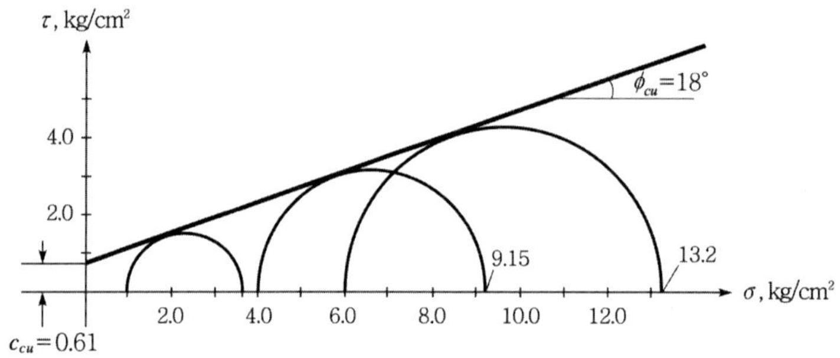

그림 예제 7.16 해답도(1)

파괴상태에 대한 전응력원과 파괴포락선은 그림 예제 7.16 해답도(1)과 같다. 파괴포락선으로부터 $\phi_{cu} = 18°, c_{cu} = 0.61kg/cm^2$ 을 얻는다.

(b) 유효응력으로 정리한 강도정수($\overline{\text{CU}}$ – Test)

파괴 시의 유효응력은 $\sigma_{3f}' = \sigma_{3f} - u_f, \sigma_{1f}' = \sigma_{1f} - u_f$ (아래 표 참조)

$\sigma_{3f}' = \sigma_{3f} - u_f\ (kg/cm^2)$	$\sigma_{1f}' = \sigma_{1f} - u_f\ (kg/cm^2)$
1.0 – (– 0.35)=1.35	3.60 – (– 0.35)=3.95
4.0 – 0.57=3.43	7.15 – 0.57=8.58
6.0 – 1.20=4.80	13.2 – 1.20=12.0

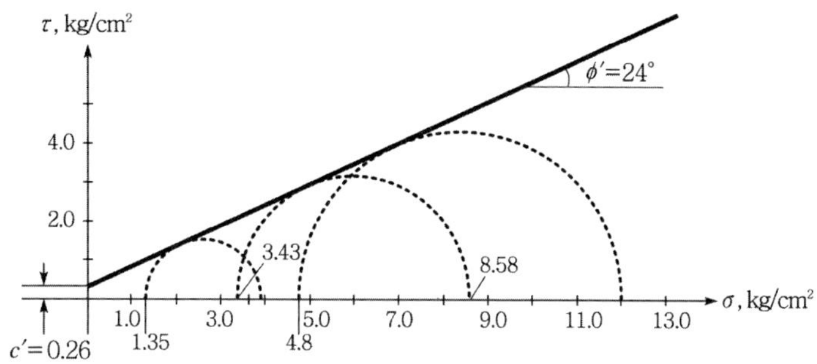

그림 예제 7.16 해답도(2)

파괴상태의 유효응력원과 파괴포락선은 그림 예제 7.16 해답도(2)에 제시하였다. 이 그림에서 $\phi' = 24°$, $c' = 0.26kg/cm^2$ 을 얻을 수 있다.

NOTE: 전응력원과 유효응력원의 직경은 같고 위치는 간극수압만큼 떨어져 있음을 확인할 것. ◀

참고사항 : 삼축압축시험에서 얻은 흙의 강도는 현장에서의 흙의 강도와 일치하는가?

공시체가 이 흙이 지중에서 본래 가지고 있던 특성(강도포함)을 그대로 유지하고 있는 완전한 시료(perfect sample)가 되기 위해서는 시료채취, 운반 및 공시체 성형과정에서 다음 조건을 모두 만족시켜야 한다.

첫째, 흙에 작용하는 유효응력이 변하지 않을 것(교란이 일어나지 않을 것)
둘째, 흙의 포화도가 변하지 않을 것

이제 시료채취 과정에서 발생하는 응력의 변화와 잔류간극수압 u_r 및 잔류유효응력 σ_r' 에 대하여 고찰해 보기로 한다.

① 현장의 응력상태 ; 정지토압상태($K_0 < 1$)에 있고 간극수압은 정수압과 같다고 가정한다.

- 전응력 : σ_{v0}, σ_{h0}
- 유효응력 : σ_{v0}', $\sigma_{h0}' = K_0\sigma_{v0}'$
- 간극수압 : u_0 (정수압)

② 시료채취(sampling)에 의한 간극수압의 변화량 Δu ;

시료채취 과정에서 물의 출입이 없고 완전포화상태(S=100%)를 유지하였다면 시료채취에 의하여 전응력 σ_{v0} 와 σ_{h0} 이 모두 0(대기압)으로 감소함에 따라 과잉간극수압이 생기게 된다.

연직응력 σ_{v0}, 수평응력 σ_{h0} 인 삼축압축은 그림 7.73과 같이 등방압축 σ_{h0} 와 일축압축 $(\sigma_{v0}-\sigma_{h0})$의 합과 같다 (시료채취 과정은 압축이 아니라 인장임).

따라서 시료채취에 의한 과잉간극수압 Δu 는 등방압축(인장)에 의한 과잉간극수압 Δu_1 과 일축압축(인장)에 의한 과잉간극수압 Δu_2 의 합과 같다.

간극수압계수 B와 D를 써서 과잉간극수압의 크기를 나타내면

$$\Delta u = \Delta u_1 + \Delta u_2 = -[B\sigma_{h0} + D(\sigma_{v0}-\sigma_{h0})]$$

단, *S*=100%이므로 B=1, D=A

$$\Delta u = \Delta u_1 + \Delta u_2 = -[\sigma_{h0} + A(\sigma_{v0}-\sigma_{h0})]$$

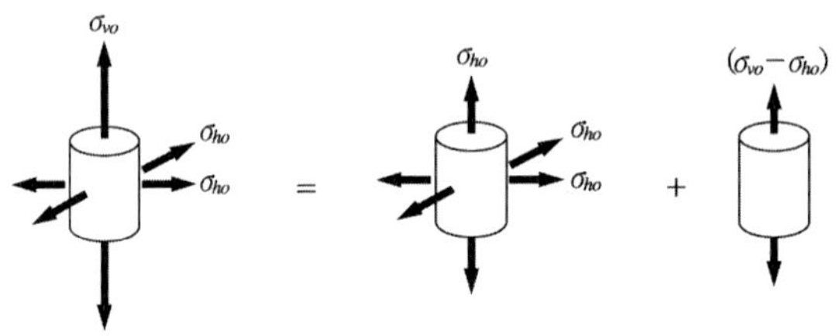

$\Delta u \quad = \quad \Delta u_1 \quad + \quad \Delta h_2$

$\quad = \quad -[B\sigma_{ho} \quad + \quad D(\sigma_{vo}-\sigma_{ho})]$

그림 7.73 시료 채취에 의하여 발생하는 간극수압

본래의 간극수압이 u_0 이었으므로 시료에 작용하는 간극수압 u 는

$$u = u_0 + \Delta u = u_0 - [\sigma_{h0} + A(\sigma_{v0}-\sigma_{h0})] = u_0 - [\sigma_{h0}' + u_0 + A\{\sigma_{v0}' + u_0 - (\sigma_{h0}' + u_0)\}]$$

$$\therefore u = -[\sigma_{h0}' + A(\sigma_{v0}' - \sigma_{h0}')]$$

이 간극수압은 시료채취 후 흙에 작용하고 있는 간극수압으로 잔류간극수압(residual pore water pressure)라 하고 u_r 로 표기 하였다.

$$u_r = -[\sigma_{h0}' + A(\sigma_{v0}' - \sigma_{h0}')] \qquad (7.107)$$

u_r 은 UU-Test의 시료 채취 직후 상태에서 본 것처럼 음(-)의 값이 되어 인장력이다.

③ 공시체에 작용하는 응력 ;

UU-Test에서(그림 7.68) 보인 것처럼 공시체에 작용하고 있는 전응력은 대기압뿐이므로 $\sigma_v = \sigma_h = 0$. 간극수압은 잔류간극수압과 같고 $u = u_r < 0$, 유효응력은 유효응력 방정식에서

$$\sigma_v' = \sigma_v - u = 0 - (-u_r) = u_r,\ \ \sigma_h' = \sigma_h - u = 0 - (-u_r) = u_r$$

즉 잔류유효응력

$$\sigma_r = \sigma_v' = \sigma_h' = u_r = \sigma_{h0}' + A(\sigma_{v0}' - \sigma_{h0}') \tag{7.108}$$

이 값은 흙이 지중에서 받고 있던 유효응력 σ_{v0}', σ_{h0}' 과 같지 않다. 지반 내에서의 유효응력은 일반적으로 이방($\sigma_{v0}' \neq \sigma_{h0}'$)인데 반해 공시체에 작용하는 잔류유효응력은 등방($\sigma_{v0}' = \sigma_{h0}'$)이 된다. 시료채취 과정에서 유효응력이 변하였으므로 시료는 교란되는데 이 교란은 태생적 교란(inherent disturbance)이며 불가피하다. 이러한 사실은 아무리 조심해서 시료를 채취해도 유효응력은 변하게 되며 완전한 시료는 채취가 불가능함을 의미한다.

④ 압밀비배수시험(CU – Test) 및 압밀배수시험(CD – Test) ;

이 시험에서는 구속응력을 가한 뒤 압밀을 완료시킨 상태에서 일축압축을 실시하여 전단시킨다. 압밀완료 상태가 되면 잔류간극수압 u_r 과 구속응력에 의하여 발생한 과잉간극수압이 모두 소산된 상태가 되어 간극수압이 없으므로 구속응력이 그대로 유효응력이 된다.

표준삼축압축시험에서는 구속응력 σ_c 로 등방압축하므로(CI; isotropic consolidation) 압밀완료 상태에서는 $\sigma_v' = \sigma_h' = \sigma_c$. 즉 유효응력은 지중에서의 값과 다르다.

또한 σ_c 로 압밀시킨 결과 흙의 간극비는 감소하고, 즉 밀도는 증가하므로 전단(일축압축)에서 얻어지는 강도는 흙이 지반 내에 있을 때(시료채취 전)의 강도와 다르다.

구속응력 σ_c 로 등방압축하는 대신 땅속에서와 같이 연직방향으로는 σ_{v0}' , 수평방향으로는 $\sigma_{h0}' = K_0 \sigma_{v0}'$ 의 응력으로 압밀시키면(CK_0 ; K_0 – consolidation) 압밀완료 상태에서는 공시체에 작용하고 있는 유효응력이 지중에서의 유효응력과 일치되게 할 수 있다. 그러나 이때에는 유효응력은 일치하지만 압밀에 의하여 밀도(간극비)는 변하였으므로 공시체의 강도는 지중에서의 강도와 같지 않다. 따라서 CK_0U 또는 CK_0D – Test에서도 흙의 본래 강도는 측정할 수 없다.

⑤ 비압밀비배수시험(UU – Test) ;

이 시험에서는 등방압축과정은 유효응력을 변하게 하지 않으므로 등방압축 완료상태, 즉 전단(일축압축) 시작시의 유효응력은 유효잔류응력 σ_r' 이 되어 흙이 본래 땅 속에서 받고 있던 값과는 다르다. 따라서 UU – Test에서도 흙의 본래 강도는 측정할 수 없다. 그러나 포화상태를 유지하고 있으며 밀도(간극비)도 본래 땅속에서의 값과 같다고 생각하여 이 사실을 중심으로 공시체의 강도가 시료채취 전의 강도와 같다고 생각하는 시험이다.

압밀비배수시험 및 압밀배수시험은 현장과 공시체의 유효응력을 일치시키는데 주안점을 두고 있는 반면, 비압밀비배수시험은 밀도를 일치시키는데 주안점을 두고 있다.

이와 같이 삼축압축시험은 유효응력과 밀도에 관한 요구사항을 동시에 만족시킬 수 없으므로 시험의 종류에 따라 그 중 하나를 일치시키도록 노력하고 있다.

⑥ 지반 내의 토압이 등방($K_0 = 1$)인 경우

이때 잔류간극수압 u_r 은 $u_r = -[\sigma_{h0}' + A(\sigma_{v0}' - \sigma_{h0}')]$ 이지만 $K_0 = 1$ 이므로

$$\sigma_{v0}' = \sigma_{h0}'$$

$$\therefore u_r = -\sigma_{h0}' = -\sigma_{v0}'$$

따라서 공시체에 작용하는 유효응력은

$$\sigma_r' = -u_r = \sigma_{h0}' = \sigma_{v0}'$$

이 값은 땅속에서 이 흙이 받고 있었던 유효응력과 일치한다. 그러므로 시료 채취과정에서 물리적 교란(밀도변화)과 포화도의 변화가 전혀 일어나지 않았다면 이론상으로는 완전한 시료를 채취한 셈이 된다. 그러나 이 경우도 실제로는 삼축압축시험에 의해 흙 본래의 강도는 측정할 수 없다. 흙의 강도에 영향을 미치는 요소가 많이 있기 때문이다.

7.10 응력경로

7.10.1 응력경로에 관한 기본사항

(1) $p-q$ 좌표에 관한 정의

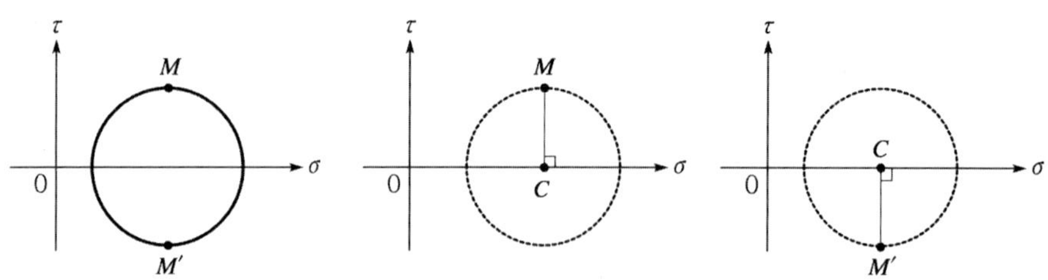

그림 7.74 Mohr 응력원과 응력점

한 요소에 작용하고 있는 응력상태는 Mohr 응력원으로 나타낼 수 있다. 그런데 그림 7.74에 보인 것처럼 Mohr 응력원을 그리는 대신 이 원의 꼭지점(정점) M 또는 M'만 알면 이들 꼭지점에서 그린 연직선이 σ 축과 만나는 점 C를 중심으로 $\overline{CM}$ (또는 $\overline{CM'}$)을 반경으로 원을 그려 즉시 Mohr 응력원을 얻을 수 있다. Mohr 응력원의 꼭지점(M 또는 M')을 응력점(stress point)이라 하고 응력점의 좌표를 간편하게 나타내기 위하여 $p-q$ 좌표를 사용한다.

① 일반적 정의(그림 7.75) : 이 정의는 논리의 전개상 필요할 뿐 토질역학에서는 사용되는 일이 드물다

Mohr 응력원의 정점, 즉 응력점(stress point) M과 M'의 좌표 (p, q)를 최대주응력 σ_1과 최소주응력 σ_3 항으로 나타내는 좌표.

$$p = \frac{\sigma_1 + \sigma_3}{2}, \quad q = \pm\frac{\sigma_1 - \sigma_3}{2} \tag{7.109}$$

단 q가 양(+)이면 M, q가 음(–)이면 M'이 됨. 여기서 q의 +,– 부호는 다음과 같이 결정한다.

σ_1의 작용방향이 연직선 기준 ±45° 이내이면 +

σ_1의 작용방향이 연직선 기준 ±45° 밖이면 –

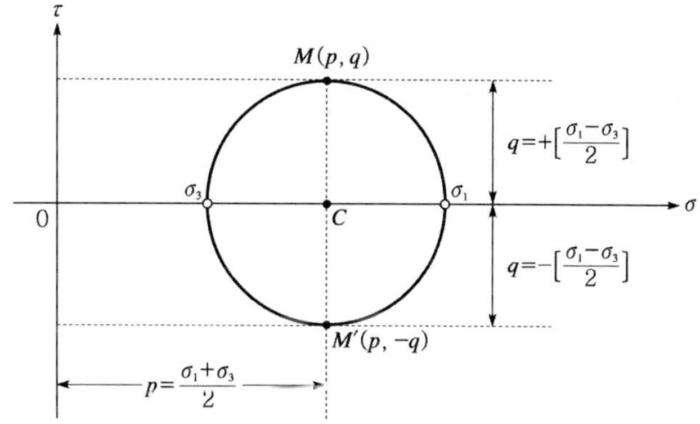

그림 7.75 $p-q$ 좌표의 일반적 정의

② 토질역학적 정의 : 이 정의는 반드시 이해하고 기억할 것(그림 7.76참소).

$p-q$ 좌표의 일반적 정의에 포함되어 있는 q의 부호(+, –) 약속의 번잡성을 제거하고 토질역학 문제의 특성을 감안, 다음과 같은 제약조건을 설정하여 $p-q$ 좌표를 정의한다. 주응력면이 연직면과 수평면이라고 가정한다. 따라서 연직응력과 수평응력이 주응력이라고 가정한다.

NOTE : 연직응력과 수평응력 중 어느 것이 최대주응력이고 어느 것이 최소주응력인지는 정해져 있지 않음. 즉 $\sigma_v > \sigma_h$ 또는 $\sigma_v < \sigma_h$ 모두 가능. 이것은 $\sigma_1 = \sigma_v$, $\sigma_3 = \sigma_h$ 또는 $\sigma_1 = \sigma_h$, $\sigma_3 = \sigma_v$ 모두가 가능하다는 뜻임.

좌표 (p, q)는 Mohr 응력원의 정점, 즉 응력점 M(p, q), $M'(p, -q)$의 좌표이며 주응력 σ_v와 σ_h항으로 다음과 같이 표시(일반적 정의의 σ_1, σ_3 내신).

$$p = \frac{\sigma_v + \sigma_h}{2}, \quad q = \pm\frac{\sigma_v - \sigma_h}{2} \tag{7.110}$$

NOTE: 식 (7.110)을 살펴보면,

- p 는 항상 양(+)의 값이지만 q 는 σ_v 와 σ_h 의 대소에 따라 양(+) 또는 음(–)이 결정됨을 알 수 있음.

  즉, $\sigma_v > \sigma_h$ 이면 $q > 0$이 되어 응력점은 그림 7.76(a)의 $M(p, q)$

  $\sigma_v < \sigma_h$ 이면 $q < 0$이 되어 응력점은 그림 7.76(b)의 $M'(p, -q)$

- q 의 음(–)은 σ_v, σ_h 의 대소에서 저절로 결정되므로 일반적 정의와 달리 부호에 대한 규약을 설정할 필요가 없어 편리함.

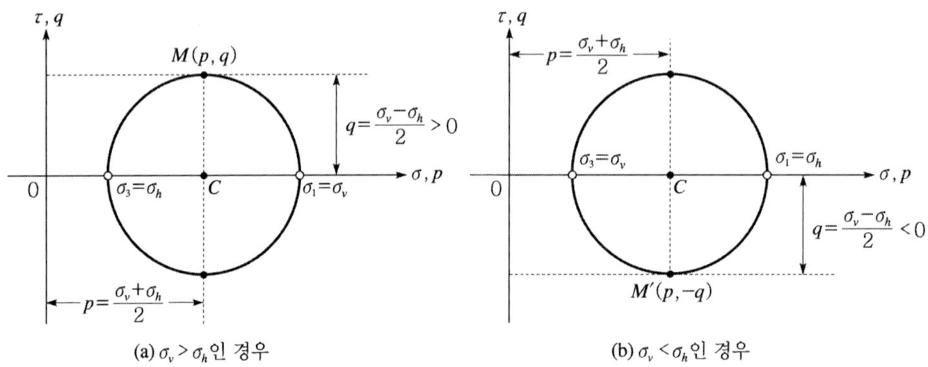

그림 7.76 토질역학에서 정의하는 $p-q$ 좌표

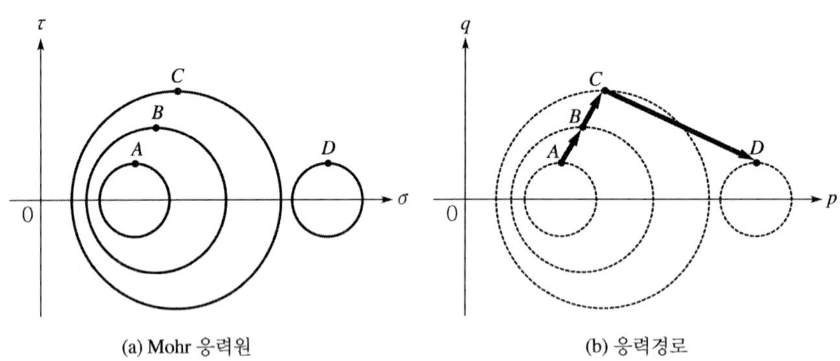

그림 7.77 Mohr 응력원과 응력경로($p-q$)의 비교

응력점 M 또는 M'이 결정되면 Mohr 응력원은 즉시 결정된다. 즉 응력점에서 그린 연직선과 σ 축과의 교점을 중심으로 하고 응력점까지의 거리를 반경으로 하는 원을 그리면 Mohr 응력원이

얻어진다. 응력경로(應力徑路, stress path)는 한 요소에 작용하는 (p , q)값의 변화, 즉 응력의 변화 과정을 $p-q$ diagram으로 표시한 그림이다.

그림 7.77(a)은 응력의 변화과정을 Mohr 응력원을 그려서 표시한 것이고 그림 7.77(b)은 응력경로로 나타낸 것이다. 응력경로가 훨씬 더 간명하며 응력변화 순서를 나타내는데도 편리함을 알 수 있다.

(2) 응력경로에 관한 기본사항

응력경로에는 다음과 같은 2가지 종류가 있다.

- 전응력경로(total stress path, TSP)

$$p=\frac{\sigma_v+\sigma_h}{2}, \quad q=\frac{\sigma_v-\sigma_h}{2}$$

- 유효응력경로(effective stress path, ESP)

$$p'=\frac{\sigma_v'+\sigma_h'}{2}, \quad q'=\frac{\sigma_v'-\sigma_h'}{2}$$

전응력경로(TSP)와 유효응력경로(ESP) 사이에는 다음과 같은 관계가 성립한다.

$$p'=\frac{\sigma_v'+\sigma_h'}{2}=\frac{(\sigma_v-u)+(\sigma_h-u)}{2}=\frac{\sigma_v+\sigma_h}{2}-u \qquad \therefore p'=p-u$$

(유효응력의 방정식이 성립)

$$q'=\frac{\sigma_v'-\sigma_h'}{2}=\frac{(\sigma_v-u)-(\sigma_h-u)}{2}=\frac{\sigma_v-\sigma_h}{2}-u \qquad \therefore q'=q$$

(TSP와 ESP의 q 값은 동일)

NOTE : 앞으로 q' 좌표는 사용하지 않고 대신 q 좌표를 사용. 즉 TSP와 ESP의 q 값은 같음. 따라서 TSP는 $p-q$ diagram인데 비해 ESP는 $p'-q$ diagram이 됨.

▶ **예제 7.17** 한 요소에 작용하는 응력상태가 아래 그림과 같이 A, B, C 순서대로 변한다. 각 변화 단계의 연직응력 σ_v, 수평응력 σ_h, 그리고 간극수압 u 가 제시되어 있다. 전응력경로(TSP), 유효응력경로(ESP)를 그려라.

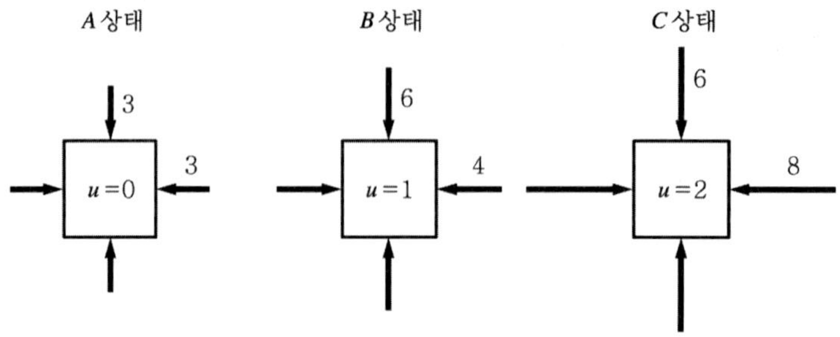

그림 예제 7.17 문제도

풀이 : $p=(\sigma_v+\sigma_h)/2$, $q=(\sigma_v-\sigma_h)/2$, $p'=p-u$, $q'=q$

TSP와 ESP는 그림 예제 7.17 해답도에 제시되어 있다.

A 상태 : $p=(3+3)/2=3$, $p'=p-u=3-0=3$

$q=(3-3)/2=0$, $q'=q=0$

B 상태 : $p=(6+4)/2=5$, $p'=p-u=5-1=4$

$q=(6-4)/2=1$, $q'=q=1$

C 상태 : $p=(6+8)/2=7$, $p'=p-u=7-2=5$

$q=(6-8)/2=-1$, $q'=q=-1$

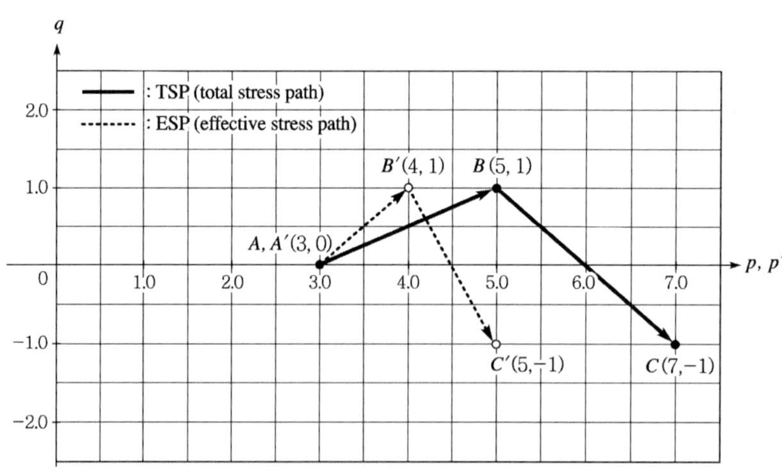

그림 예제 7.17 해답도

다음은 응력경로에 관한 중요사항을 요약 정리한 것이다.

① 만약 $q = 0$ 이면 등방응력상태(수평응력=연직응력)가 됨. $q = 0 \leftrightarrow \sigma_v = \sigma_h$, $\sigma_v' = \sigma_h'$

② 만약 $q < 0$ 이면, 연직응력 < 수평응력 됨. $q < 0 \leftrightarrow \sigma_v < \sigma_h$, $\sigma_v' < \sigma_h'$

만약 $q > 0$ 이면, 연직응력 > 수평응력 임. $q > 0 \leftrightarrow \sigma_v > \sigma_h$, $\sigma_v' > \sigma_h'$

③ $p-q$ 평면상의 한 점 M(p, q)의 σ_v 와 σ_h 값은 그림 7.78과 같이 결정할 수 있다. 이 그림은 꼭 기억할 필요가 있다.

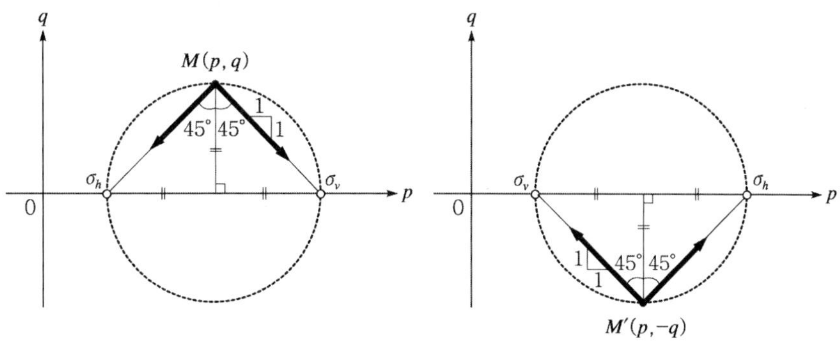

(a) $q > 0$ 인 경우　　(b) $q < 0$ 인 경우

그림 7.78 $p-q$ 평면상의 한 점 M(p, q) 또는 M'(p, $-q$)의 σ_v, σ_h 결정

M(또는 M')에서 그린 연직선 기준 좌우로 각각 45° (1:1 경사)되는 직선을 그려 p 축과의 교점을 구하면 이 교점들이 σ_v 와 σ_h 이다. 즉

$q > 0$ 이면 $\sigma_v > \sigma_h$ 이므로 오른쪽 교점: σ_v, 왼쪽 교점: σ_h (그림 7.78(a))

$q < 0$ 이면 $\sigma_v < \sigma_h$ 이므로 오른쪽 교점: σ_h, 왼쪽 교점: σ_v (그림 7.78(b)).

이 사실은 다음과 같이 밝힐 수도 있다.

$p = (\sigma_v + \sigma_h)/2$, $q = (\sigma_v - \sigma_h)/2$ 로부터 두 식을 연립하여 풀면,

$$\sigma_v = p + q, \quad \sigma_h = p - q \tag{7.111}$$

위의 관계는 그림 7.78에서 확인할 수 있다. 유효응력경로에 대해서도 같은 방법으로

$$\sigma_v' = p' + q, \quad \sigma_h' = p' - q \tag{7.112}$$

NOTE : 이 관계는 $q > 0$, $q < 0$ 의 경우 모두 성립한다(그림 7.78 참조).

$q > 0$ 인 경우 $\sigma_v = p + q$, $\sigma_h = p - q$ $\therefore \sigma_v > \sigma_h$

$q<0$ 인 경우 $\sigma_v = p+(-q)$, $\sigma_h = p-(-q)$ $\therefore \sigma_v < \sigma_h$

④ 만약 유효응력경로(ESP)가 전응력경로(TSP)보다 왼쪽에 있으면($p > p'$), 간극수압은 양(+)의 값임($u>0$). 그리고 TSP와 ESP 사이의 수평거리가 간극수압 값이 됨(그림 7.79(a) 참조). 즉 $p-p'=u>0$.

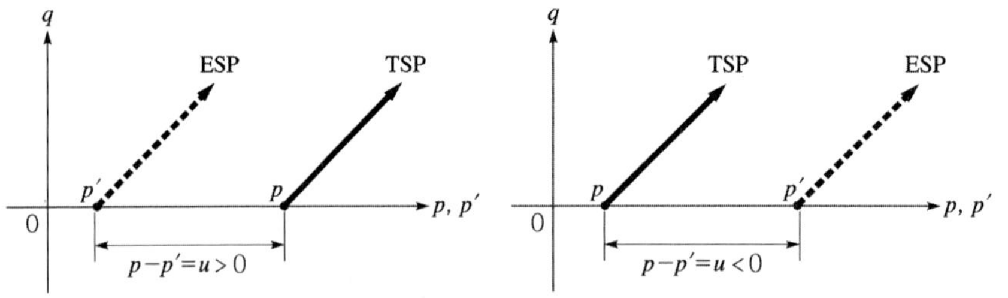

(a) ESP가 TSP보다 왼쪽에 있는 경우 (b) ESP가 TSP보다 오른쪽에 있는 경우

그림 7.79 TSP와 ESP의 위치에 따른 p, q 의 대소 및 간극수압

만약 유효응력경로(ESP)가 전응력경로(TSP)보다 오른쪽에 있으면($p < p'$), 간극수압은 음(–)의 값임($u<0$). 그리고 TSP와 ESP 사이의 수평거리가 간극수압 값임(그림 7.79(b) 참조). $p-p'=u<0$

⑤ 토압계수(土壓係數, coefficient of lateral earth pressure)는 연직유효응력 σ_v' 에 대한 수평유효응력 σ_h' 의 비(比, ratio)로 정의한다. 즉 토압계수는 연직유효응력의 비이다. 토압계수에는 정지토압계수 K_0, 주동토압계수 K_A 및 수동토압계수 K_P 가 있는데 여기에 관하여서는 9장 토압이론에서 상세 취급하고 있다.

예를 들어 정지토압계수 K_0 는

$$K_0 = \sigma_h' / \sigma_v', \quad \sigma_h' = K_0 \sigma_v'$$

여기서, σ_h' 은 (수평)유효정지토압

따라서 정지토압상태에서는

$$p' = \frac{\sigma_v' + \sigma_h'}{2} = \frac{\sigma_v' + K_0\sigma_v'}{2} = \frac{\sigma_v'}{2}(1+K_0)$$

$$q = \frac{\sigma_v' - \sigma_h'}{2} = \frac{\sigma_v' - K_0\sigma_v'}{2} = \frac{\sigma_v'}{2}(1-K_0)$$

$$\therefore \frac{q}{p'} = \frac{1-K_0}{1+K_0} \tag{7.113}$$

또는

$$q = p'\frac{1-K_0}{1+K_0} = p'\tan\beta \tag{7.114}$$

이 식은 $p'-q$ 평면에서 원점을 지나는 직선이며 K_0 선(K_0-line)이라 한다. K_0 선은 그림 7.80에 제시되어 있다. β 는 K_0 선의 경사각이며 $\tan\beta$ 는 그 기울기이다.

따라서 정지토압상태, 즉 K_0 상태의 유효 응력을 $p'-q$ 평면에 나타내 이들 응력은 K_0 선(K_0-line)상에 있게 된다. 나중에 다시 설명하겠지만 압밀시험 모든 과정의 유효응력경로(ESP)는 K_0-line을 따라 움직이게 된다.

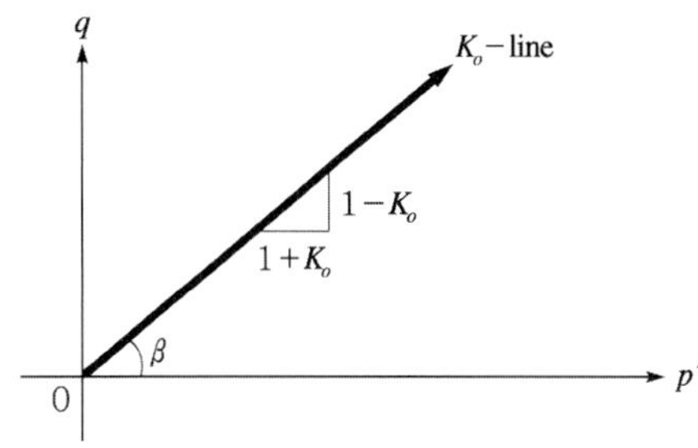

그림 7.80 K_0-line

(3) 응력경로에 따른 연직응력과 수평응력의 변화

그림 7.81에는 여러 방향의 응력경로가 제시되어 있다. 각 응력경로에 대한 연직응력의 변화 $\Delta\sigma_v$ 와 수평응력의 변화 $\Delta\sigma_h$ 를 생각해 보기로 한다.

우선 $q<0$ 이면 $\sigma_v<\sigma_h$ 이고, $q>0$ 이면 $\sigma_v>\sigma_h$ 임을 상기한다.

$$q<0 \rightleftarrows \sigma_v<\sigma_h \tag{7.115a}$$

$$q>0 \rightleftarrows \sigma_v>\sigma_h \tag{7.115b}$$

$$q=0 \rightleftarrows \sigma_v=\sigma_h \tag{7.115c}$$

또한 응력경로상의 한 점(p, q)에 대응하는 σ_v 와 σ_h 는 이 점에서 그린 연직선과 좌우로 각각 45° (1 : 1경사)가 되는 직선을 그렸을 때 p 축과의 교점의 좌표가 곧 σ_v 와 σ_h 가 된다는 것을 상기한다.

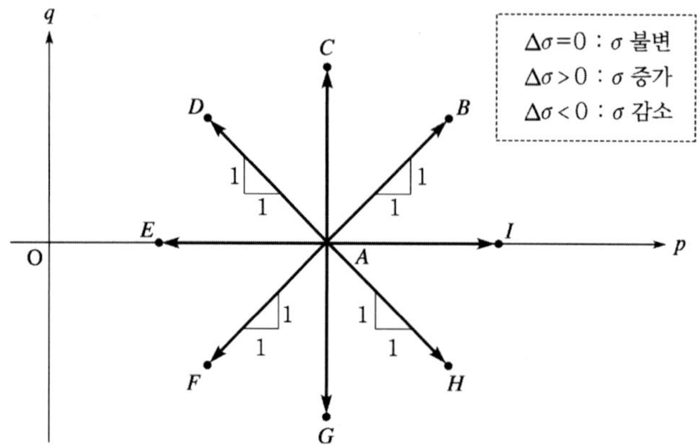

그림 7.81 여러 방향의 응력경로

$\Delta\sigma$ 는 σ (응력)의 변화량이라는 의미인데 그림 7.81의 점선영역 안에 그 의미를 기술해 두었다.

O→A: $\Delta\sigma_v = \Delta\sigma_h > 0$ (등방압축 과정)

A→B: $\Delta\sigma_v > 0, \Delta\sigma_h = 0$ (일축압축 과정)

NOTE: O→A→B: 등방압축+일축압축=표준삼축압축시험의 응력경로(뒤에 상세하게 설명).

A→C: $\Delta\sigma_v > 0, \Delta\sigma_h < 0$

A→D: $\Delta\sigma_v = 0, \Delta\sigma_h < 0$

A→E: $\Delta\sigma_v = \Delta\sigma_h < 0$ (등방인장 과정)

A→F: $\Delta\sigma_v < 0, \Delta\sigma_h = 0$

A→G: $\Delta\sigma_v < 0, \Delta\sigma_h > 0$

A→H: $\Delta\sigma_v = 0, \Delta\sigma_h > 0$

A→I: $\Delta\sigma_v = \Delta\sigma_h > 0$ (등방압축 과정)

▶ **참고예제 1** 응력경로 A→B에 대하여 σ_v 와 σ_h 의 증감을 판별하라.

풀이 : 바로 앞에서 언급한 것처럼 $\Delta\sigma_v > 0, \Delta\sigma_h = 0$ 임을 밝혀보자.

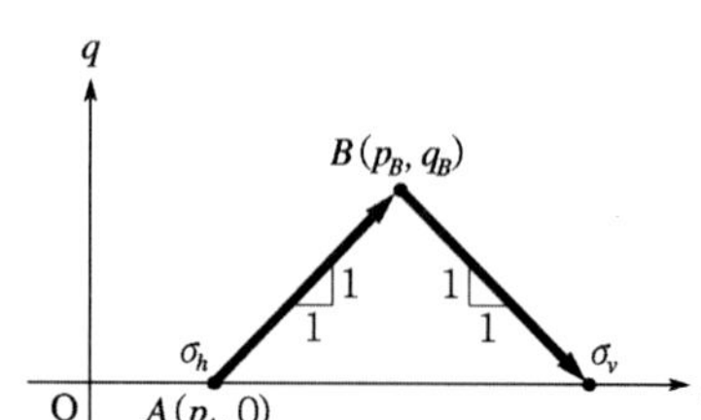

A(p_A ,0): $\sigma_{vA} = \sigma_{hA} = p_A$

B(p_B , q_B): $p = p_B = p_A + q_B$

B점은 $q = q_B > 0$ 이므로 $\sigma_v > \sigma_h$ 이다.

B점에서 내린 연직선과 좌우로 각각 45° 되는 선(1:1 경사)을 그려 p 축과의 교점을 구하면 σ_{vB} 와 σ_{hB} 를 얻을 수 있다.

$\sigma_v > \sigma_h$ 이므로 오른쪽 교점이 σ_{vB}, 왼쪽 교점이 σ_{hB} 인데 σ_{hB} 는 A점, 즉 σ_{hA} 와 일치한다. 따라서 A에서 B로 변하는 과정에서 σ_v 는 증가($\Delta\sigma_v > 0$), σ_h 는 불변($\Delta\sigma_h = 0$)이 된다.

또는 $\sigma_v = p + q$, $\sigma_h = p - q$ 이므로 B(p_B, q_B)에서는

$$\sigma_{vB} = p_B + q_B = (p_A + q_B) + q_B = p_A + 2q_B \quad \therefore \sigma_v \text{ 증가}(\Delta\sigma_v > 0)$$

$$\sigma_{hB} = p_B - q_B = (p_A + q_B) - q_B = p_A \quad \therefore \sigma_h \text{ 불변}(\Delta\sigma_h = 0)$$

◀

▶ **참고예제 2** 응력경로 A→H에 대하여 σ_v 와 σ_h 의 증감을 판별하라.

풀이 : $\Delta\sigma_v = 0, \Delta\sigma_h > 0$ 임을 밝혀보자

A(p_A, 0): $\sigma_{vA} = \sigma_{hA} = p_A$

H(p_H, $-q_H$): $p_H = p_A + q_H$

H(p_H, $-q_H$) 점에서는 $q < 0$ 이므로 $\sigma_{vH} < \sigma_{hH}$ 이다.

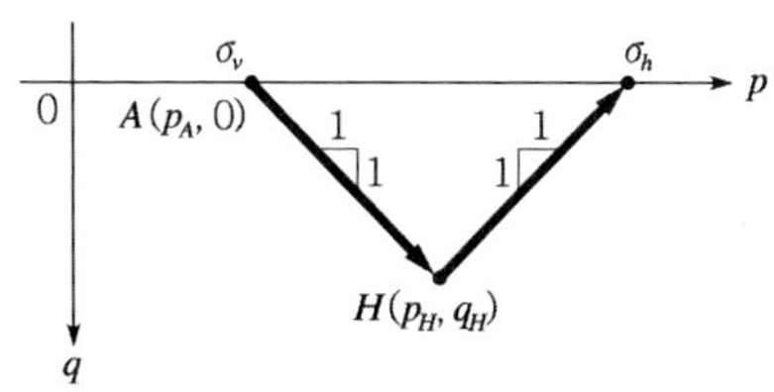

H에서 그린 연직선과 좌우로 45° 선(1:1 경사)을 그려 p 축과의 교점을 구하면 σ_{vH} 와 σ_{hH} 를 얻게 된다.

H점에서는 $\sigma_v < \sigma_h$ 이므로 오른쪽 교점이 σ_{hH}, 왼쪽 교점이 σ_{vH} 이다. σ_{vH} 는 A점, 즉 σ_{vA} 와 일치한다. 따라서 A에서 H로 변하는 동안 $\Delta\sigma_v = 0$, $\Delta\sigma_h > 0$.

또는 $\sigma_v = p + q$, $\sigma_h = p - q$ 이므로

$$\sigma_{vH} = p_H + q_H = (p_A + q_H) + (-q_H) = p_A \quad \therefore \Delta\sigma_v = 0$$

$$\sigma_{hH} = p_H - q_H = (p_A + q_H) - (-q_H) = p_A + 2q_H \quad \therefore \Delta\sigma_h > 0$$

◀

▶ **참고예제 3** 응력경로 A→C에 대하여 σ_v 와 σ_h 의 증감을 판별하라.

풀이 : $\Delta\sigma_v > 0, \Delta\sigma_h < 0$ 임을 밝혀보자.

A(p_A, 0): $\sigma_{vA} = \sigma_{hA} = p_A$

C(p_C, q_C): $p_C = p_A$

C(p_C, q_C) 점은 $q > 0$ 이므로 $\sigma_v > \sigma_h$ 이다.

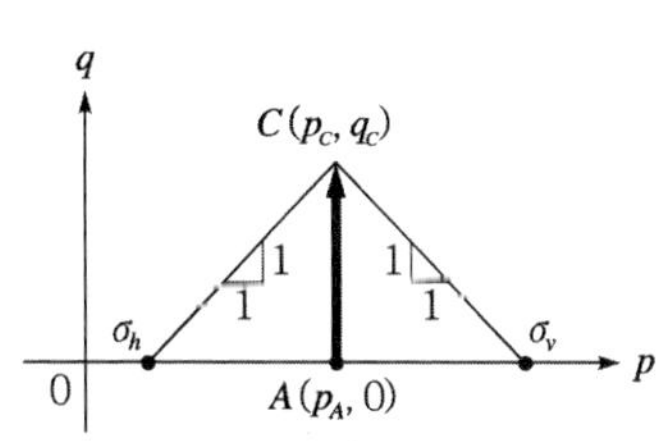

C(p_C , q_C)에서 내린 연직선과 좌우로 45° 선(1:1 경사)을 그려 p 축과의 교점을 구하면 σ_{vC} 와 σ_{hC} 를 구할 수 있다.

$\sigma_v > \sigma_h$ 이므로 오른쪽 교점이 σ_{vC} , 왼쪽 교점이 σ_{hC} 가 된다.

따라서 $\Delta\sigma_v > 0, \Delta\sigma_h < 0$.

또는 $\sigma_v = p + q$, $\sigma_h = p - q$ 이므로 C(p_C , q_C)에서는

$$\sigma_{vC} = p_C + q_C = p_A + q_C \quad \therefore \Delta\sigma_v > 0$$

$$\sigma_{hC} = p_C - q_C = p_A - q_C \quad \therefore \Delta\sigma_h < 0$$

◀

▶ **예제 7.18** 다음 그림에서 연직응력 증가량에 대한 수평응력의 증가량 $\dfrac{\Delta\sigma_h}{\Delta\sigma_v}$ 의 값은 얼마인가?

풀이 : $$\frac{\Delta q}{\Delta p} = \frac{\dfrac{\Delta\sigma_v - \Delta\sigma_h}{2}}{\dfrac{\Delta\sigma_v + \Delta\sigma_h}{2}} = \frac{1}{3}$$

$$3\Delta\sigma_v - 3\Delta\sigma_h = \Delta\sigma_v + \Delta\sigma_h$$

$$\therefore \frac{\Delta\sigma_h}{\Delta\sigma_v} = \frac{1}{2}$$

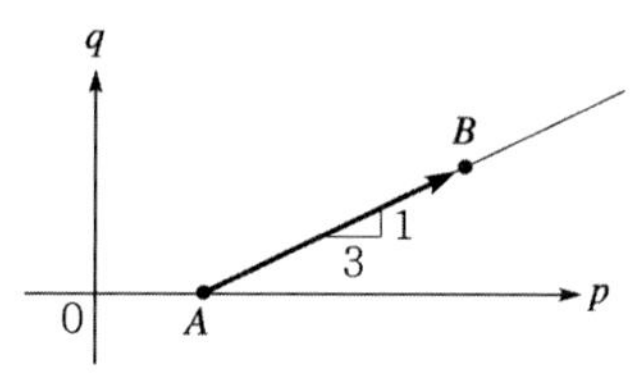

그림 예제 7.18 문제도

◀

7.10.2 압밀시험에 대한 응력경로

(1) 유효응력경로(effective stress path, ESP)

압밀링(oedometer) 안에 있는 시료는 가로방향 변위가 일어날 수 없는 상태(그림 7.52 참조)이므로 ($\varepsilon_h = 0$) 정지토압상태에 있다. 따라서

$$\sigma_h' = K_0 \sigma_v'$$

그러므로, $p' = \dfrac{\sigma_v' + \sigma_h'}{2} = \dfrac{\sigma_v'}{2}(1 + K_0)$, $p' = \dfrac{\sigma_v' - \sigma_h'}{2} = \dfrac{\sigma_v'}{2}(1 - K_0)$

q 와 p' 사이에는

$$\frac{q}{p'} = \frac{1 - K_0}{1 + K_0} = \tan\beta \quad \text{또는} \quad q = p'\tan\beta \tag{7.116}$$

여기서 $\tan\beta = \dfrac{1-K_0}{1+K_0}$ 이고 위의 식을 K_0 선(K_0-line)의 방정식이라 한다.

그림 7.82에서 알 수 있는 것처럼 K_0-line은 원점을 지나는 직선이며 그 기울기는 $\tan\beta$ 이다.

K_0-line의 방정식을 보면 압밀시험과정에서 유효응력경로(ESP)는 K_0-line을 따라 움직이고, K_0-line 밖으로는 벗어날 수 없음을 알 수 있다.

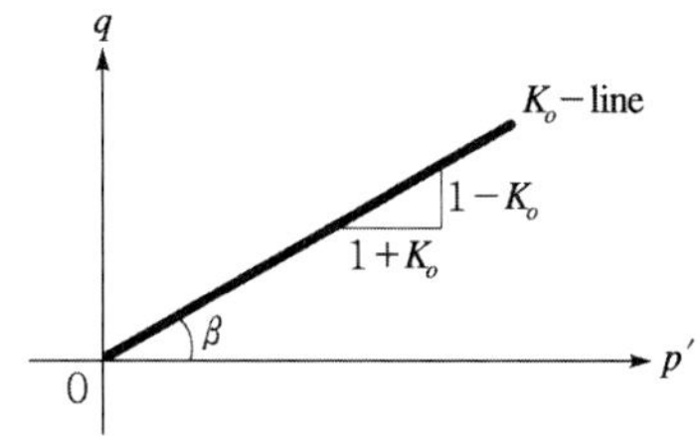

그림 7.82 K_0–line

K_0-line의 경사 $\tan\beta$ 를 알면 정지토압계수를 알 수 있다.

$$K_0 = \frac{1-\tan\beta}{1+\tan\beta} \tag{7.117}$$

즉 K_0 을 알면 $\tan\beta$ 를 알 수 있고 $\tan\beta$ 를 알면 K_0 을 구할 수 있다.

$$K_0 \rightleftharpoons \tan\beta \tag{7.118}$$

압밀시험과정에서 공시체에 작용하는 정수압은 대단히 작으므로 이를 무시한다. 그러면 간극수압은 과잉간극수압과 같다.

(2) 전응력경로(total stress path, TSP)

$$p = \frac{\sigma_v + \sigma_h}{2} = p' + u,\quad q = \frac{\sigma_v - \sigma_h}{2}$$

압밀완료 시에는 $u = 0$ (정수압 무시)이므로 (p, q)와 (p', q)가 일치한다. 압밀진행 중에는 정수압을 무시하면 $p - p' = u = u_e$ 가 성립된다. 압밀완료 시를 제외하면 전응력경로는 K_0-line상에 있지 않다.

참고사항

(전응력－정수압) 경로 : $(T-u_{ss})SP$

TSP 및 ESP와 더불어 $(T-u_{ss})SP$ 경로가 사용되고 있다.

$$p_{T-u_{ss}} = \frac{(\sigma_v - u_{ss}) + (\sigma_h - u_{ss})}{2} = p - u_{ss},\quad q_{T-u_{ss}} = \frac{(\sigma_v - u_{ss}) - (\sigma_h - u_{ss})}{2} = q$$

그런데 $p' = p - u = p - u_{ss} - u_e = p_{T-u_{ss}} - u_e \quad \therefore p_{T-u_{ss}} - p' = u_e$

따라서 $(T - u_{ss})SP$ 와 ESP 사이의 수평거리는 과잉간극수압 u_e 와 같다. 이 사실은 실제 현장과 같이 정수압을 무시할 수 없을 때 과잉간극수압의 변화를 알아보는데 편리하다(예: 압밀문제 등).

NOTE : u_{ss} 는 정확하게는 정상침투상태의 간극수압임. 즉 $(T - u_{ss})SP$ 는 (전응력 − 정상침투상태의 수압) 경로임.

(3) 압밀시험 각 단계에서의 응력분포와 응력경로

전 단계 하중 σ_i 으로 압밀이 완료된 상태에서 하중을 $\Delta\sigma$ 만큼 증가시켜 압밀을 진행시키는 과정에 대하여 각 단계별 응력분포를 그림 7.83에 제시하였다. 공시체에 작용하는 전응력, 간극수압 및 유효응력은 다음 제시한 순서대로 결정할 수 있다.

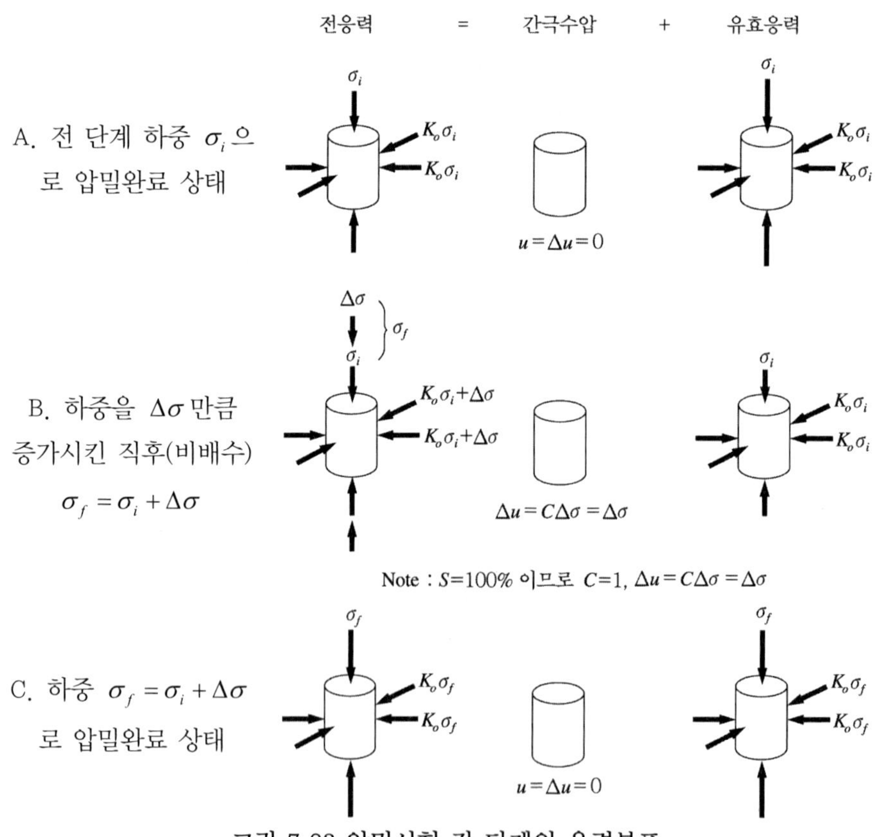

그림 7.83 압밀시험 각 단계의 응력분포

- A 상태 : 전 단계 하중 σ_i 으로 압밀이 완료된 상태

① $\sigma_v = \sigma_i$

② $u = 0$ (압밀완료 상태이므로 $u_e = 0$, 정수압 $u_{ss} \approx 0$ 으로 가정)

③ $\sigma_v' = \sigma_v - u = \sigma_i - 0 = \sigma_i$

④ $\sigma_h' = K_0 \sigma_v' = K_0 \sigma_i$

⑤ $\sigma_h = \sigma_h' + u = K_0 \sigma_v + 0 = K_0 \sigma_i$

$$p = \frac{\sigma_v + \sigma_h}{2} = \frac{\sigma_i}{2}(1 + K_0),\ \ q = \frac{\sigma_v - \sigma_h}{2} = \frac{\sigma_i}{2}(1 - K_0),$$

$$p' = p - u = \frac{\sigma_i}{2}(1 + K_0)$$

- B 상태 : 하중을 $\Delta\sigma$ 만큼 증가시킨 직후(비배수상태)

① $\sigma_v = \sigma_i + \Delta\sigma = \sigma_f$

② $u = \Delta\sigma$ (S=100%이므로 C=1, $\Delta u = u = C\Delta\sigma = \Delta\sigma$, $u_{ss} \approx 0$ 으로 가정)

③ $\sigma_v' = \sigma_v - u = (\sigma_i + \Delta\sigma) - \Delta\sigma = \sigma_i$

④ $\sigma_h' = K_0 \sigma_v' = K_0 \sigma_i$

NOTE: σ_v', σ_h' 은 전 단계와 동일(압밀이 전혀 일어나지 않았음)

⑤ $\sigma_h = \sigma_h' + u = K_0 \sigma_i + \Delta\sigma$

$$p = \frac{\sigma_v + \sigma_h}{2} = \frac{(\sigma_i + \Delta\sigma) + (K_0 \sigma_i + \Delta\sigma)}{2} = \frac{\sigma_i}{2}(1 + K_0) + \Delta\sigma$$

$$q = \frac{\sigma_v - \sigma_h}{2} = \frac{(\sigma_i + \Delta\sigma) - (K_0 \sigma_i + \Delta\sigma)}{2} = \frac{\sigma_i}{2}(1 - K_0)$$

$$p' = p - u = \frac{\sigma_i}{2}(1 + K_0) + \Delta\sigma - \Delta\sigma = \frac{\sigma_i}{2}(1 + K_0)$$

- C 상태 : 하중 $\sigma_f = \sigma_i + \Delta\sigma$ 로 압밀완료 상태

① $\sigma_v = \sigma_i + \Delta\sigma = \sigma_f$

② $u = 0$ (압밀완료 상태이므로 $u_e = 0$, 정수압 $u_{ss} \approx 0$ 으로 가정)

③ $\sigma_v' = \sigma_v - u = (\sigma_i + \Delta\sigma) = \sigma_f$

④ $\sigma_h' = K_0 \sigma_v' = K_0(\sigma_i + \Delta\sigma) = K_0 \sigma_f$

⑤ $\sigma_h = \sigma_h' + u = K_0(\sigma_i + \Delta\sigma) + 0 = K_0(\sigma_i + \Delta\sigma) = K_0 \sigma_f$

$$p = \frac{\sigma_v + \sigma_h}{2} = \frac{\sigma_f + K_0 \sigma_f}{2} = \frac{\sigma_f}{2}(1 + K_0),\ \ q = \frac{\sigma_v - \sigma_h}{2} == \frac{\sigma_f}{2}(1 - K_0)$$

$$p' = p - u = \frac{\sigma_f}{2}(1 + K_0)$$

압밀시험에 대한 TSP와 ESP는 그림 7.84와 같다.

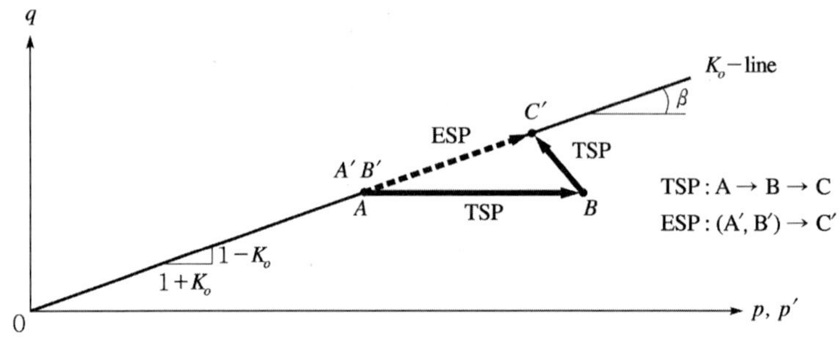

그림 7.84 압밀시험에 대한 응력경로

▶ **예제 7.19** $K_0 = 0.5$ 인 점토로 압밀시험을 실시하였다. 먼저 $\sigma_i = 4kg/cm^2$ 의 하중으로 압밀을 종료시킨 후 하중 $2kg/cm^2$ 을 증가시켜 $\sigma_f = 6kg/cm^2$ 으로 압밀 시험하는 과정에 대한 응력경로를 구하라.

풀이 : 이 시험의 각 단계별 전응력, 간극수압 및 유효응력 분포는 아래 그림에 제시되어 있다.

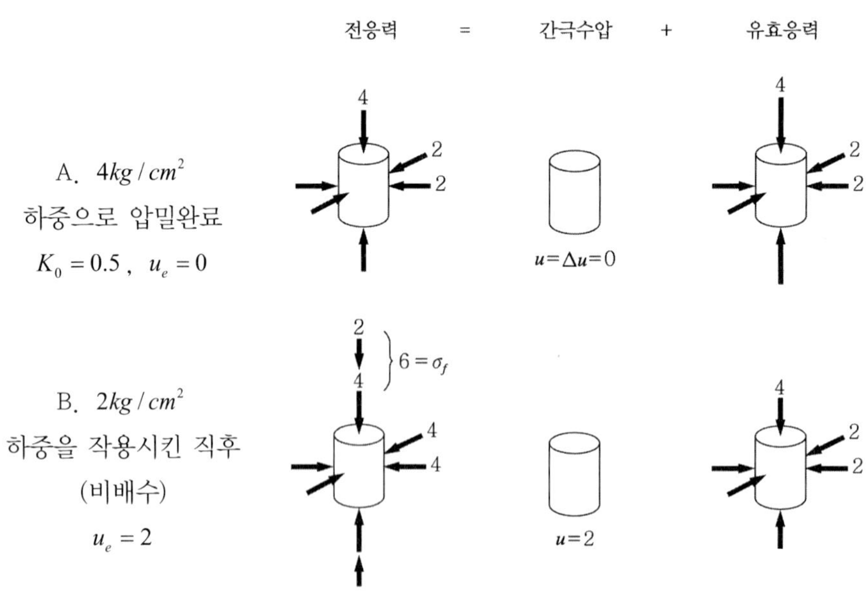

Note : S=100% 이므로 C=1, $\Delta u = C\Delta\sigma = \Delta\sigma$

C. $6kg/cm^2$
하중으로 압밀 종료상태
$K_0 = 0.5$, $u_e = 0$

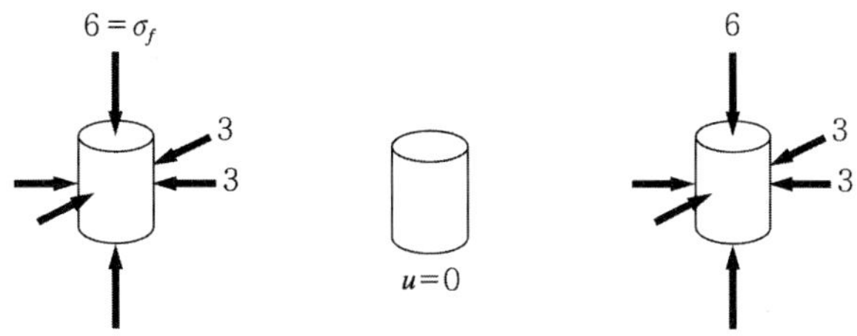

그림 예제 7.19 해답도(1)

위 그림의 응력 성분들은 다음과 같은 순서로 결정한다.

(1) A상태

① $\sigma_v = \sigma_i = 4kg/cm^2$

② $u = u_e = 0$ (압밀완료 상태이므로 $u_e = 0$, $u_{ss} \approx 0$)

③ $\sigma_v' = \sigma_v - u$ 이므로 $\sigma_v' = 4kg/cm^2$

④ $K_0 = 0.5$ 이므로 $\sigma_h' = K_0 \sigma_v' = 0.5(4) = 2kg/cm^2$

⑤ $\sigma_h = \sigma_h' + u = 2kg/cm^2$

압밀 완료, 즉 $u = 0$ 상태이므로 $\sigma_v = \sigma_v'$, $\sigma_h = \sigma_h'$

(2) B상태

① $\sigma_v = 4 + 2 = 6kg/cm^2$

② $\Delta\sigma = 2kg/cm^2$ 하중 작용 직후이므로 $u_e = 2kg/cm^2$

S=100%이므로 C=1 $\therefore \Delta u = u = \Delta\sigma = 2kg/cm^2$ (정수압무시)

③ $\sigma_v' = \sigma_v - u = 6 - 2 = 4kg/cm^2$

④ $\sigma_h' = K_0 \sigma_v' = 0.5(4) = 2kg/cm^2$

NOTE: 압밀이 전혀 일어나지 않았으므로 유효응력은 A때와 동일함.

⑤ $\sigma_h = \sigma_h' + u = 2 + 2 = 4kg/cm^2$

(3) C상태

① $\sigma_v = 6kg/cm^2$

② $u = u_e = 0$ (압밀완료 상태이므로 $u_e = 0$, $u_{ss} \approx 0$)

③ $\sigma_v' = \sigma_v - u$ 이므로 $\sigma_v' = 6kg/cm^2$

④ $\sigma_h' = K_0 \sigma_v' = 3kg/cm^2$

⑤ $\sigma_h = \sigma_h' + u = 3kg/cm^2$

압밀 완료, 즉 $u = 0$ 상태이므로 $\sigma_v = \sigma_v'$, $\sigma_h = \sigma_h'$

전응력경로(TSP)와 유효응력경로(ESP)를 결정하면 다음과 같다.

(1) A상태

TSP: $p = \dfrac{4+2}{2} = 3$, $q = \dfrac{4-2}{2} = 1$

ESP: $p' = \dfrac{4+2}{2} = 3$, $q = 1$

NOTE: $q = q'$. 또한 $u = 0$ 이므로 $p = p'$ 이 됨.

(2) B상태

TSP: $p = \dfrac{6+4}{2} = 5$, $q = \dfrac{6-4}{2} = 1$

ESP: $p' = p - u = 5 - 2 = 3$, $q = 1$

NOTE: $p \neq p' (p - p' = 2 = u)$

(3) C상태

TSP: $p = \dfrac{6+3}{2} = 4.5$, $q = \dfrac{6-3}{2} = 1.5$

ESP: $p' = 4.5$, $q = 1.5$

NOTE: $p = p'$ ($\because u = 0$)

TSP와 ESP는 그림 예제 7.19 해답도(2)에 제시되어 있다.

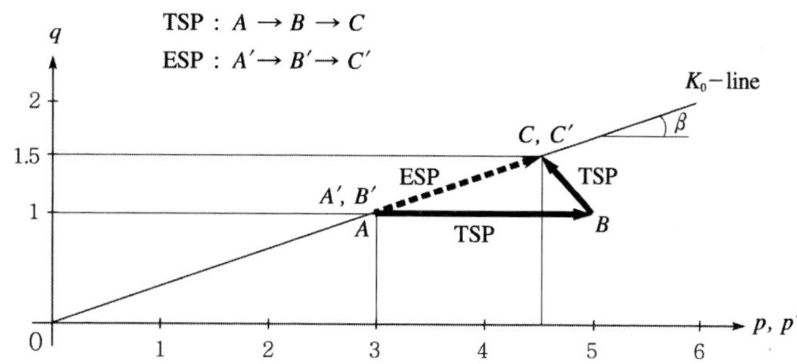

그림 예제 7.19 해답도(2)

$\overline{A'(B')C'}$ 은 K_0 − line의 일부임.

따라서 $\tan\beta = \dfrac{1-K_0}{1+K_0} = \dfrac{1-0.5}{1+0.5} = \dfrac{1}{3}$

그림에서 $\overline{A'(B')C'}$ 의 기울기를 계산해보면 $\tan\beta = \dfrac{1.5-1}{4.5-3} = \dfrac{1}{3}$ 이 되어 이를 확인할 수 있다.

7.10.3 삼축압축시험의 응력경로에 대한 일반적 사항

(1) 응력경로의 작성

표준삼축압축시험은 등방압축과 일축압축의 결합으로 이루어진다. 따라서, 등방압축과정에 대한 응력경로와 일축압축과정에 대한 응력경로를 합하면 표준삼축압축시험의 응력경로를 얻을 수 있다.

다음은 전응력경로(TSP)를 예로 하여 응력경로를 설명하고 있지만 유효응력 경로(ESP)에 대해서도 같은 원리를 적용할 수 있다. 배수조건에 따른 *CD*, *CU*, $\overline{CU}$, *UU*시험에 대한 응력경로는 뒤에 상세히 설명하기로 한다.

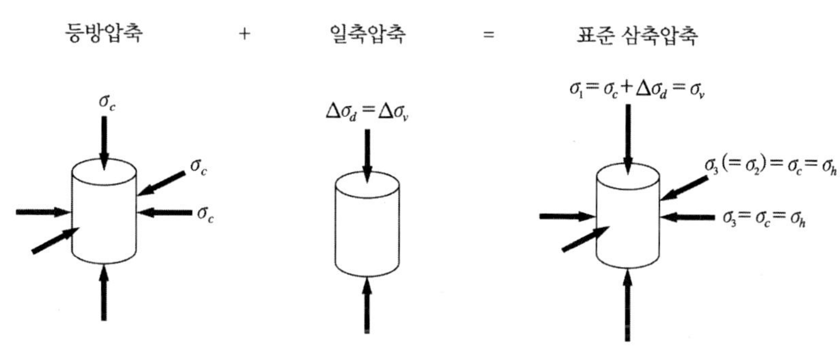

그림 7.85 표준삼축압축시험의 각 단계별 전응력 분포

표준삼축압축시험에 대한 응력경로는 등방압축에 대한 응력경로와 일축압축에 대한 응력경로를 순차적으로 그려 결합시켜 얻을 수 있다. 그림 7.85에는 다시 한 번 단계별 전응력의 분포를 보여주고 있다. 전응력의 분포는 배수조건에 무관하게 CD, $\overline{\text{CU}}$, UU시험에서 같은 분포를 하게 됨을 이미 언급하였다. 따라서 각 시험의 전응력경로(TSP)는 같은 현상이 된다.

이러한 전응력 분포에 대한 전응력경로(TSP) 작성방법이 다음에 상세히 설명되어 있고 그 결과는 그림 7.86에 제시되어 있다.

① 등방압축 과정 [O(0, 0) → A(σ_c, 0)]

구속응력 작용 전 : $\sigma_v = \sigma_h = 0$, $\therefore p = 0,\ q = 0$ (점 O(0, 0)에 해당)

등방압축 완료상태 : $\sigma_v = \sigma_h = \sigma_c$, $\therefore p = (\sigma_v + \sigma_h)/2 = \sigma_c$, $q = (\sigma_v - \sigma_h)/2 = 0$

(점 A(σ_c, 0)에 해당. 이때의 Mohr 응력원은 하나의 점 A.)

A(σ_c, 0)는 등방압축 완료상태($p = \sigma_c$, $q = 0$)이며 등방압축과정에 대한 전응력경로는 점 O(0, 0)에서 점 A(σ_c, 0)에 이르는 수평선이 됨.

② 일축압축과정 [A(σ_c, 0) → B(p_f, q_f)]

$\Delta\sigma_v = \Delta\sigma_d$, $\Delta\sigma_h = 0$: $\Delta p = \Delta\sigma_d / 2$, $\Delta q = \Delta\sigma_d / 2$,

$\therefore \Delta q / \Delta p = 1$ (45° 선, 1:1 경사, A → B)

NOTE: $\Delta q / \Delta p$ 는 응력경로의 기울기임.

B(p_f, q_f) 는 파괴상태 : $\sigma_{vf} = \sigma_c + \Delta\sigma_{df}$, $\sigma_{hf} = \sigma_c$

$$\therefore p_f = \frac{(\sigma_v + \sigma_h)_f}{2} = \frac{(\sigma_c + \Delta\sigma_{df}) + \sigma_c}{2} = \sigma_c + \frac{\Delta\sigma_{df}}{2}$$

$$q_f = \frac{(\sigma_v - \sigma_h)_f}{2} = \frac{(\sigma_c + \Delta\sigma_{df}) - \sigma_c}{2} = \frac{\Delta\sigma_{df}}{2}$$

NOTE: B(p_f, q_f)는 파괴상태의 Mohr 응력원의 응력점(정점)임.

따라서 전응력경로(TSP) = $\overrightarrow{OA}$ (등방압축) + $\overrightarrow{AB}$ (일축압축)

그림 7.86에서 보듯이 $O(0,0) \xrightarrow[\text{수평선}]{\text{등방압축}} A(\sigma_c, 0) \xrightarrow[\text{1:1경사}]{\text{일축압축}} B(p_f, q_f)$ 가 표준삼축압축시험에 대한 응력경로이다.

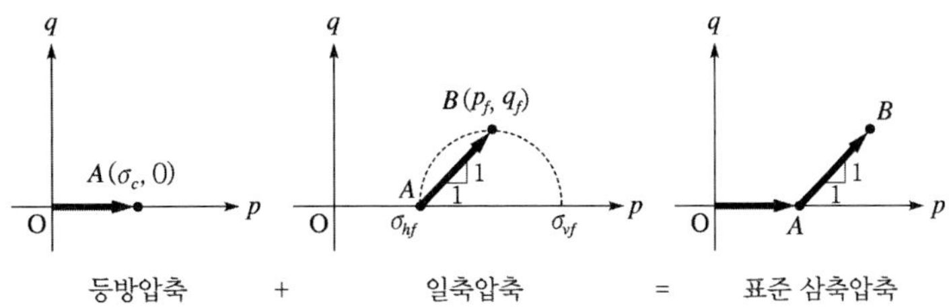

그림 7.86 표준삼축압축시험의 응력경로 과정

(2) K_f – 선(K_f – line)

삼축압축시험으로부터 얻어지는 파괴포락선에 대응하는 개념이 K_f – line이다. 즉 구속응력의 σ_c 값을 변화시켜 가면서 시험을 실시하면 그림 7.87에서 보는 것과 같이 σ_c 개수만큼의 B점들을 얻을 수 있다. B점들을 지나는 직선이 K_f – line이다. 그림 7.87에 K_f – line을 그리는 과정이 나타나 있다. 여기서는 삼축압축시험을 3회 실시하여 B_1, B_2, B_3 을 얻고 이 점들을 연결하는 직선이 K_f – line임을 보이고 있다. K_f – line은 파괴상태의 Mohr 응력원의 정점(응력점)들을 연결한 선이고 그 방정식은

$$q_f = p_f \tan\alpha + a \qquad (7.119)$$

여기서, α : K_f – line의 경사각

a : K_f – line의 q–축 절편

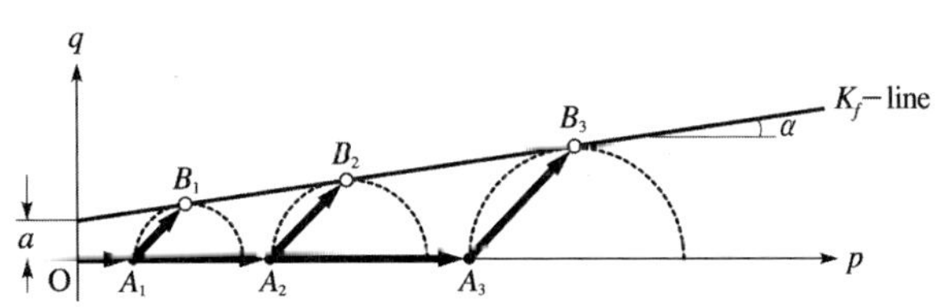

그림 7.87 K_f – line의 작성

B(p_f , q_f)는 파괴상태 Mohr 응력원의 정점(응력점)이므로 좌표는 (p_f , q_f)와 같이 하첨자 f 를 부여한다.

K_f – line은 파괴포락선과 유사한 의미를 가지고 있다.

- 만약 (p , q)가 K_f – line 상에 있으면 파괴상태
- 만야 (p , q)가 K_f – line 아래에 있으면 비파괴상태

▪(p, q)가 K_f – line 위쪽에 있는 것은 불가능(이미 파괴된 상태)

점착력이 없는 $(c=0, a=0)$흙에 대하여 삼축압축시험을 2회 실시하고 파괴 포락선과 K_f – line을 동시에 그려 비교한 것이 그림 7.88이다. 물론 파괴 포락선의 방정식은 $\tau_{ff} = \sigma_{ff} \tan\phi$ 이고 K_f – line의 방정식은 $q_f = p_f \tan\alpha$ 이다.

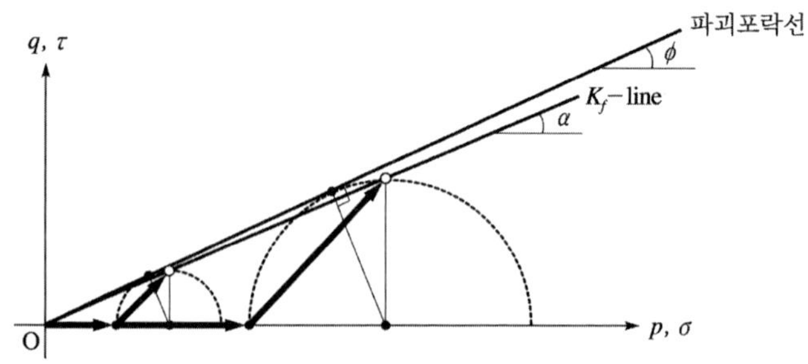

그림 7.88 파괴포락선과 K_f – line의 비교

K_f – line과 파괴포락선 사이의 관계를 살펴보면 K_f – line의 경사각 α 와 q 축 절편 a 를 알면 강도정수 ϕ 와 c 를 구할 수 있다. 즉 그림 7.89에서

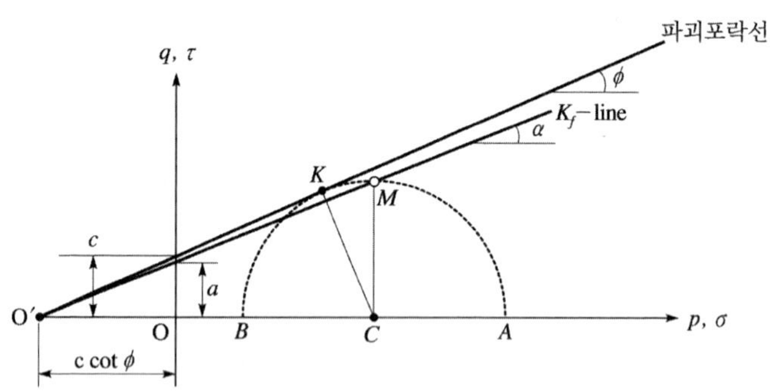

그림 7.89 K_f – line에서 강도정수를 구하는 방법

$$\sin\phi = \frac{\overline{FC}}{\overline{O'C}}, \quad \tan\alpha = \frac{\overline{MC}}{\overline{O'C}} \quad \therefore \sin\phi = \tan\alpha \tag{7.120}$$

$$c\cot\phi = a\cot\alpha, \quad c = a\frac{1}{\tan\alpha}\frac{\sin\phi}{\cos\phi} \quad \therefore c = \frac{a}{\cos\phi} \tag{7.121}$$

K_f – line의 경사각 α 를 알면 식 (7.120)을 이용하여 ϕ 를 구하고, 다시 절편 a 에서 식(7.121)에 의해 점착력 c 를 계산할 수 있게 된다. 삼축압축시험 결과를 정리할 때 Mohr 응력원을 그리고 파괴포락선을 그려서 강도정수(c, ϕ)를 구하는 대신 K_f – line을 그려 α 와 a 에서 강도정수를 구하는 것이 더 편리함을 알 수 있다.

(왜 그런가? Mohr 원을 그리는데 소요되는 compass를 사지 않아도 되기 때문인가? 그 뿐인가?)

7.10.4 배수조건에 따른 표준삼축압축시험의 응력경로

지금까지 표준삼축압축시험에 대한 전응력경로(TSP)에 관하여 논의하였다. 이제는 유효응력경로(ESP)도 함께 생각해 보기로 한다. 표준삼축압축시험의 응력경로는 TSP와 ESP 모두 등방압축과정의 응력경로와 일축압축과정의 응력경로를 순차적으로 합하여 얻을 수 있다.

먼저 압밀배수(CD), 압밀비배수(CU 및 $\overline{\text{CU}}$), 비압밀비배수(UU) 시험의 TSP와 ESP의 개요를 생각해 보자.

- 모든 표준삼축압축시험에서 등방압축 및 일축압축과정의 하중(전응력)의 분포는 같다. 따라서 CD, CU, UU 시험의 TSP는 그림 7.90과 같은 동일한 형상이 된다. 즉

$$O(0,0) \xrightarrow[\text{등방압축}]{\text{수평선}} A(\sigma_c, 0) \xrightarrow[\text{일축압축}]{\text{1:1경사}} B(p_f, q_f)$$

- 등방압축과정의 ESP는 결과적으로 TSP와 같다. O(0, 0) → A(σ_c , 0)
- UU시험은 TSP만 그릴 수 있고 ESP는 그릴 수 없다(간극수압 모름).
- CD시험은 TSP와 ESP가 일치한다(간극수압 없음, 배수상태).
- 남은 것은 $\overline{\text{CU}}$ 시험의 일축압축과정에 대한 ESP이다. 이 ESP는 흙의 응력이력(NC, OC 등) 등에 따라 그 현상이 달라지며 유일하게 곡선형태가 된다. 이제 각 시험 별로 응력경로와 K_f – line을 그리는 방법에 대하여 논의해 보기로 한다.

(1) 압밀배수(CD) 표준삼축압축시험의 응력경로

전응력경로(TSP)와 유효응력경로(ESP)는 일치하고, 응력경로는 그림 7.90에 제시되어 있다.

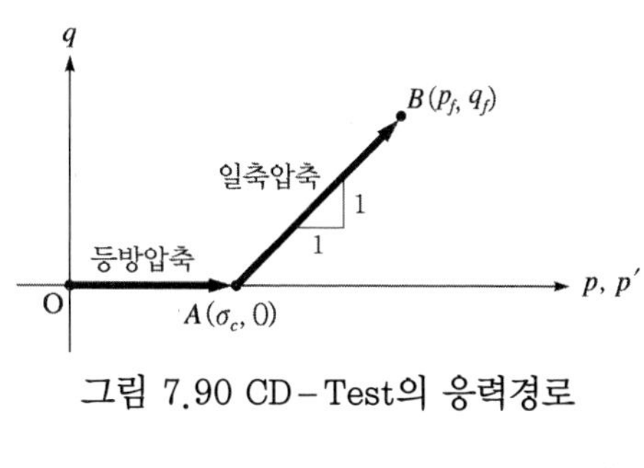

그림 7.90 CD – Test의 응력경로

가. 응력경로의 작성

① 등방압축과정 [O(0,0) → A(σ_c,0)]

(a) 전응력경로(TSP)[O(0,0) → A(σ_c,0)]

구속응력 작용 전 :

$\sigma_v = \sigma_h = 0$, $\therefore p = 0,\ q = 0$ [O(0,0)에 해당]

구속응력에 의한 압밀완료 상태 :

$\sigma_v = \sigma_h = \sigma_c$ $\therefore p = \sigma_c,\ q = 0$ [A(σ_c,0)에 해당]

전응력경로는 O(0,0)에서 A(σ_c,0)에 이르는 수평선 O→A이 됨.

등방압축 완료상태 : A(σ_c,0)

(등방압축 완료상태 : $\sigma_v = \sigma_h = \sigma_c$ $\therefore p = \sigma_c,\ q = 0$)

(b) 유효응력경로(ESP)[O(0,0) → A(σ_c,0)]

- 구속응력 작용 직후($t = 0$): $\sigma_v = \sigma_h = \sigma_c$, $u = u_e = C\sigma_c = \sigma_c$

  $\therefore \sigma_v' = \sigma_h' = \sigma_c = 0$, 따라서 $\therefore p' = 0,\ q = 0$ [O(0,0)에 해당]

- 압밀진행과정($t = t_1$): $\sigma_v = \sigma_h = \sigma_c$, $u = u_e = u_1$ $\therefore \sigma_v' = \sigma_h' = \sigma_c - u_1$

  따라서 $p' = \sigma_c - u_1,\ q = 0$ [O(0,0)과 A(σ_c,0)사이의 점들에 해당]

- 압밀완료상태 : $\sigma_v = \sigma_h = \sigma_c$, $u = u_e = 0$ $\therefore \sigma_v' = \sigma_h' = \sigma_c$

  따라서 $p' = \sigma_c,\ q = 0$ [A(σ_c,0)에 해당]

  유효응력경로(ESP)는 압밀진행 정도에 따라 (0, 0)에서 오른쪽으로 이동하여 A(σ_c, 0)에 이르는 수평선(O→A)가 됨. 전응력경로(TSP)와 유효응력경로(ESP)는 결과적으로 일치한다.

② 일축압축과정 [A(σ_c,0) → B(p_f',q_f)]

배수상태로 전단하므로 $u = u_e = 0$, 따라서 모든 순간에서 $\sigma_v = \sigma_v'$, $\sigma_h = \sigma_h'$,

$\therefore p = p'$

전응력경로와 유효응력경로는 일치한다(TSP = ESP).

다음은 ESP의 기호를 써서 설명하고 있으나 상첨자(′)만 제거하면 TSP가 된다.

$$\Delta\sigma_v{}' = \Delta\sigma_d,\ \sigma_h{}' = 0,\ \therefore \Delta p' = \frac{\Delta\sigma_d}{2},\ \Delta q = \frac{\Delta\sigma_d}{2}$$

$$\therefore \frac{\Delta q}{\Delta p'} = 1\ \ (45° \text{ 선, 1:1 경사, A→B})$$

B($p_f{}'$, q_f) : 파괴상태

$$p_f{}' = \frac{(\sigma_v + \sigma_h)_f}{2} = \frac{(\sigma_c + \Delta\sigma_{df}) + \sigma_c}{2} = \sigma_c + \frac{\Delta\sigma_{df}}{2}$$

$$q_f = \frac{(\sigma_v - \sigma_h)_f}{2} = \frac{(\sigma_c + \Delta\sigma_{df}) - \sigma_c}{2} = \frac{\Delta\sigma_{df}}{2}$$

전응력경로(TSP)와 유효응력경로(ESP)는 모두 A(σ_c , 0)에서 B($p_f{}'$, q_f)에 이르는 1:1 경사의 직선이 된다(ESP = TSP).

위의 등방압축과정(O→A)과 일축압축과정(A→B)에 대한 응력경로는 그림 7.90에 제시되어 있고 결국 (O→A→B)가 표준삼축압축시험의 응력경로이다.

나. K_f – line의 작성

K_f – line은 파괴포락선과 마찬가지로 정규압밀점토인지 과압밀점토인지에 따라 원점통과 여부가 결정된다.

① 정규압밀점토의 경우

그림 7.91에 보인 것처럼 파괴포락선은 원점을 지난다($a' = 0$).

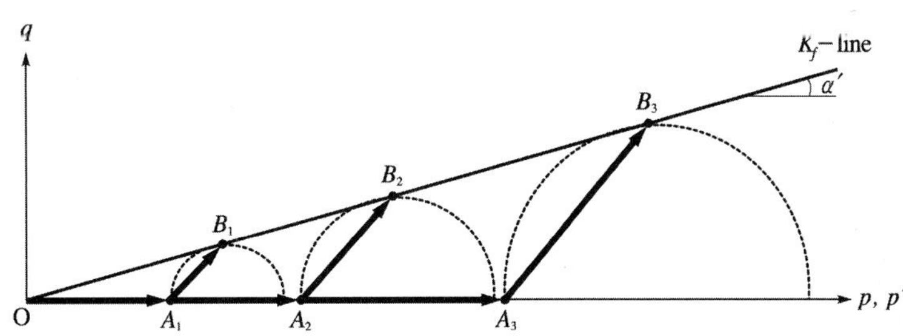

그림 7.91 CD-Test의 K_f – line (정규압밀점토의 경우)

② 과압밀점토의 경우

그림 7.92에 보인 것처럼 K_f – line은 q 축 절편 a' 을 가진다. 이것은 파괴포락선이 점착력

절편 c_d 를 가지는 것과 마찬가지이다.

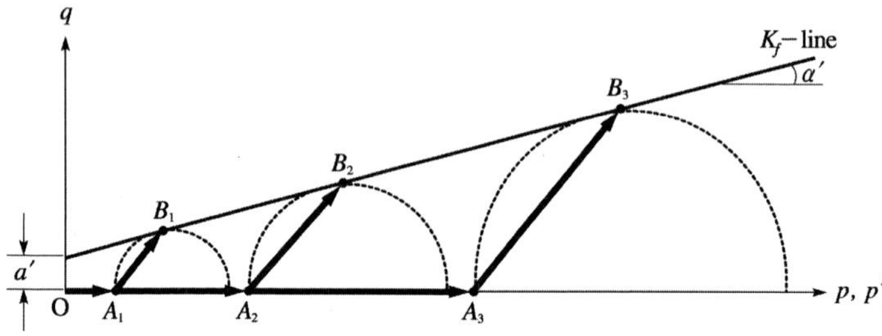

그림 7.92 CD–Test의 K_f – line (과압밀점토의 경우)

NOTE : CD–Test의 K_f – line 경사각과 절편을 각각 α', a' 으로 표기하였음. 파괴포락선의 경사각과 절편을 표기하는 방법대로 하면 α_d, a_d 가 될 것임. 여기서는 유효응력으로 정리한 결과이므로 상첨자(′)을 사용하고 있음.

(2) 비압밀비배수(UU) 표준삼축압축시험의 응력경로

등방압축과정과 일축압축과정 모두 비배수시험이다. 그리고 보통 간극수압은 측정하지 않으므로 전응력은 알 수 있으나 유효응력은 알 수 없다. 따라서 전응력경로(TSP)는 알 수 있으나 유효응력경로(ESP)는 그릴 수 없다. 전응력경로는 압밀배수시험에서 설명한 것과 같다(그림 7.90참조). 되풀이하여 설명하면,

$$O(0,0) \xrightarrow[\text{등방압축}]{\text{수평선}} A(\sigma_c, 0) \xrightarrow[\text{일축압축}]{\text{1:1경사}} B(p_f, q_f)$$

가. S = 100%인 경우의 TSP와 K_f – line

S=100%인 경우 비압밀비배수시험에서 파괴 시 축차응력 $\Delta\sigma_{df}$ 는 구속응력의 크기에 무관하게 동일하므로 항상 파괴 시 Mohr 응력원의 직경은 같아진다. 이것은 σ_c 의 크기에 관계없이 $q_f = \Delta\sigma_{df}/2$ 값은 같고 따라서 K_f – line은 수평선이 된다는 것을 의미한다. 이 사실은 그림 7.93에 제시되어 있으며 K_f – line은 파괴포락선과 일치한다.

NOTE: 이 경우에는 K_f – line과 파괴포락선은 일치함(그림 7.93).

$$\phi_u = \alpha = 0\,,\ \ c_u = a = \frac{\Delta\sigma_{df}}{2} = \frac{(\sigma_v - \sigma_h)_f}{2} = s_u$$

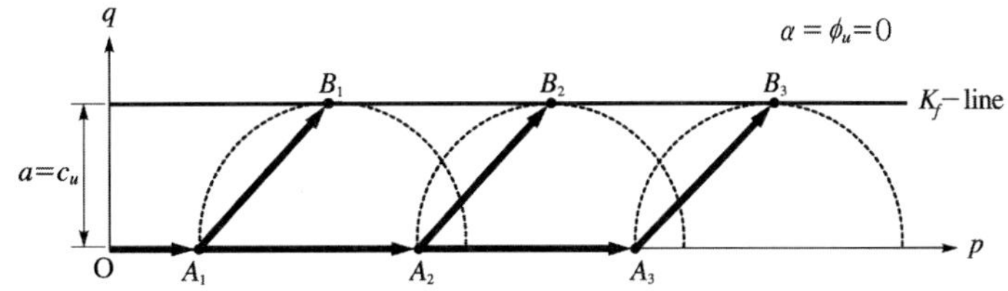

그림 7.93 UU−Test에 의한 TSP와 K_f−line

NOTE : 파괴포락선의 경사각과 절편에 부여하는 하첨자를 그대로 쓰면 K_f−line의 경사각과 절편은 각각 α_u , a_u 가 될 것이지만, 전응력에서 얻은 값이므로 하첨자 쓰지 않음.

독자들에게 드리는 제언 : 일축압축시험에 대한 응력경로를 그림 7.93에 함께 그려볼 것.

나. S 〈 100%의 경우

구속응력 σ_c 가 커짐에 따라 공기의 용해에 의한 밀도증가로 인하여 $\Delta\sigma_{df}$ 값이 증가한다. 따라서 Mohr 응력원의 직경이 커진다는 사실에 대해서도 이미 논의하였다. 그러나 이때의 K_f−line은 파괴포락선과 마찬가지로, 곡선이 되어 경사각 α 와 절편 a 는 일정한 값이 아니다. 구속응력이 충분히 커지면 포화상태가 되고 이때의 K_f−line은 수평선이 됨은 파괴포락선의 경우와 마찬가지다.(그림 7.71참조)

(3) 압밀비배수(CU 또는 $\overline{\text{CU}}$) 표준삼축압축시험의 응력경로

전응력경로와 유효응력경로가 함께 그려지므로 전단 시 흙의 거동을 이해하는데 가장 중요한 경우이다.

능방압축(압밀)과정 + 일축압축(비배수)과정 = 압밀비배수 삼축압축시험

전응력경로(TSP)는 CD, UU시험의 응력경로와 본질적으로 동일하다. 유효응력경로(ESP)의 등방압축과정은 압밀배수(CD)시험의 응력경로와 같으나 일축압축과정은 곡선이 되고 발생하는 과잉간극수압의 크기에 따라 왼쪽 또는 오른쪽으로 휘게 되는 등 차별화 된다.

가. 응력경로의 작성

응력경로는 정규압밀, 과압밀점토로 구별하여 그림 7.94에 제시되어 있다.

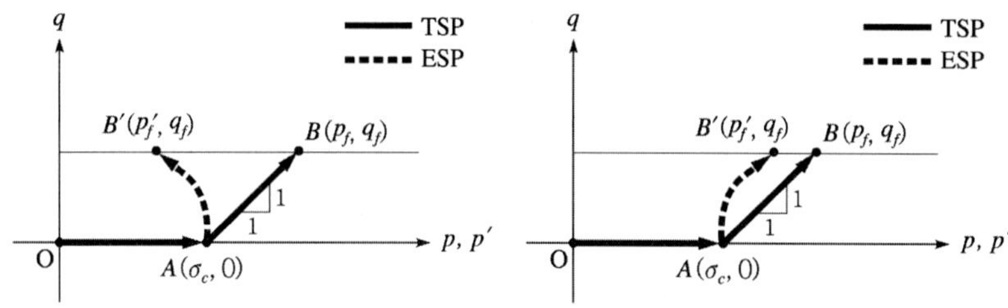

그림 7.94 압밀비배수시험($\overline{\mathrm{CU}}$)의 응력경로

① 등방압축과정 [O(0, 0) → A(σ_c , 0)]

전응력경로(TSP)와 유효응력경로(ESP)모두 앞의 (1) 압밀배수(CD)시험의 응력경로와 일치하므로 여기서는 기술을 생략한다. 두 응력경로는 결과적으로 일치하며 O(0, 0)에서 A(σ_c , 0)에 이르는 수평선이 된다.

NOTE : 등방압축과정에 대한 응력경로는 CD, UU, $\overline{\mathrm{CU}}$ 시험에서 TSP와 ESP 모두 O(0,0)에서 A(σ_c , 0)에 이르는 수평선이 되어, 결과적으로 동일한 그림이 됨.

② 일축압축과정

(a) 전응력경로 [A(σ_c , 0) → B(p_f , q_f)에 이르는 1:1 경사의 직선]

전응력경로(TSP)는 A(σ_c , 0)에서 B(p_f , q_f)에 이르는 기울기 1:1(45° 선) 되는 직선이다. 이 응력경로는 앞의 (1) 압밀배수시험 응력경로와 일치하므로 여기서는 논의를 생략한다.

(b) 유효응력경로 [A(σ_c , 0) → B'(p_f' , q_f)에 이르는 곡선]

일축압축과정에서 발생하는 과잉간극수압을 측정하고 유효응력을 산정하여 (p_f' , q_f)의 변화과정을 그리면 ESP가 얻어진다. ESP는 과잉간극수압의 크기에 따라, 즉 정규압밀인가 과압밀상태인가에 따라 왼쪽 또는 오른쪽으로 휘어지는 곡선이 된다.

$$\Delta\sigma_v = \Delta\sigma_1 = \Delta\sigma_d\ ,\ \ \Delta\sigma_h = \Delta\sigma_3 = 0\ ,\ \ u = \Delta u = D\Delta\sigma_d$$

$$\therefore\ \sigma_v' = \Delta\sigma_v - \Delta u = \Delta\sigma_d - D\Delta\sigma_d = \Delta\sigma_d(1-D)$$

$$\Delta\sigma_h' = \Delta\sigma_3' = \Delta\sigma_h - \Delta u = -D\Delta\sigma_d$$

그러므로

$$\Delta p' = \frac{\Delta\sigma_v' + \Delta\sigma_h'}{2} = \frac{\Delta\sigma_d(1-D) - D\Delta\sigma_d}{2} = \frac{\Delta\sigma_d(1-2D)}{2}$$

그런데 포화상태(S=100%)이면 D=BA=A이므로

$$\Delta p' = \frac{\Delta\sigma_d}{2}(1-2A)$$

$$\Delta q = \frac{\Delta\sigma_v' - \Delta\sigma_h'}{2} = \frac{\Delta\sigma_v - \Delta\sigma_h}{2} = \frac{\Delta\sigma_d}{2}$$

ESP의 종점 $B'(p_f', q_f)$: 파괴상태

$$\sigma_{vf} = \sigma_c + \Delta\sigma_{df}, \quad \sigma_{hf} = \sigma_c, \quad u_f = \Delta u_f = A_f \Delta\sigma_{df}$$

따라서

$$p_f' = p_f - u_f = \sigma_c + \frac{\Delta\sigma_{df}}{2}(1-2A_f), \quad q_f = \frac{\sigma_{vf} - \sigma_{hf}}{2} = \frac{\Delta\sigma_{df}}{2}$$

유효응력경로의 기울기 $\Delta q / \Delta p'$ 은

$$\frac{\Delta q}{\Delta p'} = \frac{1}{1-2A} \tag{7.122}$$

A는 일정한 값이 아니고 한 개의 공시체에서도 일축압축 수준, 즉 축 방향 변형률 $\varepsilon_a = \Delta l / \Delta l_0$ 에 따라 그 값이 다르므로 $\Delta q / \Delta p'$ 은 상수가 아니고 A값에 따라 다른 값이 된다. 즉 p' 와 q 사이의 관계(ESP)는 직선적 관계가 아니고 곡선이 된다. 식(7.122)에서 알 수 있는 것처럼

A<0.5이면 $\Delta q / \Delta p' > 0$ 즉 오른쪽(제 1 사분면)으로 굽음.

A>0.5이면 $\Delta q / \Delta p' < 0$ 즉 왼쪽(제 2 사분면)으로 굽음.

A=0.5이면 $\Delta q / \Delta p' = \infty$ 즉 연직방향.

이제 유효응력경로의 형상에 관하여 생각해 보자. 우선 ESP는 곡선이 됨은 이미 설명하였다. 다음은 ESP가 휘어지는 방향에 대하여 생각해 보자. 전단 (일축압축)과정에서 생성되는 과잉간극수압은 정규압밀점토에서는 크고 과압밀점토의 경우에는 적다.

간극수압계수 $A = \dfrac{\Delta u}{\Delta\sigma_d} = \dfrac{u_e}{\Delta\sigma_d}$ 이므로 A값은 정규압밀점토에서는 크고 과압밀점토는 A값이 적다. 또한 TSP와 ESP사이의 수평거리는 간극수압과 같다($u = p - p'$). 그리고 TSP는 기울기 1:1인

45° 선이다.

정규압밀점토의 경우 전단과정에서 큰 과잉간극수압이 생기므로 TSP와 ESP 사이의 수평거리가 커야 한다. TSP는 1:1 경사의 직선이므로 TSP와 ESP 사이의 거리가 커지려면 ESP는 왼쪽으로, 즉 2 사분면 쪽으로 굽어져야 한다. 정규압밀점토는 A 값이 크므로(A>0.5) 식 (7.122)에서 ESP의 기울기 $\Delta q/\Delta p'<0$이 되어 왼쪽으로 휘어지는 곡선이 된다. 반면 과압밀점토의 경우에는 전단 시 발생되는 과잉간극수압이 적으므로 TSP와 ESP사이의 거리는 좁아야 하므로 ESP는 오른쪽, 즉 1사분면 쪽으로 휘어진다.

다른 방법으로 표현하면 과압밀점토는 A값이 적으므로(A<0.5) 식 (7.122)에서 ESP의 기울기 $\Delta q/\Delta p'>0$이 되어 오른쪽으로 굽어지는 모양을 한다. 위에서 설명한 ① 등방압축 과정+ ② 일축압축 과정의 응력경로를 합하면 압밀비 배수($\overline{\text{CU}}$) 표준삼축압축시험의 응력경로가 얻어진다. 이 응력경로가 그림 7.94에 제시되어 있다. 전응력경로(TSP)와 유효응력경로(ESP)의 파괴 시 q 값 q_f은 $q_f=\Delta\sigma_{df}/2$로 물론 같다.

나. K_f – line의 작성

① 정규압밀점토의 경우

다음은 정규압밀 점토의 K_f – line에 대하여 고찰해 보자. 구속응력 σ_c를 변화시키고 파괴상태에 이르게 되면 그 때마다 전응력경로에서는 B, 유효응력경로에서는 B'을 얻게 된다. 즉 σ_c를 변화시킨 횟수만큼 B와 B'을 얻을 수 있게 된다. B점들을 연결한 직선이 전응력에 대한 K_f – line이 된다. B' 점들을 연결하는 직선이 유효응력에 대한 K_f – line (K_f' – line이라 함)이 된다. 그림 7.95에서 보인 것처럼 정규압밀점토의 경우 TSP와 ESP의 K_f – line은 모두 원점을 지난다. 이것은 정규압밀점토의 경우 압밀비배수시험의 파괴포락선이 원점을 지나는 것과 같은 의미이다.

따라서 K_f – line 방정식은

전응력 : $q_f=p_f\tan\alpha$ (7.123a)

유효응력 : $q_f=p_f'\tan\alpha'$ (7.123b)

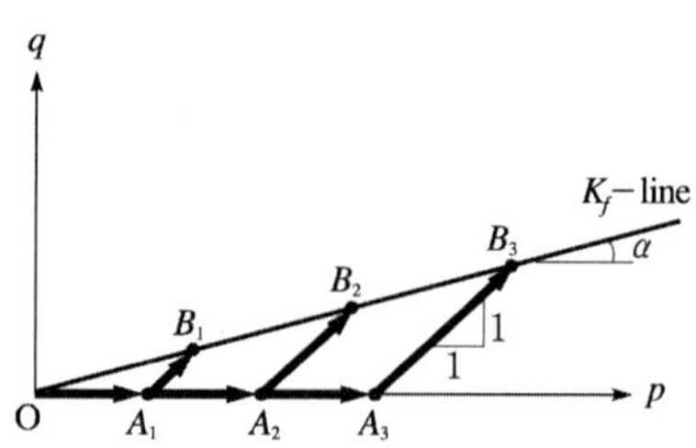

(a) 전응력(K_f– line)

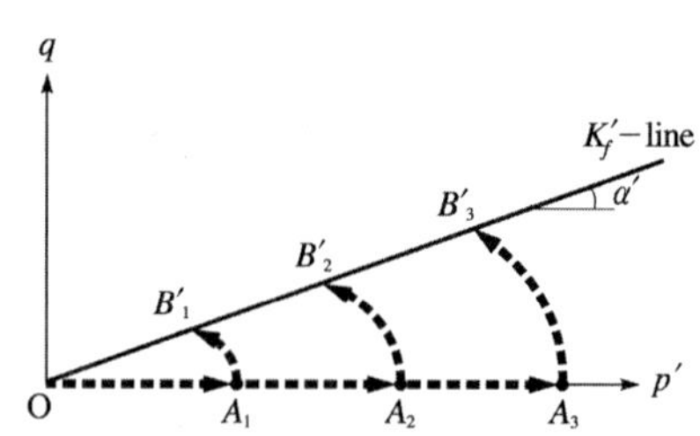

(b) 유효응력(K_f'– line)

그림 7.95 압밀비배수시험의 K_f – line (정규압밀점토)

② 과압밀점토의 경우

과압밀점토의 경우 K_f −line은 전응력경로와 유효응력경로 모두에서 그림 7.96과 같이 q 축 절편을 가지게 된다($a > 0, a' > 0$). 이것은 파괴포락선이 점착력 절편을 가지는 것과 같은 의미이다($c_{cu} > 0, c' > 0$).

따라서 K_f −line 방정식은

$$\text{전응력} : q_f = p_f \tan\alpha + a \tag{7.124a}$$

$$\text{유효응력} : q_f = p_f{}' \tan\alpha' + a' \tag{7.124b}$$

NOTE: K_f −line의 경사각과 절편의 기호

CU시험(TSP)의 K_f −line의 경사각과 절편은 각각 α_{cu}, a_{cu}로 표기하는 것이 일관성이 있으나 전응력으로 정리하였으므로 하첨자를 생략하였음. $\overline{\text{CU}}$ 시험 (ESP)의 K_f −line에는 상첨자(′)를 부여하여 일관성을 유지하였음.

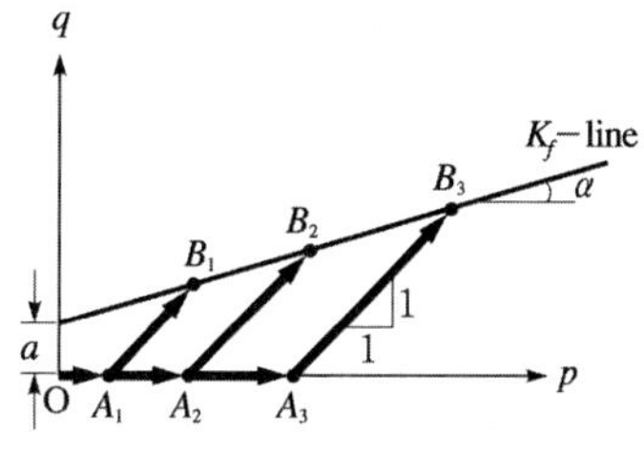

(a) 전응력(K_f− line)

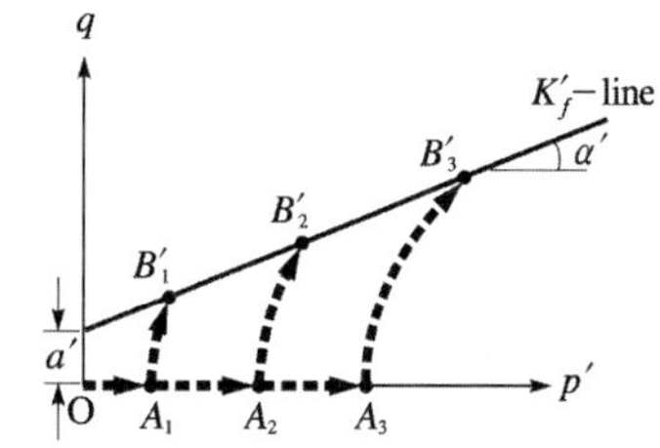

(b) 유효응력(K_f'− line)

그림 7.96 압밀비배수시험의 K_f − line(과압밀점토)

다. 간극수압계수 A의 결정

앞에서 여러 번 언급하였던 것처럼 포화점토의 간극수압계수 A는 CU시험의 일축압축과정에서 축차응력 $\Delta\sigma_d$ 와 그때 생성된 간극수압 Δu 를 측정하여 구한다.

$$A = \frac{\Delta u}{\Delta \sigma_d} \tag{7.125}$$

파괴상태에서는 물론

$$A_f = \frac{\Delta u_f}{\Delta \sigma_{df}} \tag{7.126}$$

이론상으로 ESP의 경사 $\Delta q / \Delta p'$ 를 알면 A를 구할 수 있다.

즉 식 (7.122)를 A에 대해 풀어 쓰면

$$A = \frac{\dfrac{\Delta q}{\Delta p'} - 1}{2\left(\dfrac{\Delta q}{\Delta p'}\right)} \tag{7.127}$$

실제로는 ESP는 곡선이므로 기울기 $\Delta q / \Delta p'$ 는 일정하지 않아 식 (7.96)에서 A를 결정하는 것이 비실용적이다. 그러나 ESP의 기울기 $\Delta q / \Delta p' = 1$ 이면 A=0, $\Delta q / \Delta p' = -1$ 이면 A=1, $\Delta q / \Delta p' = \infty$ 이면 A=0.5, $\Delta q / \Delta p' = 0.5$ 이면 A=–0.5가 됨을 기억하면 ESP의 형상을 보고 A값을 개략적으로 추정할 수 있다.

전응력경로와 유효응력경로가 함께 주어졌을 때 간극수압계수 A를 결정하는 도해법은 다음과 같다. 그림 7.97에는 정규압밀점토와 과압밀점토별에 대한 전응력경로와 유효응력경로를 함께 제시하고 있다.

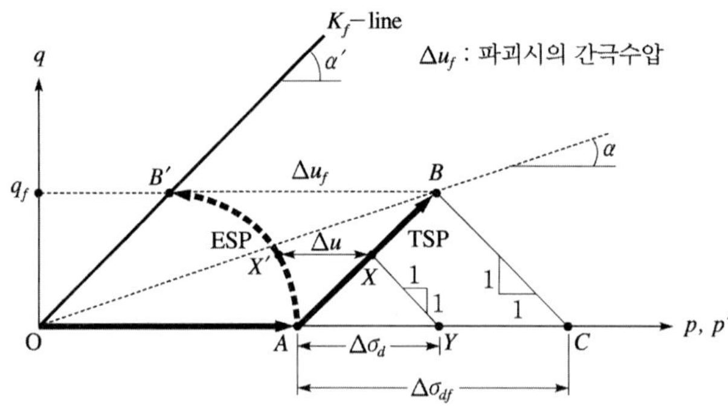

(a) 정규압밀점토

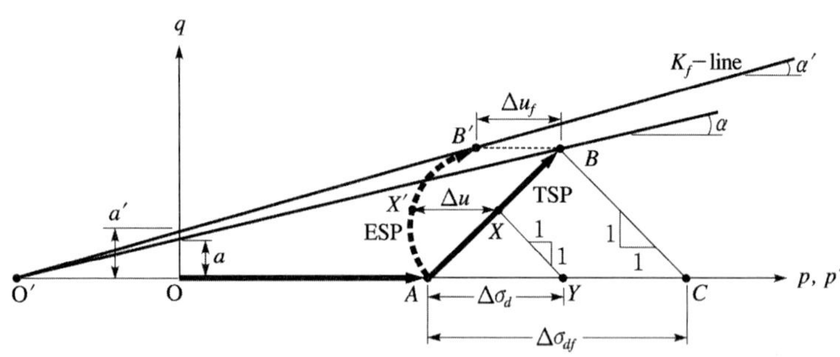

(b) 과압밀점토

그림 7.97 응력경로에서 A계수를 결정하는 방법

일축압축(전단)과정에 대한 TSP와 ESP에서 간극수압계수 A를 구할 수 있다.

그림 7.97(a)와 (b)에서 B, B' 는 파괴상태를 나타내므로

$\overline{B'B} = \Delta u_f$: 파괴시의 간극수압

$\overline{AC} = \Delta \sigma_{df}$: 파괴시의 축차응력

이므로 파괴시의 간극수압계수 A_f 는

$$A_f = \frac{\Delta u_f}{\Delta \sigma_{df}} = \frac{\overline{BB'}}{\overline{AC}} = \frac{\overline{BB'}}{2q_f} \tag{7.128}$$

마찬가지로 파괴 전 상태인 X에서의 간극수압계수(A)는

$$A_f = \frac{\Delta u}{\Delta \sigma_d} = \frac{\overline{XX'}}{\overline{AY}} = \frac{\overline{XX'}}{2q} \tag{7.129}$$

심하게 과압밀된(heavily overconsolidated) 점토를 전단하면 생성되는 과잉간극수압의 크기는 대단히 작고 파괴상태에서는 음(−)의 값을 가지게 된다. 그러므로 ESP는 오른쪽으로 심하게 굽어 파괴상태에서는 ESP가 TSP보다 오른쪽에 있게 된다($p_f' > p_f$).

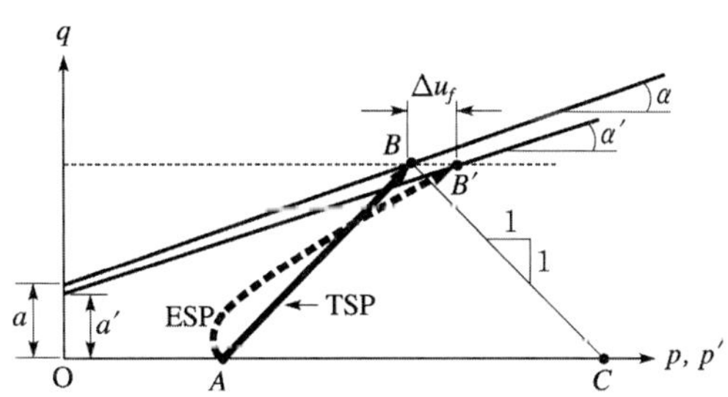

그림 7.98 심하게 과압밀된 점토의 간극수압계수(A)의 결정

따라서 A값은 대단히 작고 파괴상태에서는 음의 값이 된다($A_f < 0$). 간극수압계수 A는 정규압밀 또는 과압밀의 경우와 같이 식 (7.128), 식 (7.129)로 구할 수 있다. 단 ESP가 TSP보다 오른쪽에 있을 때는 $\Delta u < 0$ 이고 따라서 $A < 0$ 이 된다.

NOTE: 표준삼축압축시험 $\overline{CU}$ – Test에서 일축압축과정 대한 TSP($p-q$)는 언제나 45° (1:1 경사)이지만

ESP(p′ − q)는
- 정규압밀(NC)이면 왼쪽으로 굽음. ∴ 파괴시 u가 큼
- 과압밀(OC)이면 오른쪽으로 굽음. ∴ 파괴시 u가 큼
- 심힌 과압밀(HOC)은 급격히 오른쪽 굽음. ∴ 파괴시 $u_r < 0$ ∴ $A_f < 0$

표 7.7 응력이력에 따른 A_f 값의 개략치

A_f	흙의 종류
–0.5 ~ 0	심하게 과압밀
0 ~ 0.5	OC
0.5 ~ 1	NC
1 ~ 2	예민한 점토 (loose sand)

응력이력에 따른 파괴 시의 간극수압계수 A_f 의 개략적인 값이 표 7.9에 제시 되어 있다. 이 표의 값은 앞에 제시한 값과는 다르나 기억하기 좋으며 특히 다음의 참고사항과 관련하여 기억하기 좋다.

참고사항 : 가상적 직선 유효응력경로의 방향에 따른 *A* 값과 응력이력

압밀비배수 표준삼축압축시험에서 일축압축과정의 유효응력경로가 그림 7.99와 같이 직선화되었다면 각 응력경로별 *A*값은 일정하며 이때의 값이 그림에 제시되어 있다. 물론 앞에서 논의 한 것처럼 실제 유효응력경로는 직선이 아니라 곡선이며, *A*값은 축차응력(또는 전단진행)의 수준, 즉 $\Delta l / l_0$ 의 값에 따라 달라져 일정한 값이 될 수 없다. 따라서 다음 그림 7.99는 가상적 상황이며 다만 ESP의 방향에 따라 *A*값이 어떻게 변화되며 또한 반대로 *A*값에 따른 ESP의 방향이 어떻게 변하는가를 이해하는데 도움이 된다.

$a \to b$ 는 45° 선(1:1 경사)이며 전응력경로(TSP)이다. 만약 유효응력경로(ESP)가 $a \to b$ 이면 간극수압이 0 이므로 A=0이다. 앞서 논의한 것처럼

$$\frac{\Delta q}{\Delta p'} = \frac{1}{1-2A} \tag{7.122}$$

또는

$$A = \frac{\frac{\Delta q}{\Delta p'} - 1}{2\left(\frac{\Delta q}{\Delta p'}\right)} \tag{7.127}$$

즉 유효응력의 기울기 $\Delta q / \Delta p'$ 를 알면 식 (7.127)에 의하여 A값을 계산해 낼 수 있다.

*A*값에 따른 흙의 응력이력(과압밀정도)도 그림에 함께 제시되어 있다. 이것은 표 7.9에 제시한 A_f 와 비교해 보면 흙의 상태가 일치하고 있음을 알 수 있다.

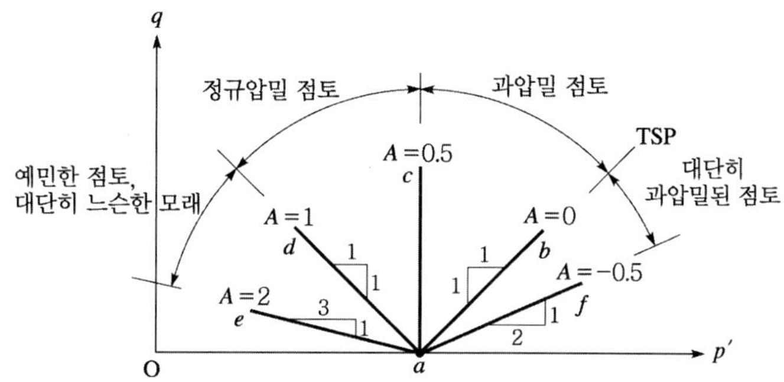

그림 7.99 가상적 직선 ESP에 따른 A값과 흙의 상태

다음의 표본 계산은 ESP의 기울기에 따른 A값을 구하는 몇 개의 예를 보인 것이다.

- 표본계산 1(sample calculation 1) : 응력경로 $a \rightarrow d$ 의 A값

$\frac{\Delta q}{\Delta p'} = -1$ 이므로 식 (7.127)에 의하여 $A = \frac{\frac{\Delta q}{\Delta p'} - 1}{2\left(\frac{\Delta q}{\Delta p'}\right)} = \frac{(-1)-1}{2(-1)} = 1$

또는 응력경로에서 반도해법을 적용하여 다음과 같이 A를 구할 수 있다.

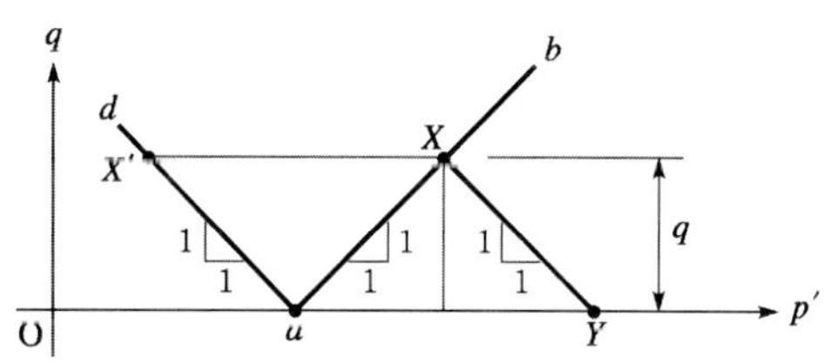

$$A = \frac{\Delta u}{\Delta \sigma_d} = \frac{\overline{X'X}}{\overline{aY}} = \frac{2q}{2q} = 1$$

- 표본계산 2(sample calculation 2) : 응력경로 $a \rightarrow f$ 의 A값

$\frac{\Delta q}{\Delta p'} = \frac{1}{2}$ 이므로 식 (7.127)에 의하여 $A = \frac{\frac{\Delta q}{\Delta p'} - 1}{2\left(\frac{\Delta q}{\Delta p'}\right)} = \frac{(1/2)-1}{2(1/2)} = -0.5$

또는 응력경로에서 반도해법을 적용하여 A를 구하면

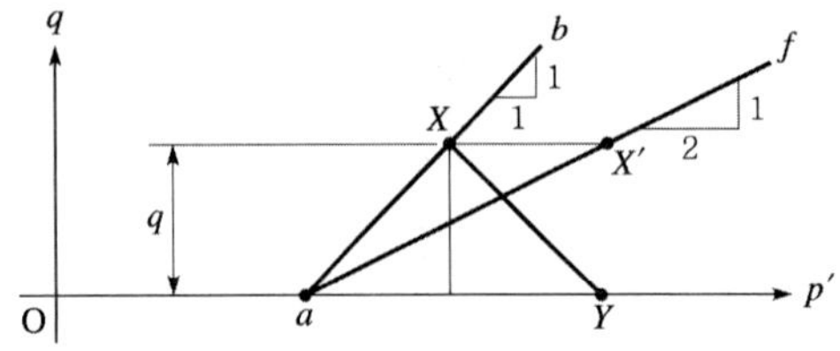

$$A = \frac{\Delta u}{\Delta \sigma_d} = \frac{\overline{X'X}}{\overline{aY}} = \frac{-q}{2q} = -0.5$$ (ESP가 TSP보다 오른쪽에 있으므로 $u < 0$)

▶ **예제 7.20** 구속응력 $\sigma_c = 1.406 kg/cm^2 (20 psi)$ 으로 하고 압밀비배수시험을 실시하여 다음 표와 같은 결과를 얻었다(예제 7.12의 계속). 이 시험에 대한 전응력경로(TSP)와 유효응력경로(ESP)를 그려라.

표 예제 7.20 압밀비배수 시험결과(Spangler, 1982 자료편집)

측정 값			계산 값						
(1)	(2)	(3)	(4)	(5)	(6)	(7)	(8)	(9)	(10)
Δl	N	u	ε_a	a_c	$\Delta\sigma_d$	σ_1	q	p	p'
(mm)	(kg)	(kg/cm^2)		(cm^2)	(kg/cm^2)	(kg/cm^2)	(kg/cm^2)	(kg/cm^2)	(kg/cm^2)
0.0	0.0	0.0	0.0	37.08	0.0	1.406	0.0	1.406	1.406
2.5	40.79	0.071	0.018	37.76	1.080	2.486	0.540	1.946	1.875
5.0	68.02	0.194	0.035	38.43	1.770	3.176	0.885	2.291	2.097
7.5	82.60	0.265	0.053	37.16	2.109	3.515	1.055	2.461	2.196
10.0	90.76	0.286	0.070	37.87	2.276	3.682	1.138	2.544	2.258
12.5	96.16	0.286	0.088	40.66	2.365	3.771	1.183	2.589	2.303
15.0	97.83	0.275	0.105	41.43	2.410	3.816	1.205	2.611	2.336
17.5	101.56	0.265	0.123	42.28	2.402	3.808	1.201	2.607	2.342

풀이 : 표준삼축압축시험의 응력경로는 등방압축 과정과 일축압축 과정에 대한 응력경로를 순차적으로 더하여 얻어진다.

등방압축 과정의 TSP와 ESP는 결과적으로 일치하며 O(0, 0)에서 A(σ_c , 0)에 이르는 수평선이 된다.

일축압축 과정에 대한 TSP와 ESP는 다음과 같이 결정할 수 있다.

$$\sigma_v = \sigma_1 = \sigma_c + \Delta\sigma_d \ , \ \sigma_h = \sigma_3 = \sigma_c$$

따라서 $$p = \frac{\sigma_v + \sigma_h}{2} = \sigma_c + \frac{\Delta\sigma_d}{2}$$

$$q = \frac{\sigma_v - \sigma_h}{2} = \frac{\Delta\sigma_d}{2}$$

$$p' = p - u$$

q, p, p' 값은 표의 오른쪽 마지막 3개의 열에 수록되어 있다. 그리고 응력경로는 그림 예제 7.20 해답도에 제시되어 있다.

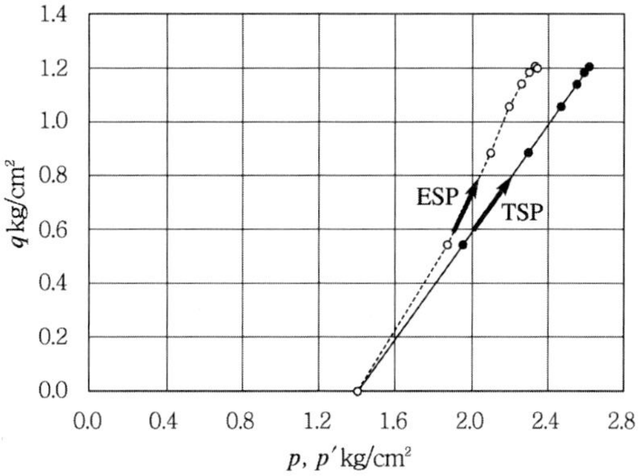

그림 예제 7.20 해답도(1)

NOTE : ESP의 방향으로 판단하건대 이 흙은 과압밀 점토이다(Spangler는 이 흙의 OCR=8.2라 하였음). ◀

참고사항 : 삼축시험(triaxial test)의 종류

지금까지는 삼축시험가운데 표준삼축압축시험(standard triaxial compression test)에 대하여 논의하였다. 이 시험은 구속응력에 의한 등방압축과정과 일축압축(전단)과정의 조합으로 이루어지며 각 과정의 배수조건에 따라 CD, CU($\overline{CU}$) 및 UU 시험이 실시되고 있다.

삼축시험은 구속응력의 작용방법(등방, 이방)과 전단방법(재하, 제하) 및 배수조건(배수, 비배수)에 따라 이론상 다양한 방법으로 실시할 수 있으며 공시체의 축방향, 즉 연직방향 기준 삼축압축시험과 삼축인장시험이 모두 가능하다.

다음은 이들 시험에 부여하는 기호에 대한 개략적 기술이다.

(1) 구속응력에 의한 압축(압밀)과정

CI : 등방압밀(isotropic consolidation) $\sigma_h = \sigma_v = \sigma_c$

CA : 이방압밀(anisotropic consolidation) $\sigma_h \neq \sigma_v$

CK_0 : K_0 압밀(K_0–consolidation) $\sigma_h' = K_0\sigma_v'$

(2) 전단과정의 배수조건과 축 방향 변형(압축, 인장)

DC : 배수압축(drained compression)

UC : 비배수압축(undrained compression)

DE : 배수인장(drained extension)

UE : 비배수인장(undrained extension)

NOTE : $q_f > 0$ 이면 축 방향 압축(C), $q_f < 0$ 이면 축방향 인장(E)

(3) 전단 시의 하중(재하, 제하)

L : 재하(loading)

U : 제하(unloading)

NOTE : L 또는 U는 시험분류기호 뒤에 ( ) 안 또는 / 다음에 기입한다.

가. 등방압밀배수(CID) 시험의 응력경로(그림 7.100 참조)

- $O \rightarrow A$: 등방압축과정(압밀과정)은 모든 시험에서 공통임.
- $O \rightarrow A \rightarrow B$: CIDC(L) 등방압밀배수압축(재하)시험.
  전단과정($A \rightarrow B$): σ_h 는 불변, σ_v 는 증가(재하) ($\Delta\sigma_h$ =0, $\Delta\sigma_v$ >0)
- $O \rightarrow A \rightarrow D$: CIDC(U) 등방압밀배수압축(제하)시험.
  전단과정($A \rightarrow D$): σ_h 는 감소(제하), σ_v 는 불변 ($\Delta\sigma_h$ <0, $\Delta\sigma_v$ =0)

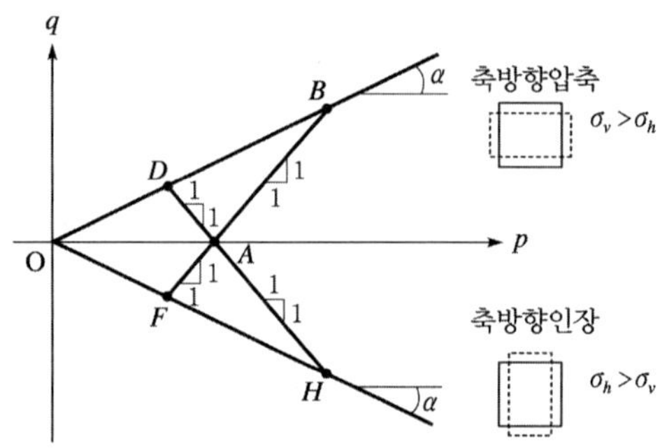

그림 7.100 등방압밀배수시험(CID – Test)의 응력경로

위의 2가지 시험에서는 q_f > 0이며 흙은 축방향 압축(axial compression ; AC) 또는 횡방향 인장(lateral extension ; LE)이 일어난다. (그림 7.100 참조).

- $O \rightarrow A \rightarrow F$: CIDE(U) 등방압밀배수인장(제하)시험.
  전단과정($A \rightarrow F$): σ_h 는 불변, σ_v 는 감소(제하) ($\Delta\sigma_h$ =0, $\Delta\sigma_v$ <0)
- $O \rightarrow A \rightarrow H$: CIDE(L) 등방압밀배수인장(재하)시험.
  전단과정($A \rightarrow H$): σ_h 는 증가(재하), σ_v 는 불변 ($\Delta\sigma_h$ >0, $\Delta\sigma_v$ =0)

위의 2가지 시험에서는 q_f < 0이며 흙은 축 방향 인장(axial extension ; AE) 또는 횡방향 압축(lateral compression ; LC)이 일어난다. (그림 7.100 참조).

이상에서 논의한 4가지 시험방법 외에 이론상 수많은 방법이 가능하다. 즉 A에서 K_f –line에 도달하는 모든 응력경로가 시험방법의 종류가 된다.

나. K_0 압밀배수 (CK_0D)시험에 대한 응력경로(그림 7.101 참조)

K_0<1일 때의 K_0 압밀배수시험의 응력경로가 그림 7.101에 제시되어 있다.

- $O \rightarrow A$: CK_0 압밀과정 $\sigma_h' = K_0\sigma_v'$

  A(p_0', q_0): K_0 압밀완료상태, $p_0' = \frac{\sigma_v'}{2}(1+K_0)$, $q_0 = \frac{\sigma_v'}{2}(1-K_0)$

  각 응력경로에 대응한다고 볼 수 있는 토질역학 문제들은 다음과 같다.
- $O \rightarrow A \rightarrow B$: CK_0DC(L) K_0–압밀배수압축(재하)시험.

  σ_h 는 불변, σ_v 는 증가(재하) ($\Delta\sigma_h$ =0, $\Delta\sigma_v$ >0)

  축 방향 압축, 기초에 작용하는 하중.
- $O \rightarrow A \rightarrow D$: CK_0DC(U) K_0–압밀배수압축(제하)시험.

  σ_h 는 감소(제하), σ_v 는 불변 ($\Delta\sigma_h$ <0, $\Delta\sigma_v$ =0)

  축 방향 압축, 정지토압에서 주동토압으로 변하는 과정(9장 토압이론)
- $O \rightarrow A \rightarrow F$: CK_0DE(U) K_0–압밀배수인장(제하)시험.

  σ_h 감소(제하), σ_v 불변 ($\Delta\sigma_h$ <0, $\Delta\sigma_v$ =0)

  축 방향 인장, 지반굴착(excavation) 과정
- $O \rightarrow A \rightarrow H$: CK_0DE(L) K_0–압밀배수인장(제하)시험.

  σ_h 는 증가(재하), σ_v 는 불변 ($\Delta\sigma_h$ >0, $\Delta\sigma_v$ =0)

  축 방향 인장, 정지토압에서 수동토압으로 변하는 과정(9장 토압이론)

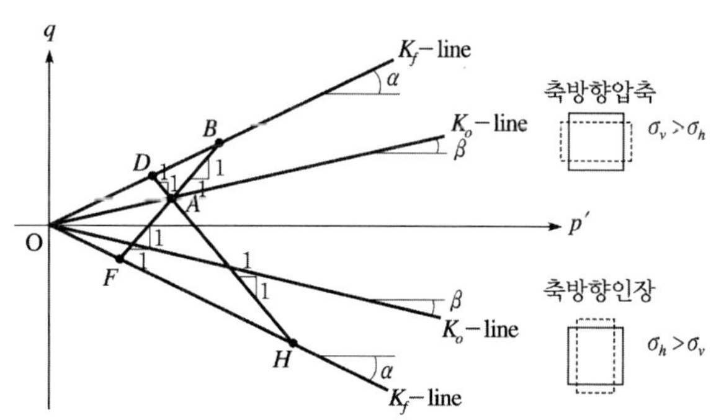

그림 7.101 CK_0D 시험에 대한 응력경로

CID시험과 C K_0 D시험외의 삼축시험(CIU, C K_0 U, CAD, CAU)에 대한 응력경로(TSP와 ESP)는 표준삼축압축시험에서 이미 논의한 방법대로 작성할 수 있다.

삼축압축시험과 삼축인장시험에서 얻어지는 강도정수의 비교 :

토질역학에서 가정하고 있는 흙의 강도에 관한 기본원리 중의 하나가 다음과 같다.

즉 정규압밀점토와 선행압밀하중이 같은 과압밀점토에서는 강도와 유효응력 사이에 단일한 관계가 성립된다. 그림 7.100와 그림 7.101에서 삼축압축시험의 경우 재하시험과 제하시험의 파괴상태는 같은 K_f-line 상에 있고, 삼축인장시험의 경우에도 재하시험과 제하시험에 의한 파괴상태는 같은 K_f-line 상에 있음을 나타내고 있다.

그리고 삼축압축시험과 삼축인장시험의 K_f-line 의 경사각 α 은 서로 같다. 정규압밀점토와 선행압밀하중이 같은 과압밀점토의 경우에 삼축압축시험과 삼축인장시험에서 얻어지는 강도정수는 서로 같다는 의미이다. 또한 재하시험과 제하시험에서 얻어지는 강도정수도 서로 같다는 의미를 가진다.

대부분의 연구결과에서는 위의 사실이 확인되고 있지만 소수의 연구자들은 삼축인장시험에서 얻은 ϕ' 값이 삼축압축시험결과보다 3° ~ 4° (several degrees) 크다고 보고하고 있다(Lambe & Whitman, 1969).

연습문제

7.1 그림과 같은 주응력 상태에 대하여 (a) 해석적 방법, (b) 2θ 법, (c) 극점을 이용하여 다음을 구하라.

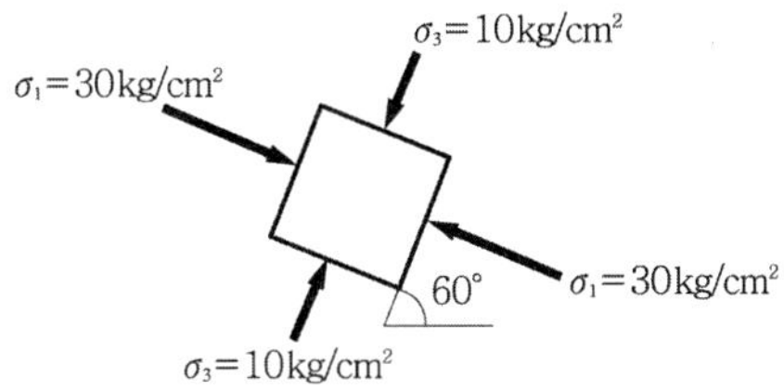

그림 연습문제 7.1

(1) 수평면 기준 시계방향(–)으로 30° 경사진 평면의 σ, τ

(2) 한 쌍의 응력 $\sigma = 26\,kg/cm^2$, $\tau = 8\,kg/cm^2$ 이 작용하는 평면

7.2 그림 연습문제 7.1과 같은 응력상태에서 다음 물음에 답하라.

(1) 다음과 같은 한 쌍의 응력이 작용하는 평면이 이 요소에 존재하는지 판별하라.

(a) $\sigma = 12\,kg/cm^2$, $\tau = 6\,kg/cm^2$

(b) $\sigma = 28\,kg/cm^2$, $\tau = -8\,kg/cm^2$

(2) 만약 이 요소의 강도정수가 다음과 같으면 파괴상태인가 안전한 상태인가 판정하라.

(a) $\phi = 30°$, $c = 0$

(b) $\phi = 35°$, $c = 0$

(c) $\phi = 20°$, $c = 2\,kg/cm^2$

Hint : 파괴포락선을 $\sigma < 0$ 까지 연장하여 볼 것.

7.3 그림 연습문제 7.3과 같은 응력상태에 대하여 (a) 해석적 방법, (b) 2θ 법, (c) 극점을 이용하여 다음 물음에 답하라.

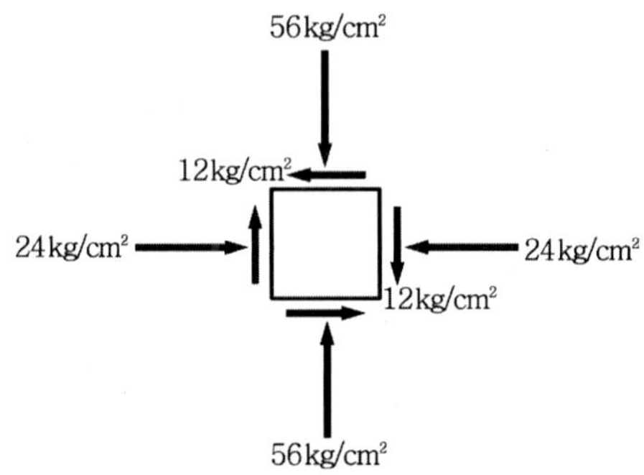

그림 연습문제 7.3

(1) 주응력과 주응력면을 결정하라.

(2) 수평면 기준, 시계방향으로(−) 30° 되는 평면의 σ와 τ

(3) 한 쌍의 응력 $\sigma = 28 kg/cm^2$, $\tau = -16 kg/cm^2$ 이 작용하는 평면

7.4 그림 연습문제 7.3이 파괴상태의 응력이라 가정하고 다음 물음에 답하라.

(1) $c = 0$ 으로 가정하고 ϕ를 구함.

(2) 파괴시 파괴면의 응력 σ_{ff} 와 τ_{ff} 를 구함.

(3) 파괴면이 수평면과 이루는 각도(*Note*: 이 경우 수평면은 주응력면이 아님)

(4) 최대 전단응력 τ_{max} 의 크기와 그 작용평면

(5) 한 쌍의 응력 $\sigma = 52 kg/cm^2$, $\tau = -16 kg/cm^2$ 이 작용하는 평면이 이 요소에 있는가 판별하라.

7.5 $c = 0$ 인 모래로 직접전단시험을 실시하였다. 수직응력을 $4.0 kg/cm^2$ 로 유지하고 전단하여 전단응력 $3.0 kg/cm^2$ 에서 파괴상태에 이르렀다. 다음 물음에 답하라.

(1) 모래의 내부마찰각 ϕ

(2) 파괴상태에서의 주응력과 주응력면

(3) 파괴상태에서 전단응력의 최대치 X와 그 작용평면

(4) 파괴상태에서 연직면의 σ와 τ

(5) 수직응력을 $6.0 kg/cm^2$ 으로 하면 파괴시 전단응력은 얼마가 될지 추정하라.

7.6 압밀배수(CD) 삼축압축시험을 하여 구속응력 σ_c 의 변화에 따른 파괴시 축차응력 $\Delta\sigma_{df}$ 가 다음 표와 같음을 알 수 있었다.

$\sigma_c\,(kg/cm^2)$	1.0	2.0	4.0
$\Delta\sigma_{df}\,(kg/cm^2)$	2.0	4.0	8.0

(1) 파괴포락선을 그리고 강도정수를 결정하라.

(2) $K_f - line$ 을 그리고 강도정수를 결정하라.

7.7 지표면과 지하수면이 일치하는 지반의 포화단위중량 $\gamma_{sat} = 1.80\,t/m^3$, 정지토압계수 $K_0 = 0.5$ 이다. 지표면에 작용하는 무한등분포 하중 $q = 10\,t/m^2$ 에 의하여 지반의 압밀이 진행될 때 지표면 아래 깊이 $5m$ 되는 곳에 있는 한 요소에 작용하는 응력의 변화과정을 응력경로로 나타내어라. 단 응력(하중)단계는 다음 기호로 표시한다.

A : 초기(하중 작용 전) 상태
B : 하중 작용 직후의 상태
C : 압밀 완료 상태

(1) 전응력경로(TSP)를 $A \rightarrow B \rightarrow C$ 로 그려라.

(2) 유효응력경로(ESP)를 $A' \rightarrow B' \rightarrow C'$ 으로 그려라.

(3) 참고문제 : (전응력－정수압) 경로(($T - u_{ss}$)SP)를 $A'' \rightarrow B'' \rightarrow C''$ 으로 그려라. 그리고 $(T - u_{ss})$ SP와 ESP 사이의 수평거리가 과잉간극수압 u_e 와 같음을 확인하라.

$$(p - u_{ss}) - p' = p - u_{ss} - (p - u) = u_e$$

7.8 지하수면이 지표면과 일치하는 연약점토 지반이 있다. 점토의 소성지수는 40%이다. 점토지반의 강도를 증가시키기 위하여 지표면에 넓은 면적으로 두께 1.5m의 성토를 실시하였다(preloading 공법). 성토하는 흙의 $\gamma = 1.60\,t/m^3$ 로 보고 압밀 완료시 점토지반의 비배수 강도 증가량은 얼마나 될까? 단 점토층은 정규압밀상태에 있다.

7.9 지하수면이 지표면과 일치하는 연약점토 지반이 있다. 점토의 소성지수는 40%이다. 점토지반의 강도를 증가시키기 위하여 지표면에 넓은 면적으로 두께 1.5m의 성토를 실시하였다(preloading 공법). 성토하는 흙의 $\gamma = 1.60\,t/m^3$ 로 보고 압밀완료시 점토지반의 비배수 강도 증가량은 얼마나 될까? 단 점토층은 정규압밀상태에 있다.

7.10 점토지반 표면에 제방을 축조하려 한다. 제방의 높이는 3m이고 단위중량은 $1.67\,t/m^3$ 이다. 지하수면은 점토층 표면과 일치하며 점토의 단위중량 $\gamma_{sat} = 1.70\,t/m^3$ 이고 토압비는 0.5이다(제방축조에 의한 수평응력 증가량 $\Delta\sigma_h = \Delta\sigma_3$ 는 연직응력 증가량 $\Delta\sigma_v = \Delta\sigma_1$ 의 반이다 ; $\dfrac{\Delta\sigma_h}{\Delta\sigma_v} = 0.5$).

점토층의 간극수압계수 $B = 1$, $A = 0.8$ 로 보고 제방완공 직후 점토층 표면아래 2.0m 되는 곳의 유효응력 σ'_v 을 구하라. 단 제방축조에 의하여 점토층에 생기는 과잉간극수압이 공사기간 중에는 소산되지 않는다고 가정한다.

7.11 포화점토로 비압밀비배수(UU) 삼축압축시험을 하였다. 구속응력 $\sigma_c = 1.0\,kg/cm^2$ 으로 등방압축한 후 축차응력 $2.0\,kg/cm^2$ 에서 파괴상태에 도달하였다.

(1) 구속응력을 $4.0\,kg/cm^2$ 로 하면 파괴시 축차응력 $\Delta\sigma_{df}$ 는 얼마가 될 것으로 예상되는가?

(2) 두 시험결과로 파괴포락선을 그리고 강도정수를 구하라.

(3) 두 시험결과로 $K_f - line$ 을 그리고 강도정수를 구하라.

(4) 같은 흙으로 일축압축시험을 실시하면 일축압축강도 q_u 는 얼마가 될 것으로 예상되는가?

제 8 장

흙의 다짐

8.1 개설

건설공사에 있어서 흙은 구조물의 기초지반이 되기도 하고 건설재료로 사용되기도 한다. 예를 들어 지반은 건축물의 기초가 되고, 토취장에서 운반해 온 흙으로 제방을 축조하는 경우에는 성토재료가 된다. 그런데 기초지반이든 성토재료이든 흙이 너무 느슨하면 강도와 압축성 또는 투수성 등에 관한 요구조건을 만족시키지 못하게 된다. 그러므로 흙의 물리적, 역학적 특성을 개선할 필요가 생기게 된다.

흙의 특성을 개선하기 위하여 예로부터 사용해 온 방법이 다짐이다. 다짐은 처음에는 인력과 동물을 이용하였으나 현재에는 다양한 다짐 장비가 개발되어 있다. 다짐(compaction)이란 흙에 동적 에너지를 가하여 공기를 배출시키고 토립자를 더욱 밀착시켜 흙의 건조단위중량을 증대시키는 작업이라 정의할 수 있다.

흙을 다질 때 사용하는 동적에너지에는 다짐(달구질) 외에 롤러(roller)에 의한 전압 또는 짓이김(kneading), 또는 진동(vibration) 등이 있다. 흙을 다지면 흙의 강도는 증가하고 압축성과 투수성은 감소한다. 그 밖에도 균질한 지반이 형성되며 동상(frost heave) 또는 수축량이 감소하는 등 흙의 특성을 개선하는 효과를 얻을 수 있다. 이 장에서는 다짐시험방법을 설명한 다음 다짐의 결과에 영향을 미치는 요소, 다짐방법 및 현장의 다짐 관리방법 등에 관하여 논의하기로 한다.

NOTE : 흙을 다질 때 간극의 크기가 크면 물도 약간 배출될 수 있음. 그러나 불포화토를 아무리 잘 다져도 공기를 완전히 배출시키는 것은 불가능함. 또한 흙을 다지면 공기는 즉시 배출되어 흙의 건조단위중량(밀도)

은 빠르게 증가함. 이에 반해 압밀(consolidation)은 연속적으로 작용하는 정하중에 의해 포화점토의 물이 배출되어 결과적으로 장시간에 걸쳐 흙의 밀도가 증가하는 현상으로 다짐과 비교됨. 점토의 투수계수는 대단히 작으므로 압밀에 의한 밀도증가는 대단히 느리게 일어남.

8.2 실내다짐

8.2.1 다짐의 원리

다짐은 동적에너지를 가하여 흙을 조밀한 상태로 만들어 결과적으로 건조단위중량을 증대시키는 작업이라 하였다. 그런데 주어진 흙을 정해진 에너지로 다져서 얻게 되는 건조단위중량은 함수비에 따라 달라진다. 흙이 건조한 상태에 있으면 더 조밀한 상태로 되기 위한 흙 입자의 이동에 대한 저항이 크므로 조밀한 상태가 될 수 없다. 따라서, 흙은 잘 다져지지 않는다. 건조한 흙에 물을 조금 가하면 물은 윤활제 역할을 하여 흙 입자의 이동을 쉽게 하므로 결과적으로 더 큰 건조단위중량을 얻게 된다(더 잘 다져진다). 그러나 살수를 너무 많이 하면 흙 입자가 차지해야 할 공간을 물이 채우게 되므로 흙은 오히려 잘 다져지지 않는다.

이상의 논의에서 물은 너무 많은 공간을 차지하면 안되고 그저 윤활제 역할을 할 정도의 함수비를 유지하면 흙은 잘 다져진다고 할 수 있다. 흙이 가장 잘 다져지는 함수비를 최적함수비(最適含水比, optimum moisture content ; OMC, w_{opt})라 하며 이 함수비에서 건조단위중량의 최대치가 얻어지는데 이 값을 최대건조단위중량(maximum dry unit weight, $\gamma_{d\,max}$)이라 한다. 즉 최적함수비를 유지하고 흙을 다지면 흙은 가장 잘 다져져서 가장 조밀한 상태가 되며 건조단위중량은 최대가 된다.

8.2.2 다짐에너지와 다짐방법의 종류

소정의 에너지로 흙을 다져서 함수비와 건조단위중량 사이의 관계를 측정하는 시험방법이 Proctor에 의하여 확립되었는데 이 시험을 Proctor 시험(Proctor Test) 또는 다짐시험(compaction test)이라 한다. 다짐시험은 소정의 몰드(mold)에 흙을 3층 또는 5층으로 나누어 넣으면서 각 층마다 규격이 정해져 있는 래머(rammer, 달구)를 정해진 횟수만큼 자유낙하 시켜 흙을 다지는 시험이다. 다짐에너지란 다져진 흙 단위부피당 가해진 에너지를 의미한다. 래머가 흙을 다질 때의 운동에너지는 래머를 규격에 정해진 높이만큼 뽑아 올렸을 때의 위치에너지와 같으므로 다짐에너지는 다음과 같이 정의된다.

$$\text{다짐에너지} = \frac{\text{다짐에 소요된 총에너지}}{\text{다져진 흙의 부피}}$$

즉

$$E = \frac{W\ h\ N_b\ N_\ell}{V} \tag{8.1}$$

여기서 E : 다짐에너지($\text{kg} \cdot \text{cm}/\text{cm}^3$)

V : 몰드의 부피(cm^3)

W : 래머의 무게(kg)

h : 래머의 낙하거리(cm)

N_b : 매층당 다짐횟수(number of blows)

N_ℓ : 다짐층수(number of layers)

다짐시험용 몰드에는 10cm 및 15cm 몰드가 있으며 그 규격은 표 8.1에 제시되어 있다.

표 8.1 다짐몰드와 래머의 규격

구 분	몰 드				래 머	
	명칭	직경(mm)	높이	부피(cm^3)	무게(kg)	낙하고(cm)
표준다짐 (A 방법)	10cm 몰드	100±0.4	127±0.5	1000±10	2.5±0.01	30±0.15
수정다짐 (D 방법)	15cm 몰드	150±0.6	125±0.5	2209±26	4.5±0.02	45±0.25

다짐시험을 실시하는 목적은 현장의 다짐 공사에 대한 시방(示方, specification)을 제공하는데 있다. 그런데 현장과 시험실의 다짐은 다짐조건(다지는 방법, 다짐에너지, 다지는 흙 등)이 상이하지만 현장다짐과 실내다짐의 에너지가 될 수 있는 한 가까운 값이 되도록 하고 있다. 실내다짐시험은 다짐에너지의 크기에 따라 표준다짐시험(standard compaction test, procter test)과 수정다짐시험(modified proctor test)로 대별할 수 있다. 표준다짐시험은 Proctor가 창안한 시험 그대로이며 10cm 몰드에 흙을 3층($N_\ell = 3$)으로 나누어 넣으면서 표준다짐래머 $W = 2.5kg$ 로 각 층 당 25회($N_b = 25$)씩 다지는 시험이다. 한편 수정다짐은 표준다짐보다 다짐에너지가 약 4.5배가 되는 다짐시험으로 15cm 몰드에 흙을 5층($N_\ell = 5$)으로 나누어 넣으면서 수정다짐 래머 $W = 4.5kg$ 으로 각 층마다 55회($N_b = 55$)

씩 다지는 시험이다. 한국공업규격 KS F 2312-2001에는 표 8.2와 같이 5 종류의 다짐방법을 제시하고 있다.

표 8.2 다짐방법의 종류(KS F 2312)

방법	래머 무게 (kg)	낙하 높이 (cm)	매층당 다짐횟수	층 수	몰드내경 (cm)	다짐에너지 (kg · cm/cm^3)	허용최대입경 (mm)
A	2.5	30	25	3	10	5.63	19.0
B	2.5	30	55	3	15	5.60	37.5
C	4.5	45	25	5	10	25.31	19.0
D	4.5	45	55	5	15	25.21	19.0
E	4.5	45	92	3	15	25.30	37.5

표 8.2를 살펴보면 A방법이 위에서 설명한 표준다짐시험이고 위에서 설명한 수정다짐은 방법 D에 해당함을 알 수 있다. 그러나 몰드의 크기, 래머의 규격, 다짐 층 수 및 매 층 당 다짐횟수를 조절하여 B, C, E 시험방법을 제정하였는데 B방법은 A방법과 다짐에너지가 거의 같으므로 표준다짐이 되고 C, E 방법은 D 방법과 다짐에너지가 거의 같으므로 수정다짐이 됨을 알 수 있다.

▶ **예제 8.1** 수정다짐(D 방법)의 다짐에너지가 표준다짐(A 방법)에너지의 약 4배가 됨을 밝혀라.

풀이 :

• A 다짐 :

$$E_A = \frac{(2.5)(30)(25)(3)}{1000} = 5.63\ kg \cdot cm/cm^3$$

• D 다짐 :

$$E_D = \frac{(4.5)(45)(55)(5)}{2209} = 25.21\ kg \cdot cm/cm^3$$

$$\therefore\ \frac{E_D}{E_A} = \frac{25.21}{5.63} \simeq 4.5$$

◀

8.2.3 다짐시험의 종류와 다짐에 영향을 미치는 요소

다짐시험은 함수비를 변화시켜 가면서 정해진 다짐방법으로 흙을 다져서 함수비의 변화에 따른 건조단위중량의 변화를 측정하는 시험이다.

◦ 다짐방법의 종류는 표 8.2에 제시되어 있고 다짐방법은 시험의 목적과 시료의 최대입경에 따라 결정한다.

◦ 한편 시료의 준비방법에는 건조법과 습윤법이 있다.

건조법은 흙을 다짐시험에 적절한 함수비로 건조시켜 시료로 사용하는 방법이다. 시료에 물을 가하여 함수비를 증가시켜 가면서 다짐시험을 하게 된다. 습윤법은 자연 함수비에서 함수비를 증가 또는 감소시키면서 다짐시험을 실시하는 방법이다. 건조시키면 흙의 다짐 특성이 달라지는 경우에는 습윤법을, 그 외에는 건조법을 사용한다.

◦ 또한 시료의 반복 사용여부에 따라 반복법과 비반복법이 있다. 반복법은 동일한 시료를 모든 단계의 함수비에 대하여 사용하는 방법이고, 비반복법은 각 단계의 함수비마다 새로운 시료를 사용하는 방법이다. 다짐에 의하여 흙 입자가 파쇄되는 경우와 물과 흙이 혼합되는데 장시간이 소요되면 비반복법을, 그 외에는 반복법을 사용한다.

◦ 시료의 준비방법과 사용방법을 조합하여 다음 3가지 시험방법이 있다.

- 건조법과 반복법을 조합한 다짐시험
- 건조법과 비반복법을 조합한 다짐시험
- 습윤법과 비반복법을 조합한 다짐시험

다짐방법은 A방법, 시료는 건조법과 반복법을 조합한 방법으로 다짐시험을 하는 과정을 기술하면 나음과 같나.

① 공기건조(air-dry) 시료를 19mm체로 쳐서 통과분만 취한다. 흙에 물을 약간 가하고 잘 섞어서 100mm 몰드에 3층으로 나누어 넣고 매 층 당 무게 2.5kg, 낙하고 30cm인 래머로 25회씩 다진다. 다져진 흙의 무게 W_1을 측정한다. 이 흙의 부피는 몰드의 부피 $V = 1000cm^3$와 같으므로 습윤단위중량 γ_1은

$$\gamma_1 = \frac{W_1}{V}$$

흙의 함수비 w_1를 측정하면 건조단위중량 γ_{d1}는

$$\gamma_{d1} = \frac{\gamma_1}{1+w_1}$$

따라서, $(w,\ \gamma_d)_1$을 한 쌍 얻게 된다.

② 함수비를 약간 증가시켜 ①을 반복하면 $(w,\ \gamma_d)_2$를 얻는다.

③ 함수비를 5회 이상 변화시켜 $(w,\ \gamma_d)$를 측정한 다음 이 값들을 γ_d–w 평면에 나타내면 함수비와 건조단위중량 사이의 관계를 나타내는 그림을 그릴 수 있는데 이 그림을 다짐곡선(compaction curve)라 한다(그림 8.1).

NOTE : 함수비를 증가시켜 가면서 다짐시험을 하면 γ_d 가 증가하다가 감소하게 되는데 이 때에는 다짐곡선의 정점을 지났다는 것을 의미함. 다짐곡선을 잘 그리기 위해서는 w가 감소하기 전후에 모두 적당한 개수의 측정치가 필요함. 즉 w 감소 후에도 1~2회의 시험을 실시할 필요가 있음.

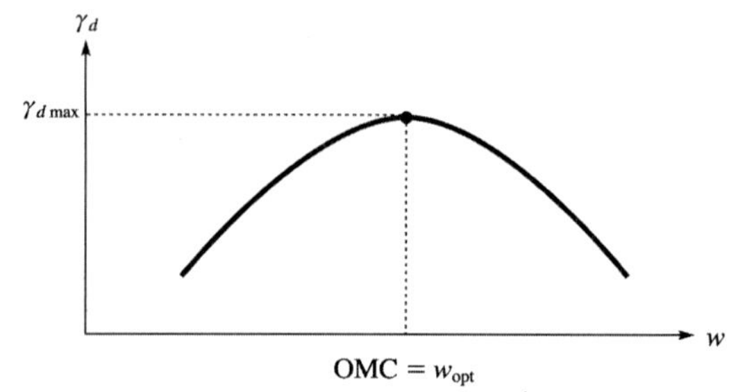

그림 8.1 다짐 곡선(점성토의 경우)

④ 다짐곡선이 정점에 대응하는 함수비가 최적함수비(OMC, w_{opt})이고 건조단위중량은 최대건조단위중량($\gamma_{d\,max}$)이다.

최적함수비보다 함수비가 적은 상태($w <$ OMC)를 최적함수비보다 건조측(dry of optimum)이라 하고 함수비가 더 큰 상태($w >$ OMC)를 최적함수비보다 습윤측(wet of optimum)이라 한다. 이론상 흙은 OMC에서 가장 잘 다져지지만 실제 문제에 있어서는 최적함수비보다 약간 습윤측 또는 약간 건조측에서 다지는 것이 유리한 경우가 있는데 여기에 관하여서는 다음에 논의하기로 한다.

만약 다짐에 의하여 흙 속의 공기가 완전히 배출된다면 건조단위중량은 정해진 함수비에서 도달 가능한 최대치가 될 것이다. 공기가 완전히 배제되었다면 흙은 포화(saturated)상태가 되고 공기 간극이 없으므로 영공기간극(零空氣間隙, zero air void) 상태 또는 포화상태가 된다. 그리고 이 때의 건조단위중량을 영공기간극 건조단위중량(zero air void dry unit weight) 또는 포화건조단위중량(saturated dry unit weight)이라 하고 각각 $\gamma_{d\,ZAV}$ 또는 $\gamma_{d\,sat}$로 표기하기도 한다. 그러나 다짐에 의하여 공기를 모두 제거하는 것은 불가능하므로 실제 다짐으로 $\gamma_{d\,sat}$의 값을 얻는 것은 불가능하다. 이론상 최대건조단위중량인 포화건조단위중량 $\gamma_{d\,sat}$는 다음과 같이 산정할 수 있다. 포화상태에서는 $S = 100\%$ 이므로 $e = G_s w$이고

$$\gamma_d = \gamma_{d\,sat} = \frac{G_s \gamma_w}{1+e} = \frac{G_s \gamma_w}{1+G_s w} \tag{8.2}$$

식 (8.2)에 따라 함수비에 대한 포화건조단위중량 관계를 그림으로 그린 것이 영공기간극곡선(zero air void curve ; ZAVC) 또는 포화도곡선(saturation curve)라 하고 그림 8.2에 다짐곡선과 함께 제시되어 있다.

실제 다짐으로는 영공기간극곡선 상의 건조단위중량을 절대로 얻을 수 없으므로($\gamma_d < \gamma_{d\,sat}$) 모든 시험실 다짐곡선은 영공기간극곡선보다 왼쪽(즉 아래쪽)에 위치하여야 한다.

최적함수비로 다져서 얻은 $\gamma_{d\,\max}$ 도 $\gamma_{d\,sat}$ 보다 훨씬 적음을 알 수 있다(그림 8.2) (사람과 귀신의 차이, 이상과 현실의 괴리).

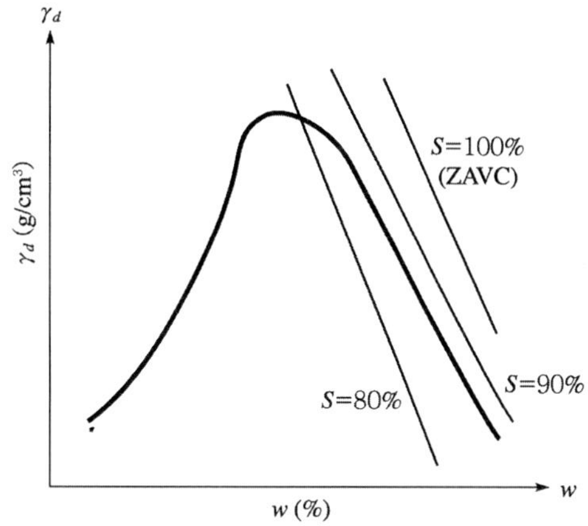

그림 8.2 영공기간극곡선과 포화도곡선 ($G_s = 2.65$)

독자들에게 드리는 질문 : 다짐곡선과 영공기간극곡선이 교차하는 결과를 얻었다. 귀하의 평가는?(교차점보다 더 큰 함수비에서는 다짐실력이 귀신을 능가하였다(?), 혹은 G_s 측정에 문제점이 있는가?)

흙을 다져서 $\gamma_{d\,sat}$ 값을 성취할 수 있는 사람(?)이 있다면 이 사람이 건조토($w=0$)를 다지면 어떻게 되는가? (흙을 다져서 바위를 만듬, 물도 공기도 없는 치밀한 바위.)

흙을 다져서 포화상태($S = 100\%$)가 되게 할 수는 없지만 다져진 흙의 포화도가 몇 %나 되는가를 알아보기 위해 포화도 곡선을 그린다. 포화도 곡선은 특정한 포화도(예 : $S = 60\%, 80\%$ 등)일 때의 함수비와 건조단위중량 사이의 관계를 그린 그림이며 그 방정식은 다음과 같다.

$$\gamma_d = \frac{G_s \gamma_w}{1+e} = \frac{G_s \gamma_w}{1+\dfrac{G_s w}{S}} \tag{8.3}$$

2개의 포화도 곡선이 영공기간극곡선과 함께 그림 8.2에 제시되어 있다. 이 그림에서 최대건조단위중량($\gamma_{d\,\max}$)이 얻어졌을 때의 포화도를 개략적으로 알 수 있다. 포화도가 크면 공기의 부피가 적으므로 흙은 잘 다져진 상태라고 볼 수 있다.

참고사항 : 공기함유율 곡선

포화도 곡선과 같은 목적으로 공기함유율 곡선을 그리는 일이 많다. 공기함유율은 흙 전체의 부피에 대한 공기 부피의 비를 백분율로 표시한 것이다.

공기함유율

$$n_a = \frac{V_g}{V} \times 100(\%) \tag{8.4}$$

$V_s = 1$ 로 둔 주상도에서

$$n_a = \frac{V_g}{V} = \frac{e - Se}{1+e} = \frac{e - G_s w}{1+e}$$

$$\therefore e = \frac{G_s w + n_a}{1 - n_a}$$

건조단위중량 γ_d 를 n_a 로 나타내면

$$\gamma_d = \frac{G_s \gamma_w}{1+e} = \frac{G_s(1-n_a)\gamma_w}{1+G_s w} \tag{8.5}$$

특정 공기함유율($n_a = 5\%, 10\%$ 등)에 대한 $\gamma_d - w$ 관계를 그리면 공기함유율 곡선이 그려진다. 특히 $n_a = 0$ 이면 영공기간극곡선 또는 포화곡선이 된다. 최대건조단위중량일 때 n_a 가 적으면 공기간극부피가 적으므로 흙은 잘 다져진 셈이다.

함수비 외에 다짐에 영향을 미치는 요소로 다짐에너지의 크기와 흙의 종류가 있다. 이들의 영향을 개략적으로 설명하면 다음과 같다.

(1) 다짐에너지의 크기가 다짐에 미치는 영향

같은 흙일지라도 다지는 에너지의 크기를 다르게 하면 상이한 다짐곡선이 얻어진다. 그림 8.3은 같은 흙을 표준다짐과 수정다짐하였을 때의 다짐곡선을 함께 보인 것이다.

이 그림을 보면 더 큰 에너지로 다지면 다짐곡선은 좌상(左上)으로 이동해 감을 알 수 있다. 즉 큰 에너지로 다지면

① 최대건조단위중량 $\gamma_{d\,\max}$ 은 증가하고

② 최적함수비(OMC)는 감소하며

③ 다짐곡선 꼭지점에서의 포화도는 다짐에너지의 크기에 무관하게 거의 같다.

다짐곡선의 꼭지점들을 연결한 선을 최적함수비선(line of optimums)이라 한다(그림 8.3). 어떠한 크기의 에너지로 다지더라도 다짐곡선의 꼭지점은 최적함수비선 상에 있을 것으로 예상할 수 있다. 최적함수비선은 영공기간극곡선과 평행하며 한 개의 포화도 곡선이라 볼 수 있다. 큰 에너지로 다지면 OMC는 감소하므로 무거운 다짐 장비로 다질 때에는 살수량은 더 적어야 한다.

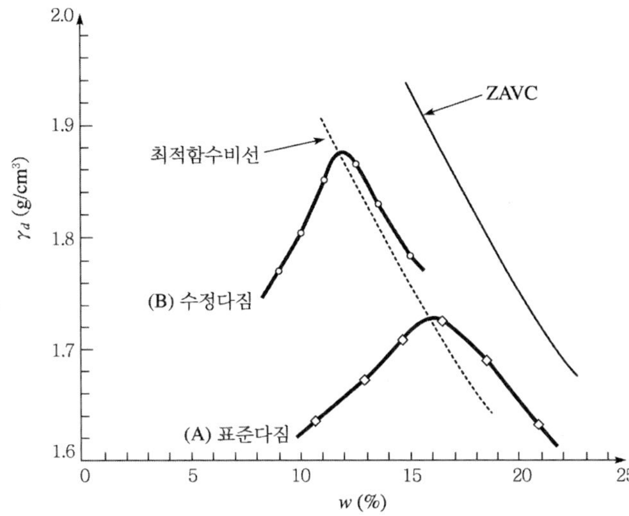

그림 8.3 다짐에너지 크기가 다짐에 미치는 영향

(2) 흙의 종류에 따른 다짐특성

다짐의 성과를 결정하는 가장 중요한 요소는 흙의 종류이다. 같은 에너지로 다질 때에도 다짐곡선이 자리잡는 위치와 형상은 흙의 종류에 따라 크게 다르다. 그림 8.4는 이 사실을 보여주고 있다. 즉 흙의 종류에 따라 다져지는 정도는 크게 다르다.

일반적으로 조립토는 세립토보다 더 큰 건조단위중량이 되도록 다질 수 있다.(균등입경인 경우 제외)

① 조립토의 경우

- 입도분포가 좋은 흙(GW, SW)은 최적함수비는 적고 최대건조단위중량은 크다. 따라서, 다짐곡선은 좌상부(左上部)에 위치한다.
- 입도분포가 나쁜(균등입경) 흙(SP 등)은 잘 다져지지 않는다(여기에 대하여서는 곧이어 설명하기로 한다).

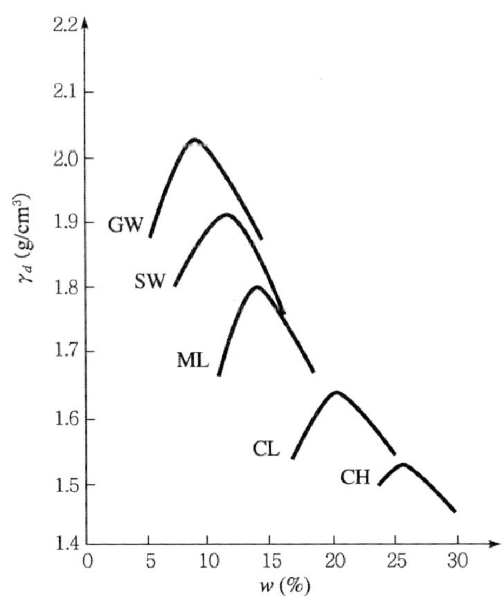

그림 8.4 흙의 종류에 따른 다짐특성의 비교

② 세립토의 경우

소성이 크면(CH 등) 소성이 적은 흙(예 : CL)보다 최대건조단위중량은 적고 최대함수비는 크다.

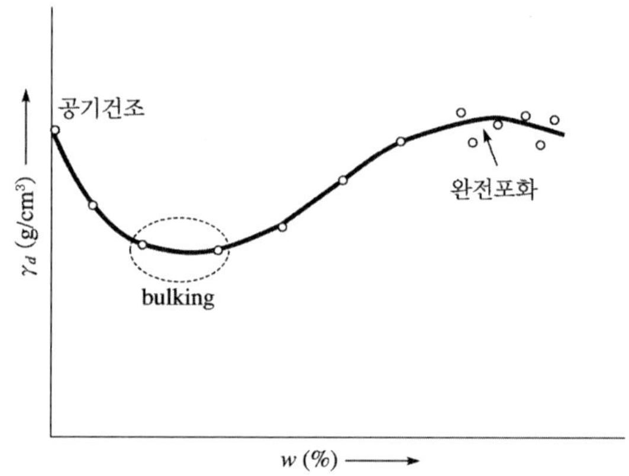

그림 8.5 입경이 균등한 모래와 모래섞인 자갈의 다짐곡선

입경이 균등한(빈입도) 깨끗한 모래나 모래섞인 자갈은 지금까지 보아 온 다른 흙과는 상이한 형태의 다짐곡선을 나타낸다(그림 8.5).

공기건조 상태에서는 더 조밀한 상태로 채워지기 위한 흙 입자의 이동은 마찰저항에 의하여 저지되어 잘 다져지지 않는다. 이 흙에 소량의 물을 가하면 표면장력 때문에 저항력은 더 커지고 결과적으로 건조단위중량은 오히려 감소한다(그림 8.5). 이러한 현상을 bulking이라 한다. bulking이란 실속(흙 입자의 증가)없이 물에 의해 부피만 부풀었다는 것을 함의하고 있다. 물을 더 많이 가하면 표면장력이 소산되어 건조단위중량은 처음의 크기와 거의 같아지거나 약간 더 커진다. 최적함수비는 포화상태의 함수비라 할 수 있다. 준설모래의 물다짐이 한 예가 된다.

흙의 최적함수비와 최대건조단위중량은 흙의 종류에 따라 다르나 그 개략적 범위는 다음과 같다.

최적함수비(OMC) : 10% ~ 20%

최대건조단위중량($\gamma_{d\,\max}$) : $1.6t/m^3 \sim 2.0t/m^3$

물론 이 범위를 벗어나는 경우도 있다.

8.3 다짐함수비에 따른 점토의 구조와 특성 변화

다질 때의 함수비에 따라 점토의 구조(structure)와 물리적, 역학적 특성이 달라진다. 보통 최적함수비를 기준으로 하여 건조측 다짐(dry compaction)과 습윤측 다짐(wet compaction)을 대비하여 구조와 특성을 기술하고 있다.

(1) 다짐함수비에 따른 점토의 구조변화

점토를 다질 때의 함수비의 크기에 따라 다져진 점토의 구조가 달라지는데 이 사실이 그림 8.6에 제시되어 있다.

함수비가 적은 점토를 다지면(*A* 상태) 이중층수가 잘 생기지 못한다. 이것은 물의 양이 부족하기 때문이다. 이러한 상태에서는 점토 입자간의 반발력(repulsion)보다 인력(attraction)이 더 우세하여 단부(edge)와 면(面, face)이 결합하여 생기는 면모구조를 형성하게 된다.

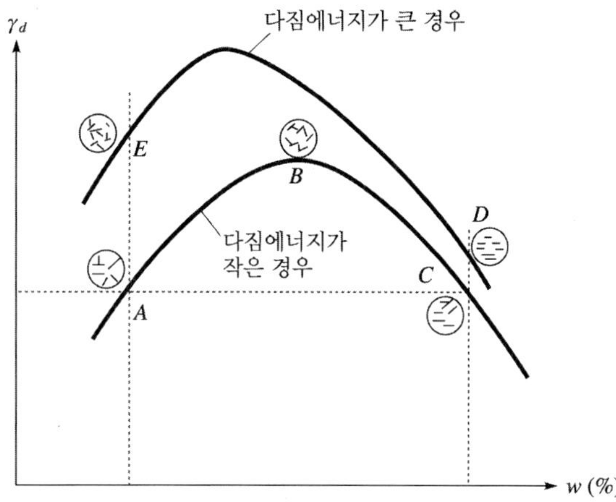

그림 8.6 다짐함수비에 따른 점토의 구조변화
(Lambe, 1962)

다짐함수비를 증가시켜 최적함수비(OMC)가 되면(*B* 상태) 이중층수의 생성으로 반발력이 우세해지고 점토의 구조는 이산구조로 변하기 시작한다. 점토는 이 때 가장 잘 다져져서 건조단위중량은 최대치 $\gamma_{d\ max}$ 가 된다.

함수비를 계속 증가시키면(*C* 상태) 점토는 이산구조로 변하여 대체적으로 면대면(面 對 面, face to face)의 형태로 평행하게 배열한다. 이 상태에서는 물이 너무 큰 공간을 채우게 되므로 건조단위중량은 오히려 감소하게 된다(그림 8.6 참조). 더 큰 에너지로 다지면 이러한 현상은 더욱 뚜렷해져서 이산구조의 입자는 평행하게 차곡차곡 쌓이게 된다. 즉 *D* 가 *C* 보다 이산의 정도가 더 크다(그림 8.6 참조).

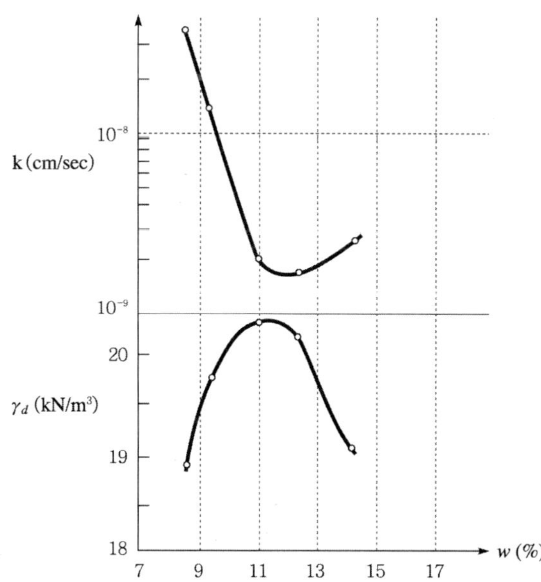

그림 8.7 다짐함수비에 따른 투수계수의 변화
(Lambe, 1962)

이와 같은 점토구조의 변화 때문에 다질 때의 함수비에 따라 다져진 점토의 물성치가 달라진다. 최적함수비는 면모구조에서 이산구조로 넘어가는 함수비이며 이때 얻어지는 건조단위중량이 곧 최대건조단위중량이다. 점토의 투수계수, 압축성 및 강도 등의 물성치도 점토의 구조에 따라 달라진다.

(2) 다짐함수비에 따른 투수계수의 변화

점토는 면모구조일 때 이산구조의 경우보다 투수계수가 더 크다. 이것은 면모구조에서는 간극의 크기(pore size)가 커서 물이 흐를 때 저항이 상대적으로 적기 때문이다. 그림 8.7에는 점토를 다질 때의 함수비 w와 다져진 흙의 투수계수 k 사이의 관계가 다짐곡선과 관련지어 제시되어 있다.

이 그림은 함수비의 증가에 따른 흙의 부피팽창은 억제되어 있는 상태에 대한 것이다. 이 그림에 의하면 건조측에서 흙을 다지면 다짐함수비의 증가에 따라 다져진 흙의 투수계수는 급속히 감소하여 최적함수비보다 약간 큰 함수비에서 최소가 되고 그 이상의 함수비에서는 약간 증가할 뿐이다. 즉 점토는 최적함수비보다 약간 큰 함수비로 다지면 투수성이 최소가 된다. 흙 댐의 심벽(core) 등 차수목적으로 흙을 다질 때에는 약간 습윤측 다짐(slightly wet compaction)을 하는 것이 다짐목적에 부합된다.

(3) 다짐함수비와 다져진 점토의 압축성 비교

동일한 점토를 최적함수비보다 건조측 다짐한 시료와 습윤측 다짐을 한 시료를 완전 포화시켜 압밀시험을 하면 두 시료의 압축성을 비교할 수 있게 된다(그림 8.8 참조).

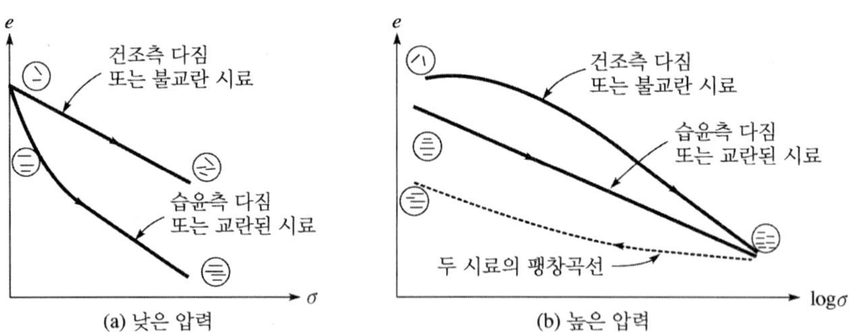

그림 8.8 다짐함수비와 압축압력에 따른 점토의 압축성(Lambe, 1958)

이 그림을 살펴보면 다져진 포화점토의 압축성은 다짐함수비와 함께 압력의 수준에 따라 달라짐을 알 수 있다. 간극비 – 압밀하중의 기울기가 크면 물론 압축성이 크다. 압밀하중의 크기가 면모구조의 결합력을 파괴시키지 못 할 만큼 적은 경우에는 건조측 다짐을 한 시료의 압축성은 습윤측 다짐을 한 시료의 압축성보다 더 낮다. 반대로 압밀하중이 면모구조의 결합력을 파괴시킬 만큼 큰 경우에는 건조측 다짐을 한 시료의 압축성이 더 크다. 이것은 건조측 다짐으로 형성된 면모 구조는 간극비가 크므로 이 구조가 붕괴되면 점토의 간극비 감소량이 크기 때문이다. 압밀하중을 충분히 크게 하면 두 시료의 간극비는 같아진다.

(4) 다짐함수비에 따른 점토의 전단강도의 변화

가. 다져진 점토의 함수비가 다짐함수비를 그대로 유지하고 있는 경우

그림 8.9에는 동일한 점토를 3가지 상이한 에너지로 다졌을 때 다짐 함수비의 변화에 따른 점토의 비배수강도(콘 지수)의 변화를 각 다짐에너지별로 비교하여 제시하고 있다. 다짐에너지의 크기 순서는 물론 A, B, C이다. 또한 최적함수비보다 건조측 및 습윤측 다짐의 결과를 비교하기 위하여 각 다짐에너지에 대한 다짐곡선도 함께 제시하고 있다. 이 그림을 보면 점토의 비배수강도는 다짐함수비와 함께 다짐에너지의 크기에 따라 달라짐을 알 수 있다.

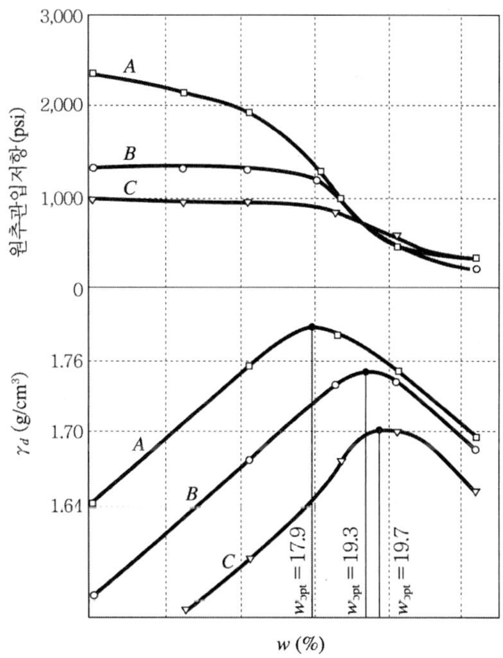

그림 8.9 다짐함수비와 다짐하중에 따른 점토의 비배수 강도의 변화 (Lambe, 1962)

- 동일한 다짐에너지로 다지는 경우에는 건조측 다짐을 하면 습윤측 다짐보다 다져진 점토의 강도는 크게 된다.
- 다짐에너지 크기를 달리하여 다지는 경우 건조측 다짐을 하게 되면 다짐에너지가 클수록 다져진 점토의 강도는 크다. 습윤측에서 다지면 다짐에너지 증가에 따른 강도의 증가는 미미하고 때로는 큰 에너지로 다진 점토의 강도가 더 적을 수도 있다.

나. 다져진 점토를 포화시킨 경우

- 이 때에는 건조측 다짐과 습윤측 다짐에 따른 강도의 차이가 뚜렷하지 않다. 다져진 점토를 포화시킬 때 체적팽창을 억제하였다면 건조측 다짐이 점토의 강도를 약간 더 크게 하고, 포화시킬 때 부피의 팽창을 허용한다면 습윤측 다짐을 한 점토의 강도가 오히려 더 크게 된다.

NOTE : 점토는 최적함수비로 다졌을 때 팽창성이 가장 적고 건조측 다짐을 한 점토는 팽창성이 대단히 커짐. 따라서 건조측 다짐을 한 점토는 포화되면 물을 많이 흡수하여 팽창하므로 강도는 감소함.

8.4 현장다짐

현장다짐에 대하여 본격으로 논의하는 것은 이 책의 목적에 부합되지 않으므로 여기서는 개략적으로 논의하는데 그치기로 한다. 포괄적이고 전문적인 내용이 필요한 독자는 시공학 서적을 참고하기 바란다.

토취장에서 채취한 흙으로 실내다짐시험을 하여 현장에서 다질 흙의 최적함수비와 최대건조단위중량이 구해지면 이를 기본자료로 하여 현장다짐에 대한 계획을 수립하게 된다. 공사가 대규모이거나 대단히 중요한 공사일 때에는 현장다짐시험을 실시하여 그 결과를 이용하여 현장다짐을 설계한다.

현장다짐을 계획할 때 포함시켜야 할 사항으로는 다짐장비의 결정, 포설두께 및 다짐에너지(롤러의 통행횟수)의 결정 등이 있다.

8.4.1 다짐장비

다짐장비는 흙의 종류, 함수비, 공사의 특성 등 여러 요인을 종합적으로 고려하여 결정하게 된다. 표 2.4에는 도로 및 비행장 활주로 공사를 위하여 흙을 통일분류법으로 분류하였을 때 각종 흙을 가장 효과적으로 다질 수 있는 장비가 수록되어 있다.

실내시험의 다짐에너지는 래머의 낙하에 의한 충격(즉 달구질)인데 반해 현장의 다짐에너지는 다짐장비에 의한 전압(轉壓, kneading) 또는 짓이김, 압력, 진동 등이 되어 흙을 다지게 된다.

다짐장비에는 다음과 같은 종류가 있는데(Craig, 1990) 롤러(roller)에는 견인식과 자주식(自走式)이 있다.

① 강륜(鋼輪) 롤러(smooth – wheeled roller)

속이 빈 강재 원통형 바퀴로 이루어진 롤러

- 직경이 큰 2개의 후륜과 직경이 작은 1개의 전륜으로 구성되어 있다.
- 빈 원통에 물이나 모래를 채워 무게를 크게 할 수 있다.
- 흙을 뒤섞거나 짓이기면서 다질 필요가 없다면 대부분의 흙을 다지는데 사용할 수 있다. 단 균등한 입경의 모래와 실트질 모래의 다짐에는 부적당하다.

- 다져진 흙의 표면은 평탄하여 상하의 다짐 층 사이의 결합력은 약하다. 다져진 점토층은 박층구조를 형성한다.

이 종류에 속하는 다른 형태의 롤러로 탠덤(tandem) 롤러가 있다. 전·후륜은 1개씩이고 그 크기는 같다. 이 장비는 도로의 포장재료를 다지는데 사용된다.

② 공기타이어 롤러(pneumatic tired roller)

- 두 축에 9~11개의 타이어가 적절한 간격으로 배치되어 있다. 뒷 바퀴의 다짐 폭이 앞 바퀴 사이의 공간과 겹치게 배치되어 흙 표면을 빈틈없이 다질 수 있게 배열되어 있다.
- 균등한 입도의 흙을 제외하고 조립토와 세립토 다짐에 모두 적합하다. 도로, 비행장, 제방, 사력 댐 다짐에 사용된다.
- 다져진 흙 표면은 평탄하여 층간 결합력은 약하다.
- 다짐에너지를 크게 하려면 타이어의 공기압을 증가시킨다.

③ 양족(羊足) 롤러(sheeps foot roller)

- 강재 원통 표면에 양의 발 모양을 한 돌기가 다수 붙어있는 롤러다.
- 양족의 단면적은 $30 \sim 80cm^2$ 이며 원통표면적의 8~12% 정도이다. 양족은 면적이 적으므로 큰 압력(응력)으로 흙을 다지게 된다.
- 다짐 층이 느슨할 때에는 원통이 다짐층 표면에 접촉하게 된다. 양족은 흙을 뒤섞고 굳은 덩어리를 부수면서 흙을 다진다. 도층이 큰 접지압을 지지할 수 있을 만큼 다져지면 원통 표면은 지표면 위에 뜨게 된다. 이 롤러는 세립토를 다지는데 적당하며 특히 건조측 다짐에 적합하다. 또한 세립분을 20% 이상 함유한 조립토에도 적합하다.

양족으로 다지기 때문에 다짐 층 사이의 결합력은 크다. 속이 비어있는 강재 원통 속을 모래 등으로 채워서 다짐에너지를 크게 할 수 있다.

④ 진동 롤러(vibratory roller)

- 강륜 롤러 안에 진동발생기를 장치한 롤러다.
- 대부분의 흙에 사용되며 함수비가 약간 습윤측 일 때 더욱 효과적이다.
- 세립분이 적거나 전혀없는 조립토의 다짐에 특히 효과적이다.
- 롤러의 무게와 진동수는 흙의 종류와 포설층의 두께에 적합하도록 조절하여야 한다.
- 롤러의 진행속도가 느릴수록 다짐에너지는 커져서 소요 통행 횟수는 적어진다.

⑤ 기타 진동 다짐 장비

- 다짐을 하는 장소가 협소하거나 접근이 어려우면 위에서 열거한 대형 롤러는 사용이 불가능하므로 여기에 적절한 소형 다짐장비가 필요하다.

진동 콤팩터(vibratory compactor), 수동 진동 롤러(hand operating vibratory roller), 진동탬퍼(vibratory tamper) 등이 이러한 목적으로 만들어진 장비이다. 이러한 장비는 옹벽 뒷채움 등의 다짐에도 사용한다.

균등한 조립토 다짐에는 효율이 낮다. 모든 흙은 진동을 가하면서 다지면 진동없이 다질 때보다 최적함수비는 감소하고 최대건조단위중량은 더 커진다.

8.4.2 현장다짐에 관한 중요사항

(1) 상대다짐도

현장다짐으로 성취한 다짐의 정도를 표현하거나 다짐으로 현장에서 성취해야 할 건조단위중량을 제시하기 위하여 상대다짐도라는 개념을 사용한다. 상대다짐도(relative compaction ; RC)는 실내다짐시험에서 얻은 최대건조단위중량에 대한 현장의 건조단위중량의 비를 백분율로 나타낸 것이다. 즉

$$\text{상대다짐도} = \frac{\text{현장의 건조단위중량}}{\text{시험실에서 얻은 최대건조단위중량}} \times 100(\%)$$

또는

$$RC = \frac{(\gamma_d)_{field}}{(\gamma_{d\,\max})_{lab}} \times 100(\%) \tag{8.6}$$

현장의 다짐정도는 90% 다짐, 95% 다짐 또는 표준다짐 90%, 수정다짐 95% 등으로 표현한다. 이 표현의 의미는 식 (8.6)를 보면 명백하다.

각종 구조물(공사)에 대하여 요구되는 최소 상대 다짐도(수정다짐(%))의 한 예가 다음 소절에 수록된 표 8.3에 제시되어 있다. 또한 통일분류 기호별 다져진 흙의 현장건조단위중량의 개략치가 표 2.4에 제시되어 있다.

NOTE : 조립토의 경우에는 조밀의 정도(간극비 또는 건조단위중량의 상대적 크기)를 나타내기 위하여 상대밀도(D_r 또는 밀도지수(I_d))라는 용어를 사용함. 상대밀도와 상대다짐도는 유사한 개념임을 알 수 있음. ASTM-1980에서는 세립분(0.074mm 체 통과분) 함유율이 12% 미만이면 상대밀도를, 그 외에는 다짐시험을 표준시험으로 제안하고 있음. 통계적 분석결과 $D_r = 0$ 는 다짐도 80%에 대응함.

(2) 다짐에너지와 다짐성과

일반적으로 다짐장비의 무게가 크면 다짐에너지도 크다. 공기 타이어 롤러는 타이어의 공기압을 크게 하면 다짐에너지는 증가한다. 롤러의 경우 다짐횟수(통행횟수)의 증가에 따라 다짐에너지는 커진다. 또한 통행속도가 느려도 다짐에너지는 커진다. 일단 다짐장비가 결정되면 소요되는 건조단위중량을 얻기 위한 최소다짐횟수를 결정해야 한다. 다짐횟수는 장비의 형식과 무게, 다짐 층의 두께에 따라 결정되지만 보통 3~10회 정도이다(Craig, 1990). 그런데 다짐공사에서 주의해야 할 점은 다짐성과 체감의 원리이다. 즉 다짐횟수가 적을 때에는 다짐횟수의 증가와 함께 건조단위중량도 급속히 증가하지만, 다짐횟수가 일정한 값에 도달하면 더 이상 다져도 다짐횟수 증가에 대한 건조단위중량의 증가는 미미해진다.

그림 8.10은 다짐성과 체감현상을 보여주고 있다. 즉 다짐횟수 약 13회까지는 흙의 다짐성과가 좋지만 그 후는 다짐을 계속하는 것은 비경제적이 된다(그림 8.10).

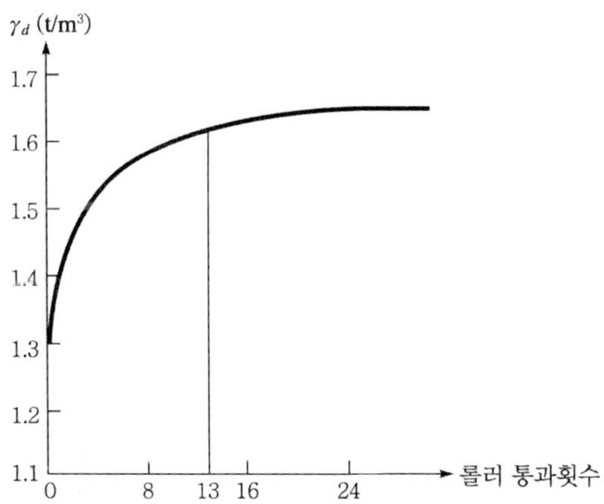

그림 8.10 다짐횟수 증가에 따른 건조단위중량의 변화 (다짐성과 체감현상)

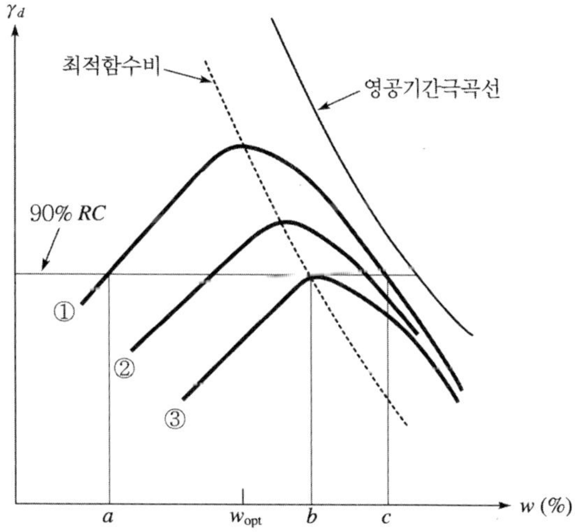

그림 8.11 경제적인 다짐방법의 결정
(Seed, 1964)

NOTE: 수확량 체감의 법칙

비료 사용량을 증가시키면 농산물 수확량은 크게 증가하지만 시비량이 너무 많아지면 수확량은 별로 증가하지 않음. 이러한 현상을 농학에서는 수확량 체감의 법칙이라 하고 경제학에서는 유효효용 체감의 법칙이라 함. 흙의 다짐효과도 다짐횟수에 대하여 체감의 법칙이 성립됨. 소정의 상대다짐도(즉 건조단위중량)를 달성하기 위한 다짐에너지의 크기, 즉 롤러의 무게 또는 다짐횟수를 결정하는 네는 경제성이 중요한 고려사항이 됨. 그림 8.11은 가장 경제적인 다짐방법, 즉 롤러의 크기와 다짐함수비를 결정하는 방법을 제시하고 있음.

그림 8.11에서 곡선 ①은 보유하고 있는 롤러로 현장다짐시험을 하여 얻은 다짐곡선이다(또는 실내다짐곡선이라 생각해도 좋음). 만약 상대다짐도 90% 이상이 요구된다면 $\gamma_d = 90\% \cdot \gamma_{d\,\max} = 0.9\gamma_{d\,\max}$ 에서 수평선을 그려 다짐곡선과의 교차되는 함수비를 구한다. 교차점의 함수비는 a와 c이므로 다짐함수비를 a보다는 크고 c보다는 적게 조절하면 요구되는 상대다짐도를 달성할 수 있게 된다.

그런데 보다 경제적인 다짐은 상대다짐도에 관한 조건을 만족시키면서 더 가벼운 롤러(또는 더 적은 다짐횟수)로 다지는 방법이다. 이것은 순수한 경제적 입장이며 상대다짐도(즉 건조단위중량)만을 고려하는 개념이다. 가장 이상적인 다짐방법은 다짐에너지를 ③으로 하고 함수비 c에서 다지는 것이다. 이 때에는 최대건조단위중량이 되어야 상대다짐도에 관한 요구조건($RC \geq 90\%$)이 가까스로 만족된다. 그러나 함수비 관리를 아무리 철저히 하여도 기상상태 등에 따라 함수비 변화는 불가피하다. 따라서, 다짐에너지 ③을 선택할 수는 없다. 그러므로 다짐에너지는 ③보다 약간 큰 ②로 하고 함수비는 OMC와 b 사이의 값을 유지하고 다지면 가장 합리적인 다짐방법이 된다.

독자들에게 드리는 질문 : 만약 현장의 함수비가 a보다 적거나 c보다 크면 어떠한가?

이상의 논의는 건조단위중량만을 대상으로 하였다. 그러나 요구되는 상대다짐도에 대한 요구조건을 만족시키는 함수비의 범위가 넓으면(예를 들어 a~c처럼), 낮은 투수성이 필요할 때에는 최적함수비보다 습윤측 다짐, 큰 강도가 요구되면 건조측 다짐을 실시하는 것이 좋다.

(3) 다짐두께

다짐에너지와 함께 다짐두께를 결정하는 것은 다짐공사에서 가장 중요한 사항이다. 다지기 위하여 포설한 토층이 너무 두꺼우면 균질한 성토체로 다지기 어렵다. 또한 요구되는 상대다짐도를 달성하기 위해서는 더 큰 에너지가 필요하게 된다.

공기타이어 롤러나 강륜 롤러로 다지면 다짐 층 표면에서 깊이가 깊어질수록 흙의 건조단위중량(따라서 상대다짐도 또는 조립토의 경우 상대밀도)은 감소한다. 그러나 양족 롤러로 다지는 경우에는 다짐 층 표면이 양족에 의하여 교란되므로 표면보다 약간 아래에서 건조단위중량이 최대가 되고, 그 후에는 깊이에 따라 감소하는 분포를 보인다.

요구되는 상대다짐도 달성만을 생각하면 다짐 층의 두께는 얇으면 좋고 경제성만 고려한다면 다짐 층이 두꺼우면 유리하므로 다짐도에 관한 요건을 만족시키는 최대 포설두께를 결정할 필요가 있다.

최대 포설두께는 깊이에 따른 다짐효과(γ_d, RC 또는 D_r)의 분포와 요구되는 다짐성과를 함께 고려하여 결정한다. 다짐에너지(즉 다짐장비와 다짐횟수)와 다짐함수비가 결정되면 포설두께는 현장시험으로 결정하는 것이 최선이다. 다음 소절에 제시되어 있는 표 8.3에는 NAVFAC에서 정한 구조물(공사)의 종류에 따른 최대 포설두께가 수록되어 있다.

다음 예제는 현장시험 결과로부터 포설두께를 결정하는 방법을 설명하고 있다.

▶ **예제 8.2** 그림 예제 8.2(a)에는 두꺼운 포설층을 주어진 현장의 다짐에너지로 다졌을 때의 깊이 – 상대밀도 분포를 나타내고 있다. 상대밀도가 75% 이상이 되도록 다지려면 최대포설두께는 얼마가 되어야 되는가?(Holtz & Kovacs, 1981)

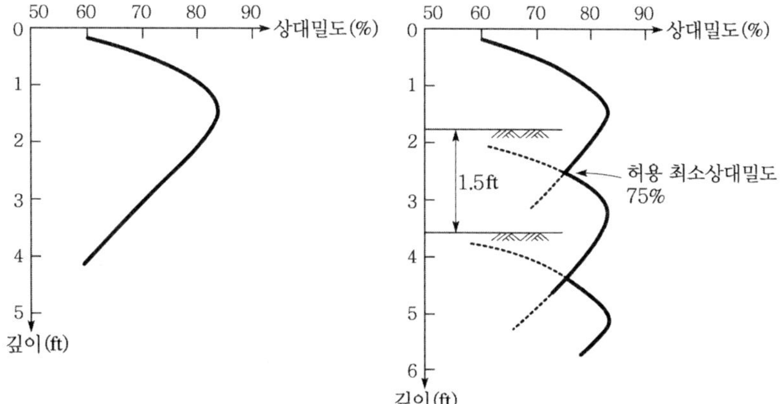

(a) 깊이 – 상대밀도 관계 (b) 포설두께 결정

그림 예제 8.2 현장 시험결과를 이용한 포설두께의 결정(D'Appolonia 등, 1969)

풀이 :

트레이싱 페이퍼(onion skin paper)에 깊이 – 상대밀도 관계를 trace한다. 이 그림을 원도(原圖, original drawing) 위에 포갠 다음 상하로 이동시켜 가면서 상대밀도 75%이상이 되도록 한다(그림 예제 8.2(b)). 최대 포설두께는 약 45cm(1.5ft)임을 알 수 있다. 그러나 사실상 포설두께는 이렇게 결정한 것보다 더 크게 할 수 있는데 이는 장차 현재 다지는 층보다 위층에서 다짐을 실시하면 현재의 다짐 층도 추가로 다져지기 때문이다. ◀

(4) 토취장에서 채취해야 하는 토량의 결정

토질구조물(예를 들어 제방)의 설계가 완성되면 이 구조물을 축조하기 위하여 토취장에서 채취해야 할 토량을 계산하여야 한다. 우선 토취장에서 채취해야 할 토량은 토질구조물의 토량과는 다르다. 자연상태에 있는 토취장의 흙을 퍼서 덤프(dump)차에 실으면 흙의 부피는 증가하고 이 흙을 현장에서 다지면 부피는 많이 감소하게 된다. 그러나 이 과정에서 토립자의 부피와 무게는 변하지 않는다는 사실에 착안하여 토취장에서 채취해야 할 토량(부피 또는 무게)을 결정할 수 있다. 토취장(하첨자 1 사용) 흙의 단위중량 γ_1, 함수비 w_1은 측정하여 알 수 있는 값이다.

토질 구조물(하첨자 2사용)의 부피 V_2, 건조단위중량 γ_{d2}, 함수비 w_2 등은 설계도와 다짐 시방서에서 알 수 있다. 그러면 토취장에서 채취해야 할 흙의 부피 V_1, 무게 W_1은 다음과 같이 결정된다.

토질 구조물의 토립자 무게 W_s는 $\gamma_{d2} = \dfrac{W_s}{V_2}$ 에서

$$W_s = \gamma_{d2} V_2 \tag{a}$$

토취장 흙의 건조단위중량 γ_{d1}은 $\gamma_{d1} = \dfrac{\gamma_1}{1+w_1}$ 이므로

$$W_s = \gamma_{d1} V_1 \tag{b}$$

식 (a)와 (b)를 등치시키면

$$V_1 = V_2 \frac{\gamma_{d2}}{\gamma_{d1}} \tag{10–7a}$$

채취해야 할 흙의 무게 W_1은

$$W_1 = \gamma_1 V_1 \tag{10–7b}$$

8.5 현장다짐관리와 시방서 작성

실내다짐과 현장다짐은 다짐에너지의 크기와 다짐의 형태는 물론 다지는 흙의 최대입경이 다르므로 실내 시험결과를 직접 현장다짐에 적용할 수 없다. 그러나 학문적 연구나 대단히 중요한 토질구조물인 경우를 제외하고는 이러한 불일치에도 불구하고 실내 시험결과를 현장다짐의 품질관리 기준으로 삼고 있다.

흙을 다지는 목적은 흙의 특성과 토질구조물의 공학적 거동을 개선하는데 있다. 그러므로 현장 흙의 바람직한 특성을 함수비와 건조단위중량과 함께 철저하게 인식하고 있는 것이 중요하다. 그럼에도 불구하고 규정된 건조단위중량의 달성에만 관심이 집중되고 다져진 흙이 갖추어야 할 바람직한 공학적 특성은 소홀하게 생각하기 쉽다. 앞에서 이미 논의한 것처럼 함수비와 건조단위중

량은 흙의 공학적 특성과 밀접한 관계가 있다. 즉 함수비와 건조단위중량이 변하면 흙의 공학적 특성도 달라진다. 그러므로 함수비와 건조단위중량은 건설공사를 관리하는 편리한 기준이 된다. 다짐 관련 토질구조물의 설계절차는 다음과 같다(Holtz & Kovacs, 1981).

- 토취장에서 채취한 시료로 실내시험을 하여 설계에 필요한 자료를 확보한다.
- 토질구조물 설계가 완성되면 다짐시방서(示方書, specification)를 작성한다. 현장다짐관리 시험방법을 확정한다. 이 시험의 결과가 공사관리의 기준이 된다.
- 공사관리 감독관(조사관)은 현장다짐관리 시험을 실시하여 시공자가 시방서의 요구조건을 충족시켰는지 조사하여 현장다짐의 품질을 관리한다.

8.5.1 다짐시방서

다짐시방서는 최종 품질 시방서와 다짐방법 시방서의 2종류가 있는데 두 시방서는 각각의 작성방향이 기본적으로 상이하다.

(1) 최종 품질 시방서(end product specification)

이 방식의 시방서에는 요구되는 최소 상대다짐도를 명시하여야 한다. 상대다짐도는 구조물의 중요도, 다짐의 목적, 흙의 종류 등에 따라 다른 값이 요구된다. 표 8.3에는 수정다짐을 기준으로 하여 구조물(공사)의 종류에 따라 요구되는 최소 상대다짐도가 제시되어 있다. 이 표에는 앞에서도 언급한 것처럼 최대 포설누께와 최적함수비의 허용오차도 함께 제시되어 있다.

최종 품질 시방서는 규정된 상대다짐도만 달성하면 되므로 어떤 방법으로 다졌는지 또한 어떤 장비를 사용하였는지는 문제가 되지 않는다. 시공자(contractor)는 가장 경제적이고 효과적인 다짐방법을 결정할 필요가 있는데 이 방법에 관하여서는 앞에서 이미 논의하였다.

그런데 이렇게 결정한 다짐방법은 상대다짐도(즉 건조단위중량)만을 만족시킬 뿐이므로 다져진 흙이 바람직한 공학적 특성을 가지도록 하려면 종합적으로 생각해 보아야 한다. 즉 최적함수비의 건조측에서 다지느냐 습윤측에서 다지느냐에 따라 흙의 성질은 달라진다. 건조측 다짐을 하면 강도가 커지고 약간 습윤측 다짐은 투수성이 최소인 흙이 되게 한다.

팽창성, 수축성, 압축성도 다짐함수비에 따라 달라진다. 따라서, 시방서에는 상대다짐도에 더하여 다짐함수비의 범위를 명시하여야 한다. 그런데 함수비가 이 방법으로 정한 범위보다 클 때에도 더 큰 다짐에너지(더 무거운 장비나 같은 장비로 여러 번 다짐)로 다지면 소정의 다짐도(건조단위중량)를 얻을 수 있다. 그런데 습윤측 다짐에서 다짐장비가 너무 크면 소형장비로 다졌을 때보다 강도가 오히려 더 저하될 수 있다. 이러한 현상을 과다짐(過다짐, over compaction)이라 한다. 과다짐은 다짐(통행)횟수가 너무 많아도 발생할 수 있다. 양질의 흙도 이 경우에는 강도가 저하할 수 있다. 양족롤러도 이 문제점을 해결하기 어렵다. 최종품질만 관리하는 경우에는 시공자는 가장 합리적인 포설두께를 결정하여야 한다. 여기에 관한 한가지 방법을 예제 8.2에서 이미 논의하였고 표 8.3에는 NAVFAC DM-7.2에 제시되어 있는 최대 포설두께가 수록되어 있다.

표 8.3 토질구조물(공사)의 종류에 따른 최소허용 상대다짐도와 최대 허용 포설두께
(NAVFAC DM-7.2, 1982)

토질구조물	요구되는 상대다짐도 (수정다짐 기준)	최적함수비의 허용오차 (%)	최대포설두께(cm)
구조물의 기초	95	−2 ~ +2	30
저수지의 라이닝	90	−2 ~ +2	15
흙 댐(15m 이상)	95	−1 ~ +3	30(+)
흙 댐(15m 이하)	92	−2 ~ +2	30(+)
포장지지층 : 도로 공항	NAVFAC DM-5 참조 NAVFAC DM-21 참조	−2 ~ +2 −2 ~ +2	20(+) 20(+)
구조물의 뒷채움	90	−2 ~ +2	30(+)
고랑의 뒷채움	90	−2 ~ +2	30(+)
필터	90	충분히 살수	20
굴토한 구조물 지반	95	−2 ~ +2	−
록필 댐	−	충분히 살수	60 ~ 90

(2) 다짐방법 시방서(method specification)

이 방식의 시방서에는 다짐장비의 종류와 무게, 그리고 다짐 층의 두께와 다짐횟수 등을 자세하게 제시하여야 한다. 다지는 흙의 최대입경도 함께 정해주어야 한다. 따라서, 품질에 관한 책임은 완전히 발주자에게 귀속되며 시공자는 시방서 규정대로 공사만 하면 된다.

따라서 발주자는 최적의 다짐방법을 결정하기 위하여 시방서 작성에 앞서 각종의 다짐장비로 현장시험을 실시하여 자세한 정보를 축적해 두어야 한다. 이와 같은 시험시공에는 많은 경비가 소요되므로 대형공사 외에는 이 시방을 적용하는 것은 경제성이 없다. 대형공사의 경우 이와 같은 사전조사로 토질에 관한 불확실한 문제점을 해결하면 공사비를 크게 절감할 수 있으므로 결과적으로 이러한 시방서 작성에 소요된 경비 이상을 보상 받을 수 있게 된다. 이 때 발주자는 자신을 가지고 공사를 감독할 수 있다(김상규, 2004).

한편 영국에서는 영국 도로공사 시방서(specification for highway work)에 다짐방법 시방서에 관한 세부사항이 수록되어 있으며 대부분의 토공에서는 이 다짐 관리법을 채택하고 있다(Craig, 1990).

8.5.2 현장건조단위중량 시험

현장다짐의 결과 현장의 상대다짐도가 시방서에 규정된 최소 상대다짐도를 달성하였는지 알아보기 위하여 현장 건조단위중량 시험(field dry unit weight test)을 실시한다.

상대다짐도 RC는 식 (8.6)에 정의한 것처럼 실내시험에서 얻은 최대건조단위중량($(\gamma_{d\,\max})_{lab}$) 에 대한 현장에서 성취한 건조단위중량($(\gamma_d)_{field}$)의 비를 백분율로 표시한 것이므로 현장의 건조단위중량만 측정하면 바로 현장의 상대다짐도를 알 수 있다. 그러면

현장의 상대다짐도 ≥ 시방서의 최소 상대다짐도 이면 O.K.
현장의 상대다짐도 < 시방서의 최소 상대다짐도 이면 N.G.

따라서 이 시험은 현장 품질관리시험이라 할 수 있다.

현장의 건조단위중량을 측정하기 위해서는 지표면에 원형의 구멍이 뚫린 철판을 놓고 구멍을 통해 파내고 파낸 흙의 무게와 함수비를 측정하고 시험공의 부피를 결정한다. 파낸 흙의 무게와 함수비 측정은 간단하지만 시험공의 부피측정이 문제가 된다. 시험공의 부피 결정방법에 따라 이 시험은 모래치환법(sand cone 방법), 고무막법, 절삭법(切削法) 등이 있다.

먼저 모래치환법에 대하여 논의하기로 한다. 이 방법은 건조단위중량을 잘 알고 있는 건조된 표준사(standard sand)를 시험공에 채워 그 부피를 결정하는 방법이다. 현장의 건조단위중량은 다음과 같이 구한다.

- 시험 전에 알고 있는 사항 :
  표준사의 전체무게$(W_0)_{sand}$, 표준사의 건조단위중량$(\gamma_d)_{sand}$
- 측정하는 값 : 파낸 흙의 무게 W, 파낸 흙의 함수비 w, 시험공을 채우고 남은 표준사의 무게 $(W_f)_{sand}$
- 계산하는 값 : 시험공을 채운 표준사의 부피 V, 전체단위중량 γ

• 현장의 건조단위중량 결정식 : $(\gamma_d)_{field} = \dfrac{\gamma}{1+w}$ (a)

그런데 시험공을 채운 표준사의 무게 $(W)_{sand} = (W_0)_{sand} - (W_f)_{sand}$

∴ 시험공의 부피 : $V = \dfrac{(W)_{sand}}{(\gamma_d)_{sand}} = \dfrac{(W_0)_{sand} - (W_f)_{sand}}{(\gamma_d)_{sand}}$ (b)

흙의 습윤(전체)단위중량 $\gamma = \dfrac{W}{V}$ (c)

(c)에서 γ 를 구하여 (a)에 대입하면 $(\gamma_d)_{field}$ 를 얻게 된다.

NOTE : 표준사는 우리나라에서는 주문진 모래, 국제적으로는 Ottawa sand가 사용되고 있음.

고무막법은 시험공의 굴토면을 얇은 고무막으로 덮고 물로 가득 채워, 채운 물의 부피를 측정하면 이것이 곧 시험공의 부피이다.

절삭법은 부피를 알고 있는 끝이 날카로운 얇은 관을 흙 속으로 관입시켜 흙을 절삭하여 관을 가득 채운 다음 흙의 무게와 함수비를 측정하면 건조단위중량을 얻게 된다. 이 방법은 점토와 실트에만 사용할 수 있다.

최근에는 방사선을 이용하여 흙을 전혀 교란시키지 않고, 단시간에 건조단위중량을 측정하는 방법이 개발되었다($RI - meter$). 이 장비는 방사선 동위원소 취급면허를 받아야 하고 취급에 세심한 주의가 필요하다.

▶ **예제 8.3** 모래치환법(sand cone 방법)으로 현장 건조단위중량 시험을 실시하였다.

시험공에서 파낸 흙의 무게 $W = 1980\,g$

(함수비를 측정하는 대신 흙 전체를 건조시켰음)

이 흙의 건조중량 $W_s = 1800\,g$

시험공을 채우기 전의 표준사의 무게 $(W_0)_{sand} = 2700\,g$

시험공을 채우고 남은 표준사의 무게 $(W_f)_{sand} = 1100\,g$

표준사의 건조단위중량 $(\gamma_d)_{sand} = 1.60\,g/cm^3$

다음 물음에 답하라.

(1) 현장의 건조단위중량 $(\gamma_d)_{field}$ 와 함수비 w는 얼마인가?

(2) 시방서에서 상대다짐도 90% 이상을 요구하고 있으면 이 다짐공사는 합격인가?

단 실내 최대건조단위중량$(\gamma_{d\,\max})_{lab}$ 은 $1.95\,g/cm^3$ 이다.

풀이 :

(1) $(\gamma_d)_{field}$ 와 함수비 w

$$\text{시험공의 부피 } V = \frac{(W_0)_{sand} - (W_f)_{sand}}{(\gamma_d)_{sand}} = \frac{2700 - 1100}{1.60} = 1000\,cm^3$$

$$\text{현장의 건조단위중량 } (\gamma_d)_{field} = \frac{W_s}{V} = \frac{1800}{1000} = 1.80\,g/cm^3$$

$$\text{함수비 } \boldsymbol{w} = \frac{W_w}{W_s} \times 100 = \frac{W - W_s}{W_s} \times 100 = \frac{1980 - 1800}{1800} \times 100 = 10\%$$

(2) 현장의 RC와 다짐 합격 여부

$$RC = \frac{(\gamma_d)_{field}}{(\gamma_{d\,\max})_{lab}} \times 100 = \frac{1.80}{1.95} \times 100 = 92.3\%$$

$$RC = 92.3\% > 90\% \quad \therefore O.K$$ ◀

제 9 장

토압이론

9.1 개설

산기슭을 평지로 조성하기 위해서는 그림 9.1에 보인 것처럼 비탈을 급경사로 절취하여 평지를 확보한 다음 새로 절개한 급경사의 사면이 붕괴하는 것을 억제하기 위하여 중력식 옹벽을 설치한 다음 흙으로 뒤채움하여 이 옹벽이 뒤채움에 의하여 작용하는 횡토압에 저항하도록 한다.

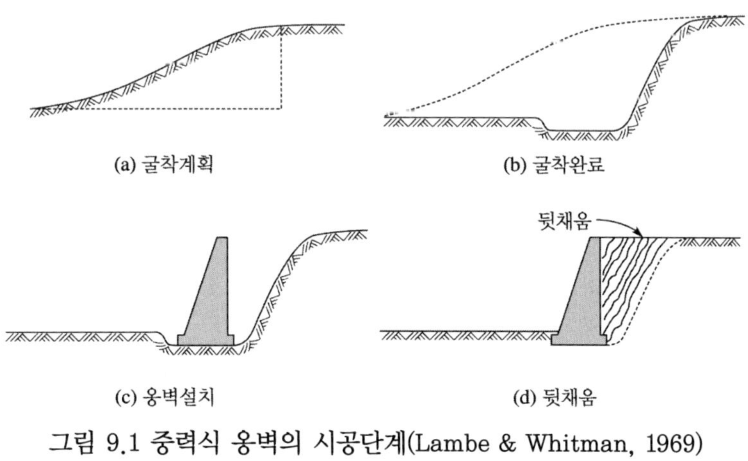

그림 9.1 중력식 옹벽의 시공단계(Lambe & Whitman, 1969)

옹벽과 같이 횡방향 토압에 저항하도록 설치된 구조물을 흙막이 구조물(earth retaining structure) 또는 토류구조물(土留構造物)이라 하며 옹벽 외에도 가설 흙막이벽, 널말뚝, crib wall, 석축 및 보강토 옹벽 등 여러가지가 있다.

흙막이 구조물을 설계함에 있어서 고려하여야 하는 하중은 횡방향 토압이며, 이것을 보통 토압이라 한다. 그런데 지반 내 분포하는 연직응력도 결국 연직토압이므로 이들을 명확하게 구분할 필요가 있을 때에는 수평토압, 연직토압이라 한다. 수평토압을 가로방향토압(lateral earth pressure) 또는 횡방향 토압(横方向 土壓)이라 한다. 가로방향 토압에는 정지토압, 주동토압, 그리고 수동토압이 흔히 거론되고 있다. 정지토압(earth pressure at rest)은 이미 3장 지반 내 응력분포에서 논의한 바 있다. 정지토압은 벽체가 가로방향 변위를 전혀 일으킨 적이 없을 때($\varepsilon_h = 0$)의 토압이다. 여기에 반해 주동토압(active earth pressure)은 흙이 (주동적으로) 벽체를 밀어 가로방향으로 인장변형이 일어나 파괴상태가 되었을 때의 토압이고, 수동토압(passive earth pressure)은 흙이 (수동적으로) 벽체에게 밀려 가로방향으로 압축변형이 일어났을 때의 토압이다. 이들 토압에 대한 논의가 이 장의 핵심내용이 된다.

이 장에서 논의하는 토압이론에서는 토압은 흙의 강도정수에 관계된다. 강도정수는 배수조건을 현장의 배수조건과 일치시킨 시험에서 얻은 값을 선택하여야 한다.

지하수면이 형성되어 있으면 수압을 토압과 함께 고려하여야 하며 수압은 흙막이 구조물의 안전성에 심각한 영향을 미치는 경우가 많다. 물론 가로방향 응력에서도 유효응력 방정식이 성립된다.

토압의 분포는 흙막이 구조물의 변위형태(mode)에 따라 다른 것으로 알려져 있다. 옹벽과 같이 앞굽(toe)을 중심으로 밖으로(또는 뒷굽(heel)을 중심으로 뒷채움쪽으로) 회전(rotating) 또는 전도(overturning)하려 할 때의 토압은 정수압 또는 정지토압처럼 삼각형 분포를 하게 된다. 반면 버팀대를 설치한 흙막이 가시설은 토압분포가 포물선 비슷한 곡선분포를 하며, 앵커를 설치한 널말뚝은 복잡한 토압분포를 하게 된다.

이 장에서는 옹벽에 작용하는 토압으로 논의의 대상을 한정하였다. 다른 흙막이 구조물에 작용하는 토압에 대해서는 기초공학에 관한 서적을 참고하기 바란다.

9.2 정지토압

지표면이 수평이고 균질하며 반무한인 지층 내에 있는 한 요소를 생각해 보자(그림 9.2 참조). 이 지층은 대단히 넓은 면적에 흙이 퇴적되어 형성되었으므로 이 요소에는 지금까지 수평변형이 일어난 적이 없다고 볼 수 있다(수평변형률 $\varepsilon_h = 0$). 이러한 상태에서 자중에 의하여 연직면에 작용하는 수평응력을 정지토압(靜止土壓, lateral earth pressure at rest)이라 하고 σ_{h0} 으로 표기한다.

NOTE : 3장 지반 내 응력분포에서는 정지토압을 σ_h 로 표기하였으나 이 장에서는 수평토압을 주동토압 σ_{ha} , 수동토압 σ_{hp} 및 정지토압 σ_{h0} 으로 각각 구분하여 표기함.

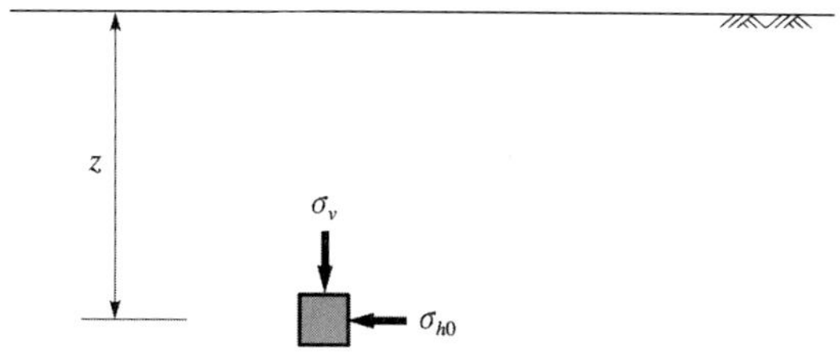

그림 9.2 정지토압상태

이 요소에 작용하는 연직응력(토피하중) σ_v 에 대한 정지토압 σ_{h0} 의 비를 정지토압계수(coefficient of lateral earth pressure at rest)라 하고 K_0 으로 표기한다. 즉

$$K_0 = \frac{\sigma_{h0}}{\sigma_v} \tag{9.1a}$$

또는

$$\sigma_{h0} = \sigma_v K_0 \tag{9.1b}$$

이 요소의 수평면과 연직면에는 전단응력이 작용하지 않으므로($\tau_{vh} = \tau_{hv} = 0$) σ_v 와 σ_{ho} 은 주응력이 된다. 지표면에서 이 요소까지의 깊이를 z이라 하면 $\sigma_v = \gamma z$ 이므로 정지토압 σ_{h0} 는

$$\sigma_{h0} = \gamma z K_0 \tag{9.2}$$

균질한 지반에서는 γ 와 K_0 는 일정하다고 볼 수 있으므로 정지토압은 깊이에 따라 직선적으로 증가하며 삼각형 분포를 하게 된다.

그림 9.3에 보인 높이 H인 옹벽이 수평방향 변위가 전혀 일어나지 못하도록 설계하려면 정지토압에 대하여 안전하도록 설계하여야 한다. 옹벽에 작용하는 정지토압의 분포와 합력은 다음과 같이 결정한다.

- 정지토압의 분포 : $\sigma_{h0} = \gamma z K_0$
  지표면 ($z = 0$): $\sigma_{h0} = 0$
  옹벽저면 ($z = H$): $\sigma_{h0} = \gamma H K_0$
  정지토압은 그림 9.3에 보인 것처럼 삼각형 분포를 하게 된다.

• 정지토압의 합력 :

크기 : $P_0 = \frac{1}{2}(\gamma H K_0)(H) = \frac{1}{2}\gamma H^2 K_0$

또는

$$P_0 = \int_0^H \sigma_{h0}\, dz = \int_0^H \gamma\, z\, K_0\, dz = \frac{1}{2}\gamma H^2 K_0$$

작용점 : $\bar{y} = \frac{H}{3}$

작용방향 : 수평방향

정지토압의 합력에 관한 사항도 그림 9.3에 제시되어 있다.

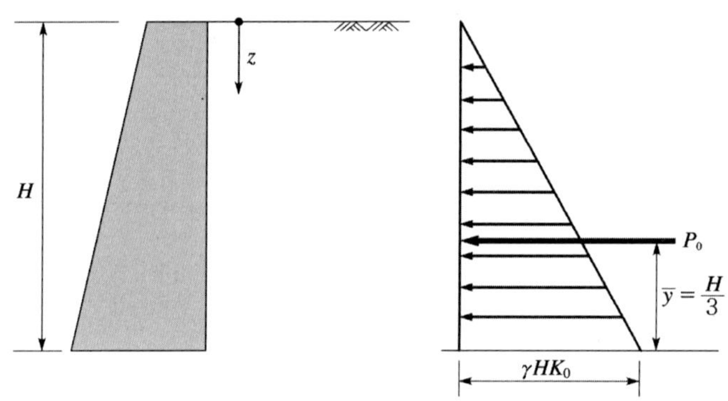

그림 9.3 옹벽에 작용하는 정지토압

만약 이 요소에 간극수압이 작용하고 있어서 전응력과 유효응력이 서로 다른 경우에는 정지토압계수 K_0 은 연직유효응력에 대한 유효정지토압의 비로 정의된다. 즉

$$K_0 = \frac{\sigma'_{h0}}{\sigma'_v} \tag{9.3a}$$

또는

$$\sigma'_{h0} = \sigma'_v K_0 \tag{9.3b}$$

여기서 σ'_v : 연직유효응력

σ'_{h0} : 유효정지토압

토압계수(정지토압계수 포함)는 전응력이 아니라 유효응력의 비로 정의된다는 사실은 지금까지 여러번 강조하였다. 보통 연직유효응력은 쉽게 결정되므로 정지토압계수를 매개로 하여 수평방향

유효응력을 산정할 수 있게 된다.

유효응력 방정식은 수평방향에도 성립되므로 정지토압에 대해서도

$$\sigma'_{h0} = \sigma_{h0} - u \tag{9.4a}$$

또는

$$\sigma_{h0} = \sigma'_{h0} + u \tag{9.4b}$$

여기서 σ'_{h0} : 유효정지토압

σ_{h0} : 전체정지토압

전체정지토압 σ_{ho} 는 유효정지토압 σ'_{ho} 에 간극수압을 더해주면 얻을 수 있다.

뒷채움에 지하수면이 형성되어 있는 옹벽을 정지토압에 대하여 설계하는 경우 벽면에 작용하는 토압은 전체정지토압 σ_{ho} 으로 한다. 즉 유효정지토압 σ'_{ho} 에 수압을 합한 값으로 해야 한다.

정지토압계수를 결정하는 방법에는 탄성론(theory of elasticity), 삼축압축시험(CK_o 시험), 프레셔메터 시험(pressuremeter test ; PMT), 경험적 근사공식 등이 있다. 이들에 관하여 다음에 개략적으로 논의하기로 한다.

정지토압은 요소의 수평방향 변형률이 영($\varepsilon_h = 0$)인 상태에서 요소에 작용하는 수평응력이라는 사실을 유념하면서 탄성론의 기본사항에서 정지토압계수를 구해보자. 연직방향을 z축, 수평면상에서 직교하는 x축과 y축으로 형성된 공간에 있는 탄성체 요소를 생각해 보자.

균질성과 등방성을 가정하면 탄성계수와 포와송비는 모든 위치에서 모든 방향으로 같다.

탄성계수 : $E_x = E_y = E_z = E = const.$

포와송비 : $\nu_{xy} = \nu_{yz} = \nu_{zx} = \nu = const.$

즉 E와 ν 는 어디에서나, 모든 방향으로 같은 값이다.

이 요소에 x방향 수직응력 σ_x 가 작용하면 x, y, z 방향의 변형률 $\varepsilon_x, \varepsilon_y, \varepsilon_z$ 은 각각

ε_x : Hook의 법칙 $\varepsilon_x = \dfrac{\sigma_x}{E}$

ε_y : 포와송비 $\nu = -\dfrac{\varepsilon_y}{\varepsilon_x}$ $\quad \therefore \varepsilon_y = -\nu\,\varepsilon_x = -\nu\dfrac{\sigma_x}{E}$

ε_z : 포와송비 $\nu = -\dfrac{\varepsilon_z}{\varepsilon_x}$ $\quad \therefore \varepsilon_z = -\nu\,\varepsilon_x = -\nu\dfrac{\sigma_x}{E}$

이 값들이 표 9.1의 제2열에 수록되어 있다.

표 9.1 삼축응력 상태에서의 변형률

응력 / 변형률	σ_x	σ_y	σ_z	합 계
ε_x		$-\nu\dfrac{\sigma_y}{E}$	$-\nu\dfrac{\sigma_z}{E}$	$\dfrac{1}{E}[\sigma_x-\nu(\sigma_y+\sigma_z)]$
ε_y	$-\nu\dfrac{\sigma_x}{E}$	$\dfrac{\sigma_y}{E}$	$-\nu\dfrac{\sigma_z}{E}$	$\dfrac{1}{E}[\sigma_y-\nu(\sigma_x+\sigma_z)]$
ε_z	$-\nu\dfrac{\sigma_x}{E}$	$-\nu\dfrac{\sigma_y}{E}$	$\dfrac{\sigma_z}{E}$	$\dfrac{1}{E}[\sigma_z-\nu(\sigma_x+\sigma_y)]$

σ_y, σ_z 에 의한 $\varepsilon_x, \varepsilon_y, \varepsilon_z$ 도 마찬가지로 구할 수 있으며 위 표의 제3열, 제4열에 기재되어 있다. $\sigma_x, \sigma_y, \sigma_z$ 이 모두 작용할 때의 x방향 변형률 ε_x 는 중첩의 원리에서

$$\varepsilon_x = \frac{1}{E}[\sigma_x - \nu(\sigma_y + \sigma_z)]$$

지금까지는 연직방향 z를 v로, 수평방향 x, y를 h로 표기하였으므로 수평방향 변형률 ε_h 는 위 식에서

$$\varepsilon_h = \frac{1}{E}[\sigma_h - \nu(\sigma_h + \sigma_v)] \tag{9.5}$$

정지토압 상태에서는 $\varepsilon_h = 0$ 이고 이때의 σ_h 는 σ_{h0} 이 되므로

$$0 = \frac{1}{E}[\sigma_{h0} - \nu(\sigma_{h0} + \sigma_v)] \tag{9.6}$$

$$\frac{\sigma_{h0}}{\sigma_v} = \frac{\nu}{1-\nu} \tag{9.7}$$

그런데 $\dfrac{\sigma_{h0}}{\sigma_v} = K_0$ 이므로 결국

$$K_0 = \frac{\nu}{1-\nu} \tag{9.8}$$

식 (9.8)이 탄성론에 의한 정지토압 산정식이다. 그러나 흙의 포와송비 측정이 간단하지 않고 또

한 이 식은 과감한 가정 위에 얻어진 결과이므로 실제로는 널리 사용되고 있지는 못하다. 표 9.2에는 흙의 포와송비의 개략치가 제시되어 있다.

표 9.2 포와송비의 개략치(Hunt, 1986)

흙의 종류	포와송비
점토	0.4 ~ 0.5 (비배수 상태)
실트	0.3 ~ 0.35
가는모래(중간정도의 조밀도)	0.25
느슨한 모래	0.2 ~ 0.35
조밀한 모래	0.3 ~ 0.4
암석	0.25 ~ 0.33

정지토압계수는 삼축압축시험에서 공시체에 수평변형이 발생하지 않도록 응력을 조절하여 측정할 수 있다. 즉 표준 삼축압축시험과는 달리 등방압축 대신 정지토압 상태로 공시체를 압밀시킨다. 다시 말하면 축응력 σ_v를 가한 다음 공시체에 수평변형이 일어나지 않도록($\varepsilon_h = 0$) 수평응력 σ_h를 조절하면서 압밀을 진행시킨다. 정지토압계수 K_0은 정지토압의 정의에 따라

$$K_0 = \frac{\sigma'_{h0}}{\sigma'_v}$$

이러한 시험을 K_0 압밀(CK_0)시험이라 한다. 또한 현장에서는 프레셔미터 시험으로 정지토압을 결정할 수 있는데 여기에 관하여서는 7장 흙의 전단강도에서 논의하였다(식 (7.73)).

정지토압계수와 흙의 내부마찰각 사이에는 다수의 상관관계식이 제안되었다. 가장 잘 알려진 것은 Jaky(1948)가 모래와 정규압밀점토에 대하여 제안한 식이다. 후에 Terzaghi 등(1996)은 이 식이 점토에 대해서도 적용할 수 있다고 하였다.

$$K_0 = 1 - \sin\phi' \tag{9.9}$$

과압밀 상태에 있는 흙은 연직응력이 제거된 후에도 과거의 수평응력이 얼마간 잔존하고 있으므로 정지토압계수는 과압밀비(OCR)가 클수록 함께 커진다. 즉

$$[K_0]_{OC} = [K_0]_{NC}\sqrt{OCR} \tag{9.10}$$

또는

$$[K_0]_{OC} = \left(1-\sin\phi'\right) OCR^{\sin\phi'} \tag{9.11}$$

여기서 $[K_0]_{NC}$ 와 $[K_0]_{OC}$ 는 각각 정규압밀, 과압밀 흙의 정지토압계수이다.

정지토압계수는 흙의 종류와 응력이력 및 지반의 형성과정에 따라 달라지지만 균질한 지반에서는 깊이에 무관하게 같은 값이 된다. 표 9.3에는 정지토압계수의 개략치가 흙의 종류와 상태에 따라 제시되어 있다.

횡방향 변위가 구속된 상태(예: 옹벽의 뒷채움)에서 흙을 다지면 이른바 다짐유발응력(compaction induced stress)에 의하여 정지토압계수는 대단히 커질 수 있다. 이 사실은 표 9.3에서 확인할 수 있다. 정지토압은 벽체의 가로방향 변위가 허용되지 않거나 일어나지 않을 때의 수평방향 토압이다. 예를 들어 지하실 벽이나 제방을 통과하는 상자형 암거(box culvert) 등이 여기에 속한다.

표 9.3 흙의 정지토압계수 개략치 (Hunt, 1986)

흙의 종류	K_0
정규압밀점토	1 - $\sin\phi'$ (0.4 ~ 0.5)
수동으로 다져진 점토	1.0 ~ 2.0
기계로 다져진 점토	2.0 ~ 6.0
과압밀 점토	1.0 ~ 4.0
느슨한 모래	0.5
조밀한 모래	0.6
다져진 모래	1.0 ~ 1.5

▶ **예제 9.1** 그림과 같이 높이 5m인 옹벽이 있다. 뒤채움 표면 아래 깊이 3m되는 곳에 지하수면이 형성되어 있다. 지하수면 보다 위에 있는 흙의 단위중량 $\gamma_1 = 1.67\,t/m^3$, 지하수면 아래의 흙은 $\gamma_2 = \gamma_{sat} = 2.0\,t/m^3$, 이 흙의 정지토압계수 $K_0 = 0.4$ 이다. 이 옹벽에 작용하는 정지토압(수압 포함)의 분포와 합력을 구하여라.

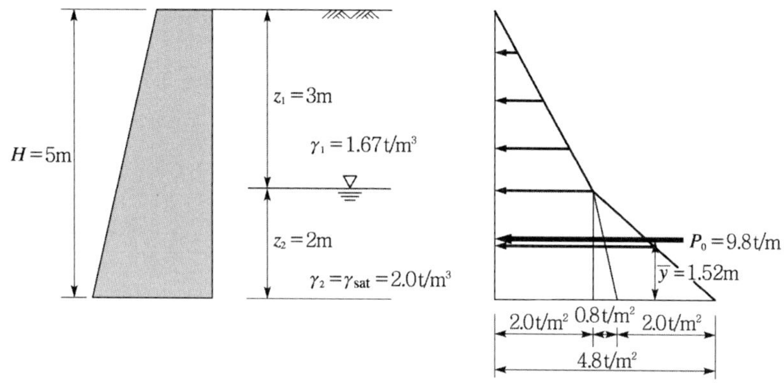

(a) 문제도 (b) 해답도

그림 예제 9.1

풀이 :

같은 흙의 정지토압계수는 지하수위면 아래위에서 같은 값이다.

- 정지토압의 분포 : $\sigma_{h0} = \sigma'_{h0} + u = \sigma'_v K_0 + u$

  뒤채움 표면 $(z = 0)$: $\sigma_{h0} = 0$

  지하수면 $(z = z_1 = 3m)$: $\sigma_{h0} = \sigma'_{h0} + u = \sigma'_v K_0 + u = (1.67)(3)(0.4) = 2.0 t/m^2$

  옹벽저면 $(z = z_1 + z_2 = 5m)$: $\sigma_{h0} = \sigma'_v K_0 + u = (\gamma_1 z_1 + \gamma'_2 z_2) K_0 + \gamma_w z_2$

$$= \gamma_1 z_1 K_0 + \gamma'_2 z_2 K_0 + \gamma_w z_2$$
$$= 2.0 + (1.0)(2)(0.4) + (1)(2)$$
$$= 2.0 + 0.8 + 2.0 = 4.8 t/m^2$$

  정지토압 분포는 그림 예제 9.1(b)에 그려져 있다.

- 정지토압의 합력 :

  크기 : $P_o = \frac{1}{2}(2.0)(3) + (2.0)(2) + \frac{1}{2}(0.8)(2) + \frac{1}{2}(2)(2)$

$$= 3.0 + 4.0 + 2.8 = 9.8 t/m$$

  작용점 : $\bar{y}$

  Varignon의 정리 : 합력의 모멘트는 분력의 모멘트의 합과 같다를 이용

$$P_0 \cdot \bar{y} = (9.8)\,\bar{y} = (3.0)(\frac{3}{3} + 2) + (4)(\frac{2}{2}) + (2.8)(\frac{2}{3}) = 14.87$$

따라서 $\bar{y} = \dfrac{14.87}{P_0} = \dfrac{14.87}{9.8} = 1.52\,m$

작용방향 : 수평방향

정지토압의 합력은 그림 예제 9.1(b)에 제시되어 있다. ◀

▶ **예제 9.2** 콘크리트 상자형 암거(box culvert)를 그림과 같이 설치하려 한다. 이 암거는 정지토압에 대하여 안전하도록 설계한다. 암거의 상하좌우면에 작용하는 토압(수압포함)의 분포를 구하고 이를 도시하라.

단 암거의 자중은 저면(b–b면)에 등분포 하는 것으로 가정한다. 콘크리트 단위중량은 γ_{conc} 이다.

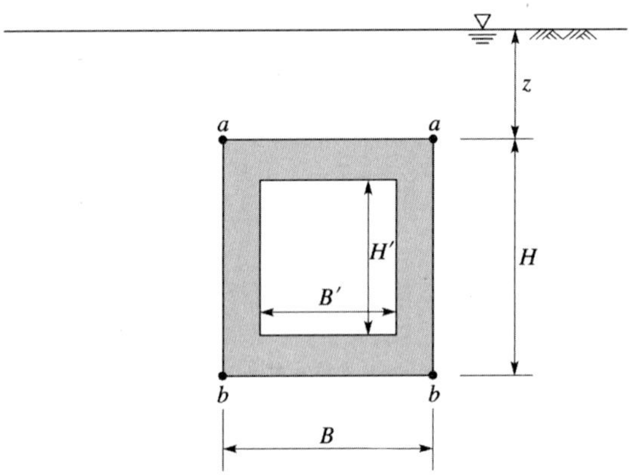

그림 예제 9.2 문제도

풀이 :

① 윗면(a–a면)에 작용하는 하중 : q_{top}

$$q_{top} = \sigma_v = \gamma_{sat} z = \gamma' z + \gamma_w z$$

② 저면(b–b면)에 작용하는 반력 : q_{bottom}

- 콘크리트 암거의 자중 : $W = \gamma_{conc}(BH - B'H')$
- 암거에 의한 등분포하중 : $q_{conc} = \dfrac{W}{B} = \dfrac{\gamma_{conc}}{B}(BH - B'H')$

$$q_{bottom} = q_{top} + q_{conc} - u = \gamma' z + \gamma_w z + q_{conc} - \gamma_w (z + H)$$

$$\therefore q_{bottom} = \gamma' z + q_{conc} - \gamma_w H$$

③ 측면(a–b)면에 작용하는 하중 : 정지토압 $\sigma_{h0} = \sigma'_{h0} + u$

- a점 : $\sigma_{h0} = \sigma'_{h0} + u$

$$\sigma'_{h0} = \gamma' z K_0 \qquad u = \gamma_w z$$

$$\therefore \sigma_{h0} = \gamma' z K_0 + \gamma_w z$$

- b점 : $\sigma_{h0} = \sigma'_{h0} + u$

$$\sigma'_{h0} = \gamma'(z+H)K_0 = \gamma' zK_0 + \gamma' HK_0$$

$$u = \gamma_w(z+H) = \gamma_w z + \gamma_w H$$

$$\therefore \sigma_{h0} = (\gamma' zK_0 + \gamma' HK_0) + (\gamma_w z + \gamma_w H)$$

이 하중은 좌우측면에서 동일(즉 대칭)하다.

이들 하중의 분포가 그림 예제 9.2 해답도에 제시되어 있다.

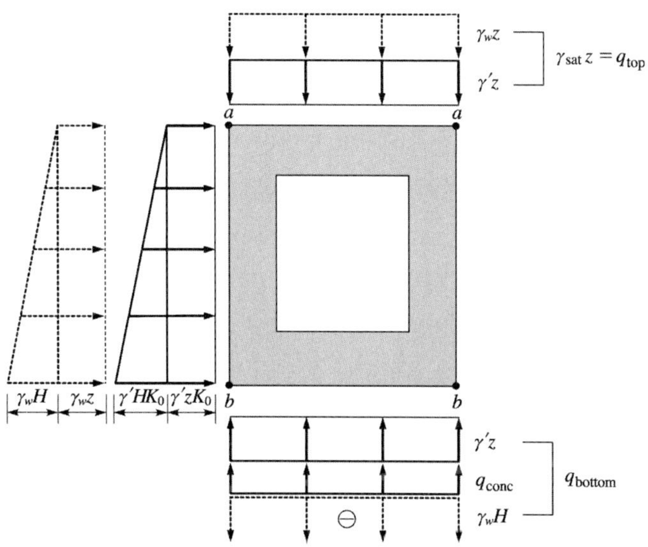

그림 예제 9.2 해답도

◀

독자들에게 드리는 제언 : 횡토압에서의 간극수압의 중요성

지하수면 아래 깊이 z 되는 곳의 전체 정지토압 σ_{h0} 은

$$\sigma_{h0} = \sigma'_{h0} + u = \gamma zK_0 + \gamma_w z$$

흔히 가정하는 것처럼 $K_0 = 0.5$, $\gamma_{sat} = 2.0t/m^3$ 으로 하면

$$U = 2\sigma'_{h0}$$

즉 간극수압이 유효정지토압의 약 2배가 된다.

지하수면이 옹벽 뒤채움 표면과 일치하면 전체 정지토압의 합력 P_0 는 유효정지토압의 합력 P'_0 과 간극수압의 합력 U의 합과 같다. 즉

$$P_0 = P_0' + U$$

여기서, $P_0' = \dfrac{1}{2}\gamma' H^2 K_0 \quad U = \dfrac{1}{2}\gamma_w H^2$ 이므로

$$U \approx 2P_0'$$

즉 간극수압의 합력은 유효정지토압 합력의 2배가 된다. 이 사실을 확인하기 바란다.

9.3 벽체 변위에 따른 토압의 변화 – 주동토압, 수동토압, 정지토압

지금까지는 횡방향 토압 또는 수평토압은 정지토압에 한정하여 논의하였다. 즉 수평변위가 일어난 적이 없는 상태, 다시 말하면 정지상태에서의 토압만을 논의하였다.

그런데 수평변위가 일어나면 가로방향 토압은 정지토압과 다르게 변한다. 그 대표적 상태가 주동토압(active earth pressure)과 수동토압(passive earth pressure)이다.

그림 9.4는 주동토압과 수동토압의 생성과정과 그 기본적 개념을 설명하기 위한 것이다. 지표면이 수평이고 균질한 비점착성($c=0$) 지반에 대단히 얇고 강성이 큰 판을 삽입하였다. 이 때 지반의 교란은 일어나지 않았다. 따라서, 수평변형도 발생하지 않았다고 가정한다. 지반은 정지토압상태에 있으며 판의 좌우에 1개씩의 정사각형 요소를 설정하고 정지토압상태의 응력을 도시하였다.

이제 얇은 판을 오른쪽으로 이동시켜 왼쪽 요소에는 수평방향 인장을, 오른쪽 요소에는 수평방향 압축을 일으켜 가면서 이 요소에 작용하는 응력과 요소의 형상 변화를 고찰해 보기로 한다.

이렇게 함으로써 정지토압, 주동토압, 수동토압의 본질을 이해할 수 있고 각 토압의 특성을 비교해 볼 수 있다.

(1) 수평변위 일어나기 전의 상태, 정지토압상태

수평변위가 일어난 적이 없으므로(즉, 수평변형률 $\varepsilon_h = 0$) 정지토압상태

가. 연직 및 수평응력

정지토압계수 $K_0 < 1$로 가정하면

$$\sigma_1 = \sigma_v = \gamma z$$

$$\sigma_3 = \sigma_{h0} = K_0 \sigma_v$$

여기서, σ_{h0} : 정지토압

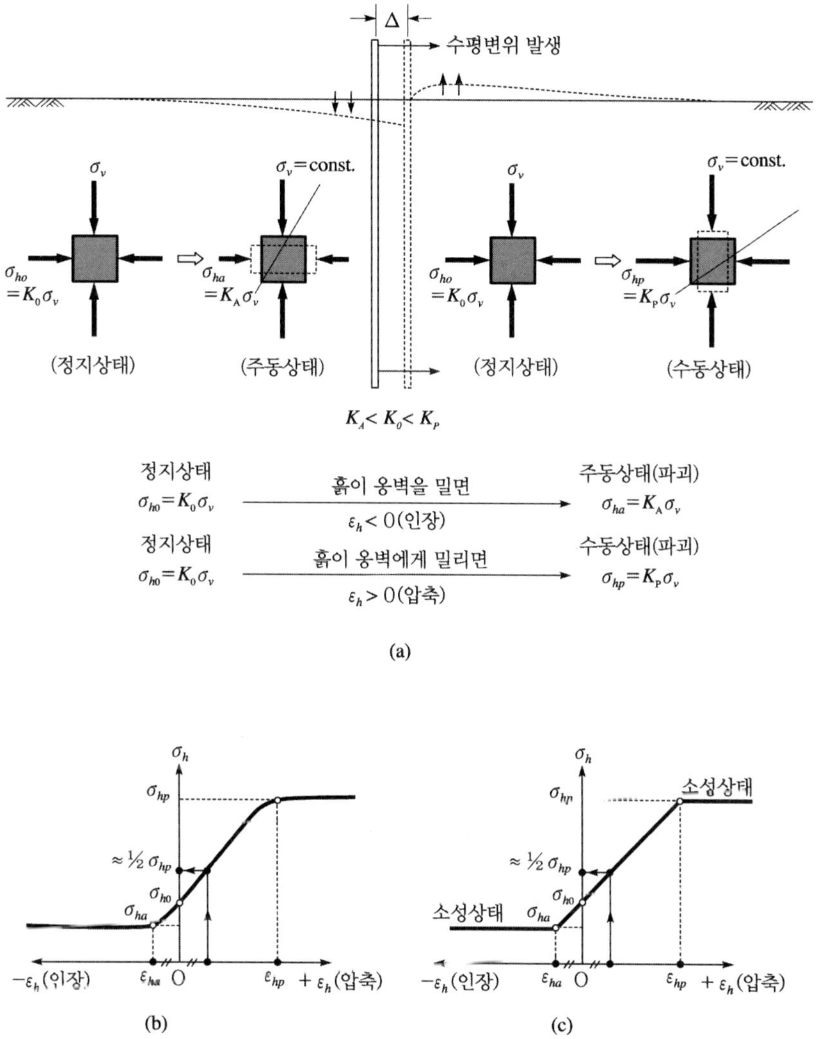

그림 9.4 수평변위에 따른 토압의 변화($c = 0$, $K_0 < 1$인 경우)

나. 요소의 형상

수평변형이 일어나기 전이므로 연직변형도 없으며 따라서 요소는 본래의 형상대로 정사각형을 유지하고 있음.

다. 수평변형률-수평토압관계($\varepsilon_h - \sigma_h$ 관계)

그림 9.4(b)에는 $\varepsilon_h - \sigma_h$ 관계가 나타나 있다. 정지토압이므로 $\varepsilon_h = 0$ 일 때 $\sigma_h = \sigma_{h0}$ 임을 알

수 있다.

라. Mohr 응력원

그림 9.5에서 $\sigma_1 = \sigma_v$, $\sigma_3 = \sigma_{h0}$ 인 정지토압상태의 Mohr 응력원이 그려져 있다. 정지토압상태는 비파괴상태이므로 Mohr 응력원은 파괴포락선 아래에 놓여 있다.

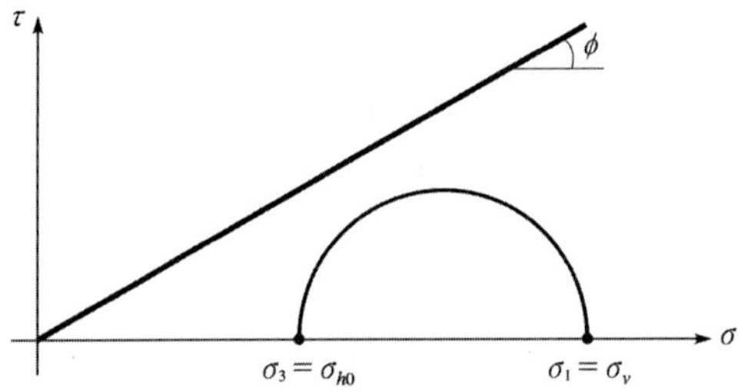

그림 9.5 정지토압상태의 Mohr 응력원과 파괴포락선

(2) 정지토압상태에서 주동토압상태로 변하는 과정 : 왼쪽 요소

얇은 판을 오른쪽으로 이동시켜 판보다 왼쪽에 위치한 요소에 수평방향 인장을 진행시키면서 응력과 요소 형상의 변화를 살펴보면 정지토압에서 주동토압으로 변하는 과정과 주동토압의 기본적 특성을 이해할 수 있게 된다.

가. 주동상태 주동토압

수평방향 인장이 진행됨에 따라 수평방향 인장변형률은 증가하고 수평토압은 감소한다. 이 관계는 그림 9.4(a)의 왼쪽 부분에 제시되어 있다. 그림 9.4(b)에서 알 수 있는 것처럼 수평방향 인장이 충분히 진행되어 $\varepsilon_h = \varepsilon_{ha}$ 에 도달하면 수평토압 σ_h 는 최소치에 이르게 되는데 이 토압을 σ_{ha} 로 표기하고 있다. ε_h 가 ε_{ha} 보다 더 증가하여도 σ_h 는 더 이상 감소하지 않고 σ_{ha} 를 유지한다(조밀한 모래의 경우 σ_h 는 다시 약간 증가함). 이것은 이 요소가 파괴상태(소성상태)에 이르렀음을 의미한다. 그림 9.4(c)의 좌반부는 이 과정을 단순화하여 나타낸 것이다. 이와 같이 연직토압 σ_v 는 불변인 채, 수평토압의 감소(또는 수평인장변형 증가)에 의한 파괴상태를 특히 주동파괴상태 또는 주동상태(active state)라 하고 이 때의 수평토압 σ_{ha} 를 주동토압(active earth pressure)이라 한다. 주동토압은 소성상태(주동파괴상태)의 평형해석으로 결정된다.

주동상태는 파괴상태이며 이 때의 주응력은

$\sigma_{1f} = \sigma_v = \gamma z$ (불변)

$\sigma_{3f} = \sigma_{ha} = K_A \sigma_v$

여기서, $K_A = \dfrac{\sigma_{ha}}{\sigma_v}$ (9.12)

K_A : 주동토압계수(coefficient of active earth pressure)

$\sigma_{h0} > \sigma_{ha}$ 이므로 $K_0 \sigma_v > K_A \sigma_v$ 따라서

$K_0 > K_A$

나. 요소의 형상변화 : □ → ▭

정지토압상태에서 주동상태로 변하면 그림 9.4에 보인 것처럼 수평방향으로 인장됨에 따라 연직방향으로는 침하가 발생한다. 따라서 요소는 수평방향으로는 인장되고 이에 따라 연직방향은 압축된다. 응력의 입장에서 살펴보면 정지상태에서 주동상태로 변하는 동안 연직응력 σ_v 는 불변이고 수평응력은 감소하므로 수평방향으로 인장되고 연직방향으로는 압축된다. 즉, 정지토압상태에서 정사각형이던 요소는 주동상태에서는 가로가 더 길고 세로가 더 짧은 형상으로 바뀐다.

다. Mohr 응력원의 변화

정지토압상태에서 주동토압상태로 변하는 과정을 Mohr 응력원으로 나타내면 다음과 같다.

- 정지토압상태($K_0 < 1$ 로 가정) : $\sigma_1 = \sigma_v$, $\sigma_3 = \sigma_{h0}$ 인 Mohr 응력원
- σ_h 가 감소해 감에 따라 $\sigma_3 = \sigma_h$ 는 왼쪽으로 이동해 간다. σ_v 는 불변이므로 Mohr 응력원의 직경은 점점 더 커진다.
- 주동상태에 도달하면 σ_h 는 최소값이 되어 $\sigma_h = \sigma_{ha}$ 가 된다. 이 때 Mohr 응력원의 직경은 가장 커지고, 이 원은 파괴포락선에 접하게 된다(∵ 주동토압은 파괴상태의 토압).

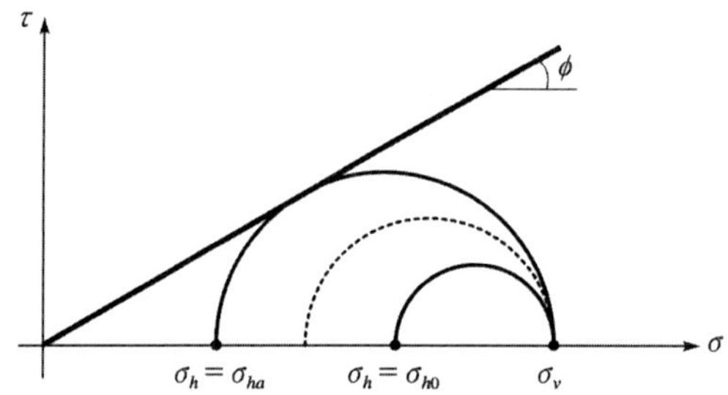

그림 9.6 정지토압에서 주동토압으로 변하는 과정에 대한 Mohr 응력원($K_0 < 1$, $c = 0$ 인 경우)

NOTE : Mohr 응력원의 변화과정은 응력경로(p–q diagram)로 나타내면 대단히 편리함.

라. 응력경로(stress path)

정지토압상태에서 주동토압상태로 변하는 과정에 대한 응력경로는 그림 9.7에 제시되어 있다. [A(p_0, q_0) → B(p_f, q_f)]

- 응력경로의 시발점 A(p_0, q_0); 정지토압상태

σ_v = const. $\quad \sigma_h = \sigma_{h0} = K_0\,\sigma_v$

$$\therefore p_0 = \frac{\sigma_v + \sigma_{h0}}{2} = \frac{\sigma_v}{2}(1+K_0),\ q_0 = \frac{\sigma_v - \sigma_{h0}}{2} = \frac{\sigma_v}{2}(1-K_0)$$

$$\frac{q_0}{p_0} = \frac{1-K_0}{1+K_0} = \tan\beta \qquad \therefore q_0 = p_0\tan\beta$$

A(p_0, q_0)는 $K_0 - line$ 상에 있다.

$K_0 - line$ 의 기울기 $\tan\beta = \dfrac{1-K_0}{1+K_0}$

- 정지토압에서 주동토압으로 변하는 과정 ; [A(p_0, q_0) → B(p_f, q_f)]

σ_v 불변, σ_h 는 감소. ($\Delta\sigma_v = 0$, $\Delta\sigma_h < 0$)

$$\Delta p = \frac{\Delta\sigma_v + \Delta\sigma_h}{2} = \frac{0 + \Delta\sigma_h}{2} = \frac{\Delta\sigma_h}{2},\ \Delta q = \frac{\Delta\sigma_v - \Delta\sigma_h}{2} = \frac{0 - \Delta\sigma_h}{2} = -\frac{\Delta\sigma_h}{2}$$

∴ 응력경로의 기울기 $\dfrac{\Delta q}{\Delta p} = \dfrac{-\Delta\sigma_h}{\Delta\sigma_h} = -1$ (A에서 B에 이르는 기울기 –1인 직선)

- 응력경로의 종점 B(p_f, q_f); 주동파괴상태

$\sigma_v = \sigma_{1f}$ = const. $\sigma_h = \sigma_{ha} = K_A\sigma_v = \sigma_{3f}$

$$\therefore p_f = \frac{(\sigma_v + \sigma_h)_f}{2} = \frac{\sigma_v + \sigma_{ha}}{2} = \frac{\sigma_v}{2}(1 + K_A)$$

$$q_f = \frac{(\sigma_v - \sigma_h)_f}{2} = \frac{\sigma_v - \sigma_{ha}}{2} = \frac{\sigma_v}{2}(1 - K_A)$$

$$\therefore \frac{q_f}{p_f} = \frac{1 - K_A}{1 + K_A},\ q_f = p_f \frac{1 - K_A}{1 + K_A} = p_f \tan\alpha$$

즉 $B(p_f,\ q_f)$는 K_f-line 상에 있다.

그런데 이미 언급한 것처럼 $\tan\alpha = \sin\phi$ 이므로 K_f-line 방정식은

$$q_f = p_f \tan\alpha = p_f \sin\phi \tag{9.13}$$

이 식은 K_f-line 의 다른 표현이다.

K_f-line 의 기울기 $\tan\alpha = \sin\phi = \dfrac{1 - K_A}{1 + K_A}$

독자들에게 드리는 제언 : 지금까지는 $K_0 < 1$ 인 경우에 대하여 논의하였다. $K_0 > 1$ 이라 가정하고 정지토압 상태에서 주동토압 상태로 변하는 과정에 대한

① Mohr 응력원의 변화

② 응력경로(p – q diagram)를 그려 볼 것.

($K_0 > 1$ 이면 $q_0 < 0$ 이 되어 제 4분면에 있는 K_0-line 상에 A점이 위치함을 주의할 것.)

(3) 정지토압상태에서 수동토압상태로 변하는 과정 : 오른쪽 요소

그림의 얇은 판을 오른쪽으로 이동시켜 판보다 오른쪽에 위치한 요소의 수평방향 압축을 진행시키면서 응력과 요소 형상의 변화를 살펴보면 수동상태와 수동토압에 대한 기본적 특성을 이해할 수 있다.

가. 수동상태 수동토압

수평방향 압축이 진행됨에 따라 수평방향 압축변형률 ε_h 와 수평토압 σ_h 는 함께 증가한다. 이 관계는 그림 9.4(b)의 오른쪽 부분에 제시되어 있다.

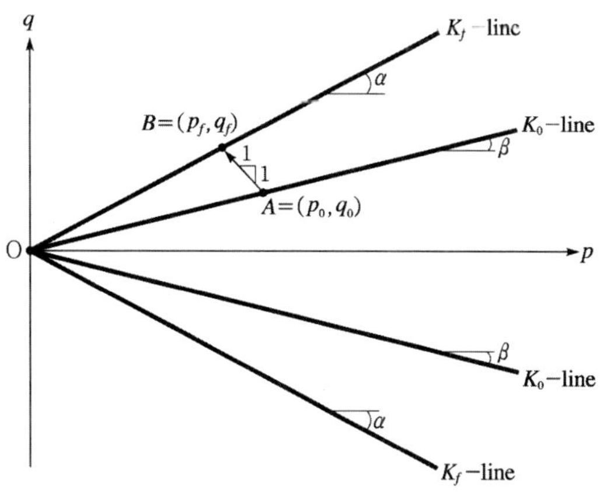

그림 9.7 정지상태에서 주동상태로 변하는 과정에 대한 응력경로($K_0 < 1$, a=0 인 경우)

수평방향 압축이 충분히 일어나서 $\varepsilon_h = \varepsilon_{hp}$ 가 되면 σ_h 는 최대치에 도달하고 이 값을 σ_{hp} 로 표기하고 있다. ε_h 가 ε_{hp} 보다 커져도 σ_h 는 σ_{hp} 값을 유지할 뿐 증가하지 않는다. 이것은 $(\varepsilon_{hp}, \sigma_{hp})$에서 이 요소는 파괴상태(소성상태)에 이르렀음을 의미한다. 그림 9.4(c)의 우반부는 이 과정을 단순화하여 나타낸 것이다.

구체적으로 연직토압 σ_v 는 불변의 상태에서 σ_h (또는 ε_h)가 증가하여 도달한 파괴상태를 수동파괴상태 또는 수동상태(passive state)라 하고 이 때의 수평토압 σ_{hp} 를 수동토압(passive earth pressure)라 한다. 수동토압은 소성상태(수동파괴 상태)의 평형해석에서 결정할 수 있다.

수동상태는 파괴상태이므로 이 때의 주응력은

$$\sigma_{1f} = \sigma_{hp} = K_P \sigma_v$$

$$\sigma_{3f} = \sigma_v = \gamma z \text{ (불변)}$$

여기서 $$K_P = \frac{\sigma_{hp}}{\sigma_v} \tag{9.14}$$

K_P : 수동토압계수(coefficient of passive earth pressure)

$\sigma_{h0} < \sigma_{hp}$ 이므로 $K_0 \sigma_v < K_P \sigma_v$ 따라서

$$K_0 < K_P$$

수동토압은 정지토압보다 훨씬 크다.

나. 요소의 형상 변화 : □ → ▯

정지토압상태에서 수동토압상태로 변하면 그림 9.4에 보인 것처럼 수평방향으로 압축됨에 따라 연직방향으로는 팽창이 일어난다. 따라서 요소는 수평방향으로는 크게 압축되고 연직방향으로는 인장된다. 응력의 입장에서 보면 정지상태에서 수동상태로 변하는 과정에서 연직응력은 불변이고 수평응력은 증가하므로 요소는 수평방향으로는 압축되고 연직방향으로는 인장된다. 결과적으로 수동상태에서는 가로방향은 수축되고 세로방향은 인장된다.

다. Mohr 응력원의 변화 : σ_v 를 기준으로 좌측 원 → 한 점 → 우측 원

정지토압상태에서 수동토압상태로 변하는 과정을 Mohr 응력원으로 그려보면

- 정지토압상태 : $\sigma_1 = \sigma_v$, $\sigma_3 = \sigma_{h0}$ 인 원

- σ_v 는 불변인 채 σ_h 가 증가하면 σ_3 은 오른쪽으로 이동하고 Mohr 응력원의 직경은 점차 감소한다.
- σ_h 가 더 증가하여 $\sigma_h = \sigma_v$ 가 되면 $\sigma_1 = \sigma_3 = \sigma_v$ 가 되어 Mohr 응력원은 한 점이 된다.
- σ_h 가 더욱 더 증가하면 $\sigma_v < \sigma_h$ 가 되어 $\sigma_3 = \sigma_v$, $\sigma_1 = \sigma_h$: σ_v 보다 오른쪽에 원이 그려짐.
- 수동상태에 이르면 $\sigma_{1f} = \sigma_{hp}$, $\sigma_{3f} = \sigma_v$ 인 직경이 최대인 원이 그려지고 이 원은 파괴포락선에 접하게 됨.

NOTE : 이 과정은 응력경로(p–q diagram)로 나타내면 대단히 간명함.

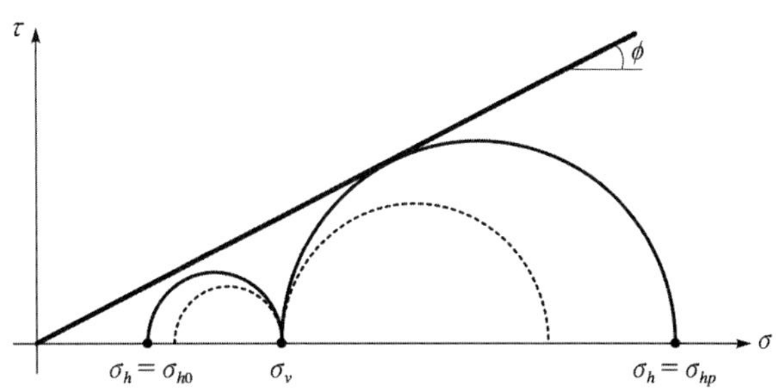

그림 9.8 정지토압에서 수동토압으로 변하는 과정에 대한 Mohr 응력원($K_0 < 1$, $c = 0$ 인 경우)

라. 응력경로(stress path)

정지토압상태에서 수동토압상태로 변하는 과정에 대한 응력경로는 그림 9.9에 $A(p_0, q_0) \rightarrow B(p_f, q_f)$로 나타나 있다(단 $K_0 < 1$로 가정).

- 응력경로의 시발점 $A(p_0, q_0)$; 정지토압상태

$$\sigma_v = \text{const.} \qquad \sigma_h = \sigma_{h0} = K_0\sigma_v \qquad \therefore p_0 = \frac{\sigma_v + \sigma_{h0}}{2} = \frac{\sigma_v}{2}(1 + K_0)$$

$$q_0 = \frac{\sigma_v - \sigma_{h0}}{2} = \frac{\sigma_v}{2}(1 - K_0)$$

$$\frac{q_0}{p_0} = \frac{1 - K_0}{1 + K_0} = \tan\beta \qquad \therefore q_0 = p_0 \tan\beta$$

즉 $A(p_0, q_0)$는 $K_0 - Line$ 상에 위치하게 된다.

K_0-Line 의 기울기 $\tan\beta=\dfrac{1-K_0}{1+K_0}$

• 정지토압상태에서 수동토압상태로 변하는 과정 ; $[A(p_0,\ q_0)\to\ B(p_f,\ q_f)]$

$\Delta\sigma_v=0,\ \Delta\sigma_h>0$

$$\therefore\ \Delta p=\frac{\Delta\sigma_v+\Delta\sigma_h}{2}=\frac{\Delta\sigma_h}{2},\ \Delta q=\frac{\Delta\sigma_v-\Delta\sigma_h}{2}=-\frac{\Delta\sigma_h}{2}$$

응력경로의 기울기 $\dfrac{\Delta q}{\Delta p}=-1$(A 에서 제 4 사분면을 향하는 기울기 –1인 직선)

• 응력경로의 종점 $B(p_f,\ q_f)$; 수동파괴상태

$\sigma_v=\sigma_{3f}=$ const. $\sigma_h=\sigma_{hp}=K_p\sigma_\upsilon=\sigma_{1f}$

$$p_f=\frac{(\sigma_v+\sigma_h)_f}{2}=\frac{\sigma_v}{2}(1+K_p)$$

$$q_f=\frac{(\sigma_v-\sigma_h)_f}{2}=\frac{\sigma_v}{2}(1-K_p)<0$$

즉 (p_f,q_f)는 제 4 사분면에 있는 K_f-line 상의 한 점이 된다.

$$\frac{q_f}{p_f}=\frac{1-K_p}{1+K_p}=\tan\alpha\ (\text{단}\ \alpha<0)$$

$$q_f=p_f\tan\alpha=p_f\frac{1-K_p}{1+K_p} \tag{9.15}$$

즉 $B(p_f,\ q_f)$는 K_f-line 상에 있다.

이 식은 제 4 사분면 K_f-line 의 방정식이다($\alpha<0$).

$\tan\alpha=\sin\phi$ 이지만 이 경우 제 4 사분면의 K_f-line 의 경사각이므로

$\tan\alpha=-\sin\phi$

독자들에게 드리는 제언 : $K_0>1$ 이라 가정하고 정지토압에서 수동토압으로 변하는 과정에 대한 Mohr 응력원의 변화, 응력경로(p–q diagram)를 그려 볼 것.

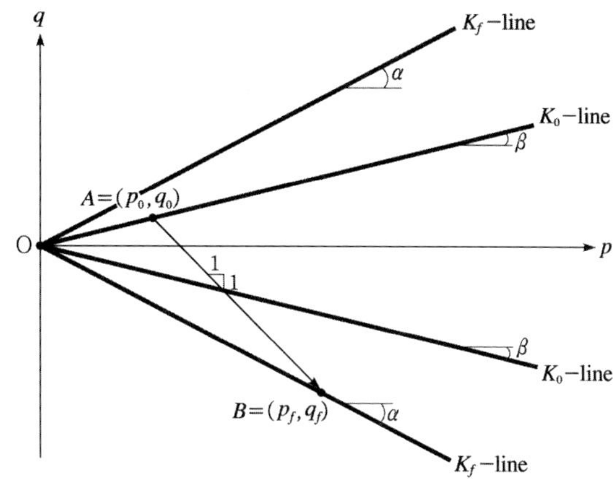

그림 9.9 정지상태에서 수동상태로 변하는 과정에 대한 응력경로($K_0 < 1$, $\alpha = 0$ 인 경우)

NOTE : $K_0 - line$ 의 기울기 : $\tan\beta = \dfrac{1 - K_0}{1 + K_0}$

$K_0 - line$ 의 기울기

주동파괴 : $\tan\alpha = \dfrac{1 - K_A}{1 + K_A} > 0$ (제 1 사분면의 $K_f - line$)

수동파괴 : $\tan\alpha = \dfrac{1 - K_P}{1 + K_P} < 0$ (제 4 사분면의 $K_f - line$)

정지토압상태에서 주동토압상태로 되기 위해서는 흙이 수평방향으로 인장되어야 하는 반면 수동토압상태에 이르기 위해서는 흙이 수평압축을 받아야 한다.

그림 9.10과 같은 가상적 옹벽의 좌우에 어떤 토압이 작용하게 되는지 생각해보자.

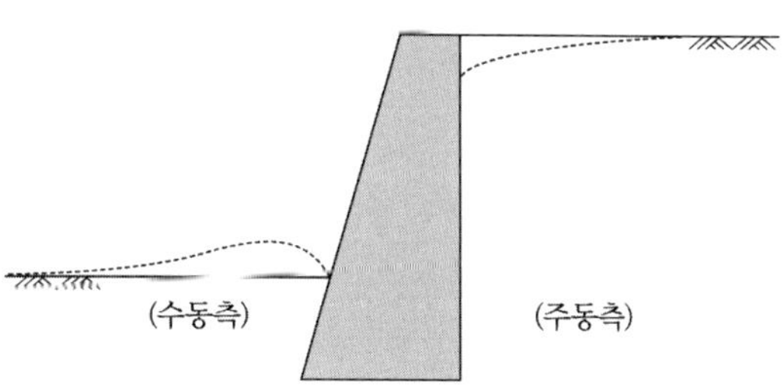

그림 9.10 가상적 옹벽의 주동측과 수동측

- 만약 옹벽이 수평방향으로 전혀 변위를 일으키지 않으면 정지토압상태, 따라서 옹벽 좌우에 정지토압 $\sigma_{h0} = K_0 \sigma_v = \gamma z K_0$ 이 작용
- 만약 옹벽이 왼쪽으로 약간 이동한다면 옹벽 오른쪽 흙은 수평 인장, 옹벽 왼쪽 흙은 수평 압축, 따라서

  옹벽 오른쪽은 주동토압 $\sigma_{ha} = \sigma_v K_A = \gamma z K_A$

  옹벽 왼쪽은 수동토압 $\sigma_{hp} = \sigma_v K_P = \gamma z K_P$ 이 작용하게 된다.

흙의 입장에서 구분해 보면

- 흙이 옹벽을 밀면(그림 9.10의 오른쪽) 주동(active)토압
- 흙이 옹벽에게 밀리면(그림 9.10의 왼쪽) 수동(passive)토압이 작용하게 된다.

정지상태	흙이 옹벽을 밀면 →	주동상태(파괴)
$\sigma_{h0} = K_0 \sigma_v$	$\varepsilon_h < 0$ (인장)	$\sigma_{ha} = K_A \sigma_v$

정지상태	흙이 옹벽에게 밀리면 →	수동상태(파괴)
$\sigma_{h0} = K_0 \sigma_v$	$\varepsilon_h > 0$ (압축)	$\sigma_{hp} = K_P \sigma_v$

수평토압이 정지토압에서 주동토압 또는 수동토압으로 변하기 위해서는 반드시 수평방향 변위가 일어나야 한다. 그런데 그림 9.4(b)를 보면 수동토압에 도달하는데 소요되는 수평변형률 ε_{hp} 는 주동토압 소요변형률 ε_{ha} 보다 대단히 더 크다.

그림 9.4(b)에는 정지토압에서 주동토압에 이르는 $\sigma_h - \varepsilon_h$ 관계를 σ_h 축을 대칭축으로 하여 오른쪽으로 옮긴 그림도 함께 제시되어 있다. 이 그림에서 알 수 있는 것처럼 $\varepsilon_h = \varepsilon_{ha}$ 가 되어도 수동영역의 토압은 σ_{hp} 의 약 반밖에 되지 않는다.

이러한 사실은 수동토압에는 저감률 2를 고려해야 함을 시사하고 있다. 앞의 그림과 같은 가상 옹벽은 오른쪽은 주동측, 왼쪽은 수동측이다. 옹벽이 toe를 중심으로 회전할 때 또는 왼쪽으로 약간 활동할 때 오른쪽에는 주동토압이 작용하게 되더라도 왼쪽은 수동토압이 완전히 발휘될 만큼 변형이 생기지 못하므로 수동토압의 반만큼의 토압만 작용하게 된다. 즉, 저감률 2를 사용하여 수동토압은 반만 작용하는 것으로 한다. 주동토압은 옹벽을 파괴시키려는 힘이고 수동토압은 저항하는 힘이다. 따라서 수동토압에 저감률 2를 사용하지 않으면 수동토압을 과대평가하는 결과가 되어 위험한 설계 또는 안정성 평가를 하게 된다.

표 9.4는 정지토압상태에서 주동토압 및 수동토압상태에 도달하는데 소요되는 회전변위각(radian)를 제시하고 있다. 흙의 종류와 상태에 무관하게 수동토압에 이르기 위해서는 훨씬 더 큰 회전변위가 소요된다.

주동상태에 도달하기 위해서는 조밀한 모래는 적은 변위(회전각)로 충분한데 비해 느슨한 모래는 상대적으로 대단히 큰 변위(회전각)가 필요하다. 일반적으로 모래는 점토보다 더 적은 수평변

위에서도 주동상태가 된다. 과압밀 점토는 정규압밀점토보다 주동상태에 이르는데 소요되는 변위가 상대적으로 더 적다.

NOTE : 지금까지는 정지토압에서 주동 또는 수동토압으로 변하는 과정의 변위형태를 깊이에 따라 일정한 것(translation)으로 가정하였으며. 이는 편의상의 선택임. 사실상 주동 또는 수동토압의 분포가 정수압이나 정지토압처럼 깊이에 따라 직선적으로 증가하려면 주동 또는 수동파괴시 뒷채움에 형성되는 흙 쐐기 전체가 소성상태에 도달하여야 하며 이렇게 되기 위해서는 강성벽체가 앞 굽점 또는 뒷 굽점을 중심으로 회전(rotation)하여야 함. 이 사실에 관하여서는 Rankine 토압이론에서 논의하고 있음.

이상의 논의를 요약하면 다음과 같다.

① $\sigma_{ha} < \sigma_{h0} < \sigma_{hp}$, 즉 $K_A < K_0 < K_P$

② $|\varepsilon_{hp}| >> |\varepsilon_{ha}|$

③ 만약 수동측 $\varepsilon = |\varepsilon_{ha}|$ 이면 토압은 $\approx \frac{1}{2}\sigma_{hp}$

∴ 수동토압은 반만 쓰는 것이 타당

표 9.4 정지토압에서 주동토압 및 수동토압이 되는데 소요되는 회전변위(radian)

흙의 종류	회전변위$\left({}^{-y}\!/\!{}_{H}\right)$ 주동(active)	회전변위$\left({}^{+y}\!/\!{}_{H}\right)$ 수동(passive)
조밀한 사질토(densed sand)	0.001	0.02
느슨한 사질도(loose sand)	0.004	0.06
굳은 점토(stiff clay)	0.010	0.02
연약한 점토(soft clay)	0.020	0.04

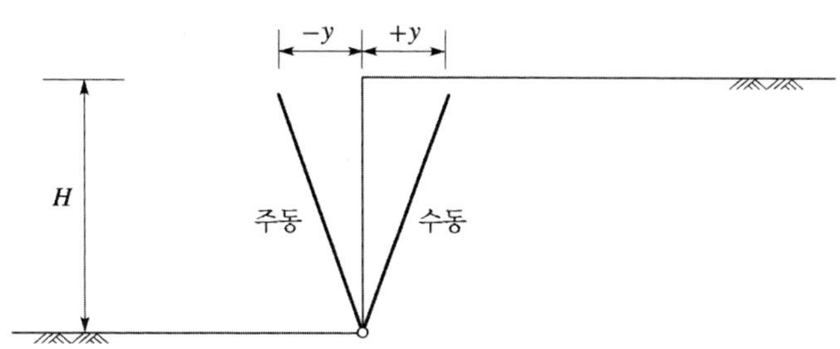

그림 9.11 주동 및 수동상태에 대한 기호(표 9.4)

9.4 Rankine 토압이론

Rankine 토압이론은 Coulomb 토압이론과 함께 현재 가장 널리 사용되고 있는 토압이론이다.

Rankine 토압이론은 본래 지표면이 수평이고 균질한 반무한 토층을 대표하는 미소요소에 대하여 유도되어 매끄러운(벽면마찰이 없는) 연직벽면에 작용하는 토압산정에 응용되었다. 그 후 경사진 지표면과 경사진 옹벽 배면에도 적용할 수 있도록 확장되었다.

Rankine 토압이론의 중요한 특성은 흙과 옹벽면 사이의 마찰각(이것을 벽면마찰각이라 함.)이 0이라고 가정하고 있다는 사실이다.

앞에서 논의한 것처럼 대단히 매끄러운 금속표면과 흙 사이에서도 마찰각 ϕ_μ 가 작용하므로 이는 비현실적인 가정이다. 벽면마찰각을 0으로 가정하는 것은 토압의 크기와 작용방향 및 파괴면의 형상을 대단히 단순하게 한다. 벽면마찰각이 토압의 크기와 작용방향에 미치는 영향에 관하여서는 뒤에 있는 Coulomb의 토압이론을 참고하기 바란다.

우선 지표면이 수평이고 연직벽면인 경우를 생각해 보자. 주동상태와 수동상태는 모두 파괴상태이다. 지표면 아래 깊이 z 되는 곳에 있는 한 개의 미소요소를 생각해 보자(그림 9.12 참조, 이 요소가 그림 9.12의 파괴영역을 대표하는 요소임). 수평면과 연직면에는 전단응력이 작용하지 않으므로 이 두 평면은 주응력면이다. 따라서 연직응력 σ_v 와 수평응력 σ_h 는 주응력이 되고 파괴상태에서도 그러하다.

- 주동파괴상태 ; $\sigma_{1f} = \sigma_v = \gamma z$, $\sigma_{3f} = \sigma_{ha}$
- 수동파괴상태 ; $\sigma_{1f} = \sigma_{hp}$, $\sigma_{3f} = \sigma_v = \gamma z$
- 파괴면이 최대 주응력면과 이루는 각도 $\theta_f = 45^\circ + \dfrac{\phi}{2}$

Rankine 토압이론은 이 요소의 응력상태가 파괴면에 의하여 뒤채움에 형성되는 파괴시의 흙 쐐기 전체(그림 9.12참조)의 응력상태를 대표한다고 생각한다. 벽면마찰이 없다고 가정하므로 옹벽배면과 흙 사이의 전단응력은 0이다. 따라서, 이 곳에 설정한 요소에서도 수평응력과 연직응력은 주응력이며 파괴면은 최대 주응력면과 $45^\circ + \dfrac{\phi}{2}$ 를 이룬다. 이것은 옹벽배면에 작용하는 주동토압 또는 수동토압의 작용방향은 수평이고($\tau_{hv} = \tau_{vh} = 0$ 이므로), 파괴면은 옹벽배면에서 뒤채움 지표면에 이르는 평면이 되며 그 방향은 최대 주응력면과 $45^\circ + \dfrac{\phi}{2}$ 를 이룬다.

파괴상태의 Mohr 응력원은 파괴포락선에 접하고 강도정수 c, ϕ 는 알고 있는 값이므로 σ_{ha}, σ_{hp} 를 구할 수 있게 된다. 예를 들어, 앞장에서 이미 논의한 것처럼 압밀배수 삼축압축시험에서 $c_d = 0$(정규압밀 점토 또는 모래)인 경우

$$\frac{\sigma_{1f}}{\sigma_{3f}} = \tan^2(45° + \frac{\phi_d}{2})$$

이므로 주동토압 $\sigma_{ha} = \sigma_{3f}$ 는 $\sigma_{1f} = \sigma_v = \gamma z$ 임을 생각하면

$$\sigma_{ha} = \sigma_{3f} = \sigma_{1f} \tan^2(45° - \frac{\phi_d}{2}) = \gamma z \tan^2(45° - \frac{\phi_d}{2})$$

여기에 관하여서는 곧이어 상세하게 논의하게 된다.

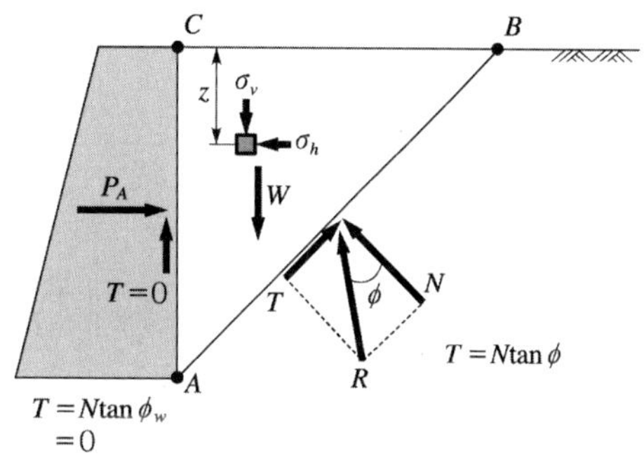

그림 9.12 옹벽에 작용하는 토압

토압의 작용방향은 벽면마찰을 무시하므로 연직벽의 경우에는 수평으로 작용한다. 즉 $\phi_w = 0$이므로 수평응력에 의하여 벽면을 따라 작용하게 되는 전단응력 $\tau_{hv} = \sigma_h \tan\phi_w = 0$ 이다. 토압의 합력은 수평응력과 전단응력의 합력이지만 이 경우 전단응력이 0이므로 수평응력이 토압이 된다.

주동토압과 수동토압에도 유효응력방정식은 성립하므로 간극수압이 있으면

$$\sigma_{ha} = \sigma'_{ha} + u \tag{9.16}$$

$$\sigma_{hp} = \sigma'_{hp} + u \tag{9.17}$$

여기서 상첨자(superscript) ′ 는 유효응력을 의미함.

Rankine 토압이론은 이러한 제한이 있음에도 불구하고 간편하여 널리 사용되고 있다.

9.4.1 점착력이 없는 흙에 대한 Rankine 토압

점착력이 없는 흙($\phi - soil$)이란 건조한 모래처럼 파괴포락선이 원점을 지나게 되어 점착력 절편이 없는($c = 0$) 흙을 의미한다.

(1) 주동토압

지표면이 수평인 경우 주동파괴 상태에서의 최대 및 최소주응력은 각각

$$\sigma_{1f} = \sigma_v = \gamma z, \qquad \sigma_{3f} = \sigma_{ha}$$

파괴포락선은 원점을 지나며 그 방정식은 $\tau_{ff} = \sigma_{ff} \tan\phi$ 이다. 그림 9.13에는 주동파괴상태의 Mohr응력원과 파괴포락선이 그려져 있다.

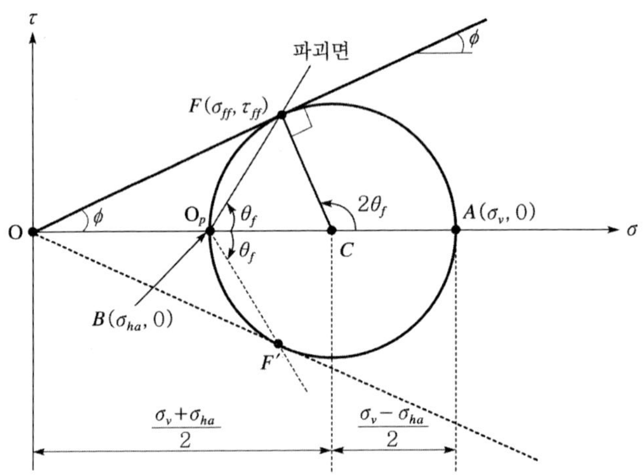

그림 9.13 주동상태의 Mohr 응력원과 파괴포락선(c = 0 인 경우)

직각삼각형 OCF에서

$$\sin\phi = \frac{\overline{FC}}{\overline{OC}} = \frac{\sigma_v - \sigma_{ha}}{\sigma_v + \sigma_{ha}}$$

우변의 분모와 분자를 σ_v 로 나누고 정리하면

$$\frac{\sigma_{ha}}{\sigma_v} = \frac{1 - \sin\phi}{1 + \sin\phi} = \tan^2(45^\circ - \frac{\phi}{2}) \tag{9.18}$$

$c = 0$ 인 경우 연직토압에 대한 주동토압의 비, 즉 $\dfrac{\sigma_{ha}}{\sigma_v}$ 를 주동토압계수(主動土壓係數, coefficient of active earth pressure)라 한다. 식 (9.18)은 Rankine 토압이론의 주동토압계수이며, 특히 K_A 로 표기한다. 즉

$$K_A = \frac{\sigma_{ha}}{\sigma_v} = \frac{1-\sin\phi}{1+\sin\phi} = \tan^2(45 - \frac{\phi}{2}) \tag{9.19}$$

여기서 K_A : Rankine의 주동토압계수

주동토압 σ_{ha} 는 식 (9.19)에서

$$\sigma_{ha} = \sigma_v \cdot K_A = \sigma_v \tan^2(45^\circ - \frac{\phi}{2}) \tag{9.20}$$

지표면이 수평일 때 지표면 아래 깊이 z되는 곳의 연직응력 σ_v 는

$$\sigma_v = \gamma z$$

이므로 식 (9.20)은

$$\sigma_{ha} = \gamma z K_A = \gamma z \tan^2(45^\circ - \frac{\phi}{2}) \tag{9.21}$$

이 식에서 알 수 있는 것처럼 주동토압은 깊이 z에 따라 직선적으로 증가하여 정수압과 같이 삼각형 분포를 하게 된다. 또한 ϕ 가 클수록 K_A 는 작아지므로 주동토압의 크기는 작아진다.

간극수압이 작용하는 경우에는 일반적으로 토압계수는 연직유효토압에 대한 수평유효토압의 비 ($K = \sigma'_h/\sigma'_v$)로 정의됨은 정지토압계수 K_0 에 관한 논의에서 이미 언급하였다. 주동토압계수 K_A 도 유효연직토압에 대한 유효주동토압 σ'_{ha} 의 비로 정의된다.

$$K_A = \frac{\sigma'_{ha}}{\sigma'_v} \tag{9.22a}$$

또는

$$\sigma'_{ha} = \sigma'_v K_A \tag{9.22b}$$

여기서, σ'_{ha} : 유효주동토압

주동토압에도 유효응력 방정식은 성립되므로 전체주동토압 σ_{ha} 는

$$\sigma_{ha} = \sigma'_{ha} + u \tag{9.23}$$

즉 전체 주동토압은 연직유효응력 σ'_v 에 의한 유효주동토압 σ'_{ha} 에 간극수압 u를 더하여 얻어진다. 주의할 점은 수압은 Pascal의 원리에 따라 등방성이므로 정지수압, 주동수입 및 수농수압이라는 개념은 없으며 만일 있더라도 그 값은 서로 같다. 수압계수가 있다면 $K_A = K_0 = K_P = 1$ 인 셈

이다.

수압이 등방이라는 사실은 옹벽배면에 수면이 형성되면 대단히 큰 수압이 작용하게 되어 옹벽의 안정성에 결정적 영향을 미칠 수 있음을 의미한다.(이 말의 뜻은 곧이어 설명하게 됨.)

NOTE : 일축압축시험에 관한 논의에서 $\dfrac{1-\sin\phi}{1+\sin\phi} = \tan^2(45° - \dfrac{\phi}{2})$ 가 됨은 상세하게 밝혔음.

다음에는 주동파괴면(active failure surface)의 방향을 결정해 보기로 한다. 극점(pole) O_p 는 최소주응력을 나타내는 점 B 와 일치한다. 접점 F의 좌표가 파괴시 파괴면의 응력 (σ_{ff}, τ_{ff})이므로 O_p 와 F 를 직선으로 연결하는 방향이 파괴면의 방향이 된다. 최대주응력면 $\overline{O_pA}$ (지금은 수평면)와 파괴면 사이의 각도를 θ_f 라 하면 $\angle AO_pF = \theta_f$ 이고 $\angle ACF = 2\theta_f$ 이므로

$$2\theta_f = 90° + \phi$$

$$\therefore \theta_f = +(45° + \frac{\phi}{2}) \tag{9.24}$$

여기서 + 기호는 최대주응력면(수평면) 기준 반시계 방향이라는 의미이다. 그림 9.14에는 $\theta_f = +(45° + \dfrac{\phi}{2})$ 인 몇 개의 파괴면이 실선으로 그려져 있다. 접점은 Mohr 응력원 하반부에도 존재하므로(F' 점) $\overline{O_pF'}$ 도 파괴면이다. 이 때의

$$\theta_f = -(45° + \frac{\phi}{2}) \tag{9.25}$$

부호 (–)는 최대주응력면(수평면 $\overline{O_pA}$)기준 시계방향이라는 뜻이다. 여기에 해당하는 몇 개의 파괴면이 그림 9.14에 점선으로 그려져 있다. 두 곳의 접점을 모두 생각하면 최대주응력면과 파괴면 사이의 각도 θ_f 는

$$\theta_f = \pm(45° + \frac{\phi}{2}) \tag{9.26}$$

앞에서 이미 언급한 것처럼 몇 개의 파괴면이 그림 9.14에 그려져 있다. Rankine 토압이론에 의하면 그림 9.14의 파괴 흙 쐐기 ΔABC 에는 두 방향의 무수한 파괴면이 형성되어 완전히 파괴되기 직전(소성상태)에 있고 AC 면 밖은 탄성상태로 남아있게 된다.

NOTE : 최소주응력면 기준 파괴면의 방향을 θ'_f 라 하면

$$\theta'_f = \mp(45^\circ - \frac{\phi}{2}) \tag{9.27}$$

Rankine의 주동토압은 흙 요소가 수평방향으로 인장되다가 파괴상태, 즉 소성상태에 이르렀을 때의 평형이론으로 결정하고 있음. 소성상태가 되는 수평방향 변형률을 ε_{ha} 로 표기하였고 그림 9.4(b) 좌반부에 이 사실이 제시되어 있음. 그림 9.14의 흙 쐐기 ΔABC 는 소성상태(주동파괴상태)에 도달하였음.

흙 쐐기 ΔABC 가 소성상태가 되기 위해서는 쐐기 안에 있는 흙의 수평변형률이 ε_{ha} 로 같은 값이 되어야 함. 그림 9.14를 보면 흙 쐐기는 직각 역삼각형이므로 수평변위의 분포는 B에서 최대이고, A에서 0이 되는 역삼각형 분포가 되어야 함을 알 수 있음. 이것은 강성이 큰 옹벽이 압굽(toe)을 중심으로 바깥쪽으로 회전해야 가능함. 이렇게 되면 흙의 수평방향 변형률은 동시에 ε_{ha} 가 될 수 있고 흙 쐐기는 소성상태가 됨.

이 사실을 다르게 표현하면 옹벽이 압굽을 중심으로 바깥으로 회전변위를 일으킬 때만 주동토압은 깊이에 따라 증가하는 삼각형 분포를 하게 된다. 주동토압상태가 되는데 소요되는 회전각에 대해서는 앞에서 이미 언급하였음(표 9.4 참조).

옹벽에 작용하는 주동토압(점착력이 없는 경우)

그림 9.14에 보인 높이 H 인 옹벽에 작용하는 주동토압은 다음과 같이 결정하고 그 결과는 그림에 제시되어 있다.

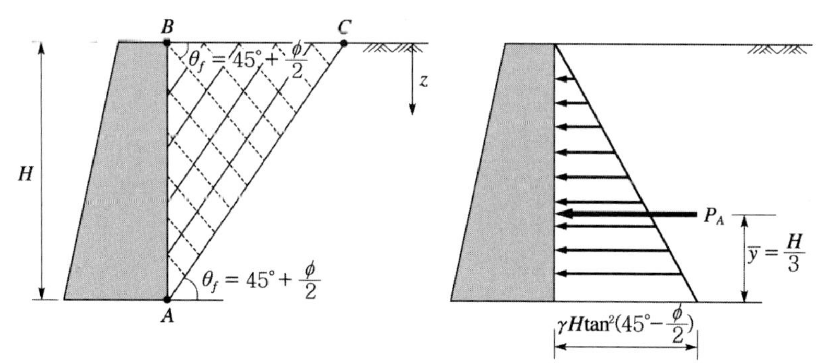

그림 9.14 옹벽에 작용하는 주동토압과 파괴면(c = 0인 경우)

◦ 주동토압의 분포 : $\sigma_{ha} = \gamma z K_A = \gamma z \tan^2(45^\circ - \frac{\phi}{2})$

- 지표면(z = 0) : $\sigma_{ha} = 0$
- 저면(z = H) : $\sigma_{ha} = \gamma H \tan^2(45^\circ - \frac{\phi}{2})$

주동토압은 그림 9.14에서 제시되어 있는 것처럼 삼각형 분포를 하게 된다.

◦ 합력에 관한 사항

• 크기 : $P_A = \frac{1}{2}\left(\gamma H \tan^2(45^\circ - \frac{\phi}{2})\right)(H) = \frac{1}{2}\gamma H^2 \tan^2(45^\circ - \frac{\phi}{2})$

또는 $P_A = \int_0^H \sigma_{ha}\, dz = \int_0^H \gamma z \tan^2(45^\circ - \frac{\phi}{2}) dz = \frac{1}{2}\gamma H^2 \tan^2(45^\circ - \frac{\phi}{2})$

• 방향 : 수평 ($\because \phi_w = 0$)

• 작용점 : $\bar{y} = \frac{H}{3}$

◦ 파괴면 : 최대 주응력면(여기서는 수평면)과 파괴면 사이의 각도 θ_f

$$\theta_f = \pm\left(45^\circ + \frac{\phi}{2}\right)$$

$\theta_f = +(45^\circ + \frac{\phi}{2})$ 는 실선, $\theta_f = -(45^\circ + \frac{\phi}{2})$ 는 점선으로 그려져 있다(그림 9.14).

(2) 수동토압

지표면이 수평일 때 수동파괴 상태에서의 최대 및 최소주응력은 각각

$$\sigma_{1f} = \sigma_{hp} \qquad \sigma_{3f} = \sigma_v = \gamma z$$

점착력이 없으므로 파괴포락선은 원점을 지나고 그 방정식은 물론 $\tau_{ff} = \sigma_{ff} \tan\phi$ 이다. 그림 9.15에는 수동상태의 Mohr 응력원과 파괴포락선이 제시되어 있다.

먼저 수동토압 σ_{hp} 를 결정해 보기로 한다. 그림에서 직각삼각형 OCF 를 보면 $\angle FOC = \phi$ 이므로

$$\sin\phi = \frac{\overline{FC}}{\overline{OC}} = \frac{\sigma_{hp} - \sigma_v}{\sigma_{hp} + \sigma_v}$$

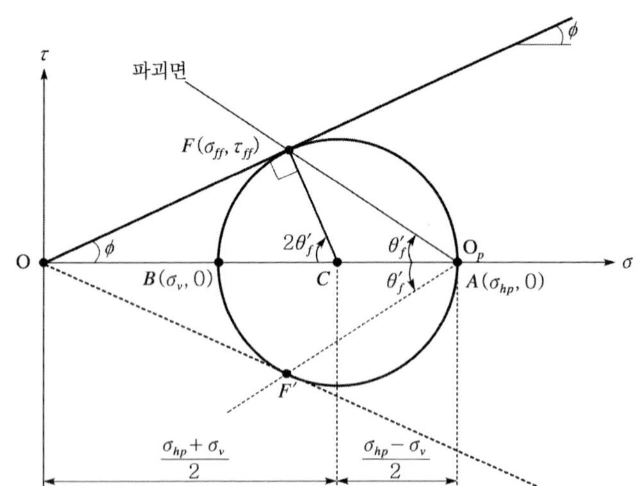

그림 9.15 수동상태의 Mohr 응력원과 파괴포락선($c = 0$ 인 경우)

우변의 분모와 분자를 σ_v 로 나누고 정리하면

$$\frac{\sigma_{hp}}{\sigma_v} = \frac{1+\sin\phi}{1-\sin\phi} = \tan^2(45^\circ + \frac{\phi}{2}) \tag{9.28}$$

$c = 0$ 인 경우 연직토압에 대한 수동토압의 비, 즉 $\frac{\sigma_{hp}}{\sigma_v}$ 를 수동토압계수(受動土壓係數, coefficient of passive earth pressure)라 한다

지표면이 수평이고 점착력이 없을 때 Rankine의 수동토압계수 K_P 는 식 (9.28)에서

$$K_P = \frac{\sigma_{hp}}{\sigma_v} = \frac{1+\sin\phi}{1-\sin\phi} = \tan^2(45^\circ + \frac{\phi}{2}) \tag{9.29}$$

K_P 를 Rankine의 수동토압계수라 한다. 지표면에서 깊이 z 되는 곳의 수동토압 σ_{hp} 는 식 (9.29)에서 $\sigma_v = \gamma z$ 임을 생각하면

$$\sigma_{hp} = \sigma_v K_P = \gamma z \tan^2(45^\circ + \frac{\phi}{2}) \tag{9.30}$$

식 (9.30)을 살펴보면 수동토압은 주동토압처럼 깊이 z 에 따라 직선적으로 증가하여 삼각형 분포를 하게 됨을 알 수 있다. 따라서 주동토압과 같이 생각하면 높이 H인 옹벽에 작용하는 수동토압의 합력 P_P 의 크기 및 작용점 $\bar{y}$ 는 각각

$$P_P = \frac{1}{2}\gamma H^2 \tan^2(45^\circ + \frac{\phi}{2}) = \frac{1}{2}\gamma H^2 K_P \tag{9.31}$$

$$\bar{y} = \frac{H}{3}$$

합력의 작용방향은 물론 수평방향이다($\phi_w = 0$ 으로 가정).

Rankine의 주동토압계수 K_A 와 수동토압계수 K_P 는 서로 역수 관계에 있음을 알 수 있다. 즉 식 (9.19)와 (9.29)를 비교해 보면

$$K_P = \frac{1}{K_A} \tag{9.32a}$$

또는

$$\tan^2(45^\circ + \frac{\phi}{2}) = \frac{1}{\tan^2(45^\circ - \frac{\phi}{2})} \tag{9.32b}$$

수동토압에 대하여서도 유효응력 방정식은 성립한다. 간극수압 u가 작용하고 있을 때의 전체 수동토압 σ_{hp} 는

$$\sigma_{hp} = \sigma'_{hp} + u \tag{9.33}$$

여기서 $\sigma'_{hp} = \sigma'_v K_P$: 유효수동토압

전체 수동토압 σ_{hp} 를 산정할 때 수압 u 는 흙이 없는 것처럼(즉 물만 있는 것처럼) 생각하며 별도로 계산한 다음 유효수동토압 σ'_{hp} 에 더해주면 된다.

NOTE : 주동토압에서 이미 언급한 것처럼 간극수압은 정지상태, 주동상태, 수동상태에서 모두 같음.

다음에는 수동파괴면(passive failure surface)의 방향을 결정하기로 한다. 수동상태에서는 극점(pole) O_p 가 최대주응력점 A와 일치한다. 접점 F가 파괴시 파괴면의 응력 (σ_{ff}, τ_{ff})를 나타내고 있으므로 O_p 와 F를 연결하는 직선이 수동파괴면이다. 최소주응력면(지금은 수평면 $\overline{O_pB}$)과 수동파괴면 $(\overline{O_pF})$ 사이의 각도를 θ'_f 이라 하면 $\angle BO_pF = \theta'_f$, $\angle BCF = 2\theta'_f$ 이므로

$$\therefore \theta'_f = -\left(45^\circ - \frac{\phi}{2}\right) \tag{9.34}$$

여기서 부호(−)는 최소주응력면 $\overline{O_pB}$ 기준 시계방향의 각도라는 의미이다.

최대주응력면(지금은 연직면)과 수동파괴면 사이의 각도는 $\theta_f = 45^\circ + \dfrac{\phi}{2}$ 이다.

Mohr 응력원 하반부에 있는 접점 F' 에 대해서도 수동파괴면을 얻을 수 있다.

$$\theta'_f = +\left(45^\circ - \frac{\phi}{2}\right)$$

여기서 (+)부호는 최소 주응력면 $\overline{O_pB}$ 기준 반시계방향의 각도라는 의미이다.

최대 주응력면과 수동파괴면 사이의 각도 θ_f 는

$$\theta_f = -\left(45^\circ + \frac{\phi}{2}\right)$$

따라서 최소주응력면과 수동파괴면 사이에 각도 θ'_f 은

$$\theta'_f = \mp(45^\circ - \frac{\phi}{2})$$

최대주응력면과 수동파괴면 사이의 각도 θ_f 는

$$\theta_f = \pm(45^\circ + \frac{\phi}{2})$$

주동상태와 수동상태의 구별없이 주응력면과 파괴면 사이의 각도는

최대주응력면과 파괴면이 이루는 각도는 $\theta_f = \pm(45^\circ + \frac{\phi}{2})$

최소주응력면과 파괴면이 이루는 각도는 $\theta'_f = \mp(45^\circ - \frac{\phi}{2})$

그림 9.16에는 옹벽 뒷채움에 발생하게 되는 수동파괴면 몇 개가 그려져 있다. 실선 파괴면들은 $\theta'_f = +(45^\circ - \frac{\phi}{2})$ 에 해당되며 점선은 $\theta'_f = -(45^\circ - \frac{\phi}{2})$ 에 대응하는 수동파괴면이다. 이 그림에는 수동토압의 분포와 합력에 관한 사항도 제시되어 있다.

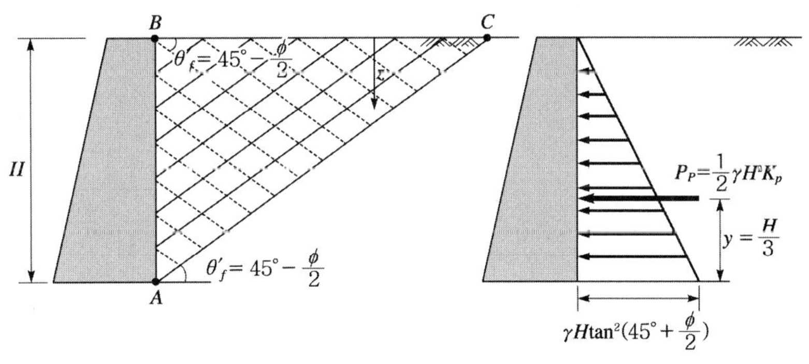

그림 9.16 수동파괴면과 수동토압의 분포

그림 9.16에 보인 수동파괴 흙 쐐기 ΔABC 는 그림 9.14의 주동쐐기에 비해 수평거리가 상대적으로 훨씬 넓다는 것을 알 수 있다. 이것은 A를 지나는 수동파괴면의 경사각 θ'_f 이 주동파괴면의 θ_f 보다 훨씬 적어서 완만한 경사면이 되기 때문이다($\theta'_f = \left(45^\circ - \frac{\phi}{2}\right)$, $\theta_f = \left(45^\circ + \frac{\phi}{2}\right)$).

자연은 소요되는 에너지가 최소가 되는 방법으로 일을 하게 된다. 주동파괴는 뒤채움 흙이 파괴면을 따라 미끄러져 내려오면서 옹벽을 전도(또는 활동) 시키는 파괴이므로 파괴면의 경사가 급

한 것이 유리한 반면 수동파괴는 옹벽이 흙 쐐기를 밀어 올려 파괴에 도달하는 것이므로 파괴면의 경사가 상대적으로 완만한 것이 유리하다.

NOTE : Rankine의 수동토압은 흙 요소가 수평방향으로 압축되어 가다가 파괴상태, 즉 소성상태에 이르렀을 때의 평형해석에서 결정하고 있음. 그림 9.4(a)의 우반부에는 수평변형률이 ε_{hp} 에 도달하면 소성(파괴)상태가 됨을 보여주고 있음. 흙 쐐기 ΔABC 가 동시에 소성상태가 되려면(즉 $\varepsilon_h = \varepsilon_{hp}$ 가 되려면) 쐐기안에 있는 흙의 수평변형률이 동시에 ε_{hp} 가 되어야 함. 흙 쐐기가 직각 역삼각형이므로 깊이에 따른 수평변위의 분포도 역삼각형이 되어야 수평변형률 ε_h 가 같아짐(미소요소는 흙 쐐기의 상태를 대표하므로 흙 쐐기 안의 모든 위치에서 동일한 응력 및 변형율이 발생하여야 함). 이것은 강성이 큰 옹벽이 뒷굽(heel)점을 중심으로 뒤채움 쪽으로 회전해 들어갈 때에 일어남.

$\varepsilon_{hp} >> \varepsilon_{ha}$ 임이 알려져 있고 수동쐐기의 폭이 상대적으로 크기 때문에 소성상태에 이르기 위해서는 큰 수평변위가 소요됨. 수동파괴에 도달하는데 소요되는 회전각을 앞에서 이미 제시하였음(표 9.4 참조).

이상의 논의에서 수동토압도 주동토압과 마찬가지로 그 분포가 삼각형이 되기 위해서는 옹벽의 뒷굽점을 중심으로 회전해야 함을 알 수 있음. 옹벽의 변위가 이와 다른 형태일 때에는 토압은 삼각형으로 분포하지 않는 것으로 알려져 있음(예 ; 버팀대를 사용하는 흙막이벽 등). 즉 이러한 경우에는 미소요소가 파괴영역을 대표하지 못하므로 모든 깊이에서 동시에 소성상태가 되지 못하여 $\sigma_{hp} = \gamma z K_P$ 가 성립되지 않음.

9.4.2 지표면에 등분포하중이 작용하는 경우의 Rankine 토압

지표면에 대단히 넓은 면적에 걸쳐 등분포 하중 q가 작용할 때 이 하중에 의하여 깊이 z되는 곳에 생기는 연직응력 $\Delta\sigma_v$ 는 q이다(3장 지반내의 응력 분포 참조). 즉 하중작용 면적이 대단히 크므로 등분포 하중이 그대로 연직응력으로 된다. 따라서 지표면 아래 깊이 z되는 곳의 연직응력 σ_v 는 (그림 9.17참조)

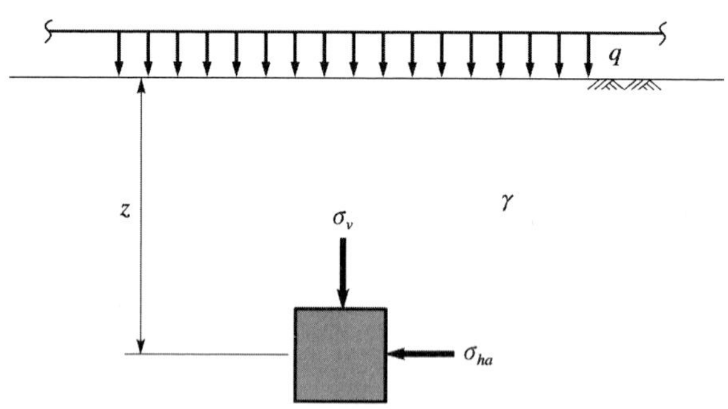

그림 9.17 등분포하중이 작용할 때의 주동토압

$$\sigma_v = q + \gamma z \tag{9.35}$$

토압은 중첩의 원리에 따라 상재하중에 의한 토압과 흙자중에 의한 토압의 합으로 된다.

(1) 주동토압

주동파괴 상태에서의 최대 및 최소주응력은 각각

$$\sigma_{1f} = \sigma_v = q + \gamma z , \quad \sigma_{3f} = \sigma_{ha}$$

점착력이 없으므로 파괴포락선은 원점을 지나고 그 방정식은 $\tau_{ff} = \sigma_{ff} \tan\phi$ 이다. 주동상태의 Mohr 응력원과 파괴포락선은 앞 절의 그림 9.13과 같다. 따라서 주동토압 σ_{ha} 는

$$\sigma_{ha} = \sigma_v \tan^2(45^\circ - \frac{\phi}{2}) = (q+\gamma z)\tan^2(45^\circ - \frac{\phi}{2})$$

$$\sigma_{ha} = q\tan^2(45^\circ - \frac{\phi}{2}) + \gamma z \tan^2(45^\circ - \frac{\phi}{2}) \tag{9.36a}$$

$$= qK_A + \gamma z K_A \tag{9.36b}$$

우변의 첫째항은 상재하중에 의한 주동토압이고 둘째항은 흙 자중에 의한 주동토압이다. 상재하중에 의한 주동토압은 깊이에 따라 일정하므로 사각형 분포를 하게되고 흙 자중에 의한 주동토압은 깊이 z 에 따라 직선적으로 증가하여 삼각형 분포를 하게 되므로 이 들의 합인 주동토압은 사다리꼴 분포를 하게 된다(그림 9.18 참조).

파괴면이 최대주응력면(지금은 수평면)과 이루는 각도 θ_f 는

$$\theta_f = \pm(45^\circ + \frac{\phi}{2}) \tag{9.37}$$

+ 는 반시계 방향, − 는 시계방향으로 잰 각도라는 뜻이다. θ_f 가 2개의 기호를 가지는 것은 Mohr 응력원 하반부에도 섭섬 F' 이 있기 때문이다(그림 9.13 참조).

옹벽에 작용하는 주동토압(상재하중이 작용하는 경우)

높이 H인 옹벽의 뒤채움 표면에 등분포하중 q가 작용할 때의 주동토압은 다음과 같이 결정하며 그 결과는 그림 9.18에 제시되어 있다.

◦ 주동토압의 분포 : $\sigma_{ha} = qK_A + \gamma z K_A$

단 $K_A = \tan^2(45^\circ - \frac{\phi}{2})$

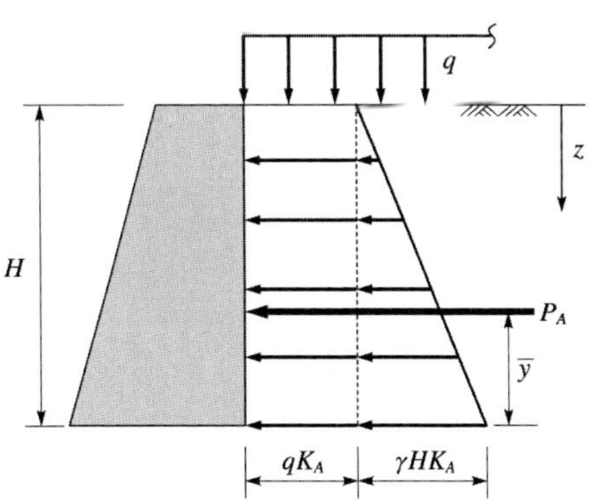

그림 9.18 상재하중이 작용하는 경우의 주동토압 ($c = 0$)

◦ 지표면 $(z = 0)$: $\sigma_{ha} = qK_A$

◦ 옹벽저면 $(z = H)$: $\sigma_{ha} = qK_A + \gamma HK_A$

주동토압 분포는 그림 9.18에 보인 것처럼 사다리꼴 분포가 됨.

◦ 주동토압 합력에 관한 사항

$$\text{크기}: P_A = qK_A(H) + \frac{1}{2}(\gamma HK_A)(H) = qHK_A + \frac{1}{2}\gamma H^2 K_A \quad (9.38a)$$

또는

$$P_A = \int_0^H \sigma_{ha}\,dz = \int_0^H (q + \gamma z)K_A\,dz = qHK_A + \frac{1}{2}\gamma H^2 K_A \quad (9.38b)$$

우변 첫째 항은 상재하중에 의한 주동토압의 합력이고 둘째항은 흙 자중에 의한 주동토압의 합력이다. 첫째항은 옹벽높이 H에 일차적으로 비례하는 반면 둘째항은 H^2에 비례하고 있다. 따라서 옹벽의 높이가 낮을 때에는 상재하중에 의한 주동토압이 상대적으로 중요할 수 있지만 옹벽높이가 커지면 자중에 의한 주동토압의 합력이 상대적으로 중요하게 된다.

합력의 작용점 $\bar{y}$는 합력의 모멘트는 분력의 모멘트의 합과 같다는 Varignon의 정리를 이용하여 구할 수 있다. 즉

$$P_A\bar{y} = (qHK_A)\left(\frac{H}{2}\right) + \left(\frac{1}{2}\gamma H^2 K_A\right)\left(\frac{H}{3}\right) \text{ 에서}$$

$$\bar{y} = \frac{H}{3}\cdot\frac{3q + \gamma H}{2q + \gamma H} \quad (9.39)$$

또는 사다리꼴의 도심을 구하는 식에서 (그림 9.19 참조)

$$\bar{y} = \frac{H}{3}\cdot\frac{2q + (q + \gamma H)}{q + (q + \gamma H)} = \frac{H}{3}\cdot\frac{3q + \gamma H}{2q + \gamma H}$$

◦ 최대주응력면(지금은 수평면)과 주동파괴면이 이루는 각도 θ_f

$$\theta_f = \pm(45^\circ + \frac{\phi}{2})$$

단 +는 수평면에서 반시계 방향으로 잰 각도. –는 수평면 기준 시계방향 각도이다. 파괴면은 그림 9.14에 보인 것과 같다.

NOTE : 주동파괴면은 상재하중에 의하여서는 변하지 않음을 주의할 것.

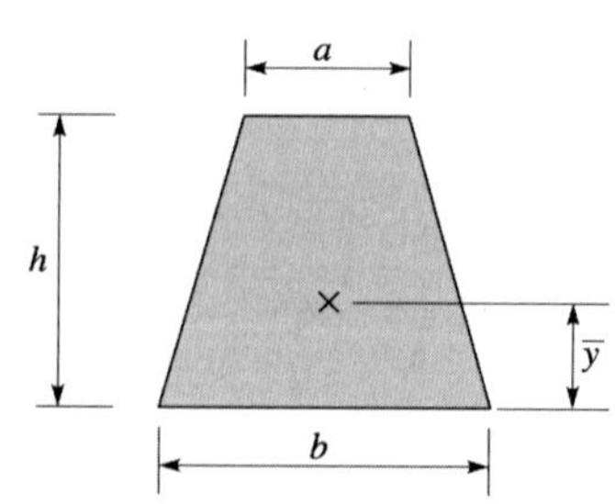

$\bar{y} = \frac{h}{3}\cdot\frac{2a+b}{a+b}$

그림 9.19 사다리꼴의 도심 결정

(2) 수동토압

수동파괴 상태에서의 최대 및 최소주응력은 각각

$$\sigma_{1f} = \sigma_{hp} \qquad \sigma_{3f} = \sigma_v = q + \gamma z$$

점착력이 없으므로 ($c = 0$) 파괴포락선은 원점을 지난다. 수동상태의 Mohr 응력원과 파괴포락선은 앞 절의 그림 9.15와 같게 된다. 그러므로 앞 절에서와 같은 방법으로 수동토압을 구하면

$$\sigma_{hp} = \sigma_v \tan^2(45^\circ + \frac{\phi}{2}) = (q + \gamma z)\tan^2(45^\circ + \frac{\phi}{2})$$

$$\sigma_{hp} = q\tan^2(45^\circ + \frac{\phi}{2}) + \gamma z\tan^2(45^\circ + \frac{\phi}{2}) \tag{9.40a}$$

$$= q K_P + \gamma z K_P \tag{9.40b}$$

수동토압은 사다리꼴 분포를 하며 이 장의 주동토압 분포 그림 9.18에서 K_A를 K_P로 대치한 것과 같다. 수동토압 합력에 관한 사항은

$$\text{크기}: \ P_P = qHK_P + \frac{1}{2}\gamma H^2 K_P \tag{9.41}$$

$$\text{작용점}: \ \bar{y} = \frac{H}{3}\cdot\frac{3q + \gamma H}{2q + \gamma H} \tag{9.42}$$

최소주응력면(지금은 수평면)과 수동파괴면이 이루는 각도 θ_f'는

$$\theta_f' = \mp(45^\circ - \frac{\phi}{2}) \tag{9.43}$$

+는 최소주응력면(지금은 수평면) 기준 반시계 방향, −는 시계방향으로 잰 각도라는 의미이다. θ_f가 2개의 부호를 가지는 것은 접점이 2개(F, F') 있기 때문이다(그림 9.15 참조). 파괴면의 방향은 상재하중에 의하여 변하지 않으며 수동파괴면은 그림 9.16에 그려져 있는 것과 같다.

▶ **예제 9.3** 그림 예제 9.3(a)과 같은 조건인 높이 6.0m인 직사각형 옹벽이 있다.

옹벽의 배면 뒤채움 표면에는 등분포 하중 $q = 3.0t/m^2$가 작용하고 전면은 높이 $H' = 2.0m$까지 흙이 채워져 있다. 앞굽(toe)을 중심으로 왼쪽으로 약간 회전할 때 옹벽 배면과 전면에 작용하는 토압을 구하여라. 단 흙의 단위중량 $\gamma = 1.80t/m^3$, 내부마찰각 $\phi = 30^\circ$로 한다.

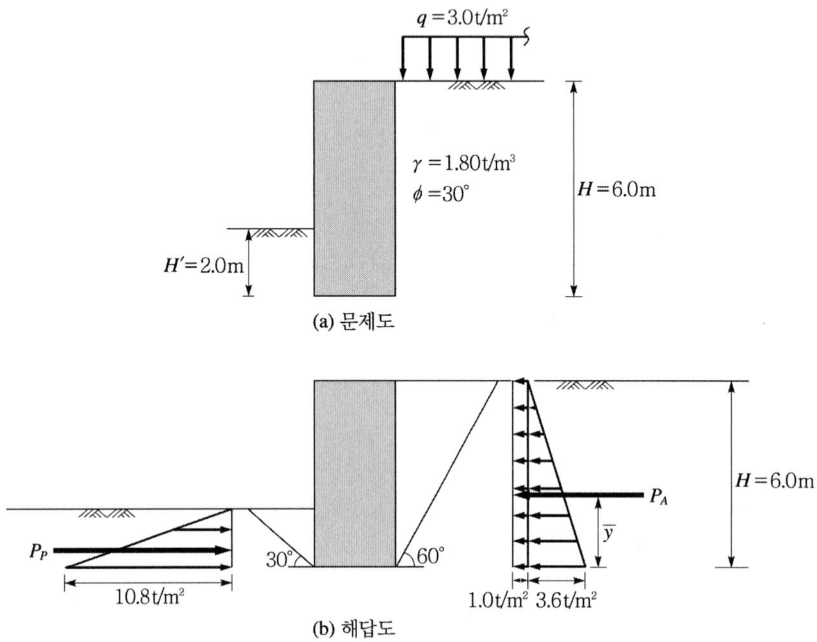

그림 예제 9.3

풀이 :

앞굽을 중심으로 왼쪽으로 약간 회전하므로 배면에는 주동토압, 전면에는 수동토압이 작용하게 된다.

① 주동토압

주동토압계수 $K_A = \tan^2(45^\circ - \frac{\phi}{2}) = \tan^2(45^\circ - \frac{30^\circ}{2}) = \frac{1}{3}$

- 주동토압의 분포 : $\sigma_{ha} = q\,K_A + \gamma\,z\,K_A$

  지표면 $(z = 0m)$: $\sigma_{ha} = q\,K_A = (3.0)(\frac{1}{3}) = 1.0t/m^2$

  옹벽저면 $(z = 6m)$: $\sigma_{ha} = q\,K_A + \gamma\,H\,K_A = 1.0 + (1.8)(6)(\frac{1}{3}) = 1.0 + 3.6 = 4.6t/m^2$

  주동토압의 분포도는 그림 예제 9.3(b)에 제시되어 있다.

- 주동토압 합력에 관한 사항

  크기 : $P_A = q\,H\,K_A + \frac{1}{2}\gamma\,H^2\,K_A = (1.0)(6) + \frac{1}{2}(3.6)(6) = 6.0 + 10.8 = 16.8t/m$

작용점 : $\bar{y} = \frac{H}{3}\cdot\frac{3q + \gamma H}{2q + \gamma H} = \frac{6}{3}\cdot\frac{3(3) + (1.8)(6.0)}{(2)(3) + (1.8)(6.0)} = 2.36\ m$

또는 Varignon의 정리에 의하여

$$P_A\,\bar{y} = (1.0)(6)(\frac{6}{2}) + \frac{1}{2}(3.6)(6)(\frac{6}{3}) = 39.6$$

$$\bar{y} = \frac{39.6}{P_A} = \frac{39.6}{16.8} = 2.36m$$

또는 주동토압 분포도에서 사다리꼴의 도심을 구하면

$$\bar{y} = \frac{6}{3}\cdot\frac{2 + 4.6}{1 + 4.6} = 2.36m$$

작용방향 : 수평방향

합력에 관한 사항도 그림 예제 9.3 (b)에 그려져 있다.

- 수평면(최대주응력면)과 주동파괴면이 이루는 각도 θ_f

$$\theta_f = \pm\left(45^\circ + \frac{\phi'}{2}\right) = \pm\left(45^\circ + \frac{30^\circ}{2}\right) = \pm\,60^\circ$$

그림 예제 9.3 (b)에는 뒷굽(heel)을 지나는 $\theta_f = +\,60^\circ$ 인 파괴면만 대표적으로 그려져 있다.

② 수동토압

수동토압계수 $K_P = \tan^2(45^\circ + \frac{\phi}{2}) = \tan^2(45^\circ + \frac{30^\circ}{2}) = 3.0$

- 수동토압의 분포 : $\sigma_{hp} = \gamma z K_P$

지표면 $(z = 0)$: $\sigma_{hp} = 0$

옹벽저면 $(z = H')$: $\sigma_{hp} = \gamma H' K_P = (1.8)(2)(3) = 10.8t/m^2$

수동토압 분포도는 그림 예제 9.3(b)에 그려져 있다.

- 수동토압의 합력에 관한 사항

크기 : $P_P = \frac{1}{2}\gamma H'^2 K_P = \frac{1}{2}(10.8)(2) = 10.8\,t/m$

작용점 : $\bar{y} = \dfrac{H'}{3} = \dfrac{2}{3} = 0.67m$

작용방향 : 수평방향

수동토압의 합력에 관한 사항도 그림 예제 9.3(b)에 제시되어 있다

이미 설명한 것처럼 옹벽 배면의 뒤채움이 주동상태가 될 만큼 수평방향으로 인장되었을 때에도 전면의 흙은 수동상태에 도달할 만큼 충분히 압축되지 못한다. 그러므로 수동토압은 저감율 2를 채택하여 반만 사용한다. 옹벽이 활동(sliding)을 일으킬 때 주동토압은 옹벽을 활동시키려는 힘(driving force)임에 반하여 수동토압은 활동을 저지하려는 힘(resisting force)이다. 활동력은 산정된 값 전체가 되는 반면 저항력은 산정치의 반만 유효하다. 토압에도 머피(Murphy)의 법칙 비슷한 것이 성립되는가 ···. (수동토압이 음(−)의 활동력이라 하는 소수의견도 있음.)

• 파괴면이 수평면(최소주응력면)과 이루는 각도 θ'_f

$$\theta'_f = \mp\left(45^\circ - \frac{\phi}{2}\right) = \mp 30^\circ$$

그림 예제 9.3(b)에는 앞굽(toe)을 지나는 $\theta'_f = 30^\circ$ 인 대표적 수동파괴면만 그려져 있다. ◀

9.4.3 뒤채움 표면이 경사진 경우의 Rankine 토압

그림 9.20(a)에 보인 것처럼 옹벽 뒤채움 표면이 경사각 i 를 이루고 있는 반무한사면(semi-infinite slope)인 경우 이 옹벽에 작용하는 주동 및 수동토압을 결정해 보기로 한다.

지표면 아래 깊이 z 되는 곳에 지표면과 평행한 평면 m–m을 그리고 (옹벽이 없는 무한사면의 경우 이 면이 파괴면임. 사면안정 참조) 연직선을 그려 여러 개의 절편을 만든다.

그림 9.20(b)에는 임의의 절편 □$abcd$에 작용하는 힘이 제시되어 있다. 만약 옹벽배면과 흙 사이의 접촉면이 흙과 흙 사이의 경계면(ac면 또는 bd면)과 같다고 가정하면 요소 □$abcd$는 지표면에서 깊이 z 되는 뒤채움을 대표하는 요소라 생각할 수 있다. 여기서

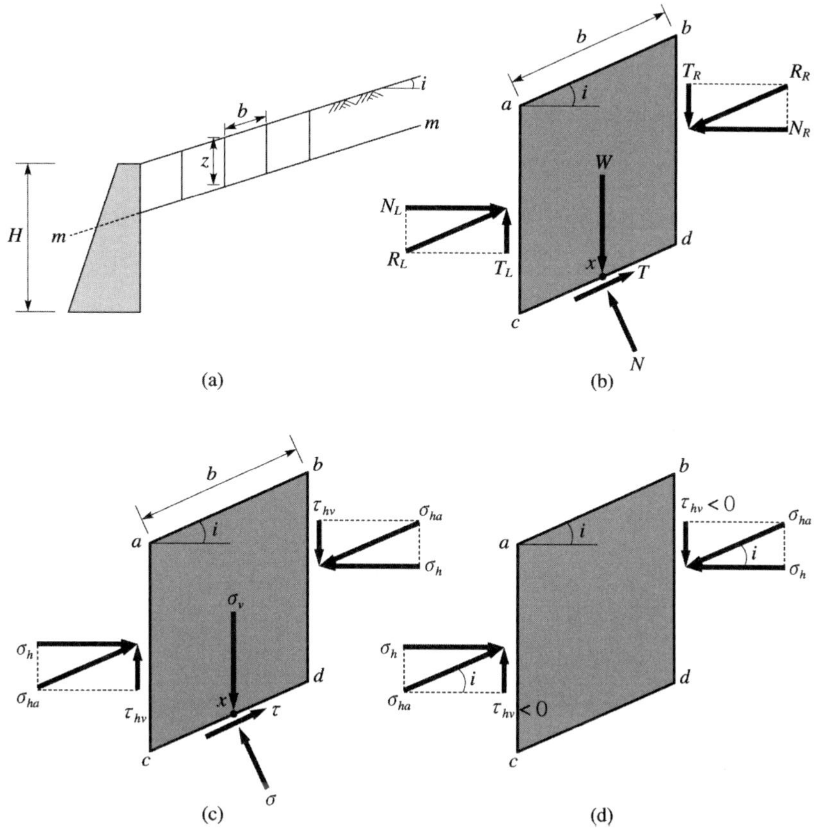

그림 9.20 뒤채움이 경사진 옹벽에 작용하는 주동 및 수동토압의 결정

- *cd*면에 작용하는 힘 :

  W : 자중, N : 수직력, T : 전단력

  (N과 T는 W의 반력이며 $N = W\cos i,\ T = W\sin i,\ T/N = \tan i$)

- *ac*면에 작용하는 힘 :

  N_L : 수직력, T_L : 전단력, R_L : N_L과 T_L의 합력

  $T_L / N_L = \tan i$ 가 됨은 나중에 밝히게 됨(즉 R_L은 지표면과 평행한 방향으로 작용).

- *bd*면에 작용하는 힘 :

  N_R : 수직력, T_R : 전단력, R_R : N_R과 T_R의 합력

  $T_R / N_R = \tan i$ 가 됨은 나중에 밝히게 됨(즉 R_R의 작용선은 지표면과 평행).

이제 *cd*면의 중점 x 에 대한 모멘트 평형을 생각하면

$$R_R = R_L \ (N_R = N_L,\ T_R = T_L) \tag{9.44}$$

이 되어야 함을 알 수 있다. 즉 연직측면에 작용하는 힘의 합력 R_L 과 R_R 은 크기는 같고 작용방향은 반대이며 동일한 작용선(지표면과 평행한 방향)상에 있어야 함을 알 수있다.

작용 반작용 법칙에 따라 R_L 은 인접 절편의 R_R 과 같고 R_R 은 인접 절편의 R_L 과 같으므로 모든 절편에서 작용하는 측면력은 같아야 한다.

독자들에게 드리는 질문 : $R_L \neq R_R$ 이거나 R_L 과 R_R 의 작용선이 지표면 방향과 일치하지 않으면 어떠한 불합리성이 일어나는가?

Hint : 무한사면이므로 절편의 수는 무한히 많다고 생각하고 각 절편에서 생기는 효과는 인접절편을 지나 누적됨을 유의할 것.

이제 이 절편에 작용하는 응력을 산정해 보기로 한다. 우선

자중 $W = \gamma b z \cos i$ (a)

수직력 $N = W cos i = \gamma b z cos^2 i$ (b)

전단력 $T = W \sin i = \gamma b z \cos i \sin i$ (c)

따라서 *cd*면에 작용하는 응력은

연직응력 $\sigma_v = \dfrac{W}{b} = \gamma z \cos i$ (a')

수직응력 $\sigma = \dfrac{N}{b} = \sigma_v \cos i = \gamma z \cos^2 i$ (b')

전단응력 $\tau = \dfrac{T}{b} = \sigma_v \sin i = \gamma z \cos i \sin i$ (c')

*ac*면(또는 *bd*면)에 작용하는 응력

$$\sigma_h = \frac{N_L}{z} = \frac{N_R}{z} \qquad \tau_{hv} = \frac{T_L}{z} = \frac{T_R}{z}$$

σ_{ha} 는 σ_h 와 τ_{hv} 의 합력

$$\sigma_{ha} = \frac{R_L}{z} = \frac{R_R}{z}$$

$$\sigma_h = \sigma_{ha} \cos i \qquad \tau_{hv} = \sigma_{ha} \sin i \qquad \frac{\tau_{hv}}{\sigma_h} = \tan i$$

ac면과 bd면에 작용하는 응력은 서로 크기는 같고 방향은 반대이어야 한다. 즉 양 연직면의 σ_{ha}는 크기는 같고 작용방향은 반대이고 작용선이 일치하고 있어야 한다(이 사실은 R_L과 R_R이 비겨야 한다는 사실에서 명백함).

σ_{ha}의 작용방향은 지표면의 방향과 일치하여야 함은 이미 언급하였다. σ_v와 σ_{ha}는 공액응력(conjugate stress)이다. 공액응력은 한쌍의 응력 중 한 응력의 작용방향이 나머지 응력이 작용하는 평면과 평행한 응력상태이다.

σ_v의 작용방향(연직방향) // σ_{ha} 작용평면(연직면 ; ac면 혹은 bd면)

σ_{ha}의 작용방향(지표면 방향) // σ_v 작용평면(지표면 ; cd면)

이 요소(절편) □$abcd$가 주동파괴 상태가 되었을 때의 σ_{ha}를 주동토압이라 하고 주동토압계수 K_A는 다음과 같이 정의한다.

$$K_A = \frac{\sigma_{ha}}{\sigma_v} \tag{9.45a}$$

또는

$$\sigma_{ha} = \sigma_v K_A = \gamma z \cos i \, K_A \tag{9.45b}$$

주동토압계수 K_A는 공액응력(σ_v와 σ_{ha})의 비이므로 공액비(conjugate ratio)라고 한다. 주동토압계수(공액비) K_A는 다음과 같이 결정할 수 있다.

그림 9.21에는 주동상태의 Mohr 응력원과 파괴포락선이 그려져 있다. 원점 O를 지나 σ축과 경사각 i를 이루는 직선을 그리고 이 선상에 $\overline{OA} = \sigma_v$가 되는 점 A를 잡는다. A점의 좌표는 (σ, τ)가 된다. 즉 A점은 $\overline{cd}$면의 응력을 나타내고 있다. 왜냐하면 A점에서 σ축에 내린 수선의 발을 E라 할 때

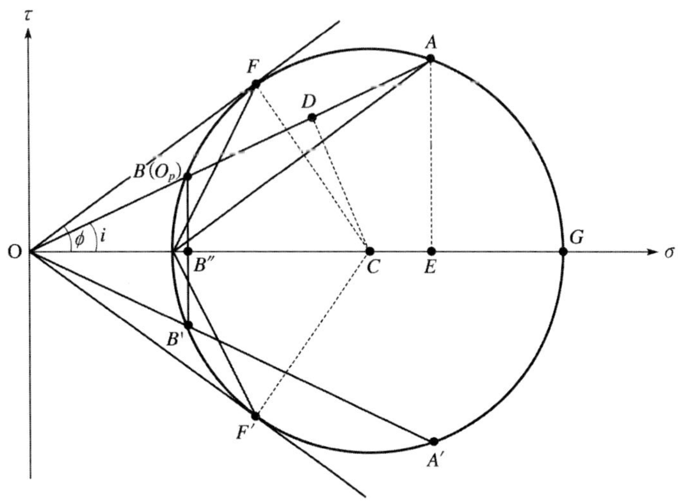

그림 9.21 지표면이 경사졌을 때의 주동 및 수동상태

$$\overline{OE} = \overline{OA}\cos i = \sigma_v \cos i = \sigma$$

$$\overline{AE} = \overline{OA}\sin i = \sigma_v \sin i = \tau$$

주동상태는 파괴상태이므로 주동파괴상태의 Mohr 응력원을 그리려면 A 점을 지나고 파괴 포락선에 접하는 원을 그리면 된다. 파괴상태의 Mohr 응력원은 중심이 C 이고 파괴포락선과의 접점은 F 가 된다.

A 는 cd면의 응력이므로 A 를 지나 cd면에 평행선을 그렸을 때 Mohr 응력원과의 교점 B 가 극점 O_p 이다. O_p 에서 bd면(또는 ac면 : 연직면)에 평행선을 그렸을 때 Mohr 응력원과의 교점 B' 이 bd면(또는 ac면)의 응력을 나타내며 따라서 B' 의 좌표는 $B'(\sigma_h,\ \tau_{hv})$이고 $\overline{OB'} = \sigma_{ha}$ 이다.

$\tau_{hv} < 0$(시계방향) 임을 주의하자. $\overline{BB'}$ 과 σ 축의 교점을 B'' 이라 하면 $\angle B'OB'' = i$ 이므로 $\sigma_h = \overline{OB''} = \sigma_{ha}\cos i$, $\tau_{hv} = \overline{B''B'} = \sigma_{ha}\sin i$ 따라서 $\dfrac{\tau_{hv}}{\sigma_h} = \tan i$, 즉 σ_{ha} 는 지표면과 평행하게 작용함을 알 수있다(그림 9.20 (d) 참조).

$$\overline{OB'} = \overline{OB} = \sigma_{ha}$$

따라서

$$K_A = \frac{\sigma_{ha}}{\sigma_v} = \frac{\overline{OB}}{\overline{OA}} = \frac{\overline{OD}-\overline{DB}}{\overline{OD}+\overline{DA}} = \frac{\overline{OD}-\overline{DA}}{\overline{OD}+\overline{DA}} \tag{d}$$

$\overline{OD}$ 와 $\overline{DA}$ 를 $\overline{OC}$ 의 항으로 표시하기로 한다.

$$\overline{OD} = \overline{OC}\cos i \tag{e}$$

$$\overline{DA} = \sqrt{\overline{CA}^2 - \overline{CD}^2} = \sqrt{\overline{CF}^2 - \overline{CD}^2}$$

그런데 $\overline{CF} = \overline{OC}\sin\phi$, $\overline{CD} = \overline{OC}\sin i$ 이므로

$$\overline{DA} = \overline{OC}\sqrt{\sin^2\phi - \sin^2 i} = \overline{OC}\sqrt{\cos^2 i - \cos^2\phi} \tag{f}$$

식(e), (f)를 식(d)에 대입하면 주동토압계수(공액비) K_A 는

$$K_A = \frac{\cos i - \sqrt{\cos^2 i - \cos^2\phi}}{\cos i + \sqrt{\cos^2 i - \cos^2\phi}} \tag{9.46}$$

식 (9.46)을 식 (9.45b)에 대입하면 주동토압 σ_{ha} 는

$$\sigma_{ha} = \gamma z \cos i K_A = \gamma z \cos i \frac{\cos i - \sqrt{\cos^2 i - \cos^2 \phi}}{\cos i + \sqrt{\cos^2 i - \cos^2 \phi}} \tag{9.47}$$

σ_{ha} 는 깊이에 따라 1차적으로 증가하므로 삼각형분포를 하게 된다. 합력에 관한 사항은 다음과 같다.

- 합력에 관한 사항

  크기 : $P_A = \int_0^H \sigma_{ha}\, dz = \frac{1}{2}\gamma H^2 \cos i K_A$

  작용점 : $\bar{y} = \frac{H}{3}$

  작용방향 : 지표면과 평행

주동토압의 분포와 합력에 관한 사항은 그림 9.22에 제시되어 있다.

파괴면의 방향은 극점 O_p 와 접점 F를 연결하는 방향이다. 주의할 점은 Mohr 응력원 하반부에도 파괴포락선과의 접점 F' 이 있으며 $\overline{O_pF'}$ 도 파괴면의 방향이다. 지표면과 파괴면 이 이루는 각도는 $\angle AO_pF$ 와 $\angle AO_pF'$ 이며, 그림 9.22에서 파괴면 $\overline{O_pF}$ 는 실선, $\overline{O_pF'}$ 은 점선으로 나타나 있다.

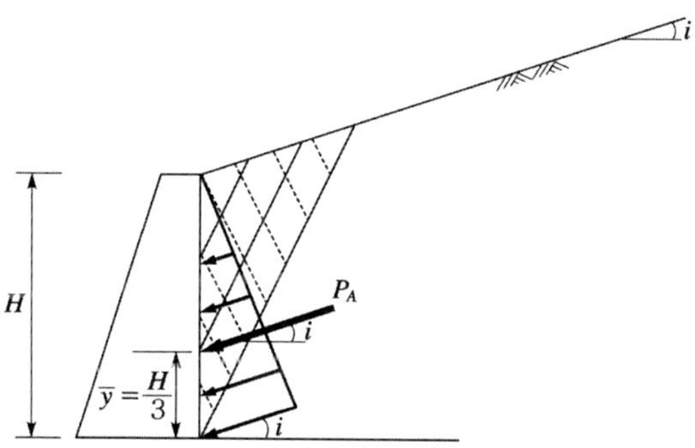

그림 9.22 지표면이 경사진 경우의 주동토압(c = 0)

수동상태의 Mohr 응력원은 그림 9.21의 A점을 지나고 파괴포락선에 접하되 주동파괴원 보다 오른쪽에 있게 되어 직경이 대단히 큰 원이 된다. 주동토압과 마찬가지로 정리하면 수동토압 σ_{hp} 는

$$\sigma_{hp} = \sigma_v K_P = \gamma z \cos i K_P \tag{9.48}$$

여기서, 수동토압계수(공액비) K_P 는

$$K_P = \frac{\cos i + \sqrt{\cos^2 i - \cos^2 \phi}}{\cos i - \sqrt{\cos^2 i - \cos^2 \phi}} \tag{9.49}$$

수동토압은 깊이에 따라 직선적으로 증가하여 삼각형 분포를 하고 작용방향은 지표면의 경사와 일치한다. 수동토압의 합력 P_P 는

$$P_P = \frac{1}{2}\gamma H^2 \cos i \, K_P \tag{9.50}$$

- 작용점 : $\bar{y} = \frac{H}{3}$
- 작용방향 : 지표면과 평행

NOTE : 이 경우에도 $K_P = \frac{1}{K_A}$ 이 됨. 즉 주동토압계수와 수동토압계수는 서로 역수관계임.

독자들에게 드리는 질문 :

① 만약 $i > \phi$ 이면 토압계수 K_A, K_P 는 어떻게 되는가?
즉 이 때 토압은 어떻게 되는가?

② 옹벽의 배면이 연직면이 아니고 경사진 경우 주동토압은 어떻게 될까?
극점의 특성을 이용하여 생각해 보는 것도 한가지 방법임.

③ $i = 0$ 이면 주동토압은 어떻게 되는가?

④ 지표면에 등분포하중 q (사면길이당)가 작용할 때 σ_{ha} 는 어떻게 될까?
식 유도과정을 잘 생각해 볼 것.

9.4.4 점성토에 대한 Rankine 토압

Rankine의 토압이론은 점착력이 있는 흙에까지 확장할 수 있다. 점착력이 있는 흙에 대해서도 앞에서 논의한 것과 같은 방법으로 주동 및 수동토압을 결정할 수 있다. 단 이때의 파괴포락선은 원점을 지나지 않고 점착력 절편을 가지게 된다($\tau_{ff} = \sigma_{ff} \tan\phi + c$). 그 결과 점착력이 있는 흙의 토압은 점착력 없는 흙의 토압에 점착력에 의한 토압이 중첩되어 전체토압이 된다.

(1) 주동토압

주동파괴상태에서는 이 경우에도 최대주응력은 연직응력이고 최소주응력은 주동토압이 된다. 즉

$$\sigma_{1f} = \sigma_v = \gamma z \,, \quad \sigma_{3f} = \sigma_{ha}$$

주동상태에 대한 Mohr 응력원은 그림 9.23에 제시되어 있다. 이 그림에는 파괴포락선도 그려져 있는데 점착력 c가 존재함을 주의하여야 한다. 파괴포락선의 방적식은 물론 $\tau_{ff} = \sigma_{ff} \tan\phi + c$ 이다.

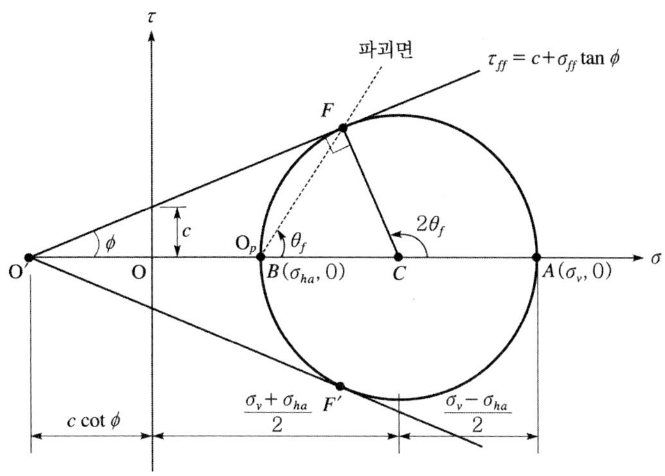

그림 9.23 주동상태의 Mohr 응력원과 파괴포락선 (점착력이 있는 경우)

그림 9.23의 $\Delta FO'C$ 에서

$$\sin\phi = \frac{\overline{FC}}{\overline{O'C}} = \frac{\dfrac{\sigma_v - \sigma_{ha}}{2}}{c\cot\phi + \dfrac{\sigma_v + \sigma_{ha}}{2}}$$

$$\sigma_{ha} = \sigma_v \frac{1-\sin\phi}{1+\sin\phi} - 2c\frac{\cos\phi}{1+\sin\phi}$$

$$\therefore\ \sigma_{ha} = \gamma z \tan^2(45^\circ - \frac{\phi}{2}) - 2c\tan(45^\circ - \frac{\phi}{2}) \tag{9.51a}$$

$$= \gamma z K_A - 2c\sqrt{K_A} \tag{9.51b}$$

NOTE : $\dfrac{\cos\phi}{1+\sin\phi} = \tan(45^\circ - \dfrac{\phi}{2})$ 가 됨은 7.4.3 일축압축시험에서 상세히 밝혔음.

위 식 (9.51a) 또는 (9.51b)의 우변 첫째항은 자중, 둘째항은 점착력에 의한 주동토압이다. 점착력에 의한 주동토압이 음(–)인 것은 점착력이 인장력을 유발하여 주동토압을 감소시킨다는 의미이다. 즉 점착력이 있는 흙은 점착력이 없는 흙에 비해 주동토압이 깊이에 관계없이 $2c\tan(45^\circ - \frac{\phi}{2})$ 만큼 일정하게 감소한다. 자중에 의한 주동토압은 깊이에 따라 직선적으로 증가한다.

$K_A = \tan^2(45^\circ - \frac{\phi}{2})$ 는 점착력이 없는 흙에서는 주동토압계수이지만 점착력이 있는 경우에는

주동토압계수가 아님을 주의하여야 한다. 즉 점착력이 있는 경우에는 $K_A = \dfrac{\sigma_{ha}}{\sigma_v}$ 의 관계가 성립되지 않는다. 이 경우에 K_A 는 단지 $\tan^2(45° - \dfrac{\phi}{2})$ 를 줄여서 표기하고 있을 뿐이다.

점착력이 있는 경우에는 파괴면이 최대주응력면(지금은 수평면)과 이루는 각도 θ_f 는 점착력이 없는 흙의 경우와 같은 값이 된다. 즉 그림 9.23에서 극점 O_p 는 B와 일치하고 파괴면의 방향은 O_p 와 F를 직선으로 연결하는 방향이다. Mohr 원 하반부에도 또 하나의 접점 F' 이 있게 됨을 주의하여야 한다.

파괴면 O_pF 에 대하여

$$\theta_f = \angle AO_pF = +(45° + \frac{\phi}{2}) \tag{9.52}$$

(+)부호는 최대 주응력면(지금은 수평면) 기준 반시계 방향으로 잰 각도라는 의미이다.

파괴면 O_pF' 에 대하여

$$\theta_f = \angle AO_pF' = -(45° + \frac{\phi}{2}) \tag{9.53}$$

(-)부호는 최대주응력면(이 경우에는 수평면) 기준 시계방향으로 잰 각도라는 의미이다. 파괴면의 방향 θ_f 는 점착력과는 무관함을 주의하여야 한다.

$$\therefore \theta_f = \pm(45° + \frac{\phi}{2}) \tag{9.54}$$

옹벽에 작용하는 주동토압(점성토인 경우)

그림 9.24와 같이 높이가 H인 옹벽에 점착력이 있는 흙으로 뒷채움했을 때 주동토압은 다음과 같이 결정할 수 있다.

가. 주동토압의 분포

$$\sigma_{ha} = \gamma z K_A - 2c\sqrt{K_A} \quad 단,\ K_A = \frac{1 - \sin\phi}{1 + \sin\phi} = \tan^2(45° - \frac{\phi}{2})$$

- 지표면(z=0): $\sigma_{ha} = -2c\sqrt{K_A}$ (인장)
- 저면(z=H): $\sigma_{ha} = \gamma HK_A - 2c\sqrt{K_A}$

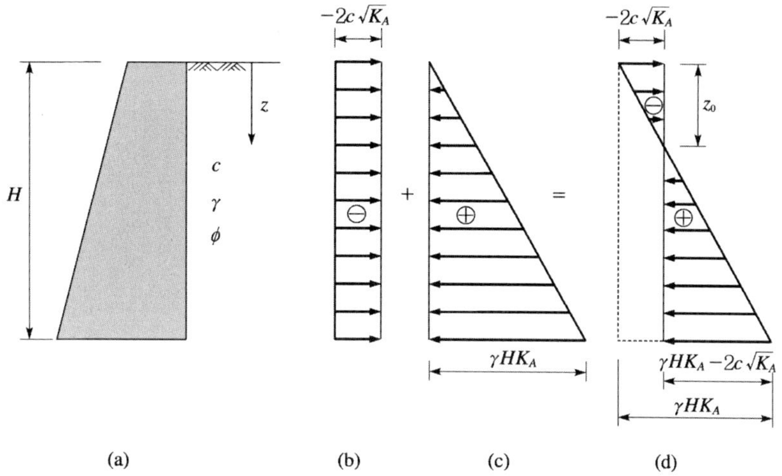

그림 9.24 옹벽에 작용하는 주동토압 (점착력이 있는 경우)

그림 9.24에는 우변의 제2항, 제1항 순서로 토압분포가 그려져 있고 이들 두 토압을 합성하여 마지막 토압분포를 얻을 수 있다.

• 인장균열(引張龜裂, tension crack) 도달깊이 또는 점착고(粘着高) z_0 의 결정 :

주동토압이 음(−)이면 인장력이 작용하므로 인장균열이 발생한다. 인장균열 도달깊이 z_0 는 $\sigma_{ha} = 0$ 이 되는 깊이이다.

$$0 = \gamma z_0 \tan^2(45^\circ - \frac{\phi}{2}) - 2c\tan(45^\circ - \frac{\phi}{2})$$

$$z_0 = \frac{2c}{\gamma} \cdot \frac{1}{\tan(45^\circ - \frac{\phi}{2})} = \frac{2c}{\gamma} \cdot \tan(45^\circ + \frac{\phi}{2})$$

$$z_0 = \frac{2c}{\gamma} \cdot \tan(45^\circ + \frac{\phi}{2}) = \frac{2c}{\gamma}\sqrt{K_P} \tag{9.55}$$

• 흙막이 없이 연직굴착이 가능한 깊이 H_c 의 결정 :

인장균열 도달깊이 z_0 의 2배 되는 깊이에서는 인장력과 압축력이 비기는 상태가 된다. 이 보다 얕은 깊이에서는 인장력이 더 크므로 자립이 가능하다. 따라서

$$H_c = 2z_0 = \frac{4c}{\gamma} \tan(45^\circ + \frac{\phi}{2}) = \frac{4c}{\gamma}\sqrt{K_P} \tag{9.56}$$

건조한 모래는 점착력이 없으므로($c = 0$) 흙막이 없이는 연직굴착이 불가능하다($H_c = 0$). 그러나 촉촉한 가는 모래는 겉보기 점착력 때문에 연직굴착이 가능하다.

연직굴착 가능 깊이 H_c를 결정하기 위한 논의에서 파괴면을 직선(평면)으로 가정하였다. 파괴면을 대수나선 곡선으로 가정하고 해석하면 H_c은 위에서 결정한 값보다 약간 작게 된다.

나. 주동토압의 합력에 관한 사항

주동토압의 합력을 결정하는 방법은 인장균열 발생구간의 인장력을 토압에 포함시키느냐 포함시키지 않느냐에 따라 Fellenius 방법과 Cain의 방법이 있다.

① Fellenius 방법

인장균열이 발생하는 구간(지표면에서 z_0까지)에는 옹벽 배면과 뒤채움 흙이 떨어져 있게 되므로 실제로는 옹벽에 인장토압이 작용할 수 없게 된다. 그럼에도 불구하고 이러한 인장균열의 효과를 무시하고 주동토압의 합력을 흙 자중에 의한 토압과 점착력에 의한 토압을 더하여(사실은 감하여) 결정하는 방법이다(그림 9.24 참조).

$$P_A = \frac{1}{2}\gamma H K_A(H) - 2c\sqrt{K_A}(H)$$

$$\therefore P_A = \frac{1}{2}\gamma H^2 K_A - 2cH\sqrt{K_A} \tag{9.57}$$

또는

$$P_A = \int_0^H \sigma_{ha} dz = \int_0^H (\gamma z K_A - 2c\sqrt{K_A})dz = \frac{1}{2}\gamma H^2 K_A - 2cH\sqrt{K_A}$$

합력의 작용점은 varignon의 정리에 의하여

$$\bar{y} = \frac{1}{P_A}\left[\left(\frac{1}{2}\gamma H^2 K_A\right)\left(\frac{H}{3}\right) - \left(2cH\sqrt{K_A}\right)\left(\frac{H}{2}\right)\right] \tag{9.58a}$$

$$= \frac{1}{P_A}\left(\frac{1}{6}\gamma H^3 K_A - cH^2\sqrt{K_A}\right) \tag{9.58b}$$

이 방법은 거의 사용되지 않는 실정이다.

② Cain의 방법

뒤채움 표면에서 인장균열 도달깊이까지는($z \le z_0$) 인장균열 때문에 옹벽배면과 뒤채움은 박리되어 인장토압이 옹벽에 작용하지 못한다. 따라서 주동토압의 분포는 Fellenius방법에서 인장균열 깊이에 걸쳐 분포하는 역삼각형의 인장력(−)을 포함시키지 않으면 된다(그림 9.24 참조).

따라서 주동토압의 분포는 $z \geq z_0$ 에 분포하는 삼각형이 된다.

주동토압 σ_{ha} 의 분포는 다음과 같다.

- $z < z_0$; $\sigma_{ha} = 0$ (인장균열 발생구간의 인장토압 무시)
- 인장균열 도달깊이($z = z_0$); $\sigma_{ha} = 0$
- 옹벽저면($z = H$); $\sigma_{ha} = \gamma H K_A - 2c\sqrt{K_A} = \gamma H K_A - \gamma z_0 K_A = \gamma(H - z_0)K_A$

NOTE : $\gamma z_0 K_A = \gamma \dfrac{2c}{\gamma}\sqrt{K_P}\, K_A = 2c\sqrt{K_A}$

주동토압의 분포는 그림 9.25에 제시되어 있다.

따라서 주동토압 합력에 관한 사항은

- 크기 : $P_A = \dfrac{1}{2}\gamma(H - z_0)^2 K_A$ (9.59)
- 작용점 : $\bar{y} = \dfrac{H - z_0}{3}$

합력에 관한 사항도 그림 9.25에 제시되어 있다.

강우 등에 의하여 인장균열에 물이 가득차면 이 물에 의한 정수압의 합력 U를 주동토압에 더해 주어야 한다. 정수압은 삼각형 분포를 하며 그 크기는

$$U = \frac{1}{2}\gamma_w {z_0}^2 \tag{9.60}$$

NOTE : 인장균열의 폭이 아무리 좁아도 정수압은 수심에만 관계될 뿐 그 폭과는 무관함. 인장균열에 가득 차 있는 물에 의한 정수압도 그 깊이가 깊으면 대단히 큰 수압이 되며 옹벽의 안정에 큰 위험이 될 수 있음. 옹벽의 뒤채움을 점성토로 하게 되면 장기적으로 보아 토압은 더욱 더 복잡해 짐. 함수비 증감에 따라 체적의 팽창수축이 반복되어 강도정수도 변하게 되고 크리프(creep) 현상이 일어날 수도 있음. 또한 투수성이 불량하여 지하수면이 형성되어 수압이 작용할 수도 있고 인장균열에 채워진 물로 인한 수압도 옹벽의 활동전도를 일으키는 추가적인 요인이 됨. 뒤채움을 모래로 하면 이러한 문제점을 대부분 해결할 수 있음. 그러나 현장사정상 일반토사로 뒤채움 하였을 때에는 배수설비(drain)를 설치하여 간극수압을 제거하여야 함.

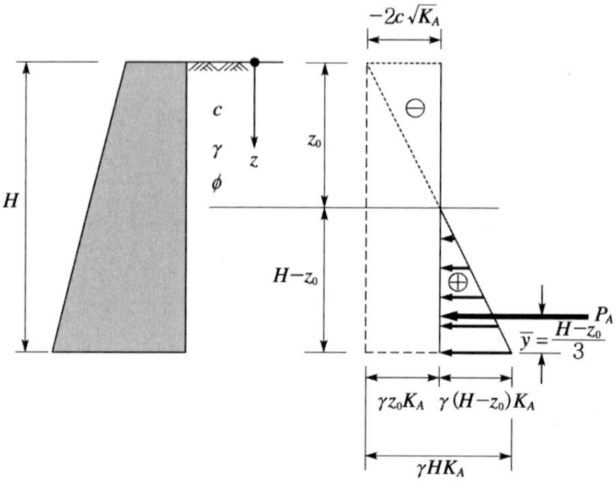

그림 9.25 주동토압의 분포(Cain의 방법)

참고사항 : 인장균열을 고려한 주동토압 결정을 위한 가상등치옹벽(Cain의 방법)

지표면에서 인장균열 도달깊이까지는($z \le z_0$) 옹벽배면과 뒤채움은 박리되어 토압의 작용은 없다. 그러나 이 구간 흙의 자중, 즉 토피하중(overburden)은 인장균열 도달면($z = z_0$)에 작용하는 등분포하중으로 볼 수있다. 그리고 이 등분포하중은 인장균열이 도달하지 않는 옹벽의 아래부분($z > z_0$)에 주동토압을 유발하게 된다. 이렇게 생각하는 가상등치옹벽이 그림 9.26에 제시되어 있다.

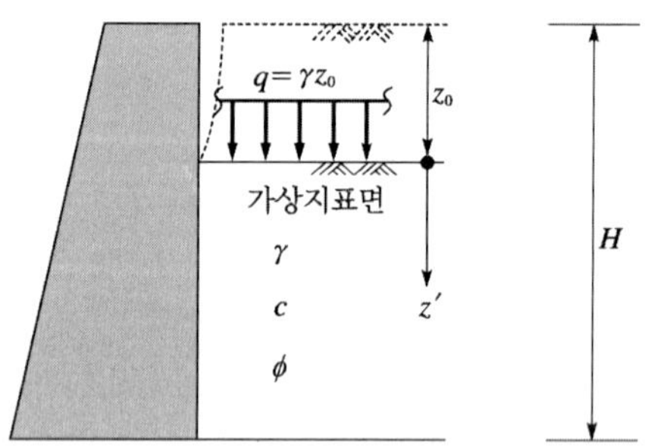

그림 9.26 인장균열을 고려한 가상등치옹벽(1)

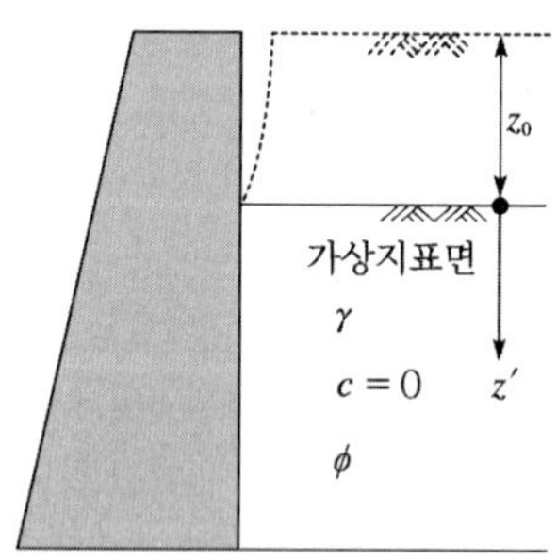

그림 9.27 가상등치옹벽(2)

(a) 가상등치옹벽 (1) (그림 9.26)

- 인장균열 도달깊이($z = z_0$)에 가상지표면 설정
- 가상지표면에 등분포 하중 $q = \gamma z_0$ 재하
- 뒤채움의 강도정수 c, ϕ, 단위중량 γ (불변)

가상지표면에서 아래 쪽으로 깊이 z' 을 재면

◦ 주동토압의 분포 : $\sigma_{ha} = qK_A + \gamma z'K_A - 2c\sqrt{K_A} = \gamma z'K_A$

($qK_A = \gamma z_0 K_A = 2c\sqrt{K_A}$ 임을 기억할 것)

- 가상지표면($z' = 0$): $\sigma_{ha} = 0$
- 옹벽저면($z' = H - z_0$): $\sigma_{ha} = \gamma(H - z_0)K_A$

이 토압의 분포는 그림 9.25의 토압분포와 일치한다.

(b) 가상등치옹벽 (2)(그림 9.27)

Cain의 방법을 기억하는 보다 간편한 가상등치옹벽(2)가 그림 9.27에 제시되어 있다.

- 인장균열 도달깊이($z = z_0$)에 가상지표면 설정
- 강도정수 $c = 0$, ϕ, 단위중량 γ

이 때 주동토압의 분포가 그림 9.25와 같음은 명백하다.

◦ 주동토압의 분포 : $\sigma_{ha} = \gamma z'K_A$

- 가상지표면($z' = 0$): $\sigma_{ha} = 0$
- 옹벽저면($z' = H - z_0$): $\sigma_{ha} = \gamma(H - z_0)K_A$

▶ **예제 9.4** 배면이 연직이고 높이 $H = 6.0m$ 인 옹벽이 있다. 뒤채움 표면은 수평이고 흙의 단위중량 $\gamma = 1.80t/m^3$, $\phi = 30°$, $c = 0.433t/m^2$ 이다.

(a) 주동토압의 분포도를 그리고 인장균열 도달깊이 z_0 를 구함.

(b) Fellenius 방법으로 주동토압의 합력을 구함.

(c) Cain의 방법으로 주동토압의 합력을 구함.

(d) 인장균열에 물이 가득 찬 경우 Cain의 주동토압 합력을 구함.

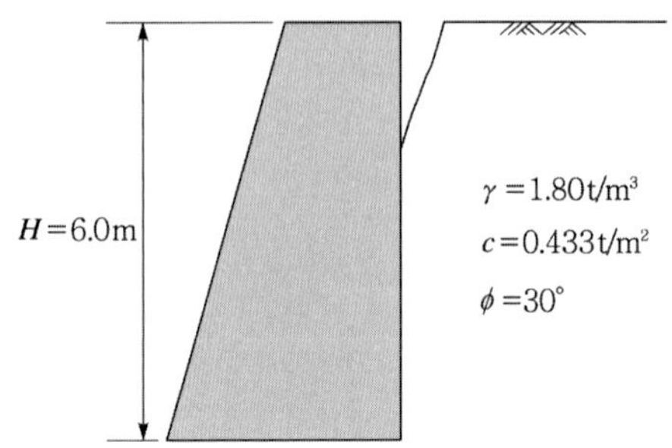

그림 예제 9.4 문제도

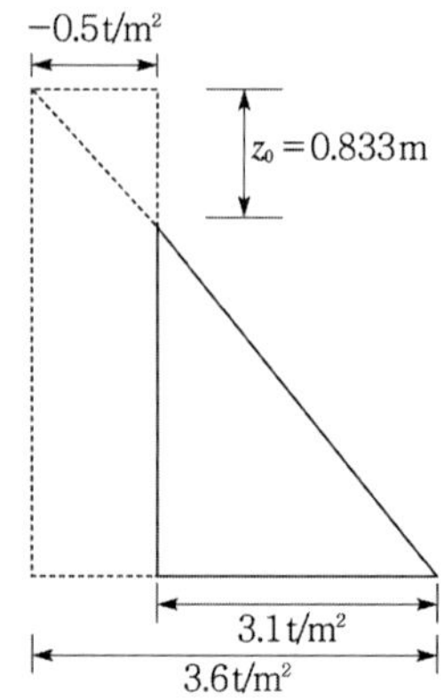

그림 예제 9.4 해답도(a)

풀이 :

$$K_A = \tan^2\left(45 - \frac{\phi}{2}\right) = \frac{1}{3},\ K_P = \tan^2\left(45 + \frac{\phi}{2}\right) = 3$$

(a) 주동토압 분포도와 인장균열 도달깊이

- 주동토압의 분포 : $\sigma_{ha} = \gamma z K_A - 2c\sqrt{K_A}$
- 지표면($z = 0$) ; $\sigma_{ha} = -2c\sqrt{K_A} = -2(0.433)\left(\frac{1}{\sqrt{3}}\right) = -0.5t/m^2$
- 옹벽저면($z = H$) : $\sigma_{ha} = (1.8)(6.0)\left(\frac{1}{3}\right) - 2(0.433)\left(\frac{1}{\sqrt{3}}\right) = 3.6 - 0.5 = 3.1t/m^2$

주동토압분포는 그림 예제 9.4 해답도(a)에 제시되어 있다.

- 인장균열 도달깊이(점착고) z_0 의 결정

$$z_0 = \frac{2c}{\gamma}\sqrt{K_P} = \frac{2(0.433)}{1.80}\sqrt{3} = 0.833m$$

(b) Fellenius 주동토압 합력

$$P_A = \frac{1}{2}\gamma H^2 K_A - 2cH\sqrt{K_A} = \frac{1}{2}(1.80)(6^2)\left(\frac{1}{3}\right) - 2(0.433)(6)\left(\frac{1}{\sqrt{3}}\right)$$

$$= 10.8 - 3.0 = 7.8t/m$$

$$\bar{y} = \frac{1}{7.8}\left[(10.8)\left(\frac{6}{3}\right) - (3)\left(\frac{6}{2}\right)\right] = 1.62m$$

(c) Cain의 주동토압 합력

$$P_A = \frac{1}{2}\gamma(H - z_0)^2 K_A = \frac{1}{2}(1.80)(6 - 0.833)^2\left(\frac{1}{3}\right) = 8t/m$$

또는 그림예제 9.4 해답도(a)의 압축응력이 Cain의 주동토압이므로

$$P_A = \frac{1}{2}(3.1)(6 - 0.833) = 8t/m$$

$$\bar{y} = \frac{H - z_0}{3} = \frac{6.0 - 0.833}{3} = 1.72m$$

(d) 인장균열에 물이 가득 찬 경우 Cain의 주동토압 합력

$$P_A = \frac{1}{2}\gamma(H - z_0)^2 K_A + \frac{1}{2}\gamma_w z_0^2 = \frac{1}{2}(1.80)(6 - 0.833)^2\left(\frac{1}{3}\right) + \frac{1}{2}(1)(0.833)^2$$

$$= 8 + 0.35 = 8.35t/m$$ ◀

(2) 수동토압

수동파괴 상태에서의 최대 및 최소주응력은 각각

$$\sigma_{1f} = \sigma_{hp},\ \sigma_{3f} = \sigma_v = \gamma z$$

파괴포락선의 방정식은 $\tau_{ff} = \sigma_{ff}\tan\phi + c$ 이다. 수동상태에 대한 Mohr 응력원과 파괴포락선은 그림 9.28에 그려져 있다.

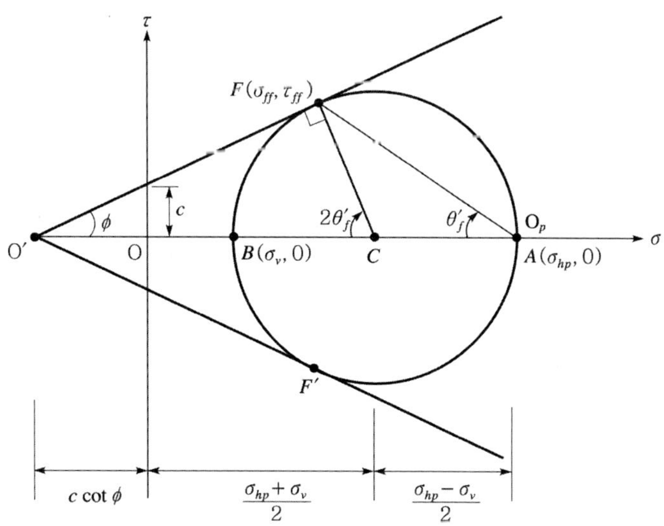

그림 9.28 수동상태에 대한 Mohr 응력원과 파괴포락선(점착력이 있는 경우)

수동토압 σ_{hp} 는 주동토압과 마찬가지 방법으로 결정할 수 있다. 그림 9.28의 $\Delta O'FC$ 에서

$$\sin\phi = \frac{\overline{FC}}{\overline{O'C}} = \frac{\dfrac{\sigma_{hp} - \sigma_v}{2}}{c\cot\phi + \dfrac{\sigma_{hp} + \sigma_v}{2}}$$

정리하면

$$\sigma_{hp} = \sigma_v \frac{1 + \sin\phi}{1 - \sin\phi} + 2c\frac{\cos\phi}{1 - \sin\phi}$$

$\sigma_v = \gamma z$ 이므로

$$\sigma_{hp} = \gamma z \tan^2(45^\circ + \frac{\phi}{2}) + 2c\tan(45^\circ + \frac{\phi}{2}) \tag{9.61a}$$

$$= \gamma z K_P + 2c\sqrt{K_P} \tag{9.61b}$$

여기서, $K_P = \tan^2(45^\circ + \frac{\phi}{2})$

점착력이 있을 때에는 K_P 는 수동토압계수가 아니며 $\frac{\sigma_{hp}}{\sigma_v} = K_P$ 관계는 성립되지 않는다. 수동토압의 경우 인장응력이 발생하지 않으므로 인장균열도 일어나지 않는다. (옹벽이 흙을 수평방향으로 압축하므로 인장균열이 일어날 수 없다.) 그 결과 수동토압 분포는 간단하다. 수동상태에서는 극점 O_p 는 그림 9.28에서 A와 일치하므로 파괴면은 O_p 와 F를 연결하는 직선의 방향이다. 물론 Mohr 응력원 하반부에도 접점 F' 가 존재하며 $\overline{O_pF'}$ 도 파괴면의 방향이다.

파괴면이 최소주응력면(지금은 수평면 $\overline{O_pB}$)과 이루는 각도를 θ'_f 라 하면 $\angle BO_pF = \theta'_f$, $\angle BCF = 2\theta'_f$ 이므로

$$\theta'_f = \pm(45^\circ - \frac{\phi}{2}) \tag{9.62}$$

기호 ± 는 최소주응력면(수평면) 기준 반시계 방향은 +, 시계방향은 –이다.

옹벽에 작용하는 수동토압(점성토의 경우)

그림 9.29와 같은 높이 H인 옹벽에 작용하는 수동토압은 다음과 같다.

수동토압의 분포 :

$\sigma_{hp} = \gamma z K_P + 2c\sqrt{K_P}$

• 지표면$(z=0)$: $\sigma_{hp} = 2c\sqrt{K_P}$

• 저면$(z=H)$:

$\sigma_{hp} = \gamma H K_P + 2c\sqrt{K_P}$

수동토압의 경우는 옹벽이 흙을 압축하므로 주동토압과는 달리 인장균열의 우려 없음.

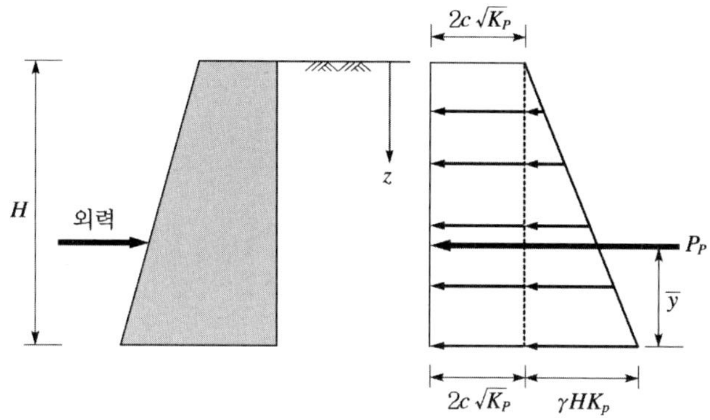

그림 9.29 옹벽에 작용하는 수동토압(점성토의 경우)

합력

• 크기 : $P_P = \dfrac{1}{2}\gamma H^2 K_P + 2cH\sqrt{K_P}$ (9.63)

• 작용점 : $\bar{y} = \dfrac{H}{3}\dfrac{6c\sqrt{K_P} + \gamma H K_P}{4c\sqrt{K_P} + \gamma H K_P}$ (9.64)

이 관계는 사다리꼴의 도심 공식 또는 Varignon 정리에서 얻을 수 있음.

• 방향 : 수평

파괴면이 최소주응력면(수평면) 과 이루는 각도 : $\theta'_f = \pm\left(45^\circ - \dfrac{\phi}{2}\right)$

독자들에게 드리는 제언 : 만약 $\phi_u = 0$ 조건이면, Rankine의 토압은 어떻게 되는가?
이 때 파괴면은 어떻게 변하는가를 생각해 볼 것. 이 질문에 대한 해답이 꼭 필요한 독자는 다음에 있는 참고사항을 읽을 것.

참고사항 : $\phi_u = 0$ 조건에서의 Rankine 토압

$\phi_u = 0$ 상태에서는 점착력은 c_u 로 표기하고 $c_u = s_u$ (비배수 강도)이다.

이 때에는 $K_A = \tan^2(45^\circ - \dfrac{\phi_u}{2}) = 1$, $K_P = \tan^2(45^\circ + \dfrac{\phi_u}{2}) = 1$ 즉 주동토압계수와 수동토압계수가 모두 1이 된다. 주동 및 수동토압의 개요는 다음과 같다.

(1) 주동토압

- 주동토압계수 : $K_A = \tan^2(45° - \frac{\phi_u}{2}) = 1$
- 주동토압 : $\sigma_{ha} = \sigma_v K_A - 2c_u \sqrt{K_A} = \gamma z - 2c_u$
- 인장균열 도달깊이 : $z_0 = \frac{2c_u}{\gamma}$
- 주동토압 합력의 크기 P_A

  Fellenius 방법 : $P_A = \frac{1}{2}\gamma H^2 - 2c_u H$

  Cain 방법 : $P_A = \frac{1}{2}\gamma(H - z_0)^2$
- 최대 주응력면(수평면)과 주동파괴면 사이의 각도 : $\theta_f = \pm 45°$

(2) 수동토압

- 수동토압계수 : $K_P = \tan^2(45° + \frac{\phi_u}{2}) = 1$
- 수동토압 : $\sigma_{hp} = \sigma_v K_P + 2c_u \sqrt{K_P} = \gamma z + 2c_u$
- 수동토압 합력의 크기 : $P_P = \frac{1}{2}\gamma H^2 + 2c_u H$
- 최소 주응력면(수평면)과 수동파괴면 사이의 각도 : $\theta'_f = \pm 45°$

독자들에게 드리는 질문 : $\phi_u = 0$ 조건에 더하여 c_u 마저 0이면 주동토압과 수동토압은 완전히 일치한다. 이러한 흙은 어떤 흙이라 할 수 있을까?

9.4.5 뒤채움이 여러층으로 이루어진 경우의 Rankine 토압

지금까지는 뒤채움이 균질한 흙으로 되어 있을 때의 토압에 대하여 논의하였다. 그런데 뒤채움이 그림 9.30과 같이 토층을 이루고 있는 경우에도 Rankine 토압이론으로 쉽게 토압을 산정할 수 있다.

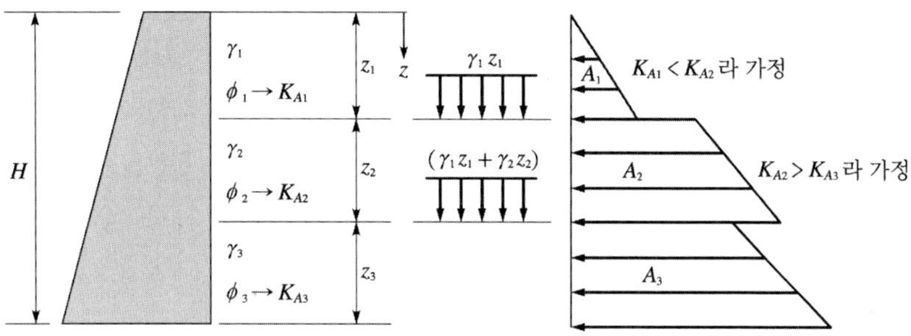

그림 9.30 뒤채움이 여러 층으로 이루어진 경우의 Rankine 주동토압

먼저 주동토압에 대하여 생각해 보기로 한다. 뒤채움 각 층의 두께는 각각 z_1, z_2, z_3 이고 단위중량은 $\gamma_1, \gamma_2, \gamma_3$ 이며 내부마찰각은 각각 ϕ_1, ϕ_2, ϕ_3 으로 한다. 그러면 각 층의 주동토압계수는 $K_{A1} = \tan^2(45^\circ - \frac{\phi_1}{2})$, $K_{A2} = \tan^2(45^\circ - \frac{\phi_2}{2})$ 그리고 $K_{A3} = \tan^2(45^\circ - \frac{\phi_3}{2})$ 이 된다. 점착력이 없는 흙의 주동토압은 연직응력에 주동토압계수를 곱하여 구할 수 있다. ($\sigma_{ha} = \sigma_v K_A$). 또는 등분포 하중 q 에 의한 주동토압은 $\sigma_{ha} = q \cdot K_A$ 로 결정할 수 있다. 따라서 주동토압은 다음 원리대로 결정하면 된다.

원리 : 토압을 구하려는 깊이보다 위쪽의 흙의 토피하중을 등분포 상재하중(q)으로 간주한다. 즉 $\sigma_v = q = \sum \gamma z$, 특히 그 토층의 경계면에서는 K_A 값이 상하토층에서 서로 다르므로 $\sigma_{ha} = qK_A$ 는 2개의 값을 가지게 되어 불연속 분포가 된다(다음 실명 참조).

◦ 지표면($z = 0$); $\sigma_v = q = 0$

$$\sigma_{ha} = 0$$

◦ $z = z_1$ 이 되는 깊이 : $q = \sigma_v = \gamma_1 z_1$

$$\sigma_{ha} = q K_A = \gamma_1 z_1 K_A$$

- $= \gamma_1 z_1 K_{A1}$: z_1 이 제 1 토층이라고 보는 경우
- $= \gamma_1 z_1 K_{A2}$: z_1 이 제 2 토층이라고 보는 경우

◦ $z = z_1 + z_2$ 이 되는 깊이 : $q = \sigma_v = \gamma_1 z_1 + \gamma_2 z_2$

$$\sigma_{ha} = q K_A = (\gamma_1 z_1 + \gamma_2 z_2) K_A$$

- $= (\gamma_1 z_1 + \gamma_2 z_2) K_{A2}$
- $= (\gamma_1 z_1 + \gamma_2 z_2) K_{A3}$

◦ $z = z_1 + z_2 + z_3$ 이 되는 깊이 : $q = \sigma_v = \gamma_1 z_1 + \gamma_2 z_2 + \gamma_3 z_3$

$$\sigma_{ha} = qK_{A3} = (\gamma_1 z_1 + \gamma_2 z_2 + \gamma_3 z_3) K_{A3}$$

주동토압의 분포는 그림 9.30에 제시되어 있다. 이 그림에서 알 수 있는 것처럼 토층의 경계면에서는 주동토압계수가 급변하므로 주동토압도 급변하여(불연속) 토압분포도는 톱니 모양이 된다.(실제 지반에서는 이러한 급변 또는 불연속은 일어나지 않겠지만)

◦ 주동토압 합력에 관한 사항

• 크기 : 주동토압 분포도의 면적을 구하여 얻을 수 있음.

$$P_A = A_1 + A_2 + A_3$$

A : 각 토층의 주동토압 분포도 면적

• 작용점 : Varignon의 정리를 이용하여 구할 수 있음.

$$\bar{y} = \frac{1}{P_A}(A_1 y_1 + A_2 y_2 + A_3 y_3)$$

y : 각 토층 응력분포도의 도심과 옹벽저면 사이의 거리

• 작용방향 : 수평방향

독자들에게 드리는 질문 : 옹벽의 뒷굽(heel)을 지나는 주동파괴면(θ_i)을 각 토층에 연속하여 그려서 지표면까지 그려보면 어떠한 모양이 되는가?

수동토압은 주동토압계수 K_A 를 K_P 로 바꾸면 된다.

9.4.6 뒤채움에 지하수면이 형성되어 있는 경우에 대한 Rankine 토압

지금까지는 간극수압이 없는 상태($u = 0$), 즉 전응력과 유효응력이 같은 상태에서의 Rankine 토압에 대하여 논의하였다. 이제는 간극수압이 작용하여 전응력과 유효응력이 간극수압만큼 차이가 나는 경우에 대하여 Rankine의 토압을 생각해 보기로 한다.

그림 9.31과 같이 지표면 아래 깊이 z_1 되는 곳에 지하수면이 있을 때 지하수면보다 아래에 있는 두께 z_2 되는 구간의 토압은 어떻게 되는지 살펴보기로 한다.

지하수면보다 아래에 있는 뒤채움에 의한 가로방향 토압(주동, 수동, 정지토압)을 결정하는데 관여하는 기본적 사실은 이미 논의하였다. 즉 가로방향 토압에 대해서도 유효응력 방정식은 성립하고 토압계수(주동, 수동, 정지토압계수)는 연직유효응력에 대한 수평유효응력의 비라는 사실이다. 또한 같은 흙의 내부마찰각은 지하수면 아래, 위에서 같은 값을 유지하므로 토압계수도 지하수면 아래, 위에서 같은 값이 된다.

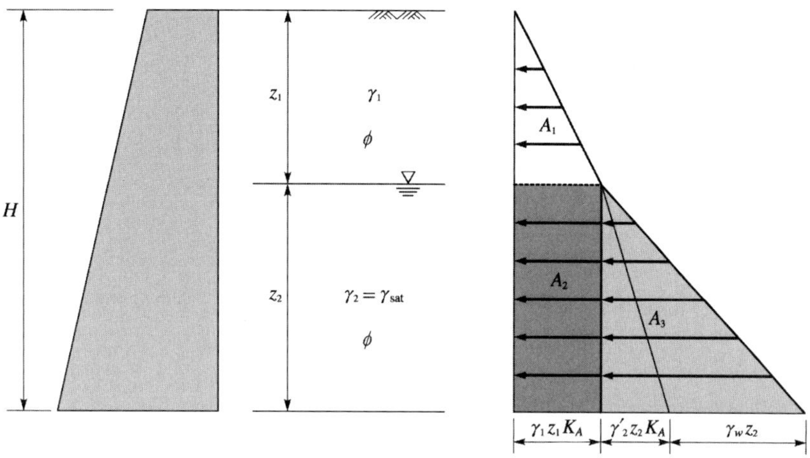

(a) 옹벽과 뒷채움의 단면도 (b) 주동토압 분포도

그림 9.31 뒤채움에 지하수면이 있을 때의 주동토압

우선 주동토압에 대하여 생각해 보면

- 유효응력 방정식 : $\sigma_{ha} = \sigma'_{ha} + u$ (a)
- 주동토압계수의 정의 : $K_A = \dfrac{\sigma'_{ha}}{\sigma'_v} \quad \therefore \sigma'_{ha} = \sigma'_v K_A$ (b)

식 (a), (b)에서

$$\sigma_{ha} = \sigma'_v K_A + u \tag{c}$$

전체 주동토압 σ_{ha}는 유효응력에 의한 주동토압, 즉 유효주동토압 σ'_{ha}에 간극수압 u를 더해주면 된다. 다시 말하면 주동토압 σ_{ha}는 유효응력만에 의한 유효주동토압 $\sigma'_{ha} = \sigma'_v K_A$에 간극수압을 더해주면 얻을 수 있다.

◦ 주동토압분포 : $\sigma_{ha} = \sigma'_{ha} + u = \sigma'_v K_A + u$

- 지표면($z = 0$); $u = 0$, $\sigma'_v = \sigma_v = 0$

  $\therefore \sigma_{ha} = 0$

- 지하수면($z = z_1$); $u = 0$, $\sigma'_v = \sigma_v = \gamma_1 z_1$

  $\sigma_{ha} = \sigma'_{ha} = \gamma_1 z_1 K_A$

- 옹벽저면($z = z_1 + z_2$); $u - \gamma_w z_2$, $\sigma'_v = \gamma_1 z_1 + \gamma'_2 z_2$

$$\sigma_{ha} = \sigma'_{ha} + u = \sigma'_v K_A + u \ = \left(\gamma_1 z_1 + \gamma'_2 z_2\right) K_A + \gamma_w z_2$$
$$= \gamma_1 z_1 K_A + \gamma'_2 z_2 K_A + \gamma_w z_2$$

주동토압의 분포는 그림 9.31(b)에 제시되어 있다. 지하수면 아래, 위에서 유효단위중량이 다르므로($\gamma_1 \neq \gamma'_2$) 지하수면에서는 토압분포의 기울기가 변하여 토압분포도는 절곡된다. (주동토압계수는 같으므로 토압의 급변은 일어나지 않음.)

◦ 주동토압 합력에 관한 사항

• 크기 : $P_A = A_1 + A_2 + A_3$

• 작용점 : Varignon의 정리를 이용하여

$$\bar{y} = \frac{1}{P_A}(A_1 y_1 + A_2 y_2 + A_3 y_3)$$

여기서, $A_1 = \frac{1}{2}\gamma_1 z_1^2 K_A$, $y_1 = z_2 + \frac{z_1}{3}$

$A_2 = \gamma_1 z_1 z_2 K_A$, $y_2 = \frac{z_2}{2}$

$A_3 = \frac{1}{2}(\gamma'_2 K_A + \gamma_w) z_2^2$, $y_3 = \frac{z_2}{3}$

• 작용방향 : 수평 (지표면과 평행)

◦ 파괴면이 수평면(최대 주응력면)과 이루는 각도 : θ_f

$$\theta_f = \pm\left(45^\circ + \frac{\phi'}{2}\right)$$

NOTE : 간극수압은 등방이므로 주동토압계수를 곱하는 유효주동토압에 비해 수심이 크면 대단히 커질 수 있음. 옹벽배면에 지하수면이 형성되면 수압이 옹벽의 안정성에 치명적 영향을 미치는 경우가 많음. 따라서 투수성이 좋은 뒤채움 재료를 사용하거나 배수설비를 하여 수압을 제거하는 것이 중요함.

수동토압에 대해서도 주동토압과 같은 방법을 적용할 수 있다. 즉 토압계수가 K_p로 대치되고 간극수압은 주동상태에서와 같다. 간극수압은 정지, 주동, 수동상태에서 모두 등방성으로 정수압과 같다.

만약 지하수면이 뒤채움 표면과 일치하면 주동토압의 합력 P_A는

$$P_A = P'_A + U$$

여기서, $P'_A = \frac{1}{2}\gamma H^2 K_A$; 유효주동토압 합력

$$U = \frac{1}{2}\gamma_w H^2 \ ; \text{간극수압의 합력}$$

흔히 가정하는 대로 $\gamma_{sat} = 2.0t/m^3$, $\phi' = 30°$ 로 하면 $\gamma' = 1.0t/m^3$, $K_A = \frac{1}{3}$ 이 되어

$$P_A' = \frac{1}{2}(1.0)(H^2)\left(\frac{1}{3}\right) = \frac{H^2}{2}\left(\frac{1}{3}\right)$$

$$U = \frac{1}{2}(1.0)(H^2) = \frac{H^2}{2}$$

이 되어 간극수압이 유효주동토압의 3배가 된다.

정지토압의 경우에는 2배가 됨을 이미 언급하였다. 토류구조물에서 수압은 대단히 중요한 고려사항임을 확인할 수 있다.

▶ **예제 9.5** 그림과 같이 모래로 뒤채움한 높이 $5m$ 인 옹벽이 있다. 뒤채움 표면아래 $2m$ 되는 곳에 지하수면이 존재한다. 뒤채움 모래의 강도정수는 $\phi' = 30°$, $c' = 0$ 이고 단위중량은 지하수면 위에서는 $\gamma_1 = 1.5\ t/m^3$, 지하수면 아래에 서는 $\gamma_2 = \gamma_{sat} = 2.0t/m^3$ 이다. 옹벽에 작용하는 주동토압(수압포함)의 분포와 합력을 구하라.

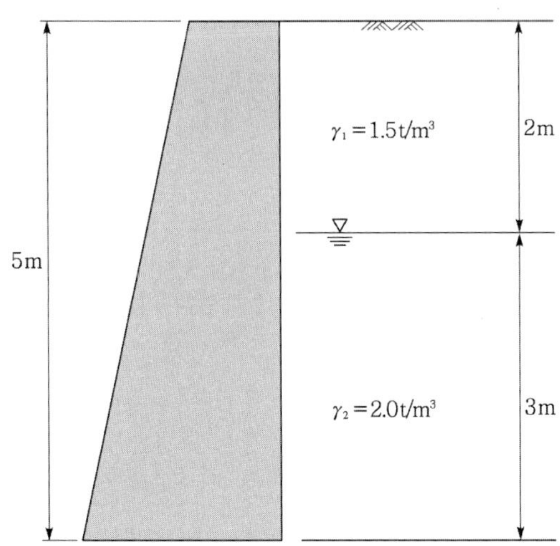

그림 예제 9.5 문제도

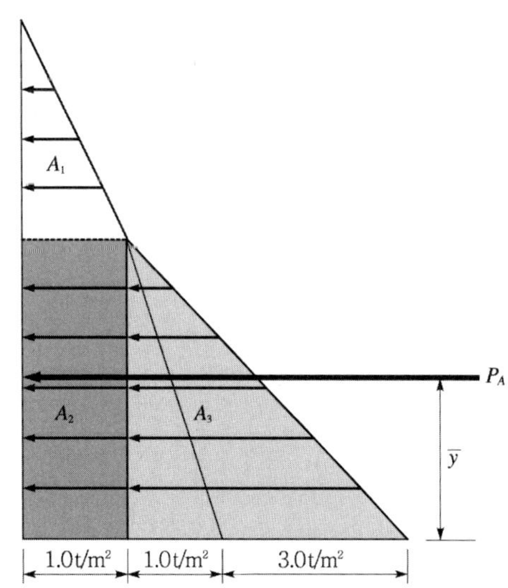

그림 예제 9.5 해답도

풀이 :

$$K_A = \tan^2(45° - \frac{\phi'}{2}) = \frac{1}{3}$$

– 주동토압의 분포 $\sigma_{ha} = \sigma'_{ha} + u = \sigma'_v K_A + u$

◦ 지표면($z = 0$); $\sigma_{ha} = 0$

◦ 지하수면($z = 2\ m$); $u = 0$, $\sigma'_v = \sigma_v = \gamma_1 z_1$

• $\sigma_{ha} = \gamma_1\ z_1\ K_A = (1.5)(2)(\frac{1}{3}) = 1.0\ t/m^2$

◦ 옹벽 저면($z = 5\ m$); $u = \gamma_w z_2$, $\sigma'_v = \gamma_1 z_1 + \gamma'_2 z_2$

• $$\begin{aligned}\sigma_{ha} &= \sigma'_{ha} + u = \sigma'_v K_A + u \\ &= (\gamma_1 z_1 + \gamma'_2 z_2) K_A + \gamma_w\ z_2 \\ &= 1.0 + (2.0 - 1.0)(3)(\frac{1}{3}) + (1)(3) \\ &= 1.0 + 1.0 + 3.0 = 5.0\ t/m^2\end{aligned}$$

주동토압의 분포도는 위의 그림 예제 9.5 해답도에 제시되어 있다.

– 합력

• 크기 : $$\begin{aligned}P_A &= A_1 + A_2 + A_3 \\ &= \frac{1}{2}(1)(2) + (1)(3) + \frac{1}{2}(4)(3) \\ &= 1.0 + 3.0 + 6.0 \\ &= 10.0\ t/m\end{aligned}$$

NOTE : 주동토압의 대부분이 수압임. 즉 뒤채움에 지하수면이 형성되면 주동토압은 대단히 커지므로 옹벽은 위험해짐(자나깨나 물조심).

• 작용점 : $$\begin{aligned}\bar{y} &= \frac{1}{P_A}[\ A_1(3 + \frac{2}{3}) + A_2(\frac{3}{2}) + A_3(\frac{3}{3})] \\ &= \frac{1}{10}[\ (1.0)(3 + \frac{2}{3}) + (3)(\frac{3}{2}) + (6)(\frac{3}{3})] \\ &= 1.42\ m\end{aligned}$$

• 작용방향 : 지표면과 평행 ◀

NOTE : 뒤채움에 지하수면이 형성되면 주동토압은 대단히 커지므로 지하수면이 형성되지 않도록 특히 주의하여야 함. 뒤채움 재료로는 가능하면 투수계수가 큰 깨끗한 모래, 자갈을 사용하고 그렇지 못할 때는 배수설비를 설치하여 물을 신속히 배출시켜 간극수압의 증가를 방지하여야 함.

배수설비에 대하여서는 다음 소절에서 경사배수설비를, Coulomb 토압이론에서는 연직배수설비에 대하여 논의하고 있음.

9.4.7 뒤채움에 경사배수설비가 설치되어 있을 때의 주동토압

옹벽의 뒤채움에 지하수면이 형성되면 수압의 증가로 인하여 주동토압은 크게 증가하게 됨은 이미 논의하였다. 지하수면 형성을 방지하여 수압의 증가, 따라서 주동토압의 증가를 막을 수 있도록 경사 배수설비(sloping drain)을 설치하는 경우가 있다.

강우강도가 대단히 큰 폭우가 장시간 지속되면 뒤채움은 완전히 포화되고 배수설비를 향하여 연직 하향의 침투수류가 일어난다. 즉 연직방향의 일차원 흐름이 발생하게 된다. 이 때 옹벽에 작용하는 주동 및 수동토압은 유선망(flow net)해석 결과를 이용하여 쉽게 구할 수 있다. 물은 배수설비를 통해 배출된다. 뒤채움의 유선망은 연직방향의 유선과 이와 직교하는 수평방향의 등수두선으로 이루어지며 각 망은 크기가 같은 정사각형이 된다.

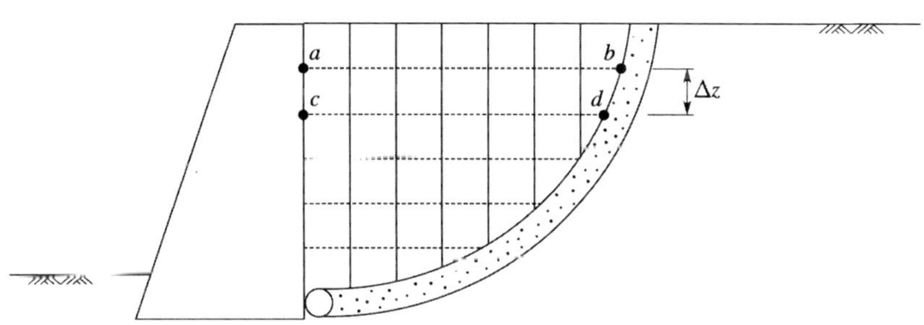

그림 9.32 뒤채움에 경사 배수설비가 설치되어 있을 때의 유선망

뒤채움 내의 간극수압은 아래와 같이 유선망을 해석하여 0 이 됨을 알수 있다.

배수설비의 투수성이 뒤채움보다 상당히 크기 때문에 배수설비는 포화되지 않은 상태로 남아있으므로 배수설비에서는 간극수압은 0이다. 그런데 그림에서 등수두선 *a*-*b*를 살펴보면 $\overline{ab}$ 상의 모든 점에서 전수두는 같아야 한다. 즉 모든 점에서 (위치수두+압력수두)값은 동일하다 ($h = h_e + h_p = const$). 그런데 b점에서는 간극수압이 $0\,(u_b = 0)$이므로 압력수두가 0 이다. 그리고 $\overline{ab}$ 상의 모든 점에서 위치수두는 동일하므로 결국 간극수압은 0이 된다. 이 사실을 *a*점에 대하여 다시 설명하면(즉 $u_a = 0$ 임을 밝히면) $\overline{ab}$ 가 등수두선이므로

$$h_a = h_b \ ; \ z_a + \frac{u_a}{\gamma_w} = z_b + \frac{u_b}{\gamma_w}$$

그런데 $z_a = z_b$, $u_b = 0$ 이므로 $u_a = 0$. 같은 방법으로 a–b선상의 모든 점에서 $u = 0$ 임을 알 수 있다. 이것은 뒤채움은 포화 상태에 있지만 간극수압은 없다는 것을 의미한다.

(a) 연직 침투수압과 수중단위중량에서 유효단위중량을 구하는 방법

가. 뒤채움 안의 동수경사 결정

뒤채움 내에서는 압력수두가 0이므로 전수두는 위치수두와 같다. 그림 9.32에서 등수두선 a–b와 등수두선 c–d 사이의 동수경사 i 는 2개 등수두선 사이의 표고차를 Δz 이라 하면 유선의 길이가 Δz 이고 수두차 Δh 도 Δz 이므로

$$i = \frac{\Delta h}{\Delta \ell} = \frac{\Delta z}{\Delta z} = 1$$

뒤채움 내에서는 연직방향 동수경사 $i = 1$ 로 균일하다.

나. 유효 수중단위중량 γ_e 결정

연직 침투수류가 있을 때 유효 수중단위중량 γ_e 는

$$\gamma_e = \gamma' \pm i\,\gamma_w$$

하향 침투수류이므로

$$\gamma_e = \gamma' + i\,\gamma_w = \gamma' + (1)\,\gamma_w$$
$$\therefore \ \gamma_e = \gamma_{sat}$$

다. 주동토압의 결정

지표면에서 깊이 z되는 곳의 연직유효응력 σ_v' 은

$$\sigma_v' = \gamma_e \, z = \gamma_{sat} \, z$$

따라서 유효 주동토압 σ_{ha}' 은

$$\sigma_{ha}' = \sigma_v' \, K_A = \gamma_{sat} \, z \tan^2 (45° - \frac{\phi'}{2})$$

전체 주동토압 σ_{ha} 는 $u = 0$이므로 σ_{ha}' 과 같다.

$$\sigma_{ha} = \sigma'_{ha} + u = \sigma'_{ha} = \gamma_{sat}\ z\ \tan^2(45° - \frac{\phi'}{2})$$

높이 H인 옹벽에 작용하는 주동토압의 합력 P_A 는

$$P_A = \frac{1}{2}\gamma_{sat}\ H^2\ \tan^2(45° - \frac{\phi'}{2})$$

합력의 작용점 $\bar{y} = \frac{H}{3}$ 이고 작용방향은 수평이다.($\because\ \phi_w = 0$)

파괴면이 수평면(최대주응력면)과 이루는 각도 θ_f 는

$$\theta_f = \pm\left(45° + \frac{\phi'}{2}\right)$$

(b) 유효응력방정식을 이용하는 방법

뒤채움 내에서는 $u = 0$ 이므로 전응력과 유효응력은 같다. 따라서 지표면 아래 깊이 z 되는 곳의

$$\sigma_v = \sigma'_v = \gamma_{sat}\ z$$

따라서 주동토압 σ_{ha} 는

$$\sigma_{ha} = \sigma'_{ha} = \sigma'_v\ K_A = \gamma_{sat}\ z\ \tan^2(45° - \frac{\phi'}{2})$$

주동토압의 합력 P_A, 작용방향, 작용점은 위에서 설명한 것과 같다.

NOTE : 배수설비 없이 뒤채움이 포화되어 있을 때와 경사 배수설비가 설치되어 있을 때의 주동토압의 합력을 비교하여 보면

- 경사배수설비 설치된 경우 : $P_A = \frac{1}{2}\gamma_{sat}\ H^2\ K_A$
- 배수설비 없는 경우 : $P_A = \frac{1}{2}\gamma'\ H^2\ K_A + \frac{1}{2}\gamma_w\ H^2$

경사 배수설비에 의한 주동토압의 감소량 ΔP_A 는

$$\begin{aligned}\Delta P_A &= (\frac{1}{2}\gamma' H^2 K_A + \frac{1}{2}\gamma_w H^2) - \frac{1}{2}\gamma_{sat} H^2 K_A \\ &= \frac{1}{2}\gamma' H^2 K_A + \frac{1}{2}\gamma_w H^2 - \frac{1}{2}(\gamma' + \gamma_w) H^2 K_A\end{aligned}$$

$$\therefore \ \Delta P_A = \frac{1}{2}\gamma_w H^2 (1 - K_A)$$

이 차이는 대단히 크다. $\phi' = 30°$ 이면 $\Delta P_A = \frac{2}{3}\left(\frac{1}{2}\gamma_w H^2\right)$

만약 강우강도가 투수계수보다 크면 뒤채움은 포화됨. 이 사실은 다음과 같이 밝힐 수 있음.

- 지표면 단위면적당 유량 $= k\,i\,A = k(1)(1)(1) = k$

  강우강도 I 에 의한 단위면적당 우량 $= i$

  즉 $i > k$ 이면 배수량보다 우량이 더 많음.

수동토압도 주동토압과 마찬가지 방법으로 구할 수 있음. 결과적으로

$$\sigma_{hp} = \gamma_{sat}\, z\, K_P$$

$$P_P = \frac{1}{2}\gamma_{sat} H^2 K_P$$

결국 경사배수설비를 설치한 옹벽 뒤채움이 포화상태에 있으면 흙의 단위중량을 포화단위중량 γ_{sat} 으로 간주하고 토압을 산정하면 됨. 간극수압은 없음.

9.5 벽면마찰을 고려한 토압이론

Rankine의 토압이론은 옹벽배면과 흙 사이의 마찰, 즉 벽면마찰을 무시하는 반면, 벽면 마찰을 고려하는 토압이론도 있다. 이 이론은 주동 또는 수동파괴 상태에서 생성되는 활동토체에 작용하는 힘의 평형해석에서 토압을 결정하고 있다.

벽면마찰을 고려하면 벽면마찰을 무시한 토압이론에 비해 토압의 크기와 작용방향이 달라짐은 물론 파괴면(failure surface)의 형상도 변하게 된다. 즉 파괴면은 벽면 가까운 곳에서는 곡선형상이 되다가, 벽면 마찰이 영향을 미치지 않는 멀리 떨어진 곳에서 지표면까지는 평면이 된다. 그럼에도 불구하고 파괴면의 형상을 편의상 하나의 평면으로 가정하는 것이 Coulomb의 토압이론이다. Coulomb은 수학적 해(solution)을 제시하고 있지만 이에 관한 도해법(graphical solution)도 있는데 Culmann의 도해법, Poncelet 도해법 등이 잘 알려져 있다. 뒤채움의 조건이 복잡한 경우에는 일반 흙쐐기 도해법을 사용하게 된다.

벽면마찰을 고려한 곡선파괴면을 결정하는 것은 상당히 난해하다(Sokolovsky, 1965 또는 Harr, 1977). 따라서, 보통 곡선으로는 대수나선(代數螺線, logarithmic spiral) 또는 원호(圓弧, circular arc)를 사용하고 있지만 토압결정을 위해서는 반복계산이 필요하여 Rankine 또는 Coulomb 토압이론에 비해 번거롭다.

반면 그 해(solution)는 보다 정확한 것으로 평가받고 있다. 곡선파괴면과 평면파괴면으로 토압을 구하여 비교해 보면 주동토압은 큰 차이가 없으나 수동토압에서는 그 차이가 상당히 크다.

이 장에서는 Rankine 토압이론은 이미 논의하였고 Coulomb 토압이론과 Culmann의 도해법을 설명한 다음, 곡선파괴면에 대해서는 수동토압에 대해서만 논의하기로 한다. 일반 흙쐐기 방법은 마지막 부분에서 언급하고 있다.

이제 주동 및 수동파괴상태에서 흙쐐기에 작용하는 힘에 관하여 생각해 보자. 편의상 평면파괴면을 가정하기로 한다. 곡선 파괴면에 대하여서는 그림 9.43 복합파괴면에 대한 수동토압을 참조하기 바란다.

먼저 주동파괴상태에 대하여 생각해 보자. 이 때에는 뒤채움에 흙쐐기 ΔABC 가 형성되고(그림 9.33(a)) 이 쐐기는 좌하(左下)로 이동하면서 옹벽을 밀어 활동(sliding) 또는 전도(overturning)시키려 한다. 흙쐐기가 미끄러져 내려오게 되므로 AB면과 AC면에는 전단이 일어난다. 따라서, 각 평면에는 수직반력 N과 마찰저항(전단력) T가 작용하게 되고 이 힘들을 흙쐐기 자중 W와 평형을 이루게 된다.

- AB 면에 작용하는 힘(반력) : 수직반력 N ; AB 면에 수직한 방향으로 작용

  전단력 $T = N \tan\phi\,,\ \dfrac{T}{N} = \tan\phi$

  쐐기가 미끄러져 내려오므로 T 의 작용방향은 우상향(右上向)

  ϕ : 흙과 흙 사이의 마찰각 = 내부(內部)마찰각(internal friction angle)

  N 과 T 의 합력을 R 로 표기, R 의 작용방향은 AB면에 수직한 선(즉 N 의 작용방향)을 기준으로 시계방향으로 ϕ 만큼 경사 또는 연직선 기준 반시계방향으로 $\theta-\phi$ 되는 방향.
  난 θ 는 수평면과 파괴면 사이의 각도(그림 9.33)

- AC 면에 작용하는 힘 : 수직반력 N (AC 면에 수직한 방향으로 작용)

  전단력 $T = N \tan\phi_w\,,\ \dfrac{T}{N} = \tan\phi_w$

  쐐기가 미끄러져 내려오므로 T 의 작용방향은 좌상향(左上向)

  ϕ_w : 벽면과 흙 사이의 마찰각 = 벽면마찰각(wall friction angle)

  N 과 T 의 합력이 주동토압 P_A 가 된다. P_A 의 작용방향은 벽면에 대한 수직선 기준 반시계 방향으로 ϕ_w 만큼 경사진 방향 또는 연직선 기준 $\psi = 180^\circ - \beta - \phi_w$ (반시계 방향)
  여기서, β 는 수평면과 옹벽배면 사이의 각도(그림 9.33)

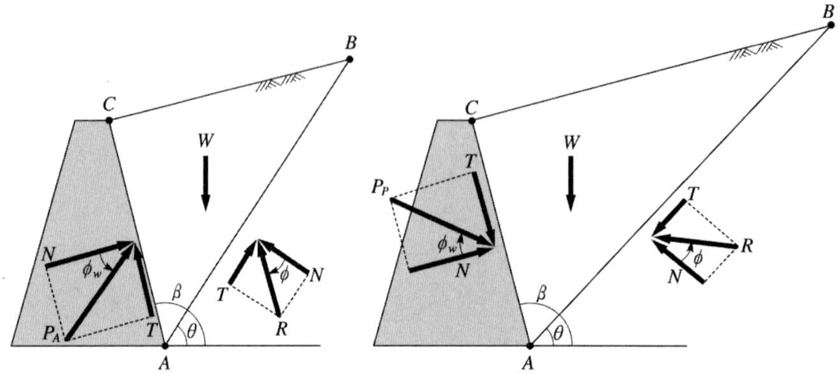

(a) 주동파괴상태 (b) 수동파괴상태

그림 9.33 파괴상태의 흙쐐기에 작용하는 힘

앞으로는 AB 면의 작용력은 R, AC 면의 작용력(주동토압)은 P_A 로 표기할 것이므로 그 작용방향을 특히 숙지하기 바란다.

자중 W 와 R, P_A 의 평형조건에서 주동토압 P_A 를 구하게 된다.

다음 수동파괴상태에서는 옹벽이 흙을 밀어 흙쐐기 ΔABC 는 우상향(右上向)으로 밀려 올라가게 되므로 AB 면과 AC 면에 작용하는 마찰저항(전단력) T 의 작용방향은 주동상태 때와는 반대방향이 된다.

- AB 면에 작용하는 힘 : 수직반력 N, 전단력 $T = N\tan\phi$, $\dfrac{T}{N} = \tan\phi$

  흙쐐기가 밀려 올라오므로 T 의 작용방향은 좌하향(左下向)

  N 과 T 의 합력을 R 로 표기. R 의 작용방향은 AB면에 대한 수직선(즉 N 작용방향) 기준 반시계 방향으로 ϕ. 또는 연직선 기준 반시계 방향 $\theta + \phi$ 만큼 경사.

- AC 면에 작용하는 힘 : 수직반력 N, 전단력 $T = N\tan\phi_w$, $\dfrac{T}{N} = \tan\phi_w$

  T 의 작용방향은 우하향(右下向)

  N 과 T 의 합력을 P_p 로 표기. P_p 의 작용방향은 AC면에 대한 수직선 기준 시계방향으로 ϕ_w 또는 연직선 기준 시계방향으로 $\psi = 180^\circ - \beta + \phi_w$ 만큼 경사.

앞으로는 AB 면의 작용력은 R, AC 면의 작용력은 P_p 로 표기할 것이므로 그 작용방향을 숙지하기 바란다.

주동토압과 마찬가지로 3힘 W, R, P_P의 평형조건에서 수동토압 P_P를 결정할 수 있게 된다.

주동 및 수동파괴상태에 대한 힘의 평형해석에 관여하는 힘

자중 W: 크기와 작용방향 모두 known

주동토압 P_A 또는 수동토압 P_P : 크기 unknown, 작용방향 known

수직반력과 전단력의 합력 R : 크기 unknown, 작용방향 known

결과적으로 2 unknowns(R, P_A 또는 P_P의 크기) vs 2 equations ($\sum H = 0$, $\sum V = 0$)

따라서, 힘의 평형조건(또는 힘 삼각형 폐합조건)에서 주동토압 P_A 또는 수동토압 P_P를 결정할 수 있다.

이상의 논의에서 알 수 있는 것은 가상파괴면 AB(즉 θ)를 변화시키면 그때마다 상이한 토압이 얻어지게 됨을 알 수 있다. 실제 주동토압은 임의의 파괴면에 대한 주동토압 중 최대값이 되는 반면 수동토압은 최소치가 된다. 곡면파괴면에 대해서도 평면파괴면과 유사한 방법으로 토압을 구한다.

9.5.1 Coulomb 토압이론

Coulomb의 토압이론은 주동 또는 수동파괴상태의 흙쐐기에 대한 힘의 평형조건에서 토압을 결정하는 방법이다.

뒤채움 표면의 경사, 옹벽 배면의 경사 및 벽면마찰각이 영향을 모두 고려할 수 있는 토압이론이다. 뒤채움은 점성이 없는 흙($c = 0$)으로 가정한다. 벽면마찰을 고려하고 있음에도 불구하고 이 토압이론은 평면파괴면(planar failure surface)을 가정하고 있다.

그림 9.34에는 Coulomb 토압이론에서 사용하는 옹벽의 형상에 관한 기호가 제시되어 있다.

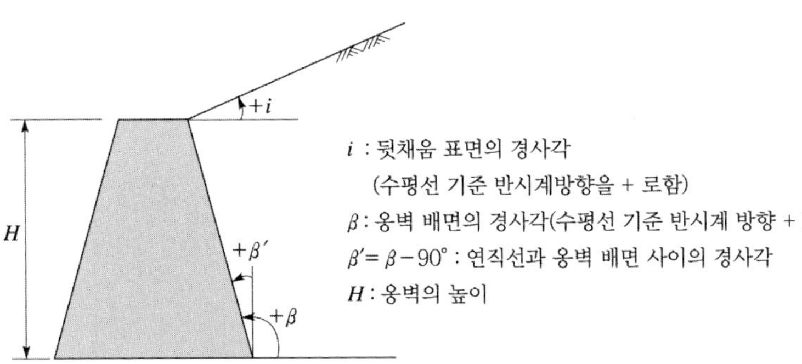

그림 9.34 옹벽의 형상에 관한 기호

(1) Coulomb의 주동토압

그림 9.35에 보인 옹벽에 작용하게 되는 주동토압에 대하여 생각해 보자. 흙이 옹벽을 밀어 옹벽을 활동 또는 전도시키려면 먼저 뒤채움에 흙쐐기 ABC가 형성되고 이 쐐기가 좌하향 (左下向)으로 미끄러져 내려오면서 옹벽에 토압을 작용시키게 된다. 이 때 AB 면과 AC 면을 따라 전단이 일어나므로 이 두 평면은 파괴면이 된다. 파괴면 AC는 옹벽배면이므로 이미 결정되어 있는 셈이지만 파괴면 AB는 옹벽에 작용하는 토압이 최대가 되도록 하는 파괴면이어야 한다는 개념은 분명하지만 아직 결정되어 있진 않다(자연은 이미 파악하고 있겠지만). 즉 A를 종점으로 하는 수많은 파괴면을 가정해 볼 수 있지만 실제의 파괴면은 옹벽에 작용하는 토압이 최대가 되게하는 파괴면이 된다. 이 파괴면을 특히 임계파괴면(critical failure surface)이라 하고, 이 때 일어나는 최대토압을 주동토압(active earth pressure, active thrust)이라 한다. 주동토압은 임계파괴면(또는 주동파괴면)으로 형성되는 흙쐐기의 평형조건에서 구할 수 있지만 이를 위해서는 먼저 임계파괴면을 결정하여야 한다. Coulomb의 주동토압은 다음과 같은 과정을 거쳐 결정된다.

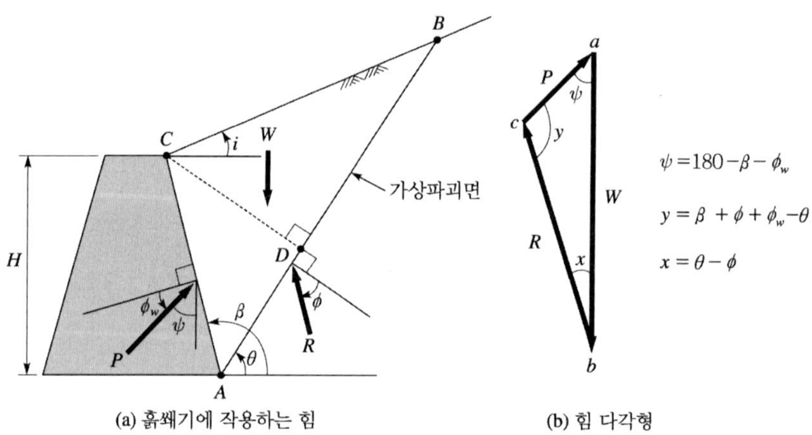

(a) 흙쐐기에 작용하는 힘 (b) 힘 다각형

그림 9.35 Coulomb의 토압이론

① 임계파괴면(주동파괴면)의 결정

- A를 지나 수평면과 임의의 경사각 θ를 이루는 가상파괴면 AB를 설정한다.
- 흙쐐기 ABC에 작용하는 힘 (W, R, P)의 평형조건에서 토압 P를 구한다. P는 θ의 함수이다. $P = P(\theta)$
- 토압 P가 최대가 되는 평면, 즉 임계파괴면은 $\dfrac{dp}{d\theta} = 0$ 조건에서 결정할 수 있다. 이때의 θ,

즉 임계파괴면의 경사각을 특히 θ_f 로 표기한다.

② 주동토압의 결정

- θ_f 를 $P(\theta)$ 의 θ 에 대입하면 최대토압 P_{max} 가 얻어지는데 이것이 곧 주동토압 P_A 이다.

$P_A = P_{max} = P(\theta_f)$

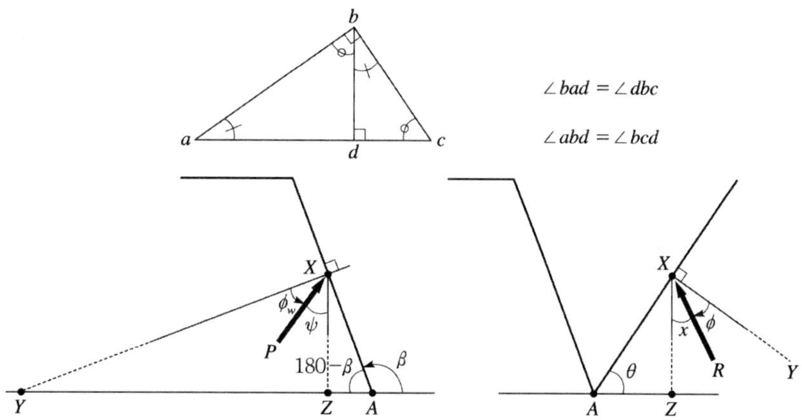

$\angle YXZ = \angle XAZ = 180-\beta$

$\angle YXZ = \phi_w + \psi = 180-\beta$

$\therefore \psi = 180-\beta-\phi_w$

$\angle XAZ = \angle ZXY = \theta = \phi + x$

$\therefore x = \theta - \phi$

(a) 연직선과 P가 이루는 각도 ψ (b) 연직선과 R이 이루는 각도 x

그림 9.36 흙쐐기에 작용하는 힘의 방향

NOTE : 그림 9.36에는 R과 P가 연직면과 이루는 각도 x 와 y 값이 제시되어 있음.
연직선과 P 사이의 각도 $y = 180-\beta-\phi_w$
연직선과 R 사이의 각도 $x = \theta-\phi$

그림 9.35를 참조하면서 위에서 설명한 과정을 따라 Coulomb의 주동토압을 결정해 보자.

① 임계(주동)파괴면 θ_f 의 결정

A를 지나 수평면과 θ 를 이루는 가상파괴면 AB에 의하여 형성된 흙쐐기 ABC에 작용하는 3개의 힘이 그림 9.35(b)에 제시되어 있다.

자중 $W = \gamma \Delta ABC$: 크기, 작용방향 모두 known

마찰저항의 합력 R : 크기 unknown, 작용방향 known

R 의 작용방향은 AB 면에 대한 수직선 기준 시계방향으로 ϕ 만큼 경사짐(주동의 경우 시계방향임을 거듭 확인할 것) 또는 연직선 기준 반시계 방향으로 $x = \theta - \phi$ 만큼 경사짐(그림 9.36(b) 참조)

토압 P : 크기 unkown, 작용방향 known

토압 P 의 작용방향은 AC면에 대한 수직선 기준 반시계 방향으로 ϕ_w 만큼 경사(주동의 경우 반시계 방향임을 재확인할 것) 또는 연직선 기준 시계방향으로 $y = 180^\circ - \beta - \phi_w$ 만큼 경사짐(그림 9.36(a)). 미지수가 2개(P 와 R 의 크기)이므로 힘 다각형은 폐합조건 ($\sum H = 0, \sum V = 0$)에서 P 를 구할 수 있다. 이들 3힘으로 이루어진 힘 삼각형이 그림 9.35(b)에 제시되어 있다. 자중 W (즉 연직선)와 P 사이의 각도($\angle a$)는 ψ 이고, W 와 R 사이의 각도($\angle b$)는 x 가 됨을 주의할 것.

힘 3각형 abc 에 sine정리를 적용하면

$$\frac{P}{\sin x} = \frac{W}{\sin y} \ : \ \frac{P}{\sin(\theta - \phi)} = \frac{W}{\sin(\beta + \phi + \phi_w - \theta)}$$

W 와 P 는 θ 에 따라 그 크기가 달라지므로 각각 $W(\theta)$, $P(\theta)$ 로 표기하면

$$P(\theta) = W(\theta)\frac{\sin(\theta - \phi)}{\sin(\beta + \phi + \phi_w - \theta)} \tag{9.65}$$

P 가 최대가 되는 파괴면, 즉 임계(주동)파괴면의 경사각 θ 는 $\dfrac{dP(\theta)}{d\theta} = 0$ 조건에서 얻을 수 있다. 이 값을 특히 θ_f 라 표기하고 임계파괴면이라 한다.

② 주동토압의 결정

θ_f 를 식 (9.65)에 θ 대신 대입하면 $P_{\max}$ 가 얻어지고 이 값이 곧 주동토압 P_A 가 된다.

$$P_A = P(\theta_f) = W(\theta_f)\frac{\sin(\theta_f - \phi)}{\sin(\beta + \phi + \phi_w - \theta_f)} \tag{9.66}$$

NOTE : 실제 θ_f 를 구하기 위한 미분과정($\dfrac{dP(\theta)}{d\theta} = 0$)과 θ_f 를 표현하는 방정식 그리고 θ_f 를 $P(\theta)$ 에 대

입하는 과정이 모두 대단히 번거로움. 실제파괴면 θ_f 를 구하는 식을 제시하는 것은 중요하지만 이것도 대단히 복잡하므로 생략하기로 함(아직 미련을 버리지 못한 독자는 다음의 참고사항을 읽어보기 바람).

식 (9.66)를 풀어서 서술하면 Coulomb의 주동토압이 얻어진다. 즉

$$P_A = \frac{1}{2}\gamma H^2 \left[\frac{\sin(\beta - \phi)\csc\beta}{\sqrt{\sin(\beta + \phi_W)} + \sqrt{\dfrac{\sin(\phi + \phi_w)\sin(\phi - i)}{\sin(\beta - i)}}} \right]^2 \tag{9.67a}$$

$$= \frac{1}{2}\gamma H^2 C_A \tag{9.67b}$$

여기서, $C_A = [복잡]^2 = \left[\dfrac{\sin(\beta - \phi)\csc\beta}{\sqrt{\sin(\beta + \phi_W)} + \sqrt{\dfrac{\sin(\phi + \phi_w)\sin(\phi - i)}{\sin(\beta - i)}}} \right]^2$

C_A 는 Coulomb의 주동토압계수

NOTE : P_A 는 $\frac{1}{2}\gamma H^2 C_A$ 의 형태가 되어 Rankine의 토압과 같이 H^2 에 비례하므로 주동토압 σ_{ha} 는 삼각형 분포를 함. 따라서 지표면 아래 깊이 z 되는 곳의 σ_{ha} 는

$$\sigma_{ha} = \gamma z C_A$$

합력 P_A 의 작용점 $\bar{y}$ 는

$$\bar{y} = \frac{H}{3}$$

P_A 의 작용방향은 옹벽 배면에 대한 수직선과 ϕ_w (반시계 방향)만큼 경사짐.

참고사항 : Coulomb 토압공식 유도과정을 흔히 제시하지 않는 이유

이 참고사항을 읽기로 결심한 독자도 이 부분은 훑어 보고 넘어가기를 권유함. 정독해도 얻는 것이 많지 않을 것임을 사전에 밝혀둠.

먼저 $W = W(\theta)$, 따라서 $P(\theta)$ 가 미분하기에 복잡한 식임을 밝혀보자. 그림 9.35에서 C 점에서 $\overline{AB}$ 면에 내린 수선의 발을 D 점이라 하면

$$W = \frac{1}{2}\gamma\,\overline{AB}\cdot\overline{CD} \tag{a}$$

그런데 $\overline{CD} = \overline{AC}\cdot\sin(\beta-\theta)$, $\overline{AC} = \dfrac{H}{\sin(180-\beta)} = \dfrac{H}{\sin\beta}$ 이므로

$$\overline{CD} = \frac{H}{\sin\beta}\cdot\sin(\beta-\theta) \tag{b}$$

ΔABC 에서 $\angle ABC = \theta - i$, $\angle BCA = 180° - \beta + i$, $\angle CAB = \beta - \theta$

sine 정리 : $\dfrac{\overline{AB}}{\sin(180° - \beta + i)} = \dfrac{\overline{AC}}{\sin(\theta - i)}$

$$\therefore\ \overline{AB} = \frac{\sin(\beta-i)}{\sin(\theta-i)}\overline{AC} = \frac{H}{\sin\beta}\cdot\frac{\sin(\beta-i)}{\sin(\theta-i)} \tag{c}$$

식 (b), (c)를 식 (a)에 대입하면

$$W = \frac{\gamma}{2}\left(\frac{H}{\sin\beta}\right)^2 \sin(\beta-\theta)\cdot\frac{\sin(\beta-i)}{\sin(\theta-i)} \tag{d}$$

식 (d)의 우변에서 γ, H, β, i 는 상수이고 θ 만 변수이므로 $W = W(\theta)$ 로 표기한다. 그러면 토압 P는

$$\begin{aligned} P(\theta) &= W(\theta)\cdot\frac{\sin(\theta-\phi)}{\sin(\beta+\phi+\phi_w-\theta)} \\ &= \frac{\gamma}{2}\left(\frac{H}{\sin\beta}\right)^2 \sin(\beta-i)\cdot\frac{\sin(\beta-\theta)\cdot\sin(\theta-\phi)}{\sin(\beta+\phi+\phi_w-\theta)\cdot\sin(\theta-i)} \end{aligned} \tag{e}$$

식 (e)의 우변은 θ 함수이고 대단히 번잡하므로 $P = P(\theta)$ 로 표기한다.

P가 최대가 되는 평면, 즉 임계(주동)파괴면 θ_f 는 $\dfrac{dP}{d\theta} = 0$ 조건에서 구할 수 있다. 그런데 식 (e)의 인상착의를 살펴보면 이미 범상치 않음을 알 수 있다. 또한 $\dfrac{dP}{d\theta} = 0$ 을 수행했다 하더라도 이 때의 θ, 즉 θ_f 에 대하여 정리하는 것도 대단히 복잡하며 θ_f 를 다시 식 (e)에 대입하여 P_{max}, 즉 P_A 를 구하는 것도 매우 번거로운 작업이다.

임계(주동)파괴면 θ_f 를 구하는 식을 제시하는 것은 중요하지만 위에 언급한 번잡성 때문에 보통 위의 과정은 생략하고 바로 Coulomb의 주동(또는 수동)토압 방정식을 제시하는 것이 보통이다.

독자들에게 드리는 질문 : 정지토압, 주동토압, 수동토압의 개념을 설명할 때 주동토압은 옹벽에 작용하는

최소 (minimum)토압이었다. 그런데 Coulomb의 주동토압은 수많은 가능파괴면에 대한 토압 중 최대(maximum) 토압으로 정의된다. 모순인가? 사실인가?

귀하의 견해를 서술하라.

(2) Coulomb의 수동토압

그림 9.35에 보인 옹벽의 주동토압과는 반대로 옹벽이 흙을 밀면 뒤채움에는 흙쐐기 ABC가 형성되고 이 쐐기는 우상향(右上向)으로 밀려 올라가게 된다(그림 9.37). 이 때 파괴면 *AB* 의 경사는 아직 결정되어 있지 않다.

A 점을 시발점으로 수많은 파괴면을 가정할 수 있으나 실제파괴면은 옹벽에 작용하는 토압이 최소가 되는 파괴면이다. 이 파괴면을 임계파괴면 또는 수동파괴면이라 하고 이 때의 최소토압을 수동토압(passive earth pressure, passive thrust)이라 한다. 수동토압을 결정하는 과정은 주동토압 결정과정을 준용하면 된다. 단 수동상태에서는 흙쐐기가 중력을 거슬러 밀려 올라가므로 파괴면 *AB* 와 *AC* 에 작용하는 전단력(전단저항) *T* 의 작용방향이 중력에 순응하는 방향이 되어 주동상태 때와는 반대가 된다(그림 9. 37 (a)).

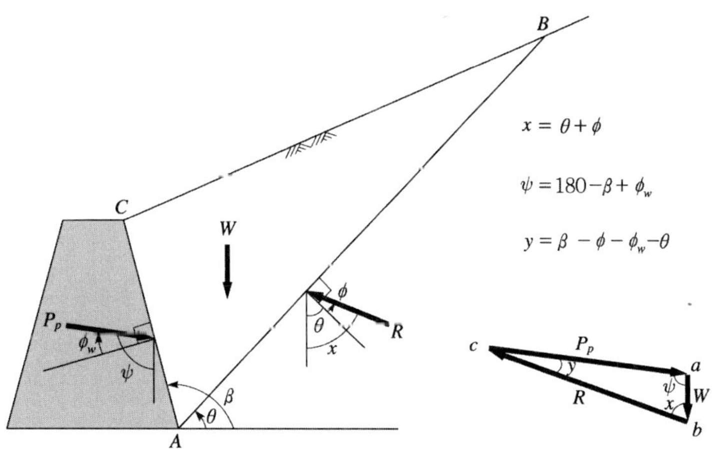

(a) 수동 흙쐐기에 작용하는 힘 (b) 힘 3각형

그림 9.37 Coulomb의 수동토압

따라서, *R* 의 작용방향은 *AB* 면에 대한 수직선 기준 반시계 방향으로 ϕ, 또는 연직선 기준 $x = \theta + \phi$ (반시계 방향)만큼 경사져 작용한다. 토압 *P* 는 *AC* 면에 대한 수직선 기준 시계방향으로 ϕ_w, 또는 연직선 기준 $y = 180° - \beta + \phi_w$ (시계방향)만큼 경사진 방향으로 작용한다. 수동파괴상태에 대한 힘 3각형은 그림 9.37 (b)에 제시되어 있다. W (즉 연직선)와 P 사이의 각도는 $y = 180^\circ - \beta + \phi_w$, W 와 R 사이의 각도는 $x=\theta+\phi$ 이다. 따라서, R 과 P 사이의 각도는 $y = 180^\circ - (y + x)$ 이므로 $y = \beta - \phi_w - \phi - \theta$ 가 된다.

힘 3각형 abc 에 대한 sine정리에서

$$P(\theta) = W(\theta)\frac{\sin(\theta + \phi)}{\sin(\beta - \phi_w - \phi - \theta)} \tag{9.68}$$

$\dfrac{dP(\theta)}{d\theta} = 0$ 조건에서 임계(수동)파괴면 θ_f 를 구하고 이 값을 식(9.68)에 대입하면 최소토압, 즉 수동토압 P_P 가 얻어진다.

$$P_P = P(\theta_f) = W(\theta_f)\frac{\sin(\theta_f + \phi)}{\sin(\beta - \phi_w - \phi - \theta_f)} \tag{9.69}$$

수동상태의 임계파괴면은 주동상태에 비해 훨씬 완만하고 수동토압 P_P 는 주동토압 P_A 보다 대단히 더 크다. 식 (9.69)를 풀어서 쓰면 Coulomb의 수동토압이 얻어진다.

$$P_P = \frac{1}{2}\gamma H^2 \left[\frac{\sin(\beta + \phi)\csc\beta}{\sqrt{\sin(\beta - \phi_W)} - \sqrt{\dfrac{\sin(\phi + \phi_w)\sin(\phi + i)}{\sin(\beta - i)}}} \right]^2 \tag{9.70a}$$

$$= \frac{1}{2}\gamma H^2 C_P \tag{9.70b}$$

여기서 $C_P = [\text{복잡}]^2 = \left[\dfrac{\sin(\beta + \phi)\csc\beta}{\sqrt{\sin(\beta - \phi_W)} - \sqrt{\dfrac{\sin(\phi + \phi_w)\sin(\phi + i)}{\sin(\beta - i)}}} \right]^2$

C_P : Coulomb의 수동토압계수

P_P 의 작용점 : $\bar{y} = \dfrac{H}{3}$

P_P 의 작용방향 : 옹벽 배면에 대한 수직선과 $-\phi_w$ (시계방향)만큼 경사.

지표면에서 깊이 z되는 곳의 σ_{hp} 는

$$\sigma_{hp} = \gamma z C_P$$

Coulomb 토압에 관한 몇가지 comment :

① 토압분포에 관한 사항

$$P_A = \int_0^H \sigma_{ha} dz = \frac{1}{2}\gamma H^2 C_A \qquad \therefore \sigma_{ha} = \frac{dP}{dz} = \gamma z C_A$$

마찬가지로 $\sigma_{hp} = \gamma z C_P$ 이므로 주동 및 수동토압은 깊이 z에 일차적으로 비례한다. 즉 토압분포는 삼각형 분포이다. 따라서, 합력의 작용점은 옹벽 밑면에서 $\frac{H}{3}$ 되는 곳이다($\bar{y} = \frac{H}{3}$).

σ_{ha} 와 σ_{hp} 의 작용방향은 각각 P_A 와 P_P 의 작용방향과 평행하다.

② 만약 $i > \phi$ 이면 식 (9.67a)의 우변 평방근 속에 있는 $\sin(\phi - i) < 0$ 이 되어 주동토압 산정이 불가능함. 이것은 모래로 된 무한사면의 경사각 i 가 ϕ 보다 커지면 이 사면이 파괴된다는 뜻임. 즉 $i > \phi$ 인 상태는 존재 불가능(사면의 안정 참조)

③ $\beta = 90°$ (연직배면), $i = 0$ (수평 뒤채움 표면), $\phi_w = 0$ (벽면마찰 무시)이면

Rankine 토압계수 = Coulomb 토압계수

$$C_A = K_A = \tan^2(45° - \frac{\phi}{2}),\ C_P = K_P = \tan^2(45° + \frac{\phi}{2})$$

즉 Rankine의 도입과 Coulomb의 토압은 같아짐(크기, 작용점, 방향 모두).

④ Coulomb 토압이론에서는 점착력은 고려할 수 없음. 그러나 점성토 뒷채움의 경우에는 Coulomb 토압의 원리를 이용한 도해법으로 토압결정이 가능함(이 장의 뒷부분 참조).

⑤ ϕ_w 에 관한 사항

가. ϕ_w 는 토압의 크기와 작용방향에 모두 영향을 미친다.

연직배면($\beta = 90°$), 수평 뒤채움 표면($i = 0$)인 경우 $\phi_w = 0$ 인 경우와 비교해 보면 $\phi_w > 0$ 이 되면 주동토압은 약간($\approx 10\%$) 감소하는 반면 수동토압은 크게 증가한다. 주동토압의 경우 $\phi_w = 0$ 인 경우와 $\phi_w \neq 0$ 인 경우를 비교해 보면 ϕ_w 가 P_A 의 크기에 미치는 영향은 상대적으로 적고 그 작용방향이 달라지는 것은 중요한 의미를 가진다. 따라서, 근사적으로 $\phi_w \neq 0$ 인 경우에도

$\phi_w = 0$ 으로 두고 P_A 를 계산(예, Rankine 토압)한 뒤 작용방향만 ϕ_w 를 고려(Coulomb 토압이론)하면 실용상 치명적 잘못은 없다.

나. $\phi_w < 0$ 인 경우도 있다. 옹벽이 침하하는 경우에는 벽면에 작용하는 전단저항 T는 하향으로 작용하게 되어 P_A 의 작용방향은 벽면에 대한 수직선 기준 $-\phi_w$ (시계방향) 만큼 기울어지므로 $\phi_w < 0$ 로 볼 수 있다. 따라서, 그림 9.38에서 알 수 있는 것처럼 P_A 는 $\phi_w > 0$ 일 경우에 비해 상대적으로 훨씬 더 커진다.

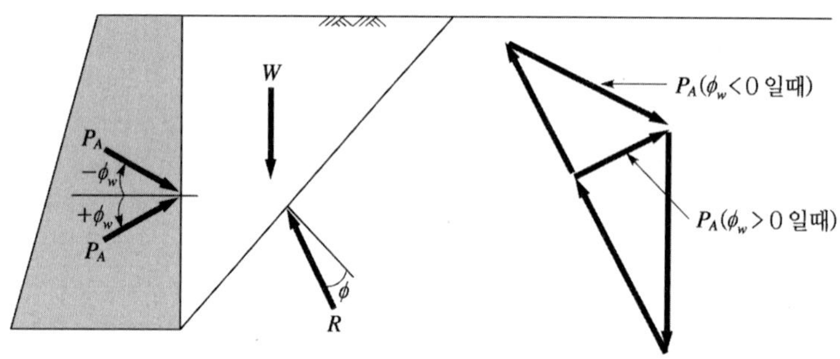

(a) 흙쐐기에 작용하는 힘 (b) 힘 다각형

그림 9.38 $\phi_w > 0$ 과 $\phi_w < 0$ 인 경우의 주동토압 비교

다. ϕ_w 의 대표치

- 일반적으로 $\phi_w \le \phi$
- 느슨한 흙 : $\phi_w \approx \phi$
- 보통 ~ 조밀한 흙 : $\phi_w < \phi$

표 9.5에는 흙의 종류에 따른 ϕ_w 의 대표치가 수록되어 있다.

표 9.5 벽면 마찰각의 대표값(Mecarthy, 1988)

벽체재료	흙의 종류	벽면 마찰각(ϕ_w)
거친 콘크리트	깨끗한 잔 모래부터 굵은 모래, 자갈	30 ±
	잔 모래, 실트질 모래, 점토질 모래	25 ±
	실트, 모래질 실트, 실트-점토, 점토	20 ±
매끈한 콘크리트	깨끗한 잔 모래부터 굵은 모래, 자갈	25 ±
	잔 모래, 중간모래, 모래-실트-자갈 혼합	20 ±
	모래-실트, 모래-점토 혼합	15 - 18
강 널말뚝	깨끗한 굵은 모래, 모래-자갈 혼합	22
	잔 모래, 중간 모래, 모래-실트-자갈 혼합	17
	실트, 모래-실트, 모래-점토 혼합	2 - 14
목재	점성이 없는 흙	15 ±

독자들에게 드리는 제언 : 만약 뒤채움이 여러층으로 이루어져 있으면 Coulomb의 토압은 어떻게 될지 연구해 볼 것(각종 설계 manual에 제시되어 있는 경우 많음).

9.5.2 Coulomb의 토압계수를 구하는 그림과 표

Coulomb의 주동토압계수와 수동토압계수를 구하는 식은 계산이 번잡하여 계산 수단(예를 들어 계산기)이 발달되지 못하였던 옛날에는 토압계수 산정에 많은 노력이 필요하였다. 이러한 시간이 많이 소요되는 계산을 반복하지 않기 위하여 이들을 구할 수 있는 도표를 많이 작성하여 실용화하였다. 이 도표에서 C_A (K_A로 표시된 것도 있음), C_P (K_P로 나타낸 것도 있음)를 구하면 주동토압 P_A와 수동토압 P_P는 각각

$$P_A = \frac{1}{2}\gamma H^2 C_A, \quad P_P = \frac{1}{2}\gamma H^2 C_P$$

토압의 작용 방향은 벽면마찰각 ϕ_w를 고려하여 결정

토압 분포는 삼각형 분포. 따라서, $\bar{y} = \dfrac{H}{3}$

(1) 그림 9.39 : 연직배면, 수평 뒤채움 표면인 경우 Coulomb 주동토압계수 C_A

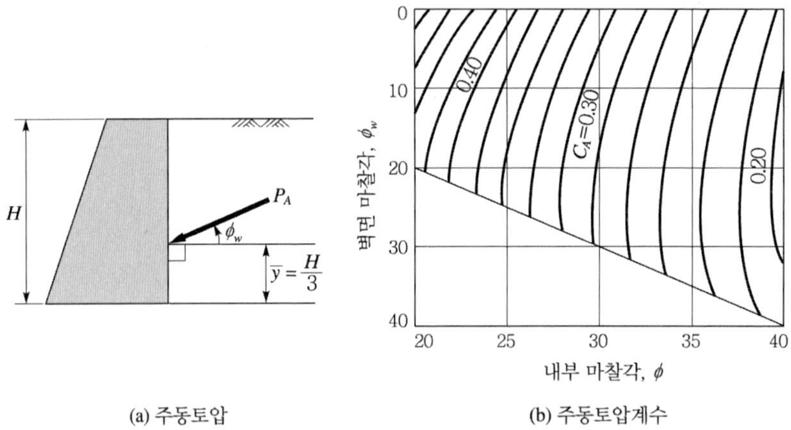

그림 9.39 Coulomb의 주동토압계수(Lambe & Whitman, 1969)

ϕ, ϕ_w —그림 9.39(b)→ C_A

$$P_A = \frac{1}{2}\gamma H^2 C_A$$

P_A 의 작용점과 작용방향은 그림 9.39(a)에 제시되어 있다. 그림 9.39(b)에서 알 수 있는 것처럼 동일한 ϕ 에 대하여 ϕ_w 값이 증가하면 C_A 는 감소한다(즉 주동토압의 크기는 적어진다). $\phi = \phi_w = 30^\circ$ 이면 $C_A = 0.297 \approx 0.3$ 임을 기억할 것.

(2) 그림 9.40 : 연직배면, 수평 뒤채움 표면인 경우 Coulomb의 수동토압계수 C_P

ϕ, ϕ_w —그림 9.40→ C_P

$$P_P = \frac{1}{2}\gamma H^2 C_P$$

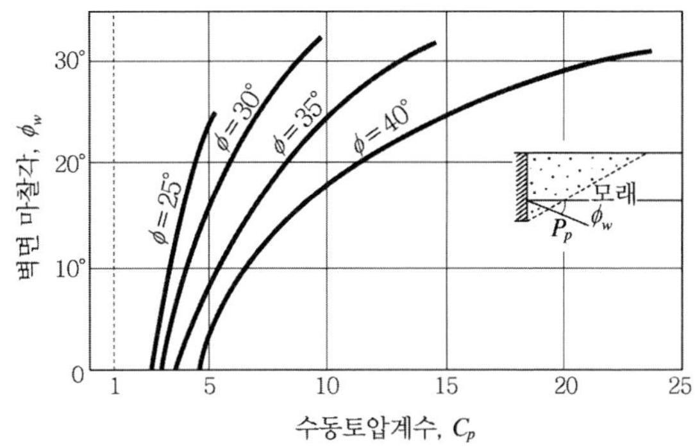

그림 9.40 Coulomb의 수동토압계수를 구하는 도표(Lambe & Whitman, 1969)

그림 9.40에서 동일한 ϕ에 대하여 ϕ_w가 커지면 P_p는 증가함을 알 수 있다.

(3) 표 9.6 : $\phi_w=0$인 경우의 Coulomb 주동토압계수 C_A

이미 논의한 것처럼 벽면마찰각이 주동토압에 미치는 영향을 분석해보면, 주동토압의 크기에 미치는 영향은 상대적으로 중요하지 않는데 비해 작용방향에 미치는 영향은 대단히 중요하다. 표 9.6은 이 사실을 이용하여 주동토압을 근사적으로 구할 수 있도록 고안된 것이다. 즉 표 9.6은 $\phi_w=0$인 조건에 대하여 작성되었으나 $\phi_w>0$인 경우에 대해서도 이 표를 이용하여 주동토압을 근사적으로 구할 수 있다.

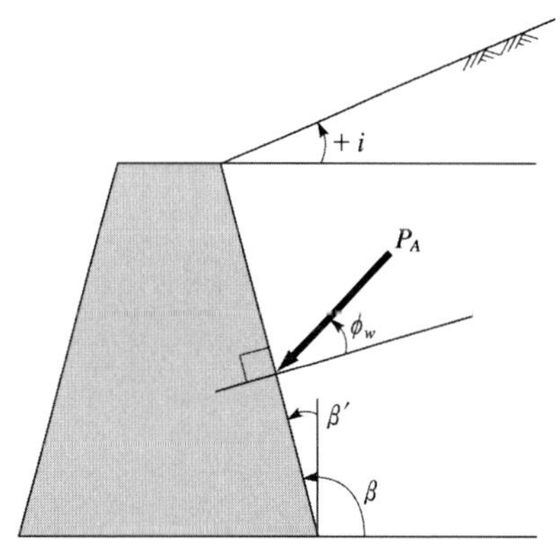

그림 9.41 주동토압 근사해법의 토압 작용방향

먼저 $\phi_w=0$인 경우에는

ϕ, $\beta' = \beta - 90°$, i → 표 9.6 → C_A

$P_A = \frac{1}{2}\gamma H^2 C_A$ 로 P_A 산정

$\phi_w = 0$ 이므로 P_A 작용방향은 옹벽배면에 수직한 방향이다.

표 9.6 ϕ_w=0 인 경우의 Coulomb 주동토압계수(Lambe & Whitman, 1969)

i		−30°	−12°	±0	+12° 1:4.7	+30° 1:1.7
$\phi = 20°$	$\beta' = +20°$		0.57	0.65	0.81	
	$\beta' = +10°$		0.50	0.55	0.68	
	$\beta' = \pm 0°$		0.44	0.49	0.60	
	$\beta' = -10°$		0.38	0.42	0.50	
	$\beta' = -20°$		0.32	0.35	0.40	
$\phi = 30°$	$\beta' = +20°$	0.34	0.43	0.50	0.59	1.17
	$\beta' = +10°$	0.30	0.36	0.41	0.48	0.92
	$\beta' = \pm 0°$	0.26	0.30	0.33	0.38	0.75
	$\beta' = -10°$	0.22	0.25	0.27	0.31	0.61
	$\beta' = -20°$	0.18	0.20	0.21	0.24	0.50
$\phi = 40°$	$\beta' = +20°$	0.27	0.33	0.38	0.43	0.59
	$\beta' = +10°$	0.22	0.26	0.29	0.32	0.43
	$\beta' = \pm 0°$	0.18	0.20	0.22	0.24	0.32
	$\beta' = -10°$	0.13	0.15	0.16	0.17	0.24
	$\beta' = -20°$	0.10	0.10	0.11	0.12	0.16

$\beta' = \beta - 90°$: β 는 옹벽배면이 수평면과 이루는 각

다음 $\phi_w > 0$ 인 경우의 근사해는 다음과 같다.

ϕ_w 를 0으로 가정하고 P_A 를 구한 뒤 ϕ_w 만큼 경사지게 P_A 를 작용시키면 된다(그림 9.41 참조). 즉 주동토압의 크기 P_A 를 구할때에는 $\phi_w = 0$ 으로 가정하고(표 9.6 사용), 주동토압의 작용방향은 ϕ_w 를 고려하여 결정하면 큰 오차는 없다.

▶ **예제 9.6** 그림과 같은 옹벽에 작용하는 주동토압을 (a) Coulomb의 방법, (b) 표 9.6을 이용하는 근사해법으로 구하고 그 결과를 비교하라.

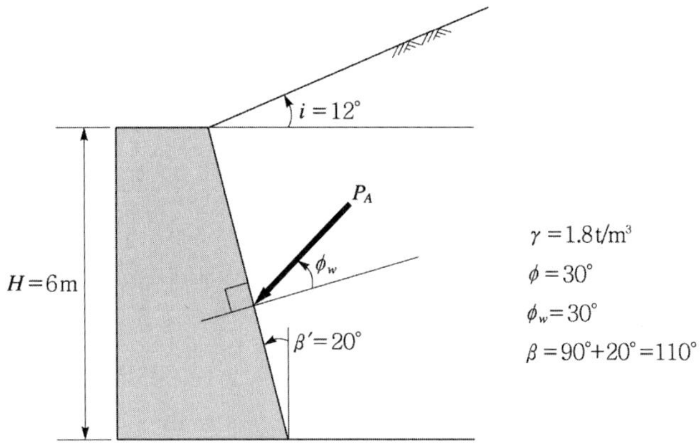

그림 예제 9.6 문제도

풀이 :

(a) Coulomb의 공식

- 주동토압의 크기 : $P_A = \frac{1}{2}\gamma H^2 C_A$

$\beta = 90^\circ + 20^\circ = 110^\circ$, $i = 12^\circ$, $\phi = \phi_w = 30^\circ$ 이면 $C_A = 0.628$

$\therefore P_A = \frac{1}{2}(1.80)(6.0)^2(0.628) = 20.35 t/m$

- 작용점 : $\bar{y} = \frac{H}{3} - \frac{6}{3} = 2.0m$
- 작용방향 : 벽면에 대한 수직선과 $\phi_w = 30^\circ$ 만큼 경사

  수평면기준 반시계방향으로 $\beta' + \phi_w = 20^\circ + 30^\circ = 50^\circ$

(b) 표 9.6을 이용하는 근사해법

① 우선 $\phi_w = 0$ 으로 가정하고 P_A 의 크기 산정

$\phi = 30^\circ$, $\beta' = 20^\circ$, $i = 12^\circ$ —(표 9.6)→ $C_A = 0.590$

- 주동토압의 크기 : $P_A = \frac{1}{2}(1.80)(6.0)^2(0.590) = 19.12 t/m$

• 작용점 : $\bar{y} = \frac{H}{3} = \frac{6}{3} = 2.0m$

② P_A 의 작용방향 : 벽면에 대한 수직선과 $\phi_w = 30^\circ$ 만큼 경사지게 작용.

수평선 기준 $\beta' + \phi_w = 20^\circ + 30^\circ = 50^\circ$ 만큼 경사.

주동토압 작용방향은 $\phi_w = 30^\circ$ 고려

비교 : 두 방법으로 구한 주동토압의 차이는 실용상 큰 문제 없음.(오차 ≈ 6.0%)

옹벽을 활동 또는 전도시키는 토압성분은 수평분력 P_{Ah} 이다. 위에서 논의한 2가지 방법과 토압의 작용방향도 $\phi_w = 0$ 으로 한 경우에 대하여 P_{Ah} 를 비교해 보면

Coulomb 토압 : $P_{Ah} = P_A \cos(\beta' + \phi_w) = (20.35)\cos 50^\circ = 13.08\,t/m$

근사해법 : $P_{Ah} = P_A \cos(\beta' + \phi_w) = (19.12)\cos 50^\circ = 12.29\,t/m$

작용방향도 $\phi_w = 0$ 로 보는 경우 : $P_{Ah} = P_A \cos\beta' = (19.12)\cos 20^\circ = 17.97\,t/m$

주동토압의 연직성분 P_{Av} 는 옹벽의 활동 또는 전도에 저항하는 힘이다.

Coulomb : $P_{Av} = P_A \sin(\beta' + \phi_w) = (20.35)\sin 50^\circ = 15.59\,t/m$

근사해법 : $P_{Av} = P_A \sin(\beta' + \phi_w) = (19.12)\sin 50^\circ = 14.65\,t/m$

토압 작용방향도 $\phi_w = 0$ 로 보는 경우 : $P_{Av} = P_A \sin\beta' = (19.12)\sin 20^\circ = 6.54\,t/m$

토압 작용방향을 $\phi_w = 0$ 으로 가정하면 P_{Ah} 는 상대적으로 커지고 P_{Av} 는 상대적으로 적어진다. (불경제적 판단) ◀

Rankine 토압과 Coulomb 토압의 비교

예제 9.6에서 알 수 있는 것처럼 벽면마찰의 고려여부는 주동토압 크기에는 큰 영향을 미치지 않으나 주동토압 작용방향이 달라지므로 P_{Ah} 와 P_{Av} 에는 큰 영향을 미치게 된다. 이러한 사실은 Rankine과 Coulomb의 토압이론에도 그대로 적용된다.

Rankine과 Coulomb 토압이론의 가장 중요한 차이점은 벽면마찰각의 고려 여부이다. Coulomb 토압이 벽면마찰을 고려하는데 반해 Rankine 토압에서는 이를 무시($\phi_w = 0$)하고 있다.

배면이 연직이고 지표면이 수평인 옹벽에 한정하여 $\phi_w = 0$ 인 경우와 $\phi_w > 0$ 인 경우의 주동토압을 비교해 보자(그림 9.42 참조).

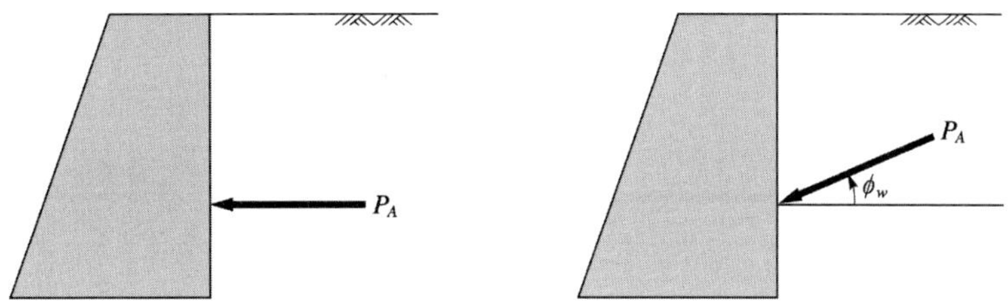

(a) Rankine 토압 ($\phi_w = 0$) (b) Coulomb 토압 ($\phi_w > 0$)

그림 9.42 Rankine 토압과 Coulomb 토압의 비교

① 주동토압의 크기 : 큰 차이는 없음. $\phi_w = 0$ 으로 보면 주동토압은 더 큰 값이 된다. (차이 $\approx 10\%$)

② 주동토압의 작용방향 : 서로 다르며 이 차이는 중요한 의미를 가진다. 이 경우 주동토압의 작용방향은 수평선과 ϕ_w 만큼 경사진다.

주동토압의 수평분력 P_{Ah} 는 옹벽을 활동 또는 전도시키는 힘인데 반해 연직성분 P_{Av} 는 옹벽의 파괴에 저항하는 힘이 된다. Rankine 토압($\phi_w = 0$)과 Coulomb 토압($\phi_w > 0$)으로 토압의 성분을 비교해 보자.

$$\text{Rankine}: \; P_A = \frac{1}{2}\gamma H^2 K_A, \; P_{Ah} = P_A, \; P_{Av} = 0$$

$$\text{Coulomb}: \; P_A = \frac{1}{2}\gamma H^2 C_A, \; P_{Ah} = P_A \cos\phi_w, \; P_{Av} = P_A \sin\phi_w$$

Coulomb 토압이 P_{Ah} 는 더 적고 P_{Av} 는 물론 더 크다. 즉 Coulomb 토압은 옹벽을 파괴(활동 또는 전도) 시키려는 힘은 더 적게, 저항력은 더 크게 산정하는 셈이다. 다음 예제에서 이 사실을 구체적으로 확인해 보자.

▶ **예제 9.7** 그림과 같이 연직배면에 지표면이 수평인 높이 H인 옹벽이 있다. $\phi = \phi_w = 30°$ 일 때 옹벽에 작용하는 주동토압을 (a) Rankine, (b) Coulomb의 방법으로 구하고 각 방법으로 수평분력과 연직분력도 함께 구하여 구하여 비교해 보라.

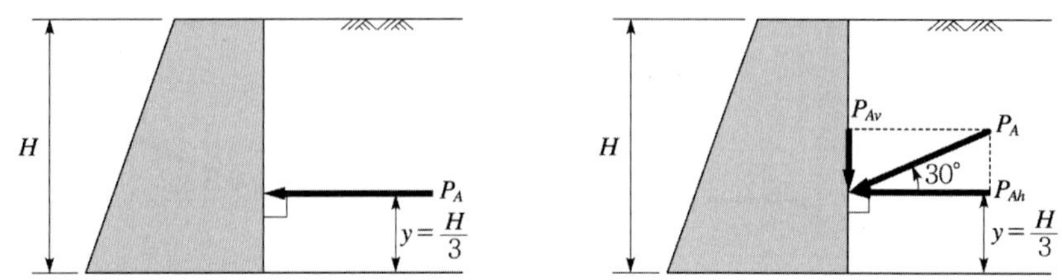

(a) Rankine의 주동토압 (b) Coulomb의 주동토압

그림 예제 9.7 해답도

풀이 :

(a) Rankine 토압이론 : $\phi = 30^\circ \ \therefore K_A = \frac{1}{3} = 0.333$

$$P_A = \frac{1}{2}\gamma H^2(0.333),\ P_{Ah} = P_A = \frac{1}{2}\gamma H^2(0.333),\ P_{Av} = 0$$

(b) Coulomb 토압이론 : $\phi = \phi_w = 30^\circ,\ C_A = 0.297 \approx 0.30,\ P_A = \frac{1}{2}\gamma H^2(0.30)$

$$P_{Ah} = P_A\cos\phi_w = \frac{1}{2}\gamma H^2(0.30)\cos\phi_w = \frac{1}{2}\gamma H^2(0.257)$$

$$P_{Av} = P_A\sin\phi_w = \frac{1}{2}\gamma H^2(0.30)\sin\phi_w = \frac{1}{2}\gamma H^2(0.15)$$

Rankine과 Coulomb의 주동토압은 그림 예제 9.7의 (a), (b)에 각각 제시되어 있고 토압계산은 다음 표에 정리되어 있다.

	Rankine	Coulomb	비교
P_A	$\frac{1}{2}\gamma H^2(0.333)$	$\frac{1}{2}\gamma H^2(0.297)$	≈ 10% 차이
P_{Ah}	$\frac{1}{2}\gamma H^2(0.333)$	$\frac{1}{2}\gamma H^2(0.257)$	≈ 30% 차이
P_{Av}	0	$\frac{1}{2}\gamma H^2(0.15)$	차이 많이 남

◀

▶ **예제 9.8** 앞의 문제와 같은 조건에서 지하수면이 지표면까지 상승한 경우 주동토압을 구하고 비교해 보라. 단 $\gamma_{sat} = 1.90\,t/m^3$ 로 함.

풀이 :

Rankine 토압의 경우 $P_A' = \frac{1}{2}\gamma' H^2 K_A$, $U = \frac{1}{2}\gamma_w H^2$ 이고 이 두 힘의 작용방향은 일치한다. 즉 수평 방향 또는 옹벽 배면에 수직한 방향이다. 따라서,

$$P_A = P_A' + U$$

반면 Coulomb 토압의 경우 $P_A' = \frac{1}{2}\gamma' H^2 C_A$, $U = \frac{1}{2}\gamma_w H^2$. 그런데 두 힘의 작용방향은 상이하다. 즉 P_A'은 옹벽 배면에 대한 수직선과 ϕ_w (반시계방향)만큼 경사져 작용하는데 반해 U는 벽면에 수직한 방향, 즉 수평방향으로 작용한다. 따라서, P_A는 P_A'과 U를 벡터 합성하거나 $P_A = \sqrt{{P_{Ah}}^2 + {P_{Av}}^2}$ 으로 구할 수 있다. Rankine과 Coulomb의 유효주동토압 P_A'과 간극수압 U가 각각 그림 예제 9.8(a)와 (b)에 제시되어 있다.

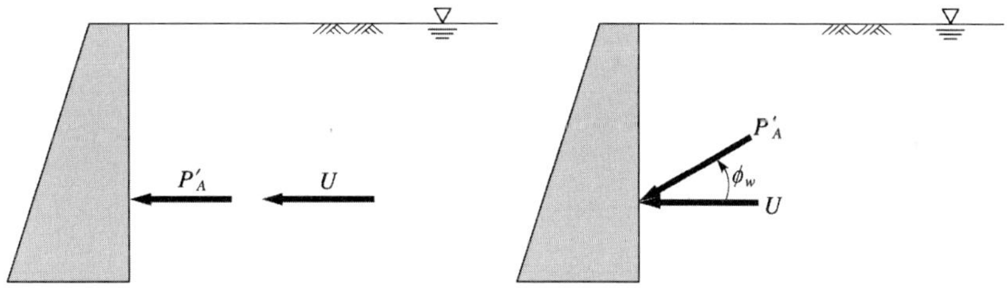

(a) Rankine 주동토압 (b) Coulomb 주동토압

그림 예제 9.8 뒤채움이 물로 포화되었을 때 Rankine 토압과 Coulomb 토압

(a) Rankine의 주동토압 : $K_A = \frac{1}{3} = 0.333$

$$P_A' = \frac{1}{2}\gamma' H^2 K_A = \frac{1}{2}(0.9)H^2(\frac{1}{3}) = \frac{H^2}{2}(0.3)$$

$$P_{Ah}' = P_A' = \frac{H^2}{2}(0.3),\ P_{Av}' = 0\ ,\ U = \frac{1}{2}\gamma_w H^2 = \frac{1}{2}(1)H^2 = \frac{H^2}{2}$$

P_A'과 U 의 작용방향이 모두 수평이므로

$$P_A = P_A' + U = \frac{H^2}{2}(0.3) + \frac{H^2}{2} = \frac{H^2}{2}(1.3), \quad P_{Ah} = P_A = \frac{H^2}{2}(1.3), \quad P_{Av} = 0$$

(b) Coulomb 토압이론 : $\phi_w = \phi = 30^\circ$, $C_A = 0.297 \approx 0.30$

$$P_A' = \frac{1}{2}\gamma' H^2 C_A = \frac{1}{2}(0.9)H^2(0.3) = \frac{H^2}{2}(0.27)$$

$$P_{Ah}' = P_A' \cos\phi_w = \frac{H^2}{2}(0.27)(\frac{\sqrt{3}}{2}) = \frac{H^2}{2}(0.234)$$

$$P_{Av}' = P_A' \sin\phi_w = \frac{H^2}{2}(0.27)(\frac{1}{2}) = \frac{H^2}{2}(0.135)$$

$$U = \frac{1}{2}\gamma_w H^2 = \frac{H^2}{2}$$

P_A'의 작용방향과 U의 작용방향이 서로 다르므로(그림 예제 9.8(b))

$$P_{Ah} = P_{Ah}' + U = \frac{H^2}{2}(0.234 + 1) = \frac{H^2}{2}(1.234)$$

$$P_{Av} = P_{Av}' = \frac{H^2}{2}(0.135)$$

$$P_A = \sqrt{P_{Ah}^{\ 2} + P_{Av}^{\ 2}} = \frac{H^2}{2}\sqrt{(1.234)^2 + (0.135)^2} = \frac{H^2}{2}(1.241)$$

계산결과는 아래 표에 정리되어 있다.

	Rankine	Coulomb	비교
P_A	$\frac{H^2}{2}(1.3)$	$\frac{H^2}{2}(1.241)$	≈ 5% 차이
P_{Ah}	$\frac{H^2}{2}(1.3)$	$\frac{H^2}{2}(1.234)$	≈ 5% 차이
P_{Av}	0	$\frac{H^2}{2}(0.135)$	차이 많이 남

NOTE: 만약 P_A'은 Rankine 토압으로 구하고 작용방향은 Coulomb 방법으로 한다면 차이는 훨씬 적어짐.

9.6 곡면과 평면이 결합된 복합 파괴면에 대한 토압이론

지금까지는 Rankine과 Coulomb의 토압이론에 관하여 논의하였다. Rankine은 벽면마찰이 없는 ($\phi_w = 0$) 매끈한 접촉면을 가정하여 파괴면은 평면이 되는 것으로 가정하고 있다. 한편 Coulomb은 거친 벽면(rough contact face)을 가정하여 벽면마찰의 존재는 인정하였으나($\phi_w \neq 0$) 파괴면은 평면 파괴면을 가정하고 있다. 그런데 모형시험 결과나 Sokolovsky(1965) 등의 연구에 의하면 실제 파괴면은 옹벽배면, 즉 접촉면 가까운 곳에서는 곡면이 되고 지표면 부근에서는 평면이 되는 복합 파괴면이 된다. 그리고 벽면마찰각 ϕ_w 가 클수록 곡면의 영향이 더 커지는 것이 밝혀졌다. 이러한 사실은 평면파괴면을 가정하는 토압이론으로 결정한 토압의 신뢰도를 검토해 볼 필요가 있음을 시사하고 있다.

주동토압의 경우에는 실제 파괴면과 평면 파괴면이 큰 차이를 보이지 않으므로(그림 9.43 참조) 벽면 마찰각만 적절히 선택하면 평면 파괴면에서 얻은 주동토압을 사용하여도 큰 무리는 없다. 즉 복합 파괴면에 대한 주동토압의 결정도 가능하지만 시간과 노력이 많이 소요되는데 비해 결과는 평면 파괴면에서 얻은 것과 큰 차이가 없으므로 사용하는 일은 드물다.

수동토압의 경우에는 실제 파괴면과 Coulomb 토압의 평면 파괴면 사이에는 큰 차이가 있다. (그림 9.43 참조)

이러한 차이 때문에 Coulomb 토압이론은 수동토압을 과내산정하여 불안전측이 될 수 있다. 벽면마찰각 ϕ_w 가 적을 때에는 실제 수동파괴면은 평면 파괴면과 거의 같으므로 오차는 수용가능한 정도이다. 그러나 벽면마찰각 ϕ_w 가 크면 큰 오차가 발생하고 Coulomb의 수동토압은 사용이 불가하다. 따라서, 실제 파괴면에 보다 가까운 복합파괴면에 대한 수동토압 산정이 필요하게 된다.

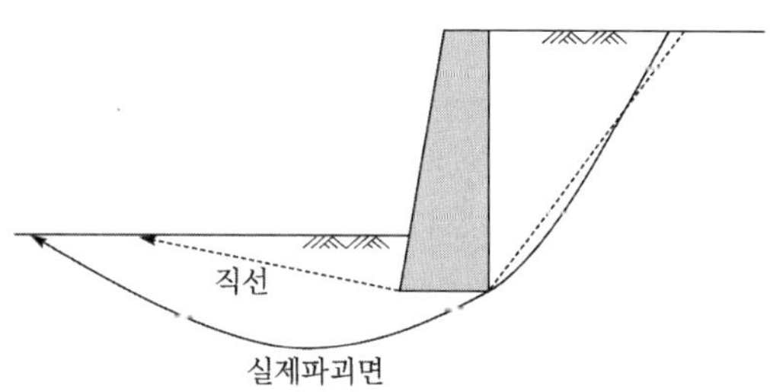

그림 9.43 실제 파괴면과 평면 파괴면과의 비교

9.6.1 복합 파괴면에 대한 모래의 수동토압

Coulomb의 수동파괴면은 벽면마찰각 ϕ_w 가 증가함에 따라 실제파괴면과 점차 큰 차이를 나타내게 되어 $\phi_w > \frac{\phi}{3}$ 이 되면 실제 파괴면은 심하게 곡면형상으로 된다. 그 결과 평면 파괴 면을 가징

하고 있는 Coulomb의 수동토압의 오차는 급속히 증가한다(Terzaghi 등, 1996). 따라서, $\phi_w > \frac{\phi}{3}$ 가 되면 파괴면이 곡면으로 되는 영향을 고려하여 수동토압을 결정하여야 한다. 그런데 앞에서 이미 언급한 것처럼 벽면마찰의 영향을 고려하는 수동파괴면의 결정은 대단히 난해하므로 보통은 대수나선곡선 또는 원호로 곡선파괴면을 근사화하고 있다. 그림 9.44와 같이 모래로 뒷채움한 옹벽의 수동토압을 복합 파괴면 ADE에 대하여 결정하는 방법을 생각해 보기로 한다. 파괴면 중 AD부분은 곡면이고 DE부분은 평면으로 지표면과는 $45° - \frac{\phi}{2}$ 의 각도를 이루고 있다.

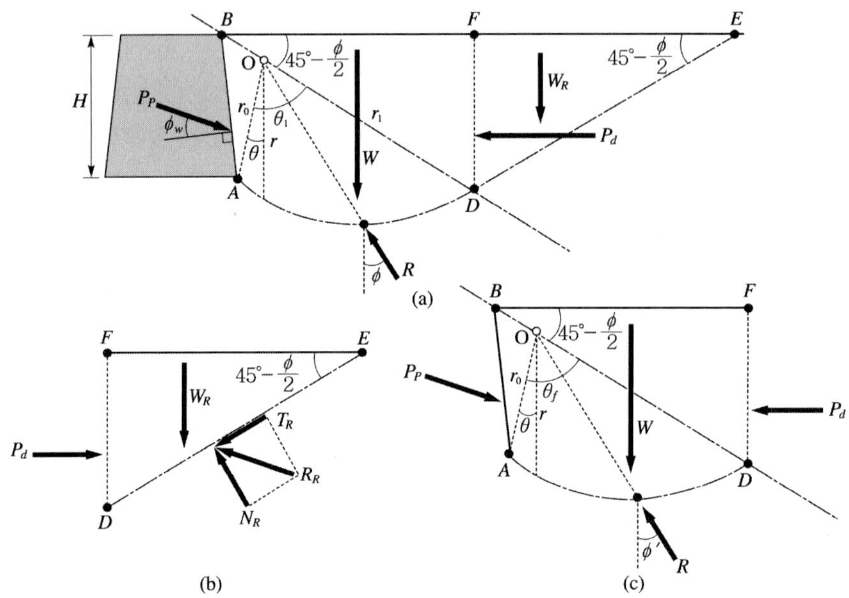

그림 9.44 복합 파괴면에 대한 모래의 수동토압 산정

이등변 삼각형 BDE는 Rankine의 수동상태에 있으므로 연직면 $\overline{DF}$ 에는 전단력이 작용하지 않고 이 연직면에는 Rankine의 수동토압 P_d 가 수평으로 작용한다. 그림 9.44(b)에 보인 것처럼 ◸FDE를 자유물체로 만들면 작용력은 자중 W_R , $\overline{DE}$ 면에 작용하는 힘 R_R (수직력 N_R 과 마찰저항 $T_R = N_R \tan\phi$ 의 합력), 그리고 P_d 이며 이 3힘이 평형을 이루고 있다. 따라서, 이 삼각형을 제거하는 대신 P_d 의 반력을 $\overline{FD}$ 면에 적용시키고 자유물체 BADF의 평형조건에서 수동토압 P_p 를 결정할 수 있게 된다(그림 9.44(c) 참조).

곡면 파괴면은 보통 원호(圓弧, circular arc) 또는 대수나선곡선(對數螺線曲線, logarithmic spiral)으로 가정한다. 여기서는 대수나선곡선을 선택하여 이 곡선의 편리한 특성을 이용하려 한다. 대수나선곡선의 자세한 사항은 Jumikis(1960)의 저서를 참고하기 바라며, 몇 가지 필요사항을 요약하면 다음과 같다.

- 대수나선곡선의 방정식 : $r = r_0 e^{\theta \tan\phi}$ (9.71)
- 대수나선곡선은 A를 지나고 D에서 평면 파괴면 $\overline{DE}$ 와 접하므로 대수나선의 중심 O는 수평면과 $45^\circ - \dfrac{\phi}{2}$ 를 이루는 직선 $\overline{DB}$ 상에 있어야 한다.(그림 9.44(a) 참조)
- 대수나선곡선 상의 모든 점에서 이 곡선의 법선과 ϕ 를 이루는 직선은 나선의 중심 O를 지나게 된다(대수나선 곡선 방정식 참조). 따라서, 대수나선곡선 상의 모든 미소요소에 작용하는 수직력 dN 과 마찰저항 $dT = dN\tan\phi$ 의 합력 dR 의 작용선은 나선의 중심 O를 지나게 된다. dR 들은 모두 O를 지나는 동점력(同点力, concurrent force)들이므로 합력 R도 그 작용선이 O를 지나게 된다.(그림 9.44(a) 참조) 이 특성이 다음 계산에서 편리하게 이용된다.

이제 자유물체 BADF에 작용하는 힘들을 열거해 보면

W : 자중

크기, 작용선 모두 기지량

P_d : $\overline{DF}$ 면의 직용력

크기 : $P_d = \dfrac{1}{2}\gamma(\overline{DF})^2 \tan^2(45^\circ + \dfrac{\phi}{2})$

작용점 : D에서 $\dfrac{\overline{DF}}{3}$, 작용방향 : 수평

R : 대수나선곡선 AD에 작용하는 수직력과 마찰저항의 합력

크기 : 미지수

작용선, 작용방향 : 모두 미지수. 그러나 작용선이 O를 지난다는 사실은 알고 있음.

NOTE : 지금의 논의에서는 불필요하지만 *R*의 작용점과 작용방향은 다음과 같이 결정할 수 있음. *W*와 P_d 의 합력을 *S*라 하면 *S*와 P_P 그리고 *R*은 동점력계를 형성함($\because \sum M = 0$ 보장). 따라서 *R*의 작용점은 *S*와 P_P 작용선의 교점이고 작용방향은 이 교점과 대수나선의 중심 *O*를 연결하는 방향임. 즉 작용선은 *O*를 지남.

P_P : 수동토압

크기 : 미지수

작용점 : A에서 $\frac{\overline{AB}}{3}$ 되는 곳

작용방향 : 벽면에 대한 수직선과 ϕ_w 만큼 경사

R의 작용선이 O를 지난다는 사실에 착안하여 O점에 대한 모멘트 평형조건에서 P_P 를 구할 수 있다. 옹벽에 작용하는 수동토압 P_P 는 BD의 연장선 상에 여러 개의 대수나선 중심 O를 설정하여 복합파괴면을 형성하여 구한 수동토압 중 최소치가 된다. 이 결정과정을 보다 조직적으로 하기 위하여 그림 9.45와 같은 제 1 가상파괴면 AD_1E_1 에 대한 수동토압 P_{P1} 을 구해보기로 한다.

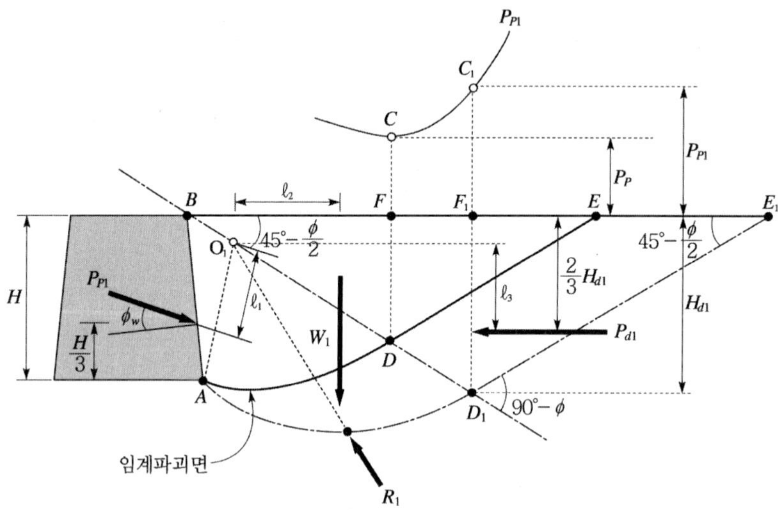

그림 9.45 가상 파괴면에 대한 수동토압의 토압선 결정

자유물체 BAD_1F_1 에 작용하는 힘들은 그림에 제시되어 있고 모멘트 중심이 되는 O에 대한 팔길이도 함께 나타나 있다. R_1 의 작용선이 O_1 을 지남을 주의한다.

O_1 에 대한 모멘트 평형조건에서 : $\sum M_{O_1} = 0$

$$P_{P1} \cdot \ell_1 = W_1 \cdot \ell_2 + P_{d1} \cdot \ell_3$$

$$P_{P1} = \frac{1}{\ell_1}(W_1 \cdot \ell_2 + P_{d1} \cdot \ell_3) \tag{9.72}$$

P_{P1}은 F_1 위에 축척대로 C_1으로 표시하였다. BD연장선 상에 새로운 중심 O_2를 잡고 대수나선 AD_2를 그리고 토체 BAD_2F_2의 작용력 O_2에 대한 모멘트 평형조건에서 P_{P2}를 구하여 이 값을 축척대로 F_2 위에 C_2로 나타낸다(그림에는 F_2, C_3은 제시되지 않았음). 같은 방법으로 다수의 P_P값들을 구하면 토압선을 그릴 수 있다. 이 토압선에서 최소치 C를 찾아내면 FC값이 수동토압 P_P가 된다. 그리고 ADE가 임계파괴면이 된다(그림 9.45 참조).

참고사항 : 원호와 평면이 결합된 복합활동면에 대한 수동토압

이미 언급한 것처럼 원호와 직선이 결합된 복합 파괴면에 대해서도 수동토압을 구할 수 있다. (그림 9.46 참조)

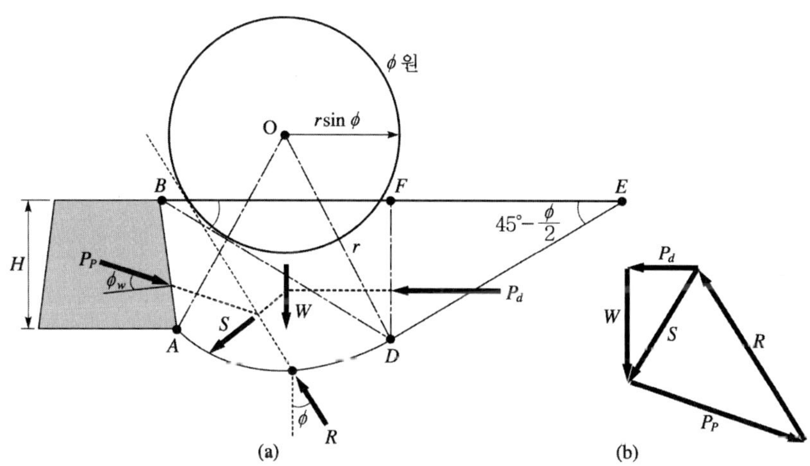

그림 9.46 원호와 평면으로 구성된 복합 파괴면에 대한 수동토압

그림에서 AD는 중심 O, 반경 r인 원호이고 $\overline{DE}$는 수평면과 $45° - \dfrac{\phi}{2}$를 이루는 평면이 다. 자유물체 BADE에 작용하는 힘들 가운데 W, P_d, P_P는 앞에서 논의한 것과 같다. 기지량인 두 힘 W와 P_d의 합력을 S라 하고 있다. S, P_P, R은 동점력계를 형성한다고 가정하면, R은 S와 P_P의 작용선의 교점을 지나고 마찰원에 접하는 방향으로 작용한다. 마찰원(friction circle ; ϕ – circle)은 그림에 보인 것처럼 중심이 O이고 반경이 $r\sin\phi$인 원이다. 미지수가 2개(P_P, R의 크기)이므로 힘다각형 폐합조건에서 P_P를 구할 수 있다. 단 이 경우는 대수나선 곡선과는 달리 미지수 R의 작용선이 중심 O를 지나지 않으므로 O점에 대한 모멘트 평형조건에서는 P_P를 구할 수 없다. 여러 가상파괴면에 대하여 구한 P_P 중 최소의 값이 수동토압이 됨은 앞에서 논의한 것과 같다.

곡면 파괴부의 실제 형상은 원호와 대수나선의 중간 쯤이 된다. 그런데 이 두 곡면의 형상사이의 차

이가 대단히 적으므로 원호 또는 대수나선 곡선으로 구한 토압은 실제토압과 별 차이가 없다. 사실상 원호 또는 대수나선 곡선으로 구한 수동토압을 정확한 해와 비교해 보면 이들 두 파괴면으로 구한 수동토압은 최소한 Coulomb 토압이론으로 구한 주동토압만큼의 정확성은 확보하고 있다고 볼 수 있다 (Terzaghi 등, 1996).

독자들에게 드리는 제언 : 주동토압 P_A를 복합 파괴면에 대하여 결정하는 방법을 생각해 볼 것. 이 때 P_A, R의 작용방향이 어떻게 달라지는가 검토할 것. 평면 파괴면(DE)이 지표면과 이루는 각도는 어떻게 되는가? 그리고 P_d는 어떻게 되는가?

복합 파괴면에 대한 토압결정은 그 정확성에도 불구하고 시간과 노력이 많이 소요되는 결점이 있다. Caquot와 Kerisel(1948)은 비교적 간단한 조건의 옹벽에 대하여 대수나선 곡선과 평면으로 구성된 복합 파괴면에 대한 주동토압과 수동토압을 산정할 수 있는 도표를 발표하였다. 여기에 대해서는 곧이어 9.6.3에서 논의하고 있다.

9.6.2 복합 파괴면에 대한 점성토의 수동토압

앞 절에서는 비점성토(모래) 뒤채움에 대한 복합파괴면을 이용한 수동토압 결정방법에 관하여 논의하였다. 여기에서는 이 논의를 점성토 뒤채움에까지 확장하기로 한다. 그림 9.47에 제시된 복합 파괴면은 바로 앞 절에서 논의한 것과 같다. 즉 AD 구간은 대수나선이고 DE 부분은 평면이다.

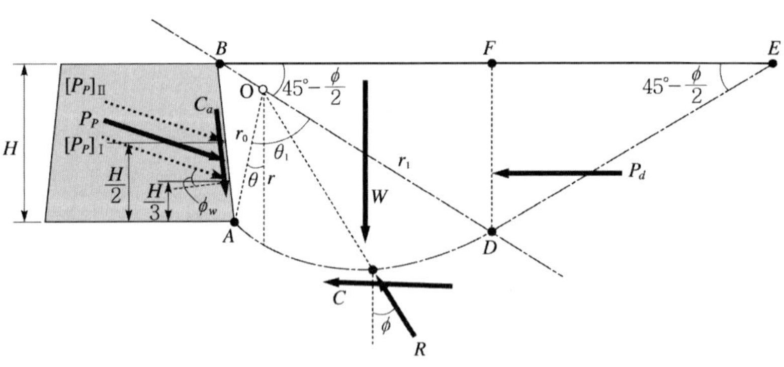

그림 9.47 복합파괴면을 이용한 점성토의 수동토압

바로 앞 절에서 논의한 것처럼 $\overline{DF}$ 면에 작용하는 힘 P_d는 Rankine의 수동토압이며 수평방향으로 작용한다. 자유물체 BADE에 작용하는 힘들은 다음과 같다.

W : 자중. 크기와 작용선 모두 기지량

P_d : $\overline{DF}$ 면에 작용하는 Rankine의 수동토압

크기 $P_d = \frac{1}{2}\gamma(\overline{DF})^2 \tan^2(45^\circ + \frac{\phi}{2}) + 2c(\overline{DF})\tan(45^\circ + \frac{\phi}{2})$

C_a : 벽면과 흙 사이의 부착력(adhesion)의 합력 $= c_a \cdot \overline{BA}$

크기, 작용점, 작용방향 모두 기지

C : 곡면 파괴면 $\widehat{AD}$ 에 작용하는 점착력의 합력, 기지량(뒤에 설명)

R : $\widehat{AD}$ 면에 작용하는 수직력 N과 마찰저항 $T = N\tan\phi$ 의 합력

크기 미지수, 작용선은 나선의 중심 O를 지남. (9.6.1 설명 참조)

P_P : 수동토압, 크기 미지수, 작용방향 알고 있음.

P_P 의 작용점 위치를 모르므로 P_P 를 다음과 같이 2개의 성분으로 나누어 생각한다.

$[P_P]_{\text{I}}$: 자중 W(또는 흙의 단위중량 γ)에 대한 수동토압 성분

$[P_P]_{\text{II}}$: 자중 외의 힘에 의한 마찰력과 점착력에 의한 수동토압 성분

그러면 $[P_P]_{\text{I}}$ 의 작용점은 A에서 $\frac{\overline{AB}}{3}$ 되는 곳이고 $[P_P]_{\text{II}}$ 의 작용점은 $\frac{\overline{AB}}{2}$ 되는 곳이다. $[P_P]_{\text{I}}$ 과 $[P_P]_{\text{II}}$ 의 작용방향은 서로 같으며 벽면에 대한 수직선과 ϕ_w 만큼 경사져 작용한다.(그림 9.46 참조) $[P_P]_{\text{I}}$ 과 $[P_P]_{\text{II}}$ 를 별도로 구한 다음 두 성분의 합력을 구하면 그 값이 수동토압 P_P 가 된다.

수동토압 P_P 는 임의로 설정한 다수의 가상 파괴면 각각에 대하여 구한 $[P_P]_{\text{I}}$ 과 $[P_P]_{\text{II}}$ 를 합한 값들로 토압선을 그렸을 때 그 최소치가 된다.

(1) $[P_P]_{\text{I}}$ 의 결정

점착력이 없는($c = 0$) 흙에 대한 수동토압이므로 $[P_{P1}]_{\text{I}}$ 은 바로 앞 절의 모래에 대한 수동토압 P_{P1} 과 같다. 즉 그림 9.48와 같은 제1가상파괴면 AD_1E_1 에 대해서 O_1 에 대한 모멘트 평형조건에서

$$[P_{P1}]_{\text{I}} = \frac{1}{\ell_1}(W_1 \cdot \ell_2 + [P_{d1}]_{\text{I}} \cdot \ell_3) \tag{9.73}$$

$[P_{P1}]_{\text{I}}$ 값은 F_1 바로 위에 축척에 맞추어 $[C_1]_{\text{I}}$ 으로 표시하였다. 임의로 선정한 제2, 제3, … 의 가상 파괴면에 얻은 $[P_{P2}]_{\text{I}}$, $[P_{P3}]_{\text{I}}$ 값들을 F_2, F_3, … 위에 $[C_2]_{\text{I}}$, $[C_3]_{\text{I}}$ 으로 표기하고(그림에는 제시되어 있지 않음) 토압선 $[C]_{\text{I}}$ 을 그리면 이 토압선은 모래에 대한 토압선과 같다.

NOTE : [ ] 안의 하첨자 번호는 가상파괴면의 번호를 의미함.

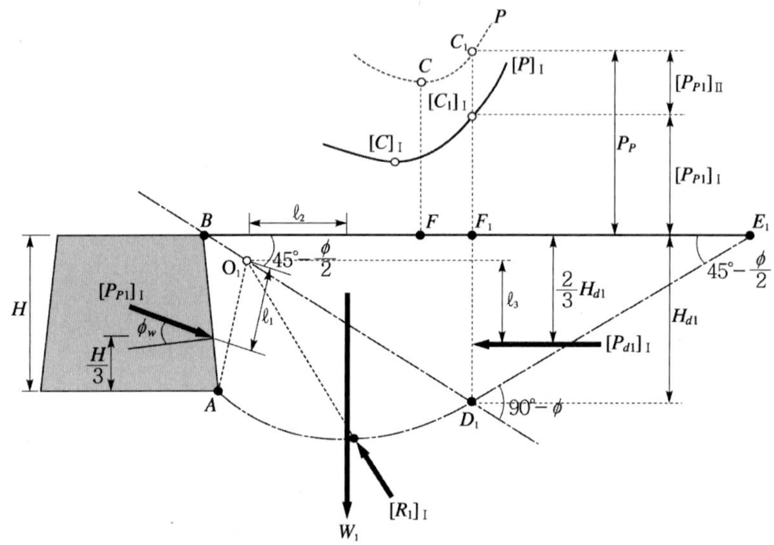

(a) 흙 자중에 의한 수동토압 결정($c = 0$)

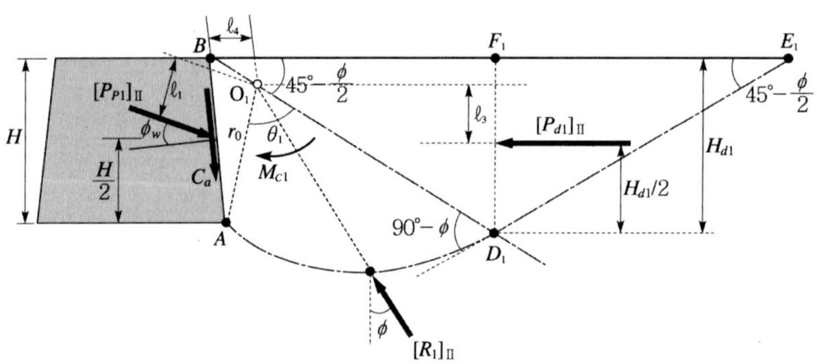

(b) 점착력에 의한 수동토압 결정

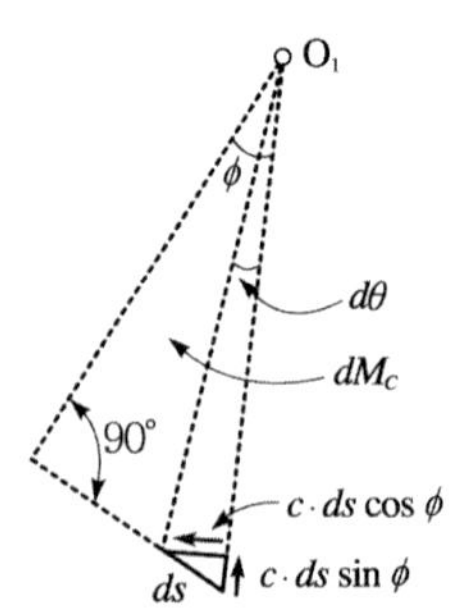

(c) 점착력에 의한 모멘트 결정

그림 9.48 복합파괴면에 대한 점성토의 수동토압

(2) $[P_P]_{II}$ 의 결정

동일한 제 1 가상파괴면 AD_1E_1 에 대하여 흙 자중의 영향을 제거(또는 $\gamma = 0$)한 상태에서 자유물체 BAD_1F_1 에 작용하는 힘들이 그림 9.48(b)에 제시되어 있다. 여기서, $[P_{d1}]_{II}$ 는

$$[P_{d1}]_{II} = 2c(\overline{D_1F_1})\tan(45^\circ + \frac{\phi}{2}) \tag{9.74}$$

이고 $\overline{D_1F_1}$ 의 중점에서 수평으로 작용한다. $[R_1]_{II}$ 은 자중을 제외한 힘에 의한 수직력 N_1 과 마찰저항 $T_1 = N_1\tan\phi$ 의 합력이며 그 작용선은 나선의 중심 O_1 을 지난다. O_1 에 대한 모멘트 평형조건에서 $[P_{P1}]_{II}$ 를 구할 수 있는데 우선 $\overline{AD_1}$ 구간의 점착력에 의한 모멘트 M_{c1} 를 산정하기로 한다(그림 9.48(c) 참조). 대수나선의 한 미소요소 ds 에 작용하는 점착력은 $c \cdot ds$ 이다. 그리고 $c \cdot ds$ 의 r 에 수직한 방향의 분력 $= c \cdot ds\cos\phi$

ds의 길이 : $ds = \dfrac{r \cdot d\theta}{\cos\phi}$

점착력 $c \cdot ds$ 의 O_1 에 대한 모멘트 dM_c 는

$$dM_c = c \cdot (\frac{r \cdot d\theta}{\cos\phi})\cos\phi \cdot r = c \cdot r^2 \cdot d\theta \tag{9.75}$$

$\overset{\frown}{AD}$ 에 작용하는 점착력의 O_1 에 대한 모멘트 M_{c1} 는

$$M_{c1} = \int_0^{\theta_1} dM_c = \int_0^{\theta_1} c \cdot r^2 \cdot d\theta = \int_0^{\theta_1} c \cdot r_0^2 \cdot e^{2\theta\tan\phi} \cdot d\theta$$

$$\therefore M_{c1} = \frac{c(r_1^2 - r_0^2)}{2\tan\phi} \tag{9.76}$$

O_1 에 대한 모멘트 평형조건에서

$$[P_{P1}]_{II} \cdot \ell_1 = M_{c1} + [P_{d1}]_{II} \cdot \ell_3 - C_a \cdot \ell_4$$

$$[P_{P1}]_{II} = \frac{1}{\ell_1}[M_{c1} + [P_{d1}]_{II} \cdot \ell_3 - C_a \cdot \ell_4] \tag{9.77}$$

$[P_1]_{II}$ 의 값은 그림 9.48(a)에서 축척에 따라 $[C_1]_{II}$ 로 나타내고 있다. $[C_1]_I$ 과 $[C_1]_{II}$ 값은 동일한 가상 파괴면 AD_1E_1 에 대하여 얻어진 $[P_{P1}]_I$ 과 $[P_{P1}]_{II}$ 이므로 $[C_1]$ 은 이 활동면에 대한 전체 수동

토압 P_{P1}이 된다. 제2, 제 3 가상파괴면에 대하여 $[P_2]_{II}$, $[P_3]_{II}$ … 을 구하면 $[C_2]$, $[C_3]$, … 을 얻을 수 있고 C_1, C_2, C_3, … 을 지나는 토압선을 그릴 수 있게 된다. 이 토압선에서 $[C]$의 값이 최소가 되는 C가 수동토압 P_p가 된다. 벽면에 작용하는 전체의 힘은 수동토압과 부착력의 합력이 된다.

9.6.3 대수나선 파괴면을 가정한 토압계수 결정도표

곡선파괴면을 가정한 토압이론은 평면파괴면보다 더 실제에 가까운 토압을 산정하는 것으로 알려져 있다. 그럼에도 불구하고 곡선파괴면은 앞 절의 대수나선(logarithmic spiral) 파괴면에서 알 수 있는 것처럼 토압결정에 많은 시간과 노력이 소요되는 난점이 있다.

Caquot와 Kerisel(1948)은 대수나선 파괴면을 가정하고 토압(지지력 계수등도 포함)에 관한 연구 결과를 발표하였는데 그 일부가 그림 9.49, 그림 9.50, 그림 9.51에 각각 제시되어 있다. 이 도표는 사질토에 ($c = 0$)에 대하여

- 옹벽배면 연직 ($\beta = 90^\circ$), 뒷채움 표면 경사
- 옹벽배면 경사, 뒷채움 표면 수평 ($i = 0$)

인 경우에 대하여, 주동토압계수와 수동토압계수를 간편하게 구할 수 있도록 작성되어 있다. 여기에 수록한 것은 Hong Kong의 GEO(Geotechnical Engineering Office) GEOGUIDE 1에 수록된 것을 그대로 전제한 것이다.

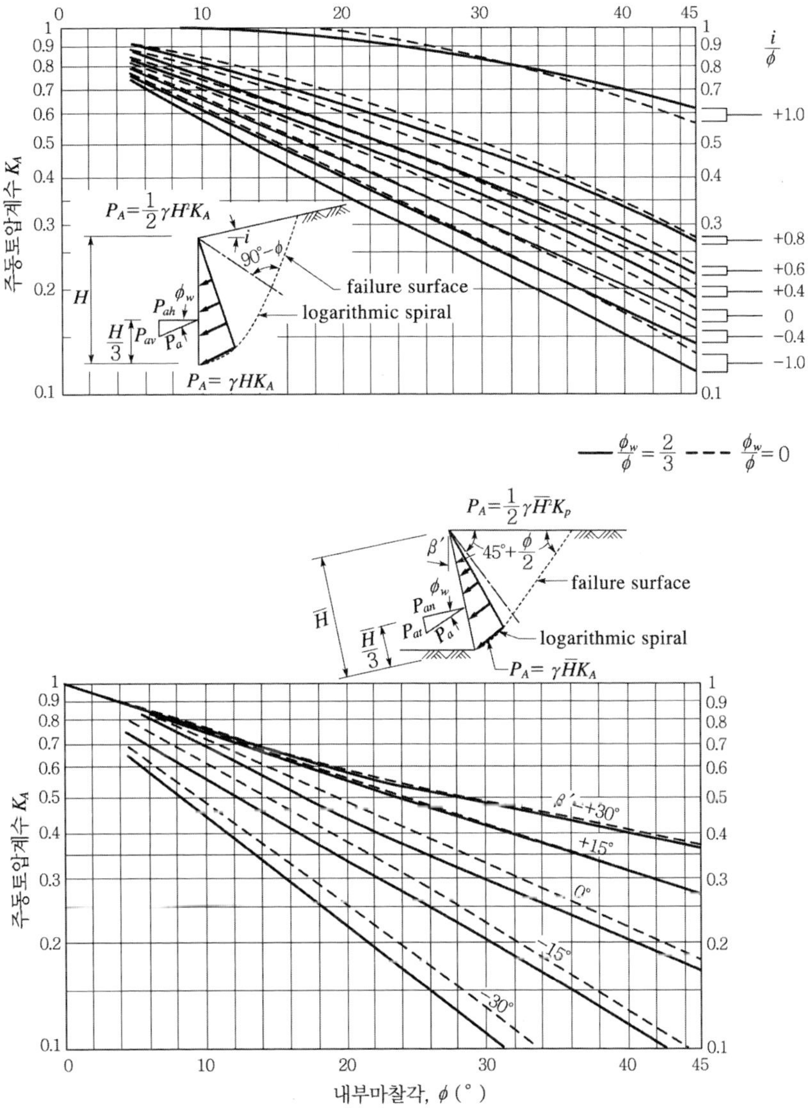

그림 9.49 복합 파괴면에 대한 주동토압계수 K_A 결정

NAVFAC(1982), Caquot & Kerisel(1948)

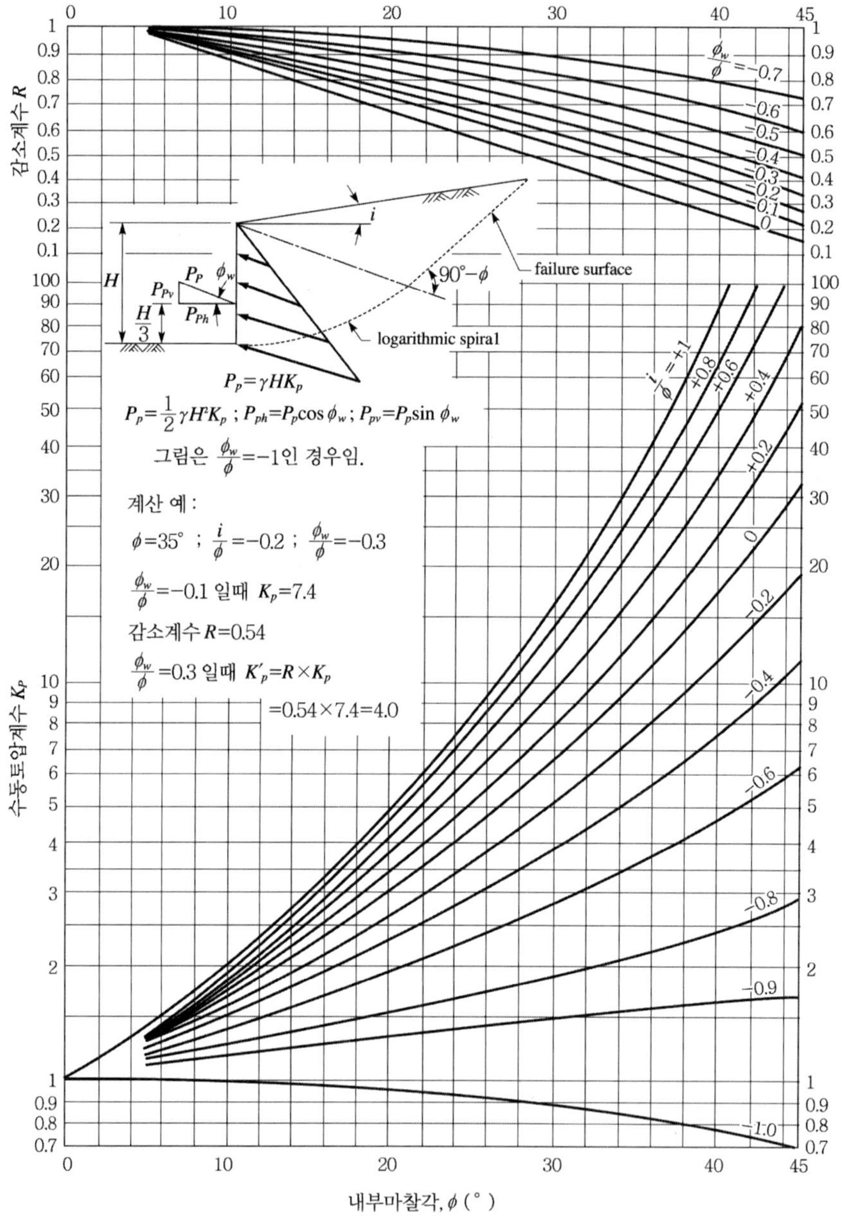

그림 9.50 연직배면, 경사지표면일때의 K_p 결정

NAVFAC(1982), Caquot & Kerisel(1948)

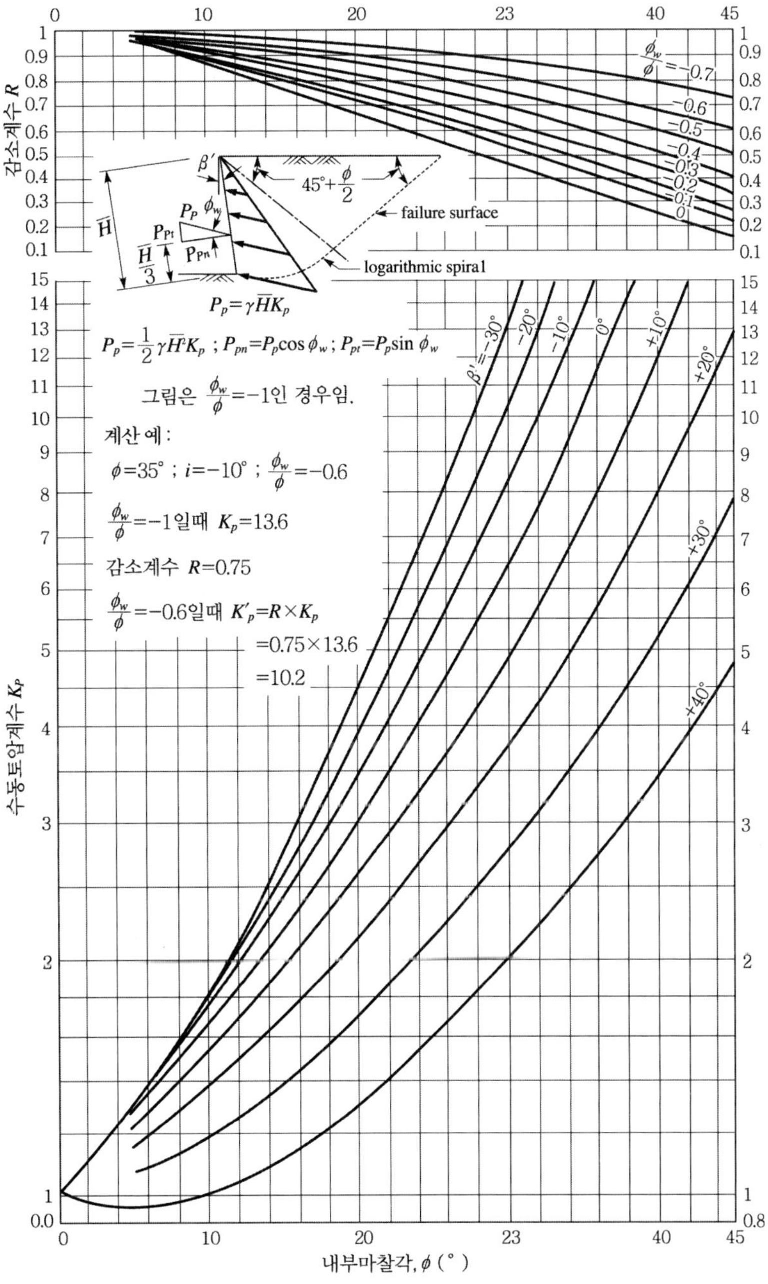

그림 9.51 경사배면, 수평지표면일때의 K_P 결정

NAVFAC(1982), Caquot & Kerisel(1948)

이 도표의 사용방법은 도표 자체 내에 예시되어 있지만 구태여 언급해 보면 다음과 같다.

(1) 연직배면, 지표면 경사인 경우

(a) 주동토압 : 그림 9.49의 윗 그림

① 주동토압계수 K_A 의 결정

ϕ, ϕ_w ($\phi_w = 0$ 또는 $\phi_w = \frac{2}{3}\phi$), $\frac{i}{\phi}$ 에 따라 주동토압계수 K_A 결정.

② 주동토압 P_A 에 관한 사항

- 크기 : $P_A = \frac{1}{2}\gamma H^2 K_A$
- 작용점 : $\bar{y} = \frac{H}{3}$
- 작용방향 : 벽면에 대한 수직선(수평선)과 $+\phi_w$ (반시계 방향)만큼 경사진 방향

(b) 수동토압 : 그림 9.50

이 그림은 $\frac{\phi_w}{\phi} = -1$ 에 대한 것이지만 감소계수 R을 이용하여 임의의 ϕ_w 에 대해서도 결국 K_P 를 구할 수 있게 됨.

① 수동토압계수 K_P 의 결정

ϕ, $\frac{i}{\phi}$ 에서 K_P 구함.

② 감소계수(Reduction Factor) R의 결정

ϕ, $\frac{\phi_w}{\phi}$ 에서 R 구함.

(−)부호는 P_P 의 작용방향이 벽면에 대한 수직선 기준 $-\phi_w$ (시계방향)이라는 뜻임.

③ 보정 수동토압계수 K'_P 의 결정

$K'_P = R \cdot K_P$

④ 수동토압에 관한 사항

- 크기 : $P_P = \frac{1}{2}\gamma H^2 K'_P$

- 작용점 ; $\bar{y} = \dfrac{H}{3}$
- 작용방향 : 벽면에 대한 수직선(수평선)과 $-\phi_w$ (시계 방향)만큼 경사

NOTE: 주동토압과 수동토압의 작용방향과 ϕ_w 의 부호 (+, −) 재확인할 것.

(2) 경사배면, 지표면 수평인 경우

(a) 주동토압 : 그림 9.49 아래그림

① 주동토압계수 K_A 의 결정

ϕ, ϕ_w ($\phi_w = 0$ 또는 $\phi_w = \dfrac{2}{3}\phi$), β' 에 따라 주동토압계수 K_A 결정.

② 주동토압 P_A 에 관한 사항

- 크기 : $P_A = \dfrac{1}{2}\gamma H^2 K_A$
- 작용점 : $\bar{y} = \dfrac{H}{3}$
- 작용방향 : 배면에 대한 수직선 기준 $+\phi_w$ (반시계 방향)만큼 경사. 따라서,

벽면에 수직한 분력 : $P_{An} = P_A \cdot \cos\phi_w$

벽면에 평행한 분력 : $P_{At} = P_A \cdot \sin\phi_w$

수평분력 : $P_{Ah} = P_A \cdot \cos(\beta' + \phi_w)$

연직분력 : $P_{Av} = P_A \cdot \sin(\beta' + \phi_w)$

(b) 수동토압 : 그림 9.51

이 그림은 $\dfrac{\phi_w}{\phi} = -1$ 에 대한 것이지만 감소계수 R을 이용하여 임의의 ϕ_w 에 대해서도 결국 K_P 를 구할 수 있게 됨.

① 수동토압계수 K_P 의 결정

ϕ, β' 에서 K_P 구함.

② 감소계수(reduction factor) R의 결정

ϕ, $\dfrac{\phi_w}{\phi}$ 에서 R 구함.

(−)부호는 P_P 의 작용방향이 벽면에 대한 수직선 기준 $-\phi_w$ (시계방향)이라는 뜻임.

③ 보정 수동토압계수 K'_P 의 결정

$$K'_P = R \cdot K_P$$

④ 수동토압에 관한 사항

- 크기 : $P_P = \dfrac{1}{2}\gamma H^2 K'_P$
- 작용점 : $\bar{y} = \dfrac{H}{3}$
- 작용방향 : 벽면에 대한 수직선과 $-\phi_w$ (시계 방향)만큼 경사. 따라서,

벽면에 수직한 분력 : $P_{Pn} = P_P \cdot \cos\phi_w$

벽면에 평행한 분력 : $P_{Pt} = P_P \cdot \sin\phi_w$

수평분력 : $P_{Ph} = P_P \cdot \cos(\phi_w - \beta')$

연직분력 : $P_{Pv} = P_P \cdot \sin(\phi_w - \beta')$

지금까지 논의한 토압이론을 다시 정리해 보면 벽면마찰을 무시하고 평면파괴면을 가정하는 Rankine토압, 벽면마찰을 고려하지만 파괴면은 평면으로 단순화한 Coulomb토압, 벽면마찰을 고려하고 대수나선 파괴면을 가정한 토압이론 등이 있다.

예제 9.9에서는 가장 단순한 조건의 옹벽에 이들 토압이론을 적용하고 그 결과를 비교해 보기로 한다. 토압의 크기도 중요하지만 수평성분, 연직성분을 비교해 보는 것이 실제 문제에서는 매우 중요하다.

▶ **예제 9.9** 배면이 연직이고 높이 $H = 5.0m$ 인 옹벽이 있다. 뒷채움의 표면은 수평이고 $\gamma = 1.60t/m^3$, $\phi = 30^\circ$, $\phi_w = 20^\circ$ 이다.

Rankine의 토압이론, Coulomb 토압이론 및 Caquot-Kerisel의 도표를 이용하여 다음을 구하고 결과를 비교 검토하라.

(1) 주동토압 P_A, 주동토압의 수평분력 P_{Ah}

(2) 수동토압 P_P

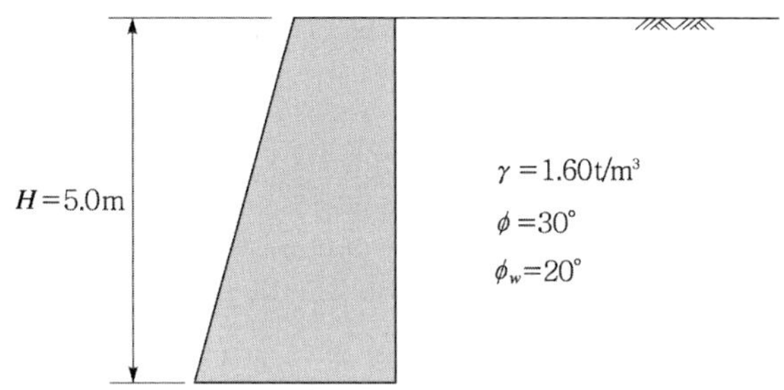

그림 예제 9.9 문제도

풀이 :

(1) 주동토압의 크기와 수평분력

(a) Rankine의 토압이론

$$P_A = \frac{1}{2}\gamma H^2 \tan^2(45^\circ - \frac{\phi}{2}) = \frac{1}{2}(1.60)(5)^2(\frac{1}{3}) = 6.67\,t/m$$

$\phi_w = 0$ 으로 가정하므로 주동토압 수평분력은 주동토압과 같다.

$$P_{Ah} = P_A = 6.67\,t/m$$

(b) Coulomb의 토압이론

$\beta = 90^\circ$, $i = 0$, $\phi = 30^\circ$, $\phi_w = 20^\circ$ 이면 $C_A = 0.30$

$$P_A = \frac{1}{2}\gamma H^2 C_A - \frac{1}{2}(1.60)(5)^2(0.3) = 6.0\,t/m$$

$\phi_w = 20^\circ$ 이므로 P_A 는 벽면에 대한 수직선(수평선)과 $\phi_w = 20^\circ$ 만큼 경사져 작용.

$$P_{Ah} = P_A \cos\phi_w = (6.0)\cos 20^\circ = 5.64\,t/m$$

(c) Caquot – Kerisel 도표

그림 9.49에서 $i = 0$, $\phi = 30^\circ$, $\phi_w = 20^\circ$ ($\phi_w = \frac{2}{3}\phi$)이면 $K_A = 0.315$

$$P_A = \frac{1}{2}\gamma H^2 K_A = \frac{1}{2}(1.60)(5)^2(0.315) = 6.3\,t/m$$

$$P_{Ah} = P_A \cos\phi_w = (6.3)\cos 20^\circ = 5.92\,t/m$$

• 벽면마찰을 무시하는 토압이론과 고려하는 토압이론에서 구한 주동토압 비교

Rankine 토압이론으로 구한 주동토압이 Coulomb 또는 Caquot–Kerisel 도표에서 얻은 값보다 크다. Rankinc 주동도입에 내한 백분율(%)을 구해보면

Coulomb : P_A 는 $\dfrac{6.0}{6.67} \cdot 100 = 90\%$

Caquot－Kerisel 도표는 $\dfrac{6.3}{6.67} \cdot 100 = 94.5\%$

벽면마찰각 ϕ_w 를 고려하면 주동토압은 대략 10%정도 더 적은 값이 된다.

주동토압의 수평분력 P_{Ah} 는

Coulomb 토압이론에서는 $\dfrac{5.64}{6.67} \cdot 100 = 84.6\%$

Caquot－Kerisel 도표는 $\dfrac{5.92}{6.67} \cdot 100 = 88.8\%$

벽면마찰을 고려하면 주동토압 수평분력은 물론 더욱 더 상대적으로 더 적은 값이 된다(약 15% 정도 감소).

- 평면파괴면과 곡선파괴면을 가정하여 구한 주동토압 비교

대수나선곡선을 가정하고 있는 Caquot-Kerisel 도표에 대한 Coulomb 토압이론 결과를 비교해 보면

주동토압은 $\dfrac{6.0}{6.3} \cdot 100 = 95.2\%$

주동토압의 수평분력은 $\dfrac{5.64}{5.92} \cdot 100 = 95.3\%$

곡선파괴면을 가정한 방법이 더 큰 주동토압을 산정해 내지만 그 차이는 별로 크지 않다.

(2) 수동토압

(a) Rankine의 토압이론

$$P_P = \frac{1}{2}\gamma H^2 K_P = \frac{1}{2}(1.60)(5)^2 \tan^2(45^\circ + \frac{30}{2}) = 60\,t/m$$

(b) Coulomb 토압이론

$\beta = 90^\circ$, $i = 0$, $\phi = 30^\circ$, $\phi_w = 20^\circ$ 일 때 $C_P = 6.0$

$$P_P = \frac{1}{2}\gamma H^2 C_P = \frac{1}{2}(1.60)(5)^2(6.0) = 120\,t/m$$

(c) Caquot－Kerisel의 도표

그림 9.50에서 $\dfrac{i}{\phi} = 0$, $\phi = 30^\circ$ 인 경우 $K_P = 6.6$

$\phi = 30^\circ$, $\dfrac{\phi_w}{\phi} = \dfrac{2}{3}$ 일 때 감소계수 $R = 0.85$

$\therefore$ 보정 수동토압계수 $K'_P = K_P \cdot R = (6.6)(0.85) = 5.61$

따라서 $P_P = \dfrac{1}{2}\gamma H^2 K'_P = \dfrac{1}{2}(1.60)(5)^2(5.61) = 112.2\,t/m$

• 벽면마찰을 무시하는 Rankine 토압이론과 이를 고려하는 2가지 토압이론으로 산정한 수동토압을 비교해 보면 Rankine 토압론이 훨씬 적은 수동토압을 산정한다. Rankine의 수동토압을 기준으로 한 수동토압의 크기에 백분율은

Coulomb : $\dfrac{120}{60} \cdot 100 = 200\%$

Coquot－Kerisel 도표는 $\dfrac{112.2}{60} \cdot 100 = 187\%$

• 벽면마찰을 고려하는 토압이론 중 곡선파괴면을 가정하는 Caquot－Kerisel 방법을 기준 평면파괴면을 채택한 Coulomb 토압론으로 구한 수동토압의 크기를 비교해 보면

$$\frac{(P_P)_{Coulomb}}{(P_P)_{C-K}} = \frac{120}{112.2} \cdot 100 = 107\%$$ ◀

Coulomb의 토압이론은 Caquot－Kerisel의 방법보다 더 큰 수동토압을 산정하고 있음을 알 수 있다. Coulomb토압은 수동토압을 과대하게 산정하는 것으로 알려져 있다. 여러가지 토압이론으로 얻어진 토압의 크기 및 벽면마찰각의 대소에 대한 토압의 변화 등이 다음의 참고사항에 수록되어 있다.

참고사항 : 여러 토압이론으로 결정한 토압의 비교

지금까지 논의한 토압이론은 Rankine, Coulomb 및 대수나선(log spiral) 파괴면 방법, 그리고 Caquot－Kerisel 도표 등이 있다. 이 외에도 다수의 연구자들이 토압이론을 발표하였다. 예를 들면 Sokolovsi, Janbu, Brinch Hansen 등의 토압론이 있다.

옹벽의 배면이 연직이고 뒷채움 표면이 수평인 비점성토($c = 0$)의 주동토압과 수동토압을 여러 토압이론으로 구하여 비교한 것이 그림 9.52와 그림 9.53이다. 주동토압과 수동토압은 $\phi = \phi_w$ 인 경우와 $\phi_w = \dfrac{1}{2}\phi$ 인 경우로 나누어 제시하고 있다. 내부마찰각 ϕ 에 따른 각 토압이론으로 결정한 토압계수를 Rankine 토압을 기준으로(100%) 비교하여 제시하고 있다.

주동토압의 경우 ϕ_w 를 고려하는 토압이론은 Rankine 토압($\phi_w = 0$)보다 더 적은 토압을 산정하게 됨을 알 수 있다. ϕ_w 가 클수록 이러한 경향은 더욱 더 뚜렷해진다. ϕ 값이 커지면 전체주동토압은

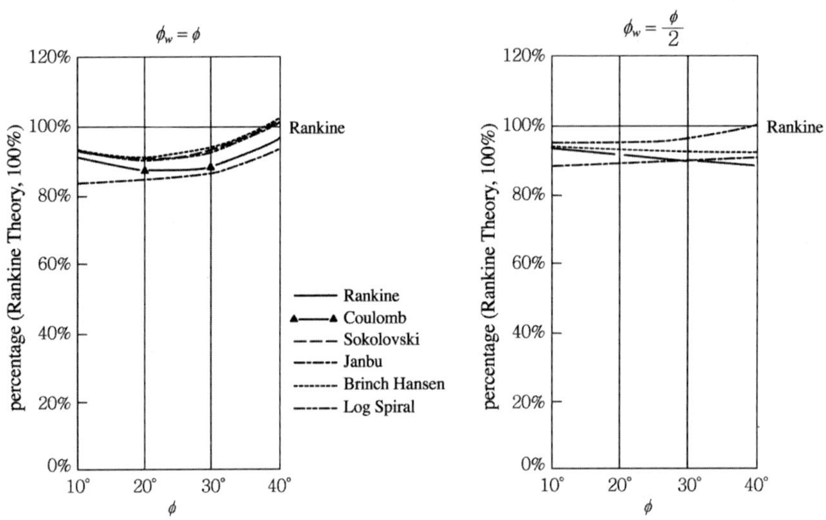

(a) 전체 주동토압계수 비교

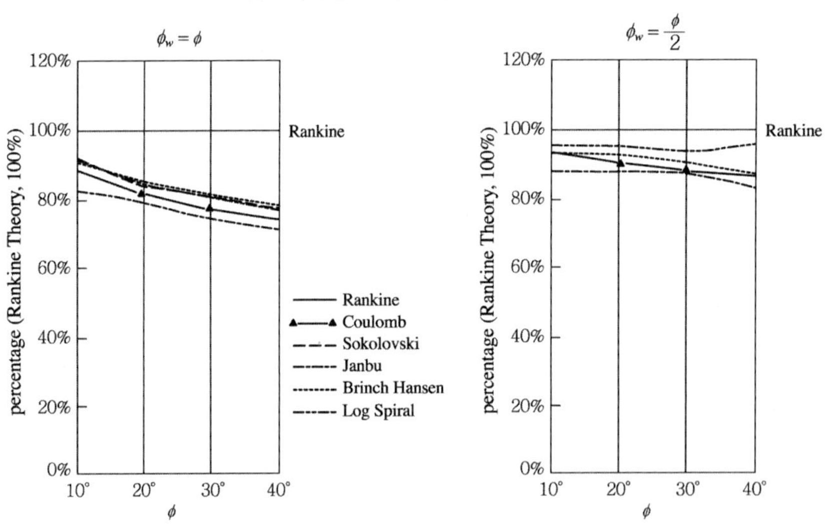

(b) 주동토압의 수평성분비교

그림 9.52 토압이론에 따른 주동토압계수의 비교

Rankine 토압에 가까운 값이 되나 수평분력은 Rankine토압에 비해서 더 적어진다. ϕ 값을 정확히 알고 있으면 ϕ_w 를 고려하는 토압이론으로 구한 주동토압은 실제 토압과 약 10% 정도의 오차가 있는 것으로 알려져 있다(Seed, 1986). 한편 수동토압의 경우에는 ϕ_w 를 고려하는 토압이론은 Rankine 토압($\phi_w = 0$)보다 큰 토압을 산정하게 된다. 이 차이는 ϕ_w 가 클수록 더 커진다. ϕ 값을 정확히 알고 있다면 ϕ_w 를 고려하는 토압이론으로 구한 수동토압은 실제토압과 약 30% 정도의 차이가 있는 것으로 알려져 있다. (Seed, 1986)

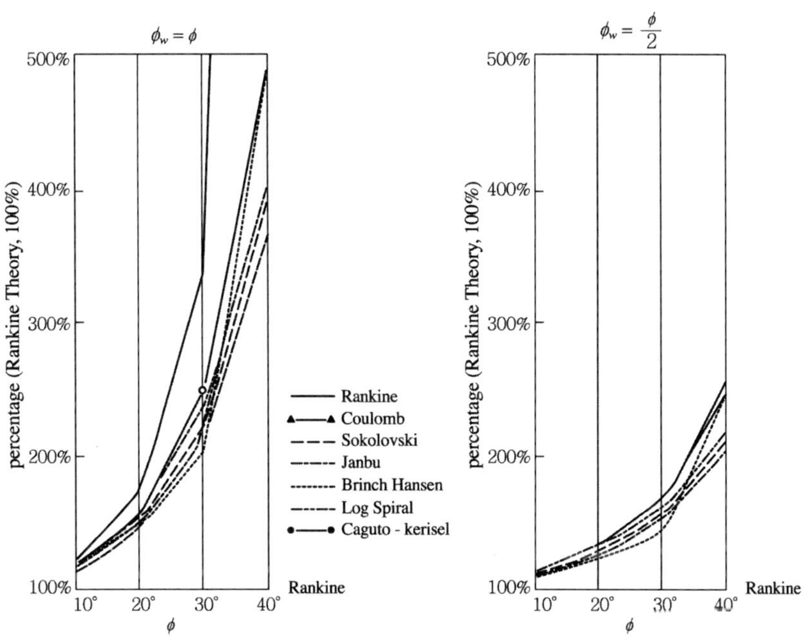

그림 9.53 토압이론에 따른 수동토압계수의 비교

9.6.4 Culmann의 도해법

이 방법은 토압을 구하는 기본적인 원리는 Coulomb 토압이론과 같이 흙쐐기 평형이론이지만 불규칙한 지표면 형상, 상재하중의 영향 등을 고려할 수 있는 대표적인 도해법(graphical solution)이다. 도해법이므로 불규칙한 지표면의 형상, 상재하중 등을 흙쐐기의 자중 W 에 포함시켜 간편하게 이들의 영향을 포함한 토압을 결정할 수 있다.

옹벽의 뒷굽 A를 지나는 각각의 가상파괴면에 대응하는 토압을 조직화된 절차에 따라 결정한 다음, 가상파괴면에 따른 토압의 변화관계(이것을 Culmann의 토압선이라 함.)를 얻어 여기에서 토압의 최대치(주동토압) 또는 최소치(수동토압)를 구하는 방법이다. 일반적 조건에서는 토압의 크기와 작용방향, 파괴면이 위치, 즉 θ_f 를 일 수 있다. 뒷채움은 균질한 비점성($c = 0$)흙이며 지하수의 영향은 고려할 수 없다.

(1) 주동토압

가. Culmann 도해법에서 토압을 결정하는 원리

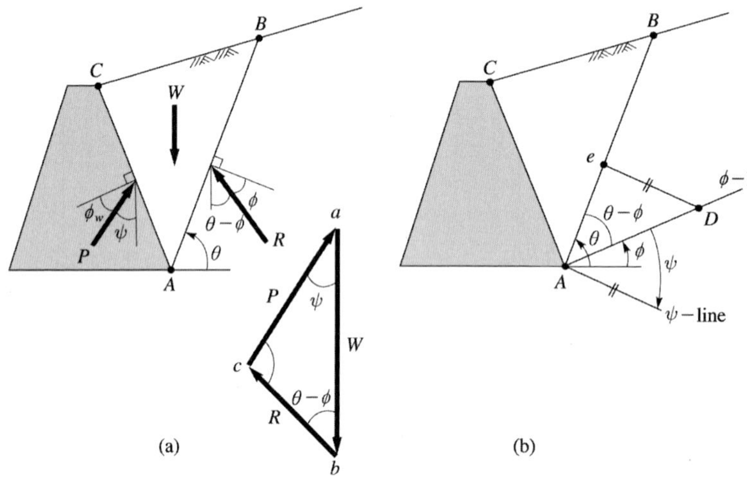

그림 9.54 Culmann의 도해법의 원리

그림 9.54(a)에는 옹벽의 뒷굽 A를 지나 수평면과 θ 를 이루는 가상파괴면 AB 와 옹벽배면 AC 에 의하여 형성된 주동 상태의 흙쐐기 ΔABC 에 작용하는 3개의 힘 W, R, P 와 그 작용방향이 제시되어 있다. 또한 이 3힘으로 이루어진 힘 삼각형 Δabc 도 함께 제시되어 있다.

Culmann 도해법에서 가상파괴면 AB에 대한 토압을 결정하는 순서는 다음과 같다(그림 9.54(b) 참조).

① 축척(scale)대로 옹벽 단면과 뒷채움 표면을 그리고

② 뒷굽 A 를 지나는 수평선과 반시계 방향으로 $\angle\phi$ 를 이루는 ϕ–선($\phi-line$)을 그림.

③ ϕ–선에서 시계방향으로 $\angle\psi$ 를 이루는 ψ–선($\psi-line$)을 그림.

단, $\psi=180°-\beta-\phi_w$ (연직선과 P 가 이루는 각도)

④ 뒷굽 A 를 지나 수평면과 θ 를 이루는 가상파괴면 AB 를 그림

⑤ ΔABC 의 무게 W를 $\phi-line$ 상에 $\overline{AD}$ 로 표시 : D를 얻음.

⑥ D에서 $\psi-line$ 에 평행선을 그어 $\overline{AB}$ 와의 교점 e를 얻음.

그러면 힘3각형 Δabc 와 ΔDAe 는 닮은 꼴

증명) $\angle abc = \angle DAe = \theta - \phi$

$\angle bac = \angle ADe = \psi$

즉 삼각형의 두 각이 서로 같으므로 닮음 꼴

따라서, $\overline{De} = P$, 즉 $\overline{De}$ 의 길이가 주동토압과 같다.

나. Culmann의 도해법 수행 순서

위의 방법을 여러 가상 파괴면에 대하여 차례로 적용하여 이른바 Culmann의 토압선을 그리고 결과적으로 주동토압과 임계파괴면을 구한다.

그림 9.55에 나타나 있는 것처럼

① $\phi - line$ 을 그림.

② y $-line$ 을 그림.

$y = 180^\circ - \beta - \phi_w$ (여기서, β 는 옹벽 배면이 수평면과 이루는 각도)

③ 제 1 가상파괴면 $\overline{AB_1}$ (파괴면이 수평면과 이루는 각도 θ_1)

④ ΔAB_1C 의 무게 W_1 을 $\phi - line$ 에 Plot하여, $\overline{AD_1}$ 으로 함.

⑤ D_l 에서 y $-line$ 과 평행선을 그어 $\overline{AB_1}$ 과의 교점을 e_1 으로 함.

그러면 $\overline{D_1e_1} = P_1$ 임. (힘 3각형 Δabc 와 ΔD_1Ae_1 의 상사 조건에서)

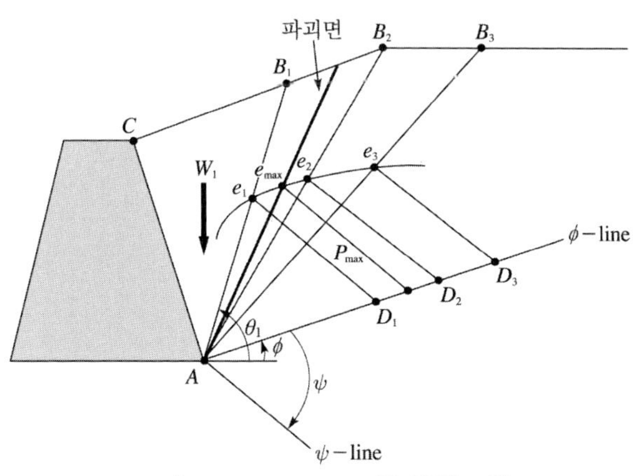

그림 9.55 Culmann의 주동토압

⑥ 제2 가상파괴면 $\overline{AB_2}$ 를 그리고 ④, ⑤를 되풀이 함. 즉

⑦ ΔAB_2C 의 무게 W_2 를 $\phi-line$ 에 plot하여, $\overline{AD_2}$ 로 함.

⑧ D_2 에서 $y-line$ 에 평행선을 그어 $\overline{AB_2}$ 와의 교점을 e_2 라 함.

그러면 $\overline{D_2e_2} = P_2$

⑨ 각 가상파괴면에 대하여 위의 방법을 되풀이하여 e_1, e_2, e_3,$\cdots$ e_n 을 얻고 e_1, e_2, e_3,$\cdots$ e_n 을 잇는 곡선을 그림. 이 곡선을 Culmann의 토압선이라 함.

⑩ 주동토압은 Culmann의 토압선에서 P 가 최대인 값임. 즉 $P_A = P_{\max}$

⑪ A와 $e_{\max}$ 되는 점을 연결한 평면이 파괴면이 됨.

(2) 수동토압

① A점을 지나는 수평선과 시계방향으로 각도 ϕ 를 이루는 직선을 그려 ϕ–선 ($\phi-line$)이라 함.(주동토압 때와는 반대로 시계방향임을 주의)

② ϕ–선에서 다시 시계방향으로 $y = 180^\circ - \beta + \phi_w$ 되는 직선, 즉 ψ–선($\psi-line$)을 그림.(주동토압 때와는 달리 ϕ_w 의 부호가 +임을 주의)

③ 제1 가상파괴면 $\overline{AB_1}$ 을 그리고 $W_1 = \Delta AB_1C$ 의 무게를 ϕ–선상에 $\overline{AD_1}$ 으로 잡음. D_1 에서 y–선에 평행선을 그려 $\overline{AB_1}$ 과의 교점을 e_1 이라 함. 그러면 $\overline{D_1e_1}$ 이 P_1 이 됨.

④ 다수의 가상파괴면에 대하여 e_1, e_2,$\cdots$ e_n 을 얻고 이 점들을 지나는 Culmann의 토압선을 그림.

⑤ Culmann의 토압선에서 P의 최소값이 수동토압이 된다. 즉 $P_P = P_{\min}$. $P_{\min}$ 에 대응하는 파괴면이 실제 파괴면이다.

NOTE : ϕ–선과 y–선의 방향은 수동상태의 힘 3각형의 각도를 살펴보면 이해할 수 있음(Coulomb의 수동토압 참조).

9.6.5 뒤채움 표면에 선하중이 작용할 때의 Culmann 도해법

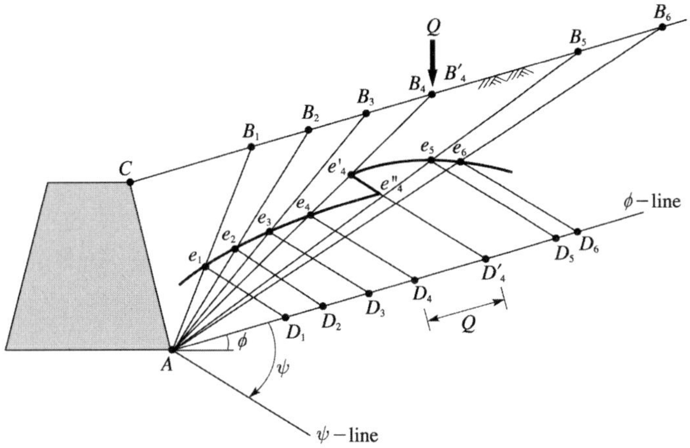

그림 9.56 선하중이 있을 때의 Culmann의 도해법

(1) Culmann의 토압선과 주동토압의 결정

그림 9.56과 같이 지표면에 선하중(line load) Q가 작용할 때 주동토압은 다음과 같이 구할 수 있다.

① (D_1,e_1), (D_2,e_2), (D_3,e_3)은 선하중이 없을 때와 같이 결정할 수 있음.

② 선하중 작용점 바로 왼쪽을 지나는 가상 파괴면 AB_4을 그림. ΔAB_4C의 무게를 ϕ선 상에 AD_4로 표시. 즉 D_4를 얻음. AD_4에는 선하중 Q는 포함되지 않았음(흙쐐기 밖에 있으므로). D_4에서 y선에 평행선을 그려 AB_4와 교점 e_4를 얻음.

③ A에서 Q의 작용점 바로 오른쪽을 지나는 가상파괴면 AB'_4을 그림. $\Delta AB'_4C$의 무게 $+Q$를 ϕ선상에 AD'_4으로 표시. 즉 D'_4을 얻음. AD'_4에는 흙쐐기 $\Delta AB'_4C$의 무게와 선하중 Q가 포함되어 있음(Q는 흙쐐기에 포함되어 있으므로). D'_4에서 y선에 평행선을 그려 AB'_4과 교점 e'_4를 얻음.

④ 선하중보다 오른쪽에 있는 점 B_5를 지나는 가상 파괴면 AB_5를 그림. 흙쐐기 ΔAB_5C의 무게 $+Q$를 ϕ선상에 AD_5로 표시. 즉 D_5를 얻음. AD_5에도 Q가 포함되어 있음. D_5에서 y선에 평행선을 그려 AB_5과 교점 e_5를 얻음.

⑤ 마찬가지 방법으로 (D_6, e_6)를 얻을 수 있음.

NOTE : D_4와 D'_4 사이의 토압선은 e_4에서 ϕ선과 평행선을 그려 $D'_4e'_4$와의 교점을 e''_4라 함. 선하중 Q

만에 의한 주동토압 ΔP_4 에 관하여서는 곧이어 설명함.

⑥ Culmann의 토압선은 e_1, e_2, e_3, e_4, e_4'', e_4', e_5, e_6, … 를 지나는 곡선이다. e_4'' 에서 e_4' 으로 급변하게 됨을 주의할 것. Culmann의 토압선에서 P 최대치를 구하면 이 값이 주동토압 P_A 이고 이 토압이 작용하게 되는 가상파괴면이 실제 파괴면이 됨.

독자들에게 드리는 제언 : 선하중 Q 의 크기가 정해져 있을 때 Q 의 작용위치가 옹벽에서 너무 가까우면 주동파괴면은 선하중 작용점보다 오른쪽에 있고 너무 멀면 파괴면은 선하중 작용점보다 왼쪽에 있게 됨."적당한"범위의 거리이면(그림처럼) 파괴면은 선하중 작용점을 지남. 이 사실을 잘 생각해 볼 것. 선하중 대신 띠하중(strip load)이면 Culmann 도해법은 어떻게 될까?

(2) 상재 선하중 Q 만에 의한 주동토압

그림 9.56에서 가상파괴면 $\overline{AB_4}$ 에 의한 흙쐐기 ΔAB_4C 의 무게 $\overline{AB_4}$ 에는 Q 가 포함되어 있지 않음. 가상파괴면 $\overline{AB_4'}$ 에 의한 흙쐐기 $\Delta AB'_4C$의 무게 $\overline{AB_4'}$ 에는 Q가 포함되어 있음. 따라서, Q만에 의한 주동토압 ΔP_A 는

① 크기 : $\Delta P_A = \overline{D_4'e_4'} - \overline{D_4e_4} = \overline{e_4''e_4'}$

② 작용점 : 근사해법으로 구함(다음 그림과 설명 참조.).

③ 작용방향 : 벽면에 대한 수직선과 ϕ_w 만큼 경사

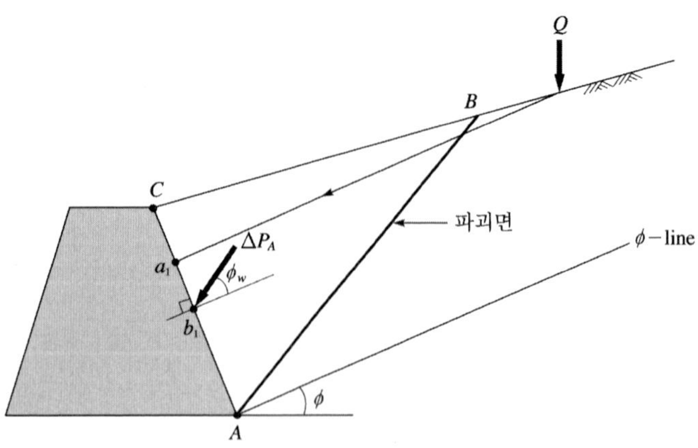

그림 9.57 선하중이 파괴면 밖에 작용할 때의 토압의 작용점

- ΔP_A 의 작용점을 결정하는 근사해법
  (a) Q가 파괴면 바깥에 있을 때
    ① Q의 작용점에서 $\phi-line$ 과 평행선을 그어 옹벽 배면과의 교점을 a_1 이라 함.
    ② 선하중 Q에 의한 주동토압 ΔP_A 의 작용점 b_1 은 $\overline{a_1 b_1} = \dfrac{\overline{Aa_1}}{3}$
    ③ ΔP_A 의 작용 방향은 벽면에 대한 수직선과 ϕ_w 만큼 경사진 방향
  (b) Q가 파괴면 안에 있을 때
    ① Q의 작용점에서 $\phi-line$ 에 평행선을 그려 벽면과의 교점을 a_1 이라 함.
    ② Q의 작용점에서 파괴면에 평행선을 그려 벽면과의 교점을 a_2 이라 함.
    ③ 선하중 Q에 의한 주동토압 ΔP_A 의 작용점 b_1 은 $\overline{a_1 b_1} = \dfrac{\overline{a_1 a_2}}{3}$
    ④ ΔP_A 의 작용 방향은 벽면에 대한 수직선과 ϕ_w 만큼 경사진 방향(그림 9.58참조)

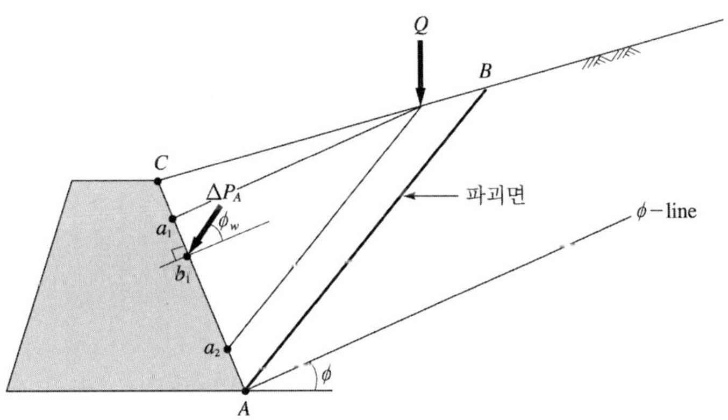

그림 9.58 선하중이 파괴면 안에 작용할 때의 토압의 작용점

독자들에게 드리는 질문 : 지표면에 선하중 Q가 작용할 때 옹벽에 작용하는 주동토압의 크기 P_A 와 그 작용점을 구하는 방법을 생각해 볼 것. Q의 작용 위치와 크기에 따라 Q는 주동토압에 영향을 미칠 수도 있고 그렇지 못할 수도 있음을 유의할 것.

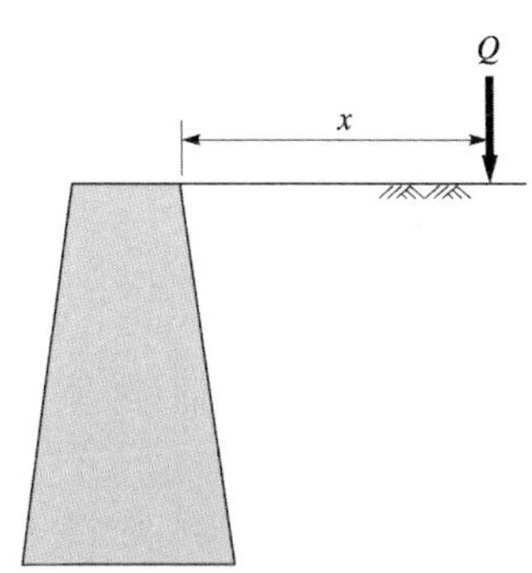

독자들에게 드리는 질문 : 그림에 보인 옹벽은 현재 안전한 상태를 유지하고 있다. 그런데 앞으로 이 옹벽 배후에 선하중으로 볼 수 있는 철도가 부설될 예정이다. 옹벽에 추가 보강공사를 하지 않아도 좋으려면 선하중 Q는 옹벽에서 어느 범위만큼 떨어져야 하는지 결정하는 방법을 연구해 볼 것.

참고사항 : 경상 하중의 개념

• 지반 내 응력 분포는 반무한(semi-infinite) 균질 토층을 가정하고 탄성이론(theory of elastics)에 의하여 해를 구하였다.

그러나 이 결과는 옹벽 뒤채움에 작용하는 하중에 의하여 옹벽 배면에 작용하게 되는 수평응력(토압)을 구하는 데도 근사적으로 응용할 수 있다. 예를 들어 그림 9.59과 같이 연직배면에서 거리 x 되는 곳에 옹벽 길이 방향과 나란히 작용하는 선하중(line load) p에 의하여 옹벽 배면 깊이 z 되는 곳에 생기는 수평응력 $\Delta\sigma_h = \Delta\sigma_x$ 는 지반 내 응력 분포의 식 (3.33)과 같이

$$\Delta\sigma_h = \Delta\sigma_x = \frac{2px^2z}{\pi(x^2+z^2)^2}$$

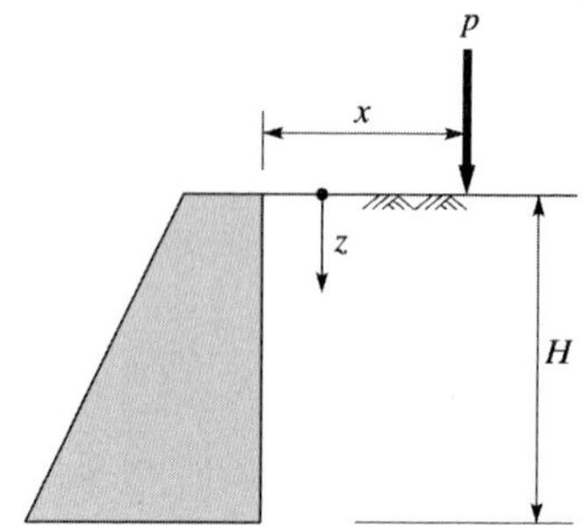

그림 9.59 옹벽 뒷채움에 선하중이 작용하는 경우(Harr, 1977)

이 응력은 수평방향의 변위(displacement)를 동반하게 된다.

만약 옹벽 배면이 매끄럽고(smooth)변위가 일어나지 않는다면(no displacement) 옹벽에 작용하는 응력은 위의 값의 2배(倍)가 된다. 이 사실은 그림 9.60를 참조하면서 경상하중(鏡像荷重, mirror image load)의 개념으로 설명할 수 있다.

그림 9.60에서 선하중 p에 의하여 생기는 변위를 상쇄하기 위해서는 p와 크기는 같고 벽면 기준 대칭되는 위치에 선하중 p' 이 작용하여야 한다. 이 하중을 경상하중(mirror image load)라 한다. 왼쪽 점선 BC는 선하중의 p, 오른쪽 $B'C'$ 는 경상하중 p' 에 의한 변위이다.

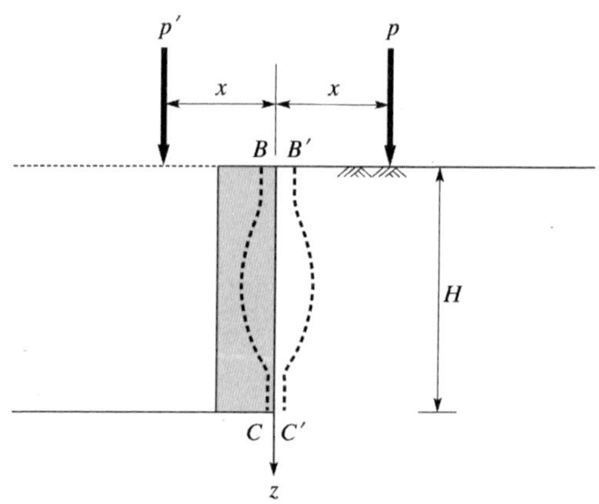

그림 9.60 경상하중의 개념

NOTE : 하중 p에 의하여 응력 $\Delta\sigma_x$ 와 변위 BC가 생김.

하중 p' 에 의하여 응력 $\Delta\sigma_x$ 와 변위 $B'C'$ 가 생김.

변위 BC 와 $B'C'$ 이 상쇄되고 오른쪽에서의 수평응력은 경상하중에 의한 σ_x 의 반력이 더해져서 p' 에 의한 $\Delta\sigma_h$ 의 반력이 $2\Delta\sigma_x$ 가 됨. 마찬가지로 왼쪽의 수평응력(반력)도 $2\Delta\sigma_x$ 가 됨.

NOTE : 경상하중은 Mindlin이 Spangler의 응력 실측결과를 설명하기 위하여 설정한 개념임. 즉 Spangler는 집중하중에 의하여 옹벽에 작용하는 $\Delta\sigma_x$ 의 실측치가 이론치(μ=0.5 로 가정)의 2배 정도가 됨을 발표하였고, Mindlin은 강성 옹벽에 대하여 이 사실을 설명하는 방법으로 경상하중의 개념을 이용하였음. 최근에 Bowles

(1979)는 경상 하중의 개념이 올바른 설명 방법이 되지 못한다고 주장하였음. 그러나 그는 실측 결과를 제시하지는 않았음.

9.7 흙쐐기 평형조건에서 토압을 구하는 방법

가상파괴면에 의하여 형성되는 흙쐐기(soil wedge)에 작용하는 힘의 평형조건에서 토압을 구하는 방법으로 가장 잘 조직화된 것이 Culmann의 방법이다. 그러나 이 방법은 지하수면, 점착력, 부착력, 인장균열 등의 영향은 토압 결정 대상에서 제외하고 있다. 흙쐐기 방법은 이러한 영향을 모두 고려할 수 있는 가장 일반적인 토압 결정 도해법이다.

앞에서 이미 논의한 것처럼 수면이 형성되어 있을 때 일반적으로 흙쐐기에 작용하는 힘의 평형을 해석할 때 고려하는 힘들(역계 : force system)에는 다음 2가지가 있다 :

(1) 역계 1(force system 1)

① 흙쐐기 전체 무게(total weight)

② 경계면 간극수압의 합력(boundary water pressure)

③ 경계면 유효응력 합력(boundary effective forces)

(2) 역계 2(force system 2)

① 흙쐐기 수중 무게(submerged weight)

② 침투압(seepage force)의 합력

③ 경계면 유효응력 합력(boundary effective forces)

두 역계 중 어느 것을 선택하여도 결과는 동일하며 선택의 기준은 편리성이다. 대부분의 경우 역계 1이 더 편리하다. 역계 2는 정수압 상태에서 가장 편리하며 일차원 침투시에도 비교적 간편하게 사용할 수 있다. 정수압 상태의 경우 침투수압은 없고 일차원 침투시의 침투압은 작용방향이 일정하므로 결정하기 용이하기 때문이다.

주동토압을 결정하는 방법은 다음과 같다.

◦ 옹벽의 뒷굽점을 지나 제 1 가상파괴면을 그린다. 이 가상파괴면에 의하여 형성된 흙쐐기를 주동 흙쐐기로 보고, 흙쐐기에 작용하는 힘의 평형해석에서 토압을 구한다. 이 때 흙쐐기에 작용하는 힘으로 역계 1 또는 역계 2 중 하나를 선택한다.

◦ 제 2, 제 3, … 가상파괴면을 순차적으로 그려 토압을 구한다.

◦ 가상파괴면에 대한 토압의 변화를 그림으로 그려 토압선을 얻는다. 주동토압은 토압 선에서 구한 최대토압이 되고, 이에 대응하는 가상파괴면이 임계파괴면(주동파괴면)이 된다. 수동토압도 마찬가지 방법으로 구할 수 있다. 단 이때에는 흙쐐기는 수동 흙쐐기가 되며 수동토압은 토압선에서 얻어지는 최소토압이 된다.

9.7.1 뒷채움에 수면이 형성되어 있는 경우

그림 9.61에 보인 것처럼 비점성($c = 0$) 뒷채움에 지하수면이 형성되어 있는 경우 옹벽에 작용하는 주동토압을 결정해 보자.

(1) 역계 1(force system 1)을 사용하는 경우

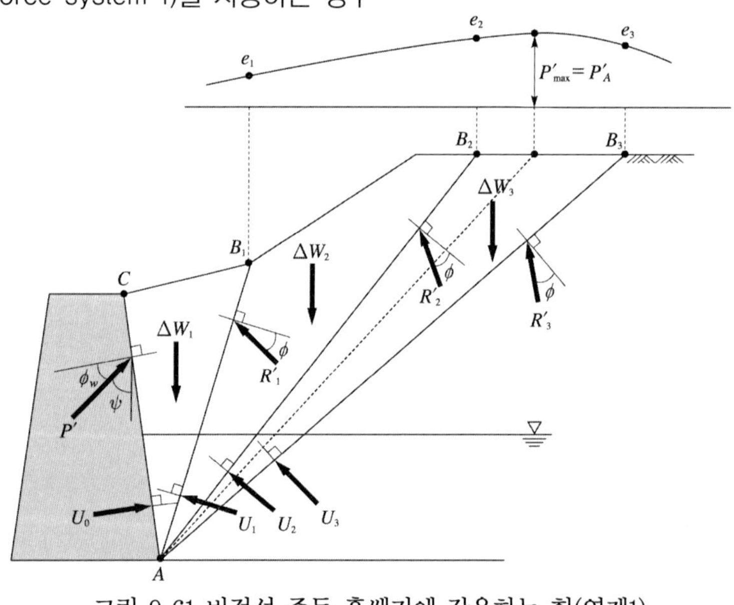

그림 9.61 비점성 주동 흙쐐기에 작용하는 힘(역계1)

가장 보편적 방법이다.

가상파괴면 $\overline{AB_1}$ 에 의하여 형성된 흙쐐기 ΔAB_1C 에 작용하는 힘 :

- 전체중량 : $W_1 = \Delta W_1 = \Delta AB_1C$ 의 무게 : 크기, 작용방향 모두 known.
- 경계면 수압 합력

U_0 : 옹벽면에 작용하는 수압의 합력.

크기, 작용방향 모두 known.

가상파괴면의 위치에 관계없이 일정한 값.

U_1 : 가상파괴면 $\overline{AB_1}$ 에 작용하는 수압의 합력.

크기, 작용방향 known.

(U_0 와 U_1 은 정수압상태가 아닐 때에는 침투해석 (예 : 유선망 등)으로 구할 수 있음.)

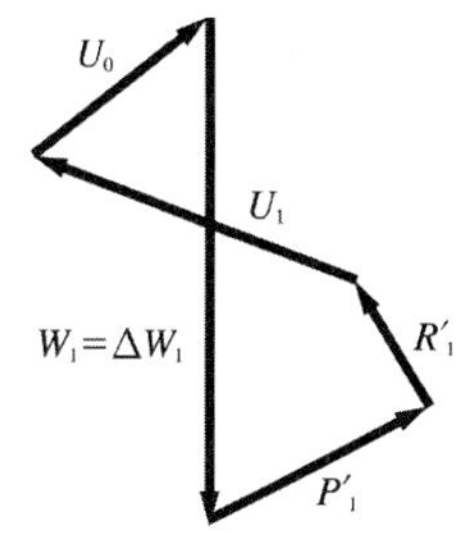

그림 9.62 제 1 가상파괴면에 대한 힘

- 경계면 유효응력 합력

R_1' : $\overline{AB_1}$ 면에 작용하는 유효수직력 N' 과 전단력 $T = N' \tan\phi'$ 의 합력.

크기 unknown, 작용방향 known.

R_1' 의 작용방향은 연직면과 $\theta-\phi$ 를 이룸.

= $\overline{AB_1}$ 면에 대한 수직선과 ϕ 만큼 경사

P_1' : 가상파괴면 $\overline{AB_1}$ 면에 대응하는 유효주동토압

크기 unknown, 작용방향 known.

P_1' 의 작용방향은 연직면과 ψ 만큼 경사

($\psi = 180° - \beta - \phi_w$)

= 옹벽면에 대한 수직선과 ϕ_w 만큼 경사

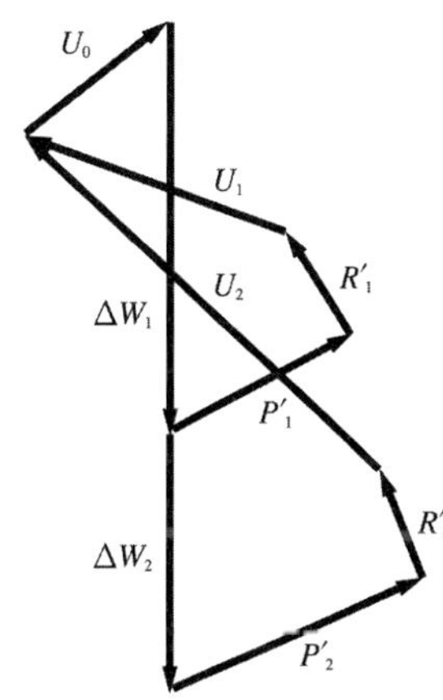

그림 9.63 제 1 및 제 2 가상파괴면에 대한 힘 다각형(역계 1)

힘 다각형(힘 5각형) 폐합조건에서 P_1' , R_1' 을 구할 수 있음. 즉

2 unknowns(P_1', R_1' 의 크기) vs 2 equations($\sum H = 0$, $\sum V = 0$)

NOTE : 만약 정수압상태이면 U_1 의 시발점은 W 선상에 있게 됨. 이 절 마지막 부분 참조. 만약 U_1 의 시점이 W 상에 있지 않으면 침투압이 작용하고 있음을 의미함.

제 2 가상 파괴면 $\overline{AB_2}$ 에 대해서도 같은 방법으로 P_2' 를 구할 수 있음.

$W_2 = W_1 + \Delta W_2$: 크기, 작용방향 모두 known.

U_0 : 크기, 작용방향 모두 known.

U_2 : 크기, 작용방향 모누 known.

R_2' : 크기 unknown, 작용방향 known.

P_2' : 크기 unknown 작용방향 known.

힘 다각형을 제 1 가상파괴면에 대한 힘 다각형과 함께 그리면 다음과 같다.

많은 가상파괴면 $\overline{AB_3}$, $\overline{AB_4}$, ⋯ 에 대하여 P_3' , P_4' , ⋯ P_n' 를 구하고 그림 9.64와 같이 토압선을 그리면 P'의 최대치 $P'_{\max}$ 이 주동토압 P_A' 이고 그 때의 가상파괴면이 실제 파괴면이 된다($P_A' = P'_{\max}$)

힘 다각형을 그리는 순서는 여러 가지가 있을 수 있으나 그림 9.64처럼 그리는 것이 토압선을 그려 $P'_{\max}$ 를 구하는데 편리하다.

보다 간편한 방법은 그림 9.61에 보인 것처럼 각 가상파괴면의 시발점 $B_1, B_2, \cdots B_n$ 에 연직으로 해당 가상파괴면에 대한 P' 을 plot하여 $e_1, e_2, \cdots e_n$ 으로 하면 이 점들을 연결하는 곡선이 토압선이고 $P'_{\max} = P_A'$ 이 된다. 파괴면은 물론 $P'_{\max}$ 에 대응하는 파괴면이다(그림 9.61에 제시되어 있음).

NOTE : 옹벽에 작용하는 전체 주동토압 P_A 는 P_A' 과 U_0 의 합력이다. 주의할 것은 P_A' 의 작용방향은 벽면에 대한 수직선과 ϕ_w 만큼 경사지는데 반해 U_0 의 작용 방향은 옹벽면에 수직한 방향이라는 점임. 따라서 전체 주동토압 P_A 는 P_A' 과 U_0 을 벡터 합성하여 얻을 수 있음.

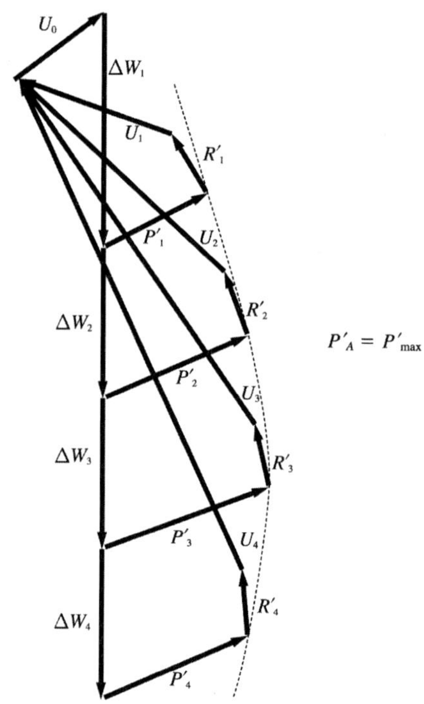

그림 9.64 여러 가상파괴면에 대한 힘 다각형과 주동토압결정(역계 1)

(2) 역계 2(force system 2)를 사용하는 경우

문제를 간단히 하기 위하여 정수압상태라고 가정한다. 이 가정을 설정하면 침투압이 0이 되어 문제가 간단해 짐($J = 0$).

제 1가상 파괴면 $\overline{AB_1}$ 면에 의하여 형성된 흙쐐기 ΔAB_1C 에 작용하는 힘 :

• 수중중량 W_1'
(지하수면 아래 흙의 단위중량은 수중단위중량 γ' , 수면 위의 흙의 단위중량은 γ)

$W_1' = \Delta W_1' = \Delta AB_1C$ 의 유효중량. 크기, 방향 모두 known

- 침투압 J : $J = 0$ (정수압상태)
- 경계면 유효응력

R_1' : $\overline{AB_1}$ 면에 작용하는 유효수직력 N' 과 전단력 $T = N' \tan\phi'$ 의 합력.

크기 unknown, 작용방향 known

(연직선과 $\theta - \phi$, $\overline{AB_1}$ 면의 수직선과 ϕ 만큼 경사)

P_1' : 가상파괴면 $\overline{AB_1}$ 면에 대응하는 유효주동토압

크기 unknown, 작용방향 known

(P_1' 의 작용방향은 연직선과 ψ , 벽면의 수직선과 ϕ_w 만큼 경사)

힘 다각형 (힘 3각형) 폐합조건에서 R_1', P_1' 을 구할 수 있음.

즉 2 unknowns (R_1', P_1' 의 크기) vs 2 equations($\sum H = 0$, $\sum V = 0$)

제2, 제3, ⋯ 가상파괴면에 대하여 각각의 P' 을 설정하고 토압선을 그려 P'_{max} 을 구하면 이 값이 유효주동토압 P_A'. 즉 $P_A' = P'_{max}$

이렇게 하여 얻은 P_A' 은 역계 1에서 얻은 P_A' 와 일치한다. 각 가상파괴면에 대하여 얻은 P' 값들에서 토압선을 그리고 $P_A' = P'_{max}$ 을 결정하는 방법은 역계 1에서 한 것과 같다.

NOTE : 옹벽에 작용하는 전체 주동토압 P_A 는 P_A' 과 U_0 의 합력임. 주의할 것은 P_A' 의 작용방향은 벽면에 대한 수직선과 ϕ_w 만큼 경사지는데 반해 U_0 의 작용 방향은 옹벽면에 수직한 방향임. 따라서 전체주동토압 P_A 는 U_0 을 구한 다음 P_A' 과 U_0 을 벡터 합성하여 구하게 됨.

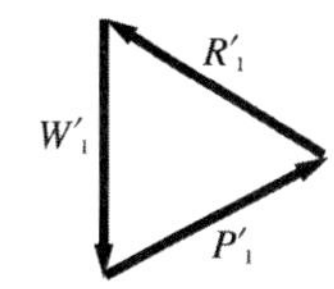

그림 9.65 제 1 가상파괴면에 대한 힘 다각형(역계 2)

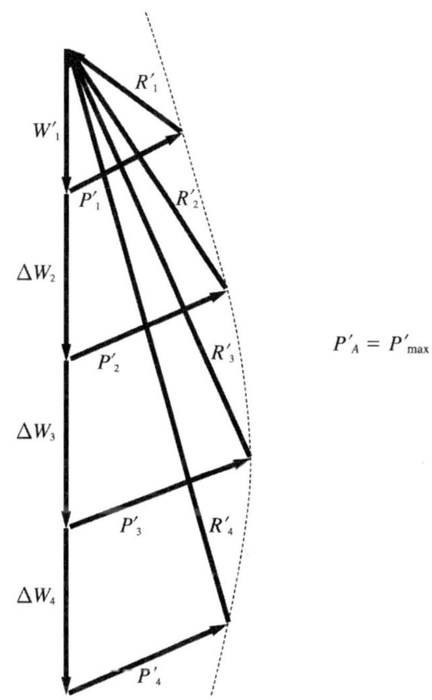

그림 9.66 여러 가상파괴면에 대한 힘 다각형과 주동토압 결정(역계 2)

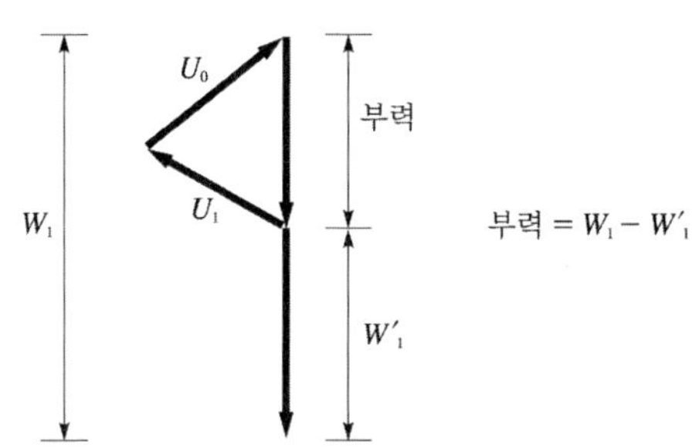

그림 9.67 정수압 상태시 힘 다각형

NOTE : 정수압상태에서는 전체중량 W, 경계면 수압 합력 U_0, U_1의 효과는 결국 W가 W'으로 되는 대신 간극수압은 0이 됨(그림 9.67참조).

따라서, U_0, U_1을 고려하는 대신 W_1을 W_1'으로 하면 같은 결과가 얻어진다(Archemedes 원리 = 부력의 원리). 이 문제에서 정수압 상태에서는 역계 2가 편리함을 확인할 수 있다.

9.7.2 뒷채움이 인장균열이 발생한 점성토인 경우에 대한 토압 결정

먼저 주동토압에 대하여 생각해 보자. 그림 9.68(a)에는 인장균열이 발생한 점성토 뒷채움에 대해 제 1 가상파괴면 $\overline{AB_1}$에 의하여 형성된 주동 흙쐐기 $C'CAB_1B_1'$에 작용하는 힘들을 보여주고 있다. 인장균열 발생구간의 흙은 점착력과 부착력이 없는 것으로 생각하며 파괴면은 연직방향이 된다. 지하수면이 형성되어 있지 않으므로 역계 1과 역계 2의 구분은 의미가 없다.

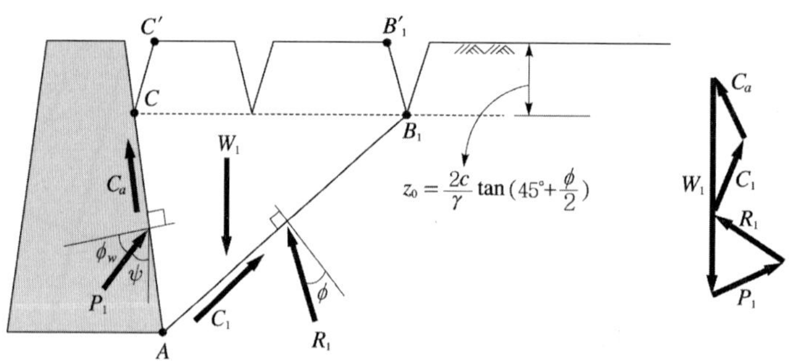

(a) 주동 흙 쐐기에 작용하는 힘 (b) 힘 다각형

그림 9.68 점성토 주동 흙쐐기에 작용하는 힘과 힘다각형

제 1 가상파괴면 $\overline{AB_1}$에 대하여

W_1: 흙쐐기 ◸ $C'CAB_1B_1'$의 무게 : 크기, 작용방향 known

$C_a = c_a\overline{AC}$: 부착력의 합력 :
크기, 작용방향 known
가상파괴면에 무관하게
일정한 값

$C_1 = c\,\overline{AB_1}$: 가상파괴면 $\overline{AB_1}$에 작용하는
점착력의 합력 :

크기, 작용방향 known

R_1 : 크기 unknown, 작용방향 known

P_1 : 제 1 가상파괴면 AB_1 에 대응하는 주동토압 : 크기 unknown, 작용방향 known

힘다각형(5각형) 폐합조건에서 P를 구할 수 있으며 힘다각형은 그림 9.68(b)에 제시되어 있다.

제 2가상파괴면에 대해서도 힘다각형을 제 1 가상파괴면에 계속하여 그려 P_2 를 얻고 여러 개의 가상파괴면에 대해 P_3, P_4, … P_n 을 얻어 토압선을 그리고 $P_{max} = P_A$ 로 한다.

힘 다각형을 그리는 순서는 여러 가지가 있을 수 있으나 그림 9.69처럼 토압선을 그려 P_{max} 를 구하는 것이 편리하다.

수동토압도 마찬가지 방법으로 결정할 수 있다. 다만 수동 흙쐐기에서는 점착력과 부착력의 작용방향이 주동상태와 반대가 되며 P와 R의 방향도 중력에 순응하는 방향으로 바뀌게 됨은 이미 여러 번 언급하였다.

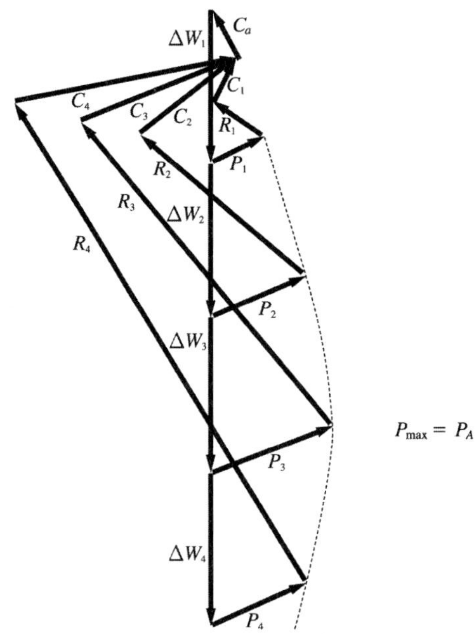

그림 9.69 여러 가상파괴면에 대한 힘 다각형과 주동토압 결정

그림 9.70은 여러 가상파괴면에서 얻어진 P를 지표면위에 축척대로 그려 토압선을 작성하고 $P_A = P_{max}$ 와 실제파괴면을 결정하는 편리한 방법이다.

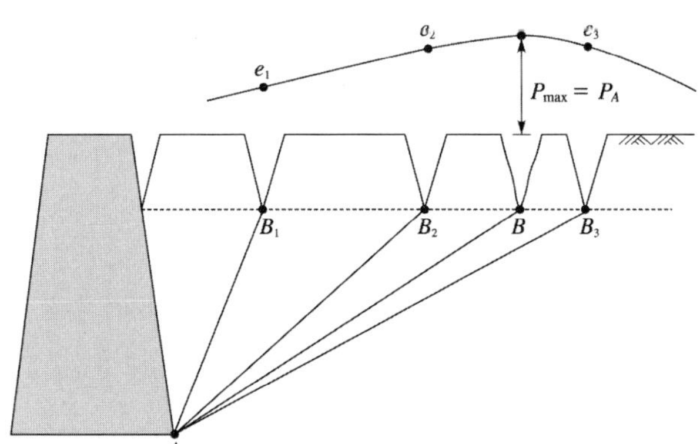

그림 9.70 토압선의 작성 및 주동토압의 결정

9.7.3 연직배수설비를 설치한 옹벽에 작용하는 토압

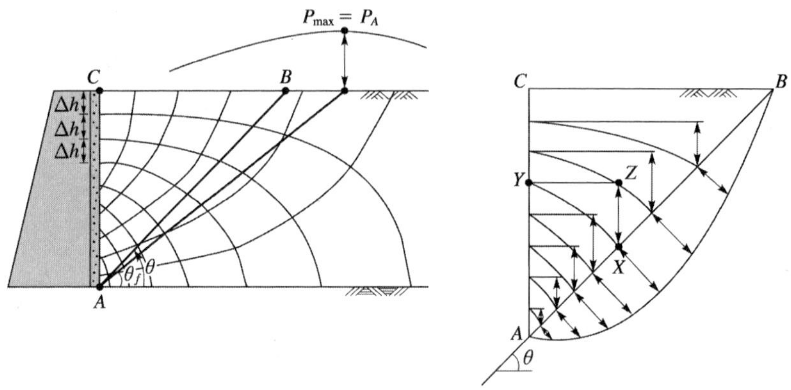

(a) 유선망　　　(b) 가상파괴면에 작용하는 간극수압의 결정

그림 9.71 연직배수설비를 설치한 옹벽

그림 9.71는 배면에 연직 배수설비(vertical drain)를 설치한 옹벽을 보여주고 있다. 지속적인 강우로 인하여 뒷채움이 포화상태가 되면 물은 배수설비로 흘러 들어가면서 정상침투 상태(steady seepage)가 된다. 이 때 옹벽에 작용하는 주동(또는 수동) 토압을 구하는 간단한 수학적 해법은 없다. 토압은 시행 흙쐐기 방법(trial wedge method)에 의하여 구하고 있다.

가. 유선망의 작도

유선망은 그림 9.71에 제시되어 있다. 배수설비의 투수성이 뒷채움보다 상당히 크기 때문에 배수설비는 포화되지 않은 상태로 남아 있으므로 배수설비에서는 간극수압이 0(zero)이므로, 전수두는 위치수두와 같다. 그런데 유선망에서 인접한 등수두선 사이의 수두(전수두) 손실은 같으므로 연직배수설비에서 시작되는 등수두선은 등간격이 되어야 한다($\Delta h = \Delta h_e = \Delta z$). 이 사실은 유선망 작도에 편리하게 이용할 수 있다.

나. 가상 파괴면 $\overline{AB}$ 면에 작용하는 간극수압의 결정

가상 파괴면 $\overline{AB}$ 면 상의 한 점 X의 압력수두 h_p 는 그림 9.71(b)에서 $h_p = \overline{XZ}$ 이 된다. 이 사실은 X점에 세운 물기둥의 상승높이가 $\overline{XZ}$ 라는 사실에서 명백하다. 또는 X와 Y는 같은 등수두선 상에 있으므로 전수두는 서로 같다.

$$h_X = h_Y : h_{ex} + h_{px} = h_{ey} + h_{py}$$

기준면을 X를 지나는 수평선으로 잡으면 $h_{ex} = 0$

배수설비에서는 간극수압이 0(zero)이므로 $h_{py} = 0$

$$h_{px} = h_{ey} = \overline{XZ}$$

따라서, X점의 간극수압 u_X 는

$$u_X = \gamma_w h_{px} = \gamma_w (\overline{XZ})$$

가상파괴면 AB면 상의 여러 점에 대하여 같은 방법으로 압력수두를 구하고 그 분포를 AB면 아래 쪽에 제시하고 있다. 이 분포도의 면적에 γ_w 를 곱하면 간극수압의 합력 U가 얻어진다. U의 작용방향은 물론 AB면에 수직한 방향 또는 연직선과 θ 되는 방향이다.

$$U = \gamma_w \cdot (\text{압력수두 분포도의 면적})$$

유선망을 직접 그리지 않고 간극수압의 합력 U를 구하는 방법이 그림 9.72에 제시되어 있다. 이 그림은 위에서 논의한 방법으로 간극수압을 구하여 작성한 것이다. 이 그림에서 가상파괴면(AB면)이 수평면과 이루는 각도 θ 를 주면 $U\Big/\left(\frac{1}{2}\gamma_w H^2\right)$ 의 값을 얻을 수 있다. 만약 $U\Big/\left(\frac{1}{2}\gamma_w H^2\right) = m$ 이면 $U = m \cdot \frac{1}{2}\gamma_w H^2$ 이 된다.

따라서, 이 그림은 유선망의 작도와 간극수압 결정과정을 생략할 수 있게 하는 대단히 편리한 그림이다(그림 9.72 참조).

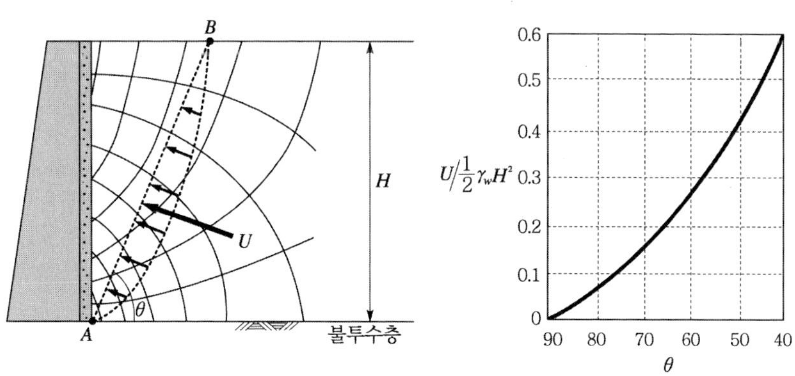

(a) 유선망 (b) 간극수압

그림 9.72 연직배수설비가 설치되어 있을 때 간극수압 결정도표(NAVFAC, DM-7)

다. 흙쐐기 평형조건에 관여하는 힘

먼저 주동토압에 대하여 생각해 보자. 그림 9.73와 같이 옹벽의 뒷굽점(heel) A를 지나 수평면과 θ 를 이루는 가상파괴면 AB를 그렸을 때 흙쐐기 ΔABC 에 작용하는 힘들은 다음과 같다(역계 1 사용).

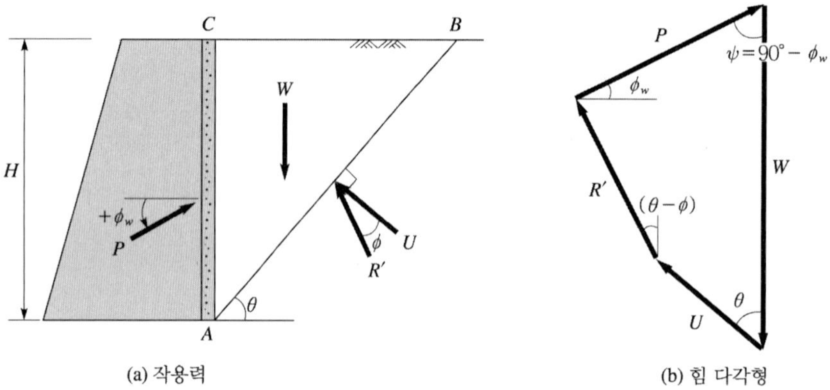

그림 9.73 흙쐐기에 작용하는 힘의 평형

- 전체중량 : W 크기, 작용방향 모두 known

  크기 : $W = \gamma_{sat}(\Delta ABC) = \dfrac{1}{2}\gamma_{sat} H^2 \cot\theta$

  작용방향 : 연직하향
- 경계면 간극수압 : U 크기, 작용방향 모두 known

  크기 : 앞의 나.에서 논의하였음.

  작용방향 : AB 면과 수직한 방향(연직선과 θ) known
- R' : 크기 unknown, 작용방향 known

  $P = P'$: 주동토압의 반력, 크기 unkown, 작용방향 known

  (배수설비에서는 $u = 0$ 이므로 $P = P'$ 이다.)

2 unknowns (R의 크기, P의 크기) vs 2 equations ($\sum H = 0, \sum V = 0$) 따라서, 힘 다각형 폐합조건에서 P를 구할 수 있다.

라. 힘 다각형의 작도와 주동토압의 결정

그림 9.73(b)는 힘 다각형이며 여기서 P의 크기를 구할 수 있다.

힘 다각형을 그리는 대신 해석적 방법으로 P를 구하면

$$\sum V = 0 \ : \ W - U \cdot \cos\theta - R' \cdot \cos(\theta - \phi) - P \cdot \sin\phi_w = 0 \tag{a}$$

$$\sum H = 0 \ : \ - U \cdot \sin\theta - R' \cdot \sin(\theta - \phi) + P \cdot \sin\phi_w = 0 \tag{b}$$

위 두 식에서 R'을 소거하고 P를 구하면

$$P = \frac{W \cdot \sin(\theta - \phi) + U[\sin\theta \cdot \cos(\theta - \phi) - \cos\theta \cdot \sin(\theta - \phi)]}{\cos\phi_w \cdot \cos(\theta - \phi) + \sin\phi_w \cdot \sin(\theta - \phi)}$$

$$\therefore P = \frac{W \cdot \sin(\theta - \phi) + U \sin\phi}{\cos(\phi + \phi_w - \theta)} \tag{9.78}$$

여기서 $W = \frac{1}{2}\gamma_{sat} H^2 \cot\theta$

U는 θ에 따라 그림 9.72에서 구할 수 있음.

가상파괴면을 변화시켜 가면서(즉 θ를 변화시켜 가면서) 힘다각형이나 해석적 방법으로 각 가상파괴면에 대한 P를 결정하고 이 값을 파괴면과 지표면의 교점(즉 B점들)에서 연직방향으로 plot하여 연결하면(그림 9.71참조) 주동토압선이 그려진다. 옹벽에 작용하는 주동토압은 P의 최대치이며 ($P_A = P_{max}$), P_{max}이 되는 지표면 상의 점과 A를 연결하는 직선이 주동파괴면(θ_f)이 된다.

마. 연직배수설비의 특성

연직배수설비에서는 간극수압이 0(zero)이므로 옹벽에 직접 작용하는 간극수압은 없다. 그러나 뒷채움에는 간극수압이 작용하고 있어서 이 간극수압이 결국 주동토압에 영향을 미치고 있다. 어떠한 가상파괴면에도 간극수압 U가 작용하게 되고 이 수압 때문에 주동토압은 너 큰 값이 된다. 독자들은 U를 제외한 상태에서 힘 다각형(삼각형)을 그려보면 U를 고려했을 때보다 토압 P가 더 적어짐을 쉽게 알 수 있을 것이다. 따라서, 연직배수설비는 경사배수설비(이 때에는 뒷채움에 간극수압은 없음)보다 더 큰 주동토압을 일으키게 된다.

연직배수설비를 설치하면 경사배수설비에 비해 주동 파괴면의 경사가 완만해진다. 즉 뒷굽점(heel)을 지나는 주동파괴면이 수평면과 이루는 각도 θ_f가 적어져서 흙쐐기의 폭이 상대적으로 더 넓어진다. 이것은 연직 배수설비의 경우 간극수압은 벽면에서 멀리 있는 곳에서 큰 값이 되므로 가상파괴면에 작용하는 간극수압 U가 커지려면 파괴면이 벽면에서 먼 곳에 있어야 한다. 이 때 파괴면에 작용하는 간극수압은 커진다. 따라서, 주동토압도 큰 값이 된다. 반면 경사배수설비와 배수설비 없이 포화된 뒷채움에서는 같은 깊이에서의 간극수압은 벽면에서 잰 수평거리에 무관하게

같은 값이 되므로 파괴면은 상대적으로 급하게 된다.

NOTE : 수동토압도 같은 방법으로 결정할 수 있음. 단 이 때에는 P' 과 R' 의 작용방향이 바뀌게 됨은 여러 번 언급하였음.

NOTE : 이 문제에서 힘의 평형을 해석함에 있어서 역계 1(즉 전체중량 W, 경계면 수압 U 및 경계면 유효응력 P', R')를 선택하였음. 역계 2(수중중량 W', 침투압 J 및 경계면 유효응력 P', R')을 택하면 침투압의 합력 J 의 크기와 작용방향 결정이 쉽지 않음. 즉 침투압은 각 위치마다 크기와 작용방향이 다르므로 합력 J 결정이 간단하지 않음. 결국 이 문제에서는 역계 1이 더 편리함을 알 수 있음.

NOTE : 앞에서 경사배수설비를 설치한 옹벽의 주동토압은 벽면마찰을 무시하고($\phi_w = 0$) Rankine 토압이론으로 결정하였음. 만약 벽면마찰을 고려한다면 Rankine 토압은 적용되지 않으므로 흙쐐기 평형 방법에 의하여 주동토압(또는 수동토압)을 구할 수 있음. 단 뒷채움에 $u = 0$ 이므로 $u = 0$ 이 됨. 보다 친근한 방법은 Coulomb의 토압을 이용하는 것임. $\beta = 90°$, $i = 0°$ 일 때 ϕ 와 ϕ_w 를 알면 C_A 가 얻어지고 따라서

$$P_A = \frac{1}{2}\gamma_{sat}H^2C_A \tag{9.79}$$

가 됨.

파괴면과 수평면 사이의 각도 θ_f 는 ϕ_w 가 있으므로 $\theta_f \neq 45° + \frac{\phi}{2}$ 임. θ_f 의 크기는 흙쐐기 방법에서 구할 수 있지만 연직배수설비 때보다는 더 큰 값이 됨.(그 이유는?)

▶ **예제 9.10** 배수설비(drain)의 효과

옹벽의 배면은 연직이고 높이 $H = 5.0m$ 이다. 뒷채움은 표면이 수평이고 $\phi = \phi_w = 30°$ 이다. 지속적인 강우로 인하여 뒷채움이 완전 포화상태가 된다고 가정하고 다음 각 경우에 대하여 주동토압을 구하라.

단 $\gamma_{sat} = 1.80t/m^3$

(1) 배수설비를 설치하지 않은 경우

(2) 경사배수설비(sloping drain)를 설치한 경우

(3) 연직배수설비(vertical drain)를 설치한 경우

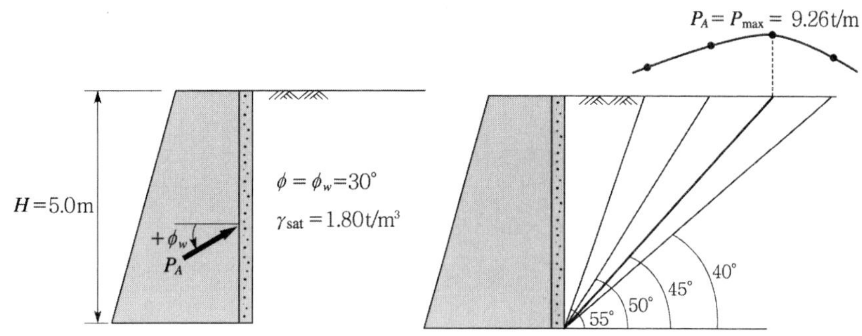

(a) 문제도 (b) 연직배수설비에 대한 해답도

그림 예제 9.10

풀이 :

$\beta = 90°$, $i = 0$ 인 경우이다. $\phi = \phi_w = 30°$ 이면 $C_A = 0.297 \approx 0.3$

(1) 배수설비를 설치하지 않은 경우

옹벽에 작용하는 전체 주동토압은 유효주동토압 P'_A과 간극수압 U로 이루어지는데 주의할 점은 두 힘의 작용방향이 다르다는 점이다.

$$P'_A = \frac{1}{2}\gamma' H^2 C_A = \frac{1}{2}(0.80)(5)^2(0.3) = 3.00\,t/m$$

$$P'_{Ah} = P'_A \cos\phi_w = (3)\cos 30° = 2.60\,t/m$$

$$P'_{Av} = P'_A \sin\phi_w - (3)\sin 30° - 1.50\,t/m$$

$$U = \frac{1}{2}\gamma_w H^2 = \frac{1}{2}(1)(5)^2 = 12.50\,t/m$$

따라서, 전체주동토압은

$$P_{Ah} = P'_{Ah} + U = 2.60 + 12.50 = 15.10\,t/m$$

$$P_{Av} = P'_{Av} = 1.50\,t/m$$

구태여 P_A를 구한다면

$$P_A = \sqrt{P_{Ah}^2 + P_{Av}^2} = \sqrt{(15.10)^2 + (1.50)^2} = 15.17\,t/m$$

(2) 경사배수설비를 설치한 경우

이 경우 뒷채움에 간극수압이 작용하지 않으므로($u = 0$) 전체 주동토압과 유효주동토압은 같다.

$$P_A = P_A' = \frac{1}{2}\gamma_{sat} H^2 C_A = \frac{1}{2}(1.80)(5)^2(0.3) = 6.75 t/m$$

$$P_{Ah} = P_A \cos\phi_w = (6.75)\cos 30^\circ = 5.85 t/m$$

$$P_{Av} = P_A \sin\phi_w = (6.75)\sin 30^\circ = 3.38 t/m$$

(3) 연직배수설비(vertical drain)를 설치한 경우

뒷채움에는 간극수압이 작용하지만 배수설비로 인하여 옹벽에는 수압이 작용하지 않는다. 따라서, 전체 주동토압과 유효주동토압은 같다. 이 경우 간단한 수학적 해법은 없으며 시행 흙쐐기(trial wedge) 방법으로 주동토압을 결정한다. 즉 여러 개의 가상파괴면 θ 에 대한 토압을 구하고 이를 이용하여 $P_A = P_{max}$ 을 결정한다. 각 가상파괴면 θ 에 작용하는 간극수압 U는 그림 9.72에서 구할 수 있고 이 때의 토압 P는 식 (9.78)에서 얻을 수 있다. 그림 9.72에서 가상파괴면의 경사각 θ 에 대한 $\dfrac{U}{\frac{1}{2}\gamma_w H^2}$ 의 값을 m이라 표기하면

$$U = m\left(\frac{1}{2}\gamma_w H^2\right) = m\left(\frac{1}{2}(1)(5)^2\right) = (12.5)(m) t/m$$

- $\theta = 40^\circ$ 인 경우

$$m = 0.6 \quad \therefore U = 7.50 t/m$$

$$W = \frac{1}{2}\gamma_{sat} H^2 \cot\theta = \frac{1}{2}(1.80)(5)^2 \cot 40^\circ = 26.81 t/m$$

$$P = \frac{W\sin(\theta-\phi) + U\sin\phi}{\cos(\phi+\phi_w-\theta)} = \frac{(26.81)\sin(40^\circ - 30^\circ) + (7.50)\sin 30^\circ}{\cos(30^\circ + 30^\circ - 40^\circ)} = 8.94 t/m$$

θ 값을 바꾸어가면서 위의 계산을 반복하고 그 결과를 표로 정리하면 다음과 같다.

θ	m	$U(t/m)$	$W(t/m)$	$P(t/m)$
40	0.6	7.50	26.81	8.94
45	0.5	6.25	22.50	9.26
50	0.42	5.25	18.88	9.22
55	0.33	4.13	15.75	8.75

각 가상파괴면 θ 에 대한 P의 변화, 즉 토압선은 그림 예제 9.10(b)에 그려져 있다. 여기서, $P_A = P_{\max} = 9.26t/m$

$$P_{Ah} = P_A \cos\phi_w = (9.26)\cos 30^\circ = 8.02t/m$$

$$P_{Av} = P_A \sin\phi_w = (9.26)\sin 30^\circ = 4.63t/m$$

임계파괴면 $\theta_f = 45^\circ$ 이다(그림 예제 9.10 참조).

계산결과를 정리하여 비교해 보면 다음 표와 같다.

	배수설비 미설치	경사배수설비 설치	연직배수설비 설치
P_A	15.17 t/m	6.75 t/m	9.26 t/m
P_{Ah}	15.1 t/m	5.85 t/m	8.02 t/m
P_{Av}	1.5 t/m	3.38 t/m	4.63 t/m

이 예제에서 배수설비의 효과를 확인할 수 있다. 수평토압(수압 포함) P_{Ah}를 비교해 보면 경사배수설비를 기준으로 하면 연직배수설비는 137%, 배수설비 미설치의 경우는 258%가 된다. ◀

독자들에게 드리는 질문 : 뒷채움을 배수재처럼 투수계수가 대단히 큰(자유배수되는) 양질의 모래를 사용한 경우 토압은 어떻게 될까?

만약 옹벽이 물속에 잠기게 되면(submerged) 주동토압은 어떻게 될까? 이 때 옹벽 앞뒤의 수압은 비기게 되어 순 주동토압은 대단히 적게 된다. 반면 옹벽의 자중도 부력을 받아 감소하므로 활동, 전도에 대한 저항력도 함께 감소하게 된다. 이 때 옹벽의 안정을 다음 절 옹벽의 안정을 참고하여 생각해 볼 것.

9.8 옹벽의 안정

옹벽은 뒷채움 흙으로부터 유발되는 토압에 의하여 활동(滑動, sliding) 및 전도(轉倒, overturning) 되지 않도록 설계하여야 한다. 또한 옹벽은 그 자중과 토압에 의하여 옹벽이 설치된 기초 지반이 소성파괴를 일으키지 않도록, 즉 지지력(支持力, bearing)에 대하여 안전하도록 설계 하여야 한다. 활동과 전도를 일으키는 외력(하중)은 토압이고 저항력은 옹벽의 자중에서 나오게 된다. 한편 지지력 파괴의 경우에는 하중은 옹벽 자중과 토압이 되고 저항력은 지반의 강도, 즉 지지력이 된다.

NOTE : 자중만으로 활동과 전도에 저항하는 옹벽을 중력식 옹벽이라 함. 옹벽에는 중력식 외에 반중력식 옹벽, 캔틸레버(cantilever)식 옹벽, 부벽식 옹벽 등이 있음. 최근에는 보강토 옹벽(reinforced earth wall), 섬유보강

토 옹벽 등도 개발되었는데 자세한 사항은 기초공학 서적을 참고하기 바람.

옹벽을 설계함에 있어서 옹벽에 작용하는 토압은 대부분의 경우 주동토압으로 하고 있다. 하중으로서 옹벽에 작용하는 토압의 크기는 최대 정지토압에서 최소 주동토압의 범위에 있을 것이다. 그런데 옹벽을 최소 토압인 주동토압에 대하여 설계하는 것은 정지토압에서 주동토압으로 감소하는데 소요되는 회전각 변위(또는 수평변위)가 대단히 적어서 이를 묵시적으로 용인하고 있기 때문이다. 이렇게 함으로써 옹벽의 단면을 작게하여 경제적 설계를 하고 있는 셈이다. 그러나 옹벽에 미소한 변위도 허용할 수 없는 경우에는 정지토압에 대하여 설계하여야 한다.

9.8.1 옹벽의 안정조건

옹벽을 설계 또는 해석하는 방법은 한계평형역학(限界平衡力學, limiting equilibrium mechanics)을 이용하는 한계 설계법(limit design) 또는 한계 해석법(limit analysis)이다. 이 설계 방법에서는 기술자 옹벽이 파괴상태가 되지 않는다는 사실만 확인하면 된다. 옹벽에 일어나는 변위의 크기는 관심 밖의 일이다. 사실상 옹벽이 작용 외력에 의한 활동, 전도 및 지지력 파괴에 대하여 안전하면 변위는 허용 범위내에 있게 됨을 장기간의 경험으로 알고 있는 것이다. 따라서, 옹벽의 설계는 파괴 상태에 대한 해석과 파괴 방지를 위한 적절한 안전율의 적용으로 이루어진다. 그리고 옹벽의 설계에서 변위나 각변위는 보통 검토대상이 아니다.

옹벽의 안정조건

옹벽이 안정을 유지하기 위해서는 다음 4가지 조건을 모두 만족시켜야 한다.

(1) 활동(sliding)에 대한 안정
(2) 전도(overturning)에 대한 안정
(3) 지지력(bearing)에 대한 안정
(4) 사면으로서의 안정(slope stability) : 10장

안전율(factor of safety : F_s)

현재 관용되고 있는 옹벽의 안정성에 대한 판단 기준은 안전율이다. 안전율은 다음과 같이 정의된다.

$$\text{안전율} = \frac{\text{(보유하고 있는) 최대저항력}}{\text{파괴시키려는 힘}} = \frac{\text{전단강도}}{\text{전단력}} \quad : \text{전단력에 대한 정의}$$

또는

$$\text{안전율} = \frac{\text{(보유하고 있는) 최대저항모멘트}}{\text{파괴시키려는 모멘트}}$$: 모멘트에 대한 정의

즉 $F_s = \dfrac{R}{D} = \dfrac{S}{T}$: 힘의 비로 표현하는 경우

$F_s = \dfrac{M_r}{M_d}$: 모멘트 비로 표현하는 경우

여기서 D : 파괴시키려는 힘(driving force)

R : 저항력(resisting force)

$T = D$: 전단력(shearing force)

S : 전단강도(shearing strength)

M_d : 파괴시키려는 모멘트(driving moment)

M_r : 저항 모멘트(resisting moment)

전단면 바로 위에서 전단력 T가 작용하면 전단면 바로 아래에서는 반작용력 S_m 이 유발된다. S_m 은 전단력 T와 평형상태를 유지하기 위하여 동원된 현재 발휘되고 있는 전단강도(mobilized strength)이며 T와 크기는 같고 작용방향은 반대이다. 즉

$$S_m = T \tag{9.80}$$

S_m 은 파괴 전에는 물론 S보다 적고, 파괴 시에만 $S_m = S$ 가 된다. 따라서, 이 때에는 안전율은 다음과 같이 정의할 수 있다.

$$\text{전단력에 대한 안전율 : } F_s = \frac{S}{T} = \frac{S}{S_m} \tag{9.81}$$

모멘트에 대해서도 같은 방법으로 생각할 수 있다. 파괴시키려는 모멘트 M_d 에 대한 반작용 모멘트는 현재 발휘되고 있는(mobilized) 저항모멘트 M_{rm} 과 같다.

$$M_d = M_{rm} \tag{9.82}$$

$$\text{모멘트에 대한 안전율 : } F_s = \frac{M_r}{M_d} = \frac{M_r}{M_{rm}} \tag{9.83}$$

안전율은 평형상태를 유지하기 위한 강도 또는 저항모멘트의 수요량(demand)에 대한 강도 또는

저항모멘트의 최대공급능력(capacity)의 비(ratio)라고도 정의할 수 있다. 즉 S_m과 M_{rm}은 평형을 위한 강도와 저항모멘트의 수요량이고 S와 M_r은 공급가능한 강도와 저항모멘트의 최대치이다. 따라서, 안전율은 다음과 같이 정의할 수도 있다.

$$F_s = \frac{\text{capacity}}{\text{demand}} \tag{9.84}$$

여기서, demand는 안정을 유지하기 위한 전단강도 또는 저항모멘트의 수요량이고, capacity는 전단강도와 저항모멘트의 최대공급능력이다.

안전율은 활동, 전도 및 지지력 별로 각각 산정하여 각 파괴형태(mode) 별로 안정성을 판단하게 된다. 이론상으로는 계산된 안전율이 1보다 크면 안정한 것으로 판정된다. 그러나 파괴력과 저항력 산정에 관여하는 여러 가지 불확실성을 감안하여 실제로는 계산에서 얻은 안전율이 이른바 허용안전율(allowable factor of safety : F_{sa})보다 커야 안전한 것으로 판정하고 있다. 허용안전율은 경험에 의하여 확정된 값이며 이론으로 산정하는 것은 아니다.

따라서, 안전에 대한 판정은

$F_s \geq F_{sa}$ 이면 안전(OK = God only knows!)

$F_s < F_{sa}$ 이면 불안전(NG = no good)

즉 계산으로 구한 안전율 F_s 가 1보다 크더라도 F_{sa} 보다 작으면 '경험상' 불안정한 것으로 판정한다.

독자들에게 드리는 질문 : 등산길에서 채취한 버섯이 독버섯인지 식용버섯인지 알아보는 가장 확실한 방법은 무엇인가?
우직한 방법 : 먹어보는 방법
보다 약은 방법 : 먹여보는 방법

각 파괴형태(mode)에 대한 허용안전율(F_{sa}) 값은 다음 값을 사용하고 있다.

- 활동(sliding) : $F_{sa} = 1.5 \sim 2.0$
- 전도(overturning) : $F_{sa} = 1.5 \sim 2.0$
- 지지력 : $F_{sa} = 2.0 \sim 3.0$ (보통은 3.0)

NOTE : 안전율은 안전과 불안전으로 안전도를 2분법으로 나눌 뿐 안전의 정도를 표시하지는 않음. $F_s \geq F_{sa}$ 이면 F_s 의 크기에 관계없이 안전한 것으로 판단할 뿐이며 예를 들어 $F_{sa} = 1.5$ 인 경우 $F_s = 4$ 가

$F_s = 2$ 보다 2배 안전하다는 것은 아님. 즉 안전율은 안전도를 판단하는 수치적 척도(numerical scale)는 아님. 마찬가지로 $F_s = 0.3$ 과 $F_s = 0.6$ 은 모두 파괴된다는 것(확실하게)을 의미할 뿐 $F_s = 0.3$ 이 $F_s = 0.6$ 인 경우보다 2배 위험하다는 뜻은 아님. 이러한 문제점은 이른바 신뢰성 해석을 실시하면 극복할 수 있음.

독자들에게 드리는 질문 : 옹벽 A가 B옹벽보다 2배 안전(또는 위험)하다는 것은 무슨 뜻인가?

각 파괴형태별 안정성 판정은 다음과 같이 실시한다.

(1) 활동(sliding)에 대한 안정

안전율을 옹벽의 저면에 작용하는 전단력 T에 대한 흙의 전단강도(마찰저항) S의 비로 정의하고 허용안전율 $F_{sa} = 1.5 \sim 2.0$ 으로 한다. 즉

$$F_s = \frac{S}{T} = \frac{R_v \tan\phi_w}{R_h} \geq 1.5 \sim 2.0 \text{ 이면 O.K.}$$

여기서, (그림 9.74 참조)

R_v = 연직력의 합력 $(= W + P_v)$

R_h = 수평력의 합력 $(= P_h)$

ϕ_w = 옹벽저면과 흙 사이의 마찰각

$R_v \tan\phi_w$ = 옹벽저면과 흙 사이의 마찰저항

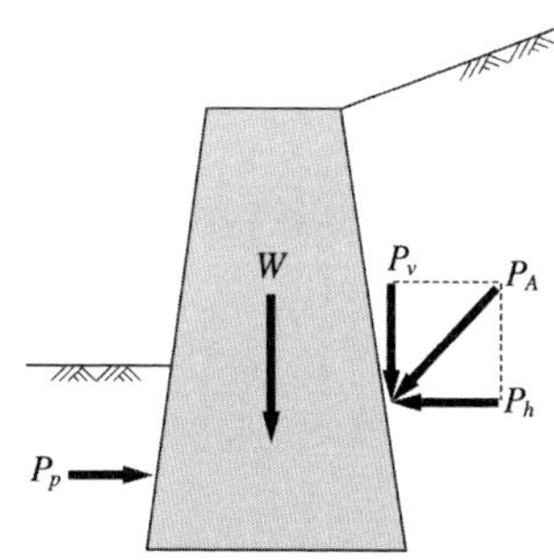

85)

그림 9.74 옹벽에 작용하는 주동 및 수동토압

수동토압을 고려하는 방법에 따라 위의 식은 다음과 같은 경우가 있다.
보통은 수동토압을 무시하여

$$F_s = \frac{(W + P_v)\tan\phi_w}{P_h} \geq 1.5 \text{ 이면 O.K.}$$

또는 수동토압을 고려하되 수동토압을 저항력으로 보고 저감률 2를 사용하여

$$F_s = \frac{(W + P_v)\tan\phi_w + P_P/2}{P_h} \geq 2.0 \text{ 이면 O.K.}$$

드물게는 수동토압을 음의 활동력으로 보고 저감률 2를 고려히여

$$F_s = \frac{(W + P_v)\tan\phi_w}{P_h - \dfrac{P_P}{2}} \geq 2.0 \text{ 이면 O.K.}$$

NOTE : 수동토압은 보통 수평방향으로 작용하는 것으로 함.

(2) 전도(overturning)에 대한 안정

전도에 대한 안정검토에는 보통 수동토압 P_P 는 고려하지 않는다.

전도에 대한 안정검토 방법에는 다음 2가지가 있다.

① A 점에 대하여 전도에 대한 안전율이 허용안전율보다 클 것.

$$F_s = \frac{M_r}{M_d} \geq 1.5 \sim 2.0 \text{ 이면 O.K.}$$

즉 그림 9.75에서

$$F_s = \frac{W\,a}{P_h\,y - P_v\,f} \geq 1.5 \sim 2.0 \text{ 이면 O.K.}$$

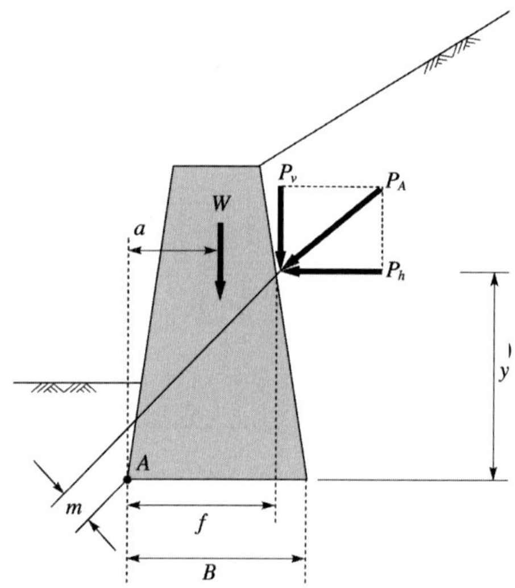

그림 9.75 전도에 대한 안정검토

NOTE : $F_s = \dfrac{W\,a + P_v\,f}{P_h\,y}$ 는 틀림!

(∵ 사실상 $F_s = \dfrac{W\,a}{P_A\,m} = \dfrac{W\,a}{P_h\,y - P_v\,f}$ 이기 때문임.)

만약 P_A 의 작용선이 A점 아래를 지나 A에 대한 모멘트가 시계방향이면 이 모멘트는 옹벽을 전도시키는 모멘트가 아니므로 옹벽은 전도에 대하여 안전하다.

② 합력이 중앙 $\frac{1}{3}$(middle one third)안에 작용하면 전도에 대해 안전한 것으로 판정한다. 이때에는 옹벽저면에는 압축응력만 작용하게 되므로 옹벽은 압굽점 A를 중심으로 전도될 수 없다. 압굽점 A점에 대하여 합력의 모멘트는 분력 모멘트의 합과 같다는 Varignon의 정리를 이용하여 합력의 작용점, 따라서 편심거리를 구한다(그림 9.76). x 는 앞굽에서 합력의 작용점까지의 거리이다.

$$R_v x = W\,a + P_v\,f - P_h\,y$$

$$x = \frac{W\,a + P_v\,f - P_h\,y}{R_v}$$

$$x = \frac{A\text{점에 대한 모멘트의 합}}{\text{연직력의 합}} = \frac{\Sigma M_A}{R_V} \qquad (9.87)$$

합력의 작용점 x가 결정되면 편심거리 $e = \frac{B}{2} - x$를 구할 수 있다.

만약 $x < \frac{B}{3}$ 이면 $e > \frac{B}{6}$, 즉 합력의 작용점은 중앙 $\frac{1}{3}$ 밖에 있게 된다.

만약 $x \geq \frac{B}{3}$ 이면 $e \leq \frac{B}{6}$, 즉 합력의 작용점은 중앙 $\frac{1}{3}$ 안에 있게 된다.

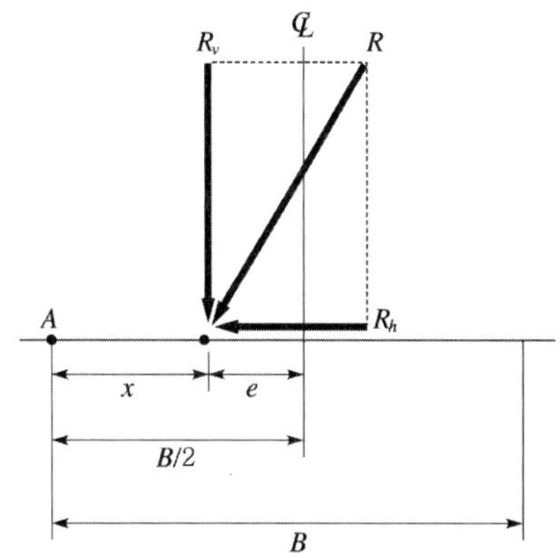

그림 9.76 합력의 작용점과 편심거리

(3) 지지력(bearing)에 대한 안정

안전율은 옹벽자중과 토압에 의하여 옹벽저면에 발생하는 최대접지압 $\sigma_{\max}$ 에 대한 극한지지력 q_{ult} 의 비 (ratio)로 정의된다. 이 때 허용안전율은 보통 $F_{sa} = 3$ 으로 한다.

$$F_s = \frac{q_{ult}}{\sigma_{\max}} \geq 3.0 \text{ 이면 O.K.} \qquad (9.88a)$$

$$\text{또는 } \sigma_{\max} \leq q_a = \frac{q_{ult}}{F_{sa}} \text{ 이면 O.K.} \qquad (9.88b)$$

여기서, q_{ult} : 극한지지력, $q_a = \frac{q_{ult}}{F_{sa}}$: 허용지지력

$\sigma_{\max}$: 최대접지압

- 극한지지력 q_{ult} 는 얕은 기초의 지지력 공식에 의거하여 산정하거나 평판재하시험 등으로 구하여야 한다. 여기에 관하여서는 기초공학 서적을 참고하기 바란다. handbook이나 설계편람에는 흙의 종류에 따른 허용지지력(또는 극한지지력)의 개략치가 제시되어 있지만 이들은 예비설계 단계나 극히 작은 규모의 공사에만 사용한다.

• 최대접지압 σ_{max} 과 최소접지압 σ_{min} 의 산정

그림 9.77에 상세하게 보인 것 처럼 편심하중은 도심하중과 편심모멘트의 합과 같다. 즉 같은 그림에서 편심하중 R_v 에 의하여 생기는 응력은 도심하중 R_v 와 편심모멘트 $M = R_v e$ 에 의한 응력을 합하여 얻을 수 있다. 따라서, 옹벽 저면에 생기는 최대 및 최소응력은

$$\sigma_{\substack{max \\ min}} = \frac{R_v}{A} \pm \frac{M}{Z}$$

그런데 단면적 $A = B \times 1 = B$, 단면계수 $Z = \frac{(1)(B^2)}{6} = \frac{B^2}{6}$, 편심모멘트 $M = R_v e$ 이므로

$$\sigma_{\substack{max \\ min}} = \frac{R_v}{B}\left(1 \pm \frac{6e}{B}\right) \tag{9.89}$$

$e < \frac{B}{6}$ 이면 $\sigma_{min} > 0$; 옹벽저면에는 압축응력만 발생

$e = \frac{B}{6}$ 이면 $\sigma_{min} = 0$, $\sigma_{max} = \frac{2R_v}{B}$; 옹벽저면에는 압축응력만 생김

$e > \frac{B}{6}$ 이면 $\sigma_{min} < 0$ (인장); 옹벽저면에는 인장응력도 발생하게 됨

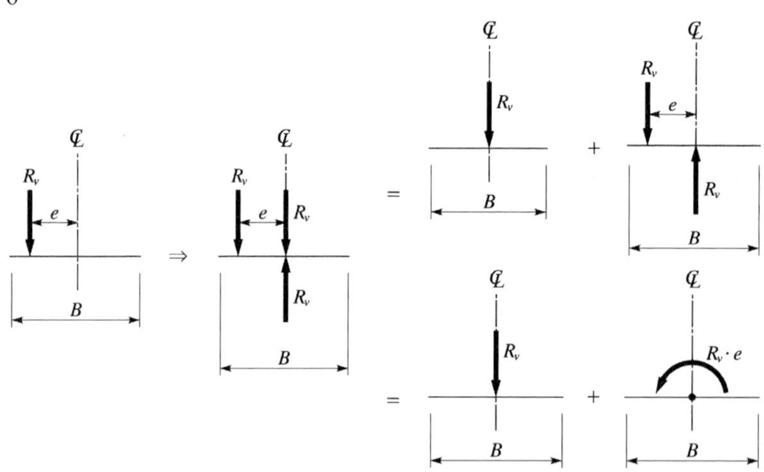

그림 9.77 편심하중의 효과

▶ **예제 9.11** 그림과 같은 옹벽의 안정성을 평가하라.

단 뒤채움 흙의 $c' = 0$, $\phi' = \phi_w = 30°$, $\gamma = 1.80 t/m^3$, 콘크리트의 단위중량 $\gamma_{conc} = 2.40 t/m^3$ 이다.

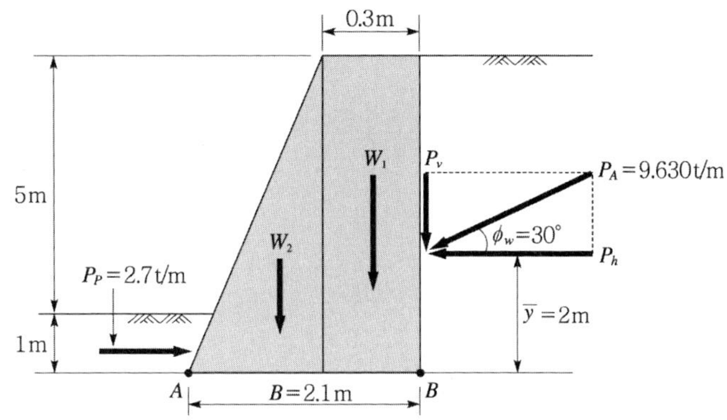

그림 예제 9.11 문제도(Lambe & Whitman, 1969)

풀이 :

(1) 토압 및 옹벽의 자중 산정

◦ 주동토압 : $P_A = \frac{1}{2}\gamma H^2 C_A = \frac{1}{2}(1.8)(6)^2(0.297) = 9.63t/m$

($C_A = 0.297$ 은 Coulomb 주동토압계수 식 (9.67) 또는 그림 9.39에 의하여 구할 수 있음.)

• 주동토압 수평성분 : $P_h = P_A \cos\phi_w = (9.63)\cos 30° = 8.34t/m$

• 주동토압 연직성분 : $P_v = P_A \sin\phi_w = (9.63)\sin 30° = 4.82t/m$

◦ 수동토압 : $P_P = \frac{1}{2}\gamma H^2 K_P = \frac{1}{2}(1.8)(1)^2(3) = 2.7t/m$

ϕ_w 값이 커지면 Coulomb 토압이론은 수동토압을 과대산정하세 된다. 따라서, 여기에서는 $\phi_w = 0$ 으로 두어 Rankine의 수동토압을 사용하기로 한다. $\phi = 30°$ 이면 $K_P = 3$ 이고 수동토압은 수평으로 작용한다.

◦ 옹벽자중 : $W_1 = (0.3)(6)(2.40) = 4.32t/m$

$$W_2 = \frac{1}{2}(2.1-0.3)(6)(2.40) = 12.96t/m$$

• 연직력의 합력 : $R_v = W_1 + W_2 + P_v = 22.1t/m$

• 수평력의 합력 : $R_h = P_h = 8.34t/m$

(R_h 에 수동토압 포함시키지 않음.)

(2) 안정 검토

① 활동에 대한 안정

– 수동토압을 고려하는 경우(저감율 2를 사용)

$$F_s = \frac{R_v \tan\phi_w + \dfrac{P_P}{2}}{R_h} = \frac{22.1\tan 30° + \dfrac{2.7}{2}}{8.34} = 1.69 < 2 \quad \therefore NG$$

– 수동토압을 무시하는 경우

$$F_s = \frac{22.1\tan 30°}{8.34} = 1.53 > 1.5 \quad \therefore OK$$

② 전도에 대한 안정

– A 점에 대한 모멘트를 생각하는 방법

$$F_s = \frac{M_R}{M_D} = \frac{(4.32)(1.8+0.15)+(12.96)\left(\dfrac{2}{3}\cdot 1.8\right)}{(8.34)(2)-(4.82)(2.1)} = 3.66 > 2 \quad \therefore OK$$

전도에 대한 안정 검토에서는 수동토압은 보통 고려하지 않음.

– 합력이 중앙 $\frac{1}{3}$ 안에 있는지 확인하는 방법

• 앞굽 A 에서 잰 합력의 작용점 x 산정

$$R_v x = \sum M_A$$

$$x = \frac{\sum M_A}{R_v} = \frac{1}{22.1}\left[(4.32)\left(1.8+\frac{0.3}{2}\right)+(12.96)\left(\frac{2}{3}\cdot 1.8\right)+(4.82)(2.1)-(8.34)(2)\right]$$

$$= \frac{1}{22.1}(17.418) = 0.788\,m$$

• 편심거리 e 산정

$$e = \frac{B}{2} - x = \frac{2.1}{2} - 0.788 = 0.262\,m$$

• 합력이 중앙 $\frac{1}{3}$ 안에 있는지 확인

$x > \frac{B}{3}$ 이므로 합력이 중앙 $\frac{1}{3}$ 안에 있음이 명백함.

또는 $e < \frac{B}{6} = 0.35\,m$, 따라서, 중앙 $\frac{1}{3}$ 안에 있음. $\therefore OK$

NOTE : 합력의 작용점을 구하기 위하여 모멘트 중심을 압굽 A대신 뒷굽 B를 택하면 더 편리할 수 있음. 이 경우 모든 분력 모멘트의 부호가 (+, –)가 같게 됨. B에서 합력 작용점까지 거리를 y라 하면

$$y = \frac{\sum M_B}{R_v} = \frac{1}{22.1}\left[(4.32)(0.15) + (12.96)(0.3 + \frac{1.8}{3}) + (8.34)(2.0)\right] = 1.312m$$

이 경우 $y \le \frac{2}{3}B$ 이면 합력은 중앙 $\frac{1}{3}$ 안에 작용함. 또는 $e = y - \frac{B}{2}$ 이고 $e < \frac{B}{6}$ 이면 합력은 중앙 $\frac{1}{3}$ 안에 작용함.

$$y = 1.312m < \frac{2}{3}B = 1.4m \quad \therefore O.K$$

또는

$$e = y - \frac{B}{2} = 1.312 - 1.05 = 0.262 < 0.35 = \frac{B}{6} \quad \therefore O.K$$

③ 지지력에 대한 안정 검토

$$F_s = \frac{q_{ult}}{\sigma_{max}} \ge F_{sa} = 3.0 \text{ 이면 } OK$$

$$\sigma_{max} = \frac{R_v}{B}\left[1 + \frac{6e}{B}\right] = \frac{22.1}{2.1}\left[1 + \frac{6(0.262)}{2.1}\right] = 18.40t/m^2$$

극한지지력 q_{ult} 를 $60t/m^2$ 으로 가정(handbook 등 참조 : 실제는 계산 필요)하면

$$F_S = \frac{60}{18.40} = 3.26 > 3.0 \quad \therefore OK$$

문제도의 옹벽은 활동, 전도, 지지력 모두에 대하여 안전하므로 안정상태에 있다고 판단할 수 있다. ◀

연습문제

9.1 그림과 같은 상자형 암거에 작용하는 정지토압(수압포함)의 분포도를 그려라. 단 정지토압계수 $K_0 = 0.5$ 이고 콘크리트의 단위중량은 $2.5t/m^3$ 로 한다.

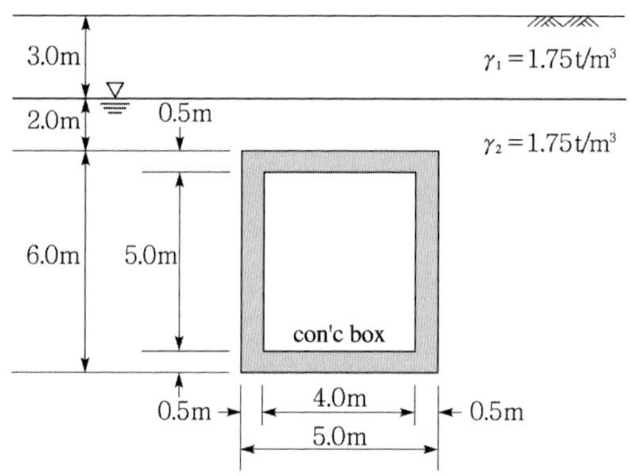

9.2 배면이 연직이고 높이 6.0m인 옹벽의 뒤채움이 2개의 층으로 이루어져 있다.

위층 : 두께 $z_1 = 3.0m$, $\gamma_1 = 1.70t/m^3$, $\phi_1 = 30°$

아래층 : 두께 $z_2 = 3.0m$, $\gamma_2 = 1.80t/m^3$, $\phi_2 = 35°$

(a) 주동토압의 분포도를 그려라.

(b) 주동토압 합력의 크기와 작용점을 구하라.

9.3 연직배면에 높이 6m인 옹벽이 있다. 뒤채움 표면은 수평면 기준 12° 경사지고, 이 지표면을 따라 길이 1m당 $q = 4t/m^2$ 의 연직등분포 하중이 작용한다. 뒤채움 모래의 $\gamma = 1.80t/m^3$, $\phi = 34°$, $c = 0$ 이다. Rankine의 주동토압의 합력을 구하라.

9.4 높이 6m인 배면의 경사각 $\beta = 110°$, 뒤채움 표면의 경사각 $i = 12°$ 인 옹벽이 있다. 뒤채움 모래의 $\gamma = 1.80t/m^3$, $\phi = \phi_w = 30°$ 이다.

(a) Coulomb의 주동토압 P_A 를 구하라.

(b) P_A 의 수평성분 P_h 와 연직성분 P_v 를 구하라.

9.5 연직배면에 높이 6m인 옹벽이 있다. 뒤채움 표면은 수평이고 $\gamma = 1.70t/m^3$, $\phi = 30°$, $c = 1.0t/m^2$ 이다.

(a) 인장균열 도달깊이 z_0 를 구하라.

(b) 주동토압의 합력을 구하라.

9.6 연직배면($\beta = 90°$)에 높이 6m인 옹벽이 있다. 뒤채움 표면은 수평($i = 0$)이고 뒤채움 모래의 $\phi = \phi_w = 30°$ 이다. 지하수면은 옹벽 저면에서 3m 되는 곳에 있다. 모래의 단위중량은 지하수면 위에서는 $\gamma_1 = 1.70t/m^3$, 지하수면 아래에서는 $\gamma_2 = 1.90t/m^3$ 이다.

(a) Rankine의 주동토압(수압 포함)을 구하라.

(b) Coulomb의 주동토압(수압 포함)을 구하라.

9.7 문제 9.6에서 뒤채움의 표면이 수평면과 $i = 12°$ 경사져 있으면 (a) Rankine, (b) Coulomb의 주동토압(수압 포함)은 얼마나 되는가?

9.8 그림과 같이 옹벽의 뒤채움이 절곡되어 있고 선하중 $Q = 20t/m$ 가 작용한다. 뒤채움 모래의 $\gamma = 1.70t/m^3$, $\phi = \phi_w = 30°$ 이다. 축척대로 단면을 그리고 Culmann의 방법으로

(a) 주동토압을 구하라.

(b) 선하중만에 의한 주동토압 ΔP_A 를 구하라.

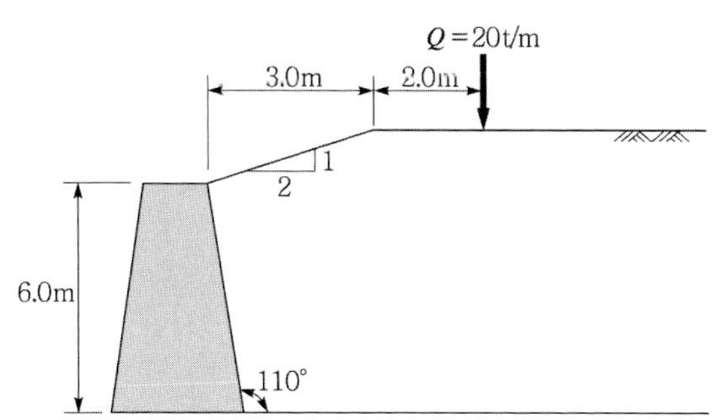

9.9 연직배면($\beta = 90°$)에 높이 6m인 옹벽이 있다. 뒤채움 표면은 수평($i = 0$)이고 뒤채움 모래의 $\gamma_{sat} = 1.80t/m^3$, $\phi' = \phi_w = 30°$ 이다. 지속적인 강우로 인하여 뒤채움이 완전포화상태가 되었을 때 주동토압 P_A 를 구하라.

(a) 경사배수설비를 설치한 경우

(b) 연직배수설비를 설치한 경우

(c) 이 옹벽이 물속에 잠기면 순 주동토압은 얼마인가?

9.10 그림과 같이 상재하중 $4.0t/m^2$ 가 작용하는 캔틸레버식 옹벽의 안정성을 검토하라. 뒤채움 모래의 단위중량은 $\gamma = 1.70t/m^3$, $\phi = 35°$, 옹벽저면과 흙 사이의 마찰계수 $\tan\phi_w = 0.58$, 콘크리트의 단위중량은 $2.5t/m^3$ 이다. 단 캔틸레버식 옹벽 안정검토에서는 뒤굽(heel)을 지나는 연직선을 가상 옹벽배면으로 하고 이 가상배면 왼쪽 옹벽저판 위에 있는 흙은 옹벽의 자중으로 취급한다.

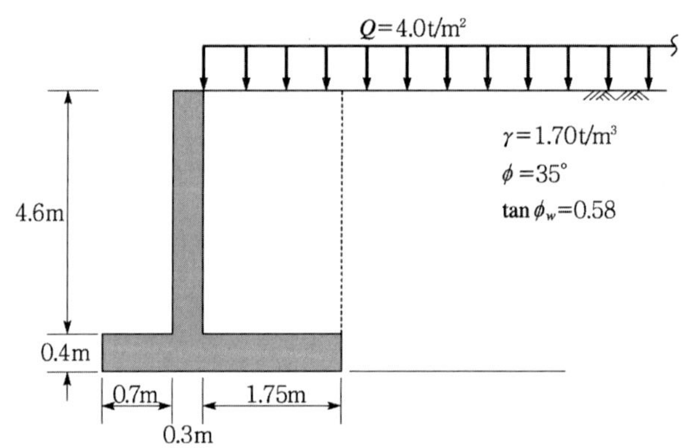

제 10 장

사면안정

10.1 개설

사면은 다음과 같이 여러 가지 방법으로 분류할 수 있다. 우선 사면은 그 형성과정에 따라 인공사면과 자연사면으로 나눌 수 있다. 인공사면은 인공적으로 흙을 성토하여 축조한 사면(성토사면이라 함)인데 제방과 흙 댐 등이 여기에 속한다. 자연사면은 산기슭이나 운하와 같이 자연적으로 형성된 사면이다. 운하의 비탈면은 굴착에 의하여 형성되었고(굴토사면), 산악지도로의 절취면(절취사면)도 공사로 형성되었지만 두 경우 모두 사면토체는 자연적으로 형성되었으므로 자연사면이라 할 수 있다. 이러한 분류기준을 따르면 인공사면은 사면 내 흙의 구성을 알 수 있는데 반해 자연사면의 경우에는 흙의 구성상태를 알 수 없다.

사면은 그 형상에 따라 무한사면(infinite slope)과 유한사면(finite slope)으로 나눌 수 있고 유한사면은 다시 단순사면(simple slope)과 복합사면(compound slope)으로 세분할 수 있다(그림 10.1 참조).

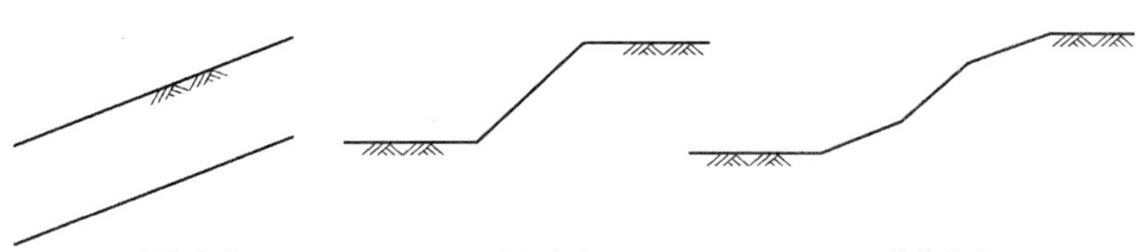

(a) 무한사면 (b) 단순사면 (c) 복합사면

그림 10.1 사면의 종류

무한사면은 비탈면의 경사각이 일정하고 길이가 대단히 긴 사면으로 파괴면은 얕은 곳에 위치하며 비탈면과 평행하다. 이러한 형태의 파괴를 병진활동(竝進活動)이라 한다.

단순사면은 비탈면의 경사각이 일정한 유한사면으로 천단면(crest)과 지단면은 수평이다. 앞으로 유한사면에 대한 논의는 주로 단순사면을 예로 하여 진행하게 된다. 복합사면은 경사각이 다른 복수의 사면이 결합된 사면이다.

사면은 그 구성물질에 따라 흙사면(earth slope)과 암사면(rock slope)으로 나눌 수도 있다. 자연의 입장에서 보면 사면은 평지보다 불안정한 상태이므로 중력으로 하여금 사면을 어떤 면을 따라 미끄러져 내려오게 하여 보다 안정된 상태가 되게 하는데 이것을 사면파괴 또는 붕괴(slope failure)라 한다. 그런데 사면은 어떤 면을 따라 파괴될까?

자연은 소요에너지가 최소가 되는 방법으로 일을 하므로 가장 파괴되기 쉬운 면을 따라 파괴가 일어난다. 파괴가 일어나는 면을 파괴면(failure surface) 또는 활동면(sliding surface)이라 한다. 파괴면의 형태는 사면의 균질성에 따라 결정되며 평면(planar) 파괴면, 곡면(curved) 파괴면 및 복합(compound) 파괴면 등이 있다. 평면파괴면은 무한사면의 병진운동(translational movement)이 한 예이고 곡면파괴면은 원호(circular arc) 파괴면, 대수나선(logarithmic spiral) 파괴면 등이 있다. 복합파괴면은 평면과 곡면파괴면이 결합된 것이다(그림 10.2).

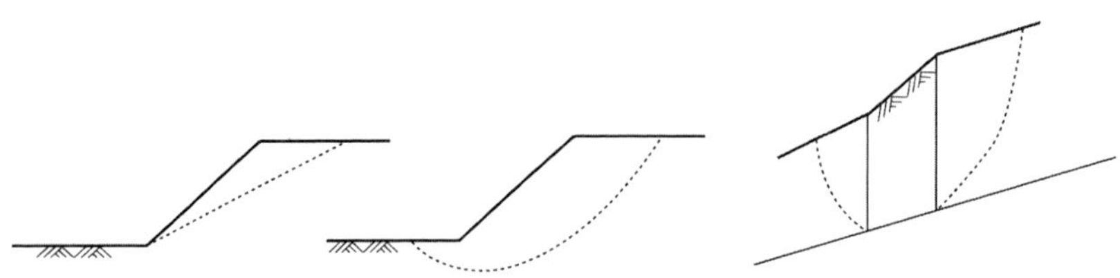

(a) 평면파괴면 (b) 곡면파괴면 (c) 복합파괴면

그림 10.2 파괴면의 종류

곡면파괴면은 토질이 균질한 사면에서 일어나고 복합파괴면은 깊은 곳에 연약층이 존재할 때 일어나는 파괴형태이다.

사면의 안정해석도 옹벽과 같이 한계평형역학을 근거로 하는 한계해석 또는 한계평형해석 (limit equilibrium analysis)을 사용하고 있다. 즉 사면이 활동력과 활동모멘트에 대하여 충분한 안전율만 확보하면 이 사면은 안전한 것으로 판정한다. 사면에 일어나는 변위에 대해서는 관심을 두지 않는다. 이것은 사면이 전단력과 모멘트에 대하여 안전하면 경험적으로 변위는 허용범위 안에 있게 된다는 사실을 묵시적으로 인정하고 있는 것이다.

사면의 파괴는 앞의 그림에 보인 것처럼 2차원 파괴로 생각한다. 이것은 사면을 평면변형의 문제로 단순화하기 때문이다. 즉 사면은 흔히 2차원 안정해석을 실시하며 그 결과는 3차원 해석에 비해 안전측인 것으로 알려져 있다. 3차원 사면안정해석은 이 책의 수준을 넘는다.

- 안전율(factor of safety ; F_s)

  안전율에 관한 사항은 옹벽의 안정에서 상세히 논의하였다. 안전율은 전단력, 모멘트는 물론 사면의 높이에 관하여서도 각각 다음과 같이 정의할 수 있다.

활동력(전단력)에 대한 정의

$$F_S = \frac{S}{T} = \frac{S}{S_m}$$

여기서 S : 흙이 발휘할 수 있는 최대의 전단강도(전단저항)

= 전단강도 최대공급능력(capacity)

S_m : 흙이 현재 발휘하고 있는(mobilized) 전단강도

= 안정을 유지하기 위한 전단강도 수요량(demand)

T : 전단력(활동시키려는 힘)

작용 반작용 원리에 의하여 $S_m = T$

또는 현재의 평형상태를 기준으로 $S_m = \dfrac{S}{F_s}$

활동모멘트에 대한 정의

$$F_s = \frac{M_r}{M_d} = \frac{M_r}{M_{rm}}$$

여기서 M_r : 발휘할 수 있는 최대 저항모멘트

= 저항모멘트 최대 공급능력(capacity)

M_d : 활동(파괴)시키려는 모멘트

M_{rm} : 현재 발휘되고 있는(mobilized) 저항모멘트

= 안정을 유지하기 위한 저항모멘트 수요량(demand)

$$M_d = M_{rm} = \frac{M_r}{F_s}$$

높이에 대한 안전율 F_H

$$F_H = \frac{H_{cr}}{H}$$

여기서 H_{cr} : (사면이) 안전할 수 있는 최대 높이

H : (사면의) 현재 높이

안전에 대한 판단은 계산으로 구한 $F_s > 1$ 이면 안전한 셈이다. 그러나 활동력과 저항력 결정에 관여하는 제반 불확실성을 고려하여 실제로는 계산된 안전율이 허용안전율 F_{sa} 이상이 되어야 안전한 것으로 판정한다.

즉, $[F_s] \geq F_{sa}$ 이면 OK

$[F_s] < F_{sa}$ 이면 NG

허용안전율(F_{sa}) 값은 이론으로 구하는 것이 아니라 경험에 의하여 이미 결정되어 있는 값을 사용하는 경우가 많다. 사면의 허용안전율은 사면의 조건, 사면 파괴 시의 피해 및 복구비용 등에 따라 결정되며 일률적으로 정하기 어렵다. 각 전문기관과 회사는 자체의 허용안전율을 정해놓고 있다. 다음은 허용안전율의 몇가지 예를 보인 것이다.

표 10.1 국내 기관별 제안 사면의 허용안전율

구 분		허용안전율	기관명
한국도로공사 시방서		1.25	한국도로공사
항만시설물 설계기준서	임계활동면이 제체를 지나는 경우	1.20	해운 항만청
	일반사면의 경우	1.30	해운 항만청

표 10.2 D'APPOLONIA CONSULTING ENGINEERS, INC., 1975

구 분	예상되는 피해의 정도	
	작다	크다
실내시험에서 결정된 전단강도정수로 설계한 경우	1.3	1.5
현장에서 예상되는 최대지진가속도를 고려한 경우	1.0	1.2

표 10.3 Duncan & Buchignai (1975)

구 분	해석에 사용한 전단강도에 대한 불확실성	
	작은 경우	큰 경우
복구비용이 공사비와 비등한 경우 사면활동시 인명피해나 재산피해가 없는 경우	1.25	1.5
복구비용이 공사비에 비해 매우 큰 경우 인명피해나 재산피해가 우려되는 경우	1.5	2.0 이상

표 10.4 Duncan(1992)

구 분	허용안전율
시공 완료 후 및 다단계 재하의 경우	1.3
장기 재하의 경우	1.5
수위 급강하의 경우	1.0 ~ 1.2

표 10.5 NAVFAC DM - 7

구 분	허용안전율
영구적, 또는 지속적인 재하상태	1.5 이상
구조물의 기초사면	2.0 이상
일시적인 하중재하 또는 안정성이 시공도중에 최소가 되는 경우 (하중 재하 조절이 정확하게 유지되는 경우)	1.25 ~ 1.3
순간하중(지진 등)의 경우	1.15 ~ 1.2

10.2 무한사면의 안정해석

10.2.1 무한사면 안정해석에 관한 일반적 사항

무한사면(無限斜面, infinite slope)은 경사각이 일정하고 길이가 반무한(대단히 긴)인 사면으로 구성토질은 균질하나 지표면 아래 비교적 얕은 깊이에 지표면과 평행한 견고한 토층의 표면이 존재할 수도 있다. 무한사면의 파괴면은 지표면과 평행한 평면이며 파괴형태는 병진활동으로 파괴면의 깊이는 깊지 않다. 사면의 길이가 대단히 길기 때문에 활동 시발점과 종점에서 일어나는 단부효과(端部效果, end effect)는 무시한다.

그림 10.3(a)에는 경사각 i인 무한사면과 이 사면과 평행한 가상파괴면 m–m이 제시되어 있다. 같은 간격으로 연직선을 내려 동일한 조건의 평행사변형 요소(절편)를 만들었다. 절편의 높이는 z이고 폭은 사면 길이 방향으로 b이다(그림 10.3(b)).

이 요소에 작용하는 힘에 관하여서는 이미 논의한 적이 있다(9.4.3 지표면이 경사진 경우의 Rankine 토압 참조).

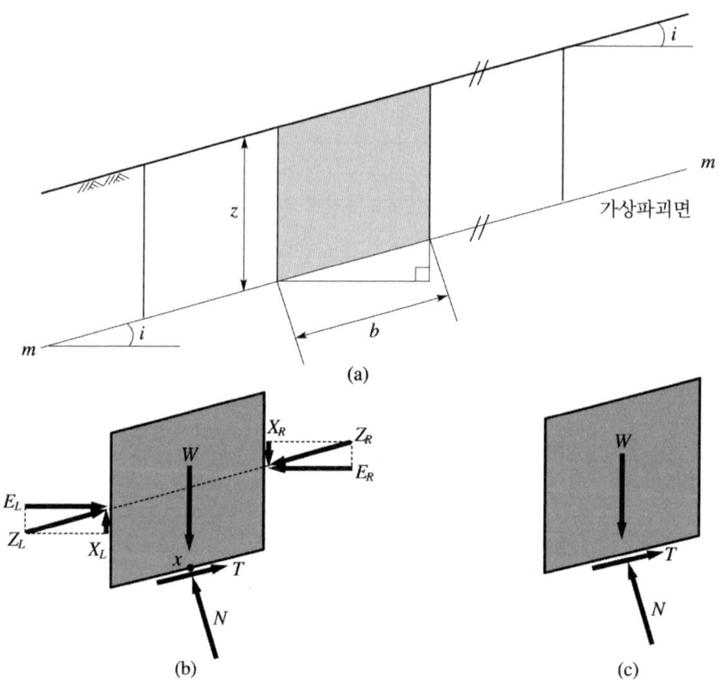

그림 10.3 무한사면에 작용하는 힘

그림 10.3(b)에는 이 요소에 작용하는 힘을 보여주고 있다. 역계 1(전체중량, 경계면 간극수압, 경계면 유효응력)을 사용하되, 좌우연직면에는 간극수압과 유효응력을 따로 표시하지 않고 합력인 전응력 E_L과 E_R로 표시하고 있다.

$$E_L = E'_L + U_L,\ E_R = E'_R + U_R$$

여기서 E'_L, E'_R : 각각 연직측면에 작용하는 유효수직응력의 합력

U_L, U_R : 각각 좌우 연직측면에 작용하는 간극수압의 합력

E_L, E_R : 각각 양 연직측면에 작용하는 전응력의 합력

W : 절편의 전체중량(자중)

X_L, X_R : 각각 좌우연직측면에 작용하는 전단력

Z_L, Z_R : 각각 연직측면에 작용하는 E와 X의 합력

N : 저면에 작용하는 전 수직력

(유효수직력 N'과 간극수압 U의 합력)

T : 저면에 작용하는 전단력

저면의 중점 x에 관한 모멘트 평형을 생각해 보면 Z_L, Z_R은 서로 비기는 힘이어야 함을 알 수 있다. 즉 Z_L, Z_R은 크기는 같고 작용방향은 반대이며 동일한 작용선(作用線, line of action) 상에 있어야 한다. 그리고 이 작용선은 사면의 표면과 평행한 방향이어야 한다.

독자들에게 드리는 재질문 : Z_L과 Z_R이 위의 설명과 같아야 하는 이유를 다시 생각해 볼 것.

힌트 : 무한사면이므로 절편의 수는 무한히 많다. 한 절편에서 생기는 차이는 무한히 많은 절편을 거치는 동안 누적되어 대단히 큰 차이가 됨.

Z_L, Z_R의 두 힘이 비기고 있으므로 앞으로 무한사면의 안정해석에서는 측면력(E, X, Z)은 없는 것처럼 생각한다(그림 10.3 (c)와 같이). 절편의 연직측면에서 인접 절편간의 작용 반작용을 생각해 보면 모든 절편에는 동일한 힘들이 작용하게 됨을 알 수 있다.

(1) 가상파괴면에 작용하는 응력의 산정

지표면 아래 깊이 z 되는 곳에 있는 가상파괴면에 작용하는 응력을 산정하기 위하여 그림10.3(c)과 같은 미소요소를 생각해보자. 이 미소요소의 저변은 가상파괴면이고 그 길이는 b, 경사는 지표면과 평행(경사각 = i)하다. 절편에 작용하는 힘은 다음과 같다.

- 자중(연직력) $W = \gamma b z \cos i$ (10.1a)

  파괴면에 대한 수직력 $\sum F_{n-n} = 0$: $N = W \cos i = \gamma b z \cos^2 i$ (10.1b)

  파괴면에 작용하는 전단력 $\sum F_{t-t} = 0$: $T = W \sin i = \gamma b z \cos i \sin i$ (10.1c)

- 여기서 가상파괴면($m - m$ 면)에 작용하는 연직응력, 수직응력, 전단응력은 다음과 같이 산정할 수 있다.

연직응력 $\sigma_v = \dfrac{W}{b} = \gamma z \cos i$ (10.2a)

수직응력 $\sigma = \dfrac{N}{b} = \gamma z \cos^2 i$ (10.2b)

전단응력 $\tau = \dfrac{T}{b} = \gamma z \cos i \sin i$ (10.2c)

(2) 무한사면의 안정개요($u = 0$ 인 경우)

그런데 식 (10.2b)와 (10.2c)에서

$$\frac{\tau}{\sigma} = \frac{\gamma z \cos i \sin i}{\gamma z \cos^2 i} = \tan i$$

$$\therefore \tau = \sigma \tan i \quad (10.3)$$

이 때의 전단강도 s는 Coulomb의 전단방정식에서 $u = 0$ 인 경우이므로

$$s = c + \sigma \tan \phi \quad (10.4)$$

절편 저면(파괴면)에 작용하는 전단응력 τ 와 전단강도 s를 비교하여 사면의 안전성을 판단한다.

① 모래로 이루어진 무한사면($c = 0$)

실제 작용하는 전단응력 τ 가 아직 전단강도 s보다 적으면 사면은 안전하다. 반면 $\tau > s$ 이면 파괴, $\tau = s$ 이면 한계평형상태이다.

$\tau < s$ 이면 안전

$\sigma \tan i < \sigma \tan \phi$ 즉 $i < \phi$ 이면 안전 (그림 10.4(a))

$\tau > s$ 이면 파괴

$\sigma \tan i > \sigma \tan \phi$ 즉 $i > \phi$ 이면 파괴 (그림 10.4(b))

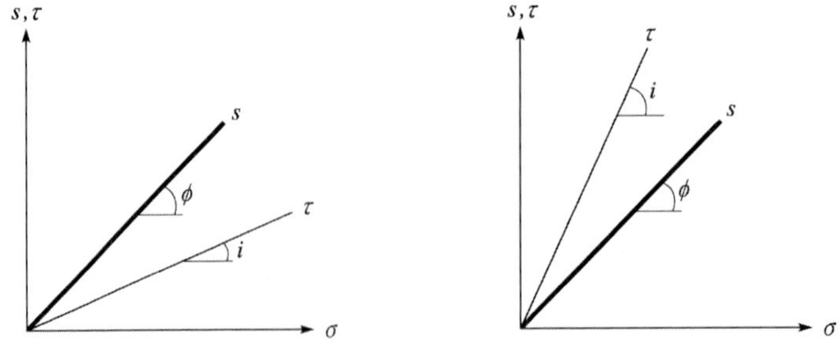

(a) $i < \phi$인 경우 : 안전 (b) $i > \phi$인 경우 : 파괴

그림 10.4 모래로 이루어진 무한사면의 안정해석

NOTE: 비점성토 무한사면의 안전성은 경사각 i 에만 관계되고 토층 깊이 z에는 무관함.

② 점성토($c-\phi$ soil)인 경우

점성토의 경우 전단강도는 마찰저항과 점착력의 합으로 이루어진다. 따라서, 요소 저면의 전단강도 s와 전단응력 τ 는

$$s = c + \sigma \tan\phi$$

$$\tau = \sigma \tan i$$

(a) 사면의 경사각이 내부마찰각 보다 작은 경우 ($i < \phi$)

$i < \phi$ 이면 그림 10.5(a)에서 알 수 있는 것처럼 이때에는 $s > \tau$ 이므로 항상 안전하다.

(b) 사면의 경사각이 내부마찰각보다 큰 경우 ($i > \phi$)

사면의 경사각이 내부마찰각보다 큰 경우에도 토층의 두께가 얇으면 점착력 저항의 도움으로 이 사면은 안전할 수 있다. 또한 토층의 두께가 이른바 임계 깊이(critical depth) H_{cr} 보다 더 두꺼우면 이 사면은 파괴된다. 이에 대한 설명은 다음과 같다.

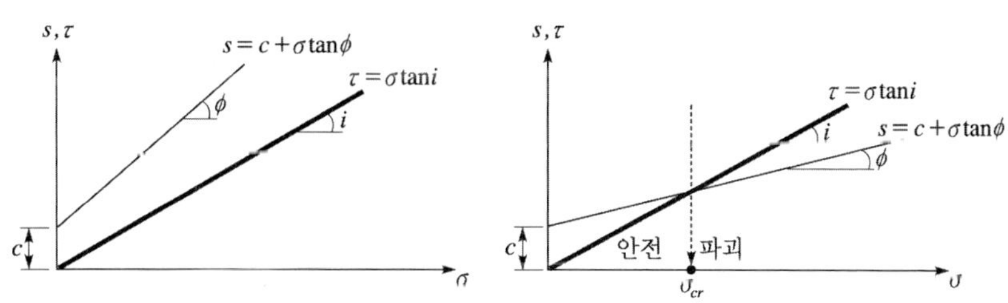

(a) $i < \phi$인 경우 (b) $i > \phi$인 경우

그림 10.5 점성토(c - ϕ soil)로 이루어진 무한사면의 안정해석

- 그림 10.5(b)에서 알 수 있는 것처럼

  $\sigma < \sigma_{cr}$ 이면 $s > \tau$ ∴ 안전

  $\sigma > \sigma_{cr}$ 이면 $s < \tau$ ∴ 파괴

  σ_{cr} 은 얼마인가?

- $z = H_{cr}$ 일 때 $\sigma = \sigma_{cr}$ 로 두면

  $\sigma = \sigma_{cr} = \gamma H_{cr} \cos^2 i$

$$\tau = \gamma H_{cr} \cos i \sin i$$

그런데 이 때에는 $\tau = s$ 이므로

$$\gamma H_{cr} \cos i \sin i = c + \gamma H_{cr} \cos^2 i \tan \phi \tag{10.5}$$

$$\therefore H_{cr} = \frac{c}{\gamma} \frac{\sec^2 i}{\tan i - \tan \phi} \tag{10.6}$$

– 만약 $z < H_{cr}$ 이면 $\sigma < \sigma_{cr}$ 이고 따라서 $s > \tau$ ∴ 안전

$z > H_{cr}$ 이면 $\sigma > \sigma_{cr}$ 이고 따라서 $\tau > s$ ∴ 파괴

점성토 무한사면의 안정성은 사면의 경사각과 함께 토층의 두께에도 관계가 있음을 알 수 있다. 식 (10.6)을 정리하여

$$\frac{c}{\gamma H_{cr}} = \cos^2 i (\tan i - \tan \phi) \tag{10.7}$$

식 (10.7)의 좌변의 무차원(無次元, dimensionless)계수 $\frac{c}{\gamma H_{cr}}$ 를 안정수(安定數, stability number)라 하고 N_s 로 표기한다.

$$N_s = \frac{c}{\gamma H_{cr}} \tag{10.8}$$

식 (10.7)의 의미는 강도정수 c, ϕ가 고유의 최대값(capacity)을 모두 발휘하고 있을 때 이 무한사면은 두께 $z = H_{cr}$ 에서 한계평형상태를 유지하고 있다는 의미이다.

참고사항 : F_H, F_C, F_ϕ 그리고 F_S

식 (10.7)에서 만약 토층의 두께가 H_{cr} 보다 적은 z 이라면 두께에 대하여서는 여유가 있을 것이다. 두께(또는 깊이)에 대한 안전율을 F_H 라 하면

$$F_H = \frac{H_{cr}}{z} \tag{10.9}$$

따라서, $H_{cr} = F_H z$ 를 식 (10.7)에 대입하면

$$\frac{c}{F_H \gamma z} = \cos^2 i (\tan i - \tan \phi) \tag{10.10}$$

이 식의 의미는 ϕ 와 c 가 그 고유의 최대치를 발휘하고 있을 때 무한사면의 두께가 z 이면 두께에 대해서는 안전율 F_H 만큼 여유가 있다는 뜻이다. 특히 $\phi = 0$ 인 사면에서는 c가 완전히 발휘되면 두께(높이 또는 길이)에 대해서는 안전율이 F_H 가 된다.

식 (10.10)에서 우변의 ϕ 는 고유의 최대치를 발휘하고 있을 때, 또는 $\phi = 0$ 인 경우에는 만약 토층 두께가 H_{cr} 보다 작은 z이 되면 점착력은 고유의 최대값 c 보다 적은 값 c_m 만을 동원하여 한계평형을 이룰 것이다. c_m 은 평행상태를 유지하기 위하여 현재 발휘되고 있는(mobilized) 점착력이다. 또는 평형상태를 유지하기 위한 점착력의 수요량이다. 그러면 안정수 N_s 는

$$N_s = \frac{c}{\gamma H_{cr}} = \frac{c}{F_H \gamma z} = \frac{c_m}{\gamma z} = \frac{c}{F_c \gamma z} \tag{10.11}$$

여기서, $F_c = \dfrac{c}{c_m}$ 는 점착력에 대한 안전율이다.

$$N_s = \frac{c_m}{\gamma z} = \frac{c}{F_c \gamma z} = \cos^2 i (\tan i - \tan\phi) \tag{10.12}$$

위 식은 ϕ 가 고유의 최대치를 완전히 발휘하고 있을 때 또는 $\phi = 0$ 인 경우에는 두께 z 상태에서 평형을 이루고 있다면 점착력은 아직 F_c 만큼 여유가 있다는 뜻이다.

식 (10.11)의 우변 2번째와 4번째 관계에서 점착력에 대한 안전율 F_c 는 두께 (높이)에 대한 안전율 F_H 와 같음을 알 수 있다.

$$F_H = F_c \tag{10.13}$$

식 (10.13)에 대하여 주의할 점은 이 식은 앞에서 언급한 대로 식 (10.10) 우변의 ϕ 가 고유의 최대값을 발휘하고 있다는 가정 아래에 성립되는 것이다. 따라서, 이 관계식이 가장 유용한 경우는 $\phi = 0$ 인 사면이고 이 때에는 아무런 제약조건 없이 관계는 타당하다.

식 (10.12)에서 마찰계수 $\tan\phi$ 도 안전율 F_ϕ 만큼 여유가 있도록 $\tan\phi_m = \dfrac{\tan\phi}{F_\phi}$ 만큼 발휘되면서 사면이 평형상태를 유지한다면 이에 따라 F_c 값도 달라질 것이다.

$$\frac{c}{F_c \gamma z} = \cos^2 i \left(\tan i - \frac{\tan\phi}{F_\phi} \right) \tag{10.14}$$

여기서, F_ϕ 는 내부마찰에 의한 안전율이다.

$$F_\phi = \frac{\tan\phi}{\tan\phi_m}, \quad \therefore \tan\phi_m = \frac{\tan\phi}{F_\phi}$$

ϕ_m 은 평형을 유지하기 위하여 현재 발휘되고 있는(mobilized) 내부마찰각

식 (10.14)를 보면 F_ϕ가 커지면 F_c는 적어지고 F_ϕ가 적어지면 F_c는 커지면서 사면은 평형을 유지하게 됨을 알 수 있다. 만약 $F_\phi = F_c$일 때를 사면의 안전율 F_s라 하면

$$\frac{c}{F_s \gamma z} = \cos^2 i \left(\tan i - \frac{\tan\phi}{F_s} \right) \tag{10.15}$$

위 식을 F_s에 대하여 정리하면

$$F_s = \frac{c + \gamma z \cos^2 i \tan\phi}{\gamma z \cos i \sin i} = \frac{c + \sigma \tan\phi}{\tau} = \frac{s}{\tau}$$

즉 지금까지 논의한 F_s는 $F_\phi = F_c$일 때의 안전율이었음을 알 수 있다. 여기에 관하여서는 다음 절에서 상세하게 다시 논의하기로 한다.

무한사면 안정에 관한 일반적 사실을 정리하면 다음과 같다. 단 $u=0$인 상태이며, $u>0$인 경우를 감안하여 개념적으로 서술하였다.

◦ 사질토사면인 경우

$i < \phi$이면 안전. 즉 경사가 대단히 완만하면 안전

$i > \phi$이면 파괴. 즉 경사가 급하면 파괴

◦ 점성토사면인 경우

$i < \phi$이면 안전. 경사가 매우 완만하면 토층두께에 무관하게 안전

$i > \phi$인 경우에는 토층의 깊이에 따라

$z < H_{cr}$이면 안전. 경사가 급해도 토층이 얇으면 안전

$z > H_{cr}$이면 파괴. 경사가 급하고 토층이 두꺼우면 파괴

즉 사질토 무한사면의 안정성은 사면의 경사각에만 관계되는 반면 점성토 무한사면은 사면의 경사각과 견고한 토층까지의 깊이가 모두 중요한 요소이다.

즉 $i > \phi$인 경우 견고한 토층이 H_{cr}보다 얕은 곳에 있으면 사면은 안전한 반면 H_{cr}보다 깊은 곳에 위치한 점성토 무한사면은 파괴된다.

지금까지는 간극수압이 작용하지 않는 무한사면 안정해석의 개요에 대하여 논의하였다. 이제는 건조토($u=0$) 무한사면, 지표면과 평행한 침투수류가 일어나고 있는 무한사면, 수평방향 침투수류가 일어나고 있는 무한사면 및 수중(submerged) 무한사면의 안정해석 방법을 고찰해 보자.

물이 있을 때에는 힘의 평형해석을 위한 역계 1과 역계 2로 안전율을 구하고 그 결과가 일치함을 밝히기로 한다.

10.2.2 건조토 무한사면의 안정해석

이 경우는 간극수압이 없는 습윤토 무한사면을 포함하고 있다. 절편에 작용하는 힘은 그림 10.6에 보인 것과 같다. 간극수압이 작용하지 않으므로 경계면 수압은 없다. 좌우 연직측면에 작용하는 힘은 서로 비기므로 그림에 나타내지 않고 있다.

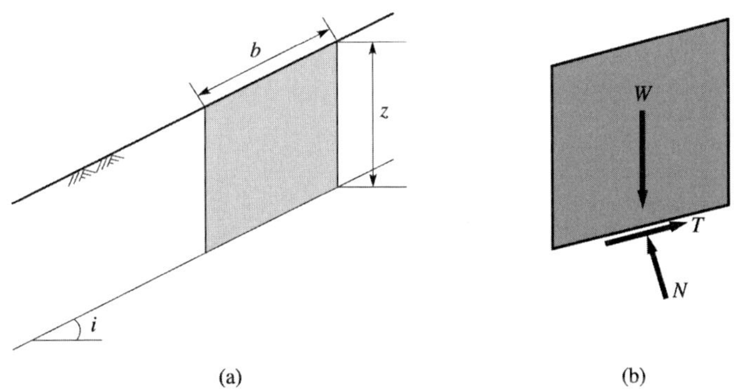

그림 10.6 절편에 작용하는 힘 ($u = 0$ 인 경우)

절편의 자중 : $W = \gamma b z \cos i$

파괴면에 대한 수직력 : $N = W \cos i = \gamma b z \cos^2 i$

파괴면에 작용하는 전단력 : $T = W \sin i = \gamma b z \cos i \sin i$

따라서, 가상파괴면에 작용하는 응력은

$$\sigma = \frac{N}{b} = \gamma z \cos^2 i$$

$$\tau = \frac{T}{b} = \gamma z \cos i \sin i$$

(a) 사질토 무한사면의 경우 ($c = 0$)

전단강도 $s = \sigma \tan\phi = \gamma z \cos^2 i \tan\phi$

따라서, 안전율 F_s 는

$$F_s = \frac{s}{\tau} = \frac{\gamma z \cos^2 i \tan\phi}{\gamma z \cos i \sin i}$$

$$\therefore F_s = \frac{\tan\phi}{\tan i} \tag{10.16}$$

사면의 경사각 i가 내부마찰각 ϕ보다 작으면 사면은 안전하다. 사질토 무한사면의 경우 안전율은 경사각 i에만 관계되며 토층두께 z에는 무관하다. 이것은 지표면과 평행한 모든 평면이 파괴면이 될 수 있다는 것을 의미한다. 건조한 모래를 tray에 담고 기울이면 모래는 윗층부터 아래쪽으로 벗겨져 내려감을 볼 수 있다(raveling).

(b) 점성토($c-\phi$ soil) 무한사면의 안정해석

지표면 아래 깊이 z되는 곳에 지표면과 평행한 견고한 토층(또는 암반)의 표면이 존재한다고 가정한다. 이 표면을 따라 병진활동이 일어나게 된다. 따라서, 이 경우에는 안전율이 최소가 되는 파괴면, 즉 임계파괴면을 결정하는 지루한 작업을 하지 않아도 된다.

전단강도 $s = c + \sigma \tan\phi = c + \gamma z \cos^2 i \tan\phi$

따라서, 안전율 $F_s = \dfrac{s}{\tau}$

$$F_s = \frac{c}{\gamma z \cos i \sin i} + \frac{\tan\phi}{\tan i} \tag{10.17}$$

우변 첫 항은 점착력에 의한 안전율이고 마지막 항은 내부마찰에 의한 안전율이다. 견고한 토층 또는 암반이 존재하지 않으면 임계깊이 H_{cr}보다 깊은 면을 따라 병진활동이 일어날 수 있다. 점성토 무한사면의 안전율은 사면의 경사각 i는 물론 파괴면까지의 깊이 z에도 관계된다.

10.2.3 침투수류가 지표면과 평행하게 일어날 때의 무한사면안정

먼저 침투수류가 지표면과 일치하여 발생하고 있을 때의 무한사면이 그림 10.7에 제시되어 있다. 유선망도 함께 그려져 있다.

절편에 작용하는 힘은 역계 1을 선택하여 그림 10.7(b)에 제시하고 있다. 좌우 연직측면에 작용하는 비기는 힘은 그리지 않고 있다.

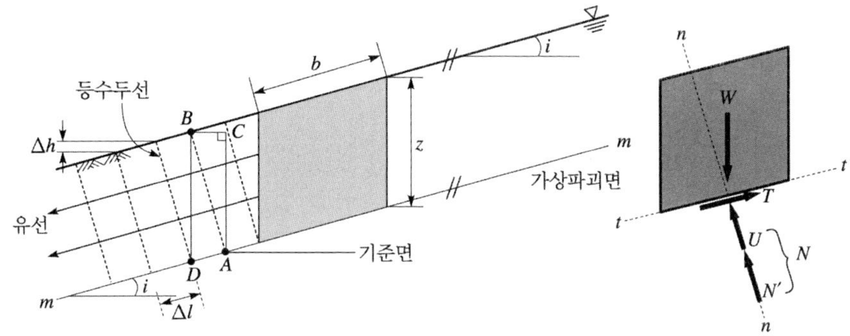

(a) 유선망 (b) 절편에 작용하는 힘(역계1)

그림 10.7 침투수류가 지표면과 일치하여 일어나는 무한사면

전체중량 $W = \gamma_{sat} b z \cos i$

경계면 수압의 합력 : $U = ub$

경계면 유효응력의 합력 : N' , T

N' 와 U의 합력을 N으로 표시($N = N' + U$)

$$\sum F_{n-n} = 0 \ : \ N = W\cos i = \gamma_{sat} b z \cos^2 i$$

$$\sum F_{t-t} = 0 \ : \ T = W\sin i = \gamma_{sat} b z \cos i \sin i$$

따라서, 파괴면에 작용하는 수직응력 σ 와 전단응력 τ 는

$$\sigma = \frac{N}{b} = \gamma_{sat} z \cos^2 i$$

$$\tau = \frac{T}{b} = \gamma_{sat} z \cos i \sin i$$

파괴면에 작용하는 간극수압 u 는 유선망에서 다음과 같이 구할 수 있다.

- 파괴면 상의 한 점 A의 간극수압 u_A 결정방법

  AB 는 등수두선이므로 $h_A = h_B$; $z_A + \dfrac{u_A}{\gamma_w} = z_B + \dfrac{u_B}{\gamma_w}$

  $u_B = 0$ 이고 A를 지나는 수평선을 기준면으로 하면 $z_A = 0$ 이므로

  $$\frac{u_A}{\gamma_w} = z_B$$

그런데 $z_B = \overline{AC}$

$$\therefore u_A = \gamma_w \overline{AC} \tag{10.18}$$

NOTE : 결국 $\overline{AB}$가 등수두선이므로 A에 세운 물기둥의 상승높이는 $\overline{AC}$임. 즉 A점의 압력수두 $h_p = \overline{AC}$임. 그런데

$$\overline{AC} = \overline{AB}\cos i = \overline{BD}\cos i \cos i = z\cos^2 i$$

$$\therefore u_A = \gamma_w h_p = \gamma_w \overline{AC} = \gamma_w z\cos^2 i$$

(a) 사질토 무한사면의 경우 ($c = 0$)

전단강도 $s = (\sigma - u)\tan\phi' = (\gamma_{sat} - \gamma_w) z \cdot \cos^2 i \cdot \tan\phi'$

$$\therefore s = \gamma' z\cos^2 i \tan\phi' \tag{10.19}$$

따라서, 안전율 $F_s = \dfrac{s}{\tau}$는

$$F_s = \frac{\gamma' z\cos^2 i \tan\phi'}{\gamma_{sat} z\cos i \sin i}$$

$$\therefore F_s = \frac{\gamma'}{\gamma_{sat}} \cdot \frac{\tan\phi'}{\tan i} \tag{10.20}$$

$\dfrac{\gamma'}{\gamma_{sat}} \approx \dfrac{1}{2}$ 이므로 건조토 무한사면의 식 (10.16)과 비교해 보면 안전율은 대략 반으로 감소하게 됨을 알 수 있다.

침투수류에 의하여 τ의 증가량은 $(\gamma_{sat} - \gamma)\cos i \sin i$로서 별로 크지 않으나 전단강도 s의 감소량은 $(\gamma - \gamma')\cos^2 i \tan\phi'$으로 상대적으로 대단히 크다. 전단응력(분모)의 증가와 전단강도(분자)의 감소가 맞물려 안전율은 크게 감소한 것이다.

(b) 점성토 무한사면인 경우

$$s = c' + (\sigma - u)\tan\phi' = c' + \gamma' z\cos^2 i \tan\phi'$$

따라서, 안전율 F_s는

$$F_s = \frac{c'}{\gamma_{sat} z\cos i \sin i} + \frac{\gamma'}{\gamma_{sat}} \cdot \frac{\tan\phi'}{\tan i} \tag{10.21}$$

참고사항

역계2(수중중량, 침투압의 합력, 경계면 유효응력의 합력)을 선택하여도 같은 결과를 얻을 수 있다.

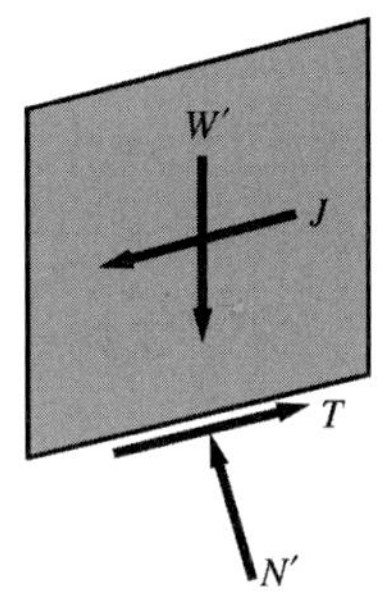

그림 10.8 절편에 작용하는 힘(역계2)

유선망에서 동수경사 $i = \dfrac{\Delta h}{\Delta \ell} = \sin i$ (그림 10.7(a) 참조)

침투수압의 합력 J에 관한 사항 :

크기 : $J = i\gamma_w$ (절편의 부피) $= \gamma_w bz\cos i \sin i$

작용방향 : 물이 흐르는 방향, 즉 파괴면과 평행한 방향

절편에 작용하는 힘은 그림 10.8에 제시되어 있다(양 연직 측면력 생략).

수중중량 : $W' = \gamma' bz\cos i$

$\sum F_{n-n} = 0$: $N' = W'\cos i = \gamma' bz\cos^2 i$

$\sum F_{t-t} = 0$: $T = W'\sin i + J = (\gamma' + \gamma_w) bz\cos i \sin i$

$\therefore T = \gamma_{sat} bz\cos i \sin i$

파괴면에 작용하는 응력은

$$\sigma' = \frac{N'}{b} = \gamma' z\cos^2 i$$

$$\tau = \frac{T}{b} = \gamma_{sat} z\cos i \sin i$$

전단강도 s는

사질토 무한사면의 경우 : $s = \sigma' \tan\phi' = \gamma' z\cos^2 i \tan\phi'$

점성토 무한사면의 경우 : $s = c' + \gamma' z\cos^2 i \tan\phi'$

위의 결과는 역계 1의 경우와 같다. 따라서, 안전율도 같은 결과가 된다.

NOTE : 침투압의 영향으로 $\tau = \gamma_{sat} z\cos i \sin i$ 로 됨을 숙지하여야 함. 침투압이 없으면(즉 수중사면) $\tau = \gamma' z\cos i \sin i$ 가 됨.

보다 일반적인 경우로 그림 10.9(a)에는 침투수류가 사면 내에서 사면과 평행한 방향으로 일어나고 있는 경우를 보여주고 있으며 이 때의 유선망도 함께 제시되어 있다. 파괴면은 지표면 아래 깊이 z 되는 곳에 있으며 역계 1을 선택한 경우의 한 절편에 작용하는 힘은 그림 10.9(b)에 제시되어 있다.

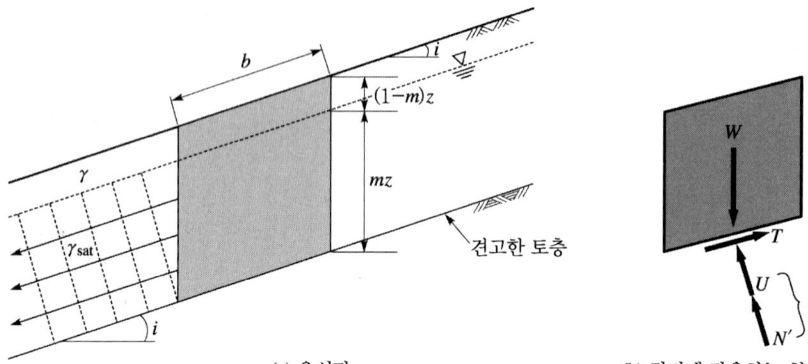

(a) 유선망　　　(b) 절편에 작용하는 힘(역계1)

그림 10.9 침투수류가 지표면 아래에서 일어나는 경우(역계 1)

$$\text{전체중량}: W = \gamma b(1-m)z\cos i + \gamma_{sat} bmz\cos i \tag{10.22a}$$

$$\sum F_{n-n} = 0 \;:\; N = N' + U = W\cos i = \gamma b(1-m)z\cos^2 i + \gamma_{sat} bmz\cos^2 i \tag{10.22b}$$

$$\sum F_{t-t} = 0 \;:\; T = W\sin i = \gamma b(1-m)z\cos i\,\sin i + \gamma_{sat} bmz\cos i\,\sin i \tag{10.22c}$$

파괴면에 작용하는 σ 와 τ 는 다음과 같음을 쉽게 알 수 있다.

$$\begin{aligned}\sigma &= \gamma(1-m)z\cos^2 i + \gamma_{sat} mz\cos^2 i \\ &= \left[\gamma(1-m) + \gamma_{sat} m\right] z\cos^2 i \\ \tau &= \gamma(1-m)z\cos i\,\sin i + \gamma_{sat} mz\cos i\,\sin i \\ &= \left[\gamma(1-m) + \gamma_{sat} m\right] z\cos i\,\sin i\end{aligned}$$

파괴면의 간극수압 u 는 유선망에서

$$u = \gamma_w mz\cos^2 i$$

(a) 사질토 무한사면의 경우 ($c' = 0$)

전단강도 s는

$$s = (\sigma - u)\tan\phi' = \sigma'\tan\phi'$$

$$\therefore s = [\gamma(1-m) + \gamma' m]z\cos^2 i\tan\phi'$$

안전율 $F_s = \dfrac{s}{\tau}$ 는

$$F_s = \frac{[\gamma(1-m)+\gamma' m]}{[\gamma(1-m)+\gamma_{sat} m]} \cdot \frac{\tan\phi'}{\tan i} \tag{10.23}$$

안전율 F_s 는 깊이 z과는 무관함을 알 수 있다.

(b) 점성토 무한사면의 경우

전단강도 s는

$$s = c' + (\sigma - u)\tan\phi' = c' + \sigma'\tan\phi'$$

$$\therefore s = c' + [\gamma(1-m)+\gamma' m]z\cos^2 i\tan\phi' \tag{10.24}$$

안전율 F_s 는

$$F_s = \frac{c'}{[\gamma(1-m)+\gamma_{sat} m]z\cos i\sin i} + \frac{[\gamma(1-m)+\gamma' m]}{[\gamma(1-m)+\gamma_{sat} m]} \cdot \frac{\tan\phi'}{\tan i} \tag{10.25}$$

안전율은 경사각 i 와 함께 깊이 z 와 수위 m 에도 관계된다. 경사가 급할수록, 그리고 견고한 토층까지 깊이가 깊을수록 그리고 수면이 지표면 가까이 있을수록 안전율은 적어진다.

식 (10.25)는 임의의 지하수위에 대한 것이므로 건조사면이면 $m = 0$, 침투수류가 지표면과 일치하여 흐르면 $m = 1$ 로 두면 각 경우에 대한 안전율을 구할 수 있다.

역계 2를 선택해도 동일한 결과를 얻을 수 있다. 여기에 관해서는 침투수류가 사면표면과 일치하여 흐를 때와 같은 방법으로 사면안정해석을 실시 할 수 있다.

10.2.4 수평방향 침투수류가 발생하고 있는 무한사면의 안정해석

그림 10.10(a)에는 수평방향 침투수류가 진행되고 있는 무한사면과 유선망을 보여주고 있다.

역계 1(전체중량, 경계면 간극수압의 합력, 경계면 유효응력의 합력)을 선택할 경우에 절편에 작용하는 힘이 그림 10.10(b)에 제시되어 있다. 여기서, N은 N' 과 U의 합력이다($N = N' + U$). 파괴면에 작용하는 응력은 앞에서 논의한 방법에 따라

$$\sigma = \frac{N}{b} = \gamma_{sat} z\cos^2 i$$

$$\tau = \frac{T}{b} = \gamma_{sat} z\cos i\sin i$$

$$u = \gamma_w z$$

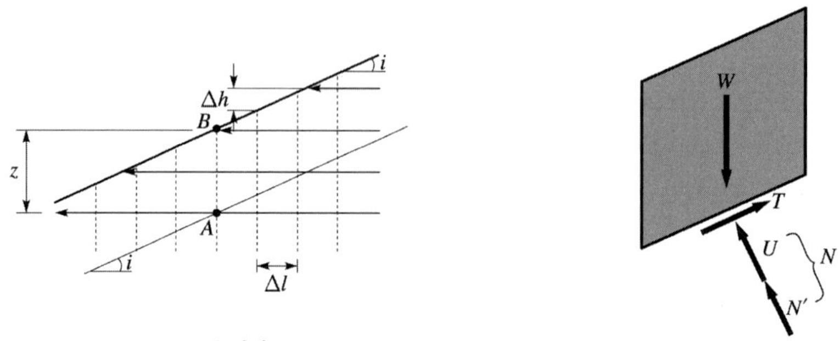

(a) 유선망 (b) 절편에 작용하는 힘(역계1)

그림 10.10 수평방향 침투수류가 일어나고 있는 무한사면(역계 1)

간극수압은 유선망에서 구하였다. 파괴면 상의 점 A의 간극수압 u_A는 AB가 등수두선이므로

$h_A = h_B$; $z_A + \dfrac{u_A}{\gamma_w} = z_B + \dfrac{u_B}{\gamma_w}$, $u_B = 0$이고 기준면을 A를 지나는 수평면으로 잡으면 $z_B = z$

$$\therefore u_A = \gamma_w z$$

즉 A에 세운 물기둥의 상승높이는 B까지라는 의미이다.

(a) 사질토($c' = 0$) 무한사면의 경우

전단강도 $s = (\sigma - u)\tan\phi' = (\gamma_{sat} z \cos^2 i - \gamma_w z)\tan\phi'$

따라서, 안전율 $F_s = \dfrac{s}{\tau}$는

$$F_s = \frac{(\gamma_{sat}\cos^2 i - \gamma_w)}{\gamma_{sat}\cos i \sin i} \cdot \tan\phi' \tag{10.26a}$$

또는

$$F_s = \frac{\tan\phi'}{\tan i} - \frac{\gamma_w \tan\phi'}{\gamma_{sat}\cos i \sin i} \tag{10.26b}$$

NOTE : 이때의 간극수압 $u = \gamma_w z$이 사면과 평행한 침투수류때의 간극수압 $u = \gamma_w z \cos^2 i$보다 크므로 지금의 상태가 더 위험한 상태임을 알 수 있음.

(b) 점성토($c' - \phi'$ soil) 무한사면인 경우

전단강도 $s = c' + (\sigma - u)\tan\phi' = c' + (\gamma_{sat} z \cos^2 i - \gamma_w z)\tan\phi'$

따라서, 안전율 $F_s = \dfrac{s}{\tau}$ 는

$$F_s = \frac{c'}{\gamma_{sat}\, z\cos i\, \sin i} + \frac{(\gamma_{sat}\cos^2 i - \gamma_w)\tan\phi'}{\gamma_{sat}\cos i\, \sin i} \tag{10.27}$$

참고사항

역계 2(수중중량, 침투압의 합력, 경계면 유효응력의 합력)을 선택해도 역계 1과 같은 결과를 얻을 수 있다. 절편에 작용하는 힘은 그림 10.11에 제시되어 있다.

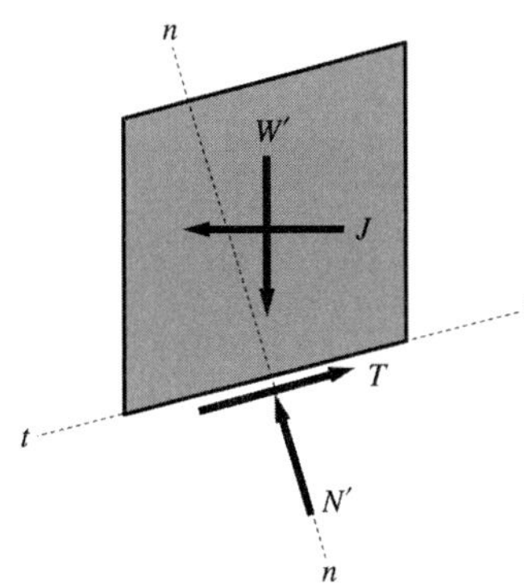

그림 10.11 절편에 작용하는 힘 (역계 2)

수중중량 $W' = \gamma' bz\cos i$

유선망에서 동수경사 $i = \dfrac{\Delta h}{\Delta \ell} = \tan i$ (그림 10.10(a) 참조)

- 침투수압의 합력 J에 관한 사항 :

  $J = (i\gamma_w)$(절편의 부피)$= (\gamma_w \tan i)(bz\cos i) = \gamma_w bz\sin i$

  파괴면에 수직한 분력 : $J_n = J\sin i = \gamma_w bz\sin^2 i$

  파괴면에 평행한 분력 : $J_t = J\cos i = \gamma_w bz\cos i\sin i$

  따라서, 힘의 평형조건에서

  $\sum F_{n-n} = 0$: $N' = W'\cos i - J_n = \gamma' bz\cos^2 i - \gamma_w bz\sin^2 i$

  $\therefore N' = (\gamma_{sat} - \gamma_w)bz\cos^2 i - \gamma_w bz\sin^2 i$

  $\therefore N' = \gamma_{sat} bz\cos^2 i - \gamma_w bz$

  $\sum F_{t-t} = 0$: $T = W'\sin i + J_t = \gamma' bz\cos i\sin i + \gamma_w bz\sin i\cos i$

  $\therefore T = \gamma_{sat} bz\cos i\sin i$

파괴면에 작용하는 응력은

$$\sigma' = \frac{N'}{b} = (\gamma_{sat} z\cos^2 i - \gamma_w z)$$

$$\tau = \frac{T}{b} = \gamma_{sat} z\cos i\sin i$$

전단강도 s는

사질토 무한사면의 경우 $s = \sigma'\tan\phi' = (\gamma_{sat} z\cos^2 i - \gamma_w z)\tan\phi'$

점성토 무한사면의 경우 $s = c' + \sigma' \tan\phi' = c' + (\gamma_{sat} z \cos^2 i - \gamma_w z)\tan\phi'$

전단응력 τ와 전단강도 s는 역계 1의 경우와 같다. 따라서, 안전율도 같은 결과가 되어 어느 역계를 선택해도 같은 결과를 얻을 수 있음을 알 수 있다.

10.2.5 연직방향의 침투수류가 발생하는 무한사면의 안정해석

강우 등에 의하여 연직하향으로 침투수가 흐르고 있는 무한사면과 이 때의 유선망이 그림 10.12(a)에 나타나 있다. 유선은 물론 연직 방향직선이며 등수두선은 수평선이 된다. 역계 1을 선택하는 경우 절편에 작용하는 힘이 그림 10.12(b)에 제시되어 있다. 측면력은 비기고 있으므로 그림에 제시하지 않았다.

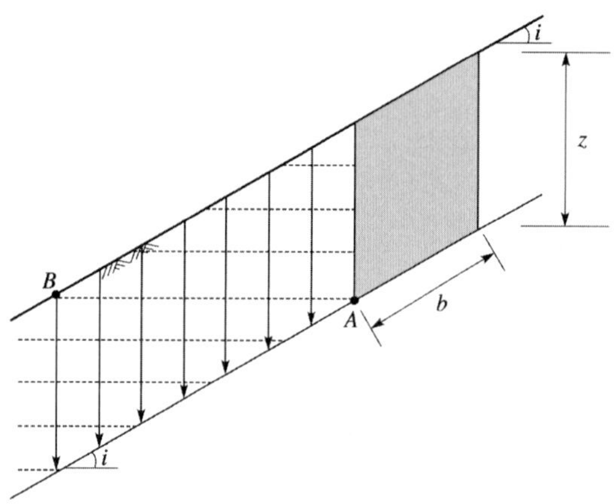

(a) 유선망

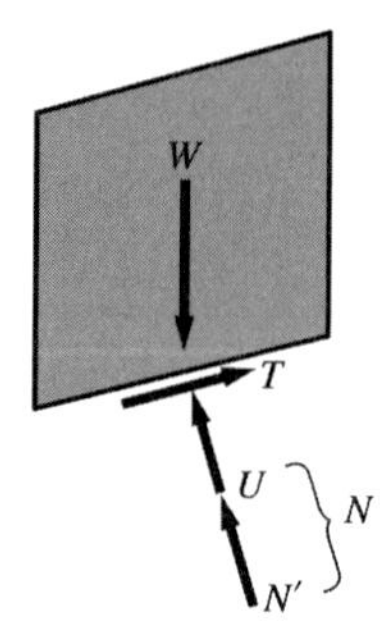

(b) 절편에 작용하는 힘(역계1)

그림 10.12 연직하향 침투수가 일어나고 있는 무한사면(역계 1)

전체중량 : $W = \gamma_{sat}\, b\, z \cos i$ (10.28a)

$$\sum F_{n-n} = 0 \ : \ N = N' + U = W\cos i = \gamma_{sat}\, b\, z \cos^2 i \tag{10.28b}$$

$$\sum F_{t-t} = 0 \ : \ T = W \sin i = \gamma_{sat}\, b\, z \cos i \sin i \tag{10.28c}$$

파괴면 상의 한 점 A에 작용하는 간극수압 u_A는 0이 됨을 다음과 같이 하여 알 수 있다.

A를 지나는 등수두선이 사면의 표면과 만나는 점을 B라 하면 $h_A = h_B$, $u_B = 0$이고 A, B 두 점의 위치수두는 같으므로 $u_A = u_B$ $\therefore u_A = 0$.

이와 같이 생각하면 사면 내 모든 곳에서 간극수압은 영(zero)이다. 즉 $u = 0$. 경사배수설비를 설치한 옹벽의 뒤채움에서도 연직하향의 침투가 발생하였으며 이 때의 간극수압도 0이었다. 따라서, $N' = N - U = N$, 파괴면에 작용하는 응력은

$$\sigma = \gamma_{sat} z \cos^2 i \tag{10.29a}$$

$$\tau = \gamma_{sat} z \cos i \sin i \tag{10.29b}$$

$$u = 0 \tag{10.29c}$$

$$\sigma' = \sigma - u = \gamma_{sat} z \cos^2 i \tag{10.29d}$$

(a) 사질토 무한사면의 경우($c' = 0$)

전단강도 $s = \sigma' \tan\phi'$ 이므로 안전율 F_s 는

$$F_s = \frac{\tan\phi'}{\tan i} \tag{10.30}$$

연직하향침투가 발생할 때의 안전율은 건조한 사면의 안전율과 거의 같다. 흙이 포화상태가 되어 전단응력은 증가하였다. 반면 $u = 0$ 이므로 유효응력도 함께 증가하여 전단강도도 같은 비율로 커지게 되었다. 따라서, 안전율은 변함이 없다.

(b) 점성토 무한사면의 경우

전단강도 $s = c' + \sigma' \tan\phi'$ 이므로 안전율 F_s 는

$$F_s = \frac{c'}{\gamma_{sat} z \cos i \sin i} + \frac{\tan\phi'}{\tan i} \tag{10.31}$$

점착력에 의한 안전율 부분(우변 첫째항)은 포화로 인하여 건조사면에 비해 약간 감소하였다. 안전율이 경사각과 토층두께에 모두 관계됨은 다른 경우와 마찬가지이다.

참고사항

역계 2(수중중량, 침투압의 합력, 경계면 유효응력의 합력)를 선택하는 경우

이 때 절편에 작용하는 힘은 그림 10.13에 제시되어 있다.

수중중량 : $W' = \gamma' b z \cos i$ (10.32)

$u = 0$ 이므로 유선망에서(그림 10.12(a))

$$i = \frac{\Delta h}{\Delta z} = 1 \ (\Delta h = \Delta z)$$

침투압의 합력에 관한 사항 :

크기 : $J = i\gamma_w$ (절편의 부피) $= \gamma_w bz\cos i$

작용방향 : 연직하향

$$W' + J = (\gamma' + \gamma_w)bz\cos i = \gamma_{sat}bz\cos i = W$$

$$\sum F_{n-n} = 0 \ : \ N = N' = (W' + J)\cos i = \gamma_{sat}bz\cos^2 i$$

$$\sum F_{t-t} = 0 \ : \ T = (W' + J)\sin i = \gamma_{sat}bz\cos i\sin i$$

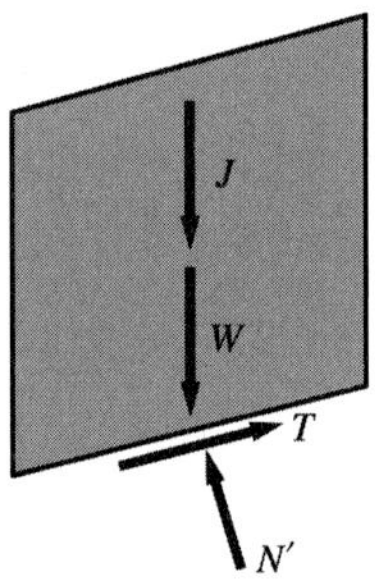

그림 10.13 절편에 작용하는 힘(역계 2)

이 결과는 역계 1의 경우와 같으며 나머지 결과도 서로 일치한다. 즉 역계 2를 선택하여도 역계 1과 같은 결과를 얻게 된다.

10.2.6 수중무한사면의 안정해석

그림 10.14(a)는 수중(水中, submerged) 무한사면을 보여 주고 있다. 물의 흐름은 일어나지 않고 있으므로 정수압 상태이다.

침투수압이 없는 상태의 경우 특히 역계 2(수중중량, 침투압 합력, 경계면 유효응력의 합력)가 편리하다. 그림 10.14(b)에는 절편에 작용하고 있는 힘을 보여주고 있다. 침투수압 $J = 0$ 임을 주의한다.

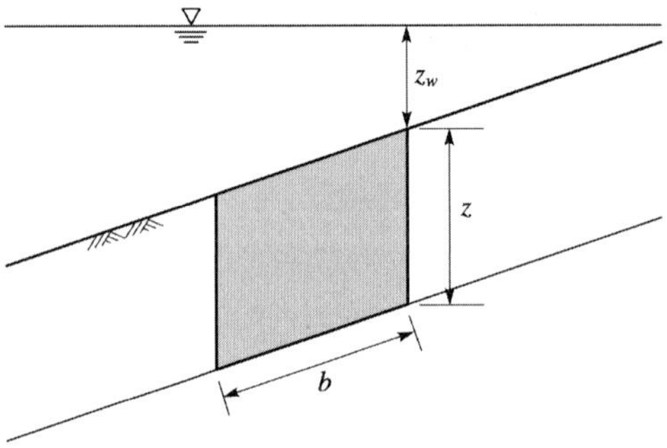

(a) 수중무한사면

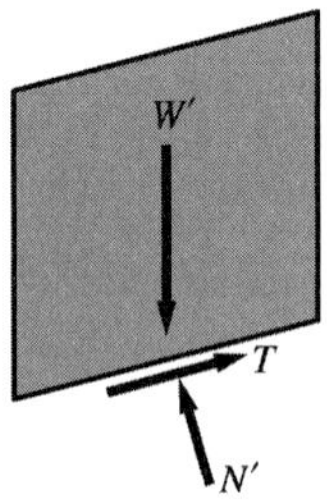

(b) 절편에 작용하는 힘(역계 2)

그림 10.14 수중무한사면의 안정해석

수중중량 $W' = \gamma' bz\cos i$

유효수직력 $\sum F_{n-n} = 0$; $N' = W'\cos i = \gamma' bz\cos^2 i$

전단력 $\sum F_{t-t} = 0$; $T = W'\sin i = \gamma' b z \cos i \sin i$

파괴면에 작용하는 응력

$$\sigma' = \frac{N'}{b} = \gamma' z \cos^2 i$$

$$\tau = \frac{T}{b} = \gamma' z \cos i \sin i$$

이 역계에서는 간극수압은 별도로 고려하지 않는다.

(a) 사질토 무한사면의 경우

전단강도 $s = \sigma' \tan\phi' = \gamma' z \cos^2 i \tan\phi'$

따라서, 안전율 F_s 는

$$F_s = \frac{s}{\tau} = \frac{\gamma' z \cos^2 i \tan\phi'}{\gamma' z \cos i \sin i}$$

$$\therefore F_s = \frac{\tan\phi'}{\tan i} \qquad (10.33)$$

사질토 수중무한사면은 건조토 무한사면과 그 안전율이 거의 같다. 이것은 사면이 물 속에 있게 되어 전단강도가 감소하지만 침투수압이 없어서 전단응력도 같은 비율로 감소하기 때문이다. 역계 2를 선택함으로써, 특히 이 문제에서는, 역계 1을 사용할 때 고려해야 하는 상하좌우 4면에 작용하는 수압의 산정과 영향을 별도로 고려하지 않아도 되는 편리함이 있다.

(b) 점성토 무한사면의 안정해석

전단강도 $s = c' + \sigma' \tan\phi' = c' + \gamma' z \cos^2 i \tan\phi'$

따라서, 안전율 F_s 는

$$F_s = \frac{c'}{\gamma' z \cos i \sin i} + \frac{\tan\phi'}{\tan i} \qquad (10.34)$$

사면이 물 속에 잠겨 있으면 침투수류 발생시 보다 안전하고 안전율은 물이 없는 사면의 안전율보다 약간 크다.

이것은 식 (10.34)의 우변 첫째항 분모가 감소하여 (γ 에서 γ' 으로) 점착력에 의한 안전율이 약간 증가하기 때문이다.

참고사항 : 역계 1(전체중량, 경계면 수압의 합력, 경계면 유효응력의 합력)을 선택하는 경우

먼저 경계면 간극수압에 대하여 생각해 보자. 수압의 분포는 그림 10.15(a)에 제시되어 있다. 이 때에는 좌우측면의 수압은 비기지 않고 있다.

이 그림을 살펴보면

- 상하면 : 빗금부분 수압은 상쇄. 하면이 폭 b에 걸쳐 $\gamma_w z$ 만큼 더 큼.
- 좌우면 : 빗금부분 상쇄. 좌측면이 깊이 z에 걸쳐 $\gamma_w b \sin i$ 만큼 더 큼.

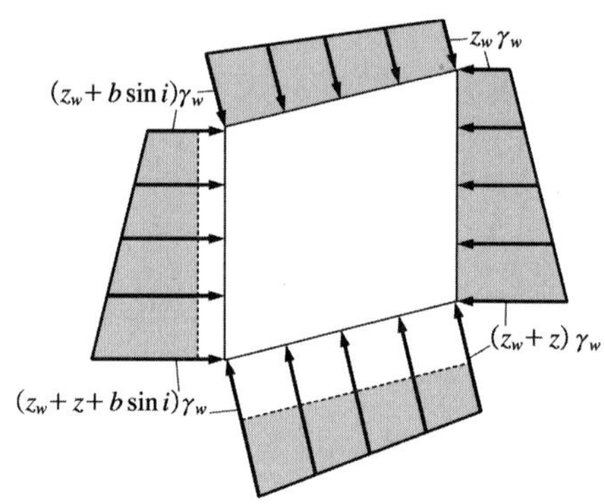

(a) 경계면 수압분포

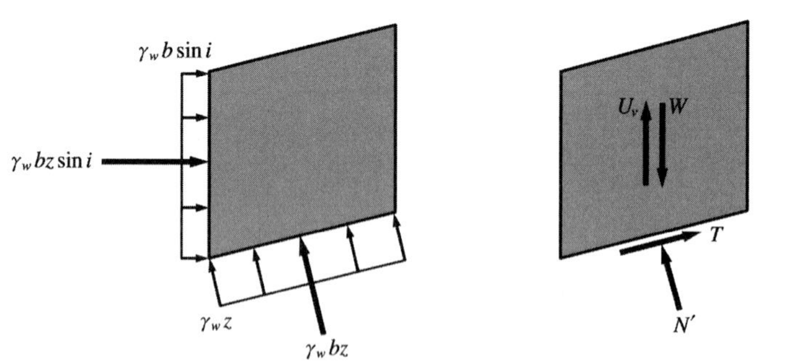

(b) 경계면 수압의 합력 (c) 절편에 작용하는 힘(역계 1)

그림 10.15 경계면 간극수압

따라서, 수압의 합력은 그림 10.15(b)에 보인 것과 같다. 이제 전체수압의 수평 및 연직분력은

수평분력 $U_h = \gamma_w bz\sin i - \gamma_w bz\sin i = 0$

연직분력 $U_v = \gamma_w bz\cos i$ (연직상향)

즉 수압의 합력은

크기 $= U_v = \gamma_w bz\cos i = \gamma_w$ (절편의 부피)

작용방향 : 연직상향

이 수압이 결국 부력(浮力, bouyancy)이며 그 크기는 절편의 부피에 해당하는 물의 무게와 같고 연직 상향으로 작용한다. Archimedes원리는 물 속에 있는 물체는 그 물체의 부피와 같은 물의 무게만큼 가벼워진다는 부력의 특성을 표현한 것이다.

그림 10.15 (c)에는 절편에 작용하는 힘(역계 1)을 제시하고 있다.

절편의 전체중량 : $W = \gamma_{sat} bz\cos i$

경계면 수압의 합력 : $U_v = \gamma_w bz\cos i$

경계면 유효응력의 합력 : N', T

$\sum F_{n-n} = 0$: $N' = (W - U_v)\cos i = \gamma' bz\cos^2 i$

$\sum F_{t-t} = 0$: $T = (W - U_v)\sin i = \gamma' bz\cos i \sin i$

따라서 절편에 작용하는 힘은 앞서 논의한 그림 10.14(b)와 같으므로 결국 역계 2와 역계 1은 같은 결과를 얻게 한다.

▶ **예제 10.1** 경사가이 37°인 무한사면이 있다. 흙의 $\gamma = 1.60\,t/m^3$, $c = 1.60\,t/m^2$, $\phi = 26°$ 이다.

(a) 이 사면이 안정을 유지하고 있는 것은 견고한 토층이 비교적 얕은 깊이에 존재하고 있음을 의미한다. 이 깊이는 최대 몇 m인가?

만약 견고한 토층 표면까지의 깊이가 5m이면

(b) 현재의 안전율은 얼마인가?

(c) 침투수류가 사면표면과 일치하여 발생할 때의 안전율은 얼마인가?

단 $\gamma_{sat} = 1.80\,t/m^3$

(d) 이 무한사면이 물 속에 잠겨 있을 때의 안전율은 얼마인가?

풀이 :

(a) 임계 깊이 H_{cr} 을 의미한다.

$$H_{cr} = \frac{c}{\gamma} \cdot \frac{\sec^2 i}{\tan i - \tan\phi} = \frac{1.60}{1.60} \cdot \frac{\sec^2 37^\circ}{\tan 37^\circ - \tan 26^\circ} = 5.90m$$

$\therefore H_{cr} = 5.90m$

또는 $\tau = s$; $\gamma H_{cr} \cos i \sin i = c + \gamma H_{cr} \cos^2 i \tan\phi$

$$(1.6) H_{cr} \cos 37^\circ \sin 37^\circ = 1.60 + (1.60) H_{cr} \cos^2 37^\circ \tan 26^\circ$$

$\therefore H_{cr} = 5.90\ m$

(b) 건조사면인 경우의 안전율($z = 5m$)

$$F_s = \frac{c}{\gamma z \cos i \sin i} + \frac{\tan\phi}{\tan i}$$

$$= \frac{1.60}{(1.60)(5)\cos 37^\circ \sin 37^\circ} + \frac{\tan 26^\circ}{\tan 37^\circ} = 0.416 + 0.647 = 1.063$$

$\therefore F_s = 1.06$

(c) 침투수류가 사면표면과 일치하여 흐를 때의 안전율($z = 5m$)

$$F_s = \frac{c'}{\gamma_{sat} z \cos i \sin i} + \frac{\gamma'}{\gamma_{sat}} \cdot \frac{\tan\phi'}{\tan i}$$

$$= \frac{1.60}{(1.80)(5)\cos 37^\circ \sin 37^\circ} + \frac{0.8}{1.80} \cdot \frac{\tan 26^\circ}{\tan 37^\circ} = 0.37 + 0.29$$

$\therefore F_s = 0.66$

(d) 수중무한 사면인 경우의 안전율($z = 5m$)

$$F_s = \frac{c'}{\gamma' z \cos i \sin i} + \frac{\tan\phi'}{\tan i} = \frac{1.60}{(1.80 - 1)(5)\cos 37^\circ \sin 37^\circ} + \frac{\tan 26^\circ}{\tan 37^\circ}$$

$= 0.83 + 0.65 = 1.48$

$\therefore F_s = 1.48$ ◀

NOTE : 점착력에 의한 안전율 부분의 차이도 건조사면보다 안전율이 더 크게 됨.

독자들에게 드리는 제언 : 각 경우에 대한 공식에 대입하여 산정하였으나, 독자들은 각 경우 별로 σ, τ, u 및 σ' 을 구하여 안전율을 결정해 볼 것.

10.3 사면의 안전율

사면의 안전율은 파괴면에 작용하는 전단응력에 대한 전단강도의 비로 정의된다. 그런데 무한사면의 안정해석에서 논의한 것처럼 파괴면에 작용하는 전단응력은 한 개의 성분임에 반해 흙의 전단강도는 점착력과 마찰저항의 2개의 성분으로 이루어진다.

$$s = c + \sigma \tan \phi$$

여기서 c : 이 흙이 발휘할 수 있는 최대의(고유의) 점착력

= 파괴포락선의 τ 축 절편

ϕ : 이 흙이 발휘할 수 있는 최대의(고유의) 내부마찰각

= 파괴포락선의 경사각

따라서 $\sigma \tan \phi$: 이 흙이 발휘할 수 있는 최대마찰저항

s : 이 흙이 발휘할 수 있는 최대전단저항(전단강도)

또는 전단강도의 최대 공급 능력(capacity)

만일 이 흙에 전단응력 τ 가 작용하면 작용 반작용의 원리에 따라 흙에는 τ 와 크기가 같은 전단저항 s_m 이 발생하게 된다.

$$s_m = \tau$$

여기서 s_m : 평형을 유지하기 위해 현재 발휘되고 있는(mobilized) 또는 가동되고 있는 (developed) 전단저항(전단강도), 즉 평형을 유지하기 위한 전단강도의 현재 수요량(demand)

따라서 안전율은 전단강도의 현재 수요량(demand)에 대한 최대 공급능력(capacity)의 비라고도 할 수 있다.

$$F_s = \frac{s}{\tau} = \frac{s}{s_m} = \frac{C(capacity)}{D(demand)}$$

그런데 s_m 도 점착력 성분과 마찰저항의 합으로 이루어진다. 즉,

$$s_m = c_m + \sigma \tan \phi_m$$

여기서 c_m : 현재 발휘되고 있는(mobilized) 점착력

$\sigma \tan \phi_m$: 현재 발휘되고 있는(mobilized) 마찰저항

그런데 s_m 중 c_m과 $\sigma\tan\phi_m$이 분담하는 부분이 얼마씩 되는지 알 수 없다. 사실 이 2개 값의 가능한 조합(combination)수는 무수히 많다. 이 사실은 점착력과 마찰저항에 대한 안전율이 서로 다르게 됨을 의미한다. 우선 점착력과 마찰력에 대한 안전율을 다음과 같이 정의한다.

점착력에 대한 안전율

$$F_c = \frac{c}{c_m} \tag{10.35}$$

마찰력에 대한 안전율

$$F_\phi = \frac{\tan\phi}{\tan\phi_m} \tag{10.36}$$

여기서 하첨자 m은 '현재 발휘되고 있는(mobilized)'이라는 뜻임.

따라서 s_m은 다음과 같이 쓸 수 있다.

$$s_m = c_m + \sigma\tan\phi_m = \frac{c}{F_c} + \frac{\sigma\tan\phi}{F_\phi}$$

전단응력 τ가 작용할 때 발휘되는 s_m 가운데 c_m 성분과 $\sigma\tan\phi_m$ 성분의 구성 비율은 점착력과 마찰저항의 가동속도에 관계된다. 따라서, s_m 중 c_m 부분이 크면 $\sigma\tan\phi_m$ 부분은 작고, 반대로 c_m이 작으면 $\sigma\tan\phi_m$은 커져야 한다. 이것은 F_c가 작으면 F_ϕ는 커지고 F_c가 크면 F_ϕ는 작아야 한다는 것을 의미한다(정밀한 연구결과에 의하면 점착력 저항의 가동속도가 빨라서 $F_c < F_\phi$라고 밝혀졌지만 이 결과가 아직은 실용화되지 못하고 있는 실정이다). 이와 같이 F_c와 F_ϕ 값을 별도로 결정하는 것은 난해하므로, 실제 문제에서는 $F_c = F_\phi$가 되도록 c_m과 $\sigma\tan\phi_m$이 조절되어 동원(또는 발휘)되어 두 값의 합이 s_m이 된다고 생각한다. 그리고 이 때의 F_c 또는 F_ϕ를 사면의 안전율 F_s라 정의하고 있다.

$F_s \equiv (F_c = F_\phi)$일 때의 F_c 또는 F_ϕ

$$\therefore F_s = \frac{s}{s_m} = \frac{c}{c_m} = \frac{\tan\phi}{\tan\phi_m}$$

$F_s \equiv (F_c = F_\phi)$의 개념으로 안전율을 구하는 방법이 그림 10.16에 제시되어 있다. 즉, $(F_c,\ F_\phi)$를 몇 쌍 구한 다음 이들을 $F_c - F_\phi$ 평면에 나타내어 $F_c - F_\phi$ 관계를 그린 후 원점을 지나는 45°

선(1:1경사)을 그려 이 곡선과의 교점을 구하면 이 값이 $F_s = F_c = F_\phi$ 가 된다.

$F_s = F_c = F_\phi$ 로 하는 개념은 명확한 언급없이 이미 무한사면 안정해석에서 활용되었다. 즉 점성토 무한사면의 경우 점착력과 마찰저항은 동일한 안전율을 가지며 그 값이 곧 사면의 안전율이라고 생각하였다. 무한사면의 경우에는 그럴 필요가 없었지만, F_ϕ 와 F_c 를 여러 쌍 구하여 그 결과로부터 $F_s = F_c = F_\phi$ 를 결정해야 하는 경우도 있다(예를 들어 Culmann의 방법, 마찰원법, Taylor 사면안정도표 등). 여기에 관하여서는 다음에 논의하기로 한다.

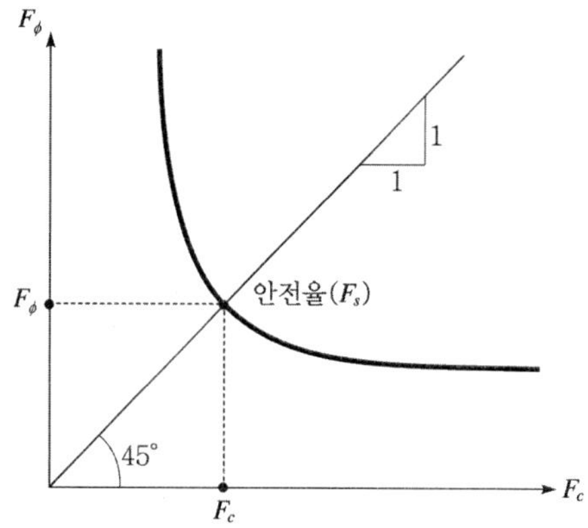

그림 10.16 안전율의 결정($F_s = F_c = F_\phi$)

참고사항 : F_c 와 F_ϕ 의 몇 가지 가능한 조합. 그리고 관용의 안전율 결정방법

예를 들어 흙이 발휘할 수 있는 최대 점착력저항 $c = 80t/m^2$, 마찰저항 $\sigma\tan\phi = 120t/m^2$ 라 하면 이 흙이 발휘할 수 있는 최대전단강도 $s = c + \sigma\tan\phi = 80 + 120 = 200t/m^2$ 만약, 전단응력 $\tau = 100t/m^2$ 이 작용하면 작용 반작용의 법칙에 따라 발휘되는 전단강도 $s_m = \tau = 100t/m^2$ 가 된다. 그런데 현재 발휘되고 있는 전단강도 $s_m = 100t/m^2$ 중 점착력과 마찰저항이 분담하는 부분이 어떻게 되는지는 알 수 없다. 사실상 이들 분담량에는 수많은 경우의 수가 있을 수 있다. 현재 관용되고 있는 방법은 $F_s = F_c = F_\phi$ 로 가정하는 것이다.

$$F_s = \frac{s}{s_m} = \frac{200}{100} = 2$$

$$s_m = c_m + \sigma\tan\phi_m = \frac{c}{F_c} + \frac{\sigma\tan\phi}{F_\phi} = \frac{c}{F_s} + \frac{\sigma\tan\phi}{F_s} = \frac{80}{2} + \frac{120}{2} = 40 + 60$$

즉 $c_m = \frac{c}{F_c} = \frac{80}{2} = 40t/m^2$, $\sigma\tan\phi_m = \frac{\sigma\tan\phi}{F_s} = \frac{120}{2} = 60t/m^2$ 으로 분담한다고 생각한다. 그러나 실제 분담량은 어떻게 되는지 알 수 없으며 수많은 조합이 가능하다. c_m 과 $\sigma\tan\phi_m$ 그리고 이에 따른 F_c 와 F_ϕ 의 몇 가지 조합을 표 10.6에 제시하였다. 이 표의 $F_c - F_\phi$ 관계를 그림 10.17과 같이 정리하면 관용의 안전율 $F_s = F_c = F_\phi = 2.0$ 을 얻게 된다.

사면은 안전율이 최소가 되는 활동면을 따라 파괴된다. 안전율이 최소가 되는 활동면을 임계활동면 또는 임계파괴면(臨界破壞面, critical failure surface)이라 하고 사면의 안전율이란 임계파괴면에 대한 안전율을 의미한다. 따라서, 임계활동면을 결정하는 것은 사면안정해석에 있어서 가장 중요한 과정이 된다.

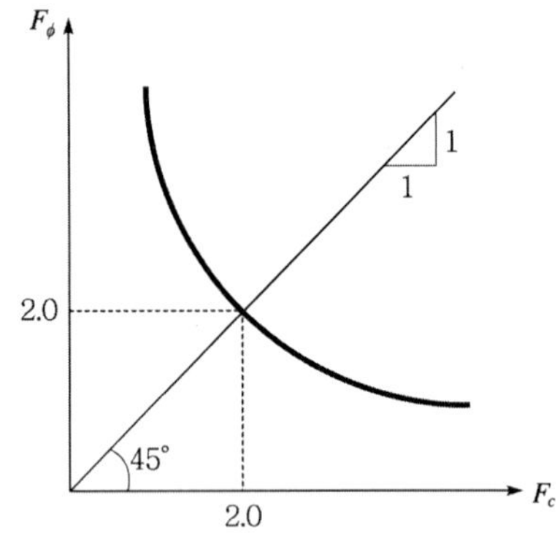

그림 10.17 $F_s = (F_c = F_\phi)$ 의 결정

표 10.6

c_m	F_c	$\sigma \tan \phi_m = s_m - c_m$	F_ϕ
20	4.00	80	1.50
40	2.00	60	2.00
60	1.33	40	3.00

임계활동면은 자명한 경우도 있고(예 : 무한사면, 연약층이 있는 경우 등), 1차도함수에서 결정할 수도 있으나(예 : Culmann 방법) 보통 수많은 시행착오를 거듭하면서 지루한 반복계산 과정을 거쳐 결정된다. 따라서 computer 활용이 효율적이다. 임계파괴면을 결정하는 기법은 다양하게 개발되어 있다. 그림 10.18은 computer를 이용하여 임계활동면을 조직적으로 찾아내는 간단한 한가지 방법이다.

- 먼저 축척대로 사면의 단면을 그린 다음
- 임계 활동원의 중심이 있을만한 구역에 격자망(grid)을 설정하고
- 첫번째 격점을 중심으로 하여 반경 r_0 인 가상파괴면을 그리고 안전율 F_{s0} 을 계산한다. 다음 반경을 $r_1 = r_0 + \Delta r$ 로 증가시켜 안전율 F_{s1} 를 구한다. 반경을 증가시켜 가면서 계산을 반복한다. 반경을 $r_n = r_{n-1} + \Delta r$ 로 하여 반복계산하되 활동원이 암반층을 통과하는 등 제약조건에 봉착하면 반복계산을 중단한다. 얻어진 안전율 가운데 최소치를 격점에 기입한다.
- 활동원의 중심을 다음 격점으로 옮겨 앞에서 설명한 반복계산을 되풀이 한다. 모든 격점에 최소 안전율이 제시되어 그림 10.18과 같은 상태가 된다.

- 안전율의 등치선을 그려보면 안전율 최소인 중심점, 즉 임계원의 중심을 찾아낼 수 있다.
- 임계원의 중심을 원호의 중심으로 하여 반경을 변화시켜 가면서 안전율을 구했을 때 얻어지는 최소 안전율이 이 사면의 안전율이고 이 때의 활동원호가 임계 활동원이다.
  따라서, 사면의 안전율 산정은 다음 두 단계를 거치게 된다.
  첫째 임계활동면의 결정
  둘째 임계활동면에 대한 안전율 산정

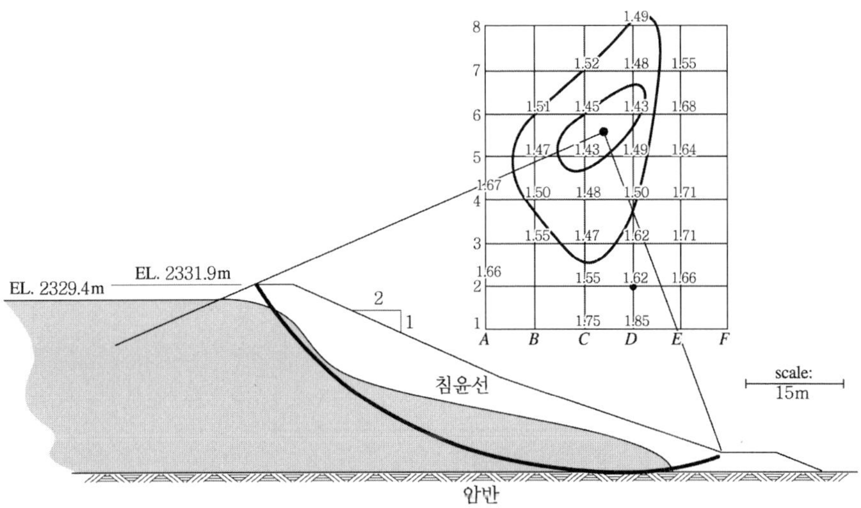

그림 10.18 임계활동면을 결정하는 방법의 일례

10.4 평면 파괴면에 대한 사면안정해석

파괴면이 사면의 선단(先端, toe)을 지나는 평면이라 가정하고 해석적 방법으로 사면의 안전율을 산정하는 방법으로 Culmann의 방법이라 부르고 있다. 균질한 흙 사면은 평면파괴를 일으키는 일이 드물다. 파쇄대 또는 연약층이 존재하는 사면 등에는 이러한 파괴가 발생할 수 있다.

10.4.1 $\phi_u = 0$ 인 사면에 대한 Culmann의 방법

그림 10.19(a)에서 사면의 선단 a를 지나 수평면과 θ를 이루는 가상파괴면 $\overline{ac}$를 그렸을 때 얻어지는 흙 쐐기 Δabc에 작용하는 힘은 다음과 같다(억세 1, 단 $u=0$).

자중 $W = \gamma\,\Delta abc = \gamma\left(\frac{1}{2}\overline{ac}\,\overline{bd}\right) = \frac{1}{2}\gamma L \frac{H}{\sin\beta}\sin(\beta-\theta)$: 크기, 작용방향 모두 known

점착력 합력 $C_{um} = c_{um}\overline{ac} = c_{um}L = \frac{c_u L}{F_s}$

: 크기 unknown (F_s 는 미지수), 작용방향 known

수평면과 θ, 연직면과 $90° - \theta$

$\overline{ac}$ 면에 작용하는 수직력 N

: 크기 unknown, 작용방향 known

($\phi = 0$ 이므로 $T = N\tan\phi_m = 0$. 지금까지 R 로 표시하던 합력이 N 이 됨. 즉, $\phi_m = 0$ 인 경우에는 $R = N$ 이 됨.)

2 unknowns(N, C_{um} 의 크기) vs 2 equations($\sum H = 0$, $\sum V = 0$)

따라서, 힘 삼각형 폐합조건에서 N 과 C_{um} 의 크기를 결정할 수 있다.

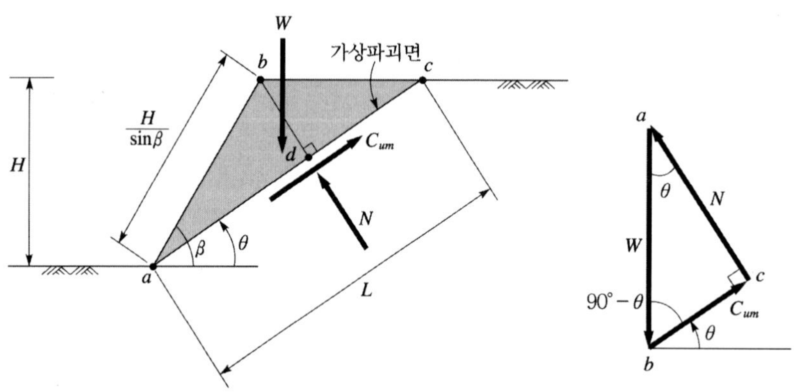

(a) 흙쐐기에 작용하는 힘($\phi_u = 0$)　　(b) 힘 삼각형

그림 10.19 Culmann의 방법($\phi_u = 0$ 인 경우)

(1) 임계활동면의 결정

그림 10.19(b)에 보인 힘 삼각형에 대하여 sine 법칙을 적용하면

$$\frac{C_{um}}{\sin\theta} = \frac{W}{\sin 90°}$$

$$C_{um} = c_{um}\, L = W \sin\theta = \frac{1}{2}\gamma L \frac{H}{\sin\beta}\sin(\beta-\theta)\sin\theta$$

$$\frac{c_{um}}{\gamma H} = \frac{1}{2}\frac{\sin(\beta-\theta)\sin\theta}{\sin\beta} \tag{10.37}$$

정의

$$N_s = \frac{c_{um}}{\gamma H} = \frac{c_u}{F_c\, \gamma H} = \frac{c_u}{F_s\, \gamma H}$$: 안정수(stability number)

$\phi_u = 0$ 이므로 $F_c = F_s$ 가 된다.

N_s 가 최대이면 가장 위험한 상태가 된다. (F_s 가 최소가 됨)

임계파괴면은 N_s 가 최대(즉 F_s 가 최소)인 경우이므로 $\dfrac{\partial N_s}{\partial\theta} = 0$ 에서 구할 수 있다.

$$\frac{\partial N_s}{\partial\theta} = 0 : \frac{\partial}{\partial\theta}\left[\sin(\beta-\theta)\sin\theta\right] = 0$$

$$\sin(\beta-\theta)\cos\theta - \sin\theta\cos(\beta-\theta) = 0$$

$$\sin(\beta-2\theta) = 0$$

임계파괴면의 θ 를 특히 θ_f 라 표시하면

$$\therefore \theta_f = \frac{\beta}{2} \tag{10.38}$$

추억디듬기

$f(x) = A(x)\times B(x)$ 일 때 $\dfrac{df(x)}{dx}$ 는 다음과 같다.

$$\frac{df(x)}{dx} = \frac{d}{dx}\left[A(x)\times B(x)\right] = \frac{dA(x)}{dx}B(x) + \frac{dB(x)}{dx}A(x)$$

여기에서는 $f(x) = \dfrac{A(x)}{B(x)}$ 일 때의 $\dfrac{df(x)}{dx}$ 구하는 방법을 기억해 낼 필요가 없음은 다행이다.

(2) 안전율 F_s 의 산정

식 (10.38)을 식 (10.37)에 대입하면

$$\frac{c_{um}}{\gamma H} = \frac{c_u}{F_s \gamma H} = \frac{1}{2} \frac{\sin\frac{\beta}{2} \sin\frac{\beta}{2}}{\sin\beta} = \frac{1}{2} \frac{\sin\frac{\beta}{2} \sin\frac{\beta}{2}}{2\sin\frac{\beta}{2} \cos\frac{\beta}{2}} = \frac{1}{4} \tan\frac{\beta}{2} \tag{10.39}$$

$$\therefore F_s = \frac{4c_u}{\gamma H} \cot\frac{\beta}{2} \tag{10.40}$$

NOTE : 만약 사면 내에 평면파괴면이 될 수 있는 얇은 연약층이 있으면 이 사면의 안전율은 이 연약층에 대한 안전율과 식 (10.40)으로 계산한 안전율 중 더 적은 값이 됨. 연약층을 파괴면으로 볼 때의 안전율은 식 (10.37)에서 구할 수 있는데 이 때 c_u 는 연약층의 비배수 강도이고($\phi_u = 0$), θ 는 이 연약층이 수평면과 이루는 각도임(따라서 θ 는 기지량).

▶ **예제 10.2** 높이가 5.0m이고 경사각이 53° 인 균질한 사면이 있다. 이 흙의 $\gamma = 1.6t/m^3$, $\phi_u = 0$, $c_u = 2.0t/m^2$ 이다.

(a) *Culmann*의 방법으로 이 사면의 안전율을 구하라.

(b) 사면의 선단(toe)을 지나 수평면과 25°를 이루는 얇은 연약층이 지표면까지 분포되어 있다면 이 연약층을 파괴면으로 하였을 때의 안전율은 얼마인가? 단 연약층의 $\phi_u = 0$, $c_u = 0.5t/m^2$ 이다.

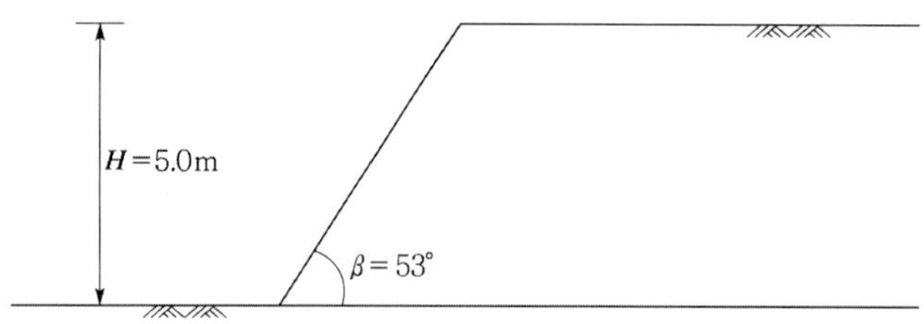

그림 예제 10.2 문제도

풀이 :

(a) *Culmann* 의 방법 :

$$F_c = \frac{4c_u}{\gamma H} \cot\frac{\beta}{2} = \frac{4(2.0)}{(1.60)(5.0)} \cot\frac{53}{2} = 2.0$$

(b) 주어진 파괴면 θ 에 대한 안전율 : 식 (10.37)에서

$$\frac{c_u}{F_s \gamma H} = \frac{1}{2} \cdot \frac{\sin(\beta - \theta)\sin\theta}{\sin\beta}$$

$$F_s = \frac{c_u}{\gamma H} \cdot \frac{2\sin\beta}{\sin(\beta-\theta)\sin\theta} = \frac{0.5}{(1.60)(5.0)} \cdot \frac{2\sin 53}{\sin(53-25)\sin 25} = 0.5$$ ◀

NOTE : $\phi_u = 0$ 인 단순사면에서는 $\beta \geq 53°$ 이면 반드시 사면 선단파괴가 일어나게 됨은 이미 알려진 사실임(뒤에 다시 논의). 그러나 이 때 임계파괴면은 평면이 아니라 곡선 파괴면이 됨. 그리고 평면 파괴면은 곡선 파괴면에 비하여 더 큰 안전율을 산출하는 것으로 알려져 있음.

10.4.2 점착력과 내부마찰이 모두 있는 사면에 대한 Culmann의 방법

그림 10.20(a)에 보인 것처럼 사면 선단(toe) a를 지나 수평면과 각도 θ 를 이루는 가상파괴면 $\overline{ac}$ 에 의하여 형성된 흙 쐐기 Δabc 에 작용하는 3개의 힘은 다음과 같다.

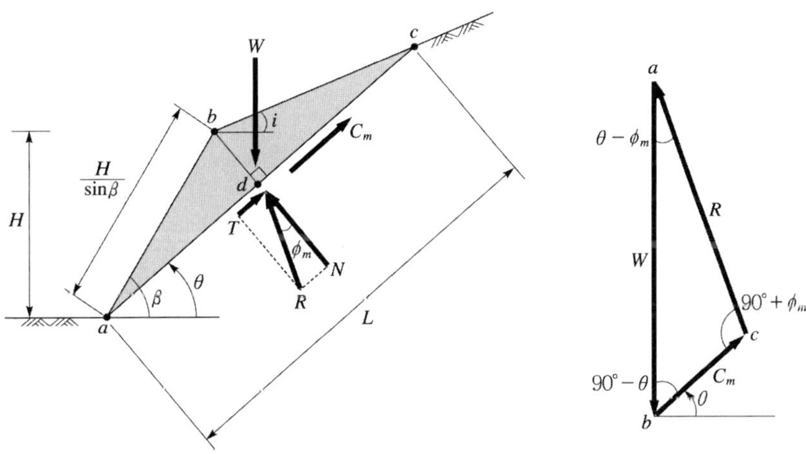

(a) 흙쐐기에 작용하는 힘 (b) 힘 삼각형

그림 10.20 Culmann의 방법(c - ϕ soil인 경우)

자중 $W = \gamma \Delta abc = \frac{1}{2}\gamma L \overline{bd} = \frac{1}{2}\gamma L \frac{H}{\sin\beta}\sin(\beta-\theta)$: 크기, 작용방향 모두 known

$\overline{ac}$ 면에 현재 발휘되고 있는 점착력 합력

$C_m = c_m L = \frac{cL}{F_c}$: 크기 unknown(F_c 는 미지수), 작용방향 known

수평면과 θ , 연직면과 $90° - \theta$

$\overline{ac}$ 면에 작용하는 수직력과 마찰저항의 합력(R)

R : 크기 unknown, 작용방향 known

가상파괴면에 대한 수직선과 ϕ_m 만큼 경사 또는 연직선과 $\theta-\phi_m$ 만큼 경사

2 unknowns(R, C_m 의 크기) vs 2 equations($\sum H = 0$, $\sum V = 0$)

따라서, 힘 삼각형 폐합조건에서 R 과 C_m 의 크기를 결정할 수 있다.

(1) 임계활동면의 결정

그림 10.20(b)에 보인 힘 3각형에 대하여 sine 정리를 적용하면

$$\frac{c_m\ L}{\sin\ (\ \theta-\phi_m\ )} = \frac{W}{\sin\ (\ 90° + \phi_m\ )}$$

$$c_m\ L = \frac{1}{2}\ \gamma\ L\ \frac{H}{\sin\beta} \sin\ (\ \beta - \theta\ )\ \frac{\sin\ (\ \theta - \phi_m\ )}{\cos\ \phi_m}$$

$$N_s = \frac{c_m}{\gamma\ H} = \frac{c}{F_c\ \gamma\ H} = \frac{1}{2\ \sin\ \beta\ \cos\ \phi_m} \sin\ (\ \beta - \theta\ ) \sin\ (\ \theta - \phi_m\ ) \tag{10.41}$$

임계활동면은 $N_s = \dfrac{c}{F_c \gamma H}$ 가 최대인 평면이 된다. N_s 가 최대가 되면 F_c 는 최소가 된다. 그런데 $F_s = F_c = F_\phi$ 로 정의하였으므로 이 때 F_s 가 최소가 된다. 따라서 $\dfrac{\partial N_s}{\partial \theta} = 0$ 이 되는 θ 가 임계 파괴면의 경사각 θ_f 가 된다.

$$즉\ \frac{\partial N_s}{\partial \theta} = 0 : \frac{\partial}{\partial \theta}\left[\sin(\beta-\theta)\sin(\theta-\phi_m)\right]=0$$

$$\sin(\beta-\theta)\cos(\theta-\phi_m)-\sin(\theta-\phi_m)\cos(\beta-\theta)=0$$

$$\sin(2\theta - \beta - \phi_m) = 0$$

임계파괴면은 경사각 θ 를 특히 θ_f 라 표기하면

$$\theta_f = \frac{\beta + \phi_m}{2} \tag{10.42}$$

NOTE : 식 (10.42)의 θ_f 는 i 에 무관한 것으로 되어 있음. 즉 안전율 최소인 활동면(임계 활동면)이 지표면

의 경사각 i 와 관계 없다는 뜻임. 이것은 불합리한 결과임.

(2) F_s 산정 : 식 (10.42)를 식 (10.41)에 대입하면

$$N_s = \frac{c}{F_c \gamma H} = \frac{\sin\left(\frac{\beta}{2} - \frac{\phi_m}{2}\right)\sin\left(\frac{\beta}{2} - \frac{\phi_m}{2}\right)}{2\sin\beta\cos\phi_m}$$

$$\frac{c}{F_c\ \gamma\ H} = \frac{1 - \cos\ (\ \beta - \phi_m\ )}{4\ \sin\ \beta\ \cos\ \phi_m} \tag{10.43}$$

이 식에서 F_s 를 구하는 방법은 다음과 같다.

(3) 안전율 F_s 구하는 방법

식 (10.43)은 양변에 모두 미지수를 가지고 있다. 즉 좌변의 F_c 와 우변의 F_ϕ (ϕ_m 속에 숨어있음)가 미지수이다. 그런데 안전율 F_s 는 $F_s = F_\phi = F_c$ 로 정의하므로 F_s 는 시행착오법으로 결정하게 된다. 즉 F_ϕ 를 가정하고 F_c 를 계산하되 가정한 F_ϕ 와 계산으로 얻은 F_c 가 같아질 때 까지 반복계산을 실시한다. 실제 $F_s = F_c = F_\phi$ 를 찾아내는 과정은 다음과 같다.

① 제 1차 시산(1st trial calculation)

$F_\phi = F_{\phi 1}$ 으로 가정하고 이에 대응하는 ϕ_{m1} 을 계산

$$F_{\phi 1} = \frac{\tan\ \phi}{\tan\ \phi_{m1}} \qquad \therefore\ \tan\ \phi_{m1} = \frac{\tan\ \phi}{F_{\phi 1}}$$

$$\phi_{m1} = \tan^{-1}\ (\ \frac{\tan\ \phi}{F_{\phi 1}}\ )$$

$F_{\phi 1}$ 에 대응하는 $F_c = F_{c1}$ 를 식 (10.43)에서 얻을 수 있음. 식 (10.43)의 우변 ϕ_m 에 ϕ_{m1} 을 대입하고 계산한 값을 A_1 이라 하면, 즉 $\frac{1 - \cos\ (\ \beta - \phi_{m1}\ )}{4\ \sin\ \beta\ \cos\ \phi_{m1}} = A_1$ 그러므로

$\therefore\ F_{c1} = \frac{c}{A_1 \gamma H}$ 따라서 ($F_{\phi 1}$, F_{c1})을 얻음.

만약 $F_{\phi 1} = F_{c1}$ 이면 이 값이 F_s 이지만 보통은 $F_{\phi 1} \neq F_{c1}$ 이므로 제 2차 시산 등을 실시한다.

② 제 2차 시산(*2nd* trial calculation)

$F_\phi = F_{\phi 2}$ 로 두고 ①과정을 반복하면 $F_c = F_{c2}$ 를 얻음.

즉 ($F_{\phi 2}$, F_{c2})를 얻음.

$F_{\phi 2} \neq F_{c2}$ 이면 제 3차 시산 등을 실시한다.

③ 그림 10.21에 보인 것처럼 F_ϕ, F_c 관계를 나타내어 관계 곡선을 그리고, 원점을 지나는 45°선(1:1선)을 그어 $F_c = F_\phi$ 가 되는 점을 잡으면 이 값이 F_s 가 됨.

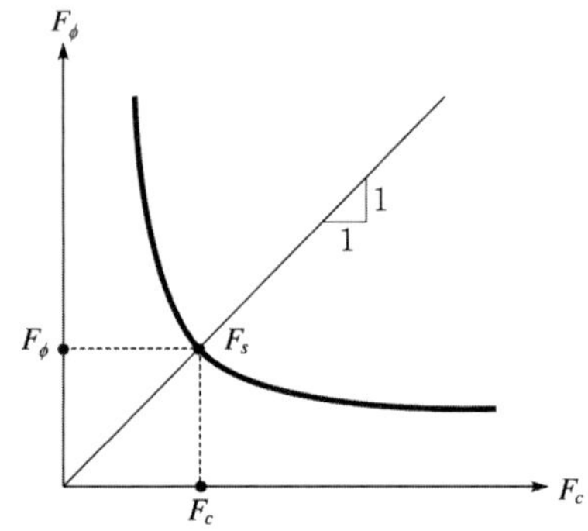

그림 10.21 시산법에 의한 안전율의 결정

NOTE : 만약 사면선단을 지나는 얇은 연약층이 잠재적 평면파괴면을 형성하고 있을 때에는 식 (10.37)에서 안전율을 구함. 이 때 ϕ 와 c 는 연약층의 물성치를 사용하고 θ 는 연약층이 수평면과 이루는 각도임. 이렇게 구한 안전율과 식 (10.43)에서 구한 안전율 중 더 작은 값이 안전율이 됨.

10.5 원호활동면에 대한 사면 안정해석

비교적 균질한 흙으로 이루어진 유한사면은 원호활동면(圓弧滑動面, circular failure surface)을 따라 파괴가 일어난다.

Culmann의 방법은 선단을 지나는 평면파괴면을 가정하고 있는데 이 경우 사면안정해석은 대단히 간편하지만 비현실적 가정 위에 성립된 해법이다. 그러므로 균질한 흙 사면은 원호 활동면에 대하여 안전율을 계산하는 것이 보통이다.

원호활동면에 대하여 사면의 안전율을 결정할 때에는 임계파괴면은 간단하게 결정할 수 없고 시행착오를 거듭하면서 반복계산을 실시하는 것이 필요하다. 그리고 사면의 안전율은 임계파괴면에 대한 안전율로 정의하고 있다.

원호활동면은 그 형태에 따라 사면 내 파괴(slope failure), 선단파괴(toe failure) 및 저부파괴(deep failure)으로 분류할 수 있다(그림 10.22 참조).

이 절에서는 먼저 주어진 원호활동면에 대한 안전율 결정방법을 논의하고 이어서 임계활동면에 대한 안전율을 산정하는 Taylor의 사면안정도표에 관하여 기술하고 있다.

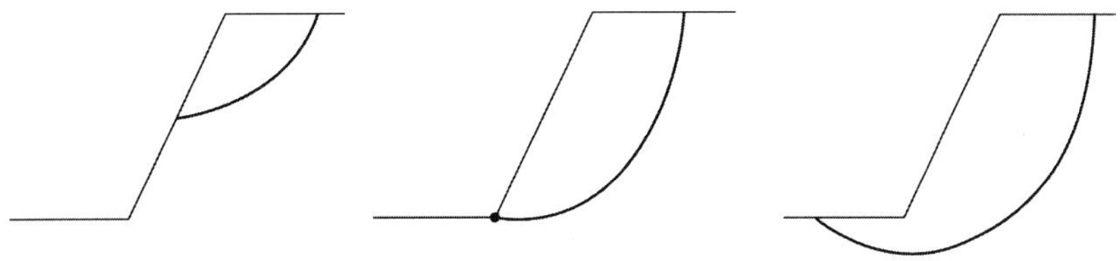

(a) 사면내 파괴 (b) 선단파괴 (c) 저부파괴

그림 10.22 원호활동면의 종류

10.5.1 $\phi_u = 0$ 인 사면의 원호활동면에 대한 안정해석

(1) 주어진 원호 활동면에 대한 안전율 산정

이미 논의한 것처럼 포화점토의 비배수 강도는 $s_u = c_u$ 이고 이 때 $\phi_u = 0$ 이다. 이러한 강도정수를 이용하여 포화점토 사면의 안정성을 비배수상태에서 해석하는 방법을 $\phi_u = 0$ 해석법($\phi_u = 0$ analysis)이라 한다. 이 방법에서는 전단강도는 전응력으로 정리한 값이므로 간극수압은 고려할 필요가 없고($u = 0$) 흙의 단위중량은 전체 단위중량이 된다. 그림 10.23은 원호 활동면의 한 예를 보여주고 있다. 이 때 사면의 안전율은 원호의 중심 O에 대한 활동모멘트와 저항모멘트 사이의 비(ratio)로 정의하는 것이 편리하다.

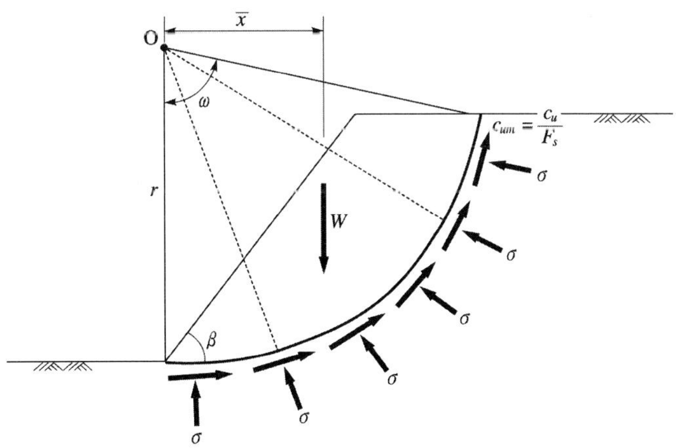

그림 10.23 원호활동면에 대한 $\phi_u = 0$ 해석법

활동토체의 평형에 관여하는 힘은 자중 W, 원호활동면을 따라 작용하는 점착력 c_{um} 과 수직응력 σ 이다. $\phi_u = 0$ 이므로 σ 에 의한 $\tau = \sigma \tan\phi_{um} = 0$ 이다. 그런데 σ 는 모두 그 작용선이 중심

O를 지나므로 모멘트 평형에는 영향을 미치지 못한다. c_{um} 은 활동토체가 평형을 이루기 위해 현재 발휘되고 있는 비배수강도이다. $\phi_u = 0$ 이므로 $F_c = F_s$ 이고 따라서, $c_{um} = \dfrac{c_u}{F_c} = \dfrac{c_u}{F_s}$ 이다.

이제 중심 O에 대한 모멘트 평형조건에서 안전율을 구해보면

$$\sum M_o = 0 \ ; \ M_{rm} - M_d = 0 \tag{10.44}$$

여기서 M_d : 활동모멘트(driving moment)

M_{rm} : 평형을 유지하기 위하여 현재 발휘되고 있는 저항모멘트 (mobilized resisting moment)

그런데

$$M_d = W\bar{x} \tag{a}$$

$$M_{rm} = c_{um} \cdot L_a \cdot r = c_{um} \cdot \omega r^2 = \frac{c_u}{F_s}\omega r^2 \tag{b}$$

식 (a), (b)를 식 (10.44)에 대입하고 정리하면

$$F_s = \frac{c_u L_a r}{W\bar{x}} = \frac{c_u \omega r^2}{W\bar{x}} \tag{10.45}$$

여기서 r : 원호의 반경

ω : 원호의 중심각(radian으로 표시)

L_a : 원호의 길이 $= r \cdot \omega$

$\bar{x}$: W의 팔길이(arm length)

또는 안전율 F_s 는

$$F_s = \frac{M_r}{M_{rm}} = \frac{M_r}{M_d} = \frac{c_u \omega r^2}{W\bar{x}} \tag{10.46}$$

여기서 $M_r = c_u \omega r^2$: 발휘할 수 있는 최대 저항모멘트 또는 저항 모멘트의 최대공급능력(capacity)

M_{rm} : 평형을 유지하기 위해 현재 발휘되고 있는 저항 모멘트 또는 저항모멘트의 현재 수요량(demand)

여기에서 주의할 점은 그림 10.23에 제시된 활동면에 대하여 산정한 안전율이 이 사면의 안전율

이 되기 위해서는 주어진 활동면이 임계활동면 이어야 한다는 사실이다. 임계활동면은 앞에서 이미 언급한 것처럼 이 사면에서 일어날 수 있는 모든 활동면 가운데 안전율이 최소가 되게하는 활동면이다. 전단강도의 입장에서 보면 평형상태를 유지하기 위하여 발휘되어야 할(mobilized) 전단강도 c_{um} 이 최대가 되는 활동면이다. 즉 전단강도 c_{um} 의 수요량(demand)이 최대가 되는 활동면이다. 안전율이 F_s 인 임계활동면에 작용하고 있는 c_{um} 은

$$c_{um} = \frac{c_u}{F_s} = \frac{W\,\overline{x}^2}{\omega r^2}$$

따라서, 임계활동면에 대한 안전율은 안전율의 최소치이며 이 값이 곧 사면의 안전율이다. 그리고 이론상 실제파괴는 임계활동면을 따라 일어나거나 일어날 가능성이 가장 크다고 생각한다.

(2) Taylor의 사면안정도표($\phi_u = 0$ 인 경우)

위의 논의에서 사면의 안전율을 산정하기 위해서는 먼저 임계활동면을 결정해야 함을 알 수 있다. 그런데 임계활동면을 찾아내는 과정은 원호활동면의 경우에는 수많은 반복계산이 요구되는 시행착오법이 된다. 컴퓨터의 응용으로 이 과정의 번거로움은 대부분 제거되었으나 아직도 기술자의 판단이 필요한 사항으로 남아있다.

임계활동면을 찾아내는데 소요되는 막대한 시간과 노력을 절감하고 사면의 안전율을 간편하게 구할 수 있도록 Taylor(1937)는 그림 10.24와 같은 사면안정도표(slope stability chart)를 발표하였다.

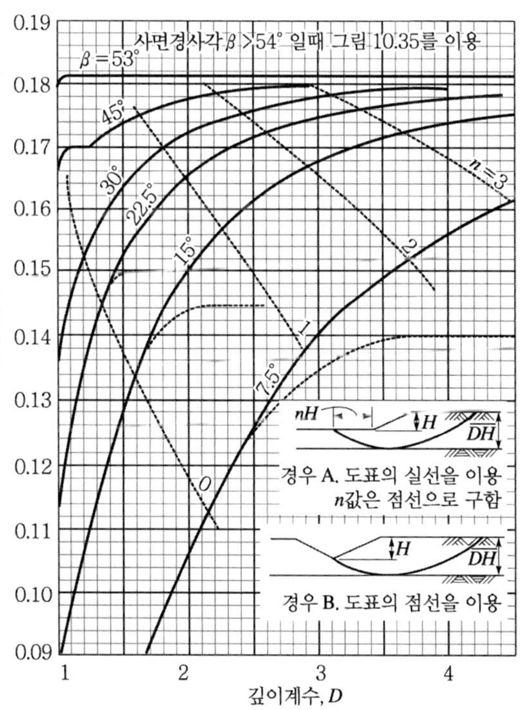

그림 10.24 사면안정도표($\phi_u = 0$ 인 경우)

Taylor는 무차원 계수인 안정수(stability number) N_s 를 창안하여 사면안정도표를 간결하고 편리하게 작성하였다. 안정수에 관하여서는 이미 앞에서 몇 번 언급하였다. 즉 $\phi_u = 0$ 인 경우에는 $F_c = F_s$ 이므로

$$N_s = \frac{c_{um}}{\gamma H} = \frac{c_u}{F_c \gamma H} = \frac{c_u}{F_s \gamma H} \tag{10.47}$$

$$F_s = \frac{c_u}{N_s \gamma H} \tag{10.48}$$

사면의 경사각 β 의 깊이계수 D를 알면 그림 10.24에서 안정수 N_s 를 결정할 수 있고 따라서, 안전율 F_s 를 산정할 수 있다. 깊이계수 D는 다음과 같이 정의한다.

$$D = \frac{\overline{DH}}{H} \tag{10.49}$$

여기서 $\overline{DH}$: 사면천단(crest)면에서 견고한 토층까지의 깊이

특히 $\beta > 54^\circ$ 이면 사면선단파괴가 일어나게 되며 이 때에는 그림 10.35에서 N_s 를 구할 수 있다($\phi_m = 0$).

전응력 해석법($\phi_u = 0$ 해석법)이므로 간극수압은 고려하지 않으면 흙의 단위중량은 전체단위중량이 된다.

사면안정도표에 사용되고 있는 기호는 그림 10.25에 제시되어 있고 안전율 결정순서는 다음과 같다.

① 깊이계수 $D = \frac{\overline{DH}}{H}$ 계산

② D, β → 그림 10.24 → N_s 를 구함

③ 안정수 $N_s = \frac{c_u}{F_c \gamma H} = \frac{c_u}{F_s \gamma H}$

$$\therefore F_s = \frac{c_u}{N_s \gamma H} \tag{10.50}$$

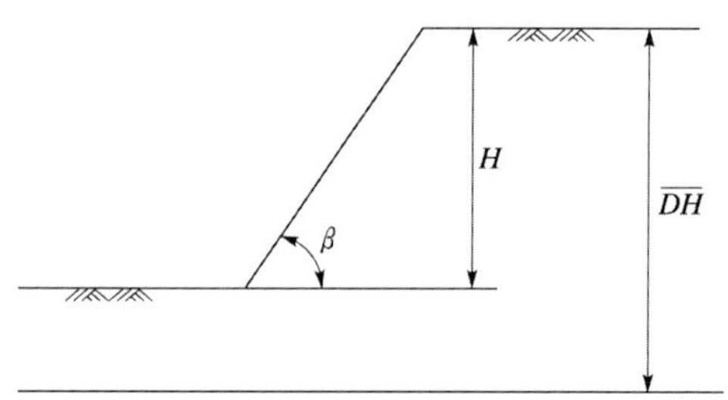

그림 10.25 Taylor 안정도표의 기호

참고사항 : 불균질 사면에 대한 사면안정도표 사용방법

Taylor의 사면안정도표는 $\phi_u = 0$ 인 균질사면에 대하여 작성된 것이지만 불균질 사면에 대해서도 다음과 같이 각 토층을 지나는 원호의 길이를 가중치로 하는 가중평균(weighted average) 비배수 강도

c_{uav} 를 사용하여 안전율을 근사적으로 구할 수 있다(그림 10.26 참조).

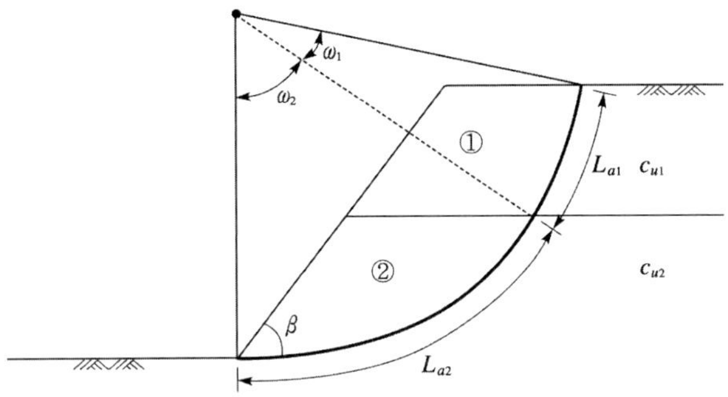

그림 10.26 가중평균 비배수 강도

$$c_{uav} = \frac{c_{u1}L_{a1} + c_{u2}L_{a2}}{L_{a1} + L_{a2}} = \frac{c_{u1}\omega_1 + c_{u2}\omega_2}{\omega_1 + \omega_2} \tag{10.51}$$

여기서, L_{a1}, L_{a2} : 각각 토층 ①, ②의 원호길이

ω_1, ω_2 : 각각 토층 ①, ②의 원호의 중심각(radian)

c_{u1}, c_{u2} : 각각 토층 ①, ②의 비배수 강도

▶ **예제 10.3** 점토층 표면아래 깊이 20m되는 곳에 견고한 토층이 있다. 점토의 강도정수와 단위중량은 그림예제 10.3 문제도에 제시되어 있다.

(a) 이 점토층을 경사각 $\beta = 45°$ 로 굴착하여 높이 $H = 10m$ 인 단순사면을 만들면 안전율은 얼마인가?

(b) 높이 $H = 10m$ (a)와 안전율 $F_s = 2.0$ 인 사면으로 절취, 굴토하려면 경사각 β 는 얼마로 하면 되는가?

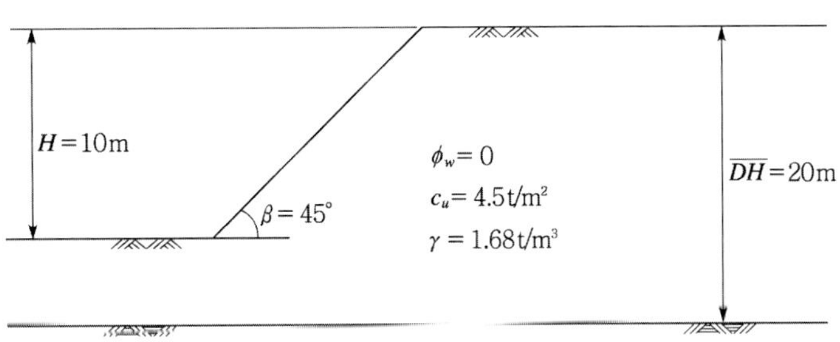

그림 예제 10.3 문제도

풀이

$\phi_u = 0$ 조건

(a) 사면의 안전율 F_s

① $D = \dfrac{\overline{DH}}{H} = \dfrac{20}{10} = 2$

② $D=2$, $\beta=45°$ —(그림 10.24)→ $N_s = 0.178$

③ $N_s = \dfrac{c_u}{F_c \gamma H} = \dfrac{c_u}{F_s \gamma H} = 0.178$

$\therefore F_s = \dfrac{4.5}{(0.178)(1.68)(10)} = 1.5$

(b) $F_s = 2.0$ 인 경사각 $\beta (H = 10m)$

① $N_s = \dfrac{c_u}{F_s \gamma H} = \dfrac{4.5}{(2.0)(1.68)(10)} = 0.134$

② $D = \dfrac{\overline{DH}}{H} = \dfrac{20}{10} = 2.0$

③ $N_s = 0.134$, $D = 2$ 이면 그림 10.24에서 $\beta = 12°$

10.5.2 원호활동면에 의한 c - ϕ soil의 사면안정해석

(1) 마찰원법

사면을 원호활동면에 대하여 안정해석할 때에도 활동원호를 따라 작용하는 전단저항은 점착력 성분과 마찰저항의 2가지 성분으로 이루어 진다. 즉 $s_m = c_m + \sigma \tan\phi_m$. 그런데 앞 절에서 논의한 $\phi_u = 0$ 인 경우에는 전단저항은 점착력 성분만 있고($s_m = c_{um}$) 마찰 성분이 없으므로($\sigma \tan\phi_{um} = 0$), 원호의 중심에 대한 모멘트 평형에서 안전율을 결정하는 것이 간단하였다. 즉 원호를 따라 분포하는 수직응력 σ(미지수)의 작용선이 중심 O를 지나므로 수직응력이 안전율 결정에 관여하지 않았다. 반면에 점착력과 마찰성분을 모두 가진 사면의 경우에는($c - \phi$ soil), 수직응력 σ(미지수)와 이것이 유발하는 마찰성분 $\sigma \tan\phi_m$(미지수)을 고려하여야 하므로 안정해석이 상대적으로 더 번거롭게 된다. 이 때 안전율은 물론 $F_s = F_c = F_\phi$ 인 것으로 정의한다. 그림 10.27에는 활동토체에 작용하는 힘(응력)이 제시되어 있다. 각 힘(응력)의 합력의 특성을 개별적으로 고찰해 보면 다음과 같다.

① 자중 W 에 관한 사항

크기, 작용점, 작용방향, 즉 작용선(도심을 지나는 연직선) 모두 known

자중의 크기와 작용선을 근사적으로 결정하는 한가지 방법은 다음과 같다.

활동토체를 연직선으로 몇 개의 절편으로 나누고(그림 10.41) 각 절편의 무게 W_1, W_2, ⋯ W_n, 중심 O 에 대한 W_1, W_2, ⋯ W_n 의 팔길이를 x_1, x_2, ⋯ 라 하면

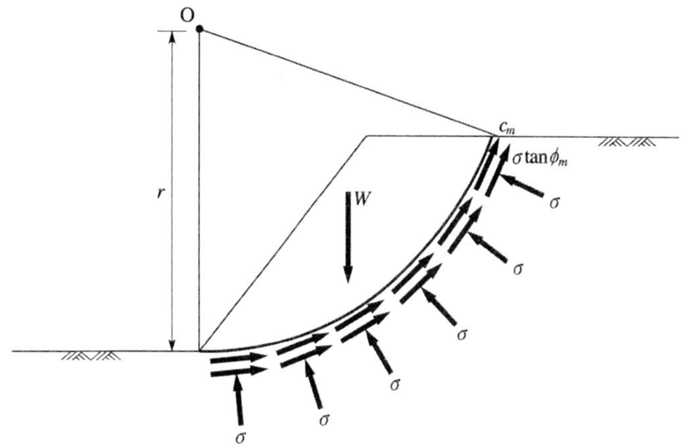

그림 10.27 원호 활동 토체에 작용하는 힘과 응력(c - ϕ soil)

$$W = W_1 + W_2 + \cdots + W_n$$

W의 팔길이 $\bar{x}$ 는 Varignon의 정의에 따라

$$\bar{x} = \frac{1}{W}\left(W_1 x_1 + W_2 x_2 + \cdots + W_n x_n\right)$$

② 점착력의 합력 C_m 에 관한 사항

점착력 c_m 은 활동원호에 걸쳐 균질하게 분포한다고 가정한다.

먼저 C_m 의 크기와 작용방향을 결정하기 위하여 그림 10.28(a)에 보인 것처럼 활동원호의 중점을 기준으로 대칭되는 곳의 점착력을 현(弦, chord)에 평행한 방향과 현에 수직한 방향으로 분해하면(예를 들어 c_{m1}과 c_{m6}) 수직성분은 상쇄되고 현 방향의 성분만 남게된다. 따라서, c_m 의 합력 C_m 의 크기와 방향은

크기 : $C_m = c_m L_c$

작용방향 : 현의 방향

여기서 L_c : 현(chord)의 길이

다음에는 중심 O에 대한 C_m 작용선의 팔길이 r_c를 결정해 보자. O에 대한 C_m의 모멘트와 원호에 작용하는 점착력의 모멘트가 같다는 조건에서

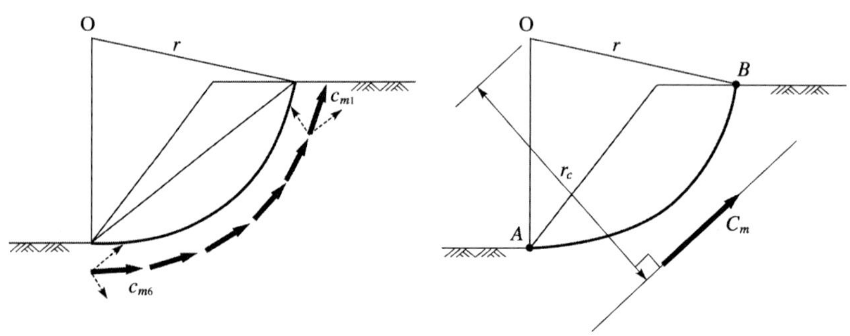

그림 10.28 점착력에 관한 사항

$$c_m L_c r_c = c_m L_a r$$

$$\therefore r_c = \frac{L_a}{L_c} r > r \tag{10.52}$$

여기서 L_c, L_a : 각각 현(chord)과 원호(arc)의 길이

점착력의 합력 C_m에 관한 사항은

크기 ; $C_m = c_m L_c = \dfrac{c}{F_c} L_c$: unknown

F_c가 미지수이므로 c_m의 크기 : unknown

O에 대한 작용선 팔길이 ; $r_c = \dfrac{L_a}{L_c} r$: known

작용방향 : known, 현의 방향

즉 C_m의 작용선 known

③ 마찰력의 합력 R에 관한 사항

활동면에 작용하는 수직응력 σ의 분포는 쉽게 알 수 없으며 그림 10.29(a)에 보인 것처럼 위치마다 다르다. 따라서, 마찰저항 $\tau = \sigma \tan\phi_m$도 위치마다 그 크기가 다르며 분포도 쉽게 알 수 없다. 그러나 σ의 작용선은 중심 O를 지나며 τ의 작용방향은 σ의 작용방향과 직교한다는 것을 알고 있다. 이제 σ의 합력 N과 τ의 합력 $T = N\tan\phi_m$, 그리고 N과 T의 합력 R에 관하여

생각해 보기로 한다.

N에 관한 사항

N 의 작용선은 원호의 중심 O 를 지나야 한다.

N 의 작용선이 원호와 만나는 점 z 의 위치는 알 수 없다. N 의 작용점을 z 이라 가정한다(힘의 작용선을 따라 이용하여도 효과는 같다).

T 에 관한 사항

$T = N\tan\phi_m$ 이며 z 점에서 N 에 수직한 방향(접선방향)으로 작용한다.

R 에 관한 사항

R 은 N 과 T 의 합력이며 작용점은 z, 작용방향은 N 의 작용방향(반경방향)과 ϕ_m 만큼 경사진 방향이다.

원호의 중심 O 에서 R 의 작용선에 내린 수선의 길이 r_ϕ 는

$$r_\phi = r\sin\phi_m \tag{10.53}$$

O 를 중심으로 반경 $r_\phi = r\sin\phi_m$ 인 원을 그려 이 원을 마찰원(friction circle)이라 한다.

R 의 작용선은 마찰원에 접한다(그림 10.29(b)).

마찰원을 이용하여 실시하는 사면안정해석을 마찰원법(friction circle method)이라 한다.

R 의 크기, 작용점, 작용방향이 모두 unknown이다. 이것은 작용점 z 와 마찰원의 반경 $r\sin\phi_m$ 에 숨어 있는 F_ϕ 가 모두 미지이기 때문이다.

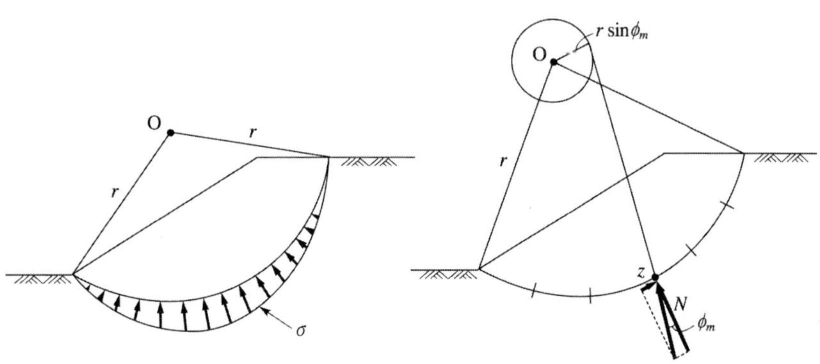

(a) σ의 분포 (b) 마찰원

그림 10.29 수직응력 σ 와 마찰저항 $\sigma\tan\phi_m$ 의 합력 및 마찰원

이제 W, C_m 및 R의 3힘으로 이루어진 역계의 정정 부정정 문제를 검토해 보자.

미지수 ; C_m의 크기, R의 크기, 작용점, 작용방향

방정식 ; $\sum H = 0$, $\sum V = 0$, $\sum M = 0$

4 unknwon vs 3 equation ∴ 1차 부정정

R의 작용선이 W와 C_m의 작용선의 교점 x를 지나 마찰원에 접하는 방향이라고 가정하면 R의 작용점 z가 결정된다. 따라서, 미지수 1개 제거 됨.

W, C_m, R은 작용선이 x점에 모이는 동점역계이므로 $\sum H = 0$, $\sum V = 0$이 만족되면 $\sum M = 0$는 자동적으로 만족된다. 그러므로 방정식 1개 없어짐.

따라서, 3 unknwon vs 2 equation ∴ 1차 부정정

미지수 :

C_m의 크기 또는 F_c

R의 크기

R의 작용방향 또는 마찰원의 반경 $r_\phi = r \sin\phi_m$에 숨어있는 F_ϕ

방정식 : $\sum H = 0$, $\sum V = 0$

1차 부정정문제이므로 시행착오법으로 $F_\phi = F_c = F_s$를 구한다. 보통 F_ϕ 값을 가정하고 (마찰원의 반경을 가정하고) 힘 3각형 폐합조건에서 C_m, 즉 F_c를 구하되 $F_\phi = F_c$가 되는 값을 찾아낸다.

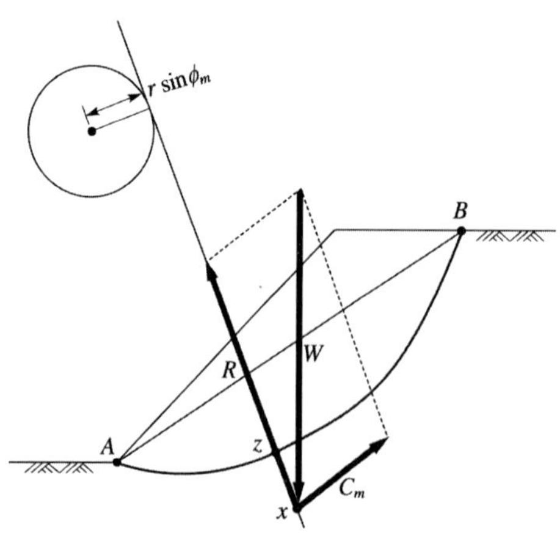

(a) 작용력에 관한 사항

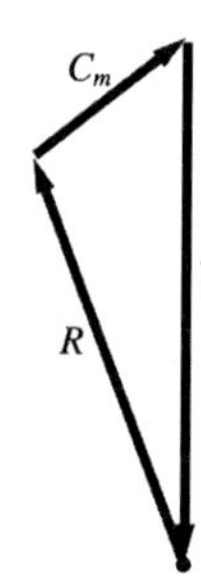

(b) 힘 3각형

그림 10.30 마찰원법

마찰원법으로 사면의 안전율을 결정하는 과정은 다음과 같다.

① 공통되는 준비사항

W의 크기와 작용선을 결정함.

C_m 의 작용선을 결정함.

$r_c = \dfrac{L_a}{L_c} r$, 작용방향 : 현($\overline{AB}$)의 방향

W의 작용선과 C_m 의 작용선의 교점 x 를 결정함.

R 의 작용선은 x 점을 지나 마찰원에 접하는 직선이 됨.

② 1차 시산(1*st* trial)

$F_\phi = F_{\phi 1}$ 으로 가정. $\therefore \phi_{m1} = \tan^{-1} \dfrac{\tan\phi}{F_{\phi 1}}$

마찰원을 그림. $r_{\phi 1} = r \sin \phi_{m1}$

x 점을 지나 마찰원에 접선을 그림. 이 접선의 방향이 R 의 작용선이라 생각함.

W, C_m 및 R 로 힘 3각형을 폐합시키고 $C_m = C_{m1}$ 을 얻음(그림 10.30(b)).

$F_c = F_{c1}$ 은 다음과 같이 결정된다.

$$F_{c1} = \frac{cL_c}{C_{m1}} \tag{10.54}$$

따라서, $(F_{\phi 1}, F_{c1})$을 얻음. 만약 우연하게 $F_{\phi 1} = F_{c1}$ 이면 이 값이 F_s 가 된다. 보통 $F_{\phi 1} \neq F_{c1}$ 이므로 2차 시산을 실시하게 된다.

③ 2차 시산(2*nd* trial)

$F_\phi = F_{\phi 2}$ 로 가정하고 ②의 1차 시산과정을 반복하여 $(F_{\phi 2}, F_{c2})$를 얻음.

$F_{\phi 2} \neq F_{c2}$ 이면 3차 시산을 실시한다.

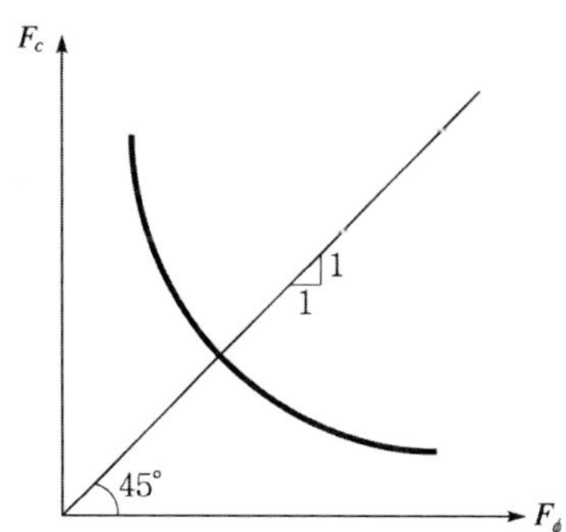

그림 10.31 F_ϕ - F_c 관계에서 F_s 를 구하는 방법

④ 안전율 F_s 의 결정

시산을 수 회 더 실시하여 시산회수만큼의 (F_ϕ, F_c)를 얻음.

그림 10.31에 보인 것처럼 $F_\phi - F_c$ 관계를 그리고 원점을 지나 45° 선(1:1 경사)을 그려 이 곡선과의 교점을 결정하면 $F_\phi = F_c$ 인 값이 얻어지고 이 값이 곧 F_s 이다.

참고사항 : 마찰원법에 관한 몇 가지 comment

(1) 위의 논의에서는 활동 원호에 작용하는 수직력의 합력 N의 작용점이 R의 작용선과 원호의 교점인 것으로 가정하였다(그림 10.30(a)). 이렇게 하면 안전율의 하한치(下限値, lower bound)가 얻어진다(Lambe & Whitman, 1969). 한편 N이 활동원호 양 끝단에 작용한다고 가정하면 안전율의 상한치(upper bound)가 구해진다(Lambe & Whitman, 1969).

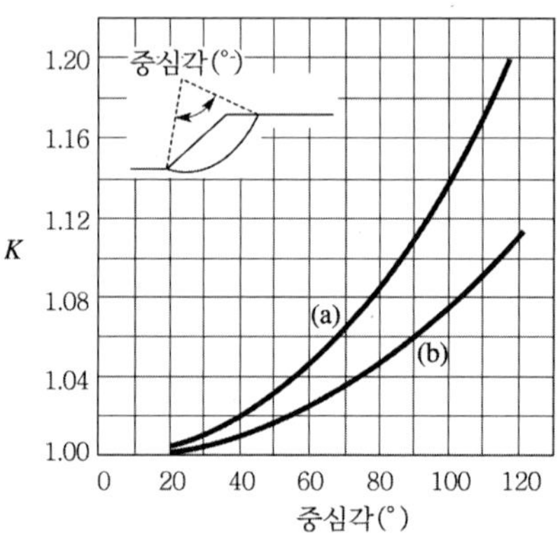

그림 10.32 마찰원의 수정계수 K

(2) 활동원호에 작용하는 수직응력의 분포에 관한 불확실성을 감안하여 Taylor(1948)는 마찰원의 반경을 보정하는 계수 K를 제안하였다. K는 원호의 중심각과 수직응력의 분포형태에 따라 달라지며 수정마찰원의 반경은 $K r \sin\phi_m$으로 한다(그림 10.32).

(3) 마찰원법은 간극수압이 작용하는 경우에도 적용할 수 있다. 그 개요는 다음과 같다.

(a) 공통사항 :

① 활동원호를 몇 개의 구간으로 나누고 각 구간에 작용하는 간극수압의 합력 $U_1, U_2, \cdots U_n$을 구한다. $U_1, U_2, \cdots U_n$의 작용선은 원호의 중심 O를 지난다.

② $U_1, U_2, \cdots U_n$으로 연력도를 그려 간극수압의 합력 U의 크기와 작용방향을 결정한다(그림 10.33). U의 작용선도 원호의 중심 O를 지난다. 즉 O를 지나 U의 작용방향과 평행선을 그리면 이것이 곧 U의 작용선이다.

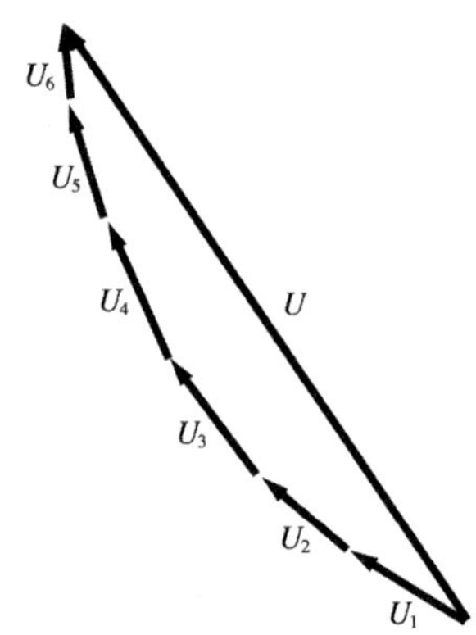

그림 10.33 간극수압 U의 결정

③ W의 작용선과 U의 작용선의 교점을 y라 하고, y에서 W와 U를 합성하여 합력 B를 결정한다(그림 10.34(a)). 즉 B의 크기 및 작용선이 결정된다.

④ B의 작용선과 C_m의 작용선의 교점 x'을 얻는다.

(b) 1차 시산(1st trial)

⑤ $F_\phi = F_{\phi 1}$으로 가정하고 마찰원을 그린다. $r_{\phi 1} = r \sin\phi_{m1}$

⑥ x'에서 마찰원에 접선을 그리면 이것이 R의 작용선이 된다(그림 10.34(b)).

⑦ B, C_m, R로 이루어진 힘 3각형을 그리고 F_{c1}를 결정하는 과정은 간극수압이 작용하지 않는

경우와 같다. $F_{c1} = \dfrac{cL_c}{C_{m1}}$

(c) 안전율 F_s 의 결정

몇 차례의 시산을 실시하고 그 결과에서 F_s 를 결정하는 방법은 본문의 간극수압이 없을 때와 같다.

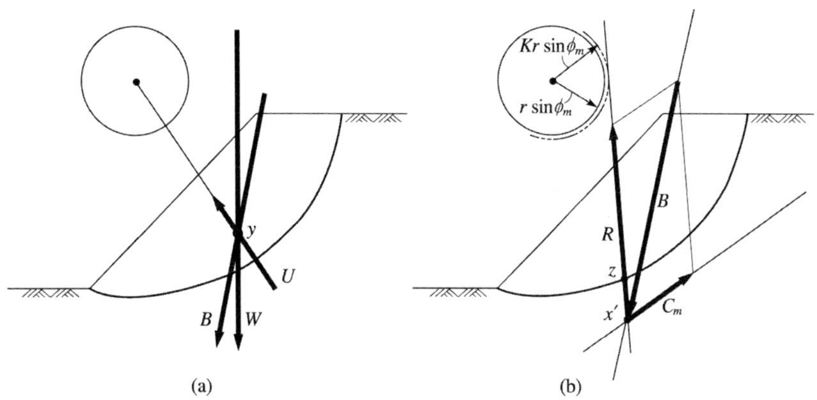

그림 10.34 마찰원법(간극수압이 있는 경우)

앞에서 결정한 안전율은 그림 10.27에 제시된 활동원호에 대한 것이고 이 사면의 안전율이라고 할 수는 없다. 사면의 안전율은 임계활동면에 대한 안전율이므로 이 안전율이 사면의 안전율이 되기 위해서는 그림 10.27의 활동원호가 임계활동원이어야 한다.

(2) Taylor의 사면안정도표(c-ϕ soil)

Taylor(1937)는 점착력과 마찰이 모두 존재하는($c-\phi$ soil) 사면에 대해서도 수많은 원호활동면을 그리고 마찰원법을 이용하여 임계활동면을 찾아내고 이에 대한 사면안정 도표를 발표하였다(그림 10.35).

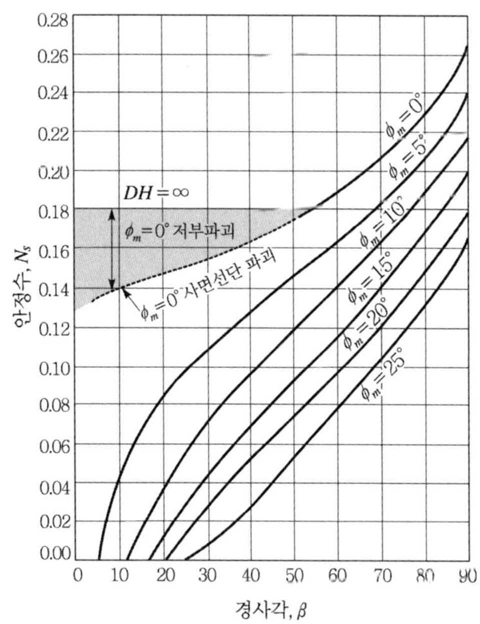

그림 10.35 사면안정도표(c-ϕ soil의 경우)

이 그림은 사면의 경사각 β 와 $\phi_m = \tan^{-1}\left(\frac{\tan\phi}{F_\phi}\right)$ 그리고 안정수 $N_s = \frac{c}{F_c \gamma H}$ 사이의 관계를 나타내고 있다. 따라서, 이 그림도 2개의 미지수 F_ϕ 와 F_c 를 포함하고 있으므로 $c-\phi$ soil에 대한 Culmann의 방법이나 마찰원법처럼 시행착오법으로 안전율을 구하게 된다. 이 그림을 이용하여 안전율을 구하는 과정은 다음과 같다.

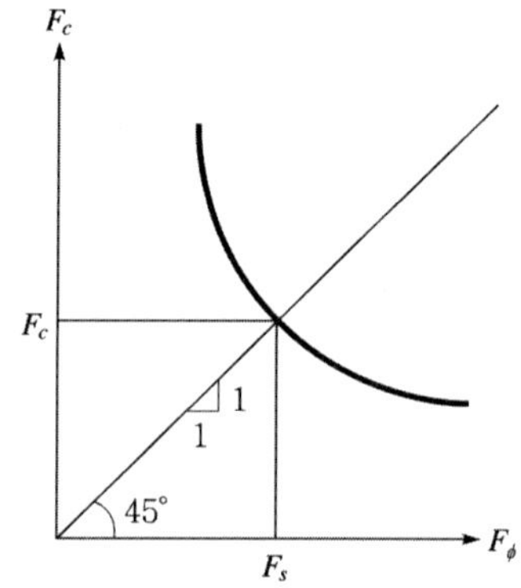

그림 10.36 안전율 산정

① 1차 시산(1st trial)

$F_\phi = F_{\phi 1}$ 으로 가정하고 ϕ_{m1} 을 구한다.

$$F_{\phi 1} = \frac{\tan\phi}{\tan\phi_{m1}} \quad \therefore \phi_{m1} = \tan^{-1}\left(\frac{\tan\phi}{F_{\phi 1}}\right)$$

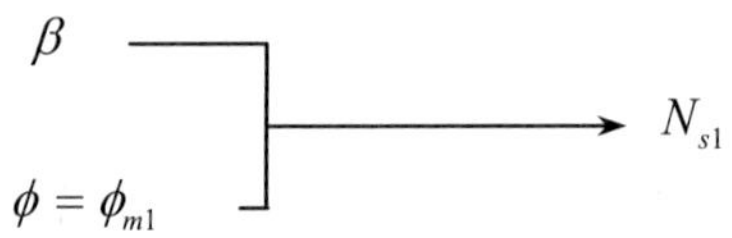

$$N_{s1} = \frac{c}{F_{c1}\gamma H} \quad \text{따라서,} \quad F_{c1} = \frac{c}{N_{s1}\gamma H}$$

$(F_{\phi 1}, F_{c1})$을 얻는다. 우연하게 $F_{\phi 1} = F_{c1}$ 이면 이 값이 바로 F_s 이다. 그러나 보통은 $F_{\phi 1} \neq F_{c1}$ 이므로 2차 시산을 실시한다.

② 안전율 F_s 의 결정

$F_\phi = F_{\phi 2}$, $F_\phi = F_{\phi 3}$, … 등으로 가정하고 ①의 1차 시산과 같은 방법으로 F_{c2}, F_{c3}, … 등을 구한 다음 그림 10.36과 같이 $F_\phi - F_c$ 관계를 그린 후 45° 선(1:1 경사)을 그리면 $F_\phi = F_c$ 인 값을 얻을 수 있고 이 값이 F_s 이다.

▶ **예제 10.4** 그림과 같이 경사각이 45° 이고 높이가 8.0m인 단순사면이 있다. 흙의 강도정수와 단위중량은 그림에 제시되어 있다. Taylor의 사면안정도표를 이용하여 안전율을 구하여라.

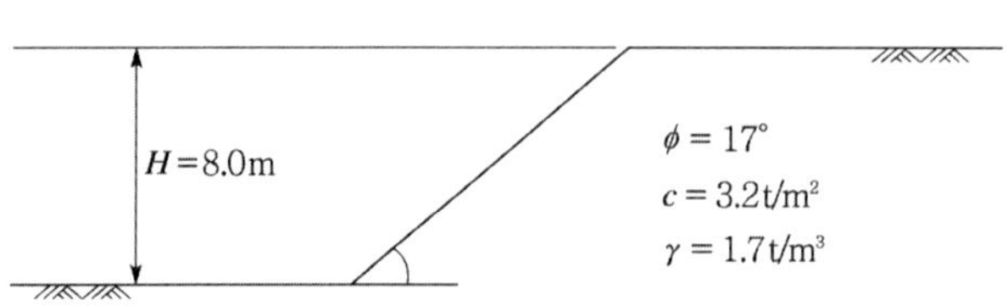

그림 예제 10.4 문제도

풀이

$c-\phi$ soil이므로 시행착오법으로 $F_s = F_\phi = F_c$ 를 찾아낸다.

① 1차 시산(1*st* trial)

$F_\phi = F_{\phi1} = 1.50$ 으로 가정한다.

$$\phi_{m1} = \tan^{-1}\frac{\tan\phi}{F_{\phi1}} = \tan^{-1}\frac{\tan 17^\circ}{1.50} = 11.5^\circ$$

그림 10.35에서 $\beta = 45^\circ$, $\phi_m = \phi_{m1} = 11.5^\circ$ 이면 $N_s = N_{s1} = 0.1$

$$F_{c1} = \frac{c_u}{N_{s1}\gamma H} = \frac{3.2}{(0.1)(1.7)(8.0)} = 2.35$$

$F_{\phi1} \neq F_{c1}$ 이므로 2차 시산을 실시한다.

② 안전율 F_s 의 결정

F_ϕ 값을 바꾸어 가면서 4차 시산까지를 실시한 결과가 아래의 표에 정리되어 있다. 3차 시산 결과 $F_{\phi3} = F_{c3} = 2.0$ 이 되어 $F_s = 2.0$ 임을 알 수 있으나 참고로 4차 시산을 실시하였다.

시행차수	F_ϕ	ϕ_m	N_s	F_c
1	1.5	11.52	0.10	2.35
2	1.8	9.64	0.11	2.14
3	2.0	8.7	0.116	2.02
4	2.1	8.28	0.118	1.99

위의 계산결과를 그림 예제 10.4 해답도로 나타내고 45° 선을 그려 $F_\phi = F_c = 2.0$ 되는 안전율 $F_s = 2.0$ 을 재확인할 수 있다.

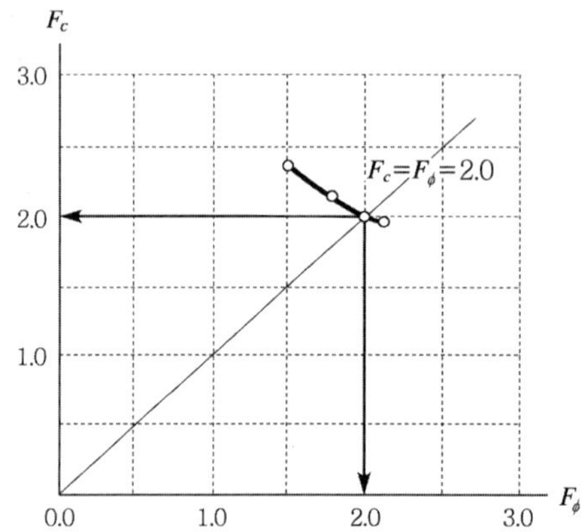

그림 예제 10.4 해답도

◀

10.6 복합활동면에 대한 사면 안정해석

10.6.1 2개의 평면으로 이루어진 복합활동면에 대한 사면안정해석

그림 10.37(a)과 같이 사면 아래에 수평면과 경사각 θ를 이루는 연약층이 존재하는 경우 활동은 주로 연약층을 따라 일어날 것이 분명하지만 활동토체를 형성하기 위하여 활동면은 *abd*로 되어 *ab*구간의 곡선활동면, *bd*구간의 평면활동면이 결합된 복합활동면을 이루게 된다. 그러나 편의상 곡면 *ab*를 평면으로 단순화하여 *ab*와 *bd*의 2개의 평면으로 이루어진 복합활동면(bi-planar failure surface)에 대해 사면의 안정성을 검토한다.

흙쐐기 *abc*는 주동활동 토체이며 여기에 작용하는 힘은 그림 10.37(b)에 제시되어 있다. 세 힘 W_A, R_A, P_A가 평형을 이루고 있으므로 P_A의 반력을 블록 bdec의 $\overline{bc}$ 면에 작용시키면 흙쐐기 ◤*abc*의 효과는 안정검토에 반영되는 셈이다. 단 P_A는 Rankine의 주동토압으로 가정하여 그 크기와 작용 방향은 기지량으로 한다.

$$P_A = \frac{1}{2}\gamma(\overline{bc})^2 \tan^2\left(45^\circ - \frac{\phi}{2}\right) \tag{10.55}$$

즉, 주동활동토체 ◤*abc*의 영향을 $\overline{cb}$ 면에 작용하는 주동토압 P_A로 대치하면 이 사면의 안전율은 활동블록(block) ■*cbde*의 저면 $\overline{bd}$ 면에서의 전단강도와 전단력을 비교하여 결정할 수 있다.

연직면($\overline{cb}$)의 위치를 변화시켜 가면서(그림 10.38 참조) 최소의 F_s 를 구하면 이 값이 이 사면의 안전율이다.

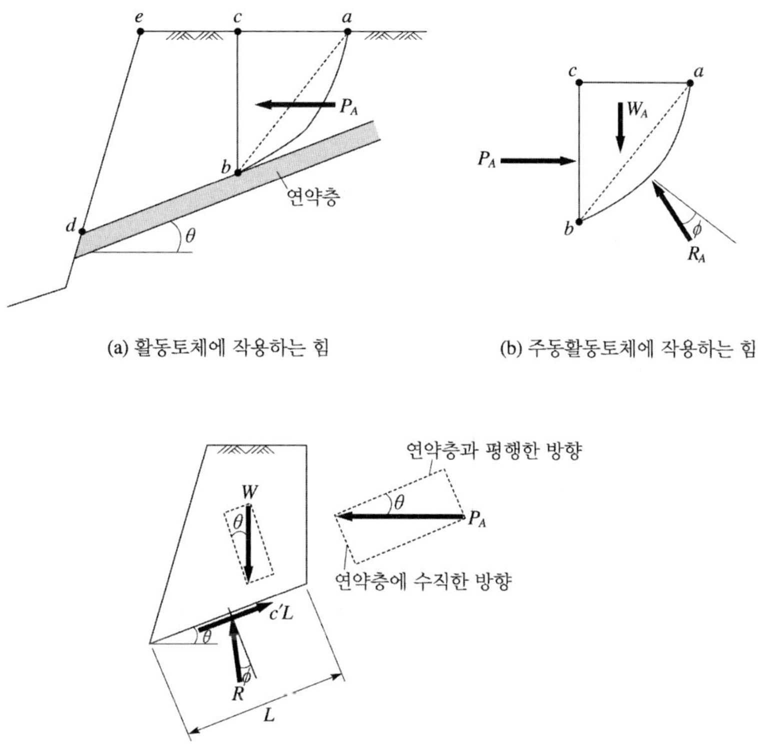

(a) 활동토체에 작용하는 힘 (b) 주동활동토체에 작용하는 힘

(c) 활동 블럭에 작용하는 힘

그림 10.37 2개의 평면 복합 파괴면에 대한 사면안정

$$F_s = \frac{S}{T} = \frac{S}{S_m}$$

여기서 $S_m = T = W \sin\theta + P_A \cos\theta$

$S = c' L + [\, W \cos\theta - P_A \sin\theta \,] \tan \phi'$

$$F_s = \frac{c' L + [\, W \cos\theta - P_A \sin\theta \,] \tan \phi'}{W \sin\theta + P_A \cos\theta} \tag{10.56}$$

그림 10.38에는 활동블록을 변화시켜 가면서 이에 대응하는 안전율의 변화를 그려서 최소 안전

율, 즉 이 사면의 안전율을 찾아내는 방법이 제시되어 있다.

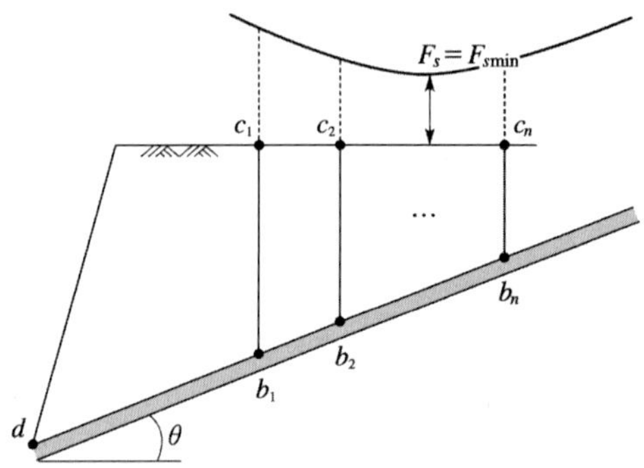

그림 10.38 활동 블록의 변화에 따른 안전율의 변화

참고사항

앞의 논의에서는 활동토체 사이에 작용하는 힘, 즉 *cb*면에 작용하는 토압을 Rankine의 주동토압으로 가정하였다. 이것은 이 토압의 크기와 작용방향을 기지량으로 가정하고 평면파괴면 *bd*에 대하여 힘의 평형에서 안전율을 결정하는 방법이다. 그러나 연직면 *cb*에 작용하는 힘은 그 크기와 작용방향을 쉽게 알 수 없다. 힘의 평형조건에서 안전율을 결정하는 방법에서는 안전율은 활동 블록경계면(이 경우에는 *cb*면)에 작용하는 토압의 작용방향을 가정하는 방법에 따라 예민하게 변하는 것으로 알려져 있다. 따라서, 이 힘 P_A의 작용방향을 먼저 가정하고 그 활동토체에 대하여 힘 다각형을 순차적으로 그렸을 때 마지막 힘 다각형이 폐합되면 가정한 방향이 합당하고, 반면 힘 다각형이 폐합되지 못하면 P_A의 작용방향을 변화시켜 폐합될 때까지 반복한다. P_A가 결정되면 안전율은 식 (10.56)과 같이 구할 수 있다.

주동 흙 쐐기 abc 작용력
W_A : 크기, 작용방향 모두 known
P_A : 크기 unknown, 작용방향 known (가정한 방향)
R_A : 크기 unknown, 작용방향 known

작용방향은 *ab*면에 대한 수직선과 ϕ 만큼 경사 또는 연직선과 $\theta_a - \phi$ 만큼 경사. 여기서, θ_a는 수평면과 *ab*면 사이의 각도

위의 3힘으로 이루어지는 힘 3각형에서 P_A의 크기가 결정된다.

활동블록 *cbde*에 작용하는 힘.
W : 크기, 작용방향 모두 known
P_A : 크기, 작용방향 모두 known (첫째 힘 3각형에서 결정된 P_A의 반작용력)

R : 크기 unknown, 작용방향 known, 작용방향은 *bd*면에 대한 수직선과 ϕ 만큼 경사. 또는 연직선과 $\theta-\phi$ 만큼 경사

$c'L$: 크기, 작용방향 모두 known

W, P_A, R, $c'L$ 으로 힘 4각형을 그려 폐합여부를 검토한다. 자세한 연구결과에 의하면 힘의 평형조건에서 결정하는 안전율은 힘 P_A 의 작용방향에 예민하게 반응한다는 것이 밝혀졌다. 이 사실을 감안하면 본 참고사항에서 논의한 방법의 중요성은 분명해진다.

그림 10.39는 다음과 같이 그려진 힘 다각형이다.

① 먼저 P_A 의 작용방향을 가정하고 주동활동토체 *abc*에 작용하는 W_A, R_A, P_A 로 힘 삼각형을 그려 P_A 를 결정

② 활동토체 *cbde*에 작용하는 W, P_A, $c'L$, R로 이루어지는 힘 사각형이 폐합되면 P_A 의 가정한 작용방향이 합당하므로 P_A 를 알 수 있음. 힘 사각형이 폐합되지 않으면 폐합될 때까지 P_A 의 작용방향을 변화시킨다.

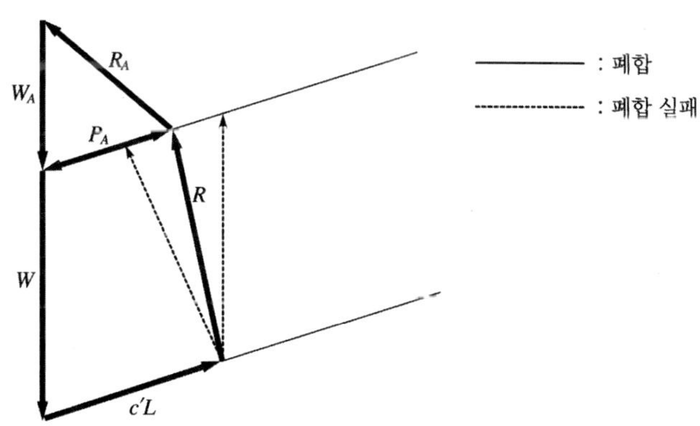

그림 10.39 활동토체 사이의 작용력 P의 결정방법

10.6.2 3개의 평면으로 이루어진 복합활동면에 대한 사면안정해석

그림 10.40과 같이 경사각이 β 인 사면이 있고 이 사면 아래에는 수평면과 각도 θ 를 이루는 연약층이 존재하고 있다. 이 때 이 사면의 활동은 연약층을 따라 일어나게 될 것으로 생각되지만 활동 노제를 형성하기 위해서는 전체활동면은 *abcd*와 같이 된다. 여기서, ab는 곡선활동면, bc는 평면

활동면, cd는 다시 곡선활동면이 되어 곡면과 평면이 결합된 복합 활동면을 이루게 된다. 곡선활동면을 평면활동면으로 단순화하면 세 개의 평면으로 이루어지는 복합활동면(tri-planar failure surface)이 된다.

활동 토체 전체에 대하여 안전율을 결정하는 대신 사면부분 ■*efbc*를 자유물체로 하여 저면 *bc*에 작용하는 전단력과 전단강도에서 안전율을 결정하기로 한다(그림 10. 40(d)참조).

오른쪽 자유물체 ◤*abf*는 주동토체이며 여기에 작용하는 3개의 힘 W_A, R_A, P_A가 평형을 이루고 있으므로(그림 10.40(c)참조) W_A와 R_A 대신 P_A의 반력을 $\overline{fb}$ 면에 작용시킴으로써 활동토체 ◤*abf*가 자유물체 ■*efbc*에 미치는 영향을 대치할 수 있다. 마찬가지로 왼쪽에 있는 자유물체 ◤*cde*는 (그림 10.40(b)참조) 수동활동 토체이며 그 효과는 $\overline{ec}$ 면에 작용시킨 수동토압의 반력 P_P로 대치할 수 있다.

여기서 P_A와 P_P는 Rankine의 주동 및 수동토압으로 가정한다.

$$P_A = \frac{1}{2}\gamma(\overline{fb})^2 \cos i_A \cdot \frac{\cos i_A - \sqrt{\cos^2 i_A - \cos^2\phi}}{\cos i_A + \sqrt{\cos^2 i_A - \cos^2\phi}} \tag{10.57}$$

$$P_P = \frac{1}{2}\gamma(\overline{ec})^2 \cos i_P \cdot \frac{\cos i_P + \sqrt{\cos^2 i_P - \cos^2\phi}}{\cos i_P - \sqrt{\cos^2 i_P - \cos^2\phi}} \tag{10.58}$$

여기서, i_A와 i_P는 지표면의 경사각이며 P_A와 P_P는 그 작용방향이 지표면과 평행하다.

파괴는 연약층을 따라 발생하게 되므로 파괴면은 수평면과 θ를 이룬다. 안정해석은 이 평면의 방향과 이 평면에 대한 수직방향의 힘을 고려하여 산정하게 된다.

P_A가 활동면(연약층)과 이루는 각도는 $i_A - \theta$, P_p는 $i_p - \theta$이다. 이제 자유물체(활동블록) ■*efbc*에 대하여 안전율을 결정하면 이는 활동토체 전체에 대한 안전율과 같다(복합활동면이지만 안전율은 결국 평면파괴면에 대하여 실시하게 됨).

$$F_s = \frac{S}{T} = \frac{S}{S_m}$$

여기서 $S_m = T = P_A \cos(i_A - \theta) - P_p \cos(i_p - \theta) + W \sin\theta$

$S = c' L + N \tan\phi'$ 이므로

$S = c' L + [W \cos\theta + P_A \sin(i_A - \theta) - P_p \sin(i_p - \theta)] \tan\phi'$

$$F_s = \frac{c' L + [W \cos\theta + P_A \sin(i_A - \theta) - P_p \sin(i_p - \theta)] \tan\phi'}{P_A \cos(i_A - \theta) - P_p \cos(i_p - \theta) + W \sin\theta} \tag{10.59}$$

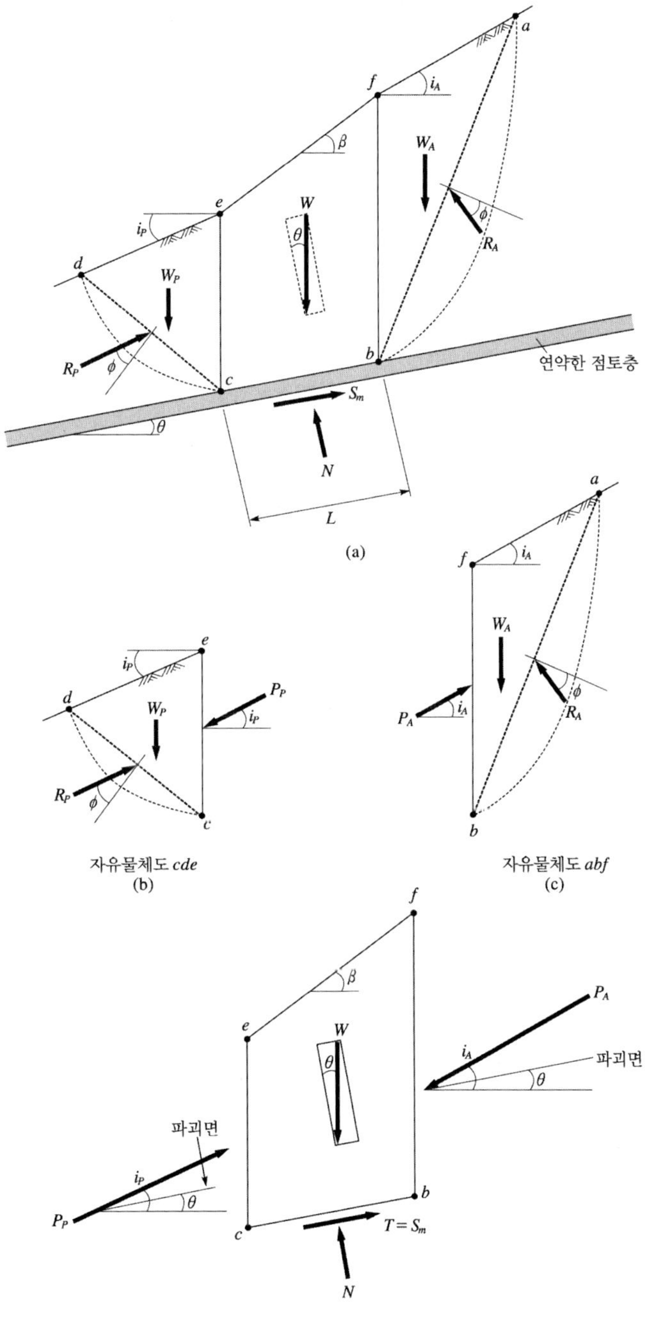

그림 10.40 3개의 평면으로 이루어진 복합 활동면에 대한 사면안정해석

만약 $\phi_u = 0$ 이면

$$S = c_u \ L$$

$$F_s = \frac{S}{S_m} = \frac{c_u \ L}{S_m}$$

$$\therefore \ F_s = \frac{c_u \ L}{P_A \cos(i_A - \theta) - P_p \cos(i_p - \theta) + W \sin\theta} \quad (10.60)$$

참고사항 : 3평면 복합 활동면

앞의 논의에서 활동 토체 사이의 경계면 fb와 ec에 작용하는 토압을 각각 Rankine의 주동토압과 수동토압으로 가정하였다. 이것은 활동토체 간의 토압의 크기와 작용방향을 기지량(known)으로 생각하고 있는 것이다. 그러나 이 토압의 작용방향은 안전율에 큰 영향을 미치며 특히, 이 절에서 논의한 것처럼 안전율을 힘의 평형조건에서 결정할 때에는 토압의 작용방향에 따라 안전율은 예민하게 변한다.

앞 절의 2평면으로 구성된 복합 활동면에서 처럼, P_A 와 P_p 의 작용방향을 가정하고 오른쪽 활동토체에서 부터 힘 다각형을 순차적으로 그려 마지막 힘 다각형이 폐합될 때까지 반복하여 P_A 와 P_p 의 작용방향과 크기를 구하면 가장 현실적인 안전율이 산정된다고 알려져 있다. 토압의 작용방향을 가정하는 방법은 여러가지가 있으나 지표면 경사의 평균치와 저면경사의 평균치를 다시 평균하는 방법 등이 있다.

P_A, P_p 의 결정순서는 다음과 같다 :

① 먼저 P_A 와 P_p 의 작용방향을 가정한다.

② 주동 활동토체에 대한 힘 3각형에서 P_A 의 크기 결정

W_A : known, P_A ; 크기 unknown, R_A ; 크기 unknown

2 unknowns vs 2 equations ($\sum H = 0, \sum V = 0$) $\therefore P_A$ 크기 결정됨

③ 중간활동블럭에 대한 힘 다각형에서 P_p 의 크기 결정

W : known, P_A : known, $c'L$: known, P_p : 크기 unknown, R : 크기 unknown

2 unknowns vs 2 equations $\therefore$ 힘 다각형 폐합조건에서 P_p 크기 결정됨

④ 수동활동토체에 대한 힘 다각형의 폐합여부 검토

W_P : known, P_P : known, R_P : 크기 unknown

R의 작용선을 그렸을 때 힘 다각형이 폐합되면 P_A, P_p 의 작용방향이 올바르게 가정된 것이다. 만약 폐합되지 않으면 P_A 와 P_p 의 작용방향을 다시 가정하고 위의 과정을 반복한다. 일단 P_A 와 P_p 가 구해지면 안전율은 본문에서 논의한 방법대로 결정할 수 있다.

활동면이 3개보다 많은 평면으로 이루어진 복합활동면인 경우에도 활동블록 사이의 작용력 P_1, P_2, … P_{n-1} 의 작용방향을 가정하고 위와 같은 과정을 걸쳐 안전율을 구할 수 있다.

10.7 절편법

10.7.1 절편법에 관한 일반적 사항

지금까지 논의한 평면파괴면 및 원호파괴면에 대한 사면안정해석은 활동토체 전체에 대하여 안전해석을 실시하였다. 따라서, 사면을 구성하고 있는 흙이 불균질하거나 파괴면의 형상이 비평면 또는 비원호이면 이 방법의 적용이 불가능하다. 절편법(切片法, slice method)은 활동토체를 그림 10.41(a)에 보인 것처럼 적절한 갯수의 절편으로 나누어 안정해석을 하는 방법으로 사면의 불균질성, 간극수압의 영향, 상재하중 및 지진하중, 강도의 이방성 등을 고려할 수 있는 사면안정해석방법이다. 이 방법에 의한 안정해석은 원호활동면은 물론 일반적인 형상의 파괴면에도 실시할 수 있다.

이 방법은 각 절편별로 안정해석을 하고 그 결과를 모든 절편에 걸쳐 합하여 안전율을 구하는 방법으로 손계산(hand calculation)이 가능한 방법도 있으나 computer 사용이 필수적인 방법도 있다. computer 활용이 보편화 됨에 따라 이 방법의 다양한 특성을 실제로 이용할 수 있게 되었고 현재에는 사면안정해석법 중의 대표적 위치를 점하고 있다. 또한 복잡한 계산과정은 상업용 프로그램을 이용하여 수행할 수 있게 되어 있다.

그림 10.41(a)에는 일반활동면에 의하여 형성된 활동토체를 연직면으로 잘라 n개의 절편으로 나눈 것을 보여 주고 있다. 그림 10.41(b)에는 각 절편에 작용하는 힘들을 제시하고 있다.

역계 1(전체중량, 경계면 간극수압의 합력, 경계면 유효응력의 합력)을 선택하였다.

전체중량 : W

경계면 간극수압의 합력 :

U_L, U_R, U : 각각 왼쪽, 오른쪽, 저변 경계면에 작용하는 간극수압의 합력

경계면 유효응력의 합력 :

E'_L, E'_R, N' : 각각 왼쪽, 오른쪽 및 저변 경계면의 유효응력 합력

X_L, X_R, T : 각각 왼쪽, 오른쪽 및 저변 경계면의 전단응력의 합력

한편 그림 10.41(c)에는 경계면에 작용하는 간극수압과 유효응력을 합하여 전응력의 합력 E_L, E_R, N 으로 표시하고 그 작용점도 함께 제시하고 있다. 따라서,

$$E_L = E'_L + U_L \qquad E_R = E'_R + U_R \qquad N = N' + U$$

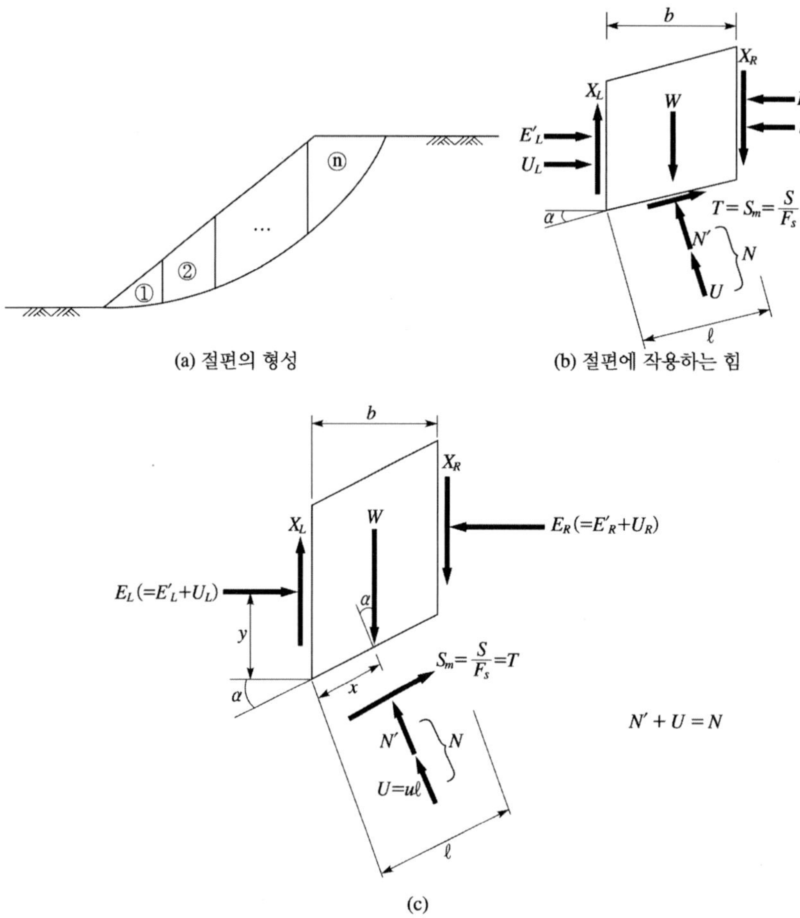

그림 10.41 절편법에 관한 일반적 사항

각 절편에 작용하는 힘과 기하학적 요소 중 기지량(knowns)과 미지량(unknowns)을 구별해 보면 다음과 같다.

기지량(knowns)

b : 절편의 폭

h : 절편의 평균높이(그림에는 나타나있지 않음.)

$W = \gamma b h$: 절편의 무게

α : 절편 저면이 수평면과 이루는 각도

ℓ : b/cosα : 절편의 저변길이

u : 절편 저면에 작용하는 평균간극수압

(물이 흐르지 않으면 정수압, 침투발생시에는 유선망 등 침투해석으로 구할 수 있음)

$U = u\ell$: 절편 저면에 작용하는 간극수압의 합력

U_L : 왼쪽 측면에 작용하는 간극수압의 합력

U_R : 오른쪽 측면에 작용하는 간극수압의 합력

간극수압 U_L, U_R, U 는 모두 기지량이 됨

n : 절편의 갯수(그림 10.41(a) 참조)

미지량(unknowns)

E_L(또는 E'_L) : 절편의 왼쪽 측면에 작용하는 수직 전응력(또는 유효응력)의 합력.

(사실상 $E_L = E'_L + U_L$ 이므로 E_L과 E'_L 중 하나만 미지수임.)

$E_R = E'_R + U_R$: 오른쪽 측면에 작용하는 전응력의 합력

(E_R와 E'_R 중 하나만 미지수임.)

$N = N' + U$: 절편 저면에 작용하는 전응력의 합력(N과 N' 중 하나만 미지수임)

X_L : 왼쪽 측면에 작용하는 전단력의 합력

X_R : 오른쪽 측면에 작용하는 전단력이 합력

$T = S_m = \dfrac{S}{F_s} = \dfrac{1}{F_s}(c'\ell + N'\tan\phi')$: 절편의 저면에 작용하는 전단력의 합력

= 현재 발휘(동원)되고 있는 전단강도의 합력(F_s가 미지수임.)

F_s : 안전율 (모든 절편에서 동일한 값이라고 가정)

x : N의 팔길이

y : E의 팔길이

이제 전체 절편(갯수 n)에 대하여 정정 부정정을 판정해 보자. 미지수의 수와 방정식의 수는 다음과 같다.

힘에 대하여 : 미지수의 수와 방정식의 수

E : $n-1$ (절편 사이의 경계면 수)

X : $n-1$ (절편 사이의 경계면 수)

NOTE : i 번째 절편의 E_R 은 $i+1$ 번째 절편의 E_L 과 작용 – 반작용 관계에 있음. 따라서 그 크기는 같으므로 미지수 E의 개수는 절편 사이의 경계면의 수 $n-1$ 과 같음.

N(또는 N') : n (절편의 바닥면의 수)

+) F_s : 1

$3n-1$ unknowns vs $2n$ equations(각 절편마다 $\sum H=0$, $\sum V=0$ 2개씩).

모멘트에 대하여 : 미지수의 수와 방정식의 수

y : $n-1$ (절편 사이의 경계면 수)

NOTE : E_R 의 작용점도 미지수이지만 $E(E_L, E_R)$ 와 같은 이유로 y는 절편 사이의 경계면 마다 1개씩 있음.

+) x : n (절편의 바닥면의 수)

$2n-1$ unknowns vs n equations. (각 절편마다 $\sum M=0$)

- Total

  미지수 수 $=(3n-1)+(2n-1)=(5n-2)$개

  방정식 수 $=3n$개

  따라서, 부정정 차수$=(5n-2)-3n=2n-2$

정역학적 $2n-2$ 차 부정정이므로 부정정차수만큼 가정을 설정하여야 모든 미지수(힘과 작용점 및 안전율)를 구해낼 수 있다.

정정화를 위하여 설정하는 가정 중 가장 일반적인 것은

$$x=\frac{\ell}{2}$$

따라서, n개의 방정식이 새로 도입되어 이제 부정정 차수는 $(2n-2)-n=n-2$, 즉 절편법은 $n-2$ 차 부정정 문제이다.

그러므로 절편에 작용하는 모든 힘과 작용점, 그리고 안전율(미지수)을 구하기 위해서는 $n-2$개의 가정(방정식)을 도입하여 정정화하여야 한다.

정정화를 위하여 설정한 가정에 따라 절편법은 여러 방법이 있다. 절편법에는 설정한 가정에 따라 힘의 평형과 모멘트 평형 중 하나만 만족시키는 것과 두 가지를 모두 만족시키는 방법이 있다. 또한 모멘트의 평형조건에서 구한 안전율 F_m과 힘의 평형조건에서 구한 안전율 F_f가 별도로 구해진다. $F_s = F_m$ 또는 $F_s = F_f$로 하는 방법도 있고 $F_s = F_m = F_f$로 하는 방법도 있다(Culmann의 방법이나 마찰원법에서 $F_s = F_c = F_\phi$로 하는 것처럼). 힘과 모멘트 평형조건이 모두 만족되어 모든 미지수를 구할 수 있고 $F_s = F_m = F_f$가 되는 해법을 정밀해법(rigorous method)이라 하고 그렇지 못한 것을 간편법(simplified method)이라 한다. 정밀해법은 손계산(hand calculation)이 불가능하여 computer 사용이 필수적이며 본서의 범위를 넘는다. 따라서 앞으로 몇 가지 간편법에 대하여 논의하기로 한다.

10.7.2 일반한계평형(GLE) 절편법 또는 일반 절편법(GMS)

일반한계평형(General Limit Equilibrium ; GLE)절편법 또는 일반절편법(General Method of Slice ; GMS)은 가장 일반적인 조건에 대한 절편법이다. 그림 10.42에는 일반적 형상의 활동면에 의하여 형성된 활동토체를 적절한 갯수의 절편으로 나누고 임의의 절편에 작용하는 힘을 보여주고 있다. 또한 모든 절편에 대한 가상 회전중심 O와 각 힘의 팔길이가 제시되어 있다.

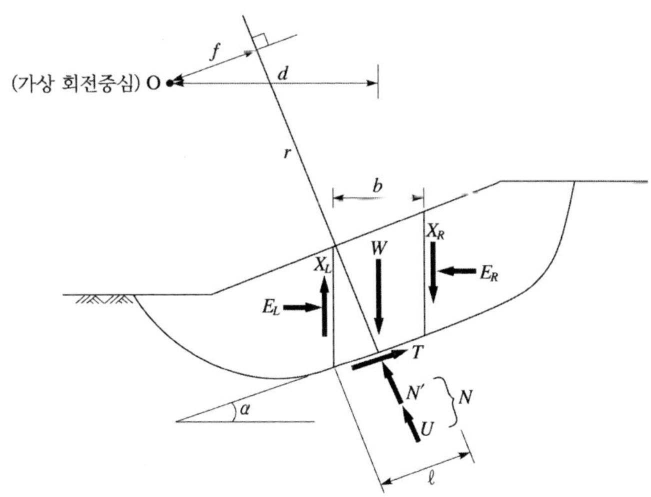

그림 10.42 일반한계평형 절편법

절편법은 본질적으로 부정정 문제이므로 정정화를 위하여 절편력에 관하여 가정을 설정하게 된다. 그림 10.42의 회전 중심 O에 대한 전체 절편의 모멘트 평형에 의한 안전율 F_m 을 결정할 수 있다. 또한 전체 절편에 대한 힘의 평형조건에서도 안전율 F_f 를 산정할 수 있다. 일반적으로 $F_m \neq F_f$ 인 것이 보통이지만 한 사면의 안전율은 한 개의 값이므로 절편력에 대하여 설정한 가정을 조절하여 $F_m = F_f$ 가 되는 값을 F_s 로 한다($F_s = F_m = F_f$). 이렇게 구한 F_s 가 실제 안전율에 가장 가깝다고 평가되고 있다.

다음은 F_m 과 F_f 를 구하는 일반적 관계식에 관하여 논의해 보기로 한다. 먼저 절편 저면에 작용하는 응력과 전단강도는 다음과 같음을 재확인하기로 한다.

전수직응력 : σ, 간극수압 : u, 유효수직응력 : σ'

유효응력 방정식 : $\sigma' = \sigma - u$

전단강도 : $s = c' + \sigma' \tan\phi' = c' + (\sigma - u)\tan\phi'$

현재 발휘되고 있는 전단강도 $s_m =$ 전단응력 τ

$$s_m = \tau = \frac{s}{F_s} = \frac{1}{F_s}(c' + \sigma' \tan\phi')$$

안전율 $F_s = \dfrac{s}{s_m} = \dfrac{s}{\tau}$

다음 절편 저면에 작용하는 응력과 전단강도의 합력은

전수직응력의 합력 : $N = \sigma \ell$, 간극수압의 합력 : $U = u\ell$

유효수직응력의 합력 : $N' = \sigma' \ell$

유효응력 방정식 : $N' = N - U = N - u\ell$

전단강도의 합력 : $S = s\ell = c'\ell + \sigma'\ell \tan\phi' = c'\ell + N' \tan\phi'$

현재 발휘하고 있는 전단강도의 합력 $S_m =$ 전단응력의 합력 $T = \tau\ell$

$$S_m = T = s_m \ell = \frac{S}{F_s} = \frac{1}{F_s}(c'\ell + N' \tan\phi') \tag{10.61}$$

안전율 $F_s = \dfrac{S}{S_m} = \dfrac{S}{T}$

(1) 각 절편에 작용하는 힘의 평형해석

먼저 연직방향 힘의 평형 :

$$\sum V = 0 \;\; : \;\; N'\cos\alpha + u\ell\cos\alpha + T\sin\alpha = W + (X_R - X_L) \tag{10.62}$$

식 (10.61)을 식 (10.62)에 대입하고 $\ell = \dfrac{b}{\cos\alpha}$ 임을 유의하면

$$N' = \frac{W + (X_R - X_L) - ub - \dfrac{c'b}{F_s}\tan\alpha}{\cos\alpha(1 + \dfrac{\tan\phi'}{F_s}\tan\alpha)} \tag{10.63a}$$

또는

$$N' = \frac{W + (X_R - X_L) - ub - \dfrac{c'b}{F_s}\tan\alpha}{M(\alpha)} \tag{10.63b}$$

$$\text{여기서, } M(\alpha) = \cos\alpha(1 + \frac{\tan\phi'}{F_s}\tan\alpha) \tag{10.64}$$

$M(\alpha)$ 는 다음에 있는 Bishop 간편법의 그림 10.47에서도 구할 수 있다.
다음에는 수평방향 힘의 평형에서

$$\sum H = 0 \;\; : \;\; T\cos\alpha - (N' + u\ell)\sin\alpha - (E_R - E_L) = 0 \tag{10.65}$$

식 (10.61)을 식 (10.65)에 대입하고 $(E_R - E_L)$에 대하여 정리하면

$$(E_R - E_L) = \frac{1}{F_s}(c'\ell + N'\tan\phi')\cos\alpha - (N' + u\ell)\sin\alpha \tag{10.66}$$

(2) 전체 절편에 대한 평형해석(overall equilibrium)

먼저 가상 회전중심 O에 대한 활동토체 전체의 모멘트 평형조건(overall moment equilibrium)에서

$$\sum M_0 = 0 \;\; ; \;\; \sum Wd - \sum(N' + u\ell)f - Tr = 0 \tag{10.67}$$

식 (10.61)을 식 (10.67)에 대입하고 안전율 F_s 에 대하여 정리하되 모멘트 평형조건에서 얻어진 안전율이므로 특히 F_m 으로 표기하면

$$F_m = \frac{\sum(c'\ell + N'\tan\phi')r}{\sum Wd - \sum(N' + u\ell)f} \tag{10.68}$$

NOTE : ① 절편 측면에 작용하는 E와 X는 전체 절편에 대한 모멘트를 계산함에 있어서 인접 절편 경계선에서 작용 반작용의 원리에 의하여 상쇄되었음.

② F_m을 산정하는 식 (10.68)에는 양변에 F_m을 가지고 있으므로(우변에는 N' 안에 숨어있음.) 시행착오법으로 구하여야 함.

③ 절편법은 부정정 문제이므로 N'을 알기 위해서는 적절한 가정의 설정이 필요함. N' 값을 알아야 식 (10.68)에서 F_m을 구할 수 있음. 그런데 식 (10.63)을 보면 N'을 구하기 위해서는 X_R과 X_L에 관한 가정을 설정하여야 함.

④ 이상의 논의에서 식 (10.68)은 일반식이며 F_m을 바로 구할 수 있는 식이 아님을 알 수 있음. 만약 원호 활동면이면 N'과 $U = u\ell$의 작용선은 중심 O를 지나므로 $f = 0$이고 $d = r\sin\alpha$, r = const.이므로 식 (10.68)은

$$F_m = \frac{\sum(c'\ell + N'\tan\phi')}{\sum W\sin\alpha} \tag{10.69}$$

이 식은 다음 절 원호활동면에 대한 절편법에서 자세히 다루게 됨.

다음에는 활동토체 전체에 대한 힘의 평형(overall force equilibrium)을 생각해 보자. 사면에 외력(外力 ; external force)이 작용하지 않는다면 인접 절편 사이의 경계면에 작용하는 힘은 작용반작용의 원리에 의하여 상쇄될 것이다. 즉

$$\sum(E_R - E_L) = 0 \tag{10.70}$$

$$\sum(X_R - X_L) = 0 \tag{10.71}$$

활동토체 전체에 대하여 수평방향 힘의 평형조건에서

$$\begin{aligned}\sum(E_R - E_L) &= \sum T\cos\alpha - \sum(N' + u\ell)\sin\alpha \\ &= \frac{1}{F_s}\sum(c'\ell + N'\tan\phi')\cos\alpha - \sum(N' + u\ell)\sin\alpha\end{aligned}$$

$\sum(E_R - E_L) = 0$ 이므로 F_s를 구하되 힘의 평형에서 구한 값이므로 특히 F_f라 표기하면

$$F_f = \frac{\sum(c'\ell + N'\tan\phi')\cos\alpha}{\sum(N' + u\ell)\sin\alpha} \tag{10.72}$$

NOTE : ① F_f를 계산하는 식 (10.72)도 F_m처럼 F_f가 양변에 함께 있어서(우변에는 N'에 포함되어 있음) F_f는 시행착오법으로 구해지게 됨.

② N' 값을 알아야 F_f 를 계산할 수 있는데 N' 을 알기 위해서는 X_R 과 X_L 에 대하여 적절한 가정을 설정하여야 함.

③ 식 (10.72)도 식 (10.68)처럼 일반식이며 바로 F_f 를 구할 수는 없음.

(3) 여러가지 사면안정 해석방법

이미 언급한 대로 식 (10.68)과 식 (10.72)는 절편법의 일반식(GMS)이다. 그리고 이 식의 특수한 형태가 각종 사면안정 해석법이 된다.

a. 정밀해법(rigorous method)

식 (10.68)과 식 (10.72)에서 각각 F_m 과 F_f 를 구하기 위해서는 이미 언급한 것처럼 N' 값을 알아야 하고 N' 을 구하기 위해서는 X_R 과 X_L 에 대하여 합당한 가정을 설정하여야 한다(식 (10.63) 참조).

이러한 가정을 세우는 방법에 따라 다수의 사면안정 해석법이 발표되었는데 가장 잘 알려진 것으로는 Morgenstern－Price 방법과 Spencer의 방법이 있다.

Spencer의 방법 : $\dfrac{X}{E} = a$

여기서 a : 미지의 상수

Morgenstern－Price 방법 : $\dfrac{X}{E} = \lambda f(x)$

여기서 λ : 미지의 상수, $f(x)$: 입력시키는 함수(known)

이러한 가정에 의하여 $n-1$ 개의 방정식과 1개의 미지수(각각 a와 λ)가 도입되었으므로 정정문제가 된다. 이와 같이 측면력의 기울기를 합당하게 가정하여 F_m 과 F_f 를 계산할 수 있다. 그런데 보통 F_m 과 F_f 는 같은 값이 되지 않는다. 그러나 주어진 사면의 안전율은 1개의 값이므로 $F_m = F_f$ 가 될 때까지 측면력에 관한 가정을 계속하여 바꾸어 가면서 결국 $F_m = F_f$ 가 되게 하고 이 값을 사면의 안전율로 하고 있다($F_s = F_m = F_f$).

이 방법은 절편력을 합리적으로 가정하였고 정정화 되었으며 힘과 모멘트의 평형조건을 모두 만족시키는 방법으로 정밀해법(rigorous method)이라 한다. 그러나 손계산은 불가능하여 컴퓨터 사용이 필수적이다. 잘 알려진 상업용 프로그램이 널리 실용되고 있다.

b. 간편법(simplified method)

간편법에는 Fellenius 방법, Bishop 간편법, Janbu 간편법 등이 있으며 다음 절에서 순차적으로 상세히 논의하고 있다. 절편법의 종류와 설정한 가설 및 각 방법의 특성을 요약하면 다음과 같다.

① Fellenius 방법 : $E = 0$, $X = 0$ (또는 $\dfrac{X}{E} = \tan\alpha$)

$2n - 2$ 개(또는 $n - 1$ 개)의 방정식 ∴ 과정정(over－determinated)

원호활동면에 적용. $F_s = F_m$ 으로 결정. 힘의 평형 만족시키지 못함.

② Bishop 간편법 : $X = 0$ (또는 $X_R - X_L = 0$), $\dfrac{X}{E} = 0$

$n - 1$ 개의 방정식 ∴ 과정정(over－determinated)

원호활동면에 적용. $F_s = F_m$ 으로 함. 힘의 평형 만족시키지 못함.

③ Janbu 간편법 : $X = 0$ (또는 $X_R - X_L = 0$), $\dfrac{X}{E} = 0$

$n - 1$ 개의 방정식 ∴ 과정정(over－determinated)

일반활동면에 적용. $F_s = F_f$ 로 함. 모멘트 평형 만족시키지 못함.

④ Morgenstern－Price 방법 : $\dfrac{X}{E} = \lambda f(x)$

$n - 1$ 개의 방정식 +1개의 미지수(λ) ∴ 정정(determinated)

$f(x)$ 는 입력시킴(known). 일반활동면에 적용. $F_s = F_m = F_f$ 로 함.

힘과 모멘트 평형 모두 만족. 정밀해임.

⑤ Spencer의 방법 : $\dfrac{X}{E} = a$

$n - 1$ 개의 방정식 +1개의 미지수(a) ∴ 정정

일반활동면에 적용. $F_s = F_m = F_f$ 로 함.

힘과 모멘트 평형 모두 만족시킴. 정밀해임.

⑥ Janbu 방법 : $y = kz$, $z =$ 측면의 높이

$n - 1$ 개의 방정식 +1개의 미지수(k) ∴ 정정

일반활동면에 적용. $F_s = F_m = F_f$ 로 함. 힘과 모멘트 평형 모두 만족. 정밀해임.

10.7.3 원호 활동면에 대한 절편법

그림 10.43와 같이 중심 O, 반경 r 인 원호활동면에 의하여 생성된 활동토체의 안전율을 산정하기 위하여 활동토체를 몇 개의 절편(slice)으로 분할한다. 각 절편 저면의 원호활동면을 직선으로 근사화하고 절편에 작용하는 힘을 제시하였다. 중심 O에 대한 각 절편의 활동모멘트 합에 대한 저항모멘트의 합의 비로 안전율을 구한다. 원호활동면의 경우 힘의 평형에서 안전율을 구하는 경우는 드물다(Janbu 간편법 예외).

즉 $F_s = F_m$ 으로 하고 있다.

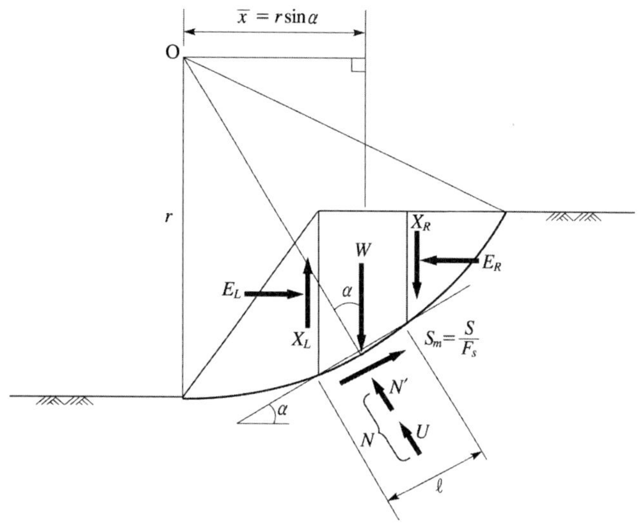

그림 10.43 원호활동면의 안정해석

$$F_s = \frac{\sum M_r}{\sum M_d} \tag{10.73}$$

여기서 $\sum M_d = \sum W\bar{x} = \sum W r\sin\alpha = r\sum W\sin\alpha$ (a)

$\sum M_r = r\sum S = r\sum(c'\ell + N'\tan\phi')$ (b)

(a), (b)를 식 (10.70)에 대입하여 안전율 F_s 는

$$F_s = \frac{\sum(c'\ell + N'\tan\phi')}{\sum W\sin\alpha} \tag{10.74}$$

또는 모멘트 평형조건에서도 같은 결과를 얻을 수 있다.

$$\sum M_O = 0 \ : \ \sum M_d - \sum M_{rm} = 0$$

$$\sum Wr\sin\alpha - \sum S_m r = 0$$

$$r\sum W\sin\alpha = \frac{r}{F_s}\sum S$$

$$\therefore F_s = \frac{\sum(c'\ell + N'\tan\phi)}{\sum W\sin\alpha}$$

이 결과는 식 (10.74)와 같다. 또한 일반 절편법의 원호활동면에 대한 F_m과도 같다.

NOTE : E와 X는 절편 전체에 대한 모멘트를 구할 때 인접절편에서 작용력과 반작용력으로 상쇄됨. 따라서 $\sum M_d$ 와 $\sum M_r$ 에는 E와 X가 포함되지 않음. 식 (10.74)로 안전율을 계산하기 위해서는 절편 저면에 작용하는 $N' = \sigma'\ell$ 을 알아야 한다. N' 을 결정하기 위하여 설정하는 가정에 따라 원호활동면에 대한 절편법은 Fellenius 방법과 Bishop의 간편법이 있음.

10.7.4 Fellenius 방법

Fellenius 방법은 스웨덴법(Swedish method) 또는 보편법(ordinary method)라고도 하며 가장 오래된 절편법이다. 이 방법은 앞에서 논의한 것처럼 원호 활동면에만 적용이 가능하고 안전율은 모멘트 평형조건에서만 구한다. 즉 $F_s = F_m$ 으로 한다. 절편에 작용하는 힘은 그림 10.44에 제시되어 있다.

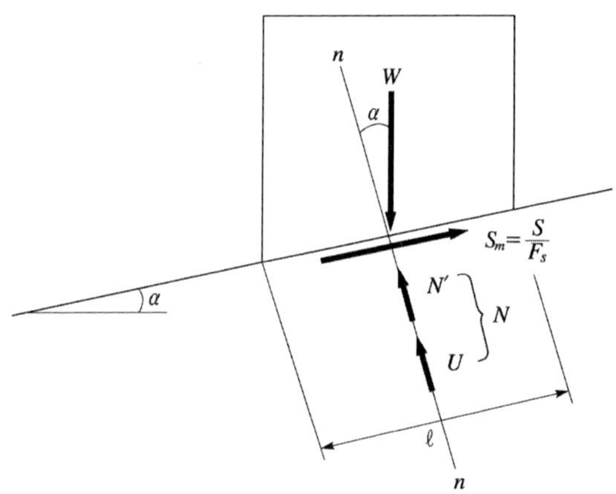

그림 10.44 Fellenius 방법에서의 설정 가정 및 힘의 평형

정정화를 위하여 설정하는 가정 :

각 절편의 측면력 $E = 0$, $X = 0$ 으로 가정. 따라서, $2n - 2$개의 조건이 도입된다. 절편법은 $n - 2$ 차 부정정문제이므로 과정정(over determinated). ($\frac{X}{E} = \tan\alpha$ 즉 E와 X의 합력의 작용방향이 절편 저변의 방향과 평행하다고 가정하는 경우도 있으나, 이 때에는 인접절편 경계면에서 작용 반작용의 법칙이 성립되지 않음.)

N' 을 구하는 방법 :

$\sum F_{n-n} = 0$. 즉 절편 저변에 수직한 방향의 힘의 평형조건. 따라서, 미지수 F_s 가 (F_s 는 $T = S_m$ 속에 숨어 있음) 평형조건식에 들어가지 않아도 된다.

$$\sum F_{n-n} = 0 : W \cos\alpha = N' + U$$

$$N' = W \cos\alpha - U = W \cos\alpha - u\,\ell \tag{10.75}$$

식 (10.75)를 식 (10.74)에 대입하면

$$F_s = \frac{\sum c'\ell + \sum (W\cos\alpha - u\ell)\tan\phi'}{\sum W\sin\alpha} \tag{10.76}$$

만일 균질한 사면이면 $c' = const.$, $\phi' = const.$ 이므로

$$F_s = \frac{c'\sum\ell + \tan\phi'\sum(W\cos\alpha - u\,\ell)}{\sum W\sin\alpha}$$

$$= \frac{c'\sum\ell + \tan\phi'(\sum W\cos\alpha - \sum u\,\ell)}{\sum W\sin\alpha} \tag{10.77}$$

절편 저면의 경사각 α 는 음(-)의 값이 될 수 있다. 이러한 현상은 활동원호의 끝부분에서 일어날 수 있다. $\alpha<0$ 이면 $\sin\alpha<0$, $\cos\alpha>0$ 이 된다. 식 (10.77)에서 $\sin\alpha<0$ 인 절편이 존재하면 분모가 감소하므로 F_s 는 증가하게 된다. 시각적으로도 알 수 있는 것처럼 $\alpha<0$ 인 절편은 활동모멘트를 억제하여(감소시켜) F_s 를 증가시킨다.

이상의 논의는 유효응력해석법(有效應力解析法, effective stress analysis)에 관한 것이다. 만약 전응력해석법(全應力解析法, total stress analysis)을 사용하면 강도정수는 c', ϕ' 대신 c_u, ϕ_u 를 사용하고 간극수압은 $u = 0$ 으로 하면 된다.

$$F_s = \frac{\sum c_u \ + \sum W \cos\alpha \tan\phi_u}{\sum W \sin\alpha} \tag{10.78}$$

특히 $\phi_u = 0$ 상태에서는 $s = s_u = c_u$ 이므로 식 (10.78)는

$$F_s = \frac{c_u \sum}{\sum W \sin\alpha} = \frac{c_u L_a}{\sum W \sin\alpha} \tag{10.79}$$

여기서 L_a 는 원호의 길이이다. ($L_a \approx \sum \ell$)

또는 절편으로 나누지 말고 활동토체 전체를 한 개로 보면(그림 10.45 참조)

$$F_s = \frac{c_u L_a}{\sum W \sin\alpha} = \frac{c_u L_a r}{\sum W r \sin\alpha} = \frac{c_u L_a r}{W \bar{x}} \tag{10.80}$$

이 결과는 원호활동면에 대한 안정해석 중 $\phi_u = 0$ 인 경우와 완전히 일치한다.

$\phi_u = 0$ 해석법에서는 N' 을 알 필요가 없다. 이것은 N' 을 구하기 위하여 설정한 가정($E = 0$, $X = 0$)이 불필요하다는 의미이다. 이러한 의미에서 $\phi_u = 0$ 인 경우 위에서 얻은 F_s 는 정해라고 볼 수 있다.

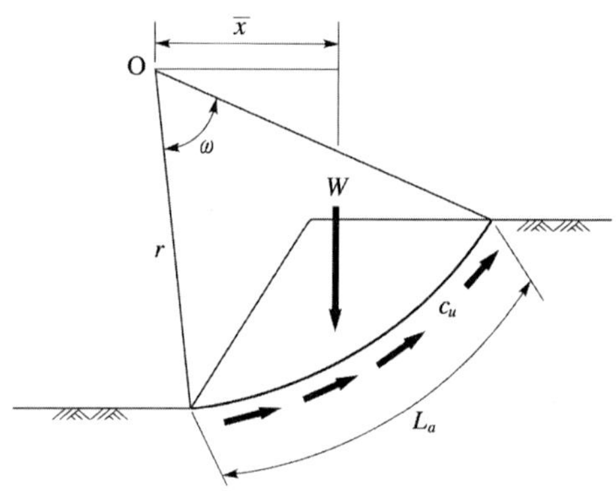

그림 10.45 점토사면의 안정해석 ($\phi_u = 0$)

Fellenius 방법에 관한 몇 가지 comment :

① 계산이 간편하고 F_s 를 반복계산 하지 않고 바로 산정할 수 있는 유일한 절편법임.

② F_s 를 과소 평가하는 경향이 있음. 오차가 큰 경우가 많음.

③ 예비설계 단계에서 사용.

④ 뒤에 설명하는 Bishop 간편법 초기치로 사용하면 편리함. 그러나 이 방법으로 계산한 F_s 가 Bishop 간편법으로 구한 F_s 보다 큰 경우에는 이 방법이 정해를 준 것으로 판단함.

⑤ 측면력을 0으로 가정하였으므로 과정정(over determinated).

⑥ 본질적으로 원호활동면에 작용하는 사면안정해석법이다. 그러나 단일 평면활동면(Culmann의 방법처럼)에 대해서도 적용가능. 이 때 평면활동면은 반경이 무한대인 원호활동면으로

볼 수 있음.

⑦ 안전율은 모멘트 평형에서만 구하고($F_s = F_m$), 힘의 평형은 보장되지 않음.

10.7.5 Bishop의 간편법

Bishop의 간편법(simplified bishop method)은 Bishop의 정밀해법(rigorous method)을 간편하게 한 것이지만 정밀해 보다 더 널리 알려져 있으며 영국에서는 Bishop의 보편법(ordinary method)이라 부르고 있다. 이 방법은 원호활동면에만 적용이 가능하고 모멘트 평형조건에서만 안전율을 결정하고 있다($F_s = F_m$).

한 절편에 작용하는 힘은 그림 10.46에 제시되어 있다.

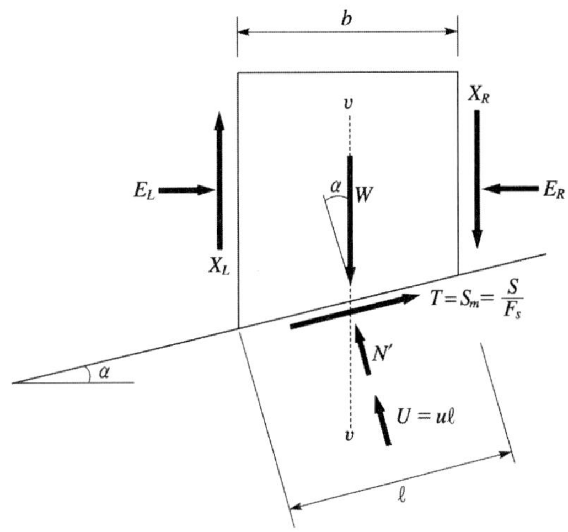

그림 10.46 Bishop의 간편법에서 설정하는 가정과 평형조건

정정화를 위한 가정 :

$X = 0$: 절편의 측면에는 전단력이 작용하지 않음. $\dfrac{X}{E} = 0$

따라서 절편의 측면에는 수평방향으로 작용하는 전응력의 합력 E만 작용함.

$\therefore n-1$ 개의 조건식 도입. 절편법은 본래 $n-2$ 차 부정정문제이므로 과정정(over determinated).

N' 을 구하는 방법 : $\Sigma F_{v-v} = 0$ (연직방향 힘의 평형조건)

따라서 미지수인 수평력 E_L, E_R 이 평형조건식에 포함되지 않는다.

$$\sum F_{v-v} = 0 : W - N'\cos\alpha - u\ell\cos\alpha - T\sin\alpha = 0 \tag{10.81}$$

그런데

$$T = S_m = \frac{S}{F_s} = \frac{c'\ell + N'\tan\phi'}{F_s} \tag{10.82}$$

식 (10.82)를 식 (10.81)에 대입하면

$$N'\left(\cos\alpha + \frac{\tan\phi'}{F_s}\sin\alpha\right) = W - u\ell\cos\alpha - \frac{c'\ell}{F_s}\sin\alpha \tag{10.83}$$

$\ell = \dfrac{b}{\cos\alpha}$ 를 식 (10.83)에 대입하고 N' 에 대하여 정리하면

$$N' = \frac{W - ub - \dfrac{c'b\tan\alpha}{F_s}}{\cos\alpha\left(1 + \dfrac{\tan\phi'\tan\alpha}{F_s}\right)} \tag{10.84a}$$

또는

$$N' = \frac{W - ub - \dfrac{c'b}{F_s}\tan\alpha}{M(\alpha)} \tag{10.84b}$$

$$\text{여기서, } M(\alpha) = \cos\alpha\left[1+\frac{\tan\phi'\tan\alpha}{F_s}\right] \tag{10.85}$$

식 (10.84)를 (10.74)에 대입하고 정리하면

$$F_s = \frac{1}{\sum W\sin\alpha}\sum\left\{\left[c'b+(W-ub)\tan\phi'\right]\left[\frac{1}{\cos\alpha\left(1+\dfrac{\tan\phi'\tan\alpha}{F_s}\right)}\right]\right\} \tag{10.86a}$$

$$= \frac{1}{\sum W\sin\alpha}\sum\left\{\left[c'b + (W - ub)\tan\phi'\right]\left[\frac{1}{M(\alpha)}\right]\right\} \tag{10.86b}$$

$M(\alpha)$ 는 그림 10.47에서도 구할 수 있다.

F_s 가 식 (10.86(a)) 또는 식 (10.86(b))의 양변에 있으므로($M(\alpha)$ 속에 숨어 있음.) 시행착오법 (trial and error)에 의하여 F_s 를 결정하게 된다. 즉 우변의 F_s 를 가정하고 우변을 계산하여 얻은 값, 즉 좌변의 F_s 가 가정한 F_s 와 같은 값이 될 때까지 반복계산을 실시한다. 그러나 수렴은 대단히 빠른 것으로 알려져 있다. 이러한 문제는 spread sheet로 F_s 를 간편하게 구할 수 있다. F_s 를 구하는 전통적 수치해석방법으로는 예를 들어 *Newton – Rapson* 방법 등을 사용할 수 있다. 이 방법이 부록에 수록 되어 있다. 그림 10.48은 가정한 F_s 와 계산된 F_s (즉 우변의 F_s 와 좌변의 F_s) 사이의 관계를 그리고 45 ° 선을 그려 $[F_s]_{가정} = [F_s]_{계산}$ 되는 값을 찾는 방법이다.

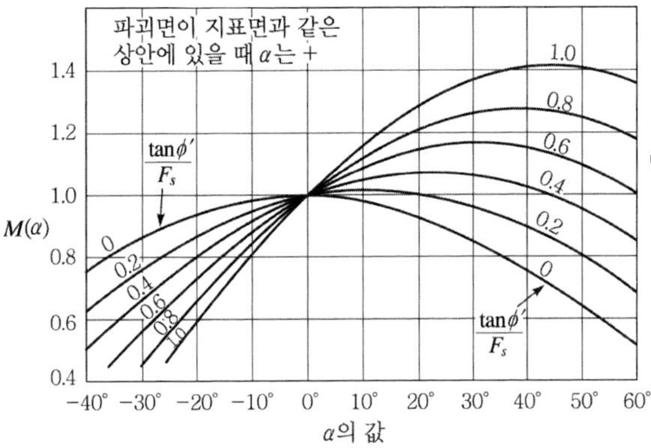

그림 10.47 $M(\alpha)$를 구하는 도표

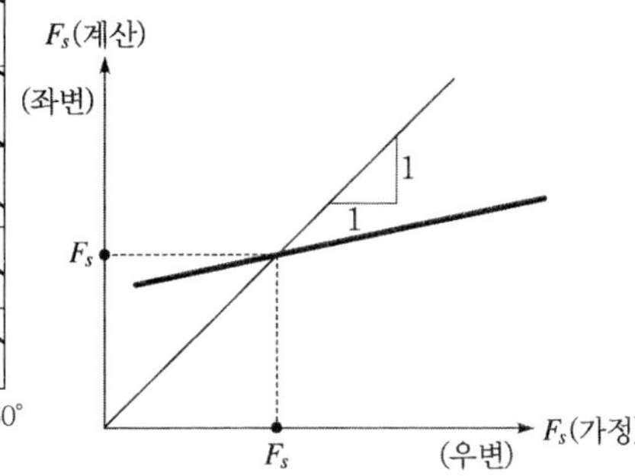

그림 10.48 $(F_s)_{가정} = (F_s)_{계산}$ 되는 값 추정방법

참고사항 : Bishop 간편법의 수치해석 상의 문제점

Bishop 간편법에서는 안전율 F_s 를 구하는 식 (10.86)과 유효 수직력 N' 을 구하는 식 (10.84)의 분모에는 모두 $M(\alpha)$ 가 포함되어 있다.

$$M(\alpha) = \cos\alpha\left(1 + \frac{\tan\alpha \tan\phi'}{F_s}\right)$$

따라서 $M(\alpha)$ 가 0이 되거나 0에 대단히 가까운 값이 되면 F_s 와 N' 산정에 수치상의 문제점이 발생하게 된다.

① $M(\alpha)$ 인 경우

한 개의 절편이라도 여기에 해당되면 사면 전체의 안전율은 무한대가 되어 그 해는 발산하여 버린다. 물론 실제사면이 무한히 안전하다는 뜻은 절대 아니며 수치상 오류가 발생하였다는 뜻이다. $M(\alpha)$ 인 절편의 저면에는 무한히 큰 유효 수직력 N' 이 작용($N' \to \infty$)하게 되는데 이것도 물리적 해석이 불가능한 불합리한 결과이다.

② $M(\alpha)$ 가 절대치가 극히 적은 양(+)의 값일 때($M(\alpha) \to +0$)

이 때에는 $M(\alpha) = 0$ 인 경우와 거의 같은 결과가 발생하게 된다($F_s \to +\infty$, $N' \to +\infty$).

③ $M(\alpha)$ 가 절대치가 극히 적은 음(−)의 값일 때($M(\alpha) \to -0$)

이 때에는 F_s 는 절대치가 대단히 큰 음(−)의 값이 되고 N' 도 대단히 큰 인장력이 된다($F_s \to -\infty$, $N' \to -\infty$). 절편 저면에 작용하는 유효 수직력이 인장이 되는 것은 물리적으로 문제점이 있다.

종합하면 $M(\alpha)$ 가 0 또는 0에 가까운 값이 되면 Bishop 간편법은 $+\infty$ 에서 $-\infty$ 에까지 급변하는 안전율과 N' 을 산정하므로 수치해석상의 결함이 생기게 된다. 이때에는 Fellenius 해를 정해로 고려해 보는 것이 한가지 방법이다.

$M(\alpha)=0$ 이 되는 한가지 예로 α 가 절대치가 대단히 큰 음(-)의 값일 때를 들 수 있다. 즉

$$M(\alpha)=\cos\alpha\left(1+\frac{\tan\alpha\tan\phi'}{F_s}\right)=0$$ 에서

$$\tan\alpha=-\frac{F_s}{\tan\phi'} \tag{10.87}$$

가 되면 수치해에 문제점이 발생하게 된다.

예를 들어 $\phi'=40°$, $F_s=1.2$ 로 가정하면

$$\tan\alpha=-\frac{1.2}{\tan 40°}$$

따라서, $\alpha=-55°$, 즉 절편의 저면이 수평면과 $-55°$ 를 이루면(또는 $-55°$ 에 대단히 가까우면) 수치적 문제점이 생기게 된다.

Bishop의 간편법은 절편의 측면에 작용하는 전단력을 무시하고 모멘트 평형조건만으로 안전율을 산정함에도 불구하고($F_s=F_m$) 이 방법으로 얻은 해는 정밀해와 별 차이가 없는 것으로 알려져 있다. 이것은 모멘트 평형조건에서 얻어지는 안전율의 값이 힘의 평형만을 고려하는 방법에 비해 절편 측면력의 가정방법에 상대적으로 둔감하게 반응한다는 Bishop의 연구결과의 한 예라 할 수 있다. 이 방법은 원호활동면 해석에서는 기술자들이 애용해온 방법이지만 수치해의 문제점이 있을 수 있음을 주의하여야 한다.

Bishop 간편법에 관한 몇 가지 comment :

① F_s 가 식 (10.86)의 좌변과 우변에 모두 있으므로 F_s 는 시행착오법으로 구함.

② 비교적 간단한 방법임에도 불구하고 상당히 정확한 F_s 를 산정함(정밀해에 대한 오차 0~6%). 정역학적으로 완전한 정밀해법이 상업용 프로그램으로 개발되어 실용되고 있는 현재에도 이 방법은 널리 사용되고 있음.

③ Fellenius 방법 보다 일반적으로 더 큰 안전율 산정. 보통 Fellenius 방법으로 얻은 F_s 를 초기치로 사용하면 편리함. 이 두 방법을 함께 프로그램 해 두면 편리함.

④ Fellenius 방법으로 구한 안전율이 Bishop의 간편법 보다 더 큰 안전율을 산정하면 Fellenius 안전율을 정답에 가까운 것으로 판단하고 있음. 이 때에는 Bishop 간편법에 수치해법상의 문제점(numerical problem)이 발생한 상태임.

⑤ 본질적으로 원호활동면에 대한 사면안정해석법이지만 Fellenius 방법에서와 같이 단일 평면활동면(Culmann의 방법처럼)에 대해서도 적용가능. 평면은 반경이 무한대인 원호로 생각.

⑥ 모멘트 평형만으로 안전율을 산정, 즉 $F_s = F_m$. 힘의 평형은 보장되지 못함.

▶ **예제 10.5** 그림 예제 10.5 문제도에 보인 사면의 주어진 활동면에 대한 안전율을

(1) Fellenius 방법

(2) Bishop 간편법

으로 구하라. 단 사면은 3개의 토층으로 이루어져 있고 각 토층의 강도정수와 단위중량은 그림에 제시되어 있으며 또한 사면의 형상은 축척대로 그려져 있다.

Layer	γ (t/m³)	c (t/m²)	ϕ (°)
Ⓐ	1.76	0.29	35
Ⓑ	1.68	0.49	30
Ⓒ	1.76	3.66	5

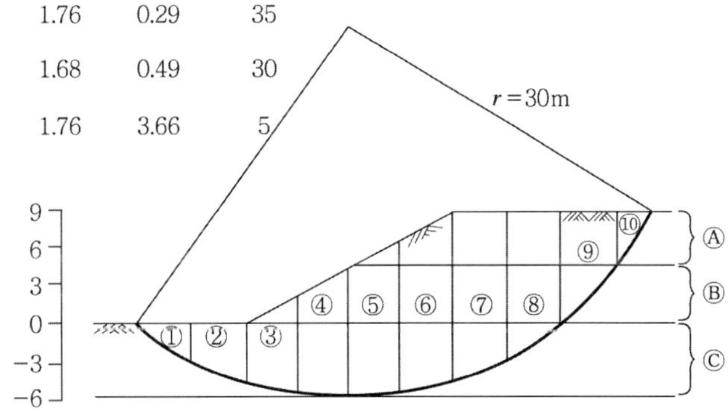

그림 예제 10.5 문제노

풀이 :

활동토체를 그림과 같이 10개의 절편으로 분할하였다. 각 절편의 저변은 1개의 토층에만 있어야 하며 2개 이상의 토층에 걸쳐있지 않도록 절편을 형성해야 한다.

사면이 여러층의 흙으로 이루어져 있거나 사면내에 지하수면이 형성되어 흙의 단위중량이 균질하지 않을 때는 절편의 무게 W는 다음 표와 같이 결정하면 편리하다. 한 절편이 2개 이상의 토층을 포함하고 있을 때에는 각 토층의 무게를 합하여 전체 무게로 한다.

$$W_i = \gamma b h_i \,,\ W = \sum W_i$$

단 b는 절편의 폭, h_i 는 한 절편에 포함된 각 토층의 두께, γ_i 는 한 절편에 포함된 각 토층의 단위중량, W_i 는 한 절편에 포함된 각 토층의 무게, $\sum W_i$ 는 한 절편의 전체 무게이다.

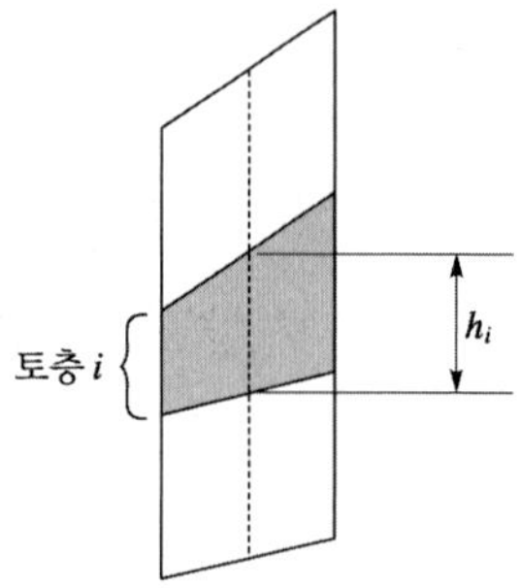

γ_i = 토층 i의 단위중량

h_i = 절편의 중앙선을 따라 잰 토층 i의 두께

W_i = 각 절편에서 토층 i의 무게

$\sum W_i$ = 절편의 전체무게

표. 절편의 자중을 계산하는 표

①	②	③	④	⑤	⑥
절편번호	b (m)	h_i (m)	$\gamma_i\ (t/m^3)$	$W_i\ (t/m)$	$\sum W_i\ (t/m)$
1	4.5	1.5	1.76	11.88	11.88
2	4.5	3.9	1.76	30.89	30.89
3	4.5	1.2	1.68	9.07	50.65
		5.25	1.76	41.58	
4	4.5	3.45	1.68	26.08	72.41
		5.85	1.76	46.33	
5	4.5	1.2	1.76	9.50	89.85
		4.5	1.68	34.02	
		5.85	1.76	46.33	
6	4.5	3.45	1.76	27.32	102.92
		4.5	1.68	34.02	
		5.25	1.76	41.58	
7	4.5	4.5	1.76	35.64	105.30
		4.5	1.68	34.02	
		4.5	1.76	35.64	
8	4.5	4.5	1.76	35.64	81.54
		4.5	1.68	34.02	
		1.5	1.76	11.88	
9	4.8	4.5	1.76	38.02	56.16
		2.25	1.68	18.14	
10	3.3	2.25	1.76	13.07	13.07

(1) Fellenius 방법

$$F_s = \frac{\sum c'\ell + \sum (W\cos\alpha - u\,\ell)\tan\phi'}{\sum \sin\alpha}$$

안전율은 다음 표와 같이 계산한다.

단 c' 과 ϕ' 은 절편의 저변, 즉 활동면 상의 값을 기입해야 한다.

①	②	③	④	⑤	⑥	⑦	⑧	⑨	⑩	⑪	⑫	⑬
절편 번호	$W(t/m)$	$\alpha(°)$	$\ell = b/\cos\alpha$ (m)	$c(t/m^2)$	$\phi'(°)$	$u(t/m^2)$	$u\ell$ (t/m)	$W\cos\alpha$ (t/m)	$W\cos\alpha$ $-u\ell$	$(W\cos\alpha$ $-u\ell)\tan\phi'$	$c'\ell$	$W\sin\alpha$ (t/m)
1	11.88	–32	5.25	3.66	5			10.07	10.07	0.88	19.215	–6.30
2	30.89	–22	4.86	3.66	5			28.64	28.64	2.49	17.788	–11.57
3	50.65	–13	4.65	3.66	5			49.35	49.35	4.29	17.019	–11.40
4	72.41	–4	4.53	3.66	5			72.23	72.23	6.28	16.580	–5.05
5	89.85	4	4.53	3.66	5			89.63	89.63	7.80	16.580	6.27
6	102.92	13	4.65	3.66	5			100.28	100.28	8.72	17.020	23.16
7	105.30	22	4.83	3.66	5			97.63	97.63	8.49	17.680	39.45
8	81.54	32	5.25	3.66	5			69.15	69.15	6.02	19.215	43.21
9	46.16	43	6.60	1.49	30			41.07	41.07	3.57	3.234	38.30
10	13.07	55	5.55	0.29	35			7.50	7.50	0.65	1.609	10.71
										49.19	145.94	126.77

(2) bishop 간편법

$$F_s = \frac{1}{\sum W\sin\alpha}\sum\left[\frac{c'b + (W - ub)\tan\phi'}{M(\alpha)}\right],\quad M(\alpha) = \cos\alpha\left(1 + \frac{\tan\phi'\tan\alpha}{F_s}\right)$$

안전율은 다음표와 같이 계산한다.

단 c' 과 ϕ' 은 절편의 저변, 즉 활동면 상의 값을 기입해야 한다.

①	②	③	④	⑤	⑥	⑦	⑧	⑨	⑩	⑪
절편 번호	$c'(t/m^2)$	$\tan\phi'$	$b(m)$	$W(t/m)$	$\alpha(°)$	$\sin\alpha$	$W\sin\alpha$	$u(t/m^2)$	$ub(t/m)$	$W-ub$
1	3.66	0.09	4.5	11.88	–32	–0.53	–6.30	0	0	11.88
2	3.66	0.09	4.5	30.89	–22	–0.37	–11.57	0	0	30.89
3	3.66	0.09	4.5	50.65	–13	–0.23	–11.40	0	0	50.65
4	3.66	0.09	4.5	72.41	–4	–0.07	–5.05	0	0	72.41
5	3.66	0.09	4.5	89.85	4	0.07	6.27	0	0	89.85
6	3.66	0.09	4.5	102.92	13	0.23	23.16	0	0	102.92
7	3.66	0.09	4.5	105.3	22	0.37	39.45	0	0	105.30
8	3.66	0.09	4.5	81.54	32	0.53	43.21	0	0	81.54
9	0.49	0.58	4.8	56.16	43	0.68	38.30	0	0	56.16
10	0.29	0.70	3.3	13.07	55	0.82	10.71	0	0	13.07
Σ							126.77			

⑫	⑬	⑭	⑮				⑯ = ⑭ / ⑮			
$(W-ub)\tan\phi'$	$c'b$	$(W-ub)\tan\phi'+c'b$ ⑭=⑫+⑬	$M(\alpha)$				$[(W-ub)\tan\phi'+c'b]/M(\alpha)$			
			F=1.54	F=1.80	F=1.92	F=1.89	F=1.54	F=1.80	F=1.92	F=1.89
1.04	16.47	17.51	0.82	0.82	0.82	0.82	21.41	21.29	21.25	21.26
2.70	16.47	19.17	0.91	0.91	0.91	0.91	21.16	21.09	21.07	21.07
4.43	16.47	20.90	0.96	0.96	0.96	0.96	21.74	21.69	21.68	21.68
6.34	16.47	22.81	0.99	0.99	0.99	0.99	22.95	22.94	22.93	22.93
7.86	16.47	24.33	1.00	1.00	1.00	1.00	24.29	24.31	24.31	24.31
9.01	16.47	25.48	0.99	0.99	0.98	0.98	25.81	25.85	25.87	25.87
9.21	16.47	25.68	0.95	0.95	0.94	0.94	27.08	27.17	27.20	27.19
7.13	16.47	23.60	0.88	0.87	0.87	0.87	26.88	27.02	27.07	27.05
32.43	2.352	34.78	0.99	0.95	0.94	0.94	35.23	36.60	37.14	37.01
9.15	0.957	10.11	0.95	0.89	0.87	0.88	10.69	11.33	11.59	11.53
							237.24	239.30	240.11	239.90

$F_s = 1.54$ 로 가정하면

$$F_s = \frac{237.24}{126.77} = 1.871$$

$F_s = 1.80$ 로 가정하면

$$F_s = \frac{239.30}{126.77} = 1.888$$

$F_s = 1.92$ 로 가정하면

$$F_s = \frac{240.11}{126.77} = 1.894$$

$F_s = 1.89$ 로 가정하면

$$F_s = \frac{239.90}{126.77} = 1.892$$

따라서, 안전률은 1.89로 한다.

독자들에게 드리는 제언 : 이 문제를 spread sheet를 사용하여 풀어볼 것. 이 때 계산자(計算尺, slide rule, 이것이 무엇인가?)를 이용하여 이 반복계산을 할 수밖에 없었던 지난날 기술자들의 노고를 생각해 볼 것.

10.7.6 Janbu의 간편법

Janbu의 간편법(simplified janbu method)은 비원호 파괴면(non-circular failure surface)에 적용할 수 있는 절편법 가운데 손계산(hand calculation)이 가능한 방법이다. 물론 원호 파괴면에 대해서도 적용이 가능하지만 주로 활동이 일어나는 깊이가 비교적 얕은 비원호 활동면에 적용하고 있다.

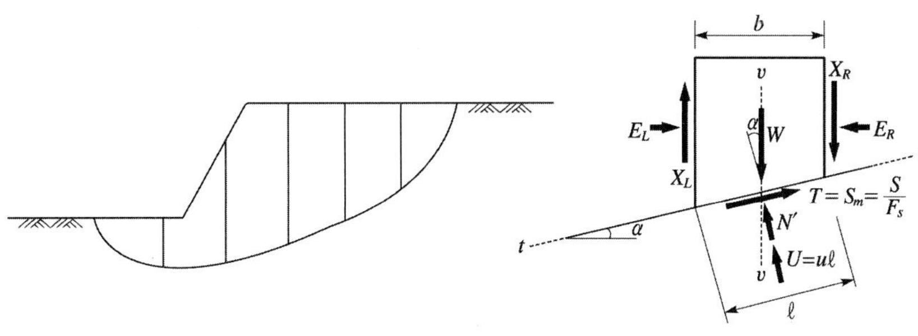

그림 10.49 Janbu의 간편법

Fellenius 방법, Bishop 간편법 등 원호 활동면에 대한 절편법에서는 모멘트 평형조건에서 안전율을 구하는데 반해, Janbu의 간편법은 힘의 평형조건에서 안전율을 구하게 된다($F_s = F_f$).

그림 10.49에는 한 개의 절편과 여기에 작용하는 힘들이 제시되어 있다. 절편의 저면은 원호의 일부분이 아님을 주의한다.

(1) 각 절편에 대한 힘의 평형해석

정정화를 위하여 설정하는 가정 : 절편 측면의 전단력은 0이다($X_L = X_R = 0$). Bishop의 간편법에서 세운 가정과 같다

부정정 차수 : $n-2$, 도입한 조건수 : $n-1$ ∴ 과정정(over-determinated)

Janbu는 $X=0$ 으로 가정하기 때문에 생긴 오차는 수정계수(correction factor) f_0 를 써서 보정할 것을 제안하였다.

N' 을 구하는 방법 : $\sum F_{v-v} = 0$ (Bishop의 간편법과 같다.)

연직방향 힘의 평형 조건에서 N' 을 구한다.(이렇게 하면 미지수 E 가 평형방정식에 포함되지 않는다.)

$$\sum F_{v-v} = 0 \ : \ W - N'\cos\alpha - u\ell\cos\alpha - S_m \sin\alpha = 0$$

그리고 $S_m = T = \dfrac{S}{F_s} = \dfrac{1}{F_s}(c'\ell + N'\tan\phi')$ 이고 $\ell = \dfrac{b}{\cos\alpha}$ 이다. Bishop 간편법과 같은 방법으로 N' 을 구하면

$$N' = \frac{W - ub - \dfrac{c'b\tan\alpha}{F_s}}{\cos\alpha\,(1 + \dfrac{\tan\alpha\,\tan\phi'}{F_s})} \tag{10.88a}$$

또는

$$N' = \frac{W - ub - \dfrac{c'b\tan\alpha}{F_s}}{M(\alpha)} \tag{10.88b}$$

$$M(\alpha) = (\cos\alpha)(1 + \frac{\tan\alpha\,\tan\phi'}{F_s}) \tag{10.89}$$

N' 을 구하는 과정과 결과는 Bishop의 간편법과 완전히 동일하다.

절편 저면 방향 힘의 평형 조건 ($\sum F_{t-t}=0$) 에서

$$T+(E_L-E_R)\cos\alpha-W\sin\alpha=0$$

$$(E_L-E_R)=W\tan\alpha-T\sec\alpha$$

$$(E_L-E_R)=W\tan\alpha-\frac{1}{F_s}(c'\ell+N'\tan\phi')\sec\alpha \tag{10.90}$$

(2) 활동 토체 전체에 대한 힘의 평형 (overall force equilibrium) 조건과 안전율의 결정

바로 앞의 식 (10.90)를 전체 절편에 걸쳐 합하면

$$\sum(E_L-E_R)=\sum W\tan\alpha-\frac{1}{F_S}\left[\sum(c'\ell+N'\tan\phi')\sec\alpha\right] \tag{10.91}$$

그런데 지표면에 경사하중이 작용하고 있지 않거나, 인장균열이 작용하는 수압이 없다면 $\sum(E_L-E_R)=0$ 이므로 식 (10.91)에서

$$0=\sum(E_L-E_R)=\sum W\tan\alpha-\frac{1}{F_S}\left[\sum(c'\ell+N'\tan\phi')\sec\alpha\right]$$

따라서,

$$F_S=\frac{1}{\sum W\tan\alpha}\sum\left[(c'\ell+N'\tan\phi')\sec\alpha\right] \tag{10.92}$$

식 (10.88a)의 N' 을 식 (10.90)에 대입하고 Bishop 간편법과 같은 방법으로 정리하면,

$$F_S=\frac{1}{\sum W\tan\alpha}\sum\left\{\left[c'b+(W-ub)\tan\phi'\right]\left[\frac{1}{\cos^2\alpha\left(1+\dfrac{\tan\alpha\tan\phi'}{F_S}\right)}\right]\right\} \tag{10.93a}$$

또는

$$F_S=\frac{1}{\sum W\tan\alpha}\sum\left\{\left[c'b+(W-ub)\tan\phi'\right]\left[\frac{1}{n_\alpha}\right]\right\} \tag{10.93b}$$

여기서,

$$n_\alpha=M(\alpha)\cos\alpha=\cos^2\alpha\left(1+\frac{\tan\alpha\tan\phi'}{F_S}\right)=\frac{1}{1+\tan^2\alpha}\left(1+\frac{\tan\alpha\tan\phi'}{F_S}\right) \tag{10.94}$$

추억 더듬기

$$\cos^2\alpha = \frac{1}{\sec^2\alpha}$$

$$1 + \tan^2\alpha = \sec^2\alpha$$

더하여 $1 + \cot^2\alpha = \csc^2\alpha$

이 식들을 기억하는 주문을 외워보면서 아련한 추억을 다시 더듬어 보자.

n_α 는 그림 10.50에서 구할 수 있다.

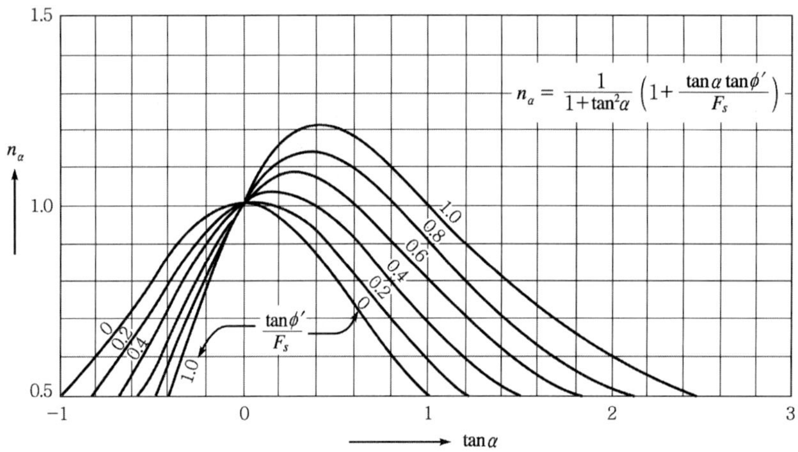

그림 10.50 Janbu 간편법의 n_α

식 (10.93)에서 F_s 가 양변에 있으므로 Bishop 간편법과 같은 요령으로 시행착오법(trial and error)으로 F_s 를 구한다.

이 경우에도 수렴은 비교적 빠르므로 시간은 걸리지만 손계산이 가능하다. spread sheet를 쓰면 간편하게 F_s 를 결정할 수 있다.

전통적인 수치해석법에 의하여서도 F_s 를 구할 수도 있는데 부록에는 Newton의 방법에 의한 F_s 결정방법이 수록되어 있다.

앞에서 언급한 것처럼 Janbu는 절편의 측면에 작용하는 전단력을 무시($X_L = X_R = 0$) 함으로써 발생하는 안전율에 대한 오차를 수정계수 f_0 를 사용하여 보정할 것을 제안하였다. 즉 시행착오법으로 얻은 안전율을 F_{s0} 라 하면 최종 안전율 F_{sf} 는

$$F_{sf} = f_0 F_{s0} \tag{10.95}$$

여기서 보정계수 f_0는 파괴면의 직선길이 L과 파괴면의 깊이 d(그림 10.51 참조) 및 흙의 특성에 따라 결정된다. 즉

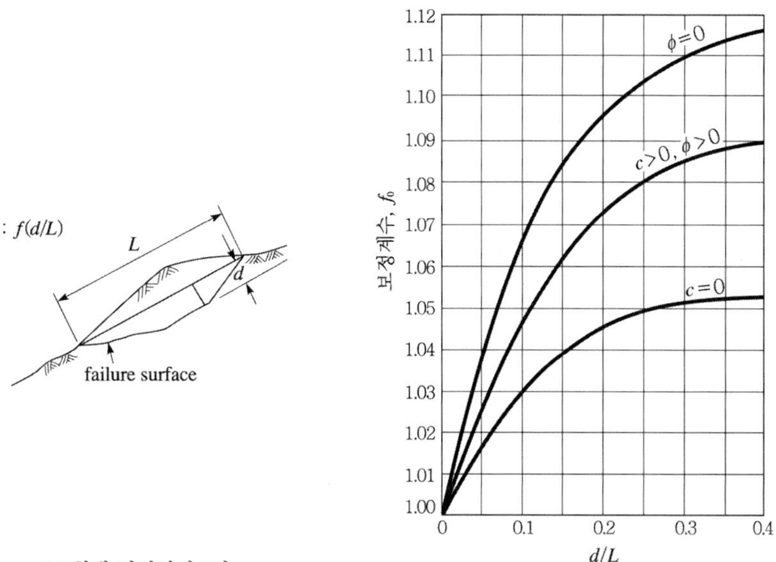

(a) 최대 직선길이 L과 파괴면의 깊이 d

(b) d/L의 보정계수 f_0

그림 10.51 Janbu의 간편법의 보정계수 f_0

- $c' > 0$, $\phi' > 0$ 인 경우 : $f_0 = 1 + 0.5\left[\dfrac{d}{L} - 1.4\left(\dfrac{d}{L}\right)^2\right]$
- $c' = 0$ 인 경우 : $f_0 = 1 + 0.31\left[\dfrac{d}{L} - 1.4\left(\dfrac{d}{L}\right)^2\right]$

  $\phi' = 0$ 인 경우 : $f_0 = 1 + 0.69\left[\dfrac{d}{L} - 1.4\left(\dfrac{d}{L}\right)^2\right]$

- 만약 활동면이 여러 종류의 흙을 지나게 되면 $c' > 0$, $\phi' > 0$ 으로 간주하여 f_0를 결정
- f_0는 그림 10.51에서도 구할 수 있다.
- f_0의 범위는 $1.0 \le f_0 \le 1.13$

즉 수정계수 f_0 에 의하여 F_{sf} 는 F_{s0} 에 비하여 증가하게 된다.

주의할 것은 f_0 에 대한 보정은 반복계산 과정에서는 실시하지 않고 반복계산 결과로 얻어진 안전율 즉 F_{s0} 에 대해서만 최종적으로 1회만 실시한다는 점이다. 그리고 주어진 활동면에 대한 안전율은 물론 F_{sf} 이다.

$$F_s = F_{sf}$$

Janbu의 간편법에 관한 몇가지 comment :

① 원호파괴면을 포함하여 일반적 형태의 활동면에 적용 가능하지만 주로 길이가 긴 일반활동면에 많이 사용되고 있음.

② 파괴면을 합리적으로 가정할 수 있는 경우 흙 사면과 암석 사면 모두에 대하여 실무기술자들이 선호하는 방법.

③ 손계산 가능, 수렴이 비교적 빠름.

④ 임계활동면을 찾아내기 위하여 사용하기 보다는 합리적으로 가정된 파괴면에 대한 안정해석에 더 편리함.

⑤ 절편간 전단력 ($X=0$)으로 가정하기 때문에 발생하게 되는 안전율에 대한 오차는 수정계수 f_0 를 사용하여 보정하고 있음.

⑥ 절편의 폭을 좁게하는 것이 더 정확한 해를 주는 것으로 알려져 있음.

⑦ 정정화를 위하여 $X=0$ 을 가정하여 결과적으로 과정정(over determinated)

⑧ 이 방법은 힘의 평형에서 안전율을 구하고 있으며($F_s = F_f$) 활동 토체 전체에 대한 모멘트 평형은 보장하지 못하고 있음. 일반적으로 힘의 평형에서 얻어진 안전율의 값은 모멘트 평형에서 얻어진 안전율보다 절편 측면에 작용하는 힘을 가정하는 방법에 따라 예민성(sensitivity)이 더 크다고 알려져 있음.

⑨ Bishop 간편법에서와 같은 수치 해법상의 문제점 발생가능함.
$M(\alpha)$ 또는 n_α 검토가 필요함. Bishop의 간편법의 참고사항을 참조

▶ **예제 10.6** $\gamma=1.60t/m^3$, $\phi_u=0$, $c_u=3.2t/m^2$ 인 지반이 있다. 이 지반을 연직 굴착하여 높이 4m인 사면을 형성하였다(경사각 $90°$). Culmann의 방법에 의하면 임계 파괴면 $\theta_f=\dfrac{\beta}{2}=45°$ 이다. 또한 Rankine 토압이론에서도 $\theta_f=45°+\dfrac{\phi_u}{2}=45°$, 즉 파괴면은 수평면과 $45°$ 를 이룸. 그러므로

아래 그림에서 AC면은 임계파괴면을 나타내고 있다.

(1) Culmann의 방법으로 이 사면의 안전율을 구함.

(2) Fellenius의 방법으로 이 사면의 안전율을 구함.

(Hint : 평면파괴면은 반경이 무한대인 원호파괴면으로 볼 수 있으며, 또 이 경우 ΔABC 전체를 1개의 절편으로 보고 F_s 를 산정할 수 있음.)

(3) Bishop 간편법으로 AC면에 대한 안전율을 구함(Fellenius의 방법과 같이 생각할 것).

(4) Janbu 간편법으로 이 사면의 안전율을 구함(단 f_0 에 의한 보정은 실시하지 말 것).

(5) Rankine 토압이론을 응용하여 높이에 대한 안전율 F_H 를 구하여라.

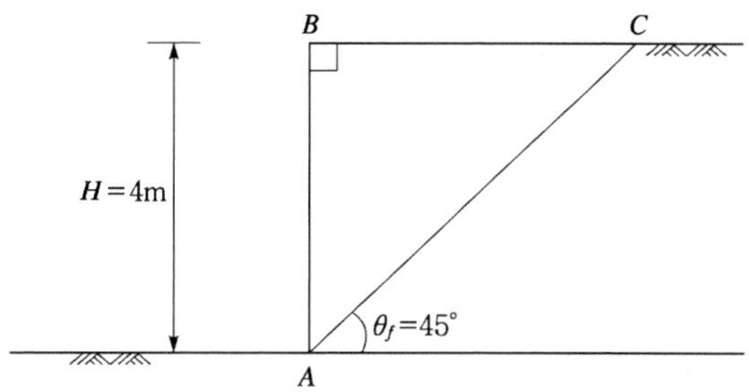

그림 예제 10.6 문제도

풀이 :

(1) Culmann의 방법

$$\frac{c_u}{F_s\,\gamma\,H} = \frac{1}{4}\tan\frac{\beta}{2}$$

$$\therefore F_s = \frac{4c_u}{\gamma H}\cot\frac{\beta}{2} = \frac{(4)(3.2)}{(1.6)(4)}\cot\frac{90}{2} = 2.0$$

(2) Fellenius의 방법

$\phi_u = 0$ 해석이므로 간극수압은 고려하지 않고($u = 0$) 흙의 단위중량은 전체 단위중량을 사용한다. ΔABC 는 단일절편이므로 Σ 기호는 사용하지 않아도 된다.

$$F_s = \frac{c_u\,\ell}{W\sin\alpha}$$

여기서, $W = \frac{1}{2}(1.6)(4)(4) = 12.8\,t/m$

$$\ell = 4\sqrt{2}\,m\,,\ \ \alpha = \theta_f = 45°$$

$$\therefore F_s = \frac{c_u\,\ell}{W\,\sin\,\alpha} = \frac{(3.2)(4\sqrt{2})}{(12.8)(\sin 45°)} = 2.0$$

(3) Bishop 간편법

Fellenius 방법과 같이 생각하여

$$F_s = \frac{1}{W\sin\alpha}(c_u b)\left(\frac{1}{\cos\alpha}\right)$$

$$= \frac{(3.2)(4)}{(12.8)\sin 45°}\left(\frac{1}{\cos 45°}\right) = 2.0$$

(4) Janbu 간편법

$$F_s = \frac{c_u\,b}{W\tan\alpha}\frac{1}{\cos^2\alpha} = \frac{(3.2)(4)}{12.8(\tan 45)}\frac{1}{(\cos 45)^2} = 2.0$$

(5) 높이에 대한 안전율 F_H

흙막이 없이 연직굴착할 수 있는 최대깊이 H_{cr} 은 $\phi_u = 0$ 이므로

$$H_{cr} = \frac{4c_u}{\gamma} = \frac{4(3.2)}{1.6} = 8.0\,m$$

$$\therefore F_H = \frac{H_{cr}}{H} = \frac{8.0}{4.0} = 2.0$$ ◀

NOTE : 이 문제는 $\phi_u = 0$ 이므로 Fellenius의 방법, Bishop 간편법, Janbu 간편법, Culmann의 방법 모두 $F_s = \dfrac{c_u\,\ell}{W\,\sin\,\alpha}$ 이 됨을 확인할 것. 또한 $\phi_u = 0$ 이면 $F_s = F_H$

10.8 전응력해석법과 유효응력해석법

흙의 전단강도를 논의할 때 흙 구조물의 안정해석방법에는 전응력해석법($\phi_u = 0$ 해석법 포함)과 유효응력해석법(또는 $c' - \phi'$ 해석법)이 있음을 이미 언급하였다. 그리고 본 장에서는 한계평형이론에 입각한 사면안정해석 방법을 서술하였다.

사면안정해석에도 물론 이들 2가지 해석방법이 모두 사용되고 있으며, 지금까지의 논의에서도 2가지 방법을 모두 사용하였다.

원칙적으로 특정사면의 안정해석은 전응력해석법과 유효응력해석법 중 어느 것으로도 접근이 가능하다. 방법의 선택은 기술자의 판단에 달린 것이며 편리성과 결과에 대한 신뢰도 등이 판단의 기준이 된다.

따라서, 각 해석방법의 본질을 이해하고 합당한 입력자료를 선정하는 것이 가장 중요한 사항이 되므로 여기에 대하여 논의해 보기로 한다.

(1) 전응력해석법

전응력해석법(全應力解析法, total stress analysis ; TSA)은 명칭 그대로 전응력만을 고려하는 안전해석 방법이다.

전단강도를 결정함에 있어서 수직응력은 전응력으로 하고, 따라서 강도정수도 전응력으로 정리하여 얻은 값, 즉 비배수시험에서 얻은 값을 사용한다. 전단강도는 파괴상태의 전응력원에 대한 파괴포락선으로 나타낸다. 즉

$$s = c_u + \sigma \tan \phi_u \tag{10.96}$$

전응력해석법을 실시하기 위한 입력자료는 다음과 같다.

강도정수 : c_u , $\phi_u (UU - Test)$

간극수압 : 고려하지 않음($u = 0$ 으로 입력)

흙의 단위중량 : 전체단위중량, 즉 지하수면 윗부분은 습윤단위중량(γ), 지하수면 아래부분은 포화단위중량(γ_{sat})

완전포화상태($S = 100\%$)인 사면(또는 지반)이 UU상태에 있으면 전응력해석법은 $\phi_u = 0$ 해석법($\phi_u = 0$ analysis)이 된다. $\phi_u = 0$ 해석법은 전응력해석법 중 가장 유용한 해석방법이다.

$\phi_u = 0$ 해석법을 위한 입력자료는 물론 전응력 해석자료와 같다. 다만 전단강도는 비배수강도 $s_u = c_u$ 이다.

강도정수 : $s_u = c_u$, $\phi_u = 0$ (UU-Test, 일축압축시험, Vane 시험 등에서 결정)

전응력해석법의 또 다른 적용 예로 다단계 성토, 또는 흙 댐의 수위 급강하 시의 사면안정해석이 있다. 이 때의 비배수강도는 급속한 성토 또는 수위 급강하 시의 압밀(배수)상태에 대응하는 압밀비배수시험에서 얻는다. 흙의 단위중량은 전체단위중량, 간극수압은 무시한다($u = 0$).

전응력해석법은 유효응력해석법에 비해 이론적 근거가 상대적으로 확립되어 있지 못하다. 이것은 흙의 강도는 유효응력에 관계되기 때문이다.

$\phi_u = 0$ 해석법은 포화점토 지반의 단기안정해석에 적합하며 그 정확도는 비배수강도의 정확도에 달려있다. 즉 공시체와 현장의 파괴시 간극비(밀도)의 일치여부에 달렸다.

지금까지 전응력해석법($\phi_u = 0$ 해석법 포함)을 적용한 예로는 Fellenius 방법에서 약간 언급하였고, Culmann의 방법, 마찰원법, Taylor의 사면안정도표가 여기에 속한다.

(2) 유효응력해석법

유효응력해석법(*有效應力解析法*, effective stress analysis ; ESA)은 그 명칭이 의미하듯이 흙의 전단강도를 결정함에 있어서 수직응력은 유효응력으로 한다. 따라서, 강도정수도 유효응력으로 정리하여 얻은 값 c', ϕ' 을 사용하는 방법이다.

전단강도는 파괴상태의 유효응력원에 대한 파괴포락선으로 나타난다.

$$s = c' + \sigma' \tan\phi' = c' + (\sigma - u)\tan\phi' \tag{10.97}$$

여기서, 강도정수 c', ϕ' 은 $\overline{CU} - Test$ 에서 얻은 값이다.

유효응력해석법을 실시하기 위한 입력자료는 평형상태를 해석하기 위하여 선택하는 역계(force system)에 따라 다음과 같이 된다.

① 역계 1(전체중량, 경계면 간극수압, 경계면 유효응력)을 선택하는경우

강도정수 : 유효응력으로 정리하여 얻은 값(c', ϕ' 또는 c_d , ϕ_d)

간극수압 : 반드시 입력시켜야 함. 침투이론(예, 유선망)이나 수치해석으로 결정하고 실측할 수도 있음.

흙의 단위중량 : 전체 단위중량 입력, 지하수면 아래부분은 포화단위중량(γ_{sat}) 지하수면 윗 부분은 습윤단위중량(γ) 입력.

이 방법이 사면안정해석의 주종을 이루고 있다. 이 방법의 정확성은 정확한 간극수압의 파악(추정)에 달려 있다.

지금까지 역계 1을 이용한 사면안정해석은 절편법(Fellenius, Bishop 간편법, Janbu 간편법)과 무한사면 안정해석(이 경우 역계 1, 역계 2를 함께 사용) 등이 있다.

② 역계 2(수중중량, 침투압, 경계면 유효응력)를 선택하는 경우

강도정수 : 역계 1과 같음.

간극수압 : $u = 0$ 으로 입력

- 침투압(seepage force) : 입력이 필요함. 정수압 상태에서는 0.
  1차원 침투에서는 침투압 합력 결정이 용이함.
  2차원 흐름에서는 결정 복잡함.
- 흙의 단위중량 : 유효단위중량 입력. 지하수면 아래는 수중단위중량(γ'), 지하수위 윗쪽은 습윤단위중량(γ) 입력.
  지금까지 이 역계가 채택된 경우에는 침투수류가 있는 무한사면 안정해석이 있다.(역계 1과 함께 채택하여 그 결과가 같음을 보였음.) 특히 수중(水中, submerged)무한사면해석에서는 우선적 방법으로 선택되었다.

유효응력해석법은 흙의 강도는 유효응력에 관계된다는 유효응력원리에 따르고 있으므로 이론적 근거가 확실하다. 이 방법의 정확성은 간극수압의 정확한 결정에 달려있다. 따라서 포화점토의 경우 장기안정해석에 편리한데 이 때에는 간극수압 결정이 상대적으로 용이하기 때문이다.

사면을 포함하는 흙 구조물의 안정은 전응력해석법과 유효응력해석법 중 어느것으로나 해석이 가능하다. 두 해석법에선 얻은 결과에 대한 신뢰도에도 차이는 없다. 전응력해석법(특히 $\phi = 0$ 해석법)에서는 전단강도의 결정이 어렵고 유효응력해석법에서는 간극수압의 결정이 쉽지 않다. 따라서, 어떤 방법을 선택하느냐 하는 것은 기술자의 선택에 달려 있다. 그러나 대상구조물의 상테에 따라 디 편리한 안정해석방법이 이미 알려져 있는 것이 많다. 앞으로 흙 구조물 수명동안 가장 위험해지는 경우와 그 때의 안정해석방법에 관하여 논의해 보기로 한다.

10.9 흙 사면에 대한 안전율의 시간에 따른 변화 및 안정해석

사면을 포함한 흙 구조물(earth structure)은 착공에서 완공 후 장시간 경과 후까지 그 안전율이 변하게 된다. 이것은 흙 구조물에 발생하는 내적, 외적 요인에 따라 흙의 강도와 응력이 달라지기 때문이다.

흙 구조물이 가장 위험하게 되는 때, 즉 안전율이 최소로 되는 때가 언제인가를 알아내고 그 때에도 이 구조물이 안전한 것으로 판정되면 이 구조물은 안전한 것으로 볼 수 있다. 즉 흙 구조물의 안정성을 확인하거나 안전하게 설계하기 위해서는 가장 위험해지는 경우를 찾아내고 그 때의 안전율이 허용안전율보다 큰지 적은지를 검토해 보아야 한다. 다음은 흙 사면에 대한 안전율의 시간에 따른 변화를 설명하고 있다.

10.9.1 포화점토지반의 굴토사면에 대한 안전율의 시간에 따른 변화 및 안정해석

점토지반을 굴토하여 사면을 형성하는 경우 지하수면 아래에 있는 가상파괴면상의 한 점 P에 대한 시간에 따른 전단응력, 간극수압, 전단강도 및 안전율의 변화는 그림 10.52에 제시되어 있다.

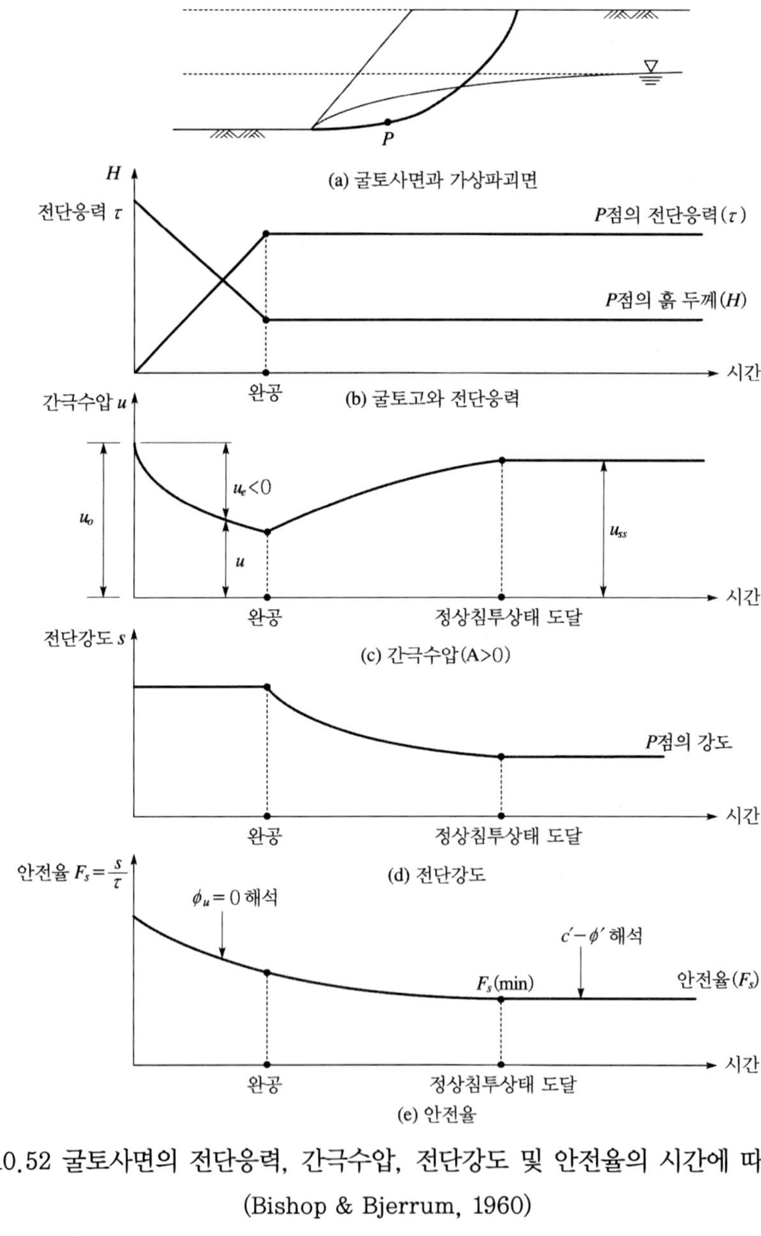

그림 10.52 굴토사면의 전단응력, 간극수압, 전단강도 및 안전율의 시간에 따른 변화 (Bishop & Bjerrum, 1960)

(1) 전단응력 : τ

◦ 착공에서 완공까지(공사기간 중)

• 굴착이 진행됨에 따라 P점 위의 흙 두께는 얇아지고 따라서 전단응력은 증가하여 완공시 최대값에 이르게 된다.

◦ 완공에서 정상침투상태까지

• 완공시의 전단응력 값을 그대로 유지하게 된다.

(2) 간극수압 : $u\,(A>0)$

다음은 굴토에 의하여 점토가 팽창하는 경우, 즉 간극수압계수 $A>0$ 인 경우에 대한 설명이다 ($A<0$ 은 '심하게' 과압밀된 상태).

◦ 초기(굴착전)간극수압 : u_0 (정상침투상태의 간극수압, 대부분 정수압인 경우가 많음.)

◦ 착공에서 완공까지(공사기간중)

• 굴토속도가 물의 유출입(여기서는 유입) 속도보다 대단히 빠르므로 비배수상태로 볼 수 있다.

• 굴토에 의한 응력감소는 음(−)의 과잉간극수압을 유발한다(흙은 팽창하려 하나 비배수상태이므로 팽창불가능, 대신 음(−)의 과잉간극수압 발생).

굴토에 의하여 유발되는 간극수압의 변화량 Δu 는 과잉간극수압 u_e 와 같으며 그 크기는 Skempton의 간극수압 방정식에서

$$\Delta u = u_e = B\left[\Delta\sigma_3 + A\left(\Delta\sigma_1 - \Delta\sigma_3\right)\right]$$

여기서 $\Delta\sigma_1$ 과 $\Delta\sigma_3$ 는 각각 굴토에 의한 최대 및 최소 주응력의 변화량이며 모두 음(−)의 값이다. 따라서, $A>0$ 인 경우에는 $\Delta u = u_e < 0$, 즉 음(−)의 과잉간극수압이 발생한다. 전체수압 u는 초기간극수압 u_0 에 과잉간극수압 $u_e = \Delta u$ 를 더한 것과 같다.

$$u = u_0 + \Delta u \qquad (10.98)$$

$\Delta u < 0$ 이므로 간극수압은 공사기간 중 감소하게 된다. 완공시 간극수압은 최소가 된다. 그림에서 u_0 을 지나는 수평선과 u 사이의 연직거리가 u_e 인 셈이 된다.

◦ 완공에서 정상침투상태까지

- 물의 유출입이 가능해진 상태 : 과잉간극수압 소산이 일어나는 상태
- 흙은 느린 속도로 물을 흡수하므로 음(−)의 과잉간극수압이 서서히 소산됨. 따라서 전체 간극수압은 천천히 증가하여 정상침투상태에서 과잉간극수압이 완전히 소산되고 전체간극수압은 최대값에 이르게 됨. 이후는 간극수압이 평형상태를 이루어 일정하게 유지됨(정상침투상태 또는 정수압 상태).

(3) 전단강도 : s

◦ 착공에서 완공까지(공사기간 중)

- 비배수상태이므로 체적변화, 즉 밀도변화가 일어나지 않으므로 강도는 지반이 원래 가지고 있던 값 그대로 일정하게 유지된다. 즉 $s_u = c_u$ 로 일정하다.
- 이 기간 동안의 강도는 비배수강도이며, 공사하기 전 이 흙이 본래 가지고 있던 강도, 즉 비배수강도 $s_u = c_u$ 가 그대로 유지된다고 생각한다.

◦ 완공에서 정상침투상태까지

완공 후에는 음의 간극수압이 소산되면서 흙은 물을 흡수하여 팽창하고 밀도는 감소해간다. 한편 완공 후에는 전단응력 τ 와 함께 전응력 σ 는 일정한데 반해 간극수압은 증가하므로 유효응력은 점차 감소한다. 따라서, 흙의 강도는 밀도의 입장에서 보면 밀도가 감소하므로 강도는 점차 감소하여 간다. 유효응력 입장에서 고찰하면 유효응력이 감소하므로 강도도 감소하게 된다. 따라서, 완공 후 강도는 점차 감소하여 정상침투상태(또는 정수압 상태)에서 최소가 되고 그 후는 같은 상태를 유지한다.

(4) 안전율 : $F_s = \dfrac{s}{\tau}$

◦ 착공에서 완공까지(공사기간 중)

- 이 기간에는 s 는 일정, τ 는 증가하므로 F_s 는 감소한다.

  안전율은 공사 착공후 시간과 함께 감소한다. 이 기간 동안은 $\phi_u = 0$ 해석법이 편리하다.

◦ 완공에서 정상침투상태까지

- 이때에는 τ 는 일정, s 는 감소하므로 F_s 감소한다.

  따라서, F_s 는 시간이 경과함에 따라 감소하며 정상침투상태에서 최소치에 도달. 즉 정상

침투상태에서는 τ 는 최대 s 는 최소 $\therefore F_s$ 최소

굴토사면이 가장 위험한 때는 과잉간극수압이 완전히 소산되어($u_e = 0$) 정상침투 상태 또는 정수압 상태가 된 경우이다. 이 때에는 안전율은 유효응력해석법($c' - \phi'$ analysis)으로 안전율을 구하는 것이 편리하다.

유효응력해석법은 과잉간극수압이 0인 상태에 대해 적용하는 것이 편리하지만 그때에도 간극수압의 정확한 파악이 난점이다. 그러나 흙의 강도가 유효응력에 지배되므로 이론적으로는 합당한 해석법이다.

한편 정상침투상태 또는 정수압상태 도달지점에 대해서 $\phi_u = 0$ 해석법도 이론상 적용이 가능하지만 다음과 같은 사실을 유의하여야 한다. 정상침투 상태에서는 굴토에 의한 하중변화로 인하여 점토의 밀도(간극비)가 변화하였으므로 공사 착공전의 비배수강도 $s_u = c_u$ 와 다른 강도를 가지고 있게 된다. 따라서, 착공 전에 채취한 시료에서 얻은 c_u 와 $\phi_u = 0$ 을 이용하여 안정해석을 할 때에는 배수(팽창)에 의한 비배수강도의 변화를 감안하여야 한다.

10.9.2 포화점토지반 위에 제방을 축조할 때 안전율의 시간에 따른 변화 및 안정해석

포화된 점토지반 위에 성토를 하여 제방을 축조하는 경우 지하수면 아래에 있는 가상파괴면상의 한 점 P에 대한 시간에 따른 전단응력, 간극수압, 전단강도 및 안전율의 변화는 그림 10.53과 같다.

(1) 전단응력 : τ

- 착공에서 완공까지(공사기간 중)
  - 성토 높이 H 가 증가함에 따라 전단응력 τ 는 증가하며 완공시 최대값에 도달함.
- 완공에서 정상침투상태까지
  - 완공시에 도달한 전단응력 최대값이 일정하게 그대로 유지됨.

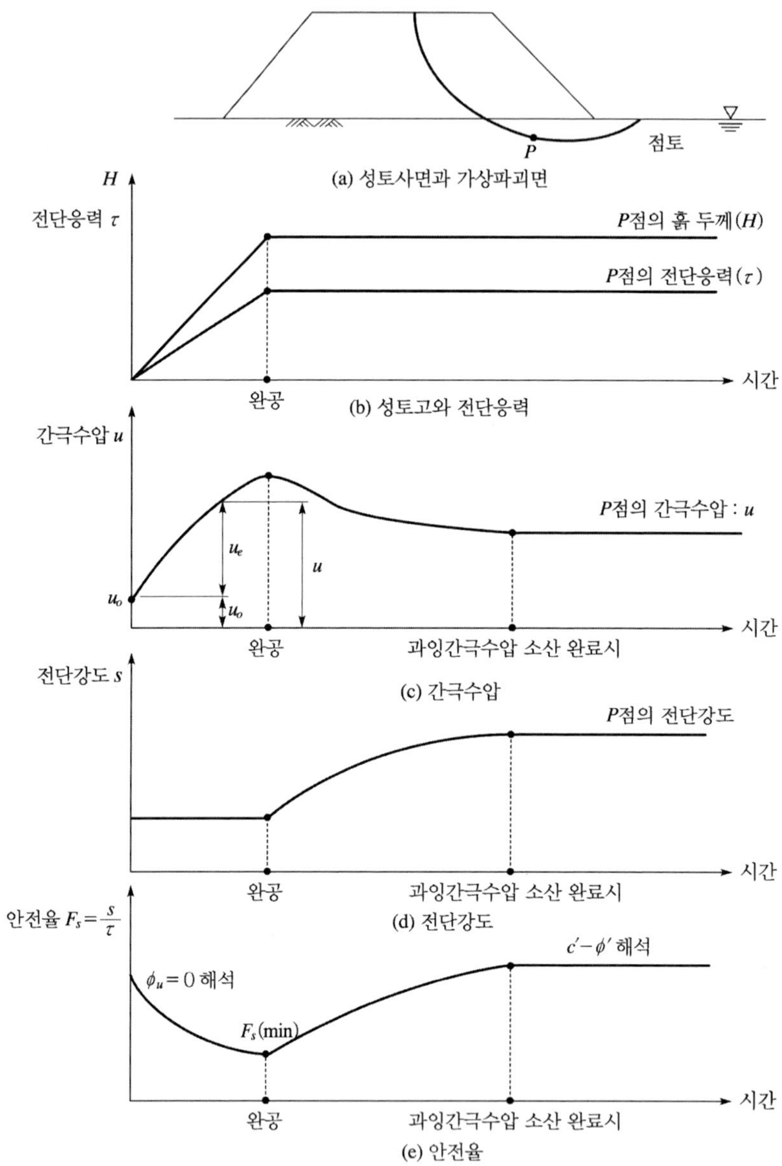

그림 10.53 포화점토지반위에 축조한 제방에 대한 전단응력, 간극수압, 전단강도 및 안전율의 시간에 따른 변화(Bishop & Bjerrum, 1960)

(2) 간극수압 : u

◦ 초기간극수압 : u_0 (정상침투상태의 간극수압, 보통은 정수압)

◦ 착공에서 완공까지(공사기간 중)

- 성토 진행속도가 물의 배출속도(압밀속도) 보다 훨씬 빠르기 때문에 비배수상태로 볼 수 있다.

  성토에 의한 응력증가에 따라 흙의 체적은 감소하려 하지만 비배수상태이므로 불가능, 그 대신 양(+)의 과잉간극수압이 발생된다.

  성토에 의한 최대주응력과 최소주응력의 변화량(증가량)을 각각 $\Delta\sigma_1$, $\Delta\sigma_3$ 이라 하면 Skempton의 간극수압 방정식에 따라 발생하는 과잉간극수압 $\Delta u = u_e$ 는

$$\Delta u = u_e = B[\Delta\sigma_3 + A(\Delta\sigma_1 - \Delta\sigma_3)] \tag{10.99}$$

  $S = 100\%$ 이면 $B = 1$ 이다.

- 전체간극수압은 초기간극수압에 과잉간극수압을 합한 값으로

$$u = u_0 + \Delta u = u_0 + u_e \tag{10.100}$$

  착공후 간극수압은 증가하여 완공시 최대값에 도달하게 된다. 그림에서 u_0 을 지나는 수평선과 u 사이의 연직거리는 u_e 이다.

◦ 완공에서 정상침투상태까지

- 물의 배출(압밀)이 허용되므로 성토하중에 의한 압밀이 진행되면서 과잉간극수압은 점차 감소하여 정상침투상태에서는 과잉간극수압이 완전히 소산되고($u_e = 0$), 간극수압은 최소치에 이르게 됨. 이 때 압밀은 종료된 상태이며 이후는 간극수압이 물론 일정한 값을 유지하게 된다(정상침투시의 간극수압 또는 정수압).

(3) 전단강도 : s

◦ 착공에서 완공까지(공사기간 중)

  비압밀 비배수(UU) 상태이므로 체적변화 없음. 따라서, 밀도의 변화 없음.

  성토에 의하여 밀도가 변하지 않으므로 흙의 강도도 변하지 않는다

  흙의 강도는 이 흙이 본래 가지고 있던 강도, 즉 비배수강도 $s_u = c_u$ 를 그대로 유지한다고 생각한다.

◦ 완공에서 정상침투상태까지

완공 이후는 전단응력과 함께 전응력은 일정하게 유지되는데 반해 간극수압은 감소하므로 유효응력은 증가한다. 압밀진행에 따라 흙의 밀도는 증가한다.

밀도의 입장 : 흙의 밀도가 증가하므로 강도도 증가한다.

유효응력입장 : 유효응력 증가에 따라 흙의 강도도 증가하게 된다($s = c' + \sigma' \tan\phi'$).

흙의 강도는 정상침투상태에서 최대가 되고 그 후는 최대치를 그대로 유지하게 된다.

(4) 안전율 : $F_s = \dfrac{s}{\tau}$

◦ 착공에서 완공까지(공사기간 중)

- 이 기간 중에는 τ 는 증가, s 는 일정, 따라서, F_s 는 시간과 함께 감소

  완공 직후(end of construction)에는 τ 는 최대, s 는 일정(최소) 따라서, 안전율 최소. 즉 포화점토지반 위에 축조한 성토사면은 완공 직후가 가장 위험하다(F_s 최소).

◦ 완공에서 정상침투상태까지

- 이 기간 중에는 τ 는 일정, s 는 증가, 따라서, F_s 증가. 즉 F_s 는 시간과 함께 증가하여 정상침투상태에서 최대치에 도달. 그 이후는 같은 안전율을 유지, 따라서 점토지반 위에 축조한 성토사면은 정상침투상태에서는 위험하지 않음.

포화점토지반 위에 빠른 속도로 성토를 하여 제방(성토사면)을 축조하는 경우 가장 위험한 시점은 완공직후 이다. 완공 이후의 안전율은 시간의 경과와 함께 증가하게 된다.

완공직후의 안정해석은 단기안정해석(短期安定解析, short term stability analysis)이며 보통은 $\phi_u = 0$ 해석법을 적용한다. 완공직후(또는 공사기간 중)의 안정해석은 유효응력해석법으로도 가능하다. 이 때 전단강도 s는

$$s = c' + (\sigma - u)\tan\phi'$$

간극수압 u는 Skempton의 방법으로 Δu 를 계산하고 $u = u_0 + \Delta u$ 로 하거나 piezometer를 설치하여 간극수압을 실측하기도 한다. 간극수압을 실측하면 공사기간 중 간극수압의 변화를 고려하여 적절한 대책을 수립하는 것이 가능하다. $\phi_u = 0$ 해석법을 선택하였다면 이러한 이점은 기대할 수 없다.

이상의 논의에서 전응력해석법과 유효응력해석법의 선택은 기술자의 판단에 따르는 것이며 이론상 두 가지 방법이 모두 적용가능함을 알 수 있다. 판단의 기준은 편리성과 신뢰성이다.

10.9.3 흙 댐 사면에 대한 안전율의 시간에 따른 변화 및 안정해석

그림 10.54에는 흙 댐에서 일어날 수 있는 가상파괴면 상의 한 점 P에 대하여 전단응력, 간극수압 및 안전율의 시간에 따른 변화를 보여주고 있다. 이들은 상 · 하류측 사면에서 별도의 변화 과정을 겪고 있음을 나타내고 있으며 댐의 운영(dam operation)에 따라 시점마다 변하고 있음을 알 수 있다.

착공에서 완공까지, 즉 공사기간 중에는 성토하중이 계속 증가하므로 전단응력도 증가한다. 살수하면서 불포화 상태에서 흙을 다지면서 성토하므로 간극수압(과잉간극수압)도 Skempton의 간극수압 방정식이 설명하듯 함께 증가한다.

$$\Delta u = B\left[\Delta\sigma_3 + A(\Delta\sigma_1 - \Delta\sigma_3)\right] \tag{10.101}$$

따라서, 안전율은 완공시까지 계속 감소한다. 이러한 현상은 댐의 상 · 하류측 사면에서 동일하게 발생한다.

완공 후에는 공사기간 중에 형성된 과잉간극수압이 소산되어 가므로 전단강도는 증가하게 된다. 이 때 전단응력은 완공시의 값을 유지하고 있는 것으로 볼 수 있으므로 안전율은 증가한다. 이 과정도 상 · 하류측 사면에서 공통적으로 일어나는 현상이다. 이 후에는 댐의 운영에 따라 전단응력, 간극수압 및 안전율이 변하게 되며 이러한 변하는 댐의 상·하류측 사면별로 다르게 나타난다.

담수(湛水)를 시작하면 시간이 경과함에 따라 제체의 간극수압은 증가하게 된다. 이 때 상류측 사면에는 사면표면에 작용하는 외수압(外水壓)에 의하여(또는 활동토체에 부력이 작용하여) 전단응력은 감소하고 안전율은 증가한다. 반면 하류측 사면의 전단응력에는 의미있는 변화는 일어나지 않는다.

댐이 만수(滿水, reservoir full)가 된 다음에는 정상침투상태(定常浸透狀態, steady seepage)가 된다. 이 때 상류측 사면은 더욱 더 안전해지지만 하류측 사면에는 정상침투상태가 되어 간극수압이 증가하므로 전단강도는 감소하고 결과적으로 사면의 안전율은 감소한다. 만일 담수된 물을 갑자기 방류하여 수위급강하(水位急降下, sudden draw down)가 일어나면 상류측 사면에는 사면표면에 작용하던 외수압이 제거되어 전단응력이 증가하므로 안전율은 크게 감소한다. 하류측 사면에는 의미있는 변화는 일어나지 않는다.

이상의 논의에서 알 수 있는 것처럼 댐은 간극수압과 전단응력의 변화에 따라 안전율이 계속적으로 변하게 된다. 그림 10.54의 시간에 따른 안전율의 변화에서 댐 사면이 위험한 경우는 다음과 같음을 알 수 있다.

상류측 사면 : 완공직후, 수위급강하시

하류측 사면 : 완공직후, 정상침투상태

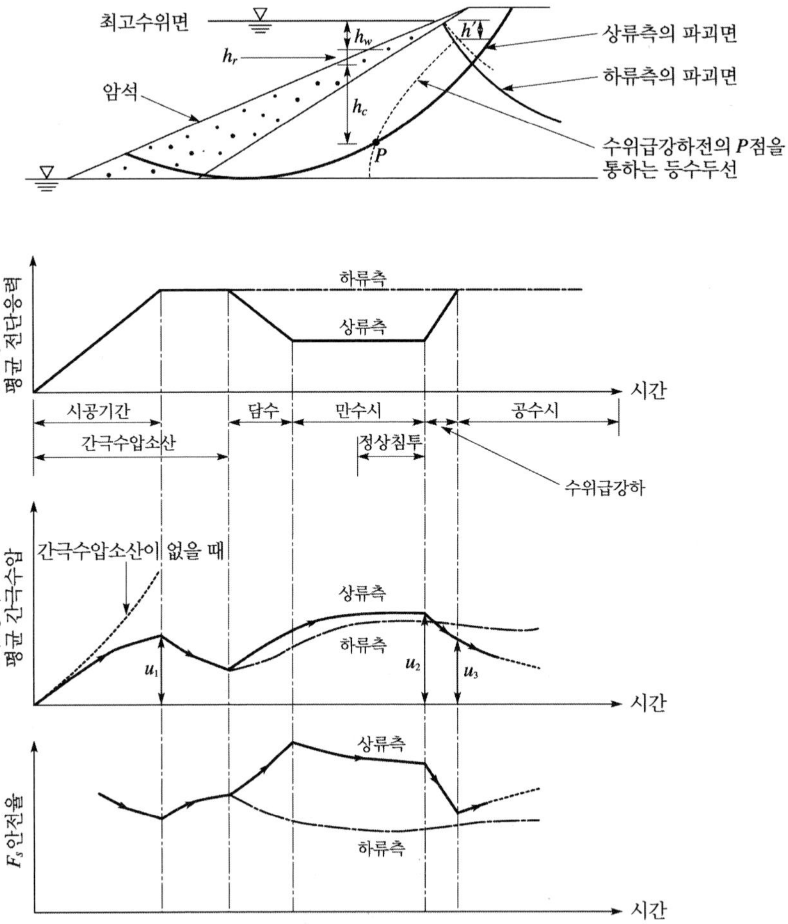

그림 10.54 흙 댐 사면에 대한 전단응력, 간극수압 및 안전율의 시간에 따른 변화

(Bishop & Bjerrum, 1960)

위에서 열거한 위험한 경우에 대한 안정해석 방법을 차례대로 설명하면 다음과 같다.

(1) 완공직후(完工直後, end of construction)

댐 완공직후의 안정해석은 전응력해석법과 유효응력해석법으로 해석이 모두 가능하다. 시공중에는 살수를 하면서 흙을 다지지만 포화상태에 이르지는 못한다($S < 100\%$). 전응력해석법에

서는 전단강도 s는

$$s = c_u + \sigma \tan \phi_u \tag{10.102}$$

로 결정하는데 여기서 강도정수 c_u 와 ϕ_u 는 $UU-Test$ 에서 얻은 값이다. 특히 $\phi_u = 0$ 해석을 실시하는 경우 주의할 점은 현장의 흙이 불포화 상태이므로 흙의 설계강도는 포화상태에서 측정한 비배수강도 c_u 보다는 더 크다는 사실이다. 전응력 해석시 흙의 단위중량은 습윤단위중량γ 로 하고 간극수압은 고려하지 않는다($u = 0$). 유효응력해석에서는 흙의 전단강도 s는

$$s = c' + (\sigma - u) \tan \phi'$$

여기서 강도정수 c', ϕ' 은 $\overline{CU}-Test$ 에서 얻은 값이다. 시공 중 배수가 전혀 일어나지 않는다면 즉 과잉간극수압이 소산되지 않는다면 간극수압 u는 Skempton의 간극수압 방정식을 이용하여 결정한다. 흙의 단위중량은 전체단위중량을 사용한다.

전응력해석법을 선택하느냐 유효응력해석법을 선택하느냐 하는 것은 기술자의 판단에 달린 것이지만 이 경우에는 보통 전응력해석법을 사용하고 있다.

(2) 정상침투상태에 대한 사면안정해석

흙 댐이 정상침투상태가 되면 하류측 사면이 위험하다.

일반적으로 정상침투상태에 대한 사면안정해석은 유효응력해석법이 더 편리한데 이는 이 때의 간극수압을 이론식으로 구하는 것이 용이하기 때문이다. 즉 전단강도 s는

$$s = c' + (\sigma - u) \tan \phi' \tag{10.103}$$

여기서, 강도정수 c', ϕ' 은 $\overline{CU}-Test$ 에서 구한다. 흙의 단위중량은 침윤선 위쪽은 습윤단위중량, 침윤선 아래쪽은 포화단위중량을 사용한다(역계 1). 정상침투상태의 간극수압 u는 유선망 등을 이용하거나 다른 이론적 방법으로 구할 수 있다. 때로는 간극수압을 실측할 수도 있다.

예를 들어 그림 10.55와 같은 흙 댐에서 가상활동면 상의 한 점 A의 간극수압 u_A 를 유선망을 이용하여 구하는 방법은 앞에서 여러 번 설명하였으나 다시 반복하면 다음과 같다.

① A점을 지나는 등수두선을 그리고 침윤선과의 교점을 B로 한다.

② B에서 그린 수평선과 A에서 올린 연직선의 교점을 C라고 하면

$$u_A = \gamma_w \overline{AC}$$

위의 식은 A에 세운 물기둥의 상승높이가 $\overline{AC}$ 와 같다는 사실을 생각해 보면 명백히 알 수 있다.

③ 이 사실은 A와 B가 동일 등수두선 상의 점들이므로 두 점의 전수두가 같다는 사실에서 쉽게 알 수 있다. 즉 $h_A = h_B$

A점을 지나는 수평선을 기준면으로 하고 B점의 간극수압이 0임을 유의하면

$$0 + \frac{u_A}{\gamma_w} = \overline{AC} + 0$$

$$\therefore\ u_A = \gamma_w\ \overline{AC} \tag{10.104}$$

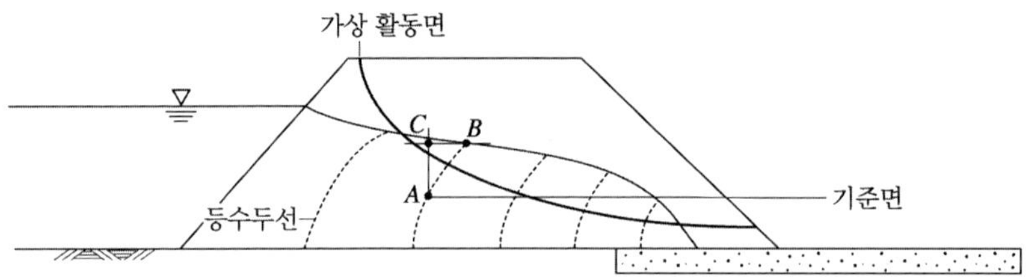

그림 10.55 유선망에서 간극수압을 구하는 방법

활동면상에 여러 점을 잡고 이러한 방법으로 간극수압을 결정하면 활동면에 작용하는 간극수압의 분포를 알 수 있다. $\phi_u = 0$ 해석법에 의한 사면안정해석도 가능하다. 물론 이 때에는 흙의 단위중량은 전체단위중량을 사용하고 간극수압은 무시한다($u = 0$).

문제점은 공사착공 전 시험실에서 측정한 비배수강도 c_u 와 현재의 현장 비배수강도가 서로 같은가의 여부이다. 즉 시험실과 현장의 밀도(다른 말로는 간극비 또는 함수비)가 같아야 비배수강도 c_u 가 같게 된다.

참고사항 : 간극수압비 r_u 를 이용하는 사면안정해석

흙 댐의 완공직후 사면안정을 유효응력해석법으로 해석할 때 공사기간 중 성토에 의해 생성되는 과잉간극수압 Δu 는 Skempton의 간극수압 방정식

$$\Delta u = B[\Delta\sigma_3 + A(\Delta\sigma_1 - \Delta\sigma_3)] \tag{10.105}$$

을 이용하여 추정한다. 이 식은 공사기간 중 과잉간극수압이 소산되지 않았을 때 즉 압밀이 전혀 진행되지 않은 경우에 해당되는 식이다. 위 식을 변형하여

$$\Delta u = B[\Delta\sigma_3 - \Delta\sigma_1 + \Delta\sigma_1 + A(\Delta\sigma_1 - \Delta\sigma_3)]$$

$$\therefore \Delta u = B\left[1 + (A-1)\left(1 - \frac{\Delta\sigma_3}{\Delta\sigma_1}\right)\right]\Delta\sigma_1 \tag{10.106a}$$

$$= r_u \Delta\sigma_1 \tag{10.106b}$$

여기서 $r_u = B\left[1 + (A-1)\left(1 - \frac{\Delta\sigma_3}{\Delta\sigma_1}\right)\right]$

r_u 를 간극수압비(間隙水壓比, pore pressure ratio)라 한다. $\frac{\Delta\sigma_3}{\Delta\sigma_1} \approx \frac{\Delta\sigma_h}{\Delta\sigma_v}$ 는 토압비(土壓比, earth pressure ratio)로서 주어진 흙에서는 일정한 값이라 볼 수 있고 간극수압계수 A, B는 성토하는 불포화토로 삼축압축시험을 실시하여 결정할 수 있다. 만약 공사기간 중 과잉간극수압이 소산되어, 즉 압밀이 진행되어 압밀도가 U가 되었다고 하면 간극수압비 r_u 는

$$r_u = B\left[1 + (A-1)\left(1 - \frac{\Delta\sigma_3}{\Delta\sigma_1}\right)\right](1-U) \tag{10.107}$$

가 된다.

$\Delta\sigma_1$ 을 토피하중(over burden) $\sigma_v = \gamma z$ 라 두면

$$u = r_u \gamma z \tag{10.108}$$

여기서 z: 지표면에서 생각하는 점까지의 깊이

r_u 의 값은 제체 전체에 대하여 식 (10.106) 또는 식 (10.107)로 결정할 수 있다.

간극수압비 r_u 를 절편법, 예를 들어 Bishop의 간편법이나 Janbu의 간편법에 활용하면 계산이 간편하게 된다. 이들 두 방법으로 안전율을 구하는 식에 포함되어 있는 항은

$$(W - ub)\tan\phi' = (W - r_u \gamma z b)\tan\phi' = W(1 - r_u)\tan\phi' \tag{10.109}$$

이 되고 $(1 - r_u)$는 모든 절편에서 동일한 값이다.

위 식에서 $h = z$ 는 절편의 평균높이이다. 따라서 Bishop 간편법과 Janbu 간편법은 각각

$$\text{Bishop 간편법}: F_s = \frac{1}{\sum W\sin\alpha}\sum\left\{\left[c'b + W\left(1 - r_u\right)\tan\phi'\right]\left[\frac{1}{M(\alpha)}\right]\right\} \tag{10.110}$$

$$\text{Janbu 간편법}: F_s = \frac{1}{\sum W\tan\alpha}\sum\left\{\left[c'b + W(1 - r_u)\tan\phi'\right]\left[\frac{1}{n_\alpha}\right]\right\} \tag{10.111}$$

식 (10.110)과 식 (10.111)에서도 안전율을 결정하기 위해서는 시행착오법을 써야 한다. 안전율을 구하기 위한 Newton 방법이 부록의 마지막 부분에 수록되어 있다. 물론 spread sheet를 사용하면

간편하게 F_s 를 수렴시켜 갈 수 있다.

정상침투상태에 있는 사면에 대해서도 간극수압비를 이용하면 사면안정해석이 간편해질 수 있다. 식 (10.106b)에서 간극수압비 r_u 는 다음과 같이 정의할 수 있다.

$$r_u = \frac{u}{\gamma h} = \frac{u}{\sigma_v} \tag{10.112}$$

여기서 γ : 흙의 전체단위중량

h : 지표면에서 잰 깊이

즉 $\sigma_v = \gamma h$ 는 전체토피하중(over burden)이다. 예를 들면 그림 10.56(a)에서 A 점의 r_u 는

$$r_u = \frac{\gamma_w h}{\gamma_{sat} h} = \frac{\gamma_w}{\gamma_{sat}} \approx \frac{1}{2}$$

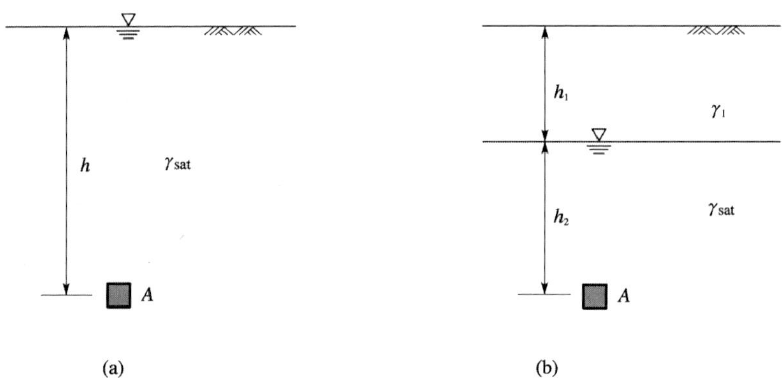

그림 10.56 간극수압비 계산 예

한편 그림 10.56(b)의 경우 A점의 간극수압비 r_u 는

$$r_u = \frac{\gamma_w h_2}{\gamma_{sat} h_2 + \gamma_1 h_1}$$

일반적으로 주어진 사면에서 r_u 는 균질하지 않으며 다음과 같은 방법으로 평균치를 구하여 단면 전체가 일정한 간극수압비를 가지는 것으로 생각하는 것이 편리하다. 이렇게 하면 가상파괴면이 달라져도 r_u 는 일정하며, 절편법의 경우 모든 절편의 저면에서 동일한 값이 되어 대단히 편리하다. 그림 10.57에서 하류측 사면의 안정성을 검토하려고 한다. 단면의 중앙선부터 댐의 저면을 적당한 수의 연직 절편(a, b, c, d)으로 분할하고, 각 절편의 중앙선을 따라 그림에 보인 것처럼 절편을 몇 개의 구간으로 나누고 각 구간의 중점에서 r_u 를 계산한다.

$$r_u = \frac{h_1 r_{u1} + h_2 r_{u2} + \cdots + h_n r_{un}}{h_1 + h_2 + \cdots + h_n} \tag{10.113}$$

여기서 $h_1, h_2, \cdots h_n$; 각 구간의 높이

$r_{u1}, r_{u2}, \cdots r_{un}$; 각 구간 중점의 r_u

단면전체의 평균 r_u 값 r_{uav} 는

$$r_{uav} = \frac{r_{ua} A_a + r_{ub} A_b + \cdots + r_{uN} A_N}{A_a + A_b + \cdots + A_N} \tag{10.114}$$

여기서, $A_a, A_b, \cdots A_N$; 절편 $a, b, \cdots N$ 의 면적

$r_{ua}, r_{ub}, \cdots r_{uN}$; 절편 $a, b, \cdots N$ 의 평균 r_u

단면의 평균 간극수압비 r_{uav} 를 식 (10.110) 또는 식 (10.111)의 r_u 에 대치하면 된다.

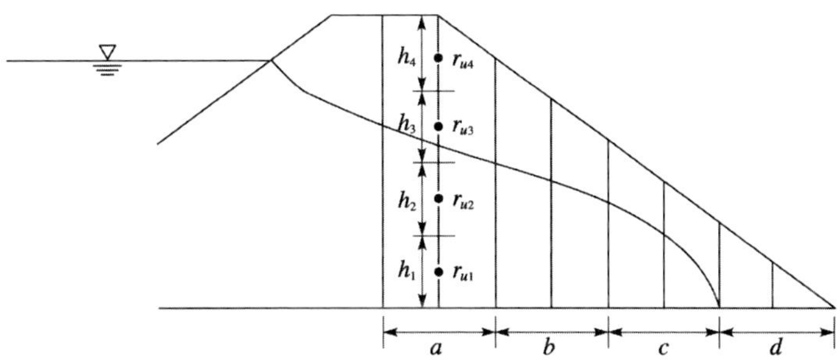

그림 10.57 단면의 평균 간극수압비 결정방법

(3) 수위급강하 직후의 사면안정해석

흙 댐이 만수상태에 있다가 수위가 급강하하면 댐의 상류측 사면이 위험한 상태가 된다. 수위급강하에 의한 안전율의 급격한 감소는 전단응력의 증가에 기인한다.

수위급강하에 의한 전단강도의 감소는 별로 크지 않다. 이 사실을 그림 10.58에 보인 P점에 대한 수위급강하 전후의 유효응력 변화를 살펴보면 알 수 있다. 이 그림에는 만수시의 침윤선과 P를 지나는 등수두선이 나타나 있으며 각종 수위도 함께 제시되어 있다.

그림 10.58에서 제체 내의 한 점 P에 대하여

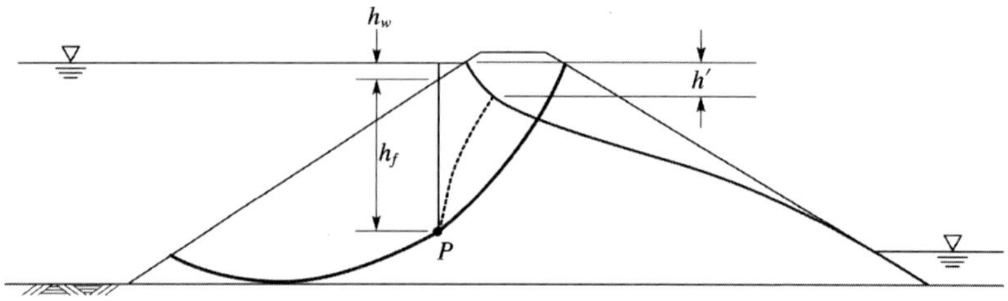

그림 10.58 수위 급강하 전의 상류측 제체의 간극수압

만수시의 유효응력 :

$$\sigma_{v0} = \gamma_w h_w + \gamma_{sat} h_f \quad \text{(a)}$$

$$u_0 = \gamma_w (h_f + h_w - h') \quad \text{(b)}$$

$$\sigma'_{v0} = \sigma_{v0} - u_0 = \gamma' h_f + \gamma_w h' \quad \text{(c)}$$

• 수위급강하 직후 :

수위급강하 직후에는 제체 내에 있는 물은 거의 배출되지 못한다고 가정한다. 이 때 P점의

$$\sigma_v = \gamma_{sat} h_f \quad \text{(d)}$$

$$u \approx \gamma_w h_f \quad \text{(e)}$$

$$\sigma'_v = \sigma_v - u = \gamma' h_f \quad \text{(f)}$$

식 (c)와 (f)를 비교해 보면 유효응력의 감소량은 $\gamma_w h'$ 이다. 보통 $h' \approx 0$ 으로 근사화하므로 결국 수위급강하 전후의 유효응력 변화는 거의 없고 따라서 전단강도의 감소량도 대단히 적다.

다음 수위급강하 전후의 전단응력(또는 활동모멘트)의 변화를 생각해 보자. 만수시에는 활동토체는 부력을 받아 전단응력은 수중단위중량에 관계된다. 또는 사면의 외수압에 의한 활동모멘트의 감소로 전단응력은 적은 값이 된다. 한편 수위급강하 직후에는 활동토체의 중량은 전체중량이 되고 사면의 외수압에 의한 활동모멘트 감소효과도 없어졌으므로 전단응력은 크게 증가한다. 정리하면 수위급강하 직후 흙 댐의 상류측 사면이 위험해 지는 것은 전단응력의 증가에 기인한다. 전단강도의 감소는 중요한 요인은 못된다. 수위급강하 직후의 사면안정도 전응력해석법과 유효응력해석법으로 해석할 수 있다.

전응력해석법은 압밀비배수 시험에서 얻어지는 비배수강도를 사용한다. 수위급강하 과정에서 제체가 완전 비배수상태이면 수위급강하 전의 압밀조건에 대응하는 비배수강도를 써서 전응력해석(또는 비배수강도 해석)을 실시한다. 만약 수위급강하 과정에서 약간의 배수가 일어난다면 압밀하중을 다르게 하여 비배수강도를 측정한다. 적절한 비배수강도를 선택하는 것은 유효응력 해석법에서 간극수압을 결정하는 것 만큼 경험과 판단력이 요구되는 사항이다.

흙의 단위중량은 전체단위중량을 입력하고, 간극수압은 고려하지 않는다($u = 0$ 으로 입력).

유효응력해석은 보통 역계 1을 선택하고 흙의 전단강도 s는

$$s = c' + (\sigma - u)\tan\phi' \qquad (10.115)$$

강도정수 c', ϕ' 는 $\overline{CU} - Test$ 에서 구하고 흙의 단위중량은 전체단위중량을 사용한다. 수위급강하 직후의 유선망을 그리는 것은 상당히 까다롭다(예를 들어 Terzaghi 등 1996). 그러나 그림 10.59에 제시한 근사적 유선망도 개략적 침투해석에 사용할 수 있다. 유선망은 침윤선에서 시작되는 수평방향의 유선과 연직방향의 등수두선으로 이루어진다. 그림 10.58의 P점의 $u = \gamma_w h_f$ 도 이 유선망을 보면 쉽게 알 수 있다. 즉 그림 10.59의 근사적 유선망에서 간극수압을 결정할 수 있다.

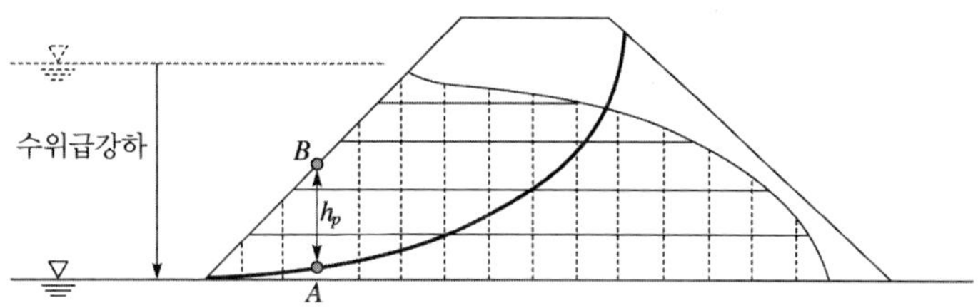

그림 10.59 수위급강하 직후의 근사적 유선망

10.10 부분수중사면의 안정해석

부분수중(部分水中, partially submerged)사면이라 함은 그림 10.60에 보인 것처럼 사면 내외에 수평한 정수위가 형성되어 사면의 일부(또는 대부분)가 물 속에 잠겨 있는 경우를 말한다. 정수압 상태이므로 침투는 일어나지 않는다. 침투수류가 있더라도 사면 내의 침윤선의 경사가 대단히 완만하면 근사적으로 부분수중상태라고 볼 수 있다. 활동면은 지하수면 아래를 지나는 것으로 생각한다.

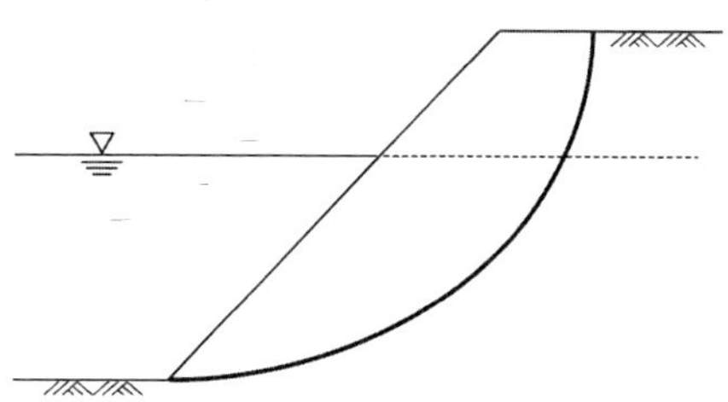
그림 10.60 부분수중사면

사면안정해석은 절편법이 주종을 이루고 있으므로 절편법의 입장에서 부분수중사면의 안정해석방법을 고찰해 보기로 한다.

(1) 유효응력해석법

지금까지 절편법(Fellenius 방법, Bishop 간편법, Janbu의 간편법 등)은 역계 1(전체중량, 경계면 간극수압의 합력, 경계면 유효응력 합력)을 선택하는 유효응력해석법을 위주로 하여 논의하였다. 부분수중사면에 대해서도 절편법 이론은 그대로 사용할 수 있다. 사면 밖에 수면(外水位, 외수위)이 형성되어 있는 경우 물의 영향을 고려하는 방법에는 다음 3가지가 있다.

방법 ① 활동면을 외수면까지 연장시키는 방법(그림 10.61(a))

활동토체 전체 중량에는 물의 중량(■AbcB의 무게)를 포함시키고 물은 단위중량이 γ_w 이고 강도정수가 모두 0($c' = 0, \phi' = 0$)인 흙으로 취급한다. 입력자료는 다음과 같다.

강도정수 : c' , ϕ' . 단 절편 저면이 물인 경우(bc면) $c' = 0, \phi' = 0$.

간극수압 : 입력(정수압임)

단위중량 : 전체단위중량

지하수면보다 윗부분 : 습윤단위중량 γ

지하수면보다 아래부분 : 포화단위중량 γ_{sat}

물 : γ_w

각 절편에 포함된 물의 무게는 절편의 전체 무게 W에 포함시킨다. 이렇게 하면 Fellenius 방법, Bishop 간편법, Janbu 간편법 등은 지금까지 논의한 계산식 그대로 사용할 수 있다. 가장 간단한 Fellenius 방법을 예로 들면

$$F_s = \frac{\sum[c'\ell + (W\cos\alpha - u\ell)\tan\phi']}{\sum W\sin\alpha} \tag{10.116}$$

절편 ◥bcd는 저면이 물로 이루어져 있다. 이 절편 저면에는 $c = 0$, $s_m = c'_m + \sigma'\tan\phi'_m = 0$ 이므로 식 (10.116)의 저항모멘트(분자)에 미치는 영향은 없다. 반면 자중 W에 의한 활동모멘트는 작용하게 되므로 식 (10.116)의 분모에는 이 영향을 고려하여야 한다. 이 절편의 $\alpha < 0$ 이므로 음(−)의 활동모멘트를 일으키고 따라서, 식 (10.116)의 분모를 감소시켜 결과적으로 사면의 안전율을 크게 하는 역할을 하게 된다.

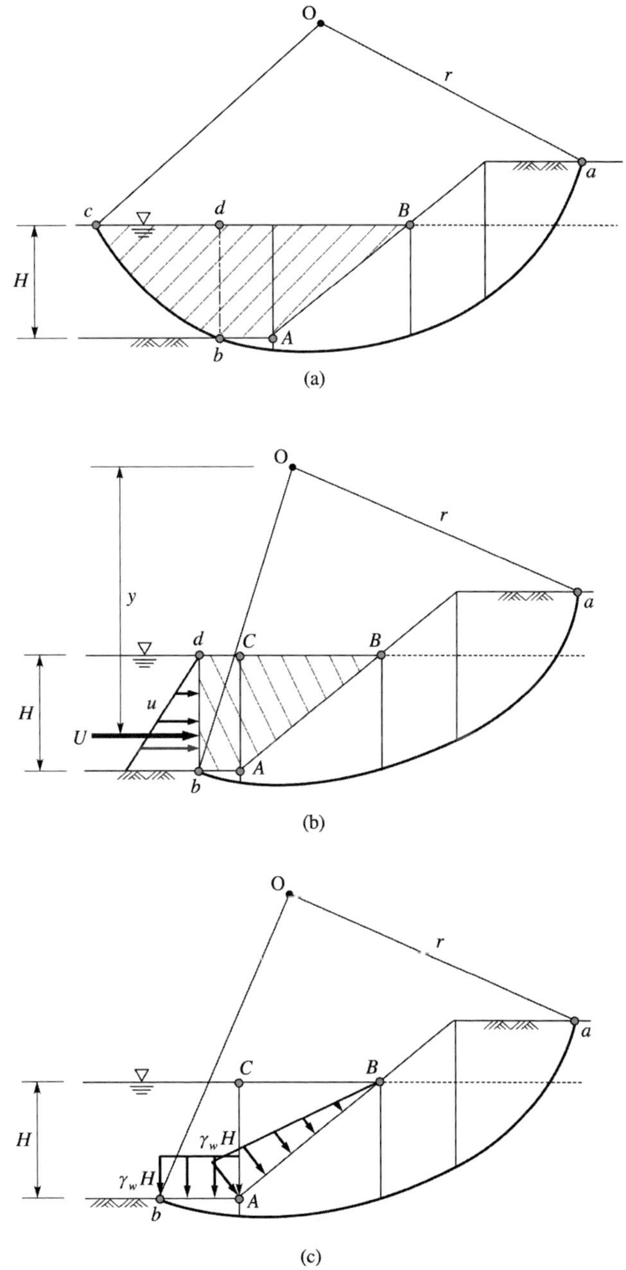

그림 10.61 외수위에 대한 처리방법

참고사항 : 외수압을 고려하는 다른 방법

방법 ② 사면 밖 물 부분의 활동면을 연직선으로 보고 이 면에 작용하는 수압을 고려하는 방법(그림 10.61(b))

활동면을 $\overline{bd}$ 로 하는 대신 $\overline{bd}$ 면에 작용하는 수압 $U = \frac{1}{2}\gamma_w(\overline{bd})^2 = \frac{1}{2}\gamma_w H^2$ 을 고려하는 방법이다. 사실상 방법 ①과 방법 ②는 같음을 쉽게 알 수 있다.

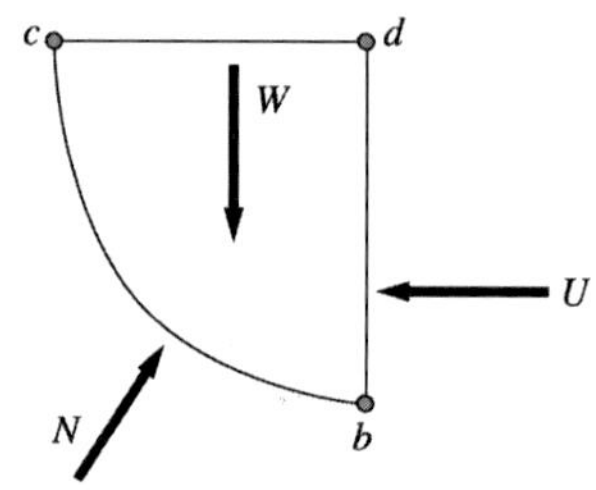

그림 10.62 절편간 경계면 bd에 작용하는 힘

즉 그림 10.62에 보인 절편 bcd에 작용하는 3개의 힘은

W : 자중, N : 수직력, U : $\overline{bd}$ 면의 간극수압이 평형상태에 있으므로 이 절편을 제거하는 대신 U의 반작용력을 bd면에 작용시켜도 효과는 같다. 즉 방법 ①과 방법 ②는 같은 결과가 된다. 그러나 이 경우에는 지금까지 사용해 온 절편법의 안전율 계산식의 형태를 그대로 쓸 수 없다. 우선 U에 의해서는 음(–)의 활동모멘트가 생기게 됨은 방법 ①과 비교해 보면 알 수 있다. 따라서, U에 의한 활동모멘트는 $-U \cdot y$ 이며 이 값은 식 (10.116)의 분모에 포함시켜야 한다.

또한 식 (10.116)의 분모와 분자에 본래 있던 반경 r은 약분된 형태임을 상기하면 이 경우 Fellenius 방법은

$$F_s = \frac{r\sum\left[c'\ell + (W\cos\alpha - u\,\ell)\tan\phi'\right]}{r\sum W\sin\alpha - Uy} \tag{10.117}$$

여기서 y는 U의 팔길이이다.

방법 ③ 활동 토체 지표면에 정수압을 작용시키는 방법(그림 10.61(c))

정수압은 지표면에 수직한 방향으로 작용하고 그 크기는 $u = \gamma_w z$

여기서 z는 수면에서 잰 깊이

이 방법이 방법 ②와 같음은 다음과 같이 밝힐 수 있다.

$\overline{bA}$ 면에 작용하는 정수압 : $u = \gamma_w z = \gamma_w H$

이 수압을 수위로 환산하면 물론 H가 되어 방법 ②의 수면과 일치한다.

$\overline{AB}$ 면의 정수압 : $u = \gamma_w z$, B점 $u = 0$, A점 $u = \gamma_w H$, 삼각형 분포

$\overline{AB}$ 를 L로 두고 사면의 경사각을 θ 라 하면 수압의 합력 U_1 은

$$U_1 = \frac{1}{2}\gamma_w HL$$

U_1 의 수평분력 U_h 와 연직분력 U_v 는

$$U_v = U_1 \cos\theta = \frac{1}{2}\gamma_w HL\cos\theta = \frac{1}{2}\gamma_w(\overline{AC})(\overline{BC}) = \gamma_w(\Delta ABC)$$

따라서, 수위는 $\overline{BC}$ 면, 즉 방법 ②의 수위와 같다.

$$U_h = U_1 \sin\theta = \frac{1}{2}\gamma_w HL\sin\theta = \frac{1}{2}\gamma_w(\overline{AC})^2 = \frac{1}{2}\gamma_w H^2$$

이 값은 방법 ②의 U와 같다.

이상을 종합하면 방법 ③은 방법 ②와 같은 방법임이 밝혀졌다.

역계 2(수중중량, 침투수압, 경계면 유효응력의 합력)를 선택하는 경우, 역계 1과 역계 2를 비교해 보면 전체중량과 경계면 간극수압의 합력을 고려하는 대신 수중중량과 침투수압의 합력을 고려해도 결과는 같다. 부분수중사면의 경우 물의 흐름이 없으므로 침투수압은 없다($J = 0$). 따라서 전체중량과 경계면 수압의 합력은 수중중량이 된다. 경계면 수압들의 합력은 전체중량과 수중중량의 차이와 같으며 이것이 곧 부력이다. 부력의 크기는 수중에 있는 활동토체의 부피와 같은 물의 무게와 같고 작용방향은 연직상향이다.

이러한 사실은 그림 10.63을 보면 알 수 있다. 이 그림 중 (a)에는 활동토체의 경계면에 작용하는 간극수압의 합력 U_1, U_2와 토체의 전체중량 W가 그려져 있다. 그림 (b)에는 힘 다각형이 그려져 있다.

그림 10.63(b)에서 경계면 간극수압들의 합력(U_1, U_2)은 부력 U와 같고 전체중량에서 부력을 뺀 것이 수중중량임을 알 수 있다($\overrightarrow{U_1} + \overrightarrow{U_2} = U$, $W - U = W'$). 활동토체의 수중부분 부피를 V라 하면 $W = \gamma_{sat}V$, $W' = \gamma' V$ 이므로

$$U = W - W' = \gamma_w V$$

U의 작용방향은 연직상향, 이것이 부력의 원리(Archimedes 원리)이다. 역계 2를 채택하는 경우 입력자료는 다음과 같다.

흙의 강도정수 : 유효응력으로 정리한 값. 즉 c' , ϕ'

간극수압 : 무시함. $u = 0$ 으로 입력

침투수압 : 반드시 입력 필요. 지금은 정수압 상태이므로 $J = 0$

흙의 단위중량 : 유효단위중량, 지하수면 위에는 습윤단위중량 γ

지하수년 아래는 수중단위중량 γ'

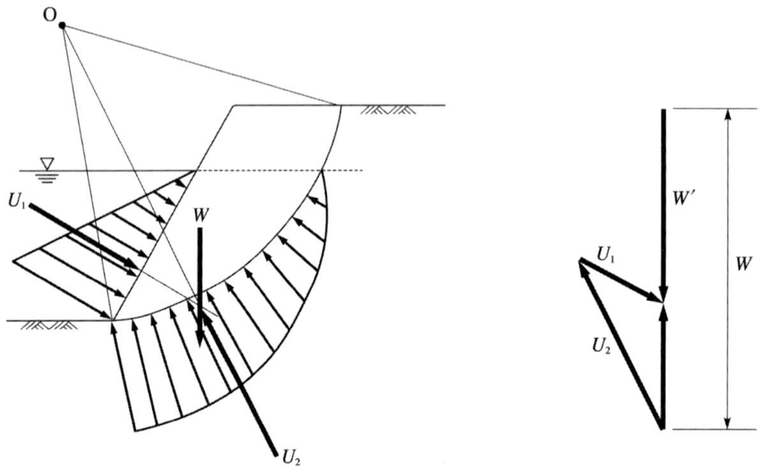

(a) 활동토체에 작용하는 힘 (b) 힘 다각형

그림 10.63 활동토체에 작용하는 부력

수중무한사면의 경우 역계 2를 선택하는 방법이 더 편리하며 우선적으로 채택되는 안정해석 방법이다. 그러나 절편법에서는 역계 1을 선택하는 방법이 주종이 되고 역계 2는 드물게 사용된다. 그 이유는 절편법이 본래 역계 1을 기준으로 만들어 졌기 때문이다. 역계 2의 경우 일반적으로 침투압의 결정이 복잡한 경우가 많기 때문이다. (정수압 상태, 일차원 침투의 경우에는 침투압 결정 용이함).

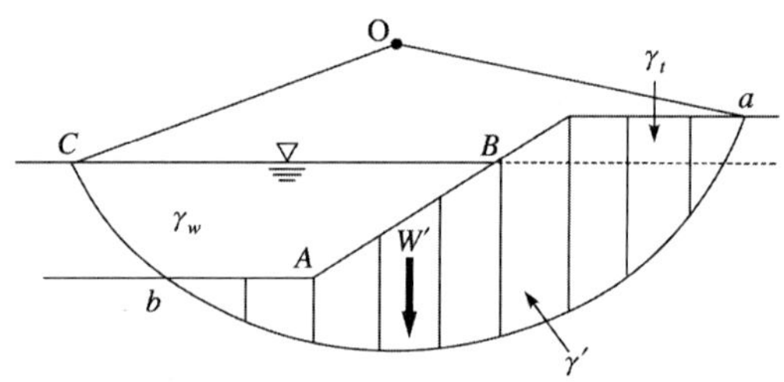

그림 10.64 부분수중사면의 안정해석 (역계 2)

(2) 전응력해석법

사면내의 간극수압을 무시하고($u=0$) 전체중량, 경계면 전응력의 합력을 선택하는 경우, 사면 밖의 물은 $\gamma=\gamma_w$, $c_u=0$, $\phi_u=0$ 인 흙으로 간주하고 사면 밖에 있는 물의 영향은 유효응력해석법의 방법 ①, ②, ③ 가운데 어느 방법으로 해석해도 결과는 같다. 단 절편법으로 안전율을 산정하는 식들을 그대로 사용하려면 방법 ①이 편리하다. 입력자료는 다음과 같다.

강도정수 : 전응력으로 정리한 값. c_u, ϕ_u 단 사면 밖의 물은 $c_u = 0$, $\phi_u = 0$.
간극수압 : 사면 내의 간극수압 무시($u = 0$), 사면 밖의 물은 고려하여야 함.
단위중량 : 전체단위중량, 수면 위에는 습윤단위중량 γ, 수면 아래는 포화단위중량 γ_{sat}, 단 물은 γ_w

안전율은 유효응력해석법과 같은 형식으로 나타나지만 $u = 0$ 이고 강도정수는 c_u, ϕ_u 로 하면 된다. 역계 2와 같이 수중중량, 침투압($J = 0$) 경계면 유효응력으로 안정을 해석하도록 입력한다면 전응력해석은 불가능하다. 이것은 전응력 해석에서는 전단강도와 전단응력이 모두 전응력(전체중량)으로 나타나기 때문이다.

10.11 사면안정해석 방법선택에 관한 일반적 사항

앞에서 이미 언급한 것처럼 전응력해석법($\phi_u = 0$ 해석법 포함)과 유효응력해석법($c' - \phi'$ 해석법) 중 어느 것을 선택하느냐 하는 것은 기술자의 판단에 달려 있다. 두 방법으로 해석한 결과에 대한 신뢰도도 차이가 없다. $\phi_u = 0$ 해석법은 비배수 전단강도를 정확하게 결정하는 것이 난점이반면 유효응력해석법은 간극수압의 정확한 추정이 어렵다. 비배수강도와 간극수압을 정확하게 결정하기 위해서는 같은 정도의 경험과 판단력이 요구된다. $\phi_u = 0$ 해석법은 간편한 반면 유효응력해서법은 토질역학 이론에 충실하나. 현장에서 간극수압을 실측한다면 유효응력해석법은 실제 간극수압의 변화에 대응하면서 공사를 관리할 수 있는 장점이 있다.

지금까지의 논의에서 사면이 비배수상태(undrained)이면 $\phi_u = 0$ 해석법, 배수상태(drained)이면 유효응력해석법이 편리하다고 볼 수 있다. 흙이 배수상태인지 비배수상태인지를 판단하는 개략적 기준으로 Duncan(1992)은 다음을 제안하였다.

① 시간계수(time factor) $T_v = \dfrac{c_v t}{H^2}$ 에 의하는 방법

$T_v > 3$ 이면 배수상태

$T_v < 0.01$ 이면 비배수상태

$0.01 \le T_v \le 3$ 이면 배수, 비배수상태 모두 검토 필요

② 투수계수 k에 의한 방법

$k > 1.0\times10^{-4}\ cm/\mathrm{sec}$ 이면 배수상태

$k < 1.0\times10^{-7}\ cm/\mathrm{sec}$ 이면 비배수상태

$1.0\times10^{-7}\ cm/\mathrm{sec} \le k \le 1.0\times10^{-4}\ cm/\mathrm{sec}$ 이면 배수, 비배수상태 모두 검토 필요.

표 10.7 전응력 및 유효응력해석법 선택과 입력자료

해석조건 입력자료	조 건		
	완공 직후	다단계 재하	장기 안정
자유배수상태 흙의 해석 방법 및 전단강도	유효응력해석법 c', ϕ' 사용	유효응력해석법 c', ϕ' 사용	유효응력해석법 c', ϕ' 사용
불투수성 지반에 대한 해석 방법 및 전단강도	전응력해석법 c_u, ϕ_u 는 UU-$Test$, $S=100\%$ 이면 $\phi_u=0$, c_u 는 현장시험에서 구함	전응력해석법 압밀도를 고려한 CU 시험에서 얻는 비배수강도	유효응력해석법 c', ϕ' 사용
사면내 간극수압	전응력해석법에서는 간극수압 고려하지 않음. 컴퓨터 입력자료로는 $u=0$ 유효응력해석법에서는 침투해석으로 u 를 구함	전응력해석법에서는 간극수압 고려하지 않음. 컴퓨터 입력자료로는 $u=0$ 유효응력해석법에서는 침투해석으로 u 를 구함	유효응력해석이므로 u 는 침투해석으로 구함
사면외부 수압	포함시킴 (일종의 하중)	포함시킴 (일종의 하중)	포함시킴 (일종의 하중)
흙의 단위중량	전체 단위중량	전체 단위중량	전체 단위중량

* 다단계 재하는 수위급강하, 단계별 시공 및 전단계 하중에 의한 압밀진행후 다음 단계의 비배수 하중이 작용하게 되는 모든 경우를 포함.

Duncan(1992)은 투수성이 대단히 큰(자유배수) 흙과 투수성이 대단히 낮은(불투수성) 흙 사면에 대하여 완공직후, 다단계 재하 및 장기안정해석 별로 실제 적용이 편리한 해석방법과 입력자료를 표 10.7와 같이 제안하였다. 유효응력해석법에서는 역계 1(전체중량, 경계면 간극수압, 경계면 유효응력)을 선택하고 있다.

10.12 사면 안정도표

컴퓨터 사용이 보편화 되기 전에는 사면 안정해석 과정에서는 임계활동면의 결정을 위한 지루하고도 시간이 소요되는 반복계산이 불가피하였다. 이러한 노력을 절약하기 위하여 많은 사면 안정해석 도표가 제안되었다. 각 방법은 그 각각의 개발 목적에 따라 특수한 기능을 갖추도록 고안되었다.

지금까지 발표된 중요한 사면안정도표의 종류와 각 방법의 개발목적 및 적용범위에 관한 간략한 내용이 표 10.8에 수록되어 있다.

사면안정도표는 단순사면(simple slope)을 대상으로 하고 주로 원호활동면에 대하여 작성되었다. 최초의 사면안정도표는 Taylor(1948)가 균질한 건조사면에 대한 전응력 해석결과를 안정 도표로 발표한 것이었다. Taylor의 안정도표는 이미 원호활동면에 대한 사면안정해석에서 논의하였다.

사면안정도표는 그 후 지하수의 영향, 상재하중, 인장균열의 효과를 고려할 수 있도록 발전되었으며, 비배수강도가 깊이에 따라 직선적으로 증가하는 경우, 수위급강하의 경우 및 비선형 파괴포락선을 채택하는 경우에까지 확장 발전하였다. 이러한 내용의 개요가 표 10.8에 수록되어 있다.

표 10.8 중요한 사면안정도표에 관한 일반적 사항

저 자	Parameters	사면 경사각의 범위 β	사면안정 해석방법	비 고
Taylor(1948)	c_u c , ϕ	0–90° 0–90°	$\phi_u = 0$ 마찰원법	건조사면에만 적용
Janbu(1954b)	c , ϕ , r_u	11°–90°	Fellenius 방법	사면선단파괴 : 무차원계수 $\lambda_{c\phi} = \frac{\gamma H}{c'} \tan\phi'$ 사용
Bishop and Morgenstern(1960)	c , ϕ , r_u	11°–26.5°	Bishop 간편법	
Gibson and Morgenstern(1962)	c_u	0–90°	$\phi_u = 0$	c_u가 깊이에 따라 직선적으로 증가

Morgenstern(1963)	c, ϕ	11°–26.5°	Bishop 간편법	수위급강하
Spencer(1967)	c, ϕ, r_u	0–34°	Spencer 방법	사면선단파괴
Hunter and Schuster(1968)	c_u	0–90°	$\phi_u = 0$	지표면의 비배수강도를 고려하는 방법, Gibson & Morgenstern 방법의 확장
O'Connor and Mitchell(1977)	c, ϕ, r_u	11°–26.5°	Bishop 간편법	Bishop & Morgenstern 방법의 확장 $\frac{c}{\gamma H} = 0.1$ 까지 적용가능
Hoek and Bray(1977)	c, ϕ	0–90°	마찰원법	Taylor 방법의 확장 지하수 및 인장균열 고려
Cousins(1978)	c, ϕ c, ϕ, r_u	0–90° 0–45°	Wedge 마찰원법	Taylor 방법의 확장 3차원 wedge 방법 무차원계수 $\lambda_{c\phi}$ 사용
Charles and Soares(1984)	ϕ	26.5°–63.4°	Bishop 간편법	비선형 파괴포락선 $\tau_{ff} = A(\sigma'_{ff})^b$

10.12.1 Janbu의 사면안정도표

Janbu(1955)의 사면안정도표는 상재하중, 침투수, 인장균열 등을 고려할 수 있으며 특히 무차원계수 $\lambda_{c\phi}$를 처음으로 사용한 방법이다. 간극수압은 간극수압비 r_u를 사용하고 해석방법은 Fellenius 방법을 사용하였다.

(1) $\phi_u = 0$ 조건인 경우

Janbu의 사면안정도표에 사용되는 기하학적 요소(사면의 높이, 경사각, 견고한 토층의 위치 등)에 관한 기호는 그림 10.65(a) 좌상부에 제시되어 있다.

$$\text{깊이비 } d = \frac{D}{H} = \frac{dH}{H} \tag{10.118}$$

NOTE : Janbu의 깊이 비 d는 Taylor의 깊이계수 D와 그 정의가 다름을 주의할 것.

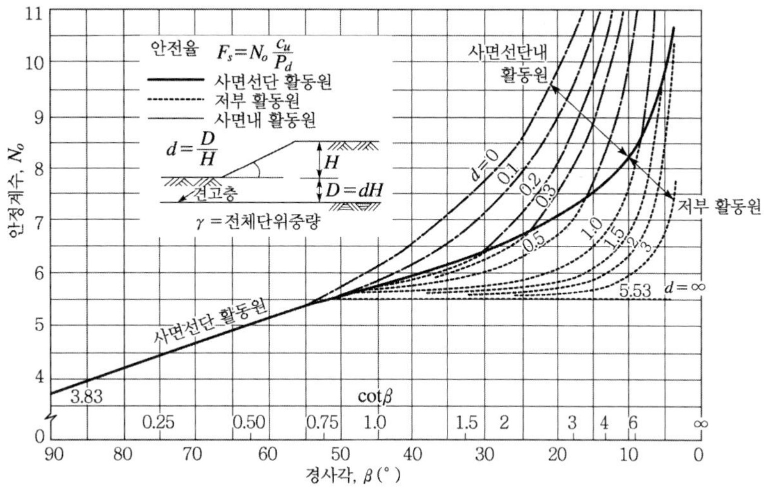

(a) 안정계수

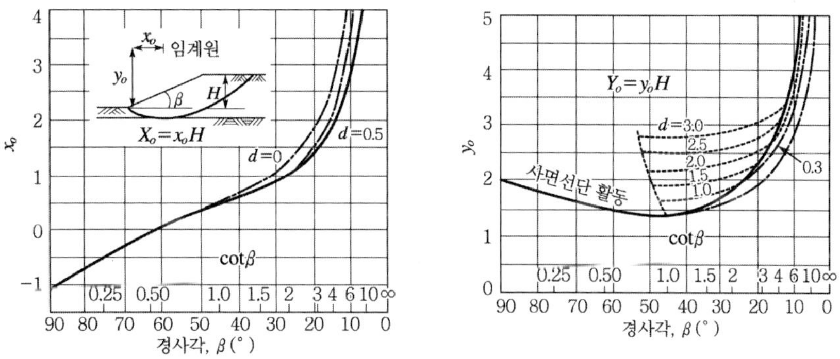

(b) 임계원의 중심

그림 10.65 Janbu의 사면안정도표($\phi_u=0$) (Janbu, 1968)

Janbu의 사면안정도표를 이용하여 안전율을 구하는 순서는 다음과 같다.

① 파괴면의 형태 결정

선단파괴	――――――――	(실선)
사면내파괴	—·—·—·—·—·	(일점쇄선)
저부파괴	-------------	(점선)

NOTE: $\beta > 53°$ 이면 d에 무관하게 항상 사면선단파괴.

② 임계원의 중심 O(X_0, Y_0)결정

사면선단을 좌표의 원점으로 잡으면 임계원의 중심 O(X_0, Y_0)는 다음과 같이 결정됨.

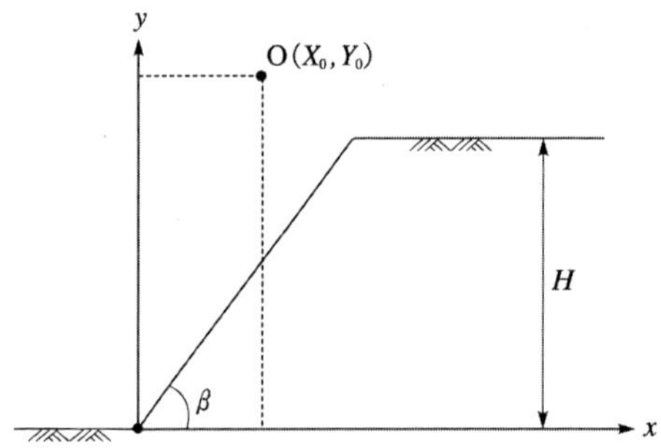

그림 10.66 임계원의 중심결정

β(또는 $\cot\beta$)
d
파괴면 형태

→ 그림 10.65(b) → x_0, y_0

β, d 그리고 파괴면의 형태를 알면 그림 10.65(b)에서 x_0와 y_0을 얻을 수 있다.

$$X_0 = x_0 H, \; Y_0 = y_0 H$$

$O(X_0, Y_0)$를 중심으로 하고 활동원의 형태에 따라 임계원을 그려 보아 그 타당성을 관찰로 판단할 수 있다.

③ P_d 계산

$$P_d = \frac{\gamma H + q - \gamma_w H_w}{\mu_q \mu_w \mu_t}$$

여기서 q : 사면의 천단부(crest)에 작용하는 등분포하중(그림 10.67 참조)

H_w : 사면의 외수위(外水位)(그림 10.68 참조)

μ_q : 상재하중에 대한 감소계수(무차원) (그림 10.67 참조)

μ_w : 외수위에 대한 감소계수(무차원) (그림 10.68 참조)

μ_t : 인장균열깊이(H_t)에 대한 감소계수(무차원)(그림 10.69, 10.70 참조)

Janbu는 인장균열 도달 깊이를 z_0 대신 H_t 로 표시하고 있음.

◦ 만약 상재하중이 없으면 ($q=0$): $\mu_q=1$

외수위가 없으면 ($H_w=0$): $\mu_w=1$

인장균열이 발생하지 않으면 ($H_t=0$): $\mu_t=1$

이렇게 함으로써 발생하지 않은 사항이 P_d 에 영향을 미치지 않게 된다.

◦ 감소계수는 다음과 같이 구할 수 있다. 사면 파괴형태가 선단파괴이면 경사각 β, 저부파괴이면 깊이비 d가 각 요소와 함께 관여하게 된다.

◦ μ_q 의 결정

선단파괴인 경우

$\dfrac{q}{\gamma H}$, β ─ 그림 10.67 (위) → μ_q

$\dfrac{q}{\gamma H}$ 와 β 를 알면 그림 10.67 위 부분에서 μ_q 를 구함.

저부파괴인 경우

$\dfrac{q}{\gamma H}$, d ─ 그림 10.67 (아래) → μ_q

$\dfrac{q}{\gamma H}$ 와 d를 알면 그림 10.67 아래 부분에서 μ_q 를 구함.

◦ μ_w 의 결정

선단파괴인 경우

$\dfrac{H_w}{H}$, β ─ 그림 10.68 (위) → μ_w

$\frac{H_w}{H}$ 와 β 를 알면 그림 10.68 위 부분에서 μ_w 를 얻음.

저부파괴인 경우

$\frac{H_w}{H}$, d —그림 10.68 (아래)→ μ_w

$\frac{H_w}{H}$ 와 d를 알면 그림 10.68 아래 부분에서 μ_w 를 얻음.

만약 $H_w = 0 \Rightarrow \mu_w = 1$

◦ μ_t 의 결정

가. 인장균열 내에 물이 없을 때

선단파괴 : $\frac{H_t}{H}$, β —그림 10.69 (위)→ μ_t

저부파괴 : $\frac{H_t}{H}$, d —그림 10.69 (아래)→ μ_t

나. 인장균열 내에 물이 있는 경우

선단파괴 : $\frac{H_t}{H}$, β —그림 10.70 (위)→ μ_t

저부파괴 : $\frac{H_t}{H}$, d —그림 10.70 (아래)→ μ_t

인장균열이 없으면($H_t = 0$) $\Rightarrow$ $\mu_t = 1$

④ 안정수 N_0 의 결정

β ┐ 그림 10.65 (a) → N_0
d ┘

⑤ F_s 의 산정

$$F_s = \frac{N_0 \ c_u}{P_d}$$

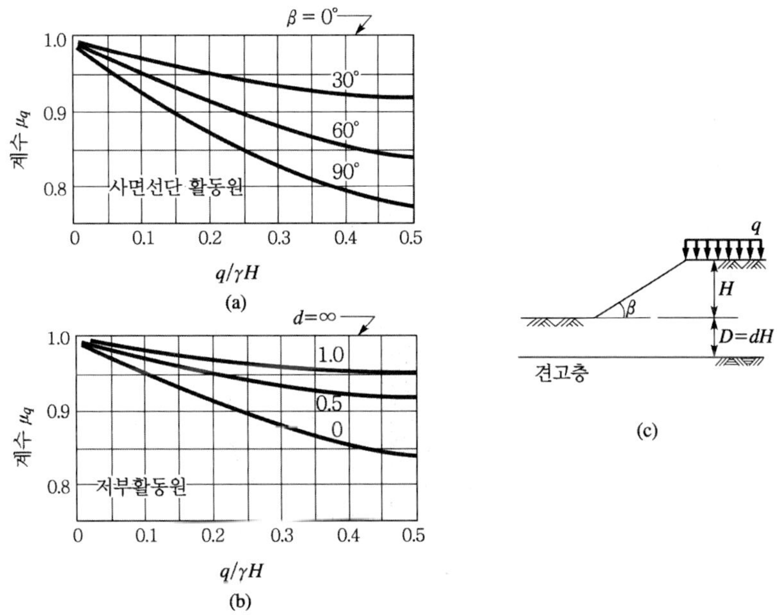

그림 10.67 상재하중에 대한 감소계수(Ja bu, 1968)

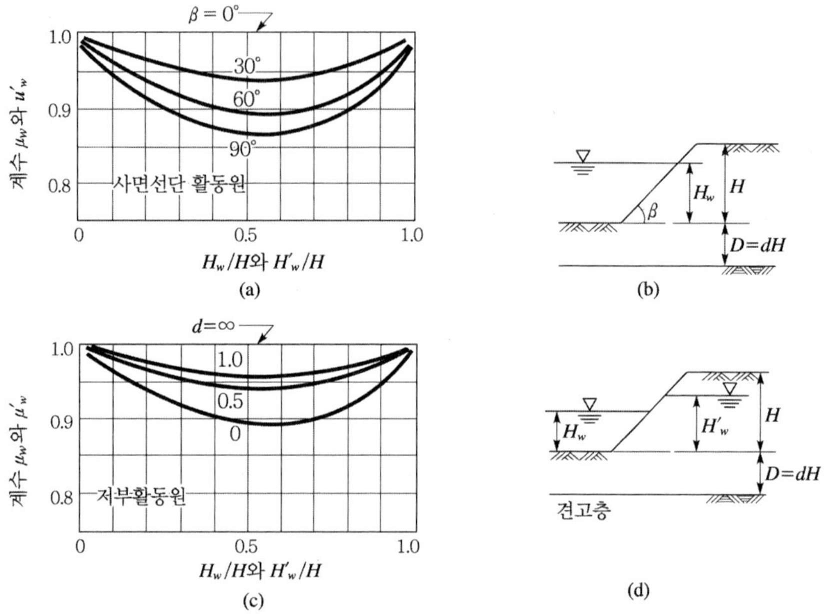

그림 10.68 부분 수중과 침투에 대한 감소계수(Janbu, 1968)

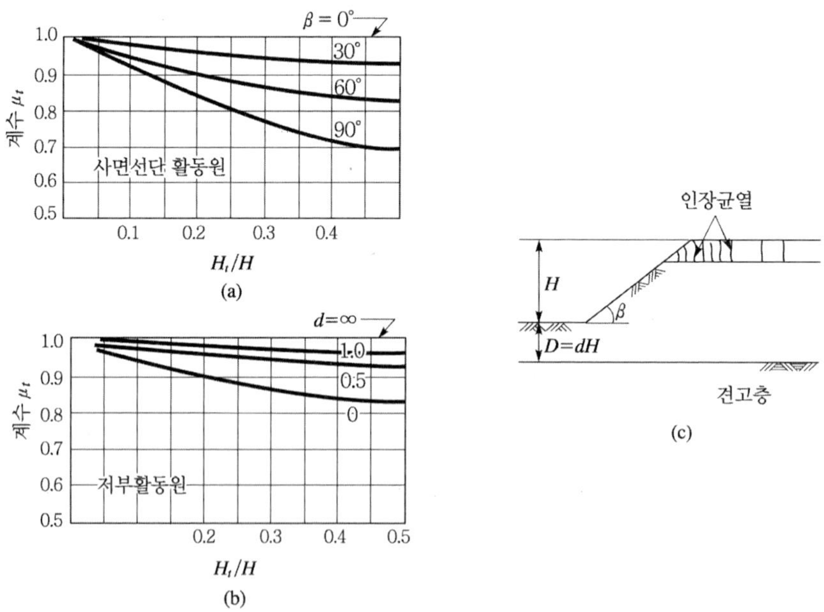

그림 10.69 인장균열에 대한 감소계수(인장균열에 물이 없을 때) (Janbu, 1968)

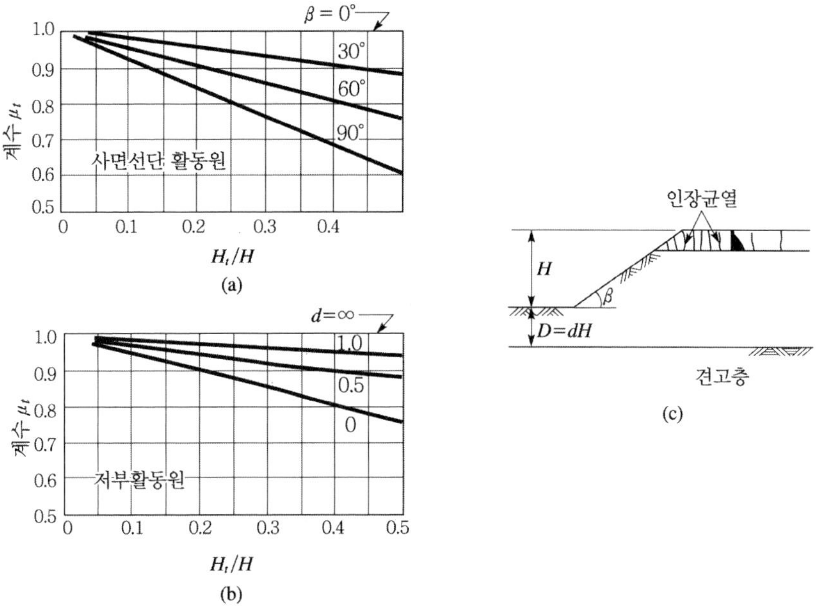

그림 10.70 인장균열에 대한 감소계수(인장균열 내에 물이 있을 때)(Janbu, 1968)

(2) $\phi > 0$ 인 경우(c-ϕ soil)

안선율 F_s 를 결정하는 과정은 다음과 깉다.

① 임계원의 종류와 위치를 가정한다.

$\phi > 0$ 이면 대부분 선단파괴이다. 사면 밖(外)에 수면이 형성되어 있거나 사면내에 연약층이 존재하면 사면내 파괴가 일어날 수 있다. 사면 아래 깊은 곳에 연약층이 있으면 저부 파괴가 일어날 수 있다.

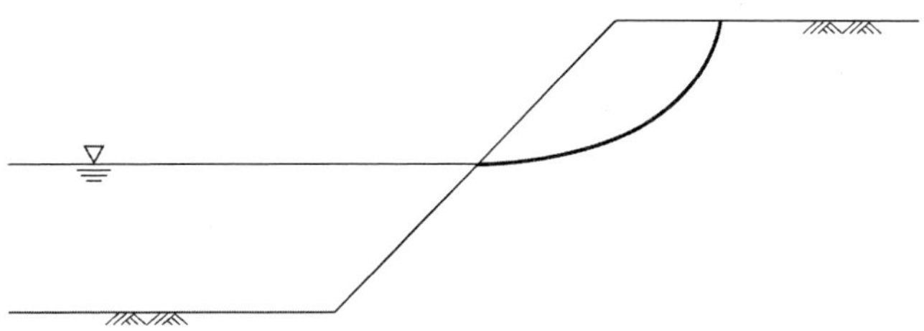

그림 10.71 사면 밖에 수면이 있는 경우의 임계원의 가정

연약층이 존재하는 경우 : 연약층을 지나는 활동면의 길이가 큼.

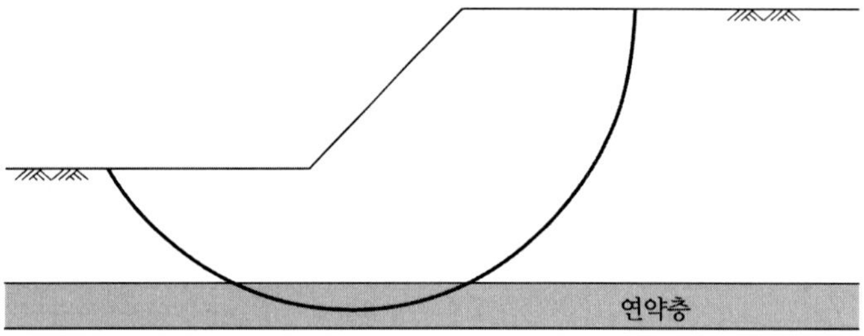

그림 10.72 연약층이 존재하는 경우의 임계원의 가정

② P_d 산정

$$P_d = \frac{\gamma\ H + q - \gamma_w\ H_w}{\mu_q\ \mu_w\ \mu_t}$$

③ P_e 산정

$$P_e = \frac{\gamma\ H + q - \gamma_w\ H'_w}{\mu_q\ \mu'_w}$$

◦ 비압밀 조건에서는 $q = 0$, $\mu_q = 1$로 둠.

◦ μ'_w 의 결정 : 그림 10.68

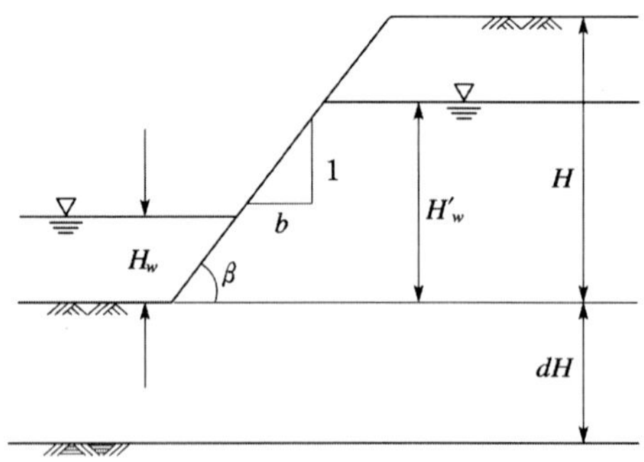

그림 10.73 μ'_w 의 결정

선단파괴 : $\dfrac{H'_w}{H}$, β → 그림 10.68 (위) → μ'_w

저부파괴 : $\frac{H'_w}{H}$, d → 그림 10.68 (아래) → μ'_w

④ 무차원계수 $\lambda_{c\phi}$ 의 결정

$$\lambda_{c\phi} = \frac{P_e \tan\phi}{c} \tag{10.119}$$

⑤ 안정계수 N_{cf} 의 결정

$b = \cot\beta$, $\lambda_{c\phi}$ → 그림 10.74(a) → N_{cf}

⑥ F_s 산정

$c > 0$ 인 경우 : $F_s = N_{cf}\,\dfrac{c}{P_d}$

$c = 0$ 인 경우 : $F_s = \dfrac{P_e}{P_d}\,b\tan\phi$

⑦ 임계원 가정의 타당성 검토

$b = \cot\beta$, $\lambda_{c\phi}$ → 그림 10.74(b) → $x_0 \rightarrow X_0 = x_0\,H$, $y_0 \rightarrow Y_0 = y_0\,H$

◦ 처음에 가정했던 임계원과 위의 임계원이 크게 다르면 다시 계산해야 함.

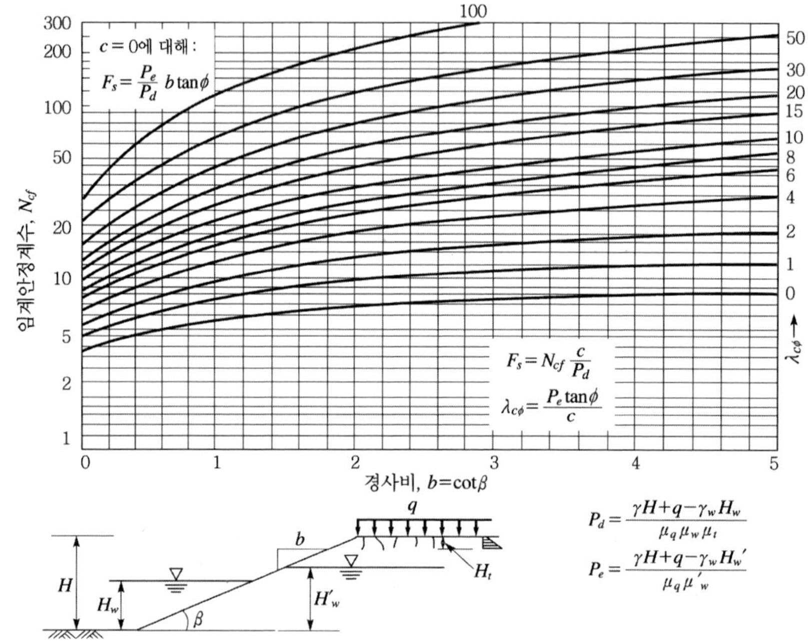

(P_e을 구하는 식에서 비압밀조건에 대해서 $q=0$ $\mu_q=1$을 취함)

(a) 임계안정계수

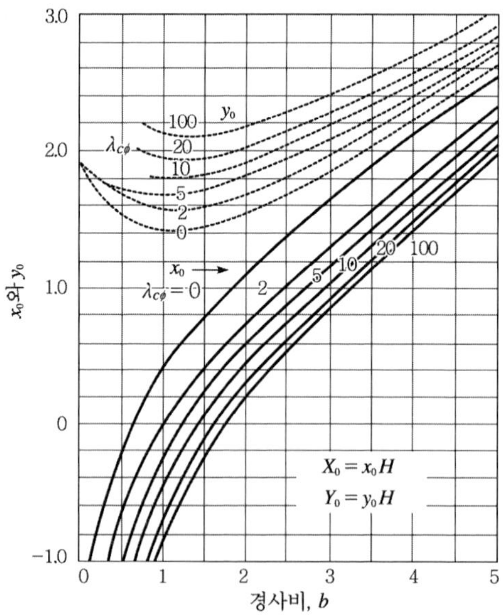

(b) 임계원의 중심

그림 10.74 $\phi > 0$ 인 흙에 대한 사면안정도표(Janbu, 1968)

▶ **예제 10.7** 그림과 같이 경사각 45°, 높이가 10m인 사면이 있다. 이 사면의 내외에는 $H_w = 3.0m$ 인 수면이 그림과 같이 형성되어 있다. 사면 선단아래 깊이 5.0m 되는 곳에 견고한 지층이 존재한다. 흙의 단위중량은 $\gamma = 1.9t/m^3$, 점착력은 $c_u = 4.5t/m^2$, 내부마찰각은 $\phi_u = 0°$ 이다. 이 사면의안전율을 Janbu의 안정도표를 이용하여 구하여라.

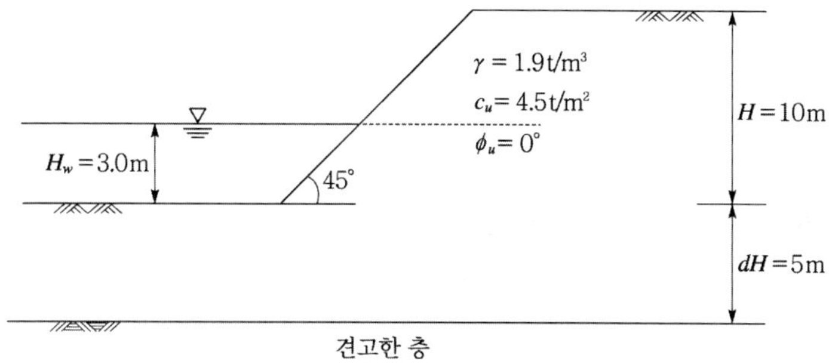

그림 예제 10.7 문제도

풀이 : $\phi_u > 0$ 인 경우임.

깊이 비 d의 결정

$$d = \frac{dH}{H} = \frac{5}{10} = 0.5$$

① 파괴형태의 결정

$\beta = 45°$, $d = 0.5$ 이므로 그림 10.65(a)로부터 사년 선단파괴

② 임계원의 중심 O(X_0, Y_0)의 결정

사면선단파괴이고 $b = \cos\beta = 1$, $d = 0.05$ 이므로 그림 10.65(b)에서

$$x_0 = 0.5$$
$$y_0 = 1.4$$

따라서

$$X_0 = x_0 H = (0.5)(10) = 5m$$
$$Y_0 = y_0 H = (1.4)(10) = 14m$$

O(5, 14)를 중심으로 하고 선단을 지나는 원을 그리면 임계원이 얻어진다.

③ P_d 의 산정

$$P_d = \frac{\gamma H + q - \gamma_w H_w}{\mu_q \mu_w \mu_t} = \frac{(1.9)(10) + 0 - (1)(3)}{(1)(0.935)(1)} = 17.1$$

여기서

- 사면 선단파괴이므로 $\frac{H_w}{H} = \frac{3}{10} = 0.3$, $\beta = 45°$ 일 때
  그림 10.68(a)에서 $\mu_w = 0.935$
- 상재하중 $q = 0$ 이므로 $\mu_q = 1.0$
- 인장균열이 없으므로 $\mu_t = 1.0$

④ 안정계수 N_0 의 결정

$\beta = 45°$, $d = 0.5$ 일 때 그림 10.65(a)로부터 $N_0 = 5.75$

⑤ 안전율의 결정

$$F_s = \frac{N_0 c_u}{P_d} = \frac{(5.75)(4.5)}{17.1} = 1.51$$ ◀

▶ **예제 10.8** 그림과 같이 경사각이 30° 이고 높이가 6m인 단순사면이 있다. 흙의 단위중량은 $1.68t/m^3$, 점착력은 $0.26t/m^3$, 내부마찰각은 25° 이다. 이 사면의 안전율을 Janbu의 안정도표를 이용하여 구하여라.

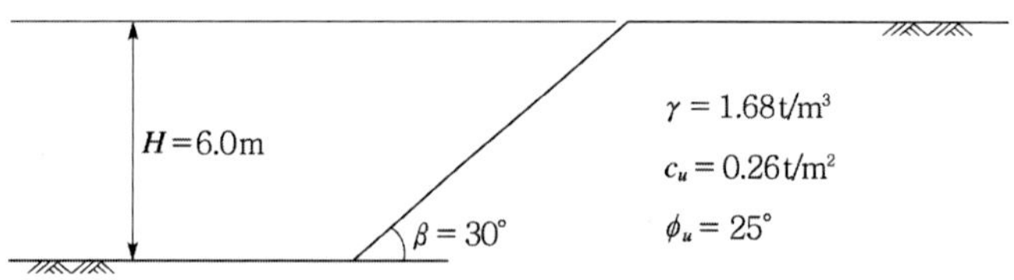

그림 예제 10.8 문제도

풀이 : $\phi > 0$ 인 경우임.

① 임계원의 가정

$\phi = 25°$, $c = 0.26t/m^2$ 이므로 선단파괴로 가정.

즉, $c-\phi$ 흙은 β 가 적은 경우에도 선단파괴가 된다.

② P_d 의 결정

$$P_d = \frac{\gamma H + q - \gamma_w H_w}{\mu_q \mu_w \mu_t} = \frac{(1.68)(6) + 0 - 0}{(1)(1)(1)} = 10.08 t/m^2$$

③ P_e 의 결정

$$P_e = \frac{\gamma H + q - \gamma_w H'_w}{\mu_q \mu'_w} = \frac{(1.68)(6) + 0 - 0}{(1)(1)} = 10.08 t/m^2$$

④ 무차원 계수 $\lambda_{c\phi}$ 의 결정

$$\lambda_{c\phi} = \frac{P_e \tan\phi}{c} = \frac{(10.08)(\tan 25^\circ)}{0.26} = 18.0$$

⑤ N_{cf} 의 결정

$b = \cot\beta = 1.73$, $\lambda_{c\phi} = 18$ 일 때 그림 10.74(a)로부터 $N_{cf} = 47.5$

⑥ 안전율 F_s 의 결정

$c > 0$ 이므로 $F_s = N_{cf} \dfrac{c}{P_d} = (47.5)\dfrac{0.26}{10.08} = 1.23$

⑦ 임계원에 대한 검토

$b = \cot 30° = 1.73$, $\lambda_{c\phi} = 18$ 일 때 그림 10.74(b)로부터 $x_0 = 0.17$, $y_0 = 1.92$ 을 얻는다. 임계원 중심점의 좌표 결정 및 가정한 임계원의 타당성을 검토해 보면

$$X_0 = x_0 H = (0.17)(6) = 1.02m$$
$$Y_0 = y_0 H = (1.92)(6) = 11.52m$$

이므로 $O(1.02, 11.52)$ 를 중심으로 하고 사면 선단 활동원을 그려보면 가정한 활동원이 타당한 것으로 판정할 수 있다. 따라서, 안전율은 $F_s = 1.23$ 으로 판정. ◀

부록 A.10.1

참고사항 : Newton의 방법을 이용한 Bishop 간편법의 안전율 결정

- Bishop 간편법에서는 안전율이 등식의 양변에 모두 있으므로 Newton의 방법 등 수치해석 방법으로 안전율을 조직적으로 결정할 수 있다. 결정과정을 프로그램 해두면 대단히 편리하다.
- 먼저 우변의 안전율을 F_0 로 가정하고 계산된 안전율 즉 좌변의 안전율 F_1 을 얻는다. 만약 $F_1 = F_0$ 이면 F_0 가 정해(正解, exact solution)가 되지만 $F_1 \neq F_0$ 이 되는 것이 보통이다. F_0 와 F_1 의 차이, 즉 오차(error)를 E라 하면

$$E = F_o - F_1 \tag{a}$$

- 가정한(assumed) 안전율 F_0 와 오차(error) E 사이의 관계가 아래의 그림에 제시되어 있다. Newton의 방법은 결국 $E = 0$ 가 되는 F_0 의 값 (즉 F_0 축의 절편)으로 접근해 가는 과정이 된다.

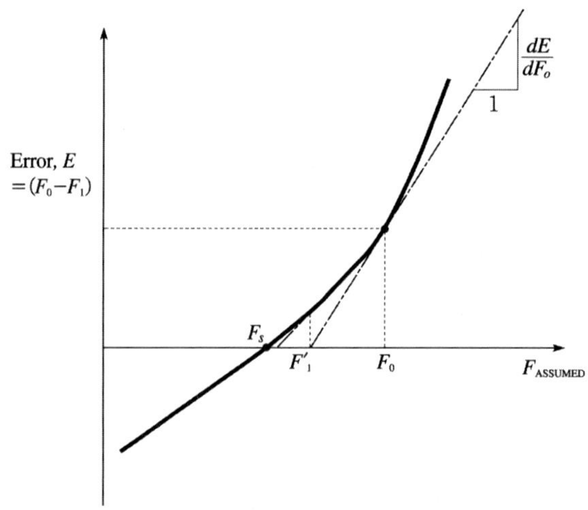

$F_o =$ 가정한 F_s 값

$F_1 =$ 계산으로 얻은 F_s 값

$F_1' =$ 개선된 새로운 F_s 값

$$F_1' = F_0 - \frac{E}{dE\,/\,dF_0} = F_0 - \frac{F_0 - F_1}{dE\,/\,dF_0}$$

- $F_0 - E$ 곡선 상의 한 점 (F_0 , $E = F_0 - F_1$)에서 그린 접선이 F_0 축과의 교점을 F_1' 이라 하면 그림에서 두 삼각형의 상사 조건에서

$$dE / dF_0 = \frac{E}{F_0 - F_1'}$$

$$F_1' = F_0 - \frac{E}{\frac{dE}{dF_0}} = F_0 - \frac{F_0 - F_1}{\frac{dE}{dF_0}} \quad \text{(b)}$$

F_1' 은 F_0 보다 정해(F_s)에 가까운 개선된 새로운(improved) 값이며, F_1' 을 새로운(new) F_0 으로 하여 새로운 F_1 을 계산해 낼 수 있다. 이때의 오차는 처음의 오차보다는 줄어들게 되며, 이 점에서 새로운 접선을 그려 개선된 F_1' 을 얻는다. 미리 오차의 허용치를 결정해두면 (예 : $E = F_0 - F_1 = 0.01$ 등) 오차가 허용치 이하가 되면 반복 계산은 끝나고 그 때의 F_0 가 F_s 인 것으로 한다. 실제 계산은 다음과 같다.

$$F_s = \frac{1}{\sum W \sin\alpha} \sum \left\{ \left[c'b + (W - ub) \tan\phi' \right] \left[\frac{1}{\cos\alpha \left(1 + \frac{\tan\phi' \tan\alpha}{F_0} \right)} \right] \right\}$$

또는

$$F_1 = \frac{\sum \left\{ \frac{\left[c'b + (W - ub) \tan\phi' \right]}{\cos\alpha + \frac{\sin\alpha \tan\phi'}{F_0}} \right\}}{\sum W \sin\alpha}$$

$$E = F_0 - F_1$$

$$\frac{dF}{dF_0} = 1 - \frac{1}{\sum W \sin\alpha} \sum \left\{ \frac{\left[c'b + (W - ub) \tan\phi' \right] \left(\frac{\sin\alpha \tan\phi'}{F_0^2} \right)}{\left(\cos\alpha + \frac{\sin\alpha \tan\phi'}{F_0} \right)^2} \right\}$$

$$\frac{dE}{dF_0} = 1 - \frac{1}{\sum W \sin\alpha} \sum \left\{ \frac{\left[c'b + (W - ub) \tan\phi' \right] (\sin\alpha \tan\phi')}{(F_0 \cos\alpha + \sin\alpha \tan\phi')^2} \right\}$$

$$F_1' = F_0 - \frac{(F_0 - F_1)}{\frac{dE}{dF_0}}$$

$$F_1' = F_0 \left\{ 1 - \frac{\sum W \sin\alpha - \sum \left\{ \dfrac{c'b + (W - ub)\tan\phi'}{(F_0 \cos\alpha + \sin\alpha \tan\phi')} \right\}}{\sum W \sin\alpha - \sum \left\{ \dfrac{\left[c'b + (W - ub)\tan\phi' \right](\sin\alpha \tan\phi')}{(F_0 \cos\alpha + \sin\alpha \tan\phi')^2} \right\}} \right\}$$

- F_1' 을 새로운 F_0 로 하여 새로운 F_1 과 F_1' 을 구하여 오차 $E = F_0 - F_1$ 미리 설정한 허용치 안에 들면 그 때의 안전율 F_0 를 F_s 로 한다.
- Bishop의 간편법을 간극수압비 r_u 를 써서 표현하면

$$F_s = \frac{1}{\sum W \sin\alpha} \sum \left\{ \frac{\left[c'b + W(1 - r_u)\tan\phi' \right]}{\cos\alpha \left(1 + \dfrac{\tan\alpha \tan\phi'}{F_s} \right)} \right\}$$

Newton의 방법을 사용하면

$$F_1' = F_0 \left\{ 1 - \frac{\sum W \sin\alpha - \sum \left\{ \dfrac{c'b + W(1 - r_u)\tan\phi'}{\cos\alpha (F_0 + \tan\alpha \tan\phi')} \right\}}{\sum W \sin\alpha - \sum \left\{ \dfrac{\left[c'b + W(1 - r_u)\tan\phi' \right](\sin\alpha \tan\phi')}{\cos^2\alpha (F_0 + \tan\alpha \tan\phi')^2} \right\}} \right\}$$

부록 A.10.2

참고사항 : Newton의 방법을 이용한 Janbu 간편법의 안전율 결정

- Janbu의 간편법에 대해서도 Bishop의 간편법과 같이 Newton의 방법을 이용하여 안전율을 수치적 방법으로 결정할 수 있다.

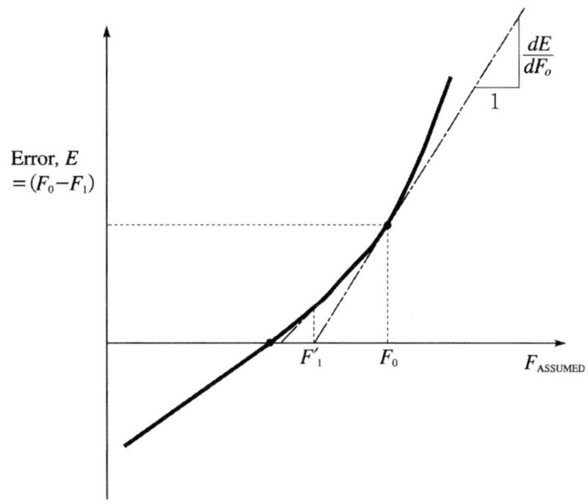

$F_o =$ 가정한 F_s 값

$F_1 =$ 계산으로 얻은 F_s 값

$F_1' =$ 개선된 새로운 F_s 값

$$F_1' = F_0 - \frac{E}{dE / dF_0} = F_0 - \frac{F_0 - F_1}{dE / dF_0}$$

$$F_1 = \frac{\sum \left\{ \frac{\left[c'b + (W - ub) \tan\phi' \right]}{\cos^2\alpha \left(1 + \tan\alpha \frac{\tan\phi'}{F_0} \right)} \right\}}{\sum W \tan\alpha}$$

$$E = F_0 - F_1$$

$$\frac{dE}{dF_0} = 1 - \frac{1}{\sum W \tan\alpha} \sum \left\{ \frac{\left[c'b + (W - ub) \tan\phi' \right] \left(\frac{\cos\alpha \sin\alpha \tan\phi'}{F_0^2} \right)}{\cos^4\alpha \left(1 + \tan\alpha \frac{\tan\phi'}{F_0} \right)^2} \right\}$$

$$= 1 - \frac{1}{\sum W \tan\alpha} \sum \left\{ \frac{\left[c'b + (W - ub) \tan\phi' \right] (\cos\alpha \sin\alpha \tan\phi')}{\left(F_0 \cos^2\alpha + \cos\alpha \sin\alpha \tan\phi' \right)^2} \right\}$$

$$F_1' = F_0 - \frac{(F_0 - F_1)}{\frac{dE}{dF_0}}$$

$$F_1' = F_0 \left\{ 1 - \frac{\sum W \tan\alpha - \sum \left\{ \dfrac{c'b + (W - ub)\tan\phi'}{\left(F_0 \cos^2\alpha + \cos\alpha \sin\alpha \tan\phi'\right)} \right\}}{\sum W \tan\alpha - \sum \left\{ \dfrac{\left[c'b + (W - ub)\tan\phi'\right]\left(\cos\alpha \sin\alpha \tan\phi'\right)}{\left(F_0 \cos^2\alpha + \cos\alpha \sin\alpha \tan\phi'\right)^2} \right\}} \right\}$$

- Janbu의 간편법을 간극수압비 r_u 를 써서 표현하면

$$F_s = \frac{1}{\sum W \sin\alpha} \sum \left\{ \frac{\left[c'b + W(1 - r_u)\tan\phi'\right]}{\cos^2\alpha \left(1 + \dfrac{\tan\alpha \tan\phi'}{F_s}\right)} \right\}$$

Newton의 방법을 사용하면

$$F_1' = F_0 \left\{ 1 - \frac{\sum W \tan\alpha - \sum \left\{ \dfrac{c'b + (W - ub)\tan\phi'}{\left(F_0 \cos^2\alpha + \cos\alpha \sin\alpha \tan\phi'\right)} \right\}}{\sum W \tan\alpha - \sum \left\{ \dfrac{\left[c'b + (W - ub)\tan\phi'\right]\left(\cos\alpha \sin\alpha \tan\phi'\right)}{\left(F_0 \cos^2\alpha + \cos\alpha \sin\alpha \tan\phi'\right)^2} \right\}} \right\}$$

연습문제

10.1 모래로 이루어진 경사각 $i = 26°$ 인 무한사면이 있다. 모래의 포화단위중량 $\gamma_{sat} = 1.95t/m^3$, $\phi' = 35°$ 일 때 다음 각 경우에 대하여 (a) 사면의 안전율, (b) 안전율 1.20을 유지하기 위한 사면의 경사각을 구하라.

(1) 건조(침투수가 없을 때) 상태

(2) 수중상태

(3) 연직하향 침투수류 발생상태

(4) 침투수류가 사면표면과 일치하여 발생하는 상태

(5) 침투수류가 수평방향으로 발생하는 상태

10.2 앞 문제의 무한사면에서 $\gamma = 1.75t/m^3$, 점착력 $c = 1.0t/m^2$ 의 조건이 추가되면 $F_s = 1.50$ 이 되기 위해서는 견고한 토층이 지표면 아래 몇 m되는 곳에 있어야 하는가? 각 상태별로 산정하라.

10.3 그림과 같은 부분수중사면의 주어진 원호활동면에 대한 안전율을 다음 방법으로 구하라.

(a) Fellenius 방법

(b) Janbu의 사면안정도표

문제를 간단히 하기 위하여 흙의 단위중량은 지하수면 아래 위에서 모두 $1.80t/m^3$ 로 하고 $\phi - 34°$, $c = 1.0t/m^2$ 로 한다.

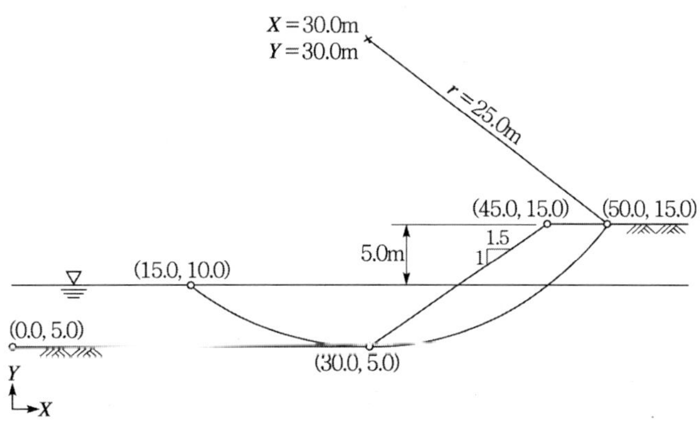

10.4 앞 문제에서 사면 밖의 수위가 급강하한 직후의 안전율을 Fellenius 방법으로 구하라.

10.5 그림에 보인 사면은 $\gamma = 1.70 t/m^3$, $\phi_u = 0$, $c_u = 3.0 t/m^2$ 이다. 주어진 원호활동면에 대하여 다음 표를 완성하고 활동토체의 무게 W와 작용선의 위치 $\bar{x}$를 구한 다음 안전율을 다음의 방법으로 구하라.

(a) 중심 O에 대한 모멘트 평형조건

(b) 마찰원법($\phi_u = 0$ 이면 $r_\phi = 0$ 이고 $F_s = F_c$ 임)

절편번호	b	h	$\overline{W}$	x	$\overline{W}_x$
Σ					

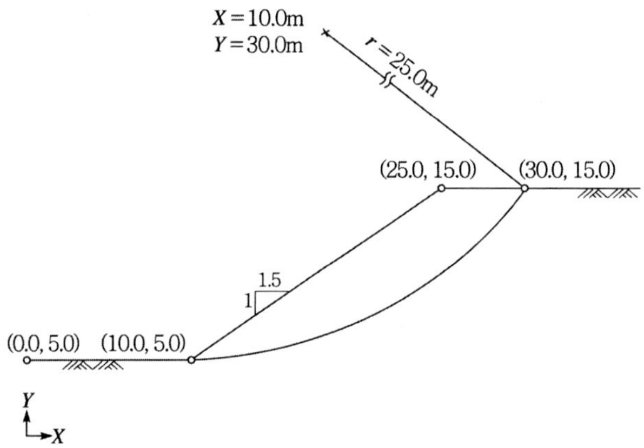

10.6 앞의 문제에서 $\phi = 20°$ 이면 안전율은 얼마인가?

(a) Fellenius 방법

(b) Bishop 간편법

(c) 마찰원법

10.7 그림에 제시된 원호활동면에 대한 사면의 안전율을 다음 2가지 방법으로 구하라.

(a) Fellenius 방법

(b) Bishop 간편법

흙의 단위중량은 지하수면 위에서는 $1.75t/m^3$, 지하수면 아래에서는 $1.90t/m^3$, $\phi' = 34°$, $c' = 0.8t/m^2$. 활동면에 작용하는 간극수압은 유선망을 그려 결정할 것.

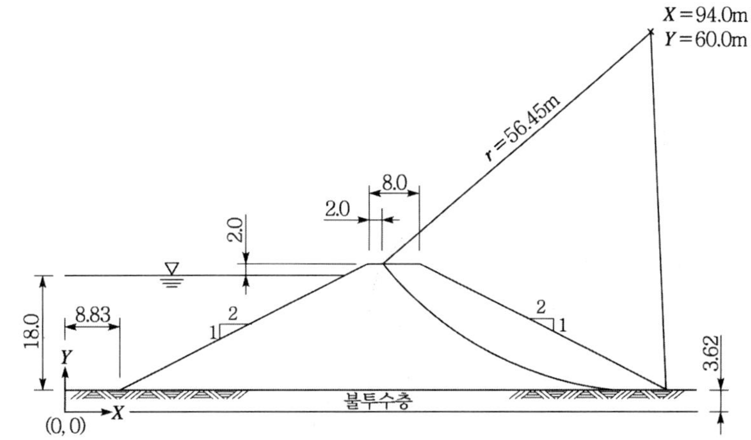

10.8 그림과 같은 비원호 활동면에 대한 사면의 안전율을 Janbu의 간편법으로 구하여라. 사면을 구성하고 있는 흙의 $\gamma = 1.82t/m^3$, $\phi' = 30°$, $c' = 0.65t/m^2$ 이다.

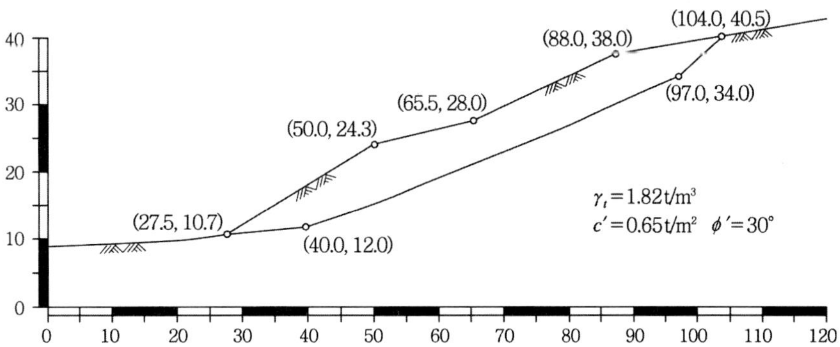

10.9 지반을 수평면과 30°를 이루는 경사면이 되도록 굴토하여($\beta = 30^\circ$) 높이 10m인 단순사면을 조성하였다. 흙의 단위중량 $\gamma = 1.85t/m^3$, $\phi = 32^\circ$, $c = 1.0t/m^2$ 일 때

(a) 사면의 안전율

(b) 안전율이 1.50이 되기 위한($F_s = F_\phi = F_c = 1.50$) 사면경사각 β 를 다음 각 방법으로 구함.

(1) Taylor의 사면안정도표(사실상 마찰원법)

(2) Janbu의 사면안정도표(사실상 Fellenius 방법)

(3) Culmann의 방법(평면파괴면)

(4) 만약 사용가능한 사면안정해석 프로그램이 있으면 Bishop의 간편법, Spencer의 방법, Janbu의 간편법 등

10.10 높이 $H = 5.0m$, 경사 1:2($\cot\beta = 2$)인 단순사면이 있다. 이 사면의 선단(toe) 아래 깊이 2.0m되는 곳에 연약층이 그림과 같이 수평면과 10°로 형성되어 있다.

사면 흙의 $\gamma = 1.80t/m^3$, $\phi' = 30^\circ$, 연약층의 $c' = 0.8t/m^2$, $\phi' = 10^\circ$, 간극수압은 0이다. 3개의 평면으로 이루어진 가상파괴면 abcd에 대한 안전율을 구하라.

(a) $\overline{fb}$ 면과 $\overline{ce}$ 면에 Rankine의 주동 및 수동토압이 작용한다고 가정하는 경우

(b) 위의 두 연직면에 작용하는 토압의 작용방향을 가정하는 경우(참고사항 읽은 독자에 한함)

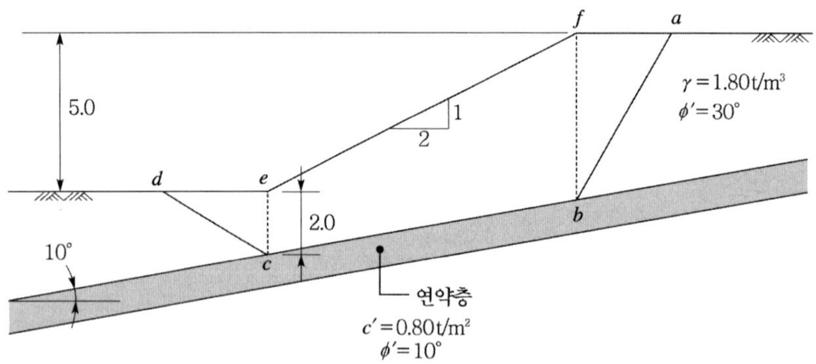

참고문헌

김상규 (2004) *토질역학-이론과 응용*, 청문각.

김용필 외 6인 (2000) *지반공학 시험-이론과 실무*, 세진사.

일본건설성 (2000) *하천제방설계지침*.

일본토질공학회 (1965) *토질공학ハンドブック*.

한국도로공사 도로교통기술원 (2003) *동결지수 적용기준에 관한 연구*, 한국도로공사 2003년 연구 보고서.

American Association of State Highway and Transportation Officials (1978) *Standard Specifications for Transportation Materials and Method of Sampling and Testing,* 12th ed., Washington, D.C., Part Ⅰ, Specification; Part Ⅱ, Tests.

American Society for Testing and Materials Standards (1980) "Natural Building Stones; Soil and Rock," *Annual Book of ASTM Standards,* Part 19, Philadelphia.

American Society for Testing and Materials (1991) *ASTM Book of Standards,* Sec. 4, Vol. 4. 8, Philadelphia. Pa.

Ang, A.H. and Tang, W.H. (1975) *Probability Concepts in Engineering Planning and Design,* John Wiley and Sons, Inc., New York, Vol. Ⅰ, Basic Principals, Vol. Ⅱ, Decision, Risk and Reliability.

Baecher, G.B. and Christian, J.T. (2003) *Reliability and Statistics in Geotechnical Engineering,* John Wiley & Sons, Inc., New York.

Bertram, G.E. (1940) "An Experimental Investigation of Protective Filters," Harvard Graduate School of Engineering Pub., No. 267.

Bishop, A.W. and Alpan, I., Blight, E.E. and Donald, I.B. (1960) "Factors Controlling the Strength of Partly Saturated Cohesive Soils," *Pro. ASCE Research Conference of Cohesive Soils,* Boulder, Col., pp. 503-532.

Bishop, A.W. and Bjerrum, L. (1960) "The Relevance of the Triaxial Test to the Solution of Stability Problems," *Proceedings, Research Conference on Shear Strength of Cohesive Soils,* ASCE, pp. 437-501.

Bishop, A.W. and Morgenstern, N. (1960) "Stability Coefficients for Earth Slopes," *Geotechnique,* Vol. 10, pp. 129-150.

Bishop, A.W. and HenKel, D.J. (1962) *The Measurement of Soil Properties in the Triaxial Test,* Edward Arnold Ltd., London.

Bjerrum, L. (1972) "Embankments on Soft Grounds," *Proceedings of the ASCE Specialty Conference on Performance of Earth and Earth-Supported Structures,* Purdue University, Vol. Ⅱ, pp.1-54.

Bowles, J.E. (1979) *Physical and geotechnical properties of soil*, McGraw-Hill Book Company, New York.

Bowles, J.E. (1986) *Engineering properties of soils and their measurements,* 3rd. ed. McGraw-Hill Book Company, New York.

Caquot, A., and Kerisel, J. (1948). *Tables for the Calculation of Passive Pressure, Active Pressure, and Bearing Capacity of Foundations*, Gauthier-Villars, Paris.

Casagrande, A. (1932) "Research of Atterberg Limits of Soils," *Public Roads,* Vol. 13, No. 8, pp. 121-136.

Casagrande, A. (1936) "Characteristics of Cohesionless soils Affecting the Stability of Slopes and Earth Fills," *J. Boston Soc. Civil Engrs.,* 23, No. 1, pp. 13-32.

Casagrande, A. and Fadum, R.E. (1940) "Notes on Soil Testing for Engineering Proposes," Harvard Graduate School of Engineering Soil Mechanics Series, No. 8.

Casagrande, A. (1975) "Liquefaction and Cyclic Deformation of Sand-a Critical Review," *Proc. 5th Pan American Conf. on Soil Mech. and Found. Eng.,* Buenos Aires ; also Published as Harvard Soil Mechanics Series, No. 88, Cambridge, 51 pp.

Cedergren, H.R. (1973) *Seepage Control in Earth Dam,* Casagrande Volume, John Wiley and Sons, Inc., New York.

Cedergren, H.R. (1977) *Seepage, Drainage and Flow Nets*, John Wiley and Sons, Inc., New York.

Charles, J.D. and Soares, M.M. (1984) "The Stability of Slopes in Soils with Nonlinear Envelopes," *Canadian Geotech. J.*, 21, No. 3, pp.397-406.

Cousins, B.F. (1978) "Stability Charts for Simple Earth Slopes," *Journal of Geotech. Division,* ASCE, Vol. 104, pp. 267-279.

Craig, R.F. (1990) *Soil Mechanics,* 4th ed., Chapman and Hall, London.

Crawford, C. (1963) "Cohesion in an Undisturbed Sensitive Clay," *Geotechnique,* 13, pp. 132-146.

D'Appalonia, D.J., Whitman, R.V. and D'Appalonia, E.D. (1969) "Sand Compaction with Vibratory Rollers," *Journal of the Soil Mechanics and Foundations Division,* ASCE, Vol. 95, No. SM1, pp.263-284.

D'Appolonia Consulting Engineers (1975) Engineering and Design Manual, Coal Refuse Disposal Facilities, Washington, D.C., Department of the Interior, Mining Enforcement and Safety Administration.

Das, B.M. (1994) *Principal of Geotechnical Engineering,* 3rd ed., PWS Publishing Company, Boston.

Driscoll, F.G. (1986) *Ground Water and Wells,* 2nd ed., Johnson Division, st. Paul, Minnesota.

Dunham, J.W. (1954) *Pile Foundation for Buildings*, Proc. ASCE, Soil Mechanics and Foundations Division, Vol. 80, No. 285.

Duncan, J.M. and Buchignani, A.L. (1975) "An Engineering Manual for Slope Stability Studies," University of California, Berkeley.

Duncan, J.M.,(1992) "State-of-the-Art: Static Stability and Deformation Analysis," *ASCE, Geotechnical Special Publication,* No. 31. pp.222-266.

Fredlund, D.G. and Rahardjo, H. (1993) *Soil Mechanics for Unsaturated Soils*, John Wiley & Sons, Inc., New York.

GEO (1998) *Guide to Retaining Wall Design, Geoguide 1,* Geotechnical Engineering Office, Civil Engineering Department, The Government of the Hong Kong, Special Administrative Region.

Gibson, R.E. and Morgenstern, N. (1962) "A Note on the Stability of Cuttings in Normally Consolidated Clay," *Geotechnique,* Vol. 12, pp.212-216.

Gilboy, G. (1933) "Hydraulic-fill Dams," *Proc. Int. Conf. on Large Dams*, World Power Conf., Stockholm.

Harr, M.E. (1962) *Groundwater and Seepage*, McGraw-Hill Book Company, New York.

Harr, M.E. (1966) *Foundations of Theoretical Soil Mechanics,* McGraw-Hill Book Company, New York.

Harr, M.E. (1977) *Mechanics of Particulate Media,* McGraw-Hill Book Company, New York.

Head, K.H. (1982) *Manual of Soil Laboratory Testing,* Pentech Press, Plymouth, Vol. 2, Permeability, Shear Strength and Compressibility Tests.

Hoek, E. and Bray, J.W. (1977) *Rock Slope Engineering*, Institute of Mining and Metallurgical Engineering, London.

Holtz, R.D. and Kovacs, W.D. (1981) *A Introduction to Geotechnical Engineering,* Prentice-Hall, Englewoods Cliffs, N.J.

Hunter, J.H. and Schuster, R.L. (1968) "Stability of Simple Cuttings in Normally Consolidated Clays," *Geotechnique,* Vol. 13, pp 372-378.

Hunt, R.E. (1986) *Geotechnical Engineering Techniques and Practices,* McGraw-Hill Book Company, New York.

Jaky, J. (1948). The Coefficient of Earth Pressure at Rest, *Journal of the Society of Hungarian Architects and Engineers*, Vol. 7, pp. 355-358

Janbu, N. (1954) "Stability Analysis of Slopes with Dimensionless Parameters," *Harvard Soil Mechanics Series,* No 46, p. 811.

Janbu, N. (1968) "Slope Stability Computations," *Soil Mechanics and Foundation Engineering Report,* The Technical University of Norway, Trondheim.

Jumiks A.R. (1965) Stability Analyses of Soil-Foundation System - A Design Manual, Engineering Research Publication No. 44, Rutgers-The State University, New Brunswick, N.J.

Jumikis, A.R. (1969) *Theoretical Soil Mechanics,* Van Nostrand Reinhold Company, Canada.

Lamb, T.W. (1951) *Soil Testing for Engineers,* John Wiley & Sons, Inc., New York.

Lambe, T.W. (1958) "The Engineering Behavior of Compacted Clay," *J. Soil Mech. Found. Eng.,* ASCE(May). [Also in Trans. ASCE, Vol. 125, (part 1), p. 718(1960).]

Lambe, T.W. (1962) "Soil Stabilization," Chapter 4 of *Foundation Engineering*, Leonards G.A. (ed.), McGraw-Hill Book Company, New York.

Lambe, T.W. and Whitman, R.V. (1969). *Soil Mechanics, Si-version,* John Wiley & Sons, Inc., New York.

Lane, E.W. (1935) "Security from Under-Seepage," *Masonry Dams on Earth Foundation*, Trans. ASCE, vol. 100, pp. 1235.

Leonard, G.A. and Altschaeffl, A.G. (1964) Compressibility of Clay, *Journal of the Soil Mechanics and Foundations Division*, ASCE.

Leonard, G.A. (1976) "Estimating Consolidation Settlement of Shallow Foundation on Overconsolidated Clay," *Transportation Research Board, Special Report 163*, Washington, D.C., pp. 13-16.

Liao, S.S.C. and Whitman, R.V. (1986) "Overburden Correction Factors for SPT in Sand," *J. Geotech, Eng.,* ASCE, 112, No. 3, pp. 373-377.

MaCathy, D.F. (1988) *Essentials of Soil Mechanics and Foundations,* 3rd ed., Reston Publishing Company, Inc., Reston, Virginia.

Menard, L. (1975) "The Menard Pressuremeter," *Les Editions Sols-Soils,* No. 26, pp. 7-43.

Mesri, G. (1973) "Coefficient of Secondary Compression," *Journal of the Soil Mechanics and Foundations Division,* ASCE, Vol. 99, No. SM1, pp 123-137.

Mesri, G., Lo, D.O.K. and Feng, T.W. (1994) "Settlement of Embankments on Soft Clays," *Proc. Settlement '94,* ASCE Specialty Conf. Geotech. Special Publication, No. 40, 1, pp. 8-76.

Mitchell, J.K. (1976) *Fundamentals of Soil Behavior,* John Wiley & Sons, Inc., New York.

Morgenstern, N. (1963) "Stability Charts for Earth Slopes During Rapid Drawdown," *Geotechnique,* Vol. 13, pp 121-131.

NAVFAC, (1971) *Design Manual-Soil Mechanics, Foundation and Earth Structures, NAVFAC DM-7*, U.S. Department of the Navy, Washington D.C.

NAVFAC, (1982) *Design Manual-Soil Mechanics, NAVFAC DM-7.1/2/3*, U.S. Department of the Navy, Washington D.C.

O'Connor, M.J. and Mitchell, R.J. (1977) "An Extension of the Bishop and Morgenstern Slope Stability Charts," *Canadian Geotech. J.*, Vol. 14, No. 1, pp.144-151.

Olson, R.E. (1977) "Consolidation Under Time-Dependant Loading", *J. Geotech. Eng. Div.*, ASCE, Vol. 103, No. GT1, pp.55-60.

Osterberg, J.O. (1957) "Influence Values for Vertical Stresses in a Semi-infinite Mass Due to an Embankment Loading," *Proceeding of the 4th International Conference on Soil Mechanics and Foundation Engineering,* London, Vol. Ⅰ.

Peck, R.B., Hanson, W.E. and Thornburn, T.H. (1974) *Foundation Engineering*, 2nd ed., John Wiley & Sons, Inc., New York.

Poulos, H.G. and Davis, E.H. (1974) *Elastic Solutions for Soil and Rock Mechanics,* John Wiley & Sons, Inc., New York.

Raymond, G.P. and Wahls, H.E. (1976) "Estimating One-Dimensional Consolidation, Including Secondary Compression of Clay Loaded from to Normally Consolidated State," *Special Report 163,* Transportation Research Board, pp. 17-23.

Schmertmann, J.H. (1955) "The Undisturbed Consolidation Behavior of Clay," *Transactions,* ASCE, Vol. 120, pp 1201-1233.

Seed, H.B. (1964) *Lecture Notes,* CE 271, *Seepage and Earth Dam Design,* University of California at Berkeley.

Seed, H.B. (1979) "Soil Liquefaction and Cyclic Mobility evaluation for Level Ground During Earthquakes," *J. Geotech. Eng.,* ASCE, 105, No. 2, pp.201-255.

Seed, H.B. (1986) *Lecture Note*, University of California, Berkeley.

Skempton, A.W. (1953) "The Colloidal Activity of Clays," *Proceeding of the 3rd International Conference on Soil Mechanics and Foundation Engineering,* Vol. Ⅰ, pp. 57-61.

Skempton, A.W. (1957) "The Planning and Design of the New Hong Kong Airport. Discussion," *Proc. Inst. of Civil Engineers* (London), Vol. 7, pp. 305-307.

Sokolovski, V.V. (1965). *Statics of Granular Media*, Pergamon, Oxford.

Spencer, E. (1967) "A Method of Analysis of the Stability of Embankments Assuming Parallel Inter-slice Forces," *Geotechnique,* Vol. 17, No. 1, pp 11-26.

Spangler, M.G. and Handy, R.L. (1982) *Soil Engineering,* 4th ed., Harper & Row, Publisher, New York.

Taylor, D.W. (1937) "Stability of Earth Slopes," *J. Boston Soc. Civil Engrs.,* Vol. 24, No. 3, p. 197.

Taylor, D.W. (1939) "A Comparison of Results of Direct Shear and Cylindrical Compression Tests," *Proc. ASTM.*

Taylor, D.W. (1942) "Research on Consolidation of Clays," *Department of Civil and Sanitary Engineering,* M.I.T.

Taylor, D.W. (1948) *Fundamentals of Soil Mechanics*, John Wiley and Sons, Inc., New York.

Terzaghi, K., Peck, R.B. and Mesri, G. (1996) *Soil Mechanics in Engineering Practice,* 3rd ed., John Wiley and Sons, Inc., New York.

U.S. Army Engineer Waterways Experiment Station (1960) "The Unified Soil Classification System," *Technical Memorandum No. 3-357.* Appendix A, Characteristics of Soil Groups Pertaining to Embankments and Foundations, 1953; Appendix B, Characteristics of Soil Groups Pertaining Roads and Airfields, 1957.

Westergaard, H.M. (1938) "A Problem of Elasticity Suggested by a Problem in Soil Mechanics : A Soft Material Reinforced by Numerous Strong Horizontal Sheets," in *Contributions to the Mechanics of Solids,* Stephen Timoshenko 60th Anniversary Volume, Macmillan, New York.

Wu, T.H. (1976) *Soil Mechanics,* 2nd ed., Allym and Bacon, Inc., Boston.

찾아보기

[ㄷ]

[ㄹ]

[ㅁ]

[ㅂ]

[ㅅ]

[ㅇ]

[ㅈ]

[ㅎ]

[A]

[B]

[C]

[D]

[E]

[F]

[G]

[H]

[I]

[J]

[K]

[L]

[M]

[N]

[O]

[P]

[Q]

[R]

[S]

[T]

[V]

[Z]

강의식으로 풀어쓴

토 질 역 학

2007년 8월 20일 초　판 1쇄 발행
2010년 2월 24일 초　판 2쇄 발행
2011년 8월 25일 초　판 3쇄 발행
2013년 1월 13일 수정판 1쇄 발행
2015년 1월 20일 수정판 2쇄 발행

저　자 : 백 영 식
발행인 : 임 해 진
발행처 : 구미서관

주　　소: 서울시 마포구 신촌로2길 5-15 구미빌딩
전　　화: (대)333-1101
팩　　스: 335-2201
등　　록: 1979년 6월 29일 No.9-6호
홈페이지: **http://www.goomibook.com**

ISBN : 978-89-8225-612-7 (93530)
정 가: 43,000원